KB037268

전기 전자 공학 개론

개정 6판

Teach Yourself
**Electricity and
Electronics** 6th Ed.

Mc Graw Hill Education

HB 한빛아카데미
Hanbit Academy, Inc.

전기전자공학 개론 개정 6판 Teach Yourself Electricity and Electronics^{6th Ed.}

초판발행 2017년 11월 30일
6쇄발행 2022년 1월 28일

지은이 Stan Gibilisco, Simon Monk / **옮긴이** 권기영, 조성재, 유태훈 / **펴낸이** 전태호
펴낸곳 한빛아카데미(주) / **주소** 서울시 서대문구 연희로2길 62 한빛아카데미(주) 2층
전화 02-336-7112 / **팩스** 02-336-7199
등록 2013년 1월 14일 제2017-000063호 / **ISBN** 979-11-5664-366-1 93560

책임편집 박현진 / **기획** 김은정 / **편집** 김은정 / **진행** 김평화
디자인 이홍준, 이선영 / **전산편집** 태을기획
영업 김태진, 김성삼, 이정훈, 임현기, 이성훈, 김주성 / **마케팅** 길진철, 김호철, 주희

이 책에 대한 의견이나 오탈자 및 잘못된 내용에 대한 수정 정보는 아래 이메일로 알려주십시오.
잘못된 책은 구입하신 서점에서 교환해 드립니다. 책값은 뒤표지에 표시되어 있습니다.
홈페이지 www.hanbit.co.kr / **이메일** question@hanbit.co.kr

지금 하지 않으면 할 수 없는 일이 있습니다.
책으로 펴내고 싶은 아이디어나 원고를 메일(**writer@hanbit.co.kr**)로 보내주세요.
한빛아카데미(주)는 여러분의 소중한 경험과 지식을 기다리고 있습니다.

지은이 / 옮긴이 소개

지은이

Stan Gibilisco

Stan Gibilisco는 맥그로힐에서 많은 도서를 집필한 인기 저자 중 한 명이다. 명쾌하면서도 독자를 생각하는 집필 스타일 때문에 많은 독자가 찾고 있으며, 공학도이자 수학자로서의 경력을 바탕으로 많은 참고도서 및 튜토리얼을 집필했다. 20여 권 이상의 집필서를 출간했으며, 맥그로힐의 Demystified 시리즈 작업에도 주도적으로 참여하였다. 저자의 도서는 수많은 국가에서 번역서로 출간되었다.

Simon Monk

Simon Monk는 사이버 공학 및 컴퓨디 괴학 분야에서 석사 학위를 취득하고, 소프트웨어 공학의 박사 학위를 취득했다. 박사 학위를 취득한 후, 모바일 소프트웨어 회사인 모모넷을 공동 창업하기 전에 수년간 학계에 종사했다. 그는 십대 초반부터 전자공학 관련 취미활동에 관심이 많았으며, 현재는 전자공학과 오픈 소스 하드웨어 분야의 전업 작가로 활동 중이다. Monk는 다양한 전자 책들을 집필하였는데, 대표작으로 『Programming Arduino』, 『Hacking Electronics』, 『Programming the Raspberry Pi』가 있다.

옮긴이

권기영 *kky@kongju.ac.kr*

공주대학교 전기전자제어공학부 교수로, 한국과학기술원(KAIST)에서 전기 및 전자공학 박사 학위를 취득하였다. 삼성반도체 선임연구원으로 근무하였으며, 미국 텍사스 주 SMU에서 객원교수를 역임하였다.

조성재 *felixcho@gachon.ac.kr*

가천대학교 전자공학과 교수로, 서울대학교 전기공학부에서 학사 학위를, 전기·컴퓨터공학부에서 박사 학위를 취득하였다. 일본 산업기술총합연구소(AIST)의 실리콘 나노 소자 그룹에서 교환연구원으로 일하였으며, 서울대학교 및 미국 스탠퍼드 대학교 (Stanford University)에서 박사 후 연구원으로 일하였다.

유태훈 *thyoo@dongyang.ac.kr*

동양미래대학교 정보통신공학과 교수로, 연세대학교에서 학사, 석사, 박사 학위를 받았다. 삼성전자 정보통신 연구소에서 연구원으로 근무하였으며, 미국 시라큐스 대학교(Syracuse University)에서 객원연구원으로 활동했다. 주요 연구 분야는 전자기 해석, 조고수파 시스템 해석과 설계, 안테나 해석과 설계, EMI/EMC 등이다.

번역 담당 부분

1~18장 : 권기영   19~28장 : 조성재   29~35장 : 유태훈

지은이 머리말

이 책은 전기·전자공학을 전공하는 학생, 또는 정규 교육과정을 거치지 않고 전기, 전자공학 및 이와 관련된 분야의 기초를 공부하려는 사람들을 위한 책이다. 따라서 이 책은 독학용이 될 수도 있고, 수업 교재로도 활용될 수 있다. 이번 개정 6판에는 스위칭 전원 공급 장치, D급 증폭기, 리튬-폴리머 배터리, 마이크로컨트롤러, 아두이노 등의 신규 주제가 포함된다.

각 장의 마지막에는 객관식 연습문제가 20문항씩 수록되어 있다. 이 연습문제는 본문 내용을 참조하여 풀어도 좋다. 각 장의 학습을 마치면 해당 연습문제를 푼 뒤에, 답안을 친구에게 건네주도록 한다. 그리고 서로에게 어떤 문제를 틀렸는지를 알려주지 말고, 맞은 개수만 알려주도록 한다. 그렇게 하면 편견 없이 재시험을 치를 수 있다. 각 장의 연습문제 정답은 이 책의 [부록 A]에 수록되어 있다.

수학이나 물리 영역에 대한 복습이 필요하다면 그 주제와 관련된 McGraw-Hill 출판사의 Stan Gbilisco의 저서를 살펴보기를 권한다. 또한 수학과 관련한 기초 지식을 습득하기 원한다면 McGarw-Hill 출판사의 『Algebra Know-It-All』이나 『Pre-Calculus Know-It-All』책을 살펴보기를 권한다. 또한 이 책에 제공된 많은 원리들을 설명해 주는 실험을 수행하고 싶다면, 『Electricity Experiments You Can Do at Home』책을 살펴보라.

만약 마이크로컨트롤러에 대해 더 궁금하다면, Simon Monk가 집필한 McGraw-Hill 출판사의 『Programming Arduino: Getting Started with Sketches』와 『Programming Arduino Next Steps: Going Further with Sketches』가 적합할 것이다.

더 나은 개정판을 만들기 위한 아이디어나 제안은 언제나 환영한다.

지은이 Stan Gibilisco
Simon Monk

옮긴이 머리말

일반적으로 전기전자공학 개론을 학습하는 경우를 크게 두 가지로 나누어 생각해 볼 수 있습니다. 첫째는 전기·전자공학 관련 분야를 전공하고자 하는 학생이 공학 전반에 대해 개념 파악을 하고자 하는 경우이고, 둘째는 공학을 전공하지 않는 학생 및 일반인이 전기·전자공학에 관한 전반적인 기초 개념을 공부하고자 하는 경우입니다. 하지만 많은 전기전자공학 개론서들은 정규 커리큘럼에 있는 전공 내용의 일부를 엮어서 소개하기 때문에 전기·전자공학 관련 분야를 심도 있게 공부하려는 학생에게는 다소 부족할 수 있습니다. 또한 내용을 기술할 때도 전공과 연관된 수학적인 설명이 너무 많이 들어가서 수학적인 지식이 부족한 학생이나 일반인에게는 상당히 부담스러울 수 있습니다.

그에 반해 이 책은 전기·전자공학의 기본 개념에서부터 응용까지 폭넓은 내용을 다루며, 특히 수학적인 설명은 최대한 줄이고, 직관적인 그림을 바탕으로 이해하기 쉽게 설명합니다. 따라서 관련 분야를 심도 깊게 공부하는 학생뿐만 아니라 수학적 기본 지식은 부족하지만 전기전자공학 개론의 핵심을 확실하게 알고자 하는 일반 학습자에게 안성맞춤입니다. 이 책이 전기전자공학 개론을 공부하고자 하는 모든 학습자들에 좋은 길잡이가 되기를 바랍니다.

옮긴이 권기영

본 『전기전자공학 개론(개정 6판)』은 전자공학을 알고자 하는 비전공자들에게 도움이 될 수 있도록 개괄적인 수준으로 전자공학 전반에 관한 지식을 전달합니다. 뿐만 아니라 전자공학 내의 다양한 분야들을 탐색하여 적성과 진로를 찾고자 하는 대학생뿐만 아니라 이미 세부 전공 분야를 갖고 있으나 단시간 안에 다른 영역들에 대한 기본적인 지식이 필요한 실무자들에게도 매우 유용한 책이 될 것입니다. 이 책을 통해 전자공학 내의 여러 분야들이 매우 긴밀히 연결되어 있음을 확인할 수 있을 것입니다. 특히, 근래 연구, 개발되고 있는 다양한 최신 기술들의 언급과 실제 발생할 수 있는 비이상적인 현상들을 접목시킨 내용 구성이 본 전기전자공학 개론의 장점이 됩니다.

옮긴이 조성재

오늘날 기술사회는 언제(anytime) 어디서나(anywhere) 누구와도(anyone) 정보를 주고받는 '유비쿼터스(ubiquitous)' 시대에서 한 걸음 더 나아가 어떤 사물과도(anything) 네트워킹을 할 수 있는 '사물인터넷(Internet of Things; IoT)' 시대를 향해 쉼 없는 질주를 하고 있습니다. 이러한 시대를 구현하기 위해서는 전기, 전지, 통신, 컴퓨터, 하드웨어, 소프트웨어 등 다양한 분야를 융합하는 기술이 필요합니다. 이 책은 이들 분야의 핵심이 되는 주제들에 대해 기초부터 응용까지 알기 쉽게 설명하고 있습니다. 여러분의 전공 학습은 물론 앞으로 여러분이 누리게 될 꿈의 사물인터넷 세상을 만들고 이해하는 데 도움이 되길 바랍니다.

옮긴이 유태훈

미리보기

CHAPTER

29

마이크로컨트롤러
Microcontrollers

학습목표와 목차

해당 장에서 학습할 내용과 목표를 제시한다.
또한 각 목차와 페이지를 쉽게 찾아볼 수 있다.

이 장에서는 한 에너지를 다른 형태의 에너지로 변환하는 장치와, 어떤 현상을 감지하고 그 세기를 측정하는 장치에 대해 살펴본다. 또한 사람이나 물체 위치를 알아내는 데 도움을 주는 시스템과 선박, 비행기, 로봇 등 이동체 운항을 도와주는 장치에 대해서도 알아본다.

파동 변환기

전자공학에서 **파동 변환기**^{wave transducer}는 교류(AC)나 직류(DC)를 음파(소리파동)^{acoustic wave}나 전자파(전자기파동)^{electromagnetic wave}로 변환한다. 또한 파동 변환기는 거꾸로 음파나 전자파를 교류 신호나 직류 신호로 변환할 수 있다.

소리용 다이내믹 변환기

다이내믹 변환기^{dynamic transducer}는 코일과 자석으로 이루어져 있으며 기계적 진동^{vibration}을 전류^{electric current}로 변환하거나 거꾸로 전류를 기계적 진동으로 변환한다. 대표적인 다이내믹 변환기로 다이내믹 마이크로폰^{dynamic microphone}과 다이내믹 스피커^{dynamic speaker}가 있다.

[그림 31-1]은 다이내믹 변환기의 구성도이다. 코일에 부착된 진동판은 중심축을 따라 앞뒤로 빠르게 움직일 수 있다. 코일 내부에 들어 있는 영구자석에 의해 주변 공간에는 자기장이 분포한다. 음파가 진동판에 부딪히면 진동판과 코일은 함께 움직이는데, 자기장이 분포해 있는 영역 속에서 코일이 움직이면 코일에는 유도전류가 발생한다.[1] 따라서 코일에는 진동판에 부딪힌 음파와 똑같은 형태의 교류 전류가 흐른다.

주요 용어와 개념

핵심이 되는 용어와 개념을 한눈에 파악할 수 있게 보여준다.

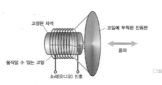

[그림 31-1] 소리용 다이내믹 변환기의 구성도

고정된 자석
코일에 부착된 진동판
음파
움직일 수 있는 코일
소리(오디오) 신호

옮긴이 주석

독자의 이해도를 높이기 위해 참고 내용이나 원서에서 부족한 내용을 옮긴이 주석을 통해 추가 설명한다.

소리 신호(교류 신호)가 코일에 가해지면 코일 도선에는 교류 전류가 흐른다. 자기장 속에 놓여 있는 도선에 전류가 흐르면 도선은 자기장에 의해 힘을 받는다. 이 힘은 코일을 움직

---

[1] (옮긴이) 자기장 $\vec{B}$ 속에서 속도 v로 움직이는 코일 속의 전하(electric charge) q는 $\vec{F} = q\vec{v} \times \vec{B}$의 방정식으로 주어지는 힘 $\vec{F}$를 받는다. 이 식을 로렌츠 힘 방정식(Lorentz force equation)이라고 한다. 이 힘 $\vec{F}$를 받은 전하 q는 움직이는데, 이것이 바로 전하의 흐름(이동)이며라는 의미를 담고 있는 '전류'이다.

예제 ◆ - - - - - - - -

본문에서 다룬 개념을 적용한
문제와 풀이를 제시한다.
(일부 장에서 제공)

예제 4-1

[그림 4-7]에 있는 직류 전원이 36 V, 전위차계의 저항이 18 Ω이라면, 전류는 얼마인가?

풀이

식 $I = \dfrac{E}{R}$를 이용한다. E와 R의 단위가 각각 V와 Ω이므로 주어진 값을 식에 바로 대입한다.

$$I = \frac{E}{R} = \frac{36}{18} = 2.0\text{A}$$

예제 4-2

[그림 4-7]에서 직류 전원이 72 V, 전위차계가 12 kΩ으로 맞춰져 있다면 전류는 얼마인가?

풀이

먼저 저항 12 kΩ을 12,000 Ω으로 환산한 후, 식에 V와 Ω 값으로 대입한다.

$$I = \frac{E}{R} = \frac{72}{12,000} = 0.0060\text{A} = 6.0\text{mA}$$

Chapter 29 연습문제

❋ 필요하다면 이 장의 본문 내용을 참고해도 된다. 적어도 18개 이상 맞히는 것이 바람직하다.
정답은 [부록 A]에 있다.

29.1 마이크로컨트롤러에서 플래시 메모리의 용도는?

(a) 프로그램 변수들을 저장
(b) 프로그램 명령어들을 저장
(c) 전하를 저장
(d) GPIO 핀과의 인터페이스 수행

29.2 마이크로컨트롤러에서 RAM의 용도는?

(a) 프로그램 변수들을 저장
(b) 프로그램 명령어들을 저장
(c) 전하를 저장
(d) GPIO 핀과의 인터페이스 수행

29.3 다음 중 GPIO 핀에 대한 설명으로 옳은 것은?

(a) 어떤 GPIO 핀이 일단 입력 또는 출력으로 설정되면 그 이후에는 바꿀 수 없다.
(b) GPIO 핀은 큰 전류를 받아들이거나 내보낼 수 있는 것이 일반적이다.
(c) GPIO 핀은 마이크로컨트롤러에서 수

(a) 3.3 V 디지털 출력을 5 V 입력에 연결
(b) 5 V 디지털 출력을 3.3 V 입력에 연결
(c) 마이크로컨트롤러의 디지털 출력 핀을 같은 마이크로컨트롤러의 디지털 입력 핀에 연결
(d) 마이크로컨트롤러의 접지(GND) 핀과 디지털 입력 핀 사이에 1.5 V 전지를 연결

29.5 다음 중 디지털 입력 단자의 외부에 풀업 저항을 연결해야 하는 상황은?

(a) 디지털 입력에 스위치를 연결할 때
(b) 디지털 입력과 스위치 사이를 연결하는 선의 길이가 길 때
(c) 한 마이크로컨트롤러의 디지털 출력을 다른 마이크로컨트롤러의 디지털 입력에 연결할 때
(d) 3.3 V 마이크로컨트롤러에 있는 디지털 입력

29.6 다음과 같은 디지털 입력 핀의 전압 중에서 마이크로컨트롤러에 의해 'HIGH'로

◆ 연습문제

해당 장에서 학습한 내용을
확인할 수 있는 여러 가지
문제를 제시한다.

부록 A

Chapter_01

1.1	a	1.2	d	1.3	d	1.4	a	1.5	a
1.6	d	1.7	d	1.8	b	1.9	c	1.10	a
1.11	b	1.12	b	1.13	a	1.14	b	1.15	d
1.16	a	1.17	c	1.18	d	1.19	b	1.20	d

Chapter_02

2.1	c	2.2	c	2.3	a	2.4	c	2.5	b
2.6	a	2.7	b	2.8	c	2.9	c	2.10	d
2.11	c	2.12	b	2.13	a	2.14	b	2.15	c
2.16	c	2.17	d	2.18	c	2.19	c	2.20	a

◆ 연습문제 정답

연습문제를 풀고 답을 바로
확인해 볼 수 있도록
[부록 A]에서 연습문제
정답을 제공한다.

이 책의 구성

이 책은 4년제 대학교뿐만 아니라 2~3년제 대학의 전기·전자공학 관련 학과 및 기계/자동차, 항공우주공학과 등 전기·전자의 기초 개념을 세우고자 하는 학생들을 위한 책이다. 전기·전자 분야에서 다룰 수 있는 방대한 주제들을 크게 4개의 파트로 나누고, 총 35개의 짤막한 장으로 구분하여 책 전체를 모두 학습할 필요 없이 세부 전공 지식을 쉽게 습득할 수 있게 했다. 이 책에서 다루는 내용은 다음과 같다.

PART 1_ 직류 (1장~8장)

기초적인 물리 개념에서 출발하여 전기·전자에 관련된 기본 단위와 이에 관련된 물리량 측정을 위한 계측기에 대해 설명한다. 또한, 회로 해석을 위한 저항, 전류, 전압의 정의와 기본 법칙을 이용한 회로 해석 방법을 학습하며, 회로에 전기적 에너지를 공급하는 전지와 배터리, 전류의 흐름에 의한 자기장 및 자성의 기초적인 내용을 다룬다.

PART 2_ 교류 (9장~18장)

PART 1에서 학습한 직류 회로의 구성과 해석 방법을 기반으로 교류의 기초와 교류 회로에서의 인덕턴스와 커패시턴스의 개념에 대해 학습한다. 또한, 직류 회로와 교류 회로에서의 리액턴스 정의와 임피던스와 어드미턴스 계산법에 대해 설명한다. 학습한 기반 지식을 바탕으로 이루어지는 교류 회로의 해석과 변압기의 원리를 포함한 임피던스 정합에 대해 학습한다.

PART 3_ 기초 전자공학 (19장~28장)

반송자(캐리어)의 개념, 반도체의 정의, 다이오드, 바이폴라 트랜지스터, 전계효과 트랜지스터의 순으로 반도체 소자들을 소개하고, 반도체공정을 통해 이들을 집적하여 원하는 기능을 수행할 수 있도록 하는 집적회로까지 내용을 확장한다. 진공관과 공급 전원을 시작으로 증폭회로와 발진회로 등의 '유선' 아날로그 시스템과, 그에 이어 '무선' 통신 기술의 기본적인 내용들을 배울 수 있다. 마지막으로 디지털 시스템에 대한 소개가 이루어진다. PART 3에서는 소자, 집적회로, 아날로그 및 디지털 시스템의 내용들이 상향식으로 전개되어 전자공학의 다양한 분야들에 기반이 되는 기본적인 전자공학의 '하드웨어'에 관한 지식을 효과적으로 얻을 수 있다.

PART 4_ 특수 장치와 시스템 (29장~35장)

마이크로컨트롤러의 일반적인 구조와 동작을 설명한다. 이어서 널리 사용되고 있는 아두이노의 특징, 종류, 사용법, 프로그래밍 방법을 설명한다. 또한 다양한 변환기와 센서를 설명하고, 이들을 이용한 위치탐지 시스템과 항법기술을 설명한다. 아울러 오디오와 레이저의 종류, 구조, 동작 원리를 설명한다. 끝으로 다양한 최신 통신 시스템의 구성과 동작, RF 통신용 안테나의 종류, 구조, 특성을 설명한다.

목차

PART 1 직류

Chapter 01 기초 물리 개념 • 19

Chapter 02 전기 단위 • 35

Chapter 03 계측기 • 55

PART 2 교류

PART 1
직류
Direct Current

CHAPTER
01

기초 물리 개념
Background Physics

▎학습목표

- 물질을 구성하는 원소와 원자의 구성 및 특성을 배울 수 있다.
- 원소끼리 결합하여 만들어지는 화합물과 원소의 원자가 결합하여 만들어지는 분자에 대해 이해할 수 있다.
- 전자의 흐름과 관련한 물체의 특성과 현상을 이해할 수 있다.

▎목차

전기와 전자공학의 기초를 파악하기 위해서는 몇 가지 물리적 원리를 반드시 이해해야 한다. 과학에서는 '얼마나 많은'에 해당하는 정량적인 것과 '무엇'에 해당하는 정성적인 것에 대해 이야기할 수 있다. '얼마나 많은'에 대한 것은 뒤로 미루고, 지금은 '무엇'에 대한 이야기부터 시작해보자.

원자

모든 물질은 일정하게 운동하고 있는 셀 수 없이 많은 작은 입자로 이루어져 있다. 이러한 입자들은 우리가 보아온 그 어떤 것보다도 밀도가 높다. 일상에서 접하는 물질은 대개 공간을 차지하지만, 그 공간은 거의 비어 있어 실재 물질이 존재하지 않는다. 단지 아주 작은 입자가 믿을 수 없을 정도로 빠르게 움직이기 때문에 물체가 연속으로 보이는 것이다. 각 화학 원소는 **원자**^{atom}라고 하는 고유한 형태를 띤 입자를 갖고 있다.

원소가 다른 원자들은 항상 서로 다르다. 하나의 원자에 미세한 차이가 발생하더라도 엄청난 특성변화를 가져올 수 있다. 순수한 **산소**^{oxygen}는 인간이 호흡하며 살 수 있지만, 순수한 **질소**^{nitrogen}로 된 대기에서는 인간이 살 수 없다. 산소는 철을 부식시킬 수 있지만, 질소는 그렇지 못하다. 목재는 순수 산소가 있는 대기에서는 연소되지만, 순수 질소가 있는 대기에서는 발화조차 되지 않는다. 그러나 산소와 질소 모두 상온과 대기압에서 **기체**^{gas}이다. 산소와 질소 모두 색이 없고 냄새가 나지 않는다. 이처럼 두 물질의 특성이 다른 이유는, 질소의 **양성자**^{proton}는 7개이지만, 산소의 양성자는 8개이기 때문이다.

자연은 원자 구조의 미세한 차이로 인해 물질의 주요 특성이 달라지는 무수한 예를 보여준다. 어떤 경우에는 원자 구조에 강제적으로 변화를 줄 수 있다(⑩ 핵융합 반응에서 수소를 헬륨으로 변환시키는 것). 반면, 작은 변화지만 너무 어려워서 인간의 힘으로는 할 수 없는 일도 있다(⑩ 납을 금으로 변환시키는 것).

양성자, 중성자, 원자번호

원자의 중심부, 즉 **핵**^{nucleus}에 의해 그 원소의 고유한 정체성^{identity}이 결정된다. 원자핵은 엄청난 밀도를 가진 **양성자**^{proton}와 **중성자**^{neutron}라는 두 종류의 입자를 갖는다. 단단하게 뭉친 양성자나 중성자의 한 스푼 무게가 지구에서는 수 톤이 나간다. 양성자와 중성자의 질량은 거의 같지만, 양성자는 **전하**$^{electric\ charge}$를 갖는 반면, 중성자는 전하를 갖지 않는다.

우주에 가장 풍부하게 존재하는 수소는 가장 간단한 원소이며, 핵에 양성자 하나를 갖고 있다. 때때로 수소의 핵에는 양성자 1개 혹은 2개의 중성자가 1개의 양성자와 함께 존재하기도 하지만, 이는 극히 드문 일이다. 수소 다음으로 흔한 원소는 헬륨이다. 일반적으로 헬륨원자의 핵에는 양성자 2개와 중성자 2개가 있다. 태양 내부에서는 핵융합이 일어나 수소가 헬륨으로 바뀌는데, 이때 발생하는 에너지가 태양을 빛나게 한다. 이런 핵융합 과정은 수소 폭탄에서 에너지가 발생하는 과정과 동일하다.

우주에 존재하는 모든 양성자는 서로 동일하며, 중성자 역시 마찬가지다. 어떤 원소의 핵에 있는 양성자의 수를 **원자번호**atomic number라고 하는데, 이것이 바로 원소의 독특한 성질을 결정한다. 원자핵에 양성자 3개가 존재하면 **리튬**lithium을 얻을 수 있는데, 리튬은 상온에서 가벼운 금속 고체이며 산소나 염소 같은 기체와 쉽게 반응한다. 그리고 원자핵에 양성자 4개가 존재하면 **베릴륨**beryllium을 얻게 되며, 이 베릴륨도 역시 상온에서 가벼운 금속 고체이다. 그러나 양성자 3개를 더 추가하여 원자핵에 양성자 7개가 존재하게 되면 전혀 성질이 다른 상온에서 기체인 질소가 된다.

일반적으로 어떤 원소의 핵이 갖고 있는 양성자 수가 증가할수록 중성자 수도 증가한다. 그러므로 납과 같이 원자번호가 큰 원소는 **탄소**carbon와 같이 원소번호가 작은 원소보다 밀도가 매우 높다. 한 손에는 납덩어리를 쥐고 다른 한 손에는 같은 크기의 숯 덩어리를 쥐고 있는 경우를 생각해보면, 이 차이를 쉽게 이해할 것이다.

동위원소 및 원자량

주어진 한 원소에서, 예를 들어 산소 원자에서 중성자의 수가 다양하게 변할 수 있다. 그러나 중성자 수가 어떤 값을 갖든 그 원소는 원자번호에 따른 고유한 특성을 유지한다. 중성자 수가 달라지면 동일 원소에 대한 **동위원소**isotope들이 다양하게 생겨난다.

각 원소는 자연에서 가장 흔히 존재하는 특정 동위원소가 하나 있지만, 대부분의 원소는 다중의 동위원소를 갖고 있다. 원자핵의 중성자 수가 바뀌면 무게와 밀도 차이가 생긴다. 따라서 핵에 (하나의 양성자와 함께) 1개 혹은 2개의 중성자를 갖는 수소를 **중수소**heavy hydrogen라고 부르는 것은 의미가 있다.

원소의 **원자량**atomic weight은 원자핵 내의 양성자 수와 중성자 수를 합한 것과 거의 같다. 일반적인 탄소는 원자량이 12이며, C12라고 표시하고 '탄소 12'라고 읽는다. 그러나 드물게 발견되는 탄소 동위원소는 원자량이 14에 가깝기 때문에 C14라고 표시하고 '탄소 14'라고 읽는다.

전자

원자핵을 둘러싼 입자의 군집을 **전자**electron라고 한다. 전자 1개는 정성적으로 양성자와 반대지만, 정량적으로는 동일한 크기의 전하를 운반한다. 물리학자들은 임의로 전자의 전하를 **음극**negative, 양성자의 전하를 **양극**positive이라고 부른다. 하나의 전자 혹은 양성자에 부여된 전하는 최소 전하량이 된다. 모든 전하량은 전하량이 아무리 크다고 해도 이론적으로는 이 **단위전하**unit electric charge의 정수배가 된다.

원자에 대한 초창기 인식은, 전자들이 케이크 속의 건포도처럼 핵에 파묻혀 있는 것이었다. 그 후 과학자들은 [그림 1-1]과 같이 전자들이 원자핵 주위를 돌고 있다고 생각했고, 원자가 마치 행성(전자)이 돌고 있는 작은 태양계와 유사하다고 여겼다.

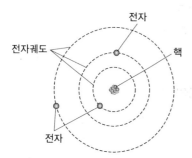

[그림 1-1] 1900년경에 개발된 원자의 초기 모델. 정전기적인 인력으로 인해 전자가 원자핵 주위에서 궤도를 이루고 있다.

오늘날에는 전자가 매우 빠르고 복잡한 패턴으로 움직이며, 일정한 순간에 정확히 그 위치를 지정할 수 없다고 생각한다. 그러나 어떠한 순간에도 전자는 구 형태로 정의된 영역 내에 존재한다고 여긴다. 이렇게 원자핵을 중심으로 하는 가상의 구를 **전자각**electron shell이라고 한다. 이러한 전자각에는 계산 가능한 특정한 반경이 있고, 전자각의 반경이 증가할수록 전자각에 존재하는 전자의 에너지도 증가한다. [그림 1-2]와 같이 에너지를 얻은 전자들은 일반적으로 동일 원자 내의 어떤 전자각에서 다른 전자각으로 점프한다. 반대로 에너지를 잃은 전자들은 어떤 전자각에서 다른 전자각으로 떨어진다.

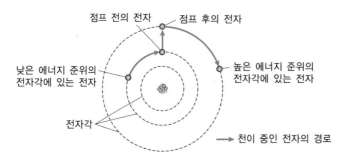

[그림 1-2] **전자는 전자각으로 정의된 준위를 따라 핵 주위를 돌아다닌다. 이 준위는 불연속 에너지 상태에 해당된다. 이때 전자는 원자 내에서 에너지를 얻는다.**

어떤 물질에서는 전자가 한 원자에서 다른 원자로 쉽게 이동할 수 있으나, 어떤 물질에서는 전자가 쉽게 움직이지 않는다. 그러나 어떤 경우든 양성자보다 전자를 움직이는 것이 쉽다. 물질 내에서 전자가 움직이면 전기가 발생한다. 전자는 양성자나 중성자보다 훨씬 가볍다. 사실상 원자의 핵에 비하면 전자는 실질적으로 무게가 없다고 생각할 수 있다.

대부분 한 원자 내에 있는 전자 수는 양성자 수와 같다. 따라서 음전하는 양전하와 정확하게 상쇄되어 결국 **전기적으로 중성**인 상태의 원자를 얻는데, 여기서 '중성'이라 함은 '순전하가 없는 상태'를 의미한다. 어떤 상태에서는 전자가 과잉되거나 부족해질 수 있다. 높은 방사 에너지, 높은 열이나 전기장이 존재하는 경우에는 원자의 균형이 깨져 전자들이 충돌하거나 밖으로 튕겨나가 원자에서 분리될 수 있다.

█ 이온

만일 원자 내에 전자가 양성자보다 많거나 적다면 그 원자는 전하를 띠게 된다. 전자가 부족하면 원자는 양전하를 띠고, 전자가 과잉이면 음전하를 띤다. 그러나 원소의 정체성은 전자의 과잉이나 부족과 관계없이 동일하다. 극단적인 경우 모든 전자가 원자에서 분리되어 핵만 남겨질 수 있으나, 그러한 경우에도 원소의 정체성은 변하지 않는다. 전하를 띤 원자를 **이온**^{ion}이라 한다. 어떤 물질이 이온을 많이 갖고 있을 때, 그 물질이 **이온화되었다고** 한다.

지구의 대기 가스는 높은 고도에서 이온화되고, 특히 낮 시간에 많이 이온화된다. 태양의 복사뿐만 아니라 원자보다 작은 입자들이 우주에서 고속으로 날아오면서 핵에서 전자를 떼어낸다. 이 이온화된 기체들이 지구의 다양한 고도에 응집되어서, 지상의 무선 송신기에서 나온 신호를 다시 지구로 돌려보내 장거리 방송과 통신을 가능하게 한다.

보통 때 전기가 잘 흐르지 않거나 부도체인 물체도 이온화되면 전기가 잘 통한다. 예를 들어, 이온화된 공기는 수백 또는 수천 미터에 걸쳐 **낙뢰**(불빛을 만들어 내는 갑작스러운 전기적 **방전**)를 만들어 낸다. 강력한 전기장에 의해 **채널**^{channel}이라는 구불거리는 좁은 길을 따라 이온화가 일어난다. 벼락이 치는 동안 원자핵은 흩어진 전자를 재빨리 끌어당기고, 공기는 전기적으로 중성인 보통 상태로 되돌아간다.

하나의 원소는 가장 흔한 형태의 동위원소와 다른 동위원소나 이온으로 존재할 수 있다. 예를 들어, 탄소 원자는 통상적으로 6개보다 많은 8개의 중성자를 가질 수 있다. 즉 C12보다는 C14가 된다. 그리고 하나의 전자를 떼어 내 (＋)극의 단위 전하를 가질 수 있다. 물리학자와 화학자는 양의 이온을 **양이온**^{cation}, 음의 이온을 **음이온**^{anion}이라고 부른다.

화합물

2개 또는 그 이상의 다른 원소의 원자들이 서로 전자를 공유함으로써 화학적 **화합물**compound을 형성할 수 있다. 가장 일반적인 화합물 중 하나는 물이다. 물은 수소 원자 2개와 산소 원자 1개가 결합한 것이다. 많은 화학적 화합물은 자연에서 발생되지만, 화학 실험실 내에서 더 많은 화합물이 만들어질 수 있다.

화합물은 단순히 원소가 혼합된 것과는 다르다. 수소 가스를 산소 가스와 혼합하면 색과 냄새가 없는 가스가 만들어진다. 그러나 전기불꽃이나 섬광을 사용하면 원자들이 화학적 반응을 일으키면서 빛과 열을 내고 서로 결합해 **물**이라는 화합물을 만들어 낸다. 이상적인 상태에서는 [그림 1-3]과 같이 원자들이 순식간에 결합하면서 혼성분자가 되고, 이때 격렬한 폭발이 일어날 것이다.

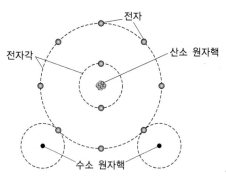

[그림 1-3] **수소 원자 2개가 산소 원자 1개와 쉽게 전자를 공유한다.**

항상 그런 것은 아니지만, 화합물은 종종 화합물을 만들어 내는 원소 중 그 어느 것과도 확연히 다른 특성을 보인다. 상온과 대기압에서 수소와 산소는 모두 기체 상태다. 그러나 동일한 조건에서 물은 액체 상태로 존재한다. 표준 압력에서의 물은 일정 온도 이하로 내려가면 고체로 바뀌고, 반대로 열을 충분히 얻으면 수소와 산소처럼 냄새와 색이 없는 기체가 된다.

또 다른 화합물의 예로 녹을 들 수 있다. 녹은 **철**이 산소와 결합했을 때 형성된다. 철은 흐릿한 회색 고체이고, 산소는 기체다. 녹은 적갈색을 띠는데, 철과 산소의 색과는 전혀 다르다. 녹을 만드는 화학적 반응은 물을 만드는 반응보다 긴 시간이 필요하다.

분자

여러 원소의 원자들이 2개 또는 그 이상 서로 결합하여 생기는 입자를 **분자**molecule라고 한다. [그림 1-3]은 물 분자를 보여준다. 일반적으로 대기 중의 산소 원자는 짝을 이루어 분자를 이루기 때문에, 산소를 O_2로 기호화한 것을 자주 보게 된다. 'O'는 산소를 나타내고, 아래첨자 2는 분자 1개당 원자가 2개라는 것을 나타낸다. 물 분자는 수소 원자 2개와 산소 원자 1개를 갖고 있음을 표시하기 위해 H_2O로 적는다.

때때로 산소 원자는 원자 상태로 존재하는데, 그런 경우에는 기본 입자를 O라고 적어 단독 원자임을 나타낸다. 때로는 산소 원자 3개가 서로 강하게 결합되어 **오존**ozone이라는 분자를 만들어 내기도 한다. 오존은 O_3로 나타내는 데, 환경과 관련된 뉴스에서 자주 등장한다. 한 원소가 원자 하나로 존재하면 그 물질을 **단원자**monatomic 분자라고 하고, 한 원소가 원자 2개로 이루어진 분자로 존재하면 **이원자**diatomic 분자, 한 원소가 원자 3개로 이루어진 분자로 존재하면 **삼원자**triatomic 분자라고 한다.

고체, 액체, 기체에 상관없이 모든 물체는 꾸준히 움직이는 분자나 원자로 구성된다. 온도를 올리면 주어진 매질에서 입자는 더 빨리 움직인다. 고체 상태에서의 분자들은 끊임없이 진동하지만, 단단하게 서로 묶여 있는 형태이므로 많이 움직일 수 없다([그림 1-4(a)]). 액체 상태에서는 분자들 사이에 공간이 좀 더 있어서 서로 미끄러져 지나간다([그림 1-4(b)]). 그리고 기체 상태에서는 분자가 더 넓게 퍼져 있어서 자유롭게 날아다니거나 서로 충돌하기도 한다([그림 1-4(c)]).

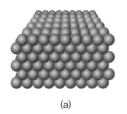 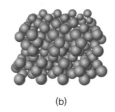 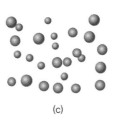

(a)　　　　　　　　　　(b)　　　　　　　　　　(c)

[그림 1-4] (a) 고체, (b) 액체, (c) 기체에서 분자 정렬을 단순화한 모형

전도체

전자들이 자유롭게 움직일 수 있는 물질을 **전도체**electrical conductor라고 한다. 상온에서 가장 전도성이 좋은 물질은 순수한 은이다. **구리**와 **알루미늄**도 상온에서 전도성이 좋다. 좋은 전도체가 될 수 있는 금속이 많지만, 대부분의 전기회로와 시스템에는 구리와 알루미늄 도선이 많이 쓰인다.

어떤 액체는 전기가 잘 통한다. **수은**이 좋은 예다. 소금물도 전기가 잘 통하지만, 용해되어 있는 소금의 농도에 따라 그 정도가 다르다. 공기와 같은 기체나 기체 혼합물을 원자 간 또는 분자 간의 거리가 멀어서 전자들을 서로 교환하기 어려우므로 전기 전도성이 좋지 않다. 그러나 기체가 이온화되면 전도성이 좋아진다.

전도체에서는 전자가 원자 사이를 점프하여 이동하는데, 대부분 음의 전하 위치에서 양의 전하 위치로 이동한다([그림 1-5]). 전형적인 전기회로에서는 수 조, 수천 조 또는 그 이상의 전자들이 매 초마다 특정 지점을 통과한다.

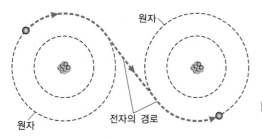

원자

원자

전자의 경로

[그림 1-5] 전도체에서는 전자가 원자들 사이를 쉽게 이동할 수 있다.

절연체

전기적인 **절연체**insulator는 가끔 아주 적은 양의 전자 이동이 있기도 하지만, 원자들 사이에 전자가 이동하지 못하도록 막는다. 대부분의 기체가 좋은 절연체다. 유리, 마른 나무, 건조한 종이, 플라스틱도 좋은 절연체다. 정상적인 경우에는 순수한 물도 절연체지만, 어떤 물질이 녹아 있는 경우에는 전기가 통할 수 있다. 순수한 금속은 좋은 전도체로 사용되지만, 몇몇 금속 산화물은 좋은 절연체 역할을 한다.

이따금 절연 물질을 **유전체**dielectric라고 한다. 이 용어는 어떤 물질이 전하가 일정거리 떨어져 있도록 하는 **전기 쌍극자**electric dipole를 형성한다는 사실에서 유래했다. 전기 쌍극자는 전하의 차를 같게 만들려는 전자의 흐름을 방해한다. 유전체는 전자가 직접 지나갈 수 **없게** 만든 **커패시터**와 같이 특별한 소자에 사용된다.

전기 시스템에서는 보통 도자기나 유리를 절연체로 이용한다. 수동적인 의미에서 **애자**insulator라고 하는 이러한 장치는 응용 분야에 맞게 모양과 크기가 다르게 제작된다. 애자는 높은 **전압**을 운반하는 송전선에서 볼 수 있는데, 전선이 철탑과 **단락**되거나 젖은 나무 전주를 통해 서서히 **방전**되지 않도록 전선을 잡아준다.

애써 시도한다면, 거의 모든 절연체에서 강제로 이온화를 발생시켜 절연체 내로 전자를 이동시킬 수 있다. 절연체의 원자에서 떨어져 나온 전자는 자유롭게 돌아다닌다. 때로는 정상적인 절연체가 섬광에 의해 타거나 녹아내리고 구멍이 나게 되면, 그때 물체는 절연 특성을 잃어버리고, 전자는 절연체를 관통하여 움직일 수 있게 된다.

저항기

탄소와 같은 일부 물질에서 전자는 원자 사이를 꽤 잘 움직일 수 있다. 이러한 물질의 **전도율**conductivity은 탄소 페이스트에 점토와 같은 불순물을 첨가하거나, 가늘고 긴 다발의 코일로 감으면 조절할 수 있다. 특정 값의 전도율을 갖도록 소자를 만들어 **저항기**resistor라고 부른다. 저항기는 장비나 시스템에서 전자가 흐르는 정도를 제한하거나 조절한다. 전도율이 높을수록 **저항**resistance은 낮아지고, 전도율이 낮아질수록 저항은 올라간다. 즉, 전도율과 저항은 **반비례**한다.

저항은 **옴**ohm(Ω)이라는 단위를 쓴다. Ω으로 표시된 저항이 커지면 전자의 움직임을 방해하는 정도도 커진다. 전선의 경우 때로는 저항을 **단위길이**(m, km)**당 Ω**으로 지정한다. 전기 시스템에서 저항은 전기를 열로 바꿔 원하는 **효율**은 떨어뜨리고 원하지 않는 **손실**loss은 증가시키므로, 저항(**옴의 값**)을 최소화해야 한다.

반도체

반도체semiconductor 내에서 전자는 어떤 조건에서는 쉽게 흐르기도 하고 또 다른 조건에서는 그렇지 못하기도 한다. 어떤 반도체에서는 양질의 도체와 같이 전자가 쉽게 이동하지만, 또 다른 반도체에서는 절연체와 같이 전도성이 좋지 못하다. 그러나 반도체는 근본적으로 순수한 금속판, 절연체 또는 저항기와는 차이가 있다. 반도체 소자를 제작하는 공정에서 화학자는 물질이 어떤 때는 전기가 잘 흐르게, 어떤 때는 전기가 잘 흐르지 않도록 조건을 바꾸어 전도율을 조절할 수 있다. 반도체는 **다이오드**, **트랜지스터**, **집적회로**에서 찾아볼 수 있다.

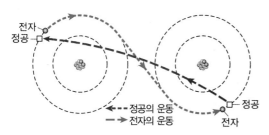

[그림 1-6] **반도체 물질의 정공은 전자가 운동하는 방향과 반대로 움직인다.**

반도체는 실리콘, 셀레늄 또는 갈륨과 같은 물질을 포함하는데, 이들 물질은 인듐이나 안티몬과 같은 불순물을 첨가하여 도핑된다. **갈륨비소 다이오드**gallium-arsenide diode, **금속산화 트랜지스터**metal-oxide transistor 또는 **실리콘 정류기**silicon rectifier라는 말을 들어본 적 있는가? 이러한 물질들 내에서 전자가 움직임으로써 전기 전도가 발생하는데, 물리적인 상세 과정은 다소 복잡하다. 때로는 전자보다 정공의 움직임을 언급하는 경우도 있다. 정공은 일종의 전자가 결핍된 형태다. 즉, 보통 때는 전자가 존재하다가 어떤 이유로 전자를 잃어버린 곳이라고 볼 수 있다. 정공은 [그림 1-6]에서 볼 수 있듯이, 전자의 흐름과 반대로 움직인다.

물질 내부에 있는 다수의 **전하 반송자(운반자, 캐리어)**^{charge carriers}가 전자면 **N형 반도체**^{N-type semiconductor}가 된다. 반대로 다수의 전하 반송자가 정공이면 **P형 반도체**^{P-type semiconductor}가 된다. P형 물질은 소수의 전자를 통과시키고, N형 물질은 소수의 정공을 운반한다. 반도체에서 좀 더 수가 많은 전하 반송자를 **다수 반송자**^{major carrier}라고 하고, 상대적으로 수가 적은 전하 반송자를 **소수 반송자**^{minor carrier}라고 한다.

전류

전류는 전하 반송자가 어떤 물질을 통과해 흐를 때마다 발생한다. **전류**^{current}는 1초 동안 어떤 한 점을 통과하는 전자나 정공의 수로 간접적으로 표현하고 측정한다. 전류는 전도체, 저항기 또는 반도체를 빠른 속도로 통과해 흐른다. 하지만 실제로 전하 반송자는 진공에서 움직이는 빛의 속도보다 매우 느리게 움직인다.

시스템 내에서 매우 작은 전류가 흐른다고 해도, 1초 동안 무수히 많은 전하 반송자가 어떤 지점을 통과한다. 가정용 전기회로에서 100W 전등에는 초당 약 6×10^{18}개의 전하 반송자가 흐르고, 제일 작은 전구라도 초당 10^{15}개 정도의 전하 반송자가 흐른다. 초당 전하 반송자의 수로 전류를 표현하는 것은 매우 불편하므로 초당 **쿨롱**(C)^{coulomb}으로 전류를 표현한다. 1C은 약 $6,240,000,000,000,000,000(6.24 \times 10^{18})$개의 전자 또는 정공으로 생각할 수 있다. 어떤 지점에서 초당 1C의 전하 반송자가 통과했다면 1A가 된다. **암페어**(A)^{ampere}는 전류를 나타내는 표준 단위다. 책상의 60W 전등에는 약 0.5A의 전류가 흐른다. 일반적인 전열기는 10A ~ 12A 범위의 전류가 흐른다.

전류가 저항(아무리 좋은 전도체라고 해도 저항은 항상 0이 아닌 유한한 값을 갖는다)을 통과할 때는 열이 발생하고 때로는 빛도 발생한다. 구형 **백열전구**는 필라멘트에 흐르는 전류가 가시광선을 내도록 신중하게 설계된 것이다.

정전기

구두창이 단단한 신발을 신고 카펫 바닥을 걷다 보면 몸에 전자의 수가 많아지거나 부족해지면서 **정전기**static electricity가 일어날 수 있다. 접지 혹은 큰 물체와 연결된 금속을 손으로 만지기 전까지는 전하가 흐르지 않으므로 **정**static이라고 한다. 금속과 접촉하면 급속 방전이 일어나면서 섬광과 '딱' 하는 소리, 그리고 깜짝 놀라는 느낌을 갖게 된다.

머리카락에 일상의 경우보다 많은 전하가 모이면 머리카락 끝이 서는데, 이는 각 머리카락이 같은 극성을 갖고 있어 서로 밀어내기 때문이다. 방전이 일어나면 섬광은 1cm 이상 발생한다. 그러면 대부분의 사람은 깜짝 놀라고, 심하면 다칠 수도 있다. 다행스럽게도 보통의 카펫이나 신발로는 그 정도로 심하게 방전되지 않는다. 그러나 물리학 실험실에서 볼 수 있는 **밴 더 그래프 정전발전기**Van de Graaff generator는 수 cm까지 섬광을 일으킬 수 있다. 따라서 그 주변에서 작업할 때는 위험할 수 있으므로 조심해야 한다.

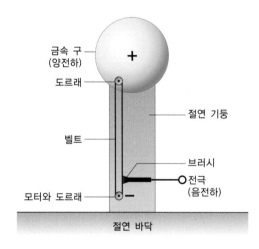

[그림 1-7] 밴 더 그래프 정전발전기를 단순화한 그림.
이 기계는 수 cm까지 섬광을 일으키는 전하를 만들 수 있다.

번개는 지구에서 발생하는 가장 특별한 정전기 효과의 예다. 낙뢰는 보통 구름과 구름 사이, 구름과 대지 사이에서 발생한다. 낙뢰가 발생하기 전 거대한 정전하의 축적이 이뤄진다. [그림 1-8]은 **구름과 구름 사이(❶)**, **구름과 대지 사이(❷)**에서 만들어지는 전기 쌍극자를 나타낸다. ❷의 경우에는 대지의 양전하가 폭풍우 구름의 하부를 따라 움직인다.

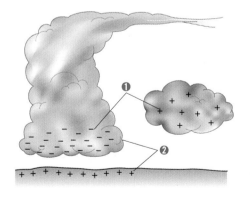

[그림 1-8] 정전하는 구름과 구름 사이(❶) 또는 구름과 대지 사이(❷)에서 만들어진다.

기전력

전하 반송자는 밀거나 당기는 것처럼 방향이 잘 정의된 힘을 받을 때 질서정연하게 움직인다. 이런 힘은 낙뢰의 경우와 마찬가지로 정전하의 축적으로 인해 발생한다. 한 곳에는 **양극**(전자의 부족), 다른 한 곳에는 **음극**(전자의 과잉)으로 전하가 축적되면 강력한 **기전력**(EMF)[Electromotive Force]이 발생한다. 기전력은 **볼트**(V)[Volt] 단위로 표현하고 측정한다.

일반 가정용 전기의 유효 기전력 또는 유효 전압은 110V ~ 130V(보통 117V)이다(우리 나라는 220V). 미국과 여러 나라들에서 완전 충전된 자동차의 새 배터리는 12.6V에 근접한 기전력을 갖는다. 건조한 오후에 구두창이 단단한 신발을 신고 카펫 위를 걸을 때 얻는 정전하는 수천 V에 이르고, 번개가 치기 전의 정전하는 수백만 V에 이른다.

1Ω의 저항을 가진 소자 양단에 기전력 1V를 인가하면, 저항을 통해 1A의 전류가 흐른다. 직류(DC) 회로에서 전류(A)는 전압(V)을 저항(Ω)으로 나눈 값이다. 이것이 전기 분야의 고전 이론의 초석인 **옴의 법칙**[Ohm's Law]이다. 만일 동일한 저항의 소자 양단에 전압을 2배 증가시켜 인가하면 소자에 흐르는 전류는 2배가 된다. 전압을 고정시키고 저항을 2배 증가시키면 전류는 절반으로 줄어든다. 옴의 법칙에 대해서는 나중에 자세하게 배울 것이다.

이미 보았듯이, 정전기가 생성될 때 어떤 전류도 흐르지 않으면서 기전력이 존재할 수 있다. 또한 스위치가 꺼져 있을 때 전등의 양 단자 간에도 전류가 흐르지 않으면서 기전력이 존재한다. 일반적인 **플래시 전지**를 아무 데도 연결하지 않으면 양 단자 간에 전류 없는 기전력이 존재한다. 두 점 간에 기전력이 존재하는 경우, 그 두 점 간에 도전성 경로를 만들어주면 전류가 흐른다. 이 때문에 전압이나 기전력을 **전위**[electric potential] 또는 **전위차**[potential difference]라고 부르기도 한다. 기전력은 주어진 정상적인 상태에서 전하 반송자를 움직이게 하는 퍼텐셜(즉, 능력)이다.

거대한 기전력이라고 해서 전도체나 저항체를 통해 많은 전류를 흘리는 것은 아니다. 카펫 위를 얼마 동안 걷고 난 후의 우리 몸을 생각해보자. 기전력은 수천 V가 될 수 있지만, 우리 몸에 축적된 전하 반송자의 쿨롱 값은 얼마 되지 않는다. 상대적으로 표현하자면, 외부 물체를 만질 때 손가락을 통해서는 그렇게 많은 전자가 흐르지 않으므로 심한 충격을 받지 않는다. 그러나 전하량의 쿨롱 값이 큰 경우 117V(미국 일반 가정용 전원)의 보통 전압으로도 우리 몸에 치명적인 전류를 흐르게 할 수 있다. 이 때문에 전원에 연결된 전기 기기를 수리할 때는 위험하다. 발전소가 무제한의 쿨롱 값으로 전하를 공급할 수 있기 때문이다.

비전기적 에너지

과학 실험에서는 비전기적 형태의 에너지가 포함되는 현상을 목격할 수 있다. 가시광선이 좋은 예이다. 백열전구는 전기를 우리가 볼 수 있는 방사 에너지로 변환시킨다. 이 때문에 사람들은 전기를 사용해 우리의 삶을 편리하게 하는 장치를 발명한 토마스 에디슨을 좋아한다. 또한 가시광선은 전기로도 변환될 수 있는데, **광전지**photovoltaic cell(**태양전지**solar cell라고도 함)가 이에 해당된다.

백열전구는 빛 외에도 항상 열을 발생시킨다. 사실 백열전구는 빛보다 열을 더 많이 발생시킨다. 전기에너지를 열에너지로 변환시킬 목적으로 설계된 전열기를 사용해본 적이 있을 것이다. 여기서 열은 **적외선**(IR)photovoltaic cell이라고 하는 방사 에너지의 한 종류이다. 적외선은 가시광선과 유사하지만, 파장이 길어서 사람의 눈에는 보이지 않는다.

우리는 전기를 **전자파, 자외선, X선**으로 변환할 수 있다. 그러기 위해서는 무선 송신기, **수은 증기램프, 전자관**과 같은 특별한 장치가 필요하다. 빠르게 움직이는 양성자, 중성자, 전자, 원자핵은 비전기적인 형태의 에너지를 만들어 낸다.

도체가 자기장 내에서 이동할 때 도체에는 전류가 흐른다. 이러한 효과를 사용하면 기계에너지를 전기에너지로 바꾸는 **발전기**electric generator를 만들 수 있다. 발전기를 반대로도 동작시킬 수 있는데, 이 경우는 전기에너지를 기계에너지로 변환시키는 **모터**가 된다.

자기장은 독특한 형태의 에너지를 갖는다. **자기**magnetism 과학은 전기와 밀접한 관계가 있다. 가장 오래되고 보편적인 자기원은 지구를 둘러싸고 있는 **지자기장**geomagnetic field이다. 지자기장은 지구의 핵 내부에 있는 철 원자가 정렬함으로써 발생한다.

자기장의 변화는 맥동하는 전기장을 만들고, 맥동하는 전기장은 다시 변화하는 자기장을 발생시킨다. **전자기**electromagnetism라고 하는 이러한 현상으로 인해 먼 거리에 무선으로 신호를 보낼 수 있다. 전기장과 자기장은 공간을 통해 계속해서 서로를 반복하여 발생시킨다.

건전지dry cell, **습전지**wet cell, **배터리**battery는 **화학에너지**를 전기에너지로 변환시킨다. 예를 들어, 자동차 배터리에서는 산이 금속 전극과 반응하여 전위차를 발생시킨다. 배터리의 양쪽 극을 유한한 저항을 가진 소자에 연결하면 전류가 흐른다. 배터리 내의 화학적인 반응으로 인해 얼마 동안 계속 전류가 흐르다가, 결국에는 배터리가 모든 에너지를 소모하게 된다. 납-산 배터리(또는 다른 형태의 배터리)에 다시 화학에너지를 저장하기 위해서는 일정시간 동안 전류를 흘려주면 된다. 그러나 어떤 배터리(일반적인 전등용 건전지와 배터리)는 화학에너지를 모두 소모하면 다시 사용할 수 없다.

※ 필요하다면 이 장의 본문 내용을 참고해도 된다. 적어도 18개 이상 맞히는 것이 바람직하다.
정답은 [부록 A]에 있다.

1.1 원자핵의 양성자 수는 항상 무엇과 같은가?

(a) 원자번호
(b) 원자량
(c) 전자의 수
(d) 중성자와 전자를 합한 수

1.2 원자핵의 중성자 수는 때때로 무엇과 같은가?

(a) 원자번호
(b) 원자량
(c) 양성자의 수
(d) (a), (b), (c) 중 두 가지 이상

1.3 원자량은 항상 무엇과 같은가?

(a) 전자의 수
(b) 양성자의 수
(c) 중성자의 수
(d) 대략 중성자와 양성자를 합한 수

1.4 원자가 순 음전하를 가질 때 그것을 무엇이라 부르는가?

(a) 음이온
(b) 양이온
(c) 이원자분자
(d) 양전자

1.5 원자에 대한 설명으로 옳은 것은 무엇인가?

(a) 동위원소를 하나 이상 가질 수 있다.
(b) 단 하나의 동위원소를 갖는다.
(c) 중성자보다 많은 수의 양성자를 가질 수 없다.
(d) 양성자보다 많은 수의 중성자를 가질 수 없다.

1.6 원자량이 1보다 큰 원자를 갖는 원소는 어떤 특성이 있는가?

(a) 존재할 수 없다.
(b) 항상 전하를 가진다.
(c) 주위 원자들과 양성자를 공유한다.
(d) 자연에서 흔하게 발견된다.

1.7 세 원자들로 구성되는 화합물은 어떤 특성이 있는가?

(a) 존재할 수 없다.
(b) 항상 전하를 가진다.
(c) 주위 원자들과 양성자를 공유한다.
(d) 자연에서 흔하게 발견된다.

1.8 이온화로 가져올 수 없는 결과는 무엇인가?

(a) 물질의 전도성을 향상시킨다.
(b) 원자가 양성자들을 얻거나 잃는다.
(c) 전기적으로 중성인 원자를 전하를 띠게 한다.
(d) 원자가 전자들을 얻거나 잃는다.

1.9 다음 중에서 가장 나쁜 전도체는 무엇인가?

(a) 수은

(b) 알루미늄

(c) 유리

(d) 은

1.10 다음 중 전자들이 원자들 사이를 가장 쉽게 움직일 수 있는 물질은 무엇인가?

(a) 구리

(b) 순수한 물

(c) 건조한 공기

(d) 도자기

1.11 저항 6Ω을 갖는 소자의 양단에 전압 12V를 가하면 소자를 통해 흐르는 전류는 얼마인가?

(a) 0.5A

(b) 2A

(c) 72A

(d) 문제를 풀기 위해서는 정보가 더 필요하다.

1.12 [연습문제 1.11]에서 전압을 고정하고 저항을 2배 증가시키면 소자를 통해 흐르는 전류는 어떻게 되는가?

(a) 변하지 않는다.

(b) $\frac{1}{2}$로 감소

(c) 2배 증가

(d) 4배 증가

1.13 정전기라는 용어는 무엇을 의미하는가?

(a) 전류가 없는 전압

(b) 전압이 없는 전류

(c) 무한대의 저항을 통해 흐르는 전류

(d) 결코 변하지 않는 전압

1.14 유전체에 대한 일반적인 설명으로 옳은 것은 무엇인가?

(a) 지극히 낮은 저항(실질적으로 제로)을 갖는다.

(b) 지극히 높은 저항(실질적으로 무한대)을 갖는다.

(c) 통과해 흐르는 전류에 의존하는 저항을 갖는다.

(d) 동시에 두 가지 다른 전압을 갖는다.

1.15 어떤 지점을 1초 동안 통과하여 흐르는 전자의 수를 표현하는 단위는 무엇인가?

(a) 쿨롱 [C]

(b) 볼트 [V]

(c) 옴 [Ω]

(d) 암페어 [A]

1.16 낙뢰가 발생할 때, 채널이라는 용어는 무엇을 의미하는가?

(a) 이온화된 공기의 전류 운반 통로

(b) 교류 전류의 주파수

(c) 양성자와 중성자들이 이동하는 흐름

(d) 찬 가스의 흐름

1.17 기전력(EMF)을 다른 말로 표현하면 무엇
인가?

(a) 전류　　　(b) 전하

(c) 전압　　　(d) 저항

1.18 건조한 겨울 오후에 카펫 바닥을 발을 끌
며 걷는다면, 땅에 대해 어느 정도의 전
위차를 얻을 수 있는가?

(a) 1Ω 또는 2Ω

(b) 약 200Ω

(c) 수백만 Ω

(d) (a), (b), (c) 모두 아님

1.19 다음 소자 중 화학에너지를 곧바로 전기
에너지로 변환시키는 것은 무엇인가?

(a) 발전기

(b) 건전지

(c) 모터

(d) 광전지

1.20 다음 소자 중에서 가시광을 곧바로 전기
에너지로 변환시키는 것은 무엇인가?

(a) 발전기　　　(b) 건전지

(c) 모터　　　(d) 광전지

CHAPTER
02

전기 단위
Electrical Units

직류(DC) 회로에서 사용하는 표준 단위에 대해 알아보자. 이들 중 많은 원리들이 교류 (AC) 시스템에서도 공통적으로 적용된다.

볼트

1장에서 기전력(EMF) 또는 전위차의 표준 단위인 볼트에 대해 알아보았다. 두 지점 또는 두 물체 사이에 전위차가 존재하는 경우, 항상 전자가 넘치거나 부족한 정전하 축적 현상 이 발생한다. 발전소, 전기화학 반응, 반도체 칩을 때리는 광선 및 기타 현상에서 전압을 생성할 수 있다. 고정된 자계에 전도체를 통과시키거나 고정된 전도체 주위를 변동하는 자계가 둘러싸는 경우에도 기전력을 얻을 수 있다.

극pole이라 불리는 두 지점 사이에 전위차가 있으면 언제나 [그림 2-1]과 같이 **전속선** electric lines of flux으로 표시되는 **전기장**electric field이 생성된다. 여기서 한 쌍의 전하 극을 **전기 쌍극자**electric dipole라고 한다. 한 극은 상대적으로 양positive인 전하를 운반하고, 다른 극은 상대적으로 음negative인 전하를 운반한다. 양극은 음극보다 항상 전자 수가 부족한데, 이때 전자 수는 절대적이 아닌 상대적인 개념임을 유의해야 한다. 완전히 중성적인 전하를 가진 외부 기준점에 비해 두 극 모두 전자가 많거나 부족하더라도, 두 극이 만드는 전기쌍극자는 존재할 수 있다.

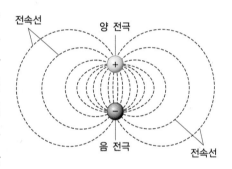

[그림 2-1] **전속선은 항상 전하의 극 근처에 존재한다.**

볼트volt는 약자 V로 표시한다. 경우에 따라 볼트보다 작은 단위인 밀리볼트($1mV = 0.001V$) 나 마이크로볼트($1\mu V = 0.000001V$)를 쓰거나, 큰 단위인 킬로볼트($1kV = 1,000V$)나 메가볼 트($1MV = 1,000,000V$ 또는 $1,000kV$)를 쓰기도 한다.

일반적으로 건전지의 두 극에는 1.2V ~ 1.7V의 전위차가 존재한다. 자동차 배터리의 경 우 12V ~ 14V 정도다. 가정에서 사용하는 교류에서는 전위차가 극성을 바꾼다. 이때 전 등이나 소형 가전은 대략 117V, 세탁기나 오븐 등의 대형 가전에서는 234V의 유효 전압 을 사용한다(우리나라의 경우는 220V). 일부 고출력 무선기기에서는 수천 볼트의 기전력이 발생할 수 있다. 지구상에서는 뇌우, 모래폭풍, 폭발하는 화산 등에서 최대 1MV의 전위 차가 발생한다.

전압이 존재한다는 것은, 일반 회로에서 두 전극 사이에 길이 생기면 전자로 대표되는 **전**

하 반송자가 두 전극 사이를 이동할 것이라는 의미다. 전압이란, 전하 반송자를 강제로 움직이게 하는 구동력 또는 압력을 의미한다. 다른 모든 조건이 동일한 경우, 고전압은 저전압보다 단위시간당 전하 반송자를 더 많이 흐르게 하므로 많은 전류를 생산한다. 그러나 이는 대다수 실제 시스템의 상황을 지나치게 단순화한 것이며, 실제로 다른 모든 조건이 동일한 경우는 거의 없다.

▌전류 흐름

만일 전위차가 있는 두 극 사이에 전도성 또는 반전도성 통로가 만들어지면, 두 극 간 전하가 동일해지도록 전하 반송자들이 흐른다. 통로가 본래대로 계속 유지된다면, 이 전류는 두 극 사이에 전하차가 있는 동안 계속 흐른다.

경우에 따라서는 전류가 한참 흐른 뒤에 두 전극 사이의 전하차가 0으로 줄어들기도 한다. 이 현상은 번개가 치는 경우나, 카펫에서 발을 끌며 돌아다닌 후 라디에이터를 만지는 경우 발생하는데, 두 극 간의 전하가 순식간에 똑같아진다. 반면, 전하가 소멸되기까지 긴 시간이 걸리는 경우도 있다. 건전지의 양극과 음극 사이를 전선으로 직접 연결하면 전지는 몇 분 후 완전히 방전된다. 또한 손전등을 만들기 위해 전구와 전지를 연결할 경우 한두 시간 정도는 지나야 전하의 차이가 0이 된다.

가정에서 쓰는 전기회로에서는 전력에 큰 문제가 생기지 않는 한, 절대로 전하 차이가 0이 되지 않는다. 물론 해서는 안 되는 일이지만, 교류 콘센트를 단락시키면 퓨즈나 차단기가 바로 끊어지고, 전하 차이는 0으로 떨어진다. 만약 표준 전구를 콘센트에 정상적으로 연결하면 전류가 흘러도 전하차는 지속되고 완전한 기전력이 유지된다. 즉 발전소는 많은 전구에 117V의 전위차를 무기한 유지할 수 있다.

여러분은 전압이 아닌 전류로 인해 발생한 끔찍한 전기 사고에 대한 이야기를 들어본 적이 있는가? 글자 그대로는 사실이지만, 이는 말장난일 뿐이다. 그것은 '불을 피우지 않은 채 열로 사람을 태워버린다.'라는 말과 같다. 그러나 인체에 어느 정도 전류를 흘리기에 충분한 기전력만 존재해도 치명적인 전류가 흐를 수 있다. 이론적으로는 인체의 저항이 매우 낮을 때 두 손으로 1.5V의 건전지를 만지면 많은 전류가 흐를 수 있지만, 걱정할 필요는 없다. 사실 손전등용 전지를 만지는 것은 위험하지 않지만, 가정에서 사용하는 전원은 조심해야 한다. 117V의 기전력은 사람이 사망할 수 있는 정도의 전류를 흐르게 할 수 있다.

옴의 법칙으로 돌아가 보자. 컨덕턴스(또는 저항)가 변하지 않는 전기회로에서 전류는 가한 전압에 정비례한다. 전압이 2배가 되면 전류도 2배가 되고, 전압이 절반으로 줄면 전류도 절반으로 줄어든다. 이러한 관계는 [그림 2-2]에 나타나 있다. 여기서 전원은 단위시간당 전하 반송자를 필요한 수만큼 지속적으로 공급할 수 있다고 가정한다.

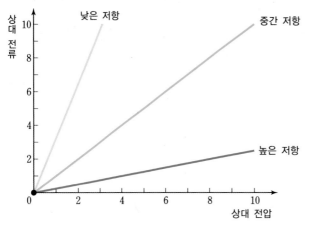

[그림 2-2] **낮은 저항, 중간 저항, 높은 저항 에 대한 상대 전류 대 상대 전압**

▎암페어

전류는 어떤 지점에서 단위시간당 흐르는 전하 반송자의 양을 말한다. 전류 표준 단위는 **암페어**ampere인데, 1암페어는 어떤 지점에서 매 초당 1쿨롱coulomb, 즉 6.24×10^{18} 개의 전하 반송자가 흐르는 것을 나타낸다.

A 로 표시하는 암페어는 상대적으로 큰 전류 단위다. 작은 단위로 밀리암페어 (1mA = 0.001A)나 마이크로암페어(1μA = 0.000001A 또는 0.001mA)를 사용하기도 하고, 경우에 따라 나노암페어(1nA = 0.000000001A = 0.001μA) 단위를 사용하기도 한다.

수 mA 의 전류도 사람에게는 치명적일 수 있다. 약 50mA 정도면 사람에게 심각한 쇼크를 주고, 100mA 의 전류가 심장을 통과하면 사망에 이른다. 가정에서 사용하는 전구에는 0.5A ~ 1A 정도, 전기다리미에는 약 10A 의 전류가 흐른다. 집의 크기나 가전제품의 종류, 그리고 날과 주와 년의 시간에 따라 다르지만, 한 집안 전체가 사용하는 전류는 보통 10A ~ 100A 이다.

회로에 흐르는 전류는 전압과 저항에 따라 다르다. 일부 전기 시스템에서는 1,000A 와 같이 지극히 큰 전류가 흐를 수 있다. 이 정도 전류는 큰 발전기의 출력 단에 금속막대를 직접 붙여 놓을 때 발생한다. 금속막대는 저항이 낮으므로, 발전기에서는 매 초마다 상당량 쿨롱의 전하 반송자를 막대에 통과시킬 수 있다. 어떤 반도체 전자 소자는 수 nA 의 전류로도 충분히 동작한다. 몇몇 전자시계는 매우 낮은 전류가 흐르므로 선반 위에 두면 배터리가 오래 지속된다.

저항과 옴

저항은 회로가 전류의 흐름을 거슬러 방해하는 것을 양으로 표시한다. 저항은 정원용 호스의 직경의 역수에 비교할 수 있다(컨덕턴스는 정원용 호스의 직경에 비교된다). 금속선에서는 이러한 비유가 잘 맞는데, 같은 금속으로 제작한 경우 직경이 작은 금속선은 직경이 큰 금속선에 비해 저항이 높다.

저항의 표준 단위는 옴^{ohm}이라 하고, Ω(오메가)라는 그리스 대문자로 표시한다. 킬로옴($1k\Omega = 1,000\Omega$)이나 메가옴($1M\Omega = 1,000,000\Omega$ 또는 $1,000k\Omega$)도 사용된다.

전선은 **단위길이당 저항**$^{resistance\ per\ unit\ length}$으로 성능을 평가한다. 이런 목적으로 사용하는 표준 단위는 피트당 저항(Ω/ft) 또는 미터당 저항(Ω/m)이다. 경우에 따라 킬로미터당 저항(Ω/km)도 쓰인다. [표 2-1]은 상온에서 **미국 전선 규격**(AWG)$^{American\ Wire\ Gauge}$으로 정의된 다양한 크기를 갖는 구리선의 단위길이당 저항을 나타낸 것이다.

[표 2-1] 상온에서 전선 크기에 따른 구리 동선의 단위길이당 저항(AWG)

전선 치수 [AWG #]	저항률 [Ω/km]
2	0.52
4	0.83
6	1.3
8	2.7
10	3.3
12	5.3
14	8.4
16	13
18	21
20	34
22	54
24	86
26	140
28	220
30	350

전원 공급 장치에서 전하 반송자를 무한히 공급할 수 있다고 가정해보자. 1Ω의 저항값을 갖는 소자 양단에 $1V$의 전위차를 인가하면 $1A$의 전류가 흐르고, 저항이 2Ω으로 되면 $0.5A$의 전류가 흐른다. 저항이 0.2Ω으로 $\frac{1}{5}$이 줄면 전류는 $1A$에서 $5A$로 5배 증가한다. 이처럼 전압이 일정할 경우 전류는 저항에 반비례한다. [그림 2-3]은 전압이 $1V$로 고정된 상태에서 다양한 저항값을 가진 소자를 통과해 흐르는 전류를 보여준다.

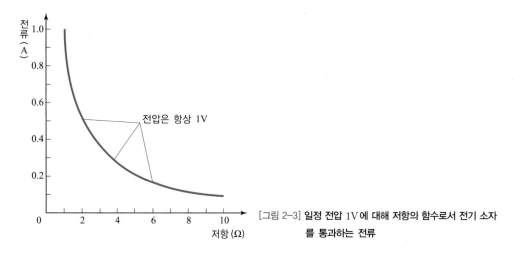

[그림 2-3] 일정 전압 1V에 대해 저항의 함수로서 전기 소자를 통과하는 전류

[그림 2-4]와 같이 전류가 소자를 통과할 때는 소자 양단에 전위차가 반드시 발생한다. 일정한 저항값을 갖도록 제작된 소자를 **저항기**resistor라고 하는데, 일반적으로 전위차는 저항기를 통과하는 전류에 비례한다. 이 책의 후반부에서 다루겠지만, 이러한 현상은 전자회로를 설계할 때 활용한다.

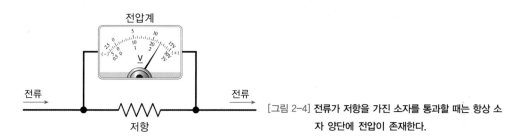

[그림 2-4] 전류가 저항을 가진 소자를 통과할 때는 항상 소자 양단에 전압이 존재한다.

전기회로는 항상 저항을 갖는다. 세상에 완전한 도체(저항이 0인 물체)는 없다. 특정 도체의 온도를 **절대온도 0도** 근처까지 낮출 경우, 물체가 저항을 잃어버려 장시간 동안 전류가 흐를 수 있다. 이러한 현상을 **초전도성**superconductivity이라고 한다. 그러나 **절대적인 완전** 도체는 없다.

세상에 **완벽한** 무저항 물체가 없는 것처럼, 무한대 저항의 **절대 부도체**도 존재하지 않는다. 건조한 공기일지라도 어느 정도 전류가 흐르며, 단지 무시할 수 있을 만큼 미미할 뿐이다. 일부 전자적 응용을 할 때 엔지니어는 "'거의 무한대' 저항의 물질을 선택한다."고 말하는데, 이는 비유적인 표현이다. 실제로는 저항이 너무 커서 모든 상황에서 '무한대'의 저항체인 것처럼 생각할 수 있다는 의미다.

전자공학에서 소자의 저항은 소자가 동작하는 환경에 따라서 종종 변화한다. 예를 들어, 트랜지스터의 경우 시간에 따라 저항이 높을 수도 있고 낮을 수도 있다. 저항의 높낮이 변화는 초당 수천~수십억 번 발생할 수 있다. 이런 현상을 이용하여 발진기, 증폭기와 디지털 장치들이 무선 송수신기, 통신망, 컴퓨터, 위성통신 등에서 여러 가지 기능을 담당한다.

컨덕턴스와 지멘스

저항보다 물질의 **컨덕턴스**^{conductance}를 이야기하는 경우도 있다. 컨덕턴스의 표준 단위는 **지멘스**^{siemens}로서 S로 표시한다. 어떤 물체의 컨덕턴스가 1S라는 말은 저항이 1Ω이라는 의미다. 만일 저항이 2배가 되면 컨덕턴스는 $\frac{1}{2}$로 줄어든다. 반대로 저항이 $\frac{1}{2}$로 줄면 컨덕턴스는 2배로 증가한다. 한 순간 하나의 소자나 회로에서 S 단위로 나타낸 컨덕턴스는 Ω 단위로 나타낸 저항과 항상 역수 관계다.

저항[Ω]을 알면 $\left(\frac{1}{저항}\right)$을 계산해 컨덕턴스[S]를 구할 수 있다. 역으로 컨덕턴스[S]를 알고 있을 경우 $\left(\frac{1}{컨덕턴스}\right)$을 계산해 저항[Ω]을 구할 수 있다. 계산이나 수식에서 저항은 대문자 이탤릭 R, 컨덕턴스는 대문자 이탤릭 G로 표기한다. 저항 R[Ω]과 컨덕턴스 G[S]의 관계는 다음과 같다.

$$G = \frac{1}{R}, \ \ R = \frac{1}{G}$$

실제 회로에서는 S보다 작은 단위인 밀리지멘스(1mS = 1kΩ) 또는 그보다 큰 단위인 킬로지멘스(1kS = 0.001Ω), 메가지멘스(1MS = 0.000001Ω)를 사용하기도 한다. 굵고 짧은 철선은 수 kS의 컨덕턴스를, 굵은 구리 도선이나 은 도선은 수 MS의 컨덕턴스를 갖는다.

저항이 50Ω인 소자의 컨덕턴스는 $\frac{1}{50}$S 또는 0.02S(20mS)이다. 컨덕턴스가 20S인 도선의 저항은 $\frac{1}{20}$Ω 또는 0.05Ω이다. mΩ을 잘 사용하지는 않지만, 0.05Ω의 도선이 50mΩ의 저항을 갖는다고 말하는 것이 기술적으로는 타당하다.

소자나 회로, 시스템의 **전도율**을 결정할 때 주의를 기울이지 않으면 잘못된 값을 계산하게 된다. 예를 들면, 단위길이당 저항이 10Ω/km인 도선의 전도율을 $\frac{1}{10}$S/km 또는 0.1S/km라고 말할 수 없다. 1km 도선의 컨덕턴스는 0.1S지만, 2km 도선은 저항이 20Ω이 되므로 컨덕턴스가 2배가 아닌 $\frac{1}{2}$배가 된다. 도선의 전도율이 0.1S/km이면 2km의 도선은 0.2S의 컨덕턴스를 갖는다고 생각할 수 있지만, 이는 사실과 다르다. 컨덕턴스는 도선의 길이가 증가할 때 감소한다는 사실에 유의하자.

[그림 2-5]는 단위길이당 저항이 $10\Omega/\text{km}$ 인 도선에 대해, 길이에 따른 저항과 컨덕턴스의 변화를 보여준다.

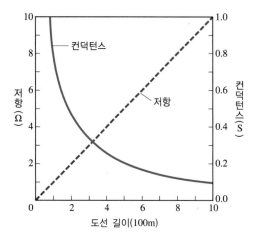

[그림 2-5] **저항률이** $10\Omega/\text{km}$ **인 도선의 길이에 따른 저항과 컨덕턴스의 변화**

전력과 와트

저항성 소자에 전류가 흐를 때마다 소자의 온도가 상승한다. 열의 세기는 전력을 나타내는 단위인 **와트**^{watt}로 측정할 수 있으며, 수식에서 전력을 P로 표시한다. 전력은 기계적인 운동, 전자파, 가시광선 혹은 잡음과 같이 다양한 형태로 나타난다. 그러나 세상에는 효율이 100% 인 시스템이 없으므로 전기/전자기기에서는 항상 열이 발생한다. 즉, 전력의 일부가 항상 손실되는데, 주로 열로 사라진다.

[그림 2-4]를 다시 보면, 실제 전류와 전압이 얼마인지는 모르지만 저항기의 양단에 전위차가 발생하고 전류가 흐르는 것을 알 수 있다. 저항기 양단의 전압을 $E[\text{V}]$, 전류를 $I[\text{A}]$ 라고 하면, 저항기에서 소비되는 전력 $P[\text{W}]$ 는 다음과 같다.

$$P = EI$$

직렬로 연결된 건전지 2개를 사용해 3V 의 전압을 저항(전구라고 가정)에 걸어주고 저항에 0.2A 의 전류가 흐른다고 가정하면, $E = 3\text{V}$, $I = 0.2\text{A}$ 가 된다. 이때 전력 P는 다음과 같다.

$$P = EI = 3 \times 0.2 = 0.6\,\text{W}$$

전압이 $220\,\text{V}$, 전류가 $400\,\text{mA}$ 라고 가정하자. 전력을 계산하기 위해 전류를 암페어$[\text{A}]$ 로 환산하면 $400\,\text{mA} = 400/1000\,\text{A} = 0.400\,\text{A}$ 가 되고, 전력은 다음과 같다.

$$P = EI = 220 \times 0.400 = 88.0\,\text{W}$$

전력은 밀리와트(mW), 마이크로와트(μW), 킬로와트(kW), 메가와트(MW)로 표시할 수 있다. 지금부터는 접두어만 보고도 어떤 단위를 뜻하는지 알아야 한다. 잘 모르겠다면 [표 2-2]에 표시된 접두어 승수를 참고하기 바란다.

[표 2-2] 10^{-12} 단위부터 10^{12} 단위까지의 접두어 승수

접두어	기호	승수
피코(pico-)	p	0.000000000001(또는 10^{-12})
나노(nano-)	n	0.000000001(또는 10^{-9})
마이크로(micro-)	μ	0.000001(또는 10^{-6})
밀리(milli-)	m	0.001(또는 10^{-3})
센티(centi-)	c	0.01(또는 10^{-2})
데시(deci-)	d	0.1(또는 10^{-1})
킬로(kilo-)	k	1,000(또는 10^{3})
메가(mega-)	M	1,000,000(또는 10^{6})
기가(giga-)	G	1,000,000,000(또는 10^{9})
테라(tera-)	T	1,000,000,000,000(또는 10^{12})

소자에 흐르는 전류나 걸린 전압을 구할 때는 다음 식을 사용한다.

$$I = \frac{P}{E}, \quad E = \frac{P}{I}$$

이 식들을 사용하기 전에 반드시 표준 단위(V, A, W)로 변경해야 한다. 그렇지 않으면 답이 10의 몇 승배로 크거나 작은 값이 될 수 있다.

표기법

때로는 기호와 약자를 이탤릭체로 표기하는 경우가 있다. 종종 아래첨자를 사용하는데 때로는 아래첨자도 이탤릭체로 표기한다. 전기전자 분야에서는 다음과 같은 규칙을 사용한다.

- 볼트(V), 암페어(A), 와트(W) 단위의 약자는 이탤릭체로 표시하지 않는다.
- 저항(R), 전지(B), 커패시터(C), 인덕터(L)와 같은 물체나 부품의 약자는 이탤릭체로 표시하지 않는다.

- 킬로(k-), 마이크로(μ-), 메가(M-), 나노(n-)와 같이 양을 나타내는 접두어는 이탤릭 체로 표시하지 않는다.
- 그림에 명칭이 붙는 점은 이탤릭체로 표시하기도 하고 안 하기도 한다. 예를 들어 한 점을 P 또는 P로 표시해도 된다. 일관성만 유지된다면 문제되지 않는다.
- 수학에서 사용하는 시간(t), 진공에서 빛의 속력(c), 속도(v), 가속도(a)와 같은 상수 나 변수는 항상 이탤릭체로 표시한다.
- 전압(E 또는 V), 전류(I), 저항(R), 전력(P)과 같은 전기적인 물리량은 항상 이탤릭 체로 표시한다.
- 숫자로 표시된 아래첨자는 이탤릭체로 표시하지 않는다. 즉 특정 저항기를 R_2로는 표 시하지만 R_2로는 표시하지 않고, 특정 전류의 양을 I_4로는 표시하지만 I_4로는 표시하 지 않는다.
- 숫자가 아닌 아래첨자에 대해서는 일반적인 기호 표기법을 적용한다.

이따금 하나의 그림이나 단락 내에서 사용하는 동일한 기호에 대해, 어떤 곳은 이탤릭체를 사용하는데 어떤 곳은 그렇지 않는 경우가 있다. 예를 들어 R_3와 R_3라는 표현이 함께 사용될 수도 있다. 이때 R_3는 저항기의 조합 중 '세 번째 저항기^{resistor}'를, R_3는 저항의 조합 중 '세 번째 저항^{resistance}'을 의미한다. 나중에 저항기의 조합에서 n번째 저항기(R_n)와 그리고 저항의 조합에서 n번째 저항(R_n)에 대해 언급할 것이다.

▌에너지와 와트시

전력과 에너지라는 용어는 같은 의미일까? 그렇지 않다. **에너지**^{energy}는 일정 시간 동안 소비된 전력을 의미하는 한편, **전력**^{power}은 특정 순간에 에너지가 소비되는 순간 비율을 의미한다.

에너지는 **줄**^{joules}이라는 단위로 측정하고, J로 나타낸다. 1J은 1와트 전력으로 1초 동안 소비하는 에너지에 해당하는 **1와트초**(1W·s 또는 1Ws)를 의미한다. 전기에서는 **와트시** (W·h 또는 Wh)나 **킬로와트시**(kW·h 또는 kWh로 표기)를 많이 사용한다. 이름이 의미하 는 바와 같이 와트시는 1W로 1시간 동안 소비하는 에너지를 나타내고, 1kWh는 1kW로 1시간 동안 소비하는 에너지를 나타낸다.

1Wh는 어느 정도 크기의 에너지일까? 60W 전구는 1시간에 60Wh의 에너지를 소비하 는데, 이는 1분당 1Wh(1Wh/min)이다. 100W 램프는 $\dfrac{1}{100}$ 시간(= 36초) 동안 1Wh

를 소비한다. 전력을 2배로 할 때 1Wh를 소비하는 데 소요되는 시간은 $\frac{1}{2}$로 줄어든다. 그러나 일상에서는 항상 일정하게 전력이 소비되지 않고, 매 시간마다 달라질 수 있다.

[그림 2-6]에서는 1Wh를 소비하는 기기가 2개 있다고 가정했다. 기기 A는 항상 60W를 사용하여 1분당 1Wh의 에너지를 소비하고, 기기 B는 0에서 출발하여 60W 이상까지 증가하면서 전력을 소비한다. 그렇다면 기기 B는 실제로 1Wh의 에너지를 사용한다고 할 수 있을까? 이를 알아내려면 그림에서 면적을 계산해야 한다. 이 경우 면적은 삼각형이 되므로 밑변과 높이를 곱하고 반으로 나눈다. 즉, 기기 B는 72초(1.2분 또는 $\frac{1.2}{60} = 0.02$시간) 동안 전력을 공급받고, 면적은 $\frac{1}{2} \times 100 \times 0.02 = 1$ Wh가 된다.

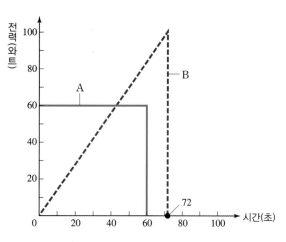

[그림 2-6] 1Wh 에너지를 소비하는 장치 2개. 기기 A는 시간에 따라 일정한 양의 전력을 소비한다. 기기 B는 시간에 따라 증가하는 전력을 소비한다.

에너지를 계산할 때 항상 명심할 사항은 사용하는 단위에 주의해야 한다는 것이다. [그림 2-6]과 같이 와트시를 사용하려면 와트와 시를 곱해야 한다. 와트와 분 또는 와트와 초를 곱하면 단위가 달라져 잘못된 답을 얻게 된다.

때때로 시간에 대한 전력 그래프는 사각형이나 삼각형이 아닌 복잡한 곡선이 된다. 하루 동안 가정에서 사용한 전력을 시간에 따라 나타내면 [그림 2-7]과 같은 곡선이 될 수도 있다. 곡선의 면적을 계산하는 것은 단순하지 않다. 이때 일정 시간 동안 소비한 전력을 계산하기 위해 다른 방법을 활용할 수 있는데, 킬로와트시(kWh)로 전기에너지를 측정하는 특별한 기기를 사용할 수 있다.

매달 전력회사에서는 사람을 보내거나 무선기기를 사용하여 kWh로 표시된 계측기 숫자를 기록하고, 현재 값에서 지난달의 값을 뺀다. 그리고 각 가정은 며칠 후 1개월 동안 사용한 전기요금 청구서를 받는다. 전력계(실제로는 '에너지 측정계'지만 잘못 불리고 있다)는 [그림 2-7]과 같이 불규칙한 곡선 아래의 면적을 고급수학으로 계산하지 않고, 총 소비에너지를 자동으로 추적 측정한다.

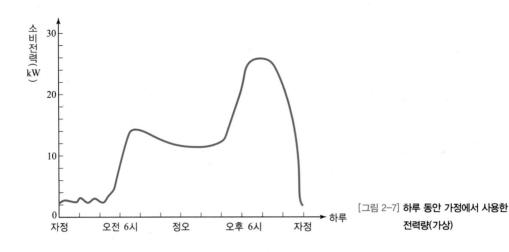

[그림 2-7] 하루 동안 가정에서 사용한 전력량(가상)

그 외 다른 에너지 단위들

J 외에 에너지를 표시하는 단위로 **erg**가 있다. 1erg는 0.0000001J과 같은 값으로, 적은 양의 에너지를 표시할 때 사용한다.

또한 영국식 열 단위인 **Btu**^{British thermal unit}는 1,055J과 같으며 에어콘 장치의 냉각용량 또는 열용량을 표시하는 데 사용한다. 방의 온도를 화씨 85도에서 75도로 냉각하려면 Btu로 정의된 일정량의 에너지가 필요하다. 만약 가정에 에어컨이나 난방기를 설치하려 한다면 전문가를 불러 적합한 제품 크기를 결정해야 한다. 전문가는 가열 또는 냉각 능력에서 기기가 얼마나 강력해야 하는지를 시간당 Btu로 알려줄 것이다.

줄뿐만 아니라 **전자볼트**(eV)^{electron-volt}라는 에너지 단위도 사용된다. 이는 매우 작은 에너지 단위로서 0.00000000000000000016J과 같으며 1.6×10^{-19}J로 표시한다. 1eV란 1V의 전계에서 하나의 전자가 얻는 에너지를 의미한다. 원자를 연구하는 과학자는 메가전자볼트(MeV, 1MeV = 1000000eV), 기가전자볼트(GeV, 1GeV = 1000MeV), 테라전자볼트(TeV, 1TeV = 1000GeV)를 사용해 입자 가속기 정격을 표현한다.

기계 분야에서는 **풋파운드**^{foot-pound}(ft-lb)라는 에너지 단위를 사용한다. 1ft-lb는 1파운드 무게를 1ft만큼 수직으로 들어 올릴 때의 일의 양으로, 1.356J과 같다.

[표 2-3]은 지금까지 다룬 모든 에너지 단위를 요약한 것이다. 이 표는, 어떤 에너지를 J로 변환하거나 J을 다른 에너지로 변환할 때 필요한 단위 간 변환 계수를 보여준다. 표에는 Wh와 kWh가 포함되어 있는데, 전기전자 분야에서 이 둘이 아닌 다른 에너지 단위를 사용할 일은 거의 없을 것이다.

[표 2-3] 줄과 다양한 에너지 단위 간 변환 계수

단위	왼쪽의 에너지 단위를 J로 바꾸기 위해 다음 값을 곱한다.	J로 표시된 에너지를 왼쪽의 에너지 단위로 바꾸기 위해 다음 값을 곱한다.
영국열량단위 [Btu]	1055	0.000948
전자볼트 [eV]	1.6×10^{-19}	6.2×10^{18}
에르그 [erg]	0.0000001(또는 10^{-7})	10,000,000(또는 10^{7})
풋파운드 [ft-lb]	1.356	0.738
와트시 [Wh]	3600	0.000278
킬로와트시 [kWh]	3,600,000(또는 3.6×10^{6})	0.000000278(또는 2.78×10^{-7})

교류와 헤르츠

직류(DC)$^{Direct\ Current}$는 언제나 같은 방향으로 흐르지만, 가정에서 사용하는 전류는 일정한 시간 간격마다 방향을 바꿔서 흐른다. 미국을 비롯한 대부분의 나라에서는 $\frac{1}{120}$ 초마다 전류가 방향을 바꾸면서 매 $\frac{1}{60}$ 초마다 완전한 한 사이클을 완성한다. 일부 나라에서는 $\frac{1}{100}$ 초마다 전류가 방향을 바꾸면서 $\frac{1}{50}$ 초가 한 사이클인 경우도 있다. 이와 같이 주기적으로 전류가 반대로 흐르는 것을 교류(AC)$^{Alternating\ Current}$라고 한다.

[그림 2-8]은 일반적인 117 V 교류 전압이 시간에 따라 변화하는 모습이다. 자세히 살펴보면 양과 음의 기전력의 최댓값이 117 V 가 아니라 165 V 에 가까운 것을 알 수 있다. 일반적으로 교류에서 실효 전압은 최대 순간 전압이나 피크 전압과 일치하지 않는다. [그림 2-8]에서 실효값은 피크값의 약 0.707 배이다. 이론적으로 실효값은 피크 값 $\times \frac{1}{\sqrt{2}}$ 이 된다. 반대로 피크값은 실효값의 약 1.414 배가 되고, 정확히는 실효값의 $\sqrt{2}$ 배가 된다.

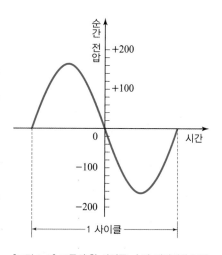

[그림 2-8] 교류의 한 사이클. 순간 전압이란 특정 순간에서의 전압이다. 피크 전압은 거의 ± 165V 이다.

Hz 기호로 표시하는 헤르츠^{hertz}는 교류 주파수의 기본 단위이다. 1Hz 란 1초당 하나의 완전한 사이클을 의미한다. 일반적인 교류 사이클은 $\frac{1}{60}$ 초마다 반복되므로 교류는 60 Hz 주파수를 갖는다고 한다. 미국에서는 60 Hz 를 교류의 표준 주파수로 사용하고, 일부 나라에서는 50 Hz 를 사용한다.

무선통신에서는 kHz, MHz, GHz 를 사용하며, 다음과 같은 관계를 갖는다.

- $1\,\text{kHz} = 1{,}000\,\text{Hz} = 10^3\,\text{Hz}$

- $1\,\text{MHz} = 1{,}000\,\text{kHz} = 1{,}000{,}000\,\text{Hz} = 10^6\,\text{Hz}$

- $1\,\text{GHz} = 1{,}000\,\text{MHz} = 1{,}000{,}000\,\text{kHz} = 1{,}000{,}000{,}000\,\text{Hz} = 10^9\,\text{Hz}$

항상 그런 것은 아니지만 일반적으로 파형은 보통 [그림 2-8]과 같으며, 이를 **사인파**^sine ^wave 또는 **사인 곡선**^sinusoid이라고 한다.

정류와 맥동 직류

배터리나 직류 전원은 [그림 2-9]와 같이 시간에 따른 전압이 수평 직선으로 나타난다. 순수한 직류는 피크 전압과 실효 전압이 같다. 어떤 시스템에서는 배터리 대신 다른 전원으로부터 전력을 공급받을 때, 순간 직류전압이 시간에 따라 급격히 교란된다. 예를 들어, 이런 현상은 [그림 2-8]과 같은 사인파를 **정류기** 회로에 통과시키는 경우에 발생한다. 정류기 회로는 전류를 한 방향으로만 흐르게 하는 회로다.

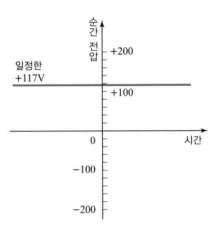

[그림 2-9] **순수 직류(DC)의 표현**

정류^rectification는 교류를 직류로 바꿔준다. 정류를 하기 위해서는 **다이오드**^diode라는 소자가 필요하다. 교류 파형을 정류할 때는 교류 파형의 반을 자르거나 반전시켜 **맥동하는**^pulsating **직류**를 얻는다. [그림 2-10]에서는 두 종류의 맥동하는 직류를 보여준다.

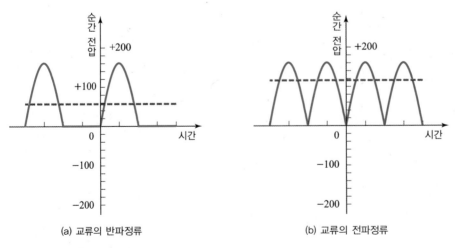

(a) 교류의 반파정류 (b) 교류의 전파정류

[그림 2-10] **교류의 반파정류와 전파정류를 나타낸다. 실효 전압은 점선으로 나타냈다.**

[그림 2-10]에서 (a)는 교류의 한 사이클에서 절반인 음의 부분을 제거한 것이고, (b)는 한 사이클 중 음의 절반을 반전시켜 양의 부분으로 만들어 거울 이미지를 형성한 것이다. (a)는 파형의 절반만 포함하는 반파정류를, (b)는 두 개의 절반 파형 모두가 출력에 기여하는 전파정류를 나타낸다. 전파정류기의 출력은 입력처럼 방향을 바꾸면서 흐르지는 않지만, 입력의 일부가 차단되는 일 없이 모든 입력 전류가 한 방향으로 계속 흐른다.

피크값과 비교하여 맥동하는 직류에 대한 실효값은 교류 파형이 반파정류인지 전파정류인지에 따라 달라진다. [그림 2-10]을 보면 실효값은 점선으로 나타내고, 순간 전압은 실선으로 나타냈다. 순간 전압은 매순간 변화한다.

[그림 2-10(b)]에서 실효값은 교류 피크값의 $2^{-1/2}$배이고, 대략 0.707배가 된다. 이는 정류 전 처음 교류 파형에서의 실효값과 동일하며, 많은 종류의 소자에 대해 전류 흐름의 방향만 다른 것은 실효값에 어떤 차이를 가져오지 않는다. 그러나 [그림 2-10(a)]에서 실효값은 원래 파형의 $\frac{1}{2}$이 손실되므로, 피크값의 $\frac{2^{-1/2}}{2}$배가 되고, 즉 대략 0.354배가 된다.

미국에서 사용하는 가정용 전원의 피크값은 165 V, 실효값은 약 117 V이다.[1] 만일 이 전압을 전파정류로 만들면 피크값과 실효값이 전원의 값들과 동일하다. 하지만 만약 반파정류로 만들면 피크값은 전원의 값과 같지만, 실효값은 58.5 V로 낮아진다.

▌ 안전

전기 장치의 안전에 대해 꼭 알아둬야 할 한 가지 규칙이 있다. 결코 한 순간도 잊지 말라. 부주의한 움직임 하나가 누군가를 죽일 수도 있다.

> ⚠ **주의 사항**
> 만일 당신이 전기 장치를 안전하게 다룰 수 있을지 없을지 조금이라도 의심이 생기면, 일단 당신은 할 수 없다고 가정하고 전문가에게 작업을 맡겨라.

실효값이 약 117 V인 가정용 전기기기(전자레인지나 세탁기 같은 대형 가전기기의 경우는 전압이 2배)가 사람의 심장을 관통하는 전류를 흘리면 이는 사람을 사망에 이르게 하기에 충분하다. 점화 코일처럼 어떤 장치는 자동차 배터리로부터도 치명적인 전류를 만들 수 있다. 어떤 종류의 회로, 절차, 장치가 안전한지 그리고 어떤 종류는 불안전한지에 대해 확신이 들지 않는다면 전문가에게 문의하는 편이 좋다.

---

1 (옮긴이) 한국에서 사용하는 가정용 전원의 피크값은 311 V, 실효값은 220 V이다.

자성

전류가 흐를 경우, 즉 전하 반송자가 움직이면 주변에 **자기장**^{magnetic field}이 발생한다. 직선 도선에 전류가 흐르면 도선을 중심으로 **자속선**^{magnetic lines of flux}이 원형으로 생긴다. 자속선은 형체가 눈에 보이지는 않지만, 자기장을 표현할 때 유용하다. 예를 들어, $1cm^2$당 100개의 자속선과 같이 단위면적당 자속선 수를 자기장의 상대적 세기를 표시하는 용어로 사용한다.

자기장은 특정 물질의 원자들이 정렬될 때 생겨난다. 철은 이러한 성질을 가진 대표적인 물질이다. 지구 자전과 태양의 자기장에 의한 철 원자의 움직임 때문에 지구의 핵에 있는 철 원자들이 어느 정도 정렬된다. 지구를 둘러싸고 있는 자기장 때문에, 대전된 입자들이 한쪽으로 집중되는 흥미로운 현상이 생긴다. 이로 인해 태양 폭풍이 진행되는 동안 오로라 현상을 볼 수 있다.

전선을 감아서 코일을 만들면 지구를 둘러싸고 있는 자기장과 같은 모양의 자속선이 만들어진다. [그림 2-11]과 같이 두 **자극**^{magnetic poles}이 만들어지는데, 철이나 금속 또는 자화가 잘 일어나는 특별한 물질로 코일 내부에 코어를 만들어주면 자기장 세기를 증가시킬 수 있다. 이러한 물질을 **강자성체**^{ferromagnetic materials}라고 한다.

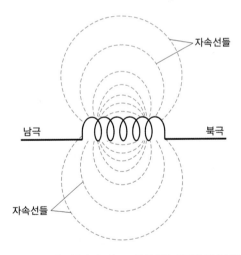

[그림 2-11] **전류가 흐르는 도선 주위를 둘러싼 자속선들. 자속선들은 자극에 모여든다.**

강자성 심은 코일 속과 그 주변에 존재하는 자성의 총 양을 증가시키는 것은 아니지만, 더 강한 세기의 장을 만들 수 있다. 이는 전자석이 동작하는 원리로, 변압기 동작에도 이용된다. 학술적으로 자속선은 북극에서 나와서 남극으로 모인다. 따라서 자기장은 코일 또는 막대자석의 북극 끝에서 나와서 주위 공간의 자속선을 따라 남극 끝으로 흐른다.

자성의 단위

자기장의 전체 양을 표시할 때 **웨버**^{weber}라는 단위를 사용하고, Wb로 표기한다. 1Wb는 1볼트초($1\,\text{V} \cdot \text{s}$)와 같다. 좀 더 세기가 약한 자기장에 대해서는 **맥스웰**(Mx)^{Maxwell}이라는 단위를 사용하는데, 1Mx은 $0.00000001\,\text{Wb}$ 또는 $0.01\,\mu\text{V} \cdot \text{s}$와 같다.

자기장에서 **자속선의 밀도**는 m^2나 cm^2당 웨버 또는 맥스웰로 표현할 수 있다. 자속선의 밀도가 m^2당 1웨버인 경우($1\,\text{Wb/m}^2$)를 **1테슬라**(T)^{Tesla}라고 한다. **1가우스**(G)^{Gauss}는 $0.0001\,\text{T}$ 또는 $1\,\text{Mx/cm}^2$과 같다.

일반적으로 도선에 흐르는 전류가 증가하면 도선 주변의 자속 밀도도 증가한다. 동일한 전류가 흐를 때 코일 형태로 된 도선은 직선 형태의 도선보다 훨씬 높은 자속 밀도를 만들어 낸다. 또한 동일한 전류가 흐르는 동일한 직경의 코일에서 코일의 감긴 횟수가 많을수록 코일 속과 그 주변의 자속 밀도도 증가한다.

자기장의 세기를 **암페어-턴**(At)$^{\text{ampere-turns}}$으로 나타내기도 한다. At은 **기자력**$^{\text{magneto-motive force}}$이라 불리는 현상을 양적으로 표현한다. 1A의 전류가 흐르는 도선이 폐곡선 1개로 되어 있을 때 1At이라는 기자력을 만들어 내며, 전류는 고정하고 도선을 두 번 감으면 기자력은 2배가 된다. 물론 감은 수는 고정하고 전류가 2배가 되어도 기자력이 2배로 증가한다. 가령 10A의 전류가 흐르는 도선이 10번 감겨 있는 코일의 기자력은 100At이 된다. 또한 100mA(0.1A)의 전류가 흐르는 도선이 200번 감겨 있는 코일에는 20At의 기자력이 발생한다.

간혹 **길버트**(Gb)라는 기자력 단위를 사용하는데, 1Gb는 약 0.796At과 같다. 반대로 1At은 약 1.26Gb가 된다.

> 💡 **TIP**
>
> 직류가 흐르는 코일의 기자력은 단지 코일에 흐르는 전류와 감은 코일 횟수에만 의존한다. 그것이 전부다. 그 외에는 다른 어떤 것도 차이를 유발하지 않는다.

※ 필요하다면 이 장의 본문 내용을 참고해도 된다. 적어도 18개 이상 맞히는 것이 바람직하다.
정답은 [부록 A]에 있다.

2.1 고정된 양극을 가진 전기쌍극자에서 양전하의 중심은 어떤 상태인가?

    (a) 음전하 중심보다 전자 수가 더 많다.

    (b) 음전하 중심과 전자 수가 동일하다.

    (c) 음전하 중심보다 전자 수가 더 적다.

    (d) 음전하 중심보다 전자 수가 더 많을 수도, 같을 수도, 적을 수도 있다.

2.2 직류 전압이 걸린 두 지점이 있다. 이 중 한 지점을 왼손으로, 다른 한 지점을 오른손으로 만진다면, 감전사 위험이 가장 큰 전압은 어느 것인가?

    (a) 1.5 V

    (b) 15 V

    (c) 150 V

    (d) 위 세 전압에는 동일한 감전사의 위험이 존재한다. 사람을 죽이는 것은 전압이 아니라 전류이기 때문이다.

2.3 저항에 인가하는 직류 전압을 100배 증가시키고, 전류를 일정하게 유지하기 위해 저항도 증가시켰다. (저항이 타지 않는다고 가정하고) 저항이 소비하는 전력은 이전과 비교할 때 어떻게 되는가?

    (a) 100배가 된다.

    (b) 10배가 된다.

    (c) 변함이 없다.

    (d) $\frac{1}{10}$배가 된다.

2.4 도선의 컨덕턴스가 500 mS이면 저항은 얼마인가?

    (a) 0.02 Ω

    (b) 0.2 Ω

    (c) 2 Ω

    (d) 도선에 흐르는 전류 크기에 의존함

2.5 저항이 330 Ω이면 컨덕턴스는 얼마인가?

    (a) 0.303 mS   (b) 3.03 mS

    (c) 30.3 mS   (d) 303 mS

2.6 직류 13.8 V로 동작하는 자동차 시스템에 정격 15.0 A인 회로 차단기가 장착되어 있다. 얼마 이상의 전력을 요구하는 기기가 이 시스템에 연결될 때 차단기가 동작하는가?

    (a) 207 W   (b) 20.7 W

    (c) 1.09 W   (d) 920 mW

2.7 히터가 한 주기 동안 1,000,000 J의 에너지로 공간을 덥힌다면, 이 에너지는 몇 Btu인가?

    (a) 1055 Btu

    (b) 948 Btu

    (c) 10.55 Btu

    (d) 답이 없음. Btu는 에너지 단위가 아니라 전력 단위이다.

2.8 6 V의 배터리가 전구에 4.00 W를 공급하고 있다. 전구에 흐르는 전류는 얼마인가?

(a) 24.0 A

(b) 1.50 A

(c) 667 mA

(d) 전류를 계산하려면 전구의 저항을 알아야 한다.

2.9 전선 200 m의 컨덕턴스가 900 mS라고 할 때, 동일한 전선이 600 m가 되면 컨덕턴스는 얼마인가?

(a) 8.10 S   (b) 2.70 S

(c) 300 mS   (d) 100 mS

2.10 에너지의 단위는 무엇인가?

(a) erg

(b) kWh

(c) J

(d) (a), (b), (c) 모두

2.11 교류 사이클이 0.02초마다 완전한 한 사이클을 반복한다면 주파수는 얼마인가?

(a) 500 Hz   (b) 200 Hz

(c) 50 Hz   (d) 20 Hz

2.12 미국 이외의 많은 나라에서 사용하는 교류 전원의 주파수는 얼마인가?

(a) 33 Hz   (b) 50 Hz

(c) 75 Hz   (d) 100 Hz

2.13 직선 도선에 전류가 흐를 때 도선 주위에 생긴 자속선 모양에 대한 설명으로 옳은 것은 무엇인가?

(a) 중심에 도선이 있는 동심원들

(b) 도선과 평행한 직선들

(c) 도선에 직각으로 통과하여 지나가는 직선들

(d) 도선에서 출발하여 도선에 수직한 평면들에 놓인 소용돌이 선들

2.14 부하(직류 저항이 있는 부품)에 걸린 높은 직류 전압의 설명으로 옳은 것은 무엇인가?

(a) 컨덕턴스가 나빠지게 만든다.

(b) 부하가 작은 저항일지라도 높은 직류 전압이 존재할 수 있다.

(c) 부하를 통해 많은 전류를 일정불변하게 흘린다.

(d) (a), (b), (c) 모두

2.15 코일 도선에 직류가 흐른다. 이 코일의 기자력은 무엇에 의존하는가?

(a) 코일을 감은 횟수

(b) 코일의 직경

(c) 코일의 저항

(d) 코일이 감긴 물질

2.16 철가루 봉 둘레에 원형으로 코일을 100
번 감고 코일에 3 A의 전류를 흘렸다고
가정하자. 철가루 봉을 제거하여 공심으
로 한다면 기자력은 어떻게 변하는가?

(a) 감소한다.　　(b) 증가한다.
(c) 동일하다.　　(d) 0으로 떨어진다.

2.17 다음 중 있다면, 기자력을 표현할 수 있
는 단위는 무엇인가?

(a) At/m^2　　(b) Wb/m^2
(c) Mx/m^2　　(d) 답이 없음

2.18 교류 사인파가 입력일 때, 전파정류기의
출력은 어떤 상태가 되는가?

(a) 피크 전압과 동일한 값의 평균 전압
을 갖는다.
(b) 배터리가 제공하는 것과 같은 일정한
직류가 된다.
(c) 맥동하는 직류가 된다.
(d) 동일한 사인파이다.

2.19 교류 사인파가 입력일 때, 반파정류기의
출력은 어떤 상태가 되는가?

(a) 피크 전압과 동일한 값의 평균 전압
을 갖는다.
(b) 배터리가 제공하는 것과 같은 일정한
직류가 된다.
(c) 맥동하는 직류가 된다.
(d) 동일한 사인파이다.

2.20 다음 중 자기장의 전체량을 표시하는 단
위는 무엇인가?

(a) 웨버　　(b) 쿨롱
(c) 볼트　　(d) 와트

CHAPTER

03

계측기
Measuring Devices

학습목표

• 다양한 전기적 양을 측정하는 계측기의 개념을 익힐 수 있다.

• 가장 널리 사용되고 있는 전압계, 전류계, 저항계 및 멀티미터의 동작 원리와 측정 방법을 익힐 수 있다.

• 그 외 다양한 계측기의 구조와 동작 원리를 파악하고, 측정 방법을 익힐 수 있다.

목차

전기적 양을 측정하는 계측기에 대해 살펴보자. 일부 계측기는 전기장과 자기장이 장의 세기에 비례하여 힘을 만들어 내는 원리를 바탕으로 동작한다. 어떤 계측기는 전하 반송자가 저항값을 알고 있는 물질을 통과할 때 만들어 내는 열을 측정하여 전류를 결정한다. 또 일부 계측기에는 측정되는 전하 반송자의 양에 따라 속도가 변하는 소형 모터가 들어 있기도 하고, 어떤 것은 전기적인 펄스나 사이클의 수를 세기도 한다.

전자기 편향

전류는 자기장을 생성한다. 자기장은 도선 근처에 나침반을 놓아 보면 알 수 있다. 도선에 전류가 흐르지 않으면 나침반의 침은 북자극을 가리킨다. 하지만 도선에 배터리를 연결하여 직류 전류를 흘리면 나침반의 침은 동쪽이나 서쪽을 향한다. 편향 정도는 나침반과 도선 사이의 거리, 도선에 흐르는 전류에 따라 달라진다. 이러한 현상을 처음 본 과학자들은 이를 **전자기 편향**electromagnetic deflection이라고 했으며 현재도 그렇게 불리고 있다.

연구자들은 나침반과 도선을 다양하게 배치해 보면서 나침반의 침을 회전시키는 데 얼마만큼 힘이 필요한지 연구했다. 또한 가능하면 민감한 장치를 만들기를 원했다. [그림 3-1]과 같이 나침반 주위를 도선으로 감으면 작은 전류도 감지할 수 있었다. 이러한 효과를 **동전기**galvanism라고 하고, 나침반에 코일을 감은 장치를 **검류계**galvanometer라고 했다. 검류계의 침이 움직이는 정도는 도선에 흐르는 전류에 비례한다. 연구자들은 전류를 측정하는 장치를 만드는 데는 거의 성공했으나, 어떤 방식으로 검류계를 보정해야 하는지는 알아내지 못했다.

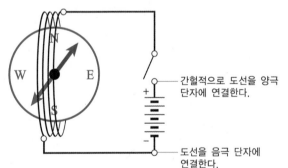

간헐적으로 도선을 양극 단자에 연결한다.

도선을 음극 단자에 연결한다.

[그림 3-1] **간단한 검류계. 나침반을 평평한 곳에 두어야 한다.**

여러분도 집에서 검류계를 만들 수 있다. 값싼 나침반과 60 cm 정도의 에나멜 도선, 그리고 6 V짜리 랜턴 배터리만 있으면 된다. [그림 3-1]과 같이 도선으로 나침반을 4~5번 감은 후, 도선에 배터리를 연결하지 않았을 때 나침반 침이 도선과 나란한 방향이 되도록 배치한다. 책상처럼 평평한 곳에 나침반을 놓고 도선의 한 쪽은 배터리의 음극 단자에 연결하고, 다른 한 쪽은 배터리의 양극 단자에 잠깐 갖다 대면서 나침반의 침을 관찰한다.

이때 도선과 배터리를 수초 이상 연결하지 않도록 주의한다.

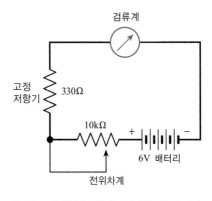

[그림 3-2] **어떻게 검류계가 상대적 전류를 가리키는지 설명하는 회로**

저항기와 **선형 전위차계**linear-taper potentiometer를 구입하여 검류계가 전류를 어떻게 측정하는지 알아볼 수 있다. 6 V짜리 손전등용 배터리와 최소 $\frac{1}{4}$ W를 소비하는 정격으로 최소 330 Ω인 고정 저항기, 그리고 최대 저항값이 10 kΩ인 전위차계를 준비한다. [그림 3-2]와 같이 도선의 한쪽 끝과 배터리의 한쪽 끝 사이에 직렬로 저항기와 전위차계를 연결하고, 전위차계의 중앙 접점과 전위차계 한쪽 끝을 연결한다. 결과적으로 회로에서 두 단자를 사용한다.

전위차계를 조절해보면 도선에 흐르는 전류에 따라 나침반 침이 얼마나 편향되는지 알 수 있다. 저항이 감소할수록 전류는 증가하고, 나침반 침이 회전하는 각도는 커진다. 이때 전위차계를 조절하면 전류를 조절할 수 있으며, 배터리를 반대로 연결하면 나침반 침이 회전하는 방향을 반대로도 할 수 있다. 초기에는 나침반의 침이 회전하는 각도를 전류에 대한 그림으로 그려서 검류계를 보정했다. 즉, 다음 장에서 배울 옴의 법칙을 이용해 전압을 저항으로 나눠서 이론적으로 전류를 계산했다.

정전기 편향

자기장과 마찬가지로 전기장도 힘을 만들어 낸다. 춥고 건조한 날씨에 머리카락이 서는 현상을 한 번쯤은 보았을 것이다. 추운 겨울에 바닥이 단단한 신발을 신고 카펫 위를 비비면서 다녀보면 머리카락을 세울 수 있다. 번개가 치기 직전에 머리카락이 선다는 이야기를 들어본 적이 있는가? 항상 그렇지는 않지만 그런 경우도 있다.

검전기electroscope는 정전기력을 설명할 때 사용하는 일반적 기기다. 검전기는 [그림 3-3]과 같이 공기를 통한 전류 흐름이 금속박을 방해하지 못하도록 용기를 밀폐시키고, 용기 안에 잎 모양의 금속박 2개를 금속막대에 붙인 구조로 되어 있다. 대전된 물체가 금속막대 머리에 가까워지거나 접촉하면 잎 모양의 금속박은 전자가 과잉으로 생기거나 결핍되어 서로 떨어지는데, 이는 동일한 두 극이 서로 밀어내는 것과 같다. 잎 모양의 금속박이 서로 밀어내는 정도는 전하량에 따라 달라진다. 그러나 검전기로는 편향되는 정도와 전하량을 정확히 알 수 없기 때문에 그리 좋은 계측기는 아니다. 하지만 인장 스프링 또는 자석의 힘에 거슬러서 정전기력을 작용시킴으로써 감도가 좋고 정확한 **정전기 계측기**를 만들 수 있다.

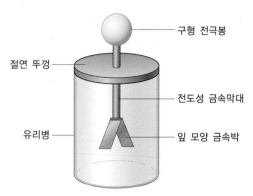

구형 전극봉

절연 뚜껑

전도성 금속막대

유리병

잎 모양 금속박

[그림 3-3] 검전기는 정전하의 존재를 감지할 수 있다.

정전기 계측기는 직류뿐 아니라 교류의 전하량도 측정할 수 있다. 이러한 성질은 검류계와 같은 전자기 계측기에 비해 장점이라 할 수 있다. 만일 [그림 3-1]과 같이 검류계 코일에 교류 전원을 인가할 경우, 검류계 침이 한 번은 이쪽으로, 한 번은 반대쪽으로 움직이게 되는데, 너무 빨라서 어떤 방향인지 구분할 수 없다. 그러나 교류를 정전기 계측기에 연결 하면 극성에 관계없이 항상 금속판이 서로 밀어낸다. 즉 교류인 경우에도 힘의 방향에는 변화가 없다.

대부분의 검전기는 민감하지 않아서 AC 117V인 경우 큰 편향이 나타나지 않는다. 그렇 다고 검전기에 117V를 연결하면 안 된다. 이 정도의 전압은 접촉할 때 감전사를 일으킬 수 있기 때문이다.

정전기 계측기에는 또 다른 유용한 성질이 있다. 이 기기는 금속판으로 전하가 이동하는 초기 순간에만 미약한 전류가 잠깐 흐르고, 이후에는 전류가 흐르지 않는다. 때때로 측정 기기를 연결했을 때 측정기로 전류가 심각한 정도로 흐른다면 그것은 원하지 않는데, 그 이유는 이러한 전류의 유출이 측정하려는 회로의 동작에 영향을 주기 때문이다. 이와 대조 적으로 검류계는 검침을 위해서 항상 일정량의 전류가 필요하다.

실험용 검전기를 사용하려면, 마른 헝겊에 유리막대를 문지른 뒤 검전기를 대전시킨다. 유리막대를 검전기에서 떼면 잎 모양의 금속박은 계속 떨어진 채로 남아 있다. 즉 금속판 에 전하들이 잡힌 것이다. 만약 검전기에 어떤 전류가 흐르면 금속박은 늘어져서 다시 붙 는데, 마치 검류계에서 배터리를 분리했을 때 침이 북극을 가리키는 것과 같다.

열적 가열

0이 아닌 어떤 저항값을 가진 물체를 통과하여 전류가 흐르면 물체의 온도는 상승한다.

온도 상승 정도는 전류에 따라 달라지는데, 전류가 많이 흐르면 열도 많이 발생한다. 도선의 온도를 측정하기 위해 민감하고 정확한 온도계를 사용하고, 성질을 알고 있는 금속이나 합금을 사용해 특정 길이와 굵기를 가진 도선을 만들어서, 전체 조립품을 열이 차단되도록 잘 포장하면 **열선 계측기**hot-wire meter가 완성된다. 열이란 전류의 방향과 관계없으므로, 이 계측기는 직류뿐 아니라 교류도 측정할 수 있다. 열선 계측기는 수 GHz까지도 교류를 측정할 수 있다.

서로 다른 성질을 가진 금속을 서로 맞붙여 놓으면 **접합점**junction이라는 경계가 형성되는데, 이를 다양한 형태의 열선 계측기에 대한 동작 원리로 이용할 수 있다. 이 경계에 전류가 흐르면 열이 발생하는데, 이를 **열전대 원리**thermocouple principle라고 한다. 열선 계측기처럼 이 열을 온도계로 측정할 수 있다. 열전대 원리는 반대로도 작용하는데, 열전대에 열을 가하면 직류가 발생하며, 이를 검류계로 측정할 수 있다. 이러한 현상을 이용하여 전자 온도계를 만들 수 있다.

전류계

도선을 감은 나침반은 전류를 측정하기에는 효과적이지만, 동작이 까다롭다는 문제가 있다. 나침반은 반드시 평평한 곳에 놓여 있어야 하고, 전류가 흐르지 않을 때의 나침반 침은 코일과 나란해야 한다. 또한 전류가 흐르지 않을 때는 나침반의 침이 'N' 눈금(즉, 0° **자기 방위**)을 향하도록 놓아야 한다. 이런 제약은 복잡한 시스템이 있는 실험실에서 매우 성가신 일이다. 그래서 전문 엔지니어는 현장에서 나침반으로 된 검류계를 거의 사용하지 않는다.

검류계에 가해지는 외부 자기장이 지구 자기장일 필요는 없다. 계측기 근처나 내부에 있는 영구자석으로 필요한 자기장을 만들 수 있다. 계측기의 자석은 지구 자기장geomagnetic field보다 훨씬 강력한 자기력을 만들어 내므로, 과거에 사용하던 검류계보다 더 미세한 전류를 측정할 수 있다. 이런 계측기는 어떤 방향으로든 또는 어떻게 기울여놓든 항상 동일하게 동작한다. 코일을 계측기의 표시침에 직접 연결하고, 자석에서 발생하는 자기장 내에 있는 스프링 베어링에 매단다. 이것이 바로 백년을 넘어 존재해 온 **다르송발 계측기**D'Arsonval movement라는 계측 방법이다. 일부 기기는 아직까지 이 검침 방법을 이용한다. [그림 3-4]는 다르송발 전류계의 동작 원리를 보여준다.

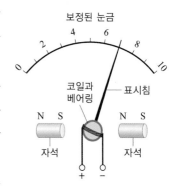

[그림 3-4] 전류를 측정하기 위한 다르송발 계측기의 기능도

표시침을 영구자석에 붙이고 자석 주위에 일정한 형태로 코일을 감으면 다른 종류의 다르 송발 계측기가 만들어진다. 코일에 전류가 흐르면 자기장이 발생하고, 코일과 자석을 서로 바르게 정렬하면 힘이 발생한다. 이러한 방법으로는, 동작은 하지만, 영구자석의 무게로 인해 표시침의 반응이 늦어져 실제 다르송발 계측기보다 **오버슈트**^{overshoot}하기 쉽다. 오버 슈트 상황에서는 자석의 질량 관성으로 인해 표시침이 실제 가리켜야 하는 값보다 넘어간 값을 가리키면서, 앞뒤로 여러 번 왔다 갔다 하다가 올바른 지점에 머물게 된다.

한편 다르송발 계측기의 영구자석 대신 **전자석**을 이용하는 방법도 있다. 전자석에는 계측 기의 표시침에 붙어 있는 코일에 흐르는 전류와 동일한 전류가 흐른다. 이 전자석을 사용 하면 계측기 내에 있던 큰 영구자석을 제거할 수 있고, 시간이 지나면서 영구자석의 자성 강도가 약해져 측정 감도가 변하는 단점을 극복할 수 있다. 영구자석은 열과 심각한 기계 적 진동에 노출되거나, 혹은 단순히 오랜 시간이 경과하면 자성이 소멸될 수 있다.

다르송발 계측기의 감도는 계측기 내부에서 특정한 힘을 만들어 내는 데 필요한 전류량에 따라 다르게 나타난다. 마찬가지로 그 힘은 (영구자석을 사용한다면) 영구자석의 강도와 **코 일을 감은 횟수**^{the number of coil turns}에 따라 다르다. 자석의 강도가 강하거나 코일을 감은 횟수가 늘어나면, 주어진 힘을 만들어 내는 데 필요한 전류량이 작아진다. 전자석 형태의 다르송발 계측기에서는 코일을 감은 횟수가 감도에 영향을 준다. 전류가 일정하다면, 힘은 코일을 감은 횟수에 직접적으로 비례한다. 코일에서 만들어 내는 기자력이 증가할수록 주 어진 전류에서 표시침의 편향이 커지며, 주어진 표시침의 편향을 얻는 데 필요한 전류는 적어진다. 가장 민감한 다르송발 전류계는 $1\,\mu A$ 또는 $2\,\mu A$ 를 측정할 수 있다. 일반적인 마이크로 전류계에서 (바늘이 멈춤 핀을 치지 않고 편향되는) **최고 눈금 편향**^{full scale deflection} 을 가져오는 전류가 약 $50\,\mu A$ 정도로 적어질 수 있다.

경우에 따라 넓은 범위의 전류를 측정할 필요가 있다. 그러나 전류계의 측정 범위를 변경 하는 것은 쉽지 않은데, 이는 전류계 내부에 있는 코일을 감은 횟수나 자석의 강도를 변경 해야 하기 때문이다. 그런데 모든 전류계는 아무리 잘 만들어도 (극도로 작은 값이지만) **내 부 저항**^{internal resistance}이 있다. 만약 전류계의 내부 저항과 동일한 저항기를 전류계와 병렬 로 연결하면 외부 저항기에 전류가 $\frac{1}{2}$ 만큼 흐르고, 나머지 $\frac{1}{2}$ 의 전류는 전류계의 내부 저항기에 흐른다. 이때 전류계를 최대 눈금으로 편향시키는 전류는, 전류계를 홀로 사용했 을 때와 비교하여 2배로 증가한다. 특정 값의 저항기를 선택하면 어떤 전류계라도 10배, 100배, 1,000배와 같은 고정 배율로 전류계의 측정 범위를 증가시킬 수 있다. 저항기는 필요한 전류가 흘러도 과열되지 않아야 한다. 계측기/저항기의 조합에 흐르는 모든 전류가 저항기로 흐를 수 있어야 하며, 전류 계측기에는 $\frac{1}{10}$, $\frac{1}{100}$ 또는 $\frac{1}{1,000}$ 의 전류가 흐른 다. 이러한 용도의 저항기를 [그림 3-5]와 같은 **분류기**^{shunt}라고 한다.

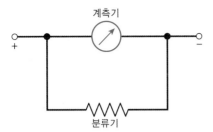

[그림 3-5] 계측기의 감도를 줄이기 위해 미터 분류기라고 하는 저항기를 전류 검출용 계측기에 병렬로 연결할 수 있다.

분류기

계측기

전압계

앞에서 본 바와 같이, 전류는 전하 반송자들의 흐름으로 구성되어 있다. **기전력**(EMF) 또는 전위차라고도 하는 전압은 전류를 흐르게 하는 전기적인 압력이다. 저항값이 일정한 회로가 주어졌을 때, 회로를 흐르는 전류는 회로에 걸린 전압에 비례한다.

초창기 전류계는 전압을 간접적으로 측정할 수 있는 수단이라고 생각했다. 전류계는 저항이 낮지만 일정한 저항을 지닌 회로로 동작한다. 전류계를 배터리와 같은 전압원에 직접 연결하면 전류계의 표시침은 편향된다. mA 전류계를 배터리에 바로 연결하면 전류계의 표시침이 핀에 닿게 되어 영구적으로 고장 나버린다. 따라서 mA 전류계나 μA 전류계를 절대로 전원에 바로 연결해서는 안 된다. 0 ~ 10 A 범위를 측정할 수 있는 전류계를 배터리에 연결하면 표시침이 눈금 끝까지 움직이지는 않더라도 전류계 코일이 급격하게 배터리를 소모시킨다. 자동차의 납−산 전지와 같은 배터리는 이러한 상태에서 찢어지거나 폭발할 수 있다.

앞에서 배운 전류계는 낮은 내부 저항을 갖는다. 전류계는 회로의 다른 부분과 직렬로 연결되어야 하기 때문이다. 측정하려는 회로에서 전류계는 회로의 동작에 영향을 주어서는 안 되며, 이상적으로는 짧은 구리 도선처럼 단락 회로로 보여야 한다. 그렇다고 해서 전류계를 전원에 바로 연결하라는 의미는 아니다. 전류계에 직렬로 높은 저항을 위치시킨다면, 이 조합을 배터리나 다른 전원에 연결하면 더 이상 단락 회로가 되지 않는다. 전류계는 전원의 전압에 비례하여 변하는 값을 표시할 것이다. 측정 범위가 작은 전류계일수록 큰 저항을 연결해야 의미 있는 값을 얻을 수 있다. 마이크로 전류계에 아주 큰 저항이 직렬로 연결되어 있으면, 전원에서 매우 작은 전류만 끌어내는 **전압계**voltmeter를 구성할 수 있다.

[그림 3-6]과 같이 마이크로 전류계에 서로 다른 여러 저항들을 선택 연결함으로써 다양한 측정 범위를 갖는 전압계를 만들 수 있다. 전압계는 큰 저항값을 가진 내부 저항을 갖고 있다. 전압이 증가할수록 필요로 하는 직렬 저항값도 증가해야 하므로, 측정 전압이 높을수록 전압계의 내부 저항값은 높아진다.

높은 내부 저항을 가져야 하는 전압계는 저항값이 높을수록 좋다(이상적인 전압계는 무한대의 내부 저항을 갖는다). 전압계는 전원으로부터 의미 있는 크기로 전류를 끌어내서는 안 되며, 이상적으로는 전류를 전혀 흘리지 말아야 한다. 전압계를 연결할 때와 연결하지 않을 때, 미소하게라도 회로 동작에서 차이가 발생하면 안 된다. 전압계에 흐르는 전류가 작을수록 전원과 연결되어 움직이는 모든 회로 동작에 미치는 영향은 줄어든다.

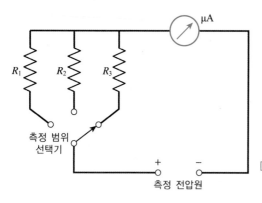

[그림 3-6] 직류 전압을 측정하기 위해 마이크로 전류계를 사용하는 간단한 회로

또 다른 전압계는 전자기 편향보다 정전기 편향을 사용한다. 자기장과 마찬가지로 전기장도 힘을 만들어 낸다. 그러므로 한 쌍의 대전된 금속판은 서로 당기거나 밀어낸다. **정전압계**electrostatic voltmeter는 서로 반대 전하량을 가진, 또는 큰 전위차를 가진 두 개의 금속판이 서로 당기는 힘을 이용한다. [그림 3-7]은 정전압계의 동작 원리를 보여준다. 사실상 정전압계는 보정된 민감한 검전기다. 이 계측기는 근본적으로 전원에서 전류를 끌어내지 않는다. 두 개의 금속판 사이에는 거의 완벽한 부도체인 공기만 있다. 잘 설계된 정전압계는 직류뿐만 아니라 교류 전압도 측정할 수 있다. 그러나 이러한 계측기는 쉽게 망가지며, 기계적인 진동은 값을 읽을 때 영향을 미친다.

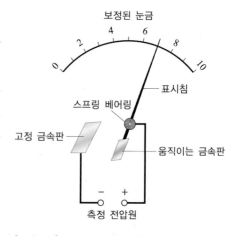

[그림 3-7] 정전압계 동작의 기능도

저항계

모든 다른 조건이 동일할 때 회로에 흐르는 전류는 저항에 따라 다르다. 이러한 원리를 사용하여 소자, 기기 또는 회로의 직류 저항을 측정할 수 있다.

[그림 3-8]과 같이 한 세트의 스위칭이 가능한 고정 저항들과, 일정한 전압을 공급하는 배터리를 밀리 전류계 또는 마이크로 전류계와 직렬로 연결하면 **저항계**를 만들 수 있다. 저항을 신중히 선택하면 원하는 어떠한 범위의 저항값도 측정할 수 있는 계측기를 얻을 수 있다. 전형적인 저항계는 1 Ω 이하에서 수십 MΩ까지 측정할 수 있다. 이론적으로 완벽한 부도체를 나타내는 무한대의 저항을 저항계 눈금에서는 영점으로 둔다. 직렬 저항값을 기준으로 측정 범위의 최솟값을 1 Ω, 10 Ω, 100 Ω, 1 kΩ, 10 kΩ 등과 같이 설정한다.

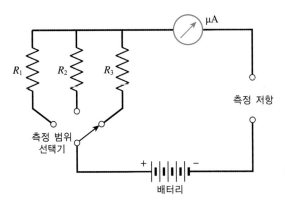

[그림 3-8] **직류 저항을 측정하기 위해 밀리 전류계를 사용한 회로**

다르송발 검류계를 갖고 있는 아날로그 저항계는 반대 방향으로 눈금을 읽는다. 즉 최대 저항은 저항계 눈금 왼쪽에 있으며, 오른쪽으로 읽어나가면서 저항값이 낮아진다. 저항계는 제조사나 보정기관에서 보정 받아야 하는데, 직렬 저항기의 작은 오차는 측정 저항값에서 엄청난 오차를 발생시킬 수 있다. 그러므로 저항기의 **오차 범위**^{tolerance}는 정확해야 한다. 한편, 저항계가 올바르게 동작하려면 저항계 내부 배터리는 정확하고 일정한 전압을 공급해야 한다.

밀리 전류계나 마이크로 전류계에서 만들어진 저항계는 항상 **비선형 측정 눈금**을 갖는다. 따라서 눈금에서 가리키는 지점에 따라 저항 증분의 값이 매우 다르다. 대부분의 저항계는 무한대 끝으로 갈수록 눈금이 점점 좁아진다. 이러한 비선형성으로 인해 저항계에 직렬로 연결된 저항기를 잘 선택해야 큰 저항을 쉽게 읽을 수 있다.

보통의 경우 저항계는 제일 높은 저항 범위에 설정해놓고 회로와 연결한다. 그런 다음 눈금이 읽을 수 있는 범위에 들어올 때까지 스위치로 저항계의 측정 범위를 낮춘다. 그리고 범위 선택 스위치에 적혀 있는 값과 눈금에서 표시침이 가리키는 값을 곱한다. [그림 3-9]는 저항계를 읽는 방법이다. 그림에서 저항계는 4.7을 가리키고, 범위 스위치는 1k를 선택했다. 즉 4.7 kΩ 또는 4,700 Ω의 저항을 가리키고 있다.

[그림 3-9] **저항계. 이 경우** 4.7× 1 kΩ **또는** 4,700 Ω을 가리킨다.

저항계가 연결되는 회로의 두 지점 사이에 전위차가 존재하면 계측기 값을 읽는 데 오차가 발생한다. 그러면 외부 전압에 의해 저항계 내부에 있는 배터리의 전압이 증가하거나 감소하게 되어 저항계는 경우에 따라 무한대보다 큰 값을 가리킨다. 즉 저항계의 표시침이 눈금 왼쪽 끝에 있는 핀과 부딪친다. 따라서 저항계를 사용하여 직류 저항을 측정할 때는, 저항계 단자를 연결하려는 두 지점 사이에 전위차가 없는지 항상 확인해야 한다. 저항계를 사용하기 전에 전압계를 이용하여 측정 지점 양단의 전압을 쉽게 측정할 수 있다. 만약 두 지점 사이에 전위차가 존재한다면, 저항을 측정하기에 앞서 회로의 전원을 끊어야 한다.

멀티미터

대부분의 실험실에서는 다양한 측정 장치를 하나의 계측기로 구성한 **멀티미터**^{multimeter}를 볼 수 있다. 전압-저항-밀리 전류계(VOM)가 멀티미터 중 가장 많이 쓰인다. 이름에서도 알 수 있듯이 VOM은 전압, 저항, 전류를 측정하는 기기다. 지금까지 전류계 하나로 전압과 저항을 결정하는 방법에 대해 배웠다. 따라서 하나의 상자에 저항, 다중 스위치, 배터리, 밀리 전류계 또는 마이크로 전류계가 들어 있는 것을 쉽게 상상할 수 있을 것이다.

시중에 판매되는 VOM은 0~무한대까지는 아니지만 적절한 범위 내에서 전류, 전압, 저항을 측정할 수 있다. 일반적으로 전압의 최대 한계는 $1,000\,V \sim 2,000\,V$ 범위 내에 있다. 이보다 높은 전압을 측정하려면 쇼크사를 방지할 안전 예방책뿐만 아니라 절연 프로브와 전선이 필요하다. 일반적인 VOM은 약 $10\,A$ 까지의 전류와, $1\,\Omega$ 이하에서 수십 $M\Omega$에 이르는 저항을 측정할 수 있다.

FET 전압계

좋은 전압계는 측정 회로에 가능한 한 영향을 적게 주는데, 그러기 위해서는 전압계의 내부 저항이 커야 한다. 이 장의 앞부분에서 설명한 정전형 전압 측정법 외에 큰 내부 저항을 얻을 수 있는 다른 방법이 있다. 즉, 어떤 계측기로도 직접 측정하기 어려울 만큼 매우 낮은 전류를 추출한 후, 일반적인 밀리 전류계나 마이크로 전류계로 값을 읽을 수 있을 정도로 증폭시키는 것이다. 회로에서 극도로 작은 전류를 끌어낼 경우, 계측기는 등가적으로 극도의 높은 저항을 갖는다.

전계효과 트랜지스터(FET)^{Field Effect Transistor}라고 불리는 소자는 **피코암페어(pA)**^{picoamperes} 또는 $10^{-12}A$ 단위의 전류를 효율적으로 증폭할 수 있다(지금은 FET 증폭기가 어떻게 동작하는지 알 필요가 없으며, 자세한 내용은 나중에 배울 것이다). 측정하려는 회로에서 최소한의 전류를 끌어내기 위해 FET 증폭기를 이용하는 전압계를 **FET 전압계**(FETVM)[FET voltmeter]라고 한다. 실질적으로 무한대의 내부 저항을 갖는 점 외에도, 성능이 좋은 FETVM은 일반적인 VOM으로 측정할 수 없는 미약한 전류를 정확히 측정할 수 있다.

전력계

소자, 회로 또는 시스템에서 소비하는 직류 전력은 양단의 전압과 흐르는 전류를 동시에 측정하여 알 수 있다. 직류 회로에서 와트로 표시되는 전력 P는 전압 E와 전류 I의 곱임을 기억해야 한다.

$$P = EI$$

전압과 전류를 곱하여 직류 전력을 계산할 때 결과값을 **볼트-암페어**(VA) 또는 **볼트-암페어 전력**(VA power)이라고 한다. 회로가 복잡하지 않고 순수 직류에서 동작하는 경우 VA값은 소자, 회로, 시스템에서 소비되는 실제 전력을 잘 나타낸다.

[그림 3-10]은 일반적인 랜턴의 전구에서 소비하는 직류 전력을 측정하는 방법이다. 전구와 직류 전압계를 병렬로 연결하여 전구에 걸린 전압을 읽고, 전구와 직렬로 연결된 직류 전류계에서 전류를 읽는다. 전압과 전류를 동시에 읽고 볼트와 암페어 값을 서로 곱하여, 전구에서 소비되는 직류 전력값을 얻을 수 있다.

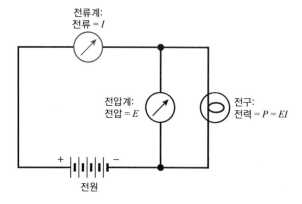

[그림 3-10] **직류 회로에서 전력은 전압계와 전류계를 연결하여 측정할 수 있다.**

교류 전력을 측정할 경우, 앞서 설명한 간단한 VA 계측기보다 복잡하게 설계된 특별한 전력계를 사용해야 한다. 성능 좋은 오디오 증폭기의 최대 출력이나, 어떤 시스템에서 정해진 시간 동안 생산되거나 소비되는 전력을 측정하더라도 동일한 전력계가 필요하다.

와트시 계측기

작은 용량으로 매일 동작하는 시스템의 에너지는 와트시[Wh] 또는 킬로와트시[kWh]로 측정할 수 있다. 이러한 계측기를 **와트시 계측기**watt-hour meter 또는 **킬로와트시 계측기** kilowatt-hour meter라 한다.

오래된 전통적인 전기에너지 계측기는 전류에 의존하여(결과적으로 동일 전압에서 전력에 의존하여) 속도가 변화하는 작은 모터를 사용한다. 일정 시간 동안 회전한 모터축의 회전수는 소비하는 Wh 또는 kWh에 비례하여 증가한다. 234 V 교류 전압이 공급되는 건물의 인입선에 모터를 연결한다. 건물의 전원 시스템은 2개로 나뉘는데, 첫 번째는 234 V 교류를 사용하는 회로로 전자레인지, 오븐, 세탁기, 건조기와 같이 전기를 많이 사용하는 제품을 위한 것이다. 두 번째는 표시등, 라디오, 텔레비전과 같이 전력 소모가 적은 제품을 위해 117 V 교류를 사용하는 회로다.

이러한 형태의 킬로와트시 계측기를 살펴보면, 어떤 때는 빨리 돌고 어떤 때는 천천히 도는 얇은 원판을 볼 수 있다. 매시간, 매일, 매달 동안 원판이 회전한 총 수는 전력회사가 부과하는 청구서 요금(또한 요금은 물론 kWh당 요금의 함수이다)을 결정한다.

킬로와트시 계측기는 기어가 있는 회전 드럼을 지침기로 사용하여 원판의 회전수를 측정한다. 드럼 형태의 계측기는 숫자를 바로 보여준다. 지침기 형태의 계측기에는 0 ~ 9까지 적힌 몇 개의 다이얼이 있는데, 어떤 것은 시계 방향으로 돌아가고 어떤 것은 반시계 방향으로 돌아간다. 여기서 값을 읽으려면 각 지침이 어느 방향으로 움직이고 있는지 유심히 살펴봐야 한다. [그림 3-11]에 그 예가 나타나 있는데, 왼쪽에서 오른쪽 방향으로 읽어야 하며, 각 다이얼에 대해 방금 지나간 숫자를 적어야 한다. [그림 3-11]은 3,875 kWh보다 조금 큰 표시값을 보여준다.

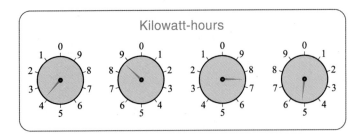

[그림 3-11] **4개의 아날로그 다이얼이 있는 계측기. 이 예에서는 3,875 kWh보다 약간 큰 값이 읽힌다.**

디지털 판독 계측기

숫자 표시 **디지털 계측기**^{numeric digital meter}는 사용자에게 숫자로 양의 크기를 알려준다. 표시침과 눈금으로 값을 표시하는 오래된 아날로그 계측기는 값을 추측하여 부정확하게 읽을 수 있다. 이와 달리 디지털 계측기는 숫자만 읽을 수 있다면, 오차 없이 정확한 값을 얻을 수 있다. 가정용 전력 계측기, 시계, 전류계, 전압계, 전력계 등에서 디지털 계측기를 찾아볼 수 있다. 숫자로 된 디지털 계측기는 측정값이 빠르게 변하지 않는 한 잘 동작한다.

실제 어떤 상황에서는 디지털 계측기가 측정에 실패하는 경우도 있다. 가령 무선 단파 수신기에서 신호의 세기를 측정한다고 하자. 단파 무선 신호의 세기는 순간순간 변화한다. 이 경우, 디지털 계측기의 값은 계속 바뀌며 의미 없는 난잡한 값을 표시한다. 디지털 계측기로 전압이나 전류를 측정하려면 특정 시간 동안 고정^{lock in}되어 있어야 한다. 만일 이러한 측정량이 일정 시간 동안 고정되지 않는다면, 계측기의 측정값 역시 고정되지 않는다.

디지털 계측기와 반대로 **아날로그 계측기**^{analog meter}는 측정량이 항상 변하는 상황에서 잘 동작한다. 아날로그 계측기는 측정량이 약간씩 높고 낮은 변화가 계속될 때, 사용자로 하여금 어디쯤 읽어야 하는지 직관적으로 알 수 있게 한다. 아날로그 계측기는 항상 정확하지는 않더라도, 순간순간 변화하는 측정량을 따라갈 수 있다. 1970년대 또는 이전에 공부한 일부 사람들은 디지털 계측기가 잘 동작하는 환경에서도 아날로그 계측기를 선호하는 경향이 있다.

어떤 계측기를 사용하든, 소수점을 어디에 두어야 하는지를 알아야 된다. 디지털 계측기에서 숫자를 제대로 읽었지만, 소수점의 위치를 왼쪽이나 오른쪽으로 한 자릿수 옮겨서 읽으면 10배 차이가 난다. 또한 올바른 단위를 사용하고 있는지도 반드시 확인해야 한다. 예를 들어, MHz를 읽는 주파수계를 사용해 kHz로 읽으면 값이 1,000배나 차이 난다.

주파수 계수기

디지털 계측기는 일정 시간 동안 가정이나 직장에서 사용하는 에너지를 측정할 때 유용하다. 디지털 킬로와트시 계측기는 표시침으로 표시하는 계측기보다 읽기 쉽다. 또한 디지털 계측기는 이유는 다르지만 무선신호의 주파수를 측정하기에 알맞다.

주파수 계수기^{frequency counter}는 모터의 회전수를 측정하는 계측기와 비슷한 방법으로 펄스나 사이클의 수를 세어서 교류 파동의 주파수를 측정한다. 주파수 계수기는 내부에 어떤 운동하는 부분이 없이 전자적으로 동작하며, 1초당 수천, 수백만, 수십억 개의 펄스 기록을 추적하고 디지털 숫자로 표시해 나타낼 수 있다.

주파수 계수기의 정확도는 **고정 시간**lock-in time에 따라 다른데, 이는 몇 분의 1초에서 수초까지 변할 수 있다. 일반적인 주파수 계수기의 고정 시간은 0.1초, 1초 또는 10초다. 고정 시간을 10배 증가시키면 정확도를 한 자리 숫자만큼 더 높일 수 있다. 현재 사용하는 주파수 계수기는 6, 7, 8자리 숫자까지 나타낼 수 있다. 복잡한 실험에 사용하는 장비의 경우 10자릿수 이상의 주파수를 보여줄 수 있다.

그 외 계측기 형태

다음은 전기나 전자 분야에서 사용하긴 하지만, 그다지 보편적이지 않은 계측기들이다.

소리 계측기

하이파이 기기, 특히 복잡한 증폭기(앰프)에 음향 세기 계측기가 내장된 경우가 있다. 이 계측기는 **데시벨**(dB)decibel 단위로 소리의 강도를 나타낸다. 데시벨은 전기적인 신호 레벨에서 기준으로 사용하는 단위다. 실제로 데시벨은 거의 측정할 수 없을 정도로 증가 또는 감소가 존재하는, 두 신호 사이의 세기 차이를 표현한다. 데시벨에 대해서는 26장에서 좀 더 살펴볼 것이다.

공학자들은 때때로 **VU 계측기**Volume-Unit meter로 소리의 크기를 측정한다. 전형적인 VU 계측기의 눈금은 영점을 중심으로 오른쪽은 굵은 검정색 선(어떤 경우는 붉은색), 왼쪽은 가는 검정색 선으로 표시되어 있다. 이 계측기 눈금은 영점 이하에서는 음(−)의 데시벨로, 영점 이상에서는 양(+)의 데시벨로 보정된다. 영점 표시는 $2.51\,\mathrm{mW}$의 음량에 해당한다. [그림 3-12]는 그 예를 나타낸 것이다.

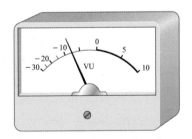

[그림 3-12] VU(볼륨 단위) 계측기. 눈금의 굵은 선(0의 오른쪽)은 음 왜곡에 대한 큰 위험도를 나타낸다.

하이파이 오디오 시스템을 통해 소리가 나올 때, VU 계측기의 표시침은 올라간다. 오디오 전문가는 증폭 정도(즉, 음량조절기)를 낮게 설정하여 계측기의 표시침이 갑자기 영점을 지나 붉은 선 영역([그림 3-12]에서 굵은 선 영역)으로 넘어가지 않게 한다. 만약 계측기의 표시침이 붉은 선 영역으로 가면, 이는 증폭기가 소리의 출력을 왜곡시켜 소리의 질이 떨어질 수도 있음을 의미한다.

일반적으로 **소음 측정기**^{sound-level meter}를 사용하여 음량 정도를 측정할 수 있다. 소음 측정기는 [그림 3-13]과 같이 **반도체 다이오드**^{semiconductor diode}를 거쳐, 알려진 감도의 마이크와 연결된 고성능 증폭기의 출력에 연결되어 있고, 음량은 데시벨로 표시한다. 다이오드는 모든 교류 음파 사이클의 음(-) 부분을 잘라내고, 직류 계측기가 측정할 수 있도록 양(+) 부분만 남겨놓는다. 진공청소기의 소리가 80 dB이고 트럭이 지나가는 소리가 90 dB이라는 말을 들어본 적 있는가? 소리를 연구하는 공학자는 소음 측정기를 사용해 이러한 값을 결정한다. 그리고 사람이 들을 수 있는 희미한 소리인 최소 가청치^{threshold of hearing}에 대한 상대적인 세기를 정의한다. 최소 가청치란, 청력이 좋은 사람이 잡음을 제거하기 위해 탁월하게 음향이 차단된 방 안에서 들을 수 있는 가장 약한 소리다.

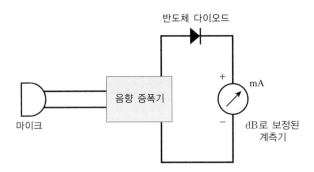

[그림 3-13] 소음을 측정하는 간단한 장치. 다이오드는 교류 오디오 신호를 밀리암페어 전류계가 측정할 수 있는 직류로 변환한다. 사전에 정해진 기준값에 대해 데시벨로 표시되는 계측기 눈금을 보정한다.

광도계

전문적인 용어로 **조도계**^{illuminometer}라고 하는 **광도계**^{light mete}를 사용하여, 사진사들은 일반적으로 가시광선의 세기를 측정한다. [그림 3-14]와 같이 계측기의 감도를 조절하는 전위차계(가변 저항기)를 사용하고, 마이크로 전류계를 태양전지(광전지)에 연결하면 광도계를 만들 수 있다. 좀 더 복잡한 계측기는 FETVM의 동작과 유사한 방법으로 직류 증폭기를 사용하여 감도를 높이고 여러 다른 영역의 값들을 표시한다.

동일한 파장의 빛에 대해 태양전지는 사람 눈과 똑같은 반응하지 않는다. 일반적인 태양전지가 갖고 있는 빛의 파장에 대한 감도는 사람의 눈이 반응하는 감도와 다르다고 한다. 이 문제는 태양전지 앞면에 특별히 설계된 색 필터를 부착하여 해결할 수 있다. 이런 방식으로 태양전지는 동일한 파장에 대해 사람의 눈과 같은 감도를 가질 수 있다. 광도계를 만드는 사람들은 공장에서 루멘스lumens 또는 칸델라candela와 같은 표준 조도 단위로 가시광선의 세기를 표시하도록 계측기를 보정한다.

[그림 3-14]와 같은 계측기를 적절하게 수정하면, 적외선이나 자외선의 세기를 대략적으로 측정할 수 있는 계측기로 사용할 수 있다. 다양한 특수 태양전지는 적외선이나 자외선과 같이 눈에 보이지 않는 파장에서 최고 감도를 보여준다.

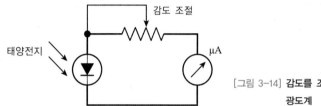

[그림 3-14] 감도를 조절할 수 있는 전위차계가 부착된 간단한 광도계

펜 기록계

시간에 따라 어떤 양의 레벨을 계속 그래프로 기록하도록 표시침 끝에 기록 장치가 부착된 다르송발 계측기를 **펜 기록계**pen recorder라고 한다. 보정된 눈금이 그려진 편평한 그래프용지가 원통 드럼에 감겨 있으며, 이 원통은 천천히 회전하는 모터의 축과 연결되어 있다. 원통의 회전 속도는 변할 수 있는데 1분에 1회전, 1시간에 1회전, 1일에 1회전 또는 1주일에 1회전을 할 수 있다. [그림 3-15]는 펜 기록계의 동작 원리를 보여준다.

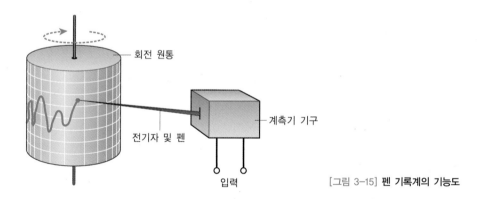

[그림 3-15] 펜 기록계의 기능도

가정에서 하루 동안 시간에 따라 소비하는 전력을 측정하기 위해 전력계와 펜 기록계를 함께 사용할 수 있다. 이와 같은 방법으로 전력을 언제 가장 많이 사용하는지, 그리고 어떤 특정 시간대에 과도하게 사용할 가능성이 있는지 등을 알아낼 수 있다.

오실로스코프

오실로스코프oscilloscope는 전자공학자들에게 친숙한 또 다른 계측기로, 그림으로 값을 측정한다. 이 계측기는 초당 수백, 수천 또는 수백만 번 진동하는(주기적으로 변하는) 양을 측정하고 기록한다.

예전 오실로스코프는 형광면에 전자빔을 주사하여 그림을 그렸다. 텔레비전 수상기와 유사한 **음극선관**(CRT)^{Cathode Ray Tube}을 사용했다. 현대의 오실로스코프는 **액정 디스플레이**(LCD)^{Liquid Crystal Display}를 사용할 수 있는 전자 변환 회로를 내장하고 있다.

오실로스코프는 신호 파형의 모양을 관찰하고 분석하는 데 유용하며, 실효값이 아니라 피크 신호 레벨을 측정하는 데도 유용하다. 오실로스코프를 사용하여 파형의 주파수를 간접적으로 측정할 수 있다. 오실로스코프의 가로축은 시간을, 세로축은 신호의 순간 전압을 나타낸다. 또 입력단에 값을 알고 있는 저항기를 연결하여 전력이나 전류를 간접적으로 측정할 수도 있다.

기술자와 공학자는 신호의 파형이 어떠해야 된다는 것을 직관적으로 알아야 한다. 그러면 측정할 회로가 제대로 동작하고 있는지 아닌지를 오실로스코프의 화면을 관찰하여 종종 확인할 수 있다.

막대그래프 계측기

저렴하고 단순한 계측기는 디지털 눈금을 가진 일련의 **발광 다이오드**(LED)^{Light-Emitting Diodes}나 LCD로 구성되어 있으며 전류, 전압 또는 전력을 대략적인 값으로 나타낸다. 디지털 계측기와 마찬가지로, 이 계측기에는 기계적인 운동 부위가 없다. 이 계측기는 아날로그 계측기에서 상대적으로 눈금을 읽는 것과 같은 느낌을 비슷하게 제공한다. [그림 3-16]은 무선송신기에서 kW 전력을 표시하기 위해 설계된 막대그래프 계측기다. 이 계측기는 변동하는 값을 비교적 잘 표시할 수 있다. 이 그림에서 계측기는 0.8 kW 또는 800 W를 표시한다.

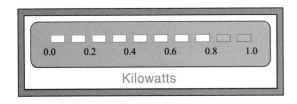

[그림 3-16] **막대그래프 계측기. 이 경우 표시값은 전체** 80%**인** 0.8 kW **또는** 800 W

막대그래프 계측기의 주된 단점은 대부분이 정확한 값을 제공하지 않고, 단지 근삿값만을 제공한다는 점이다. 이러한 이유로 실험실 환경에서는 막대그래프 계측기를 거의 사용하지 않는다. 그뿐 아니라 신호 레벨이 계측기에서 설정된 두 값 사이의 값을 가질 때 LED나 LCD가 간헐적으로 켜졌다 꺼졌다 하면서 깜빡이는데, 이는 사용자를 괴롭히고 불편하게 만든다.

※ 필요하다면 이 장의 본문 내용을 참고해도 된다. 적어도 18개 이상 맞히는 것이 바람직하다.
   정답은 [부록 A]에 있다.

3.1 오실로스코프를 사용하는 목적은 무엇인가?

(a) 교류 파형을 관찰하기 위해
(b) 정전 전하를 탐지하기 위해
(c) 매우 높은 저항을 측정하기 위해
(d) 전력을 측정하기 위해

3.2 전자기 편향보다 정전기 편향에 의존하는 계측기의 장점은 정전기 계측기가 다음 중 어떤 것을 측정할 수 있다는 것인가?

(a) 교류파의 주파수
(b) 직류 전압뿐 아니라 교류 전압
(c) 전계 세기뿐 아니라 자계 세기
(d) (a), (b), (c) 모두

3.3 전자 온도계는 다음 중 어느 것의 직류 출력을 측정하여 작동하는가?

(a) 태양전지   (b) 검전기
(c) 조도계   (d) 열전대

3.4 [그림 3-17]의 막대그래프 계측기에서 가리키는 전압은 무엇인가?

(a) 0.040 mV   (b) 0.40 mV
(c) 4.0 mV   (d) 40 mV

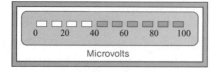

0   20   40   60   80   100
Microvolts

[그림 3-17] [연습문제 3.4]를 위한 그림

3.5 숫자로 표시하는 디지털 계측기는 측정된 양이 어떨 때 가장 잘 동작하는가?

(a) 극단적으로 클 때
(b) 전류 또는 전압이고 전력이나 저항이 아닐 때
(c) 빠르게 요동치지 않을 때
(d) 끊임없이 변화할 때

3.6 다음 중 오실로스코프로 측정하거나 분석하기에 적당한 것은?

(a) 교류 신호의 파형
(b) 교류 신호의 주파수
(c) 교류 신호의 피크-피크 전압
(d) (a), (b), (c) 모두

3.7 가정용 전기 계측기는 월 사용량 기준으로 무엇을 측정한 것인가?

(a) 에너지   (b) 전압
(c) 전류   (d) 전력

3.8 저항과 검류계를 12 V 배터리와 직렬로 연결했다고 하자. 전류에 의해 검류계의 표시침이 서쪽으로 20° 편향되었다. 표시침을 서쪽으로 30° 편향시키려면 어떻게 해야 하는가?

(a) 배터리 극은 그대로, 저항을 낮춤.
(b) 배터리 극은 그대로, 저항을 높임.
(c) 배터리 극은 반대로, 저항을 낮춤.
(d) 배터리 극은 반대로, 저항을 높임.

3.9 정전기 힘은 직접적으로 다음 중 무엇을 발생시키는가?

(a) 극성이 반대인 전하를 가진 두 물체가 서로 밀어내도록 한다.

(b) 같은 극성을 띤 전하를 가진 두 물체가 서로 밀어내도록 한다.

(c) 전압이 너무 높을 경우 전도체에 흐르는 전류를 멈추게 한다.

(d) 극성에 의존하여 나침반 표시침이 좌우로 바뀌게 한다.

3.10 계측기에 표시된 바늘의 지시 값이 최대 오디오 피크값이라고 가정할 때, [그림 3-18]의 VU 계측기를 보고 어떤 사실을 알 수 있는가?

(a) 피크값이 약 6 dB로 너무 높아 왜곡을 피할 수 없다.

(b) 피크값이 약 6 dB로 너무 낮아 왜곡을 피할 수 없다.

(c) 피크값은 왜곡이 있을 것 같은 지점보다 약 6 dB 아래에 있다.

(d) 전혀 유용하지 않다.

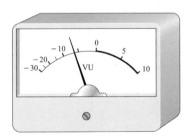

[그림 3-18] [연습문제 3.10]을 위한 그림

3.11 실제 저항이 지정된 값에 얼마나 가까운지 보증하기 위해 330 Ω 저항을 테스트하려고 한다. 왼쪽 끝 무한대에서 오른쪽 끝 1까지, 중앙에 대략 눈금 6인 비선형 눈금을 가진, [그림 3-9]와 같은 아날로그 저항계를 갖고 있다. 저항계의 측정범위 선택 스위치는 6가지이며, ×1에서 ×100 k까지 10배씩 표시되어 있다. 어떤 범위 스위치를 선택해야 가장 정확한 측정이 가능할까?

(a) ×1   (b) ×100

(c) ×10 k   (d) ×100 k

3.12 이상적인 전류계의 내부 저항은 어느 것인가?

(a) 무한대의 내부 저항

(b) 적정한 내부 저항

(c) 낮은 내부 저항

(d) 0인 내부 저항

3.13 전기회로에 연결된 직류 배터리의 전압을 직접 측정하려면 직류 전압계를 어디에 놓아야 하는가?

(a) 배터리의 어느 한 극과 접지 사이

(b) 배터리의 음극과 회로의 입력 사이

(c) 배터리의 양극과 회로의 입력 사이

(d) 배터리의 음극과 배터리의 양극 사이

3.14 이상적인 전압계의 내부 저항은 어느 것인가?

(a) 무한대의 내부 저항

(b) 적정한 내부 저항

(c) 낮은 내부 저항

(d) 0인 내부 저항

3.15 전압계가 내부에 높은 저항을 갖고 있어야 하는 이유는 무엇인가?

(a) 측정하려는 회로에서 최대 전류를 끌어내기 위해
(b) 계측기를 사용하는 사람에 대한 전기적 쇼크 위험을 최소화하기 위해
(c) 측정하고자 하는 회로에 최소의 방해를 주기 위해
(d) 계측기가 타버리는 것을 막기 위해

3.16 고정 시간$^{\text{lock-in time}}$은 무엇의 정확도를 결정하는가?

(a) 오실로스코프
(b) 주파수 계수기
(c) 아날로그 전압계
(d) VU 계측기

3.17 일반적으로 막대그래프 계측기에는 무엇이 결핍되어 있는가?

(a) 유용한 범위
(b) 감도
(c) 정밀도
(d) 물리적 견고함^{ruggedness}

3.18 아날로그 저항기가 가진 것은 무엇인가?

(a) 비선형 눈금
(b) 높은 전류 요구
(c) 막대그래프 표시기
(d) 교류 전원

3.19 다르송발 동작을 볼 수 있는 것은 어떤 아날로그 계측기인가?

(a) 전압계
(b) 전류계
(c) 저항계
(d) (a), (b), (c) 중 어느 것이나

3.20 [그림 3-19]의 저항계가 가리키는 저항 값은 얼마인가?

(a) 4.7Ω
(b) 47Ω
(c) 470Ω
(d) 4,700Ω

[그림 3-19] [연습문제 3.20]을 위한 그림

CHAPTER

04

직류 회로의 기초
Direct-Current Circuit Basics

▌학습목표

- 회로설계를 위한 회로도의 개념을 이해할 수 있다.
- 회로를 구성하는 부품의 기호 표기법을 익히고, 도식적 의미를 파악할 수 있다.
- 옴의 법칙을 이용한 간단한 전압, 전류, 저항 및 전력 계산법을 배울 수 있다.
- 직병렬 저항기의 특성을 이해할 수 있다.

이 장에서는 회로도에 대해 배울 것이다. 회로도는 회로를 설계하고 조립하는 데 필요한 도식을 자세히 보여준다. 공학자와 기술자들은 회로도를 **배선 약도**^{schematic diagrams} 또는 줄여서 **개략도**^{schematics}라고도 한다. 또한 간단한 DC 회로에서 전류, 전압, 저항, 전력이 어떻게 상호작용하는지 배운다.

도식적 기호들

도선과 같은 전도체를 표현하고자 할 때는 한 면 위에 수평 혹은 위아래로 직선을 그린다. 도선을 그릴 때 모퉁이를 돌아가게 나타낼 수 있지만, 개략도에는 모퉁이 수를 최소로 해야 한다. 이런 규칙에 따라 그리면 개략도는 깔끔해지고 다른 사람이 읽기 쉬워진다.

도선 두 개가 교차할 때, 교차하는 지점에 속이 찬 짙은 점이 없다면 두 선은 교차점에서 연결되지 않은 것이다. 따라서 교차점에서 몇 개의 도선들이 서로 만나더라도, 연결된 교차점을 그릴 때는 분명하게 볼 수 있도록 속이 찬 연결점을 그려야 한다.

저항기는 [그림 4-1(a)]와 같이 지그재그로 그린다. 두 단자 사이의 가변 저항기 또는 전위차계는 [그림 4-1(b)]와 같이 화살표가 관통하는 지그재그로 그린다. 세 단자의 전위차계는 [그림 4-1(c)]와 같이 옆을 향하는 화살표가 있는 지그재그로 그린다.

(a) 고정 저항기　　(b) 두 단자를 가진 가변 저항기　(c) 세 단자를 가진 전위차계

[그림 4-1] **저항기 그리기**

평행선 두 개를 사용하여 전기화학 전지를 그릴 때는 [그림 4-2(a)]처럼 한 선을 다른 선보다 길게 그린다. 긴 선은 (+) 단자를, 짧은 선은 (−) 단자를 나타낸다. 두 개 이상의 전지가 직렬로 연결된 배터리를 나타낼 때는 [그림 4-2(b)]와 같이 긴 선과 짧은 선을 번갈아 가면서 여러 개 그린다. 전지와 마찬가지로, 끝단의 긴 선은 (+) 단자를, 끝단의 짧은 선은 (−) 단자를 나타낸다.

(a) 하나의 전기화학 전지　　(b) 여러 개의 전기화학 전지로 된 배터리

[그림 4-2] **전지와 배터리**

계측기는 원으로 그린다. 때로는 [그림 4-3(a)]처럼 원 내부에 화살표를 그리고, mA
milliammeter나 V voltmeter와 같이 계측기 형태를 의미하는 문구를 원과 나란히 적는다. 또는
[그림 4-3(b)]와 같이 화살표 없이 원 안에 계측기 형태의 글씨만 적혀 있는 경우도 있다.
어떤 방식을 사용해도 문제는 없지만, 처음부터 끝까지 일관된 형식으로 기호를 사용해야 한다.

(a) 원의 바깥쪽에 명칭이 있는 계측기 기호   (b) 안쪽에 명칭이 있는 계측기 기호

[그림 4-3] **계측기 기호. 둘 다 밀리암페어 전류계를 나타낸다.**

[그림 4-4]는 몇 가지 다른 일상적 기호들을 보여주는데, 이들은 백열전구, 커패시터, 공
심 코일, 철심코일, 섀시접지, 대지접지, AC 전원, 단자 쌍, 속에 명칭이 적힌 사각형의
블랙박스(소자나 장치)를 나타낸다.

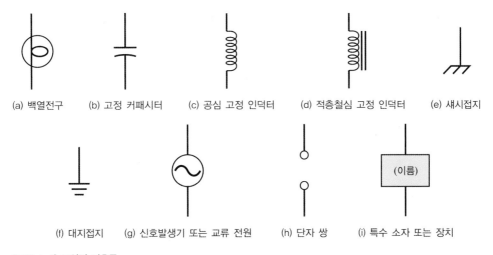

(a) 백열전구 (b) 고정 커패시터 (c) 공심 고정 인덕터 (d) 적층철심 고정 인덕터 (e) 섀시접지

(f) 대지접지   (g) 신호발생기 또는 교류 전원   (h) 단자 쌍   (i) 특수 소자 또는 장치

[그림 4-4] **도식적 기호들**

█ 개략도와 배선도

개략도는 회로나 시스템에 있는 소자들이 어떻게 연결되어 있는지 보여주지만, 소자의 실
제 값을 적을 필요는 없다. 저항기, 커패시터, 코일, 트랜지스터가 있는 무선주파수(RF)
전력 증폭기의 설계도에 소자값이 나타나 있지 않은 것을 볼 수 있다. 이것이 바로 개략도
이다. 하지만 **배선도**wiring diagram는 그렇지 않다. 개략도는 회로의 도식만 알려줄 뿐이며
정보가 충분하지 못하므로 회로를 연결해서 동작시킬 수 없다.

어떤 증폭기 회로를 만든다고 가정해보자. 전자부품 가게에서 소자를 구입할 때 저항값이 얼마인 저항기를 구입해야 하는가? 커패시터는 어떠한가? 어떤 형태의 트랜지스터가 가장 좋은가? 코일을 감아서 써야 하나 아니면 이미 만들어진 것을 사용해야 하나? 나중에 증폭기를 수리할 경우 테스트할 측정점을 만들어야 하는가? 전위차계가 감당할 수 있는 전력량은 얼마인가? 배선도는 이 모든 것을 알려준다.

회로를 단순하게 나타내기

대부분의 직류 회로는 [그림 4-5]와 같이 크게 전원, 도체, 저항으로 단순화할 수 있다. 우리는 전압을 E(또는 V), 전류를 I, 저항을 R이라 한다. 이 소자들의 표준 단위는 각각 V, A, Ω을 사용한다. 이탤릭체는 수학적인 변수(이 경우 전압, 전류, 저항)를 나타내고, 이탤릭체가 아닌 글자는 물리량의 단위를 나타내는 약자이다.

우리는 이미 직류 회로를 공부하며 전압, 전류, 저항 사이의 관계를 배웠다. 이 값들 중 하나가 바뀌면 다른 두 값도 바뀐다. 저항이 작아질수록 전류가 증가하고, 기전력이 증가하면 전류 또한 증가한다. 그리고 회로 내 전류가 증가하면 저항에 걸리는 전압도 증가한다. 옴의 법칙은 이 세 요소 사이의 관계를 정의한 간단한 식이다.

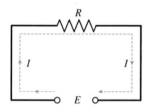

[그림 4-5] 전압 E, 전류 I, 저항 R을 가진 직류 회로의 기본 요소

옴의 법칙

옴의 법칙은 1800년대에 독일의 물리학자인 옴$^{Georg\ Simon\ Ohm}$이 처음 사용한 데서 유래했다. 전류와 저항을 알고 있을 때 전압을 계산하려면 다음 식을 사용한다.

$$E = IR$$

전압과 저항을 알고 있을 때, 전류는 다음 식으로 계산한다.

$$I = \frac{E}{R}$$

전압과 전류를 알고 있을 때, 저항은 다음 식으로 계산한다.

$$R = \frac{E}{I}$$

한 가지 식만 알면 나머지 두 가지 식을 유도할 수 있다. 이러한 세 변수는 [그림 4-6]과 같이 **옴의 법칙 삼각형**Ohm's Law triangle으로 나타낼 수 있다. 특정 계수에 대한 식을 찾으려면, 그 기호를 가린 상태에서 나머지 두 요소의 위치를 읽으면 된다.

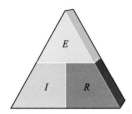

[그림 4-6] 각각 V, A, Ω 단위로 표현된 전압 E, 전류 I, 저항 R의 관계를 보여주는 옴의 법칙 삼각형

옴의 법칙을 사용하여 올바르게 계산하려면 단위를 적절히 사용해야 한다. 대부분 V, A, Ω과 같은 표준 단위를 사용한다. 만약 V, mA, Ω을 사용한다거나 kV, μA, MΩ을 사용할 경우 올바른 답을 얻을 수 없다. 따라서 처음에 V, A, Ω 이외의 다른 단위가 보인다면 계산하기 전에 이들을 표준 단위로 바꿔야 한다. 계산이 끝난 다음에는 원하는 단위로 바꿀 수 있다. 예를 들어, 계산 결과로 13,500,000Ω이 나왔다면 13.5MΩ으로 고칠 수 있다. 그러나 계산 도중에는 13,500,000(또는 1.35×10^7)으로 표현해야 한다.

전류 계산

회로에서 전류를 구하려면 전압과 저항을 알고 있거나 그 값을 추정할 수 있어야 한다. [그림 4-7]은 가변 직류 전원, 전압계, 도선, 전류계, 전위차계로 구성된 회로다.

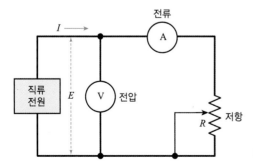

[그림 4-7] 옴의 법칙 계산을 위한 회로

[그림 4-7]에 있는 직류 전원이 $36\,\mathrm{V}$, 전위차계의 저항이 $18\,\Omega$이라면, 전류는 얼마인가?

풀이

식 $I = \dfrac{E}{R}$를 이용한다. E와 R의 단위가 각각 V와 Ω이므로 주어진 값을 식에 바로 대입한다.

$$I = \frac{E}{R} = \frac{36}{18} = 2.0\mathrm{A}$$

예제 **4-2**

[그림 4-7]에서 직류 전원이 $72\,\mathrm{V}$, 전위차계가 $12\,\mathrm{k}\Omega$으로 맞춰져 있다면 전류는 얼마인가?

풀이

먼저 저항 $12\,\mathrm{k}\Omega$을 $12,000\,\Omega$으로 환산한 후, 식에 V와 Ω 값으로 대입한다.

$$I = \frac{E}{R} = \frac{72}{12,000} = 0.0060\mathrm{A} = 6.0\mathrm{mA}$$

예제 **4-3**

[그림 4-7]에서 직류 전원이 $26\,\mathrm{kV}$가 나오게 조절하고, 저항이 $13\,\mathrm{M}\Omega$이 되도록 전위차계를 조절하면 전류는 얼마인가?

풀이

먼저 저항 $13\,\mathrm{M}\Omega$을 $13,000,000\,\Omega$으로 환산하고, 전압 $26\,\mathrm{kV}$는 $26,000\,\mathrm{V}$로 환산한 후 옴의 법칙 식에 대입한다.

$$I = \frac{E}{R} = \frac{26,000}{13,000,000} = 0.0020\,\mathrm{A} = 2.0\,\mathrm{mA}$$

전압 계산

전류와 저항을 알면 옴의 법칙을 사용하여 두 지점 사이의 직류 전압을 계산할 수 있다.

예제 4-4

[그림 4-7]의 전위차계가 500Ω으로 설정되어 있고 전류가 20 mA라면, 직류 전압은 얼마인가?

풀이

식 $E = IR$을 이용한다. 먼저 전류 20 mA를 0.020 A로 환산한 후, 전류와 저항을 곱하여 계산한다.

$$E = IR = 0.020 \times 500 = 10\,V$$

예제 4-5

[그림 4-7]의 전위차계가 2.33 kΩ으로 설정되어 있고 측정된 전류가 250 mA라면, 전압은 얼마인가?

풀이

계산하기 전에 저항과 전류를 먼저 Ω과 A로 변환한다. 저항 2.33 kΩ을 2,330Ω, 전류 250 mA를 0.250 A로 환산한 후, 전압을 다음과 같이 계산한다.

$$E = IR = 0.250 \times 2,330 = 582.5\,V$$

이 결과를 반올림하면 583 V가 된다.

예제 4-6

[그림 4-7]에서 전류계가 1.25 A를 나타내고 전위차계가 203Ω을 가리키면, 전압은 얼마인가?

풀이

전류와 저항의 단위가 모두 표준 단위이므로, 주어진 값을 식에 바로 대입하여 푼다.

$$E = IR = 1.25 \times 203 = 253.75\,V = 254\,V$$

계산 전의 값보다 더 정밀한 자릿수로는 계산 결과값을 정당화할 수 없으므로, 결과를 반올림해야 한다.

유효숫자의 규칙

유능한 공학자나 과학자는 유효숫자의 규칙rule of significant digits을 따른다. 계산이 끝난 후 입력된 값의 최소 유효숫자 수에 맞추어 항상 답을 반올림한다.

[예제 4-6]에 이 규칙을 적용하면, 세 자리 유효숫자로 답을 반올림해야만 하며 그 결과 254 V를 얻는다. 왜냐하면 저항이 203 Ω으로, 최소 유효숫자가 3개로 정해졌기 때문이다. 만일 저항값이 203.0 Ω으로 주어졌다면 또한 계산값을 254 V로 반올림해야 한다. 만일 저항값이 203.00 Ω으로 주어진다고 해도 계산값은 여전히 254 V로 반올림해야 한다. 왜냐하면 전류의 최소 유효숫자 수가 3개로 정해졌기 때문이다.

이 규칙을 몰랐거나 사용해보지 않았다면 익숙해질 때까지 시간이 조금 필요할 것이다. 익숙해지면 의식하지 않아도 자연스럽게 사용할 수 있을 것이다.

저항 계산

전압과 전류를 알면 옴의 법칙을 사용하여 두 지점 사이의 저항을 계산할 수 있다.

예제 4-7

[그림 4-7]의 전압계가 12 V, 전류계가 2.0 A를 나타낼 때, 전위차계의 저항은 얼마인가?

풀이

식 $R = \dfrac{E}{I}$ 를 이용한다. 전압과 전류의 단위가 V와 A이므로 주어진 값을 식에 바로 대입하여 계산한다.

$$R = \frac{E}{I} = \frac{12}{2.0} = 6.0 \ \Omega$$

예제 4-8

[그림 4-7]에서 전류가 24 mA, 전압이 360 mV일 때, 저항은 얼마인가?

풀이

먼저 A와 V로 변환하면, 전류는 $I = 0.024$ A, 전압은 $E = 0.360$ V가 된다. 이 값들을 옴의 법칙 식에 대입하여 계산한다.

$$R = \frac{E}{I} = \frac{0.360}{0.024} = 15 \ \Omega$$

[그림 4-7]에서 전류계가 $175\,\mu\text{A}$, 전압계가 $1.11\,\text{kV}$를 가리킬 때, 저항은 얼마인가?

풀이

A와 V로 변환하면, 전류는 $I = 0.000175\,\text{A}$, 전압은 $E = 1{,}110\,\text{V}$가 된다. 이 값들을 식에 대입하고 반올림하면 다음과 같다.

$$R = \frac{E}{I} = \frac{1{,}110}{0.000175} = 6{,}342{,}857\,\Omega = 6.34\,\text{M}\Omega$$

전력 계산

[그림 4-7]에서 직류 회로의 전력은 식 $P = EI$를 이용하여 계산할 수 있다. 전압이 직접 주어지지 않은 경우, 전류와 저항값이 주어진다면 전압을 계산할 수 있다. 전압을 구하기 위해 옴의 법칙을 떠올려보자.

$$E = IR$$

만약 E를 모르고, I와 R만 안다면 전력은 다음과 같다.

$$P = EI = (IR)I = I^2 R$$

반면, I를 모르고 E와 R만 안다면 다음과 같이 I를 구할 수 있다.

$$I = \frac{E}{R}$$

그런 후에 전압-전류 곱의 전력 식에 대입하면 다음과 같은 식을 얻을 수 있다.

$$P = EI = E\left(\frac{E}{R}\right) = \frac{E^2}{R}$$

예제 **4-10**

[그림 4-7]에서 전압계가 $15\,\text{V}$, 전류계가 $70\,\text{mA}$를 가리킬 때, 전위차계에서 소모하는 전력은 얼마인가?

풀이

식 $P = EI$를 이용한다. 먼저 전류를 $I = 0.070\,\mathrm{A}$로 환산한 후(마지막 0이 유효숫자라는 사실을 명심하라), 식에 대입하여 계산한다.

$$P = EI = 15 \times 0.070 = 1.05\,\mathrm{W}$$

입력 데이터가 두 자리의 유효숫자를 가지므로 반올림하면 $1.1\,\mathrm{A}$가 된다. 이 수가 사용할 수 있는 값이다.

예제 4-11

[그림 4-7]의 회로에서 저항이 $470\,\Omega$이고 전압이 $6.30\,\mathrm{V}$일 때, 전위차계에서 소모하는 전력은 얼마인가?

풀이

단위 변환이 필요 없다. 주어진 값을 식에 바로 대입하여 계산한다.

$$P = \frac{E^2}{R} = \frac{6.30 \times 6.30}{470} = 0.0844\,\mathrm{W} = 84.4\,\mathrm{mW}$$

예제 4-12

[그림 4-7]에서 저항이 $33\,\mathrm{k\Omega}$이고 전류가 $756\,\mathrm{mA}$일 때, 전위차계에서 소모되는 전력은 얼마인가?

풀이

Ω과 A로 변환한 후, 식 $P = I^2 R$을 이용한다. 저항을 $R = 33{,}000\,\Omega$, 전류를 $I = 0.756\,\mathrm{A}$로 환산한 후 식에 대입하여 계산한다.

$$P = 0.756 \times 0.756 \times 33{,}000 = 18{,}861\,\mathrm{W} = 18.9\,\mathrm{kW}$$

보통의 전위차계는 이처럼 큰 전력을 소모할 수 없는 것이 명백하다. 대부분의 전위차계는 $1\,\mathrm{W}$ 정도가 정격이다.

예제 4-13

저항 $33.0\,\mathrm{k\Omega}$에 전류 $60.0\,\mu\mathrm{A}$를 공급하려면 전압이 얼마나 필요한가?

풀이

오른쪽 끝의 숫자 0도 중요하므로, 입력 숫자는 모두 세 자리 유효숫자를 갖는다(오른쪽 끝의 숫자 0이 없으면, 두 자리 유효숫자를 갖는다). Ω과 A로 단위를 변환한 후, 옴의 법칙을 사용하여 전압을 계산한다.

$$E = IR = 0.0000600 \times 33,000 = 1.98\,\text{V}$$

직렬 저항

둘 이상의 저항들이 직렬로 연결될 때, 전체 저항값은 모든 저항값을 더하면 된다.

예제 4-14

[그림 4-8]처럼 220Ω, 330Ω, 470Ω의 저항값을 가진 저항이 3개가 직렬로 연결되었다고 가정해보자. 이때 전체 저항값 R은 얼마인가?

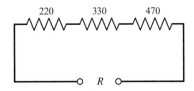

[그림 4-8] [예제 4-14]를 위한 그림. 직렬로 연결된 3개의 저항기. 모든 저항은 Ω으로 표시된다.

풀이

Ω 단위의 저항값을 모두 알고 있으므로, 더하기만 하면 전체 저항값을 얻을 수 있다.

$$R = 220 + 330 + 470 = 1,020\,\Omega = 1.02\,\text{k}\Omega$$

이는 순수 이론이다. 현실 속에서 이 회로를 구성하면, 정확한 저항값은 부품의 **공차**^{tolerance}에 따라 다르다. 공차는 제조과정에서 생긴 변동 결과로, 공급자들이 지정한 특정한 값으로부터 실제 값이 얼마나 변화하는지를 예측한 것이다.

병렬 저항

병렬 저항은 저항 대신 **컨덕턴스**^{conductance}를 고려하여 계산할 수 있다. 컨덕턴스는 **지멘스**^{siemens}라는 단위를 사용하고 S로 표시하는데, 지멘스라는 단어는 단수와 복수가 모두 같다. 오래전에 일부 물리학자와 공학자가 쓴 문서에는 컨덕턴스의 기본 단위로 **모**(mho, ohm을 거꾸로 쓴 것)를 사용했는데, 모와 지멘스는 동일한 표현이다. 컨덕턴스를 병렬로 연결하면 저항을 직렬로 연결한 것과 마찬가지로 값을 더하면 된다. Ω으로 된 값을 모두 S로 바꾼 후에 값을 모두 더하고, 그 결과값을 다시 Ω으로 환산하면 된다.

공학자는 파라미터 또는 수학적 변수로 쓰이는 컨덕턴스를 대문자 이탤릭체 G로 표현한다. S로 표시되는 컨덕턴스는 Ω으로 표시되는 저항의 역수와 같다. 이러한 사실은 R과 G가 0이 아닐 경우, 다음 두 식으로 나타낼 수 있다.

$$G = \frac{1}{R}, \quad R = \frac{1}{G}$$

예제 4-15

저항기 5개가 병렬로 연결되었다고 가정하자. [그림 4-9]와 같이 $R_1 \sim R_5$는 저항기들이고, 전체 저항은 R이다. 각각의 저항기가 $R_1 = 10\,\Omega$, $R_2 = 20\,\Omega$, $R_3 = 40\,\Omega$, $R_4 = 50\,\Omega$, $R_5 = 100\,\Omega$일 때 전체 저항 R은 얼마인가? (저항기는 로만체 R로, 저항은 수학 변수처럼 이탤릭체 R로 표시한 것에 주의하기 바란다.)

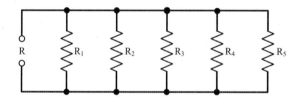

[그림 4-9] $R_1 \sim R_5$까지 저항기 5개가 **병렬**로 연결되어 있고, 전체 저항은 R이다.

풀이

모든 저항값을 역수로 취해 컨덕턴스로 환산한다.

$$G_1 = \frac{1}{R_1} = \frac{1}{10} = 0.10\,\text{S} \qquad G_2 = \frac{1}{R_2} = \frac{1}{20} = 0.050\,\text{S}$$

$$G_3 = \frac{1}{R_3} = \frac{1}{40} = 0.025\,\text{S} \qquad G_4 = \frac{1}{R_4} = \frac{1}{50} = 0.020\,\text{S}$$

$$G_5 = \frac{1}{R_5} = \frac{1}{100} = 0.0100\,\text{S}$$

컨덕턴스를 모두 더하면 다음과 같다.

$$G = 0.10 + 0.050 + 0.025 + 0.020 + 0.0100 = 0.205\,\text{S}$$

두 자리 유효숫자로 반올림하면, 저항값의 합은 다음과 같다.

$$R = \frac{1}{G} = \frac{1}{0.205} = 4.9\,\Omega$$

병렬 저항을 컨덕턴스로 환산하지 않고 직접 계산할 수도 있지만 계산이 복잡하다. [그림 4-9]를 다시 풀면 저항을 다음 식에 따라 합산할 수 있다.

$$R = \frac{1}{\dfrac{1}{R_1} + \dfrac{1}{R_2} + \dfrac{1}{R_3} + \dfrac{1}{R_4} + \dfrac{1}{R_5}}$$

간혹 병렬로 연결된 저항값이 모두 같은 경우를 접하게 될 것이다. 이런 경우 저항값 하나를 저항기 개수로 나누면 전체 저항값이 된다. 예를 들어, $80\,\Omega$ 저항기 2개가 병렬로 연결되어 있으면 전체 저항값은 $\frac{80}{2} = 40\,\Omega$ 이고, 저항기 4개가 병렬로 연결되어 있으면 전체 저항값은 $\frac{80}{4} = 20\,\Omega$ 이며, 저항기 5개가 병렬로 연결되어 있으면 전체 저항값은 $\frac{80}{5} = 16\,\Omega$ 이다.

예제 4-16

[그림 4-9]와 같이 5개의 저항기 $R_1 \sim R_5$가 병렬로 연결되었다고 가정해보자. $R_1 \sim R_5$가 모두 $1.800\,\mathrm{k\Omega}$이라면 전체 저항 R은 얼마인가?

풀이

저항 하나를 $1,800\,\Omega$으로 환산한 후 5로 나누면 된다.

$$R = \frac{1,800}{5} = 360.0\,\Omega$$

여기서 입력값은 $1.800\,\mathrm{k\Omega}$으로 유효숫자가 4개이기 때문에, 결과값도 유효숫자가 4개이다. 나눈 값 5는 저항기의 배열에서 저항기 5개를 나타내므로 정확한 수이다.

전력 분배

전원 하나에 저항기 여러 개를 연결하면 각 저항기에 전류가 흐른다. 만일 전원의 전압을 알고 있다면, 전체 저항값을 계산한 후 각 저항기의 조합을 한 저항기로 취급해서 전체 전류가 얼마인지 알 수 있다.

만약 회로망에서 저항기들의 값이 모두 같다면, 저항기들이 직렬로 연결되든 병렬로 연결되든 관계없이 전원의 전력은 모든 저항기에 고르게 나뉜다. 예를 들어, 배터리에 똑같은 저항기 8개가 직렬로 연결되어 있다면, 각 저항기는 부하의 $\frac{1}{8}$만큼 전력을 소비한다. 만일 같은 배터리에 저항기를 병렬로 연결한다면 직렬로 연결했을 때보다 전력을 더 많이 소비하지만, 그래도 각각의 저항기는 직렬로 연결했을 때와 마찬가지로 전체 전력의 $\frac{1}{8}$을 소비한다. 만일 회로망에 있는 저항기들의 값이 모두 같지 않다면, 일부 저항기는 다른 저항기에 비해 많은 전력을 소비하게 된다.

직병렬 저항

저항값이 모두 같은 저항기들로 세트를 구성할 때, 병렬로 묶인 저항기를 직렬로 연결하거나, 직렬로 묶인 저항기를 병렬로 연결할 수 있다. 둘 중 어떤 경우라도 하나의 저항기가 갖는 전력 용량에 비해 전체 전력량을 월등히 증가시킨 직병렬 회로망을 얻을 수 있다.

간혹 직병렬 회로망의 전체 저항값은 회로망 중의 한 저항값과 같은데, 만일 소자들이 모두 동일하고 $n \times n$ 행렬의 회로망으로 정렬된다면 이와 같은 일이 가능하다. 이는 n이 정수일 때 [그림 4-10(a)]처럼 직렬로 묶인 n개의 저항기를 다시 n개의 병렬로 연결하거나, [그림 4-10(b)]처럼 병렬로 묶인 n개의 저항기를 다시 n개의 직렬로 연결하는 것을 의미한다. 이와 같은 두 가지 배열은 실제로 같은 저항값을 갖는다.

저항값이 모두 같은 상태에서, 동일한 전력 소비를 하는 $n \times n$ 직병렬 저항기는 하나의 저항기에서 소비하는 전력의 n^2배에 해당하는 전력 용량을 갖는다. 예를 들어, 하나의 저항기가 2W의 전력 용량을 갖고 있고, 3×3 직병렬 행렬인 경우 $3^2 \times 2 = 9 \times 2 = 18\,W$의 전력을 감당할 수 있다. 만일 $\frac{1}{2}\,W$ 저항기가 10×10 배열로 구성된 경우 $10^2 \times \frac{1}{2} = 50\,W$까지의 전력을 소비할 수 있다. 즉, 각 저항기의 전력 용량에 행렬의 전체 저항기 개수를 단순히 곱하면 된다.

앞서 언급한 계산은 모든 저항기가 각각 동일한 저항값과 동일한 소비 전력 정격을 가질 경우에만 가능하다. 만일 저항기의 저항값이나 정격이 약간이라도 다르면, 감당할 수 있는 양보다 더 많은 전류가 일부 소자에 흘러 결국 타버릴 것이다. 그러면 회로망에서 전류 분포가 달라지고, 두 번째 저항기가 다시 손상될 가능성이 높아진다. 결국 소자 파괴의 연쇄반응이 발생할 수 있다.

만일 50W를 견디는 저항기가 필요하고 어떤 직병렬 회로망이 75W까지 견딜 수 있다면, 이것은 괜찮다. 그러나 이러한 동일한 용도에 자기의 운만 믿고 48W까지 견디는 회로망을 사용하는 것은 피해야 한다. 적어도 최소 정격을 넘어 10% 정도의 오자를 허용할 수 있어야 한다. 즉 회로망이 50 W를 소비해야 한다면 55 W 또는 조금 더 견딜 수 있게 만들어야 한다. 그러나 불필요하게 과다할 필요는 없다. 마침 갖고 있던 저항기를 조합하여 쉽게 맞출 수 있는 조합이라면 몰라도, 그렇지 않다면 50 W로 대처할 수 있을 때 500 W를 견디는 회로를 구성하는 것은 자원 낭비다.

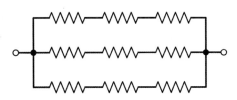

(a) 직렬로 연결된 저항기들이 다시 병렬로 연결된 것

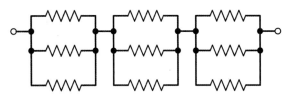

(b) 병렬로 연결된 저항기들이 다시 직렬로 연결된 것

[그림 4-10] **직병렬 저항기 행렬의 두 가지 예로**, $n = 3$인 $n \times n$ **대칭행렬을 보여준다.**

동일한 저항기들로 구성된 비대칭 직병렬 회로망이 감당하는 전력 용량은 저항기 하나가 감당하는 전력에 비해 증가할 수 있다. 그러나 이 경우 전체 저항값은 개별 저항 어느 값과도 다르다. 전체 전력 용량값을 구하기 위해서는, 회로망이 대칭이든 비대칭이든 상관없이, 저항기 하나가 감당할 수 있는 전력 용량과 전체 저항기 개수를 곱하면 된다. 이는 모든 저항기가 각각 동일한 저항값과 동일한 소비 전력 정격을 가진 경우에만 해당된다.

※ 필요하다면 이 장의 본문 내용을 참고해도 된다. 적어도 18개 이상 맞히는 것이 바람직하다.
정답은 [부록 A]에 있다.

4.1 0.50 W까지 전력을 소모하는 33Ω 저항기가 수없이 많다고 가정하자. 18 W의 전력을 소비하되, 안전상 2 W의 여유가 있는 33Ω 저항기를 얻으려고 한다. 어떻게 연결하면 그러한 부품을 얻을 수 있는가?

(a) 6×6 직병렬 행렬 저항
(b) 9×4 직병렬 행렬 저항
(c) 3×12 직병렬 행렬 저항
(d) (a), (b), (c) 중 어느 것이나

4.2 330Ω 저항기에 6.30 V를 공급하는 전지를 연결했다고 가정하자. 저항기의 소비전력은 얼마인가?

(a) 19.0 mW 전력
(b) 8.31 mW 전력
(c) 120 mW 전력
(d) 계산하기 위해서는 더 많은 정보가 필요하다.

4.3 소자 10개를 병렬로 연결했을 때, 각 소자가 0.15 S 컨덕턴스를 갖는다면 이 조합의 전체 직류 컨덕턴스는 얼마인가?

(a) 0.015 S
(b) 0.15 S
(c) 1.5 S
(d) 15 S

4.4 1.00 W를 소비하는 용량의 100Ω 저항기가 수없이 많이 있다고 가정해보자. 12 W의 전력을 소비하되, 안전상 2.5 W의 여유가 있는 100Ω 저항을 얻으려고 한다. 다음 중 이러한 일을 할 수 있는 가장 작은 $n \times n$ 행렬 회로망은 무엇인가?

(a) 5×5 행렬
(b) 4×4 행렬
(c) 3×3 행렬
(d) 2×2 행렬

4.5 330Ω 저항기에 6.3 V 전지를 연결하면, 전류가 얼마나 흐르는가?

(a) 72 mA
(b) 36 mA
(c) 12 mA
(d) 19 mA

4.6 어떤 저항에 2.2 V 전압이 인가될 때, 그 저항이 400 mW를 소비한다면 저항은 얼마인가?

(a) 12Ω
(b) 24Ω
(c) 48Ω
(d) 96Ω

4.7 $1.100\,k\Omega$의 저항 8개를 병렬로 연결했을 때, 전체 저항값은 얼마인가?

(a) $8,800\,\Omega$

(b) $4,840\,\Omega$

(c) $1,100\,\Omega$

(d) $137.5\,\Omega$

4.8 $600\,\Omega$, $300\,\Omega$, $200\,\Omega$인 저항기 3개가 병렬로 연결되었다고 가정하자. 여기에 $12\,V$ 배터리를 연결했다면, $300\,\Omega$ 저항기에 흐르는 전류는 얼마인가?

(a) $80\,mA$

(b) $40\,mA$

(c) $33\,mA$

(d) $11\,mA$

4.9 일정한 직류 전압을 공급하는 배터리를 연결한 상태에서 저항기의 컨덕턴스를 16배 감소시키면, 저항기에서 소비되는 전력은 어떻게 변하는가?

(a) 16배 감소

(b) 4배 감소

(c) 4배 증가

(d) 16배 증가

4.10 저항기 양단 간 직류 전압을 2배 증가시키고 저항기의 저항도 2배 증가시키면, 저항기가 소비하는 전력은 어떻게 변하는가?

(a) 절반으로 낮아진다.

(b) 동일하다.

(c) 2배가 된다.

(d) 4배가 된다.

4.11 저항기 양단 간 직류 전압을 2배 증가시키고 저항기의 저항도 2배 증가시키면, 저항기에 흐르는 전류는 어떻게 변하는가?

(a) 절반으로 낮아진다.

(b) 같다.

(c) 2배가 된다.

(d) 4배가 된다.

4.12 소자에 흐르는 전류(A)와 소자의 저항(Ω)을 안다면, 소자가 소비하는 에너지(J)를 어떻게 계산하는가?

(a) 전류를 제곱하고 저항을 곱한다.

(b) 전류와 저항을 곱한다.

(c) 저항을 전류로 나눈다.

(d) 계산하기 위해서는 더 많은 정보가 필요하다.

4.13 $3.333333\,k\Omega$ 저항기에 직류 $33.300\,mA$가 흐른다고 가정하자. 저항기에 걸리는 전압을 유효숫자를 고려하여 가장 잘 표현한 것은?

(a) $111\,V$

(b) $111.0\,V$

(c) $111.00\,V$

(d) $110.999\,V$

4.14 전위차계에 직류 $18.5\,mA$가 흐르고 그 저항이 $1.12\,k\Omega$이라면, 소비 전력은 얼마인가?

(a) $383\,mW$

(b) $20.7\,mW$

(c) $60.5\,mW$

(d) $67.8\,mW$

4.15 저항이 70.0Ω인 저항기 7개를 병렬로 연결하고, 그것에 12.6 V 배터리를 연결했다. 배터리에 흐르는 전류는 얼마인가?

(a) 25.7 mA

(b) 1.26 A

(c) 794 mA

(d) 180 mA

4.16 [연습문제 4.15]에서 저항기 3개를 제거했다고 가정하자. 남아있는 4개의 저항기 중 어느 하나에 흐르는 전류는 어떻게 되는가?

(a) 0으로 감소한다.

(b) 이전 값의 $\frac{4}{7}$가 된다.

(c) 동일하다.

(d) 이전 값의 $\frac{7}{4}$이 된다.

4.17 180Ω, 270Ω, 680Ω인 저항기 3개를 12.6 V 배터리에 직렬로 연결했다. 세 저항기에서 소비되는 총 전력은 얼마인가?

(a) 7.12 W

(b) 89.7 W

(c) 11.2 mW

(d) 140 mW

4.18 직류 시스템을 다룰 때 엔지니어들이 사용하는 3개의 기본 단위는 무엇인가?

(a) 암페어, 볼트, 옴

(b) 와트, 줄, 볼트

(c) 지멘스, 암페어, 줄

(d) 에르그^{erg}, 줄, 옴

4.19 0.250 S의 컨덕턴스를 가진 부품을 통해 흐르는 직류 전류가 3.00 A이다. 이 부품 양단 간의 전압은 얼마인가?

(a) 0.750 V

(b) 12.0 V

(c) 36.0 V

(d) 계산하기 위해서는 더 많은 정보가 필요하다.

4.20 0.250 S의 컨덕턴스를 가진 부품을 통해 흐르는 직류 전류가 3.00 A이다. 이 부품이 소비하는 전력은 얼마인가?

(a) 750 mW

(b) 2.25 W

(c) 36.0 W

(d) 계산하기 위해서는 더 많은 정보가 필요하다.

CHAPTER

05

직류 회로 해석
Direct-Current Circuit Analysis

▌학습목표

- 직렬 저항으로 구성된 회로의 전류와 전압 특성을 이해할 수 있다.
- 병렬 저항으로 구성된 회로의 전류와 전압 특성을 이해할 수 있다.
- 직렬 회로와 병렬 회로의 전력 분배 특성을 이해하고, 두 회로의 장단점을 파악할 수 있다.
- 키르히호프의 전류 법칙과 전압 법칙을 통해 회로 해석 능력을 기를 수 있다.
- 전압 분배 회로를 이해하고, 적절한 전압 분배 회로 설계를 위한 저항과 공급 전압의 상호관계를 이해할 수 있다.

이 장에서는 직류 회로에 대한 추가적인 내용과, 다양한 조건에서 직류 회로가 어떻게 동작하는지 배운다. 이러한 동작 원리는 대부분의 교류 회로에서도 동일하게 적용된다.

직렬 저항에 흐르는 전류

[그림 5-1]과 같이 직류 전원과 일련의 전구가 연결된 직렬 회로에서, 어떤 임의의 점에 흐르는 전류는 다른 임의의 점에 흐르는 전류와 같다. 여기서 두 전구 사이의 전류를 전류계로 확인해보자. 만약 전류계를 전류가 흐르는 다른 임의의 점으로 옮긴다고 해도 똑같은 전류값을 가리킬 것이다. 이처럼 직렬로 연결된 직류 회로에서는 소자가 무엇이든, 그리고 저항값이 모두 같은지 다른지에 관계없이 동일한 전류가 흐른다.

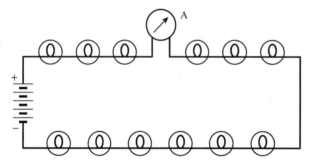

[그림 5-1] 회로에서 직렬로 연결된 전구들과 전류계(A)

[그림 5-1]의 전구들이 서로 다른 저항값을 갖더라도 전류는 회로의 모든 점에서 똑같다. 그러나 일부 전구는 다른 전구보다 많은 전력을 소비할 수도 있는데, 이러한 상황은 문제가 되기도 한다. 즉 어떤 전구는 매우 밝고 어떤 전구는 불이 거의 들어오지 않을 수 있다. 이렇게 직렬 회로에서는 각 소자들 사이의 저항값이 약간만 달라져도 전력을 분배할 때 중대한 문제가 발생할 수 있다.

[그림 5-1]의 전구들 중 하나가 타버렸다고 가정하자. 이어서 모든 전구에 불이 나갈 것이다. 고장 난 전구를 제거하고 다시 회로를 연결하면 전구에 불이 들어온다. 그러나 전체 저항이 감소했으므로 전구를 통과하는 전류는 증가한다. 회로에 남아 있는 각 전구에는 정격보다 다소 많은 전류가 흐른다. 곧 과전류로 인해 또 다른 전구가 타버릴 것이다. 만일 타버린 전구를 제거하고 다시 연결하면 전류는 전보다 더욱 증가할 것이다. 그러므로 곧바로 또 다른 전구가 타버린다고 해도 놀랄 일은 아니다.

직렬 저항의 양단 전압

[그림 5-1]의 모든 전구는 동일한 저항값을 가지므로 각 전구에 걸리는 전압은 모두 같다. 만일 전원이 120 V인 회로에 저항값이 같은 전구 12개가 직렬로 연결되어 있다면, 각 전구의 전압은 전체의 $\frac{1}{12}$인 10 V이다. 이렇게 전압이 균일하게 분포되는 것은 모든 전구를 좀 더 밝거나 어두운 것으로 교체하더라도, 직렬로 연결된 전구들이 동일하기만 하다면 계속 지속될 것이다.

[그림 5-2]의 회로를 살펴보자. 각각의 저항값이 동일하든 동일하지 않든 관계없이 모든 저항기에는 동일한 전류가 흐른다. 각 저항 R_n의 양단에는 저항기의 저항과 전류를 곱한 값인 전압 E_n이 걸린다. 전체 전압은 전압 E_n이 직렬로 연결되어 있으므로 더해 나가면 된다. 모든 저항기에 걸리는 전압은 전부 더하면 전원 전압 E가 된다. 만일 그렇지 않으면 유령의 기전력이 어딘가에서 전압을 더하거나 빼고 있을 것이다. 하지만 그런 일은 일어나지 않는다. 전압은 어딘가에서 갑자기 생겨나거나 그냥 사라질 수 없다.

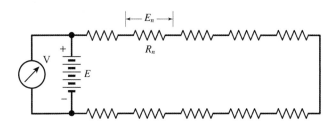

[그림 5-2] **직렬 회로에서 전압 해석**

이런 상황을 다른 시각으로 살펴보자. [그림 5-2]의 전압계 V는 배터리 양단에 연결되어 있으므로 배터리의 전압 E를 보여준다. 또한 전압계 V는 전체 저항의 조합에 가로질러 연결되어 있으므로 전체 저항에 걸린 전압인 E_n의 합을 보여준다. 전압계 V는 배터리 전압 E를 측정한 것이라고 생각하거나, 직렬로 연결된 저항 조합에 걸린 전압인 E_n의 합을 측정한 것이라고 생각해도 된다는 것을 말해준다. 그러므로 E는 모든 E_n의 합과 같다.

[그림 5-2]의 회로에서 특정한 저항 R_n에 걸리는 전압 E_n을 계산하려면 전류와 저항으로 표시되는 전압을 구하는 옴의 법칙이 필요하다. 여기에 옴의 법칙을 적용하면 다음과 같다.

$$E_n = IR_n$$

E_n은 특정 저항기에 걸리는 전위차를 V로 나타낸 것이고, I는 전체 회로에 흐르는 전류,

다시 말해 특정 저항기에 흐르는 전류를 A로 나타낸 것이다. R_n은 Ω으로 표시되는 특정 저항기의 값이다. 전류 I를 결정하려면 모든 저항의 합인 전체 저항 R과 공급 전압 E를 알아야 한다. 그리고 다음과 같은 식을 사용한다.

$$I = \frac{E}{R}$$

두 번째 식을 첫 번째 식에 대입하면 다음과 같은 식을 얻을 수 있다.

$$E_n = \left(\frac{E}{R}\right) R_n = E \left(\frac{R_n}{R}\right)$$

이 식은 흥미로운 사실을 보여준다. 직렬 회로 내 각각의 저항기에는 전체 공급 전압에 비례하는 전압이 걸리고, 또 전체 저항에 대한 각 저항의 비율에 비례하는 전압이 걸린다. 엔지니어와 기술자는 이러한 비례 관계를 이용해 **전압분배기**^{voltage divider} 회로를 구성한다.

예제 5-1

[그림 5-2]에 직렬로 연결된 저항기 10개가 있다. 이 중 5개는 20Ω, 나머지 5개는 30Ω이라 가정하자. 배터리의 공급 전압은 $25\,\mathrm{V}$이다. 20Ω 저항기 하나에 전위차가 얼마만큼 발생하는가? 그리고 30Ω 저항기 하나에 전위차가 얼마만큼 발생하는가?

풀이

직렬로 연결된 전체 저항 R을 구한 후, R과 배터리 전압 E를 이용하여 전류 I를 구해보자. 일단 전류를 알면 각 저항기에 걸리는 전압을 찾을 수 있다. 전체 저항은 다음과 같다.

$$R = (20 \times 5) + (30 \times 5) = 100 + 150 = 250\,\Omega$$

따라서 회로의 임의의 점에 흐르는 전류는 다음과 같다.

$$I = \frac{E}{R} = \frac{25}{250} = 0.10\,\mathrm{A}$$

$R_n = 20\Omega$ 이면 $E_n = IR_n = 0.10 \times 20 = 2.0\,\mathrm{V}$이다.
$R_n = 30\Omega$ 이면 $E_n = IR_n = 0.10 \times 30 = 3.0\,\mathrm{V}$이다.

저항기에 걸리는 전압을 모두 더하면 공급 전압이 된다는 사실을 증명해보자. 각각 $2.0\,\mathrm{V}$ 전압이 걸린 5개의 저항기가 있으므로 총 $10\,\mathrm{V}$가 되고, 각각 $3.0\,\mathrm{V}$ 전압이 걸린 5개의 저항기에는 총 $15\,\mathrm{V}$ 전압이 걸린다. 그러므로 저항기들에 걸리는 전압의 합은 $E = 10 + 15 = 25\,\mathrm{V}$가 된다.

[예제 5-1]과 그 풀이에서 다루었던 [그림 5-2]의 회로에서, 20Ω 저항기 중 3개가 단락되고 30Ω 저항기 중 2개가 단락되었다면, 전체 저항에 걸리는 전압은 어떻게 되는가?

풀이

20Ω 저항기 3개가 단락되고 30Ω 저항기 2개가 단락되므로, 20Ω 저항기 2개와 30Ω 저항기 3개를 연결한 것이 된다. 따라서 다음 식과 같이 된다.

$$R = (20 \times 2) + (30 \times 3) = 40 + 90 = 130 \, \Omega$$

그러므로 전류는 다음과 같다.

$$I = \frac{E}{R} = \frac{25}{130} = 0.19 \, \text{A}$$

R_n이 단락되지 않은 20Ω 저항인 경우, R_n에 걸리는 전압 E_n은 $E_n = IR_n = 0.19 \times 20 = 3.8 \, \text{V}$ 이다.

또한 R_n이 단락되지 않은 30Ω 저항인 경우 R_n에 걸리는 전압 E_n은 $E_n = IR_n = 0.19 \times 30 = 5.7 \, \text{V}$가 된다.

전체 전압을 확인하기 위해, 모두 합한 후 유효숫자 두 자리로 반올림하면 전체 전압은 다음과 같다.

$$E = (2 \times 3.8) + (3 \times 5.7) = 7.6 + 17.1 = 25 \, \text{V}$$

병렬 저항의 양단 전압

[그림 5-3]과 같이 직류 배터리에 전구 여러 개가 병렬로 연결되어 있다고 생각해보자. 전구 하나가 타버려도 문제를 해결하는 데 곤란을 겪지 않는다. 병렬 구성에서는 불량 전구가 꺼지면 어느 것이 불량인지 바로 찾을 수 있다. 병렬 회로는 직렬 회로와는 또 다른 장점이 있는데, 한 소자의 저항이 변해도 다른 소자가 소모하는 전력에는 영향을 주지 않는다는 것이다.

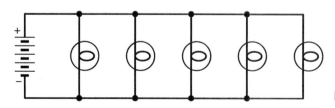

[그림 5-3] **병렬로 연결된 전구들**

병렬 회로에서 각 소자에 걸리는 전압은 공급 전압 또는 배터리의 전압과 같다. 각 소자에 흐르는 전류는 그 소자의 저항값에만 영향을 받고, 다른 소자의 저항값에는 영향을 받지 않는다. 즉 직렬 회로에서는 소자들이 서로 영향을 미치는 데 반해, 병렬 회로에서는 소자들이 독립적으로 동작한다.

만일 병렬 회로에서 한 가지가 개방되거나 연결이 끊어지고 제거되더라도 다른 가지의 상태는 변하지 않는다. 병렬 회로에 새로운 가지가 추가되어도, 전원이 필요한 만큼 증가된 전류를 더 공급할 수 있다면, 가지의 상태는 이전과 같이 유지된다. 병렬 회로는 직렬 회로보다 전반적으로 더 안정적이기 때문에 공학자들은 거의 모든 회로에서 병렬 회로를 사용한다.

병렬 저항에 흐르는 전류

[그림 5-4]는 저항기가 병렬로 연결된 일반적인 회로다. 저항값을 R_n, 전체 저항을 R, 배터리의 전압을 E라고 하자. 전류계 A를 사용해 저항 R_n이 있는 특정 가지 n을 흐르는 전류 I_n으로 측정할 수 있다.

[그림 5-4]의 병렬 회로에서 모든 전류의 합 I_n은 전원에서 흐르는 전체 전류 I와 같다. 병렬 회로에서는 전류가 각 소자들에 나뉘는데, 이는 직렬 회로에서 각 소자들에 전압이 나뉘는 것과 같다.

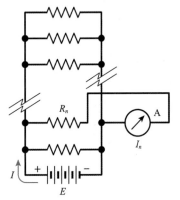

[그림 5-4] **병렬 회로에서의 전류 분석**

[그림 5-4] 배터리의 (+) 단자에서 밖을 향하게 그린 전류의 방향을 보았는가? 혼란스러워 할 필요는 없다. 일반적인 도선에서 전하 운반체 역할을 하는 전자는 배터리의 (−) 단자에서 (+) 단자를 향해 흘러나간다. 그러나 과학자들은 **관습적으로 전류**라고 부르는 **이론적인 전류**는 (+)에서 (−)로 흐른다고 생각한다.

예제 5-3

[그림 5-4]의 배터리가 24V를 공급한다고 하자. 그리고 각 저항값이 100Ω인 저항기 10개가 병렬로 연결되었다고 가정하자. 이때 배터리에 흐르는 전체 전류 I는 얼마인가?

풀이

먼저 전체 저항을 구한다. 모든 저항기의 값이 같으므로 $R_n = 100$ 을 10으로 나누어 $R = 10\Omega$ 을 구한다. 그런 다음, 다음과 같이 전류를 계산한다.

$$I = \frac{E}{R} = \frac{24}{10} = 2.4\,\text{A}$$

예제 5-4

[예제 5-3]과 그 풀이에서 다루었던 [그림 5-4] 회로에서 전류계를 저항 R_n 하나에 연결했을 때, 전류계의 전류값은 얼마인가?

풀이

회로 각 가지에 흐르는 전류 I_n을 구해야 한다. 각 가지에는 동일한 24V가 걸리고, 각 저항기는 모두 $R_n = 100\Omega$ 이다. 옴의 법칙을 사용하여 전류계의 전류를 구하면 다음과 같다.

$$I_n = \frac{E}{R_n} = \frac{24}{100} = 0.24\,\text{A}$$

병렬 회로이므로 가지에 흐르는 전류 I_n을 모두 더하면 전체 전류 I가 된다. 10개의 가지에 각각 0.24 A가 흐르므로 전체 전류는 다음과 같다.

$$I = 0.24 \times 10 = 2.4\,\text{A}$$

이 값은 [예제 5-3]의 답과 같다.

예제 5-5

저항기 3개를 병렬로 연결하고 배터리의 전압을 $E = 12\text{V}$ 라고 가정하자. 저항값은 $R_1 = 24\Omega$, $R_2 = 48\Omega$, $R_3 = 60\Omega$ 이고, 이 저항기에 흐르는 전류가 각각 I_1, I_2, I_3일 때 R_2에 흐르는 전류 I_2는 얼마인가?

풀이

회로에서 R_2를 유일한 저항기라고 생각하고 옴의 법칙을 적용하면 된다. R_2가 병렬 조합의 한 부분이라는 사실에 걱정할 필요가 없다. 다른 가지들은 I_2에 영향을 주지 않으므로

$$I_2 = \frac{E}{R_2} = \frac{12}{48} = 0.25\,\text{A} \text{ 가 된다.}$$

예제 5-6

[예제 5-5]에 표시된 병렬 저항기에 흐르는 전체 전류는 얼마인가?

풀이

이 문제는 두 가지 방법으로 접근할 수 있다. 첫 번째 방법은 병렬 회로의 전체 저항 R을 구한 다음 전체 전류 I를 계산하는 것이다. 그리고 두 번째 방법은 저항기 R_1, R_2, R_3에 흐르는 전류 I_1, I_2, I_3를 각각 구한 다음 모두 더하는 것이다.

❶ 첫 번째 방법을 사용할 경우, 저항 R_n을 컨덕턴스 G_n으로 바꾼다.

$$G_1 = \frac{1}{R_1} = \frac{1}{24} = 0.04167\,\text{S}$$

$$G_2 = \frac{1}{R_2} = \frac{1}{48} = 0.02083\,\text{S}$$

$$G_3 = \frac{1}{R_3} = \frac{1}{60} = 0.01667\,\text{S}$$

이를 모두 더하면 총 컨덕턴스는 $G = 0.07917\,\text{S}$가 된다. 그러므로 전체 저항은 $R = \frac{1}{G} = \frac{1}{0.07917} = 12.631\,\Omega$이 된다.

다시 옴의 법칙을 사용하여 전류를 구한다.

$$I = \frac{E}{R} = \frac{12}{12.631} = 0.95\,\text{A}$$

누적된 반올림 오차를 최소화하기 위해 계산 중 여분의 자릿수를 남겨두었다가 마지막에 반올림했다.

❷ 두 번째 방법을 사용할 경우, 옴의 법칙을 이용하여 각 저항에 흐르는 전류를 계산한다.

$$I_1 = \frac{E}{R_1} = \frac{12}{24} = 0.5000\,\text{A}$$

$$I_2 = \frac{E}{R_2} = \frac{12}{48} = 0.2500\,\text{A}$$

$$I_3 = \frac{E}{R_3} = \frac{12}{60} = 0.2000\,\text{A}$$

위의 값을 모두 더하면 총 전류는 다음과 같다.

$$I = I_1 + I_2 + I_3 = 0.5000 + 0.2500 + 0.2000 = 0.95\,\text{A}$$

계산 중 여분의 자릿수를 남겨두었다가 마지막에 유효숫자 2개로 반올림했다.

직렬 회로에서 전력 분배

직렬로 연결된 저항기에서 소비되는 전력을 계산하려면 전체 전류를 계산하고, 다음 식을 사용하여 저항 R_n에 의해 소비되는 전력 P_n을 결정하면 된다.

$$P_n = I^2 R_n$$

직렬로 연결된 저항기에서 소비되는 전체 전력(단위는 와트로 표시)은 각 저항기에서 소비되는 전력의 합과 같다.

예제 5-7

직류 전압 150V가 공급되는 직렬 회로에서 저항이 각각 $R_1 = 200\,\Omega$, $R_2 = 400\,\Omega$, $R_3 = 600\,\Omega$일 때, R_2에서 소비하는 전력은 얼마인가?

풀이

먼저 회로에 흐르는 전류를 구한다. 저항기들이 직렬로 연결되어 있으므로 전체 저항은 다음과 같다.

$$R = 200 + 400 + 600 = 1{,}200\,\Omega$$

옴의 법칙을 이용하면 전류는 다음과 같다.

$$I = \frac{150}{1{,}200} = 0.125\,\text{A}$$

R_2에 의해 소비되는 전력은 다음과 같다.

$$P_2 = I^2 R_2 = 0.125 \times 0.125 \times 400 = 6.25\,\text{W}$$

예제 5-8

두 가지 방법을 사용하여 [예제 5-7]의 회로에서 전체 소비 전력 P를 계산하라.

풀이

먼저 각 저항별로 소비되는 전력을 구해서 더한다. [예제 5-7]에서 이미 P_2를 구했고 전류는 0.125 A라는 것을 알고 있다. 이제 전류와 저항에 따른 전력 식을 사용하여 다음과 같이 계산할 수 있다.

$$P_1 = I^2 R_1 = 0.125 \times 0.125 \times 200 = 3.125\,\text{W}$$

$$P_3 = I^2 R_3 = 0.125 \times 0.125 \times 600 = 9.375\,\text{W}$$

3개의 전력(P_1, P_2, P_3)을 더하면 전력 $P = 3.125 + 6.25 + 9.375 = 18.75\,\text{W}$ 가 되고, 입력 데이터의 유효숫자가 3개이므로 반올림하면 18.8 W가 된다.

두 번째 방법은 전체 저항을 구한 후, 그 값과 [예제 5-7]에서 계산한 전류를 사용하여 전력을 구하는 것이다. 전체 저항이 $R = 1,200\,\Omega$ 이므로 전체 소비 전력은 다음과 같다.

$$P = I^2 R = 0.125 \times 0.125 \times 1,200 = 18.75\,\text{W}$$

다시 이 값을 반올림하면 18.8 W가 된다.

병렬 회로에서 전력 분배

저항이 병렬로 연결된 경우 각각의 저항에 흐르는 전류가 서로 다르다. 전류는 저항이 모두 같은 경우에만 동일하다. 그러나 임의의 저항기에 걸리는 전압은 다른 저항기에 걸리는 전압과 항상 동일하다. 다음 식을 통해 임의의 저항 R_n이 소비하는 전력 P_n을 구할 수 있다.

$$P_n = \frac{E^2}{R_n}$$

여기서 E는 전원 전압을 의미한다. 직렬 회로와 마찬가지로, 병렬 직류 회로에서의 총 소비 전력은 각 저항에 의해 소비되는 전력의 합과 같다.

예제 5-9

직류 회로에 $R_1 = 22\,\Omega$, $R_2 = 47\,\Omega$, $R_3 = 68\,\Omega$ 인 저항 3개와 공급 전압 $E = 3.0\,\text{V}$ 인 배터리가 병렬로 연결되었다고 가정하자. 이때 각 저항에 의해 소비되는 전력을 계산하라.

풀이

공급 전압의 제곱인 E^2을 찾는 것부터 시작한다. 이 값은 여러 번 사용될 것이다.

$$E^2 = 3.0 \times 3.0 = 9.0$$

- 저항 R_1에서의 소비 전력 : $P_1 = \dfrac{9.0}{22} = 0.4091\,\text{W}$, 반올림하면 $0.41\,\text{W}$

- 저항 R_2에서의 소비 전력 : $P_2 = \dfrac{9.0}{47} = 0.1915\,\text{W}$, 반올림하면 $0.19\,\text{W}$

- 저항 R_3에서의 소비 전력 : $P_3 = \dfrac{9.0}{68} = 0.1324\,\text{W}$, 반올림하면 $0.13\,\text{W}$

예제 5-10

두 가지 방법을 이용하여 [예제 5-9]의 저항회로에서 소모되는 전체 전력을 계산하라.

풀이

첫 번째 방법은, [예제 5-9]의 답 P_1, P_2, P_3를 모두 더하는 것이다. 만일 유효숫자를 4개 사용한다면 $P = 0.4091 + 0.1915 + 0.1324 = 0.7330\,\text{W}$이고, 반올림하면 $0.73\,\text{W}$가 된다.

두 번째 방법은, 병렬로 연결된 전체 저항 R을 구한 뒤 저항과 배터리의 전압으로부터 전력을 계산하는 것이다. 유효숫자를 4개 사용한다면 전체 저항은 $R = 12.28\,\Omega$ 이다. 전체 소비 전력은 $P = \dfrac{E^2}{R} = \dfrac{9.0}{12.28} = 0.7329\,\text{W}$이고, 반올림하면 $0.73\,\text{W}$가 된다.

Tip & Note

전기전자공학에서 직류 회로를 해석할 때는 항상 특정 법칙을 따른다.
- 직렬 회로에서 전류는 모든 점에서 같다.
- 병렬 회로에서 저항기 하나에 걸리는 전압은 다른 임의의 저항기에 걸리는 전압과 같고, 전체 저항에 걸리는 전압과 같다.
- 직렬 회로에서 각 저항기에 걸리는 전압의 합은 공급 전압과 같다.
- 병렬 회로에서 저항기에 흐르는 전류를 모두 더하면 전원에서 흐르는 전류와 항상 같다.
- 직렬 회로와 병렬 회로에서 전체 소비 전력은 각 저항기에서 소비되는 전력의 합과 같다.

이제, 직류 회로를 지배하는 가장 유명한 법칙 두 가지에 대해 정통해지도록 하자. 이 두 법칙은 광범위하게 적용되어 복잡한 직병렬 직류 회로망의 해석을 가능하게 한다.

키르히호프 제1법칙

물리학자인 **키르히호프**(1824~1887)[Gustav Robert Kirchhoff]는 다른 사람들이 전류가 어떻게 흐르는지에 대해 잘 알기 전부터 이에 대해 연구하고 실험했다. 그는 상식에 기초하여 직류 회로의 두 가지 성질을 이끌어냈다.

키르히호프는 임의의 직류 회로에서 한 지점으로 들어가는 전류와 그 지점에서 나오는 전류가 동일하다고 판단했다. 이 사실은 아무리 많은 가지가 한 점으로 들어가고 나간다고 하더라도 변함없다. [그림 5-5]는 이러한 원리를 두 가지 예를 통해 보여준다.

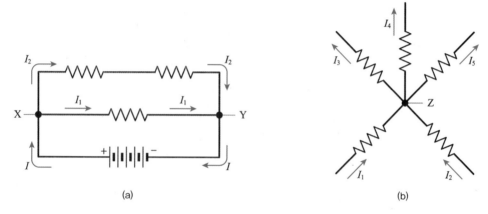

[그림 5-5] **키르히호프 제1법칙**
    (a) 점 X나 점 Y에 흘러 들어가는 전체 전류와 흘러나오는 전류는 서로 같다. 즉 $I = I_1 + I_2$이다.
    (b) 점 Z에 흘러 들어가는 전체 전류는 점 Z에서 흘러나오는 전체 전류와 같다. 즉 $I_1 + I_2 = I_3 + I_4 + I_5$이다.

[그림 5-5(a)]를 살펴보자. 점 X에 흘러 들어가는 전체 전류 I는 나오는 총 전류 $I_1 + I_2$ 와 같다. 그리고 점 Y에 흘러 들어가는 총 전류 $I_1 + I_2$ 는 나오는 전체 전류 I와 같다. [그림 5-5(b)]를 살펴보자. 점 Z에 흘러 들어가는 총 전류 $I_1 + I_2$ 는 나오는 전체 전류 $I_3 + I_4 + I_5$ 와 같다. 이는 단지 키르히호프 제1법칙의 두 가지 예를 본 것이다. 이 법칙을 **키르히호프의 전류 법칙** 또는 **전류 보존의 원리**라고 한다.

예제 5-11

[그림 5-5(a)]를 참고한다. 저항기 3개는 모두 $100\,\Omega$이고, $I_1 = 2.0\,\text{A}$, $I_2 = 1.0\,\text{A}$ 라고 가정했을 때 배터리의 전압은 얼마인가?

풀이

먼저, 전체 저항기가 배터리에 요구하는 전체 전류 I를 구하는 것은 쉽다. 즉, 각 가지에 흐르는 전류를 더하면 다음과 같다.

$$I = I_1 + I_2 = 2.0 + 1.0 = 3.0\,A$$

이제 전체 회로의 저항을 구한다. 직렬로 연결된 $100\,\Omega$ 저항기 2개를 더하면 $200\,\Omega$이 된다. 이는 세 번째 $100\,\Omega$ 저항기와 병렬로 연결되어 있다. 따라서 배터리에 연결된 총 저항 R은 $66.67\,\Omega$이다. 이제 옴의 법칙을 이용하면 다음과 같이 계산할 수 있다.

$$E = IR = 3.0 \times 66.67 = 200\,V$$

예제 5-12

[그림 5-5(b)]의 회로에서 점 Z 아래에 있는 저항기 2개는 각각 $100\,\Omega$이고, 위에 있는 저항기 3개는 각각 $10.0\,\Omega$이라고 한다. $100\,\Omega$의 저항기에 $500\,mA$의 전류가 흐른다고 가정하자. $10.0\,\Omega$의 저항기에 흐르는 전류는 얼마인가? 또한 $10.0\,\Omega$에 걸리는 전위차는 얼마인가?

풀이

점 Z에 들어가는 총 전류는 $500\,mA + 500\,mA = 1.00\,A$이다. 키르히호프 제1법칙에 따르면, 점 Z에서 동일한 전류가 나와서 $10\,\Omega$으로 같은 값을 가진 저항기에 동일하게 나뉘어 흐른다. 그러므로 저항기 3개 중 하나에 흐르는 전류는 $\frac{1.00}{3} = 0.333\,A$이다. 옴의 법칙을 이용하면 $10.0\,\Omega$ 저항기 R에 걸리는 전위차는 $E = IR = 0.333 \times 10.0 = 3.33\,V$이다.

▎키르히호프 제2법칙

임의의 직류 회로의 어떤 점에서 출발해 회로를 한 바퀴를 돌 때까지 극성을 고려한 전압의 합은 항상 0이다. 직관에 어긋나는 것처럼 보이는가? 키르히호프의 머릿속으로 들어가 그의 생각을 살펴보자.

키르히호프가 제2법칙을 세울 때는 아무것도 없는 곳에서 갑자기 전위차가 발생할 수 없고, 또 전위차가 아무것도 없는 곳으로 사라지지 않는다고 생각했다. 만일 직류 회로를 한 바퀴 돌아 제자리로 돌아온다면 시작점과 도착점이 동일하므로, 두 점 사이의 전위차는 0이어야 한다. 한 바퀴 도는 동안 무슨 일이 일어나도 상관없다. 경로에 따라 전압은 출발점에 비해 상대적으로 높을 수도 있고 낮을 수도 있다. 즉 +가 되고, −가 되며, 다시 +가 될 수 있다. 그러나 마지막에 그 전압을 모두 더하면 0이 된다. 즉, 점과 점 자체의 전위차가 0이다. 이런 원리를 키르히호프의 제2법칙, **키르히호프의 전압 법칙** 또는 **전압 보존의 원리**라고 한다.

만일 극성을 무시한다면, 어떤 복잡한 직류 회로에서 각 저항기에 걸리는 전압의 합은 공급

전압이 된다. 키르히호프의 제2법칙은 각 저항기에 걸리는 전위차의 극성이 공급 전력의 극성과 반대가 되는 사실을 고려하여 이 원리를 확장한 것이다. [그림 5-6]은 키르히호프 제2법칙의 예이다. 배터리 전압 E의 극성은 각 저항기에 걸리는 전압 $E_1 + E_2 + E_3 + E_4$를 합한 것과 반대의 극성이 된다. 그러므로 극성을 고려했을 때 다음 식과 같이 된다.

$$E + E_1 + E_2 + E_3 + E_4 = 0$$

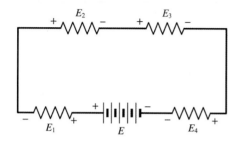

[그림 5-6] 키르히호프의 제2법칙. 각 저항 양단의 전압을 합한 것은 공급 전압과 같고 극성이 반대이므로, $E + E_1 + E_2 + E_3 + E_4 = 0$이다.

예제 5-13

[그림 5-6]을 참고한다. 각각의 저항을 $R_1 = 50\,\Omega$, $R_2 = 60\,\Omega$, $R_3 = 70\,\Omega$, $R_4 = 80\,\Omega$ 이라고 하고, 회로에 전류 $I = 500\,\text{mA}$ 가 흐른다고 가정하자. 각 저항기에 걸리는 전압 E_1, E_2, E_3, E_4는 얼마인가? 그리고 배터리 전압 E는 얼마인가?

풀이

먼저 옴의 법칙을 사용하여 각 저항기에 걸리는 전압 E_1, E_2, E_3, E_4를 구한다. 전류를 $I = 0.500\,\text{A}$ 와 같이 A로 환산해야 한다.

$$\text{저항 } R_1 \text{에 대해 } E_1 = IR_1 = 0.500 \times 50 = 25\,\text{V}$$
$$\text{저항 } R_2 \text{에 대해 } E_2 = IR_2 = 0.500 \times 60 = 30\,\text{V}$$
$$\text{저항 } R_3 \text{에 대해 } E_3 = IR_3 = 0.500 \times 70 = 35\,\text{V}$$
$$\text{저항 } R_4 \text{에 대해 } E_4 = IR_4 = 0.500 \times 80 = 40\,\text{V}$$

이므로, 배터리의 전압은 각 전압을 합한 것과 같다.

$$E = E_1 + E_2 + E_3 + E_4 = 25 + 30 + 35 + 40 = 130\,\text{V}$$

예제 5-14

[그림 5-6]에서 배터리 전압이 $20\,\text{V}$ 라고 가정하자. 각 저항기의 전압이 E_1, E_2, E_3, E_4이고 저항비가 1:2:3:4라면, 전압 E_3는 얼마인가?

풀이

이 문제에서는 전류에 대한 정보와 정확한 저항값을 알려주지 않았다. 하지만 E_3를 구하는 데는 이런 정보가 필요 없다. 실제 저항값에 관계없이, 저항값의 비가 1:2:3:4를 유지하는 한 전압비 $E_1 : E_2 : E_3 : E_4$는 항상 저항값의 비와 같다. 따라서 이 비율을 만족시키는 저항이라면 어떤 저항값을 가정해서 사용해도 된다.

R_n에 걸린 전압을 E_n이라고 하자. 여기서 n 값은 1~4 중 하나가 된다. 저항값은 다음과 같다고 가정한다.

$$E_1 \text{이 걸리는 저항은 } R_1 = 1.0\,\Omega$$
$$E_2 \text{가 걸리는 저항은 } R_2 = 2.0\,\Omega$$
$$E_3 \text{가 걸리는 저항은 } R_3 = 3.0\,\Omega$$
$$E_4 \text{가 걸리는 저항은 } R_4 = 4.0\,\Omega$$

이와 같은 저항값은 주어진 비율을 따른다. 전체 저항은 다음과 같다.

$$R = R_1 + R_2 + R_3 + R_4 = 1.0 + 2.0 + 3.0 + 4.0 = 10\,\Omega$$

전체 직렬 저항을 통해 흐르는 전류를 계산하면 다음과 같다.

$$I = \frac{E}{R} = \frac{20}{10} = 2.0\,\text{A}$$

옴의 법칙으로 저항기 R_3에 걸리는 전위차 E_3를 다음과 같이 계산할 수 있다.

$$E_3 = IR_3 = 2.0 \times 3.0 = 6.0\,\text{V}$$

전압 분배

앞서 살펴본 바와 같이, 직렬로 연결된 저항값들은 전압의 비를 만들어 낸다. **전압 분배 회로망**을 설계하여, 이러한 비가 특정 조건을 만족하도록 할 수 있다.

전압 분배 회로망을 설계할 때, 배터리나 전원에 과전류가 흐르지 않도록 하면서 가능하면 작은 저항값을 갖도록 해야 한다. 전압분배기를 실제 회로에 사용할 때, 그 회로의 **내부 저항**으로 인해 전압분배기가 오작동하는 것을 바라지는 않을 것이다. 전원의 전류 공급 능력이 허용되는 한 전압분배기의 저항값들이 작을 때, 전압분배기는 중간 전압들을 가장 효율적으로 고정시킨다.

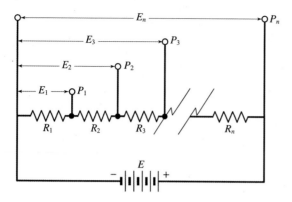

[그림 5-7] **전압 분배 회로의 일반적인 배열**

[그림 5-7]은 전압 분배의 원리를 보여준다. 각 저항값은 R_1, R_2, R_3, $\cdots$, R_n까지이며, 전체 저항값은 다음과 같다.

$$R = R_1 + R_2 + R_3 + \cdots + R_n$$

배터리의 전압은 E이고, 회로의 전류는 $\dfrac{E}{R}$와 같다. P_1, P_2, P_3, $\cdots$, P_n까지 다양한 지점에서 배터리의 ($-$) 단자에 대한 전위차를 E_1, E_2, E_3, $\cdots$, E_n이라고 한다. 마지막 전압 E_n은 [그림 5-7]에서와 같이 배터리의 전압 E와 같다. 다른 모든 전압은 E보다 작으며, 값이 차츰 증가하는 순서로 나열되어 있다. 수학적으로는 다음과 같이 표현한다. 여기서 기호 <는 '~보다 작다'는 의미다.

$$E_1 < E_2 < E_3 < \cdots < E_n = E$$

각 지점에서의 전압은 그 지점까지의 저항을 합한 총 저항값에 공급 전압을 곱해서 비례하여 증가한다. 이를 방정식으로 나타내면 다음과 같다.

$$E_1 = E\,\frac{R_1}{R}$$

$$E_2 = E\,\frac{(R_1 + R_2)}{R}$$

$$E_3 = E\,\frac{(R_1 + R_2 + R_3)}{R}$$

이러한 과정은 마지막 지점까지 계속된다.

$$E_n = E\,\frac{(R_1 + R_2 + R_3 + \cdots + R_n)}{R} = E\,\frac{R}{R} = E$$

어떤 일을 하기 위해 전자 장치를 만들고 있다고 가정하자. 배터리의 전압은 $E = 9.0\,\text{V}$ 이고, 배터리의 (−) 단자를 **공통 접지**$^{\text{common ground}}$(**섀시 접지**$^{\text{chassis ground}}$라고도 함)시킨다. 직류 전압이 접지에 대해 +2.5 V가 되는 지점을 얻기 위해 전압 분배 회로망을 만들려고 한다. 최대한 정확하게 한 쌍의 직류 저항을 구해보라. 저항은 직렬로 연결되고 회로에 어떠한 외부 회로도 연결하지 않는 한 그들 사이에는 +2.5 V가 측정되어야 한다.

풀이

[그림 5-8]은 회로망을 보여준다. 문제를 만족시키는 저항의 조합은 무수히 많다. 전압분배기를 어떠한 외부 회로에도 연결하지 않는 한, 저항 사이의 전압은 다음과 같다.

$$\frac{R_1}{R_1 + R_2} = \frac{E_1}{E}$$

전체 저항을 100 Ω이라고 놓으면 다음과 같다.

$$R_1 + R_2 = 100\,\Omega$$

이때 두 저항기 사이 지점에서 $E_1 = +2.5\,\text{V}$를 얻어야 하므로 다음과 같이 계산한다.

$$\frac{E_1}{E} = \frac{2.5}{9.0} = 0.28$$

전체 저항에 대한 R_1의 비가 전압비와 같도록 해야 한다. 그러면 다음과 같이 된다.

$$\frac{R_1}{R_1 + R_2} = 0.28$$

전체 저항 $R_1 + R_2$가 100 Ω인 회로를 만든다고 하면, 위 식의 $R_1 + R_2$에 100을 넣어 계산한다. 그러면 다음과 같이 된다.

$$\frac{R_1}{100} = 0.28$$

따라서 $R_1 = 28\,\Omega$, $R_2 = 100 - 28 = 72\,\Omega$이다.

실제 상황에서는 가장 작은 R 값을 선택하려고 할 것이다. 이것은 회로의 성질과 배터리에서 전류를 공급할 수 있는 정도에 의존하는데, 대략 100 Ω 정도가 된다. 실제 저항값들이 단자의 전압을 결정하지 않고, 그 저항값들의 비율이 결정한다.

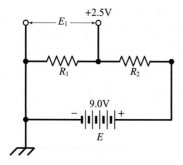

[그림 5-8] 직류 전원 $9.0\,\mathrm{V}$에서 $2.5\,\mathrm{V}$를 유도하는 전압 분배 회로망

예제 5-16

[예제 5-15]의 상황과 풀이를 참고했을 때, 직렬 저항에 흐르는 전류 I는 몇 mA인가?

풀이

옴의 법칙을 이용하면, $I = \dfrac{E}{R_1 + R_2} = \dfrac{9.0}{100} = 0.090\,\mathrm{A} = 90\,\mathrm{mA}$이다.

예제 5-17

[그림 5-8]의 전압 분배 회로망에 $600\,\mathrm{mA}$가 흐르고, R_1 양단에 연결된 장치가 정상적으로 동작한다고 가정하자. 배터리 전압 $E = 9.00\,\mathrm{V}$, 저항기 사이에 $+2.50\,\mathrm{V}$가 측정되기를 원한다면, R_1과 R_2를 얼마로 선택해야 하는가?

풀이

먼저 옴의 법칙을 사용하여 전체 저항을 계산해보자. $600\,\mathrm{mA}$를 A로 환산하면 $I = 0.600\,\mathrm{A}$가 된다. 그러면 다음과 같이 된다.

$$R_1 + R_2 = \frac{E}{I} = \frac{9.00}{0.600} = 15.0\,\Omega$$

저항값의 비를 적용하면 다음과 같다.

$$\frac{R_1}{R_1 + R_2} = \frac{2.5}{9.0} = 0.28$$

그러므로, 각각의 저항값 크기는 다음과 같이 선택해야 한다.

$$R_1 = 0.280 \times 15.0 = 4.20\,\Omega$$
$$R_2 = 15.0 - 4.20 = 10.8\,\Omega$$

※ 필요하다면 이 장의 본문 내용을 참고해도 된다. 적어도 18개 이상 맞히는 것이 바람직하다.
정답은 [부록 A]에 있다.

5.1 모두 정상적으로 동작하는 10개의 전등이 직렬로 연결되어 있고, 모두 한 배터리로부터 전력을 공급받는다. 갑자기 전구 하나가 타버리면서 그 자리가 개방 회로가 되었다면, 어떤 일이 발생하겠는가?

(a) 모든 다른 전구의 불이 나간다.
(b) 배터리에서 나온 전체 전류가 약간 증가한다.
(c) 배터리에서 나온 전체 전류가 약간 감소한다.
(d) 배터리에서 나온 전체 전류는 변하지 않는다.

5.2 직렬로 연결된 저항기 4개가 12.0 V 배터리와 연결되어 있다. [그림 5-9]처럼 저항값이 $R_1 = 47\,\Omega$, $R_2 = 22\,\Omega$, $R_3 = 33\,\Omega$, $R_4 = 82\,\Omega$일 때, R_1에 흐르는 전류는 얼마인가?

(a) 0.72 A
(b) 0.36 A
(c) 0.065 A
(d) 0.015 A

5.3 [그림 5-9]의 회로에서 직렬로 연결된 저항 R_2와 R_3 조합에 걸친 전위차는 얼마인가?

(a) 7.5 V
(b) 3.6 V
(c) 8.8 V
(d) 12 V

5.4 [그림 5-9]의 회로에서, 직렬로 연결된 저항 R_2와 R_3 조합에서 소비되는 전력은 얼마인가?

(a) 3.6 W   (b) 1.8 W
(c) 0.46 W   (d) 0.23 W

5.5 [그림 5-9] 회로의 R_3에서 소비되는 전력은 얼마인가?

(a) 0.14 W   (b) 0.28 W
(c) 1.1 W   (d) 2.2 W

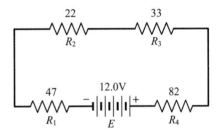

[그림 5-9] **[연습문제 5.2∼5.5]를 위한 그림. 저항 단위는 Ω이다.**

5.6 '한 개의 배터리와 둘 이상의 저항을 포함한 병렬 직류 회로에서, 어떤 저항에 대한 (   )은(는) 나머지 다른 어떤 저항에 대한 (   )와(과) 같다.'에서 괄호에 적절한 단어는?

(a) 양단 사이에서의 전위차
(b) 흐르는 전류
(c) 소비 전력
(d) 컨덕턴스

5.7 [그림 5-6]에서 배터리가 12.0V를 공급한다고 가정하자. 저항값을 하나도 모르지만 모두 같은 저항값을 갖는다는 것을 안다면, 전압 E_2는 얼마인가?

    (a) 12.0 V

    (b) 6.00 V

    (c) 4.00 V

    (d) 3.00 V

5.8 저항기 3개가 병렬로 연결되어 있고 양단에 4.5V 배터리가 연결되어 있다. [그림 5-10]처럼 각 저항이 $R_1 = 820\Omega$, $R_2 = 1.5\text{k}\Omega$, $R_3 = 2.2\text{k}\Omega$ 일 때, 저항 R_2에 걸리는 전압은 얼마인가?

    (a) 3.0 mV

    (b) 1.5 V

    (c) 4.5 V

    (d) 계산하기 위해서는 더 많은 정보가 필요하다.

5.9 [그림 5-10]의 회로에서, 저항 R_2에 흐르는 전류는 얼마인가?

    (a) 3.0 mV

    (b) 14 mA

    (c) 333 mA

    (d) 계산하기 위해서는 더 많은 정보가 필요하다.

5.10 [그림 5-10]의 회로에서, 저항 R_2는 배터리로부터 전력을 얼마나 소비하는가?

    (a) 14 mW

    (b) 333 mW

    (c) 9.0 μW

    (d) 계산하기 위해서는 더 많은 정보가 필요하다.

5.11 [그림 5-10]의 회로에서, 저항 회로의 순 컨덕턴스를 어떻게 구하는가?

    (a) 저항들의 컨덕턴스를 더한다.

    (b) 저항들의 컨덕턴스 평균을 구한다.

    (c) 저항들의 컨덕턴스 합의 역수를 구한다.

    (d) 저항들의 컨덕턴스 평균의 역수를 구한다.

5.12 [그림 5-10] 회로에서, 전체 저항 회로망이 소비하는 에너지는 얼마인가?

    (a) 5.5 J

    (b) 9.2 J

    (c) 47 J

    (d) 계산하기 위해서는 더 많은 정보가 필요하다.

5.13 [그림 5-10]의 회로에서, 다른 모든 값은 그대로 두고 R_1만 820Ω에서 8.2Ω으로 변한다면 전체 회로망의 소비 전력은 어떻게 변하겠는가?

(a) 다소 줄어든다.
(b) 많이 줄어든다.
(c) 다소 늘어난다.
(d) 많이 늘어난다.

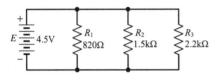

[그림 5-10] **[연습문제 5.8~5.13]을 위한 그림**

5.14 [그림 5-5(b)]에서 $I_3 + I_4 + I_5 = 250\,\text{mA}$라고 하자. 만약 $I_1 = 100\,\text{mA}$라면, 점 Z의 오른쪽 아래의 저항에 흐르는 전류 I_2는 얼마인가?

(a) 33 mA   (b) 50 mA
(c) 150 mA   (d) 300 mA

5.15 [그림 5-7]을 참고하라. 총 10개의 저항기를 가진 회로에서 모든 저항이 100Ω이고, 배터리 전압이 6.3V라고 가정하자. 만약 모든 저항을 두 배로 올려 200Ω으로 하면 P_2 지점의 전압은 어떻게 될까?

(a) 두 배가 된다.
(b) 변하지 않는다.
(c) 절반으로 낮아진다.
(d) 계산하기 위해서는 더 많은 정보가 필요하다.

5.16 [그림 5-7]을 참고하라. 또다시 총 10개의 저항기를 가진 회로를 가정하고, 그 대신 모든 저항이 100Ω이 아니라 그 절반인 50Ω이라고 가정하자. 저항을 바꾼 것에 추가하여, 배터리 전압을 두 배로 올려 12.6V로 하면 P_2 지점의 전압은 어떻게 될까?

(a) 두 배가 된다.
(b) 변하지 않는다.
(c) 절반으로 낮아진다.
(d) 계산하기 위해서는 더 많은 정보가 필요하다.

5.17 4개의 100Ω 저항기를 직렬로 연결한 후, 배터리 전압을 공급하여 회로 전체가 4.00W를 소비한다고 가정하자. 각 저항기에서 소비되는 전력은 얼마인가?

(a) 125 mW
(b) 250 mW
(c) 500 mW
(d) 1.00 W

5.18 4개의 100Ω 저항기를 병렬로 연결한 후, 배터리 전압을 공급하여 회로 전체가 4.00W를 소비한다고 가정하자. 각 저항기에서 소비되는 전력은 얼마인가?

(a) 125 mW
(b) 250 mW
(c) 500 mW
(d) 1.00 W

5.19 4개의 100Ω 저항기를 2×2 직병렬 매트릭스로 연결한 후, 배터리 전압을 공급하여 회로 전체가 4.00 W를 소비한다고 가정하자. 각 저항기에서 소비되는 전력은 얼마인가?

(a) 125 mW
(b) 250 mW
(c) 500 mW
(d) 1.00 W

5.20 전압 분배 회로망을 설계하고 제작할 때, 전원으로부터 너무 많은 전류를 끌어오지 않도록 하면서, 가능한 한 저항기 값을 작게 해야 하는 이유는 무엇인가?

(a) 회로망의 동작에 외부 소자들이 주는 영향을 최소화하기 위해
(b) 회로망 내 각 지점에서의 전압을 최대화하기 위해
(c) 회로망 내 각 지점에서의 전압을 최소화하기 위해
(d) 회로망에 연결된 외부 소자들에 과도한 스트레스를 주지 않기 위해

CHAPTER

06

저항기
Resistors

▌학습목표

- 전압 분배, 바이어싱, 전류 제한 등 다양한 저항기의 용도를 이해할 수 있다.
- 저항값이 변하지 않는 고정 저항기의 종류와 구조 및 특징을 이해할 수 있다.
- 저항값을 조절할 수 있는 가변 저항기의 종류와 구조 및 특징을 이해할 수 있다.
- 세기 변화의 대수적 표현인 데시벨(dB) 표기법을 익힐 수 있다.
- 실제 회로에서 저항기를 사용하기 위해 확인해야 할 주요 특성을 살펴보고, 저항값을 표기하는 방법을 익힐 수 있다.

▌목차

모든 전기 소자, 장비, 시스템은 저항을 갖고 있다. 실제로 완전한 도체는 존재하지 않는다. 지금까지 학습한 회로에는 전류를 줄이거나 제한하도록 설계된 소자들이 있었는데, 이러한 소자를 **저항기**resistor라고 한다.

저항기의 목적

저항기는 전류의 흐름을 방해하는 아주 단순한 작용만으로도 전기전자 장치에서 다양한 역할을 한다. 일반적인 응용 분야들을 살펴보자.

전압 분배

앞서 5장에서 저항기를 사용해 전압분배기를 설계하는 방법에 대해 배웠다. 저항기는 전력 일부를 소비하지만 외부 회로나 시스템이 정상적으로 동작할 수 있도록 전위차를 발생시킨다. 예를 들어, 잘 만들어진 전압분배기는 증폭기가 효율적이고 안정적이며 최소한의 왜곡으로 동작할 수 있도록 한다.

바이어싱

바이폴라 트랜지스터, 전계효과 트랜지스터, 전자관에서 **바이어스**는 한쪽 전극 또는 접지에 대해 한쪽 전극에 의도적으로 직류 전압을 인가하는 것을 의미한다. 저항기 회로망은 이와 같은 바이어스 기능을 할 수 있다.

무선 송신기의 증폭기는 오실레이터나 낮은 레벨의 수신 증폭기에서 사용하는 것과는 다른 바이어스로 동작한다. 때로는 진공관이나 트랜지스터에 바이어스를 가하기 위해 작은 저항으로 전압분배기를 만들어야 하며, 어떤 경우에는 한 개의 저항기가 그 역할을 한다.

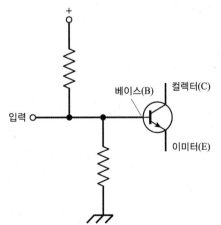

[그림 6-1] **트랜지스터 회로에서 한 쌍의 저항기가 전압분배기 역할을 할 수 있다.**

[그림 6-1]은 한 쌍의 저항기로 구성된 전압분배기에서 바이어스를 얻고 있는 바이폴라 트랜지스터를 나타낸다. **이미터**(E)emitter, **베이스**(B)base, **컬렉터**(C)collector라고 하는 트랜지스터 전극에 대해서는 이 책의 후반부에서 배울 것이다.

전류 제한

무선신호를 수신하도록 설계된 감도 좋은 증폭기는 **전류 제한 저항기**의 좋은 응용 사례다. 전원 공급 장치나 배터리 출력과 직렬로 연결된 전류 제한 저항기는 트랜지스터가 과전력으로 인해 열이 발생하지 않도록 트랜지스터를 보호하는 역할을 한다. 전류를 제한하거나 조절하는 저항기가 없으면, 신호 증폭 과정에 도움이 되지 않거나 성능을 약화시키는 과한 직류가 트랜지스터에 흐른다.

[그림 6-2]는 바이폴라 트랜지스터의 이미터와 접지 사이에 연결된 전류 제한 저항기를 보여준다. 그림과 달리, 이 저항기는 음의 전압원에 연결되기도 한다. 이미터(E)와 접지 사이에 연결된 저항기 양단 간에 또는 트랜지스터의 베이스(B)에 입력 신호를 인가할 수 있다. 출력 신호는 일반적으로 컬렉터(C)를 통해 얻는다.

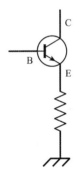

[그림 6-2] 이미터와 접지 사이에 연결된 저항기는 트랜지스터의 전류를 제한한다.

전력소비

어떤 경우에는 전력을 열로 소비하는 저항기가 필요할 수도 있다. 그러한 저항기는 모조 dummy 소자가 되어, 회로에서 저항기가 더 복잡한 역할을 하는 무엇처럼 보이게 한다.

예를 들어, 무선 송신기를 시험할 때 [그림 6-3]과 같이 안테나의 위치에 거대한 저항기를 설치할 수 있다. 이런 방법으로, 공기 중의 통신과 상호 간섭 없이 고출력으로 장시간 동안 무선 송신기를 테스트하게 해준다. 송신기의 출력은 어떤 신호도 방사하지 않으면서, 저항기를 가열시킨다. 그러나 송신기는 저항기가 마치 실제 안테나처럼 보인다. 만일 안테나의 저항과 저항기의 저항값이 일치하면 송신기에서는 저항기가 완벽한 안테나처럼 보인다.

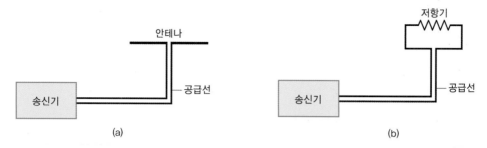

[그림 6-3] (a) 무선 송신기가 실제 안테나와 연결되어 있다. (b) 동일한 송신기가 저항성 모조 안테나와 연결되어 있다.

하이파이 오디오 장치처럼 전력증폭기의 입력단에서 저항기의 전력소모 특성을 적절히 이용할 수 있다. 간혹 회로에 입력 신호를 공급하는, 즉 증폭기를 구동하는 회로는 지나치게 높은 전력을 만들어 낸다. 이러한 경우, 저항기나 저항기로 구성된 회로망은 증폭기에 입력 신호가 과도하게 들어가지 않도록 전력을 소비시킬 수 있다. 지나치게 높은 입력 신호를 회로에 공급하는 **과구동**overdrive은 모든 증폭기에 신호의 왜곡, 효율 저하와 기타 여러 가지 문제를 야기할 수 있다.

방전

고전압 직류 전원 공급 장치는 **리플**ripple로 알려진 전류의 맥동을 직류에 가깝게 잔잔하게 만들기 위해 커패시터(경우에 따라 다른 소자들과 함께)를 사용한다. 이러한 필터 커패시터는 전하를 받아들여 잠시 동안 저장한다. 어떤 전원 공급 장치에서는 전체 시스템이 꺼진 후에도 전원의 총 출력 전압(가령 750 V 정도)을 오랫동안 유지하기도 한다. 이러한 전원 공급 장치를 누군가가 수리하거나 테스트하려고 하면, 이 전압 때문에 치명적인 충격을 받을 수 있다.

만일 전원 공급 장치에서 **블리더 저항기**bleeder resistor를 각 필터 커패시터와 병렬로 연결하면, 저항기는 커패시터에 축적된 전하를 소비하여 전원 공급 장치를 수리하거나 테스트하는 사람이 감전사하지 않도록 한다. [그림 6-4]에서 블리더 저항기 R은 전원 공급 장치의 동작에 영향을 주지 않도록 높은 저항값을 가져야 한다. 그러나 전원이 끊어진 뒤에는 짧은 시간 동안 커패시터 C를 방전시킬 수 있을 정도로 낮은 저항값을 가져야 한다.

전원 공급 장치에 블리더 저항기가 있더라도, 현명한 공학자나 기술자는 회로의 전원을 차단시키고 조작하기 전에 절연 장갑을 낀 다음, 절연 손잡이가 있는 드라이버나 도체로 된 공구를 사용하여 모든 커패시터를 단락시킬 것이다. 즉, 전원 공급 장치에 블리더 저항기가 있다고 해도 잔량의 전하를 제거하려면 잠시나마 시간이 걸릴 수 있고, 블리더 저항기가 고장나 있을 수도 있기 때문이다.

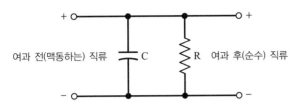

[그림 6-4] 전원 공급 장치에서 필터 커패시터(C)와 병렬로 연결된 블리더 저항기(R)

임피던스 정합

증폭기 2개를 **결합**하거나 증폭기의 입력과 출력 회로에서 저항기가 훨씬 복잡하게 응용된 사례를 접할 수 있다. 가능한 최대의 증폭을 얻기 위해서는, 증폭기의 출력과 다음 단 증폭기의 입력 사이, 그리고 신호원과 증폭기 입력 사이의 **임피던스**가 정확히 일치해야 한다. 이러한 원리는 증폭기의 출력과 **부하**^{load}에서도 적용된다. 이때 부하는 스피커, 헤드셋 또는 어떤 것도 될 수 있다. 임피던스는 직류 저항의 개념을 교류로 추가 확장한 교류 '큰형님' 정도로 생각할 수 있다. 임피던스에 대해서는 이 책의 Part 2에서 다룰 것이다.

고정 저항기

앞으로 모양과 제작 원리가 다양한 **고정 저항기**^{fixed resistor}(저항값이 절대 변하지 않는 저항기)들을 접하게 될 것이다.

탄소합성 저항기

저항기를 만드는 가장 저렴한 방법은 다음과 같다. 먼저 전도성이 좋은 탄소가루와 비전도성의 고체 또는 반죽^{paste}을 혼합시켜 끈적거리는 점토와 같이 만든 것을 원통 모양으로 압축한다. 그런 다음 양쪽에 도선을 삽입하고, [그림 6-5]와 같이 딱딱한 형태로 만든다. 최종 산출물의 저항값은 탄소와 비전도성 물질의 비율, 삽입한 도선 사이의 물리적인 거리에 따라 달라진다. 이러한 과정으로 **탄소합성 저항기**^{carbon-composition resistor}를 만든다.

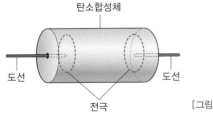

[그림 6-5] 탄소합성 저항기의 구성

탄소합성 저항기는 저항값의 범위가 넓다. 이런 탄소합성 저항기는 **리액턴스가 없다.** 리액턴스가 없다는 것은 회로 내에서 순수한 저항 성분을 나타내며, **유도성 리액턴스**나 **용량성**

리액턴스가 없다는 의미다. (나중에 두 가지 형태의 리액턴스에 대해 배울 것이다.) 이러한 특성으로 인해 탄소합성 저항기는 무선 송수신기를 구성할 때 유용하게 쓰이는데, 무선 송수신기에서는 작은 리액턴스도 문제를 일으킬 수 있기 때문이다.

탄소합성 저항기는 물리적인 크기와 질량에 비례하여 전력을 소비한다. 전자공학에서 다루는 대부분의 탄소합성 저항기는 $\frac{1}{4}$W 또는 $\frac{1}{2}$W 전력을 감당한다. 소형화된 저전력 회로에서는 $\frac{1}{8}$W급도 찾아볼 수 있고, 전기적 내구성이 요구되는 회로에는 1 W 또는 2 W급도 사용한다. 경우에 따라 50 W 또는 60 W 전력에서 동작하는 저항기도 있지만 흔하지는 않다.

권선 저항기

전도성이 좋지 않은 물질로 만든 긴 도선으로 저항을 얻을 수 있다. 이러한 도선은 [그림 6-6]과 같이 원통 주위를 감은 코일 모양으로 만들 수 있다. 저항값은 어떤 굵기(또는 게이지gauge)의 도선으로 어떤 길이로 감느냐에 따라 달라진다. 이러한 방식으로 만들어진 소자를 **권선 저항기**wirewound resistor라고 한다.

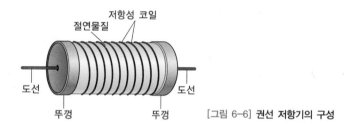

절연물질
저항성 코일
도선
도선
뚜껑
뚜껑

[그림 6-6] **권선 저항기의 구성**

보통 권선 저항기의 저항은 작은 값에서 중간 값 정도이고, 범위가 매우 좁아 때로 오차 범위가 ±1 % 이내다. 이러한 소자는 **정밀한 공차**close tolerance 또는 **엄격한 공차**tight tolerance 를 갖는다고 말한다. 권선 저항기의 가장 큰 장점은 매우 큰 전력을 제어할 수 있다는 점이다. 그러나 권선 저항기는 코일 형태이므로 항상 약간의 유도성 리액턴스를 갖는다는 단점이 있다. 그러므로 고주파 교류나 무선 주파수(RF) 전류가 흐르는 상황에서는 사용하기 어렵다.

박막형 저항기

특정한 저항값을 얻기 위해 탄소 페이스트, 저항성 도선 또는 세라믹과 금속의 혼합물을 박막film 또는 얇은 막으로 원통형을 만든다. 이러한 것을 **탄소피막 저항기**carbon-film resistor 또는 **금속박막 저항기**metal-film resistor라고 한다. 외관상으로는 탄소합성 저항기로 보이지만, 구조를 보면 다르다는 것을 알 수 있다([그림 6-7]).

[그림 6-7] **박막형 저항기의 구조**

원통형은 자기, 유리, 또는 열가소성 물질 같은 절연체로 구성되어 있다. 이 원통 위에 다양한 방법으로 박막을 입혀 원하는 저항값을 만든다. 금속박막 저항기는 극도로 정밀한 공차를 갖도록 제작할 수 있다. 박막형 저항기는 보통 작은 값에서 높은 중간 값의 저항값을 갖는다.

탄소합성 저항기와 같은 박막형 저항기는 유도성 리액턴스가 거의 없어서 높은 주파수를 갖는 교류에 중요한 자원이 된다. 그러나 박막형 저항기는 일반적으로 크기가 동일한 탄소합성 저항기나 권선 저항기에 비해 큰 전력을 다룰 수 없다.

집적회로 저항기

집적회로(IC)^Integrated Circuit 또는 **칩**^chip으로 알려져 있는 반도체 웨이퍼^wafer는 그 표면에 저항기를 만들 수 있다. 저항성 층의 두께와 첨가되는 불순물의 형태, 농도에 따라 소자의 저항값이 결정된다. 전형적인 집적회로 저항기는 크기가 매우 작아서 아주 작은 전력만 다룰 수 있다. 그러나 일반적으로 집적회로상에 구현된 저항기는 **나노와트**(10^{-9} W)나 **마이크로와트**(10^{-6} W) 수준에서 동작하므로 거의 문제되지 않는다.

전위차계

[그림 6-8(a)]는 가변 저항기로 동작하는 **전위차계**의 구조이고, [그림 6-8(b)]는 전위차계의 도식 기호이다. 박막형 고정 저항기에서 본 것과 유사한 저항성 띠는 $\frac{3}{4}$ 정도의 원형(270° 원호)으로, 양쪽 끝단에 단자가 연결되어 있다. 이 띠는 고정된 저항값을 보여준다. 저항값을 변화시키기 위해 회전축, 베어링에 연결된 미끄럼 접촉면을 세 번째 단자(중앙단자)로 연결한다. 전위차계는 중앙 단자와 어느 한쪽 끝 단자 사이의 저항값을 0에서부터 전체 띠의 저항값까지 바꿀 수 있다. 대부분의 경우 낮은 전압부터 중간 값까지의 전압 범위에서 작은 전류값에서만 동작할 수 있다. 앞으로 전자공학 분야에서 일하다 보면 **선형-테이퍼 전위차계**^linear-taper potentiometer와 **오디오-테이퍼 전위차계**^audio-taper potentiometer를 자주 접하게 될 것이다.

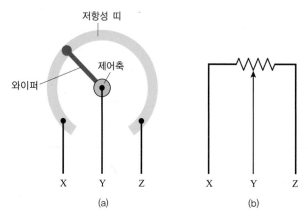

[그림 6-8] (a) 로터리 전위차계를 단순화한 구조도, (b) 도식 기호

선형-테이퍼 전위차계

선형-테이퍼 전위차계는 모든 구간에서 일정한 밀도를 가진 저항성 띠를 사용한다. 결과적으로 중앙 단자와 어느 한쪽 끝 단자 사이의 저항값은 제어축이 돌아가는 만큼 일정한 비율로 변화한다. 보통 공학자들은 전자 시험기기 내에서 선형-테이퍼 전위차계의 사용을 선호하지만, 소비자용 전자제품에서도 선형-테이퍼 전위차계를 찾아 볼 수 있다.

$0 \sim 270\,\Omega$ 사이의 값을 갖는 선형-테이퍼 전위차계를 생각해보자. 대부분 전위차계에서는 제어축이 약 270°까지 회전하며, 중앙과 한쪽 단자 사이의 저항값은 제어축이 한쪽 단자로부터 회전한 각도에 따라 증가한다. 또 중앙과 다른 한쪽 단자 사이의 저항값은 270에서 제어축이 회전한 각도를 뺀 값이 된다. 그러므로 중앙단자와 양쪽 끝단 사이의 저항값은 제어축의 각도 위치에 대한 **선형 함수**가 된다.

오디오-테이퍼 전위차계

무선 수신기 또는 하이파이 오디오 증폭기의 소리 제어와 같은 용도로는 선형-테이퍼 전위차계를 사용하는 것이 부적합하다. 인간은 소리의 세기를 실제 음향 출력의 선형적인 증감이 아닌, **대수**logarithm적인 변화에 따라 감지한다. 만일 무선 수신기나 오디오 시스템의 음량(또는 **이득**gain)을 조절하기 위해 선형-테이퍼 전위차계를 사용한다면, 들리는 소리의 음량이 어떤 제어 부분에서는 천천히 바뀌고 또 다른 부분에서는 매우 빠르게 바뀔 것이다. 따라서 기기는 정상적으로 동작하더라도, 사용자에게는 친화적이지 않을 것이다.

오디오-테이퍼 전위차계는 적절하게 선택해서 바르게 설치한다면, 인간이 소리를 인지하는 방식을 보정할 수 있다. 중앙과 어느 한쪽 단자 사이의 저항값은 회전하는 제어축의 회전각 위치에 대해 **비선형 함수**로 변화한다. 어떤 공학자는 회전각에 대한 저항값이 대수

곡선을 따른다고 해서 이러한 형태의 기기를 **로그-테이퍼 전위차계**^{logarithm-taper potentiometer,} ^{log-taper potentiometer}라고 한다. 회전축을 돌리면 실제 전력은 대수적으로 변하더라도, 소리의 강도는 선형적으로 변하는 것처럼 들린다.

습동형 전위차계

원형 띠 대신 직선형 저항성 띠를 사용하여 상하 또는 좌우로 저항값을 조절하는 전위차계가 있다. 이러한 가변 저항기를 **습동형 전위차계**^{slide potentiometer}라고 한다. 하이파이 오디오의 **그래픽 이퀄라이저**^{graphic equalizer}에서 증폭기의 이득을 조절하기 위해 사용되며, 회전식 제어보다 직선형 제어를 선호하는 사람이 사용한다. 습동형 전위차계는 선형-테이퍼와 오디오-테이퍼 형태가 모두 있다.

가변 저항기

저항성 물질로 가변성의 저항기를 고체 띠가 아닌 권선형으로 만들 수 있다. 이러한 기기를 **가변 저항기**^{rheostat}라고 한다. 저항성 도선이 도넛형(**토로이드**^{toroid})인지 원통형(**솔레노이드**^{solenoid})인지에 따라 회전 방식과 미끄럼 방식으로 나뉜다. 가변 저항기는 저항뿐만 아니라 유도성 리액턴스를 가짐으로써 고정 권선 저항기의 장단점을 공유한다.

가변 저항기는 접촉부가 권선의 한 점에서 다음 번 권선의 한 점으로 이동하므로, 전위차계처럼 저항을 연속적으로 제어하지 못한다. 따라서 저항의 가장 작은 증가치는 한 번 감은 코일의 저항값 정도가 된다.

가변 저항기는 전자관 증폭기를 사용하는 가변전압 전원 공급 장치와 같은 대전력 시스템에서 사용한다. 이러한 종류의 전원 공급 장치는 117 V 에서 승압시키는 거대한 교류 변압기를 갖고 있다. 정류회로는 교류를 직류로 바꾼다. 가변 저항기는 보통 [그림 6-9]와 같이 전원 공급 장치의 출력에서 직류 전압을 조절할 수 있도록 콘센트와 변압기 사이에 둔다.

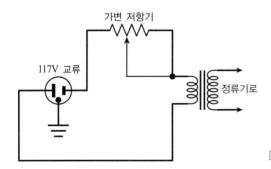

[그림 6-9] **가변전압 전원 공급 장치에서 가변 저항기 연결**

데시벨

앞서 설명한 바와 같이, 인간은 소리의 세기 변화를 대수적으로 인식하기 때문에 엔지니어는 상대적인 소리의 세기를 표현할 때 **데시벨**(dB)decibels을 사용한다. 따라서 소리의 세기를 제어하기 위한 오디오-테이퍼 전위차계는 이러한 데시벨sound-power decibels 방식과 자연스레 어울린다.

전력 측면에서의 데시벨

1데시벨(1dB)은 소리가 바뀌는 것을 예상하고 감지할 수 있는 음 세기의 최소 증가량 또는 감소량을 표시한다. 양(+)의 데시벨 값은 소리의 증가를, 음(−)의 데시벨은 소리의 감소를 나타낸다. 소리의 변화를 예상하지 않고 갑자기 소리를 증가시키거나 감소시킬 경우, 최소한 +3 dB 또는 −3 dB 정도의 차이가 없으면 소리의 변동을 알아챌 수 없을 것이다.

소리 세기의 변화를 데시벨로 나타낼 때, 때로는 **이득**gain과 **손실**loss이라는 용어를 사용한다. 양의 데시벨은 이득을, 음의 데시벨은 손실을 나타낸다. 데시벨 이득 또는 데시벨 손실이라고 표현할 때는 이득과 손실이 부호를 함축한 단어이므로 + 또는 − 부호를 생략할 수 있다. 예를 들어 어떤 시스템이 5 dB의 소리 세기 손실을 준다면 회로가 −5 dB 소리 세기 변화를 일으키는 것으로 보면 된다.

소리 변화 비율에 로그를 사용하면 소리 세기를 데시벨로 계산할 수 있다. 음향이 고막에 P와트 전력을 만들고 Q와트로 증가 또는 감소한다고 생각해보자. 데시벨로 변화량을 계산할 때는 다음 식을 사용한다.

$$\mathrm{dB} = 10\log\left(\frac{Q}{P}\right)$$

이때 $\log$는 밑이 10인 상용로그다. 예를 들어, 스피커에서 1 W의 음향이 출력되고 있을 때 출력이 2 W가 되도록 이득을 올린다고 가정하자. 이런 경우 $P = 1$, $Q = 2$가 되므로 다음과 같이 된다.

$$\mathrm{dB} = 10\log\left(\frac{2}{1}\right) = 10\log 2 = 10 \times 0.3 = +3\,\mathrm{dB}$$

다시 스피커 출력이 1 W가 되도록 이득을 낮춘다면 $\dfrac{P}{Q} = \dfrac{1}{2} = 0.5$가 되므로 다음과 같이 계산한다.

$$\text{dB} = 10 \log\left(\frac{1}{2}\right) = 10 \times (-0.3) = -3 \, \text{dB}$$

$10 \, \text{dB} (+10 \, \text{dB}$ 또는 $-10 \, \text{dB}$, 종종 $\pm 10 \, \text{dB}$로 줄여서 사용하기도 한다)의 이득이나 손실은 소리 세기가 10배 증가 또는 감소하는 것을 의미한다. $\pm 20 \, \text{dB}$의 변화는 소리 세기에서 100배의 증가 또는 손실을 나타낸다. 경우에 따라 $\pm 90 \, \text{dB}$의 소리 변화를 접할 수 있는데, 이는 소리 세기에서 1,000,000,000배의 변화를 나타내는 것이다. 예를 들면 마이크로와트에서 킬로와트로 변하는 것과 같다.

데시벨 측면에서의 전력

초기 전력과 데시벨 변화가 주어질 때 앞에서 정의한 식을 뒤집어 사용하면 최종 소리 세기를 구할 수 있다. 이때 $\log^{-1}$ 또는 antilog로 표시되는 상용로그 함수의 **역**을 사용한다. 계산기로 로그함수와 antilog 함수를 모두 계산할 수 있다.

◯ Tip & Note

10^x 키가 있는 계산기를 갖고 있다면, 이 계산기를 이용하여 어떤 수 x의 antilog 값을 찾을 수 있다. antilog 값을 찾고 싶은 수를 입력한 후, 10^x 키를 누르면 된다.

초기의 소리 세기가 P이고, $x \, \text{dB}$만큼 변화했다고 가정할 때, 최종 소리 세기 Q는 다음 식을 사용하여 구할 수 있다.

$$Q = P \, \text{antilog}\left(\frac{x}{10}\right)$$

초기의 소리 세기가 $10 \, \text{W}$이고 갑자기 $x = -3 \, \text{dB}$만큼 변했다고 하자. 그러면 최종 소리 세기 Q는 다음과 같다.

$$Q = 10 \, \text{antilog}\left(\frac{-3}{10}\right) = 10 \, \text{antilog}(-0.3) = 10 \times 0.5 = 5 \, \text{W}$$

절대 데시벨

절대적인 소리의 출력 레벨을 **최소 가청치**^{threshold of hearing}에 대한 데시벨로 정의할 수 있다. 최소 가청치는 조용한 방에서 정상적인 청력을 가진 사람이 들을 수 있는 가장 작은 소리다. 이 정도 레벨의 소리를 $0 \, \text{dB}$이라고 한다. 다른 소리의 세기를 $30 \, \text{dB}$ 또는 $75 \, \text{dB}$ 등으로 나타낼 수 있다.

어떤 소음이 30 dB 이라면 최소 가청치보다 30 dB 크다거나 또는 들을 수 있는 가장 작은 잡음보다 1,000 $(= 10^3)$ 배만큼 세기가 크다는 것을 의미한다. 60 dB 이라면 최소 가청치의 1,000,000 $(= 10^6)$ 배만큼 큰 소리를 의미한다. 소음측정기는 다양한 소음과 소리가 발생하는 환경에 대해 정확하게 데시벨 레벨을 나타내준다.

수 미터 정도 떨어져 있는 두 사람이 대화를 나누는 소리의 세기는 70 dB 정도다. 이러한 수준은 최소 가청치의 10,000,000 $(= 10^7)$ 배가 된다. 콘서트 장에서 관객이 지르는 소리는 90 dB, 즉 최소 가청치의 1,000,000,000 $(= 10^9)$ 배이며, 수 미터 떨어진 곳에서 들려오는 100 dB 의 폭풍우 경고음은 최소 가청치의 속삭임 세기보다 10,000,000,000 $(= 10^{10})$ 배가 된다.

저항기의 세부사항

특별한 목적을 위해 저항기를 선택할 때는 정확한 특성 또는 **세부사항**을 충족하는 저항기를 확보해야 한다. 가장 중요한 사양 몇 가지를 알아보자.

옴 값

이론상 저항기의 옴 값은 가장 낮은 값(은으로 만들어진 막대 같은 것)에서 가장 높은 값(건조한 공기) 사이의 값을 갖는다. 실제로 약 0.1 Ω보다 작거나 약 100 MΩ보다 큰 저항기는 거의 찾아 볼 수 없다.

저항기는 다음 집합의 수에 10의 거듭제곱을 곱한 값을 갖도록 제작한다.

$$\{1.0, \ 1.2, \ 1.5, \ 1.8, \ 2.2, \ 2.7, \ 3.3, \ 3.9, \ 4.7, \ 5.6, \ 6.8, \ 8.2\}$$

47 Ω, 180 Ω, 6.8 kΩ, 18 MΩ과 같은 저항은 통상적으로 사용되는 저항값이지만, 384 Ω, 4.54 kΩ, 7.297 MΩ의 저항값은 거의 찾아볼 수 없다.

특별히 좀 더 **엄격한 공차**tight tolerance를 갖도록 의도된 기본석인 **성빌**precision 저항기들이 추가적으로 존재하는데, 이는 다음 집합의 수에서 10의 거듭제곱을 곱한 값으로 이루어진다.

$$\{1.1, \ 1.3, \ 1.6, \ 2.0, \ 2.4, \ 3.0, \ 3.6, \ 4.3, \ 5.1, \ 6.2, \ 7.5, \ 9.1\}$$

공차

위의 첫 번째 집합은 ±10 % 공차 내에 있는 표준 저항기의 값을 나타낸다. 이것은 저항값이 표시된 값보다 10 % 많거나 적을 수 있다는 의미다. 예를 들어, 470Ω 저항기의 경우 정격값에 비해 47Ω만큼 크거나 작을 수 있는데, 이러한 경우에는 정격공차 내에 있는 것이다. 즉, 423Ω~517Ω의 범위다.

공학자는 측정된 저항값이 아닌 **정격**rated 저항값에 기초하여 공차값을 계산한다. 예를 들어, 470Ω 저항기를 측정한 결과 실제 저항값이 427Ω이라고 생각해보자. 이런 경우는 지정된 값의 ±10 % 내에 값이 있다. 그러나 측정 결과 420Ω의 저항값을 갖는다면 이 값은 정격값의 범위 밖에 있으므로 불량품이다.

위의 두 번째 집합은 공차가 ±5 %인 표준 저항값을 나타낸다. 470Ω의 5 % 공차를 갖는 저항기는 실제 값이 470Ω에서 ±24Ω, 즉 446Ω~494Ω 범위 내에서 저항값을 갖는다.

특별한 정확도가 요구되는 응용 분야에서는 ±5 %보다 더 작은 공차를 가진 저항기가 필요하다. 작은 오차가 큰 차이를 발생시키는 회로나 시스템에서는 이러한 고품질 저항기가 쓰인다. 대부분의 오디오, 무선 발진기와 증폭기에서 ±10 % 또는 ±5 % 공차인 저항기는 문제가 없다. 어떤 응용 분야에서는 ±20 % 공차를 가져도 문제없이 사용할 수 있다.

정격 전력

제조된 저항기는 사양에 적힌 대로 안전하게 저항기가 소비할 수 있는 전력을 항상 견뎌낸다. 소비 정격은 소자가 특정한 양의 전력을 일정하게 한없이 계속 소비할 수 있다는 것을 의미하는 연속 정격을 가리킨다.

다음과 같이 전류 I[A]와 저항 R[Ω]로 표시되는 전력 P[W] 공식을 이용하면, 주어진 저항기가 얼마의 전류를 흘릴 수 있는지 계산할 수 있다.

$$P = I^2 R$$

이 식은 정격 소비전력과 저항을 이용하여 다음과 같이 최대 허용 전류를 표현할 수 있다. 이때 $\frac{1}{2}$은 제곱근을 나타낸다.

$$I = \left(\frac{P}{R}\right)^{1/2}$$

동일한 단위 저항기를 2×2, 3×3, 4×4 또는 더 많은 직병렬 행렬로 서로 연결시키면, 주어진 저항기의 정격 전력을 효과적으로 정수배만큼 높일 수 있다. 만일 47Ω의 45 W 저항기가 필요한데, 47Ω의 1 W 저항기만 많이 있다면, 저항기 7개를 일곱 세트로 구성하여(7×7 직병렬 행렬) 7×7 W, 즉 49 W를 견딜 수 있는 47Ω 저항 소자를 얻을 수 있다.

저항기의 저항값처럼 정격 소비전력도 오차여유가 정의되어 있다. 훌륭한 공학자는 정격값을 올리려고 하지 않는다. 즉 $0.27\,\mathrm{W}$의 저항기가 필요한 상황에서 $\frac{1}{4}\,\mathrm{W}$ 저항기를 사용하지 않는다. 실제로는 제조업자들이 제공한 오차에 추가해서, 스스로 안정적인 동작을 감안한 오차여유를 더 둔다. 예를 들어 오차가 $10\,\%$ 허용되더라도 $\frac{1}{4}\,\mathrm{W}$ 저항기를 $0.225\,\mathrm{W}$보다 더 큰 전력을 감당하도록 요구하지 않는다. 또는 $1\,\mathrm{W}$ 저항기가 약 $0.9\,\mathrm{W}$보다 큰 전력을 소비하도록 요구하지 않는다.

온도 보상

모든 저항기는 온도가 급격히 올라가거나 내려갈 때 저항값이 변한다. 저항기는 전력을 소비하도록 설계되었기 때문에 동작하면서 뜨거워진다. 보통은 소자를 상당히 가열시킬 정도로 저항기에 흐르는 전류가 충분히 올라가지 않지만, 어떤 경우에는 높은 전류가 흐르게 되고 이때 발생된 열이 저항값을 변화시킬 수 있다. 이렇게 열에 의한 저항값 변화 효과가 크게 나타나면, 민감한 회로는 저항기가 차가운 상태에서 동작할 때와 다르게 동작할 것이다. 최악의 경우에는 변덕스러운 저항기 하나 때문에 전체 장치나 시스템이 고장 나기도 한다.

저항기를 만드는 사람들은 저항기의 온도가 올라갈 때 저항값이 바뀌면서 발생하는 문제를 막기 위해 다양한 방법을 사용한다. 한 가지 방법은 저항기의 열이 올라갈 때 저항값이 크게 바뀌지 않도록 특별하게 제작한다. 이러한 소자들을 **온도 보상**temperature compensated 부품이라고 하며, 온도 보상 기능을 가진 저항기는 일반적인 저항기에 비해 가격이 몇 배 이상 비싸다.

따라서 온도 보상 저항기를 하나 구입하는 것보다, 소자에서 소비되는 전력의 몇 배에 해당하는 정격 전력을 갖는 한 저항기나 직병렬 행렬의 저항기로 꾸미는 것이 낫다. 이러한 기법을 **오버엔지니어링**over-engineering이라고 하는데, 이 기법은 저항기 또는 직병렬 행렬의 저항기가 저항값이 심각하게 변할 정도의 고온에 이르는 것을 막는다. 또 다른 대안으로 여러 개의 저항기를 사용하는 방법이 있는데, 의도했던 저항값의 5배가 되는 저항기 5개를 병렬로 연결하는 것이다. 또는 의도했던 저항값의 $\frac{1}{4}$배가 되는 저항기 4개를 직렬로 연결하는 방법이 있다.

소자의 전력 용량을 증가시키기 위해 어떤 방법을 사용한다 하더라도, 서로 저항값이 다르거나 정격 전력이 다른 저항기를 하나의 행렬로 결합해서 사용하면 안 된다. 만일 서로 다른 저항기를 연결하면 그중 하나의 저항기가 부하의 대부분을 맡고, 다른 저항기는 아무런 역할을 하지 못한다. 이와 같은 조합은 앞서 나온 뜨거운 저항기 하나보다 나은 점이 없다. 대전류를 다루거나 저항기의 열이 발생하지 않게 하려면, 언제나 **동일한**identical 저항기들로만 묶어야 한다.

여러분은 통찰력을 갖고 있습니까?

만일 우리가 나름대로 온도 보상 저항기를 만든다고 할 때, 필요로 하는 저항값의 $\frac{1}{2}$ 또는 2배 값을 가진, 그러나 저항값 대 온도 간 특성이 서로 **반대**인 저항기 2개를 직렬이나 병렬로 연결해서 사용할 수 있을까? 아주 좋은 질문이다.

만약 그러한 저항기를 찾을 수 있다면, 온도가 증가할 때 저항값이 줄어드는 소자(즉 **부특성 온도계수**negative temperature coefficient를 가진 소자)는 온도가 올라갈 때 저항값이 증가하는 소자(즉 **정특성 온도계수**positive temperature coefficient를 가진 수자)로 인한 발열 문제를 부분적이든 전부든 해결할 수 있을 것이다. 이러한 방법은 때때로 회로의 발열 문제에 대해 효과적으로 사용될 수 있으나, 불행히도 2개의 이상적인 반대 저항기를 찾는 데는 저항기를 모두 조합해보고 직병렬 행렬로 구성하는 것보다 시간이 많이 걸릴 것이다.

저항기의 색 코드

어떠한 저항기는 저항값과 공차를 나타내는 **색 띠**를 갖고 있다. 탄소합성 저항기와 박막형 저항기의 둘레에서 3개~5개의 띠를 찾아볼 수 있다. 다른 저항기들은 저항값이나 공차를 바로 알 수 있도록 숫자로 표시할 만큼 부피가 크다.

축 방향 리드axial lead(양쪽 끝에서 바로 튀어나온 도선)가 있는 저항기 표면에는 [그림 6-10(a)]와 같이 첫 번째, 두 번째, 세 번째, 네 번째, 다섯 번째 띠가 정렬되어 있다. **방사형 리드**radial lead(소자의 몸체 축에 대해 직각으로 꺾여 나온 도선)가 있는 저항기 표면에는 [그림 6-10(b)]와 같이 색 영역이 정렬되어 있다. 첫 번째와 두 번째 영역은 0~9 중 하나의 수를 표현하고, 세 번째 영역은 10의 거듭제곱을 의미한다(네 번째, 다섯 번째 영역은 잠시 신경 쓰지 않아도 된다). [표 6-1]은 다양한 색과 그에 해당하는 숫자를 표시한 것이다.

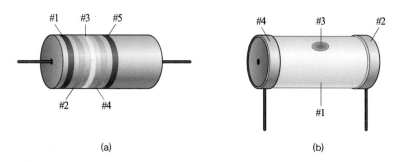

(a)   (b)

[그림 6-10] **(a) 축 리드가 있는 저항기상의 색 코드 띠 위치, (b) 방사형 리드가 있는 저항기상의 색 코드 표시기 위치**

띠 색	숫자(첫 번째와 두 번째 띠)	제곱수(세 번째 띠)
검은색(black)	0	1
갈색(brown)	1	10
빨간색(red)	2	100
주황색(orange)	3	$1,000(1\,\mathrm{k})$
노란색(yellow)	4	$10^4(10\,\mathrm{k})$
초록색(green)	5	$10^5(100\,\mathrm{k})$
파란색(blue)	6	$10^6(1\,\mathrm{M})$
보라색(violet)	7	$10^7(10\,\mathrm{M})$
회색(gray)	8	$10^8(100\,\mathrm{M})$
흰색(white)	9	$10^9(1,000\,\mathrm{M}\ 또는\ 1\,\mathrm{G})$

일례로 노란색, 보라색, 빨간색 순으로 세 개의 띠가 있는 저항기를 생각해보자. [표 6-1]을 참고하면 왼쪽에서 오른쪽으로 다음과 같이 읽을 수 있다.

- 노란색 = 4
- 보라색 = 7
- 빨간색 = ×100

정격 저항값은 $4,700\,\Omega$ 또는 $4.7\,\mathrm{k}\Omega$이라는 것을 알 수 있다. 다른 예로 파란색, 회색, 주황색 순으로 세 개의 띠가 있는 저항기를 생각해보자. [표 6-1]을 참고하면 다음과 같다.

- 파란색 = 6
- 회색 = 8
- 주황색 = ×1000

이 저항기는 $68,000\,\Omega$ 또는 $68\,\mathrm{k}\Omega$이다.

만일 저항기에 네 번째 색 띠가 있다면([그림 6-10(a)] 또는 [그림 6-10(b)]에서 #4), 이 색 띠는 공차를 알려주는 것이다. 은색 띠는 ±10%, 금색 띠는 ±5%를 표시한다. 만일 네 번째 띠가 없다면 공차는 ±20%가 된다.

다섯 번째 띠는 저항기를 처음 사용하고 1,000시간 후 저항값이 변할 것으로 예상되는 최댓값을 백분율로 표시한 것이다. 갈색 띠는 저항값의 최대 오차가 정격 저항값의 ±1%라는 것을 의미하고, 빨간색 띠는 ±0.1%, 주황색 띠는 ±0.01%, 노란색 띠는

±0.001％를 의미한다. 만일 저항기에 다섯 번째 띠가 없다면 그 저항기는 처음 사용하여 1,000시간 후에는 정격 저항값의 ±1％ 이상 변할 수 있음을 의미한다.

현명한 공학자는 회로에 저항기를 사용하기 전에 항상 저항계로 저항값을 측정한다. 만일 소자에 결함이 있거나 잘못된 색으로 표시되었을 때, 이렇게 간단한 예방조치로 미래의 골치 아픈 일을 방지할 수 있다. 저항기의 옴 값을 확인하는 데는 단지 몇 초밖에 걸리지 않는다. 하지만 회로 조립을 완료한 뒤에는 어떤 불량 저항기 때문에 단지 회로가 동작하지 않는지 찾아내고 문제를 해결하기까지는 몇 시간이 걸릴 수 있다.

※ 필요하다면 이 장의 본문 내용을 참고해도 된다. 적어도 18개 이상 맞히는 것이 바람직하다.
  정답은 [부록 A]에 있다.

6.1 수선 기술자로서, 만약 전원 공급 장치를 끈 후에 전원 공급 장치 내 고전압으로 충전된 필터 커패시터에 의한 감전사 위험을 방지하려면, 그리고 스위치를 넣은 후에 필터 커패시터와 전원 공급 장치의 기능 간에 간섭이 발생하지 않도록 하려면 어떻게 해야 하는가?

  (a) 일을 시작하기 전에 전원 공급 장치를 끄고 10분을 기다린다.
  (b) 모든 필터 커패시터를 영구히 단락시킨다.
  (c) 모든 커패시터와 직렬로 인덕터를 설치한다.
  (d) 답이 없음

6.2 정격 저항값이 $330\,\Omega$, $\pm10\%$인 저항기 묶음이 있다. 옴 미터를 가지고 이들 중 3개를 측정하여 아래의 (a), (b), (c)와 같은 값을 얻었다. 있다면 어떤 값이 정격의 오차 범위에서 벗어난 불량품인가?

  (a) $299\,\Omega$
  (b) $305\,\Omega$
  (c) $362\,\Omega$
  (d) 모두 양품

6.3 다음 중 어떤 형태의 저항기가 $14\,MHz$에서 동작하는 회로에 사용하기 적합한가?

  (a) 탄소합성형
  (b) 탄소피막형
  (c) 집적회로형
  (d) 모두 해당

6.4 하이파이 시스템으로부터 $20\,dB$의 소리가 출력된다. 이 소리의 출력은 최소 가청치와 비교했을 때 얼마나 큰 것인가?

  (a) 2배
  (b) 20배
  (c) 100배
  (d) 답이 없음. 데시벨은 주파수를 표현하지 전력을 나타내지 않는다.

6.5 다음 중 모조 안테나로 동작하는 부품은 무엇인가?

  (a) 인덕터   (b) 저항기
  (c) 커패시터   (d) 단락 회로

6.6 트랜지스터 증폭기 회로도에서 베이스와 접지 사이, 그리고 베이스와 배터리의 (+)극 사이에 저항기가 있는 것을 볼 수 있다. 이 저항기들의 목적은 무엇인가?

  (a) 트랜지스터로 흐르는 전류를 최대화시킨다.
  (b) 베이스에 존재할지 모를 과잉 전하를 방전시킨다.
  (c) 베이스에 바이어스를 최적화시킨다.
  (d) 트랜지스터가 단락되어 버리는 것을 막는다.

6.7 저항기 표면에 왼쪽에서 오른쪽 방향으로 초록색, 빨간색, 갈색 띠가 있다. 저항값은 얼마인가?

  (a) $68\,\Omega$ (b) $520\,\Omega$
  (c) $8.2\,k\Omega$ (d) $18\,k\Omega$

6.8 트랜지스터를 통해 흐르는 전류를 제한하는 가장 흔한 방법은 다음 중 어디에 저항기를 연결하는 것인가?

(a) 컬렉터와 이미터 사이
(b) 베이스와 컬렉터 사이
(c) 이미터와 접지 사이
(d) 컬렉터와 접지 사이

6.9 다음 중에서 200 W 권선 저항기가 가장 잘 동작하는 경우는 언제인가?

(a) 전류 제한을 목적으로, 고출력 RF 증폭기 트랜지스터의 이미터와 직렬로 연결되는 경우
(b) 전압 제한을 목적으로, 저출력 RF 증폭기 트랜지스터의 컬렉터와 직렬로 연결되는 경우
(c) 출력의 리플을 최소화할 목적으로, 전원 공급 장치의 필터 커패시터와 직렬로 연결되는 경우
(d) 탄소 기반 저항기보다 더 큰 전력을 소모할 수 있는 저항기가 필요한 모든 직류회로에서

6.10 저항값이 470 Ω인 저항기가 연속적으로 15 mA의 전류를 흘린다. 필요 이상으로 높지 않으면서 충분한 저항기의 정격 전력은 얼마인가?

(a) $\frac{1}{4}$ W   (b) 1 W
(c) 2 W   (d) 5 W

6.11 [연습문제 6.10]의 저항기에 걸리는 전압은 (유효숫자 두 자리로) 얼마인가?

(a) 0.15 V   (b) 7.1 V
(c) 10 V   (d) 70 V

6.12 470 Ω이 정격인 저항기가 490 Ω으로 측정되었다. 실제 측정한 값과 제조사의 정격값 사이에 몇 %의 오차가 있는가?

(a) +4.08%   (b) +4.26%
(c) −4.08%   (d) −4.26%

6.13 선형−테이퍼 전위차계에서 저항은 다음 중 무엇에 비례하는가?

(a) 제어축의 각도변위
(b) 제어축의 각도변위에 대한 로그
(c) 제어축의 각도변위에 대한 제곱
(d) 제어축의 각도변위에 대한 제곱근

6.14 [그림 6−4]의 회로를 800 V의 직류 전원 공급 장치에 연결시킨다. 저항값이 적절한 저항기를 고른다면 어떻게 될까?

(a) 수선 기술자가 죽을지도 모를 가능성을 줄인다.
(b) 커패시터 C가 단락되거나 개방되는 것을 막는다.
(c) 전체적으로 전원 공급 장치의 효율을 최대화시킨다.
(d) 커패시터가 제대로 동작하는지에 관계없이 출력 리플을 제거시킨다.

6.15 가변 저항기는 다음의 어느 것을 포함하고 있는가?

(a) 코일 도선
(b) 탄소 반죽
(c) 탄소 박막
(d) (a), (b), (c) 모두

6.16 탄소합성 저항기에 빨간색, 빨간색, 빨간색, 은색 띠가 있을 때, 제조사가 제공한 정격 저항값은 얼마인가?

(a) $22\,\Omega \pm 10\,\%$
(b) $220\,\Omega \pm 10\,\%$
(c) $2.2\,\mathrm{k}\Omega \pm 10\,\%$
(d) $22\,\mathrm{k}\Omega \pm 10\,\%$

6.17 가변 저항기와 비교했을 때, 전위차계의 장점이 있다면 다음 중 무엇인가?

(a) 전위차계는 리액턴스를 갖지만, 가변 저항기는 리액턴스가 없어 교류 응용에는 잘 동작하지 못한다.
(b) 전위차계는 직류에 잘 동작하지만, 가변 저항기는 너무 큰 리액턴스를 갖고 있어 그렇지 못하다.
(c) 전위차계는 고전압과 고전류에 잘 동작하지만, 가변 저항기는 그렇지 못하다.
(d) 답이 없음

6.18 오디오 증폭기에서 음량을 조절하려고 할 때, 다음 중 제일 좋은 성능을 얻을 수 있는 것은?

(a) 로그-테이퍼 전위차계
(b) 선형-테이퍼 전위차계
(c) 권선 저항기
(d) 가변 저항기

6.19 그래픽 이퀄라이저를 하이파이 시스템에 설치하려고 한다면, 다음 중 어느 것을 사용하겠는가?

(a) 가변 저항기
(b) 전압분배기
(c) 습동형 전위차계
(d) 회전형 전위차계

6.20 다음 중 리액턴스가 제일 작은 저항기는 어느 것인가?

(a) 탄소합성 저항기
(b) 가변 저항기
(c) 권선
(d) 용량성

CHAPTER
07

전지와 배터리
Cells and Batteries

┃학습목표

- 전기화학 에너지의 구조와 특징을 이해할 수 있다.
- 일상생활 및 산업계에서 널리 사용되는 다양한 전기 화학 전지와 배터리의 특징을 이해할 수 있다.
- 대체 에너지원으로 각광받고 있는 태양 전지(광 전지)의 구조와 동작 원리를 이해할 수 있다.
- 새롭게 대두되고 있는 연료 전지의 종류와 특징을 알 수 있다.

┃목차

전기 분야에서 **전지**cell는 직류 에너지원의 단위다. 2개 이상의 전지가 직렬, 병렬, 직병렬로 연결되어 있을 때 **배터리**battery라고 한다. 전지와 배터리의 형태는 매우 많고, 계속해서 개발되고 있다.

전기화학 에너지

초창기에 전기를 연구하는 물리학자들은 금속이 어떤 화학 물질과 접촉하면 경우에 따라 두 금속 사이에 전위차가 발생한다는 것을 알아냈다. 이 실험들로부터 최초의 **전기화학 전지**electrochemical cell가 발견되었다.

[그림 7-1]과 같이 납 조각과 이산화납 조각을 산성 용액에 담그면 끊임없이 전위차가 발생한다. 초기 실험에서는 금속 사이에 검류계를 연결하여 전압을 확인했다. 검류계와 직렬로 연결된 저항기는 검류계에 과도한 전류가 흐르지 못하게 하여 전지 내부의 산성 용액이 끓지 않도록 한다. 최근에는 전압계를 사용해 전위차를 측정한다.

[그림 7-1]과 같은 전지 양단에 저항기를 연결하여 오랫동안 전류가 흐르면 전류는 점차 줄어들고 전극에는 피막이 생긴다. 결국 산성 용액에 있는 모든 **화학에너지**chemical energy는 **전기에너지**electrical energy로 바뀌고, 저항기와 전지 내 화학 용액에서 **열에너지**thermal energy로 소모되어 **운동에너지**kinetic energy 형태로 주위 환경으로 사라져 버린다.

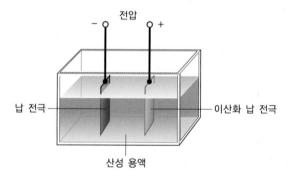

[그림 7-1] **납-산 전기화학 전지의 구성**

일차와 이차 전지

어떤 전지는 일단 화학에너지를 사용하기 시작하면 없어질 때까지 사용된다. 이러한 전지를 **일차 전지**primary cell라고 한다. 반면에 납-산 형태와 같은 다른 전지들은 충전을 하면 화학에너지를 다시 돌려받을 수 있다. 이러한 전지를 **이차 전지**secondary cell라고 한다.

일차 전지는 손전등, 트랜지스터 라디오, 다양한 전자제품에 들어간다. 일차 전지는 **건전**

지$^{\text{dry cell}}$, **아연-탄소 전지**$^{\text{zinc-carbon cell}}$ 또는 **알칼리 전지**$^{\text{alkaline cell}}$라고도 부르며, 금속 전극과 함께 마른 전해질 반죽(전도성 화학물질)을 붙인다. 마트의 배터리 코너에 가면 AAA 배터리, D 배터리, 카메라 배터리, 시계 배터리 같은 일차 전지를 볼 수 있다(실제 이들은 배터리가 아닌 전지다). 또한 9 V **트랜지스터 배터리**와 대형 6 V **랜턴 배터리**도 볼 수 있다.

마트에서는 이차 전지도 찾아볼 수 있다. 니켈 전지는 보통 건전지보다 몇 배나 비싸고 충전기도 몇 천 원 정도 한다. 그러나 충전지는 수백 번 사용할 수 있으므로, 얼마 후에는 몇 배의 돈을 절약할 수 있다.

자동차나 트럭에 있는 배터리는 여러 개의 이차 전지를 직렬로 연결한 것이다. 이러한 전지는 **자체 발전기** 또는 외부 충전 장치를 이용하여 충전한다. 일반적인 **자동차용 배터리**는 [그림 7-1]과 같은 전지를 사용한다. 배터리 양단을 단락시키거나 큰 전류가 흐르게 부하를 연결하면 안 되는데, 그렇게 하면 황산과 같은 산성 용액이 배터리 용기 밖으로 분출될 수 있기 때문이다. 분출된 산성 용액은 피부와 눈에 심각한 상처를 줄 수 있다. 사실 전지나 배터리를 단락시키는 것은 주위 물질과 도선, 소자를 파괴하거나 피해를 주므로 좋지 않은 생각이다. 때로는 단락된 전지와 배터리에서 불이 날 정도로 열을 발생시키기도 한다.

직렬 및 병렬로 연결된 전지들

2개 또는 여러 개의 전기화학 전지로 배터리를 만들려면 항상 화학 성분이 서로 동일하고, 물리적 크기와 질량이 같은 전지를 사용해야만 한다. 즉 세트의 모든 전지는 동일해야 한다. 이러한 원리는 다음과 같이 일반화할 수 있다.

- **전지를 직렬로 연결할 때** : 무부하 출력 전압(전지에 전류가 흐르지 않을 때)은 전지 전압과 전지의 개수를 곱하면 된다. 반면에 흘릴 수 있는 최대 전류(전지가 생산할 수 있는 최대 전류)는 하나의 전지에서 최대로 흐르는 전류와 같다.
- **전지를 병렬로 연결할 때** : 무부하 출력 전압(전지에 전류가 흐르지 않을 때)은 하나의 전지가 갖는 무부하 출력 전압과 같다. 반면에 흘릴 수 있는 최대 전류는 하나의 전지가 흘리는 최대 전류와 전지의 개수를 곱한 값과 같다.

웨스톤 표준 전지

표준 전지$^{\text{standard cell}}$는 과학실험에 사용하기 위해 정확하고 예측 가능한 무부하 출력 전압을 만들어 낸다. **웨스톤 표준 전지**(또는 간단히 웨스톤 전지)$^{\text{Weston standard cell}}$는 상온에서 1.018 V의 직류 전압을 만든다.

웨스톤 표준 전지는 [그림 7-2]와 같이 황산카드뮴 용액과 황산수은으로 만들어진 양극과 수은, 카드뮴으로 만들어진 음극으로 구성된다. 두 개의 방으로 이루어진 용기는 화학 용액과 전극을 갖고 있다.

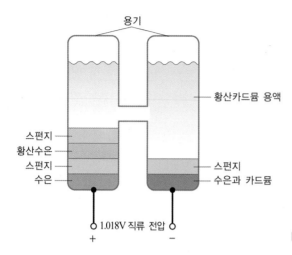

[그림 7-2] 웨스톤 표준 전지의 구조

대부분의 전기화학 전지는 직류 1.2V ~ 1.8V를 쓰기 위해 사용한다. 새로운 전기화학 전지가 **무부하 상태**no-load condition(전류가 흐르지 않는 상태)에서 출력하는 정확한 전압은 제조사에서 사용하는 화학 물질에 따라 달라진다. 물리적인 크기와 질량은 전지의 무부하 출력 전압과 관련이 없다. 전지를 특별한 형태로 제조하는 과정에서 발생하는 다양한 변수들이 새로운 제품의 출력 전압에 미세한 영향을 줄 수 있다.

저장 용량

앞서 배웠듯이 공학자는 일반적으로 Wh와 kWh라는 두 가지 전기에너지 단위를 사용한다. 모든 전기화학 전지나 배터리는 사용 가능한 전기에너지의 양을 갖고 있다. 이 에너지의 양을 Wh 또는 kWh로 정의할 수 있다. 어떤 공학자들은 전압을 알고 있는 전지나 배터리의 용량을 **암페어시[Ah]**라는 단위로 표현한다.

예를 들어, 정격이 2Ah인 배터리는 1시간 동안 2A, 2시간 동안 1A, 20시간 동안 100mA를 공급할 수 있다. 전류와 시간을 곱해 2가 되는 경우는 무수히 많다. 실제 배터리의 사용 한계는 한쪽 극한은 **제품 수명**shelf life이고 다른 극한은 **최대 공급 전류**maximum deliverable current가 된다. 제품 수명은 배터리를 전혀 사용하지 않으면서 배터리가 성능을 지속할 수 있는 시간으로, 보통 몇 년 정도다. 최대 공급 전류는 배터리의 **내부 저항**으로 인해 출력 전압이 심각하게 줄어드는 상황 없이 배터리에서 최대로 공급할 수 있는 전류다.

소형 전지는 수 mAh에서 100mAh 또는 200mAh 정도의 정격용량을 갖는다. 중형 전지 용량은 500mAh에서 1Ah 정도를 공급할 수 있고, 대형 자동차 배터리 용량은 50Ah

까지도 공급할 수 있다. Wh인 에너지 용량은 Ah와 배터리 전압을 곱한 값이다. 특별한 화학물질로 이루어진 전지나 배터리의 저장 용량은 전지나 배터리의 물리적인 크기에 직접적으로 비례한다. 따라서 부피가 $20\,cm^3$인 전지의 저장 용량은 동일 물질로 구성되고, 부피가 $10\,cm^3$인 전지 저장 용량의 2배가 된다.

이론적으로 **이상적인 전지**나 **배터리**는 [그림 7-3]과 같이 일정시간 동안 일정한 전류를 공급하다가 전류가 갑자기 줄어든다. 어떤 종류의 전지와 배터리는 **균일 방전 곡선**^{flat} ^{discharge curve}과 같은 그래프로 표시되는 완벽한 수준에 접근한다. 그러나 대부분의 전지와 배터리는 완벽하지 못하며, 어떤 것들은 이상적인 동작과 거리가 멀어 사용하기 시작하면서부터 서서히 전류가 줄어든다. 일정한 부하에 대해 공급되는 전류가 초깃값이 $\frac{1}{2}$로 될 때 전지나 배터리가 **약화**^{weak}되었다고 한다. 이때는 전지나 배터리를 교체해야 한다. 전지나 배터리의 전류가 0이 되면 전지나 배터리가 **소멸**^{dead}되었다고 한다. [그림 7-3]에서 곡선 아래의 면적은 암페어시로 표현한 전지나 배터리의 총 저장 용량을 나타낸다.

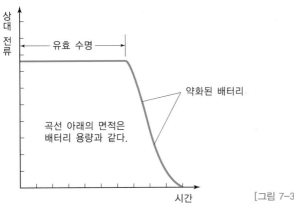

[그림 7-3] 이상적인 균일 방전 곡선

마트의 전지와 배터리

마트에서 파는 대부분의 전지는 직류 1.5 V와 AAA, AA, C, D 크기로 나뉘며, 간혹 직류 6 V 또는 직류 9 V 배터리도 찾아볼 수 있다.

아연-탄소 전지

[그림 7-4]는 **아연-탄소 전지**^{zinc-carbon cell}의 투시도다. 아연은 음극으로 용기를 형성하고, 탄소 막대는 양극이다. 그리고 전해질은 이산화망간과 탄소의 반죽으로 되어 있다. 아연-탄소 전지는 그다지 비싸지 않으며, 통상의 온도나 중간에서 높은 값의 전류 범위에서 잘 동작한다. 하지만 너무 춥거나 더운 곳에서는 잘 동작하지 않는다.

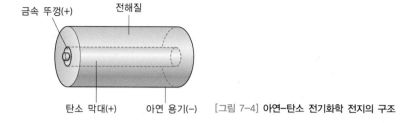

[그림 7-4] **아연-탄소 전기화학 전지의 구조**

(labels: 금속 뚜껑(+), 전해질, 탄소 막대(+), 아연 용기(-))

알칼리 전지

알칼리 전지alkaline cell는 과립 형태의 아연을 음극으로, 수산화칼륨을 전해질로 쓰며 **분극기**polarizer가 양극의 역할을 한다. 구조는 아연-탄소 전지와 유사하다. 알칼리 전지는 아연-탄소 전지보다 낮은 온도에서 동작할 수 있고, 수명이 더 길다. 알칼리 전지는 트랜지스터 라디오, 계산기와 휴대용 미디어플레이어에 사용하기에 적합하다. 제품 수명도 아연-탄소 전지보다 월등히 길다. 따라서 같은 크기의 아연-탄소 전지보다 비싸다.

트랜지스터 배터리

트랜지스터 배터리transistor battery는 작은 상자 모양의 용기 안에 6개의 작은 아연-탄소 전지나 알칼리 전지가 직렬로 연결되어 들어 있다. 각 전지는 $1.5\,V$를 공급하므로 배터리는 $9\,V$를 제공한다. 이 배터리의 전압은 각 전지의 전압보다 높지만, 에너지 용량은 C급이나 D급 크기의 전지 하나보다 작다. 전지나 배터리에서 얻을 수 있는 전기에너지는 그 안에 저장된 화학에너지의 양에 직접 비례하여 변화한다. 즉 전기 에너지는 전지의 부피(물리적인 크기)나 질량(화학적인 물질의 양)의 함수다. C급이나 D급 크기의 전지는 트랜지스터 배터리보다 부피와 질량이 크므로, 동일한 화학적 구성물인 경우 더 많은 에너지를 저장할 수 있다. 트랜지스터 배터리는 현관문 개폐기 리모컨, TV와 오디오 리모컨, 계산기 등과 같은 저전류 전자기기에서 찾아볼 수 있다.

랜턴 배터리

랜턴 배터리lantern battery는 일반적인 건전지나 트랜지스터 배터리보다 훨씬 무거워서 수명이 길고 많은 전류를 공급할 수 있다. 일반적으로 랜턴 배터리는 정격이 $6\,V$이다. 직렬로 연결된 랜턴 배터리 2개는 $12\,V$를 만들어 내며, 이것으로 작은 근거리 통신기 또는 아마추어 무선 송수신기에 한동안 전력을 공급할 수 있다. 랜턴 배터리는 중급의 전력이 필요할 때 휴대하여 사용할 수 있다.

소형 전지와 배터리

최근에는 고전적인 원통형 전지, 트랜지스터 배터리, 랜턴 배터리뿐만 아니라 크기와 모양이 다양한 전지와 배터리가 등장하고 있다. 다양하고 재미있는 (때로는 이상하게 생긴) 전지와 배터리는 손목시계, 소형 카메라와 기타 소형 전자기기를 작동하는 데 쓰인다.

산화은 전지와 배터리

산화은 전지silver-oxide cell는 단추처럼 생겼고, 작은 손목시계에 딱 맞다. 이러한 전지들은 크기가 다양하지만 모두 비슷하게 생겼다. 1.5 V를 공급하며, 작은 질량에 비해 에너지 저장 능력이 뛰어나다. 또한 [그림 7-3]의 그래프와 같이 거의 균일한 방전 곡선을 보인다. 이와 대조적으로 아연-탄소, 알칼리 전지와 배터리는 전류가 [그림 7-5]와 같이 시간이 흐를수록 점점 감쇠한다(그렇기 때문에 **감쇠 방전 곡선**declining discharge curve이라고 한다). 산화은 전지를 2개 이상 쌓아서 배터리를 만든다. 이렇게 작은 전지 몇 개를 수직으로 쌓아서 6 V, 9 V, 12 V를 만들어 트랜지스터 라디오나 다른 저용량 전자제품에 사용할 수 있다.

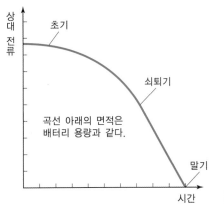

[그림 7-5] **감쇠 방전 곡선**

수은 전지와 배터리

수은 전지mercury cell 또는 **산화수은 전지**mercuric-oxide cell는 산화은 전지와 특성이 비슷하다. 이들 전지는 일반적으로 같은 형태로 만들어지고, 차이점이라면 전압이 1.35 V로 낮다는 점이다. 이들 전지 7개를 직렬로 연결하여 배터리를 만들면 약 9.45 V 정도가 되고, 이는 9 V인 표준 트랜지스터 배터리 전압에 근접한 전압이다.

미량의 수은이라도 독성이 강하기 때문에 최근에는 수은 전지와 배터리를 선호하지 않는다. 수은 농도는 시간이 지날수록 동물과 인간의 몸에 축적된다. 수은 전지와 배터리를 모두 사용했다면 버릴 수밖에 없는데, 이때 수은이 토양에 점점 스며들어 우리가 먹는 음

식이나 물로 침투하는 문제가 발생한다.

리튬 전지와 배터리

리튬 전지[lithium cell]는 1980년대 초반에 인기를 얻었다. 리튬 전지를 만드는 화학적인 조성은 다양하다. 리튬 전지는 모두 가볍고 반응을 잘하는 금속인 리튬을 포함한다. 리튬 전지는 전형적으로 1.5 V ~ 3.5 V를 공급하는데, 제작 과정에 사용된 화학물질에 따라 값이 달라진다. 다른 전지와 마찬가지로 리튬 전지를 쌓아서 배터리를 만들 수 있다.

리튬 배터리[lithium battery]는 보통 마이크로컴퓨터의 메모리를 위한 예비용 전력 공급[backup power supply]용으로 사용된다. 리튬 전지와 배터리는 수명이 월등히 길다. 메모리 백업 또는 디지털 액정(LCD)[Liquid-Crystal-Display] 시계의 전력을 공급하는 등 매우 낮은 전류를 사용하는 응용 분야에서 수년 동안 전력을 공급할 수 있다. 이러한 전지들은 단위 부피 또는 단위 질량당 제공하는 에너지 용량이 높다.

리튬-폴리머(LiPo) 전지와 배터리

리튬-폴리머 전지[lithium-polymer cell]는 3.7 V에서 4.35 V(완전 충전 시)를 제공하므로, 종종 한 개의 전지 또는 두 개의 전지를 사용한 7.4 V 배터리로 사용된다. 또한 더 큰 배터리가 랩톱[laptop]과 기타 고출력 장치에 사용된다.

리튬-폴리머 전지는 쉽게 구현 가능한 다른 어떤 배터리 기술보다 에너지 밀도가 매우 높다. 따라서 재충전 배터리가 필요한 대부분의 응용 분야에서 널리 사용되고 있다.

리튬-폴리머 전지는 과충전되면 불이 붙기 쉬우므로 충전 시 주의해야 한다. 과도하게 방전시키는 것은 배터리를 망가뜨리기 쉽다. 어떤 전지는 과충전과 과방전을 자동으로 막아주는 집적회로(IC)를 내장하고 있다. 두 개 이상의 전지로 구성된 리튬-폴리머 전지에서, 각 전지는 따로따로 특별히 균형 잡힌 충전기를 사용하여 충전시켜야 한다.

▌납-산 배터리

납-산 전지[lead-acid cell]의 기본적인 구성은 이미 살펴본 적이 있는데, 황산 용액에 담긴 납 전극(음극)과 납-이산화 전극(양극)이 있다. 이들 전지는 재충전해서 사용할 수 있다.

자동차 배터리는 납-산 전지들을 직렬로 연결시킨 집합체로 구성되고, 전지에는 자유롭게 흐르는 액체 상태의 산이 들어 있다. 한쪽으로 기울이거나 위아래를 뒤집으면 산 전해액의 일부가 흘러나와 위험하다. 어떤 납–산 배터리는 반고체 상태의 전해질을 사용하는데, 이 배터리는 전자제품, 노트북 컴퓨터, 정전이 되어도 몇 분간 데스크톱 컴퓨터를 동작시킬 수 있는 **무정전 전원 공급 장치(UPS)**^{Uninterruptible Power Supplies}에서 찾아볼 수 있다.

자동차나 트럭에 있는 대형 납–산 배터리는 수십 암페어시를 저장할 수 있다. 무정전 전원 공급 장치에 있는 것처럼 크기가 작은 것은 용량이 적지만 용도가 광범위하다. 이 배터리의 중요한 특성은 여러 번 충전해서 사용할 수 있고, 가격도 비싸지 않으며, 일부 재충전 가능한 전지나 배터리에 나타나는 불규칙 방전 특성을 걱정할 필요가 없는 것이다.

니켈 전지와 배터리

니켈 전지에는 **니켈–카드뮴(NICAD 또는 NiCd)** 형태와 **니켈–금속–수소화물(NiMH)**^{Nickel Metal Hydride} 형태가 있다. 니켈 배터리는 전지들을 묶어서 사용할 수 있다. 경우에 따라서는 전지들을 묶어서 바로 전자제품에 연결할 수 있고, 배터리가 장치의 일부가 되기도 한다. 모든 니켈 전지들은 재충전이 가능하며, 관리만 잘하면 수백 번 심지어 수천 번 충전과 방전이 가능하다.

구성과 응용

니켈 전지의 크기와 모양은 다양하다. **원통형 전지**는 통상의 건전지와 닮았다. 카메라, 손목시계, 메모리 백업 장치, 소형 기기에서는 **단추 모양의 전지**를 찾아볼 수 있다. **침수형 전지**^{flooded cell}는 내구성이 강한 전자 시스템과 전기화학 시스템에 사용되며, 어떤 것은 용량이 1,000 Ah 이상이다. **우주선용 전지**^{spacecraft cell}는 가혹한 우주환경에서 견딜 수 있도록 밀폐되고 열 차단이 잘되는 패키지로 제작된다.

대부분의 궤도위성은 시간의 절반을 어둠 속에서, 나머지 절반을 태양광 속에서 보낸다(극히 드물지만, 위성이 면밀히 정해진 궤도를 계속해서 돌거나 해돋이 또는 해넘이 지역에서 계속 머무르는 경우도 있다. 그러한 위성은 항상 태양을 본다). **태양광 패널**은 위성이 태양광을 받는 동안 동작할 수 있다. 그러나 지구가 태양을 가리는 동안에는 전기화학 배터리가 위성의 전자 장치에 전원을 공급해야 한다. 태양광 패널은 궤도의 절반인 낮 동안 위성에 전원을 공급하는 것뿐만 아니라, 전지화학 배터리도 충전할 수 있다.

주의사항

니켈 전지는 완전히 죽을 때까지 방전시키면 안 된다. 완전히 방전시키면 전지의 극성이나 배터리 내 하나 또는 그 이상의 전지에 있는 극성이 영원히 반대로 되어 전지가 파괴된다.

니켈 전지와 배터리, 특히 NICAD 형태에는 **메모리 효과** 또는 **메모리 드레인**이라는 귀찮은 특성이 있다. 이 전지를 반복적으로 사용하고 매번 같은 정도로 방전시키면, 전지가 갖고 있는 대부분의 용량을 잃어버리고 얼마 되지 않아 못 쓰게 된다. 이러한 니켈 전지 또는 배터리의 문제는, 전지가 정확히 동작하지 않을 때까지 사용하고 충전하는 방법으로 해결할 수 있다. 그런 다음 다시 전지를 동작하지 않을 때까지 사용하고 또 충전한다. 이러한 과정을 계속 반복하면 된다. 이 방법이 효과가 없어지면 전지가 오래된 것이므로 회복시키려 애쓰지 말고 새 전지나 배터리를 구입하는 것을 권한다.

니켈 전지와 배터리는 몇 시간이면 완전히 충전시킬 수 있는 충전기와 함께 사용하는 것이 가장 좋다. 이른바 급속 충전도 가능하지만, 이 경우 전지나 배터리에 너무 많은 전류를 강제로 가한다는 문제가 있다. 사용하는 전지나 배터리에 맞는 전용 충전기를 사용하는 것이 가장 좋다.

최근에는 NICAD 전지 및 배터리가 카드뮴을 포함하고 있어, 이로부터 버려진 중금속^{heavy}metals 물질에 의한 환경오염 문제가 대두되고 있다. 때문에 소비자용 NICAD형을 NiMH 전지 및 배터리로 대신하고 있다. 환경오염을 막는 가장 효과적인 방법은 NICAD 전지 및 배터리를 사용하는 기기를 동일한 출력전압과 전류 성능을 가진 NiMH 기기로 교체하는 것이다.

광전지와 배터리

태양전지solar cell라고도 하는 **광전지**(PV)PhotoVoltaic cells는 전기화학 전지와 근본적으로 다르다. 광전지는 가시광선, 적외선(IR), 자외선(UV)을 직접 직류 전기로 변환시킨다.

구조와 성능

[그림 7-6]은 광전지의 내부 구조를 보여준다. 평판 반도체 P − N 접합은 전지 내에 활성 영역을 만들고, 복사 에너지가 바로 P형 실리콘을 강타할 수 있도록 투명한 재질로 덮여 있다. 양극을 형성하는 금속 막대들은 매우 가는 도선으로 서로 연결되어 있다. 음극은 뒷면이 **기판**substrate이라는 금속판으로 되어 있다. 또한 N형 실리콘과 붙어 있다.

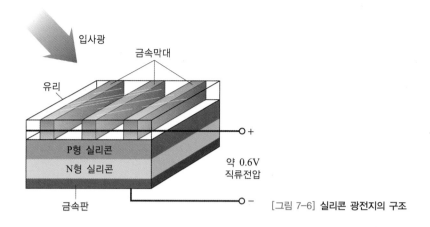

입사광

금속막대

유리

P형 실리콘

N형 실리콘

금속판

+

약 0.6V
직류전압

−

[그림 7-6] **실리콘 광전지의 구조**

대부분의 실리콘 광전지는 직사광선에서 약 $0.6\,V$ 의 직류 전압을 공급한다. 요구하는 전류가 낮으면 약한 직사광선이나 전등으로도 태양전지에서 전체 출력 전압을 생산할 수 있다. 요구하는 전류가 높아질수록 전지는 전체 출력 전압을 생산하기 위해 세기가 강한 빛을 받아야 한다. 빛이 아무리 밝아도 태양전지가 만들어 낼 수 있는 최대 전류에는 한계가 있다. 더 많은 전류를 얻기 위해서는 많은 전지를 서로 병렬로 연결시켜야 한다.

많은 광전지를 직병렬로 연결한 것을 **태양광 패널**solar panel이라 한다. 큰 태양광 패널은 전지 20개를 직렬로 연결한 묶음이 병렬로 50세트가 연결되어 있다. 직렬연결은 전압을 올려주고, 병렬연결은 공급할 수 있는 전류를 높여준다. 때로는 이 태양광 패널들을 직렬 또는 병렬로 연결해 광대한 배열을 만든 것을 보게 된다.

실제 응용 사례

최근에는 대체 에너지원으로서 태양전지에 대해 많은 연구가 이루어지면서 가격 하락과 함께 전지 효율이 개선되고 있다. 태양광 패널은 지구궤도를 도는 위성과 행성 간 우주선에 널리 이용되고 있다. 유명한 화성탐사로봇은 태양광 패널이 없었다면 작업을 하지 못했을 것이다. 일부 대체 에너지 열광자들은 상업적 전기와 무관하게 전원을 공급하기 위해, 태양광 패널을 납-산 또는 니켈-카드뮴 형태와 같이 재충전 가능한 배터리와 연결시켜 사용하는 시스템을 만들고 있다.

완전히 독립적으로 운영되는 태양/배터리 전력 시스템을 **독립형**stand-alone 시스템이라 한다. 이 시스템은 대형 태양광 패널, 대용량 납-산 배터리, 직류를 교류로 변환하는 **전력 인버터**power inverter, 복잡한 충전 회로를 포함한다. 명백하게 이러한 시스템은 낮에 해가 비치는 환경에서 가장 잘 동작한다. 온전히 햇빛이 나는 경우, 최대로 공급할 수 있는 전력은 패널의 표면 면적에 의존한다.

태양전지는 독립형이든 재충전 가능한 배터리가 보충으로 있든, 전력회사 시설과 **상호작용하는**interactive 배치로 가정용 전기 시스템에 연결 가능하다. 태양에너지 시스템이 가정에 필요한 전력을 자체적으로 공급할 수 없을 때는, 전력회사가 부족한 부분을 채울 수 있다. 반대로, 태양에너지 시스템이 가정에서 필요한 전력량보다 더 많은 전력을 생산하면 남는 에너지를 전력회사가 소비자로부터 구입할 수 있다.

연료전지

1900년대 후반에 **연료전지**fuel cell라고 하는 새로운 전기화학 전력 장치가 출현했다. 많은 과학자와 기술자는 연료전지가 기존의 석탄, 석유, 천연가스 에너지를 대체할 수 있을 것이라 예상하고 있다.

수소 연료

연구 개발 초기에 가장 많이 언급된 연료전지는 **수소 연료전지**hydrogen fuel cell였다. 이름에서 알 수 있듯이 수소 연료전지는 수소에서 전기를 얻는다. 수소는 산소와 결합하여(산화되어) 에너지와 물이 된다. 수소 연료전지는 공해가 없고 독성을 띤 부산물이 없다. 수소 연료전지가 완전히 소모되었을 때 다시 에너지를 얻으려면, 새로운 수소를 공급하기만 하면 된다. 산소는 지구 대기에서 얻을 수 있기 때문이다.

연료전지 내의 수소는 글자 그대로 타는 것이라기보다, 매우 낮은 온도에서 조절된 상태로 산화된다. **양자교환막**(PEM)Proton Exchange Membrane 연료전지는 가장 널리 사용되는 것 중 하나다. PEM 수소 연료전지는 무부하 상태에서 약 0.7 V의 직류를 만들어 낸다. 좀 더 높은 전압을 얻으려면 PEM 연료전지 여러 개를 직렬로 연결한다. 직렬로 연결된 연료전지 묶음은 기술적으로 배터리가 되지만, 공학자들은 이를 **스택**stack이라 부른다.

제조업자들은 다양한 크기의 연료전지 스택을 제공한다. 책을 가득 채운 여행용 가방의 크기와 무게 정도인 스택은 소형 전기차에 전력을 공급할 수 있다. **마이크로 연료전지**micro fuel cell라고 하는 매우 작은 전지는 직류를 공급하여, 예전에 일반적인 전지나 배터리로 구동하던 장치를 작동시킬 수 있다. 이러한 장치로는 휴대용 라디오, 손전등, 노트북 컴퓨터가 있다.

다른 연료

연료전지는 수소 외에도 다른 에너지원을 사용할 수 있다. 산소와 결합해 에너지를 형성하는 것이라면 거의 모든 것이 연료전지가 될 수 있다. 알코올의 한 형태인 **메탄올**^{methanol}은 상온에서 액체로 존재하므로 수소보다 이동과 저장이 쉽다. **프로판**^{propane}도 연료전지에 전원을 공급한다. 프로판은 바비큐를 굽는 그릴이나 교외에 있는 집의 난방시스템을 위한 저장탱크에 저장할 수 있다. 천연가스로 알려진 **메탄**^{methane}도 연료전지로 쓰일 수 있다. 이론적으로 연소성을 가진 물질은 연료전지로 동작할 수 있으며, 심지어 기름이나 휘발유도 가능하다.

일부 과학자는 사회에서 지금까지 가장 많은 에너지로 사용되고 있는 **화석연료**가 에너지원으로 사용되는 것을 반대한다. 이러한 생각을 엘리트적인 사고라고 생각해 어느 정도 멀리할 수도 있다. 그러나 다른 측면에서의 실제적인 관심시도 인지해야 한다. 지구의 화석연료는 유한하나, 다가올 수십 년 동안 특히 개발도상국에서 수요가 지속적으로 증가할 것이다. 오늘날의 신형 대체 에너지가 선진국에서 채택한 미래의 연료가 될 것이며, 이를 위한 노력 정도에 따라 그 날이 좀 더 빨리 다가올 것이다.

유망한 기술

현재까지도 연료전지는 주로 높은 가격 때문에 일반 분야에서 통상적인 전기화학 전지와 배터리를 대체하지 못하고 있다. 수소는 우주에서 가장 풍부하고 간단한 화학 원소로, 에너지를 모두 사용한 후에도 독성을 띤 부산물이 없기 때문에 연료전지로 사용하기에 이상적인 것으로 보인다. 그러나 수소를 저장하고 수송하는 일은 어려우며 비용이 많이 든다. 특히 영구적인 파이프라인과 연결되어 있지 않은 시스템의 연료전지나 스택의 경우 이러한 단점이 더욱 두드러진다.

1970년대에 한 물리학 교사가 제안한 재미있는 시나리오가 있다. 메탄을 운반하도록 이미 설계된 파이프라인에 수소 가스를 통과시키자는 것이었다. 수소는 메탄에 비해 작은 틈새로 쉽게 방출되기 때문에 수소를 안전하게 다루려면 일부 시설을 수정해야 한다. 그러나 수소 가격이 적당하고 풍부한 양을 보유하고 있다면, 집이나 사무실 내의 대형 연료전지 스택에 전력을 공급할 수 있다. 전력 인버터는 그러한 스택의 직류를 교류로 변경시킬 수 있다. 이러한 종류의 전형적인 가정용 전력 시스템은 작은 방이나 지하실 한쪽 구석에 쉽게 설치할 수 있다.

※ 필요하다면 이 장의 본문 내용을 참고해도 된다. 적어도 18개 이상 맞히는 것이 바람직하다. 정답은 [부록 A]에 있다.

7.1 상호작용이 가능한 태양발전 시스템을 가정에서 사용하는 것에 대해 올바르게 설명한 것은 무엇인가?

    (a) 낮에는 저장용 배터리를 사용해 동작하고, 밤에는 배터리를 재충전한다.

    (b) 전등 같은 간단한 것은 동작시킬 수 없지만, 컴퓨터 같은 복잡한 시스템은 가능하다.

    (c) 전력회사와 독립적으로 운영된다.

    (d) 가정에서 필요한 전력량보다 태양광 패널이 더 많은 전력을 생산하면, 집주인이 전력회사에 에너지를 판매할 수 있다.

7.2 "배터리 방전 그래프를 그렸을 때, 얼마 동안 일정한 전류를 흘리다가 빠르게 떨어졌다면, 배터리는 (　　) 방전 특성을 갖고 있는 것이다."에서 괄호에 적절한 단어는?

    (a) 일정불변^{uniform}

    (b) 균일^{flat}

    (c) 로그

    (d) 선형

7.3 차를 출발시킬 때 사용하는 재충전 배터리는 무엇으로 구성되는가?

    (a) 독립형 전지들

    (b) 일차 전지들

    (c) 이차 전지들

    (d) 상호작용하는 전지들

7.4 모든 다른 요인을 고정시킨다면, 전기화학 배터리가 공급할 수 있는 총 에너지는 무엇에 의존하는가?

    (a) 배터리 전압

    (b) 배터리 내 전지의 수

    (c) 배터리의 크기와 질량

    (d) 배터리를 비추는 빛의 밝기

7.5 여러 개의 동일한 전지를 직렬로 연결시켜 만든 배터리의 무부하 전압에 대해 올바르게 설명한 것은 무엇인가?

    (a) 전지 하나가 만들어 내는 전압보다 높다.

    (b) 전지 하나가 만들어 내는 전압과 같다.

    (c) 전지 하나가 만들어 내는 전압보다 낮다.

    (d) 전류에 의존한다.

7.6 밝은 햇빛 아래에서 무부하 조건일 때, PV 전지의 출력 전압에 대해 올바르게 설명한 것은 무엇인가?

    (a) 가능한 최댓값에 도달한다.

    (b) 시간에 따라 줄어든다.

    (c) 시간에 따라 증가한다.

    (d) 0과 같다.

7.7 전력 인버터가 하지 않는 동작은 무엇인가?

(a) 배터리로 가정용 전기기구가 동작하게 만든다.

(b) 교류를 직류로 변경한다.

(c) 직류를 교류로 변경한다.

(d) 가정용 태양광 시스템에서 동작한다.

7.8 "때로는 메모리 드레인이 (   ) 전지나 배터리에서 발생한다."에서 괄호에 적절한 단어는?

(a) 일차

(b) 알칼리

(c) 광전

(d) 니켈

7.9 동일한 전지 5개를 병렬로 연결했다. 각 전지는 무부하 상태에서 1.5 V를 출력하고 무거운 부하에서 12 A까지 전류를 공급할 수 있다. 다음 중 전체 배터리가 갖는 특성은 무엇인가?

(a) 무부하 전압 1.5 V, 최대 공급 전류 12 A

(b) 무부하 전압 1.5 V, 최대 공급 전류 60 A

(c) 무부하 전압 7.5 V, 최대 공급 전류 12 A

(d) 무부하 전압 7.5 V, 최대 공급 전류 60 A

7.10 대부분의 자동차 배터리가 포함하고 있는 것은?

(a) 황산

(b) 니켈

(c) 카드뮴

(d) P형 실리콘

7.11 새로운 브랜드의 6.3 V, 5.2 Ah인 랜턴 배터리를 갖고 있다. 이 배터리에 63Ω 저항기를 직접 연결하면 얼마나 오랫동안 전류가 흐르는가?

(a) 31분

(b) 5시간 12분

(c) 2일 4시간

(d) 21일 16시간

7.12 배터리가 공급할 수 있는 최대 전류는 무엇에 의존하는가?

(a) 배터리의 화학 합성물

(b) 배터리 내 전지의 수

(c) 무부하 출력 전압

(d) 무부하 출력 전력

7.13 다음 중 상당한 전력을 소모하는 휴대용 램프에서 찾을 법한 것은 무엇인가?

(a) 하나의 AA 알칼리 전지

(b) 랜턴 배터리

(c) 연료전지

(d) 태양광(PV) 패널

7.14 실리콘 PV 패널이 공급할 수 있는 최대 전력은 다음 중 무엇에 의존하는가?

(a) 패널의 표면적
(b) 패널 내 전지들의 전압
(c) 무부하 출력 전압
(d) 무부하 출력 전류

7.15 [그림 7-3]의 특성을 보여주는 전지 또는 배터리가 가진 것은 무엇인가?

(a) 비선형 출력 전압
(b) 거의 이상적인 방전 특성
(c) 빈약한 에너지 감당 능력
(d) 비선형 전력 저장 용량

7.16 "트랜지스터 배터리는 가게에서 구입한 AA 크기의 플래시 전지 (   )개를 직렬로 연결한 전압과 같다."에서 괄호에 적절한 단어는?

(a) 3
(b) 4
(c) 6
(d) 9

7.17 전류 요구량이 2.0 A 이하면 정확하게 1.5 V를 공급하는 개별 알칼리 전지 두 개를 직렬로 연결할 때, 이 조합에 가로질러 1.5 kΩ 저항기를 연결한다면 이 저항기에 흐르는 전류는 얼마인가?

(a) 0.5 mA
(b) 1.0 mA
(c) 2.0 mA
(d) 4.0 mA

7.18 앞 문제의 알칼리 전지 두 개를 병렬로 연결할 때, 이 조합에 가로질러 1.5 kΩ 저항기를 연결한다면 이 저항기에 흐르는 전류는 얼마인가?

(a) 0.5 mA
(b) 1.0 mA
(c) 2.0 mA
(d) 4.0 mA

7.19 전류 요구량이 2.0 A 이하면 정확하게 1.5 V를 공급하는 개별 알칼리 전지 두 개를 직렬로 연결할 때, 이 조합에 가로질러 1.5 kΩ 저항기를 연결한다면 이 저항기가 소모하는 전력은 얼마인가?

(a) 1.5 mW
(b) 3.0 mW
(c) 6.0 mW
(d) 12 mW

7.20 앞 문제의 알칼리 전지 두 개를 병렬로 연결할 때, 이 조합에 가로질러 1.5 kΩ 저항기를 연결한다면 이 저항기가 소모하는 전력은 얼마인가?

(a) 1.5 mW
(b) 3.0 mW
(c) 6.0 mW
(d) 12 mW

CHAPTER

08

자성

Magnetism

｜학습목표

- 지구 자기장을 이해할 수 있다.
- 자기력의 원인, 전류에 따른 자속밀도와 자기장의 세기에 대해 이해할 수 있다.
- 투자율, 보자력 등의 자성물질에 대한 정의와 특징을 이해할 수 있다.
- 일상에서 사용되고 있는 자성을 이용하는 기기의 동작 원리를 이해할 수 있다.

｜목차

전하가 움직일 때 자기장이 발생하고, 반대로 자기장 내에서 도체가 움직일 때 도체에 전류가 흐른다.

지구 자기장

지구의 핵은 대부분 철로 이루어져 있으며, 이 핵의 온도가 매우 높아 철의 일부는 액체 상태로 존재한다. 지구가 지축을 중심으로 회전하면 핵에 있는 액체 상태의 철은 대류현상의 흐름을 보이는데, 이로 인해 **지구 자기장**geomagnetism이 발생한다. 지구 자기장은 지구를 감싸고 우주를 향해 수천 km까지 뻗어 나간다.

지구의 자극과 축

지구 자기장은 고전적인 막대자석처럼 극을 갖는다. 지구 표면에는 이러한 극이 북극과 남극에 존재하지만, **지리적 극점**geographic pole(지구의 축과 표면이 교차하는 점)과는 거리가 상당히 떨어져 있다. **지자기의 자력선**geomagnetic lines of flux은 지자기장 극에서 모이거나 분산된다. 지자기장 극을 연결하는 **자기장 축**geomagnetic axis은 지구의 **자전축**geographic axis에 대해 약간 기울어져 있다.

태양에서 나오는 대전된 아원자입자(원자구성입자)는 끊임없이 태양계 밖으로 흘러나와 지자기를 교란시킨다. 이것을 **태양풍**solar wind이라고 하며, 지자기의 대칭성을 깨뜨린다. 태양을 향한 지구 표면에서는 자력선이 조밀해지고, 태양의 반대쪽을 향한 지구 표면에서는 자력선이 듬성해진다. 자기장이 있는 목성에서도 유사한 현상이 일어난다. 지구가 회전함에 따라 지구 자기장은 태양에서 멀어지는 방향으로 우주공간 내에서 춤추게 된다.

자기 나침반

수천 년 전에도, 관찰력이 좋은 사람은 발생 원리까지는 알지 못했지만 **천연자석**loadstone이라고 불리는 돌을 줄에 매달았을 때 이 돌이 항상 북쪽–남쪽을 향하는 것을 보고 지자기의 존재를 알았다. 그 옛날 뱃사람이나 탐험가들은 이런 현상을 공기 중에 있는 힘 때문이라고 생각했다. 수 세기 동안 이러한 현상의 근거를 알지 못했지만, 모험가들은 이런 현상을 유용하게 사용했다. 오늘날에도 **자기 나침반**magnetic compass은 항해를 도와주는 중요한 물건이다. 이것은 GPSGlobal Positional System와 같은 복잡한 항해 장치가 고장 났을 때 유용할 수 있다.

지구 자기장은 작은 막대자석으로 구성된 나침반 침 주위의 자기장과 상호작용한다. 이러한 상호작용은 나침반 침에 힘을 가하고, 침은 근처에 있는 지구 자기장의 자력선과 나란한 방향으로 정렬된다. 힘은 지구의 표면과 나란한 수평면뿐 아니라 수직면으로도 작용한다. 수직으로 작용하는 힘은 지구 자극에서 같은 거리에 있는 둥근 선으로 표현되는 **지구 자기장의 적도**geomagnetic equator에서 소멸되고, 거기에서 힘은 완전히 수평이 된다. **지구 자기장의 위도**geomagnetic latitude가 증가할수록, 즉 북쪽이나 남쪽 지구 자기장의 극에 가까울수록 **자기력**magnetic force은 나침반 침을 위나 아래로 점점 더 기울어지게 만든다. 어떤 특정 지점에서 수직 방향으로 작용하는 힘의 성분 크기를 **지자기 복각**geomagnetic inclination이라고 한다. 자기 나침반에 이러한 특징이 있는 것을 알고 있었는가? 침의 한쪽은 아래쪽 나침반의 표면으로 내려가고, 다른 한쪽은 위쪽 유리 방향으로 올라온다.

지구 자기장의 축과 지리적인 축이 일치하시 않으므로 나침반 침은 실제 지리상 북쪽에서 약간 동쪽이나 서쪽으로 치우친 곳을 가리킨다. 벗어나는 정도는 표면상의 위치가 어디냐에 의존한다. 지구 자기장의 북쪽(나침반이 가리키는 북쪽)과 지리적인 북쪽(실제 북쪽)의 각도 차이를 **지자기 편각**geomagnetic declination이라 한다.

자기력

여러분은 어렸을 때 자석이 어떤 금속에 붙는 것을 관찰한 적이 있을 것이다. 철, 니켈, 일부 다른 원소들과 이들 중 어떤 것을 포함하고 있는 합금, 고체 혼합물은 **강자성 물질**ferromagnetic material을 만든다. 자석은 이러한 금속들에 힘을 발휘한다. 일반적으로 자석은 전류가 흐르지 않는 금속에 대해서는 힘을 발휘하지 않는다. 전기적으로 절연체는 통상의 상태에서 절대 자석을 끌어당기지 않는다.

원인과 힘

영구자석permanent magnet을 강자성체 근처에 놓으면 강자성체의 원자들은 다소 정렬되면서 일시적으로 자화가 된다. 이렇게 원자가 정렬되면 자성체의 원자들과 자석의 원자들 간에 자기력이 형성된다. 모든 개별적 원자는 작은 자석처럼 행동해서, 각각의 원자가 일제히 상호작용하면 물체 전체가 하나의 자석처럼 행동하게 된다. 영구자석은 항상 강자성체를 끌어당긴다.

만일 영구자석 두 개를 서로 가까이 놓으면 자석을 강자성체 근처에 두었을 때보다 더 큰 자기력을 볼 수 있다. 서로 다른 두 극(S극 근처에 N극 또는 N극 근처에 S극)을 갖다 놓을 때 두 막대자석 사이에서 상호작용하는 힘은 명백히 인력이다. 반대로 같은 극(N극 근처에 N극 또는 S극 근처에 S극)을 가까이 하면 척력이 작용한다. 어떤 방식이든 두 자석 양단 사이의 거리가 가까워질수록 힘이 증가한다.

어떤 전자석electromagnet은 사람의 힘으로는 떼어놓을 수 없을 정도로 강하게 붙어 있고, 어떤 전자석은 서로의 척력에 대항하여 둘을 붙일 수 없을 정도로 강력하게 밀어내는 자기장을 만든다(이 장의 끝부분에서 전자석이 어떻게 동작하는지에 대해 살펴본다). 공사 현장에서는 무거운 철이나 강철 뭉치들을 이곳저곳으로 옮길 때 거대한 전자석을 사용한다. 또 다른 전자석은 어떤 물체가 다른 물체 위에 떠 있게 하는 척력을 만들어 낼 수 있는데, 이러한 현상을 **자기부상**magnetic levitation이라 한다.

운동하는 전하 반송자

강자성체 내의 원자들이 임의의random 방향이 아닌 어떤 방향으로 정렬되어 있을 때, 자기장은 강자성체를 감싼다. 또한 자기장은 **전하 반송자**charge carrier가 움직이면 만들어진다. 도선에서는 전자들이 도체를 따라 원자 사이를 옮겨 다닌다. 영구자석에서는 전자가 궤도 운동을 하면 **유효 전류**effective current가 발생한다.

자기장은 도체를 통해 흐르는 전하 반송자의 운동뿐 아니라 공간상에서 대전된 입자의 운동으로도 발생할 수 있다. 태양은 계속해서 양성자와 헬륨 원자핵을 방출하며, 이들은 양전하를 운반한다. 이러한 입자들은 우주를 통해 다니면서 유효 전류를 만든다. 유효 전류는 자기장을 발생시키고, 이 자기장이 지구 자기장과 상호작용할 때 아원자입자들은 지구 자기장 축 방향으로 방향을 바꾸고 가속된다.

태양 표면에서 **태양 섬광**solar flare이라고 하는 폭발이 일어나면 태양은 대전된 아원자입자를 평소보다 훨씬 많이 방출한다. 이런 입자들이 지구 자기장 축에 다가오면 입자들의 자기장이 지구 자기장을 교란시켜 **지구 자기장 폭풍**geomagnetic storm이 발생한다. 지구 자기장 폭풍은 지구의 초고층 대기를 변화시켜 단파 무선통신에 영향을 주고, **오로라**aurora 현상을 만든다. 오로라 현상은 위도가 높은 지역에서 주로 발생한다. 만일 지자기 폭풍이 충분히 강하다면, 지구 표면에서 유선통신과 전력전송에 교란을 일으킬 수 있다.

자력선

물리학자들은 자기장을 **자력선**flux line으로 그려서 생각한다. 자기장의 세기는 cm^2, m^2와 같은 일정한 단면적을 직각으로 통과하는 자력선 수에 따라 달라진다. 자력선은 실제로 보이는 선은 아니지만, 간단한 실험으로 그 존재를 볼 수 있다.

철가루를 종이 위에 놓고 종이 밑에 영구자석을 놓는 고전적인 실험을 해본 적이 있는가? 철가루는 자석 근처에 있는 자기장의 모양을 대략적으로 보여주는 형태로 정렬된다. 막대자석의 경우, [그림 8-1]과 같은 특정한 형태의 자력선을 나타내는 자기장을 갖는다.

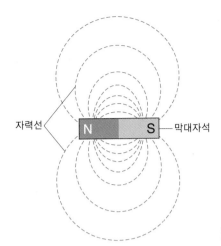

[그림 8-1] **막대자석 주위의 자력선**

또 다른 실험으로, 종이를 직각으로 관통하는 전류가 흐르는 도선을 생각해볼 수 있다. 철가루는 도선이 종이를 지나가는 점을 중심으로 모인다. 이 실험은 전류가 흐르는 직선형 도선 주위의 자력선이, 도선을 직각으로 관통하는 면에 중심이 동일한 원들을 만드는 것을 보여준다. 모든 원형 자력선의 중심은 [그림 8-2]와 같이 전하 반송자가 움직이는 경로인 도선에 있다.

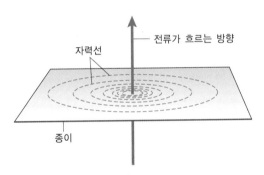

[그림 8-2] **직선 도선을 따라 이동하는 전하 반송자에 의해 생성된 자력선**

극

자기장은 전류가 흐르는 도선 또는 영구자석 근처 임의의 지점에서 특정한 방향을 갖는다. 자력선은 자기장의 방향과 나란하다. 과학자들은 자기장이 **북극**north pole에서 출발하여 **남극**south pole에서 끝나는 것으로 생각했는데, 사실 이들 극은 지구 자기장의 극과 일치하지 않으며 그 반대다. 왜냐하면 남극이 자기장 나침반의 북극을 잡아당기므로 지구 자기장의 북은 실제로 남극이 되기 때문이다. 마찬가지로 북극은 나침반의 남극을 잡아당기므로, 실제로 지구 자기장의 남극은 북극이다. 영구자석의 경우에는 (항상 그런 것은 아니지만) 일반적으로 극의 위치를 찾을 수 있다. 자기장은 전류가 흐르는 도선 주위에서 끝없이 회전한다.

우주에 떠다니는 대전된 전하 입자(예를 들면 양성자)는 **전기적 단극**electric monopole을 형성하고, 전력선의 시작점과 끝점이 같지 않다. 또한 양전하는 음전하와 반드시 짝지을 필요가 없다. 정지된 대전 입자 주위의 전속선은 사방으로 이론적으로 무한하게 뻗어 나간다. 그러나 자기장은 더 엄격한 법칙에 따라 행동한다. 일반적인 환경에서 모든 자력선들은 폐곡선을 이룬다. 자석 근처에서는 항상 시작점(N극)과 끝점(S극)을 찾을 수 있다. 전류가 흐르는 도선 주위에서 닫힌 고리는 원을 형성한다.

자기쌍극자

전류가 흐르는 도선 주위의 자기장은 처음에 단극자 또는 극이 없는 곳에서 발생한다고 가정했을지도 모른다. 중심이 동일한 자력선 원들은 어느 지점에서도 시작하거나 끝나는 것처럼 보이지 않는다. 그러나 그러한 원에서도 **자기쌍극자**magnetic dipole(매우 근접한 서로 다른 극을 지닌 한 쌍)를 정의함으로써 시작과 끝점을 정할 수 있다.

전류가 흐르는 도선과 나란히 종이 한 장이 있고, 도선이 종이의 한 모서리를 따라간다고 생각해보자. 그러면 도선 주위의 원형 자력선이 종이를 통과하여 지나가는데, 한 면에서 나와 다른 쪽 면으로 들어가므로 가상 자석을 만들 수 있다. 가상 자석의 N극은 자력선이 나오는 종이의 면과 일치하고, 가상 자석의 S극은 자력선이 들어가는 종이의 반대쪽 면과 일치한다.

자기쌍극자 근처에 있는 자력선들은 항상 두 극에 연결된다. 자력선의 일부는 좁은 범위에서 직선으로 보일지 모르지만 넓은 범위에서는 항상 곡선형이다. 막대자석 주위에서 가장 강한 자기장은 극 근처에서 일어나는데, 극에서는 자력선이 서로 모이거나 흩어진다. 전류가 흐르는 도선 주위에서는 가장 강한 자기장이 도선 가까운 곳에서 발생한다.

자기장의 세기

일반적으로 자기장의 크기는 **웨버**weber라고 하고, Wb로 표시한다. 약한 자기장에 대해서는 **맥스웰**(Mx)Maxwell 단위를 사용할 수 있다. 1Wb는 100,000,000Mx과 같다. 이들의 관계를 정리하면 다음과 같다.

$$1\,\mathrm{Wb} = 10^8\,\mathrm{Mx}$$
$$1\,\mathrm{Mx} = 10^{-8}\,\mathrm{Wb}$$

테슬라와 가우스

영구자석이나 전자석에 대한 자석의 세기는 Wb나 Mx 단위로 나타내지만, 테슬라(T)^{tesla} 또는 가우스(G)^{gauss} 단위를 더 많이 사용한다. 테슬라와 가우스 단위는 특정 단면적을 직각으로 통과하는 자력선으로 자기장의 세기를 정의한다.

자속밀도^{flux density} 또는 단위 단면적에 대한 자력선의 수는 포괄적인 자기량보다 자기적 효과를 잘 표현한 것이다. 수식에서는 자력선 밀도를 문자 B를 사용하여 표시한다. $1\,\text{T}$ 의 자속밀도는 $1\,\text{Wb}/\text{m}^2$와 같다. $1\,\text{G}$ 의 자속밀도는 $1\text{Mx}/\text{cm}^2$와 같다. 계산하면 $1\,\text{G}$ 는 $0.0001\,(10^{-4})\,\text{T}$와 같다. 이들의 관계를 정리하면 다음과 같다.

$$1\,\text{G} = 10^{-4}\,\text{T}$$
$$1\,\text{T} = 10^4\,\text{G}$$

테슬라를 가우스(gausses가 아니고 gauss)로 변환하려면 10^4을 곱한다. 그리고 가우스를 테슬라로 변환하려면 10^{-4}을 곱하면 된다.

양과 밀도

Wb와 T 또는 Mx과 G를 구분하는 것이 혼동된다면 일반 전구를 생각해보자. 15W 전력의 가시광을 방출하는 전등이 있다고 할 때, 이를 완전히 감싸면 15W의 빛은 감싼 방의 크기와 관계없이 방의 내벽을 비추게 된다. 그러나 이러한 개념은 빛의 밝기를 제대로 이해하는 것을 방해한다. 전등 하나의 빛은 작은 방을 비추기에는 충분한 양이지만, 체육관을 비출 만큼 충분하다고는 말할 수 없다. 이때 중요한 점은 **단위면적당**^{per unit of area} W 의 양이다. 하나의 전등이 **전체적으로**^{overall} 많은 W 의 빛을 방출한다고 말하는 것은 자석이 Wb 또는 Mx 단위로 표시된 큰 자기량 값을 갖는다는 뜻이다. 그러나 전등이 단위면적당 많은 W를 생산한다고 말하는 것은 자기장이 T 또는 G 단위로 표시된 높은 자속밀도를 갖는다는 뜻이다.

기자력

루프 형태의 도선, **솔레노이드형**^{solenoidal}(헬리컬) 코일, 그리고 막대 모양의 전자석을 다룰 때 **기자력**^{magnetomotive force}이라는 현상을 **암페어-턴**(At)이라는 단위로 수량화할 수 있다. 단위에 잘 나타나 있듯이, 기자력은 코일이나 루프에 흐르는 전류의 A 값과 코일이나 루프를 감은 횟수^{number of turns}를 곱한 값이다.

도선을 루프로 구부리고 $1\,\text{A}$ 의 전류를 흘리면 루프 내부에 $1\,\text{At}$ 의 기자력이 발생한다.

길이가 같은 도선을 50번 감고 1 A의 전류를 흘리면 처음보다 50배 증가한 50 At의 기자력이 발생한다. 만일 도선을 50번 감은 루프에 $\frac{1}{50}$ A(즉, 20 mA)의 전류를 흘리면 기자력은 1 At으로 되돌아간다.

때때로 기자력은 **길버트**(Gb)gilbert라는 단위를 이용하여 표현한다. 1 Gb는 대략 0.7958 At 값으로, 1 At보다는 다소 작은 단위다. 그러므로 Gb 값을 At 값으로 변환하려면 0.7958을 곱해야 한다. 반대로 At 값을 Gb 값으로 변환하려면 1.257을 곱해야 한다.

기자력은 코어의 재질이나 루프 반경에 영향을 받지 않는다. 심지어 솔레노이드형 코일 내부에 금속 막대를 두어도 도선에 흐르는 전류가 일정하면 기자력은 변하지 않는다. 작은 코일에 도선을 100번 감아 1 A 전류를 흘릴 때의 기자력과, 거대한 코일에 도선을 100번 감아 1 A 전류를 흘릴 때의 기자력은 같다. 기자력은 전류와 턴 수에만 영향을 받는다.

전류에 대한 자속밀도

공기나 진공 상태에서 일정한 직류가 흐르는 직선 도선의 경우, 자속밀도는 도선 근처에서 가장 크고, 도선에서 멀어질수록 감소한다. 자속밀도는 직선 도선에 흐르는 전류와 도선에서 떨어진 거리의 함수로 간단히 나타낼 수 있다.

두께가 무한히 가늘고 무한히 긴 직선 도선(이상적인 경우)에 I [A]의 전류가 흐른다고 하자. 자속밀도를 B [T]라고 하고, [그림 8-3]에서와 같이 도선에 수직인 면상에, 도선에서 r [m]만큼 떨어진 한 점 P가 존재한다.

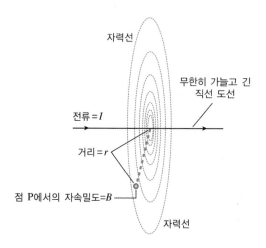

[그림 8-3] **자속밀도는 일정한 전류가 흐르는 도선으로부터 떨어진 거리에 반비례하며 변한다.**

점 P에서의 자속밀도는 다음 식으로 구한다.

$$B = 2 \times 10^{-7} \frac{I}{r}$$

상수값 2×10^{-7}은 원하는 유효숫자 개수가 몇 개이든지 사용할 수 있을 만큼 수학적으로 정확한 값이다.

물론 두께가 0이면서 무한히 긴 도선은 접할 수 없을 것이다. 그러나 도선 두께가 r에 비해 매우 작고 점 P에서 볼 때 직선형이 타당하다면, 이 식은 거의 모든 경우에 아주 잘 맞는다.

예제 8-1

직류 $400\,\text{mA}$가 흐르는 가느다란 직선 도선에서 $200\,\text{mm}$만큼 떨어진 지점의 자속밀도 B_t는 몇 T인가?

풀이

먼저 모든 양을 표준 단위(SI)로 변환해야 한다. 즉 $r = 0.200\,\text{m}$, $I = 0.400\,\text{A}$ 이다. 식에 대입하여 자속밀도를 구하면 다음과 같다.

$$B_t = 2.00 \times 10^{-7} \times 0.400 / 0.200 = 4.00 \times 10^{-7}\,\text{T}$$

예제 8-2

[예제 8-1]의 점 P에서 자속밀도 B_g는 몇 G인가?

풀이

T를 G로 변환해야 하므로 [예제 8-1]의 답에 10^4을 곱하면 된다.

$$B_g = 4.00 \times 10^{-7} \times 10^4 = 4.00 \times 10^{-3}\,\text{G}$$

전자석

전하 반송자가 운동하면 항상 자기장이 만들어진다. 이런 자기장은 전류가 많이 흐르고 도선이 많이 감겨 있는 촘촘한 코일에서 상당한 세기를 가질 수 있다.

[그림 8-4]와 같이 코일 내부에 **코어**^{core}라고 하는 강자성 막대를 두면 자력선이 코어에 집중되고 전자석이 만들어진다. 대부분의 전자석은 원통형 코어를 가진다. 반경에 대한 길이 비율은 다양하게 존재해서, 매우 작은 경우 통통한 펠릿이 되고 매우 큰 경우 가느다란 막대형이 된다. 반경에 대한 길이 비율에 관계없이 도선에 흐르는 전류에 의해 만들어진 자력선은 일시적으로 코어를 자화시킨다.

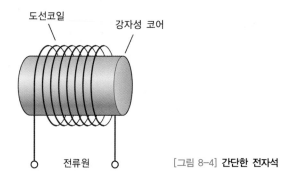

[그림 8-4] **간단한 전자석**

직류형

크기가 큰 철 볼트나 못 주변을 절연도선으로 수백 번 정도 감으면 직류 전자석을 만들 수 있다. 이들 품목은 철물점에서 찾아볼 수 있는데, 가능하면 철물점에서 볼트가 강자성체인지 시험해보아야 한다(만일 영구자석이 볼트에 붙으면 볼트는 강자성체다). 이상적으로 볼트는 직경이 적어도 약 $1\,cm$, 길이는 $15\,cm$ 정도가 되어야 하고, 부드러운 구리로 만든 절연도선을 사용해야 한다.

볼트 주위를 도선으로 최소한 수십 번 감는다. 같은 방향으로 도선을 감을 때 층으로 쌓아 올려도 좋다. 절연 테이프를 사용하여 도선을 단단히 고정시킨다. 대용량 $6\,V$ 랜턴 배터리는 전자석을 동작시킬 만큼 충분한 직류를 공급할 수 있다. 공급 전류를 늘리려면 배터리를 병렬로 2개 이상 연결하면 된다. 도선은 배터리와 한 번에 수 초 이상 연결하지 않도록 한다.

> ⚠ **주의 사항**
>
> 이 실험을 위해 차량용 납-산 배터리를 사용하면 안 된다. 전자석에 의해 만들어진 준단락 회로는 차량용 배터리의 산을 끓어오르게 할 수 있고, 심각한 상해를 초래할 수 있다.

모든 직류 전자석에는 영구자석처럼 N극과 S극이 있다. 그러나 전자석은 어떤 영구자석보다 힘이 셀 수 있다. 자기장은 코일에 전류가 흐르는 동안 존재하고, 전원을 제거하면 거의 소멸한다. 적은 양의 **잔류 자기**residual magnetism는 전류가 코일에 흐르지 않아도 코어에 남아 있으나, 이런 자기장의 세기는 매우 작다.

교류형

전류원으로 랜턴 배터리 대신 교류 전원 콘센트에 코일 끝을 바로 연결하면 굉장히 강력한 전자석을 만들 수 있지 않을까? 이론적으로는 그렇게 만들 수 있지만, 절대로 그렇게 해서는 안 된다. 감전사의 위험과 전기로 인한 화재 위험에 노출되고, 십중팔구 퓨즈가 끊어지거나 차단기가 내려가서 해당 장치에 전원이 공급되지 않게 된다. 어떤 건물들은 과부하 시 전선에 과도한 전류가 흐르는 것을 막는 정격 퓨즈나 차단기가 구비되어 있지 않다. 만일 안전한 교류 전자석을 만들고 시험하고 싶다면 『*Electricity Experiments You Can Do at Home*』(McGraw-Hill, 2010)을 참고하기 바란다.

일부 상용 전자석은 교류 60 Hz 에서 동작한다. 이러한 전자석은 강자성체에 붙는다. 자기장의 극은 전류가 반대 방향이 될 때마다 바뀐다. 전류는 매초 120회 변동하고, N-S-N 극이 60번 변한다. 또한 자기장의 순간적인 세기는 교류 주기에 따라 변화하는데, $\frac{1}{120}$ 초 간격으로 최댓값이 되고 $\frac{1}{120}$ 초 간격으로 0이 된다. 이웃한 최댓값 두 개 혹은 이웃한 0 두 개는 $\frac{1}{4}$ 주기 또는 $\frac{1}{240}$ 초만큼 떨어져 있다.

교류 전자석의 한 극에 영구자석이나 직류 전자석을 가까이 하면 교류 전자기적 현상으로 어떠한 힘도 생기지 않는다. 왜냐하면 일정한 외부 자기장과 교류 자기장 사이에서 크기는 같지만 방향이 반대인 인력과 척력이 발생하기 때문이다. 그러나 교류 전자석에 전류가 흐르든 흐르지 않든, 영구자석이나 직류 전자석은 교류 전자석의 코어를 끌어당긴다.

> 📝 **기술 노트**
>
> 배터리와 같은 직류 전원은 어떤 전자석과도 항상 같은 극성을 유지하는 자기장을 생성한다. 교류 전원은 항상 주기적으로 극을 바꾸는 자기장을 만든다.

예제 8-3

교류 전자석에 60 Hz 대신 80 Hz 교류를 입력한다고 가정하자. 교류 자기장과 근처에 있는 영구자석 또는 직류 전자석 사이에서는 어떤 상호작용이 발생할까?

풀이

코어의 재료가 동일하다고 가정하면, 80 Hz 일 때와 60 Hz 일 때의 상황이 다르지 않다. 이론적으로 교류 주파수는 교류 전자석의 동작에 아무런 영향을 주지 않는다. 그러나 실제로는 교류 전자석의 인덕턴스가 전류 흐름을 방해하므로 높은 교류 주파수에서는 자기장이 약해진다. **유도성 리액턴스**inductive reactance라고 하는 특성은 코일을 감은 수와 강자성체 코어의 특성에 영향을 받는다.

자성 물질

강자성 물질은 자유공간에서보다 자력선이 좀 더 조밀하게 모이도록 만든다. 많은 물질은 자력선을 자유공간에서의 밀도보다 더 희박하게 만드는데, 이러한 물질을 **반자성체**diamagnetic라고 한다. 반자성체의 예로는 밀랍, 건조한 목재, 비스무트bismuth, 은이 있다. 어떤 반자성체라도 반자성체 내에서 자기장의 세기가 줄어드는 정도가, 강자성체에서 자기장의 세기가 증가되는 만큼 그렇게 크지는 않다. 일반적으로 반자성체는 자석 간 상호작용을 줄이기 위해 자석을 물리적으로 분리해 놓는 용도로 사용된다.

투자율

투자율permeability은 진공상태에서의 자력선 밀도에 대해 강자성체가 자력선을 집중시키는 정도를 나타낸 것이다([표 8-1]의 옮긴이 주석 참조). 합의에 의해 진공의 투자율로 할당된 값은 1이다. 만약 공심 코일(코어가 공기인 코일)이 있는 코일에 직류를 흘리면, 코일 내부의 자력선은 진공에서의 자력선과 거의 동일하다. 그러므로 공기의 투자율도 거의 정확히 1이다(사실 공기의 투자율이 진공에 비해 아주 조금 높지만 실제로는 거의 문제되지 않는다).

만일 코일 내부에 강자성체 코어를 넣으면 자속밀도는 증가하며, 때로 매우 큰 비율로 증가한다. 정의에 따르면 투자율은 자속밀도가 증가하는 비율과 동일하다. 예를 들어, 어떤 물질이 코일 내의 자속밀도를 공기나 진공에서보다 60배 증가시키면 그 물질의 투자율은 60이다. 반자성체의 투자율 값은 1보다 작지만, 그렇게 많이 작지는 않다. [표 8-1]은 일반적인 물체에 대한 투자율 값[1]을 보여준다.

---

1 (옮긴이) 일반적으로 투자율(permeability)은 $\mu = \mu_r \mu_0$ 이다. 여기서 진공의 투자율은 $\mu_0 = 4\pi \times 10^{-7} [\text{H/m}]$ 이고, μ_r 은 비투자율(relative permeability)이다. 이 책의 본문과 표에서 사용한 용어 '투자율 μ'는 일반적으로는 '진공의 투자율과 상대적으로 비교한 비투자율 μ_r'을 의미한다.

[표 8-1] 일반적인 물질에 대한 투자율 값

물질	투자율(대략적인 값)
건조한 공기(해수면에서)	1.0
강자성체 합금	3000~1,000,000
알루미늄	1보다 약간 큼
비스무트	1보다 약간 작음
코발트	60~70
압축분말형 철	100~3000
정제된 고체 철	3000~8000
정제되지 않은 고체 철	60~100
니켈	50~60
은	1보다 약간 작음
강철	300~600
진공 상태	1.0(정의에 의한 정확한 수치)
왁스	1보다 약간 작음
마른 나무	1보다 약간 작음

보자력

철과 같은 물체를 코일로 감싸고 대전류를 흘려 강한 자기장의 영향을 받게 하면, 코일에 흐르던 전류가 끊어진 후에도 약간의 잔류자성이 항상 남게 된다. **잔류 자기**remanence라고 하는 **보자력**retentivity은 어떤 물체가 그 물체에 가한 자기장을 얼마나 기억하고 있는지를 수치화한 것이다.

강자성체 주위를 코일로 감고 코어 내부의 자속이 최대가 되도록 전류를 충분히 흘렸다고 상상해보자. 이러한 상태를 **코어 포화**core saturation라고 한다. 이러한 상황에서 자속밀도를 측정하고 $B_{\max}$(T 또는 G) 값을 얻는다. 이제 코일에서 전류를 제거하고 다시 코어 내부의 자속밀도를 측정하여 B_{rem}(T 또는 G) 값을 얻는다. 그러면 코어 물질의 보자력 B_{r}은 다음 비율로 표현된다.

$$B_{\mathrm{r}} = \frac{B_{\mathrm{rem}}}{B_{\max}}$$

백분율로 표시하면 다음과 같다.

$$B_{\mathrm{r}\%} = 100 \times \frac{B_{\mathrm{rem}}}{B_{\max}}$$

예를 들어, 전류가 흐르는 코일로 금속 막대를 감쌌을 때 자속밀도가 135G에 도달하며, 이 135 G는 그 물질에 대한 최대 자속밀도를 나타낸다고 가정하자(어떤 물질이든 최댓값은 항상 존재하며 물질마다 다르다. 코일의 전류를 더 증가시키거나 코일을 감은 횟수를 더 증가시켜도 물질은 더 이상 자화되지 않는다). 이제 코일에 전류를 제거하고 난 후 막대에 19 G가 남았다면 보자력 B_r은 다음과 같다.

$$B_r = \frac{19}{135} = 0.14$$

백분율로 표시하면 다음과 같다.

$$B_{r\%} = 100 \times \frac{19}{135} = 14\,\%$$

어떤 강자성체 물질은 높은 보자력을 바탕으로 훌륭한 영구자석이 된다. 또 어떤 강자성체는 보자력이 형편없다. 이런 경우 전자석의 코어로는 훌륭한 역할을 하지만, 좋은 영구자석은 될 수 없다.

만일 강자성체가 낮은 보자력을 갖는다면, 강자성체는 교류 전자석의 코어로서 기능할 수 있다. 왜냐하면 코어의 자기장 극성은 코일에 흐르는 전류의 변화를 밀접하게 따라가기 때문이다. 만일 물체가 높은 보자력을 갖는다면, 자기적으로 느리게 동작하고 코일에서 전류에 반대로 따라가는 문제가 발생한다. 이런 종류의 물질은 교류 전자석에서 사용하기에 적합하지 않다.

예제 8-4

전자석을 만들기 위해 금속 코어 주위에 도선을 감은 코일이 있다고 가정하자. 코일에 가변직류 전원을 연결하고 코어 내부에 0.500 T의 자속밀도가 발생하도록 했다. 전류원을 차단했을 때 코어의 자속밀도가 500 G로 떨어졌다면 이 코어 물질의 보자력은 얼마인가?

풀이

먼저 전속밀도의 값을 동일한 단위로 변환하자. $1\,T = 10^4\,G$이므로 코일에 전류가 흐를 때 G로 된 자속밀도는 $0.500 \times 10^4 = 5{,}000\,G$이고, 전류가 제거된 후 500 G이다. 이 값으로 비율을 계산하면 다음과 같다.

$$B_r = \frac{500}{5{,}000} = 0.100$$

백분율로 나타내면 다음과 같다.

$$B_{r\%} = 100 \times \frac{500}{5,000} = 100 \times 0.100 = 10.0\%$$

영구자석

강자성체는 어떤 모양으로도 영구자석을 만들 수 있다. 자석의 세기는 두 가지 요소의 영향을 받는다.

- 자석을 만드는 재료의 보자력
- 재료를 자화시키는 양

강력한 영구자석을 제조할 때는 높은 보자력을 가진 합금이 필요하다. 자화력이 가장 높은 합금은 알루미늄, 니켈, 코발트를 특별한 비율로 합성하여 얻는다. 때로는 소량의 구리와 티타늄을 포함하기도 한다. 영구자석의 수명을 길게 만들기 위해 높은 직류 전류가 연속적으로 흐르고 있는 거대한 코일 내에 합금을 둔다.

어떤 철이나 강철 조각도 자화시킬 수 있다. 일부 기술자는 컴퓨터, 무선 송수신기, 그 외 여러 장치에서 접촉하기 곤란한 곳의 나사를 제거하거나 설치할 때 자화된 공구를 사용한다. 만일 자화된 공구를 사용하고 싶다면, 공구의 금속 축을 강력한 막대자석으로 수십 번 내려치면 된다. 그러나 일단 공구에 잔류 자성이 남아 있으면 공구는 오랜 시간 동안 자화된다는 사실에 주의해야 한다.

긴 코일 내의 자속밀도

솔레노이드solenoid로 알려진 긴 헬리컬 코일이 단층으로 n번 감겨 있다고 생각해보자. 코일의 길이는 s [m]이고 지속적으로 I [A]의 직류 전류가 흐른다. 그리고 투자율이 μ인 강자성 코어가 들어 있다. 코어가 포화 상태에 도달하지 않았다고 가정하면, 코어 내의 자속밀도 B_t [T]는 다음과 같이 계산할 수 있다.

$$B_t = 4\pi \times 10^{-7} \mu n I / s \approx 1.2566 \times 10^{-6} \mu n I / s$$

만일 자속밀도 B_g (G)를 계산하려면 다음 식을 사용한다.

$$B_g = 4\pi \times 10^{-3} \mu n I / s \approx 0.012566 \mu n I / s$$

예제 8-5

어떤 전류가 흐르는 직류 전자석을 생각해보자. 길이가 20 cm 이고 도선이 100번 감겨 있다. 코어의 투자율이 $\mu = 100$ 이고 아직 포화되지 않았다. 코어 내부의 자속밀도가 $B_\text{g} = 20$ G로 측정되었을 때 코일에 흐르는 전류는 얼마인가?

풀이

먼저 적절한 단위로 변환하자. 전자석의 길이가 20 cm 이므로 $s = 0.20$ m 가 된다. 자속밀도는 20 G이므로 다음 식으로 I를 구한다.

$$B_\text{g} = 0.012566 \, \mu n I / s$$

양변을 I로 나누면 다음과 같다.

$$\frac{B_\text{g}}{I} = 0.012566 \, \mu n / s$$

다시 양변을 B_g로 나누면 다음과 같다.

$$I^{-1} = 0.012566 \, \mu n / (s B_\text{g})$$

마지막으로 양변에 역수를 취하면 다음과 같이 된다.

$$I = 79.580 s B_g / (\mu n)$$

문제에서 주어진 수를 대입하면 I는 다음과 같다.

$$I = 79.580 s B_\text{g} / (\mu n) = \frac{79.580 \times 0.20 \times 20}{100 \times 100}$$

$$= 79.580 \times 4.0 \times 10^{-4} = 0.031832 \, \text{A} = 31.832 \, \text{mA}$$

이 결과를 반올림하면 32 mA 가 된다.

자성을 사용하는 기기

전기 릴레이, 초인종, 전기 해머electric hammer, 그리고 여러 종류의 기계들은 솔레노이드의 원리를 이용한다. 영구자석과 결합한 복잡한 전자석은 모터, 측정기, 발전기 및 기타 전기 기계 장치를 구성한다.

차임

[그림 8-5]는 **차임**chime이라고 하는 초인종이다. 초인종의 솔레노이드는 전자석으로 구성된다. 중심이 비어 있는 형태의 강자성 코어가 축을 이루며, 그 빈곳을 **해머**hammer라고 하는 철 막대가 관통하는 구조이다. 코일에는 도선을 많이 감아서, 코일에 상당한 전류가 흐를 경우 전자석이 높은 자속밀도를 생성시킨다.

코일에 전류가 흐르지 않을 때는 중력에 의해 막대가 아래로 내려가서 아래 플라스틱 바닥판에 머문다. 코일에 전류 펄스가 흐르면 막대는 빠른 속도로 위를 향해 움직인다. 자기장은 코어와 같은 길이인 막대의 양쪽 끝이 코어의 양쪽 끝과 정렬되게 만들려고 한다. 그러나 막대의 운동량이 위쪽을 향해 있어 막대가 코어를 통과해 벨을 때리게 되고, 그때 벨소리가 나면서 철 막대는 다시 원래 위치로 되돌아온다.

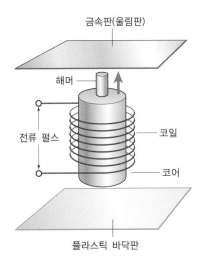

[그림 8-5] **초인종 차임의 구조**

릴레이

기계를 스위치로 제어할 때 제어하는 기계 근처에 스위치를 항상 둘 수는 없다. 예를 들어, 제어 지점에서 50m 떨어진 두 개의 서로 다른 안테나 간 통신 시스템을 스위칭한다고 가정하자. 무선 안테나 시스템은 회로의 어떤 부분에 남아 있어야 하는 고주파(무선 신호)를 전송한다. **릴레이**relay는 원격제어 스위칭을 하기 위해 솔레노이드를 사용한다.

[그림 8-6(a)]는 간단한 릴레이의 한 예이고, [그림 8-6(b)]는 동일한 기기의 회로도다. 코일에 전류가 흐르지 않을 때 **전기자**armature라고 하는 이동 가능한 레버가 스프링에 의해 한쪽(그림에서는 위쪽 방향으로)에 붙어 있다. 이러한 상태에서, 단자 X는 단자 Y와 접촉하고 있고 단자 Z와는 떨어져 있다. 코일에 충분한 전류가 흐를 때 전기자는 다른 쪽(그림에서 아래쪽 방향)으로 움직이고 단자 X는 단자 Y와 떨어지며, 단자 X가 단자 Z에 연결

된다.

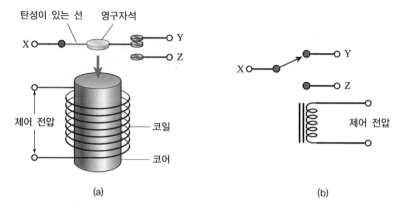

[그림 8-6] (a) 간단한 릴레이 그림 (b) 릴레이의 기호

평상시 닫힌 릴레이^{normally closed relay}는 코일에 전류가 흐르지 않을 때 회로를 연결해 동작시키고, 코일에 전류가 흐를 때 회로를 차단한다('평상시'라는 의미는 코일에 전류가 흐르지 않는 상태를 의미한다). 반면, **평상시 열린 릴레이**^{normally open relay}는 코일에 전류가 흐를 때 회로를 연결해 동작시키고, 코일에 전류가 흐르지 않을 때 회로를 차단한다. [그림 8-6]의 릴레이는 어떤 단자를 선택하느냐에 따라 평상시 닫힌 릴레이 또는 평상시 열린 릴레이로 동작할 수 있다. 또한 한 선을 서로 다른 두 회로 사이에서 스위칭시킬 수 있다.

요즘에는 큰 전류나 전압을 다뤄야 하는 회로와 시스템에서 릴레이를 우선적으로 설치한다. 낮은 전류나 전압을 사용하는 분야에서는 전자식 반도체 스위치를 사용하는데, 전자식 반도체 스위치는 움직이는 부분이 없어 릴레이보다 높은 성능과 신뢰성을 제공한다.

직류 모터

자기장은 상당히 큰 기계적인 힘을 만들 수 있어, 이러한 힘을 유용한 일에 사용할 수 있다. **직류 모터**^{DC motor}는 직류를 회전하는 기계 에너지로 변환한다. 이런 의미에서 직류 모터는 특별한 **전기-기계 변환기**^{electro-mechanical transducer}를 구성한다. 직류 모터의 크기는 **나노 규모**(박테리아보다 작은 크기)^{nanoscale}부터 **메가 규모**(집보다 큰 크기)^{megascale}까지 다양하다. 나노 크기의 모터는 사람의 혈관을 순환하거나 인체 내부 장기의 동작을 바꿀 수 있다. 메가 크기의 모터는 시간당 수백 km 속도로 기차를 끌고 갈 수 있다.

직류 모터에서는 자기장을 생성시키는 코일 세트에 전원을 연결한다. 반대 극은 당기고, 같은 극은 밀어내도록 스위칭해서 일정한 토크(회전력)가 발생되도록 한다. 전류가 증가할수록 모터가 만드는 토크도 증가하고, 일정한 속도로 모터를 움직이게 하는 에너지도 증가한다.

[그림 8-7]은 단순화한 직류 모터를 보여준다. **전기자 코일**armature coil은 모터 축과 함께 회전하며, **계자 코일**field coil이라고 하는 두 개의 코일 세트는 고정되어 있다. 일부 모터는 계자코일 대신 영구자석을 사용한다. 매번 축이 반 바퀴를 돌 때마다 **정류자**commutator가 전기자 코일의 전류 방향을 반대로 바꾼다. 그러면 축의 토크가 같은 각 방향으로 계속된다. 축의 **각운동량**(회전 운동량)angular momentum은 전류가 반대 방향이 되었을 때도 관성으로 인해 어떤 지점에서 멈추지 않는다.

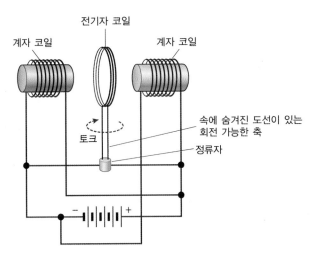

[그림 8-7] **단순화한 직류 모터의 구조도**

발전기

발전기와 모터는 서로 반대되는 기능을 수행하지만 구조는 서로 닮았다. **발전기**generator는 특별한 **기계-전기 변환기**mechano-electrical transducer라고 말할 수 있다(실제로 사용하는 용어는 아니다). 어떤 발전기는 모터로도 사용할 수 있는데, 이러한 장치를 **전동 발전기**motor-generator 라고 한다.

전형적인 발전기는 코일이 강한 자기장에서 회전할 때 교류를 만든다. 가솔린 모터, 터빈 또는 다른 기계적인 에너지원으로 회전축을 구동할 수 있다. 일부 발전기는 맥동 직류를 출력하기 위해 정류기를 사용한다. 정밀한 기기에서 사용하는 순수한 직류는 맥동 직류를 필터로 걸러 사용한다.

※ 필요하다면 이 장의 본문 내용을 참고해도 된다. 적어도 18개 이상 맞히는 것이 바람직하다.
  정답은 [부록 A]에 있다.

8.1 솔레노이드 코일이 50번 감겨 있고 500 mA의 전류가 흐를 때, 기자력은 얼마인가?

(a) 25 At
(b) 50 At
(c) 500 At
(d) 답이 없음

8.2 랜턴 배터리에 연결된 전자석으로 만들어진 자기장에 대한 설명 중 옳은 것은?

(a) 매 순간 세기가 변하고 주기적으로 극이 바뀐다.
(b) 매 순간 세기가 변하지만 항상 같은 극을 유지한다.
(c) 세기가 항상 일정하게 유지되고 주기적으로 극이 바뀐다.
(d) 세기가 항상 일정하게 유지되고 항상 같은 극을 유지한다.

8.3 강자성체에 대한 설명으로 옳은 것은?

(a) 전자석의 코어로 사용할 수 없다.
(b) 자석을 끌어당기거나 자석에 들러붙지 않는다.
(c) 자유공간보다 자력선들을 조밀하게 묶어준다.
(d) 투자율이 0이다.

8.4 막대자석 양끝 근처의 자력선은 어떤 모양인가?

(a) 막대 축에 평행인 직선들
(b) 막대 축에 수직인 직선들
(c) 중심이 막대 축에 놓인 원들
(d) 막대 끝으로 들어가는(또는 막대 끝으로부터 밖으로 나가는) 곡선들

8.5 랜턴 배터리에 연결하여 교류 자기장을 생성시키는 전자석을 만들려면 어떤 특성을 가진 코어를 사용해야 하는가?

(a) 높은 투자율과 높은 보자력
(b) 높은 투자율과 낮은 보자력
(c) 낮은 투자율과 높은 보자력
(d) 모르는 특성; 그런 전자석은 만들 수 없다.

8.6 금속 막대를 둘러싼 코일에 직류가 흐를 때 최대 800G의 자속밀도를 금속 막대가 지탱할 수 있다. 코일의 막대를 제거하여 공기로 채우니 공기 내 자속밀도가 20 G로 내려갔다. 금속 막대의 투자율은 얼마인가?

(a) 계산하려면 더 많은 정보가 필요하다.
(b) 40
(c) 0.025
(d) 410

8.7 [연습문제 8.6]에서 금속 막대의 보자력은 얼마인가?

(a) 계산하려면 더 많은 정보가 필요하다.
(b) 40
(c) 0.025
(d) 410

8.8 다음 중 자속밀도를 표현하는 단위는 무엇인가?

(a) 테슬라[T] (b) 암페어[A]
(c) 쿨롱[C] (d) 지멘스[℧]

8.9 600 mA의 직류가 흐르는 얇은 직선 도선에서 2.00 m 떨어진 지점의 자속밀도는 얼마인가?

(a) 6.00×10^{-7} T
(b) 6.00×10^{-8} T
(c) 3.00×10^{-7} T
(d) 3.00×10^{-8} T

8.10 막대 모양의 강자성체 코어 주위를 절연 구리도선으로 70번 감았다. 코일에 직류 22 A를 흘리다가, 전류를 두 배 올려 44 A를 흘렸다. 만약 코어가 포화 상태에 도달했고 3.3 A 또는 그 이상의 전류를 코일을 통해 흘린다면, 이와 같은 전류 증가는 코어 내부의 자속밀도를 어떻게 변화시키는가?

(a) 동일하게 머문다.
(b) $\sqrt{2}$ 배 증가
(c) 2배 증가
(d) 4배 증가

8.11 평상시 열린 릴레이[normally open relay]는 어떤 경우에 외부 회로를 연결하여 동작시키는가?

(a) 코일에 전류가 흐르는 것과 관계없다.
(b) 코일에 전류가 흐를 때만
(c) 코일에 전류가 흐르지 않을 때만
(d) 코일에 교류가 흐를 때만

8.12 지구 표면의 특정 지점에서, 지자기 편차[geomagnetic declination]에 대한 설명으로 옳은 것은?

(a) 지구 자력선의 수직 편향
(b) 지자기의 수평 편향
(c) 수평면을 통과하는 지자기의 자속밀도
(d) 지자기의 북극과 실제 북극 사이의 각도 차이

8.13 강력한 영구자석을 만들려면 어떤 합금이 필요한가?

(a) 낮은 투자율
(b) 높은 밀도
(c) 높은 보자력
(d) 단위길이당 낮은 저항

8.14 전류가 흐르는 도선의 코일이 진공 중에 위치할 때, 코일 내 자속밀도는 어떻게 되는가?

(a) 0으로 작아진다.
(b) 강자성체 코어를 가질 때의 자속밀도와 비교하여 증가한다.
(c) 강자성체 코어를 가질 때의 자속밀도와 비교하여 감소한다.
(d) 강자성체 코어를 가질 때의 자속밀도와 비교하여 동일하다.

8.15 지자기 적도 지점에서 지자기력은 나침반 침에 어떤 방향으로 작용하는가?

(a) 수평이다.
(b) 수직이다.
(c) 비스듬하다.
(d) 존재하지 않는다.

8.16 솔레노이드 코일이 1,000번 감겨 있고 30.00 mA의 직류를 흘릴 때, 기자력은 얼마인가?

(a) 코일의 길이, 직경, 코어 재료에 따라 달라진다.
(b) 37.71 Gb
(c) 1,131 Gb
(d) 6.885 Gb

8.17 솔레노이드 코일이 60번 감겨 있고 이것을 6.3 V 랜턴 배터리에 연결할 때, 코일이 생성시킨 기자력은 얼마인가?

(a) 코일의 직경에 따라 달라진다.
(b) 코일의 직류 컨덕턴스에 따라 달라진다.
(c) 코일의 코어 재료에 따라 달라진다.
(d) (a), (b), (c) 모두

8.18 [연습문제 8.17]에서 다른 조건은 유지한 채 코일 내부에 투자율이 16.0인 강자성체 막대를 삽입한다면, 기자력은 어떻게 변하는가?

(a) 4.00배 증가
(b) 16.0배 증가
(c) 256배 증가
(d) 변화하지 않는다.

8.19 두 개의 전자석 양 끝 사이에 작용하는 자기력은 무엇에 따라 달라지는가?

(a) 전자석의 코어 재료
(b) 양 끝 사이의 거리
(c) 코일의 전류
(d) (a), (b), (c) 모두

8.20 어떤 현상이 나타난 후에 지자기 폭풍이 발생하는가?

(a) 북부 지방의 광선(북방의 오로라)
(b) 태양 직경의 급작스러운 변화
(c) 지구 자기장의 극성 반전
(d) 바로 인접한 근처에서 천둥을 수반한 소나기

PART 2
교류
Alternating Current

CHAPTER

09

교류의 기초
Alternating-Current Basics

직류(DC)는 **방향**(극성polarity)과 **강도**(진폭amplitude)의 두 변수로 표현할 수 있다. 그러나 교류(AC)를 완전히 이해하기 위해서는 더 많은 것을 살펴보아야 한다.

교류의 정의

직류 전류 또는 직류 전압은 극성이 시간에 따라 변하지 않고 일정하게 유지된다. 직류의 진폭(A, V, W 값들)은 순간순간 변동될 수 있지만, 전하 반송자 회로의 어느 지점에서든지 항상 같은 방향으로 흐르고, 전하 극성도 항상 동일한 방향을 유지한다.

교류는 전하 반송자의 흐름과 극성이 규칙적인 간격을 두고 반전된다. 교류의 **순간 진폭**instantaneous amplitude, 즉 주어진 어느 순간에서의 진폭은 극성 반전이 반복되기 때문에 계속 변화한다. 그러나 어떤 경우에는 극성이 계속 반전되지만, 진폭은 일정하게 유지될 때가 있다. 교류가 직류와 근본적으로 다른 점은 극성의 변화가 반복된다는 점이다.

주기와 주파수

주기적 교류 파동periodic AC wave에서 **순간 진폭 대 시간**instantaneous amplitude versus time의 함수 관계는 반복되며, 따라서 동일한 파형이 무기한 되풀이된다. 파형이 한 번 완전히 반복되면 한 **사이클**cycle이 되고, 한 사이클과 다음번 사이클 사이의 시간 길이는 파동의 **주기**period가 된다. [그림 9-1]은 간단한 교류 파동의 완전한 두 사이클, 즉 두 주기를 나타낸다. 이론적으로 파동의 주기는 아주 작은 수분의 1초에서부터 수 세기에 이르는 긴 시간까지 다양할 수 있다. 교류 파동의 주기는 초 단위로 나타내고, 문자 T로 표기한다.

예전의 과학자나 공학자들은 교류의 주파수를 **단위시간당 사이클 수**(CPS)Cycles Per Second로 나타냈다. 또한 단위시간당 수천 사이클, 수백만 사이클 또는 수십억 사이클과 같은 중간 주파수 및 고주파수를 나타내기 위해 각각 **킬로사이클**kilocycle, **메가사이클**megacycle 또는 **기가사이클**gigacycle을 사용했다. 그러나 오늘날에는 주파수를 **헤르츠**(Hz)hertz로 나타낸다. 헤르츠와 단위시간당 사이클 수는 정확히 동일한 것으로, $1\,\mathrm{Hz} = 1\,\mathrm{CPS}$, $10\,\mathrm{Hz} = 10\,\mathrm{CPS}$가 된다. 한편 중간 주파수 및 고주파수는 **킬로헤르츠**(kHz)kilohertz, **메가헤르츠**(MHz)megahertz 또는 **기가헤르츠**(GHz)gigahertz를 사용해 다음과 같이 나타낸다.

$$1\,\mathrm{kHz} = 1{,}000\,\mathrm{Hz}$$

$$1\,\mathrm{MHz} = 1{,}000\,\mathrm{kHz} = 1{,}000{,}000\,\mathrm{Hz} = 10^6\,\mathrm{Hz}$$

$$1\,\mathrm{GHz} = 1{,}000\,\mathrm{MHz} = 1{,}000{,}000{,}000\,\mathrm{Hz} = 10^9\,\mathrm{Hz}$$

때로는 교류의 주파수를 표기하기 위해 더 큰 단위인 **테라헤르츠**(THz)^{terahertz}를 사용하기도 한다. 1 THz의 주파수는 1조(1,000,000,000,000 또는 10^{12})Hz 이다. 일반적으로 교류는 높은 주파수를 갖지 않으나, **전자기 복사**$^{\text{electromagnetic radiation}}$는 높은 주파수를 갖기도 한다.

헤르츠로 표기된 교류 파동의 주파수 f는 초 단위로 표기된 주기 T의 역수다. 주파수와 주기의 관계를 수학적으로 나타내면 다음과 같다.

$$f = \frac{1}{T}, \quad T = \frac{1}{f}$$

어떤 교류 파동은 모든 에너지가 한 주파수 안에 들어 있는데, 이러한 파동을 **순수**^{pure}하다고 표현한다. 그러나 보통 교류 파동은 주^{main} 주파수 또는 **기본**^{fundamental} 주파수의 배수 주파수에 해당하는 성분에 에너지가 들어 있으며, 때로는 기본 주파수와 어떤 논리적 연관성도 없어 보이는 주파수에 에너지가 존재할 수도 있다. 앞으로 수백, 수천 또는 무한대의 서로 다른 성분 주파수에 에너지가 들어 있는 **복잡한 교류 파동**$^{\text{complex AC wave}}$을 보게 될 것이다.

사인파

교류의 가장 간단한 형태는 **사인파**$^{\text{sine-wave}}$, 즉 **사인 곡선**^{sinusoidal} 모양이다. 사인파에서 전류의 방향은 규칙적인 간격으로 반전되고, 전류 대 시간 곡선은 삼각법에 따라 그린 **사인 함수**$^{\text{sine function}}$의 그래프 형태와 같다. [그림 9-1]은 완전한 두 사이클을 나타내는 일반적인 사인파 형태다.

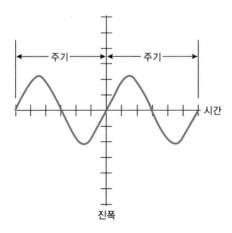

[그림 9-1] **사인파. 주기는 한 사이클이 완성되는 데 소요되는 시간을 의미한다.**

단 하나의 주파수에 모든 에너지가 담겨 있는 교류 파동은 시간의 함수로 진폭을 그리면 완벽한 사인 곡선을 나타낸다. 역으로 교류 파동이 완벽한 사인 곡선을 구성하면 모든 에너지가 단 하나의 주파수에 존재한다.

오실로스코프^{oscilloscope} 화면에서는 파동이 정확히 하나의 사인곡선으로 보인다고 해도, 실제로는(거의 차이가 없어서 관찰은 어렵겠지만) 약간 불완전한 사인파일 경우가 있다. 그러나 순수한 단일주파수 교류 파동은 오실로스코프 화면에서 사인 곡선으로 보일 뿐만 아니라 실제로도 **완벽한**^{flawless} 사인 곡선을 구성한다.

방형파

오실로스코프 화면상에서 **방형파 또는 구형파(네모파)**$^{square\ wave}$는 하나가 양의 극성을, 다른 하나가 음의 극성을 갖는 한 쌍의 평행한 점선으로 보일 것이다([그림 9-2(a)]). 오실로스코프 그래프에서 세로 눈금은 전압을, 가로 눈금은 시간을 나타낸다. 이론적으로 완전한 방형파에서 음(−)의 값과 양(+)의 값 사이의 변이는 순간적으로(전혀 시간을 들이지 않고) 발생한다. 이 순간적 변이는 오실로스코프상에 나타나지 않을 것이다. 그러나 실제로 오실로스코프상에서는 이러한 방형파의 변이를 때때로 수직선으로 볼 수 있다([그림 9-2(b)]).

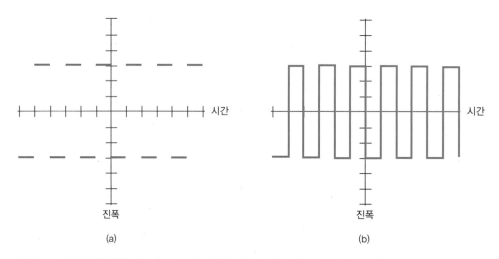

[그림 9-2] (a) 완전한 방형파 그래프. 변이가 순간적이어서 그래프에는 보이지 않는다.
　　　　　 (b) 일반적인 방형파 그래프. 변이가 수직선으로 나타난다.

정확한 방형파는 음(−)과 양(+)의 피크^{peak}값이 동일하므로 파동의 절댓값 진폭은 절대 변하지 않는다. 절반의 시간 동안에는 $+x$ 값을, 나머지 절반의 시간 동안에는 $-x$ 값을 갖는다(여기서 x는 임의의 고정된 A 또는 V 값을 의미한다). 어떤 사각파들은 음(−)과 양(+)의 진폭이 동일하지 않아서 한쪽으로 치우쳐 나타나기도 한다. 또한 사각파가 양(+)

의 극성에 머무르는 시간이 음(−)의 극성에 머무르는 시간보다 길거나 짧을 수 있다. **비대칭 방형파**asymmetrical square wave, 좀 더 정확하게는 **구형파 또는 방형파**(직사각파)rectangular wave가 그 예다.

톱니파

어떤 교류 파동은 오실로스코프 화면상에서 상승할 때나 하강할 때, 또는 상승과 하강할 때 모두 경사진 직선 모양으로 나타난다. 선의 기울기는 그 크기가 얼마나 빨리 변하는지를 나타낸다. 이 파동은 톱날익 돌기 또는 톱니 같은 모양으로 나타나서 **톱니파**sawtooth wave라고 한다. 다양한 테스트용 전자 장치와 음향 신시사이저sound synthesizer는 여러 가지 주파수와 진폭을 가진 톱니파를 발생시킬 수 있다.

[그림 9-3]의 톱니파를 보면, 양(+)으로 올라가는 기울기(**상승**rise)는 방형파 및 구형파와 같이 가파른 반면, 음(−)으로 내려가는 기울기(**하강**decay)는 그다지 가파르지 않다. 두 개의 연속하는 펄스에서 동일한 위치에 있는 두 지점 간 시간 간격이 파의 주기다.

[그림 9-4]의 톱니파는 일정한 기울기로 한정적인 상승을 하고 순간적인 하강을 한다. 이 파동은 각각 개별적인 사이클이 위로 올라가는 경사면처럼 보이기 때문에 **램프**ramp라고 부른다. 램프는 오래된 텔레비전 수신기와 오실로스코프에서 전자빔을 주사scanning하는 회로에서 사용한다. 램프는 상승 시간 동안 **음극선관**(CRT)Cathode-Ray-Tube 화면을 가로질러 왼쪽에서 오른쪽으로, 일정한 속도로 전자빔을 이동시키는 **추적**trace을 실시한다. 그 다음 램프는 하강 시간 동안 전자빔을 순간적으로 원위치로 되돌리고, 다시 화면을 가로질러 다음 추적을 할 수 있게 만든다.

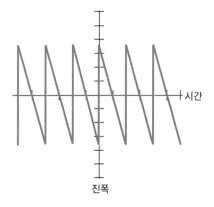
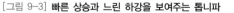

[그림 9-3] **빠른 상승과 느린 하강을 보여주는 톱니파**

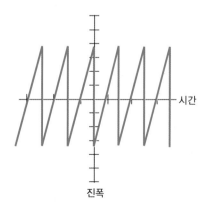

[그림 9-4] **느린 상승과 빠른 하강을 보여주는 톱니파**

톱니파의 상승과 하강 경사도는 굉장히 많은 조합이 가능하다. 예를 들어, [그림 9-5]는 상승과 하강 어느 것도 순간적으로 발생하지 않고, 상승 시간과 하강 시간이 서로 같다. 이런 파를 **삼각파**^{triangular wave}라고 한다.

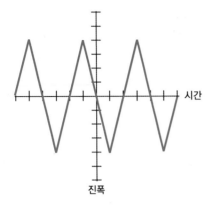

[그림 9-5] **상승률과 하강률이 같은 삼각파**

복잡한 파형

주기가 명확하고, 극성이 양(+)과 음(−) 사이를 지속적으로 반복하는 스위칭 특성을 갖는다면 파형의 실제 모양이 아무리 복잡하더라도 교류라고 할 수 있다. [그림 9-6]은 복잡한 교류 파동의 한 예를 나타낸 것으로, 주기와 주파수를 정의할 수 있다. 계속 반복되는 파동에서 동일한 두 지점 간의 시간 간격이 파동의 주기다.

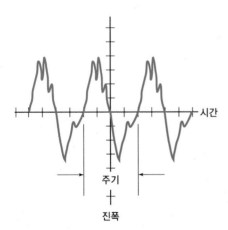

[그림 9-6] **복잡한 파형**

어떤 파동은 주기를 확인하는 것이 어렵거나 거의 불가능하다. 이런 상황은 하나의 파동이 진폭이 같은 두 주파수 성분을 갖고 있을 때 발생한다. 이 파동의 **주파수 스펙트럼**^{frequency spectrum}은 여러 양상을 갖는다. 즉 서로 다른 두 개의 주파수에 동일한 양의 에너지가 들어 있어서, 우리가 고려할 부분이 더 짧은 주기(더 높은 주파수 성분) 부분인지 또는 더 긴 주기(더 낮은 주파수 성분) 부분인지 결정할 수 없다.

주파수 스펙트럼

오실로스코프는 시간 함수로 진폭의 그래프를 보여준다. 그래프의 가로축에 존재하는 시간은 함수의 **독립 변수**independent variable 또는 **정의역**domain을 의미한다. 따라서 일반 실험실의 오실로스코프를 **시간 도메인**time-domain 장치라고 한다. 그러나 복잡한 신호의 진폭을 시간 함수가 아닌 주파수 함수로 보려면 어떻게 해야 할까? 이 경우 **스펙트럼 분석기**spectrum analyzer를 이용하면 된다. 스펙트럼 분석기는 **주파수 도메인**frequency-domain 장치다. 가로축은 독립 변수인 주파수를 나타내며, 그 값은 임의로 조정할 수 있는 최소 주파수(좌측 끝)에서 조정 가능한 최대 주파수(우측 끝) 범위에 걸쳐 있다.

교류 사인파는 스펙트럼 분석기상에서 [그림 9-7(a)]와 같이 단 한 개의 **핍**pip 또는 수직선으로 나타난다. 이 파동은 모든 에너지가 한 주파수에 집중되어 있다. 대부분의 경우, 교류 파동은 기본 주파수의 에너지와 함께 **고조파**harmonic 에너지를 포함한다. 고조파는 교류 파동의 기본 주파수의 정수 배에서 발생하는 이차 파동이다. 예를 들어, 만약 $60\,\text{Hz}$ 가 교류 파동의 기본 주파수라면 고조파는 $120\,\text{Hz}$, $180\,\text{Hz}$, $240\,\text{Hz}$ 등으로 계속 존재할 수 있다. 이때 $120\,\text{Hz}$ 파동은 제2고조파second harmonic, $180\,\text{Hz}$ 파동은 제3고조파third harmonic, $240\,\text{Hz}$ 파동은 제4고조파fourth harmonic가 된다.

만약 파동이 기본 주파수의 n배에 해당하는 주파수를 갖는다면(여기서 n은 임의의 정수), 그 파동을 **n번째 고조파**nth harmonic라고 한다. [그림 9-7(b)]는 스펙트럼 분석기 화면상에서 볼 수 있는 것으로, 몇 개의 고조파 핍과 함께 파동의 기본 주파수 핍이 나타나 있다.

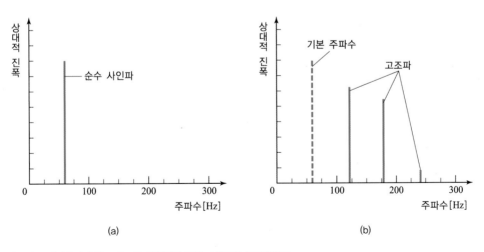

(a)   (b)

[그림 9-7] (a) 순수한 $60\,\text{Hz}$의 사인파에 대한 스펙트럼 다이어그램
(b) $60\,\text{Hz}$와 3개의 고조파를 갖는 파의 스펙트럼 다이어그램

방형파와 톱니파는 기본 주파수에 있는 에너지에 추가로 고조파 에너지를 포함한다. 많은 고조파에 에너지를 갖고 있어 더 복잡한 다른 파형도 가능하다. 이때 파동의 정확한 모양은 고조파에서의 에너지양과 고조파 사이에 분포된 에너지 분포 방식에 따라 달라진다.

어떤 상상할 수 있는 주파수 분포를 가진 불규칙한 파동을 생각해보자. [그림 9-8]은 **진폭변조(AM)**^{Amplitude-Modulated}된 음성 라디오 신호를 나타낸 스펙트럼(주파수 도메인) 화면이다. 많은 양의 에너지가 수직선으로 나타난 주파수에 집중되어 있는 것을 볼 수 있다. 이때 수직선은 신호의 **반송파 주파수**^{carrier frequency}를 나타낸다. 또한 반송파 주파수가 아닌 반송파 주변에도 많은 양의 에너지가 존재한다. 이 부분이 신호의 음성 정보를 담고 있어서 학문적으로 신호의 **정보**^{intelligence}라고 한다.

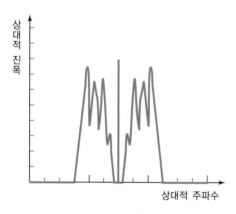

[그림 9-8] **변조된 라디오 신호의 스펙트럼 다이어그램**

한 사이클의 분할

엔지니어는 분석 및 계측 기준 용도로 교류 사이클을 작은 부분들로 나눈다. 특히 순수한 사인파를 다룰 때, 하나의 완전한 사이클은 원 주위를 한 바퀴 회전하는 것에 비유할 수 있다.

각도

일반적으로 하나의 교류 사이클은 **각도**^{degrees} 또는 **위상각**^{degrees of phase}이라는 360개의 동일한 조각으로 나뉜다. 이때 이 조각은 온도를 표시할 때 사용하는 것과 같은 표준 각도 기호(°)를 사용한다. 사이클에서 파동의 진폭이 '0'이면서 양(+)의 값으로 증가하는 지점을 위상 값 '0°'로 지정한다. 그 다음 사이클에서의 똑같은 지점을 위상 값 '360°'로 지정한다. 이 두 극단 사이의 값은 다음과 같다.

- 사이클의 $\frac{1}{8}$이 되는 지점의 위상은 45°에 해당한다.
- 사이클의 $\frac{1}{4}$이 되는 지점의 위상은 90°에 해당한다.
- 사이클의 $\frac{3}{8}$이 되는 지점의 위상은 135°에 해당한다.
- 사이클의 $\frac{1}{2}$이 되는 지점의 위상은 180°에 해당한다.
- 사이클의 $\frac{5}{8}$가 되는 지점의 위상은 225°에 해당한다.
- 사이클의 $\frac{3}{4}$이 되는 지점의 위상은 270°에 해당한다.
- 사이클의 $\frac{7}{8}$이 되는 지점의 위상은 315°에 해당한다.

물론 그 외의 지점도 계산할 수 있다. 특정한 한 지점에 해당하는 각도 값을 구하려면 그 점이 한 사이클의 몇 분의 1에 해당하는지를 나타내는 분수 값에 360를 곱한다. 역으로 그 점의 사이클 분수 값을 구하려면 각도 값을 360으로 나눈다. [그림 9-9]는 완벽한 하나의 사인파 사이클로, 처음부터 끝까지 진행하면서 만나는 여러 각도의 점을 나타낸다.

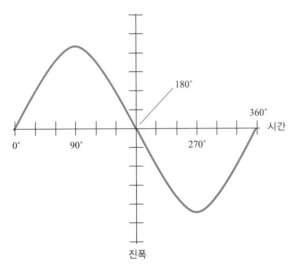

[그림 9-9] 한 파동 사이클은 360개의 동일한 각도로 나눌 수 있다.

라디안

각도를 표현하는 또 다른 방법으로 한 파동 사이클을 2π의 동일한 조각으로 나누는 방법이 있다. 여기서 π^{pi}(파이)는 원의 원주를 직경으로 나눈 비율로, 약 3.1416과 같다. 위상의 한 **라디안**(rad)^{radian}은 약 57.296°이다. 물리학자는 종종 파동의 주파수를 Hz 단위 대신 **단위시간당 라디안**(rad/s)$^{\text{radians per second}}$으로 표현한다. 360°의 완전한 사이클이 2π 라디안이 되므로, 단위시간당 라디안으로 주어지는 파동의 **각 주파수**$^{\text{angular frequency}}$는 Hz 단위의 주파수에 2π(약 6.2832)를 곱한 값과 같다.

위상차

두 교류 파동의 주파수가 정확히 같더라도 위상이 같지 않으면 서로 다른 결과를 가져올 수 있다. 이런 현상은 교류 파동이 함께 더해져 제3의 파동, 즉 **합성 파동**composite wave을 만들 때 분명하게 드러난다. 일정한 주파수를 유지하면서 동일한(정반대일지라도) 양과 음 의 피크 진폭을 갖는 교류 파동, 즉 순수한 사인파의 조합에서 다음과 같은 여러 가지 사실 을 살펴볼 수 있다.

• **주파수와 진폭은 동일하지만, 위상이 $180°$($\frac{1}{2}$ 사이클) 차이가 나는 경우**

  두 파가 서로를 정확하게 상쇄시키므로 신호를 전혀 관측할 수 없다.

• **주파수와 진폭이 동일하고, 위상이 일치하는**phase coincidence **경우**

  합성 파동의 주파수와 위상은 원래 신호와 동일하지만, 진폭은 합성 전 각 파동의 2배 가 된다.

• **주파수는 동일하지만, 진폭이 서로 다르고 위상이 $180°$($\frac{1}{2}$ 사이클) 차이가 나는 경우**

  합성 파동의 주파수는 원래 신호와 동일하지만, 진폭은 두 파동 간 차이와 같고 위상은 두 파동 중 더 강한 파동과 일치한다.

• **주파수는 동일하지만, 진폭이 다르고 위상이 일치하는 경우**

  합성 파동의 주파수와 위상은 원래 신호와 동일하지만, 진폭은 두 파동의 합과 같다.

• **주파수는 동일하지만, 위상이 $75°$ 또는 2.1라디안처럼 특정 양만큼 차이가 나는 경우**

  합성 파동의 주파수는 원래 신호와 동일하지만, 진폭이나 위상 및 파형은 원래 신호와 같을 필요가 없다. 이러한 경우는 매우 다양한 형태로 발생할 수 있다.

미국 내 대부분의 가정 벽에서 공급되는 전기는 오직 하나의 위상 성분을 갖는 60 Hz 사인파 로 구성된다. 그러나 대부분의 전기 설비 회사는 한 사이클의 $\frac{1}{3}$인 120°씩 서로 다른 위상 을 갖는, 세 개의 분리된 60 Hz 파동을 조합하여 장거리로 에너지를 전송한다. 이러한 모드를 3상 교류three-phase AC라고 한다. 이 세 개 파동은 각각 총 전력의 $\frac{1}{3}$씩 전송한다.

⚠️ **주의 사항**

두 파동이 정확하게 동일한 주파수를 갖는 경우에만 두 교류 파동 간 상대적인 위상을 정의할 수 있다. 주파수가 조금만 달라져도 한 파동의 다른 파동에 대한 상대적인 위상을 정의할 수 없다. 왜냐하면 한 파동의 사이클 열이 다른 파동의 사이클 열을 '따라 잡고 지나가는' 현상이 계속되기 때문이다.

진폭의 표현

측정하는 양에 따라 전류인 경우 A, 전압인 경우 V, 전력인 경우 W로 교류 파동의 진폭을 명시한다. 어떤 경우든 진폭을 측정하고 표현하는 프레임이 시간이라는 점을 인식해야만 한다. 시간 축의 한 점에서 파동의 진폭을 살펴보기를 원하는가? 혹은 시간에 의존하지 않는 어떤 양으로 진폭을 표현하기를 원하는가?

순간 진폭

교류 파동의 **순간 진폭**instantaneous amplitude은 시간상의 어떤 정확한 시점 또는 순간에서의 진폭을 의미한다. 이 값은 파동이 사이클을 진행할 때 끊임없이 변화한다. 순간 진폭이 변화하는 방식은 파형에 따라 달라진다. 순간 진폭 값은 파형의 그래프 화면상에서 개개의 점으로 표현할 수 있다.

피크 진폭

교류 파동의 **피크 진폭**pk amplitude;peak amplitude은 순간 진폭이 가질 수 있는 양(+) 또는 음 (−)의 값에서 최대인 값을 의미한다. 교류 파동의 **양의 피크 진폭**(pk+)positive peak amplitude 과 **음의 피크 진폭**(pk−)negative peak amplitude은 서로 정확하게 거울에 비친 이미지처럼 되는 경우가 많다. 그러나 때로는 현상이 더 복잡해진다. [그림 9-9]는 양(+)의 피크 진폭이 음(−)의 피크 진폭과 동일하고, 극성만 다른 파동을 보여준다. [그림 9-10]은 양(+)의 피크 진폭과 음(−)의 피크 진폭이 서로 달라 균형이 안 잡힌 파동을 보여준다.

명확하게는 그래프상의 수평축에서부터 **최대**maximum 순간 전압 진폭점(파형의 **마루**crest)까지 양의(상향) 변위를 파형의 양의 피크 진폭으로 정의할 수 있다. 역으로 수평축에서부터 **최소**minimum 순간 진폭점(파형의 **골**trough)까지 음의(하향) 변위를 파형의 음의 피크 진폭으로 정의할 수 있다.

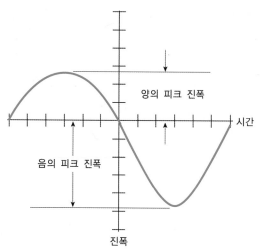

양의 피크 진폭

시간

음의 피크 진폭

진폭

[그림 9-10] 양(＋)과 음(－)의 피크 진폭이 동일하지
않은 파동

피크-피크 진폭

[그림 9-11]과 같이 파동의 **피크-피크 진폭**pk-pk amplitude:peak-to-peak amplitude은 양(＋)의
피크 진폭과 음(-)의 피크 진폭 간의 순net 차이를 의미한다. 교류 파동이 [그림 9-9]처럼
양과 음의 피크 진폭 값이 같으면서 극성이 반대일 때, 피크-피크 진폭은 양의 피크 진폭
값에 대해 정확히 2배, 음의 피크 진폭에 대해 정확히 -2배가 된다. 그러나 [그림 9-10]
처럼 균형이 잡히지 않은 파동은 이렇게 간단하게 기술할 수 없다.

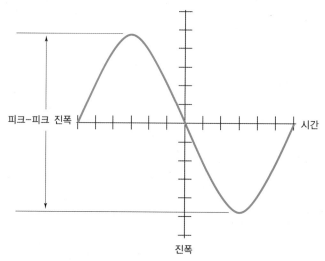

피크-피크 진폭

시간

진폭

[그림 9-11] 사인파의 피크-피크 진폭

실효 진폭

종종 교류 파동의 **유효 진폭**effective amplitude을 정량화해서 나타내야 할 때가 있다. 교류 파동
의 유효 진폭은 교류 파동과 동일한 총체적 효과를 얻기 위해 직류 전원의 형태로 제공해야
하는 전압, 전류 또는 전력을 의미한다. 벽 콘센트에서 117V 공급된다는 말은 통상적으로

117 유효 전압effective volt을 의미한다. 이때 유효 전압은 피크 전압 또는 피크-피크 전압과는 다르다.

교류 파동의 유효 세기를 나타내는 가장 흔한 표현법은 **실효 진폭**RMS(Root-Mean-Square) amplitude이다. 이 용어에는 교류 파동에 대해 어떤 계산을 하는지가 반영되어 있다. 먼저 모든 순간의 진폭 값을 점 하나하나마다 제곱하여 모든 값을 양(+)의 값으로 만든다. 그리고 양의 값이 된 파동을 하나의 완전한 사이클에 대해 평균값을 구한 뒤, 마지막으로 평균값의 제곱근을 계산한다. 수학이 앞섰지만, RMS 도식은 파동의 실세계 행동을 잘 반영한다. 실제로 전자 측정 장치는 모든 계산을 수행하여 우리에게 직접 RMS 수치를 제공한다.

사인파 RMS 값

값은 동일하면서 부호가 정반대인 양(+) 및 음(-)의 피크 진폭을 갖는 순수한 사인파는 다음 네 가지 규칙을 따른다.

- RMS 값은 대략 양의 피크 값의 0.707배이고, 음의 피크 값의 -0.707배이다.
- RMS 값은 대략 피크-피크 값의 0.354배이다.
- 양의 피크 값은 대략 RMS 값의 1.414배이고, 음의 피크 값은 대략 RMS 값의 -1.414배이다.
- 피크-피크 값은 대략 RMS 값의 2.828배이다.
- (극성 부호를 고려하여 양과 음의 피크 값을 합하면) 평균값은 언제나 0이다.

앞으로 종종 유틸리티utility 교류, 라디오 주파수(RF) 교류, 음성 주파수(AF) 교류 신호를 논의할 때 파동의 RMS 진폭을 지정하여 사용할 것이다.

다른 RMS 값

사인파가 아닌 경우에는 RMS 진폭에 대해 다른 규칙을 따라야 한다. 예를 들어, 완전한 방형파의 경우 RMS 값은 양의 피크 값 또는 음의 피크 값의 크기와 동일하고, 피크-피크 값의 $\frac{1}{2}$이다. 톱니파와 불규칙파의 경우 RMS 값과 피크 값 사이의 관계는 파동의 정확한 모양에 따라 다르다.

> 📝 **기술 노트**
>
> 불규칙한 파동의 평균 전압은 정확한 파형을 모르면 구할 수 없다. 보통 이런 계산을 하려면 컴퓨터와 복잡한 파형 분석기가 필요하다.

첨가된 직류

때때로 파동은 교류와 직류 두 성분을 모두 갖는다. 배터리와 같은 직류 전압 전원을 건물 내 전력용 본선과 같은 교류 전압 전원과 직렬로 연결하여 교류/직류 조합을 얻을 수 있다. 예를 들어, [그림 9-12]와 같이 벽의 콘센트에 직렬로 12 V 배터리를 연결했다고 가정해 보자. 단, 상상만 해야지 절대 그렇게 시도해서는 안 된다.

> ⚠ **주의 사항**
>
> 이 실험을 시도하지 마라. 배터리가 파열되고, 화학약품 페이스트 또는 액체로 인해 다칠 수 있다.

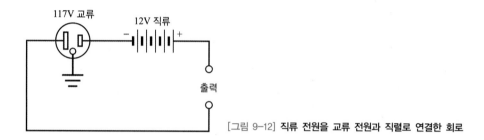

[그림 9-12] **직류 전원을 교류 전원과 직렬로 연결한 회로**

교류 파동은 배터리의 극성에 따라 12 V만큼 양(+) 또는 음(−)으로 옮겨간다. 그 결과 출력에는 한쪽 피크가 다른 쪽 피크보다 24 V(배터리 전압의 2배) 큰 사인파가 조합 전압으로 나타난다.

어떤 교류 파동도 직류 성분을 중첩하여 가질 수 있다. 만약 직류 성분이 교류 파동의 한쪽 피크 값을 초과할 경우, 요동하는 또는 맥동하는 직류가 된다. 예를 들어, 만약 200 V 직류 전원을 피크 전압이 대략 ±165 V인 일반적인 교류 전력용 콘센트 출력과 직렬로 연결하면 이런 일이 발생할 것이다. [그림 9-13]과 같이 평균값은 200 V이지만, 순간 값은 이보다 매우 높거나 매우 낮은 값으로 맥동하는 형태의 직류 파형이 된다.

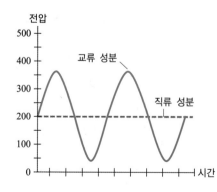

[그림 9-13] 117 V **교류 사인파 전원을** +200 V **직류 전원과 직렬로 연결한 경우의 파형**

발전기

[그림 9-14]와 같이 강력한 자석 내부에서 전선 코일을 회전시키면 교류를 생성할 수 있다. 교류 전압은 전선 코일의 양 끝단에 나타난다. 발전기가 생성할 수 있는 교류 전압의 크기는 자석의 강도, 전선 코일을 감은 턴^{turn} 수, 그리고 자석이나 코일이 회전하는 회전 속도에 따라 달라진다. 교류 주파수는 오직 회전 속도에 의해서만 달라진다. 보통 교류 전력용에서는 이 속도가 분당 3,600회전(RPM)^{Revolutions Per Minute}, 즉 초당 완전한 60회전 (RPS)^{Revolutions Per Second}이다. 따라서 교류 출력 주파수는 $60\,Hz$이다.

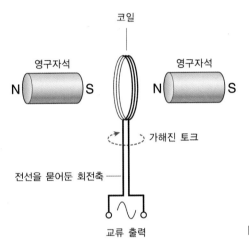

[그림 9-14] **교류 발전기의 기능적 다이어그램**

전구나 전기 히터 같은 **부하**^{load}를 교류 발전기에 연결하면, (출력에 아무 것도 연결되지 않은) **무부하 조건**^{no-load condition}일 때와 비교했을 때, 발전기 축을 회전시키는 데 더 어려움을 겪을 것이다. 발전기에서 필요한 전력량이 증가하면 발전기를 가동시키기 위해 필요한 기계력도 증가한다. 이는 발전기를 고정 자전거에 연결하고 페달을 밟아 전 도시에 전력을 공급하는 일이 왜 불가능한지를 설명해준다. 아무 일도 하지 않고 무엇인가를 얻을 수는 없다. 발전기에서 발생되는 전력은 발전기를 가동시키는 기계력보다 결코 클 수 없다. 실제로 발전기에서는 주로 열과 같은 약간의 에너지 손실이 항상 존재한다. 작은 라디오나 텔레비전을 동작시킬 수 있을 정도의 전력은 사람 한 명이 생산해 낼 수 있을지 몰라도, 도시에 필요한 전기를 공급하는 것은 불가능하다.

발전기의 **효율**^{efficiency}은 가동시키는 기계력에 대한 출력 전력의 비율이다. 출력 전력과 기계력은 모두 같은 단위로(W나 kW와 같은) 측정되며, 백분율로 구할 때는 비율에 100을 곱한다. 실제로는 어떤 발전기도 효율이 100%일 수 없으나, 훌륭한 발전기는 꽤 근접한 값이 나오기도 한다.

발전소에서는 매우 큰 터빈이 발전기를 가동한다. 가열된 증기는 고압으로 터빈을 회전시키는 힘을 발휘한다. 이 증기는 화석 연료의 연소, 핵반응 또는 지구 내부 깊숙한 곳에서의 열과 같은 자연적 에너지원에서 끌어낸다. 많은 발전소에서는 움직이는 물이 직접 터빈을 운전하고, 어떤 시설에서는 바람이 터빈을 운전한다. 이러한 자연 에너지원들은 적절히 동력으로 이용할 경우 거대한 기계력을 제공할 수 있으며, 이는 어떻게 발전소가 MW급의 전력을 생산할 수 있는지를 설명해준다.

왜 직류가 아니고 교류인가?

전기 설비 회사가 왜 직류 대신 교류를 생산하는지에 대해 의문을 가져본 적이 있는가? 교류는 직류보다 이론적으로 더 복잡해 보이지만, 실제로는 많은 사람들에게 전기를 공급할 때 구현이 더 간편하다는 것이 입증되었다. 전기는 교류 형태일 때 전압 변환에 적합하고, 직류 형태일 때는 그렇지 못하다. 전기화학 전지는 직류를 직접 생산하지만, 많은 인구에 공급할 수는 없다. 수백만 명의 소비자에게 전기를 공급하려면 거대한 양의 폭포수나 흐르는 물, 대양의 조수, 바람, 화석 연료, 조절된 핵반응 작용 또는 지구 열 등과 같이 막대한 힘이 필요하다. 이러한 모든 에너지의 원천은 교류 발전기를 회전시키는 터빈을 운전할 수 있다.

기술 영역은 태양광–전기 에너지의 영역으로도 발전 중이다. 언젠가는 사용하는 전기의 많은 부분이 **광기전성**photovoltaic 발전소에서 직류로 생산되어 공급될 것이다. 태양광 패널panel의 거대한 배열array을 직렬로 연결하면 고전압을 얻을 수 있을 것이다. 그러나 현재 광기전성 에너지는 개인 소비자나 소규모 공동체에서만 사용되는데, 그 이유는 거대한 시스템이 필요하기 때문이다.

토마스 에디슨은 전기 기반시설이 개발되기 이전에 전력을 전송할 때 교류보다 직류를 선호했다. 동료들은 교류가 더 낫다고 주장했으나, 에디슨은 동시대 사람들이 모르는 어떤 것을 알고 있었다. 지극히 높은 전압에서, 직류는 교류보다 더 효율적으로 장거리에 전송된다. 긴 거리의 전선은 교류일 때보다는 직류일 때 더 작은 **유효 저항**effective resistance, 즉 **저항성 손실**ohmic loss을 가지며, 전선 주위에서 자기장 형태로 소모되는 에너지가 적다. 그러므로 언젠가는 직류–전류 **고압** 송전선을 애용하게 될지도 모른다. 만약 그런 시스템의 경비를 합리적인 수준으로 낮추는 방법을 찾아낼 수 있다면, 에디슨은 뒤늦은 승리자가 될 것이다!

※ 필요하다면 이 장의 본문 내용을 참고해도 된다. 적어도 18개 이상 맞히는 것이 바람직하다.
   정답은 [부록 A]에 있다.

9.1 어떤 직류 전원도 직렬로 연결되지 않은 완벽한 교류 사인파가 주어졌을 때, 피크 −피크 전압은 얼마인가?

   (a) 양의 피크 전압의 $\frac{1}{2}$
   (b) 양의 피크 진압
   (c) 양의 피크 전압의 2배
   (d) 양의 피크 전압의 4배

9.2 어떤 직류 전원도 직렬로 연결되지 않은 완벽한 교류 사인파가 주어졌을 때, $\frac{\pi}{2}$ 라디안의 위상은 얼마인가?

   (a) 한 전체 사이클의 $\frac{1}{6}$
   (b) 한 전체 사이클의 $\frac{1}{4}$
   (c) 한 전체 사이클의 $\frac{1}{3}$
   (d) 한 전체 사이클의 $\frac{2}{3}$

9.3 구형파 또는 방형파(직사각파)^{rectangular} ^{wave}의 설명으로 올바른 것은?

   (a) 순간적인 상승 시간, 유한한 하강 시간을 가진다.
   (b) 한정된 상승 시간, 순간적인 하강 시간을 가진다.
   (c) 한정된 상승 시간, 같은 값의 유한한 하강 시간을 가진다.
   (d) 순간적인 상승 시간, 순간적인 하강 시간을 가진다.

9.4 엔지니어는 교류 사인파가 100 Hz의 주파수를 갖는다고 한다. 물리학자가 말하는 이 파동의 각주파수는 얼마인가?

   (a) 50π rad/s
   (b) 100π rad/s
   (c) 200π rad/s
   (d) $100\pi^2$ rad/s

9.5 [그림 9−15]는 오실로스코프 화면상에 나타날 수 있는 파형을 보여준다. 각 수직 구간은 100 mV를 나타낸다. 각 수평 구간은 100 μs를 나타낸다. 이 파동의 주파수는 얼마인가?

   (a) 2.00 kHz
   (b) 5.00 kHz
   (c) 10.0 kHz
   (d) 그래프의 정보가 충분하지 않다.

9.6 그래프 모양을 토대로 판단할 때, [그림 9−15]에서 파동의 음의 피크 전압은 얼마인가? 양의 전압은 수직 스케일상에서 위로 올라가고, 음의 전압은 아래로 내려간다.

   (a) -250 mV pk $-$
   (b) -500 mV pk $-$
   (c) -750 mV pk $-$
   (d) 그래프의 정보가 충분하지 않다.

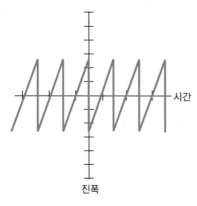

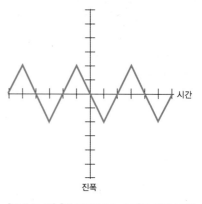

[그림 9-15] **[연습문제 9.5~9.6]을 위한 그림**　　[그림 9-16] **[연습문제 9.7~9.8]을 위한 그림**

9.7 [그림 9-16]은 다른 파형을 보여준다. 각 수직 구간은 100mV를 나타내고, 각 수평 구간은 100μs를 나타낸다. 이 파동의 주기는 얼마인가?

(a) 100μs

(b) 200μs

(c) 400μs

(d) 그래프의 정보가 충분하지 않다.

9.8 [그림 9-16]과 같은 파동의 피크-피크 전압은 얼마인가? 각 수직 구간은 100mV를 나타내고, 각 수평 구간은 100μs를 나타낸다.

(a) 100mV pk−pk

(b) 200mV pk−pk

(c) 400mV pk−pk

(d) 그래프의 정보가 충분하지 않다.

9.9 [그림 9-17]은 또 다른 파형을 보여준다. 각 수직 구간은 100mV를 나타내고, 각 수평 구간은 100μs를 나타낸다. 이 파동의 주기는 얼마인가?

(a) 100μs

(b) 200μs

(c) 400μs

(d) 그래프의 정보가 충분하지 않다.

9.10 [그림 9-17]과 같은 파동의 주파수는 얼마인가?

(a) 1.25kHz

(b) 2.5kHz

(c) 500kHz

(d) 그래프의 정보가 충분하지 않다.

9.11 [그림 9-17]과 같은 파동의 양의 피크 전압은 얼마인가? 양의 전압은 수직 스케일상에서 위로 올라가고, 음의 전압은 아래로 내려간다.

(a) +240 mV pk+

(b) +120 mV pk+

(c) +480 mV pk+

(d) 그래프의 정보가 충분하지 않다.

9.12 [그림 9-17]과 같은 파동의 음의 피크 전압은 얼마인가?

(a) −100 mV pk−

(b) −200 mV pk−

(c) −500 mV pk−

(d) 그래프의 정보가 충분하지 않다.

9.13 [그림 9-17]과 같은 파동의 피크-피크 전압은 얼마인가?

(a) 170 mV pk−pk

(b) 141 mV pk−pk

(c) 340 mV pk−pk

(d) 그래프의 정보가 충분하지 않다.

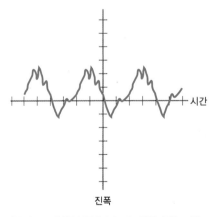

시간

진폭

[그림 9-17] [연습문제 9.9~9.13]을 위한 그림

9.14 크기를 모르는 직류 성분과 함께, 두 사인파가 동일한 주파수를 갖는다. 두 파동에 포함된 직류 성분은 동일하지 않지만, 위상은 일치하고 있다. 한 파동은 직류 성분이 없을 때 +21 V pk+이고, 다른 한 파동은 직류 성분이 없을 때 +17 V pk+이다. 합성 파동의 양의 피크 전압은 얼마인가?

(a) +38 V pk+

(b) +19 V pk+

(c) 0

(d) 이 질문에 답하기 위해서는 정보가 더 필요하다.

9.15 동일한 주파수를 갖는 두 사인파가 +10 V의 직류 성분을 갖고 있고, 위상은 일치하고 있다. 한 파동은 +10 V의 직류 성분을 포함하여 +21 V pk+이고, 다른 한 파동은 +10 V의 직류 성분을 포함하여 +17 V pk+이다. 합성 파동의 양의 피크 전압은 얼마인가?

(a) +58 V pk+

(b) +48 V pk+

(c) +38 V pk+

(d) 이 질문에 답하기 위해서는 정보가 더 필요하다.

9.16 두 사인파가 동일한 주파수를 갖고 있고, 위상은 180° 차이가 난다. 두 사인파 모두 직류 성분이 없다. 한 파동은 +21 V pk+이고, 다른 한 파동은 +17 V pk+이다. 합성 파동의 양의 피크 전압은 얼마인가?

(a) +38 V pk+ (b) +19 V pk+

(c) +8 V pk+ (d) +4 V pk+

9.17 두 교류 파동이 동일한 주파수를 갖고 있고, 위상은 정확히 한 사이클의 $\frac{1}{6}$ 만큼 다르다. 이 두 파동 간의 위상차는 얼마인가?

(a) 120°   (b) 90°

(c) 60°   (d) 45°

9.18 MHz로 표시된 파동의 주파수는 얼마인가?

(a) 초로 표시된 주기의 역수에 1,000,000배 한 값과 같다.
(b) 초로 표시된 주기의 역수에 1,000배 한 값과 같다.
(c) 초로 표시된 주기의 역수에 0.001배 한 값과 같다.
(d) 초로 표시된 주기의 역수에 0.000001배 한 값과 같다.

9.19 주기가 $10.0\,\mu s$ 인 교류 파동의 제7고조파의 주파수는 얼마인가?

(a) 7.00 MHz   (b) 3.50 MHz

(c) 700 kHz   (d) 350 kHz

9.20 126 V 직류 배터리를 벽 콘센트에서 제공되는 120 V RMS(양의 피크 전압이나 음의 피크 전압이 아님) 사인파 교류와 직렬로 연결했을 때 얻을 수 있는 것은?

(a) 순수 직류
(b) 양과 음의 피크 전압이 동일한 교류
(c) 서로 다른 양과 음의 피크 전압을 갖는 교류
(d) 맥동하는 직류

CHAPTER

10

인덕턴스

Inductance

┃학습목표

- 인덕턴스의 특성 및 단위에 대해 이해할 수 있다.
- 인덕터의 직병렬 연결에 따른 총 인덕턴스를 계산할 수 있다.
- 인덕터 간의 상호작용을 이해할 수 있다.
- 인덕터 코일의 여러 종류와 특성을 이해할 수 있다.
- RF 주파수에서 사용되는 인덕터의 특징을 이해할 수 있다.

┃목차

이 장에서는 자기장에 에너지를 저장하여 교류의 흐름에 저항하는 전기 소자에 대해 살펴본다. 이러한 전기 소자를 **인덕터**inductor라고 하고, 그 작용을 **인덕턴스**inductance라고 한다. 인덕터는 보통 전선 코일로 구성되지만, 일정 길이의 전선 또는 케이블로도 구성할 수 있다.

인덕턴스의 특성

길이가 약 160만 km인 긴 전선이 있다고 하자. [그림 10-1]과 같이 이 전선으로 하나의 큰 루프loop를 만들고, 그 끝을 배터리 양단에 연결하여 전선을 통해 전류를 흘린다고 가정한다.

만약 이 실험에 짧은 전선을 사용하면 전류가 즉시 흐를 것이다. 그리고 그 전류는 오직 전선 내 저항과 배터리 내 저항에 의해서만 제한되는 수준까지 도달할 것이다. 그러나 극히 긴 전선을 사용하므로 음(−)의 배터리 단자에서 출발한 전자가 루프를 돌아 양(+)의 단자로 돌아가기까지는 얼마간의 시간이 필요하다. 따라서 전류가 그 최고 수준까지 오르려면 약간의 시간이 소요될 것이다.

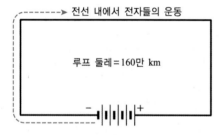

[그림 10-1] **인덕턴스의 원리를 설명하기 위해 가상의 거대한 전선 루프를 사용한다.**

전류가 루프의 일부분에만 흐르는 처음 얼마 동안에는, 루프에 의해 생성된 자기장은 작게 출발한다. 그러다가 전자가 루프를 돌아 흐르면서 자기장이 증가한다. [그림 10-2]와 같이 전자가 양의 배터리 단자에 도달해 정상 전류가 전체 루프에 흐르면, 자기장은 최댓값에 도달하고 이후에는 평평하게 유지된다. 이때 자기장에는 일정한 에너지가 저장된다. 저장된 에너지양은 루프의 **인덕턴스**inductance에 따라 달라지고, 이 인덕턴스는 루프 전체의 크기에 따라 달라진다. 인덕턴스는 하나의 특성 또는 수학적 변수로, 대문자 이탤릭체 L로 기호화하여 표시한다. 루프는 하나의 **인덕터**inductor를 구성한다. 인덕터는 대문자 로만체 L로 표시한다.

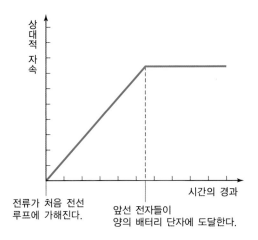

상대적 자속

전류가 처음 전선
루프에 가해진다.

앞선 전자들이
양의 배터리 단자에 도달한다.

시간의 경과

[그림 10-2] 시간의 함수로 나타낸 전류원에 연결된 거대한 전선 루프 안과 주위에 형성된 상대적인 자속

전선 루프를 약 160만 km 정도의 루프로 만들어 모든 지점에서 측정하는 것은 어려운 일이지만, 꽤 긴 길이의 전선을 감아 촘촘한 소형 코일로 만들 수는 있다. 그러면 한 바퀴만 회전한 루프에서 생성된 자속과 비교했을 때, 코일을 만든 경우의 자속과 인덕턴스는 증가한다. 만약 전선 코일의 내부에 **코어**core라고 하는 강자성체 막대기를 위치시키면 자속 밀도가 증가되어 인덕턴스를 한층 더 증가시킬 수 있다.

강자성체 코어에서 얻을 수 있는 인덕턴스 L 값은 **공심 코어**air core, 고체 플라스틱 코어 또는 건조한 고체 나무 코어를 가진 유사한 크기의 코일에서 얻을 수 있는 인덕턴스 값보다 몇 배 더 크다(플라스틱과 건조한 나무의 투자율 값은 공기 또는 진공 투자율과 거의 비슷하다. 때때로 인덕턴스를 크게 변화시키지 않고 코일 코어 또는 '폼form'으로 플라스틱이나 건조한 나무 같은 물질을 사용하여 구조적 견고성을 더하기도 한다). 인덕터가 감당할 수 있는 전류는 전선의 직경에 따라 달라진다. 그러나 L 값은 코일의 전선을 감은 회전수, 코일의 직경, 코일의 전체적인 모양에 따라 달라진다.

다른 모든 요인을 고정시켰을 때, 나선형 코일의 인덕턴스는 전선을 감은 회전수와 코일의 직경에 정비례한다(정확하게 단위길이당 코일의 인덕턴스는 단위길이당 전선을 감은 회전수의 제곱에 정비례하고, 코일의 단면적에 정비례한다). 만약 모든 다른 변수를 일정하게 유지한 채, 일정한 코일 회전수와 코일 직경을 가진 어떤 코일을 잡아당겨 그 길이를 '늘인다면' 코일의 인덕턴스는 감소한다. 반대로 다른 모든 요인을 고정시킨 채 길게 늘인 코일을 압축해서 '밀어 넣으면' 코일의 인덕턴스는 증가한다.

정상적인 환경에서 코일(또는 인덕터로 기능하도록 설계된 어떤 다른 형태의 소자)의 인덕턴스는 가하는 신호의 강도에 관계없이 일정하게 유지된다. 이와 관련해서 '정상적이지 않은 환경'이란, 가해진 신호가 너무 강해 인덕터 전선이 녹거나 코어 물질이 과도하게 가열되는 것을 의미한다. 이상적인 관점에서는, 잘 설계된 전기 또는 전자 시스템의 경우 이런 일이 발생하지 않아야 한다.

인덕턴스의 단위

배터리를 인덕터 양단에 연결할 때, 전류가 상승하는 비율은 인덕턴스에 따라 달라진다. 인덕턴스가 클수록 주어진 배터리 전압에 대한 전류의 상승률은 느려진다. 인덕턴스의 단위는 '인덕터 양단 간 전압'과 '전류 상승률' 간의 비율로 나타낸다. 1**헨리**(H)henry의 인덕턴스는 인덕터의 전류가 단위 초당 1암페어(1A/s) 비율로 증가하거나 감소할 때, 인덕터의 양단 간 전위차가 1V임을 나타낸다.

H는 매우 큰 단위의 인덕턴스다. 어떤 전원 공급 장치의 필터 초크filter choke는 수 H의 인덕턴스를 갖기도 하지만, 이런 큰 인덕터는 흔하지 않다. 일반적으로 인덕턴스를 **밀리헨리**(mH), **마이크로헨리**(μH), 또는 **나노헨리**(nH)로 표현한다. 단위를 정리하면 다음과 같다.

$$1\,\mathrm{mH} = 0.001\,\mathrm{H} = 10^{-3}\,\mathrm{H}$$
$$1\,\mu\mathrm{H} = 0.001\,\mathrm{mH} = 10^{-6}\,\mathrm{H}$$
$$1\,\mathrm{nH} = 0.001\,\mu\mathrm{H} = 10^{-9}\,\mathrm{H}$$

전선을 몇 번만 회전해서 감은 작은 코일은 작은 인덕턴스를 생성한다. 이 경우 전류는 빠르게 변하고 유도된 전압은 작다. 한편 강자성체 코어를 갖는 큰 코일의 경우, 그리고 전선 회전수가 많은 경우에는 높은 인덕턴스를 가지므로 전류 변화는 느리고 유도된 전압은 크다. L 값이 큰 코일을 통해 전류가 상승하거나 감쇠하는 경우에는 배터리에서 흐르는 전류가 배터리 자체의 전압보다 몇 배나 큰 치명적인 전위차를 코일 양단에 유발할 수 있다. 내부 연소 엔진에 사용되는 것과 같은 점화 코일spark coil에도 이 원리가 이용된다. 이와 같은 사실은 큰 인덕턴스의 코일이 얼마나 위험한지 말해준다.

직렬 연결된 인덕터

둘 또는 그 이상의 인덕터를 직렬로 연결하고, 전류를 흘리면서 가까이 위치시킨다고 가정하자. 그 인덕터 주위의 자기장이 서로 상호작용을 하지 않는다면, 직렬 연결된 저항들과 마찬가지로 인덕턴스 값은 모두 더해진다. 즉 **순 인덕턴스**net inductance 또는 총 인덕턴스는 각각의 인덕턴스 값을 더한 값과 같다. 이렇게 숫자를 간단히 더하는 규칙을 적용하려면, 모든 인덕터가 동일한 크기의 단위를 사용해야 한다.

인덕턴스 L_1, L_2, L_3, $\cdots$, L_n을 직렬로 연결한다고 하자. 인덕터의 자기장이 서로 상호 작용하지 않는, 즉 **상호 인덕턴스**mutual inductance가 존재하지 않는 한, 총 인덕턴스 값 L은 다음과 같이 계산한다.

$$L = L_1 + L_2 + L_3 + \cdots + L_n$$

예제 10-1

[그림 10-3]과 같이 직렬로 연결된 3개의 인덕턴스 L_1, L_2, L_3가 있다. 인덕턴스 사이에 상호 인덕턴스는 없고, 각 인덕턴스는 40 mH이다. 총 인덕턴스 L은 얼마인가?

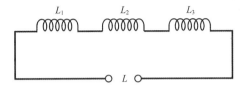

[그림 10-3] **직렬 연결된 인덕턴스**

풀이

각 인덕턴스 값을 합하면 $L = L_1 + L_2 + L_3 = 40.0 + 40.0 + 40.0 = 120\,\text{mH}$를 얻는다.

예제 10-2

인덕턴스 값이 각각 $L_1 = 20.0\,\text{mH}$, $L_2 = 55.0\,\mu\text{H}$, $L_3 = 400\,\text{nH}$인 세 인덕터가 있다. 이들을 [그림 10-3]과 같이 직렬로 연결하면, 세 소자의 총 인덕턴스 L은 몇 mH인가?

풀이

먼저 모든 인덕턴스를 동일한 단위인 μH로 변환하면

$$L_1 = 20.0\,\text{mH} = 20{,}000\,\mu\text{H}$$
$$L_2 = 55.0\,\mu\text{H}$$
$$L_3 = 400\,\text{nH} = 0.400\,\mu\text{H}$$

를 얻는다. 총 인덕턴스는 세 값을 더한 값과 같으므로 다음과 같이 된다.

$$L = 20{,}000 + 55.0 + 0.400 = 20{,}055.4\,\mu\text{H}$$

이 값을 mH로 변환하면 20.0554 mH, 이를 반올림하면 20.1 mH가 된다.

병렬 연결된 인덕터

둘 또는 그 이상의 인덕터가 병렬로 연결되었을 때 상호 인덕턴스가 없다면, 병렬 연결된 저항처럼 그 값을 계산하면 된다. 여러 인덕턴스 L_1, L_2, L_3, $\cdots$, L_n이 모두 병렬로 연결되었다고 하자. 총 인덕턴스 L은 다음과 같이 계산한다.

$$L = \frac{1}{\left(\dfrac{1}{L_1} + \dfrac{1}{L_2} + \dfrac{1}{L_3} + \cdots + \dfrac{1}{L_n}\right)} = \left(\frac{1}{L_1} + \frac{1}{L_2} + \frac{1}{L_3} + \cdots + \frac{1}{L_n}\right)^{-1}$$

직렬 연결된 인덕턴스와 마찬가지로 모든 단위가 일치하는지 확인해야 한다.

예제 10-3

[그림 10-4]와 같이 3개의 인덕턴스 L_1, L_2, L_3를 병렬로 연결했고, 상호 인덕턴스가 없다고 하자. 각 인덕턴스를 40mH라고 가정할 때, 총 인덕턴스 L은 얼마인가?

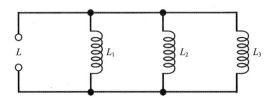

[그림 10-4] **병렬 연결된 인덕턴스**

풀이

앞에서 정의된 수식을 이용하면 다음과 같이 된다.

$$L = \frac{1}{\left(\dfrac{1}{L_1} + \dfrac{1}{L_2} + \dfrac{1}{L_3}\right)} = \frac{1}{\left(\dfrac{1}{40} + \dfrac{1}{40} + \dfrac{1}{40}\right)}$$

$$= \frac{1}{\left(\dfrac{3}{40}\right)} = \frac{40}{3} = 13.333\,\text{mH}$$

원래 인덕턴스 값이 두 자리의 유효숫자이므로 이 값을 반올림하면 13mH가 된다.

예제 10-4

4개의 인덕턴스 $L_1 = 75.0\,\text{mH}$, $L_2 = 40.0\,\text{mH}$, $L_3 = 333\,\mu\text{H}$, $L_4 = 7.00\,\text{H}$를 병렬로 연결했고, 상호 인덕턴스가 없다고 하자. 총 인덕턴스 L은 얼마인가?

풀이

표준 단위로 H를 사용하면 다음과 같다.

$$L_1 = 0.0750\,\text{H}$$
$$L_2 = 0.0400\,\text{H}$$
$$L_3 = 0.000333\,\text{H}$$
$$L_4 = 7.00\,\text{H}$$

이 값을 병렬 인덕턴스 수식에 대입하면 다음과 같다.

$$L = \frac{1}{\left(\dfrac{1}{0.0750} + \dfrac{1}{0.0400} + \dfrac{1}{0.000333} + \dfrac{1}{7.00}\right)}$$

$$= \frac{1}{(13.33 + 25.0 + 3003 + 0.143)}$$

$$= \frac{1}{3041.473} = 0.00032879\,\text{H} = 328.79\,\mu\text{H}$$

이 값을 반올림하면 $329\,\mu\text{H}$이므로, 이 값은 $333\,\mu\text{H}$인 인덕터가 하나만 존재할 때보다 조금 작다.

인덕터 간의 상호작용

실제 회로에서는 일반적으로 둘 또는 그 이상의 **솔레노이드형**solenoidal(원통형 또는 나선형) 코일 사이에 약간의 상호 인덕턴스가 존재한다. 코일 바깥쪽에는 자기장이 상당량 뻗어나가 존재하므로 상호 간에 영향을 피하는 것은 어렵다. 이러한 현상은 근접한 일정 길이의 전선 사이에서도 발생하며, 특히 높은 교류 주파수에서 잘 발생한다. 때때로 상호 인덕턴스는 유해한 영향을 끼치기도 하고, 그렇지 않기도 한다. 솔레노이드형으로 감는 것보다 **토로이드형**toroidal(도넛형)으로 감으면 코일 간 상호 인덕턴스를 최소화할 수 있다. 전선을 **차폐**shielding하면 상호 인덕턴스를 최소화할 수 있는데, 즉 전선을 절연시키고 접지된 금속 편조braid나 박판으로 금속을 감싸준다. 가장 흔하게 사용되는 차폐된 전선은 **동축 케이블**coaxial cable 형태다.

결합 계수

결합 계수coefficient of coupling의 기호는 k이고, 두 인덕터가 상호작용하는 정도, 즉 자기장이 서로를 강화시키는지 또는 대항하는지를 0(상호작용 없음)부터 1(최대의 가능한 상호작용) 까지 숫자로 나타낸다.

두 코일이 멀리 떨어져 분리되어 있으면 가능한 최소의 결합 계수인 0을 갖는다($k = 0$). 또한 두 코일이 같은 형상으로 한 코일 바로 위에 다른 코일을 감은 형태일 때는 가능한 최대 결합 계수($k = 1$)를 갖는다. 모든 다른 요인은 고정시키고 두 인덕터를 가깝게 가져 가면 k는 증가한다.

결합 계수를 백분율로 표현하기 위해서는 결합 계수 k에 100을 곱하고 퍼센트 기호(%)를 붙여 $k_\% = 0\,\%$에서 $k_\% = 100\,\%$까지의 범위로 정의할 수 있다.

상호 인덕턴스

두 인덕터 간의 **상호 인덕턴스**mutual inductance는 대문자 이탤릭체 M으로 표기한다. 단위는 인덕턴스와 같은 H, mH, μH 또는 nH로 표현할 수 있다. 어느 두 인덕터에 대한 M 값은 두 인덕턴스 값과 두 인덕터 사이의 결합 계수에 따라 달라진다.

인덕터 값이 L_1과 L_2(모두 동일한 크기의 단위로 표현됨)인 두 인덕터가 있다고 하자. 결합 계수가 k라면, 두 인덕턴스 값을 곱하고 제곱근을 계산한 뒤 k를 곱해서 상호 인덕턴스 M을 구할 수 있다. 수학적으로 표현하면 다음과 같다.

$$M = k(L_1 L_2)^{\frac{1}{2}}$$

이때 $\frac{1}{2}$제곱은 양의 제곱근을 의미한다.

상호 인덕턴스의 영향

상호 인덕턴스는 직렬 연결된 한 쌍의 코일이 갖는 순 인덕턴스를 상호 인덕턴스가 0인 경우와 비교해, 증가시키거나 감소시킬 수 있다. 코일 주위의 자기장은 두 코일에 공급된 교류의 위상 관계에 따라 서로를 보강 또는 상쇄시킨다. 두 교류 파동과 이에 따라 두 교류 파동이 유발한 자기장이 동위상이면, 인덕턴스는 상호 인덕턴스가 0일 때보다 증가한다. 만약 두 파동이 반대 위상이면, 순 인덕턴스는 상호 인덕턴스가 0일 때보다 감소한다.

직렬로 연결된 두 인덕터 사이에 **보강시키는**reinforcing 상호 인덕턴스가 존재하면, 총 인덕 턴스 L은 다음 식으로 계산한다.

$$L = L_1 + L_2 + 2M$$

이때 L_1과 L_2는 개별 인덕턴스 값이고, M은 상호 인덕턴스다. 모든 인덕턴스는 동일한 크기의 단위를 갖는다. 직렬로 연결된 두 인덕터 사이에 **상쇄시키는**opposing 상호 인덕턴스가 존재하면, 총 인덕턴스 L은 다음 식으로 계산한다.

$$L = L_1 + L_2 - 2M$$

마찬가지로 여기서 L_1과 L_2는 개별 인덕터 값이고, M은 상호 인덕턴스다. 모든 인덕턴스는 동일한 크기의 단위를 갖는다.

예제 10-5

각각 $30\,\mu\mathrm{H}$와 $50\,\mu\mathrm{H}$의 인덕턴스를 가진 두 코일이 [그림 10-5]와 같이 그 자기장을 보강시키는 방향으로 직렬 연결되었다고 가정해보자. 결합 계수가 0.500이라면 총 인덕턴스 L은 얼마인가?

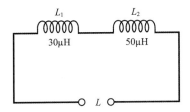

[그림 10-5] [예제 10-5]를 위한 그림

풀이

먼저 k를 이용하여 M을 계산하면

$$M = 0.500(50 \times 30)^{\frac{1}{2}} = 19.4\,\mu\mathrm{H}$$

이다. 총 인덕턴스를 계산하면

$$L = L_1 + L_2 + 2M = 30 + 50 + 38.8 = 118.8\,\mu\mathrm{H}$$

이고, 반올림하면 $120\,\mu\mathrm{H}$가 된다.

예제 10-6

인덕턴스가 각각 $L_1 = 835\,\mu\mathrm{H}$, $L_2 = 2.44\,\mathrm{mH}$인 두 코일이 있다. [그림 10-6]과 같이 결합 계수가 0.922이고, 그들의 자기장은 서로를 상쇄시키도록 두 인덕터를 직렬로 연결했다. 총 인덕턴스 L은 얼마인가?

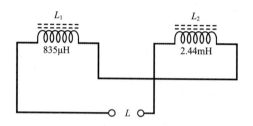

[그림 10-6] [예제 10-6]을 위한 그림

풀이

각 코일의 인덕턴스가 서로 다른 단위이므로, 먼저 모든 인덕턴스를 동일한 단위인 μH로 변환하면

$$L_1 = 835\,\mu H \ , \ \ L_2 = 2,440\,\mu H$$

이다. k를 이용하여 M을 계산하면

$$M = 0.922(835 \times 2,440)^{\frac{1}{2}} = 1,316\,\mu H$$

이고, 총 인덕턴스는 다음과 같다.

$$L = L_1 + L_2 - 2M = 835 + 2,440 - 2,632 = 643\,\mu H$$

공심 코일

평탄하고 곧은 일정 길이의 전선을 제외하고, 가장 간단한 인덕터는 절연되거나 에나멜을 입힌 전선으로 만든 코일이다. 플라스틱 또는 다른 비강자성체 재료로 만든 속이 빈 원통 위에 코일을 감아서 **공심 코일**air-core coil을 형성할 수 있다. 실제로 공심 코일에서 얻을 수 있는 인덕턴스의 범위는 수 nH에서부터 약 1 mH 사이다. 가한 교류 신호의 주파수는 공심 코일의 인덕턴스에 영향을 주지는 않지만, 교류 주파수가 증가할수록 작은 값의 인덕턴스라도 중대한 영향을 주게 된다.

굵은 전선으로 만든 반경이 큰 공심 코일은 큰 전류를 운반할 수 있고, 높은 전압을 다룰 수 있다. 공기는 열로 인해 소모되는 에너지가 거의 없어서, 투자율이 낮음에도 불구하고 효율적인 코어 물질이 된다. 이 때문에 공심 코일 설계는 높은 전력의 RF 송신기Radio-Frequency transmitter, 증폭기 또는 동조 회로망tuning network을 만들 때 효율적이다. 그러나 공심 코일은 특히 고전류와 고전압을 감당하도록 설계할 때, 인덕턴스에 비례하는 크기로 큰 물리적 공간을 차지한다.

강자성체 코어

인덕터 제조자는 강자성체 물질의 샘플을 분말로 잘게 부수고, 그 분말을 다양한 모양으로 굳힌다. 이렇게 제작한 코어는 주어진 일정 회전수를 갖는 코일의 인덕턴스를 크게 증가시킨다. 사용된 혼합물에 따라 자속 밀도를 약 10^6배까지 증가시킬 수 있다. 따라서 그 속에 **분말–철 코어**powdered–iron core를 넣으면 물리적으로 소형인 코일에서도 큰 인덕턴스를 얻을 수 있다. 분말–철 코어는 중간 가청 주파수(AF)Audio Frequency에서 무선 주파수(RF)Radio Frequency 범위까지 잘 동작한다.

코어의 포화

분말–철 코어의 코일에 일정량 이상의 전류가 흐르면, 코어는 **포화**saturate된다. 인덕터 코어가 포화 상태에서 동작할 때, 강자성체 재료는 함유할 수 있는 최대 한도의 자속을 유지한다. 코일 전류가 더 증가해도 그에 상응하는 코어 내부의 자속 증가를 일으키지 못할 것이다. 실제 시스템에서 이러한 효과는 임계값 이상으로 코일 전류가 흐를 때 인덕턴스가 감소하는 원인이 된다. 극단적인 경우에는 코일에서의 포화로 인해 상당량의 전력이 열로 손실될 수 있다. 즉 코일에 **손실이 많게**lossy 된다.

투자율 튜닝

만약 강자성체 코어를 솔레노이드 코일 안으로 밀어 넣거나 바깥으로 **빼면**, 회전수를 바꾸지 않고 솔레노이드 코일을 **튜닝할 수 있다**tune(솔레노이드 코일의 인덕턴스를 변화시킬 수 있다). 코어를 코일 내로 밀어 넣거나 바깥으로 빼는 동작은 코일 내부의 유효 투자율을 바꾸는 것이므로, 이러한 방법을 **투자율 튜닝**permeability tuning이라고 한다. [그림 10-7]과 같이 나사 축에 코어를 부착시켜 코어의 안팎 위치를 정확하게 조절할 수 있다. 나사 축을 시계 방향으로 회전시키면 코어는 코일 안으로 들어가고, 인덕턴스는 증가한다. 반대로 나사 축을 반시계 방향으로 회전시키면 코어는 코일 밖으로 빠지고, 인덕턴스는 감소한다.

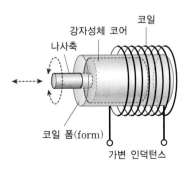

[그림 10-7] 강자성체 코어를 솔레노이드형 코일 안팎으로 움직여서 투자율 튜닝을 할 수 있다.

토로이드

강자성체 코어를 갖는 코일을 조립할 때, 전선을 막대형 코어에만 감아야 하는 것은 아니다. 도넛 모양의 **토로이드**^{toroid}라는 기하학적 구조의 코어도 사용할 수 있다. [그림 10-8]은 어떻게 강자성체 토로이드 코어에 코일을 감을 수 있는지 보여준다.

절연된 혹은 에나멜을
입힌 전선 코일

강자성체 코어

[그림 10-8] **토로이드형 코일이 도넛 모양의 강자성체 코어를 둘러싼다.**

토로이드형 코일^{toroidal coil}은 솔레노이드형 코일과 비교했을 때 적어도 세 가지 장점을 갖는다.

- 일정한 인덕턴스를 얻기 위한 전선의 회전수가 더 작다.
- 인덕턴스와 전류 운반 용량이 주어진 경우 더 소형으로 제작 가능하다.
- 본질적으로 토로이드 내의 모든 자속이 코어 물질 내부에 포함된다. 이 현상은 실제로 토로이드와 토로이드 근처에 있는 다른 소자와의 원하지 않는 상호 인덕턴스를 감소시켜준다.

반면, 토로이드형 코일에도 한계점이 있다. 토로이드형 코일은 투자율을 튜닝하기가 어렵다. 왜냐하면 코어가 완전한 원을 구성하여 항상 완벽한 일체 코일을 형성하기 때문이다. 대부분의 사람은 솔레노이드형 코일보다 토로이드형 코일의 전선을 감는 데 더 어려움을 느끼며, 특히 감아야 할 횟수가 많을 때는 더욱 그렇다. 어떤 경우에는, 공간적으로 서로 분리되어 있는 둘 또는 그 이상의 코일 사이에서 발생하는 상호 인덕턴스를 실질적으로 **필요로 할**^{want} 때가 있다. 이런 경우에 토로이드를 사용한다면, 상호 인덕턴스를 갖도록 하기 위해 두 코일을 반드시 같은 코어에 감아야만 한다.

포트 코어

토로이드 구조 외에 자속을 가두는 다른 방법이 있다. [그림 10-9]와 같이 고리 모양의 전선 코일을 강자성체 껍질로 둘러싸서 **포트 코어**^{pot core}를 얻을 수 있다. 전형적인 포트 코어는 두 개의 반쪽으로 구성되는데, 그중 하나의 내부에 코일을 감고 있다. 전선은 작은 구멍 또는 슬롯을 통해 코어 밖으로 나온다.

포트 코어는 토로이드와 유사한 장점이 있다. 껍질shell은 물리적 구조물 밖으로 자속이 뻗어 나가는 것을 막아서, 코일과 근처의 다른 어떤 것 사이에 존재하는 상호 인덕턴스가 항상 0이다. 물리적 크기가 같은 솔레노이드형 코일에서 얻을 수 있는 것보다 훨씬 더 큰 인덕턴스를 포트 코어에서 얻을 수 있다. 사실 소형 공간에서 큰 인덕턴스를 얻고 싶다면, 토로이드보다 포트 코어가 훨씬 낫다.

포트 코어 코일은 전체 AF 주파수 영역에 걸쳐서, 심지어는 극단의 최소 주파수(약 $20\,\text{Hz}$)에서도 유용하다. 그러나 포트 코어 코일은 수백 kHz를 넘어선 주파수에서는 제대로 기능하지 못한다. 기하학적인 구조 때문에 포트 코어 코일은 투자율 튜닝을 할 수 없다. 다른 모든 요인을 고정시키고 껍질의 투자율을 증가시키면, 인덕턴스는 증가한다. 신호가 얼마나 강한지 또는 약한지는 문제가 되지 않는다.

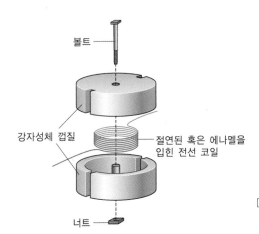

볼트

강자성체 껍질

절연된 혹은 에나멜을
입힌 전선 코일

너트

[그림 10-9] **포트 코어의 분해도. 강자성체 껍질 내부에 코일을 감는다.**

RF에서의 인덕터

무선 주파수(RF) 스펙트럼은 수 kHz부터 $100\,\text{GHz}$를 훌쩍 넘어서까지 분포한다. 인덕터는 일반적으로 이 주파수 범위의 낮은 값 쪽에서 강자성체 코어를 사용한다. 그리고 주파수가 증가하면서 낮은 투자율을 갖는 코어를 주로 사용한다. $30\,\text{MHz}$ 정도 이하의 주파수에서 사용할 용도로 설계된 RF 시스템에서는 주로 토로이드를 사용하고, $30\,\text{MHz}$ 주파수를 넘어서면 공심 코어 코일을 더 자주 사용한다.

전송선 인덕터

약 $100\,\text{MHz}$ 주파수에서는 전선 루프loop나 코일 대신 일정 길이의 **전송선**transmission line으로 인덕터를 만든다. 대부분의 전송선은 **평행 전선**parallel-wire line 타입이나 **동축선**coaxial line 타입 중 하나다.

평행 전선

평행선 전송선은 일정한 간격을 두고 서로 나란한 두 개의 전선으로 구성된다([그림 10-10]). 전선에 일정 간격으로 붙인 폴리에틸렌 막대$^{polyethylene\ rod}$는 두 전선의 간격을 일정하게 고정시킨다. 폴리에틸렌 고체 또는 창을 낸 망$^{windowed\ web}$도 같은 목적으로 사용될 수 있다. 전선을 분리하는 물질은 전송선의 **유전체**^{dielectric}를 구성한다.

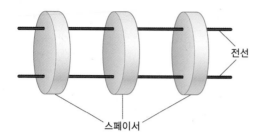

전선

스페이서

[그림 10-10] **평행 전선 전송선. 스페이서(spacer)는 튼튼한 절연 물질로 제작된다.**

동축선

동축선(동축 전송선)은 **중심 도체**$^{center\ conductor}$ 전선을 포함하며, 이 전선은 **차폐물**^{shield}이라고 하는([그림 10-11]) 관 모양의 편조^{braid} 또는 파이프에 의해 둘러싸여 있다. 고체 폴리에틸렌 구슬^{beads}(소형 토로이드 모양을 닮음)이나, 일정 길이의 연속적인 호스 모양의 발포 또는 고체 폴리에틸렌은 차폐물과 중심 도체를 분리시킨다. 그리고 그들 사이의 간격을 유지시키며 절연체로 동작한다.

관상 차폐물(고체 금속 혹은 편조(braid))

유전체

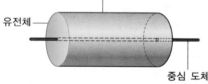

중심 도체

[그림 10-11] **동축선(동축 전송선). 유전체 물질은 관상 차폐물 축을 따라 중심에 있는 도체를 보호한다.**

전선 인덕턴스

전선 길이가 90°(파장의 $\frac{1}{4}$)보다 짧을 때 전선 도체를 한쪽 끝에서 **직접 함께**$^{directly\ together}$ 연결하면, 짧은 길이의 전송선은 인덕터로 동작한다. 그러한 인덕터를 설계하려면 약간의 책략이 필요한데, 반드시 일정 범위의 주파수에서만 동작시켜야 효과를 볼 수 있다.

만약 f가 MHz 단위의 주파수라면, **자유공간**$^{free\ space}$(진공)에서 센티미터 단위로 표시된 $\frac{1}{4}$ 파장(s_{cm})은 다음 식으로 구할 수 있다.

$$s_{\text{cm}} = \frac{7,500}{f}$$

전송선을 따라 RF 에너지가 움직이는 속도는 유전체가 있는 경우 감소되므로, 실제 $\frac{1}{4}$ 파장 전송선의 길이는 자유공간에서의 $\frac{1}{4}$ 파장 길이보다 짧아진다. 실제로 전송선의 $\frac{1}{4}$ **전기 파장**electrical wavelength은 자유공간에서의 $\frac{1}{4}$ 파장 길이의 약 0.66(또는 66%)인 것에서부터 약 0.95(또는 95%)인 것에 이르는 어느 범위에나 존재한다. 이와 같이 파장이 짧아지는 인자shortening factor를 전선의 **속도 인자**velocity factor라고 한다. 이는 전선에서의 RF 파동 속도를 진공에서의 RF 파동 속도(광속)로 나눈 것을 의미하기 때문이다. 만약 특정 전송선에서의 속도 인자를 v로 나타낸다면, 센티미터 단위로 표시된 $\frac{1}{4}$ 파장(s_{cm}) 전선 길이에 대한 식은 다음과 같이 수정된다.

$$s_{\text{cm}} = \frac{7,500v}{f}$$

길이가 매우 짧은(전기적 각도가 작은) 전선은 작은 인덕턴스 값을 유발한다. 그러나 전선 길이가 $\frac{1}{4}$ 파장에 접근해 가면서 인덕턴스가 점차 증가한다.

전송선 인덕터는 한 가지 중요한 방식에 있어서 코일과 다르게 동작한다. 코일의 인덕턴스는 주파수가 변화에 거의 영향을 받지 않는다. 그러나 전송선의 인덕터 값은 주파수가 올라가거나 내려갈 때 그 값이 **급격하게**drastically 변화한다. 먼저, 주파수가 증가하면서 인덕턴스도 증가한다. 어떤 임계critical 주파수로 접근해가면서 인덕턴스는 마냥 커지다가 무한대로 접근한다approaching infinity. 임계 주파수에서 전선 양끝 간 길이가 정확하게 $\frac{1}{4}$ 전기 파장인 전선은 그 전선의 한쪽 끝이 단락되어 있는 한, 신호-입력단 쪽에서 바라볼 때 개방 회로처럼 동작한다.

만약 가해진 교류 신호의 주파수를 계속 증가시켜 전선의 전기 길이가 $\frac{1}{4}$ 파장을 넘어서면, 전선은 인덕터라기보다 오히려 **커패시터**capacitor로 동작한다(커패시터는 11장에서 배울 것이다). 전선은 $\frac{1}{2}$ 전기 파장이 되는 주파수가 될 때까지 계속 커패시터로 동작한다. 전선 양끝 간 길이가 정확하게 $\frac{1}{2}$ 전기 파장이 되는 두 번째 임계점에 주파수가 다다르면, 이 길이의 전선은 단락 회로처럼 동작한다. 전선의 신호단 쪽 끝의 상황(단락)이 단락된 다른 쪽 끝의 상황과 같다. 만약 주파수를 점차 무기한으로 증가시켜 가면 전선은 다시 인덕터처럼, 그 다음에는 개방 회로처럼, 그 다음에는 다시 커패시터처럼, 그 다음에는 단락 회로처럼, 다시 인덕터처럼 동작하는 현상이 반복될 것이다. 각각의 임계(또는 천이) 주파수는 전선의 전기 길이가 정확히 $\frac{1}{4}$ 파장의 정수배와 같을 때마다 존재한다.

표류 인덕턴스

전선의 길이가 얼마나 짧은지, 동작 주파수가 얼마인지에 관계없이, 임의 길이의 전선은 어찌됐든 얼마간의 인덕턴스를 갖는다. 전송선에서처럼 어떤 고정된 길이의 전선이 갖는 인덕턴스는 주파수가 증가하면 증가한다.

무선 통신 장치에서, 전선의 인덕턴스와 전선 간 인덕턴스는 문제가 될 수 있다. 회로 발진을 원하지 않을 때도 회로는 발진하는 신호를 생성할 수 있다. 그리고 수신기는 중간에서 가로채지 말아야 할 신호에 대해서도 반응할지 모르며, 송신기는 승인되지 않은 주파수로 신호를 발송할 수 있다. 또한 어떤 회로의 주파수 응답이 예측할 수 없는 방향으로 변화될 수 있고, 그 결과 장치의 성능을 저하시킬 수 있다. 때때로 이러한 **표류 인덕턴스**stray inductance의 영향은 작거나 무시될 수 있다. 그러나 어떤 상황에서는 표류 인덕턴스가 중대한 오작동을 일으키거나 **갑작스러운 시스템 파손**까지 일으킬 수 있다.

표류 인덕턴스를 최소화하려면 둘 또는 그 이상으로 존재하는 민감한 회로나 부품 사이에 동축 케이블을 사용해야 한다. 그리고 각 케이블 부품의 차폐물을 장치의 **공통 접지**common ground에 연결해야 한다. 어떤 시스템에서는 각각의 회로를 **전기적으로 절연**시키기 위해 금속 상자로 빈틈없이 둘러싸야 할지도 모른다.

※ 필요하다면 이 장의 본문 내용을 참고해도 된다. 적어도 18개 이상 맞히는 것이 바람직하다.
정답은 [부록 A]에 있다.

10.1 다음 중 솔레노이드형 코일보다 토로이드형 코일의 장점을 표현한 것은 무엇인가?

(a) 솔레노이드와 달리 토로이드는 쉽게 투자율 튜닝을 할 수 있다.
(b) 토로이드는 같은 굵기의 전선으로 솔레노이드보다 더 많은 전류를 운반할 수 있다.
(c) 토로이드는 강자성체 코어와 함께 기능할 수 있지만, 솔레노이드는 그렇지 않다.
(d) 토로이드는 원하지 않는 상호 인덕턴스를 사실상 허용하지 않지만, 솔레노이드는 허용한다.

10.2 44.0 mH 토로이드형 인덕터 4개를 병렬로 연결했고, 상호 인덕턴스가 없다. 총 인덕턴스는 얼마인가?

(a) 11.0 mH
(b) 22.0 mH
(c) 88.0 mH
(d) 176 mH

10.3 44.0 mH 토로이드형 인덕터 2개를 직렬로 연결했고, 상호 인덕턴스가 없다. 총 인덕턴스는 얼마인가?

(a) 22.0 mH
(b) 88.0 mH
(c) 176 mH
(d) 352 mH

10.4 [그림 10-12]에서 두 인덕터는 모두 40 mH이다. 두 인덕터의 자기장은 서로 상쇄 작용을 하고, 약간의 상호 인덕턴스가 존재한다. 총 인덕턴스는 얼마인가?

(a) 80 mH보다 작다.
(b) 정확하게 80 mH이다.
(c) 80 mH보다 크다.
(d) 0이다.

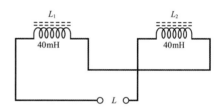

[그림 10-12] [연습문제 10.4]를 위한 그림

10.5 [그림 10-13]에서 두 인덕터는 모두 40 μH이다. 두 인덕터의 자기장은 서로 보강 작용을 하고, 약간의 상호 인덕턴스가 존재한다. 총 인덕턴스는 얼마인가?

(a) 80 μH보다 작다.
(b) 정확하게 80 μH이다.
(c) 80 μH보다 크다.
(d) 160 μH이다.

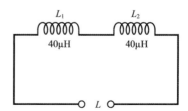

[그림 10-13] [연습문제 10.5]를 위한 그림

10.6 100번 감은 코일에서 가능한 최소 인덕턴스를 얻기 위해, 다음 중 어느 것을 사용해야 하는가?

(a) 공심 솔레노이드
(b) 분말-철 코어 솔레노이드
(c) 포트-코어 코일
(d) 분말-철 코어 토로이드

10.7 모든 다른 요인이 일정하게 유지된다고 가정하면, 포트-코어 코일의 인덕턴스에 영향을 끼치는 것은 다음 중 무엇인가?

(a) 가한 신호의 주파수
(b) 가한 신호의 진폭
(c) 가한 신호의 파형
(d) 코어 물질의 투자율

10.8 모든 외부 요인이 일정하게 유지된다고 가정하고, 공심 코일에서 감은 수를 증가시키면 인덕턴스는 어떻게 되는가?

(a) 증가한다.
(b) 동일하게 유지된다.
(c) 감소한다.
(d) 0으로 접근한다.

10.9 모든 다른 요인은 변화시키지 않고, 토로이드 코일에 가하는 교류 신호의 진폭을 증가시키면 코일의 인덕턴스는 어떻게 되는가?

(a) 증가한다.
(b) 동일하게 유지된다.
(c) 감소한다.
(d) 0으로 접근한다.

10.10 다른 요인은 변화시키지 않고, 솔레노이드 코일의 인덕턴스를 증가시키기 위해서는 무엇을 증가시키면 되는가?

(a) 신호의 주파수
(b) 코어 투자율
(c) 신호의 강도
(d) 전선 직경

10.11 $500\,\mu$H 인덕터 코일과 $900\,\mu$H 인덕터 코일을 직렬로 연결했는데, 두 코일은 서로 완전히 겹치게 감아서 결합 계수가 1이다. 두 코일의 솔레노이드 자기장은 서로를 보강시킨다. 코일 사이의 상호 인덕턴스는 얼마인가?

(a) $1.40\,$mH
(b) $700\,\mu$H
(c) $671\,\mu$H
(d) 계산하기 위해서는 더 많은 정보가 필요하다.

10.12 [연습문제 10.11]과 같은 조합에서 순(총) 인덕턴스는 얼마인가?

(a) $2.74\,$mH
(b) $2.04\,$mH
(c) $2.01\,$mH
(d) 계산하기 위해서는 더 많은 정보가 필요하다.

10.13 유용한 인덕턴스를 얻기 위해 십중팔구 공심 솔레노이드 코일을 사용할 것 같은 주파수는 어느 것인가?

(a) $6\,$kHz
(b) $20\,$MHz
(c) $900\,$GHz
(d) (a), (b), (c) 중 어느 것이나

10.14 각각 50번씩 감은 두 개의 공심 코일이 직경 2 cm인 루프 형태로 존재한다. 두 루프 형태 코일의 축을 일치시키고 서로 멀리 떨어지게 위치시킨 후, 점점 가까이 접근시킨다. 결합 계수는 어떻게 변화하는가?

(a) 감소한다.
(b) 동일하게 유지된다.
(c) 증가한다.
(d) 계산하기 위해서는 더 많은 정보가 필요하다.

10.15 [연습문제 10.14]와 같이 실행했을 때, 두 코일 간의 상호 인덕턴스는 어떻게 변화하는가?

(a) 감소한다.
(b) 동일하게 유지된다.
(c) 증가한다.
(d) 계산하기 위해서는 더 많은 정보가 필요하다.

10.16 각각 50번씩 감은 두 개의 공심 코일이 직경 2 cm인 루프 형태로 존재한다. 각 코일을 포트 코어 껍질로 둘러싸고, 코일의 축을 일치시키면서 서로 멀리 떨어지게 위치시킨 후, 점점 가까이 접근시킨다. 이렇게 할 때 결합 계수는 어떻게 변화하는가?

(a) 감소한다.
(b) 동일하게 유지된다.
(c) 증가한다.
(d) 계산하기 위해서는 더 많은 정보가 필요하다.

10.17 [연습문제 10.16]과 같이 실행했을 때, 두 코일 간의 상호 인덕턴스는 어떻게 변화하는가?

(a) 감소한다.
(b) 동일하게 유지된다.
(c) 증가한다.
(d) 계산하기 위해서는 더 많은 정보가 필요하다.

10.18 먼 쪽 끝에서 전선이 함께 연결되어 있는 일정 길이의 전송선을 고려해보자. 전선의 속도 인자가 0.750이고, 개방된(가까운 쪽) 끝에 100 MHz의 신호를 가한다고 가정하자. 이 전선이 $\frac{1}{4}$ 전기 파장이 되도록 하려면, 전선의 전체 길이를 얼마로 잘라야 하는가?

(a) 1.13 m
(b) 79.5 cm
(c) 56.3 cm
(d) 23.1 cm

10.19 다른 요인은 변화시키지 않고 [연습문제 10.18]에서 90 MHz로 주파수를 감소시킨다면, 그리고 전선의 먼 쪽 끝을 함께 연결시킨 것은 그대로 유지한다면, 개방된(가까운 쪽) 끝에서 교류 신호원은 어떤 회로가 연결되었다고 볼see 것인가?

(a) 커패시턴스
(b) 단락 회로
(c) 인덕턴스
(d) 개방 회로

10.20 다른 요인은 변화시키지 않고 [연습문제 10.18]에서 230 MHz로 주파수를 증가시킨다면, 그리고 전선의 먼 쪽 끝을 함께 연결시킨 것은 그대로 유지한다면, 개방된(가까운 쪽) 끝에서 교류 신호원은 어떤 회로가 연결되었다고 볼^{see} 것인가?

(a) 커패시턴스

(b) 단락 회로

(c) 인덕턴스

(d) 개방 회로

CHAPTER

11

커패시턴스
Capacitance

전기 저항은 물리적 힘^{brute force}으로 교류나 직류 전하 반송자(보통은 전자)의 흐름을 늦춘다. 인덕턴스는 에너지를 자기장으로 저장하여 교류 전하 반송자의 흐름을 방해한다. 반면, **커패시턴스**^{capacitance}는 에너지를 **전기장**^{electric field}으로 저장하여 교류 전하 반송자의 흐름을 방해한다.

커패시턴스의 특성

전기를 잘 전도하는 금속으로 된 커다란 두 개의 얇은 평판이 있으며, 그 두 평판이 네브라스카 주의 크기(남한 면적의 약 2배)와 같은 표면적을 갖는다고 가정하자. 하나의 판 위에 다른 한 판을 위치시키고, 두 판이 서로 평행하도록 유지하면서 공간적으로 수 cm만큼 분리시킨다. [그림 11-1]과 같이 이 두 개의 금속판을 배터리 양단에 연결하면 한 판은 양(+)극으로, 다른 한 판은 음(-)극으로 전기적 충전이 될 것이다.

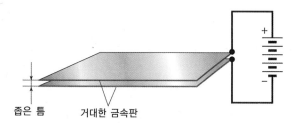

좁은 틈   거대한 금속판

[그림 11-1] **두 장의 거대한 전도성 판으로 구성된 가상의 커패시터**

만약 판이 작으면 두 판은 거의 순간적으로 충전될 것이고, 배터리의 전압과 동일한 판 간 상대적 전압을 얻을 것이다. 그러나 두 판이 넓고 부피가 크기 때문에 음전기 판이 여분의 전자로 채워지기^{fill up} 위해서는 얼마간의 시간이 소요될 것이다. 그리고 다른 양전기 판이 잉여 전자를 배출하기^{drained out} 위해서는 동일한 시간이 소요될 것이다. 결국 이 두 판 사이의 전압은 배터리 전압과 동일해지고, 두 판 사이의 공간에 전기장이 존재하게 될 것이다.

두 판이 즉각적으로 충전될 수 없으므로 배터리를 연결한 직후에는 전기장의 값이 작을 것이다. 전하량은 시간이 흐르면서 증가하며, 증가 비율은 두 판의 표면적과 두 판 간의 간격에 따라 달라진다. [그림 11-2]는 이 전기장의 강도를 시간의 함수로 표현한 그래프다. 두 판 사이의 공간과 두 금속판이 전기에너지를 저장하는 능력을 **커패시턴스**^{capacitance}라고 정의한다. 커패시턴스는 수량 또는 변수로서, 대문자 이탤릭체 C로 표기한다.

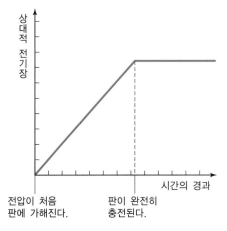

세로축: 상대적 전기장

가로축: 시간의 경과

전압이 처음 판에 가해진다.

판이 완전히 충전된다.

[그림 11-2] 전압원에 연결된 두 금속판 사이의 상대적인 전기장 세기를 시간의 함수로 나타낸 모양

간단한 커패시터

실제로는 앞에서 언급한 거대한 규모의 커패시터를 제작할 수 없다. 그러나 얇은 금속막foil 으로 된 두 판을 놓고, 그 사이에 종이 또는 플라스틱 같은 얇은 비전도성 재료를 넣어 두 판을 분리시킬 수 있다. 그 후에 전체적인 구조물을 말면, 작은 물리적 부피 내에서 넓은 상호 표면적을 얻을 수 있다. 이 경우, 두 판 사이에서 발생하는 전기장의 양과 강도 가 충분히 커지므로 많은 양의 커패시턴스를 가진 소자가 된다. 다른 방법으로는, 세트마 다 여러 개의 판이 붙어 있는 두 개의 분리된 세트를 만들어 두 세트 사이에 공기가 통하도 록 서로 띄워서 맞물린mesh 형태로 만들 수 있다.

커패시터의 두 판 사이에 한 층의 고체 **유전체**dielectric를 끼워 넣으면, 판들의 표면적을 증 가시키지 않더라도 전속 밀도가 몇 배로 증가한다. 이런 방법으로 커패시턴스 값은 크지만 물리적으로는 소형인 소자를 얻을 수 있다. 이 커패시터가 감당할 수 있는 전압은 금속판 이나 조각의 두께, 그리고 두 판 사이의 간격에 따라 달라진다. 또한 소자 제작에 사용한 유전체 재료의 종류에 따라서도 달라진다. 일반적으로 커패시턴스는 전도성 판plate이나 박 판의 상호 표면적에 정비례하지만, 전도성 박판 사이의 간격에는 반비례한다. 이러한 관계 를 요약하면 다음과 같다.

- 박판 사이의 간격을 일정하게 유지하고 박판의 상호 면적을 증가시키면, 커패시턴스는 증가한다.
- 박판 사이의 간격을 일정하게 유지하고 박판의 상호 면적을 감소시키면, 커패시턴스는 감소한다.

- 박판의 상호 면적을 일정하게 유지하고 박판 사이의 간격을 더 가깝게 할수록, 커패시턴스는 증가한다.
- 박판의 상호 면적을 일정하게 유지하고 박판 사이의 간격을 더 멀리 할수록, 커패시턴스는 감소한다.

또한 특정 소자의 커패시턴스는 두 금속판 또는 박판 사이에 있는 물질의 **유전상수**dielectric constant에 따라 달라진다. 유전상수는 숫자로 표현된다. 국제협정으로 진공의 유전상수를 정확히 1이라고 정했다. 만약 두 금속판 또는 박판 사이가 진공인 커패시터의 내부를 유전상수가 k인 물질로 모든 공간을 채우면 커패시턴스는 인자 k만큼 증가한다. 건조한 공기의 유전상수는 거의 정확한 1이다(1보다 조금 크긴 하지만, 염려하지 않아도 되는 정도다). [표 11-1]은 여러 가지 일반적인 물질의 유전상수를 나타낸다.

[표 11-1] 커패시터에 사용되는 여러 물질의 유전상수. 공기와 진공을 제외한 모든 값은 근사치다.

물질	유전상수(근사치)
해수면에서 건조한 공기(Air, dry, at sea level)	1.0
유리(Glass)	4.8~8.0
운모(Mica)	4.0~6.0
마일라(Mylar)	2.9~3.1
종이(Paper)	3.0~3.5
투명하고 단단한 플라스틱(Plastic, hard, clear)	3.0~4.0
폴리에틸렌(Polyethylene)	2.2~2.3
폴리스티렌(Polystyrene)	2.4~2.8
폴리염화비닐(Polyvinyl chloride)	3.1~3.3
자기(Porcelain)	5.3~6.0
석영(Quartz)	3.6~4.0
스트론튬 티탄산염(Strontium titanate)	300~320
테플론(Teflon)	2.0~2.2
산화 티타늄(Titanium oxide)	160~180
진공(Vacuum)	1.0

커패시턴스의 단위

커패시터의 두 판에 배터리를 연결하면 두 판 사이의 전위차는 커패시턴스에 따라 결정된 일정 비율로 상승한다. 커패시턴스가 클수록 두 판 간 전압의 시간 변화율은 더 느려진다.

커패시턴스의 표준 단위는 두 판이 충전될 때 '흐르는 전류'와 '두 판 사이 전압의 시간 변화율' 간의 비율로 나타낸다. 1**패럿**(F)의 커패시턴스는 1 V/s 의 전압 증가가 있을 때, 1 A 의 전류가 흐르는 것을 의미한다. 1 F 의 커패시턴스는 또한 1 C 의 전하량에 대해 1 V 의 전위차를 유발한다.

패럿은 매우 큰 커패시턴스 단위다. 1 F 의 커패시터는 실제로 거의 볼 수 없다. 커패시턴스 값은 대부분 **마이크로패럿**(μF)과 **나노패럿**(nF), 그리고 **피코패럿**(pF)을 사용하여 표현한다.

$$1\,\mu\text{F} = 0.000001\,\text{F} = 10^{-6}\,\text{F}$$
$$1\,\text{nF} = 0.001\,\mu\text{F} = 10^{-9}\,\text{F}$$
$$1\,\text{pF} = 0.001\,\text{nF} = 10^{-12}\,\text{F}$$

밀리패럿(mF)은 이론적으로 0.001 F 또는 10^{-3} F 을 의미하지만, 일반적으로 사용되지는 않는다.

하드웨어 제조자는 물리적으로는 소형이지만 커패시턴스 값은 아주 큰 소자를 제작할 수 있다. 역으로 어떤 커패시터는 커패시턴스 값은 작은데 물리적으로 큰 부피를 차지하기도 한다. 다른 모든 요인이 고정되어 있다면, 커패시터의 물리적 크기는 감당할 수 있는 전압에 비례한다. 정격 전압이 높을수록 소자의 크기는 점점 커진다.

직렬 연결된 커패시터

커패시터 간에는 상호작용을 거의 볼 수 없다. 따라서 전선 코일을 다룰 때 상호 인덕턴스를 고려했던 것과 달리, **상호 커패시턴스**mutual capacitance를 고려할 필요가 없다. 둘 또는 그 이상의 커패시터를 직렬로 연결했을 때, 소자 간에 상호 커패시턴스가 없다고 가정하면 커패시턴스 값은 병렬로 연결된 저항처럼 구하면 된다. 만약 같은 값의 두 커패시턴스를 직렬로 연결하면 총 커패시턴스는 각 소자의 개별 커패시턴스 값의 절반이다. 일반적으로 여러 커패시터를 직렬로 연결하면 총 커패시턴스는 어느 개별 소자보다도 값이 작다. 저항과 인덕턴스처럼 어떤 조합의 총 커패시턴스를 계산할 때는 항상 같은 크기의 단위를 사용해야 한다.

C_1, C_2, C_3, $\cdots$, C_n 값을 가진 여러 개의 커패시터가 직렬로 연결되어 있을 때, 총 커패시턴스 C는 다음과 같이 구할 수 있다.

$$C = \cfrac{1}{\left(\cfrac{1}{C_1} + \cfrac{1}{C_2} + \cfrac{1}{C_3} + \cdots + \cfrac{1}{C_n} \right)}$$

만약 둘 또는 그 이상의 커패시터를 직렬로 연결했을 때, 그중 한 값이 다른 값에 비해 **몇 배**나 작은 커패시턴스 값을 갖는다면, 대부분의 실용적인 용도에서는 총 커패시턴스가 최솟값의 커패시턴스와 같다고 취급한다.

예제 11-1

$C_1 = 0.10\,\mu\text{F}$, $C_2 = 0.050\,\mu\text{F}$인 값을 갖는 두 커패시턴스가 [그림 11-3]과 같이 직렬로 연결되었다고 가정하자. 총 커패시턴스는 얼마인가?

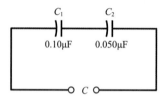

[그림 11-3] **직렬 연결된 커패시터**

풀이

$[\mu\text{F}]$ 단위를 계산에 사용하자. 먼저 개별 커패시턴스의 역수를 찾으면 $\dfrac{1}{C_1} = 10$이고, $\dfrac{1}{C_2} = 20$이다. 순수 직렬 커패시턴스의 역수를 구하기 위해 각 숫자를 더하면

$$\frac{1}{C} = 10 + 20 = 30$$

이다. 마지막으로 C^{-1}의 역수를 취하면 $C = \dfrac{1}{30} = 0.033\,\mu\text{F}$이다.

예제 11-2

$0.0010\,\mu\text{F}$과 $100\,\text{pF}$의 값을 갖는 두 커패시터를 직렬로 연결했다고 가정하자. 총 커패시턴스는 얼마인가?

풀이

먼저 두 커패시턴스를 μF으로 변환하자. $100\,\text{pF}$은 $0.000100\,\mu\text{F}$이므로 다음과 같다.

$$C_1 = 0.0010\,\mu\text{F}$$

$$C_2 = 0.000100\,\mu\text{F}$$

역수를 구하면 $\dfrac{1}{C_1} = 1{,}000$이고 $\dfrac{1}{C_2} = 10{,}000$이다. 이제 직렬 커패시턴스의 역수를 계산하면

$$\frac{1}{C} = 1,000 + 10,000 = 11,000$$

이다. 따라서 $C = \dfrac{1}{11,000} = 0.000091\,\mu\text{F}$ 이고, 이 커패시턴스는 91 pF으로 나타낼 수 있다.

예제 11-3

100 pF 커패시터 5개를 직렬로 연결했다고 가정하자. 총 커패시턴스는 얼마인가?

풀이

만약 모두 동일한 값을 갖는 n개의 커패시터를 직렬로 연결하면, 총 커패시턴스 C는 각 소자가 홀로 있을 때의 개별 커패시턴스 값의 $\dfrac{1}{n}$과 같다. 이 경우에는 100 pF 커패시터 5개를 직렬로 연결했으므로, 총 커패시턴스는 $C = \dfrac{100}{5} = 20.0$ pF이다.

왜 굽은 선인가?

[그림 11-3]과 이 책의 다른 곳에서 등장하는 커패시턴스 기호에서, 왜 한 선은 곧고 다른 한 선은 굽어 있는지 궁금하지 않은가? 대부분 커패시터의 한끝은 **공통 접지점**common ground(기준 전압이 제로인 중성 점)에 직접 연결하거나 또는 공통 접지점 쪽으로 향해 있기 때문에, 통상적으로 그 직선을 굽은 선으로 표시한다. [그림 11-3]의 회로에서 공통 접지는 존재하지 않으므로, 커패시터가 어느 쪽으로 향하고 있는지는 문제되지 않는다. 이 책의 후반부에서 커패시터의 방향을 고려해야 하는 회로를 학습할 것이다.

▎병렬 연결된 커패시터

병렬로 연결된 커패시턴스는 직렬로 연결된 저항처럼 단순히 더하면 된다. 즉, 각 소자의 커패시턴스 값으로 같은 크기의 단위를 사용하면 총 커패시턴스는 각 소자 값을 합한 것과 같다.

커패시터 C_1, C_2, C_3, $\cdots$, C_n 을 병렬로 연결한다고 하자. 그 소자 간에 상호 커패시턴스가 관측되지 않는 한, 다음과 같이 총 커패시턴스 C를 계산할 수 있다.

$$C = C_1 + C_2 + C_3 + \cdots + C_n$$

만약 둘 또는 그 이상의 커패시터를 병렬로 연결했을 때 그중 한 커패시턴스 값이 다른 커패시턴스 값에 비해 몇 배 더 크다면, 대부분의 실용적인 용도에서는 총 커패시턴스가 가장 큰 커패시턴스 값과 같다고 취급한다.

예제 **11-4**

[그림 11-4]와 같이 커패시턴스 값이 각각 $C_1 = 0.100\,\mu F$, $C_2 = 0.0100\,\mu F$, $C_3 = 0.00100\,\mu F$ 인 3개의 커패시터가 병렬로 연결되었다고 가정하자. 총 커패시턴스는 얼마인가?

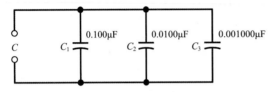

[그림 11-4] **병렬로 연결된 커패시터**

풀이

모든 커패시턴스가 동일한 크기의 μF 단위로 표현되었으므로 각각의 값을 모두 더하면 된다.

$$C = 0.100 + 0.0100 + 0.00100 = 0.11100\,\mu F$$

이를 반올림하면 $C = 0.111\,\mu F$ 이다.

예제 **11-5**

$100\,\mu F$ 과 $100\,pF$ 인 커패시터 두 개를 병렬로 연결하면 총 커패시턴스는 얼마인가?

풀이

이 경우 총 커패시턴스가 실제적인 용도에서는 $100\,\mu F$ 이라고 즉시 답할 수 있다. $100\,pF$ 인 커패시턴스는 $100\,\mu F$ 인 커패시턴스와 비교하면 단지 백만분의 일에 해당한다. 이러한 조합에서 매우 작은 커패시턴스는 총 커패시턴스에 본질적으로 전혀 기여하지 못한다.

고정 커패시터

고정 커패시터^{fixed capacitor}는 커패시턴스 값을 조절할 수 없고, (이상적으로는) 주변 환경과 회로의 조건이 변해도 커패시턴스 값이 변하지 않는다. 다음과 같은 몇 가지 형태의 고정 커패시터가 수십 년 동안 사용되어 왔다.

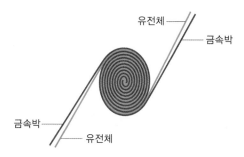

[그림 11-5] 두 금속박 사이를 유전체 물질로 채우고, 두 금속박을 둘둘 말아서 만든 커패시터의 단면도

종이 커패시터

전자 공학 초창기에는 두 금속박 조각 사이에 광물성 기름에 담근 종이를 끼워 넣고 구조물을 말아 올린 후([그림 11-5]), 그 다음 두 금속박 조각에 전선 도선을 부착하고, 감아올린 금속박과 종이를 공기가 통하지 않도록 원통형 케이스 안에 넣어 포장하는 방식으로 커패시터를 제작했다. 예전의 오래된 전자 장치에서는 여전히 **종이 커패시터**^{paper capacitor}를 발견할 수 있다. 종이 커패시터의 값은 약 $0.001\,\mu\mathrm{F}$에서 $0.1\,\mu\mathrm{F}$까지의 값을 가지며, 약 $1,000\,\mathrm{V}$ 전압까지 전위차를 감당할 수 있다.

마이카 커패시터

마이카^{mica}는 고체이면서 투명하고, 얇은 박판으로 벗겨져 떨어지는 성질을 가진 자연 발생적 광물성 물질로 이루어져 있다. 마이카는 커패시터에 사용되는 우수한 유전체다. **마이카 커패시터**^{mica capacitors}는 금속 박판과 마이카 층을 번갈아 쌓거나 또는 마이카 박판에 은 잉크를 사용해서 만든다. 금속 박판들은 함께 연결되어 두 개의 서로 맞물린 세트^{meshed set} 형태를 구성하고, [그림 11-6]과 같이 커패시터의 두 단자를 형성한다.

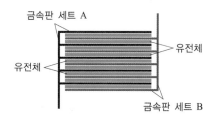

[그림 11-6] 각각 여러 개의 금속판이 붙어 있는 두 개의 금속판 세트가 유전체 물질층으로 분리되어, 서로 맞물린 형태의 두 세트로 구성된 커패시터의 단면도

마이카 커패시터는 정격 전압을 초과하지 않는 한, 낮은 손실을 가지므로 효율이 높다. 마이카 커패시터의 정격 전압은 수 V(얇은 마이카 박판)에서 수천 V(두꺼운 마이카 박판과 굵은-게이지 금속판)까지 올라갈 수 있다. 마이카 커패시터는 커패시턴스에 비례해서 차지하는 물리적 부피가 커진다. 마이카 커패시터는 무선 수신기와 송신기에서 잘 동작한다.

마이카 커패시터의 커패시턴스는 수십 pF에서부터 약 $0.05\,\mu F$까지 분포한다.

세라믹 커패시터

세라믹 재료^{ceramic materials}는 유전체로 잘 동작한다. 세라믹 커패시터를 만들려면 금속 박판을 세라믹 웨이퍼^{wafer}와 번갈아 가며 쌓아야 하는데, 세라믹 커패시터는 한 층에서 수많은 층까지 어떤 것도 가능하다. 이렇게 번갈아 가며 쌓으면 [그림 11-6]과 같이 기하학적 구조가 될 수도 있다. 세라믹은 마이카처럼 손실이 낮으므로 높은 효율을 제공한다.

작은 값의 커패시턴스를 가지려면 판 모양으로 된 단 한 층의 세라믹 재료만 필요하다. 이 세라믹 판^{disk}의 양쪽 면에 각각 하나씩 두 금속판을 접착시켜 **디스크 세라믹 커패시터** ^{disk-ceramic capacitor}를 제작한다. 큰 커패시턴스 값을 얻으려면 금속과 세라믹 층을 번갈아서 여러 층으로 쌓고, 번갈아 쌓은 금속층을 교대로 묶어 전극으로 연결시킨다. 한 층으로 된 가장 작은 세라믹 커패시터는 수 pF의 커패시턴스를 갖는다. 다층 구조의 세라믹 커패시터는 수백 μF까지의 값을 갖는다.

세라믹 커패시터를 제조하는 또 다른 기하학적 구조가 있다. 세라믹 재료로 실린더(또는 튜브)를 만드는 것을 시작으로 세라믹 실린더 내부와 외부 표면에 금속 잉크를 발라 **관형 세라믹 커패시터**^{tubular ceramic capacitor}를 만들 수 있다. 세라믹 커패시터는 기하학적 구조와 관계없이 일반적으로 수 pF에서 약 $0.5\,\mu F$까지의 값을 갖는다. 세라믹 커패시터는 종이 커패시터와 비슷한 정격 전압을 갖는다.

플라스틱-필름 커패시터

플라스틱은 커패시터를 제조하기에 좋은 유전체다. 일반적으로 **폴리에틸렌**^{polyethylene}과 **폴리스티렌**^{polystyrene}이 사용되는데, 제작 방법은 종이 커패시터를 제작하는 방법과 유사하다. 쌓는^{stacking} 방법은 플라스틱으로도 잘 구현할 수 있다. 기하학적 구조는 변화시킬 수 있으므로 다양한 모양의 **플라스틱-필름 커패시터**^{plastic-film capacitor}를 볼 수 있다. 커패시턴스 값은 약 $50\,pF \sim$ 수십 μF 사이에 분포하는데, 주로 $0.001\,\mu F \sim 10\,\mu F$ 범위에서 발견된다. 플라스틱 커패시터는 모든 주파수 영역의 전자회로에서 잘 작동하고, 사용 전압은 낮은 값에서 중간 정도 전압에 이른다. 이들은 마이카-유전체 또는 공기-유전체 커패시터의 효율만큼은 아니지만 충분히 효율이 좋다.

전해 커패시터

앞에서 설명한 모든 커패시터는 비교적 작은 값의 커패시턴스를 제공한다. 또한 그들은 **비분극화**^{nonpolarized}되어 있는데, 이는 회로 내에서 방향 구별 없이 연결해 쓸 수 있다는 것을 의미한다(어떤 경우에는 파는 사람이 신호 접지로 연결해야 하는 쪽이 어느 것인지 권고해준다). **전해**electrolytic 커패시터는 약 $1\,\mu F$에서 수천 μF까지 제공한다. 그러나 전해 커패시터는 **분극화된**polarized 소자이므로 정상적으로 동작하기 위해서는 회로 내에서 **반드시** 올바른 방향으로 연결해야 한다.

소자 제조자들은 **전해액**electrolyte으로 포화된 종이로 분리시킨 알루미늄 막 조각foil strip의 여러 층을 말아 올려 **전해 커패시터**electrolytic capacitor를 조립한다. 전해액은 전류를 흐르게 한다. 직류가 소자를 통해 흐를 때, 알루미늄은 전해액과의 화학적 상호작용으로 인해 산화된다. 그 산화물 층은 비전도성이므로 커패시터에 사용되는 유전체를 형성하며, 그 층은 지극히 얇아 단위 체적당 큰 커패시턴스 값을 초래한다. 전해질 커패시터는 수천 μF까지 값을 가질 수 있으며, 어떤 것은 수천 V를 감당할 수 있다. 음성 증폭기와 직류 전원 공급 장치에서 이러한 커패시터들을 쉽게 찾아볼 수 있다.

탄탈룸 커패시터

전해 커패시터의 또 다른 형태로 알루미늄 대신 탄탈룸tantalum을 사용한다. 탄탈룸은 전통적인 전해질 커패시터 내의 알루미늄처럼 박막으로 형성될 수 있다. 또한 다공성 펠릿pellet의 형태를 띨 수도 있는데, 이때는 불규칙한 표면으로 인해 작은 부피에서 넓은 면적을 제공한다. 극도로 얇은 산화층이 탄탈룸 위에 형성된다.

탄탈룸 커패시터는 높은 신뢰도와 매우 우수한 효율을 갖는다. 탄탈룸 커패시터는 고장 나는 일이 거의 발생하지 않으므로 종종 군사용이나 우주공간 환경에(또는 기술자들이 불편해하거나 불가능한 서비스라 생각하는 어디에나) 사용된다. 탄탈룸 커패시터는 알루미늄 전해질의 값과 유사한 값을 가지며, 알루미늄 타입을 대신해 음성 회로와 디지털 회로에 사용되어도 잘 동작한다.

전송선 커패시터

10장에서 전송선의 먼 끝을 단락시키고 $\frac{1}{4}$ 전기 파장보다 짧게 잘린 단선의 전송선은 인덕터로 동작한다고 했다. 만약 전송선의 먼 끝을 단락시키는 대신 개방시키면 단선의 전송선은 커패시터로 동작한다. 그런 전송선 단선의 커패시턴스는 전송선의 길이가 증가하면서 계속 증가하다가, 전송선의 길이가 $\frac{1}{4}$ 전기 파장이 될 때 입력 쪽 끝에서 단락 회로처럼 동작한다. 전송선 커패시터는 전송선 인덕터와 마찬가지로 주파수에 민감하다.

반도체-기반 커패시터

반도체semiconductor는 이 책의 후반부에서 공부할 것이다. 반도체는 20세기 동안 전기 및 전자 회로 설계에 대변혁을 일으켰다. 오늘날 대부분의 전자 시스템은 주로 반도체 기반의 소자로 구성되어 있다.

제조자들은 커패시터를 만드는 데 반도체 재료를 사용할 수 있다. 반도체 **다이오드**diode는 한 방향으로만 전류를 전도하고, 다른 방향으로는 전류의 흐름을 막는다. 전압 전원이 전류가 흐르지 않는 방향으로 다이오드 양단에 연결될 때, 다이오드는 커패시터로 동작한다. 커패시턴스는 다이오드에 가한 이 **역방향 전압**reverse voltage의 크기에 따라 변화한다. 역방향 전압이 크면 클수록 커패시턴스는 점점 작아진다. 이 현상은 다이오드를 **가변 커패시터** variable capacitor로 동작하게 만든다. 어떤 다이오드는 특별히 이런 역방향 전압에 따른 커패시턴스의 변동을 활용할 목적으로 제작되는데, 이러한 다이오드의 커패시턴스는 맥동하는 직류에 따라 급격하게 요동친다. 이를 **버랙터 다이오드**varactor diode 또는 간단히 **버랙터** varactor라고 한다.

커패시터는 **집적회로**integrated circuit(IC 또는 **칩**chip이라고도 부름)를 만드는 반도체 재료 내에 소형 버랙터로 식각되어etched[1] 형성된다. 또한 전도성이 좋은 두 개의 얇은 층 사이에 산화물 층을 샌드위치처럼 끼워 넣어서, 집적회로 내에 작은 커패시터가 식각되어 형성될 수 있다. 대부분의 집적회로는 포크 모양의 금속 갈퀴가 달려 있는 작은 상자처럼 보인다. 이때 금속 갈퀴는 외부 회로나 시스템으로의 전기적 연결을 제공한다.

반도체 커패시터는 보통 작은 값의 커패시턴스를 갖는다. 반도체 커패시터는 항상 물리적인 크기가 극히 작고, 오직 낮은 전압만 감당할 수 있다. 반도체 기반 커패시터의 장점은 소형화와 빠른 비율로 값을 변화시키는 성능(버랙터의 경우)이다.

가변 커패시터

판들 사이의 상호 표면적을 조절하거나 판 사이 간격을 변화시키면 커패시터의 값을 자유자재로 바꿀 수 있다. 버랙터를 제외하고 가장 흔한 두 가지 가변 커패시터는 **공기 가변 커패시터**air variable capacitor와 **트리머 커패시터**trimmer capacitor이다. 조금 덜 보편적인 형태로 **동축 커패시터**coaxial capacitor도 있다.

---

1 (**옮긴이**) 식각(etching)은 반도체 제조공정 중 회로 패턴을 형성하기 위해 필요 없는 부분을 선택적으로 제거하는 공정으로, 용액성 화학물질(습식식각) 또는 활성화된 플라즈마가스(건식식각)를 사용하여 공정을 수행한다.

공기 가변 커패시터

두 개의 금속판 세트를 서로 맞물리도록 연결하고, 그중 한 세트를 회전 가능한 축에 붙여 가변 커패시터를 만들 수 있다. 회전 가능한 판들의 세트는 **회전자**rotor를 구성하고, 고정된 세트는 **고정자**stator를 구성한다. 오래된 라디오 수신기(특별히 반도체 소자보다는 **진공관** vacuum tube을 사용한 수신기)나 고출력 무선 안테나 튜닝 회로망에서 이러한 형태의 소자를 볼 수 있다. [그림 11-7]은 공기 가변 커패시터를 보여준다.

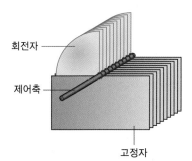

회전자
제어축
고정자
[그림 11-7] **공기 가변 커패시터의 단순 모형도**

공기 가변 커패시터의 최대 커패시턴스 값은 각 세트 안에 있는 판의 수와 판들 사이의 간격에 따라 달라진다. 일반적으로 최댓값은 $50 \sim 500\,pF$에 걸쳐 있다. 때때로 $1{,}000\,pF$ 정도로 큰 공기 가변 커패시터도 볼 수 있다. 최솟값은 일반적으로 수 pF 수준이다. 전압 수용 능력은 판들 사이의 간격에 따라 달라지며, 몇몇 공기 가변 커패시터는 높은 교류 주파수에서 수 kV를 감당할 수 있다. 그러나 유전체 재료로 공기를 사용하는 공기 가변 커패시터의 최대 장점은 진공에 버금갈 정도로 낮은 손실을 갖는다는 것이다.

공기 가변 커패시터는 약 $500\,kHz$를 초과하는 주파수에서 동작하도록 설계된 무선 장치에서 주로 볼 수 있다. 공기 가변 커패시터는 높은 효율과 우수한 **열 안정도**(주변 온도의 급격한 요동에도 그 값이 크게 변화하지 않는다는 의미)thermal stability를 제공한다. 공기 가변 커패시터는 기술적 측면에서 분극이 없더라도, 보통 **공통 접지**common ground를 구성하고 있는 금속 새시나 회로 기판 주변에 제어 축을 따라 회전자 판을 연결한다.

트리머 커패시터

커패시터의 값을 자주 변화시키지 않아도 될 때는, 비싸고 부피가 큰 공기 가변 커패시터보다 **트리머 커패시터**trimmer capacitor가 적합할 수 있다. 트리머는 세라믹 베이스base 위에 판 2개를 장착하고 그 사이에 고체 유전체 1장을 끼워 판을 분리시켜 만든다. [그림 11-8]과 같이 나사를 조절하여 두 판 사이의 간격을 변화시킬 수 있다. 어떤 트리머는 커패시턴스를 증가시키기 위해 유전체 층과 판을 번갈아 쌓으면서, 여러 판으로 구성된 두 개의 금속판 세트가 교차되며 끼워진 형태가 되도록 제작한다.

트리머 커패시터는 공기 가변 커패시터와 병렬로 연결할 수 있다. 그 결과 공기 가변 커패시터의 최소 커패시턴스를 정확하고 쉽게 조절할 수 있다. 어떤 공기 가변 커패시터는 이러한 목적으로 내부에 트리머를 내장한다. 트리머의 전형적인 최댓값은 수 pF에서 약 200pF까지 분포한다. 트리머는 낮은 값에서 중간 정도의 전압을 감당하고, 효율이 우수하며 분극 특성이 없다.

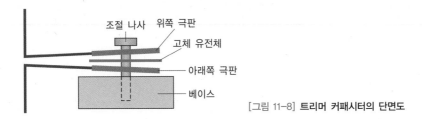

[그림 11-8] **트리머 커패시터의 단면도**

동축 커패시터

동축 커패시터^{coaxial capacitor}를 만들려면 [그림 11-9]와 같이 망원경의 통처럼 끼워 넣은 두 금속관 구간을 사용한다. 내부와 외부 관 구간 사이의 가변적인 유효 표면적 때문에 소자는 가변 커패시터로 동작한다. 플라스틱 유전체 슬리브^{sleeve}는 두 관 구간을 분리시켜 주며, 따라서 내부 관이 외부 관 구간의 안팎으로 움직일 수 있도록 하여 커패시턴스를 조절할 수 있게 한다. 동축 커패시터는 고주파 교류 응용, 특히 무선 안테나 튜너에서 잘 동작한다. 그 값은 수 pF에서 약 100pF까지 걸쳐 있다.

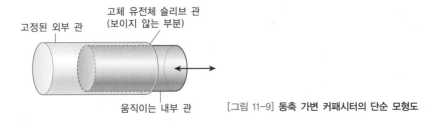

[그림 11-9] **동축 가변 커패시터의 단순 모형도**

커패시터 규격

특별한 용도에 사용할 목적으로 커패시터를 찾는 경우, 그 용도에 적합한 규격을 가진 소자를 찾아야 한다. 특히 중요한 커패시터의 두 가지 규격을 살펴보자.

공차(허용 오차)

소자 제조자는 커패시터가 얼마나 커패시턴스 정격에 맞을지 기대하는 정도에 따라 비율을 매기는데, 이 비율을 **공차**^{tolerance}라고 한다. 고정 커패시터의 일반적인 공차는 ±10%이다.

어떤 커패시터는 ±5% 또는 ±1%까지 정격이 매겨진다. 공차 수치가 낮으면 정격값에 더 가까운 실제 소자의 값을 기대할 수 있다. 예를 들어, 100 pF ± 10%로 정격이 주어진 커패시터는 90 pF ∼ 110 pF 범위에 분포될 수 있다. 그러나 만약 공차가 ±1%라면 제조자는 커패시턴스가 99 pF ∼ 101 pF 범위를 벗어나지 않는다는 것을 보증한다.

예제 11-6

정격이 0.10 μF ± 10%인 커패시터를 발견했다고 하자. 이 커패시턴스의 보증 범위는 얼마인가?

풀이

먼저 양(+)과 음(−)으로의 변화를 구하기 위해 10%인 0.10을 곱하면, 0.10 × 0.10 = 0.010 μF 이다. 그 다음 커패시턴스 범위를 구하기 위해 정격 커패시턴스에 이 값을 더하고 또 빼면, 최솟값은 0.10 − 0.010 = 0.09 μF이고 최댓값은 0.10 + 0.010 = 0.1 μF이다. 따라서 범위는 0.09 μF ∼ 0.1 μF이다.

온도 계수

어떤 커패시터는 온도가 증가하면 값이 증가한다. 이런 소자는 **정특성 온도 계수**positive temperature coefficient를 갖는다. 다른 커패시터는 온도가 증가하면 값이 감소한다. 이런 소자는 **부특성 온도 계수**negative temperature coefficient를 갖는다. 또 어떤 커패시터는 특별하게 제조되어(상당한 비용으로) 특정 온도 범위 내에서 값이 일정하게 유지된다. 이런 소자는 **제로 온도 계수**zero temperature coefficient를 갖는다.

일반적으로 소자의 온도 계수는 **퍼센트/섭씨도**percent per degree Celsius[%/℃]로 표시한다. 때때로 부특성 온도 계수를 갖는 커패시터와 정특성 온도 계수를 갖는 커패시터를 직렬 또는 병렬로 연결하면, 제한된 온도 범위에서 두 개의 상반된 효과가 서로를 상쇄시키기도 한다. 다른 예로, 정특성 또는 부특성 온도 계수를 갖는 커패시터를 사용해 인덕터, 저항과 같은 회로 내 다른 소자에 미치는 온도 효과를 상쇄시키거나, 적어도 최소화시킬 수 있다.

전극 간 커패시턴스

어떤 두 전도성 재료라도 서로 근접해서 위치하면 커패시터처럼 동작할 수 있다. 이러한 **전극 간 커패시턴스**interelectrode capacitance는 그 크기가 작기 때문에(수 pF 또는 그 이하) 염려할 필요는 없다. 전기 시설 회로나 음성−주파수(AF) 회로에서 전극 간 커패시턴스는 문제를 거의 일으키지 않는다. 하지만 라디오−주파수(RF) 시스템에서는 문제를 야기할 수 있으며, 주파수가 증가하면 문제가 발생할 위험성은 증가한다.

전극 간 과도한 커패시턴스로 인해 발생하는 가장 일반적인 결과는, 동작 주파수가 변화하면서 회로 특성에서 원치 않은 변화와 **피드백**^{feedback}이 일어나는 것이다. 전자 소자 또는 시스템에서 전극 간 커패시턴스를 최소화시킬 수 있다. 그러기 위해서는 각 개별 회로 내 연결 전선을 가능한 한 짧게 유지하거나, 회로를 서로 연결할 때 차폐된 케이블을 사용하면 된다. 또한 금속 덮개로 가장 민감한 회로를 둘러싸면 된다.

→ Chapter 11 연습문제

※ 필요하다면 이 장의 본문 내용을 참고해도 된다. 적어도 18개 이상 맞히는 것이 바람직하다.
   정답은 [부록 A]에 있다.

11.1 만약 적정 범위 내에서 온도가 변화하더라도 커패시터의 값(커패시턴스)이 그대로라면, 그것의 온도 계수는 얼마인가?

   (a) 0과 같다.
   (b) 1과 같다.
   (c) 무한대와 같다.
   (d) 정의되지 않는다.

11.2 다른 모든 요인은 고정시키고, 다음 중 마이카를 무엇으로 대치하면 마이카–유전체 커패시터 값을 증가시킬 수 있는가?

   (a) 스트론튬 티탄산염strontium titanate
   (b) 폴리에틸렌
   (c) 종이
   (d) 공기

11.3 "다른 모든 요인은 고정시킨다고 가정하고, 커패시터의 값을 감소시킨다면, 그때 금속판에 6 V 배터리를 연결한 후 완전히 충전되기까지는 (   )"에서 괄호에 들어갈 적절한 말은?

   (a) 더 많은 시간이 소요된다.
   (b) 더 어렵게 된다.
   (c) 더 적은 시간이 소요된다.
   (d) 더 많은 에너지가 소요된다.

11.4 다음 커패시턴스 값 중, 공기 가변 커패시터에서 가장 흔하게 발견할 수 있는 값은 어느 것인가?

   (a) 1,000 μF   (b) 68 μF
   (c) 3.3 μF   (d) 50,000 pF

11.5 한 층의 디스크 세라믹 커패시터에서 가장 발견하기 힘든 커패시턴스 값이 있다면 다음 중 어느 것인가?

   (a) 150 pF   (b) 680 pF
   (c) 0.01 μF   (d) 330 μF

11.6 0.01 nF의 커패시턴스를 pF으로 나타낸 값은 어느 것인가?

   (a) 0.1 pF   (b) 1 pF
   (c) 10 pF   (d) 100 pF

11.7 100 pF 커패시터 4개를 직렬로 연결한다면, 총 커패시턴스는 얼마인가?

   (a) 25 pF   (b) 50 pF
   (c) 100 pF   (d) 400 pF

11.8 100 pF 커패시터 4개를 병렬로 연결한다면, 총 커패시턴스는 얼마인가?

   (a) 25 pF   (b) 50 pF
   (c) 100 pF   (d) 400 pF

11.9 100 pF 커패시터 4개를 2×2 직병렬 매트릭스로 연결한다면, 총 커패시턴스는 얼마인가?

   (a) 25 pF   (b) 50 pF
   (c) 100 pF   (d) 400 pF

11.10 100 pF 커패시터 9개를 3×3 직병렬 매트릭스로 연결한다면, 총 커패시턴스는 얼마인가?

   (a) 25 pF   (b) 50 pF
   (c) 100 pF   (d) 400 pF

11.11 커패시터의 유전체 재료로서 공기가 갖는 주요 장점은 무엇인가?

(a) 작은 부피로 큰 커패시턴스를 제공한다.
(b) 낮은 손실을 보인다.
(c) 낮은 전압에서 잘 작동한다.
(d) 높은 유전상수를 갖는다.

11.12 6,800nF의 커패시턴스를 μF으로 나타낸 값은 어느 것인가?

(a) 0.06800μF   (b) 0.6800μF
(c) 6.800μF   (d) 68.00μF

11.13 다음 중 탄탈륨 커패시터의 특성은?

(a) 높은 신뢰성
(b) 단위 체적당 높은 커패시턴스
(c) 높은 효율
(d) (a), (b), (c) 모두

11.14 전해 커패시터에서 가장 흔하게 발견할 수 있는 값은 어느 것인가?

(a) 0.100pF   (b) 100pF
(c) 0.100μF   (d) 100μF

11.15 10pF 커패시터를 20pF 커패시터와 병렬로 연결한다고 가정하자. 총 커패시턴스는 얼마인가?

(a) 30pF   (b) 15pF
(c) 6.7pF   (d) 5.5pF

11.16 10pF 커패시터를 20pF 커패시터와 직렬로 연결한다고 가정하자. 총 커패시턴스는 얼마인가?

(a) 30pF   (b) 15pF
(c) 6.7pF   (d) 5.5pF

11.17 정격이 220pF ± 10%인 커패시터를 발견했다고 하자. 다음 커패시터 값 중에서 수용 범위 밖에 놓여 있는 커패시턴스는 어느 것인가?

(a) 180pF
(b) 195pF
(c) 246pF
(d) (a), (b), (c) 모두

11.18 330pF 정격의 커패시터가 실제로 340pF의 값을 보인다고 가정하자. 실제 커패시턴스는 정격값과 몇 퍼센트 다른가?

(a) +2.94%   (b) +3.03%
(c) −2.94%   (d) −3.03%

11.19 종이 커패시터에서 가장 흔하게 볼 수 있는 값은 어느 것인가?

(a) 0.001nF   (b) 1.00pF
(c) 0.01μF   (d) 100μF

11.20 모든 다른 요인은 고정시키고, 공기 가변 커패시터에서 판의 수를 감소시키면 어떻게 되는가?

(a) 커패시턴스가 증가한다.
(b) 커패시턴스가 감소한다.
(c) 커패시턴스가 변화하지 않는다.
(d) 이 질문에 답하기 위해서는 정보가 더 필요하다.

CHAPTER

12

위상

Phase

교류 파동에서 모든 사이클은 완벽하게 복제되어 무한히 반복된다. 이 장에서는 이렇게 무한 반복되는 사이클인 교류 교란의 가장 간단한 형태(또는 파형)라고 할 수 있는 **사인파**^{sine wave} 또는 **사인 곡선**^{sinusoid}에 관해 살펴볼 것이다.

순시값

시간의 함수로 순간 진폭(순시 진폭)을 그래프로 그리면 교류 사인파는 [그림 12-1]과 같은 모양이 된다. 이 그림은 함수 $y = \sin x$ 의 그래프가 (x, y) 좌표 평면상에 어떻게 나타날지 보여준다(약어 **sin**은 삼각법에서 **사인**^{sine}을 의미한다). 피크 전압은 $+1.0\,V$와 $-1.0\,V$이고, 주기는 정확히 1초(1.0 s)다. 따라서 파동은 $1.0\,Hz$의 주파수를 갖는다. 시간 $t = 0.0\,s$ 인 순간부터 파동이 시작된다면, t 값이 정수가 되는 시간마다 각각의 사이클이 시작된다. t 값이 정수가 되는 매순간마다 전압값은 0이 되고, 양(+)으로 상승한다.

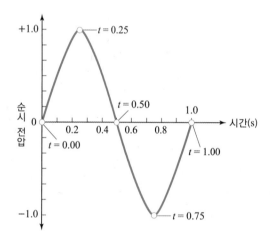

[그림 12-1] **1초의 주기를 갖는 사인파는 1Hz의 주파수를 갖는다.**

예를 들어, $t = 446.00\,s$ 에 시간을 고정시키고 순시 전압을 측정하면 전압은 $0.0\,V$ 가 된다. 모든 $\frac{1}{2}$ 초에 해당하는 시간마다 순시 전압은 $0.0\,V$ 가 된다. 따라서 $t = 446.50\,s$ 일 때도 $0.0\,V$ 가 된다는 것을 알 수 있다. 그러나 두 번째 절반인 순간에 전압이 양의 값으로 향하는 것과 달리, 모든 $\frac{1}{2}$ 초에 해당하는 순간에는 음의 값으로 향한다. 만약 $t = 446.25\,s$ 와 같이 $\frac{1}{4}$ 초에 해당하는 시간마다 시간을 고정시킨다면 순시 전압은 $+1.0\,V$ 가 되는데, 이때 파동은 정확히 양(+)의 피크^{peak} 값에 머문다. 한편 $t = 446.75\,s$ 와 같이 $\frac{3}{4}$ 초에 해당하는 시간마다 시간을 고정시킨다면, 순시 전압은 정확히 음(−)의 피크값인 $-1.0\,V$ 에 머물 것이다. 피크가 아닌 중간의 어느 값, 예를 들어 $\frac{3}{10}$ 초에 해당하는 시간마다 시간을 고정한다면, 그 전압은 모두 중간의 어느 값으로 동일할 것이다.

순간변화율

[그림 12-1]에서 순시 전압은 때로는 증가하고 때로는 감소한다. 이 상황에서 **증가**는 '더 양(+)의 값으로 되는 것'이고, **감소**는 '더 음(−)의 값으로 되는 것'을 의미한다. [그림 12-1]의 상황에서 전압이 가장 빠르게 증가하는 순간은 $t = 0.00\,\text{s}$와 $t = 1.00\,\text{s}$이다. 전압이 가장 빠르게 감소하는 순간은 $t = 0.50\,\text{s}$에서 발생한다. 한편 $t = 0.25\,\text{s}$와 $t = 0.75\,\text{s}$일 때, 순시 전압은 증가하지도 감소하지도 않는다. 이렇게 전압이 변하지 않는 상황은 아주 짧은 순간 동안에만 존재한다.

n은 임의의 양의 정수이고 단위는 초(s)라고 하자. n으로 어떤 정수를 선택하든지 $t = n.25\,\text{s}$와 $t = 0.25\,\text{s}$일 때의 상황은 동일하게 나타난다. 마찬가지로 $t = n.75\,\text{s}$와 $t = 0.75\,\text{s}$일 때의 상황은 동일하다. [그림 12-1]에 나타난 한 사이클은 $1\,\text{Hz}$의 주파수를 갖고, 피크값이 $+1\,\text{V}$와 $-1\,\text{V}$인 교류 사인파의 모든 가능한 상태를 보여주고 있다. 전압과 주파수가 고정되었다면, 교류가 회로에서 계속 흐르는 한 이 전체 파동 사이클은 무한히 되풀이된다.

[그림 12-1]의 파동에서 전압의 **순간변화율**instantaneous rate of change을 시간의 함수로 관측하기를 원한다고 가정하자. 이 전압순간변화율 함수의 그래프 역시 사인파가 되지만, 원래 파동보다 $\frac{1}{4}$ 사이클만큼 왼쪽으로 이동하여 나타난다. 만약 시간의 함수로 사인파의 순간 변화율을 그린다면([그림 12-2]), 파형의 **도함수**derivative가 나온다. 사인파의 도함수는 **코사인파**cosine wave가 되는데, 이는 사인 함수를 미분한 결과가 코사인 함수이기 때문이다. 코사인파는 사인파와 모양이 같지만, **위상**phase은 $\frac{1}{4}$ 사이클만큼 차이가 난다.

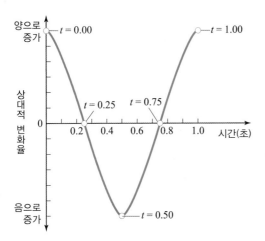

[그림 12-2] **[그림 12-1]의 파동에 대해 순시 전압의 변화율을 나타내는 사인파**

원과 벡터

교대로 변화하는 전기적 양을 표현하는 가장 효율적인 방법은 교류 사인파다. 교류 사인파는 오직 하나의 주파수 성분을 갖는다. 모든 파동 에너지는 매끈하게 위아래로 움직이는 하나의 변동, 즉 하나의 주파수에 집중되어 있다. 교류 파동의 이러한 특징은, 파동을 물체의 원운동(고정된 중앙 점 주위를 일정한 속도로 원형 궤도에 따라 움직이는 물체의 운동)에 비교할 수 있다.

원운동

[그림 12-3(a)]와 같이 줄 끝에 공을 매달아 초당 1회전하는 비율(1r/s)로 빙빙 돌려 공이 공간에서 수평으로 원을 그린다고 가정해보자. 만약 한 친구가 일정한 거리를 두고 떨어져 있을 때, 그 친구의 눈이 공의 진행로 평면상에 있다면 친구는 [그림 12-3(b)]와 같은 1Hz의 주파수로 앞뒤로 진동하고 있는 공을 보게 될 것이다. 이것은 초당 완벽한 한 사이클에 해당하는데, 1r/s의 빠르기로 공이 궤도를 만들기 때문이다.

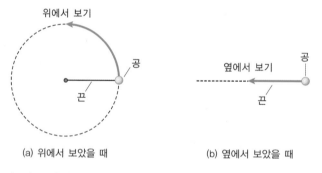

(a) 위에서 보았을 때   (b) 옆에서 보았을 때

[그림 12-3] 빙빙 도는 공과 끈을 위와 옆에서 본 그림

친구가 바라보는 공의 위치를 시간에 따른 그래프로 나타내면 [그림 12-4]와 같은 사인파가 되는데, 이 파동은 모든 사인파와 동일한 기본적인 모양이다. 한편, 어떤 사인파는 다른 사인파보다 피크 간 간격(피크-피크 진폭)이 더 크기도 하고, 또 어떤 사인파는 다른 사인파보다 파장이 수평으로 더 늘어나 있기도 한다. 그러나 모든 사인파는 동일한 일반 성질을 갖는다. 만약 한 사인파의 피크-피크 진폭과 파장 중 어느 하나에 또는 진폭과 파장 모두에 적절한 숫자를 곱하거나 나누면, 그 사인파는 다른 어떤 사인파 곡선과도 정확하게 맞춰질 수 있다. **표준 사인파**standard sine wave는 (x, y) 좌표 평면에서 다음과 같은 함수를 갖는다.

$$y = \sin x$$

[그림 12-3(a)]의 상황에서 끈의 길이를 더 길거나 짧게 만들 수 있고, 공을 돌리는 속도를 더 빠르게 하거나 느리게 할 수도 있다. 이렇게 변화를 주는 것은 [그림 12-4]와 같은 사인파 그래프에서 피크-피크 진폭과 주파수 중 어느 하나를 변동시키거나, 두 가지 모두를 변동시키는 것에 해당한다. 그러나 이런 일정한 원형 회전운동을 항상 사인파로, 등가적으로 그릴 수 있다. 이런 기술을 사인파의 **원운동 모델**circular-motion model이라고 한다.

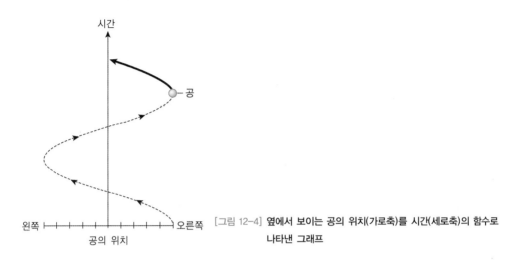

[그림 12-4] 옆에서 보이는 공의 위치(가로축)를 시간(세로축)의 함수로 나타낸 그래프

회전하는 벡터

9장에서 **위상각**degrees of phase에 관해 배웠다. 만약 위상을 왜 원 주위로 진행하는 각도라고 일컫는지 의문을 가졌었다면 지금 설명을 통해 해소할 수 있을 것이다. 기초 기하학 교과목에서 배웠듯이 원의 각도는 360°이므로, 사인파를 따라 위치한 점은 직관적으로 원 둘레의 각도 또는 위치에 상응함을 알 수 있다.

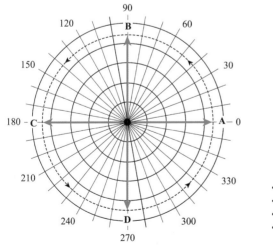

- 벡터 **A** : 사이클의 출발(0°)
- 벡터 **B** : 사이클의 1/4파장(90°)
- 벡터 **C** : 사이클의 1/2파장(180°)
- 벡터 **D** : 사이클의 3/4파장(270°)

[그림 12-5] 회전하는 벡터를 사용한 사인파. 벡터의 길이는 결코 변하지 않는다.

[그림 12-5]는 **극좌표**^{polar coordinates} 시스템에서 사인파를 표현하기 위해 **회전하는 벡터** rotating vector를 어떻게 사용할 수 있는지 보여준다. 극좌표 시스템에서 점의 좌표 위치를 결정하는 것은 그래프의 중심인 **원점**^{origin}으로부터 그 점까지의 거리인 **반경**^{radius}과, '정동 正東쪽'으로부터 그 점까지 반시계 방향으로 회전한 각도인 **방향**^{direction}이다. 극좌표 시스템을 원점으로부터 수평과 수직 방향 변위에 따라 점의 좌표 위치를 결정하는 **직각 좌표계** rectangular coordinates 시스템과 비교해보자.

벡터는 **크기**(길이 또는 진폭)와 **방향**(각도)이라는 두 독립적인 특성으로 수학적 양을 구성한다. 따라서 벡터는 극좌표계에 아주 적합하다. [그림 12-5]의 원운동 모델에서 다음과 같은 특수 상황을 주목해보자.

- 벡터 **A**는 0°의 방향각을 갖는다. 파동 진폭이 0이고 양(+)으로 증가하는 순간을 묘사한다.
- 벡터 **B**는 파동이 최대 양(+)의 진폭을 얻는 지점인(90° 위상각을 표현하는) 북쪽을 가리킨다.
- 벡터 **C**는 파동이 0의 진폭으로 되돌아가고, 더 음(−)의 값 쪽으로 내려가는 순간인 (180° 위상각을 표현하는) 서쪽을 가리킨다.
- 벡터 **D**는 파동이 최대 음(−)의 진폭을 얻는 순간인(270° 위상각을 표현하는) 남쪽을 가리킨다.
- 벡터가 완전한 원(360°)을 반시계 방향으로 회전했을 때 벡터는 다시 한 번 벡터 **A**가 되고, 파동은 다음 사이클을 시작한다.

잘 살펴보면 벡터의 방향이 끊임없이 변화하는 동안, 그 길이는 항상 동일하다는 것을 알 수 있을 것이다.

벡터 '스냅사진'

[그림 12-5]의 **순시 벡터**^{instantaneous vectors} **A**, **B**, **C**, **D**를 사인파에서 네 점으로 나타내면 [그림 12-6]과 같다. 이들 네 점을 파동 벡터의 스냅사진이라고 생각해보자. 이때 파동 벡터는 파동의 한 사이클당 1회전하는 일정한 **각속도**^{angular speed}를 가지며, 반시계 방향으로 회전한다. 만약 파동이 $1\,\mathrm{Hz}$의 주파수를 갖는다면 벡터는 $1\,\mathrm{r/s}$의 비율로 회전한다. 주파수는 증가시키거나 감소시킬 수 있고, 여전히 원운동 모델을 사용할 수 있다. 만약 파동이 $100\,\mathrm{Hz}$의 주파수를 갖는다면 벡터의 속도는 $100\,\mathrm{r/s}$이고, $0.01\,\mathrm{s}$마다 1회전한다. 만약 파동이 $1\,\mathrm{MHz}$의 주파수를 갖는다면 벡터의 속도는 $1,000,000\,\mathrm{r/s}\,(10^6\,\mathrm{r/s})$이고, $0.000001\,\mathrm{s}\,(10^{-6}\,\mathrm{s})$마다 원을 1회전할 것이다.

원운동 모델에서 순수 교류 사인파의 피크 진폭은(+ 또는 − 부호 없이) 그 벡터의 길이에 해당한다. 따라서 피크–피크 진폭은 벡터 길이의 2배다. 벡터는 진폭이 증가할 때 더 길어 진다. [그림 12-5]에서 각 사이클이 진행되는 시간은 '정동쪽due east'에서부터 반시계 방향 으로 진행하는 각도로 묘사된다.

[그림 12-5]에서, 그리고 다른 모든 원–모델circular-model 사인파 벡터 다이어그램에서, 벡 터가 일정한 각속도로 반시계 방향으로 끊임없이 회전하더라도 벡터의 길이는 결코 변하지 않는다. 파동의 주파수는 벡터가 회전하는 속도에 상응하며, 파동 주파수가 증가할 때 벡 터의 회전 속도도 증가한다. 사인파 벡터 길이가 그 회전 속도와 무관하게 유지되듯이, 사인파의 진폭은 사인파의 주파수에 대해 독립적이다.

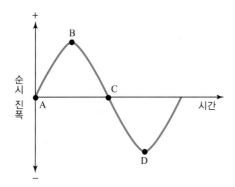

[그림 12-6] [그림 12-5] 벡터 모델에서의 네 점을, 사인파에 대한 진폭 대 시간의 표준 그래프 위에 나타낸 그림

위상차의 표현

두 사인파 간의 **위상차**phase difference 는 **위상각**phase angle 이라고도 하는데, 두 파동이 동일한 주파수를 가질 경우에만 의미가 있다. 만약 주파수가 아주 조금이라도 다른 경우, 상대적 인 위상은 계속해서 변화하고 위상차 값을 지정하는 것이 불가능하다. 이어지는 위상각의 논의에서 두 파동은 항상 동일한 주파수를 갖는다고 가정하자.

위상 일치

위상 일치phase coincidence 라는 용어는 두 파동이 정확히 같은 순간에 시작하는 것을 의미한 다. 즉, 두 파동은 완벽하게 정렬되어 있다. [그림 12-7]은 서로 다른 진폭을 갖는 두 사인파의 위상이 일치하는 상황을 나타낸다. 이 경우 위상 차이는 0°다. 다르게 표현하면, 이 위상 차이는 360°의 어떤 정수배 각도에 해당한다고도 할 수 있다. 그러나 위상각을 0°보다 작거나 360°보다 큰 값으로 말하는 경우는 거의 없다.

만약 두 사인파의 위상이 일치하고 두 파동 모두 중첩된 직류를 갖지 않는다면, 합성 파동은 두 요소 파동의 양(+)과 음(−)의 피크 진폭을 합한 것과 같은, 양(+)의 피크(pk+) 또는 음(−)의 피크(pk−) 진폭을 갖는 사인파가 된다. 합성파의 위상은 두 요소 파동의 위상과 동일하다.

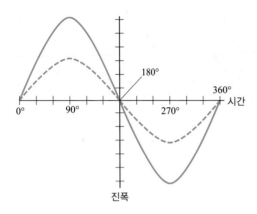

[그림 12-7] **위상이 일치한 상태의 두 사인파**

$\frac{1}{2}$ 사이클 위상차의 파동

두 사인파가 정확히 $\frac{1}{2}$ 사이클(180°)만큼 떨어져서 출발하면 [그림 12-8]의 그래프와 같은 상황이 된다. 이 경우 때로는 파동이 **벗어난 위상**out of phase에 있다고도 말하는데, 이 표현은 위상차가 180°가 아닌 다른 어떤 위상 차이값을 갖는 것으로 생각할 수 있기 때문에 불명확한 진술임에도 불구하고 가끔 사용된다.

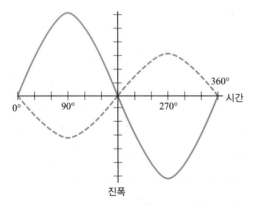

[그림 12-8] **위상이 180° 차이가 나는 두 사인파**

만약 두 사인파가 같은 진폭을 갖고 180° 위상 차이가 존재할 때, 두 파동 모두 중첩된 직류가 없다면 두 사인파는 서로를 상쇄시키고 사라진다. 그 이유는 두 파동의 순간 진폭이 모든 순간의 시간에서 크기가 같고 부호가 반대이기 때문이다.

만약 두 사인파가 다른 진폭을 갖고 180° 위상 차이가 존재할 때, 두 파동 모두 중첩된 직류가 없다면, 합성파는 두 요소 파동의 양(+)과 음(−)의 피크 진폭 차이와 같은 양(+) 또는 음(−)의 피크 진폭을 갖는 사인파가 된다. 합성파의 위상은 두 요소 파동 중 더 강한 파동의 위상과 동일하다.

위상 반대

중첩된 직류가 없는 완전한 사인파는 그 위상을 정확히 180°만큼 천이시키면 '원래 파동의 상하가 뒤집히는 것', 즉 **위상 반대**phase opposition 상태와 동일한 결과가 된다. 하지만 모든 파형이 이러한 특성을 갖는 것은 아니다. 완전한 방형파는 이처럼 독특한 특성이 나타나지만, 대부분의 구형파(직사각파)나 톱니파는 이런 특성을 갖지 않으며, 거의 모든 불규칙한 파형도 이와 같은 특성을 갖지 않는다.

대부분의 **비사인곡선**nonsinusoidal의 파동(사인 또는 코사인 함수 그래프와는 다른 파동)에서, 180° 위상 천이는 '파동의 상하가 뒤집히는 것'과 같은 결과를 낳지 않는다. 180° 위상 차이와 위상 반대 상태의 개념적 차이를 잊지 말아야 한다.

중간 위상차

같은 주파수를 갖는 두 완전한 사인파는 0°(위상 일치)에서 90°($\frac{1}{4}$ 사이클의 위상차를 의미하는 **위상 직각**phase quadrature)를 거쳐 180°, 270°(다시 위상 직각), 그리고 마지막으로 360°(다시 위상 일치)로 되돌아가는 전 과정, 즉 0°~360° 사이 어떤 값의 위상차도 가질 수 있다.

앞선 위상

동일한 주파수를 갖는 파동 X와 파동 Y의 두 사인파가 있다. 만약 파동 X가 파동 Y보다 한 사이클의 일부만큼 일찍 시작하면, 파동 X가 파동 Y를 위상에서 **앞선다**lead고 한다. 그리고 이를 만족하려면 파동 X는 파동 Y가 시작하기 전 180°보다 작은 위상값에서 사이클을 시작해야 한다. [그림 12-9]는 파동 X가 파동 Y보다 90°만큼 앞서는 것을 보여준다.

특정 파동 X([그림 12-9]의 점선)가 다른 파동 Y([그림 12-9]의 실선)를 앞설 때, 파동 X는 $\frac{1}{2}$ 파장 이내의 어떤 거리만큼 시간 축에서 파동 Y의 왼쪽으로 옮겨져 위치한다. 시간 도메인의 그래프나 화면에서 왼쪽으로의 변위는 시간이 더 앞선 순간을 나타내고, 오른쪽으로의 변위는 시간이 더 늦은 순간을 나타내는데, 이는 시간이 왼쪽에서 오른쪽으로 '흘러가기' 때문이다.

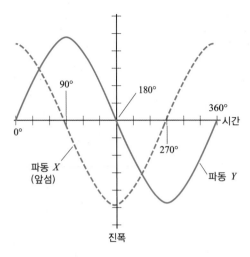

[그림 12-9] 파동 X가 파동 Y보다 90° 위상($\frac{1}{4}$ 사이클)만큼 앞선다.

뒤선 위상

어떤 사인파 X는 파동 Y가 출발하기 전 180°($\frac{1}{2}$ 사이클)보다 크고, 360°(전체 사이클)보다 작은 위상에서 사이클을 시작한다고 생각하자. 이때 파동 X가 파동 Y보다 0°~180° 범위의 어떤 위상만큼 늦게 그 사이클을 시작한다고 생각할 수 있는데, 이를 파동 X가 파동 Y보다 **뒤선다**[lag]고 한다. [그림 12-10]은 파동 X가 파동 Y보다 90°만큼 뒤서는 것을 보여준다. 특정 파동 X([그림 12-10]의 점선)가 다른 파동 Y([그림 12-10]의 실선)를 뒤설 때, 파동 X는 $\frac{1}{2}$ 파장 이내의 어떤 거리만큼 시간 축에서 파동 Y의 오른쪽으로 옮겨져 위치한다.

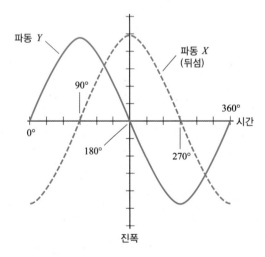

[그림 12-10] 파동 X가 파동 Y보다 90° 위상($\frac{1}{4}$ 사이클)만큼 뒤선다.

상대적 위상의 벡터 다이어그램

예를 들어, 사인파 X가 사인파 Y를 $q°$(여기서 q는 $180°$보다 작은 양(+)의 각도를 나타냄) 만큼 앞선다고 가정하자. 이 경우 두 파동을 벡터로 그리면, 벡터 **X**는 벡터 **Y**로부터 $q°$ 만큼 **반시계 방향**counterclockwise으로 더 회전한 방향을 향한다. 반대로 사인파 X가 사인파 Y에 $q°$만큼 뒤선다면, 벡터 **X**는 벡터 **Y**로부터 $q°$만큼 **시계 방향**clockwise으로 더 회전한 방향을 향한다. 한편 두 파동 **X**와 **Y**의 위상이 일치하면 두 벡터 **X**와 **Y**는 같은 방향을 가리키고, 두 파동 **X**와 **Y**가 $180°$ 위상 차이가 나면 반대 방향을 가리킨다.

[그림 12-11]은 주파수는 동일하지만 진폭은 서로 다른 두 사인파 X와 Y 사이의 네 가지 위상 관계를 보여준다.

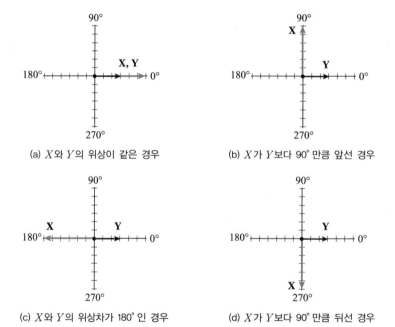

(a) X와 Y의 위상이 같은 경우

(b) X가 Y보다 $90°$ 만큼 앞선 경우

(c) X와 Y의 위상차가 $180°$인 경우

(d) X가 Y보다 $90°$ 만큼 뒤선 경우

[그림 12-11] 파동 X와 Y의 위상차를 벡터로 표현한 그림. 시간이 흐르면서 두 벡터 **X**와 **Y**가 변치 않는 각속도로 반시계 방향으로 회전한다.

- (a)에서는 파동 X가 파동 Y와 동일 위상이므로 두 벡터 **X**와 **Y**는 같은 선상에 있다.
- (b)에서는 파동 X가 파동 Y보다 $90°$만큼 앞서 있으므로 벡터 **X**는 벡터 **Y**로부터 반시계 방향으로 $90°$인 방향을 가리킨다.
- (c)에서는 파동 X와 Y가 $180°$만큼 위상이 떨어져 있으므로 두 벡터 **X**와 **Y**는 반대 방향을 가리킨다.

• (d)에서는 파동 X가 파동 Y보다 90°만큼 뒤서 있으므로 벡터 **X**는 벡터 **Y**로부터 시계 방향으로 90°인 방향을 가리킨다.

이 모든 예에서 두 벡터는 항상 같은 각도를 서로 유지하고, 벡터의 길이를 항상 동일하게 유지하면서 시간이 흐르면 불변의 속도로 끊임없이 반시계 방향으로 회전한다는 것을 기억해야 한다. 헤르츠로 표시된 주파수를 f라고 하면, 그때 벡터 쌍은 단위 초당 완전한 원의 회전수[r/s]로 표현된 각속도 f로, 반시계 방향으로 함께 회전한다.

※ 필요하다면 이 장의 본문 내용을 참고해도 된다. 적어도 18개 이상 맞히는 것이 바람직하다.
   정답은 [부록 A]에 있다.

12.1 사인파가 $50\,\text{kHz}$의 주파수를 갖는다면, 완전한 한 사이클의 소요 시간은?

    (a) $0.20\,\mu\text{s}\,(1\,\mu\text{s} = 0.000001\,\text{s})$
    (b) $2.0\,\mu\text{s}$
    (c) $20\,\mu\text{s}$
    (d) $200\,\mu\text{s}$

12.2 다음 중 잘 정의된 일정한 주기를 갖는 순수 사인파의 특성이 아닌 것은?

    (a) 전기 에너지가 넓은 범위(대역)의 주파수에 걸쳐 분포되어 있다.
    (b) 파동은 일정한 각속도로 회전하는 벡터로 묘사될 수 있다.
    (c) 파동은 전파되는 매질이 변하지 않는 한, 잘 정의된 일정한 파장을 갖는다.
    (d) 파동은 잘 정의된 일정한 주파수를 갖는다.

12.3 두 사인파 간에 위상 차이가 존재하고 그 위상차의 크기가 끊임없이 변하고 있을 때, 두 사인파가 어떠하다는 것을 알 수 있는가?

    (a) 주기가 다르다.
    (b) 파장이 다르다.
    (c) 주파수가 다르다.
    (d) (a), (b), (c) 모두 해당한다.

12.4 파동 X가 파동 Y를 $\frac{1}{3}$ 사이클만큼 앞서는 경우의 설명으로 올바른 것은?

    (a) 파동 Y는 파동 X 뒤로 $120°$만큼 뒤선다.
    (b) 파동 Y는 파동 X 뒤로 $90°$만큼 뒤선다.
    (c) 파동 Y는 파동 X 뒤로 $60°$만큼 뒤선다.
    (d) 파동 Y는 파동 X 뒤로 $30°$만큼 뒤선다.

12.5 "순수한 두 사인파는 서로 주파수가 같고, 직류 성분은 없으며, 위상이 일치한다고 가정하자. 한 사인파의 위상을 (　　)만큼 변화시킨다면, 위상 반대인 두 파동을 얻을 것이다."에서 괄호에 들어갈 적절한 각도는?

    (a) $90°$ (b) $180°$
    (c) $270°$ (d) $360°$

12.6 "주파수가 일정하고 직류 성분이 없는 순수한 사인파의 위상을 (　　)만큼 변화시키면, 결국에는 동일한 파동 모양이 된다."에서 괄호에 들어갈 적절한 각도는?

    (a) $45°$ (b) $90°$
    (c) $180°$ (d) $360°$

12.7 사인파의 원-운동 모델에서 22.5°의 위상 차이는 무엇을 나타내는가?

(a) 한 회전의 $\frac{1}{16}$

(b) 한 회전의 $\frac{1}{8}$

(c) 한 회전의 $\frac{1}{4}$

(d) 한 회전의 $\frac{1}{2}$

12.8 완전한 두 사인파가 위상 반대$^{\text{phase opposition}}$라고 가정하자. 한 파동은 $+7\,\text{V pk}+$와 $-7\,\text{V pk}-$의 피크값을 갖고, 다른 파동은 $+3\,\text{V pk}+$와 $-3\,\text{V pk}-$의 피크값을 갖는다. 합성파의 **피크-피크**$^{\text{peak-to-peak}}$ 전압은 얼마인가?

(a) $4\,\text{V pk}-\text{pk}$ (b) $6\,\text{V pk}-\text{pk}$

(c) $8\,\text{V pk}-\text{pk}$ (d) $12\,\text{V pk}-\text{pk}$

12.9 사인파가 $60\,\text{Hz}$의 주파수를 갖는다면, $90°$ 위상 변화가 일어나는 데 얼마나 오래 걸리는가?($1\,\text{ms}=0.001\,\text{s}$)

(a) $2.1\,\text{ms}$

(b) $4.2\,\text{ms}$

(c) $8.3\,\text{ms}$

(d) 계산하기 위해서는 더 많은 정보가 필요하다.

12.10 코사인파는 사인파가 얼마만큼 이동한 것인가?

(a) $60°$ (b) $90°$

(c) $120°$ (d) $180°$

12.11 주파수는 동일하지만 $60°$의 위상차가 있으면서, 어떠한 직류 성분도 없는 두 개의 사인파는 얼마만큼 어긋나 있는가?

(a) 한 사이클의 $\frac{1}{6}$

(b) 한 사이클의 $\frac{1}{4}$

(c) 한 사이클의 $\frac{1}{3}$

(d) 한 사이클의 $\frac{1}{2}$

12.12 **위상 반대**$^{\text{phase opposition}}$라는 용어는 (사인파든 아니든) 두 파동의 주파수가 같고, 다음 중 어떤 특성이 있는 두 파동을 말하는가?

(a) 서로 거꾸로 뒤집힌

(b) $90°$만큼 위상이 어긋난

(c) $180°$만큼 위상이 어긋난

(d) $270°$만큼 위상이 어긋난

12.13 반경이 전압을 묘사하는 극좌표 벡터 다이어그램에서, 직류 성분이 없는 순수한 사인파를 묘사한 회전하는 벡터의 길이는 다음 중 무엇을 나타내는가?

(a) 양(+) 또는 음(−)의 피크 전압 절반

(b) 양(+) 또는 음(−)의 피크 전압

(c) 양(+) 또는 음(−)의 피크 전압의 2배

(d) 피크-피크 전압

12.14 파동 X가 파동 Y보다 45° 위상만큼 뒤설 때, 파동 Y에 대한 설명으로 맞는 것은?

(a) 파동 X보다 $\dfrac{1}{12}$ 사이클 앞에 있다.

(b) 파동 X보다 $\dfrac{1}{10}$ 사이클 앞에 있다.

(c) 파동 X보다 $\dfrac{1}{8}$ 사이클 앞에 있다.

(d) 파동 X보다 $\dfrac{1}{6}$ 사이클 앞에 있다.

12.15 [그림 12–12]는 극좌표계에서 벡터 **X**와 **Y**의 형태로, 주파수가 동일한 순수한 두 사인파 X와 Y를 나타낸 것이다. 두 파 모두 직류 성분은 없다. 주어진 정보에 따르면 다음 중 올바른 설명은 무엇인가?

(a) 파동 X는 $\dfrac{1}{6}$ 사이클만큼 파동 Y에 뒤선다.

(b) 파동 X는 $\dfrac{1}{3}$ 사이클만큼 파동 Y에 뒤선다.

(c) 파동 X는 $\dfrac{1}{6}$ 사이클만큼 파동 Y에 앞선다.

(d) 파동 X는 $\dfrac{1}{3}$ 사이클만큼 파동 Y에 앞선다.

12.16 [그림 12–12]에서 두 파동의 상대적인 피크–피크 진폭에 대해 어떤 결론을 내릴 수 있는가?

(a) 두 파동의 피크–피크 진폭은 동일하다.

(b) 파동 X의 피크–피크 진폭은 파동 Y의 피크–피크 진폭을 초과한다.

(c) 파동 Y의 피크–피크 진폭은 파동 X의 피크–피크 진폭을 초과한다.

(d) 두 파동의 상대적인 피크–피크 진폭에 대해 명확히 말할 수 없다.

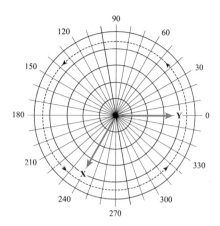

[그림 12–12] **[연습문제 12.15~12.16]을 위한 그림**

12.17 [그림 12–13]에서 직류 성분을 갖지 않은 두 개의 순수 사인파가 보여주는 위상은 어떤 상태인가?

(a) 위상 일치 (b) 위상 반대
(c) 위상 직각 (d) 위상 강화

12.18 [그림 12–13]에 있는 파동 중 어느 하나를 '뒤집는다면' 두 파동의 위상은 어떠한 상태가 되겠는가?

(a) 위상 일치 (b) 위상 반대
(c) 위상 직각 (d) 위상 강화

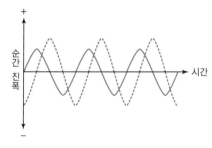

[그림 12–13] **[연습문제 12.17~12.18]을 위한 그림**

12.19 동일한 주파수의 두 교류 파동(사인파일 필요는 없음)이 10 V pk−pk 전압을 갖고 **위상 반대**phase opposition이다. 어떤 신호도 직류 성분을 갖고 있지 않다. 합성파의 피크−피크 전압은 얼마인가?

(a) 7.071 V pk − pk

(b) 14.14 V pk − pk

(c) 0 V pk − pk

(d) 계산하려면 더 많은 정보가 필요하다.

12.20 앞 문제에서 두 파동은 180°만큼 위상이 다르다고 가정하자. 합성파의 피크−피크 전압은 얼마인가? 두 파동이 사인파일 필요가 없고, 어떤 상상 가능한 파형도 가질 수 있음을 상기하라.

(a) 7.071 V pk − pk

(b) 14.14 V pk − pk

(c) 0 V pk − pk

(d) 계산하려면 더 많은 정보가 필요하다.

CHAPTER

13

유도성 리액턴스

Inductive Reactance

▌학습목표

- 코일과 직류 및 교류와의 관계를 통해 유도성 리액
  턴스를 이해할 수 있다.
- 저항과 유도성 리액턴스를 조합한 RX_L 평면에서
  점과 벡터를 표현할 수 있다.
- 저항과 유도성 리액턴스와의 관계에 따라 위상차
  와 뒤섬의 특성을 이해할 수 있다.

▌목차

직류 전기회로에서 전류, 전압, 저항과 전력은 간단한 방정식으로 서로 연관된다. 만약 소자가 에너지를 저장하거나 방출하지 않고 단지 소모만 한다면, 직류에서와 동일한 방정식이 교류 회로에도 적용된다. 만약 소자가 교류 시스템에서 에너지를 저장하거나 방출한다면 그 소자는 **리액턴스**reactance를 갖는다고 한다. 소자의 리액턴스와 저항을 수학적으로 더하면 소자의 **임피던스**impedance가 되는데, 임피던스란 소자들이 교류의 흐름을 얼마나 반대하고 **방해하는지**impede를 완벽히 정량화한 것이다.

인덕터와 직류

직류 저항은 0(완전 도체를 의미)에서부터 지극히 큰 값(열등한 전도체를 의미)에 이르기까지 넓은 범위의 숫자로 나타내고, 단위로는 Ω, kΩ, MΩ, 또는 다른 단위를 붙여 표현할 수 있다. 물리학자들은 저항을 **스칼라**scalar 양이라고 하는데, 이는 [그림 13-1]과 같이 저항이 일차원 **눈금**scale을 갖는 **반직선**half-line 위에 점을 찍어 그 값을 표시할 수 있기 때문이다. 그러나 이미 저항을 포함하고 있는 회로에 인덕턴스를 추가한 후, 그 회로에 교류를 공급할 때는 상황이 좀 더 복잡해진다.

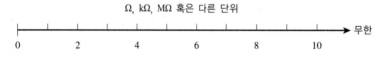

[그림 13-1] **반직선을 따라 저항값을 나타낼 수 있다.**

전기가 매우 잘 통하는 도선을 무제한으로 공급받는다고 하자. 만약 일정 길이의 도선을 코일로 감아 인덕터를 만든 후 [그림 13-2]와 같이 직류 배터리나 전원에 연결하면, 처음에는 도선에 작은 작은 전류가 흐르다가 곧 전류의 값이 커진다. 이런 현상은 도선을 어떻게 배열하더라도 발생한다. 도선은 한 번 감은 루프loop로 만들 수 있고, 아무렇게나 바닥에 놓을 수도 있다. 또한 도선으로 나무 막대기 주위를 감쌀 수도 있다. 어느 경우든지 $I = \dfrac{E}{R}$ 를 만족하는 전류가 흐른다. 여기서 I는 전류[A], E는 직류 전원 전압[V], R은 도선의 직류 저항[Ω]이다.

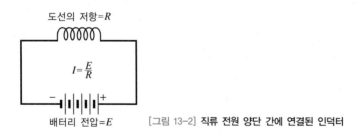

[그림 13-2] **직류 전원 양단 간에 연결된 인덕터**

철심 주위에 코일을 감고, 그 코일에 직류를 흘리면 **전자석**electromagnet을 만들 수 있다. 코일에 철심 코어가 없을 때와 마찬가지로, 코일에는 크고 일정한 전류가 흐른다. 실제 전자석에서는 모든 전기 에너지가 자기장 생성에 기여하지 않으며, 일부 전기 에너지는 도선에서 소모되어 코일을 가열한다. 만약 직류 전원의 전압을 증가시키거나 전류 공급 능력을 향상시키면 코일의 도선은 더욱 뜨거워진다. 극단적으로 표현하면, 직류 전원의 전압을 충분히 증가시키고 전류를 무제한으로 공급할 수 있다면 도선은 녹는점까지 가열될 것이다.

인덕터와 교류

[그림 13-3]과 같이 코일 양단에 연결된 전압원을 직류에서 **순수 교류**pure AC(즉, 직류 성분을 전혀 갖지 않는 교류)로 바꾼다고 가정하자. 교류 주파수를 수 Hz~수백 Hz, kHz 또는 MHz로 변화시킬 수 있다고 하자. 낮은 주파수에서는 직류 전원에서와 마찬가지로 코일에 큰 전류가 흐를 것이다. 그러나 코일은 일정량의 인덕턴스를 나타내고, 전류의 흐름이 코일 내에 확립되기 위해서는 얼마간의 시간이 필요하다. 얼마나 많은 횟수로 코일을 감았는지, 코일의 중심이 공기인지 또는 강자성체인지에 따라 다르긴 하지만, 주파수를 계속 증가시키면 코일의 반응이 부진해지는 시점에 이르게 된다. 즉, 전류가 코일 내에 자리 잡는 충분한 시간을 확보하기 이전에 교류 극성이 반전된다.

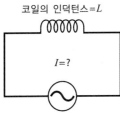

코일의 인덕턴스 $= L$

$I = ?$

전압이 E인 교류 전원　　[그림 13-3] **교류 전원 양단에 연결된 인덕터**

충분히 높은 교류 주파수에서는 코일에 흐르는 전류가 코일 양단 간 순시 전압의 변화를 따라가는 데 문제가 생긴다. 코일이 충분히 전류를 흘릴 수 있다고 생각하기 시작할 때, 교류 전압 파동은 피크 지점을 통과하고, 0으로 돌아가서 역방향으로 전류를 끌어당기려고 할 것이다. 실제 이러한 전류 끌어당김 현상은 순수한 저항에서와 매우 유사한 방식으로 코일이 전류 흐름을 방해하도록 만든다. 교류 주파수가 증가할수록 코일이 전류 흐름을 방해하는 정도가 증가한다. 결국 주파수를 계속 증가시키면 코일은 전압 극성이 반전되기 전에 충분한 전류 흐름을 획득하지 못할 것이다. 이때 코일은 값이 큰 저항처럼 동작하게 된다.

교류에서 인덕터는 주파수에 의존하는 저항처럼 동작한다. 코일의 교류에 대한 저항성을 나타내기 위해 **유도성 리액턴스**^{inductive reactance}라는 용어로 표현하며, 이는 Ω으로 나타내고 측정한다. 저항과 마찬가지로 유도성 리액턴스 값은 거의 0(짧은 조각의 도선)에서부터 수 Ω(작은 코일), kΩ과 MΩ(많은 회전수를 갖는 코일 또는 높은 교류 주파수에서 동작하는 강자성체 코어를 갖는 코일)까지 다양하다. 유도성 리액턴스 값도 저항처럼 반직선에 나타낼 수 있다. 반직선 위의 숫자 값은 0에서 시작하여 무한히 증가한다.

리액턴스와 주파수

유도성 리액턴스는 두 가지 리액턴스 중 하나다(나머지 한 형태의 리액턴스는 14장에서 다룬다). 수학적으로 표현할 때 리액턴스는 일반적으로 X로 나타내고, 유도성 리액턴스는 X_L로 나타낸다.

교류 전원의 주파수가 $f[\text{Hz}]$, 코일의 인덕턴스가 $L[\text{H}]$이면, 유도성 리액턴스 $X_L[\Omega]$은 다음과 같이 계산한다.

$$X_L = 2\pi f L \approx 6.2832 f L$$

주파수 f의 단위를 kHz, 인덕턴스 L의 단위를 mH로 나타내거나 f의 단위를 MHz, L의 단위를 μH로 나타내도 같은 식이 적용된다. 즉 주파수를 1,000배 하면 인덕턴스는 $\frac{1}{1,000}$배 해야 하고, 주파수를 1,000,000배 하면 인덕턴스는 $\frac{1}{1,000,000}$배 해야 한다.

유도성 리액턴스는 교류 주파수에 비례해서 선형적으로 증가한다. 따라서 f에 대한 X_L의 함수를 직각좌표계 평면 위에 그래프로 그리면 직선이 된다. 또 유도성 리액턴스는 인덕턴스 값에 따라 선형적으로 증가하며, 그 결과 L에 대한 X_L의 함수도 직각좌표계 그래프에서 직선으로 나타난다. 이를 요약하면 다음과 같다.

• 만약 L을 일정하게 유지하면 X_L 값은 f에 정비례하여 변화한다.
• 만약 f를 일정하게 유지하면 X_L 값은 L에 정비례하여 변화한다.

[그림 13-4]는 이와 같은 관계를 일반적인 직각좌표계 평면 위에 나타낸 것이다.

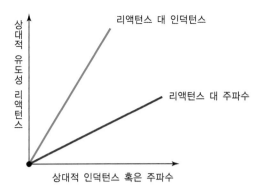

세로축: 상대적 유도성 리액턴스

리액턴스 대 인덕턴스

리액턴스 대 주파수

가로축: 상대적 인덕턴스 혹은 주파수

[그림 13-4] 유도성 리액턴스는 고정된 주파수 f에서 인덕턴스에 정비례하고, 고정된 인덕턴스 값에서 주파수에 정비례한다.

예제 13-1

코일이 0.400 H의 인덕턴스를 갖고 있고, 코일에 흐르는 교류 주파수가 60.0 Hz라고 가정하자. 유도성 리액턴스는 얼마인가?

풀이

앞서 기술한 식을 사용하고, 세 자리 유효숫자로 반올림하면 다음 식을 얻을 수 있다.

$$X_L = 6.2832 \times 60.0 \times 0.400 = 151\,\Omega$$

예제 13-2

만약 공급전원이 순수한 직류를 공급하는 배터리라면 위에서 언급한 코일의 유도성 리액턴스는 얼마인가?

풀이

직류는 주파수가 0이므로, 유도성 리액턴스를 전혀 관측할 수 없다. 이는 다음과 같이 증명할 수 있다.

$$X_L = 6.2832 \times 0 \times 0.400 = 0\,\Omega$$

인덕턴스는 순수 직류에 어떤 실질적 영향도 주지 못한다. 어떤 도선도 완전한 전기 전도체가 되지 못하므로 코일은 약간의 직류 저항을 가질 것이다. 그러나 이것은 교류 리액턴스와 다르다!

예제 13-3

만약 코일이 5.00 MHz의 주파수에서 100 Ω의 유도성 리액턴스를 갖는다면, 그것의 인덕턴스는 얼마인가?

풀이

이 경우는 숫자들을 수식에 대입하고 미지수 L에 대해 풀어야 한다. 다음 방정식에서부터 시작하자.

$$100 = 6.2832 \times 5.00 \times L = 31.416 \times L$$

주파수가 MHz로 주어졌기 때문에, 인덕턴스는 μH로 나올 것이다. 위의 방정식 양변을 31.416으로 나누고, 세 자리 유효숫자로 반올림하면, 다음 식을 얻을 수 있다.

$$L = \frac{100}{31.416} = 3.18 \, \mu\text{H}$$

RX_L 1사분면

교류는 주파수가 변하므로, 저항과 인덕턴스를 모두 포함하는 회로의 경우 회로 동작을 나타내기 위해 직선 눈금을 사용할 수 없다. 따라서 저항 반직선과 리액턴스 반직선을 서로 직각으로 분리해서 나타내는 [그림 13-5]와 같은 좌표계를 형성해야 한다. 저항은 수평 축에 표시하고 오른쪽으로 움직일수록 값이 증가한다. 유도성 리액턴스는 수직축상에 표시하고, 위쪽으로 진행할수록 증가한다. 이 눈금을 **저항-유도성 리액턴스(RX_L) 1사분면**이라고 한다.

소문자 j는 무엇을 의미하는가

[그림 13-5]에서 모든 리액턴스 숫자 앞에 있는 이탤릭 소문자 j가 무엇을 나타내는지 의아할 수 있다. 엔지니어는 **단위 허수**^{unit imaginary number}인 수학적 양을 나타내기 위해 기호 j를 사용한다. j는 -1의 양의 제곱근이다. 전기 엔지니어들은 -1의 양의 제곱근을 j **연산자**^{operator}라고 한다. j를 반복해서 곱하면 다음과 같이 네 가지 수가 반복되는 수열을 얻는다.

$$j \times j = -1$$
$$j \times j \times j = -j$$
$$j \times j \times j \times j = 1$$
$$j \times j \times j \times j \times j = j$$
$$j \times j \times j \times j \times j \times j = -1$$
$$j \times j \times j \times j \times j \times j \times j = -j$$

$$j \times j \times j \times j \times j \times j \times j \times j = 1$$
$$j \times j \times j \times j \times j \times j \times j \times j \times j = j$$
$$j \times j \times j \times j \times j \times j \times j \times j \times j \times j = -1$$
$$\vdots$$

2 또는 $\frac{5}{2}$, 7.764958과 같은 보통 숫자(즉, **실수**^{real number})를 j와 곱하면 **허수**^{imaginary} ^{number}를 얻는다. [그림 13-5]에서 수직 눈금 위의 모든 점은 허수를 나타낸다. 실수에 허수를 더하면 **복소수**^{complex number}가 되는데, [그림 13-5]의 1사분면에 있는 모든 점은 복소수다.

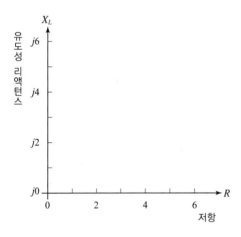

[그림 13-5] 유도성 리액턴스(X_L)와 저항(R)에 대한 RX_L 1사분면

복소 임피던스

RX_L 1사분면상에서 각 점은 하나의 유일한 **복소수 임피던스**^{complex-number impedance}(줄여서 **복소 임피던스**^{complex impedance})에 대응된다. 역으로 각 복소 임피던스 값은 1사분면 위에 있는 단 하나의 점에 유일하게 대응된다. 저항과 유도성 인덕턴스를 포함하는 복소 임피던스 값 Z는 RX_L 1사분면 위에 다음과 같은 형태로 표현된다. 여기서 R은 저항[Ω]을 나타내고, X_L은 유도성 리액턴스[Ω]를 나타낸다.

$$Z = R + jX_L$$

몇 가지 RX_L 예

순수 저항, 즉 $R = 5\,\Omega$만 갖고 있으면 복소 임피던스는 $Z = 5 + j0$ 이고, RX_L 1사분면 위의 점 $(5,\ j0)$에 표시할 수 있다. 만약 $X_L = 3\,\Omega$과 같은 순수 유도성 리액턴스만 갖고 있다면 복소 임피던스는 $Z = 0 + j3$ 이고, RX_L 1사분면 위의 점 $(0,\ j3)$에 위치한다.

때로 전자회로를 설계할 때 저항과 유도성 리액턴스를 모두 포함해, $Z = 2 + j3$ 또는 $Z = 4 + j1.5$와 같은 형태의 복소 임피던스 값을 만날 수 있다. [그림 13-6]은 위의 네 가지 복소 임피던스를 그래프에 나타낸 것이다.

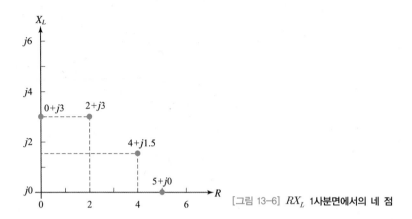

[그림 13-6] RX_L 1사분면에서의 네 점

RX_L 극한에 접근

실제 모든 코일은 약간의 저항을 갖고 있는데, 현실에서는 어떤 도선도 전류를 완벽하게 전도하지 못하기 때문이다. 모든 저항은 아주 작더라도 유도성 리액턴스를 갖는다. 모든 전기 소자의 각 끝에는 **리드선**leads이라고 하는 도선이 있다. 그리고 어떤 길이의 도선이든 (곧은 도선까지도) 약간의 인덕턴스는 갖고 있다. 따라서 교류 회로에서 $5 + j0$과 같이 수학적으로 완전한 순수 저항이나, $0 + j3$과 같이 수학적으로 완전한 순수 리액턴스는 존재하지 않는다. 이처럼 극단적인 상태에 접근할 수는 있지만, 실제로는 결코 얻을 수 없다 (단, 연습문제에서는 예외다).

RX_L 점들은 어떻게 움직이나

X_L 값들은 **리액턴스**reactance(단위 : Ω)를 나타내며, **인덕턴스**inductance(단위 : H)가 아님을 항상 기억하기 바란다. RX_L 회로에서 인덕턴스 값은 변하지 않더라도 리액턴스는 교류 주파수에 따라 변한다. 주파수 변화는 RX_L 1사분면에서 점을 움직이게 하는 그래픽 효과를 만든다. 교류 주파수가 증가할 때 점은 수직으로 상승하고, 반대로 교류 주파수가 감소할 때 수직으로 하강한다. 만약 교류 주파수가 0으로 계속 내려가서 직류가 되면 유도성 리액턴스는 사라지고, 오직 인덕터에서의 직류 저항 손실을 나타내는 작은 저항만 남는다.

몇 가지 RX_L 임피던스 벡터들

때때로 RX_L 1사분면 위의 점을 벡터로 표현한다. RX_L 1사분면의 한 점을 하나의 벡터로 표현하는 것은 그 점에 유일한 진폭과 유일한 방향을 부여하는 것이다. [그림 13-6]은 네 개의 다른 점들을 보여주는데, 각 점은 두 가지 거리에 의해 정해진다. 하나는 복소수 $0 + j0$에 대응되는 **원점**origin에서 오른쪽으로 일정한 거리이고, 다른 하나는 원점으로부터 위쪽으로 일정한 거리이다. 각 복소합의 첫 번째 숫자는 저항 R이고, 두 번째 숫자는 유도성 리액턴스 X_L을 나타낸다. RX_L 조합은 2차원적인 양을 구성한다. 주어진 모든 RX_L 조합은 독립적으로 변화할 수 있는 두 가지 양을 가지므로, RX_L 조합을 하나의 숫자(스칼라 양)로 정의할 수는 없다.

[그림 13-6]의 점들은 원점에서 그 점까지 직선을 그어 나타낼 수 있다. 그때 그 점 대신 반직선ray을 생각하면 각각의 반직선은 일정한 길이(크기)를 갖고, 저항 축으로부터 반시계 방향으로 일정한 방향(각도)을 갖는다. 이 반직선은 [그림 13-7]과 같이 **복소 임피던스 벡터**complex impedance vector를 구성한다. 복소 임피던스를 단순한 점이 아닌 벡터로 생각하면, 이러한 수학적 도구는 교류 회로가 여러 가지 상황 속에서 어떻게 동작하는지 평가할 때 도움이 된다.

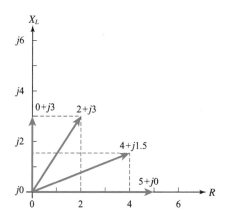

[그림 13-7] [그림 13-6]의 각 점에 대응하는 RX_L 1사분면 안의 네 벡터

전류는 전압에 뒤선다

인덕터 양단에 교류 전원을 설치하고 전원을 켜서 순시 전압이 0에서부터(양 또는 음으로) 증가하기 시작할 때, 전류가 이를 따라가기 위해서는 한 사이클의 일부분이 소요된다. 교류 파동 사이클의 전압이(양이거나 음인) 최대 피크로부터 감소하기 시작할 때, 전류가 이를

따라가기 위해서는 다시 한 사이클의 일부분이 소요된다. 순수 저항에서와 같이, 순시 전류가 순시 전압을 완전히 따라갈 수 없으므로, 유도성 리액턴스를 포함한 회로에서는 전류가 전압에 비해 위상이 **뒤선다**(뒤에 따른다)^{lag}. 어떤 상황에서는 이 뒤섬이 교류 사이클의 작은 일부분에 불과하지만, 뒤섬의 정도는 $\frac{1}{4}$ 사이클(90° 위상)까지 큰 값을 가질 수 있다.

순수 유도성 리액턴스

구리와 같은 우수한 도체로 만든 코일 양단 간에 교류 전압원을 위치시키고, 유도성 리액턴스 X_L이 저항 R보다 매우 크도록(예를 들면, 백만 배 정도) 교류 전원의 주파수를 많이 높인다고 하자. 이때 코일은 본질적으로 순수 유도성 리액턴스처럼 동작하며, 전류는 [그림 13-8]과 같이 사실상 전압에 $\frac{1}{4}$ 사이클(90°)만큼 뒤선다.

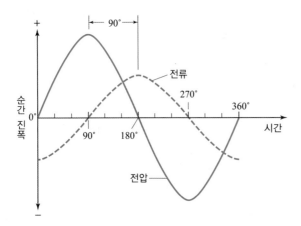

[그림 13-8] 순수 유도성 리액턴스에서 전류는 90°만큼 전압에 뒤선다.

만약 낮은 교류 주파수에서 전류 지연^{current lag}이 90°에 근접하려면 아주 큰 인덕턴스가 필요하다. 교류 주파수가 증가한다면 작은 인덕턴스로도 전류 지연이 90°에 근접할 수 있다. 만약 저항이 전혀 없는 어떤 도선을 감아 하나의 코일을 만들었다면, 이때 전류는 교류 주파수나 코일의 크기에 관계없이 정확하게 90°만큼 전압에 뒤서게 될 것이다. 이 경우를 가리켜 **이상적 인덕터**^{ideal inductor} 또는 **순수 유도성 리액턴스**^{pure inductive reactance}를 갖는다고 한다. 실제 세계에서 순수 유도성 리액턴스를 갖는 일은 존재하지 않지만, R 값에 비해 X_L 값이 매우 클 때는 RX_L 1사분면에서 벡터가 거의 정확하게 X_L 축을 따라 위쪽을 곧게 가리킨다. 즉 벡터는 R축으로부터 거의 90°가 된다.

저항을 가진 유도성 리액턴스

저항-인덕턴스(RL) 회로에서 저항이 유도성 리액턴스만큼 중요해졌을 때, [그림 13-9]와 같이 전류는 90°보다 작은 어떤 각도만큼 전압에 뒤선다. 만약 R이 X_L에 비해 작으면 전류 지연은 거의 90°가 되고, R이 X_L에 비해 커지면 전류 지연은 감소된다.

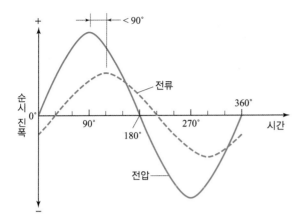

[그림 13-9] **유도성 리액턴스와 저항을 가진 회로에서 전류는 90°보다 작은 값만큼 전압에 뒤선다.**

만일 의도적으로 인덕턴스와 순수 저항을 직렬로 연결한다면 RL 회로에서 R 값이 X_L에 비교될 정도로 증가할 수 있다. 또는 교류 주파수가 낮아지면서 X_L은 감긴 코일의 손실 저항 R에 필적할 정도로 감소될 수 있다. 어느 경우든 저항과 직렬 연결된 인덕턴스로 도식적으로 나타낼 수 있다([그림 13-10]).

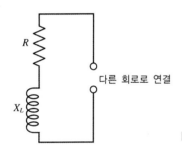

[그림 13-10] **저항과 유도성 리액턴스를 포함하는 회로의 도식적 묘사**

만일 R과 X_L 값을 알고 있다면, RX_L 1사분면에 $R + jX_L$ 점을 찍고 원점에서부터 이 점까지 벡터를 그린 후, 저항 축에서부터 반시계 방향으로 그 벡터의 각도를 측정함으로써 **RL 위상각**$^{RL\ phase\ angle}$(또는 저항과 인덕턴스를 다루는 것을 알 경우 간단히 **위상각**^{phase} ^{angle})이라고 하는 **지연각**$^{angle\ of\ lag}$을 찾을 수 있다. 이 각도는 각도기로 직접 측정하거나 삼각법을 이용하여 계산할 수도 있다.

그러나 지연각을 계산하기 위해 R과 X_L의 실제 값을 알 필요는 없다. 두 값의 비율만 알면 된다. 예를 들어, $X_L = 5\,\Omega$이고 $R = 3\,\Omega$이라면 $X_L = 50\,\Omega$이고 $R = 30\,\Omega$이거나, $X_L = 200\,\Omega$이고 $R = 120\,\Omega$인 경우에 얻은 것과 동일한 위상각을 얻는다. 그 비율이 5:3 인 X_L과 R의 모든 값들에 대해서 지연각은 모두 동일하다.

순수 저항

RL 회로에서 유도성 리액턴스와 비교하여 저항이 커지면 지연각은 점점 작아진다. 저항에 비해 유도성 리액턴스가 작아져도 동일한 현상이 발생한다. R이 X_L보다 몇 배 클 경우, RX_L 1사분면에서 벡터는 거의 R축 위에 놓이고, 동쪽이나 오른쪽을 향한다. 이때 위상각은 $0°$에 가깝다. 전류는 전압 변동과 거의 같은 위상으로 흐른다. 인덕턴스가 전혀 없는 순수 저항인 경우, 전류는 정확히 전압과 동일한 위상을 따른다([그림 13-11]). 순수 저항은 유도성 회로처럼 에너지를 축적하거나 방출하지 않는다. 순수 저항은 모든 에너지를 즉시 획득하고 버리므로 전류 지연이 전혀 일어나지 않는다.

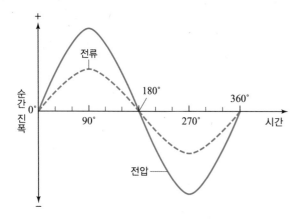

[그림 13-11] **(리액턴스 없이) 순수 저항을 포함하는 회로에서 전류는 정확히 전압과 동일한 위상으로 변화한다.**

얼마나 뒤서나?

RL 회로에서 저항에 대한 유도성 리액턴스의 비율($\frac{X_L}{R}$)을 알고 있다면 위상각을 알 수 있다. 물론 실제 X_L과 R 값을 알고 있을 때도 위상각을 알 수 있다.

도식적 방법

한 장의 종이 위에 RX_L 1사분면을 그리고, 자와 각도기를 사용하면 RL 회로에 대한 위상각을 찾을 수 있다. 먼저, 자와 연필로 종이 위에 왼쪽에서 오른쪽으로 $100\,\mathrm{mm}$보다 약간 긴 길이의 직선을 그린다. 그 다음, 각도기를 사용하여 먼저 그은 선의 왼쪽 끝에서 수직으로 위를 향하는 $100\,\mathrm{mm}$ 길이의 선을 긋는다. 오른쪽을 향하는 수평선은 좌표계 시스템의 R 축을 형성하고, 위쪽을 향하는 수직선은 X_L 축을 형성한다.

만약 X_L과 R 값을 안다면 그 값들을 일정 숫자로 나눠서 작게 하거나, 곱해서 크게 하여 모두 0과 100 사이의 값이 되도록 한다. 예를 들어, 만약 $X_L = 680\,\Omega$이고 $R = 840\,\Omega$이라면, 이 값들을 모두 10으로 나눠서 $X_L = 68$과 $R = 84$를 얻을 수 있다. 이 점들을 그려놓은 세로선과 가로선 위에 각각 표시한다. 이 예에서 R점은 원점에서부터 오른쪽으로 $84\,mm$에 위치해야 하고, X_L점은 원점에서부터 위쪽으로 $68\,mm$에 위치해야 한다.

다음으로 [그림 13-12]와 같이 두 점을 연결하는 선을 긋는다. 이 선은 기울어져 있고, 두 개의 축과 함께 삼각형을 형성할 것이다. 두 점과 좌표계의 원점은 **직각삼각형**의 세 **꼭짓점**을 형성한다. 세 각 중 한 각이 **직각**(90°)이므로 이 삼각형은 직각삼각형이다. 경사진 선이 R 축과 이룬 각도를 측정한다. 각도기로 정확한 값을 얻기 위해, 필요하다면 선들 중 한 선 또는 두 선을 연장하여 그린다. 이 각은 0°~90° 사이의 값이며 RL 회로에서 위상각을 나타낸다.

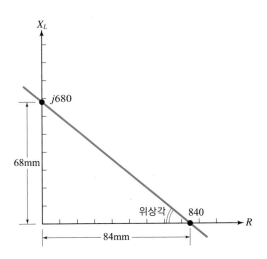

[그림 13-12] **저항과 유도성 리액턴스를 포함하는 회로에서 위상각을 찾는 도식적 방법**

원점과 두 점이 직사각형의 세 꼭짓점이 되도록 나머지 두 선(가로선과 세로선)을 그려 직사각형을 완성하면, 복소 임피던스 벡터 $R + jX_L$을 찾을 수 있다. 벡터는 [그림 13-13]과 같이 직사각형의 대각선으로 나타날 것이다. 이 벡터와 R축이 이루는 각도가 위상각이다. 이 각은 [그림 13-12]에서 R축에 대해 경사진 선의 각도와 동일하다.

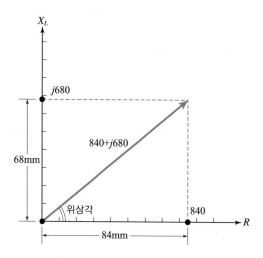

[그림 13-13] 저항과 유도성 리액턴스를 포함하는 회로에서 위상각을 찾는 다른 도식적 방법으로, 임피던스 벡터를 보여준다.

삼각법에 의한 방법

만약 어떤 수의 **아크탄젠트**arctangent 또는 **역탄젠트**inverse tangent(Arctan 또는 $\tan^{-1}$로 기호화함)를 계산할 수 있는 계산기가 있다면, 도식적 방법보다 더 정확하게 위상각을 결정할 수 있다. X_L과 R 값이 주어졌을 때, 위상각은 두 값의 비율의 아크탄젠트와 같다. 위상각을 그리스 문자 파이phi('fie' 또는 'fee'로 발음하고 ϕ로 씀)로 기호화한다. 위상각을 수학적으로 나타내면 다음과 같다.

$$\phi = \tan^{-1}\left(\frac{X_L}{R}\right) \ \text{또는} \ \phi = \mathrm{Arctan}\left(\frac{X_L}{R}\right)$$

대부분의 컴퓨터에서 계산기 프로그램을 '공학용' 모드로 설정하고, 숫자를 입력한 뒤 [inv]를 체크하고 [tan]을 누르면 해당 숫자의 아크탄젠트를 계산할 수 있다.

예제 13-4

RL 회로에서 유도성 리액턴스가 680Ω이고 저항이 840Ω일 때, 위상각을 구하라.

풀이

비율 $\frac{X_L}{R}$은 $\frac{680}{840}$과 같다. 계산기로 계산하면 결과는 0.8095와 그 뒤에 많은 숫자들이 나타날 것이다. 이 숫자의 아크탄젠트를 계산하면 38.99와 그 뒤에 더 많은 숫자들이 나타난다. 이것을 반올림하면 39.0°가 된다.

예제 13-5

저항이 $10\,\Omega$이고 인덕턴스가 $90\,\mu\mathrm{H}$인 RL 회로가 $1.0\,\mathrm{MHz}$의 주파수에서 동작한다고 가정하고 위상각을 구하라. 이 결과로부터 $1.0\,\mathrm{MHz}$ 주파수에서 RL 회로 동작의 어떤 면을 알 수 있는가?

풀이

먼저, 식 $X_L = 6.2832fL = 6.2832 \times 1.0 \times 90 = 565\,\Omega$을 이용하여 유도성 리액턴스를 찾는다. 그 다음 비율을 계산한다.

$$\frac{X_L}{R} = \frac{565}{10} = 56.5$$

위상각은 Arctan 56.5와 같은데, 이를 유효숫자 두 자리로 반올림하면 $89°$가 된다. 지금 이 RL 회로는 위상각이 $90°$에 가깝기 때문에 거의 순수 유도성 리액턴스를 갖는다. 따라서 저항은 $1.0\,\mathrm{MHz}$에서 RL 회로의 동작에 거의 기여하지 못한다.

예제 13-6

[예제 13-5]의 회로에서 주파수가 $10\,\mathrm{kHz}$일 때 위상각을 구하라. 이 정보로부터 $10\,\mathrm{kHz}$에서의 이 회로 동작에 대해 어떤 점을 알 수 있는가?

풀이

새로운 주파수에 대해 X_L을 다시 계산해야 한다. 식에서 MHz는 μH와 같이 사용되므로, 주파수 단위로 MHz를 사용하기 위해 $10\,\mathrm{kHz}$를 바꾸면 $0.010\,\mathrm{MHz}$가 된다. 계산하면 다음 식을 얻는다.

$$X_L = 6.2832fL = 6.2832 \times 0.010 \times 90 = 5.65\,\Omega$$

저항에 대한 유도성 리액턴스의 비율을 계산하면 다음 식을 얻는다.

$$\frac{X_L}{R} = \frac{5.65}{10} = 0.565$$

새로운 주파수에서의 위상각은 Arctan 0.565와 같고, 두 자리 유효숫자로 반올림하면 $29°$가 된다. 이 값은 $0°$에도, $90°$에도 가깝지 않다. 따라서 $10\,\mathrm{kHz}$에서의 저항과 유도성 리액턴스는 모두 이 RL 회로 동작에 중요한 역할을 한다.

※ 필요하다면 이 장의 본문 내용을 참고해도 된다. 적어도 18개 이상 맞히는 것이 바람직하다.
정답은 [부록 A]에 있다.

13.1 5.00 kHz 에서 120Ω의 유도성 리액턴스를 갖는 도선 코일의 인덕턴스는?

(a) 19.1 mH   (b) 1.91 mH
(c) 38.2 mH   (d) 3.82 mH

13.2 코일의 인덕턴스가 증가될 때, 고정-주파수에서 리액턴스는 어떻게 변하는가?

(a) 번갈아가며 증가하고 감소한다.
(b) 동일하게 유지된다.
(c) 증가한다.
(d) 감소한다.

13.3 $f = 2.50\,\text{MHz}$ 에서 $X_L = 700\,\Omega$을 갖는 인덕터의 L 값은 얼마인가?

(a) 223 μH   (b) 22.3 μH
(c) 446 μH   (d) 44.6 μH

13.4 저항이 0인 코일에 교류 신호를 인가할 때, 위상각은 어떻게 되는가?

(a) 0°
(b) 45°
(c) 90°
(d) 신호의 주파수에 따라 값이 달라진다.

13.5 만약 RL 회로에서 교류 신호를 인가할 때의 유도성 리액턴스가 저항과 같다면 (두 단위 모두 Ω으로 표현), 위상각은 어떻게 되는가?

(a) 0° ~ 45° 사이의 값
(b) 45°
(c) 45° ~ 90° 사이의 값
(d) 신호의 주파수에 따라 값이 달라진다.

13.6 교류 신호를 인가할 때 인덕턴스가 없는 순수 저항에서 위상각은 어떻게 되는가?

(a) 0°
(b) 45°
(c) 90°
(d) 신호의 주파수에 따라 값이 달라진다.

13.7 [그림 13-14]에서 $\dfrac{X_L}{R}$ 은 얼마인가?

(a) 17.1   (b) 8.57
(c) 0.233   (d) 0.117

13.8 [그림 13-14]에서 R과 X_L의 눈금분할 크기가 서로 다르지만, 위상각은 결정할 수 있다. 위상각은 대략 얼마인가?

(a) 6.67°   (b) 13.1°
(c) 83.3°   (d) 86.7°

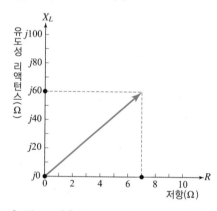

[그림 13-14] [연습문제 13.7~13.8]을 위한 그림

13.9 신호가 통과하는 코일의 회전수를 변화시켜 조절할 수 있는 롤러 탭$^{roller\ tap}$이 장착된 코일에 교류 신호를 인가한다(이런 소자를 **롤러 인덕터**$^{roller\ inductor}$라고 한다). 코일 전체를 관통하여 신호 전류가 흐르도록 탭을 설치하면, 신호 주파수에 의존하는 일정한 리액턴스를 얻는다. 탭을 조정해서 회전수가 점점 더 작아지는 코일을 관통해 신호 전류가 흐르도록 할 때, 일정한 리액턴스를 유지하기 위해서는 신호 주파수를 어떻게 변화시켜야 하는가? 코일자체 또는 코일에 직접 연결된 부품에는 저항이 존재하지 않는다고 가정하자.

(a) 주파수를 바꾸지 말아야 한다.
(b) 주파수를 증가시켜야 한다.
(c) 주파수를 감소시켜야 한다.
(d) 이 문제를 풀려면 정보가 더 필요하다.

13.10 [연습문제 13.9]의 상황에서 코일이 완전 도체로 만들어졌다고 가정하면, 문제에서 기술된 방식대로 코일을 조절할 때 위상각에 어떤 일이 발생하는가?

(a) 위상각은 변화하지 않는다.
(b) 위상각은 증가한다.
(c) 위상각은 감소한다.
(d) 이 문제를 풀기 위해서는 정보가 더 필요하다.

13.11 RX_L 1사분면의 수직선 축을 따라 위치한 점들은 어떤 값과 일대일 대응하는가?

(a) 인덕턴스
(b) 유도성 리액턴스
(c) 저항
(d) 복소 임피던스

13.12 $50.0\,\mathrm{mH}$의 인덕턴스를 갖는 코일이 $5.00\,\mathrm{kHz}$의 주파수에서 갖는 리액턴스는 얼마인가?

(a) $15.7\,\Omega$　　　　(b) $31.4\,\Omega$
(c) $785\,\Omega$　　　　(d) $1.57\,\mathrm{k}\Omega$

13.13 $1.0\,\mathrm{mH}$ 인덕터가 $3,000\,\Omega$의 리액턴스를 갖는다고 할 때 주파수는 얼마인가?

(a) 이 문제를 풀기 위해서는 정보가 더 필요하다.
(b) $0.24\,\mathrm{MHz}$
(c) $0.48\,\mathrm{MHz}$
(d) $0.96\,\mathrm{MHz}$

13.14 만일 RL 회로에서 유도성 리액턴스를 일정하게 유지하면서 저항을 0에서부터 무한대로 값을 증가시킨다고 할 때, 이때 얻어진 모든 복소 임피던스 점들을 RX_L 1사분면 위에 찍으면 다음 중 무엇을 따라 위치하는가?

(a) 저항 축 위 어떤 점에서 위쪽을 가리키는 곧은 반직선
(b) 리액턴스 축 위 어떤 점에서 오른쪽을 가리키는 곧은 반직선
(c) 원점으로부터 오른쪽으로 경사지게 위로 상승하는 곧은 반직선
(d) 원점에 중심을 둔 $\frac{1}{4}$ 원주

13.15 RL 회로에서 저항과 리액턴스 모두를 0 에서부터 무한대까지 고정비율로 점진적으로 값을 증가시킨다면, 이때 얻어진 모든 복소 임피던스 점들을 RX_L 1사분면 위에 찍을 경우 다음 중 무엇을 따라 위치하는가?

(a) 저항 축 위 어떤 점에서 위쪽을 가리키는 곧은 반직선

(b) 리액턴스 축 위 어떤 점에서 오른쪽을 가리키는 곧은 반직선

(c) 원점으로부터 오른쪽으로 경사지게 위로 상승하는 곧은 반직선

(d) 원점에 중심을 둔 $\frac{1}{4}$ 원주

13.16 어떤 RL 회로에서 유도성 리액턴스의 저항에 대한 비율이 큰 값에서 시작해서 점점 감소한다고 가정하자. 위상각은 어떻게 되는가?

(a) 증가해서 90°에 접근한다.

(b) 감소해서 45°에 접근한다.

(c) 증가해서 45°에 접근한다.

(d) 감소해서 0°에 접근한다.

13.17 어떤 RL 회로에서 유도성 리액턴스의 저항에 대한 비율이 0에서 시작해서 1.732:1의 한계값으로 점차 증가한다고 가정하자. 위상각은 어떻게 되는가?

(a) 증가해서 30°에 접근한다.

(b) 감소해서 30°에 접근한다.

(c) 증가해서 60°에 접근한다.

(d) 감소해서 60°에 접근한다.

13.18 $f = 100\,\mathrm{MHz}$ 에서 $100\,\mathrm{nH}$의 인덕턴스를 갖는 코일의 유도성 리액턴스는 얼마인가?

(a) 이 문제를 풀기 위해서는 정보가 더 필요하다.

(b) $126\,\Omega$

(c) $62.8\,\Omega$

(d) $31.4\,\Omega$

13.19 $1.25\,\mathrm{mH}$ 인덕터와 $7.50\,\Omega$ 저항으로 구성된 RL 회로가 있다. 회로의 연결선은 완전 도체이다. $1.45\,\mathrm{kHz}$의 주파수에서 위상각은 얼마인가?

(a) 56.6°   (b) 42.3°

(c) 33.4°   (d) 21.2°

13.20 [연습문제 13.19]의 회로에서 저항을 단락시킨다면 위상각에 어떤 변화가 일어나는가?

(a) 위상각은 신호 주파수에 따라 달라진다.

(b) 위상각은 신호 전압에 따라 달라진다.

(c) 위상각은 동일하게 유지된다.

(d) (a), (b), (c) 모두 틀리다.

CHAPTER

14

용량성 리액턴스
Capacitive Reactance

용량성 리액턴스는 자연스럽게 유도성 리액턴스의 짝으로 작용한다. 용량성 리액턴스는 그래프에서 음의 방향으로 진행하는 반직선으로 나타낼 수 있다. 용량성 리액턴스 반직선과 유도성 리액턴스 반직선의 두 끝점(모두 0의 리액턴스에 해당하는 점)을 서로 연결하면 [그림 14-1]과 같이 완전한 숫자 선을 얻는다. 이 선은 가능한 리액턴스 값을 모두 나타내는데, 이는 0이 아닌 리액턴스 값은 반드시 유도성 아니면 용량성이 되어야 하기 때문이다.

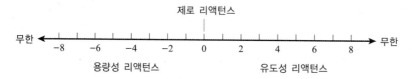

[그림 14-1] 유도성 리액턴스와 용량성 리액턴스 값은 숫자 선을 따라 점으로 나타낼 수 있다.

커패시터와 직류

우수한 전기적 도체 성질을 가진 두 장의 크고 평평한 금속판을 상상해보자. 만약 [그림 14-2]와 같이 이 두 금속판을 직류 전원에 연결한다면, 두 금속판은 전기적으로 충전되는 동안 큰 양의 전류가 발생하지만, 두 금속판이 평형 상태에 도달해가면서 충전 전류는 0으로 낮아진다.

커패시터는 이론적으로 무한대의 저항을 갖는다.

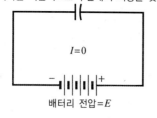

[그림 14-2] 직류 전원 양단 간에 연결된 커패시터

만일 배터리 또는 전원 공급 장치의 전압을 증가시키면 커패시터 판 사이에 스파크가 갑자기 일어나는 순간 도달한다. 만약 전원 공급 장치를 통해 필요한 전압을 공급할 수 있다면, 이러한 스파크 현상 또는 아크 현상arcing은 계속된다. 이런 상황에서 금속판 쌍은 더 이상 커패시터처럼 동작하지 않는다. 커패시터 양단에 과잉으로 전압을 가할 때, 유전체는 두 판 사이에 전기적 절연을 제공할 수 없다. 이와 같이 바람직하지 않은 상황을 **절연 파괴**dielectric breakdown라고 한다.

공기-절연체 또는 진공-절연체 커패시터에서의 절연 파괴는 일시적 현상으로, 소자에 영구적인 손상을 거의 일으키지 않는다. 전압을 줄이면 아크 현상이 멈추고, 그 후에는 소자가 정상적으로 동작한다. 그러나 운모, 종이, 폴리스틸렌 또는 탄탈과 같은 고체 유전 물질로 만든 커패시터에서 절연 파괴는 유전체를 태우거나 깨트릴 수 있으므로, 전압을 줄인 후에도 소자에 전류 전도를 발생시킨다. 만일 커패시터가 이런 종류의 손상을 받는다면 그것을 회로에서 제거한 후 새로운 것으로 교체해야 한다.

커패시터와 교류

이제 전압원을 [그림 14-3]과 같이 직류에서 교류로 바꾸었다고 가정하자. 이 교류의 주파수를 수 Hz 의 작은 초깃값에서부터 수백 Hz, 수 kHz, MHz, GHz로 조정할 수 있다고 하자.

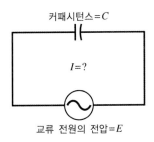

[그림 14-3] **교류 전원 양단 간에 연결된 커패시터**

처음에 교류 극성이 반전될 때 두 금속판 사이의 전압은 전원 공급 장치의 전압을 따라간다. 만약 두 금속판이 작은 표면적을 갖거나 금속판 사이에 큰 공간이 존재하는 경우, 또는 둘 다인 경우에 두 금속판은 빠르게 충전될 수 있지만, 그렇더라도 순간적으로 충전될 수는 없다. 공급된 교류 주파수를 증가시키면, 두 금속판이 많이 충전되지도 못한 상황에서 전원의 극성이 반전되는 상황에 이르게 된다. 판이 제대로 충전되기 시작했을 때, 교류는 피크 지점을 통과해 판들을 방전하기 시작한다. 주파수를 더 증가시키면 두 금속판은 점점 더 단락회로short circuit처럼 동작한다. 결국 교류 주파수를 계속 증가시키면 파동의 주기가 충전/방전 시간보다 매우 짧아지고, 전류가 금속판으로 흘러들거나 흘러나가는 빠르기가 마치 금속판이 모두 제거되고 단순히 도선으로 대치될 때 흐르는 전류의 빠르기와 같아진다.

용량성 리액턴스는 커패시터의 교류에 대한 저항성을 정량화한 것이다. 용량성 리액턴스는 유도성 리액턴스 또는 순수 저항과 똑같이 Ω으로 표현하고 측정하지만, 관례에 따르면 차이점은 양의 값이 아니라 음의 값을 갖는다는 것이다. 수학식에서 X_C로 표시되는 용량성 리액턴스는 거의 0(금속판이 매우 크고 가깝게 위치하고 있거나 주파수가 매우 클 때, 또는 둘 다일 때)에서부터 음의 값으로서 수 Ω, 수 $k\Omega$, 수 $M\Omega$으로 변화할 수 있다.

용량성 리액턴스는 주파수에 따라 변화한다. 용량성 리액턴스는 주파수가 낮아질수록 **음의 값으로 크기가 더 커지고**larger negatively, 가해준 교류 주파수가 증가할수록 **음의 값으로 크기가 더 작아진다**smaller negatively. 이런 성질은 주파수가 높아질수록 **양의 값으로 크기가 더 커지는**larger positively 유도성 리액턴스에서 일어나는 현상과 반대된다. 때로는 비기술자들이 음의 부호를 삭제하고 그 **절댓값**absolute value만으로 용량성 리액턴스를 나타내면서, 주파수가 낮아지면 X_C가 증가하고 주파수가 증가하면 X_C가 감소한다고 말한다. 그렇지만 이 책에서는 음의 X_C 값을 채택하는 관례를 따른다. 수학은 교류 회로들이 커패시턴스를 포함할 때 어떻게 동작하는지에 대해 가장 정확한 표현을 제공한다.

용량성 리액턴스와 주파수

순전히 이론적 측면에서 용량성 리액턴스는 유도성 리액턴스의 거울에 비친 형상과 같다. 기하학적인 또는 그래프적인 측면에서 X_C는 음의 값으로 X_L을 확장한 것이며, 섭씨 또는 화씨 온도 눈금을 '0zero 이하'의 값들로 확장하는 것과 같다.

만약 교류 전원의 주파수를 f[Hz]로 나타내고 소자의 커패시턴스를 C[F]로 나타낸다면, 용량성 리액턴스는 다음 식으로 계산할 수 있다.

$$X_C = \frac{-1}{2\pi f C} \approx \frac{-1}{6.2832 f C}$$

이 식은 f를 MHz로, C는 μF으로 입력하는 경우에도 동일하게 적용된다. 이것은 f 값을 kHz로, C 값을 mF으로 할 때도 적용할 수 있으나, mF으로 표현된 커패시턴스는 거의 보기 어렵다.

📝 **기술 노트**

$$1\text{마이크로패럿} = 1\,\mu\text{F} = 10^{-6}\,\text{F}$$
$$1\text{나노패럿} = 1\,\text{nF} = 10^{-9}\,\text{F}$$
$$1\text{피코패럿} = 1\,\text{pF} = 10^{-12}\,\text{F}$$

함수 X_C 대 f를 직각 좌표계에서 그림으로 그리면 곡선으로 나타난다. 이 곡선은 $f = 0$에서 **특이점**singularity을 포함한다. 즉 주파수가 0으로 접근하면 X_C는 음(−)으로 폭발적으로 증가한다. 마찬가지로 $C = 0$에서도 함수 X_C 대 C 그래프는 특이점을 가진 곡선으로 나타난다.

즉 커패시턴스가 0으로 접근하면 X_C는 음($-$)으로 크게 증가한다. 이를 요약하면 다음과 같다.

- 만약 C를 일정하게 유지하면 X_C는 f의 음의 값에 반비례하여 변화한다.
- 만약 f를 일정하게 유지하면 X_C는 C의 음의 값에 반비례하여 변화한다.

[그림 14-4]는 이 관계를 직각 좌표계 평면 위에 그래프로 보여준다.

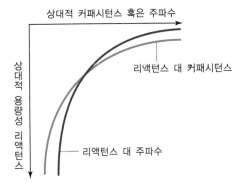

[그림 14-4] 용량성 리액턴스는 음의 값이고, 커패시턴스 또는 주파수에 반비례한다.

부호를 읽고 혼란 상태를 주시하라!

용량성 리액턴스를 다루는 계산은 주의하지 않을 경우 문제가 발생한다. 역수를 다뤄야 하므로 숫자를 다루는 것이 불편할 수 있다. 또한 용량성 리액턴스가 갖는 음($-$)의 부호에 주의해야 한다. 음의 부호를 포함해야 한다는 사실을 잊어버리거나, 그러지 말아야 할 때 음의 부호를 삽입할지도 모른다. 리액턴스를 포함하는 시스템을 그래프로 그릴 때 부호는 매우 중요하다. 음의 부호는 유도성 리액턴스가 아니라 용량성 리액턴스를 다루고 있다는 증거가 된다.

예제 14-1

1.00 MHz 주파수에서 동작하는 $0.00100\,\mu\mathrm{F}$의 커패시터가 갖는 용량성 리액턴스를 구하라.

풀이

입력 데이터가 $\mu\mathrm{F}$(백만분의 일)과 MHz(백만)인 것을 알고 있으므로, 앞의 식을 바로 적용할 수 있다.

$$X_C = \frac{-1}{(6.2832 \times 1.00 \times 0.00100)} = \frac{-1}{0.0062832} = -159\,\Omega$$

만약 주파수가 0으로 감소해서 전력원이 교류가 아닌 직류를 공급한다면, 그때 앞 커패시터의 용량성 리액턴스는 어떻게 되는가?

풀이

이 경우, 만약 용량성 리액턴스 식에 숫자를 대입하면 분모가 0이 되어 의미 없는 양이 나올 것이다. "직류에서 커패시터의 리액턴스는 음의 무한대 값이 된다."고 말할지도 모르지만, 수학자는 그와 같은 기술을 꺼릴 것이다. 따라서 "직류에서 커패시터의 리액턴스를 정의할 수 없으나, 리액턴스는 오직 교류 회로에 적용되기 때문에 문제되지 않는다."고 말하는 편이 나을 것이다.

10.0 MHz 주파수에서 동작하는 −100Ω의 리액턴스를 갖는 커패시터의 커패시턴스를 구하라.

풀이

대수학을 사용해서 식에 숫자를 대입하고 미지수 C 에 대해 푼다. 다음 방정식에서 출발하자.

$$-100 = \frac{-1}{(6.2832 \times 10.0 \times C)}$$

양변을 −100으로 나누고 C 를 곱하면 다음 식을 얻는다.

$$C = \frac{1}{(628.32 \times 10.0)} = \frac{1}{6283.2} = 0.00015915$$

반올림하면 $C = 0.000159\,\mu\text{F}$ 이다. 주파수 값으로 MHz를 입력했기 때문에, 이 커패시턴스는 μF 의 단위가 된다. $1\,\text{pF} = 0.000001\,\mu\text{F} = 10^{-6}\,\mu\text{F}$ 임을 기억한다면 $C = 159\,\text{pF}$ 이라고 해도 된다.

RX_C 4사분면

저항과 용량성 리액턴스를 포함하는 회로 특성은 이차원적으로 RX_L 1사분면에서의 상황이 거울에 비치듯이 작용한다. [그림 14-5]와 같이 저항 반직선과 용량성 리액턴스 반직선의 끝과 끝을 맞춰 직각으로 위치시킴으로써 **RX_C 4사분면**을 구성할 수 있다. 저항 값들은 가로 방향으로 표시하고, 오른쪽으로 갈수록 그 값이 증가한다. 용량성 리액턴스 값들은 세로 방향으로 표시하고, 아래쪽으로 갈수록 음으로 값이 증가한다.

저항과 커패시턴스 모두를 포함하는 복소 임피던스 Z에서 X_C의 값은 결코 양의 영역으로 갈 수 없고, 다음과 같이 표기한다.

$$Z = R + jX_C$$

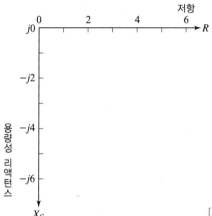

[그림 14-5] **용량성 리액턴스(X_C)와 저항(R)에 대한 RX_C 4사분면**

몇 가지 RX_C 예

예를 들어, $R = 3\,\Omega$과 같은 순수 저항에서 복소수 임피던스는 RX_C 4사분면 위의 점 $(3,\ j0)$에 해당하는 $Z = 3 + j0$과 같다. 만약 $X_C = -4\,\Omega$과 같은 순수 용량성 리액턴스에서 복소 임피던스는 $Z = 0 + j(-4)$이고, 이것은 간단히 $Z = 0 - j4$로 쓸 수 있으며 RX_C 4사분면 위의 점 $(0,\ -j4)$에 표시할 수 있다. $Z = 3 + j0$ (또는 $3 - j0$으로 표현할 수 있다)과 $Z = 0 - j4$를 나타내는 점들은 [그림 14-6]의 RX_C 4사분면 위의 두 축을 따라 나타난다.

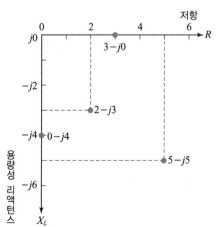

[그림 14-6] RX_C **4사분면에서의 네 점**

RX_C 극단에 접근

실제 회로에서 모든 커패시터는 약간의 **누설 컨덕턴스**^{leakage conductance}를 갖는다. 만일 주파수가 0으로 되어 직류를 공급한다면 아주 적은 양이라도 전류가 반드시 흐르는데, 이는 실세계의 어떤 유전 물질도 완벽한 전기 절연체가 되지 못하기 때문이다(심지어 진공조차 그러하다). 어떤 커패시터는 거의 누설 컨덕턴스를 갖지 않지만, 그 어느 것도 완전히 누설 컨덕턴스로부터 자유롭지는 못하다. 역으로, 모든 전기 전도체는 그것들이 물리적 공간을 점유한다는 이유만으로도 약간의 용량성 리액턴스를 갖는다. 따라서 수학적으로 교류의 순수 전도체는 결코 볼 수 없다. 임피던스 $Z = 3 - j0$ 과 $Z = 0 - j4$ 는 모두 이론적으로 나타난다.

RX_C 점들은 어떻게 움직이는가?

X_C에 대한 값은 리액턴스 값을 가리키는 것이지 커패시턴스 값을 가리키는 것이 아님을 기억하자. 리액턴스는 RX_C 회로에서 주파수에 따라 변화한다. 만일 특정 회로에 가한 교류 주파수를 높이거나 낮춘다면 X_C 값은 변화한다. 교류 주파수 증가는 X_C가 **음(-)의 값으로 더 작아지게**^{smaller negatively}(0에 가까워지도록) 한다. 교류 주파수 감소는 X_C가 **음(-)의 값으로 더 커지게**^{larger negatively} 한다(0에서 멀어지거나 RX_C 4사분면상에서 더 아래쪽으로). 만약 주파수가 0으로 계속 떨어지면 용량성 리액턴스는 4사분면의 바닥 쪽으로 떨어지고 의미를 잃는다. 그때 반대되는 전기 전하량을 가진 두 판 또는 두 세트의 판을 갖고 있지만, 그 소자를 방전시키지 않는 한, 또는 방전시킬 때까지 아무런 '작동'도 하지 않는다.

몇 가지 RX_C 임피던스 벡터들

RX_L 1사분면에서 했던 것과 같이 RX_C 4사분면 위의 점을 벡터로 나타낼 수 있다. [그림 14-6]은 네 개의 다른 점을 보여주는데, 각 점은 원점(복소 임피던스 $0 - j0$ 에 해당)으로부터 오른쪽으로 일정 거리나 아래쪽으로 일정 거리, 또는 둘 다에 의해 표현된다. 각 값의 첫 번째 숫자는 저항 R 을 나타내고, 두 번째 숫자는 용량성 리액턴스 X_C 를 나타낸다.

RX_C 조합은 이차원적인 양을 구성하며 [그림 14-7]과 같이 원점에서 그 점들로 뻗은 벡터를 그림으로써 [그림 14-6]과 같은 점을 나타낼 수 있다.

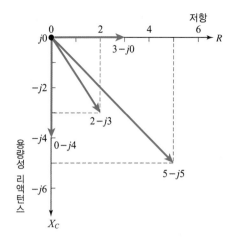

[그림 14-7] [그림 14-6]의 각 점에 해당하는 RX_C 4사분면 위의 네 벡터

커패시터와 직류 복습

만약 실제 커패시터의 두 판이 큰 표면적을 갖고 서로 가깝게 위치하며 양질의 고체 유전체에 의해 분리되었다면, 소자를 방전시킬 때 갑작스럽고 극적인 잠깐 동안의 '작동'을 경험하게 된다. 부피가 큰 커패시터는 그 단자에 의심 없이 접촉하는 사람을 감전시켜 죽음에 이르게 할 정도로 충분한 전하량을 보유할 수 있다. 유명한 과학자이자 미국의 정치가인 **벤저민 프랭클린**Benjamin Franklin은 자체 제작한 **라이덴 병**Leyden jar이라는 커패시터를 통해 이런 경험을 했다고 언급했다. 그는 라이덴 병을, 유리병 내부와 외부에 금속 박판을 붙여서 만들고 그곳에 고전압 배터리를 잠시 동안 연결했다. 그 후 배터리를 제거하고, 동시에 두 박판을 만졌다. 그는 그때 받은 충격의 정도에 대해 자신을 바닥에 때려눕힌 '강펀치'였다고 묘사했다. 세상을 위해, 그리고 그 자신을 위해 그는 운 좋게도 살아났다. 라이덴 병을 다룰 때는 그것이 '무해한 것'으로 보이더라도 주의해서 취급해야 한다. 그렇지 않으면 목숨을 잃을 수도 있다!

전류는 전압에 앞선다

커패시터를 통해 교류 전류를 흘려 순시 전류가 증가하기 시작했을 때(어느 방향으로든지), 두 금속판 간의 전압이 이를 따라오기 위해서는 한 사이클의 일부에 해당하는 시간이 소요된다. 전류가 그 사이클 내에서 최대 피크로부터 일단 감소하기 시작하면(어느 방향으로든지), 전압이 이를 따라가기 위해 다시 한 사이클의 일부에 해당하는 시간이 소요된다. 순수 저항에서처럼 순시 전압이 순시 전류에 뒤떨어지지 않고 완전히 따라갈 수는 없다. 따라서 저항과 동시에 용량성 리액턴스를 포함한 회로에서는 전압의 위상이 전류의 위상보다 뒤선다[lag]. 자주 쓰이는 말로 이 현상을 전류가 전압에 **앞선다**[lead]고 표현한다.

순수 용량성 커패시턴스

커패시터의 양단 간에 교류 전압원을 연결한다고 가정하자. 교류 주파수가 충분히 낮거나 커패시턴스가 충분히 작거나, 또는 교류 주파수와 커패시턴스가 모두 낮아서 용량성 리액턴스 X_C의 절댓값이 저항 R보다 지극히 크다고(예를 들어, 백만 배) 가정하자. 이 상황에서 전류는 [그림 14-8]과 같이 전압에 거의 90°만큼 앞서고, 본질적으로 순수 용량성 리액턴스를 갖는다. 그래서 RX_C 평면상에서 벡터는 R 축에 대해 거의 정확하게 $-90°$로, 아래쪽으로 곧게 가리킨다.

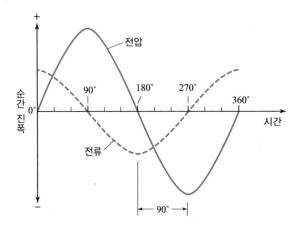

[그림 14-8] **순수 용량성 리액턴스에서 전류는 90°만큼 전압에 앞선다.**

용량성 리액턴스와 저항

저항-커패시턴스 회로에서 저항이 용량성 리액턴스의 절댓값과 비교될 정도의 값으로 증가되었을 때는 [그림 14-9]와 같이 90°보다 작은 어떤 각도만큼 전류가 전압에 앞선다. 만약 R이 X_C의 절댓값과 비교해서 작다면 그 차이는 거의 90°가 된다. R이 점점 커지거나 X_C의 절댓값이 점점 작아질 때 위상차는 감소한다. 저항과 커패시턴스를 포함하는 회로를 **RC 회로**라고 한다.

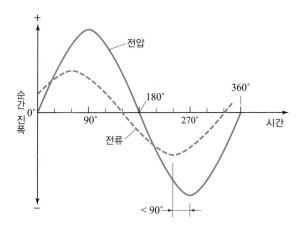

[그림 14-9] **용량성 리액턴스와 저항을 깆는 회로에서 전류는** $90°$ **보다 작은 값으로 전압에 앞선다.**

RC 회로에서 저항을 회로에 의도적으로 추가하여 R 값을 X_C의 절댓값에 비교될 정도로 증가시킬 수 있다. 또한 주파수가 매우 높아지면, 용량성 리액턴스의 절댓값이 회로 도체 내에 있는 손실 저항에 필적할 만한 값으로 떨어지는 일이 발생할 수도 있다. 둘 중 어느 경우든, 그 상황은 [그림 14-10]과 같이 저항 R과 용량성 리액턴스 X_C가 직렬로 연결된 것으로 나타낼 수 있다.

만약 X_C와 R 값을 알고 있다면, RC 평면상에 $R - jX_C$ 점을 찍고, 원점 $0 - j0$에서 그 점까지 벡터를 그린 후, 저항 축으로부터 시계방향으로 그 벡터의 각도를 측정함으로써 **진상각**angle of lead 또는 RC **위상각**phase angle을 구할 수 있다. RL 위상각을 구하기 위해서 는 13장에서 했던 것과 같이 각도기를 사용하거나 삼각법을 사용하면 된다.

RL 회로에서처럼 위상각을 계산하기 위해서는 R에 대한 X_C 값의 비율만 알면 된 다. 예를 들어, $X_C = -4\,\Omega$이고 $R = 7\,\Omega$이라면 $X_C = -400\,\Omega$, $R = 700\,\Omega$이거나 $X_C = -16\,\Omega$, $R = 28\,\Omega$인 경우와 동일한 RC 위상각을 갖는다. R에 대한 X_C 값의 비 율이 $-4 : 7$인 경우에는 언제나 위상각이 모두 동일하다.

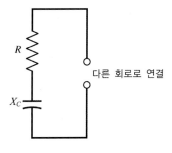

[그림 14-10] **저항과 용량성 리액턴스를 포함하는 회로의 도식적 묘사**

순수 저항

RC 회로에서 용량성 리액턴스에 비해 저항이 커지면 진상각은 점점 작아진다. 만약 저항 R 값과 비교하여 X_C의 절댓값이 작아진다면 그때도 동일한 현상이 발생한다. R이 X_C의 절댓값보다 몇 배 클 경우에는 실제 값이 무엇이든지 관계없이 벡터는 RC 평면상에서 거의 R축 위에 놓인다. 그때 RC 위상각은 $0°$에 가까우며 전압은 전류와 거의 위상이 같다. 커패시터의 두 판은 각 사이클마다 완전히 충전되는 시점에 거의 이르지 못한다. 커패시터는 마치 단락된shorted out 회로처럼 매우 작은 손실과 함께 '교류를 통과시킨다'. 그러나 커패시터는 그것의 양단 간에 동시에 존재하는 매우 낮은 주파수의 교류 신호에 대해서는 여전히 지극히 큰 X_C 값을 갖는다(커패시터의 이러한 특성은 전자회로에 활용될 수 있다. 일례로 직류나 저주파 교류 신호는 제거하면서 고주파 교류 신호는 통과시키고 싶은 경우를 생각할 수 있다).

얼마나 앞서나?

RC 회로에서 저항에 대한 용량성 리액턴스의 비율, 즉 $\dfrac{X_C}{R}$를 알고 있다면 위상각을 알 수 있다. 물론 X_C와 R 값을 정확히 알고 있어도 위상각을 알 수 있다.

도식적 방법

RC 회로의 위상각이 $0°$나 $90°$에 너무 가깝지만 않다면, 13장에서와 마찬가지로 RC 회로의 위상각을 찾기 위해 각도기와 자를 사용할 수 있다. 먼저 한 장의 종이 위에 왼쪽에서 오른쪽으로 100 mm보다 약간 긴 길이의 선을 그린다. 그 다음 각도기를 사용해 먼저 그은 가로선의 왼쪽 끝에서 수직으로 아래를 향하는 100 mm 정도의 세로선을 그린다. 가로선은 RX_C 4사분면의 R축이고, 아래 방향으로 향하는 세로선은 X_C축이다.

만약 X_C와 R의 실제 값을 알고 있다면, 그 값들을 일정 숫자로 나누거나 곱해서 두 값을 -100과 100 사이의 값이 되도록 한다. 예를 들어, 만약 $X_C = -3,800\,\Omega$이고 $R = 7,400\,\Omega$이라면, 이 값들을 모두 100으로 나누어 -38과 74를 얻는다. 이 점들을 그려놓은 선 위에 표시한다. X_C점은 두 축이 만나는 점으로부터 아래쪽으로 38 mm 지점에 놓는다. R점은 두 축이 만나는 점으로부터 오른쪽으로 74 mm 지점에 놓는다. 그 다음 [그림 14-11]과 같이 두 점을 연결하는 선을 긋는다. 이 선은 기울어져 있고, 두 개의 축과 함께 삼각형을 형성할 것이다. 이 삼각형은 4사분면의 원점에 직각을 낀 직각삼각형이다. 각도기를 사용하여 경사진 선과 R축이 이루는 각도를 측정한다. 각도기로 정확한 값을 읽기 위해, 필요하다면 이 선들을 연장해서 그린다. 이 각은 0°와 90° 사이에 있을 것이다. RC 위상각을 얻기 위해, 읽어낸 각에 −1을 곱한다. 즉 각도기로 27°를 읽었다면 RC 위상각은 −27°이다.

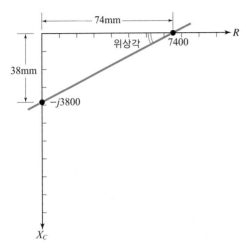

[그림 14-11] 저항과 용량성 리액턴스를 포함하는 회로에서 위상각을 찾기 위한 도식적인 방법

앞서 찍은 두 점과 원점을 세 꼭짓점으로 하여 새로운 수직선을 그어 직사각형을 완성하면 실제 벡터를 나타낼 수 있다. 이 벡터는 [그림 14-12]와 같이 이 직사각형의 원점으로부터 출발하는 대각선이다. 위상각은 R축과 이 벡터 사이의 각도에 −1을 곱한 값이다. 이 각은 [그림 14-11]에서 구성한 경사진 선의 각도와 동일한 값이다.

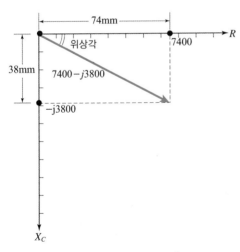

[그림 14-12] 저항과 용량성 리액턴스를 포함하는 회로에서 위상각을 찾기 위한 다른 도식적인 방법. 이 방법은 임피던스 벡터를 보여준다.

삼각법에 의한 방법

삼각법을 사용하면 도식적인 방법보다 더 정확하게 RC 위상각을 결정할 수 있다. X_C와 R 값이 주어졌다면 RC 위상각은 그 값들의 비율의 아크탄젠트다. RC 회로에서의 위상 각은 RL 회로에서와 같이 소문자 그리스 문자 ϕ로 기호화하여 다음과 같이 나타낸다.

$$\phi = \mathrm{Arctan}\left(\frac{X_C}{R}\right)$$

이러한 종류의 문제를 풀 때는 X_C 값이 커패시턴스 값이 아닌 **용량성 리액턴스**capacitive reactance 값이라는 점을 잊지 말아야 한다. 또한 X_C의 절댓값(양수)이 아니라 X_C의 실제 값(음수)을 사용해야 한다. 만약 리액턴스가 아니고 커패시턴스를 안다면, 커패시턴스와 주파수로부터 X_C 값을 찾는 식을 이용하여 위상각을 계산해야 한다. 위상각은 $0°$보다 작고 $-90°$보다 큰 값이 나와야 한다.

각도를 혼동하지 말라!

RC 회로의 위상각은 항상 $0°$부터 $-90°$에 걸쳐 있다. 이 RC 위상각은 항상 $0°$부터 $90°$에 걸쳐 있는 RL 위상각과 대조된다. 위상각은 항상 리액턴스와 동일한 부호(양 또는 음)를 갖는다는 간단한 규칙을 기억한다면 위상각에 대한 혼동을 피할 수 있다.

예제 14-4

RC 회로에서 용량성 리액턴스가 $-3,800\,\Omega$이고 저항이 $7,400\,\Omega$일 때, 위상각을 구하라.

풀이

저항성에 대한 용량성 리액턴스의 비율 $\dfrac{X_C}{R} = -\dfrac{3,800}{7,400}$을 계산한다. 계산기 화면은 -0.513513513과 같은 숫자를 표시할 것이다. 이 숫자의 아크탄젠트를 계산하면 $-27.18111109°$의 위상각을 얻는다. 이것을 반올림하면 $-27.18°$가 된다.

예제 14-5

RC 회로가 $3.50\,\mathrm{MHz}$의 주파수에서 동작한다고 가정하자. 저항이 $130\,\Omega$이고, 커패시턴스가 $150\,\mathrm{pF}$일 때, 위상각을 가장 근사한 각도로 구하라.

풀이

먼저 $3.50\,\mathrm{MHz}$에서 동작하는 $150\,\mathrm{pF}$ 커패시터의 용량성 리액턴스를 찾는다. 커패시턴스를 $\mu\mathrm{F}$으로 변환하면 $C = 0.000150\,\mu\mathrm{F}$이 된다. $\mu\mathrm{F}$은 MHz와 함께 사용된다는 것을 기억하라. 그러

면 다음을 얻을 수 있다.

$$X_C = \frac{-1}{(6.2832 \times 3.50 \times 0.000150)} = \frac{-1}{0.00329868} = -303\,\Omega$$

이제 비율 $\dfrac{X_C}{R} = \dfrac{-303}{130} = -2.33$을 찾을 수 있다. 위상각은 -2.33의 아크탄젠트, 즉 $-67°$가 제일 근사한 각도로 된다.

예제 14-6

만약 [예제 14-5]의 회로에서 주파수가 8.10 MHz로 증가한디면, 그때의 위상각을 구하라.

풀이

주파수가 변함에 따라 X_C 값도 변화했으므로 새로운 X_C 값을 찾아야 한다. 계산하면 다음과 같다.

$$X_C = \frac{-1}{(6.2832 \times 8.10 \times 0.000150)} = \frac{-1}{0.007634} = -131\,\Omega$$

이 경우, 비율은 $\dfrac{X_C}{R} = \dfrac{-131}{130}$, 즉 -1.008이 된다. 위상각은 -1.008의 아크탄젠트, 즉 반올림하면 $-45°$가 된다.

※ 필요하다면 이 장의 본문 내용을 참고해도 된다. 적어도 18개 이상 맞히는 것이 바람직하다.
  정답은 [부록 A]에 있다.

14.1 저항성 없이 순수 용량성 리액턴스를 갖는 회로에서 위상각을 구하라.

(a) $+45°$ (b) $0°$
(c) $-45°$ (d) $-90°$

14.2 저항성과 용량성 리액턴스가 서로 같으면서 부호는 반대(저항성은 양이고 리액턴스는 음)인 회로에서 위상각을 구하라.

(a) $+45°$ (b) $0°$
(c) $-45°$ (d) $-90°$

14.3 리액턴스 없이 순수 저항성을 갖는 회로에서 위상각을 구하라.

(a) $+45°$ (b) $0°$
(c) $-45°$ (d) $-90°$

14.4 $C = 200\,\mathrm{pF}$인 커패시터에 $f = 4.00\,\mathrm{MHz}$의 신호를 가했을 때, X_C를 구하라.

(a) $-498\,\Omega$ (b) $-995\,\Omega$
(c) $-199\,\Omega$ (d) $-3.98\,\mathrm{k\Omega}$

14.5 0이 아닌 유한한 저항성을 갖고 있는 RC 회로에서 $\dfrac{X_C}{R}$의 비율이 0으로 접근할 때(음의 값에서), 위상각은 무엇으로 접근하는가?

(a) $-90°$
(b) $-45°$
(c) $0°$
(d) 음의 무한대

14.6 어떤 주파수에서 $C = 0.0330\,\mu\mathrm{F}$인 커패시터의 리액턴스가 $-123\,\Omega$일 때, 주파수 f를 구하라.

(a) $39.2\,\mathrm{kHz}$
(b) $19.6\,\mathrm{kHz}$
(c) $78.4\,\mathrm{kHz}$
(d) 계산하기 위해서는 더 많은 정보가 필요하다.

14.7 다른 변수는 고정시키고 커패시터의 두 판 사이 간격만 감소시킬 때, 커패시터 [$\mu\mathrm{F}$] 값은 어떻게 변화하는가?

(a) 변하지 않는다.
(b) 증가된다.
(c) 감소된다.
(d) 변화를 예측하기 위해서는 더 많은 정보가 필요하다.

14.8 $12.5\,\mathrm{MHz}$에서 $470\,\mathrm{pF}$ 커패시터의 리액턴스를 구하라.

(a) $-2.71\,\mathrm{k\Omega}$ (b) $-271\,\Omega$
(c) $-27.1\,\Omega$ (d) $-2.71\,\Omega$

14.9 만일 주파수를 $\dfrac{1}{10}$로 감소시키면 [연습문제 14.8]에서 커패시터의 리액턴스는 어떻게 변하는가?

(a) (음으로) 100배가 된다.
(b) (음으로) 10배가 된다.
(c) (음으로) $\dfrac{1}{10}$이 된다.
(d) (음으로) $\dfrac{1}{100}$이 된다.

14.10 200 kHz에서 −100 Ω의 리액턴스를 갖는 커패시터의 커패시턴스를 구하라.

(a) 7.96 nF   (b) 79.6 nF
(c) 796 nF   (d) 7.96 μF

14.11 동작 주파수에서 리액턴스가 −75 Ω인 커패시터와 50 Ω 저항이 직렬로 연결된 RC 회로가 있을 때, 위상각을 구하라.

(a) −34°   (b) −56°
(c) −85°   (d) −90°

14.12 동작 주파수에서 리액턴스가 −50 Ω인 커패시터와 75 Ω 저항이 직렬로 연결된 RC 회로가 있을 때, 위상각을 구하라.

(a) −34°   (b) −56°
(c) −85°   (d) −90°

14.13 0.01 μF의 커패시턴스와 4.7 Ω 저항이 직렬로 연결된 RC 회로가 있을 때, 일정 주파수를 갖는 신호에 대한 위상각을 구하라.

(a) −60°
(b) −45°
(c) −30°
(d) 질문에 답을 하려면 더 많은 정보가 필요하다.

14.14 커패시터는 그대로 두고 저항을 단락시킨다면short out (실제 값을 알든지 모르든지 관계없이) [연습문제 14.13]의 회로에서 위상각에 어떤 변화가 일어나는가?

(a) −90°가 될 것이다.
(b) −45°가 될 것이다.
(c) 0°가 될 것이다.
(d) 모두 아니다.

14.15 저항을 단락시키고short out 커패시턴스를 2배로 증가시킨다면, [연습문제 14.13]의 회로에서 위상각에 어떤 변화가 일어나는가?

(a) −60°가 될 것이다.
(b) −45°가 될 것이다.
(c) −30°가 될 것이다.
(d) 모두 아니다.

14.16 모든 다른 요인은 고정시키고 주파수를 3배로 증가시키면, ([연습문제 14.13]이나 [연습문제 14.14]가 아닌) [연습문제 14.15]의 회로에서 위상각에 어떤 변화가 일어나는가?

(a) 질문에 답을 하려면 더 많은 정보가 필요하다.
(b) 음으로 증가해서 −90°에 접근할 것이다.
(c) 음으로 감소해서 0°에 접근한다.
(d) 모두 아니다.

14.17 어떤 주파수에서 470 pF인 커패시터가 −800 Ω의 리액턴스를 갖는다면, 주파수는 얼마인가?

(a) 423 kHz

(b) 846 kHz

(c) 212 kHz

(d) 질문에 답을 하려면 더 많은 정보가 필요하다.

14.18 [연습문제 14.17]의 회로에서 주파수를 반으로 낮춘다면, X_C 값에 어떤 변화가 일어나는가?

(a) $\sqrt{2}$ 배만큼 음으로 증가한다.

(b) 2배만큼 음으로 증가한다.

(c) 4배만큼 음으로 증가한다.

(d) 모두 아니다.

14.19 [그림 14−13]에 나타난 그림에서 $\dfrac{X_C}{R}$ 의 비율이 근사적으로 어떤 값이 되는지 구하라.

(a) −0.66   (b) −0.75

(c) −1.5   (d) −3.0

14.20 [그림 14−13]에서 R과 X_C의 눈금을 분할한 크기가 다르다. 그럼에도 불구하고 위상각을 가장 가까운 각도로 계산하라.

(a) −19°   (b) −56°

(c) −37°   (d) −33°

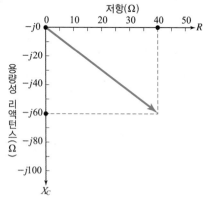

[그림 14−13] **[연습문제 14.19~14.20]을 위한 그림**

CHAPTER

15

임피던스와 어드미턴스

Impedance and Admittance

이 장에서는 복소 임피던스에 대한 '엄격한' 수학적 모델을 개발한다. 전류의 흐름을 제한하고 방해하는 것이 아닌, 허락하고 허용하는 정도를 정량화한 **어드미턴스**^{admittance}에 대해 공부한다.

허수 복습

13장에서 기호 j가 -1의 양의 제곱근을 의미하는 단위, 즉 허수를 나타낸다는 것을 배웠다. 음수가 제곱근을 갖는 것은 이해하기 어려우므로 이 개념을 다시 살펴보자. j에 j를 곱하면 -1이 된다.

허수^{imaginary}라는 용어는 j가 **실수**^{real number}보다 '덜 실제적^{less real}'인 개념을 의미한다고 생각할 수 있다. 하지만 이는 사실이 아니다! 수 이론에 관한 교과목을 수강했다면 알 수 있듯이, 모든 수들은 추상적이라는 의미에서 모두 '비실제적^{unreal}'이다.

실제 j는 -1의 유일한 제곱근이 아니다. -1의 음의 제곱근 역시 존재하며, 이는 $-j$이다. 즉 j 또는 $-j$ 는 자기 자신을 제곱하면 -1이 된다(수학자는 이 수들을 i나 $-i$로 나타내기도 한다). **허수 집합**^{set of imaginary numbers}은 j와 모든 가능한 실수의 곱으로 구성된다. 예를 들면 다음과 같다.

- $j \times 4$, $j4$로 표기
- $j \times 35.79$, $j35.79$로 표기
- $j \times (-25.76)$, $-j25.76$으로 표기
- $j \times (-25,000)$, $-j25,000$으로 표기

j에 어떤 실수를 곱한 허수를 **실수 직선**^{real-number line} 위의 한 점으로 표시할 수 있다. 모든 실수에 대해 j를 곱하여 직선 위에 점으로 표시하면 [그림 15-1]처럼 **허수 직선**^{imaginary-number line}을 얻는다. 실수와 허수를 동시에 그래프로 나타내려면 수평 실수 직선에 직각으로 허수 직선을 위치시킨다. 전자공학에서 실수는 저항^{resistance}을 나타내고, 허수는 리액턴스^{reactance}를 나타낸다.

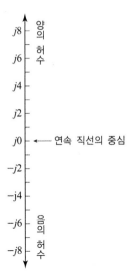

[그림 15-1] **허수축**

복소수 복습

실수와 허수를 더하면 **복소수**complex number를 얻는다. 이런 맥락으로 complex란 용어는 '복잡함complicated'을 의미하기보다는 '복합적composite'임을 의미한다. 다음 예를 살펴보자.

- 4와 $j5$의 합은 $4+j5$
- 8과 $-j7$의 합은 $8-j7$
- -7과 $j13$의 합은 $-7+j13$
- -6과 $-j87$의 합은 $-6-j87$

복소수 집합을 그래프 형태로 완전하게 묘사하기 위해서는 2차원 **좌표 평면**coordinate plane이 필요하다.

복소수의 덧셈과 뺄셈

한 복소수를 다른 복소수에 더할 때, 복소수의 실수부는 실수부끼리, 허수부는 허수부끼리 분리해서 더한 후 다시 합한다. 예를 들어, $4+j7$과 $45-j83$을 더하는 방법은 다음과 같다.

$$(4+45)+j(7-83)=49+j(-76)=49-j76$$

복소수 뺄셈을 할 때는 부호를 혼동하기 쉬우므로 약간의 묘책이 필요한데, 뺄셈을 덧셈으로 변환하면 부호의 혼동을 피할 수 있다. 예를 들어, $(4+j7)-(45-j83)$은 다음과 같이 먼저 두 번째 복소수에 -1을 곱한 후 더한다.

$$(4+j7)-(45-j83) = (4+j7)+[-1(45-j83)]$$
$$= (4+j7)+(-45+j83)$$
$$= [4+(-45)]+j(7+83) = -41+j90$$

다른 방법으로는 복소수의 실수부는 실수부끼리, 허수부는 허수부끼리 분리해서 뺀 후 다시 합한다. (−)의 양을 빼는 것은 (+)의 양을 더하는 것과 같으므로 덧셈으로 변환시키지 않고 뺄셈을 행하면 다음과 같은 결과를 얻는다.

$$(4+j7)-(45-j83) = (4-45)+j[7-(-83)]$$
$$= -41+j(7+83) = -41+j90$$

복소수의 곱셈

한 복소수에 다른 복소수를 곱할 때, 두 수 모두 쌍으로 된 수의 합, 즉 **이항식**binomial으로 취급해야 한다. a, b, c, d 네 개의 실수를 갖는다면 다음과 같다.

$$(a+jb)(c+jd) = ac+jad+jbc+j^2bd$$
$$= (ac-bd)+j(ad+bc)$$

복소수 평면

실수 직선과 허수 직선을 직각이 되도록 원점 $0+j0$에서 교차시키면 완전한 **복소수 평면**complex number plane을 구성할 수 있다. [그림 15-2]는 이러한 배열을 나타내는데, 이는 매일 시간에 따른 온도 그래프를 그릴 때 사용하는 것과 같은 **직각좌표 평면**rectangular coordinate plane이다.

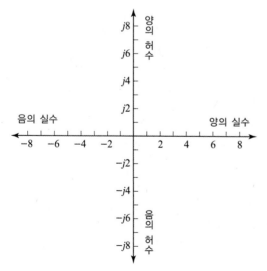

[그림 15-2] **복소 평면**

복소수 벡터

복소수를 좌표 평면에서 벡터로 표현하기도 한다. 이때 각 복소수는 고유한 **크기**^{magnitude}와 고유한 **방향**^{direction}을 갖는다. 복소수 $a+jb$의 크기는 원점 $(0, j0)$으로부터 점 (a, jb)까지의 거리다. 벡터 방향은 양의 실수축으로부터 반시계 방향으로 측정된 벡터의 각을 의미한다. [그림 15-3]은 이러한 도해가 어떻게 그려지는지를 보여준다.

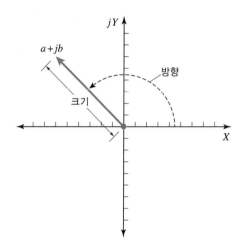

[그림 15-3] **복소 평면 위에서 벡터의 크기와 방향**

절댓값

복소수 $a+jb$ 의 **절댓값**^{absolute value}은 원점 $(0, j0)$으로부터 점 (a, jb)까지 측정된 복소 평면에서 벡터의 길이 또는 크기와 동일하다. 다음 세 경우를 살펴보자.

- **순실수**^{pure real number} $a+j0$인 경우 : a가 양수면 절댓값은 a이고, a가 음수면 $a+j0$ 의 절댓값은 $-a$이다.
- **순허수**^{pure imaginary number} $0+jb$인 경우 : 실수 b가 양수면 절댓값은 b이고, b가 음수면 $0+jb$의 절댓값은 $-b$이다.
- $a+jb$가 순실수도 아니고 순허수도 아닌 경우 : 절댓값을 찾으려면 공식을 이용해야한다. 먼저 a와 b를 각각 제곱하고 이 제곱한 값들을 더한 후 제곱근을 취하면, 이 값이 벡터 $a+jb$의 길이 c다. [그림 15-4]는 이 방법을 기하학적으로 나타낸 것이다.

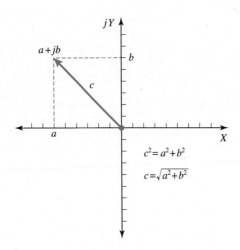

$$c^2 = a^2 + b^2$$
$$c = \sqrt{a^2 + b^2}$$

[그림 15-4] 벡터의 절댓값(길이) 계산. 여기서 벡터 길이는 c로 표시된다.

예제 **15-1**

복소수 $-22 - j0$의 절댓값을 구하라.

풀이

이 복소수는 순실수에 해당한다. 또한 $-j0 = j0$이므로 실제 $-22 - j0$은 $-22 + j0$과 같은 복소수다. 따라서 절댓값은 $-(-22)$, 즉 22이다.

예제 **15-2**

$0 - j34$의 절댓값을 구하라.

풀이

$0 - j34 = 0 + j(-34)$이므로 이는 $b = -34$인 순허수이다. 따라서 절댓값은 $-(-34)$, 즉 34이다.

예제 **15-3**

$3 - j4$의 절댓값을 구하라.

풀이

이 경우 $a = 3$, $b = -4$이다. [그림 15-4]에 표현된 식을 사용하면 다음과 같다.

$$[3^2 + (-4)^2]^{\frac{1}{2}} = (9 + 16)^{\frac{1}{2}} = 25^{\frac{1}{2}} = 5$$

RX 반평면

13장에서 살펴보았던 저항 R과 유도성 리액턴스 X_L에 대한 $\frac{1}{4}$ 평면을 생각해보자. 이 평면은 [그림 15-2]에서 복소 평면의 1사분면에 해당한다. 마찬가지로, 저항과 용량성 리액턴스 X_C에 대한 $\frac{1}{4}$ 평면은 [그림 15-2]에서 복소 평면의 4사분면에 해당한다. 저항은 음(−)이 아닌 실수들로 표시되고, 리액턴스는 허수들로 표시된다.

음의 저항은 없다

엄격히 말하면, 그 어떤 것도 완벽한 도체보다 저항이 더 작을 수는 없으므로 음수인 저항은 없다. 어떤 경우에는 배터리와 같은 직류 전원을 '음의 저항'을 갖는 것으로 취급할 수도 있다. 이따금 인가하는 전압을 증가시켰을 때 흐르는 전류가 감소되는 소자를 만나기도 하는데, 이는 '음의 저항'이라고 하는 '거꾸로 된' 저항 동작 현상을 보여준다. 그러나 대부분의 실제 용도에서 저항값은 0 아래로 내려갈 수 없다. 따라서 복소수 평면에서 1사분면과 4사분면을 남기고 음수 축을 제거하면 [그림 15-5]와 같은 **RX 반평면**$^{RX \text{ half-plane}}$을 얻는다. 이러한 RX 반평면은 복소 임피던스를 나타내기 위한 완전한 좌표 세트가 된다.

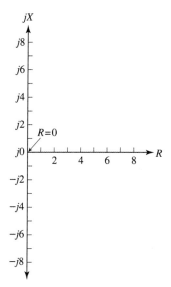

[그림 15-5] **복소 임피던스 반평면 또는 RX 반평면**

음의 인덕터와 음의 커패시터

용량성 리액턴스 X_C는 사실상 유도성 리액턴스 X_L을 음수 영역으로 확장한 것이다. 커패시터는 '음의 인덕터'처럼 동작한다. 마찬가지로, 음수의 음은 양수이므로 인덕터는 '음의 커패시터'처럼 동작한다고 말할 수 있다. 리액턴스는 매우 큰 음수에서부터 0을 거쳐 매우 큰 양수까지 변화할 수 있다.

복소 임피던스 점

RX 반평면 내에서 움직이는 $R+jX$를 나타내는 점과 이 값에 대응하는 각 축 위의 점을 생각해보자. 이 점들은 $R+jX$의 점에서 R축과 X축 각각에 직각으로 점선을 그어 찾을 수 있다. [그림 15-6]에 몇 개의 예를 나타냈다.

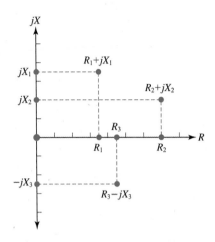

[그림 15-6] **저항 성분과 리액턴스 성분을 보여주는 RX 반평면 내 몇 개의 점**

이제 R과 X에 해당하는 점들이 각각의 축 위에서 좌우 또는 상하로 움직일 때, 그 결과로 나타나는 여러 $R+jX$ 점들의 변화를 생각해보자. 이 변화를 살펴보면 교류 회로에서 저항과 리액턴스가 변함에 따라 임피던스가 어떻게 변하는지 알 수 있다.

저항은 1차원 현상이고, 리액턴스도 1차원 현상이다. 그러나 복소 임피던스를 완전하게 정의하기 위해서는 2차원을 사용해야 한다. RX 반평면은 이러한 요구를 만족하며, 저항과 리액턴스는 서로 독립적으로 변화할 수 있다.

복소 임피던스 벡터

모든 임피던스 $R+jX$는 $a+jb$ 형태의 복소수로 표현할 수 있다. 간단히 $R=a$, $X=b$로 놓는다. 이제 R이나 X 또는 둘 다를 독립적으로 변화시키면서 임피던스 벡터가 어떻게 변화하는지 생각해보자. 만일 X가 고정된다면 R이 커질수록 복소 임피던스 벡터는 더 길어진다. 또한 R이 고정되고 X_L이 커지면 벡터는 더 길어진다. 만약 R이 고정되고 X_C가 음으로 커지면 그때도 벡터는 더 길어진다. [그림 15-7]의 벡터들은 [그림 15-6]의 점들에 해당한다.

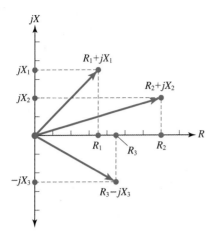

[그림 15-7] [그림 15-6]에 보인 점들을 나타내는 벡터

절댓값 임피던스

이따금 소자나 부품의 임피던스를 '몇 Ω'이라고 표현한다. 예를 들어 오디오 시스템을 살펴보면, '8Ω 스피커와 600Ω의 증폭기 입력'이라는 말을 접할 수 있을 것이다. 임피던스를 온전히 표현하려면 2차원의 양이 필요한데, 어떻게 하면 제작자가 하나의 숫자를 이용하여 임피던스를 표현할 수 있을까? 이것은 좋은 질문이며, 여기에는 두 가지 대답이 있다.

첫째, 8Ω 스피커 또는 600Ω의 증폭기 입력과 같은 규격은 **순수 저항성 임피던스**^{purely} $^{\text{resistive impedance}}$ 또는 **비 리액티브성 임피던스**$^{\text{nonreactive impedance}}$를 의미한다. 따라서 8Ω 스피커는 $8+j0$의 복소 임피던스를 갖고, 600Ω의 증폭기 입력 회로는 $600+j0$ 또는 그 근처의 복소 임피던스에서 동작하도록 설계된 것이다.

둘째, 임피던스 벡터의 길이(복소 임피던스의 절댓값)를 Ω으로 나타낸 것을 의미한다. 그러나 이런 식으로 임피던스를 표현하면 모호하므로 혼동을 줄 수 있다. 그 이유는 주어진 일정한 길이에 해당하는 서로 다른 벡터가 RX 반평면 위에 무수히 존재할 수 있기 때문이다.

때때로 '임피던스'라는 용어를 대신해 이탤릭체 대문자로 Z를 쓰고, '$Z=50\Omega$' 또는 '$Z=300\,\Omega$ nonreactive'와 같이 사용한다. 이런 상황에서 특별한 임피던스가 아니라면, $Z=8\Omega$은 [그림 15-8]과 같이 이론적으로 $8+j0$, $0+j8$, $0-j8$ 또는 좌표 원점에 중심을 갖고 8단위의 반경을 가진 반원 위에 놓인 모든 복소 임피던스 점들을 의미한다.

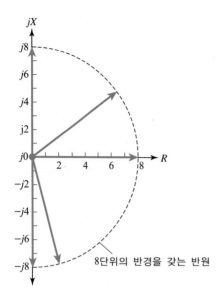

8단위의 반경을 갖는 반원

[그림 15-8] **절댓값이 8Ω인 임피던스를 갖는 몇 개의 벡터 : 점선에서 끝나는 모든 벡터들, 즉 이론적으로 무한히 많은 벡터들이 절댓값 8Ω 임피던스를 표현한다.**

예제 15-4

$Z = 10\Omega$ 으로 대표될 수 있는 서로 다른 7개의 복소 임피던스를 나열하라.

풀이

다음과 같은 순수 리액턴스 또는 순수 저항을 갖는 세 개의 임피던스는 쉽게 찾을 수 있다.

$$Z_1 = 0 + j10$$
$$Z_2 = 10 + j0$$
$$Z_3 = 0 - j10$$

이 임피던스는 각각 순수 인덕턴스, 순수 저항, 순수 커패시턴스를 나타낸다.

세 변의 비율이 $6:8:10$인 직각삼각형을 생각해보자. $6^2 + 8^2 = 10^2$이 성립하므로 기초 좌표 기하학에서 직각삼각형임을 확인할 수 있다. 따라서 다음과 같이 절댓값이 모두 10Ω인 임피던스를 얻는다.

$$Z_4 = 6 + j8 \qquad Z_5 = 6 - j8$$
$$Z_6 = 8 + j6 \qquad Z_7 = 8 - j6$$

특성 임피던스

앞으로 종종 보게 될 전기 부품의 특성에는 Z_0로 표기되는 **특성 임피던스**characteristic impedance 또는 **서지 임피던스**surge impedance가 있다. 특성 임피던스는 **전송선**transmission line의 중요한 규격이다.

전송선 타입

에너지 또는 신호를 한 장소에서 다른 장소로 보낼 때 전송선이 사용된다. 전송선 Z_0 값은 항상 양의 실수와 옴으로 나타내며, 복소수가 필요 없다.

전송선은 보통 **동축**coaxial 또는 **쌍선**two-wire(평행선parallel-wire이라고도 함)의 두 가지 형태 중 하나다. [그림 15-9]는 이 두 형태의 전송선 단면을 나타낸다. 전송선의 예로는 옛날 TV 안테나에서 수상기로 연결된 '리본ribbon'이나 고감도 증폭기에서 스피커로 연결된 케이블, 시골을 가로질러 전력을 전달하는 선선 등이 있다.

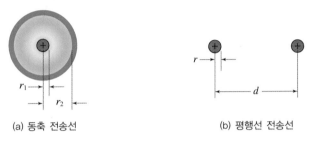

(a) 동축 전송선   (b) 평행선 전송선

[그림 15-9] **동축 전송선과 평행선 전송선의 단면도**

[그림 15-9(a)]는 동축 전송선의 단면이다. 전선은 **축**axis을 따라 **중심 도체**center conductor 선이 있고, 같은 축을 중심으로 하는 실린더 모양의 전도성 **외부 도체**outer conductor 또는 **차폐**shield가 있다. Z_0 값은 중심 도체의 반경 r_1, 차폐의 내부 반경 r_2 그리고 중심 도체와 차폐를 분리해 주는 **절연 물질**dielectric material의 성질에 의해 결정된다. 만일 모든 다른 조건은 고정시키고 중심 도체 선을 굵게, 즉 r_1을 크게 할수록 Z_0는 감소한다. 만일 모든 다른 조건은 고정시키고 실린더 차폐를 크게, 즉 r_2를 크게 할수록 Z_0는 증가한다.

[그림 15-9(b)]는 평행선 전송선의 단면이다. Z_0의 값은 전선의 반경 r, 두 전선 중심 간 간격 d, 그리고 두 전선을 분리해주는 절연 물질의 성질에 의해 결정된다. (두 전선이 동일한 반경 r을 갖는 것으로 가정하면) 일반적으로 Z_0는 다른 조건을 고정시킬 경우 전선의 반경 r이 작아질수록 증가하고, 전선의 반경 r이 커질수록 감소한다. 만일 전선의 반경 r을 고정시키고 두 전선 사이 간격 d를 증가시키면 Z_0는 증가한다. 만일 전선의 반경 r을 고정시키고 두 전선을 가까이 옮겨서 간격 d를 감소시키면 Z_0는 감소한다.

공기나 진공과 비교하여 폴리에틸렌과 같은 고체 유전체는 도체 사이에 위치할 때 전송선의 특성 임피던스를 감소시킨다. 감소하는 정도는 물질의 유전 상수에 따라 다르다. 만일 전송선의 다른 모든 변수를 고정시키고 유전상수만 증가시키면(도체 사이의 공기 또는 진공과 비교할 때) Z_0의 감소 정도는 커진다.

Z_0의 실제 예

전송선의 이상적인 Z_0 값은 전송선이 에너지를 공급하는 **부하**[load]의 성질에 따라 달라진다. 만약 부하가 $R[\Omega]$의 순수 저항성 임피던스를 갖는다면 전송선의 최적 Z_0 값은 $R[\Omega]$이 된다. 만약 부하 임피던스가 순수 저항이 아니거나 부하의 임피던스가 순수 저항이긴 하지만, 전송선의 특성 임피던스와 크게 다르다면 일부 에너지가 전송선을 가열시키는 데 소모된다. **임피던스 부정합**[impedance mismatch]이 점점 커지면서 열로 소모되는 에너지의 양은 증가하고 **전송선 효율**[transmission-line efficiency]은 손상된다.

실내에 설치할 수 있는 접힌 쌍극자[folded-dipole] 형태의 300Ω 주파수 변조(FM) 수신 안테나를 생각해보자. 그리고 가능한 한 최대의 수신율을 얻고자 한다고 가정하자. 그러기 위해서는 물론 안테나의 위치를 잘 선택해야 하고, 라디오와 안테나 사이의 전송선 길이를 최대한 짧게 해야 한다. 또한 300Ω의 TV 리본 케이블[1]을 반드시 구매해야 하는데, 이 리본은 $300 + j0$에 가까운 임피던스를 갖는 안테나에 최적화시킨 Z_0 값, 즉 어떤 리액턴스도 없는 300Ω의 순수 저항을 갖는다.

컨덕턴스

교류 회로에서, 전기적 **컨덕턴스**[conductance]는 직류 회로에서와 동일하게 작용한다. (방정식에서 변수로) 컨덕턴스는 이탤릭체 대문자인 G로 기호화한다. 컨덕턴스와 저항의 관계는 다음 두 식과 같다.

$$G = \frac{1}{R}, \quad R = \frac{1}{G}$$

컨덕턴스의 표준 단위는 **지멘스**[siemens]이며, 이탤릭체가 아닌 대문자 S로 쓴다. 앞의 식에서 R을 Ω으로 하면 G는 S가 되고 그 반대도 성립한다. 컨덕턴스 값이 클수록 저항값은 작아지고, 고정된 전압에 대해 더 많은 전류가 흐른다. 역으로, G 값이 작을수록 R 값은 커지고, 고정된 전압에 대해 더 적은 전류가 흐른다.

---

1 (옮긴이) 여러 개의 전선이 평면으로 나란히 붙어 있는 얇고 넓은 띠로 된 다중 케이블. 주로 텔레비전, 오디오, 비디오, 컴퓨터 회로나 주변 장치를 연결할 때 사용된다.

서셉턴스

때때로 교류 회로와 관련해 **서셉턴스**susceptance**2**라는 용어를 접하게 된다. (방정식에서 변수로) 서셉턴스는 이탤릭체 대문자 B로 표시한다. 서셉턴스는 리액턴스의 역수이며, 용량성이거나 유도성일 수 있다. **용량성 서셉턴스**capacitive susceptance는 B_C, **유도성 서셉턴스**inductive susceptance는 B_L로 각각 나타내며, 다음과 같은 관계가 성립한다.

$$B_C = \frac{1}{X_C}, \ B_L = \frac{1}{X_L}$$

j의 역수

X 값과 마찬가지로 이론적으로 모든 B 값에는 j 연산자가 포함된다. j를 포함한 수량의 역수를 찾는 것은 약간 교묘한데, j의 역수는 자신의 음수와 같다. 수학적으로 나타내면 다음과 같다.

$$\frac{1}{j} = -j \ , \ \frac{1}{(-j)} = j$$

이러한 j의 성질 때문에 리액턴스 값에서 서셉턴스 값을 구할 때는 언제나 부호가 바뀐다. j로 표현하면 유도성 서셉턴스는 음($-$)의 허수이고, 용량성 서셉턴스는 양($+$)의 허수인데, 이는 유도성 리액턴스 및 용량성 리액턴스와 꼭 반대 상황이다.

2Ω의 유도성 리액턴스를 생각해보자. 이 값은 $j2$라는 허수로 표현된다. 유도성 서셉턴스를 구하려면 $\frac{1}{j2}$을 계산해야 한다. 수학적으로 j에 실수를 곱한 형태로 변환하면 다음과 같다.

$$\frac{1}{(j2)} = \left(\frac{1}{j}\right)\left(\frac{1}{2}\right) = \left(\frac{1}{j}\right)0.5 = -j0.5$$

이제 10Ω의 용량성 리액턴스를 생각해보자. 이 값은 $-j10$의 허수로 표현된다. 용량성 서셉턴스를 구하려면 $\frac{1}{(-j10)}$을 계산해야 한다. j에 실수를 곱한 형태로 변환하면 다음과 같다.

$$\frac{1}{(-j10)} = \left(\frac{1}{-j}\right)\left(\frac{1}{10}\right) = \left(\frac{1}{-j}\right)0.1 = j0.1$$

---

2 (옮긴이) 어드미턴스(admittance)의 허수부

리액턴스의 허숫값으로 서셉턴스의 허숫값을 구할 때, 실수 부분의 역수를 먼저 구하고 결과에 −1을 곱하면 된다.

예제 15-5

주파수 3.10 MHz에서 100 pF의 커패시터를 가정하자. 용량성 서셉턴스 B_C를 구하라.

풀이

먼저, 용량성 리액턴스를 계산하는 공식으로 X_C를 구하면 다음과 같다.

$$X_C = \frac{-1}{6.2832 f C}$$

이때 100 pF = 0.000100 μF이므로 다음과 같이 된다.

$$X_C = \frac{-1}{6.2832 \times 3.10 \times 0.000100} = \frac{-1}{0.00195} = -513\,\Omega$$

X_C의 허숫값은 $-j513$이고, 서셉턴스 B_C는 $\frac{1}{X_C}$이므로 다음과 같다.

$$B_C = \frac{1}{-j513} = j0.00195\,\text{S}$$

지멘스는 컨덕턴스를 정의하는 것처럼 서셉턴스도 정량화하므로, 0.00195 S의 용량성 서셉턴스가 된다.

B_C의 일반 공식

주파수는 Hz, 커패시턴스는 F으로 적용하면 다음 일반식의 용량성 서셉턴스 단위는 S가 된다.

$$B_C = 6.2832 f C$$

이 공식은 MHz의 주파수와 μF의 커패시턴스 값에 대해서도 동일하게 적용된다.

예제 15-6

주파수 887 kHz에서 $L = 163\mu$H인 인덕터가 있을 때, 유도성 서셉턴스 B_L을 구하라.

풀이

887 kHz는 0.887 MHz이고, 유도성 리액턴스를 구하는 공식으로 X_L을 구하면 다음과 같다.

$$X_L = 6.2832 fL = 6.2832 \times 0.887 \times 163 = 908\Omega$$

X_L의 허숫값은 $j908$이며, 서셉턴스 $B_L = \dfrac{1}{X_L}$이므로 $B_L = \dfrac{-1}{j908} = -j0.00110 \text{S}$가 된다. 이 결과는 $-0.00110\,\text{S}$의 유도성 서셉턴스다.

B_L의 일반 공식

주파수를 Hz, 인덕턴스를 H로 적용하면 다음 식의 유도성 서셉턴스 단위는 S가 된다.

$$B_L = \frac{-1}{6.2832 fL}$$

이 공식은 kHz의 주파수와 mH의 인덕턴스 값에 대해서도 동일하게 적용되고, MHz의 주파수와 μH의 인덕턴스 값에 대해서도 동일하게 적용된다.

어드미턴스

실수인 컨덕턴스와 허수인 서셉턴스를 결합하면 **복소 어드미턴스**complex admittance가 되는데, 복소 어드미턴스는 (방정식의 변수로) 이탤릭체 대문자인 Y를 사용한다. 어드미턴스는 회로가 교류를 흐르게 하는 정도를 완전하게 표현한다. 복소 임피던스의 절댓값이 커지면 일반적으로 복소 어드미턴스의 절댓값은 작아진다. 매우 큰 임피던스는 아주 작은 어드미턴스에 상응하고, 그 반대도 성립한다.

복소 어드미턴스

어드미턴스도 임피던스와 마찬가지로 복소수 형태로 표현된다. 따라서 우리가 다루고 있는 양이 무엇인지 잘 살펴봐야 한다! 같은 복소수 형태라도 기호를 올바르게 사용한다면 혼동을 피할 수 있으며, 컨덕턴스와 서셉턴스의 복소수 합성으로 어드미턴스를 완전하게 표현할 수 있다. 일반적으로 복소 어드미턴스 값의 형태가 $Y = G + jB$인 경우 서셉턴스가 양수(용량성)이고, $Y = G - jB$인 경우 서셉턴스가 음수(유도성)이다.

병렬의 장점

13장과 14장에서 직렬 RL 회로와 직렬 RC 회로에 대해 살펴보았다. 그때 다룬 내용에서 왜 병렬 회로를 무시하는지 궁금하지 않았는가? 그 이유는 임피던스보다 어드미턴스가 병렬 교류 회로를 수학적으로 이해하는 데 가장 좋기 때문이다. 병렬 교류 회로에서 어드미턴스를 구할 때 저항과 리액턴스는 수학적으로 복잡하게 결합되지만, 컨덕턴스와 서셉턴스는 병렬 회로에서 직접 더하기만 하면 어드미턴스를 구할 수 있다. 병렬 RL 회로와 병렬 RC 회로 분석은 다음 장에서 다룬다.

GB 반평면

복소 임피던스(RX) 반평면과 마찬가지로 좌표모눈 위에 복소 어드미턴스를 표현할 수 있다. 실제 세계에서는 음의 컨덕턴스가 존재하지 않으므로 어드미턴스 평면은 전평면이 아니라 반평면이 된다. 컨덕턴스 값은 수평의 G축을 따라 표시하고, 서셉턴스는 수직의 B축을 따라 표시한다. [그림 15-10]은 **GB 반평면**$^{GB \; half-plane}$ 위에 몇 개의 점을 나타낸 것이다.

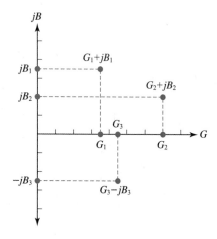

[그림 15-10] 컨덕턴스 성분 및 서셉턴스 성분에 따라 GB 반평면 위에 찍힌 복소 어드미턴스 점들

GB 반평면은 뒤집혀 있다

외면적으로는 GB 반평면이 RX 반평면과 동일해 보이지만, 수학적으로 이 두 평면은 완전히 다르다! GB 반평면은 RX 반평면에 대해 뒤집혀 있다. GB 반평면의 중심, 즉 원점은 직류 또는 교류에 대해 전기가 흐르지 않는 점을 나타낸다. GB 반평면의 원점은 **임피던스가 0인 점**$^{zero-impedance \; point}$이 아니라 **어드미턴스가 0인 점**$^{zero-admittance \; point}$을 나타낸다. GB 반평면에서 원점은 완벽한 개방 회로를 나타내지만, RX 평면에서 원점은 완벽한 단락 회로를 나타낸다.

GB 반평면의 G축(컨덕턴스 축)을 따라서 오른쪽(동쪽)으로 이동하면 컨덕턴스는 증가하고 전류는 점점 더 커진다. 원점으로부터 jB 축을 따라 위쪽(북쪽)으로 올라갈수록 양($+$)

의 용량성 서셉턴스는 계속해서 증가한다. 반대로 원점으로부터 jB 축을 따라 아래쪽(남쪽)으로 내려갈수록 음($-$)의 유도성 서셉턴스가 증가한다.

어드미턴스의 벡터 표현

복소 임피던스 값과 마찬가지로 복소 어드미턴스 값도 벡터로 표시할 수 있다. [그림 15-11]은 [그림 15-10]의 점들을 복소 어드미턴스 벡터로 표시하고 있다. 고정된 교류 전압을 가할 때, GB 반평면의 긴 벡터는 일반적으로 큰 전류를 가리키고, 짧은 벡터는 작은 전류를 가리킨다.

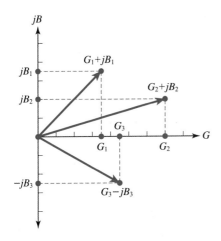

[그림 15-11] [그림 15-10]에 나타낸 점들의 벡터

GB 반평면에서 움직이는 점과, 벡터 길이가 길어지거나 짧아지면서 동시에 방향도 바뀌는 벡터를 생각해보자. 일반적으로 위쪽과 오른쪽(북동쪽)을 가리키는 벡터들은 병렬로 연결된 컨덕턴스와 커패시턴스에 대응된다. 아래쪽과 오른쪽(남동쪽)을 가리키는 벡터들은 병렬로 연결된 컨덕턴스와 인덕턴스를 나타낸다.

※ 필요하다면 이 장의 본문 내용을 참고해도 된다. 적어도 18개 이상 맞히는 것이 바람직하다.
정답은 [부록 A]에 있다.

15.1 "음의 실수값의 양의 제곱근은 (   )와 (과) 같다."에서 괄호에 적절한 말은?

(a) 더 작은 실수

(b) 더 큰 실수

(c) j 연산자에 양의 실수를 곱한 수

(d) 0

15.2 "j 연산자의 역수는 (   )와(과) 같다." 에서 괄호에 적절한 말은?

(a) 자기 자신

(b) 그 수의 음수

(c) 실수

(d) 0

15.3 허수에 실수를 더하면 무엇이 되는가?

(a) 실수

(b) 허수

(c) 복소수

(d) −1

15.4 덧셈 $(-1+j7)+(3-j5)$는 얼마인가?

(a) $2+j2$

(b) $2-j2$

(c) $-2+j2$

(d) $-2-j2$

15.5 덧셈 $(3-j5)+(-1+j7)$은 얼마인가?

(a) $2+j2$

(b) $2-j2$

(c) $-2+j2$

(d) $-2-j2$

15.6 뺄셈 $(-1+j7)-(3-j5)$는 얼마인가?

(a) $4+j12$

(b) $4-j12$

(c) $-4+j12$

(d) $-4-j12$

15.7 뺄셈 $(3-j5)-(-1+j7)$은 얼마인가?

(a) $4+j12$

(b) $4-j12$

(c) $-4+j12$

(d) $-4-j12$

15.8 "어떤 소자의 명세서에 50Ω의 출력 임피던스를 갖는다고 적혀 있다면, 제작자가 나타낸 부하는 이상적으로 (   )의 복소 임피던스를 나타낸다."에서 괄호에 적절한 말은?

(a) $50+j50$

(b) $50+j50$ 또는 $50-j50$

(c) $0+j50$ 또는 $0-j50$

(d) 답이 없음

15.9 $15+j15$의 복소 임피던스 값은 무엇을 나타내는가?

(a) 순수 저항

(b) 순수 리액턴스

(c) 인덕터와 직렬 연결된 저항기

(d) 커패시터와 직렬 연결된 저항기

15.10 다음 중 절댓값이 25인 복소수는 어느 것
인가?

  (a) $15 - j20$
  (b) $12.5 - j12.5$
  (c) $5 - j5$
  (d) 답이 없음

15.11 $4.50 + j5.50$의 절댓값 임피던스는 얼마
인가?

  (a) 4.50Ω
  (b) 5.50Ω
  (c) 7.11Ω
  (d) 50.5Ω

15.12 $0.0 - j36$의 절댓값 임피던스는 얼마인가?

  (a) 0.0Ω
  (b) 6.0Ω
  (c) 18Ω
  (d) 36Ω

15.13 복소수 평면 위의 끝점이
$(1000, -j1000)$인 벡터의 크기는 얼마
인가?

  (a) 1000
  (b) 1414
  (c) 2000
  (d) 2828

15.14 복소수 평면 위의 끝점이
$(-1000, -j1000)$인 벡터의 크기는 얼
마인가?

  (a) 1000
  (b) 1414
  (c) 2000
  (d) 2828

15.15 동축 케이블의 다른 값들은 고정시키고
동축 케이블 차폐의 내부 반경을 증가시
키면, 특성 임피던스는 어떻게 되는가?

  (a) 증가한다.
  (b) 변화하지 않는다.
  (c) 감소한다.
  (d) 이 문제를 풀기 위해서는 정보가 더
      필요하다.

15.16 쌍선 전송선의 다른 값들은 고정시키고
두 전선의 반경을 증가시키면, 특성 임피
던스는 어떻게 되는가?

  (a) 이 문제를 풀기 위해서는 정보가 더
      필요하다.
  (b) 증가한다.
  (c) 변화하지 않는다.
  (d) 감소한다.

15.17 주파수 1.2MHz에서 커패시터가
$0.010\mu F$이라고 가정하자. 허수로 표시
된 용량성 서셉턴스는 얼마인가?

  (a) $B_C = j0.075$
  (b) $B_C = -j0.075$
  (c) $B_C = j13$
  (d) $B_C = -j13$

15.18 절댓값 임피던스는 무엇의 제곱근인가?

    (a) 리액턴스의 실수 계수에 어드미턴스의 허수 부분을 더한 값

    (b) 실수 저항값에 리액턴스의 실수 계수를 더한 값

    (c) 컨덕턴스의 실숫값에 서셉턴스의 실수 계수를 더한 값

    (d) 답이 없음

15.19 주파수 15.91kHz 에서 인덕터가 10.0mH 라고 가정하자. 허수로 표시된 유도성 서셉턴스는 얼마인가?

    (a) $B_L = -j1000$

    (b) $B_L = j1000$

    (c) $B_L = -j0.00100$

    (d) $B_L = j0.00100$

15.20 허수 리액턴스의 역수에 실수 저항값의 역수를 더하면 어떤 복소수를 얻는가?

    (a) 임피던스

    (b) 컨덕턴스

    (c) 서셉턴스

    (d) 어드미턴스

CHAPTER

16

교류 회로 해석

Alternating-Current Circuit Analysis

┃학습목표

- 코일과 커패시터가 직렬로 연결되어 있을 때 리액턴스를 구할 수 있다.
- 직렬 RLC 회로에서 복소 임피던스를 구할 수 있다.
- 코일과 커패시터가 병렬로 연결되어 있을 때 서셉턴스를 구할 수 있다.
- 병렬 RLC 회로에서 복소 어드미턴스를 구할 수 있다.
- 저항과 커패시터, 코일이 직렬 또는 병렬로 연결된 회로를 단순화할 수 있다.
- 교류 회로에 대한 옴의 법칙과 복소 임피던스를 이해할 수 있다.

┃목차

코일이나 커패시터 또는 둘 다를 포함한 교류 회로를 해석할 경우, RX(저항-리액턴스 resistance-reactance)든 GB(컨덕턴스-어드미턴스 conductance-admittance)든 하나의 복소 반평면을 생각해야 한다. RX 반평면은 직렬 회로 해석에 적용되고, GB 반평면은 병렬 회로 해석에 적용된다.

직렬 복소 임피던스

저항, 코일, 커패시터들이 직렬로 연결될 때, 각 소자는 RX 반평면상에서 벡터로 표시되는 임피던스를 갖는다. 저항에 대한 벡터는 주파수와 관계없이 일정하게 유지되지만, 코일과 커패시터에 대한 벡터는 주파수가 증가하거나 감소하면 변화한다.

순수 리액턴스

코일과 커패시터를 직렬로 연결할 때, 순수 유도성 리액턴스 X_L과 순수 용량성 리액턴스 X_C는 단순히 더해진다. 즉 다음과 같다.

$$X = X_L + X_C$$

RX 반평면에서 이 벡터들은 더해지지만, 방향이 정확히 반대이므로([그림 16-1]과 같이 유도성 리액턴스는 위쪽, 용량성 리액턴스는 아래쪽 방향), 두 리액턴스가 크기가 같고 방향이 반대여서 상쇄되어 영벡터가 되지 않는다면, 결과인 합 벡터는 반드시 위쪽이나 아래쪽을 가리킨다.

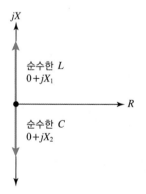

[그림 16-1] 순수 인덕턴스와 순수 커패시턴스를 위쪽 방향과 아래쪽 방향을 가리키는 리액턴스 벡터로 표현할 수 있다.

$jX_L = j200$인 코일과 $jX_C = -j150$인 커패시터를 직렬로 연결하면 총 리액턴스는 얼마인가?

풀이

값을 더하면 다음을 얻는다.

$$jX = j200 + (-j150) = j(200-150) = j50$$

$jX_L = j30$인 코일과 $jX_C = -j110$인 커패시터를 직렬로 연결하면 총 리액턴스는 얼마인가?

풀이

값을 더하면 다음을 얻는다.

$$jX = j30 + (-j110) = j(30-110) = -j80$$

$L = 5.00\mu H$인 코일과 $C = 200pF$인 커패시터를 직렬로 연결하고, 주파수 $f = 4.00MHz$인 교류 신호를 공급하면 총 리액턴스는 얼마인가?

풀이

먼저, 4.00MHz에서 인덕터의 리액턴스를 계산하면 다음과 같다.

$$jX_L = j6.2832fL = j(6.2832 \times 4.00 \times 5.00) = j125.664$$

다음으로, $200pF = 0.000200\mu F$이므로 4.00MHz에서 커패시터의 리액턴스를 계산하면 다음과 같다.

$$jX_C = -j\left(\frac{1}{6.2832fC}\right) = -j\left(\frac{1}{6.2832 \times 4.00 \times 0.000200}\right) = -j198.943$$

마지막으로, 총 리액턴스를 구하기 위해 유도성 리액턴스와 용량성 리액턴스를 더하고 유효숫자 세 자리로 반올림하면 다음과 같다.

$$jX = j125.644 + (-j198.943) = -j73.3$$

누적된 반올림 오차를 조심하라!

[예제 16-3]의 계산 과정에서 여분의 숫자 몇 개를 일관되게 계산하다가 마지막 과정에서 반올림하는 이유는 무엇일까? 반올림을 되풀이하면 그때마다 작은 오차가 누적된다. 중간 단계에서 여분의 숫자들을 계속 사용함으로써 **누적 반올림 오차**cumulative rounding error를 가진 채 계산이 끝나는 위험을 줄일 수 있다. 적정 수의 유효숫자로 반올림했더라도 마지막 계산에서 결국 한 숫자 혹은 두 숫자가 잘려버릴 수 있다. 앞으로는 모든 계산에서 필요할 때, 여분의 숫자를 사용해 이러한 현상을 예방하기 바란다.

예제 16-4

[예제 16-3]에서 다룬 직렬 회로에 대해 주파수 $f = 10.0\text{MHz}$에서의 총 리액턴스는 얼마인가?

풀이

먼저 10.0MHz에서 인덕터의 리액턴스를 계산하면 다음과 같다.

$$jX_L = j6.2832fL = j(6.2832 \times 10.0 \times 5.00) = j314.16$$

다음으로 10.00MHz에서 커패시터의 리액턴스를 계산하면 다음과 같다.

$$jX_C = -j\left(\frac{1}{6.2832fC}\right) = -j\left(\frac{1}{6.2832 \times 10.0 \times 0.000200}\right) = -j79.58$$

총 리액턴스를 구하기 위해 유도성 리액턴스와 용량성 리액턴스를 더하고 반올림하면 다음과 같다.

$$jX = j314.16 + (-j79.58) = j235$$

임피던스 벡터의 합

직렬 회로에서 저항의 크기가 리액턴스보다 커질 때, 임피던스 벡터는 더 이상 수직 위쪽이나 수직 아래쪽을 가리키지 않는다. 대신 회로의 유도성 부분에서는 '북동쪽'을 향하게 되고, 회로의 용량성 부분에서는 '남동쪽'을 향하게 된다. [그림 16-2]는 이런 예를 보여준다.

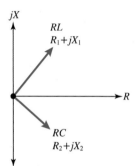

[그림 16-2] 리액턴스와 함께 저항이 존재할 때, 임피던스 벡터는 수직도 아니고 수평도 아니다.

두 개의 임피던스 벡터가 단일 선상에 있지 않을 때, 총 임피던스 벡터를 제대로 얻기 위해서는 **벡터 합**$^{\text{vector addition}}$을 계산해야 한다. [그림 16-3]은 벡터 합의 기하학을 나타낸다. $Z_1 = R_1 + jX_1$과 $Z_2 = R_1 + jX_2$를 표시하는 벡터를 두 개의 이웃하는 변으로 하여 **평행사변형**^{parallelogram}을 그린다. 평행사변형의 대각선이 총 복소 임피던스를 나타내는 벡터가 된다. 평행사변형에서 서로 마주 보는 반대편의 각은 항상 같다. [그림 16-3]에서 하나 또는 두 개의 호로 서로 같은 각을 표시했다.

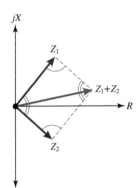

[그림 16-3] 복소 임피던스 벡터의 합을 구하기 위한 평행사변형 방법

직렬 복소 임피던스의 공식

두 개의 복소 임피던스 $Z_1 = R_1 + jX_1$과 $Z_2 = R_1 + jX_2$가 직렬로 연결된다면 총 임피던스 Z는 합으로 나타낼 수 있다.

$$Z = (R_1 + jX_1) + (R_2 + jX_2) = (R_1 + R_2) + j(X_1 + X_2)$$

저항 성분과 리액턴스 성분을 분리하여 더한다. 용량성 리액턴스면 음($-$)의 허수이고, 유도성 리액턴스면 양($+$)의 허수가 된다는 것을 기억하라!

직렬 RLC 회로

[그림 16-4]와 같이 인덕턴스, 커패시턴스, 저항이 직렬로 연결되었을 때, 앞의 공식을 그대로 적용하기 위해 저항 R은 모두 코일에 속하는 것으로 생각할 수 있다. 그러면 직렬 RLC 회로의 임피던스를 계산할 때, 세 벡터가 아니라 두 벡터만 고려해 수학적으로 계산하면 다음과 같다.

$$Z = (R + jX_L) + (0 + jX_C) = R + j(X_L + X_C)$$

이때 X_C는 양수가 아니라는 것을 기억하자! 그러므로 덧셈 기호만 있는 앞의 공식에 용량성 리액턴스를 더할 때는 (뺄셈을 하듯이) 음수를 더해야 한다.

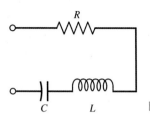

[그림 16-4] 저항-인덕턴스-커패시턴스(RLC) 직렬 회로

예제 16-5

저항, 코일, 커패시터가 각각 $R=50\,\Omega$, $X_L=22\,\Omega$, $X_C=-33\,\Omega$의 값으로 직렬 연결되었다면, 총 임피던스 Z는 얼마인가?

풀이

저항을 코일의 일부로 생각하면 $50+j22$와 $0-j33$의 두 벡터를 얻는다. 이 둘을 더하면 둘의 저항 성분은 $50+0=50$이고, 리액턴스 성분은 $j22-j33=-j11$이다. 따라서 $Z=50-j11$이 된다.

예제 16-6

저항, 코일, 커패시터가 각각 $R=600\,\Omega$, $X_L=444\,\Omega$, $X_C=-444\,\Omega$의 값으로 직렬 연결되었다면, 총 임피던스 Z는 얼마인가?

풀이

저항을 인덕터의 일부로 생각하면 두 개의 복소 임피던스 벡터는 $600+j444$와 $0-j444$이다. 이 둘을 더하면 저항 성분은 $600+0=600$이고, 리액턴스 성분은 $j444-j444=j0$이다. 총 임피던스는 $Z=600+j0$으로 순수 저항성 임피던스가 된다.

직렬 공진

어떤 주파수에서 RLC 직렬 회로의 총 리액턴스가 0이면, 그 주파수에서 회로가 **직렬 공진**series resonance을 나타낸다고 한다.

예제 16-7

저항, 코일, 커패시터가 직렬로 연결되어 있고, 저항은 $330\,\Omega$, 커패시턴스는 220pF, 인덕턴스는 100μH이며 동작 주파수는 7.15MHz이다. 이 회로의 복소 임피던스는 얼마인가?

풀이

먼저, 유도성 리액턴스를 계산한다. MHz와 μH가 공식에 함께 사용된다는 점을 기억하자.

$$X_L = 6.2832fL$$

곱셈을 해서 다음을 얻는다.

$$jX_L = j(6.2832 \times 7.15 \times 100) = j4492$$

다음으로 용량성 리액턴스를 계산한다.

$$X_C = \frac{-1}{6.2832fC}$$

220pF을 μF으로 변환하면 $C = 0.000220\mu$F이 되므로

$$jX_C = -j\left(\frac{1}{6.2832 \times 7.15 \times 0.000220}\right) = -j101$$

이다. 이제 저항과 유도성 리액턴스를 합하면 $330 + j4492$가 되고, 다른 하나의 임피던스는 $0 - j101$이 된다. 이 둘을 더하면 총 임피던스는 다음과 같다.

$$Z = 330 + j4492 - j101 = 330 + j4391$$

여기서 유효숫자는 세 자리이므로, 이 값은 $Z = 330 + j4.39$k가 된다. 이때 'k'는 kΩ을 의미한다.

예제 16-8

저항, 코일, 커패시터가 직렬로 연결되어 있고, 저항은 50.0Ω, 인덕턴스는 10.0μH, 커패시턴스는 1,000pF이고, 동작 주파수는 1,592kHz이다. 이 회로의 복소 임피던스는 얼마인가?

풀이

먼저, 유도성 리액턴스를 계산한다. 1,592kHz = 1.592MHz이므로, 이 수를 대입하면 다음을 얻는다.

$$jX_L = j(6.2832 \times 1.592 \times 10.0) = j100$$

다음으로 용량성 리액턴스를 계산한다. pF을 μF으로 변환하고, 주파수를 MHz로 변환하여 계산하면 다음과 같다.

$$jX_C = -j\left(\frac{1}{6.2832 \times 1.592 \times 0.001000}\right) = -j100$$

저항과 유도성 리액턴스를 더해서 하나의 복소수를 구하면 $50.0 + j100$이고, 커패시터의 임피던스는 $0 - j100$이므로, 이 두 복소수를 더하면 총 임피던스는 다음과 같다.

$$Z = 50.0 + j100 - j100 = 50.0 + j0$$

1,592kHz에서 회로는 50.0Ω의 순수 저항을 나타낸다.

병렬 복소 어드미턴스

저항, 코일, 커패시터가 병렬로 연결될 때, 각 소자가 무엇이든지 관계없이 GB 반평면에서 벡터로 표현되는 어드미턴스를 갖는다. 주파수가 변화하더라도 순수 컨덕턴스에 대한 벡터는 일정한 값이지만, 코일과 커패시터에 대한 벡터는 주파수에 따라 변화한다.

순수 서셉턴스

코일과 커패시터가 병렬로 연결될 때 순수 유도성 서셉턴스 B_L과 순수 용량성 서셉턴스 B_C를 함께 더한다. 즉 다음과 같다.

$$B = B_L + B_C$$

B_L은 양수가 될 수 없고, B_C는 음수가 될 수 없음을 기억하자. 리액턴스 값과 비교할 때 서셉턴스 값의 부호 관계는 반대가 되어야 한다.

GB 반평면에서 순수한 jB_L과 jB_C 벡터는 더해진다. 이 두 벡터들은 항상 정반대 방향을 향하므로(용량성 서셉턴스는 위쪽, 유도성 서셉턴스는 아래쪽) [그림 16-5]와 같이 두 서셉턴스가 서로 상쇄되어(크기는 같고 방향이 반대) 영벡터가 되지 않는다면, 이들 벡터의 합 jB는 수직으로 위쪽을 향하거나 아래쪽을 향한다.

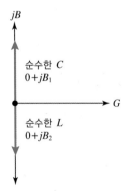

[그림 16-5] 순수 커패시턴스와 순수 인덕턴스는 수직으로 위쪽 또는 아래쪽을 향하는 서셉턴스 벡터로 표현된다.

예제 16-9

$jB_L = -j0.05$ 인 코일과 $jB_C = j0.08$ 인 커패시터가 병렬로 연결되었다면, 총 서셉턴스는 얼마인가?

풀이

주어진 값들을 더하면 다음과 같다.

$$jB = jB_L + jB_C = -j0.05 + j0.08 = j0.03$$

예세 16-10

$jB_L = -j0.60$ 인 코일과 $jB_C = j0.25$ 인 커패시터가 병렬로 연결되었다면, 총 서셉턴스는 얼마인가?

풀이

주어진 값들을 더하면 다음과 같다.

$$jB = -j0.60 + j0.25 = -j0.35$$

예제 16-11

$L = 6.00\mu H$ 인 코일과 $C = 150pF$ 인 커패시터가 병렬로 연결되고 동작 주파수가 $f = 4.00MHz$ 일 때, 총 서셉턴스는 얼마인가?

풀이

먼저 4.00MHz에서 인덕터의 서셉턴스를 계산하면 다음과 같다.

$$jB_L = -j\left(\frac{1}{6.2832fL}\right) = -j\left(\frac{1}{6.2832 \times 4.00 \times 6.00}\right) = -j0.00663144$$

다음으로, 4.00MHz에서 커패시터의 서셉턴스를 μF 으로 변환하여 계산하면 다음과 같다.

$$jB_C = j(6.2832fC) = j(6.2832 \times 4.00 \times 0.000150) = j0.00376992$$

마지막으로 유도성 서셉턴스와 용량성 서셉턴스를 더하고, 세 자리 유효숫자로 반올림하면 다음과 같다.

$$jB = -j0.00663144 + j0.00376992 = -j0.00286$$

[예제 16-11]의 병렬 연결된 인덕터와 커패시터에 대해 주파수가 $f = 5.31\mathrm{MHz}$로 바뀔 경우, 총 서셉턴스는 얼마인가?

풀이

먼저 $5.31\mathrm{MHz}$에서 인덕터의 서셉턴스를 계산하면 다음과 같다.

$$jB_L = -j\left(\frac{1}{(6.2832 \times 5.31 \times 6.00)}\right) = -j0.00499544$$

다음으로, $5.31\mathrm{MHz}$에서 커패시터의 서셉턴스를 $\mu\mathrm{F}$으로 변환하여 계산하면 다음과 같다.

$$jB_C = j(6.2832 \times 5.31 \times 0.000150) = j0.00500457$$

마지막으로 유도성 서셉턴스와 용량성 서셉턴스를 더하고, 세 자리 유효숫자로 반올림하면 다음과 같다.

$$jB = -j0.00499544 + j0.00500 = j0.00$$

어드미턴스 벡터의 합

인덕턴스와 커패시턴스를 포함한 병렬 회로에서 컨덕턴스 값이 커지면 어드미턴스 벡터는 더 이상 수직 위쪽 또는 수직 아래쪽을 가리키지 않는다. 대신 [그림 16-6]과 같이 (회로의 용량성 부분에 대해서는) '북동쪽'을 향하고, (회로의 유도성 부분에 대해서는) '남동쪽'을 향한다. 이미 RX 반평면에서 벡터들을 어떻게 더하는지 보았다. GB 반평면에서도 원리는 같으며, 총 어드미턴스 벡터는 각 어드미턴스 벡터들의 합과 같다.

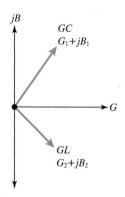

[그림 16-6] 서셉턴스와 함께 컨덕턴스 값이 존재할 때, 어드미턴스 벡터는 수직도 아니고 수평도 아니다.

병렬 복소 어드미턴스의 공식

두 개의 복소 어드미턴스 $Y_1 = G_1 + jB_1$과 $Y_2 = G_2 + jB_2$가 병렬로 연결된 경우, 총 어드미턴스 Y는 다음과 같이 복소수의 합으로 구할 수 있다.

$$Y = (G_1 + jB_1) + (G_2 + jB_2) = (G_1 + G_2) + j(B_1 + B_2)$$

병렬 RLC 회로

인덕턴스, 커패시턴스, 저항이 [그림 16-7]과 같이 병렬로 연결되었을 때, 저항은 Ω 값의 역수인 S 단위의 **컨덕턴스**conductance로 생각할 수 있다. 만약 컨넉턴스를 인덕터의 일부분으로 생각한다면, 병렬 RLC 회로의 어드미턴스를 구할 때 (3개가 아닌) 두 개의 복소수로 다음 식을 사용할 수 있다.

$$Y = (G + jB_L) + (0 + jB_C) = G + j(B_L + B_C)$$

이때 B_L은 양수가 아님을 기억하자! 그러므로 덧셈 기호만 있는 앞의 공식에서, 유도성 서셉턴스는 음수를 더하는 것이므로 실제로는 뺄셈을 하는 것이 된다.

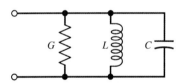

[그림 16-7] 저항-인덕턴스-커패시턴스(RLC) 병렬 회로 : G는 컨덕턴스(저항의 역수)이므로 컨덕턴스-인덕턴스-커패시턴스(GLC) 회로라고도 한다.

예제 16-13

저항, 코일, 커패시터가 병렬로 연결되어 있고, 저항의 컨덕턴스는 $G = 0.10S$, 서셉턴스는 $jB_L = -j0.010$, $jB_C = j0.020$이다. 이 병렬 회로의 복소 어드미턴스는 얼마인가?

풀이

저항을 코일의 일부로 생각하면 $0.10 - j0.010$과 $0.00 + j0.020$의 두 복소 어드미턴스를 얻는다. 이 두 값을 부분별로 더하면 컨덕턴스 성분은 $0.10 + 0.00 = 0.10$이고, 서셉턴스 성분은 $-j0.010 + j0.020 = j0.010$이다. 따라서 복소 어드미턴스는 $0.10 + j0.010$이다.

예제 16-14

저항, 코일, 커패시터가 병렬로 연결되어 있고, 저항의 컨덕턴스는 $G = 0.0010\text{S}$, 서셉턴스는 $jB_L = -j0.0022$, $jB_C = j0.0022$이다. 이 병렬 회로의 복소 어드미턴스는 얼마인가?

풀이

저항을 코일의 일부로 생각하면 복소 어드미턴스는 $0.0010 - j0.0022$와 $0.0000 + j0.0022$가 된다. 이 두 벡터를 더하면 컨덕턴스 성분은 $0.0010 + 0.0000 = 0.0010$이고, 서셉턴스 성분은 $-j0.0022 + j0.0022 = j0.0000$이다. 따라서 어드미턴스는 $0.0010 + j0.0000$이며 순수 컨덕턴스이다.

병렬 공진

어떤 주파수에서 병렬 RLC 회로에 순수net 서셉턴스가 없을 때, 이 주파수에서 **병렬 공진** parallel resonance 조건을 갖는다고 말한다.

예제 16-15

저항, 코일, 커패시터가 병렬로 연결되어 있고 저항은 100Ω이며, 커패시턴스는 $C = 200\text{pF}$, 인덕턴스는 $L = 100\mu\text{H}$이다. 회로가 1.00MHz의 주파수에서 동작할 때, 총 복소 어드미턴스는 얼마인가?

풀이

먼저 유도성 서셉턴스를 계산한다. 메가헤르츠와 마이크로헨리가 공식에 함께 사용된다는 점을 기억하자.

$$jB_L = -j\left(\frac{1}{6.2832fL}\right) = -j\left(\frac{1}{6.2832 \times 1.00 \times 100}\right) = -j0.00159155$$

다음에는, 200pF을 $0.000200\mu\text{F}$으로 변환하여 용량성 서셉턴스를 계산하면 다음과 같다.

$$jB_C = j(6.2832fC) = j(6.2832 \times 1.00 \times 0.000200) = j0.00125664$$

마지막으로 $\frac{1}{100} = 0.0100\text{S}$인 컨덕턴스와 이와 함께 존재하는 유도성 서셉턴스를 고려하면, 병렬 연결된 어드미턴스 중 하나는 $0.0100 - j0.00159155$가 되고, 다른 하나는 $0 + j0.00125664$가 된다. 이 두 복소수를 더하고, 서셉턴스 계수를 세 자리 유효숫자로 반올림하면 다음과 같다.

$$Y = 0.0100 - j0.00159155 + j0.00125664 = 0.0100 - j0.000335$$

저항, 코일, 커패시터가 병렬로 연결되어 있고 저항은 10.0Ω이며, 인덕턴스는 $L=10.0\mu H$, 커패시턴스는 $C=1,000pF$이다. 주파수가 $f=1,592kHz$일 때, 복소 어드미턴스는 얼마인가?

풀이

먼저 주파수를 메가헤르츠로 변환하면 $1592kHz=1.592MHz$이고, 이를 대입하여 유도성 서셉턴스를 계산하면 다음과 같다.

$$jB_L=-j\left(\frac{1}{(6.2832\times1.592\times10.0)}\right)=-j0.00999715$$

다음으로, $1,000pF$을 $0.001000\mu F$으로 변환하여 용량성 서셉턴스를 계산하면 다음과 같다.

$$jB_C=j(6.2832\times1.592\times0.001000)=j0.01000285$$

마지막으로 $\frac{1}{10.00}=0.1000S$인 컨덕턴스와 유도성 서셉턴스를 한 부품으로 생각하면, 병렬 연결된 어드미턴스는 $0.1000-j0.00999715$가 되고, 다른 하나는 $0+j0.01000285$가 된다. 이 두 복소수를 더하고, 서셉턴스 계수를 네 자리 유효숫자로 반올림하면 다음과 같다.

$$Y=0.1000-j0.00999715+j0.01000285=0.1000-j0.000$$

복소 어드미턴스를 복소 임피던스로 변환

수학적으로 다르긴 하지만, GB 반평면은 RX 반평면과 유사하다. 다음 공식으로 복소 어드미턴스 $G+jB$를 복소 임피던스 $R+jX$로 변환시킬 수 있다.

$$R=\frac{G}{G^2+B^2}\ ,\ \ X=\frac{-B}{G^2+B^2}$$

만일 복소 어드미턴스를 알고 있다면, 위의 공식에서 저항과 리액턴스 성분을 개별적으로 찾은 후, 두 성분을 가지고 복소 임피던스 $R+jX$를 구할 수 있다.

회로의 어드미턴스가 $Y=0.010-j0.0050$이고 주파수가 변화하지 않을 때, 복소 임피던스는 얼마인가?

풀이

이 경우 $G=0.010S$이고 $B=-0.0050S$이므로, G^2+B^2을 구하면 다음과 같다.

$$G^2 + B^2 = 0.010^2 + (-0.0050)^2$$
$$= 0.000100 + 0.000025 = 0.000125$$

공통 분모를 알고 있으므로 R과 X를 다음과 같이 구할 수 있다.

$$R = \frac{G}{0.000125} = \frac{0.010}{0.000125} = 80\,\Omega$$

$$X = \frac{-B}{0.000125} = \frac{0.0050}{0.000125} = 40\,\Omega$$

따라서 회로의 복소 임피던스는 $Z = 80 + j40$이 된다.

종합

저항, 인덕턴스, 커패시턴스를 포함한 병렬 회로의 복소 임피던스를 구할 때는 다음과 같은 단계를 순서대로 따라가면 된다.

① 저항의 컨덕턴스 G를 구한다.
② 인덕터의 서셉턴스 B_L을 구한다.
③ 커패시터의 서셉턴스 B_C를 구한다.
④ 순수^{net}서셉턴스 $B = B_L + B_C$를 계산한다.
⑤ $G^2 + B^2$을 계산한다.
⑥ 적합한 공식을 사용하여 G와 B를 이용해 R을 계산한다.
⑦ 적합한 공식을 사용하여 G와 B를 이용해 X를 계산한다.
⑧ 복소 임피던스 $R + jX$를 구한다.

예제 16-18

10.0Ω의 저항, 820pF의 커패시터, 10.0μH의 코일이 병렬로 연결되어 있고, 동작 주파수는 1.00MHz일 때, 복소 임피던스는 얼마인가?

풀이

앞서 요약된 과정을 따라 수행해보자. 이때 서셉턴스 숫자에 약간의 여분의 숫자를 사용하고 마지막 과정에서 세 자리 유효숫자로 반올림한다.

① $G = \frac{1}{R} = \frac{1}{10.0} = 0.100$을 구한다.

② $B_L = \dfrac{-1}{(6.2832 f L)} = \dfrac{-1}{(6.2832 \times 1.00 \times 10.0)} = -0.0159155$를 구한다.

③ $B_C = 6.2832 f C = 6.2832 \times 1.00 \times 0.000820 = 0.00515222$를 구한다.

 (커패시턴스를 pF에서 μF으로 변환해야 한다는 것을 기억하자.)

④ $B = B_L + B_C = -0.0159155 + 0.00515222 = -0.0107633$을 계산한다.

⑤ $G^2 + B^2 = 0.100^2 + (-0.0107633)^2 = 0.0101158$을 계산한다.

⑥ $R = \dfrac{G}{0.0101158} = \dfrac{0.100}{0.0101158} = 9.89$를 계산한다.

⑦ $X = \dfrac{-B}{0.0101158} = \dfrac{0.0107633}{0.0101158} = 1.06$을 계산한다.

⑧ 복소 임피던스는 $R + jX = 9.89 + j1.06$이 된다.

예제 16-19

47.0Ω의 저항, 500pF의 커패시터, 10.0μH의 코일이 병렬로 연결되고 주파수는 2.25MHz일 때, 복소 임피던스는 얼마인가?

풀이

[예제 16-18]의 풀이와 마찬가지 방식으로 진행하면서, 마지막까지 컨덕턴스와 서셉턴스에 여분의 숫자를 사용한다.

① $G = \dfrac{1}{R} = \dfrac{1}{47.0} = 0.0212766$을 구한다.

② $B_L = \dfrac{-1}{6.2832 f L} = \dfrac{-1}{6.2832 \times 2.25 \times 10.0} = -0.00707354$를 구한다.

③ $B_C = 6.2832 f C = 6.2832 \times 2.25 \times 0.000500 = 0.0070686$을 구한다.

 (커패시턴스를 pF에서 μF으로 변환해야 한다는 것을 기억하자.)

④ $B = B_L + B_C = -0.00707354 + 0.0070686 = 0.00000$을 계산한다.

⑤ $G^2 + B^2 = 0.0212766^2 + 0.00000^2 = 0.00045269$를 계산한다.

⑥ $R = \dfrac{G}{0.00045269} = \dfrac{0.0212766}{0.00045269} = 47.000$을 계산한다.

⑦ $X = \dfrac{-B}{0.00045269} = \dfrac{0.00000}{0.00045269} = 0.00000$을 계산한다.

⑧ 복소 임피던스는 $R + jX = 47.000 + j0.00000$이 된다. 세 자리 유효숫자로 반올림하면 $47.0 + j0.00$이 되고, 이 복소수 값은 회로의 저항값과 같은 순수 저항을 의미한다.

복합 *RLC* 회로의 단순화

때때로 여러 개의 저항과 커패시터, 코일이 직렬 또는 병렬로 연결된 회로를 분석해야 할 경우가 있다. 이러한 회로는 항상 하나의 저항, 하나의 커패시턴스, 그리고 하나의 인덕턴스를 포함한 등가 직렬 또는 등가 병렬 *RLC* 회로로 단순화시킬 수 있다.

직렬 연결

직렬 연결된 저항들은 단순히 더하면 된다. 또한 직렬 연결된 인덕턴스도 더하면 된다. 직렬 연결된 커패시턴스는 앞에서 살펴본 것처럼 다음과 같이 좀 복잡한 방법으로 더한다.

$$C = \frac{1}{\left(\dfrac{1}{C_1} + \dfrac{1}{C_2} + \cdots + \dfrac{1}{C_n} \right)}$$

여기서 C_1, C_2, $\cdots$, C_n은 개별 커패시턴스를, C는 직렬 연결된 전체 커패시턴스 값을 의미한다. [그림 16-8(a)]는 직렬 *RLC* 회로의 복합적 예를 보여주며, [그림 16-8(b)]는 저항, 커패시턴스, 인덕턴스를 각각 하나씩 갖고 있는 등가회로다. 이때 저항 단위는 Ω이고, 인덕턴스 단위는 μH, 커패시턴스 단위는 pF이다.

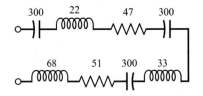

(a) 다수의 저항과 리액턴스를 포함하고 있는 복합적인 직렬 회로   (b) 단순화된 등가 회로

[그림 16-8] **복합적인 직렬 *RLC* 회로와 단순화된 등가 회로**

병렬 연결

저항과 인덕턴스의 병렬 회로는 직렬 연결된 커패시턴스처럼 계산한다. 병렬 연결된 커패시턴스는 단순히 더한다. [그림 16-9(a)]는 병렬 *RLC* 회로의 복합적 예를 보여주며, [그림 16-9(b)]는 저항, 커패시턴스, 인덕턴스를 각각 하나씩 갖고 있는 등가회로다. 이때 저항 단위는 Ω이고, 인덕턴스 단위는 μH, 커패시턴스 단위는 pF이다.

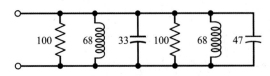

(a) 다수의 저항과 리액턴스를 포함하고 있는 복합적인 병렬 회로   (b) 단순화된 등가 회로

[그림 16-9] **복합적인 병렬 *RLC* 회로와 단순화된 등가 회로**

해석하기 어려운 회로

[그림 16-10]과 같은 RLC 회로의 총 복소 임피던스를 8.54MHz와 같은 특정 주파수에서 어떻게 구할까? 실제로 이러한 회로를 자주 만나는 것은 아니며, 혹 만나더라도 아무도 특정 주파수에서 총 임피던스를 계산하라고 할 것 같지는 않다. 그러나 회로가 얼마나 복잡한가에 관계없이, 주어진 주파수에서 복소 임피던스가 존재하는 것은 확실하다.

[그림 16-10]과 같은 회로가 특정 주파수에서 갖는 이론적 복소 임피던스를 구하기 위해 컴퓨터를 사용할 수도 있다. 그러나 실제로는 회로를 만들고 신호 발생기를 입력 단자에 연결한 후, **임피던스 브리지**impedance bridge라는 장치로 관심 있는 주파수에서 저항 R과 리액턴스 X를 측정하는 실험적 접근 방법을 취한다.

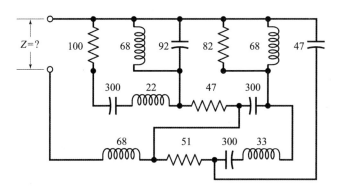

[그림 16-10] 다수의 저항과 리액턴스를 포함한 직렬-병렬 복잡 회로 : 저항의 단위는 Ω, 인덕턴스의 단위는 μH, 커패시턴스의 단위는 pF이다.

교류 회로에서의 옴의 법칙

직류 회로에서의 옴의 법칙은 전류 $I[\text{A}]$, 전압 $E[\text{V}]$, 저항 $R[\Omega]$인 세 변수 사이의 간단한 관계를 나타낸다. 공식은 다음과 같다.

$$E = IR, \quad I = \frac{E}{R}, \quad R = \frac{E}{I}$$

리액턴스가 없는 교류 회로에서도 평균제곱근(RMS)Root Mean Square 전압과 평균제곱근 전류를 사용하는 경우, 이 공식들이 동일하게 적용된다. RMS의 의미에 대해서는 9장을 참고하라.

순수 저항성 임피던스

교류 회로의 임피던스에 리액턴스가 포함되어 있지 않을 때, 모든 전류는 순수 저항 R을 통해 흐르고, 모든 전압은 저항 R에 걸린다. 이 경우 옴의 법칙은 다음과 같이 표현된다.

$$E = IZ, \quad I = \frac{E}{Z}, \quad Z = \frac{E}{I}$$

여기서 $Z = R$ 이고, I와 E의 값은 각각 RMS 전류와 RMS 전압을 의미한다.

복소 임피던스

저항과 리액턴스를 포함한 교류 회로에서 전류, 전압, 저항 간의 관계를 결정할 때, 흥미로운 일이 발생한다. 직렬 RLC 회로에서 절댓값 임피던스의 제곱에 대한 공식을 다시 생각해보자.

$$Z^2 = R^2 + X^2$$

양변에 $\frac{1}{2}$ 제곱하면 다음과 같다.

$$Z = (R^2 + X^2)^{\frac{1}{2}}$$

여기서 Z는 복소 임피던스 평면에서 벡터 $R + jX$의 길이다. 이 공식은 직렬 RLC 회로에만 적용된다.

저항 R과 리액턴스 X를 포함한 병렬 RLC 회로에 대한 절댓값 임피던스의 제곱은 다음과 같이 정의한다.

$$Z^2 = \frac{R^2 X^2}{R^2 + X^2}$$

절댓값 복소 임피던스 Z는 다음과 같이 계산된다.

$$Z = \left(\frac{R^2 X^2}{R^2 + X^2} \right)^{\frac{1}{2}}$$

어떤 값의 $\frac{1}{2}$ 제곱은 그 값의 양의 제곱근을 나타낸다.

예제 16-20

[그림 16-11]의 일반적인 블록도와 같은 직렬 RX 회로가 $R = 50.0\Omega$ 인 저항과 용량성 리액턴스 $X = -50.0\Omega$을 갖는다고 가정하자. 이 회로에 100V RMS 교류를 가하면, RMS 전류는 얼마인가?

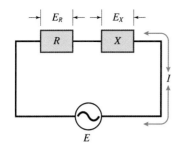

[그림 16-11] 저항과 리액턴스를 포함한 직렬 회로. [예제 16-20]~[예제 16-23]에 적용되는 그림

풀이

직렬 회로에 대해 앞서 나온 공식을 이용하고, 계산 누적 반올림 오차를 막기 위해 약간의 여분의 숫자를 사용해서 복소 임피던스를 계산하면 다음과 같다.

$$Z = (R^2 + X^2)^{\frac{1}{2}} = [50.0^2 + (-50.0)^2]^{\frac{1}{2}} = (2{,}500 + 2{,}500)^{\frac{1}{2}} = 5{,}000^{\frac{1}{2}} = 70.71068\,\Omega$$

이를 반올림하면 70.7Ω이 된다. 이제 Z에 대한 반올림 전의 원래 숫자를 사용해서 전류를 계산하면 다음과 같다.

$$I = \frac{E}{Z} = \frac{100}{70.71068} = 1.414214\text{A RMS}$$

이를 반올림하면 1.41A RMS가 된다.

예제 16-21

[예제 16-20]의 회로에서 저항과 리액턴스에 걸리는 RMS 교류 전압은 각각 얼마인가?

풀이

이 문제는 직류에 대한 옴의 법칙 공식을 적용할 수 있다. 여분의 숫자 몇 개를 사용하여 $I = 1.414214$A RMS로 전류를 구했으므로 저항에서의 전압강하 E_R은 다음과 같다.

$$E_R = IR = 1.414214 \times 50.0 = 70.7107\text{V RMS}$$

이를 반올림하면 70.7V RMS가 된다. 리액턴스에서의 전압강하는 다음과 같다.

$$E_X = IX = 1.414214 \times (-50.0) = -70.7107\text{V RMS}$$

이를 반올림하면 −70.7V RMS가 된다. 계산의 중간 단계에서 모든 여분의 숫자를 포함시킨 이유를 알겠는가? 만일 앞의 계산에서 전류에 1.41A RMS와 같이 반올림한 숫자를 사용하면, 구한 답 대신 70.5V RMS와 −70.5V RMS를 얻을 것이다. 이 예는 주의하지 않으면 누적된 반올림 오차가 어떻게 잘못된 답을 얻게 하는지 보여주는 좋은 예다.

RMS 값과 부호 및 위상

RMS 숫자에서 부호(양 또는 음)에 관해 중요한 주의사항이 있다. RMS 값을 다룰 때 음의 부호는 의미가 없으므로 [예제 16-21]의 리액턴스에 걸리는 RMS 교류 전압에서 음의 부호는 수학적 인공물이다. 이 전압은 저항에 걸린 전압과 동일한 70.7V RMS로 생각할 수 있다. **그러나 위상은 서로 다르다!** 이것이 음의 부호가 갖는 의미다.

저항과 리액턴스(앞의 예에서는 음수이므로 용량성 리액턴스)에서의 전압을 더해도, 회로 전체에 걸리는 전압인 100V RMS가 되지 않는다는 데 주의하라. 그 이유는 저항과 리액턴스를 포함한 교류 회로에서, 저항 양단의 전압과 리액턴스 양단의 전압 사이에는 항상 위상 차이가 존재하기 때문이다. 소자들 양단의 전압들은 **산술적으로**arithmetically 더해서는 안 되고, **벡터적으로**vectorially 더해야 인가한 전압과 같아진다.

예제 16-22

[그림 16-11]의 직렬 RX 회로가 $R = 10.0\Omega$인 저항과 $X = 40.0\Omega$인 리액턴스를 갖는다고 가정하자. 가한 전압이 교류 100V RMS이면 전류는 얼마인가?

풀이

먼저 직렬 회로에 대한 앞의 공식을 이용해서 복소 임피던스를 계산하면 다음과 같다.

$$Z = (R^2 + X^2)^{\frac{1}{2}} = [10.0^2 + (40.0)^2]^{\frac{1}{2}} = (100 + 1{,}600)^{\frac{1}{2}} = 1{,}700^{\frac{1}{2}} = 41.23106\,\Omega$$

전류를 계산하기 위해 옴의 법칙을 적용하면 다음과 같다.

$$I = \frac{E}{Z} = \frac{100}{41.23106} = 2.425356\text{A RMS}$$

이를 반올림하면 2.43A RMS가 된다.

예제 16-23

[예제 16-22]의 회로에서 저항과 리액턴스에 걸리는 RMS 교류 전압은 각각 얼마인가?

풀이

반올림되지 않은 전류의 계산 결과를 알고 있으므로, 저항 양단 간 전압 E_R을 계산하면 다음과 같다.

$$E_R = IR = 2.425356 \times 10.0 = 24.25356\text{V RMS}$$

이를 반올림하면 24.3V RMS가 된다. 리액턴스에서의 전압강하는 다음과 같다.

$$E_X = IX = 2.425356 \times 40.0 = 97.01424V \text{ RMS}$$

이를 반올림하면 97.0V RMS가 된다. $E_R + E_X$를 산술적으로 더하면 $24.25356 + 97.01424 = 121.2678V$ RMS를 얻게 되는데, 이를 반올림하면 R과 X에 걸린 총 전압이 121.3V RMS가 된다. 이 값은 실제 인가된 전압과 다른데, [예제 16−21]의 경우와 마찬가지 이유로 이 문제에도 간단한 직류 규칙이 적용되지 않기 때문이다. 즉 두 교류 파동은 같은 위상이 아니므로 저항 양단의 교류 전압을 리액턴스 양단의 교류 전압과 산술적으로 더해서는 안 된다.

예제 16-24

[그림 16−12]의 일반적인 블록도와 같은 병렬 RX 회로가 $R = 30.0\Omega$인 저항과 $X = -20.0\Omega$인 리액턴스를 갖는다고 가정하자. 이 회로에 $E = 50.0V$ RMS를 가하면, 이 교류 전원으로부터 공급되는 총 전류는 얼마인가?

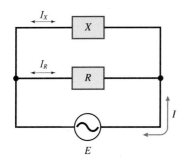

[그림 16−12] 저항과 리액턴스를 포함한 병렬 회로. [예제 16−24]~[예제 16−25]에 적용되는 그림

풀이

먼저 병렬 회로에 대한 공식을 이용하고, 누적 반올림 오차를 피하기 위해 약간의 여분의 숫자를 사용하여 절댓값 임피던스를 계산하면 다음과 같다.

$$Z = \left(\frac{R^2 X^2}{R^2 + X^2} \right)^{\frac{1}{2}} = \left[\frac{30.0^2 \times (-20.0)^2}{30.0^2 + (-20.0)^2} \right]^{\frac{1}{2}} = \left(\frac{900 \times 400}{900 + 400} \right)^{\frac{1}{2}} = \left(\frac{360,000}{1,300} \right)^{\frac{1}{2}}$$

$$= \frac{2,771}{2} = 16.64332\Omega$$

따라서 총 전류는 다음과 같다.

$$I = \frac{E}{Z} = \frac{50}{16.64332} = 3.004208A \text{ RMS}$$

이를 반올림하면 3.00A RMS가 된다.

[예제 16-24]의 회로에서 저항과 리액턴스에 흐르는 RMS 전류는 각각 얼마인가?

풀이

이 문제에는 직류에 대한 옴의 법칙 공식을 적용할 수 있다. 저항에 흐르는 전류를 계산하면 다음과 같다.

$$I_R = \frac{E}{R} = \frac{50.0}{30.0} = 1.67\text{A RMS}$$

리액턴스를 통해 흐르는 전류는 다음과 같다.

$$I_X = \frac{E}{X} = \frac{50.0}{-20.0} = -2.5\text{A RMS}$$

앞에서 살펴본 바와 같이 RMS 용어를 생각하면 음의 부호는 무시할 수 있으므로 2.5A RMS라 할 수 있다. 이때 저항을 흐르는 전류와 리액턴스를 흐르는 전류를 직접 합친다고 해도 실제 총 전류인 3.00A가 되지 않는다는 데 주의하라. 그 이유는 저항과 리액턴스를 포함한 교류 회로에서 합성 전압을 단순히 산술적으로 교류 전압을 더해 구할 수 없는 것과 같은 이유다. 각 전류 성분 I_R과 I_X는 위상이 다르므로 그 두 전류를 산술적으로 더해서는 안 되며, 벡터적으로 더하면 3.00A RMS가 된다.

※ 필요하다면 이 장의 본문 내용을 참고해도 된다. 적어도 18개 이상 맞히는 것이 바람직하다.
정답은 [부록 A]에 있다.

16.1 직렬 RLC 회로에서 $R = 50\Omega$이고 순수 리액턴스는 없을 때, 복소 임피던스 벡터는 어느 방향을 가리키는가?

(a) 곧장 위쪽
(b) 곧장 아래쪽
(c) 곧장 오른쪽
(d) 아래쪽과 오른쪽

16.2 병렬 RLC 회로에서 $G = 0.05\text{S}$이고 $B = -0.05\text{S}$일 때, (복소 임피던스가 아닌) 복소 어드미턴스 벡터는 어느 방향을 가리키는가?

(a) 곧장 아래쪽
(b) 곧장 오른쪽
(c) 위쪽과 오른쪽
(d) 아래쪽과 오른쪽

16.3 병렬 RLC 회로에서 $R = 10\Omega$이고 $jX_C = -j10$일 때, (복소 임피던스가 아닌) 복소 어드미턴스 벡터는 어느 방향을 가리키는가?

(a) 곧장 위쪽
(b) 곧장 오른쪽
(c) 위쪽과 오른쪽
(d) 아래쪽과 오른쪽

16.4 GB 반평면에서 위쪽과 오른쪽을 향하는 벡터는 무엇을 나타내는가?

(a) 순수 컨덕턴스
(b) 컨덕턴스와 유도성 서셉턴스
(c) 컨덕턴스와 용량성 서셉턴스
(d) (a), (b), (c) 모두 아님

16.5 RX 반평면에서 위쪽과 왼쪽을 향하는 벡터는 무엇을 나타내는가?

(a) 순수 저항
(b) 컨덕턴스와 유도성 서셉턴스
(c) 컨덕턴스와 용량성 서셉턴스
(d) (a), (b), (c) 모두 아님

16.6 코일이 $j20\Omega$의 리액턴스를 갖고 회로에 다른 성분은 없다면, 서셉턴스는 얼마인가?

(a) $j0.050\text{S}$ (b) $-j0.050\text{S}$
(c) $j20\text{S}$ (d) $-j20\text{S}$

16.7 커패시터가 $j0.040\text{S}$의 서셉턴스를 갖고 회로에 다른 성분은 없다면, 리액턴스는 얼마인가?

(a) $j0.040\Omega$ (b) $-j0.040\Omega$
(c) $j25\Omega$ (d) $-j25\Omega$

16.8 $jX_L = j50$인 코일과 $jX_C = -j100$인 커패시터가 직렬로 연결되어 있을 때, 총 리액턴스는 얼마인가?

(a) $j50$ (b) $j150$
(c) $-j50$ (d) $-j150$

16.9 $L = 3.00\mu\text{H}$인 코일과 $C = 100\text{pF}$인 커패시터가 직렬로 연결되어 있을 때, 인가한 교류 신호의 주파수가 $f = 6.00\text{MHz}$이면, 총 리액턴스는 얼마인가?

(a) $-j152$ (b) $-j378$
(c) $j152$ (d) $j378$

16.10 $R=10\Omega$인 저항, $X_L=72\Omega$인 코일, $X_C=-83\Omega$인 커패시터가 직렬로 연결되어 있을 때, 총 리액턴스 Z는 얼마인가?

    (a) $10+j11$ (b) $10-j11$

    (c) $82-j11$ (d) $-73-j11$

16.11 220.0Ω의 저항, 500.00pF의 커패시턴스, $44.00\mu\text{H}$의 인덕턴스가 직렬로 연결되어 있을 때, 동작 주파수가 5.650MHz이면 복소 임피던스는 얼마인가?

    (a) $220.0+j1506$

    (b) $220.0-j1506$

    (c) $0.000+j1506$

    (d) $220.0+j0$

16.12 75.3Ω의 저항, $8.88\mu\text{H}$의 인덕턴스, 980pF의 커패시턴스가 직렬로 연결되어 있을 때, 동작 주파수가 1340kHz이면 복소 임피던스는 얼마인가?

    (a) $75.3+j0.00$

    (b) $75.3+j46.4$

    (c) $75.3-j46.4$

    (d) $0.00-j75.3$

16.13 $jB_L=-j0.32$인 코일과 $jB_C=j0.20$인 커패시터가 병렬로 연결되어 있을 때, 총 서셉턴스는 얼마인가?

    (a) $j0.52$ (b) $-j0.52$

    (c) $j0.12$ (d) $-j0.12$

16.14 $8.5\mu\text{H}$의 코일과 100pF의 커패시터를 병렬로 연결하고, 7.10MHz의 신호를 인가하면 총 서셉턴스는 얼마인가?

    (a) $-j0.0045$

    (b) $j0.0018$

    (c) $-j0.0026$

    (d) (a), (b), (c) 모두 아님

16.15 [연습문제 16.14]에서 14.2MHz로 주파수를 2배로 하면, 병렬 연결된 코일과 커패시터의 총 서셉턴스는 얼마인가?

    (a) $-j0.0090$

    (b) $j0.0036$

    (c) $-j0.0013$

    (d) (a), (b), (c) 모두 아님

16.16 7.50Ω의 저항, $22.0\mu\text{H}$의 인덕턴스, 100pF의 커패시턴스가 병렬로 연결되어 있을 때, 동작 주파수가 5.33MHz이면 복소 어드미턴스는 얼마인가?

    (a) $0.133+j0.00199$

    (b) $0.133-j0.00199$

    (c) $7.50+j503$

    (d) $7.50-j503$

16.17 회로의 어드미턴스가 $Y=0.333+j0.667$일 때, 주파수가 변하지 않는다면 복소 임피던스는 얼마인가?

    (a) $1.80-j0.833$

    (b) $1.80+j0.833$

    (c) $0.599-j1.20$

    (d) $0.599+j1.20$

16.18 25Ω의 저항, 0.0020μF의 커패시터, 7.7μH의 코일이 병렬로(직렬이 아닌) 연결되어 있을 때, 동작 주파수가 2.0MHz 이면 복소 임피던스는 얼마인가?

(a) $8.1 + j22$

(b) $8.1 - j22$

(c) $22 + j8.1$

(d) $22 - j8.1$

16.19 직렬 RX 회로에서 $R = 20\,\Omega$의 저항과 $X = -20\,\Omega$의 용량성 리액턴스가 직렬로 연결됐다고 가정하자. 42V RMS 교류 전압을 이 회로에 인가할 경우, 전류는 얼마인가?

(a) 0.67A RMS

(b) 1.5A RMS

(c) 2.3A RMS

(d) 3.0A RMS

16.20 병렬 RX 회로에서 $R = 50\,\Omega$과 $X = 40\,\Omega$이 병렬로 연결됐다고 가정하자. 이 회로에 $E = 155$V RMS 전압을 인가할 경우, 교류 전원이 공급하는 총 전류는 얼마인가?

(a) 5.0A RMS

(b) 2.5A RMS

(c) 400mA RMS

(d) 200mA RMS

CHAPTER

17

교류 회로의 전력과 공진
Alternating-Current Power and Resonance

┃학습목표

- 전력의 정의를 알고 전력 형태를 이해할 수 있다.
- 유효 전력과 VA 전력, 무효 전력 사이의 관계를 이해하고 각 전력값을 계산할 수 있다.
- 역률의 개념을 이해하고 계산할 수 있다.
- 전력을 전달하기 위해 필요한 전송선의 역할과 올바른 전송선의 조건을 이해할 수 있다.
- 교류 회로에서의 공진을 이해하고 공진 주파수를 계산할 수 있다.
- 공진 소자들에 대하여 이해하고 응용할 수 있다.

┃목차

전력을 한 곳에서 다른 곳으로 '전달'하거나 또는 다른 형태로 변환하는 효율을 어떻게 최적화시킬 것인가 하는 것은 우리의 도전과제이다. 특히 고주파 교류에서 전력 전송과 전력 변환 시 **공진**resonance이라는 현상은 중요한 역할을 한다.

전력의 형태

전력은 에너지가 소비되고, 방출되고, 사라지는 비율로 정의된다. 이 정의는 기계적 운동, 화학적 효과, 전기, 음파, 전자파, 열, 적외선(IR), 가시광선, 자외선(UV), X선, 감마선, 그리고 고속 소립자들에도 적용된다.

전력 단위

전력의 표준 단위는 **와트**watt이고, W로 표시한다. 1와트는 **1초당 1줄**(J/s)을 의미한다. 때때로, 전력은 **킬로와트**(kW, 천 와트), **메가와트**(MW, 백만 와트), **기가와트**(GW, 십억 와트), **테라와트**(TW, 일조 와트)로 표시되기도 한다.

- 1kW = 1000W
- 1MW = 1,000,000W
- 1GW = 1,000,000,000W
- 1TW = 1,000,000,000,000W

또한 전력은 **밀리와트**(mW, 천분의 일 와트), **마이크로와트**(μW, 백만분의 일 와트), **나노와트**(nW, 십억분의 일 와트), **피코와트**(pW, 일조분의 일 와트)로 표시되기도 한다.

- 1mW = 0.001W
- 1μW = 0.000001W
- 1nW = 0.000000001W
- 1pW = 0.000000000001W

볼트-암페어

직류 회로 또는 리액턴스가 없는 교류 회로에서, 전력은 소자에 걸리는 전압 E와 그 소자를 통해 흐르는 전류 I의 곱, 즉 다음과 같이 정의할 수 있다.

$$P = EI$$

만약 E가 V이고, I가 A로 표시된다면, 전력 P는 **볼트-암페어**(VA)로 표시된다. [그림

17-1]과 같이 회로에 리액턴스가 존재하지 않을 때 VA는 곧 W로 해석된다.

볼트-암페어 전력 또는 **피상 전력**^{apparent power}이라고 하는 VA는 다양한 형태를 취할 수 있다. 저항은 전기에너지를 열에너지로 변환시키는데, 그 비율은 저항값과 그 저항에 흐르는 전류에 따라 달라진다. 전구는 전기를 빛과 열로 변환시키고, 무선 안테나는 고주파 교류를 전자파로 변환시킨다. 확성기 또는 헤드폰은 저주파 교류를 음파로 변환시킨다. 마이크는 음파를 저주파 교류로 변환시킨다. 이때 전력은 열, 빛, 전자파, 음파 또는 교류 전기의 세기 척도를 제공한다.

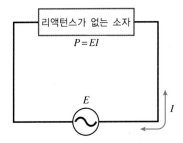

[그림 17-1] **교류 소자에 리액턴스가 없을 때, 전력 P는 그 소자에 걸리는 전압 E와 그 소자를 통해 흐르는 전류 I의 곱이다.**

순시 전력

보통 전력은 RMS 값으로 생각하지만, VA 전력에서는 가끔 피크 값을 대신 사용한다. 만약 교류 신호가 직류 성분이 전혀 없는 완전한 사인파라면 피크 전류는(어느 방향이든) RMS 전류의 1.414배가 되고, 피크 전압은(어느 극성이든) RMS 전압의 1.414배가 된다. 만약 전류와 전압의 위상이 정확히 일치한다면, 피크 값의 곱은 RMS 값의 곱의 2배가 된다.

리액턴스가 없는 사인파 교류 회로에서는 VA 전력이 유효 전력의 2배가 되는 시점들이 존재한다. 어떤 순간에는 VA 전력이 0이 되고, [그림 17-2]와 같이 VA 전력이 0과 유효 전력의 2배 사이의 어떤 값이 되는 여러 시점들도 있다. 이렇게 어느 특정 순간에 측정되고 표현된, 지속적으로 변화하는 전력을 **순시 전력**^{instantaneous power}이라고 한다. 진폭 변조된(AM) 무선 신호 같이 어떤 특정 경우에는 순시 전력이 매우 복잡한 양상으로 변화한다.

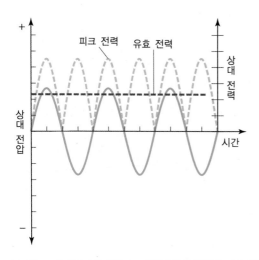

[그림 17-2] 사인파에 대한 피크 전력과 유효 전력의 그림. 왼쪽의 세로축은 상대 전압을 의미하고, 오른쪽의 세로축은 상대
전력을 의미한다. 실선은 시간의 함수로 전압을 나타낸 것이고, 얇은 점선과 굵은 점선은 각각 시간의 함수로
피크 전력과 유효 전력을 보여준다.

무효 전력 또는 허수 전력

순수 저항에서 단위시간당 에너지 소비 비율 또는 **유효 전력**true power은 **피상 전력**apparent
power으로도 알려진 VA 전력과 같다. 그러나 리액턴스가 교류 회로에 존재하면 VA 전력
은 열, 빛, 전자파 등으로 실제 나타나는 전력보다 더 크다. 피상 전력은 유효 전력보다
더 크다. 이 차이를 **무효 전력**reactive power 또는 **허수 전력**imaginary power이라고 한다. 이는
무효 전력이 회로의 리액턴스에만 존재하고, 리액턴스는 복소 임피던스의 허수 부분으로
표현되기 때문이다.

인덕터와 커패시터는 에너지를 축적한 후, 나중에 사이클 일부에서 에너지를 방출한다.
이러한 현상은 교류가 흐르는 동안 계속 반복된다. 이 현상은 유효 전력처럼 에너지가 한
형태에서 다른 형태로 변하는 비율로 표현될 수 있다. 그러나 무효 전력은 어떤 실제적
방법으로 사용할 수 있는 형태의 전력이 아니라, 저장소에 저장되었다가 다시 방출되기만
하는 전력이다. 이와 같은 전력의 저장/방출 사이클은 실제 교류 사이클에서 계속 반복된다.

유효 전력은 이동하지 않는다

만약 외부 안테나에 연결된 케이블을 무선 송신기에 연결할 때, 케이블을 통해 안테나로
"전력을 공급하고 있다."고 말할지 모른다. 종종 숙련된 무선 주파수(RF) 공학자나 기
술자들도 이렇게 이야기한다. 그러나 전기적 전류와 전압에서 전자파로 변화되거나 음파에
서 열로 변화되는 것처럼, 유효 전력은 항상 **형태의 변화**change in form를 야기하지만, 실제
적으로 한 장소에서 다른 장소로 **이동하지는**travel 않는다. 단지 이러한 현상은 어느 특정한

장소에서만 **발생하는**happen 것이다.

무선 안테나 시스템에서 일부 유효 전력은 [그림 17-3]과 같이 송신 증폭기와 전송(급전)선 내에서 열로 방출되어 소모된다. 두말할 것 없이 유능한 RF 공학자들은 이와 같이 소모되는 에너지를 최소화시키려고 한다. 무효 전력이 전기장과 자기장 형태로 안테나에 도달하고, 안테나에서 **전자기파**electromagnetic wave로 변환되어 방사될 때 유효 전력이 효과적으로 소모된다.

무선 전송 안테나 시스템을 많이 다루는 사람이라면, '순방향 전력'과 '반사 전력' 또는 '전력이 증폭기로부터 스피커로 공급된다.'와 같은 표현을 본 적 있을 것이다. 원한다면 이런 표현을 쓸 수도 있지만, 전력이 이동한다는 개념은 잘못된 결론을 이끌어낼 수도 있음을 명심해야 한다. 예를 들어, 안테나 시스템이 실제 동작하는 것보다 더 능률적으로 동작한다고 생각할지도 모른다.

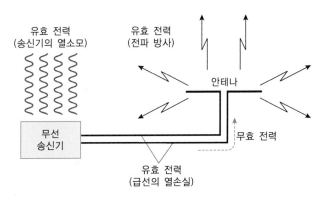

[그림 17-3] **무선 송신기와 안테나 시스템에서의 유효 전력과 무효 전력**

리액턴스는 전력을 소모하지 않는다

순수한 인덕턴스 또는 순수한 커패시턴스는 어떤 전력도 소모할 수 없다. 순수 리액턴스는 오직 에너지를 저장하고, 그 후 일부 사이클 동안 회로로 다시 전력을 되돌린다. 실세계의 코일과 커패시터에 있는 유전체나 도선들은 열로 일부 전력을 소모하지만, 이상적인 소자는 전력을 소모하지 않을 것이다. 이미 배웠듯이 커패시터는 전기장에 에너지를 저장하고, 인덕터는 자기장에 에너지를 저장한다.

리액턴스 성분은 교류의 위상에 변동을 일으키며, 그 결과 리액턴스가 없는 회로에서처럼 전류가 전압과 일치하는 위상으로 전압을 뒤따르지 않는다. 유도성 리액턴스를 가진 회로에서 전류는 전압에 최대 $90°$(또는 $\frac{1}{4}$ 사이클)만큼 늦고, 용량성 리액턴스를 가진 회로에서는 전류가 전압에 최대 $90°$만큼 앞선다.

순수한 저항성 회로에서는 전압과 전류가 [그림 17-4(a)]처럼 서로 정확히 위상이 일치하므로 가장 효과적인 방식으로 전류와 전압이 결합된다. 그러나 리액턴스를 포함한 회로에서는 전압과 전류가 [그림 17-4(b)]와 같이 위상 차이로 인해 서로가 정확히 뒤따르지 않는다. 그 경우 전압과 전류의 곱(VA 전력 또는 피상 전력)은 실제 에너지 소비(유효 전력)를 초과한다.

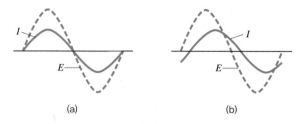

[그림 17-4] (a) 리액턴스 성분이 없는 교류 회로에서 전류 I와 전압 E의 위상은 일치한다.
(b) 리액턴스가 존재할 때, I와 E의 위상은 일치하지 않는다.

전력 변수

0이 아닌 저항과 0이 아닌 리액턴스를 포함한 교류 회로에서 유효 전력 P_T, 피상전력 P_{VA}, 그리고 무효(허수) 전력 P_X 사이의 관계는 다음과 같다.

$$P_{VA} = (P_T^2 + P_X^2)^{\frac{1}{2}}$$

여기서 $P_T < P_{VA}$, $P_X < P_{VA}$ 이다. 리액턴스가 없다면 $P_{VA} = P_T$ 이고, $P_X = 0$ 이 된다. 공학자들은 전력-전송 시스템에서 리액턴스를 최소화하고, 가능한 한 없애기 위해 노력한다.

역률

교류 회로에서 VA 전력에 대한 유효 전력의 비, $\dfrac{P_T}{P_{VA}}$ 를 **역률**(PF)Power Factor이라고 한다. 리액턴스가 없는 이상적인 경우 $P_T = P_{VA}$ 가 되고, $PF = 1$ 이 된다. 만약 회로에 리액턴스가 있지만 저항 또는 컨덕턴스가 없다면(즉, 저항이 0 또는 무한대일 때), $P_T = 0$ 이 되므로 $PF = 0$ 이 된다.

전력을 소모하거나 전력 형태를 변환하고 싶은 회로, 즉 **부하**load가 저항과 리액턴스를 모두 포함하면 PF는 0과 1 사이의 값이 된다. 역률은 0과 100 사이의 퍼센트 값인 $PF_\%$로 표현되기도 한다. 만일 P_T와 P_{VA}를 알고 있다면, PF를 다음과 같이 계산할 수 있다.

$$PF = \frac{P_T}{P_{VA}} \ , \ \ PF_\% = \frac{100 P_T}{P_{VA}}$$

부하가 0이 아닌 유한한 저항과 리액턴스를 가질 때, 전력의 일부는 유효 전력으로 소모되고 일부는 부하에서 무효 전력으로 '되돌려진다'.

리액턴스와 저항을 포함한 교류 회로에서는 다음과 같은 방법으로 역률을 결정할 수 있다.

- 위상각의 코사인을 구하는 방법
- 절댓값 임피던스에 대한 저항의 비율을 계산하는 방법

위상각의 코사인

리액턴스와 저항을 가진 회로에서 전류와 전압은 위상이 정확하게 일치하지 않는다는 것을 상기하라. 위상각(ϕ)은 전압과 전류의 위상 차이의 정도를 각도로 표시한다. 순수 저항에서는 $\phi = 0°$이고, 순수 리액턴스에서는(유도성 리액턴스인 경우) $\phi = +90°$이거나 (용량성 리액턴스인 경우) $\phi = -90°$가 된다. 역률은 다음과 같이 계산된다.

$$PF = \cos\phi$$
$$PF_\% = 100 \cos\phi$$

예제 17-1

회로가 리액턴스를 전혀 포함하지 않고, 600Ω의 순수 저항으로 이루어졌을 때, 역률은 얼마인가?

풀이

계산하지 않아도 순수한 저항에서 $P_{VA} = P_T$이므로 $PF = 1$임이 명백하다. 따라서 다음과 같다.

$$\frac{P_T}{P_{VA}} = 1$$

또한 전류가 전압의 위상과 같기 때문에, 위상각이 $0°$라는 사실로부터도 $PF = 1$임을 확인할 수 있다.

계산기를 이용하면 $\cos 0° = 1$임을 알 수 있으므로

$$PF = 1 = 100\%$$

이다. 이 경우에 대한 RX 반평면 벡터를 [그림 17-5]에 나타내었다. R축을 기준으로 위상각을 표시해야 함을 기억하라.

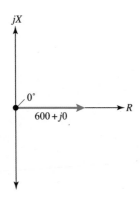

[그림 17-5] $600 + j0$인 순수 저항성 임피던스의 위상각을 보여주는 벡터 다이어그램. R과 jX의 크기는 상대적이다.

예제 17-2

저항은 없고 -40Ω의 순수 용량성 리액턴스를 포함한 회로의 역률은 얼마인가?

풀이

[그림 17-6]의 RX 반평면 벡터 다이어그램에서 보는 바와 같이 위상각은 $-90°$이다. 계산기로 계산하면 $\cos -90° = 0$이므로 $PF = 0$이고, $\dfrac{P_T}{P_{VA}} = 0 = 0\%$이다. 유효 전력은 없고, 모든 전력이 무효 전력이다.

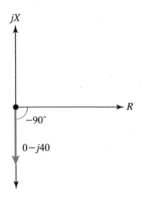

[그림 17-6] $0 - j40$인 순수 용량성 임피던스의 위상각을 보여주는 벡터 다이어그램. R과 jX의 크기는 상대적이다.

예제 17-3

50Ω의 저항과 50Ω의 유도성 리액턴스가 직렬로 연결된 회로의 역률은 얼마인가?

풀이

이 경우 [그림 17-7]과 같이 위상각이 $45°$다. 저항 벡터와 리액턴스 벡터는 크기가 같고, 직각 삼각형의 두 변을 형성한다. 복소 임피던스 벡터는 직각 삼각형의 **빗변**hypotenuse을 형성한다.

역률을 결정하기 위해 계산기를 사용하면 $\cos 45° = 0.707$이므로 $\dfrac{P_T}{P_{VA}} = 0.707 = 70.7\%$다.

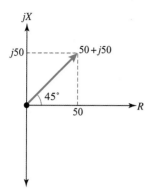

[그림 17-7] 복소 임피던스 $50 + j50$의 위상각을 보여주는 벡터 다이어
그램. R과 jX의 크기는 상대적이다.

$\dfrac{R}{Z}$ 비율

절댓값 임피던스 Z에 대한 저항 R의 비율을 구해 역률을 계산할 수 있다. [그림 17-7]은
이 예를 보여준다. 저항 벡터 R(밑변), 리액턴스 벡터 jX(높이), 절댓값 임피던스 Z(빗
변)로 직각삼각형이 형성된다. 위상각의 코사인은 빗변 길이에 대한 밑변 길이의 비율,
즉 $\dfrac{R}{Z}$과 같다.

예제 17-4

80Ω의 저항 R과 100Ω의 절댓값 임피던스 Z가 직렬 연결된 회로의 역률은 얼마인가?

풀이

다음과 같이 비율을 계산할 수 있다.

$$PF = \frac{R}{Z} = \frac{80}{100} = 0.8 = 80\%$$

이 회로의 총 리액턴스가 용량성인지 또는 유도성인지는 문제되지 않는다.

예제 17-5

순수 저항으로 절댓값 임피던스가 50Ω인 직렬회로의 역률은 얼마인가?

풀이

$R = Z = 50\Omega$이므로 $PF = \dfrac{R}{Z} = \dfrac{50}{50} = 1 = 100\%$가 된다.

50Ω의 저항과 −30Ω의 용량성 리액턴스가 직렬로 연결된 회로의 역률은 얼마인가? 코사인 방법을 사용하라.

풀이

저항과 리액턴스로 위상각을 구하는 식은 다음과 같다.

$$\phi = \text{Arctan}\left(\frac{X}{R}\right)$$

여기서 X는 리액턴스를 의미하고, R은 저항을 의미한다. 따라서

$$\phi = \text{Arctan}\left(\frac{-30}{50}\right) = \text{Arctan}(-0.60) = -31°$$

역률은 이 각도의 코사인이므로 다음과 같다.

$$PF = \cos(-31°) = 0.86 = 86\%$$

30Ω의 저항과 40Ω의 유도성 리액턴스를 직렬로 연결한 회로의 역률은 얼마인가? $\frac{R}{Z}$ 방법을 사용하라.

풀이

먼저, 직렬 회로에 대한 식을 사용하여 절댓값 임피던스를 다음과 같이 구한다.

$$Z = (R^2 + X^2)^{\frac{1}{2}}$$

여기서 R은 저항을, X는 총 리액턴스를 의미한다. 숫자를 대입하면 다음과 같다.

$$Z = (30^2 + 40^2)^{\frac{1}{2}} = (900 + 1600)^{\frac{1}{2}} = 2500^{\frac{1}{2}} = 50\Omega$$

이제 다음과 같이 역률을 계산할 수 있다.

$$PF = \frac{R}{Z} = \frac{30}{50} = 0.60 = 60\%$$

[그림 17-8]과 같이 30 : 40 : 50의 직각삼각형으로 이 상황을 그래프로 표현할 수 있다.

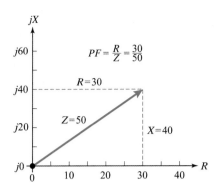

[그림 17-8] [예제 17-7]에 대한 설명. 가로축과 세로축의 눈금 증가율이 다른데, 이는 설명의 편리성을 위해 그래프에서 자주 사용하는 방식이다.

얼마나 많은 전력이 유효 전력인가?

앞의 공식들로부터 저항, 리액턴스, VA 전력이 주어질 때, 몇 W가 유효(실수) 전력이고 몇 W가 무효(허수) 전력인지 계산할 수 있다. 어떤 RF 전력계는 유효 전력보다 VA 전력을 보여주므로 RF 장비를 다룰 때는 이런 상황을 고려해야 한다. 저항과 함께 리액턴스가 존재하는 회로나 시스템의 전력을 측정하면, VA 전력을 보여주는 전력계에서는 부자연스러울 정도로 매우 큰 값이 표시된다.

예제 17-8

회로에 50Ω의 저항과 30Ω의 유도성 리액턴스가 직렬로 연결되어 있다고 가정하자. 전력계가 100W를 보여주는데, 이는 VA 전력을 나타내는 것이다. 유효 전력은 얼마인가?

풀이

이 질문에 답하기 위해서는 역률을 계산해야 한다. 먼저 위상각을 다음과 같이 계산한다.

$$\phi = \mathrm{Arctan}\left(\frac{X}{R}\right) = \mathrm{Arctan}\left(\frac{30}{50}\right) = 31°$$

역률은 위상각의 코사인이므로 다음과 같다.

$$PF = \cos 31° = 0.86$$

유효 전력과 VA 전력으로 역률을 구하는 공식은 다음과 같다.

$$PF = \frac{P_T}{P_{VA}}$$

이 공식을 유효 전력을 구하는 식으로 다시 정리하면 다음과 같다.

$$P_T = PF \times P_{VA}$$

따라서 $PF = 0.86$ 과 $P_{VA} = 100$ 을 대입하면 다음을 얻는다.

$$P_T = 0.86 \times 100 = 86\text{W}$$

예제 17-9

회로에 1,000Ω의 저항과 이 저항에 병렬로 연결된 1,000pF의 커패시턴스가 있다고 가정하자. 동작 주파수는 100kHz이다. 만약 VA 전력을 읽도록 설계된 전력계가 88.0W 눈금을 가리키면, 유효 전력은 얼마인가?

풀이

소자들이 병렬로 연결되어 있으므로 이 문제는 약간 복잡하다. 시작하기에 앞서, 공식에 적용되도록 단위가 일치하는지 확인하자. 주파수 f를 MHz로 변환하면 $f = 0.100\text{MHz}$이고, 커패시턴스를 μF으로 변환하면 $C = 0.001000\mu F$이다. 16장에서의 용량성 서셉턴스에 대한 공식을 상기하고, 이 문제에 적용하면 다음과 같다.

$$B_C = 6.2832fC = 6.2832 \times 0.100 \times 0.001000 = 0.00062832 \text{ S}$$

저항의 컨덕턴스 G는 저항 R의 역수이므로 다음과 같다.

$$G = \frac{1}{R} = \frac{1}{1,000} = 0.001000 \text{ S}$$

이제, 병렬 회로에서 컨덕턴스와 서셉턴스로부터 저항과 리액턴스를 계산하는 공식을 사용하여 저항을 구하면 다음과 같다.

$$R = \frac{G}{(G^2 + B^2)} = \frac{0.001000}{(0.001000^2 + 0.00062832^2)}$$
$$= \frac{0.001000}{0.0000013948} = 716.95 \,\Omega$$

다음으로 리액턴스를 구한다.

$$X = \frac{-B}{(G^2 + B^2)} = \frac{-0.00062832}{0.0000013948} = -450.47 \,\Omega$$

이제 위상각을 구한다.

$$\phi = \text{Arctan}\left(\frac{X}{R}\right) = \text{Arctan}\left(\frac{-450.47}{716.95}\right) = \text{Arctan}(-0.62831) = -32.142°$$

역률을 구하면 다음과 같다.

$$PF = \cos \phi = \cos(-32.142°) = 0.84673$$

VA 전력 P_{VA}는 88.0W로 주어졌으므로 (입력 데이터의 정밀도 때문에) 세 자리 유효 숫자로 반올림하여 유효 전력을 계산하면 다음과 같다.

$$P_T = PF \times P_{VA} = 0.84673 \times 88.0 = 74.5W$$

전력 전송

무선 방송이나 통신 기지국의 송신기에서 고주파 교류 신호를 생성한 후, 송신기와 일정 거리만큼 떨어진 곳에 위치한 안테나에 이 신호를 효율적으로 보내려고 한다. 이때 RF **전송선**transmission line, 즉 **급전선**feed line이 필요하다. 가장 보편적인 타입은 동축케이블이고, 어떤 안테나 시스템에서는 대안으로 2선(쌍선)two-wire line, 즉 평행선parallel-wire line도 사용한다. 초고주파와 마이크로파 주파수 대역에서는 **도파로**waveguide라고 하는 다른 형태의 전송선이 종종 사용된다.

손실은 낮을수록 좋다!

어떤 **전력 전송**power transmission 시스템을 설계하고 구성할 때 가장 중요한 문제는 손실을 최소화하는 것이다. 전력 낭비는 거의 전적으로 전송선 도체와 유전체, 그리고 전송선 가까이에 있는 물체에서 열로 발생한다. 일부 손실은 원하지 않더라도 전송선에서 전자기파 방출 형태로 발생할 수 있다. 또한 변압기에서도 손실이 발생한다. 전기 시스템에서의 전력 손실은 기계 시스템에서 마찰 때문에 사용 가능한 일이 손실되는 것과 유사하다.

이상적인 전력 전송 시스템에서 모든 전력은 VA 전력을 구성한다. 즉, 모든 전력은 도체 내 교류 전류와 도체 간 교류 전압으로 발생한다. 전송선 또는 변압기에서 전력이 유효 전력 형태로 존재하는 것은 바람직하지 않은데, 이런 유효 전력은 열 손실, 전자파 방출 손실, 또는 두 경우 모두로 변환되기 때문이다. 유효 전력 소비 또는 유효 전력 방출은 보통 전원으로부터 전송선 반대쪽 끝에 있는 부하에서 발생한다.

전송선에서의 전력 측정

[그림 17-9]와 같은 교류 전송선에서 두 도선 사이에 교류 전압계를 놓아 전압을 측정하고, 도선 중 하나에 직렬로 교류 전류계를 놓아 전류를 측정함으로써 전력을 측정할 수

있다. (이 그림의 두 계측기가 그렇게 보이지는 않을지라도) 두 계측기는 전송선의 동일한 지점에 놓아야 한다. 이 경우 전력 $P[\mathrm{W}]$는 전압 RMS 값 $E[\mathrm{V}]$와 전류 RMS 값 $I[\mathrm{A}]$의 곱과 같다. 이 방법은 모든 전송선에서, 그리고 $60\mathrm{Hz}$의 전력 시스템에서부터 수 GHz의 무선통신 시스템에 이르는 모든 주파수 범위에서 사용될 수 있다. 그러나 이 방식으로 전력을 측정할 경우, 전송선 끝단의 부하에서 소모되는 유효 전력을 반드시 정확하게 측정하지는 못한다.

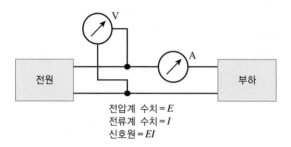

전압계 수치 = E
전류계 수치 = I
신호원 = EI

[그림 17-9] **전송선에서의 전력 측정.** 이상적으로 전압과 전류는 전송선의 동일한 지점에서 측정해야 한다.

어떤 전송선이든 고유의 **특성 임피던스**characteristic impedance가 있다는 것을 기억하자. 특성 임피던스 Z_0 값은 전송선 도체의 직경, 도체 사이의 간격, 그리고 도체들을 분리해주는 유전체 타입에 따라 달라진다. 만약 부하가 리액턴스가 없는 순수 저항 R이고 $R = Z_0$이면, (전압계와 전류계를 전원 반대쪽 말단인 전송선의 부하에 직접 위치시킬 경우) 전압계/전류계를 이용한 측정 방법으로 얻은 전력은 부하에 의해 소모되는 유효 전력과 같을 것이다.

만약 부하가 순수한 저항이지만 전송선의 특성 임피던스와 같지 않다면(즉, $R \neq Z_0$), 전압계와 전류계는 유효 전력을 가리키지 않을 것이다. 또한, 부하가 저항과 함께 리액턴스 성분을 포함한다면 저항이 어떤 값이 되더라도 전압계/전류계를 이용한 측정 방법은 유효 전력을 정확히 읽어내지 못할 것이다.

임피던스 부정합

전력 전송 시스템을 최적으로 동작하게 하려면, 부하 임피던스는 순수한 저항이면서 전송선의 특성 임피던스와 같은 값이어야 한다. 이러한 이상적 조건이 성립되지 않을 때, 시스템은 **임피던스 부정합**impedance mismatch을 갖는다.

(항상 그런 것은 아니지만) 작은 임피던스 부정합은 전력 전송 시스템에서는 종종 무시할 만하다. 그러나 초단파(VHF), 극초단파(UHF), 그리고 마이크로파 무선통신 시스템에서는 부하(안테나)와 전송선 사이의 작은 임피던스 부정합조차도 전송선에서 과도한 전력 손실을 일으킬 수 있다.

임피던스 부정합은 대부분 전송선과 부하 사이에 **정합 변압기**^{matching transformer}를 설치하여 제거할 수 있다. 또한 어떤 경우에는 특정 부하 리액턴스를 상쇄시키기 위해 직렬 또는 병렬로 리액티브 소자(인덕터 또는 커패시터)를 의도적으로 위치시켜 임피던스 부정합을 보정할 수 있다.

부정합 전송선에서의 손실

전송선의 단말이 순수 저항 R로 끝나고 전송선의 특성 임피던스 Z_o와 같다고 하자. 이때 전송선에 옴성 손실이 없고 유전체 손실도 없다면, RMS 전류 I와 RMS 전압 E는 전송선을 따라 모두 일정한 값을 유지한다. 이를 식으로 나타내면 다음과 같다.

$$R = Z_o = \frac{E}{I}$$

여기서 R과 Z_o의 단위는 [Ω]이고, E의 단위는 [V RMS]이며, I의 단위는 [A RMS]이다. 물론 어떤 전송선도 완전히 **무손실**^{lossless}일 수는 없다. 실제 전송선에서 전류와 전압은 신호가 전원에서 부하 쪽으로 진행하면서 점차적으로 감소한다. 그럼에도 불구하고 부하가 순수 저항이고 이 값이 전송선의 특성 임피던스와 같다면, 전류와 전압은 전송선을 따라 모든 지점에서 **같은 비율로**^{in the same ratio} 유지된다([그림 17-10]).

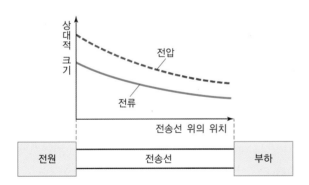

[그림 17-10] 정합된 전송선의 경우, 실제 E와 I 값은 전원으로부터 거리가 멀어질수록 감소하지만, 전압과 전류의 비율 $\left(\dfrac{E}{I}\right)$은 어느 곳에서나 일정하다.

정재파

만약 전송선과 부하가 완벽하게 정합되지 않으면 전류와 전압은 전송선을 따라 상승과 하강을 반복한다. 이때 최댓점과 최솟점을 각각 **루프**^{loop}와 **마디**^{node}라고 한다. 최대 전류점(**전류 루프**^{current loop})에서 전압은 최솟값이 되고(**전압 마디**^{voltage node}), 역으로 최대 전압점(**전압 루프**^{voltage loop})에서 전류는 최솟값이 된다(**전류 마디**^{current node}).

만약 부정합된 전송선을 따라서 전류와 전압의 루프와 마디를 거리의 함수로 그리면, 시간에 따라 고정된 상태로 유지되는 파동 패턴을 형성한다. 이 전류와 전압의 규칙적인 패턴들은 전선을 따라 어느 방향으로도 움직이지 않고 단순히 그곳에 머무른다. 따라서 이와 같은 패턴을 **정재파**standing waves라고 한다.

정재파에 의한 손실

전송선이 정재파를 포함할 때, 다음과 같은 전선 손실 크기의 패턴을 관찰할 수 있다.

- 전류 루프에서 전송선 도체의 손실은 최댓값에 도달한다.
- 전류 마디에서 전송선 도체의 손실은 최솟값에 도달한다.
- 전압 루프에서 유전체의 손실은 최댓값에 도달한다.
- 전압 마디에서 유전체의 손실은 최솟값에 도달한다.

부정합 송전선에서 모든 손실의 변화를 평균하면 어떤 곳에서 초과된 손실이 다른 곳에서 감소된 손실로 돌아온다고 가정하기 쉽다. 그러나 이러한 가정은 성립하지 않는다. 종합하면, 부정합 전송선에서 발생하는 손실은 완벽하게 정합된 전송선에서 발생하는 손실을 항상 초과한다. 초과 전송선 손실은 부정합이 나빠질수록 더욱 증가한다. 이를 **전송선 부정합 손실**transmission-line mismatch loss 또는 **정재파 손실**standing-wave loss이라고 하며, 이는 열을 소모하는 형태로 발생하므로 유효 전력이다. 전송선을 가열하는 데 사용된 유효 전력은 결코 부하에 도달하지 못하므로 낭비된다. 유효 전력은 전부 또는 전부가 아닌 경우, 가능하면 많은 양이 부하에서 소멸되어야 한다.

전력 전송 시스템에서 부정합의 정도가 증가할수록 정재파에서 전류와 전압 루프에 의해 발생하는 손실도 증가한다. 완벽하게 정합되었을 때의 전송선 손실이 크면 클수록, 일정량 부정합이 있게 되면 더 큰 손실을 발생시킨다. 다른 모든 요인을 고정시킬 경우, 주파수가 증가할수록 정재파 손실도 더욱 증가한다.

전송선 과열

부하와 전송선 사이의 부정합이 심각하면 전력 손실 외에도 전송선의 물리적 손상이나 파괴와 같은 또 다른 문제를 일으킬 수 있다.

전송선과 부하가 완벽하게 정합되었다고 가정하고, 1kW까지의 전력을 생성하는 무선 송신기와 연결되어 동작하는 전송선이 있다고 가정하자. 부정합이 심각할 경우에 전송선으로 1kW의 전력을 전송하고자 시도한다면, 전류 루프에서의 초과 전류가 도체를 과열시켜 유전체 물질이 녹고 전송선이 단락회로short circuit가 될 수도 있다. 또한 전압 루프에서의 전압이 전송선 도체 사이에 불꽃^arcing^을 일으킬 수도 있는데, 이 현상으로 인해 유전체에 구멍이 나거나 타면서 전송선이 손상된다.

어쩔 수 없이 중대한 임피던스 부정합이 있는 RF 전송선을 사용해야 할 때, 전송선이 얼마만큼의 전력을 안전하게 전송할 수 있는지 결정하기 위해서는 **정격출력 감소 기능**^derating functions^에 주목해야 한다. 동축케이블 같은 조립된 전송선의 제조회사는 이러한 정보를 제공할 수 있다.

공진

유도성 리액턴스와 용량성 리액턴스가 모두 존재하는 교류 회로에서, 두 리액턴스의 크기가 같고 부호가 반대일 경우 서로 상쇄되는 현상인 공진^resonance^이 일어난다. 16장에서 몇 가지 예를 살펴보았는데, 여기서 좀 더 자세히 알아본다.

직렬 공진

용량성 리액턴스 X_C와 유도성 리액턴스 X_L은 서로 상반되는 효과를 나타내도 크기가 같을 수 있다. 인덕턴스와 커패시턴스를 포함한 어떤 회로에서 $X_L = -X_C$인 주파수가 존재한다. 이 조건은 공진을 일으키며, 공진이 일어나는 주파수를 f_o로 표시한다. 간단한 LC 회로에서 공진이 일어나는 주파수는 오직 하나다. 그러나 전송선이나 안테나를 포함한 회로들에서는 이러한 주파수들이 많이 존재할 수도 있다. 이 경우 공진이 일어나는 가장 낮은 주파수를 **기본 공진 주파수**^fundamental resonant frequency^라고 하고, f_o로 표시한다.

[그림 17-11]은 직렬 RLC 회로의 도식적 다이어그램이다. 양 끝단에 가하는 교류 신호의 주파수를 가변시키면, 특정한 '임계' 주파수에서 $X_L = -X_C$가 된다. 이 현상은 L과 C가 유한하고 0이 아니라면 반드시 존재하며, 이 임계 주파수가 그 회로의 f_o이다. f_o에서 용량성 리액턴스와 유도성 리액턴스의 효과는 서로 상쇄된다. 이때 회로는 이론적으로 R 값을 갖는 순수한 저항처럼 보이는데, 이 조건을 **직렬 공진**^series resonance^이라고 한다.

만약 $R = 0$(단락 회로)이라면 [그림 17-11]은 **직렬 LC 회로**^series LC circuit^를 나타내고, 공진에서의 임피던스는 이론적으로 $0 + j0$이 된다. 이런 조건에서 회로는 주파수 f_o에서 교류 전류가 흐르는 데 어떤 방해도 하지 않는다. 물론 '실제' 직렬 LC 회로는 최소한 약간의 저항을 포함하고 있으므로 항상 코일과 커패시터에 약간의 손실이 존재하고, 복소 임피던스의 실수부는 **정확히** 0은 아니다. 그럼에도 만약 코일과 커패시터가 고품질이고 최소의 손실을 나타낸다면, 보통의 경우 '사실상' $R = 0$ 이라고 할 수 있다.

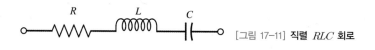

[그림 17-11] 직렬 RLC 회로

병렬 공진

[그림 17-12]는 일반적인 **병렬 RLC 회로**parallel RLC circuit의 도식적 다이어그램이다. 이러한 상황에서 저항 R은 컨덕턴스 $G = \dfrac{1}{R}$ 로 간주할 수 있으므로 이 배열을 병렬 GLC 회로라고도 한다. '병렬'이라는 단어를 포함하는 한, 어떤 용어를 사용해도 된다.

한 특정 주파수 f_0에서 유도성 서셉턴스 B_L은 용량성 서셉턴스 B_C와 정확하게 상쇄되어 $B_L = -B_C$가 된다. 회로가 유한하며, 0이 아닌 인덕턴스와 커패시턴스를 갖는 한 반드시 어떤 교류 신호 주파수 f_0에서는 이 조건이 성립한다. f_0에서 서셉턴스들은 서로 상쇄되어 이론적으로는 서셉턴스가 0이 될 것이다. 회로의 어드미턴스는 이론적으로 저항의 컨덕턴스 G와 같아진다. 이 조건을 **병렬 공진**parallel resonance이라고 한다.

저항이 없고 코일과 커패시턴스만 있는 회로를 **병렬 LC 회로**parallel LC circuit라고 한다. 공진일 때 어드미턴스는 이론적으로 $0 + j0$이 된다. 이는 회로가 f_0에서 교류 전류의 흐름을 크게 방해하는 것을 의미하며, 복소 임피던스는 이론적으로 '무한대(∞)'가 된다. '실제' LC 회로에서는 코일과 커패시터에 항상 약간의 손실이 존재하므로, 엄밀하게 말하면 복소 임피던스의 실수부는 무한대가 아니다. 그럼에도 불구하고 만약 저손실 소자를 사용한다면 공진에서 병렬 LC 회로의 실수부 계수 범위는 수 $\mathrm{M\Omega} \sim \mathrm{G\Omega}$이 될 수 있으므로, 보통의 경우 '사실상' $R = \infty$라 할 수 있다.

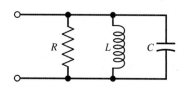

[그림 17-12] 병렬 RLC 회로

공진 주파수 계산

인덕턴스 L은 H이고 커패시턴스 C는 F일 때, 직렬 RLC 또는 병렬 RLC 회로의 공진 주파수 f_0는 다음 식으로 계산할 수 있다.

$$f_o = \frac{1}{[2\pi(LC)^{1/2}]}$$

이 공식에 $\pi = 3.1416$을 대입하여 간단하게 나타내면 다음과 같다.

$$f_o = \frac{0.15915}{(LC)^{1/2}}$$

어떤 값의 $\frac{1}{2}$ 제곱은 그 값의 양의 제곱근을 나타낸다. 만약 L이 μH, C가 μF으로 주어질 때, f_o를 MHz로 구하려면 앞의 공식을 동일하게 사용하면 된다.

R과 G의 효과

흥미롭게도, R 또는 G 값은 직렬 RLC 회로나 병렬 RLC 회로의 f_o 값에 영향을 주지 않는다. 그러나 직렬 공진 회로에 0이 아닌 저항이 존재하거나 병렬 공진 회로에 0이 아닌 컨덕턴스가 존재하면, 저항과 컨덕턴스가 없는 경우와 비교했을 때 공진 주파수가 좁은 폭으로 잘 정의되지 않는다. [그림 17-11]의 회로에서 R을 단락시키거나 또는 [그림 17-12]의 회로에서 R을 제거한다면, LC 회로는 가능한 한 가장 명확히 정의된 **공진 응답**resonant response을 보여준다.

직렬 RLC 회로에서 저항이 증가하면 공진 주파수 특성은 더욱 '넓어지고', 저항이 감소하면 공진 주파수 특성은 더욱 '날카로워진다'. 병렬 RLC 회로에서는 **컨덕턴스**가 증가하면 (R이 작아질수록) 공진 주파수 특성은 더욱 '넓어지고', 컨덕턴스가 감소하면 (R이 커질수록) 공진 주파수 특성은 더욱 '날카로워진다'. 이론적으로, 가능한 한 가장 날카로운 특성은 직렬 회로에서 $R = 0$일 때, 병렬 회로에서 $G = 0$(즉, $R = \infty$)일 때 나타난다.

예제 17-10

100μH의 인덕터와 100pF의 커패시터가 직렬로 연결된 회로의 공진 주파수를 구하라.

풀이

커패시턴스를 변환하면 0.000100μF이므로 곱은 $LC = 100 \times 0.000100 = 0.0100$이다. 이 값에 제곱근을 취하면 0.100이 된다. 마지막으로 0.15915를 0.100으로 나누면 $f_o = 1.5915$MHz이고, 반올림하면 1.59MHz가 된다.

$33\mu H$의 코일과 $47pF$의 커패시터로 구성된 병렬 회로의 공진 주파수를 구하라.

풀이

커패시턴스를 변환하면 $0.000047\mu F$이므로, 곱은 $LC = 33 \times 0.000047 = 0.001551$이다. 이 값에 제곱근을 취하면 0.0393827이 된다. 마지막으로 0.15915를 0.0393827로 나누고 반올림하면 $f_o = 4.04MHz$가 된다.

$f_o = 9.00MHz$가 되도록 회로를 설계한다고 가정하자. $33.0pF$으로 고정된 커패시터를 사용할 때, 요구된 공진 주파수를 얻기 위해 필요한 코일의 값은 얼마인가?

풀이

공진 주파수에 관한 공식을 사용하여 값을 대입하고 산술적 계산을 통해 L을 구한다. 커패시턴스를 변환하면 $0.0000330\mu F$이고 다음과 같이 계산한다.

$$f_o = \frac{0.15915}{(LC)^{1/2}}$$

$$9.00 = \frac{0.15915}{(L \times 0.0000330)^{1/2}}$$

$$9.00^2 = \frac{0.15915^2}{(0.0000330 \times L)}$$

$$81.0 = \frac{0.025329}{(0.0000330 \times L)}$$

$$81.0 \times 0.0000330 \times L = 0.025329$$

$$0.002673 \times L = 0.025329$$

$$L = \frac{0.025329}{0.002637} = 9.48\mu H$$

$f_o = 455kHz$가 되도록 LC 회로를 설계한다고 가정하자. 부품 상자에서 $100\mu H$의 코일을 사용할 때, 필요한 커패시터의 값은 얼마인가?

풀이

주파수를 변환하면 $0.455MHz$이고, [예제 7-12]와 같은 방식으로 계산한다.

$$f_o = \frac{0.15915}{(LC)^{1/2}}$$

$$0.455 = \frac{0.15915}{(100 \times C)^{1/2}}$$

$$0.455^2 = \frac{0.15915^2}{(100 \times C)}$$

$$0.207025 = \frac{0.025329}{(100 \times C)}$$

$$0.207025 \times 100 \times C = 0.025329$$

$$20.7025 \times C = 0.025329$$

$$C = \frac{0.025329}{20.7025} = 0.00122\,\mu F$$

공진 주파수 조절

실제 회로에서는 공진에서 동작하도록 설계된 직렬 LC 회로, 병렬 LC 회로에 가변 인덕터나 가변 커패시터 또는 둘 다 연결하여 (계산된 f_o 값과 비교했을 때) 실제 공진 주파수에 발생하는 오차를 아주 적게 만든다. 이런 종류의 **동조 회로**tuned circuit를 설계했는데 f_o보다 약간 높은 주파수를 나타낸다면, 이때 [그림 17–13]과 같이 주 커패시턴스 C와 병렬로 **패딩 커패시턴스**padding capacitance C_p를 설치한다. 패딩 커패시터는 약 1pF~수 pF 또는 수십 pF 범위에 이르기까지 값을 조절할 수 있다. 만약 넓은 범위의 공진 주파수를 제공하는 회로가 필요하다면 수 pF~수백 pF 범위에서 값을 조절할 수 있는 가변 커패시터를 사용하면 된다.

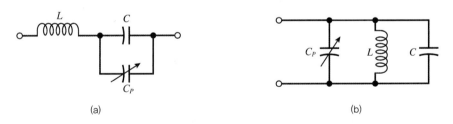

(a)   (b)

[그림 17–13] 패딩 커패시턴스 C_p는 직렬 LC 회로(a)나 병렬 LC 회로(b)에서 공진 주파수를 제한적으로 조정할 수 있게 한다.

공진 소자

공진 소자들은 종종 직렬 연결 또는 병렬 연결된 코일과 커패시터로 구성되지만, 다른 종류의 하드웨어도 공진 현상을 보인다.

압전 결정

수정quartz 광물 조각들을 잘라서 얇은 웨이퍼로 만들고 전압을 가하면 수정 조각들은 고주파로 진동한다. 이러한 진동은 **압전 결정**piezoelectric crystal의 물리적 크기 때문에 정밀한 주파수 f_0에서 발생하고, f_0의 정수배가 되는 주파수에서도 일어난다. $2f_0$, $3f_0$, $4f_0$ 등과 같은 f_0의 정수배 주파수를 **고조파 주파수**harmonic frequencies 또는 간단히 **고조파**harmonics라고 한다. 주파수 f_0는 **기본 주파수**fundamental frequency 또는 간단히 **기본파**fundamental라고 한다. 기본 주파수 f_0는 공진이 일어나는 가장 낮은 주파수다. 수정 결정은 전자 소자에서 LC 회로처럼 동작할 수 있다. 결정은 주파수에 따라 변화하는 임피던스를 나타낸다. f_0와 고조파 주파수에서의 리액턴스는 0이다.

공동

특정한 크기로 잘린 금속 튜브는 초단파(VHF), 극초단파(UHF), 그리고 마이크로파 무선 주파수에서 공진을 일으킨다. 이들 튜브는 악기들이 음파와 공진하는 것과 같은 방식으로 동작하는데, 파동은 음향파가 아니라 전자기장 형태다. 이와 같은 **공동**空洞, cavity을 **공동 공진기**cavity resonator라고 부르기도 하며, 약 150MHz 이상의 주파수에서는 물리적으로 적당한 크기를 갖는다. 150MHz보다 낮은 주파수에서 동작하는 공동 공진기를 만들 수는 있지만, 공진기 길이가 길어져 구현하기 힘들어진다. 압전 결정과 마찬가지로, 공동 공진기도 기본 주파수 f_0와 모든 고조파 주파수에서 공진한다.

전송선 단선

전송선의 길이가 $\frac{1}{4}$ 파장이 되거나 $\frac{1}{4}$ 파장의 정수배가 될 때, 이 전송선은 공진 회로처럼 동작한다. **전송선 공진기**transmission-line resonator의 가장 보편적인 길이는 $\frac{1}{4}$ 파장이므로 $\frac{1}{4}$ **파장 단선**quarter-wave section이라 한다.

$\frac{1}{4}$ 파장 단선의 한쪽 끝이 단락 회로일 때, 다른 쪽 끝에 교류 신호를 가하면 $\frac{1}{4}$ 파장 단선은 병렬-공진 LC 회로처럼 동작하고, 기본 공진 주파수 f_0에서 저항성 임피던스는 매우 높다(이론적으로 ∞). $\frac{1}{4}$ 파장 단선의 한쪽 끝이 개방 회로일 때, 다른 쪽 끝에 교류 신호를 가하면 $\frac{1}{4}$ 파장 단선은 직렬-공진 LC 회로처럼 동작하고, 기본 공진 주파수 f_0에서 저항성 임피던스는 매우 낮다(이론적으로 0). 실제로, $\frac{1}{4}$ 파장 단선은 특정 주파수 f_0에서 교류 단락 회로를 교류 개방 회로로 변환하거나, 그 반대로 변환해준다.

$\frac{1}{4}$파장 단선의 길이는 기본 공진 주파수 f_o가 얼마인가에 따라 결정된다. 또한 전자기파 에너지가 얼마나 빨리 전송선으로 전송되느냐에 따라 결정된다. 이 속도를 **속도 계수**^{velocity}^{factor}로 정의하고, v로 표시한다. v 값은 진공 중에서 빛 속도의 몇 분의 일 또는 몇 %로 주어진다. 제작자는 동축 케이블 또는 예전의 텔레비전 2선 '리본'처럼 조립된 전송선에 대한 속도 계수를 제공한다.

만약 MHz로 표시된 주파수가 f_o이고 전송선의 속도 계수가 v(분수로 표시된)이면, 피트로 표시된 전송선의 $\frac{1}{4}$파장 부분 길이 L_{ft}는 다음과 같다.

$$L_{ft} = \frac{246v}{f_o}$$

만약 속도 계수로 퍼센트 $v_\%$를 안다면, 위의 식은 다음과 같이 쓸 수 있다.

$$L_{ft} = \frac{246v_\%}{f_o}$$

또한 속도 계수로 분수 v를 안다면, m로 표시된 $\frac{1}{4}$파장 단선의 길이 L_m은 다음과 같다.

$$L_m = \frac{75.0v}{f_o}$$

만약 속도 계수로 퍼센트 $v_\%$를 안다면, 위의 식은 다음과 같이 쓸 수 있다.

$$L_m = \frac{0.750v_\%}{f_o}$$

여기서 L은 '인덕턴스'가 아니라 '길이'를 의미한다!

안테나

많은 형태의 안테나가 공진 특성을 보인다. 가장 간단한 공진 안테나는 [그림 17-14]와 같은 중심급전^{center-fed} 반파장 **쌍극자 안테나**^{dipole antenna}이다.

주파수 f_o에서 피트로 표시된 쌍극자 안테나의 근사적인 길이 L_{ft}는 다음 식으로 계산한다.

$$L_{ft} = \frac{467}{f_o}$$

이 공식은 안테나선을 따라 이동하는 전기장의 속도가 빛의 속도의 약 95%라는 사실을 고려한 것이다. 따라서 자유 공간에서 가느다란 직선 전선의 속도 계수는 약 $v = 0.95$이 다. 만약 m로 표시된 반파장 쌍극자 안테나의 근사적 길이를 L_m으로 나타내면 그 값은 다음과 같다.

$$L_m = \frac{143}{f_\circ}$$

기본 주파수 $f_\circ$에서 반파장 쌍극자의 순수 저항성 임피던스는 약 73Ω이다. 그러나 이러한 타입의 안테나는 $f_\circ$의 고조파에서도 공진을 일으킨다. 이 쌍극자는 $2f_\circ$에서 끝에서 끝까 지가 1파장 길이고, $3f_\circ$에서는 끝에서 끝까지가 $\frac{3}{2}$파장 길이, $4f_\circ$에서는 끝에서 끝까지 가 2파장 길이다.

방사저항

쌍극자 안테나는 $f_\circ$와 모든 **홀수 고조파**odd-numbered harmonics에서 저항이 매우 낮은 직렬 공진 RLC 회로처럼 동작한다. 반면에 모든 **짝수 고조파**even-numbered harmonics에서는 저항 이 높은 병렬 공진 RLC 회로처럼 동작한다.

반파장 쌍극자 안테나의 저항에 대한 설명이 혼란스러운가? 아마도 그럴 것이다! [그림 17-14]는 저항이 없는 안테나를 보여준다. 반파장 쌍극자의 저항은 어디에서 오는가? 이 질문에 대한 대답에는 약간 비밀스러운 전자파 이론이 필요한데, 모든 안테나가 갖고 있는 흥미로운 성질인 **방사저항**radiation resistance이 그것이다. 방사저항은 모든 RF 안테나 시스템 을 설계하고 제작할 때 매우 중요한 요소가 된다.

무선 송신기를 안테나에 연결하고 신호를 전송하면 에너지가 전자파 형태로 안테나에서 공간으로 방사된다. 안테나 시스템에 저항이 실제로 연결되어 있지 않더라도, 전자파의 방사는 순수한 저항에서 전력이 소모되는 것과 같이 동작한다. 만약 반파장 쌍극자 안테나 를 안전하게 충분한 전력을 소모할 수 있으며 리액턴스 성분이 없는 73Ω의 저항으로 대체 한다면, 전송선 반대편 끝에 연결된 무선 송신기는 대체된 저항과 원래 쌍극자 안테나 간 의 차이를 알지 못할 것이다.

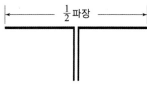

무선 송신기나 무선 수신기 또는
둘 모두에 연결된 전송선

[그림 17-14] **중심급전 반파장 쌍극자는 간단하고 효율적인 안테나를 구성한다.**

예제 17-14

속도 계수가 80%일 때, 7.1MHz에서 전송선의 $\frac{1}{4}$ 파장 부분은 몇 피트인가?

풀이

속도 계수가 $v_\% = 80$이므로 $\frac{1}{4}$ 파장 부분의 길이 L_{ft}를 구하는 식을 사용한다.

$$L_{ft} = \frac{2.46 v_\%}{f_0} = \frac{(2.46 \times 80)}{7.1} = 28 \text{ ft}$$

※ 필요하다면 이 장의 본문 내용을 참고해도 된다. 적어도 18개 이상 맞히는 것이 바람직하다.
정답은 [부록 A]에 있다.

17.1 전송선은 언제 최상의 효율로 동작하는가?

(a) 부하 임피던스가 순수 저항이고 전송
선의 특성 임피던스와 같을 때

(b) 부하 임피던스가 순수 유도성 리액턴
스이고 전송선의 특성 임피던스와 같
을 때

(c) 부하 임피던스가 순수 용량성 리액턴
스이고 전송선의 특성 임피던스와 같
을 때

(d) 부하의 절댓값 임피던스가 전송선의
특성 임피던스와 같을 때

17.2 900kHz의 9번째 고조파는 어느 것인가?

(a) 100kHz   (b) 300kHz

(c) 1.20MHz   (d) 8.10MHz

17.3 순수 저항이 소모하거나 방사하는 것은
무엇인가?

(a) 복소 전력   (b) 무효 전력

(c) 유효 전력   (d) 피상 전력

17.4 14.3MHz의 기본 공진 주파수를 갖도록
$\frac{1}{2}$ 파장 쌍극자 안테나를 설계한다고 가
정하자. 한쪽 끝에서 다른 쪽 끝까지 측
정한 안테나의 길이는 몇 미터인가?

(a) 32.7m

(b) 10.0m

(c) 16.4m

(d) 이 문제를 풀기 위해서는 정보가 더
필요하다.

17.5 전송선이 정재파를 보이고 있다면 전압이
최대인 곳은 어디인가?

(a) 전류가 최대인 곳

(b) 전류가 최소인 곳

(c) 전송선의 송신단 끝

(d) 전송선의 부하단 끝

17.6 (어떤 임피던스 부정합도 없는 전송선과 비
교할 때) 전송선상의 정재파가 전선 도체
의 손실을 증가시키는 곳은 어디인가?

(a) 전류가 최대인 곳

(b) 전압이 최대인 곳

(c) 전류는 최소, 전압은 최대인 곳

(d) 전류와 전압이 모두 최소인 곳

17.7 저항과 리액턴스를 모두 포함한 교류 회
로나 시스템에서 위상각의 코사인을 안다
면 무엇을 얻을 수 있는가?

(a) 유효 전력   (b) 무효 전력

(c) 피상 전력   (d) 역률

17.8 다음 변수 중 어떤 것이 교류 회로나 시
스템에서의 유효 전력 예를 보여주는가?

(a) 커패시터의 두 판 사이에 나타나는
교류

(b) 전선 인덕터를 통해 흐르는 교류

(c) 전송선에서 열로 소모되는 교류

(d) 전송선을 따라 이동하는 교류

17.9 40W의 피상 전력과 30W의 유효 전력을 가진 회로의 역률은 얼마인가?

(a) 60%

(b) 75%

(c) 80%

(d) 이 문제를 풀기 위해서는 정보가 더 필요하다.

17.10 40W의 유효 전력과 30W의 무효 전력을 가진 회로의 역률은 얼마인가?

(a) 60%

(b) 75%

(c) 80%

(d) 이 문제를 풀기 위해서는 정보가 더 필요하다.

17.11 24Ω의 저항과 10Ω의 유도성 리액턴스가 직렬로 연결된 회로의 역률은 얼마인가?

(a) 42%   (b) 58%

(c) 92%   (d) 18%

17.12 24Ω의 저항과 −10Ω의 용량성 리액턴스가 직렬로 연결된 회로의 역률은 얼마인가?

(a) 42%   (b) 58%

(c) 92%   (d) 18%

17.13 24Ω의 저항과 10Ω의 유도성 리액턴스가 직렬로 연결된 회로에서 VA 전력이 100W일 때, 유효 전력은 얼마인가?

(a) 18W   (b) 34W

(c) 85W   (d) 92W

17.14 60.0Ω의 저항과 80.0Ω의 유도성 리액턴스가 직렬로 연결된 회로에서 유효 전력이 100W라면, VA 전력은 얼마인가?

(a) 167W   (b) 129W

(c) 60.0W   (d) 36.0W

17.15 80.0Ω의 저항과 60.0Ω의 유도성 리액턴스가 직렬로 연결된 회로에서 유효 전력이 100W라면, VA 전력은 얼마인가? 이 문제에서는 [연습문제 17.14]의 저항과 유도성 리액턴스 값이 서로 바뀌었다.

(a) 64.0W   (b) 80.0W

(c) 125W   (d) 156W

17.16 36μH의 인덕턴스를 가진 코일과 0.0010μF의 커패시턴스를 가진 커패시터가 직렬로 연결된 회로의 공진 주파수는 얼마인가?

(a) 36kHz   (b) 0.84MHz

(c) 2.4MHz   (d) 6.0MHz

17.17 [연습문제 17.16]의 회로에서 기존의 코일과 커패시터에 직렬로 100Ω의 저항을 연결한다면, 공진 주파수는 어떻게 변하는가?

(a) 증가할 것이다.

(b) 동일하게 머무를 것이다.

(c) 감소할 것이다.

(d) 이 문제를 풀기 위해서는 정보가 더 필요하다.

17.18 $L = 75\mu\text{H}$인 코일과 $C = 150\text{pF}$인 커패시터가 병렬로 연결된 회로의 f_o는 얼마인가?

(a) 1.5MHz   (b) 2.2MHz

(c) 880kHz   (d) 440kHz

17.19 [연습문제 17.18]의 회로에서 기존의 코일과 커패시터에 병렬로 22pF의 커패시터를 연결한다면, 공진 주파수는 어떻게 변하는가?

(a) 증가할 것이다.

(b) 동일하게 머무를 것이다.

(c) 감소할 것이다.

(d) 이 문제를 풀기 위해서는 정보가 더 필요하다.

17.20 18.1MHz에서 사용될 전송선의 $\frac{1}{4}$ 파장 부분이 있다. 전송선의 속도 계수가 0.667이면, $\frac{1}{4}$ 파장 부분의 길이는 몇 m인가?

(a) 9.05m   (b) 3.62m

(c) 3.00m   (d) 2.76m

C H A P T E R

18

변압기와 임피던스 정합
Transformers and Impedance Matching

▌학습목표

- 변압기의 동작 원리를 이해할 수 있다.
- 코어의 모양과 권선방식에 따른 여러 변압기 구조 와 특성을 이해할 수 있다.
- 전력 변압기의 특성을 이해할 수 있다.
- 균형 부하 및 비균형 부하를 이해하고 임피던스 전 달비를 계산할 수 있다.
- 무선 주파수에서 사용되는 두 가지 변압기 특성을 이해할 수 있다.

변압기transformer는 회로, 소자 또는 시스템이 동작할 때 최적의 전압을 얻기 위해 사용한다. 변압기는 다음과 같이 다양한 용도로 전기 및 전자공학에서 사용한다.

- 회로와 부하 사이에 임피던스를 정합시킨다.
- 두 개의 다른 회로나 소자 사이에서 임피던스를 정합시킨다.
- 회로나 소자들 사이에서 교류는 통과시키는 반면 직류는 격리시킨다.
- 균형 회로balanced circuit와 불균형 회로unbalanced circuit, 급전시스템feed system, 부하load를 조화롭게 연결한다.

변압기의 원리

두 개의 도선을 서로 가까이 평행하게 놓고, 둘 중 한 도선에 맥동하는 전류를 흘리면 두 도선 사이에 어떤 직접적인 물리적 연결이 없어도 다른 도선에 변동하는 전류가 나타난다. 이러한 효과를 **전자기 유도**electromagnetic induction라 한다. 모든 교류 변압기는 전자기 유도의 원리에 따라 동작한다.

유도 전류와 결합

한 도선에 특정 주파수의 교류 사인파가 흐르면, 다른 도선에 **유도 전류**induced current가 같은 주파수의 교류 사인파로 나타난다. 첫 번째 도선의 전류량이 일정하다는 조건에서, 두 도선을 항상 곧고 평행하게 유지하면서 두 도선 사이의 간격을 줄이면 유도 전류는 더 커진다. 코일을 감은 것 사이 또는 가까이 있는 다른 어떤 것에 단락될 수 없도록 도선에 에나멜을 입혀 절연된 것을 확실히 한 후, [그림 18-1]과 같이 도선을 코일로 감고 그 코일을 공통 축을 따라 놓으면, 동일한 도선이 곧고 평행하게 위치한 경우와 비교했을 때 유도 전류를 더 많이 얻는다. 도선을 코일로 감아서 공통 축을 따라 놓으면 **결합**coupling이 증가한다. 한 코일을 다른 코일 위에 직접 감으면 결합(유도 전류 전달 효율)을 더 증가시킬 수 있다.

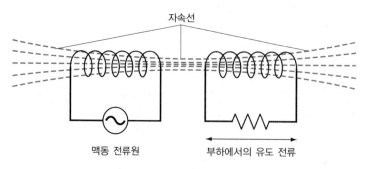

[그림 18-1] 맥동 전류 또는 교류 전류가 하나의 코일에 흐를 때, 정렬된 두 코일 사이에서의 자속선

1차 권선과 2차 권선

변압기는 에나멜을 입힌 혹은 절연된 두 코일을 **철심**^{core} 또는 **틀**^{form}에 감아 제작한다. 전류를 의도적으로 공급하는 첫 번째 코일을 **1차 권선**^{primary winding}이라고 하고, 유도 전류가 나타나는 두 번째 코일을 **2차 권선**^{secondary winding}이라고 한다. 이 두 권선은 때때로 **1차**^{primary}와 **2차**^{secondary}로 줄여서 부르기도 한다.

1차 권선에 교류를 공급하면, 코일 양단 간 전압인 **1차 전압**^{primary voltage}과 **2차 전압**^{secondary voltage}의 차이에 의해 코일 전류가 수반된다. **강압 변압기**^{step-down transformer}에서는 1차 전압이 2차 전압보다 크고, **승압 변압기**^{step-up transformer}에서는 2차 전압이 1차 전압보다 크다. 1차 전압을 약자로 E_{pri}로 나타내고, 2차 전압을 E_{sec}로 나타낸다. 별도의 언급이 없으면, 변압기에서 교류에 대한 언급은 모두 실효(RMS) 전압을 의미한다.

변압기의 권선은 코일이므로 인덕턴스를 갖는다. 1차와 2차의 최적 인덕턴스는 동작 주파수와 코일에 연결된 회로 임피던스의 저항 성분에 따라 달라진다. 임피던스의 저항 성분을 고정하면, 주파수가 증가함에 따라 최적 인덕턴스는 감소한다. 그리고 주파수를 고정하면 임피던스의 저항이 증가함에 따라 최적 인덕턴스는 증가한다.

권선비

변압기에서 **1차-대-2차 권선비**^{primary-to-secondary turns ratio}는 2차 권선수 T_{sec}에 대한 1차 권선수 T_{pri}의 비율로 정의한다. 이 비율은 $T_{\mathrm{pri}} : T_{\mathrm{sec}}$ 또는 $\dfrac{T_{\mathrm{pri}}}{T_{\mathrm{sec}}}$로 표현할 수 있다. [그림 18-2]와 같은 최적의 1차-대-2차 결합을 갖는 변압기에서는 항상 다음과 같은 관계가 성립한다.

$$\frac{E_{\mathrm{pri}}}{E_{\mathrm{sec}}} = \frac{T_{\mathrm{pri}}}{T_{\mathrm{sec}}}$$

즉, 1차-대-2차 전압비는 1차-대-2차 권선비와 같다.

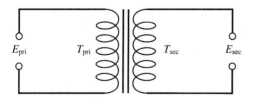

[그림 18-2] 변압기에서 1차 전압(E_{pri})과 2차 전압(E_{sec})은 1차 권선수(T_{pri}) 대 2차 권선수(T_{sec})에 따라 달라진다.

변압기의 1차-대-2차 권선비가 정확히 9:1이라고 가정하자. 1차 권선에 117V RMS 교류전압을 가할 때, 이 변압기는 강압 변압기인가 아니면 승압 변압기인가? 또한 2차 권선에 걸리는 전압은 얼마인가?

풀이

이 변압기는 강압 변압기이다. 앞의 방정식을 사용하여 E_{sec}에 대해 풀면 다음과 같다.

$$\frac{E_{pri}}{E_{sec}} = \frac{T_{pri}}{T_{sec}}$$

$E_{pri} = 117$과 $\dfrac{T_{pri}}{T_{sec}} = 9.00$을 대입하면 다음과 같다.

$$\frac{117}{E_{sec}} = 9.00$$

이 방정식을 풀면 다음을 얻을 수 있다.

$$E_{sec} = \frac{117}{9.00} = 13.0\text{V RMS}$$

변압기의 1차-대-2차 권선비가 정확히 1:9라고 생각하자. 1차 권선의 전압이 121.4V RMS일 때, 이 변압기는 강압 변압기인가 아니면 승압 변압기인가? 또한 2차 권선에 걸리는 전압은 얼마인가?

풀이

이 변압기는 승압 변압기이다. [예제 18-1]과 마찬가지로, 값들을 대입하고 E_{sec}에 대해 풀면 다음과 같다.

$$\frac{E_{pri}}{E_{sec}} = \frac{T_{pri}}{T_{sec}}$$

$E_{pri} = 121.4$와 $\dfrac{T_{pri}}{T_{sec}} = \dfrac{1}{9.000}$을 대입하면

$$\frac{121.4}{E_{sec}} = \frac{1}{9.000}$$

이고, 이를 풀면 다음과 같다.

$$E_{sec} = 9.000 \times 121.4 = 1{,}093\text{V RMS}$$

비율의 의미를 제대로 파악하자

제조자가 제공한 변압기의 정격을 보면 가끔 1차-대-2차 권선비 대신 **2차-대-1차 권선비** secondary-to-primary turns ratio가 주어져 있다. 2차-대-1차 권선비는 $\dfrac{T_{sec}}{T_{pri}}$ 로 표현할 수 있다. 강압 변압기에서는 $\dfrac{T_{sec}}{T_{pri}}$ 가 1보다 작고, 승압 변압기에서는 $\dfrac{T_{sec}}{T_{pri}}$ 가 1보다 크다.

어떤 변압기의 '권선비'(예를 들면 10 : 1)를 말할 때, 그 비율이 무엇을 나타내는지 확실히 해야 한다. 그 의미가 $\dfrac{T_{pri}}{T_{sec}}$ 인지 또는 $\dfrac{T_{sec}}{T_{pri}}$ 인지 잘못 확인하면 권선비의 **제곱**square만큼 2차 전압을 잘못 계산하게 될 것이다. 예를 들어 $\dfrac{T_{sec}}{T_{pri}}$ = 10 : 1인 변압기에 입력 전압으로 25V RMS 교류를 가했을 때, 2차 권선의 전압이 2.5V RMS 교류일시 250V RMS 교류일지 잘못 판단하게 되는 상황이 발생한다.

강자성 철심

변압기를 구성하는 한 쌍의 코일 내에 강자성 물질 표본을 놓으면, 결합의 정도는 공심코어에서 얻을 수 있는 값보다 더 증가한다. 그러나 일부 에너지는 항상 강자성 변압기 코어 내에서 열로 손실된다. 또한 강자성 심은 변압기가 효율적으로 동작하는 최대 주파수를 제한한다.

[그림 18-3(a)]와 같이 공심 변압기에 대한 도식적 기호는 두 개의 인덕터 기호가 마주한 것처럼 보인다. 만약 변압기에 **적층형 철심**laminated-iron core, layered-iron core을 사용하면 [그림 18-3(b)]와 같이 두 개의 평행한 선을 도식적 기호에 추가한다. 만약 코어를 **분말형 철**powered iron로 만들면 [그림 18-3(c)]와 같이 두 개의 평행선을 점선으로 표시한다.

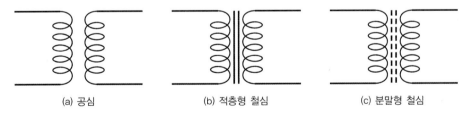

| (a) 공심 | (b) 적층형 철심 | (c) 분말형 철심 |

[그림 18-3] **변압기의 도식적 기호**

60Hz 교류 설비용 또는 낮은 오디오 주파수(AF)용 변압기에서는 **실리콘강**silicon steel이라 불리는 합금판들을 여러 층으로 붙여서 변압기 코어로 종종 사용한다. 이러한 실리콘강을 때때로 **변압기 철심**transformer iron이라고 한다. 코어를 층으로 나누면 고체 철심 내에서 전류가 회전하며 흐르지 못하도록 한다. 이러한 **맴돌이 전류**eddy current는 원형으로 흘러 유용한 용도로 쓰이지 못하고, 코어를 가열하거나 2차 권선에서 얻었을 에너지를 낭비하게 만든

다. 맴돌이 전류를 없애려면 코어를 여러 장의 얇고 평평한 층으로 쪼갠 뒤 각 층 사이를 절연시킨다.

변압기 손실

이력 손실hysteresis loss이라는 비밀스러운 손실은 모든 강자성 변압기 코어, 특히 층으로 만들어진 철심에서 발생한다. 이력hysteresis은 맥동하는 자기장을 받아들일 때, 코어를 이루는 물질이 '늦게' 반응하는 경향이다. 공심에서는 결코 이와 같은 손실이 나타나지 않는다. 사실, 공기는 어떤 변압기 코어 재료보다 전체 손실이 가장 낮다. 층으로 된 코어는 AF 이상의 영역에서 큰 이력손실을 나타내므로 수 kHz 이상에서는 제대로 동작하지 않는다.

수십 MHz 까지의 주파수에서 분말화된 철은 RF 변압기 코어 재료로서 효율적으로 동작할 수 있다. 이 물질은 자성 투자율이 높고, 자속을 효과적으로 집중시킨다. 높은 투자율의 코어는 코일에 필요한 권선수를 최소화한다. 따라서 도선에서 발생할 수 있는 옴성(저항성) 손실을 최소화한다.

공기는 가장 높은 무선 주파수(수백 MHz 이상)에서 최소의 손실과 최소의 투자율을 갖기 때문에 변압기 코어 재료로 가장 적합하다.

▌ 변압기의 기하학적 구조

변압기의 성질은 코어의 모양과 도선이 코어에 감겨 있는 방식에 따라 달라진다. 전기 및 전자공학에는 실제로 다양한 종류의 **변압기 구조**transformer geometry가 존재한다.

E 코어

E 코어E core는 코어가 대문자 E와 같은 모양을 갖고 있어서 붙여진 이름이다. [그림 18-4(a)]와 같이 막대 하나를 E자의 열린 끝에 위치시켜 코어 조립을 완성한다. E 코어에 1차 권선과 2차 권선을 감는 방법에는 다음과 같이 두 가지가 있다.

• 쉘 방식
• 코어 방식

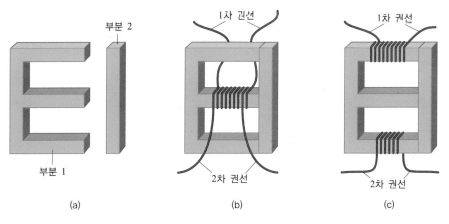

[그림 18-4] (a) 변압기 E 코어의 두 부분, (b) 쉘 권선 방식, (c) 코어 권선 방식

가장 간단한 권선 방식은 [그림 18-4(b)]와 같이 1차 권선과 2차 권선 모두 E 글자의 가운데 막대에 감는 것이다. 이 방식을 변압기 권선의 **쉘 방식**^{shell method}이라고 한다. 이 방식은 권선 사이에 최대 결합을 제공하지만, 1차 권선과 2차 권선 사이에 상당한 커패시 턴스를 유발한다. 그러한 **권선 간 커패시턴스**^{inter-winding capacitance}는 때때로 수용되기도 하지만, 그렇지 못할 때도 있다. 쉘 구조의 또 다른 단점은 한 권선이 다른 권선 바로 위에 위치할 때, 변압기가 매우 큰 전압을 처리할 수 없다는 것이다. 고전압은 권선들 사이에 (원하지 않는 전류에 의해 수반된) **불꽃**^{arcing}을 야기하는데, 이는 권선 사이의 절연을 파괴 하여 영구적인 단락 회로를 만들 수 있고, 심지어 변압기에 불을 낼 수도 있다.

쉘 방식을 원하지 않는다면 변압기 권선의 **코어 방식**^{core method}을 사용할 수 있다. 이 방식 은 [그림 18-4(c)]와 같이 2차 권선은 E 부분의 바닥 쪽에 위치하고, 1차 권선은 위쪽에 위치한다. 결합은 코어 내 자속에 의해 발생한다. 두 방식이 동일한 전압-전달 비율을 갖 는다면, 코어 방식의 권선 간 커패시턴스는 쉘 방식 변압기보다 낮다. 그 이유는 두 권선이 물리적으로 더 멀리 떨어져 있기 때문이다. 코어 방식의 변압기는 같은 물리적 크기의 쉘 방식 변압기보다 더 높은 전압을 견딜 수 있다. E의 중심 부분은 종종 코어 바깥쪽으로 제거되기도 하는데, 그렇게 되면 **O 코어**^{O core} 또는 **D 코어**^{D core} 변압기가 된다.

모든 종류의 전기 전자 제품과 소자에서 쉘 방식 변압기와 코어 방식 변압기는 일반적으로 60 Hz 에서 사용된다. 이러한 종류의 변압기는 옛날 AF 시스템에서도 찾을 수 있다.

솔레노이드 코어

분말화된 철로 만든 막대 모양 조각에 감긴 한 쌍의 원통형 코일은 RF 변압기로 동작할 수 있는데, 보통 이동형 무선 수신기와 **무선 방향 탐지(RDF)**^{Radio Direction-Finding} 장비에서 **루프스틱 안테나**^{loopstick antenna}로 사용된다. 한 코일을 다른 것 위에 직접 감을 수도 있고,

[그림 18-5]와 같이 1차와 2차 권선 사이의 **권선 간 커패시턴스**^{interwinding capacitance}를 줄이기 위해 두 권선을 분리할 수도 있다.

루프스틱 안테나에서 1차 권선은 무선 신호를 운반하는 전자기파를 중간에서 가로채며, 2차 권선은 무선 수신기나 방향 탐지기의 첫 증폭단 또는 **앞단**^{front end}에 최적의 임피던스 정합을 제공한다. 임피던스 정합에 변압기를 사용하는 것은 이 장 뒤쪽에서 다룬다.

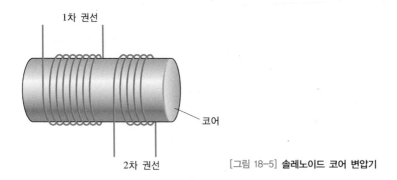

[그림 18-5] **솔레노이드 코어 변압기**

토로이드 코어

최근 10년 동안 **토로이드 코어**^{toroidal core} 또는 **토로이드**^{toroid}가 권선형 RF 변압기에 사용되었다. **토로이드 변압기**^{toroidal transformer}를 제작할 때, 1차 권선과 2차 권선은 서로 다른 권선 위에 직접 감을 수 있고, [그림 18-6]과 같이 한 코어의 서로 다른 부분에 감을 수도 있다. 다른 변압기에서처럼 권선들이 물리적으로 서로 분리되어 있을 때보다 바로 위에 겹쳐서 감겨 있을 때, 권선 간 커패시턴스는 더 커진다.

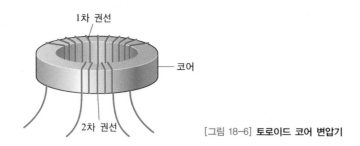

[그림 18-6] **토로이드 코어 변압기**

토로이드 인덕터 또는 토로이드 변압기에서 실제 모든 자속은 코어 물질 내에 남아 있고, 밖에는 자속이 거의 존재하지 않는다. 이러한 특성 때문에 회로 설계자는 의도하지 않게 발생하는 상호 인덕턴스를 걱정할 필요 없이 토로이드를 다른 부품과 가깝게 놓을 수 있다. 또한 토로이드 코일 또는 토로이드 변압기는 금속 새시 위에 직접적으로 장착될 수 있으며, 외부 금속은 변압기 동작에 어떤 영향도 주지 않는다.

토로이드 코어는 같은 종류의 강자성 물질에 대해, 솔레노이드 코어보다 감은 횟수당 인덕턴스 값이 더 크다. 종종 수백 mH 정도로 인덕턴스가 높은 토로이드 코일 또는 토로이드 변압기를 볼 수 있다.

포트 코어

포트 코어pot core 변압기는 루프 모양의 코일 주위를 강자성 물질의 껍질로 완전히 둘러싼 형태다. [그림 18-7]과 같이 코어는 반쪽씩 두 개로 제조된다. 코일을 하나의 반쪽 껍질 내부에 감고, 볼트로 두 개의 반쪽 껍질을 결합한다. 결과적으로 소자 내에서 모든 자속은 코어 물질에 갇힌다.

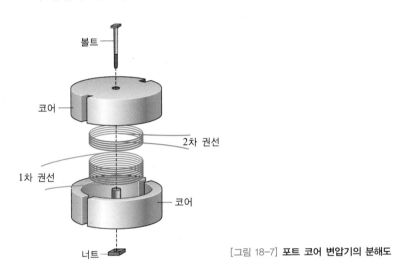

[그림 18-7] **포트 코어 변압기의 분해도**

포트 코어는 토로이드처럼 **스스로 차폐**self-shielding된다. 권선과 외부 부품 사이에는 근본적으로 자기장 결합이 발생하지 않는다. 포트 코어는 높은 인덕턴스 코일을 감을 때 사용되며, 적정한 권선수로 1 H 이상의 인덕턴스 값을 얻을 수 있다. 그러나 1차 권선과 2차 권선은 서로 바로 곁에 나란히 감겨 있어야 하므로, 코어는 구조적으로 권선 간 물리적 격리가 충분하지 않다. 따라서 항상 권선 사이의 커패시턴스는 높다.

포트 코어는 AF나 RF 스펙트럼의 최저주파 부분에서 다양하게 적용된다. 고주파 RF 시스템에서는 포트 코어 타입의 코일을 거의 볼 수 없는데, 이는 포트 코어가 아닌 다른 구조들이 바람직하지 않은 권선 간 커패시턴스를 갖지 않으면서도 필요한 인덕턴스 값을 제공할 수 있기 때문이다.

단권 변압기

어떤 상황에서는 변압기의 1차 권선과 2차 권선 사이에 직류 절연이 필요하지 않을 수도 (또는 원하지 않을 수도) 있다. 이 경우, 중간 접점이 있고 하나의 권선으로 이루어진 **단권**

변압기autotransformer를 사용한다. [그림 18-8]은 세 종류의 단권 변압기 구조를 보여준다.

- [그림 18-8(a)]의 장치는 공심air core이고 강압 변압기다.
- [그림 18-8(b)]의 장치는 적층형 철심iron core이고 승압 변압기다.
- [그림 18-8(c)]의 장치는 분말형 철심이고 승압 변압기다.

단권 변압기는 옛날 무선 수신기나 송신기에서 종종 볼 수 있다. 단권 변압기는 임피던스 정합 용도로 잘 동작한다. 또한 솔레노이드 루프스틱 안테나로도 잘 동작한다. 단권 변압기는 자주는 아니지만, 가끔 AF 응용과 60 Hz 전기설비에 사용된다. 전기설비 회로에서 단권 변압기는 전압을 낮출 경우 크게 낮출 수 있으나, 전압을 높일 때는 수 % 이상 효율적으로 높일 수 없다.

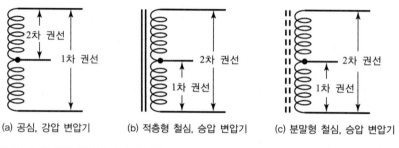

(a) 공심, 강압 변압기   (b) 적층형 철심, 승압 변압기   (c) 분말형 철심, 승압 변압기

[그림 18-8] **단권 변압기의 도식적 기호**

전력 변압기

전기회로의 동작을 위해 특정한 RMS 교류전압을 제공하도록 제작된, 60 Hz 전기설비에 사용되는 모든 변압기는 **전력 변압기**power transformer이다. 전력 변압기의 물리적 크기는 포도보다 작은 크기부터 거실보다 더 큰 크기에 이르기까지 다양하다.

발전소에서

가장 큰 변압기는 전기가 생산되는 곳에서 사용될 것이다. 당연히 고에너지 발전소는 저에너지 지역 발전소보다 더 높은 전압을 생산하는 더 큰 변압기를 갖는다. 이러한 변압기는 고전압과 고전류를 동시에 취급한다.

전기에너지를 멀리 전달하려면 높은 전압을 사용해야 한다. 이것은 궁극적으로 부하에서 소모되는 전력량이 주어졌을 때, 전압이 높을수록 전류가 작아지기 때문이다. 전류가 작을수록 전송선에서의 저항손ohmic loss은 작아진다. 리액턴스가 없는 회로의 전력을 전류와 전압으로 계산하는 공식은 다음과 같다.

$$P = EI$$

여기서 P는 W로 표시된 전력, E는 V로 표시된 전압, I는 A로 표시된 전류다. 만약 주어진 전력 레벨에서 전압이 10배 커지면 전류는 $\frac{1}{10}$로 줄어든다. 도선에서 **저항손**[ohmic loss]은 전류의 **제곱**에 비례해서 변화한다. 이를 식으로 나타내면 다음과 같다.

$$P = I^2 R$$

여기서 P는 W로 표시된 전력, I는 A로 표시된 전류, R은 Ω으로 표시된 저항이다. 공학자들이 커다란 전력망에서 도선 저항 또는 부하에서 소모되는 전력에 대해 할 수 있는 일은 많지 않으나, 전압을 조절하고 그에 따라 전류를 조절할 수는 있다.

전송선 끝에 있는 부하가 일정한 전력을 소모하는 상태에서, 전력 전송선의 전압을 10배 증가시켰다고 가정하자. 이러한 전압 증가는 전류를 이전 값의 $\frac{1}{10}$로 감소시킨다. 결과적으로, 저항손은 이전 값의 $\left(\frac{1}{10}\right)^2$, 즉 $\frac{1}{100}$로 감소한다. 따라서 (적어도 도선의 저항손 측면에서는) 전송선의 효율이 매우 개선된다.

이제 지역 발전소에서 수십만 V 또는 수백만 V까지도 생성할 수 있는 거대한 변압기를 보유하는 이유를 알게 되었다. 장거리 전기설비 전송선에 굵은 게이지 선을 사용할 때보다 높은 RMS 전압을 사용한다면 어느 한계까지는 경제적으로 더 좋은 결과를 얻는다.

전송선을 따라서

극도로 높은 전압이 **고장력**[high-tension] 전력 전송에 사용되지만, 일반 소비자는 200kV RMS 교류 콘센트와 같은 전압에는 흥미가 없다! 고장력 시스템에서는 배선에 아크(스파크)[arc]와 단락이 발생하지 않도록 주의를 기울여야 한다. 특히 감전사하지 않으려면 도선으로부터 적어도 수 m 떨어져 있어야 한다.

전기설비망에서 중간전압 전력선은 간선으로부터 분기되고, 이때 강압 변압기가 분기점에서 사용된다. 중간전압 전력선은 다시 더 낮은 전압의 전력선으로 분기되며, 강압 변압기가 이 분기점들에서도 사용된다. 최대 전력수요 기간에 각 변압기는 변압기가 서비스하는 모든 가입자에게 전달되는 VA 전력량, 즉 $P = EI$를 감당하기에 충분한 권선을 갖춰야 한다.

혹서기 동안의 전기 수요는 평상시의 최고점 이상으로 높아지며, 이 현상은 전압이 수 % 떨어지는 지점까지 회로에 부하를 가중시킨다. 이때 **경계 등화관제**[brownout] 단계가 된다.

만약 전력소모가 더 증가하면 하나 또는 그 이상의 중간 전력 변압기에 위험한 전류 부하가 나타난다. 그러면 변압기의 회로 차단기^{circuit breaker}가 회로를 개방시켜 변압기가 파괴되지 않도록 보호한다. 이때 **등화관제**^{blackout} 단계가 된다.

(미국의 경우) 일반 가정집과 건물에서 변압기는 전압을 약 234V RMS 또는 117V RMS 로 강압한다. 보통 234V RMS 전기는 각각 **위상**^{phase}이 120° 차이가 나는 세 개의 사인 파 형태로 공급되며, 각 사인파는 [그림 18-9(a)]와 같이 전기 콘센트에 있는 3개의 구멍 중 하나에서 나타난다. 이 3상 콘센트는 보통 전기오븐, 에어컨, 세탁기와 같이 큰 가전기기에 쓰인다. 대조적으로 117V RMS 콘센트는 오직 단상을 공급하며, 이 전압은 콘센트의 구멍 세 개 중 두 개의 구멍 사이에 나타난다. 콘센트의 세 번째 구멍은 [그림 18-9(b)]와 같이 실질적 접지^{earth ground}에 직접 연결된다. 이 단상 시스템은 보통 램프, 텔레비전 세트, 컴퓨터 같은 기본 가전기기에서 사용된다(우리나라에서는 가정용 전기에 220V RMS 단상을 사용하고, 3상은 주로 산업용 전기에서 사용한다).

[그림 18-9] (a) 234V RMS 교류 전기설비의 3상 콘센트
(b) 일반적인 117V RMS 교류 전기설비의 단상 콘센트

전자장치에서

대부분 소비자용 전자장치에는 물리적으로 작은 전력 변압기를 사용한다. 대부분 고체 소자들은 약 5V~50V 에 해당하는 낮은 직류 전압을 사용한다. 117V RMS 교류 전기설비에서 이러한 장치들을 사용하려면 전원 공급기에 강압 변압기가 필요하다.

고체장치들은 보통 (항상 그렇지는 않지만) 상대적으로 적은 전력을 소모하므로 변압기가 그다지 크지 않다. 고전력 AF 또는 RF 증폭기에서 트랜지스터는 1,000W(1kW) 이상의 전력이 필요할 수도 있으므로, 90A 또는 그 이상의 RMS 전류를 공급할 수 있는 매우 튼튼한 2차 권선이 필요하다.

옛날 텔레비전 수상기는 수백 V 가 필요한 **음극선관**(CRT)^{Cathode-Ray Tube}을 사용했는데, 이 전압은 전원 공급기에서 승압 변압기로 만들었다. 이러한 변압기는 많은 전류를 공급할 필요가 없어서 비교적 크기와 중량이 작다. 높은 전압이 필요한 다른 형태의 장치는 아마추어 무선전신 사용자들이 사용하는 종류의 진공관 RF 증폭기다. 이러한 증폭기는 약 $500mA$ 에서 $2kV \sim 5kV$ 의 전압이 필요하다.

> ⚠️ **주의 사항**
>
> 어떤 전압도 12V 이상이면 위험하므로 주의해야 한다. 텔레비전과 아마추어-무선전신 세트의 전압은 시스템의 전원을 끈 후에도 감전될 위험이 있다. 필요한 훈련을 받지 않았다면 장치를 수리하려고 하지 말아야 한다.

오디오 주파수에서

오디오 주파수(AF) 전력 변압기는 60Hz 전기에서 사용되는 것과 유사하다. 차이점은 주파수가 더 높고(20kHz 정도까지), 오디오 신호가 단지 하나의 주파수가 아니라(20Hz ~ 20kHz) 주파수 대역 또는 밴드band로 존재한다는 점이다.

대부분의 AF 변압기는 소형 전기설비 변압기처럼 제작된다. AF 변압기는 [그림 18-4]와 같이 가로막대 주위에 감긴 1차 권선과 2차 권선을 가진 적층형 E 코어를 사용한다. 오디오 변압기는 승압 변압기 또는 강압 변압기 형태로 동작할 수 있고, 특정 전압을 만들어 내기보다는 임피던스를 정합하기 위해 설계된다.

오디오 공학자는 시스템 리액턴스를 최소화해, 절댓값 임피던스 Z가 입력과 출력에서 모두 저항 R에 가까워지도록 노력한다. 그런 이상적인 조건이 존재하려면 리액턴스 X는 0이거나 거의 0이어야 한다. 앞으로 다룰 (AF 응용과 RF 응용 모두) 임피던스 정합 변압기에 대한 내용에서, 임피던스는 항상 $Z = R + j0$인 형태의 순수 저항성이라고 가정하자.

▌절연과 임피던스 정합

변압기는 전자회로들끼리 서로 **격리**isolation되게 할 수 있다. 변압기는 **유도성 결합**inductive coupling을 제공할 수 있거나 제공해야 하지만, 비록 작은 양이라고 해도 **용량성 결합**capacitive coupling이 존재한다. 용량성 결합의 양은 권선에 필요한 도선의 수를 최소화한 코어를 사용하거나 권선들을 (겹쳐 감긴 것보다) 서로 분리시킴으로써 최소화할 수 있다.

균형 부하 및 불균형 부하와 전송선

균형 부하balanced load에 소자를 연결하면 회로의 동작에 큰 영향을 미치지 않고 단자를 거꾸로 할 수 있다. 단순한 저항은 균형 부하의 좋은 예이고, 옛날 아날로그 텔레비전 수신기에 있는 2선 안테나 입력은 또 다른 균형 부하의 예이다. **균형 전송선**balanced transmission line은 **이중인입선**twinlead이라고도 하는 오래된 **TV 리본**ribbon과 같이 일정한 물리적 거리만큼 떨어져 서로 나란히 달리는 2선 전송선이다.

불균형 부하unbalanced load는 일정한 방식으로 연결해야 하므로 단자를 거꾸로 할 수 없다. 도선을 바꾸면 회로가 제대로 동작하지 않게 될 것이다. 이러한 의미에서 불균형 부하는 배터리, 다이오드, 전해질 커패시터와 같은 극성을 가진 부품과 비슷하다. 많은 무선 안테나는 불균형 부하다. 보통 불균형인 소스, 전송선, 부하는 한쪽이 접지에 연결된다. 텔레비전 수신기의 동축 케이블 입력은 불균형이고, 케이블의 차폐(편조braid)는 접지되어 있다. 케이블 텔레비전 시스템에서 볼 수 있는 동축 케이블은 일반적으로 **불균형 전송선**unbalanced transmission line이다.

보통 불균형 전송선을 균형 부하에 연결하거나 균형 전송선을 불균형 부하에 연결해서는 최적의 성능을 얻을 수 없다. 그러나 변압기는 이러한 두 형태의 시스템 사이에 호환성을 제공한다. [그림 18-10(a)]는 **균형-불균형 변압기**balanced-to-unbalanced transformer이며, 변압기의 균형(입력) 측은 접지된 중간 접점을 갖고 있다. [그림 18-10(b)]는 **불균형-균형 변압기**unbalanced-to-balanced transformer이며, 균형(출력) 측은 접지된 중간 접점을 갖고 있다.

균형-불균형 변압기(balun이라고도 함) 또는 불균형-균형 변압기(unbal이라고도 함)의 권선비는 1:1일 수 있으나, 이는 필요조건이 아니다. 시스템의 균형 부분과 불균형 부분의 임피던스가 같으면 1:1 권선비가 바람직하다. 그러나 임피던스가 다르면 권선비는 임피던스가 정합되도록 조정해야 한다. 하나의 순수 저항성 임피던스를 또 다른 순수 저항성 임피던스로 변환하기 위해 변압기의 권선비를 어떻게 조정하는지 간단하게 알아본다.

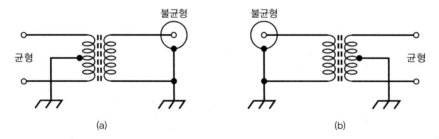

[그림 18-10] (a) 균형-불균형 변압기, (b) 불균형-균형 변압기

변압기 결합

시스템에서 큰 **증폭 계수**amplification factor를 얻기 위해 전자장치 내 증폭단 사이에서 변압기

를 사용하기도 한다. 무선 송신기나 수신기가 잘 동작하게 만들려면 증폭기가 안정적으로 동작하게 해야 한다. 만약 피드백이 너무 크면 일련의 증폭기는 발진하며, 이는 라디오의 성능을 저하시키고 망가뜨린다. 원하는 신호들은 전달하면서 증폭단 사이의 커패시턴스를 최소화시킨 변압기는, 이러한 발진을 방지하는 데 도움이 될 수 있다.

임피던스 전달비

변압기의 **임피던스 전달비**^{impedance transfer ratio}는 권선비의 제곱과 전압 전달비의 제곱에 따라 변화한다. 만약 1차 권선(소스) 임피던스와 2차 권선(부하) 임피던스가 순수 저항성이고, 각각 Z_{pri}와 Z_{sec}로 표시한다면, 다음 관계가 성립한다.

$$\frac{Z_{\mathrm{pri}}}{Z_{\mathrm{sec}}} = \left(\frac{T_{\mathrm{pri}}}{T_{\mathrm{sec}}}\right)^2, \qquad \frac{Z_{\mathrm{pri}}}{Z_{\mathrm{sec}}} = \left(\frac{E_{\mathrm{pri}}}{E_{\mathrm{sec}}}\right)^2$$

이 공식들의 역은 권선비와 전압 전달비를 임피던스 전달비로 표현한다.

$$\frac{T_{\mathrm{pri}}}{T_{\mathrm{sec}}} = \left(\frac{Z_{\mathrm{pri}}}{Z_{\mathrm{sec}}}\right)^{\frac{1}{2}}, \qquad \frac{E_{\mathrm{pri}}}{E_{\mathrm{sec}}} = \left(\frac{Z_{\mathrm{pri}}}{Z_{\mathrm{sec}}}\right)^{\frac{1}{2}}$$

예제 18-3

순수 저항성 입력 임피던스 50.0Ω을 순수 저항성 출력 임피던스 200Ω에 정합시키는 데 필요한 변압기의 권선비 $\dfrac{T_{\mathrm{pri}}}{T_{\mathrm{sec}}}$는 얼마인가?

풀이

요구되는 변압기는 다음과 같은 승압 임피던스비를 가져야 한다.

$$\frac{Z_{\mathrm{pri}}}{Z_{\mathrm{sec}}} = \frac{50.0}{200} = \frac{1}{4.00}$$

따라서 다음과 같다.

$$\frac{T_{\mathrm{pri}}}{T_{\mathrm{sec}}} = \left(\frac{1}{4.00}\right)^{\frac{1}{2}} = 0.250^{\frac{1}{2}} = 0.5 = \frac{1}{2}$$

예제 18-4

변압기의 1차-대-2차 권선비가 $9.00 : 1$이라고 가정하자. 변압기 출력에 연결된 부하는 8.00Ω

의 순수한 저항이다. 1차 권선의 임피던스는 얼마인가?

풀이

임피던스 전달비는 권선비의 제곱과 같으므로 다음 식을 얻는다.

$$\frac{Z_{\text{pri}}}{Z_{\text{sec}}} = \left(\frac{T_{\text{pri}}}{T_{\text{sec}}}\right)^2 = \left(\frac{9.00}{1}\right)^2 = 9.00^2 = 81.0$$

2차 권선의 임피던스 Z_{sec}가 8.00Ω이므로 다음과 같다.

$$Z_{\text{pri}} = 81.0 \times Z_{\text{sec}} = 81.0 \times 8.00 = 648\Omega$$

무선주파수 변압기

어떤 무선주파수(RF)$^{\text{Radio Frequency}}$ 변압기는 전기설비 변압기처럼 1차 권선과 2차 권선을 사용한다. 또 다른 RF 변압기는 전송선 단선을 사용하기도 한다. 오늘날 대부분의 RF 변압기로 사용되고 있는 이 두 가지 형태에 대해 살펴보자.

권선형

권선$^{\text{wire-wound}}$형 RF 변압기는 아주 높은 주파수까지 분말화된 철심을 사용할 수 있다. 모든 자속이 코어 물질 내부에 제한되어 **자체적으로 차폐**$^{\text{self-shielding}}$되는 토로이드 코어가 특히 잘 동작한다. 최적 권선수는 주파수와 코어의 투자율에 따라 달라진다.

고전력 응용에서는 종종 공심$^{\text{air-core}}$ 코일을 선호한다. 공기는 투자율이 낮지만 무시할 만한 이력손실을 가지며, 분말화된 철심처럼 달궈지거나 균열이 생기지 않는다. 그러나 공심 코일의 단점은 자속 일부가 공심 코일의 바깥쪽으로 뻗어나가기 때문에 변압기를 다른 부품에 가까이 하여 동작시켜야 할 때 변압기의 성능을 잠재적으로 감쇠시킨다.

특히 토로이드 코어에 감긴 코일 형태 변압기는 3.5MHz ~ 30MHz 에 이르기까지 넓은 주파수 대역에서 효율적으로 동작하게 제작할 수 있다는 장점이 있다. 이처럼 매우 넓은 주파수 범위에서 잘 동작하도록 설계된 변압기를 **광대역 변압기**$^{\text{broadband transformer}}$라고 한다.

전송선형

어떤 전송선이든 전송선의 구조에 따라 특성 임피던스 Z_{o}를 가지며, 이 특성 임피던스는 전송선의 구조에 의존한다는 것을 알고 있다. 이 특성을 사용하면 동축 케이블 또는 평행선으로 무선 주파수에서 동작하는 임피던스 변압기를 만들 수 있다.

전송선 변압기는 보통 $\frac{1}{4}$ 파장 단선에서 만들어진다. 앞 장에서 배운 $\frac{1}{4}$ 파장 단선의 길이에 대한 공식을 다시 한 번 살펴보면 다음과 같다.

$$L_{ft} = 246v/f_{\circ}$$

여기서 L_{ft}는 피트로 나타낸 $\frac{1}{4}$ 파장 단선의 길이, v는 분수로 표시된 속도계수, $f_{\circ}$는 MHz로 표시된 동작 주파수다. 만약 m로 표시된 L_m을 원한다면 다음과 같다.

$$L_m - 75v/f_{\circ}$$

특성 임피던스 $Z_{\circ}$인 전송선의 $\frac{1}{4}$ 파장 단선이 순수 저항성 임피던스 R_{out}으로 끝맺음되었다고 가정하자. [그림 18-11]과 같은 상황에서 전송선의 입력단 끝에 나타나는 임피던스 R_{in}은 순수 저항이 되고, 다음 관계가 성립한다.

$$Z_{\circ}^2 = R_{in} \, R_{out}$$

$$Z_{\circ} = (R_{in} \, R_{out} \,)^{\frac{1}{2}}$$

위의 첫 번째 공식은 R_{out}의 항으로 R_{in}에 대해 다음과 같이 재정리할 수 있으며, 그 반대도 가능하다.

$$R_{in} = \frac{Z_{\circ}^2}{R_{out}}$$

$$R_{out} = \frac{Z_{\circ}^2}{R_{in}}$$

이 방정식들은 전송선의 길이가 $\frac{1}{4}$ 파장이 되는 주파수 $f_{\circ}$에서 유효하다. '파장'은 그리스 소문자 람다(λ)lambda를 사용하여 표시할 수 있고, $\frac{1}{4}$ 파장 단선의 길이를 $\frac{1}{4}\lambda$ 또는 0.25λ로 표시한다.

전송선 손실을 무시하면 앞의 관계들은 $f_{\circ}$의 모든 **홀수 고조파**odd harmonic, 즉 $3f_{\circ}$, $5f_{\circ}$, $7f_{\circ}$ 등에서 성립하며, 이는 전송선 단선의 길이가 각각 0.75λ, 1.25λ, 1.75λ 등에 해당한다. 다른 주파수에서 $\frac{1}{4}$ 파장 단선은 변압기로 동작하지 않는다(대신 복잡한 방식으로 동작하는데, 자세한 수학이론은 이 책의 영역을 벗어나므로 설명은 생략한다).

$\frac{1}{4}$ 파장 전송선 변압기는 안테나 시스템, 특히 안테나 치수가 실제적이게 되는 (수 MHz를 넘어서는) 고주파 안테나 시스템에서 잘 동작한다. 만약 부하가 불균형이면 $\frac{1}{4}$ 파장 정합 단선도 불균형 전송선을 사용해서 만들어야 하고, 부하가 균형이면 균형 전송선을 사용해서 만들어야 한다.

$\frac{1}{4}$ 파장 단선의 단점은 물리적 길이와 속도계수에 따라 달라지는 특정 주파수에서만 동작한다는 점이다. 그러나 무선 장치를 오직 하나의 주파수나 또는 그 주파수의 홀수 고조파에서 사용하려고 한다면, 이러한 단점은 종종 제작의 편리함이라는 장점으로 보상된다.

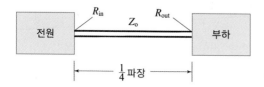

[그림 18–11] 전송선의 $\frac{1}{4}$ 파장 정합 단선. 입력 임피던스는 R_{in}, 출력 임피던스는 R_{out} 이고, 전송선의 특성 임피던스는 Z_{o} 이다.

예제 18-5

안테나가 100Ω의 순수 저항성 임피던스를 갖는다고 가정하자. 이 안테나를 75Ω 동축 케이블의 $\frac{1}{4}$ 파장 단선과 연결하면 $\frac{1}{4}$ 파장 단선의 입력단에서 임피던스는 얼마인가?

풀이

공식을 이용하여 계산하면

$$R_{\mathrm{in}} = \frac{Z_{\mathrm{o}}^2}{R_{\mathrm{out}}} = \frac{75^2}{100} = \frac{5{,}625}{100} = 56.25 \ \Omega$$

이므로, 반올림하면 56Ω이다.

예제 18-6

300Ω의 순수 저항성 임피던스를 가진 안테나를 생각해보자. 이 안테나를 50.0Ω의 순수 저항을 갖도록 설계된 무선 송신기의 출력에 정합시키려고 한다. 이때 $\frac{1}{4}$ 파장 정합 단선에 필요한 특성 임피던스는 얼마인가?

풀이

공식을 이용하여 계산하면 다음과 같다.

$$Z_\text{o} = (R_\text{in} \; R_\text{out})^{\frac{1}{2}} = (300 \times 50.0)^{\frac{1}{2}} = 15,000^{\frac{1}{2}} = 122\,\Omega$$

이처럼 특별한 특성 임피던스를 가진 상용 전송선은 찾을 수는 있지만 매우 드물다. 조립된 전송선들은 표준화된 Z_o 값을 가지며, 완벽한 정합을 얻을 수 없을지도 모른다. 이 경우에는 얻을 수 있는 가장 가까운 Z_o 값을 사용한다. 아마도 $92\,\Omega$ 또는 $150\,\Omega$이 될 것이다. $\frac{1}{4}$ 파장 정합 단선에 필요한 특성 임피던스에 가까운 어떤 값도 찾을 수 없다면, 그 대신 코일 타입의 변압기를 사용하는 것이 더 나을 것이다.

리액턴스는 어떠한가?

변압기를 사용하는 교류 회로에 리액턴스가 존재하지 않으면 일이 간단하다. 그러나 종종, 특히 RF 안테나 시스템에서 순수 저항만 있는 경우가 자연스럽게 발생하지는 않는다. 리액턴스를 상쇄하기 위해 인덕터나 커패시턴스 또는 둘 다를 삽입해 강제로 순수 저항을 얻을 수 있다. 부하에 존재하는 리액턴스는, 임피던스 정합 변압기 하나만 가지고는 완전한 정합을 할 수 없다.

유도 리액턴스와 용량 리액턴스는 실질적으로 서로 반대이며, 그 크기는 변할 수 있다. 부하를 복소 임피던스 $R + jX$ 로 나타낸다면, 부하와 직렬로 인덕터 또는 커패시턴스를 연결하여 크기가 같고 반대의 리액턴스 $- X$ 를 삽입함으로써 리액턴스 X 를 상쇄시킬 수 있다. 이렇게 하면 $(R + jX) - jX$ 또는 단순히 R 값과 같은 순수 저항을 얻는다. 리액턴스를 상쇄시키기 위해 연결하는 부품은 항상 부하가 전송선과 연결되는 지점에 위치해야 한다.

넓은 주파수 대역에 걸쳐 무선통신을 하려면 전송선과 안테나 사이에 조절 가능한 임피던스 정합 네트워크나 리액턴스–상쇄 네트워크를 위치시킨다. 이러한 회로를 **트랜스매치** transmatch 또는 **안테나 동조기** antenna tuner라고 한다. 이러한 장치들은 송신기와 부하 임피던스의 저항 부분을 정합시킬 뿐만 아니라 부하에 있는 리액턴스를 소멸시킬 수도 있다. 트랜스매치는 아마추어 무선전신 사용자들에게 널리 보급되어 있으며, 이들은 $2\,\text{MHz}$ 이하에서부터 최고 무선 주파수까지 동작하는 장치를 사용한다.

최적 위치

잘 설계된 안테나의 순수 저항 임피던스에 RF 공급선의 특성 임피던스를 정합시키기 위해 변압기 또는 $\frac{1}{4}$ 파장 단선을 사용할 때는, 언제나 그 변압기 또는 $\frac{1}{4}$ 파장 단선을 전송선과 안테나 사이에 놓아야 한다. 이 위치를 **급전점**feed point이라 한다. 변압기 또는 $\frac{1}{4}$ 파장 단선을 이 지점이 아닌 다른 어떤 곳에 위치시키면, 변압기 또는 $\frac{1}{4}$ 파장 단선은 최상의 상태에서 동작하지 않는다. 때로 변압기 또는 $\frac{1}{4}$ 파장 단선이 적절한 지점이 아닌 곳에 위치할 경우에는 그것이 정격에 맞게 만들어졌다고 해도, 전체 임피던스-부정합 상황을 더욱 악화시킬 것이다.

※ 필요하다면 이 장의 본문 내용을 참고해도 된다. 적어도 18개 이상 맞히는 것이 바람직하다.
정답은 [부록 A]에 있다.

18.1 단권 변압기에 대한 설명으로 옳은 것은?

(a) 넓은 범위에 걸쳐 임피던스를 자동으로 정합시킬 수 있다.
(b) 교류 전압 또는 임피던스를 효율적으로 상압시킬 수 있다.
(c) 자동으로 변화하는 중간 접점이 있다.
(d) 가변되는 전송선 길이로 구성된다.

18.2 35nH의 코일 인덕턴스가 필요할 때, 다음 중 어떤 코어 타입이 가장 잘 동작하는가?

(a) 공기
(b) 분말형 철심 솔레노이드
(c) 토로이드
(d) 포트 코어

18.3 분말형 철심 변압기와 공심 변압기를 비교한 설명으로 옳은 것은?

(a) 공심 변압기는 분말형 철심 변압기보다 자속선을 더 집속하므로, 감는 수가 정해져 있을 때 더 높은 인덕턴스를 얻는다.
(b) 공심 변압기는 분말형 철심 변압기보다 손실이 더 크므로, 공심 변압기는 임피던스 정합 시 불완전하게 동작한다.
(c) 공심 변압기는 토로이드형 권선을 필요로 하므로 가능한 배열에 제한이 있지만, 분말형 철심 변압기는 그러한 제약이 없다.
(d) 공심 변압기는 높은 주파수에서 최상으로 동작하지만, 분말형 철심 변압기는 일반적으로 낮은 주파수에서 필요하다.

18.4 만약 부하가 어떤 리액턴스도 포함하지 않는다면, 변압기를 사용하여 이론적으로 그 부하를 다음 중 어떤 전송선에 완벽하게 정합시킬 수 있는가?

(a) 합당한 어떤 특성 임피던스를 가진 전송선
(b) 특성 임피던스가 부하 임피던스와 같거나 낮으며, 높지는 않은 전송선
(c) 특성 임피던스가 부하 임피던스와 같거나 높으며, 낮지는 않은 전송선
(d) 오직 한 주파수에서

18.5 1차 권선 임피던스가 항상 2차 임피던스를 초과하는 변압기는 어느 것인가?

(a) 단권 변압기
(b) 승압 변압기
(c) 강압 변압기
(d) 균형−불균형 변압기

18.6 60Hz 교류 전기설비 변압기에서 맴돌이 전류를 최소화하려면 어떻게 해야 하는가?

(a) 공심을 사용한다.
(b) 적층형 철심을 사용한다.
(c) 코어 감기 방법을 사용한다.
(d) 1차 권선을 2차 권선 위에 직접 감는다.

18.7 공심 변압기에서 1차 권선 위에 2차 권선을 직접 감는다면, 다음 중 어느 것이 예측되는가?

(a) 큰 임피던스 전달 비율
(b) 높은 주파수에서 매우 우수한 성과
(c) 권선 간에 비교적 높은 커패시턴스
(d) 중대한 이력 손실

18.8 1차-대-2차 권선비가 정확히 4.00 : 1인 변압기를 가정하자. 20.0V RMS 교류를 1차 단자에 가한다면, 2차 권선 양단 간에 교류 RMS 전압은 얼마인가?

(a) 80.0V RMS   (b) 40.0V RMS
(c) 10.0V RMS   (d) 5.00V RMS

18.9 1차-대-2차 권선비가 정확히 1 : 4.00인 변압기를 가정하자. 1차 권선의 전압이 20.0V RMS라면, 2차 권선에 교류 RMS 전압은 얼마인가?

(a) 80.0V RMS   (b) 40.0V RMS
(c) 10.0V RMS   (d) 5.00V RMS

18.10 2차-대-1차 권선비가 정확히 2.00 : 1인 변압기를 가정하자. 20.0V RMS 교류를 1차 단자에 가한다면, 2차 권선 양단 간에 교류 RMS 전압은 얼마인가?

(a) 80.0V RMS   (b) 40.0V RMS
(c) 10.0V RMS   (d) 5.00V RMS

18.11 2차-대-1차 권선비가 정확히 1 : 2.00인 변압기를 가정하자. 1차 권선의 전압이 20.0V RMS라면, 2차 권선의 교류 RMS 전압은 얼마인가?

(a) 80.0V RMS   (b) 40.0V RMS
(c) 10.0V RMS   (d) 5.00V RMS

18.12 300Ω의 순수 저항 입력 임피던스를 50.0Ω의 순수 저항 출력 임피던스에 정합시키기 위해 변압기를 사용한다면, 1차-대-2차 권선비는 얼마로 해야 하는가?

(a) 36.0 : 1   (b) 6.00 : 1
(c) 2.45 : 1   (d) 2.00 : 1

18.13 1차-대-2차 권선비가 4.00 : 1인 변압기를 가정하자. 변압기 출력에 연결된 부하가 50.0Ω의 순수 저항이라면, 1차 권선의 임피던스는 얼마인가?

(a) 12.8kΩ   (b) 800Ω
(c) 400Ω   (d) 200Ω

18.14 1차-대-2차 임피던스 전달비가 4.00 : 1인 변압기를 가정하자. 1차 권선에 전압이 200V RMS 교류 신호를 인가하면, 2차 권선에 RMS 교류 신호 전압은 얼마인가?

(a) 800V RMS   (b) 400V RMS
(c) 141V RMS   (d) 100V RMS

18.15 600Ω의 순수 저항 임피던스를 가진 안테나를 92Ω인 동축 케이블의 $\frac{1}{4}$ 파장 단선에 연결하면, 동축 케이블의 입력단에서 임피던스는 얼마인가?

(a) 14Ω (b) $55k\Omega$
(c) 6.5Ω (d) 346Ω

18.16 [연습문제 18.15]의 시스템이 $14\mathrm{MHz}$ 주파수에서 동작한다고 하자. 92Ω인 동축 케이블의 속도계수가 0.75라면, $\frac{1}{4}$ 파장 단선을 구성하기 위해 필요한 케이블의 길이는 얼마인가?

(a) $8.0\mathrm{m}$ (b) $7.5\mathrm{m}$
(c) $5.3\mathrm{m}$ (d) $4.0\mathrm{m}$

18.17 무선 송신기가 50Ω의 순수 저항성 임피던스에 동작하도록 설계되었다. 800Ω의 순수 저항 임피던스를 보이는 안테나가 있다. 두 임피던스를 정합시키기 위해 임피던스 정합 변압기를 만들려면, 그리고 1차에 송신기를 연결하고 2차에 안테나를 연결한다면, 변압기의 1차–대–2차 권선비는 다음 중 어느 것이어야 하는가?

(a) $1:16$ (b) $1:8$
(c) $1:4$ (d) $1:2$

18.18 [연습문제 18.17]의 상황에서 안테나 임피던스에 송신기 임피던스를 정합시키기 위해 전송선의 $\frac{1}{4}$ 파장 단선을 사용한다면, 특성 임피던스가 얼마인 전송선이 필요한가?

(a) 400Ω (b) 200Ω
(c) 141Ω (d) 100Ω

18.19 앞의 두 문제의 상황에서 좀 더 복잡한 경우를 생각해보자. 안테나는 800Ω 저항 성분에 추가하여 리액턴스를 가지며, $14\mathrm{MHz}$ 주파수에서 $800+j35$인 복소 안테나 임피던스를 갖는다. 안테나가 불균형 시스템이어서 동축 케이블 전송선이나 불균형 변압기 2차 권선과 동작하도록 설계되었다. [연습문제 18.17~18.18]에 묘사된 임피던스–정합 시스템 중 어느 하나와 $14\mathrm{MHz}$에서 적절하게 동작하게 하려면 안테나를 어떻게 보정해야 하는가?

(a) 용량 리액턴스가 $14\mathrm{MHz}$에서 -35Ω이 되도록, 변압기 2차 권선 또는 $\frac{1}{4}$ 파장 단선 출력이 안테나와 연결되는 지점에 안테나와 직렬로 커패시터를 연결한다.

(b) 유도 리액턴스가 $14\mathrm{MHz}$에서 35Ω이 되도록, 변압기 2차 권선 또는 $\frac{1}{4}$ 파장 단선 출력이 안테나와 연결되는 지점에 안테나와 직렬로 인덕터를 연결한다.

(c) 용량 리액턴스가 $14\mathrm{MHz}$에서 -35Ω이 되도록, 송신기 출력이 변압기 1차 권선 또는 $\frac{1}{4}$ 파장 단선 입력과 연결되는 지점에 시스템과 직렬로 커패시터를 연결한다.

(d) 유도 리액턴스가 $14\mathrm{MHz}$에서 35Ω이 되도록, 송신기 출력이 변압기 1차 권선 또는 $\frac{1}{4}$ 파장 단선 입력과 연결되는 지점에 시스템과 직렬로 인덕터를 연결한다.

18.20 [연습문제 18.17~18.19]에 묘사된 안테나 시스템을 10MHz ~ 20MHz까지 연속된 주파수 범위에서 사용하고 싶을 때, 그 주파수 범위 내 어떤 주파수에서도 완전한 임피던스 정합을 얻기 위해서는 어떻게 해야 하는가?

(a) 변압기 2차 권선 또는 $\frac{1}{4}$파장 단선의 출력이 안테나와 연결되는 지점에, 안테나와 직렬로 가변 인덕터를 연결한다.

(b) 변압기 2차 권선 또는 $\frac{1}{4}$파장 단선의 출력이 안테나와 연결되는 지점에, 안테나와 직렬로 가변 커패시터를 연결한다.

(c) 변압기 2차 권선 또는 $\frac{1}{4}$파장 단선의 출력이 안테나와 연결되는 지점에, 안테나와 직렬로 잘 만들어진 트랜스매치를 연결한다.

(d) 할 수 있는 일이 없다. 이러한 상황에서, 연속된 주파수 범위에서 완전한 임피던스 정합을 구현한다는 것은 기대할 수 없다.

PART 3
기초 전자공학
Basic Electronics

CHAPTER

19

반도체 개론
Introduction to Semiconductors

▮ 학습목표

- 도체와 부도체를 구분하여 반도체의 정확한 의미를 이해한다.
- 반도체의 성질을 갖는 다양한 물질을 배우고, 해당 물질로 만들어진 반도체의 특징을 이해한다.
- 반도체의 도핑과 정공 및 전자에 의한 전류의 개념을 배운다.
- 반도체 PN 접합에 대해 배우고 바이어스 조건에 따른 반도체의 동작 특성을 이해한다.
- PN 접합 내에 나타나는 접합 커패시터의 개념과 응용을 배운다.
- 애벌런치 효과에 대해 배우고 이를 이용한 제너 다이오드의 동작 원리를 이해한다.

▮ 목차

트랜지스터가 상업용 반도체 소자로 사용되기 시작한 1960년대 이후, 반도체는 전자공학에서 핵심적인 역할을 주도해 왔다. **반도체**semiconductor라는 용어는, 모든 상황에서는 아니지만 어떤 물질이 특정한 상황에서 전기 전도성을 가질 수 있는 능력에서 유래했다. 우리는 전기 전도도를 제어하여 증폭, 정류, 공진, 신호 혼합, 스위칭 등을 비롯한 반도체 소자의 다양한 동작을 기대할 수 있게 되었다.

반도체 혁명

수십 년 전, 전자 시스템에서 사용할 수 있는 유일한 증폭 소자는 **전자 튜브**라고도 알려진 **진공관**vacuum tubes이었다. 통상적인 진공관(영국에서는 **밸브**valve라고도 함)은 엄지손가락만한 크기에서 주먹 정도의 크기까지 종류가 다양하다. 진공관은 요즘에도 전력 증폭기, 전자파 진동기, 비디오 디스플레이 부품 등에 사용되고 있다.

진공관을 효율적으로 동작시키기 위해서는 일반적으로 높은 구동 전압이 필요하다. 비교적 저전압에서 동작하는 라디오 수신기조차 진공관을 동작시키는 데 DC(직류) 50 V 수준의 전압이 필요하며, 더 일반적으로는 DC 100 V 이상의 전압이 사용된다. 이처럼 동작 전압이 높기 때문에 진공관을 사용하는 전자제품들에는 투박하고 부피가 큰 전원이 필요했으며, 때로 전기 사고가 발생하기도 했다.

최근 대부분의 저전력 전자회로에서는 초소형 트랜지스터가 진공관 기능을 수행하고 있다. 전원 공급 장치는 두어 개의 AA 사이즈 배터리나 9 V 트랜지스터 배터리로도 충분하다. 고전력 응용을 위한 집적회로에서조차 그 안의 트랜지스터는 유사한 신호 출력 사양을 가진 진공관과 비교했을 때 훨씬 작고 가볍다([그림 19-1]).

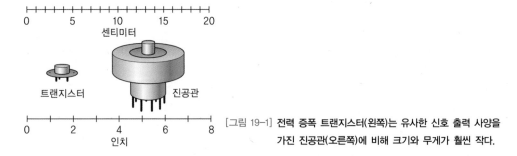

[그림 19-1] **전력 증폭 트랜지스터(왼쪽)는 유사한 신호 출력 사양을 가진 진공관(오른쪽)에 비해 크기와 무게가 훨씬 작다.**

집적회로(IC) Integrated Circuits는 대부분 낱개로 판매하는 트랜지스터보다 크기가 작으며 수백, 수천, 수백만 개의 진공관 역할을 수행할 수 있다. IC 기술의 대표적인 예는 개인용 컴퓨터와 디스플레이, 외장 디스크 드라이브, 프린터, 모뎀 등의 주변기기에서 찾을 수 있다.

진공관은 오늘날에도 반도체 소자들에 비해 몇 가지 장점을 지니고 있다. 진공관은 사용 시 전압, 전류, 전력이 순간적으로 정격값을 넘더라도 그러한 상황들을 '허용'한다. 반면에 반도체 소자들은 곧바로 '죽음'을 맞이한다. 또한 오디오 애호가들이나 음악가들은 반도체 소자로 만든 증폭기보다 진공관으로 만든 증폭기가 더 나은 음질을 들려준다고 말한다.

반도체 재료

다양한 원소, 화합물, 혼합물들은 반도체로 기능할 수 있다. 가장 대표적인 반도체 물질로는 **실리콘**silicon, 그리고 갈륨과 비소의 화합물인 **갈륨비소(GaAs)**gallium arsenide가 있다. 초기 반도체 기술에서는 **게르마늄**germanium이 많은 반도체 소자의 기반 물질이었으나 오늘날에는 거의 찾아볼 수 없다. 반도체로 기능하는 다른 물질들로는 **셀레늄**과 **카드뮴** 화합물, **인듐** 화합물, 산화 금속 등이 있다.

실리콘

실리콘의 원자 번호는 14이며 원자량은 28이다. 실리콘은 순수한 상태에서 알루미늄과 같은 경금속처럼 보인다. 순수한 실리콘의 경우 유전 물질보다는 전류를 잘 흘리지만, 은, 구리, 알루미늄 등과 같은 대부분의 금속 도전체에 비해서는 잘 흘리지 못한다.

지각에는 매우 풍부한 양의 실리콘이 존재하는데, 암염이나 모래에서 실리콘을 얻을 수 있다. 자연 상태에서의 실리콘은 보통 다른 원소들과 화학 결합한 상태로 존재하며, 관련 산업체에서는 이 상태에서 순수한 원소 상태의 실리콘을 추출한다. 전자 부품 제조사에서는 실리콘에 **불순물**impurity이라고 하는 다른 물질들을 섞어 실리콘이 특정한 전기 전도도를 갖도록 한다. 이렇게 만들어진 긴 실리콘 기둥을 얇게 자른 것이 **웨이퍼**wafer이다.[1]

갈륨비소

일반적으로 사용되는 또 다른 반도체로 갈륨비소 화합물이 있다. 반도체 기술자들은 이 화합물을 약자와 비슷한 화학식인 GaAs로 표기하며 이를 '개스'라고 읽는다. '개스펫gasfet'이나 '개스 IC'라는 말도 갈륨비소 기술에 관한 것으로 이해하면 된다.

전자는 실리콘에서보다 GaAs에서 훨씬 빨리 이동할 수 있으므로, GaAs 소자들은 실리콘 기반의 반도체 소자보다 높은 주파수에서도 잘 동작한다. GaAs 소자들은 X선이나 감마선 등과 같은 **방사선에 의한 이온화**의 직접적 효과에 대해 상대적으로 내구성이 강하다.

---

1 (**옮긴이**) 반도체 공정을 통해 웨이퍼상에 집적회로를 만들어서 자르면 칩(chip)이 된다.

셀레늄

셀레늄은 입사되는 가시광선, 자외선(UV)^{ultraviolet}, 적외선 등 광신호의 세기에 따라 전기 전도도가 달라지는 화학 원소이다. 모든 반도체 물질은 **광전도도**라고 하는 특성을 어느 정도 갖고 있으나, 셀레늄은 그러한 효과가 매우 크다. 따라서 셀레늄은 **포토셀**^{photocell} 제작에 이용되며, 매우 우수한 기반 물질이라고 할 수 있다. 또한 셀레늄은 교류 신호를 펄스형 직류 신호로 변환시키는 일종의 **정류 회로**에도 사용할 수 있다.

셀레늄은 순간적으로 발생하는 과전류나 과전압과 같은 전기적 과부하를 잘 견디는 **전기적 강인성**을 갖고 있다. 따라서 셀레늄 기반 전자 소자는 다른 반도체 재료로 만든 소자보다 **순시**^{transient} 전기 신호나 비정상적으로 높은 전압 '스파이크' 등에 대한 내구성이 높다.

게르마늄

순수한 게르마늄은 전기 전도성이 좋지 않지만 불순물을 첨가하면 전기 전도성이 향상되므로 역시 반도체로 사용된다. 게르마늄은 초기 반도체 기술에 많이 사용되었다. 오늘날에는 게르마늄 기반의 반도체 소자가 거의 사용되지 않는다. 게르마늄은 녹는점이 낮아서 납땜 공구에서 발생하는 고온에 의해 다이오드나 트랜지스터들이 쉽게 파괴되기 때문이다.

금속–산화막

일부 금속–산화막 조합은 반도체 소자를 제조할 때 유용하다. MOS(흔히 '모스'라고 읽음)나 CMOS(흔히 '씨모스'라고 읽음)는 **금속–산화막–반도체**$^{metal-oxide-semiconductor}$와 상보성 금속–산화막–반도체$^{complementary\ MOS}$를 각각 의미한다.

일부 트랜지스터나 다양한 집적회로에서 MOS 기술이 사용되고 있다. 집적회로의 경우 MOS나 CMOS 공정을 통해 저항, 인덕터, 다이오드, 트랜지스터 등 많은 수의 개별 소자들이 단일 칩상에 제작된다. MOS/CMOS 회로는 **집적도가 매우 높다.**

금속–산화막 요소는 동작할 때 전류를 거의 필요로 하지 않는다. 이는 산화막으로 인해 전류가 절연되기 때문인데, MOS 기반의 작은 소자에 전력을 공급하기 위해 배터리를 연결한다면, 사용하지 않고 그냥 두었을 때와 비슷한 수준으로 오래 사용할 수 있다. 대부분의 MOS 기반 반도체 소자들은 초고속 동작이 가능한데, 라디오 주파수(RF) 영역의 고주파 영역에서 동작할 수 있으며, 최신 컴퓨터에서 특히 중요한 고속 스위칭 기능을 수행한다.

모든 MOS, CMOS 요소에는 한 가지 단점이 있는데, 바로 정전기 방전에 의해 소자가 순간적으로 파괴될 수 있다는 점이다. MOS나 CMOS 소자를 다루는 기술자들은 손목과 접지를 연결하는 금속 손목 보호대를 착용함으로써 정전기 축적이 발생하지 않도록 한다.

도핑과 전하 반송자

불순물은 반도체 재료가 전자 소자에 사용되어 기능하는 데 필요한 속성을 제공한다. 즉, 불순물은 반도체 재료가 특정 방식으로 전류를 흐르게 한다. 반도체 제조 과정에서 반도체 재료에 불순물을 주입하는 공정을 **도핑**^{doping}, 불순물 재료 자체를 **도펀트**^{dopant}라고 한다.

도너 불순물

기판을 구성하는 반도체 물질에 전자를 제공할 수 있는 불순물을 **도너 불순물**^{donor impurity}이라고 한다. 반도체에 도너를 도핑하면 도너가 제공한 자유전자들이 이동하면서 전기 전도성이 생기는데, 이와 같은 현상은 구리와 같은 보통 금속의 경우와 같다. 반도체 재료의 두 지점 사이에 전위차가 존재할 때, 이 과잉 전자들은 원자 사이를 자유롭게 이동하게 된다. 도너 불순물로 작용하는 원소들에는 안티모니^{antimony}, 비소, 비스무스^{bismuth}, 인 등이 있다. 도너 불순물로 도핑된 반도체를 N형 반도체라고 하는데, 이는 전류의 주성분인 전자들이 음^{negative}의 전하를 운반하기 때문이다.

억셉터 불순물

기판을 구성하는 반도체 물질로부터 전자를 빼앗는 불순물을 **억셉터 불순물**^{acceptor impurity}이라고 한다. 알루미늄, 붕소, 갈륨, 인듐 등의 원소를 반도체 재료에 도핑하면 반도체는 **정공의 흐름**에 의해 전기 전도성을 갖게 된다. **정공**^{hole}은, 일반적인 상황이었다면 원자 주변에 존재해야 하는 전자가 존재하지 않는 '전자의 빈 자리'를 의미한다. 억셉터 불순물이 도핑된 반도체를 P형 반도체라고 하는데, 정공은 실질적으로 양^{positive} 전하를 갖기 때문이다.

다수 반송자와 소수 반송자

반송자^{carrier}의 종류에는 전자와 정공이 있다. 가끔 고에너지 물리학에서 양성자나 헬륨 원자핵 등이 전하를 나르는 현상을 접하기도 하지만, 전자 소자에서는 그처럼 특이한 입자들이 반송자가 되는 경우는 거의 없다. 어떤 반도체 물질에서든, 전류는 낮은 전위에서 높은 전위로 이동함으로써 발생하는 전자에 의한 것과, 높은 전위에서 낮은 전위로 이동함에 따라 발생하는 정공에 의한 것, 이 두 가지 성분으로 구성된다.

때로는 전자에 의한 전류 성분이 반도체 내 전류 성분의 대부분을 차지하기도 한다. 이러한 상황은 반도체 물질이 도너 불순물을 다수 갖고 있을 때, 즉 N형 반도체일 때 발생한다. 또한, 반도체 물질이 억셉터 불순물을 다수 갖게 됨에 따라 P형 반도체로 될 때 정공에 의한 전류가 더 많은 비중을 차지하기도 한다. 전자와 정공 중 수적으로 더 많거나 더 지배적으로 존재하는 전하 반송자를 **다수 반송자**라고 하며, 적은 쪽을 **소수 반송자**라고 한다.

다수 반송자와 소수 반송자의 수적 비율은 불순물 농도에 크게 의존한다.

[그림 19-2]는 N형 반도체에서 전자와 정공의 흐름을 보여주는 모식도이다. 여기서 다수 반송자는 전자, 소수 반송자는 정공이라는 것을 알 수 있다. 검은 점들이 전자를 나타낸다. 자유 전자들이 원자와 원자 사이를 오른쪽에서 왼쪽으로 이동한다고 상상해보자. 이때 정공은 원자와 원자 사이를 왼쪽에서 오른쪽으로 점프해서 이동한다. 예를 들어, 배터리 또는 전원의 양극(정공의 공급원)을 왼쪽을 향해, 그리고 배터리 또는 전원의 음극(전자의 공급원)을 오른쪽을 향해서 놓은 다음, 각각의 단자를 어떤 고체의 오른쪽과 왼쪽에 연결하면 다음 그림과 같은 상황이 연출될 것이다.

[그림 19-2] 정공의 흐름을 설명하는 모식도. 속이 채워진 검은 점은 전자를 나타내며 어떤 한 방향으로 움직인다. 빈 원은 정공을 나타내며 전자와 반대 방향으로 움직인다.

PN 접합

P형 또는 N형 반도체 중 하나를 전원 공급 장치에 직접 연결하면 그 반도체 영역을 통해 전류가 잘 흐르는 것을 관찰할 수 있다. P형 반도체와 N형 반도체를 서로 접촉시키면 두 반도체 사이에는 **PN 접합**P-N junction이 형성되는데, 이는 반도체에 유용한 특성을 제공한다.

반도체 다이오드

[그림 19-3]은 P형 반도체와 N형 반도체를 접합해서 만든 **반도체 다이오드**를 개략적으로 나타낸 것이다. N형 반도체는 짧은 직선으로 되어 있으며, 이를 **캐소드**cathode라고 한다. P형 반도체는 삼각형 화살표로 되어 있으며, 이를 **애노드**anode라고 한다. 전자들은 화살표의 반대 방향으로, 정공은 화살표가 가리키는 방향으로 쉽게 움직일 수 있다. 보통 전자는 화살표 방향으로 움직이지 않으며, 정공은 화살표의 반대 방향으로 움직이지 않는다.

[그림 19-3] **반도체 다이오드의 도식적 기호**

다이오드에 배터리와 저항을 연결한다고 하자. [그림 19-4(a)]와 같이 배터리 음극을 다이오드의 캐소드에, 배터리 양극을 다이오드의 애노드에 연결하면 전류가 흐른다. 이때, 직렬로 연결된 저항은 과전류로 인해 다이오드가 파괴되는 것을 방지한다. [그림 19-4(b)]와 같이 반대로 연결하면 전류는 흐르지 않는다.

[그림 19-4(a)]에서 반도체 다이오드를 통해 전류가 흐르게 하려면 최소 특정 전압을 인가해야 하는데, 그 값은 다이오드 설계 및 제작 과정에서 정밀하게 결정된다. 이 전압을 다이오드의 **문턱 전압** 또는 **순방향 브레이크오버 전압**^{forward breakover voltage}이라고 한다. 순방향 브레이크오버 전압은 반도체 물질과 도핑 유형, 농도에 의해 달라지며, 다이오드에 따라 대략적으로 0.3 V에서 1 V 범위의 값을 갖는다. [그림 19-4(a)]와 같은 방식으로 연결되어 있어도, 인가되는 전압이 순방향 브레이크오버 전압보다 작으면 다이오드에 전류가 흐르지 못한다. 이러한 효과를 **순방향 브레이크오버 효과** 또는 **PN 접합 문턱 효과**^{P-N junction threshold effect}라고 한다. 이러한 다이오드의 정류 특성을 이용하면, 처리할 수 있는 전압 신호의 양의 최댓값 또는(아니면 동시에) 음의 최댓값을 제한하는 회로를 설계할 수 있다. 또한 다이오드의 순방향 브레이크오버 효과를 이용하면, 어떤 전압 신호가 회로에 입력되기 위해서는 그 전압의 양 또는 음의 최댓값이 어떤 기준 전압 이상이 되어야 하도록 만드는 회로, 즉 **문턱전압 검출기**^{threshold detector}를 설계할 수도 있다.

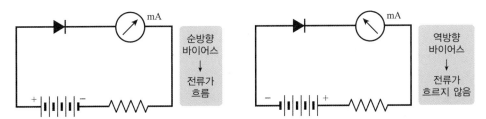

(a) 다이오드가 순방향 바이어스되어 전류가 흐른다.   (b) 다이오드가 역방향 바이어스되어 전류가 흐르지 않는다.

[그림 19-4] **배터리, 저항, 전류계, 다이오드를 직렬로 연결**

PN 접합의 동작 원리

N형 반도체에 인가된 전압이 P형 반도체에 인가된 전압보다 낮을 때([그림 19-4(a)]의 경우), 그 차이가 순방향 브레이크오버 전압의 크기보다 크면 전자는 N형 반도체에서 P형 반도체 영역으로 쉽게 흐른다. N형 반도체는 도핑하지 않은 상태에 비해 많은 전자들을 갖고 있으며, P형 반도체 영역으로 전자를 보낸 만큼 반대쪽으로부터 전자를 다시 공급받는다. 정공들은 전자가 부족한 P형 반도체로부터 N형 반도체 영역으로 넘어간다. N형 반도체는 전기적인 중성 조건을 만족시키기 위해 전자들을 꾸준히 P형 반도체로 보낸다. 동시에 배터리나 전원은 P형 반도체로부터 전자들을 넘겨받아 전자의 불균형 상태를 유지하려고

한다. [그림 19-5(a)]는 이러한 상황을 도식적으로 보여주며, 이를 **순방향 바이어스**forward bias 상태라고 한다. 순방향 바이어스 상태에서는 다이오드를 통해 전류가 잘 흐른다.

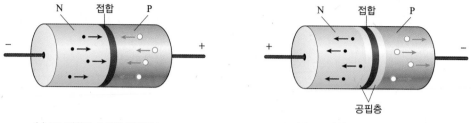

(a) PN 접합의 순방향 바이어스   (b) PN 접합의 역방향 바이어스

[그림 19-5] **PN 접합 동작: 검은 점은 전자를, 원은 정공을, 화살표는 반송자(정공이나 전자)의 이동 방향을 나타낸다.**

배터리나 직류 전원의 극성을 바꿔서 연결하면, 즉 P형 반도체 영역 대비 N형 반도체 영역의 전위가 높아지면, **역방향 바이어스**reverse bias 상태가 되었다고 한다. N형 반도체 내의 전자들은 양의 전압이 인가되는 지점을 향해 PN 접합에서 멀어지는 방향으로 이동한다. P형 반도체 내에서는 정공들이 음의 전압이 인가되는 지점을 향해 PN 접합에서 멀어지는 방향으로 이동한다. 다수 반송자는 N형 반도체에서 전자이며, P형 반도체에서는 정공이다. [그림 19-5(b)]와 같이, PN 접합 부근에는 전하 반송자가 존재하지 않는다. 이 '반송자가 없는 영역', 즉 양쪽 모두의 다수 반송자가 전혀 없는 이 영역을 **공핍 영역**(공핍층)depletion region이라고 한다. 어떤 반도체 물질 내에 다수 반송자가 없다는 것은 전류가 잘 흐르지 못한다는 것을 의미하므로 공핍 영역은 절연체처럼 기능한다. 이 현상은 역전압이 인가된 상태에서 반도체 다이오드가 전류를 정상적으로 흐르게 하지 못하는 이유다. 그 결과, 다이오드는 통상적으로 한 방향으로만 전류가 흐르는 전류 게이트를 만들게 된다.

PN 접합의 캐소드와 애노드에 외부 전원으로부터 인가된 전압이 서로 같으면 제로 바이어스(0V 전압) 조건이라고 한다.

접합 커패시턴스

어떤 PN 접합은 전도 상태(순방향 바이어스)와 비전도 상태(역방향 바이어스)를 초당 수백만 번 또는 수십억 번 전환할 수 있다. 반면에 어떤 PN 접합들은 고속 동작을 할 수 없다. PN 접합의 최대 스위칭 속도는 역방향 바이어스 조건에서 PN 접합의 커패시턴스에 의존한다. 다이오드의 **접합 커패시턴스**가 증가하면 전도 상태와 비전도 상태 사이를 전환할 수 있는 최대 주파수가 감소한다.

다이오드의 접합 커패시턴스는 동작 전압, 반도체 물질의 유형, PN 접합의 단면적 등 몇 가지 요인에 의존한다. [그림 19-5(b)]를 살펴보면, 두 반도체 영역 사이에 끼어 있는 공핍 영역이 커패시터의 절연층과 유사한 역할을 할 것이라고 예측할 수 있다. 역방향 전압이 인가된 PN 접합은 커패시터를 형성한다. **버랙터 다이오드**^{varactor diodes}는 이러한 특성을 활용하기 위해 제작된 반도체 소자이다.

역방향 전압의 크기를 조절하면 다이오드의 접합 커패시턴스를 변화시킬 수 있다. 이는 역방향 전압의 크기가 공핍층의 폭을 변화시키기 때문이다. 역방향 전압을 증가시키면 공핍층의 폭이 넓어지고, 커패시터는 감소한다.

애벌런치 효과

경우에 따라 다이오드는 역방향 바이어스 조건에서도 전류를 도통한다. 역방향 전압이 증가함에 따라 어느 전압까지는 다이오드가 더 절연체처럼 동작한다. 그러나 역방향 전압이 특정한 임계값에 도달하거나 그것을 넘어서면 전압은 전류의 흐름을 차단하는 접합 능력을 넘어서고, 접합은 순방향 바이어스 상태가 되는 것처럼 순간적으로 전류를 많이 흘리게 된다. 눈 덮인 산에서 갑자기 눈사태가 일어나는 것처럼 순간적으로 엄청난 양의 전류 전도가 발생하기 때문에 이러한 현상을 **애벌런치 효과**^{avalanche effect}라고 한다.

역방향 전압이 너무 높지만 않다면 애벌런치 효과는 PN 접합을 파괴하지 않는다. 즉 일시적인 현상이다. 애벌런치 효과가 발생하는 동안 공핍 영역 내 반송자들이 높은 전계로 인해 가속되어 이온 충돌화를 통해 반송자들의 수가 크게 증가한다. 즉 반송자 증배^{carrier multiplication}가 이루어진다. 그러나 인가되는 역방향 전압이 임계값 이하로 감소하면, 역방향 전류는 다시 매우 작은 값으로 감소한다. 애벌런치 발생 조건을 종료한 후 적절히 작은 크기의 전압으로 다시 역방향 인가 조건을 형성하면 공핍 영역 내의 반송자 증배도 이루어지지 않기 때문이다.

어떤 다이오드들은 이러한 애벌런치 효과를 활용하기 위해 만들어진다. 그 외의 경우에는 보통 애벌런치 효과가 회로의 성능을 제한한다. 직류 전압을 제어하기 위해 설계되는 반도체 소자로 **제너 다이오드**^{Zener diode}가 있으며, 제너 다이오드에는 **제너 전압**이라는 성능 지표가 있다. 이 값은 수 V에서 100V 이상까지 변화할 수 있다. 제너 다이오드에서 반송자 증배를 발생시키는 최초의 반송자들은 열적으로 생성된 반송자가 아닌 역방향 조건에서 밴드 간 터널링으로 인해 생성된 반송자라는 큰 차이가 있으나, 제너 전압에 도달하면 반송자 증배가 이루어진다는 점에서 애벌런치 전압과 기능적 의미는 같다. 제너 다이오드에서는 정확하고 예측 가능한 애벌런치 전압을 얻기 위해 적절한 반도체 재료와 도핑 농도 등을 결정한다.

전원에 사용되는 정류 다이오드와 관련해 **최대 반대 전압(PIV)**^{Peak Inverse Voltage}이나 **최대 역전압(PRV)**^{Peak Reverse Voltage} 요건에 대해 듣거나 읽어본 적이 있을 것이다. PIV 또는 PRV는 애벌런치 효과가 발생하지 않고 다이오드가 버틸 수 있는 최대 순시 역방향 전압을 의미한다. 실제로 정류 다이오드는 회로를 교류 동작시키는 과정 중 애벌런치 효과 또는 그 징후가 전혀 발생하지 않을 정도로 충분히 높은 PIV 정격을 갖도록 설계된다.

※ 필요하다면 이 장의 본문 내용을 참고해도 된다. 적어도 18개 이상 맞히는 것이 바람직하다.
  정답은 [부록 A]에 있다.

19.1 PN 다이오드에 애벌런치 전압보다 작은 크기의 역방향 전압을 가하면, 접합은?

    (a) 전류가 흐르지 않는다.
    (b) 가끔씩 전류가 흐른다.
    (c) 전류가 연속적으로 흐른다.
    (d) 매우 많은 양의 전류가 흐른다.

19.2 다음 설명 중 틀린 것은?

    (a) 일부 오디오 애호가들은 진공관으로 만든 전력 증폭기가 반도체 소자로 만든 것보다 좋은 소리를 낸다고 생각한다.
    (b) 진공관은 동일한 기능을 하는 트랜지스터에 비해 물리적인 크기가 크다.
    (c) 적절한 동작을 위해 트랜지스터들은 통상적으로 진공관보다 높은 전압을 필요로 한다.
    (d) 위의 모든 설명들이 맞다.

19.3 반도체를 억셉터 불순물로 도핑하면 어떤 물질을 얻게 되는가?

    (a) E형 반도체
    (b) N형 반도체
    (c) P형 반도체
    (d) H형 반도체

19.4 반도체를 억셉터 불순물로 도핑하면 어떤 입자를 많이 갖게 되는가?

    (a) 양성자   (b) 중성자
    (c) 전자   (d) 정공

19.5 순수한 실리콘은?

    (a) 화합물이다.
    (b) 원소다.
    (c) 혼합물이다
    (d) 액체다.

19.6 PN 접합에 순방향 전압을 인가할 때, 다음 중 어떤 상황에서 전류가 흐르지 못하는가?

    (a) 접합이 충분한 커패시턴스를 갖지 못할 때
    (b) 인가된 전압이 순방향 브레이크오버 전압보다 작을 때
    (c) 인가된 전압이 애벌런치 전압보다 높아질 때
    (d) 전압이 고정되어 있지 않을 때

19.7 도너 불순물은 본질적으로 여분의 무엇을 제공하는가?

    (a) 중성자   (b) 양성자
    (c) 전자   (d) 정공

19.8 정공보다 전자가 많이 들어 있는 물동이를 생각해보자. 물동이의 알짜 전하는 어떤 값을 갖는가?

    (a) 양(+)
    (b) 음(−)
    (c) 0
    (d) 결정할 수 없음

19.9 PN 접합에 직류 역방향 전압을 인가한다. 그러나 그 전압은 애벌런치 효과를 발생시킬 정도로 높지 않다. 이때, 전압을 두 배로 올렸고, 여전히 애벌런치 효과를 발생시키는 조건에 도달하지 않았다. 공핍 영역에 의한 커패시턴스는 어떻게 되는가?

(a) 변함이 없다.

(b) 증가한다.

(c) 감소한다.

(d) 위의 답 중 어느 것도 아니다. 공핍 영역은 인덕턴스이지 커패시턴스가 아니다.

19.10 PN 접합에 DC 역방향 전압을 인가한다. 그러나 그 전압은 애벌런치 효과를 발생시킬 정도로 높지 않다. 이때, 전압을 애벌런치 효과가 발생하는 전압 이상으로 높였다. 어떤 일이 발생하는가?

(a) 접합에 전류가 흐른다.

(b) 공핍 영역이 다이오드 전체를 차지할 정도로 확장된다.

(c) 접합의 리액턴스가 증가한다.

(d) 다이오드가 타버린다.

19.11 갈륨비소는?

(a) 화합물이다.   (b) 액체다.

(c) 원소다.   (d) 혼합물이다.

19.12 다음 물질 중 광소자 제작에 가장 적합한 것은 무엇인가?

(a) 비스무스   (b) 인듐

(c) 알루미늄   (d) 셀레늄

19.13 순수한 게르마늄을 N형 반도체로 만드는 방법은 무엇인가?

(a) 도너 불순물을 첨가한다.

(b) 억셉터 불순물을 첨가한다.

(c) 음의 전하를 넣어준다.

(d) 위의 답 중 어느 것도 아니다. N형 반도체로 만들 수 없다.

19.14 다음 중 반도체를 도핑할 때 발생할 수 있는 일은 무엇인가?

(a) 순수한 화학 원소를 얻는다.

(b) 전류는 대부분 정공에 의한 전류로 구성된다.

(c) 도체를 얻는다.

(d) 유전체를 얻는다.

19.15 [그림 19-6]의 회로에서 밀리전류계 (mA)가 전류값을 나타내지 않고 있다. 다이오드와 직류 전압원의 극성을 살펴보면, 다이오드는 어떤 상태에 있다고 말할 수 있는가?

(a) 애벌런치 전압 이상의 전압으로 역방향 바이어스가 된 상태

(b) 애벌런치 전압보다 작은 전압으로 역방향 바이어스가 된 상태

(c) 순방향 동작 전압 이상의 전압으로 순방향 바이어스가 된 상태

(d) 순방향 동작 전압보다 작은 전압으로 순방향 바이어스가 된 상태

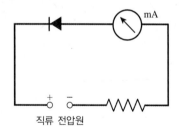

[그림 19-6] [연습문제 19.15]를 위한 회로도

19.16 [그림 19-7]의 회로에서 밀리전류계(mA)가 상당히 높은 전류값을 나타내고 있다. 다이오드와 직류 전압원의 극성을 살펴보면, 다이오드는 어떤 상태에 있다고 말할 수 있는가?

(a) 애벌런치 전압 이상의 전압으로 역방향 바이어스가 된 상태

(b) 애벌런치 전압보다 작은 전압으로 역방향 바이어스가 된 상태

(c) 순방향 동작 전압 이상의 전압으로 순방향 바이어스가 된 상태

(d) 순방향 동작 전압보다 작은 전압으로 순방향 바이어스가 된 상태

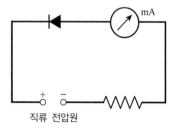

[그림 19-7] [연습문제 19.16]을 위한 회로도

19.17 어떤 반도체의 전하 반송자들은 다른 반도체에서보다 빠르게 움직인다. 일반적으로 전하 반송자의 속도가 증가함에 따라 함께 증가하는 것은 무엇인가?

(a) 그 물질로 제작된 반도체 소자가 동작할 수 있는 최대 속도

(b) 그 물질이 파괴되지 않고 버틸 수 있는 최대 전압

(c) 그 물질이 도통시킬 수 있는 최대 전류

(d) 그 물질로 제작한 저항의 최대 저항값

19.18 PN 접합에 순방향 브레이크오버 전압보다 높은 전압으로 순방향 바이어스되었을 때, 접합은 어떻게 되는가?

(a) 전하 반송자들이 전혀 없는 영역으로 둘러싸인다.

(b) 커패시터처럼 동작한다.

(c) 전류를 흘리지 않는다.

(d) 답이 없음

19.19 다음 중 반도체의 전하 반송자로서 공통적으로 기능하는 입자는 무엇인가?

(a) 원자핵   (b) 양성자

(c) 중성자   (d) 전자

19.20 다음 설명이 참이 되도록 빈칸에 들어갈 말을 고르시오. "반도체 물질에서, (   )에 의한 전류가 총전류의 대부분을 구성한다."

(a) 소수 반송자   (b) 다수 반송자

(c) 전자   (d) 정공

CHAPTER

20

다이오드 응용
Diode Applications

▌학습목표

- 반도체를 이용한 가장 기본적인 전자 소자인 다이
  오드의 동작 특성을 배울 수 있다.
- 다이오드의 정류 및 검파 기능을 배우고, 이를 응
  용한 정류 회로 및 검파 회로를 해석할 수 있다.
- 주파수 체배 및 혼합, 전압 조정, 발진과 증폭 등
  다이오드가 수행할 수 있는 다양한 기능을 학습하
  고, 이를 응용한 주요 회로들을 이해한다.
- PIN 다이오드, 제너 다이오드, 버랙터 다이오드의
  동작 원리와 특징을 이해한다.
- 전기적인 에너지를 빛으로 변환해 출력하는 LED와
  레이저 다이오드, 입력되는 빛의 파장과 강도에 따
  라 다른 전기적 출력을 내는 감광성 다이오드, 태양
  전지 등 다이오드 기반의 광학 소자를 배운다.

▌목차

전자공학 초기의 다이오드diode는 대부분 진공관이었다. 그러나 오늘날에는 대부분의 다이오드가 반도체 소재로 제작되는데, 반도체 다이오드는 초기의 진공관 다이오드가 수행했던 기능은 물론, 진공관 시대에는 상상도 하지 못했던 일까지 수행한다.

정류

정류 다이오드rectifier diode는 동작 사양을 초과하지 않는 한, 한쪽 방향으로만 전류를 흐르게 한다. 이러한 특성은 교류 신호를 직류 신호로 변환하는 데 매우 유용하다. 일반적으로 정류 다이오드의 특성은 다음과 같다.

- 애노드에 비해 캐소드의 전압이 낮으면 전류가 흐른다.
- 애노드에 비해 캐소드의 전압이 높으면 전류가 흐르지 않는다.

이와 같은 동작에 제한을 두는 것은, 19장에서 배운 바와 같이 순방향 브레이크오버 전압과 애벌런치 전압avalanche valtage이다.

[그림 20-1(a)]의 회로를 살펴보자. 입력단에 60Hz 주파주의 교류 사인파 전압을 인가했다고 가정하자. 이 경우 반 주기 동안에는 전류가 흐르지만, 나머지 반 주기 동안에는 전류가 흐르지 않는다. 이러한 동작 특성으로 인해 사인파형의 매 주기 신호 중 절반은 차단된다. 다이오드를 회로와 어떤 식으로 연결하느냐에 따라 교류 신호의 양의 부분을 차단할 것인지 음의 부분을 차단할 것인지 결정할 수 있다. [그림 20-1(b)]는 [그림 20-1(a)]에 나타난 회로의 출력 파형을 보여준다.

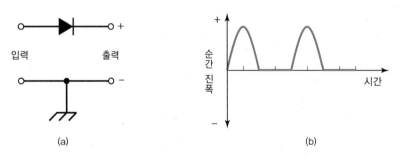

(a)   (b)

[그림 20-1] (a) 반파정류 회로, (b) 입력단에 교류 전압을 인가했을 때 (a) 회로의 출력단에 나타나는 신호

[그림 20-1]의 회로와 파형은 **반파 정류회로**half-wave rectifier circuit를 나타낸 것으로, 정류회로 중 가장 간단한 형태다. 다른 정류회로들과 비교했을 때 반파 정류회로가 가진 주요 장점은 회로가 간단하다는 것이다. 보다 다양한 종류의 정류 다이오드와 회로에 대해서는 다음 장에서 살펴본다.

검파

진공관 시절 이전에도 반도체 재료로 만들어진 다이오드들이 있었다. '고양이 수염cat's whisker'이라고 알려진 초기 다이오드는 작은 **방연석**galena 광석 조각에 미세한 전선을 연결해서 만들었다. 이 기묘한 장치는 매우 약한 RF 전류를 정류시켰다. 실험을 통해 '고양이 수염'을 [그림 20-2]와 같이 연결했을 때, 장치는 크기 변조(AM)Amplitude-Modulated 무선 신호radio signal를 수신하고, 귀로 들을 수 있는 음향 신호를 헤드폰으로 출력할 수 있었다.

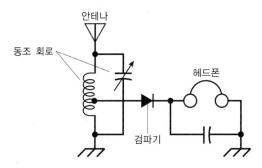

[그림 20-2] **크리스털 무선 수신기의 모식도**

방연석 조각을 종종 '크리스털crystal'이라고도 불렀는데, 이로 인해 초창기 무선 수신기에는 '크리스털 세트(크리스털 수신기)crystal-set'라는 별명도 있었다. 오늘날에는 크리스털 수신기를 RF 다이오드, 코일, 동조 커패시터, 헤드폰, 긴 안테나 등으로 구성할 수 있다. 배터리나 다른 전원 공급 장치가 필요 없는 것이다! 안테나로부터 몇 마일 내에 방송국이 있다면, 수신된 신호 자체만으로도 헤드폰을 통해 들릴 정도의 음향 신호를 생성할 수 있다. 이상적인 작동을 위해, 헤드폰에 잔류 RF 전류를 그라운드로 즉각 내보낼 수 있을 정도의 큰 값을 가진 커패시터를 **션트시켜야**shunted 한다.[1] 그러나 커패시터의 크기가 음향 신호까지 제거할 정도로 커서는 안 된다.

[그림 20-2]에서 다이오드는 무선 신호에서 음향 신호를 복원한다. 이 과정을 **검파**detection 또는 **복조**demodulation라고 하며, 이처럼 기능하는 회로 전체를 **검파기**detector 또는 **복조기**demodulator라고 한다. 검파기를 제대로 동작시키려면, 접합 커패시턴스가 충분히 작은 값을 갖도록 하여 RF 주파수를 가진 전압 신호에 대해 커패시터로 동작하지 않도록 해야 한다. 최근 일부 RF 다이오드는 초기 다이오드의 '고양이 수염'을 매우 작게 만든 형태와 비슷한데, 축 형태의 전극에 붙은 유리 안에 동봉되어 있다.

---

1 (**옮긴이**) '션트시킨다'는 말은 커패시터가 헤드폰과 병렬 또는 우회 연결시킨다는 것을 의미한다.

주파수 체배

다이오드에 전류가 흐를 때는 [그림 20-1(b)]와 같이 주기의 절반에 해당하는 신호가 차단된다. 이러한 차단 효과는 다이오드 커패시턴스가 충분히 작은 값을 유지하고 역방향 바이어스의 크기가 애벌런치 전압의 크기보다 작은 한, 60Hz뿐 아니라 RF 주파수를 포함해 인가된 신호의 주파수와 상관없이 이루어진다. 다이오드에서 나오는 출력 파형은 입력 파형과 형태가 많이 다르다. 이러한 특성을 **비선형성**nonlinearity이라고 한다. 회로가 비선형성을 나타낼 때, 출력 신호에는 고조파harmonics가 나타난다. 고조파는 입력 신호 주파수의 정수배에 해당하는 주파수를 가진 신호로 나타나는데, 이에 대한 내용은 9장에서 살펴보았다.

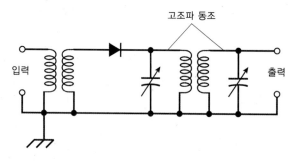

고조파 동조

입력 　　　　　　　　　　　　　　　　　　　　　　출력

[그림 20-3] **반도체 다이오드를 이용한 주파수 체배기 회로**

비선형성 때문에 바람직하지 않은 상태가 될 경우, 엔지니어는 전자회로를 선형적으로 동작시키기 위해 노력하며, 그 결과 출력 파형은 입력 파형과 동일해진다(진폭이 달라지는 것은 허용된다). 그러나 고조파를 생성해야 할 때와 같이, 경우에 따라 비선형적으로 동작하는 회로가 필요할 때도 있다. **주파수 체배**frequency multiplication 기능을 얻기 위해 회로에서 의도적으로 비선형성을 유도한다. 다이오드는 이러한 목적에 활용할 수 있는 반도체 소자다. [그림 20-3]은 간단한 **주파수 체배기**frequency multiplier 회로를 보여준다. 출력단의 LC 회로를 입력 또는 기본 주파수인 f_0 대신에 원하는 n번째 고조파 주파수인 nf_0에 동조시킨다.

RF 시스템에서 다이오드를 주파수 체배기로 동작시키기 위해서는, 동일한 주파수에서 해당 다이오드가 안정적인 검파기로도 동작해야 한다. 이는 다이오드가 커패시터와 같이 동작하지 않고, 정류 동작해야 한다는 것을 의미한다.

신호 혼합

비선형 회로에서 서로 다른 주파수를 가진 두 개의 파를 혼합할 때, 입력파 주파수의 합 또는 차에 해당하는 새로운 주파수를 가진 파를 얻는다. 다이오드는 이러한 일이 가능하도록 회로에 비선형성을 부여할 수 있다.

주파수가 각각 f_1, f_2인 두 개의 교류 신호를 생각해보자. 이때 f_2가 높은 주파수, f_1이 낮은 주파수라고 하자. 이 두 신호를 비선형 회로에서 혼합하면 새로운 사인파 신호들을 얻을 수 있다. 그중 하나는 $f_2 + f_1$의 주파수를, 다른 하나는 $f_2 - f_1$의 주파수를 갖는다. 이와 같이 합 또는 차 주파수를 **진동 주파수**^{beat frequency}라고 하며, 그 결과 나타나는 신호들을 **혼합 신호**^{mixing product} 또는 **헤테로다인**^{heterodyne}이라고 한다. 헤테로다인 신호는 출력단에서 f_1과 f_2의 주파수를 가진 원래의 신호와 함께 나타난다.

[그림 20-4]는 가상적인 입력 신호와 혼합 회로를 거쳐 나오는 출력 신호를 **주파수 영역** 화면에서 나타낸 결과다. 진폭(세로축)을 주파수(가로축)의 함수로 나타냈다. 이러한 화면은 **스펙트럼 분석기**^{spectrum analyzer}라는 실험 장비 화면에서 볼 수 있다. 이에 반해, 일반적인 오실로스코프는 진폭(세로)을 시간(가로축)에 대한 함수로, 즉 **시간 영역** 화면으로 나타낸다.

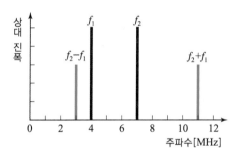

[그림 20-4] **신호 혼합의 스펙트럼(주파수 영역) 모식도**

스위칭

순방향 바이어스가 인가되면 전류를 흘리고, 역방향 바이어스가 인가되면 전류를 차단하는 다이오드의 기능은 응용 방법에 따라 스위칭 시 유용하게 사용할 수 있다. 다이오드는 어떤 기계적인 스위치보다도 훨씬 더 빠른 스위칭 동작을 수행할 수 있으며, 초당 수백만 번에서 수십억 번에 이르는 on/off 동작을 실행한다.

RF 스위치로 사용하기 위한 한 종류의 다이오드는 P형 반도체와 N형 반도체 사이에 특별한 반도체 층을 갖고 있는데, 이 층은 **진성(또는 I형) 반도체**로 이루어져 있다. 이러한 진성 영역(또는 I형 층)으로 인해 다이오드의 커패시턴스가 감소하고 통상적인 다이오드들보다 높은 주파수에서 효과적으로 동작할 수 있게 된다. P형 반도체와 N형 반도체 사이에 I형 반도체가 삽입된 구조의 다이오드를 PIN 다이오드라고 한다([그림 20-5]).

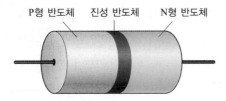

P형 반도체   진성 반도체   N형 반도체

[그림 20-5] PIN 다이오드는 P-N 접합에 진성(I형) 반도체 영역을 가지고 있다.

하나 또는 그 이상의 PIN 다이오드에 직류 전류를 인가하면 릴레이나 케이블이 없어도 RF 전류를 원하는 지점까지 효과적으로 흐르게 할 수 있다. 또한 PIN 다이오드는 매우 높은 주파수에서 우수한 동작 특성을 가진 RF 검파기로도 활용할 수 있다.

전압 조정

대부분의 다이오드들은 일반적인 동작에서 허용할 수 있는 역방향 바이어스보다 크기가 훨씬 큰 애벌런치 파손 전압을 갖는다. 애벌런치 전압의 값은 다이오드 내부 구조와 내부를 구성하고 있는 반도체 물성에 의해 결정된다. **제너 다이오드**는 잘 정의된 일정한 애벌런치 전압을 갖도록 특별히 제작된 다이오드다.

어떤 제너 다이오드가 50V의 애벌런치 전압 또는 **제너 전압**을 갖고 있다고 가정하자. PN 접합에 역방향 바이어스를 인가하면, 그 역방향 바이어스의 크기가 50V를 넘지 않는 한 다이오드는 개방 회로로 동작한다. 그러나 역방향 바이어스가 순간적으로라도 50V에 도달하면 다이오드는 도통한다. 이를 통해 PN 접합에 인가되는 역방향 바이어스가 50V를 넘지 않도록 한다.

[그림 20-6]은 가상적인 제너 다이오드에 흐르는 전류를 전압의 함수로 나타낸 그래프이다. 제너 전압은 역방향 바이어스가 증가할 때(즉, 전압을 가로축의 왼쪽 방향으로 증가시킬 때) 전류가 급격히 증가하는 지점의 전압을 나타낸다.

[그림 20-7]은 제너 다이오드를 이용한 간단한 **전압 조정기(전압 레귤레이터)**^{voltage-regulator} 회로를 보여준다. 이때, 다이오드의 극성에 유의해야 한다. 일반적인 다이오드를 정류 회로에서 사용할 때와 반대로 캐소드에 양의 전압 단자를, 애노드에 음의 전압 단자를 연결한다. 직렬 연결된 저항은 제너 다이오드를 통해 흐르는 전류를 제한하는데, 이 저항이 없다면 다이오드에 과전류가 흘러 심한 경우 다이오드가 탈 수도 있기 때문이다.

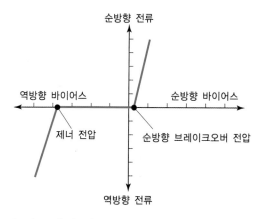

[그림 20-6] **바이어스 전압에 대한 제너 다이오드에 흐르는 전류**

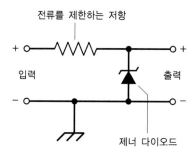

[그림 20-7] **전압 조정을 위한 제너 다이오드 연결. 직렬 연결된 저항은 다이오드가 파괴되는 것을 방지하기 위해 다이오드에 흐르는 전류를 제한한다.**

진폭 제한

19장에서 다이오드는 순방향 브레이크오버 전압 이상의 순방향 바이어스가 가해지지 않으면 전류가 흐르지 않는다는 것을 배웠다. 이 원리를 같은 의미로 다르게 표현하면, 다이오드는 순방향 브레이크오버 전압 이상의 순방향 바이어스를 인가해야 전류가 흐른다. 다이오드는 순방향 전류가 흐르는 한 P형, N형 반도체 사이의 전압차가 거의 일정하게 유지되는데, 그 값은 대략 순방향 브레이크오버 전압과 같다. 실리콘 다이오드의 경우 전압차 또는 **전압 강하**가 대략 0.6V이다. 게르마늄 다이오드의 경우 0.3V, 셀레늄 다이오드는 약 1V이다.

이러한 반도체 다이오드의 '고정 전압 강하' 특성을 활용해 신호의 진폭을 제한하는 회로를 만들 수 있다. [그림 20-8(a)]는 입력된 신호의 양의 피크 전압과 음의 피크 전압을 **제한**limit하거나 **절단**clip하기 위해, 신호 경로와 평행하게 등을 맞붙여 연결한 두 개의 동일한 다이오드를 보여준다. 이러한 구성을 통해 출력 파형의 피크 전압은 다이오드의 순방향 브레이크오버 전압값으로 제한된다. [그림 20-8(b)]는 입력 파형과 피크값 부분이 잘린 교류 신호의 전형적인 출력 파형을 보여준다.

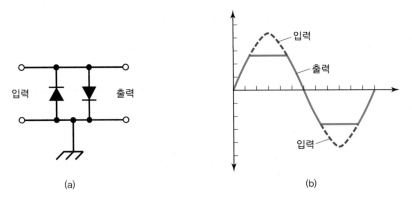

(a)

(b)

[그림 20-8] (a) 연결된 두 다이오드는 교류 리미터로 작동한다. (b) 교류 리미터 회로에서 다이오드의 동작에 의해 입력된 사인파의 피크값들이 잘려 나오는 출력 파형을 보여준다.

[그림 20-8(a)]와 같이 **다이오드 기반의 전압 제한 회로**가 갖는 단점은 클리핑이 이루어질 때 왜곡이 발생한다는 것이다. 이러한 왜곡은 디지털 신호 수신, 주파수 변조(FM) 신호 또는 제한 전압까지는 거의 도달하지 않는 작은 아날로그 신호와 관련해 거의 문제를 야기시키지 않는다. 그러나 제한 전압을 넘어설 만큼 크기가 큰 진폭 변조(AM) 신호에 대해서는 **클리핑 왜곡**clipping distortion으로 인해 음성이 알아듣기 어려워지거나 음질이 심각하게 저하되는 등의 문제가 발생할 수 있다.

주파수 제어

다이오드에 역방향 바이어스를 인가하면, PN 접합 부근에서 유전체와 같은 특성(절연 특성)을 나타내는 영역을 볼 수 있다. 19장에서 살펴보았듯이, 이 영역에는 전류 전도가 기여할 수 있는 반송자가 매우 부족하므로, 이 영역을 **공핍 영역**depletion region이라고 한다. 공핍 영역의 폭은 역방향 바이어스 전압을 비롯해 몇 가지 파라미터에 의해 달라진다.

역방향 바이어스 전압이 애벌런치 전압보다 작을 때, 역방향 바이어스 전압을 변화시키면 공핍 영역의 폭이 변한다. 폭의 변화는 결국 접합 커패시턴스를 변화시킨다. 이 접합 커패시턴스는 일반적으로 수 피코패럿(pF)pico-farad 정도인데 역방향 바이어스 전압의 제곱근의 역수에 비례하며, 이를 위해서는 역방향 바이어스 전압이 애벌런치 전압보다 작은 상황이 전제되어야 한다. 예를 들어, 역방향 바이어스 전압을 4배 증가시키면 접합 커패시턴스는 절반으로 줄어든다. 또한 역방향 바이어스 전압을 $\frac{1}{9}$ 배로 감소시키면 접합 커패시턴스는

3배 증가한다.[2]

일부 다이오드는 가변 커패시터를 구현하기 위한 목적으로 특별하게 제작되기도 한다. 이러한 다이오드를 19장에서 언급했던 버랙터 다이오드varactor diode라고 한다. 버랙터는 VCOVoltage-Controlled Oscillator라는 특수한 형태의 회로에 사용된다. [그림 20-9]는 코일과 고정값을 가진 커패시터, 버랙터로 구성되는 VCO의 병렬 LC 동조 회로의 예를 나타낸 것이다. 고정값을 가진 커패시터는 버랙터의 커패시턴스 값보다 훨씬 큰 커패시턴스 값을 갖도록 설계되는데, 이는 버랙터 양단에 인가되는 컨트롤 전압이 코일에서 단락되는 것을 방지하기 위해서다. 버랙터 다이오드를 나타내는 회로 기호는 캐소드 쪽에 선 하나를 그리는 일반적인 다이오드 기호와 구분해, 선 두 개를 그리는 방식으로 나타낸다.

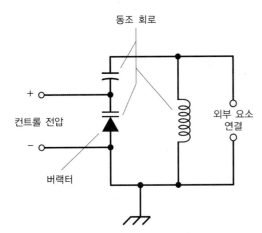

[그림 20-9] 동조 회로에서 버랙터 연결

발진과 증폭

특정한 조건에서는 다이오드가 **마이크로파** RF 신호, 즉 매우 높은 교류 주파수를 갖는 신호를 생성하거나 증폭할 수 있다. 이러한 목적으로 만들어지는 다이오드로는 **건 다이오드, 임팻 다이오드, 터널 다이오드** 등이 있다.

건 다이오드

건 다이오드Gunn diode는 $100\,mW$~$1\,W$ 수준의 RF 출력 전력을 생성할 수 있으며, 갈륨비소GaAs를 기반으로 제작된다. 건 다이오드는 **건 효과**Gunn effect에 의해 신호 발진을 하는데, 이 용어는 1960년대에 이 현상을 처음 발견한 IBMInternational Business Machines의 기술자인

---

2 (옮긴이) '절반 수준' 또는 '3배 수준'이라고 표현하는 것이 더 적절한데, 접합 커패시턴스가 역방향 바이어스 전압의 제곱근의 역수에 정확히 비례하지는 않으며, 순방향 브레이크오버 전압과 역방향 바이어스 전압을 합한 값의 제곱근의 역수에 비례하기 때문이다.

건J. Gunn의 이름에서 유래되었다.

건 다이오드는 정류기, 검파기, 혼합기처럼 동작하지 않고, **부저항**negative resistance이라는 쿼크quirk로 인해 진동이 발생한다. 특정 조건에서 순시 전압이 증가할 때 오히려 순시 전류가 감소하는 특성을 부저항 특성이라고 한다.

건 다이오드 발진기를 동조시키는 데 종종 버랙터 다이오드를 사용한다. 건 다이오드에 호른horn 형태의 안테나를 직접 연결하면 **건플렉서**Gunnplexer라는 장치를 구현할 수 있다. 아마추어 무선통신을 사용하는 사람들은 10 GHz 또는 그 이상의 주파수에서 저전력 무선통신을 하기 위해 건플렉서를 사용한다.

임팻 다이오드

임팻IMPATT은 충격 애벌런치 천이 시간(Impact Avalanche Transit Time)의 약자다. **임팻 다이오드**IMPATT diode는 건 다이오드와 마찬가지로 부저항 특성을 통해 동작한다. 또한 건 다이오드처럼 마이크로파 발진 회로를 구성하는 데에도 사용되는데, 건 다이오드와의 차이점은 갈륨비소보다는 실리콘을 기반으로 만들어진다는 점이다. 임팻 다이오드는 건 다이오드 발진기를 내장한 마이크로파 트랜스미터의 신호를 증폭할 수 있다. 임팻 다이오드는 발진기의 한 종류로서 건 다이오드 수준의 초고주파 동작이 가능하며 동등한 수준의 출력 전력을 생성할 수 있다.

터널 다이오드

마이크로파 대역 주파수로 발진할 수 있는 또 다른 다이오드로 에사키 다이오드Esaki diode라고도 하는 **터널 다이오드**tunnel diode가 있다. 갈륨비소를 기반으로 제작된 터널 다이오드는 마이크로파 수신기 또는 트랜시버 내에서 국소 발진하는 데 충분한 수준의 전력을 생성한다. 터널 다이오드는 잡음 수준이 매우 낮아서 마이크로파 트랜시버 내에서 약한 신호에 대한 증폭기로 사용하는 데 매우 적합하다. 이러한 저잡음 특성은 갈륨비소를 기반으로 하는 전자 소자들의 전반적인 특성이다.

에너지 방출

일부 반도체 다이오드들은 PN 접합에 순방향 전류가 흐를 때 에너지를 방출한다. 이러한 현상은 반도체의 전도대에 있는 자유 전자들이 가전자대로 천이하면서 정공과 재결합할 때 발생한다.

LED와 IRED

서로 다른 반도체 물질들을 정확한 조성비로 혼합하여 PN 다이오드를 제작하면 순방향 바이어스 조건 하에서 거의 대부분의 색깔을 띨 수 있는 가시광선을 방출할 수 있다. 그뿐 아니라 적외선 방출 소자를 구현할 수도 있다. **적외선 방출 다이오드**(IRED)^{Infrared-Emitting} ^{Diode}는 적색광의 파장보다 약간 긴 파장을 가진 에너지를 방출한다.

LED나 IRED에서 방출되는 에너지 세기는 순방향 전류에 어느 정도 의존한다. 순방향 전류가 증가하면, 어떤 전류 수준에 도달할 때까지는 빛이 밝아진다. 전류가 계속 증가해도 더 밝아지지 않는 때가 있는데, 이것을 LED나 IRED가 **포화 상태**에서 동작한다고 말한다.

디지털 디스플레이

LED는 다양한 형태와 크기로 제작할 수 있으므로 디지털 디스플레이에서도 잘 동작한다. 우리 주변에서 디지털 시계 라디오, 하이파이 라디오, 계산기, 자동차 라디오 등에 LED를 사용하는 것을 쉽게 볼 수 있다. 이러한 기기에서 LED는 켜짐/꺼짐, 오전/오후, 배터리 용량 낮음 등 다양한 상태를 표시해준다.

최근에는 LED가 **액정 디스플레이**(LCD)^{Liquid-Crystal Display}로 많이 대체되고 있다. LCD 기술은 LED보다 저전력을 소비하고 직사광선에서도 가시도가 더 낮다는 장점을 갖고 있으나, 조도가 낮은 환경에서는 자체적으로 **후면조광**^{backlighting}을 해줘야 한다는 한계가 있다.

통신

LED와 IRED는 방출되는 광신호의 세기를 변조하여 신호를 전송할 수 있기 때문에 통신 시스템에서 잘 동작할 수 있다. 다이오드에 흐르는 전류가 광출력을 발생시킬 수 있을 정도로 높으면서 포화 상태가 되지 않을 수준이라면 LED나 IRED의 출력은 고속으로 변하는 전류 속도에 따라 변할 수 있다. 이러한 특성을 이용해 가시광선이나 적외선 에너지빔에 아날로그나 디지털 신호를 실어 전송하는 회로를 설계할 수 있다. 최신 장거리 통신 시스템에서는 투명한 유리나 플라스틱 케이블 등을 통해 변조된 광신호를 전송하는 기술을 활용하기도 하는데, 이를 **섬유광학**^{fiberoptics}이라고 한다.

레이저 다이오드^{laser diode}라는 특수한 LED, IRED는 위상이 같은^{coherent} 광신호를 방출한다. 이 방출광은, 발생 직후에는 레이저라고 했을 때 흔히 떠오르는 강력하고 평행한 광신호를 나타내지는 않는다. 레이저 LED나 IRED는 세기가 약하며, 세기의 분포를 봤을 때 중심에서 멀어질수록 약해지는 고깔 모양의 세기 분포를 가진 광신호를 발산한다. 그러나 렌즈를 사용하면 이 방출광들을 세기가 고른 평행 광신호로 집속시킬 수 있다. 그 결과

얻게 되는 광신호는 대형 레이저에서 방출되는 빔과 같은 특성을 갖게 되며, 최소한의 세기 감쇄를 겪으면서 먼 거리까지 전파될 수 있다.

감광성 다이오드

대부분의 PN 접합은 적외선, 가시광선, 자외선 등의 광신호에 노출되었을 때 전기전도성이 변화한다. 그러나 기존 다이오드는 불투명한 패키지에 밀폐되어 있으므로 빛을 쬐어도 일반적으로 반응하지 않는다. 어떤 **감광성 다이오드**는 저항이 변화하는데, 그 변화량이 PN 접합에 조사되는 가시광선, 적외선, 자외선의 세기에 따라 달라진다. 또 어떤 다이오드는 조사되는 방출 에너지가 있을 때 그 다이오드만의 직류 전력을 만들기도 한다.

실리콘 광 다이오드

P형 및 N형 물질 사이의 공핍 영역에 가시광선이 도달하도록 투명한 외장으로 보호해서 제작하는 실리콘 다이오드를 **실리콘 광 다이오드**silicon photodiode라고 한다. 역방향 바이어스 전압을 애벌런치 전압보다 작게 인가할 경우, 다이오드에 빛을 비추지 않은 상태에서는 전류가 흐르지 않지만, 다이오드에 외부로부터 방사 에너지가 조사되면 전류가 흐른다.

고정된 역방향 바이어스 조건에서는, 전류가 어떤 상한 범위 내에 있을 경우 광신호의 세기에 정비례하여 변화한다. 따라서 실리콘 광 다이오드는 광섬유 통신시스템에서 사용되는 변조된 광신호를 수신하는 데 매우 유용하다.

실리콘 광 다이오드는 다른 파장에 비해 일부 특정한 파장을 가진 광신호를 더 민감하게 받아들인다. 실리콘 광 다이오드는 광신호 스펙트럼에서 볼 때 **근적외선** 영역, 즉 가시광선 대역의 적색광보다 약간 긴 파장 대역에서 최대 감광성을 갖는다.

광 아이솔레이터

LED나 IRED, 광 다이오드를 하나의 패키지 안에 결합하여 **광 아이솔레이터**optoisolator를 만들 수 있다. [그림 20-10]과 같이, 광 아이솔레이터에서 생성된 변조된 광신호는 좁은 간격의 투명한 매질을 통과하여 수신부로 전송된다. LED나 IRED는 전기적인 입력 신호를 가시광선 또는 적외선으로 변환시킨다. 광 다이오드는 변환된 가시광선 또는 적외선을 다시 전기적인 신호로 변환시켜 이를 출력단으로 보낸다. 광 아이솔레이터의 외장을 불투명하게 처리해 외부 광신호가 광 다이오드에 도달하지 못하도록 함으로써, 광 다이오드는 오로지 광 아이솔레이터 내부에서 생성되는 광신호에 대해서만 반응할 수 있다.

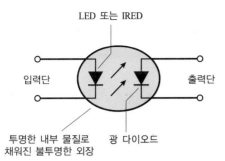

LED 또는 IRED

입력단   출력단

투명한 내부 물질로
채워진 불투명한 외장

광 다이오드

[그림 20-10] 광 아이솔레이터의 입력단에는 LED 또는 IRED가 연결되어 있고, 출력단에는 광 다이오드가 연결되어 있으며 그 사이에는 투명한 매질이 채워져 있다.

교류 신호를 어떤 회로에서 다른 회로로 전송하거나 **커플링**(연결)^{coupling}시킬 때 두 회로를 직접 연결하여 전송이 이루어진다면, 다른 두 단^{stage}은 서로 전기적인 영향을 주고받는다. 가령, 증폭단과 같은 한 단의 입력 임피던스는 그 단에 전력을 공급하는 회로의 동작에 영향을 줄 수 있으며, 이는 결국 전체 회로 동작에 문제를 일으킬 수 있다. 광 아이솔레이터는 회로 간 커플링(신호 전송)을 전기적 방식이 아닌 광학적 방식으로 진행하므로 이러한 문제를 극복할 수 있다. 두 번째 단 회로의 입력 임피던스가 변해도 첫 번째 단 회로의 출력 임피던스는 변하지 않는데, 그 이유는 LED 또는 IRED의 임피던스만 성분으로 갖기 때문이다. 회로의 임피던스와 그로 인한 전기적 효과는 말 그대로 서로 격리^{isolation}된다.

광전지

실리콘 다이오드는 충분한 세기의 적외선, 가시광선, 자외선이 PN 접합에 도달하면 바이어스 전압을 별도로 가하지 않아도 직류 전압을 생성할 수 있다. 이러한 현상을 **광기전효과**$^{photovoltaic\ effect}$라고 한다. 태양전지는 이러한 원리를 기반으로 동작한다.

광전지$^{photovoltaic\ cell}$는, PN 접합에서 받아들이는 광에너지를 극대화하기 위해 PN 접합의 표면적을 최대화하는 구조로 제작된다. 단일 실리콘 광전지는 태양광으로 0.6V 정도의 직류 전압을 생성할 수 있다. 이 실리콘 광전지가 공급할 수 있는 전류, 즉 결과적으로 공급할 수 있는 전력은 접합의 표면적에 따라 달라진다.

이 광전지를 직렬 또는 병렬로 연결하면 이동식 무선 등에 들어가는 반도체 기반 전자소자에 전력을 공급할 수 있다. 광전지 어레이(광전지의 연결)에서 생성되는 직류 전압으로 배터리를 충전시켜두면 광 에너지가 제공되지 않을 때(밤이나 흐린 날 등)에도 전자 소자를 구동할 수 있다. 이렇게 직렬-병렬로 연결된 대단위 광전지를 **태양광 패널**$^{solar\ panel}$이라고 한다.

태양광 패널에서 생성된 총 전력은 개별적인 광전지에서 생성되는 전력량, 패널에 있는 광전지의 수, 패널에 도달하는 광 에너지의 세기, 패널의 표면에 도달하는 광 에너지의 입사각에 따라 달라진다. 일부 태양광 패널은 한낮의 태양광이 방해 없이 모든 광전지의 표면에 수직으로 도달할 때 수 kW 수준의 높은 전력을 생성하기도 한다.

※ 필요하다면 이 장의 본문 내용을 참고해도 된다. 적어도 18개 이상 맞히는 것이 바람직하다.
정답은 [부록 A]에 있다.

20.1 초고주파(UHF) 또는 마이크로파 신호를 생성하기 위해 사용할 수 있는 다이오드는 무엇인가?

(a) 건 다이오드
(b) 터널링 다이오드
(c) 임팻(IMPATT) 다이오드
(d) (a), (b), (c) 모두

20.2 다음 기기 중 LED를 발견할 수 있는 것은 무엇인가?

(a) 마이크로파 발진기
(b) 광 아이솔레이터
(c) 정류기
(d) 전압 조정기

20.3 [그림 20-11]과 같이 두 개의 다이오드를 연결하여 얻을 수 있는 회로 기능은 무엇인가?

(a) 발진   (b) 복조
(c) 증폭   (d) 클리핑

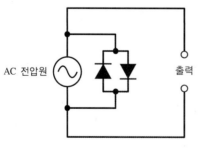

[그림 20-11] [연습문제 20.3]을 위한 회로도

20.4 크리스털 무선 수신기에 사용하는 다이오드가 되도록 작은 값을 가져야 하는 것은 무엇인가?

(a) 접합 커패시턴스
(b) 순방향 브레이크오버 전압
(c) 애벌런치 전압
(d) 역방향 바이어스

20.5 다이오드를 주파수 증배기로 사용할 수 있는 것은 다이오드의 어떤 특성 때문인가?

(a) 비선형 소자
(b) 신호의 복조 가능성
(c) 외부 전력을 필요로 하지 않는 특성
(d) (a), (b), (c) 모두

20.6 어떤 전자 소자의 양단에 인가되는 전압이 증가할 때 그것을 통해 흐르는 전류가 감소하는 현상을 무엇이라 하는가?

(a) 붙일 수 있는 이름이 없다. 발생하지 않는 현상이므로 현상의 이름도 없다.
(b) 트랜스컨덕턴스
(c) 부저항
(d) 전류 반전

20.7 다이오드 기반의 믹서에 $0.700\,\text{MHz}$와 $1.300\,\text{MHz}$의 주파수를 가진 신호를 입력하면 출력 신호의 주파수는 얼마가 되는가?

(a) $0.500\,\text{MHz}$ (b) $1.00\,\text{MHz}$
(c) $0.600\,\text{MHz}$ (d) (a), (b), (c) 모두

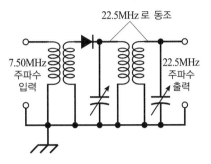

[그림 20-12] [연습문제 20.11]을 위한 회로노

20.8 가시광선의 밝기를 측정하기 위해 설계하는 회로에 응용할 수 있는 다이오드는 다음 중 무엇인가?

(a) 정류 다이오드

(b) 광 다이오드

(c) 제너 다이오드

(d) RF 다이오드

20.9 크리스털 무선 수신기에 사용할 수 있는 다이오드는 다음 중 무엇인가?

(a) 정류 다이오드

(b) 광 다이오드

(c) 제너 다이오드

(d) RF 다이오드

20.10 다이오드의 애노드에 음의 전압을 인가하고 캐소드에 양의 전압을 인가했을 때, 종종 어떤 일이 발생할 수 있는가?

(a) 애벌런치 붕괴

(b) 순방향 바이어스

(c) 접합 공핍

(d) 순방향 브레이크오버

20.11 [그림 20-12]의 회로에서와 같이, 다이오드가 가진 비선형적 전류 특성으로 인해 주파수 증배기로 응용할 수 있다. 그 외에 비선형성을 통해 다이오드를 어디에 사용할 수 있는가?

(a) 마이크로파 발진기

(b) 신호 믹서

(c) 광 아이솔레이터

(d) 광전지

20.12 다음 중 전압-조절 발진기(VCO)에 사용되는 다이오드에 관한 설명으로 옳은 것은?

(a) 높은 구동 전압을 요구한다.

(b) 신호를 복조한다.

(c) 역방향 바이어스 조건 하에서 동작한다.

(d) 낮은(또는 0에 가까운) 저항을 갖는다.

20.13 통상적으로 버랙터 다이오드를 찾을 수 있는 곳은 어디인가?

(a) 전압 조정기   (b) 정류기

(c) 광 아이솔레이터   (d) VCO

20.14 비선형성을 가진 다이오드가 있는 회로에 순수한 사인파 신호를 입력했을 때, 출력 신호에 관한 설명으로 옳은 것은?

(a) 입력 신호 주파수의 모든 정수배(1, 2, 3, 4 등)에 해당하는 주파수를 가진 무수히 많은 신호들을 출력한다.

(b) 입력 신호 주파수의 정수분의 1배(1, $\frac{1}{2}$, $\frac{1}{3}$, $\frac{1}{4}$ 등)에 해당하는 주파수를 가진 무수히 많은 신호들을 출력한다.

(c) 하나의 신호에 대해 단 하나의 주파수를 갖는 신호만 출력한다. 이때의 주파수는 입력 신호의 주파수와 동일하다.

(d) 이 질문에 답하기 위해서는 더 많은 정보가 필요하다.

20.15 실리콘 광전지들을 기반으로 제작한 태양광 패널이 생성할 수 있는 최대 전압을 결정하는 요인은 무엇인가?

(a) 직렬로 연결된 광전지들의 수, 즉 병렬 연결된 광전지들로 구성된 직렬 어레이 내 광전지들의 수

(b) 병렬로 연결된 광전지들의 수, 즉 직렬 연결된 광전지들로 구성된 병렬 어레이 내 광전지들의 수

(c) 광전지들의 연결 방식과는 무관하며 전체 패널의 표면적에 비례함

(d) (a), (b), (c) 중 어느 것이나

20.16 LED에서 방출되는 가시광선은 어떤 이유로 발생하는가?

(a) 애벌런치 효과의 결과로 발생한다.

(b) 역방향 바이어스 전압이 감소할 때 발생한다.

(c) 전자가 원자 내에서 에너지를 잃을 때 발생한다.

(d) PN 접합이 뜨거워질 때 발생한다.

20.17 [그림 20-13]의 회로에서 버랙터 양단에 인가하는 역방향 바이어스 전압을 증가시킬 때 LC 공진 주파수는 어떻게 변하는가? 이때 애벌런치 현상은 발생하지 않는다고 가정한다.

(a) 요동친다.

(b) 증가한다.

(c) 감소한다.

(d) 아무런 변화도 발생하지 않는다.

20.18 [그림 20-13]의 회로에서 고정 커패시터를 단락시키면 어떤 일이 발생하는가?

(a) 회로는 더 이상 증폭 기능을 하지 못한다.

(b) 버랙터를 통해 과도한 전류가 흐른다.

(c) 출력 전압이 불안정해진다.

(d) 버랙터 동작을 위해 인가하는 역방향 바이어스가 사라진다.

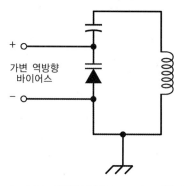

[그림 20-13] [연습문제 20.17~20.18]을 위한 회로도

20.19 RF 스위치로서 응용하기 위해 최소 접합 커패시턴스를 갖도록 제작하는 다이오드는 무엇인가?

(a) 임팻(IMPATT) 다이오드

(b) '고양이 수염'

(c) PIN 다이오드

(d) 건 다이오드

20.20 다음 중 광 다이오드가 필수적인 기능을 수행하는 회로는 무엇인가?

(a) 정류기

(b) 광 아이솔레이터

(c) 주파수 증배기

(d) VCO

CHAPTER

21

바이폴라 트랜지스터

Bipolar Transistors

트랜지스터transistor는 '전류를 전달하는 저항current-transferring resistor'을 줄인 말이다. 바이폴라 트랜지스터는 두 개의 PN 접합으로 구성되며, P형 반도체 층이 두 개의 N형 반도체 층 사이에 존재하는 형태(NPN이라고 함)와 N형 반도체 층이 두 개의 P형 반도체 층 사이에 존재하는 형태(PNP라고 함)와 같이 두 가지 형태가 존재한다.

NPN과 PNP

[그림 21-1(a)]는 **NPN 바이폴라 트랜지스터**의 모식도를, [그림 21-1(b)]는 회로도에서 사용하는 기호를 나타낸 그림이다. 가운데에 있는 P형 반도체 영역은 **베이스**base를 형성하고, 두 N형 반도체 영역 중 하나는 **이미터**emitter, 다른 하나는 **컬렉터**collector를 형성한다. 베이스, 이미터, 컬렉터를 각각 B, E, C라고 표기한다.

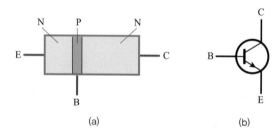

[그림 21-1] (a) NPN 트랜지스터의 모식도, (b) 회로 기호
단자 표기 : E=이미터(emitter), B=베이스(base), C=컬렉터(collector)

PNP 바이폴라 트랜지스터는 [그림 21-2(a)]와 같이 얇은 N형 층을 사이에 두고 양쪽에 P형 층이 형성되어 있다. 회로 기호는 [그림 21-2(b)]와 같다. N형 반도체 층이 베이스를 형성하고, 두 P형 반도체층 중 하나는 이미터를, 다른 하나는 컬렉터를 형성한다. NPN의 경우와 마찬가지로 각각의 단자를 E, B, C로 표기한다.

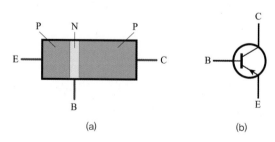

[그림 21-2] (a) PNP 트랜지스터의 모식도, (b) 회로 기호
단자 표기 : E=이미터(emitter), B=베이스(base), C=컬렉터(collector)

회로 기호를 보면 회로 설계자가 바이폴러 트랜지스터의 타입을 NPN으로 했는지 PNP로

했는지 구분할 수 있다. 화살표는 항상 이미터 쪽에 그리므로 표기가 없어도 단자의 명칭을 알 수 있다. NPN 트랜지스터에서는 화살표 방향을 바깥쪽으로, 즉 베이스에서 이미터 쪽으로 그린다. PNP 트랜지스터에서는 화살표 방향을 안쪽으로, 즉 이미터에서 베이스 쪽으로 그린다.

일반적으로, PNP와 NPN 바이폴라 트랜지스터는 동일한 기능을 수행한다. 그러나 동작하기 위해서는 서로 다른 극성의 전압이 필요하며, 결과적으로 형성되는 전류의 방향도 반대가 된다. 대부분의 경우, NPN 소자를 PNP 소자로 대체하고 전원 공급 방향을 바꿀 수 있으며, 이를 통해 적절한 성능 요건을 만족한다면 회로가 대체한 소자를 기반으로 동작하도록 할 수 있다.

바이어싱

바이폴라 트랜지스터를 **역 직렬**로 연결된, 즉 서로 반대 방향의 직렬로 연결된 두 개의 다이오드로 생각해보자. 일반적으로는 두 개의 다이오드를 이러한 방식으로 연결해서 트랜지스터를 동작시킬 수 없다. 그러나 이렇게 가정함으로써 바이폴라 트랜지스터의 동작을 **모델링**(수학적 또는 기술적으로 묘사하는 작업)해볼 수는 있다. [그림 21-3(a)]는 이중 다이오드 기반 NPN 트랜지스터 모델의 모식도다. 베이스는 두 다이오드의 애노드 단자들이 연결되는 지점이다. 한쪽 다이오드의 캐소드는 트랜지스터의 이미터가 되고, 다른 다이오드의 캐소드는 트랜지스터의 컬렉터가 된다. [그림 21-3(b)]는 실제 NPN 트랜지스터 회로의 등가equivalent 회로로 이해할 수 있다.

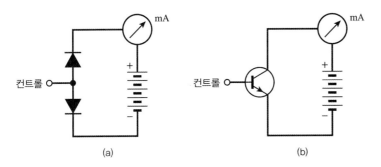

[그림 21-3] (a) 이중 다이오드 모델을 기반으로 한 간단한 NPN 회로도, (b) 트랜지스터 기호를 사용한 실제 회로도

NPN 바이어싱

NPN 바이폴라 트랜지스터에서는 일반적으로 컬렉터 전압이 이미터에 비해 높게 걸리도록 전원을 공급한다. [그림 21-3(a)], [그림 21-3(b)]에서는 이러한 바이어싱 방식을 바이

폴라 트랜지스터에 연결한 배터리 극성 방향으로 나타내고 있다. 트랜지스터에 공급하는 전압은 통상적으로 $3\,V \sim 50\,V$ 범위인데, 이는 바이폴라 트랜지스터 동작을 위해 컬렉터와 이미터 단자 간 전위차를 $3\,V \sim 50\,V$ 가 되도록 한다는 의미다.

회로도에서 베이스에 '컨트롤^{control}'이라고 표기했는데, 이는 트랜지스터를 통과하여 흐르는 전류의 양이 베이스 단자 상태에 따라 달라지기 때문이다. 베이스에 인가하는 전압 차이는 (−) 전압 형태가 직류나 교류에 상관없이 (−) 트랜지스터 내부에서 발생하는 현상에 영향을 주며, 결과적으로 바이폴라 트랜지스터에 연결하는 다른 회로 요소들의 동작에도 영향을 준다.

NPN 제로 바이어스

NPN 트랜지스터의 베이스와 이미터에 동일한 전압이 인가된다고 했을 때, 이것을 **제로 바이어스**$^{zero\ bias}$ 조건이라고 한다. 이는 두 단자에 인가되는 전위차가 $0\,V$ 이기 때문이다. 이때, I_B로 표기하는 **이미터–베이스 전류**(간단히, **베이스 전류**)는 0이 된다. **이미터–베이스 접합**$^{E-B\ junction}$은 기본적으로 PN 접합이고 순방향 브레이크오버 전압$^{forward\ breakover\ voltage}$ 이하의 전압 조건에서 동작하며, 이미터–베이스 사이에는 전류가 흐르지 않도록 한다. 또한 제로 바이어스 상태에서는 동작이 변화하도록 베이스에 교류 신호를 인가하지 않는 한, 이미터와 컬렉터 사이에도 전류가 흐르지 않는다. 베이스 인가 전압은 적어도 순간적으로나마 E–B 접합 간 순방향 브레이크오버 전압이나 그 이상의 양(+)의 값을 가져야 한다. 인가되는 신호가 전혀 없어 바이폴라 트랜지스터의 이미터와 컬렉터 사이에 전류가 흐르지 않을 때, 바이폴라 트랜지스터가 **컷오프**$^{cut-off}$ 상태에 있다고 한다.

NPN 역방향 바이어스

[그림 21–3(b)]의 회로에서 베이스와 이미터 사이에 배터리를 추가로 연결한다고 가정하자. 이때, 베이스 단자에서의 전압 E_B는 이미터 단자에서의 전압보다 낮도록 배터리를 연결한다. 이 새로운 배터리로 인해 E–B 접합은 역방향 바이어스 상태에서 동작하게 된다. 이 경우, 역방향 바이어스 전압의 크기가 애벌런치 전압(사태 전압)보다 커지지 않는 한, E–B 접합을 통해 전류가 흐르지 않는다. 이러한 의미에서, 역방향 바이어스 상태의 NPN 바이폴라 트랜지스터는 제로 바이어스 조건에서와 같이 동작한다고 이해할 수 있다. 베이스 단자에 교류 신호를 인가하여 교류 신호 주기의 일정 부분에 전류가 흐르도록 하기 위해서는, 인가된 전압 신호가 일시적으로라도 배터리에 의한 역방향 바이어스 전압과 E–B 접합의 순방향 브레이크오버 전압을 합한 값 이상의 높은 양(+)의 값을 가져야 한다. 따라서 역방향 바이어스된 트랜지스터가 전류를 흘리도록 하는 것은 제로 바이어스

상태의 트랜지스터가 전류를 흘리도록 하는 것보다 어렵다.

NPN 순방향 바이어스

이미터를 기준으로 양(+)의 전압 E_B를 낮은 전압에서 높은 전압으로 점차 변화시킬 경우, 이미터-베이스 접합은 **순방향 바이어스** 상태를 형성하게 된다. 이때, 전압이 순방향 브레이크오버 전압보다 낮으면 이미터-베이스 접합 내에서 또는 이미터에서 컬렉터 방향으로 전류가 흐르지 않는다.

바이폴라 트랜지스터의 베이스-컬렉터(B-C) 접합은 보통 역방향 바이어스된다. E_B가 이미터-컬렉터 사이의 공급 전압보다 작으면 역방향 바이어스 상태를 유지한다. 실제 바이폴러 트랜지스터를 사용하는 회로에서는 통상적으로 E_B의 값을 공급 전압의 몇 분의 일 정도 수준에 맞춘다. 예를 들어 [그림 21-3]의 (a)와 (b) 회로에서 이미터와 컬렉터 사이에 존재하는 배터리가 12 V의 전압을 공급한다면, 이미터와 베이스 사이에는 1.5 V 수준의 전압을 인가하는 배터리가 있는 것처럼 동작하도록 전압을 분배한다. B-C 접합은 역방향 바이어스되어 있다고 해도 일단 E-B 접합이 도통하면 많은 양의 이미터-컬렉터 간 전류가 트랜지스터를 통해 흐르게 된다. 이미터-컬렉터 간 전류를 **컬렉터 전류**라고 하며, I_C로 표기한다.

[그림 21-3(b)]와 같은 실제 트랜지스터 회로에서 E-B 접합에 직류 전압을 가하고 증가시키면서 전류계를 살펴보면, 순방향 브레이크오버 전압을 넘어서는 순간 전류가 급격히 증가하는 것을 볼 수 있다. E-B 접합의 순방향 바이어스를 계속해서 증가시키면 E_B의 값이 매우 작게 증가하더라도 베이스 전류(I_B)가 증가되며, 이로 인해 컬렉터 전류 I_C가 크게 증가한다. [그림 21-4]는 동작 특성을 그래프로 나타낸 것이다. 일단 컬렉터에 전류가 흐르기 시작하면, E_B가 조금만 증가해도 I_C를 크게 증가시킨다. 그러나 E_B가 계속해서 증가하면 결국에는 I_C-E_B 곡선이 더 이상 증가 곡선을 그리지 않는 전압에 도달하게 된다. 이때, 트랜지스터가 포화saturation 상태에 도달했다고 한다. 전류가 더 이상 증가하지 않는 이유는 주어진 규격, 즉 단면적으로 제한되는 컬렉터와 이미터 사이에 흐를 수 있는 전류의 양이 최대가 되면서 양 단자 사이에 발생하는 전압 강하 역시 고정되기 때문이다.

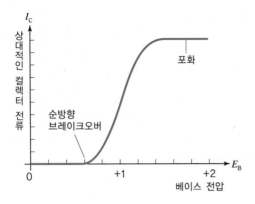

[그림 21-4] 실리콘 기반 NPN 트랜지스터를 가정했을 때 베이스 전압(E_B)에 대한 컬렉터 전류(I_C) 곡선

PNP 바이어싱

이미터와 베이스 사이의 작은 배터리 또는 셀의 전압을 변화시킬 때, NPN 소자를 '거울 대칭'시킨 것처럼 PNP 트랜지스터 내부에서 일어나는 일들을 설명할 수 있다. 다이오드의 방향은 반대가 되며, 트랜지스터 회로 기호 내의 화살표 방향이 바깥쪽이 아닌 안쪽을 향하고 모든 극성들은 뒤바뀐다. [그림 21-5]는 이중 다이오드dual-diode PNP 모델과 실제 트랜지스터 회로를 나타낸 것이다. NPN에 대해 했던 이전의 논의들을 대부분 그대로 반복할 수 있지만, '양극'에 해당하는 말들은 모두 '음극'으로 바뀌어야 한다. PNP 트랜지스터 내에서 발생하는 현상들은 NPN 소자에서 발생하는 현상들과 정성적으로 동일하다.

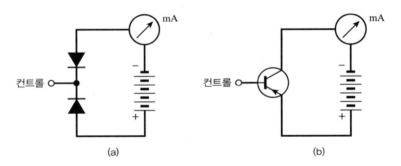

[그림 21-5] (a) PNP 트랜지스터의 이중 다이오드 모델, (b) 실제 트랜지스터 회로

증폭

적절한 직류 바이어스 전압을 인가할 때 I_B를 약간만 변화시켜도 I_C를 크게 변화시킬 수 있으므로 바이폴라 트랜지스터는 **전류 증폭기**current amplifier로 기능할 수 있다. 바이폴라 트랜지스터의 전류 증폭 특성을 기술하기 위해 몇 가지 지표들을 사용한다.

컬렉터 전류 대 베이스 전류

[그림 21-6]은 통상적인 바이폴라 트랜지스터에서 I_B가 변화함에 따라 I_C가 변화하는 형태를 그래프로 보여준다. I_C 대비 I_B 곡선을 따라가다 보면 더 이상 전류가 증폭되지 않는 영역을 확인할 수 있다. 예를 들어, 트랜지스터를 포화 영역(그림에서 곡선의 오른쪽 윗부분)에서 동작시키면 I_C 대비 I_B 곡선은 수평적으로 그려진다. 이 영역에서 I_B에 작은 변화가 있다고 해도 I_C는 아주 조금만 변화하거나 전혀 변화가 없다. 그러나 [그림 21-6]의 곡선 중간 부분에 해당하는 경사진 직선 구간에서 트랜지스터에 바이어스를 인가하면 트랜지스터는 전류 증폭기로 동작하게 된다.

신호 증폭을 위해 바이폴라 트랜지스터가 필요할 때, 이미터와 베이스 사이의 전류에 작은 변화가 있더라도 이미터와 컬렉터 사이의 전류는 크게 변할 수 있도록 바이어스해야 한다. E_B(베이스 바이어스)와 E_C(전압원)를 위한 이상적인 전압은 트랜지스터 내부 구성에 따라 달라지며, N형 및 P형 반도체 영역을 구성하는 물질의 화학적 조성에 따라 결정된다.

정적 전류 특성

정적 순방향 전류 전달비static forward current transfer ratio와 같이 간단한 지표를 통해 바이폴라 트랜지스터의 전류 전달 특성을 기술할 수 있다. 이 파라미터는 두 가지로 살펴볼 수 있는데, 베이스를 접지ground시켰을 때의 컬렉터 전류 대 이미터 전류의 비(H_{FB})와, 이미터를 전기적으로 접지시켰을 때의 컬렉터 전류 대 베이스 전류의 비(H_{FE})이다.

H_{FB}는 베이스를 접지시켰을 때, 특정 시점의 이미터 전류에 대한 컬렉터 전류의 비다.

$$H_{FB} = \frac{I_C}{I_E}$$

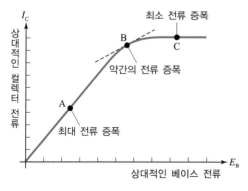

[그림 21-6] 서로 다른 세 개의 트랜지스터 바이어스 지점. 곡선의 직선 부분 가운데에서 바이어스시킬 때 최대의 전류 증폭률을 얻는다.

예를 들어 100 mA 의 이미터 전류 I_E로 인해 90 mA 컬렉터 전류 I_C가 흐른다면, 다음과 같이 계산할 수 있다.

$$H_{FB} = \frac{90}{100} = 0.90$$

만약 $I_E = 100\,\text{mA}$ 이고 $I_C = 95\,\text{mA}$ 라면 다음과 같다.

$$H_{FB} = \frac{95}{100} = 0.95$$

H_{FE}의 값은 이미터를 접지시킨 상태에서 특정 시점의 베이스 전류에 대한 컬렉터 전류의 비와 같다.

$$H_{FE} = \frac{I_C}{I_B}$$

예를 들어, 10 mA 의 베이스 전류 I_E로 인해 90 mA 의 컬렉터 전류 I_C가 흐른다면, 다음과 같이 계산할 수 있다.

$$H_{FE} = \frac{90}{10} = 9.0$$

만약 $I_E = 5.0\,\text{mA}$ 이고 $I_C = 95\,\text{mA}$ 라면 결과는 다음과 같다.

$$H_{FE} = \frac{95}{5.0} = 19$$

알파

베이스를 접지시킨 상태에서 바이폴라 트랜지스터의 이미터에 소신호를 인가했을 때 발생하는 I_C **변화량**을 I_E **변화량**으로 나눠 바이폴라 트랜지스터 내부의 전류 변화를 기술할 수 있다. 이 비율을 **알파(α)**alpha라고 하며, 그리스 문자 알파(α)로 표기한다. '변화량'을 수학적인 표현인 d로 나타내면, α를 다음과 같이 정의할 수 있다.

$$\alpha = \frac{dI_C}{dI_E}$$

이 값을 공통베이스(베이스 접지) 상황에서 트랜지스터의 **동적 전류 이득**dynamic current gain이라고 한다. 바이폴라 트랜지스터의 α는 항상 1보다 작은 값을 갖는데, 그 이유는 동작 전압 인가 시 흐르는 이미터 전류가 모두 컬렉터 전류로 되는 것이 아니라, 아주 작은 양이 기는 하지만 베이스 전류 성분으로 누설되기 때문이다.

베타

이미터를 접지시킨 상태에서 트랜지스터의 베이스에 소신호를 인가할 때 I_C 변화량을 I_B 변화량으로 나눈 값은, 실제 신호의 전류 증폭률을 매우 탁월하게 정의한다. 따라서, 공통 이미터일 때의 동적 전류 이득을 얻을 수 있다. 이 비율을 **베타(β)**^{beta}라고 하며, 그리스 문자 베타의 소문자인 베타(β)로 표기한다. 위에서 말한 '변화량'을 다시 한 번 d로 축약 하면 다음과 같이 정의된다.

$$\beta = \frac{dI_C}{dI_B}$$

어떤 트랜지스터의 β는 1보다 클 수 있으며, 매우 큰 값을 갖는 경우도 있으므로 전류 이득이라는 표현은 타당하다. 그러나 트랜지스터를 적절하게 바이어스하지 않았거나 응용 목적에 맞는 트랜지스터 타입을 제대로 선택하지 못했을 때, 또는 트랜지스터가 동작할 수 있는 최대 주파수보다 훨씬 높은 주파수에서 동작시킬 때는 β가 1보다 작을 수 있다.

알파와 베타의 관계

바이폴라 트랜지스터에 베이스 전류가 흐르는 상황이라면, 항상 다음과 같이 β를 α의 식 으로 나타낼 수 있다.

$$\beta = \frac{\alpha}{1 - \alpha}$$

그리고 다음과 같이 α를 β에 관한 식으로 표현할 수도 있다.

$$\alpha = \frac{\beta}{1 + \beta}$$

약간의 계산을 통해 모든 상황에서 컬렉터 전류는 이미터 전류에서 베이스 전류를 뺀 값이 라는 결과를 유도할 수 있다. 즉 다음과 같은 관계식이 성립한다.

$$I_C = I_E - I_B$$

실제 증폭 특성

[그림 21-6]을 다시 한 번 살펴보자. 가상의 트랜지스터에 대해 컬렉터 전류를 베이스

전류에 대한 함수로(I_C 대 I_B) 나타낸 그래프다. 이 그래프로부터 H_{FE}와 β를 모두 파악할 수 있다. 임의의 지점에서 I_C를 I_B로 나누면 해당 지점의 H_{FE} 값을 얻을 수 있다. β는 기하학적으로 정의될 수 있는 값으로, 임의의 점에서 접선의 **기울기**($\frac{\Delta I_C}{\Delta I_B}$)를 계산하여 구할 수 있다. 2차원 그래프에서 어떤 지점의 접선은 본래의 그래프와 그 점에서 단 한 번 만나고, 다른 지점에서는 만나지 않을 것이다.

[그림 21-6]에서 B 지점의 접선은 점선으로 되어 있다. A 지점과 C 지점의 접선은 본래의 전류 특성 곡선에 중첩되므로 그림에는 보이지 않는다. 접선의 기울기가 증가하면 β 값이 증가한다. 주어진 트랜지스터는 입력 신호를 너무 크게 하지 않는 한, A 지점에서 가장 큰 β 값을 얻는다. A 근처의 지점에서도 큰 β 값들을 얻게 된다는 것을 예상할 수 있다.

소신호 증폭에서 [그림 21-6]의 A 지점은 좋은 바이어스 조건을 제공할 수 있다. 이를 적절한 **동작점**operating point 또는 Q-point이라고 한다. 그래프를 따라 오른쪽 위로 이동하면 접선의 기울기가 완만해지므로 B 지점에서의 β 값은 A 지점에서의 β 값보다 작다. 즉, B 지점은 A 지점에 비해 적절하지 않은 동작점이라고 할 수 있다. C 지점에서는 그래프를 따라 오른쪽으로 이동해도 I_C가 증가하지 않으므로 C 지점 근처에서는 곡선의 기울기가 0이며, 따라서 $\beta = 0$이라고 추측할 수 있다. C 지점 또는 그보다 오른쪽에서 바이어스를 잡는다면 주어진 트랜지스터는 소신호를 증폭시키지 못한다.

오버드라이브

어떤 트랜지스터가 가능한 한 최대로 전류를 증폭시키도록 바이어스 조건을 잡는다고 해도 (가령 [그림 21-6]의 점 A에서 바이어스를 주는 경우), 너무 큰 교류 신호를 인가하면 문제가 발생할 수 있다. 입력 신호의 크기가 커지면 트랜지스터의 동작점은 B 지점 또는 그보다 오른쪽으로 이동한다. 입력 신호의 한 주기 동안 신호가 그래프 좌표 안에 표시될 수 없을 만큼 크게 변하면 β의 유효값은 줄어든다. [그림 21-7]은 왜 이러한 현상이 발생하는지 보여준다. X 점과 Y 점은 이러한 상황이 발생했을 때, 한 주기 동안 나타나는 순간적인 전류의 최댓값을 표시한다. X 점과 Y 점을 연결하는 직선의 기울기가 A 지점 또는 그 근처 접선의 기울기보다 작다는 것을 확인할 수 있다.

교류 입력 신호가 너무 커서 [그림 21-7]과 같이 트랜지스터에 X, Y 지점에 해당하는 전류가 흐르게 하면 트랜지스터의 증폭기에서는 **왜곡현상**distortion이 발생하는데, 이는 출력 신호가 입력 신호와 형태가 달라진다는 것을 의미한다. 이러한 특성을 **비선형성**non-linearity 이라고 한다. 경우에 따라서는 이러한 비선형적 증폭 특성을 감수할 수도 있지만, 일반적으로는 바람직한 특성이 아니다. 대부분의 경우 증폭기는 **선형적**, 즉 우수한 선형성을 갖기를 바라는데 이는 출력 신호가 입력 신호보다 크기는 크지만 형태는 동일해야 한다는 것을 의미한다.

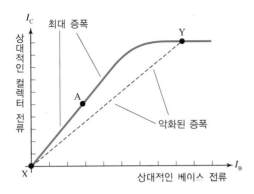

[그림 21-7] **과도한 입력 신호에 의한 증폭 성능 저하**

입력 신호의 크기가 어떤 임계값을 넘어설 때, **오버드라이브**^{overdrive} 상황이 발생했다고 한다. 오버드라이브 상태의 트랜지스터는 입력 신호의 일부 주기에서 포화 영역 또는 그 근처에서 동작한다. 오버드라이브는 전체적인 회로의 효율을 저하시키며 과도한 컬렉터 전류를 흐르게 하고 베이스-컬렉터 간 접합을 과열시킬 수 있다. 때로는 오버드라이브로 인해 트랜지스터가 파손되기도 한다.

이득 대 주파수

바이폴라 트랜지스터는 입력 신호의 주파수가 증가함에 따라 증폭률(이득)이 감소하는 특성을 보인다. 어떤 바이폴라 트랜지스터는 불과 수 MHz 주파수까지만 입력 신호를 효과적으로 증폭할 수 있다. 또 어떤 바이폴라 트랜지스터는 GHz 범위까지도 증폭 동작을 할 수 있다. 특정 바이폴라 트랜지스터가 동작할 수 있는 최대 동작 주파수는 소자 내부 PN 접합의 접합 커패시턴스에 따라 달라진다. 접합 커패시턴스가 작으면 동작 가능한 최대 주파수가 높아진다.

이득 표현

앞쪽에서 비율로 표현되는 **전류 이득**^{current gain}에 대해 배웠다. 그리고 증폭 회로에서 **전압 이득**^{voltage gain} 또는 **전력 이득**^{power gain}이라는 표현도 본 적 있을 것이다. 어떤 이득 특성이든 비율로 표현할 수 있다. 예를 들어, 어떤 회로의 전압 이득이 15라고 하면 출력 전압이 입력 전압의 15배라는 것을 알 수 있다. 마찬가지로, 어떤 회로의 전력 이득이 25라면 출력 전력이 입력 전력의 25배라는 것을 알 수 있다.

알파 차단 주파수

바이폴라 트랜지스터를 전류 증폭기로 동작시키고, 1kHz 주파수의 입력 신호를 인가한다고 가정하자. 입력 신호의 주파수를 계속 증가시키면 α 값이 감소한다. α 값이 점차 감소해 1kHz에서의 α 값의 0.707배가 되는 주파수를 바이폴라 트랜지스터의 **알파 차단 주파수**alpha cutoff frequency라고 하며 f_α로 표기한다. 여기서 말하는 '차단'은 트랜지스터에 바이어스를 가하지 않거나 역바이어스인 상태에서 전류가 전혀 흐르지 않는 상황을 뜻하는 (트랜지스터) 차단과 다르므로 혼동해서는 안 된다. 트랜지스터는 알파 차단 주파수에서 상당한 이득을 갖는다. 어떤 BJT 트랜지스터의 알파 차단 주파수를 살펴보면, 그 트랜지스터는 주파수가 올라감에 따라 증폭 능력이 얼마나 빨리 저하될지 가늠할 수 있다.

베타 차단 주파수

앞에서 설명한 주파수 변화 실험을 수행하며 α가 아닌 β의 변화를 살펴보자. 주파수가 증가함에 따라 β 값 역시 감소한다. β 값이 1로 떨어질 때의 주파수를 그 바이폴라 트랜지스터의 **베타 차단 주파수**(또는 이득-대역폭 곱gain bandwidth product)beta cutoff frequency라고 정의하며, f_β 또는 f_T로 표기한다. 베타 차단 주파수 이상의 주파수에서 바이폴라 트랜지스터를 증폭 동작시키면 실패할 것이다.

[그림 21-8]은 이득-주파수 그래프에 가상의 트랜지스터에 대한 알파 차단 주파수와 베타 차단 주파수를 나타낸 것이다. 이 그래프의 눈금은 선형이 아니며, 같은 간격으로 그려져 있지 않다는 점에 유의해야 한다. 즉 가로 또는 세로축 눈금은 원점으로부터의 거리에 정비례하여 그려진 것이 아니라, 밑이 10인 로그를 취한 값에 비례하여 그려져 있다.

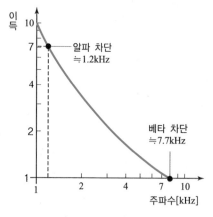

[그림 21-8] 어떤 트랜지스터의 알파 차단 주파수와 베타 차단 주파수

공통 이미터 회로 구성

바이폴라 트랜지스터를 사용하여 회로를 구성하는 방식은 세 가지다. 신호 인가를 위해 이미터를 접지시키는 방법, 베이스를 접지시키는 방법, 컬렉터를 접지시키는 방법이다. 자주 사용되는 연결 방법 중 하나가 **공통 이미터 회로**common-emitter circuit이다. 공통common이라는 것은 신호를 위해 접지시킨다는 것을 의미하며, [그림 21-9]는 그 연결 방식을 나타낸 것이다.

신호를 인가하기 위해 회로의 어떤 지점이 접지 전위를 갖는다고 해도 실제 전위는 상당한 크기의 직류 전압일 수 있다. [그림 21-9]의 회로에서 커패시터 C_1은 교류 신호에 대해 단락으로 작용하며 이미터는 신호 접지 상태가 된다. 반면, 저항 R_1은 이미터가 전기적인 접지에 대해 일정한 양의 직류 전압(만약, NPN 트랜지스터를 PNP 트랜지스터로 바꾼 경우 일정한 음의 직류 전압)을 획득하고 유지하도록 한다. 이미터 단자의 정확한 직류 전압은 저항 R_1의 값과 베이스에 인가되는 바이어스 전압에 의해 결정된다. 베이스에 인가하는 직류 바이어스는 R_2와 R_3의 비율을 조정하여 결정할 수 있다. 직류 베이스 바이어스는 0 V 또는 접지 전위에서 전원 전압인 +12 V 까지의 범위 내에서 조절하는데, 대부분 2 V 내외다.

커패시터 C_2와 C_3는 외부 및 내부 회로로 인가되거나 그 회로에서 나올 수 있는 직류 전압을 차단하고 교류 신호만 통과시키는 역할을 한다. 저항 R_4는 출력 신호가 곧바로 전원으로 단락되는 것을 방지한다. 신호는 C_2를 통해 공통 이미터 회로에 입력되고, 결과적으로 베이스 전류 I_B가 변동된다. I_B의 작은 변화는 컬렉터 전류 I_C를 크게 변화시키고 이 전류는 R_4를 통과해 흐르므로 R_4 양단에 걸리는 전압을 변동시킨다. 이 전압의 교류 성분은 방해 받지 않고 C_3를 통해 출력 단자로 전달된다.

[그림 21-9]의 회로는 여러 신호 주파수에서 동작하는 다양한 증폭 시스템의 기본 형태를 나타낸다. 공통 이미터 회로 구성은 다른 두 종류의 트랜지스터 회로에 비해 높은 이득을 제공한다. 출력 파형은 입력 파형이 뒤집힌 형태(위상 반전)로 나타난다. 입력 신호가 순수한 사인파라면 공통 이미터 회로는 신호의 위상을 180° 천이시킨다.

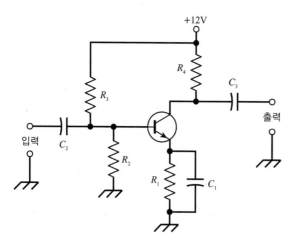

[그림 21-9] NPN 트랜지스터를 사용한 공통 이미터 회로 구성

공통 베이스 회로 구성

이름에서 유추할 수 있듯이, **공통 베이스 회로**common-base circuit([그림 21-10])는 트랜지스터의 베이스를 접지시킨 트랜지스터 회로다. 직류 바이어스를 인가하는 방식은 공통 이미터 회로와 동일하나, 입력 신호를 베이스가 아닌 이미터에 인가한다. 이러한 방식으로 회로를 구성하면 R_1 양단에 걸리는 전압에 변동을 줄 수 있고, 결과적으로 I_B를 변화시킨다. 이 작은 변화는 R_4에 흐르는 전류량을 크게 변동시켜, 결과적으로 증폭 현상이 발생한다. 출력 파형과 입력 파형은 서로 위상이 일치한다.

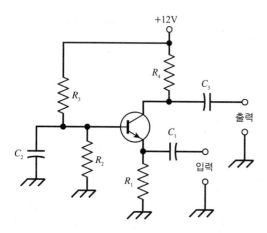

[그림 21-10] NPN 트랜지스터를 사용한 공통 베이스 회로 구성

신호는 커패시터 C_1을 통과하여 트랜지스터로 들어간다. 저항 R_1은 입력 신호가 접지로 단락되어 빠져나가는 것을 방지한다. 저항 R_2와 R_3는 전압 분배를 통해 베이스에 바이어

스 전압을 인가하게 한다. 커패시터 C_2는 소신호에 대해 베이스를 접지에 묶어두는 역할을 한다. 저항 R_4는 출력 신호가 전원으로 곧바로 단락되어 빠져나가는 것을 방지한다. 컬렉터 단자에서 C_3를 거쳐 출력 신호를 얻는다. 공통 베이스 회로는 상대적으로 낮은 입력 임피던스를 가지며, 공통 이미터 회로에 비해 다소 작은 이득을 제공한다.

공통 베이스 증폭기는 대부분의 공통 이미터 회로보다 높은 **안정성**stability을 갖는다. 높은 안정성을 갖는다는 것은 증폭기의 출력 신호를 일부 증폭함으로써 발진(자체적인 신호 생성) 상태에 들어가게 될 가능성이 낮다는 것을 의미한다. 안정성이 높은 동작은 공통 베이스 회로의 입력 임피던스가 낮다는 사실에 기인하는데, 입력 임피던스가 낮을 경우 입력 신호가 상당한 전력을 공급해야만 시스템이 증폭 기능을 할 수 있기 때문이다. 공통 베이스 회로는 이러한 제한 상황을 벗어날 수 있을 정도로 민감하지는 않다.

최적의 조건으로 바이어스된 공통 이미터 회로와 같이 민감한 증폭기는 입력과 출력 배선 사이의 부유 커패시턴스로 인해 발생하는 출력 신호의 일부를 골라낼 수 있다. 이처럼 작은 크기의 누설 신호로도 입력 단자를 통해 회로에 충분히 큰 에너지를 공급할 수 있다. 위상이 일치하는 **정궤환**positive feedback이 증폭기 내에서 발진을 일으킬 때, 증폭기는 **기생 발진**parasitic oscillation 또는 **기생 성분**parasitics을 겪는다고 표현하며, 이는 무선 송신기가 허용되지 않은 주파수의 신호를 내보내거나 무선 수신기가 아예 동작하지 않게 만들기도 한다.

공통 컬렉터 회로 구성

공통 컬렉터 회로common-collector circuit([그림 21-11])는 컬렉터를 접지시킨 상태에서 동작시킨다. 입력 신호는 공통 이미터 회로와 마찬가지로 트랜지스터의 베이스에 인가한다. 입력 신호는 C_2를 거쳐 베이스에 도달한다. 저항 R_2, R_3는 전압 분배에 의해 베이스에 원하는 바이어스 전압을 인가한다. 저항 R_4는 트랜지스터에 흐르는 전류의 양을 제한한다. 커패시터 C_3는 소신호에 대해 컬렉터를 접지시키는 역할을 한다. 변화하는 직류 전류는 R_1을 가로질러 흐르고, 결과적으로 R_1의 양단에 변화하는 전압이 나타난다. 변동분에 해당하는 AC 전압은 C_1을 통과하여 출력단에 나타난다. 이미터의 전류 변동이 출력 단자의 전류로 나타나므로 이러한 구성을 **이미터-팔로워 회로**emitter-follower circuit라고 한다.

공통 컬렉터 회로의 출력 파형은 입력 파형과 위상이 정확히 일치한다. 입력 임피던스는 상대적으로 높은 반면, 출력 임피던스는 낮은 값을 유지한다. 이러한 이유에서 공통 컬렉터 회로는 높은 임피던스 회로를 낮은 임피던스 회로나 부하에 매칭시키는 변압기의 한 부분으로 기능할 수 있다. 최적으로 설계된 이미터-팔로워 회로는 코일을 감아서 만든 통상적인 변압기보다 넓은 주파수 범위에서 동작할 수 있다.

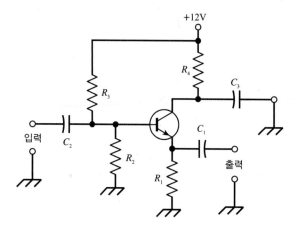

[그림 21-11] NPN 트랜지스터를 사용한 공통 컬렉터(이미터-팔로워) 회로 구성

※ 필요하다면 이 장의 본문 내용을 참고해도 된다. 적어도 18개 이상 맞히는 것이 바람직하다.
　정답은 [부록 A]에 있다.

21.1 공통 베이스 회로에서, 출력 파형은 입력
　　 파형에 비해 위상차를 얼마나 나타내는가?

　　 (a) $\frac{1}{4}$ 주기　　　(b) $\frac{1}{3}$ 주기
　　 (c) $\frac{1}{2}$ 주기　　　(d) 답이 없음

21.2 높은 입력 임피던스를 낮은 출력 임피던스
　　 에 매칭시키기 위해 통상적인 코일형 변압
　　 기 대신 사용할 수 있는 회로는 다음 중
　　 무엇인가?

　　 (a) 공통 이미터 회로
　　 (b) 공통 베이스 회로
　　 (c) 공통 컬렉터 회로
　　 (d) 답이 없음

21.3 이미터를 접지시킨 바이폴라 트랜지스터
　　 의 B-C 접합에 전류가 전혀 흐르지 않는
　　 다면 다음 중 어느 경우인가?

　　 (a) E-B 접합을 역방향 바이어스시키고
　　　　 입력 신호를 인가하지 않을 때
　　 (b) 순방향 브레이크오버 전압보다 높은 전
　　　　 압으로 E-B 접합을 순방향 바이어스
　　　　 시키고 입력 신호를 인가하지 않을 때
　　 (c) E-B 접합에 0 V 의 바이어스를 주고
　　　　 큰 입력 신호를 인가할 때
　　 (d) 순방향 브레이크오버 전압보다 높은
　　　　 전압으로 E-B 접합을 순방향 바이어
　　　　 스시키고 작은 입력 신호를 인가할 때

21.4 [그림 21-12]의 바이폴라 트랜지스터와
　　 다른 구성 요소들이 이루고 있는 회로는
　　 무엇인가?

　　 (a) 공통 이미터 회로
　　 (b) 이미터-팔로워 회로
　　 (c) 공통 베이스 회로
　　 (d) 공통 컬렉터 회로

21.5 [그림 21-12]의 회로를 구성하는 데 오류
　　 가 있다면 가장 큰 것은 무엇인가?

　　 (a) 구성 성분들의 값을 적절히 정하기만
　　　　 한다면 오류가 없다.
　　 (b) PNP형 트랜지스터가 아니라 NPN형
　　　　 트랜지스터를 사용해야 한다.
　　 (c) 컬렉터 단자에 연결된 전원 공급 장치
　　　　 의 극성이 음이 아닌 양이 되어야 한다.
　　 (d) 입력과 출력 단자의 표기를 바꿔야 한다.

21.6 [그림 21-12]의 회로 구성 요소 중 X의
　　 역할은 무엇인가?

　　 (a) 신호가 접지로 단락되는 것을 방지한다.
　　 (b) 베이스에 적절한 바이어스가 인가되
　　　　 도록 한다.
　　 (c) 회로가 발진 상태로 되지 않도록 방지
　　　　 한다.
　　 (d) 베이스 단자를 신호 접지에 연결한다.

21.7 [그림 21-12]의 회로 구성 요소 중 Y의 역할은 무엇인가?

(a) 입력과 출력을 서로 전기적으로 절연시킨다.

(b) 출력 신호가 전원 공급 장치로 단락되는 것을 방지한다.

(c) 회로가 발진 상태로 되지 않도록 방지한다.

(d) 베이스에 적절한 바이어스가 인가되도록 한다.

21.8 [그림 21-12]의 회로 구성 요소 중 Z의 역할은 무엇인가?

(a) 궤환feedback을 함으로써 회로가 발진기로 동작하도록 해준다.

(b) 출력 신호가 전원 공급 장치로 단락되는 것을 방지한다.

(c) 베이스에 적절한 바이어스가 인가되도록 한다.

(d) 출력 파형의 위상이 입력 파형의 위상과 뒤바뀌도록 한다.

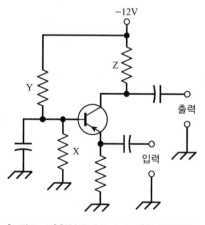

[그림 21-12] [연습문제 21.4~21.8]을 위한 회로도

21.9 이미터-팔로워 회로에서는 입력 전압을 어느 단자 사이에 인가하는가?

(a) 컬렉터와 접지

(b) 이미터와 컬렉터

(c) 베이스와 접지

(d) 베이스와 컬렉터

21.10 PNP형 트랜지스터의 이중 다이오드 모델에서 베이스에 해당하는 지점은 어디인가?

(a) 두 캐소드가 만나는 지점

(b) 한 다이오드의 캐소드가 다른 다이오드의 애노드와 만나는 지점

(c) 두 애노드가 만나는 지점

(d) 두 애노드 중 한 곳

21.11 바이폴라 트랜지스터를 사용하는 복잡한 회로도가 있다고 가정하자. 회로도를 작성한 사람은 어떤 이유에서 트랜지스터 기호에 화살표를 넣지 않았다. 그럼에도 불구하고 NPN과 PNP형 트랜지스터를 구분할 수 있는가? 그렇다면 어떻게 해야 하는가?

(a) 구분할 수 없다.

(b) 구분할 수 있다. PNP형 트랜지스터라면 직류 컬렉터 전압은 항상 이미터 전압보다 높은 값을 갖는다. 반면, NPN형에서는 직류 컬렉터 전압이 항상 이미터 전압보다 낮은 값을 갖는다.

(c) 구분할 수 있다. PNP형 트랜지스터라면 직류 컬렉터 전압은 항상 이미터 전압보다 낮은 값을 갖는다. 반면, NPN형에서는 직류 컬렉터 전압이 항상 이미터 전압보다 높은 값을 갖는다.

(d) 구분할 수 있다. PNP형 트랜지스터라면 E-B 접합은 항상 순방향 바이어스되는 반면, NPN형 트랜지스터라면 E-B 접합은 항상 역방향 바이어스된다.

21.12 입력 신호가 없을 경우, 적절히 연결된 공통 이미터 NPN형 바이폴라 트랜지스터가 가장 높은 I_C 값을 가질 때는 언제인가?

(a) E-B 접합을 순방향 브레이크오버 전압 이상의 충분히 높은 전압으로 순방향 바이어스시켰을 때

(b) 베이스를 음의 전원 공급 장치 단자로 곧바로 연결했을 때

(c) E-B 접합을 역방향 바이어스시켰을 때

(d) 베이스를 전기적 접지에 곧바로 연결했을 때

21.13 특정 주파수에서 어떤 트랜지스터를 동작시킨다고 하자. α 값이 0.9315라면 β 값은 얼마인가?

(a) α 값이 유의미한 값이 아니므로 β 값을 결정할 수 없다. α 값을 계산하는 과정에서 오류가 있었다.

(b) 13.60

(c) 0.4823

(d) 1.075

21.14 어떤 트랜지스터를 어떤 주파수에서 동작시켰더니 β 값이 0.5572로 나왔다. 이때의 α 값은 얼마인가?

(a) β 값이 유의미한 값이 아니므로 α 값을 결정할 수 없다. β 값을 계산하는 과정에서 오류가 있었다.

(b) 1.258

(c) 0.3578

(d) 1.795

21.15 어떤 트랜지스터를 어떤 주파수에서 동작시켰더니 α 값이 정확히 1.00으로 나왔다. 이때의 β 값은 얼마인가?

(a) 정의할 수 없다.

(b) 0.333

(c) 0.500

(d) 1.00

21.16 공통 이미터 회로에서는 일반적으로 어느 지점을 출력 단자로 삼는가?

(a) 이미터

(b) 베이스

(c) 컬렉터

(d) (a), (b), (c) 중 둘 이상

21.17 [그림 21-13]의 회로에서 중요한 오류는 무엇인가?

(a) 바이폴라 트랜지스터가 감당하기에 너무 큰 전압이 공급되고 있다.

(b) PNP형이 아닌 NPN형 트랜지스터를 사용해야 한다.

(c) 컬렉터 단자의 전원 전압 극성이 음이 아닌 양으로 되어야 한다.

(d) 입력과 출력 단자의 명칭을 서로 바꿔야 한다.

21.18 [그림 21-13]의 회로 구성 요소 중 X가 하는 역할은 무엇인가?

(a) 신호가 이미터를 통과하여 단락되는 것을 방지한다.

(b) 컬렉터에 적절한 바이어스가 인가되
도록 한다.

(c) 신호가 입력 소자로 다시 궤환^{feedback}
하는 것을 막는다.

(d) 외부 입력 회로로부터 직류 신호는 차
단하고 교류 신호는 통과시킨다.

21.19 [그림 21-13]의 회로 구성 요소 중 Y가
하는 역할은 무엇인가?

(a) 입력과 출력을 서로 전기적으로 절연
시킨다.

(b) 입력 신호가 전원 공급 장치로 단락되
는 것을 방지한다.

(c) 이미터 단자를 신호 접지로 연결하면
서 직류 전압이 그 지점에 잔류하도록
한다.

(d) 베이스에 적절한 바이어스가 인가되
도록 한다.

21.20 [그림 21-13]의 회로 구성 요소 중 Z가
하는 역할은 무엇인가?

(a) 회로가 발진 상태로 되는 것을 방지한다.

(b) 외부 출력 회로로부터 직류 신호는 차
단하고 AC 신호는 통과시킨다.

(c) 트랜지스터의 임피던스와 출력 단자
의 외부 소자 또는 부하의 임피던스를
매칭시킨다.

(d) 출력 파형이 입력 파형과 동일한 위상
을 갖도록 한다.

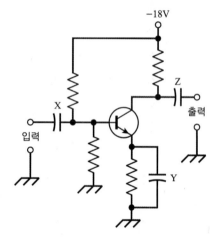

[그림 21-13] **[연습문제 21.17~21.20]을 위한 회
로도**

CHAPTER

22

전계효과 트랜지스터
Field-Effect Transistors

학습목표

- 전계효과 트랜지스터의 동작 원리를 이해할 수 있다.
- JFET의 구조와 각 단자에 인가되는 전압에 따른 동작 특성을 이해할 수 있다.
- JFET의 AC 증폭 동작 원리를 이해할 수 있다.
- MOSFET의 구조와 각 단자에 인가되는 전압에 따른 동작 특성을 이해할 수 있다.
- 전계효과 트랜지스터의 공통 소스 증폭 회로를 해석하고 동작 특성을 이해할 수 있다.
- 전계효과 트랜지스터의 공통 게이트 증폭 회로를 해석하고 동작 특성을 이해할 수 있다.
- 전계효과 트랜지스터의 공통 드레인 증폭 회로를 해석하고 동작 특성을 이해할 수 있다.

목차

바이폴라 트랜지스터가 스위칭 동작을 하거나 신호를 증폭하고 발진할 수 있는 유일한 트랜지스터는 아니다. **전계효과 트랜지스터(FET)**^Field-Effect Transistor도 이러한 기능들을 수행할 수 있으며, 두 가지 형태로 구분된다. 하나는 **접합 FET**^junction FET(JFET)이고, 다른 하나는 **금속-산화막-반도체 FET**^metal-oxide-semiconductor FET(MOSFET)이다.

JFET의 동작 원리

JFET에서는 소자 내의 **전계**^electric field가 소자에 흐르는 전류의 양을 결정한다. 전하 반송자^charge carrier(전자 또는 정공)는 **소스(S)**^source 전극에서 **드레인(D)**^drain 전극으로 이동하여, 일반적으로 **소스 전류** I_S와 동일한 양의 **드레인 전류** I_D를 형성한다. 전하 반송자의 흐름, 즉 전류는 **게이트(G)**^gate라고 하는 컨트롤 전극에 인가되는 전압에 의존한다. 게이트 전압 V_G가 변화하면 소스와 드레인 사이를 움직이는 전하 반송자 경로인 **채널**^channel에 흐르는 전류량이 변화한다. 채널을 흐르는 전류는 일반적으로 I_D와 동일하다. JFET이 정상적으로 동작하는 조건에서 V_G의 작은 변동은 I_D의 큰 변화를 유발하며, 결과적으로 출력 단자에 연결된 저항 양단에 걸리는 전압에 상당한 크기의 변화가 발생한다.

N채널과 P채널

[그림 22-1]은 **N채널 JFET**을 간략하게 나타낸 그림(a)과 회로 기호(b)다. N형 물질이 채널을 형성하는데, 채널에서의 다수 반송자는 전자^electron이고, 소수 반송자는 정공^hole이다. 통상적으로 외부 공급 전원 또는 배터리를 사용하여 소스 대비 드레인에 양의 직류 전압을 인가한다.

N채널 소자에서 게이트는 P형 물질로 형성된다. P형 물질로 형성할 수 있는 또 다른 영역은 **기판**^substrate으로, 게이트 반대편에서 채널과 경계를 이룬다. 게이트에 인가된 전압은 채널을 통과하는 전하 반송자의 흐름을 간섭하는 전계를 형성한다. 게이트 전압 V_G가 음의 방향으로 더 증가할수록 채널의 폭이 줄어들고, 결과적으로 I_D가 감소한다.

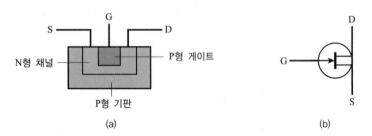

[그림 22-1] (a) N채널 JFET의 모식도(S=소스, G=게이트, D=드레인) (b) 회로 기호

P채널 JFET([그림 22-2])은 P형 반도체를 채널 물질로 갖는다. 채널의 다수 반송자는 정공, 소수 반송자는 전자다. 외부 전원이나 배터리를 사용하여 소스 전압에 비해 드레인 전압이 낮은 값을 갖도록 드레인을 바이어스시킨다. V_G가 양의 방향으로 증가하면 전기장에 의해 채널에 흐르는 전류의 통로가 좁아지고, 결과적으로 전류의 양이 감소한다.

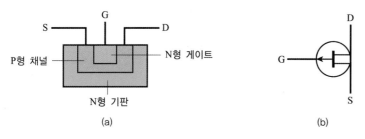

[그림 22-2] (a) P채널 JFET의 모식도, (b) 회로 기호

모식도에서 화살표가 게이트를 향해 안쪽으로 그려진다는 사실을 통해 N채널 JFET을 알아볼 수 있다. 반대로 P채널 JFET은 화살표가 게이트에서 바깥쪽을 향해 그려진다. 또는 화살표가 별도로 표기되어 있지 않은 경우, 전원 공급 장치의 극성을 확인함으로써 P채널 소자와 N채널 소자를 구분할 수 있다. 드레인에 양의 전압을 가해 동작시킨다면 N채널 JFET이고 음의 전압을 가해 동작시킨다면 P채널 JFET이다.

전자회로에서 N채널 소자와 P채널 소자는 같은 종류의 동작을 수행한다. 주요 차이점은, 전원 공급 장치 또는 배터리 극성이 반대라는 사실이다. 새로 대체한 소자가 올바른 사양만 갖고 있다면, N채널 JFET을 P채널 JFET으로 거의 대체할 수 있으며, 바이어스의 극성을 바꿀 수 있고 회로가 동일하게 동작할 것이라고 기대할 수 있다. 바이폴라 트랜지스터의 종류가 다양한 것처럼 JFET도 여러 종류가 있으며, 각각의 JFET은 특정한 용도로 사용된다. 어떤 JFET은 약한 신호에 대한 증폭기나 발진기로 사용되고, 어떤 JFET은 전력 증폭기로 사용된다. 또한, 어떤 JFET은 이상적인 고속 스위치로 기능하기도 한다.

전계효과 트랜지스터는 바이폴라 트랜지스터에 비해 몇 가지 확실한 장점을 갖고 있다. 그중에서도 JFET이 바이폴라 트랜지스터에 비해 내부 전기적 잡음[noise]이 작다는 것은 가장 중요한 장점이다. 이러한 특성으로 인해 JFET은 소신호 증폭기로서 고주파 또는 초고주파 영역에서 뛰어난 성능을 보이며, 일반적으로 이 부분에서 바이폴라 트랜지스터보다 우수하다. 전계효과 트랜지스터는 높은 입력 임피던스 값을 갖는다. 어떤 경우에는 이 값이 매우 높아서, 실제로 전류를 받아들이지 않으면서도 상당한 크기의 출력 신호를 내보낸다.

공핍과 핀치오프

JFET은 게이트에 인가된 전압이 전기장을 형성하여 채널을 따라 흐르는 반송자의 양을 변화시키는 원리를 통해 동작이 이루어진다. [그림 22-3]은 N채널 소자의 서로 다른 동작 상황을 간단히 표현한 것이다.

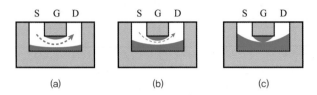

[그림 22-3] (a) 공핍 영역(가장 어두운 부분)이 좁고 채널(흰색 부분)이 넓어서 많은 반송자가 흐른다(점선 화살표).
(b) 공핍 영역이 두꺼워지고 채널이 좁아져 적은 수의 반송자가 흐른다.
(c) 공핍 영역이 채널을 가로막아 반송자가 흐르지 못한다.

드레인 전압(V_D)이 증가하면 드레인 전류(I_D)도 어느 상한까지 증가한다. 이러한 동작은 일정한 V_G가 인가되는 상황에서 이루어진다. 단, V_G는 음의 방향으로 너무 높은 전압이 되어서는 안 된다. V_G가 점차 음의 방향으로 증가하면([그림 22-3(a)]), **공핍 영역**(그림에서 가장 어둡게 칠해진 부분)이 채널 내에 형성되기 시작한다. 반송자들은 공핍 영역을 지나 흐를 수 없으므로 폭이 좁아진 채널을 통해서만 흐른다.

V_G가 음의 방향으로 더 커지면 [그림 22-3(b)]와 같이 공핍 영역이 넓어진다. 채널은 더욱 좁아지고 채널을 통과하는 전류도 더욱 감소한다. 마지막으로 게이트에 충분히 큰 음의 전압이 인가되면 공핍 영역은 반송자의 흐름을 완전히 막아버리며, 채널에 흐르는 전류는 0이 되어 출력 신호를 전하지 못하게 된다([그림 22-3(c)]). 이러한 상태를 **핀치오프**pinchoff라고 한다. 핀치오프는 바이폴라 트랜지스터의 컷-오프cutoff 동작에 해당된다.

JFET 바이어싱

[그림 22-4]는 N채널 JFET 회로의 두 가지 바이어싱 방법을 나타낸 것이다. [그림 22-4(a)]에서는 저항 R_2를 통해 게이트를 접지시킨다. 소스 저항 R_1은 JFET에 흐르는 전류를 제한한다. 드레인 전류 I_D는 저항 R_3를 통해 흐르며, 이 저항 양단의 전압 강하를 유도한다. 또한, 이 저항은 출력 신호가 전원 공급 장치나 배터리로 쇼트되는 것을 방지한다. 교류 출력 신호는 C_2를 통과해 다음 단의 회로나 부하로 전달된다.

[그림 22-4(b)]에서는 게이트에 R_2의 저항을 가진 전위차계potentiometer를 통과하여 접지 대비 음의 값을 가진 전압원을 연결한다. 이 전위차계를 조절하면 저항 R_2와 R_3 사이에 다양한 음의 V_G를 인가할 수 있다. 저항 R_1은 JFET에 흐르는 전류를 제한한다. 드레인

전류 I_D는 R_4를 통해 흐르며, R_4 양단에서 전압 강하를 발생시킨다. 이 저항 역시 출력 신호가 전원 공급 장치나 배터리로 곧바로 쇼트되는 것을 방지한다. 교류 출력 신호는 C_2를 거쳐 다음 단의 회로나 부하에 전달된다.

[그림 22-4]의 두 회로 모두, 드레인에는 접지 대비 양의 직류 전압을 인가한다. P채널 JFET 회로의 경우, [그림 22-4]의 극성을 바꾸고 N채널 소자 회로 기호를 P채널 소자 회로 기호로 바꾸면 된다.

JFET 회로에서 사용되는 통상적인 전원 공급 장치의 전압들은 바이폴라 트랜지스터 회로에서 사용되는 전압들과 비슷한 수준의 값을 갖는다. 소스와 드레인 사이의 전압 V_D는 직류 3 V ~ 150 V 범위의 값을 가질 수 있는데, 대부분 직류 6 V ~ 12 V 의 값을 갖는다. [그림 22-4(a)]의 바이어싱 방법은 소신호 증폭기, 저잡음 증폭기, 발진기 회로에 적합하다. [그림 22-4(b)]와 같은 방법은 입력 신호의 크기가 상당히 큰 전력 증폭기에 적합하다.

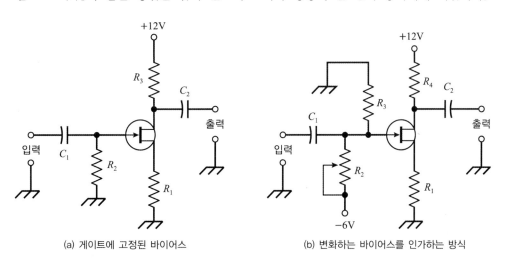

(a) 게이트에 고정된 바이어스   (b) 변화하는 바이어스를 인가하는 방식

[그림 22-4] **N채널 JFET 회로를 바이어싱하는 두 가지 방법**

증폭

[그림 22-5]는 가상의 N채널 JFET에 대해 I_D를 V_G의 함수로 나타낸 그래프이다. 드레인 전압 V_D는 고정되어 있다고 가정한다. V_G가 충분히 큰 음의 전압일 때, JFET은 핀치 오프 상태에서 동작하며, 따라서 전류가 채널을 통과하여 흐르지 못한다. V_G가 작은 음의 전압일 때는 채널이 넓어지며 I_D가 증가한다. V_G가 증가해 PN 접합을 형성하는 소스–게이트 접합에 순방향 도통이 발생하는 수준에 도달하면 채널은 흐를 수 있는 최대 전류를 흘리게 된다. 즉 채널이 활짝 열리게 된다.

만약 V_G가 양의 방향으로 계속 증가하여 소스-게이트 접합 사이에서 실제로 순방향 도통된다면, 채널의 전류 중 일부는 게이트로 새어 나간다. 대부분의 경우 이러한 상태로 동작하기를 원하는 경우는 거의 없다. V_G는 채널의 폭을 제어하고 채널에 흐르는 전류의 양을 조절하기 위해 변화시키지만, 게이트가 채널의 전류를 빼앗는 상황은 원하지 않는다. 게이트로 빠져나가는 누설 전류는 JFET의 출력에 기여하는 전류 성분에 포함되지 못한다.

JFET의 채널을 정원에 있는 호스라고 생각해보자. 호스 끝에서 나오는 물의 양을 줄이고 싶다면, 호스에 조절 밸브를 설치하거나 호스를 직접 발로 밟을 수도 있다. 그러나 호스 끝에서 나오는 물의 양을 줄이기 위해 호스에 구멍을 뚫지는 않을 것이다. 그렇게 되면 물은 쓰지도 못하고 버려지게 되기 때문이다.

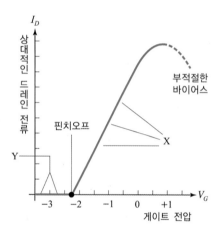

[그림 22-5] 가상의 N채널 JFET에 대해 상대적인 I_D를 V_G의 함수로 나타낸 그래프

FET의 전압 증폭

게이트에 전압을 인가하지 않은 상태에서, 게이트 전압에 대한 드레인 전류 변화(I_D 대 V_G) 특성 그래프의 기울기(게이트 전압 상승에 따른 드레인 전류 증가)를 최대화하는 조건으로 소신호에 대해 가장 좋은 증폭 특성을 얻을 수 있다. [그림 22-5]에서, X로 표기된 영역은 이러한 이상적인 조건이 존재할 수 있는 일반적인 영역이다. JFET에 큰 입력 신호가 인가될 때의 전력 증폭에 대해서는, JFET이 핀치오프 상태가 되도록 하는 전압이나 그보다 큰 음의 전압을 JFET의 게이트에 인가할 때, 즉 Y로 표기된 영역의 게이트 전압을 인가할 때, 종종 최고의 결과를 얻을 수 있다.

[그림 22-4]의 두 회로 모두 I_D는 드레인 저항을 통해 흐른다. V_G의 작은 변화는 I_D의 큰 변화를 야기하며, 이러한 변화들은 결국 R_3 양단([그림 22-4(a)] 회로에서) 또는 R_4 양단([그림 22-4(b)] 회로에서) 직류 전압 변화의 큰 변화폭을 유도한다. 이 전압의 교류

성분은 커패시터 C_2를 통과해 출력 단자에서 게이트의 입력 전압 신호보다 훨씬 큰 교류 전압으로 나타난다. 따라서 JFET은 **전압 증폭기**로 동작한다.

드레인 전압에 대한 드레인 전류 변화

드레인 전압 V_D가 증가함에 따라 JFET의 채널에 흐르는 드레인 전류 I_D가 선형적으로 증가할 것이라고 추측할 수 있을까? 이러한 생각은 논리적인 추론처럼 보이지만 일반적인 현상은 아니다. 대신, V_D가 꾸준히 증가함에 따라 I_D도 어느 정도 이에 비례하여 증가한다. 그러나 V_D를 어느 이상 증가시키면 I_D는 거의 증가하지 않는다. 소신호 입력을 인가하지 않은 상태에서 일정한 V_G를 인가해, V_D에 대한 I_D의 함수를 그림으로 나타낼 수 있다. 이 과정을 다양한 V_G 값에 대해 수행할 수 있으며, 이렇게 측정할 때 **특성 곡선 모음**을 얻을 수 있다.

[그림 22-6]은 가상적인 N채널 JFET에 대한 특성 곡선 모음이다. 소신호 증폭, 발진 또는 전력 증폭 등 특정 기능을 수행하는 적절한 JFET을 선택할 경우 각 소자의 특성 곡선을 우선적으로 살펴봐야 한다. [그림 22-5]의 예와 같이, V_G에 대한 I_D의 그래프 역시 엔지니어가 고려해야 할 중요한 정보를 제공한다. 특성 곡선은 직류 동작 특성만 나타내며, 이러한 곡선들은 항상 게이트에 소신호가 입력되지 않은 상태에서 얻어진다.

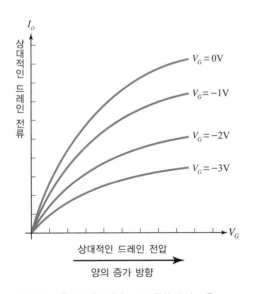

[그림 22-6] 가상의 N채널 JFET 특성 곡선 모음

트랜스컨덕턴스

앞서 21장에서, 바이폴라 트랜지스터의 베타값을 통해 트랜지스터가 실제 회로에서 신호를 얼마나 잘 증폭시키는지 알 수 있다고 배웠다. 바이폴라 트랜지스터의 베타값을 **동작 전류 증폭**dynamic current amplification 지수라고도 한다. JFET에서 이와 같이 기능하는 파라미터를 **동적 상호 컨덕턴스**dynamic mutual conductance 또는 **트랜스컨덕턴스**transconductance라고 한다.

[그림 22-5]를 다시 한 번 살펴보자. 게이트에 전압 V_G를 인가하여 드레인 전류 I_D가 흐르도록 한다고 가정하자. 게이트 전압이 dV_G의 작은 크기만큼 변한다면, 드레인 전류는 그에 상응하여 dI_D만큼 변할 것이다. 트랜스컨덕턴스 g_{FS}는 게이트 전압의 변화에 대한 드레인 전류의 변화 비율로 정의되며, 다음과 같이 나타낼 수 있다.

$$g_{FS} = \frac{dI_D}{dV_G}$$

특정 바이어스 지점의 트랜스컨덕턴스는 [그림 22-5]의 곡선상에서 그 지점의 접선 기울기로 해석할 수 있다.

[그림 22-5]와 같이, g_{FS}는 곡선상에서의 움직임에 따라 값이 변한다. Y로 표기된 핀치오프 지점이나 그보다 큰 음의 전압으로 JFET을 바이어싱할 때, 곡선상 그 지점에서의 기울기는 0이다. 즉 접선은 수평선이 된다. 인가하는 입력 전압 신호의 주기 일부에 대해 채널이 전류를 흘릴 때만 V_G의 변화에 따른 I_D의 변화를 볼 수 있다.

트랜스컨덕턴스가 최대인 영역은 곡선상에서 X로 표기된 부분이며, 이 영역의 접선 기울기가 가장 가파르다. 이 영역은 주어진 소자로부터 이득을 최대로 도출할 수 있는 바이어스 조건들의 집합이다. 이 영역은 곡선상에서 직선으로 나타나므로, 이 영역에서 JFET을 사용하여 증폭기를 구성할 때 가장 우수한 선형성을 기대할 수 있다. 단, 입력 전압이 너무 커져 입력 신호의 주기 내 어떤 신호에 대해서도 X 표기 영역 밖에서 소자가 동작하지 않도록 해야 한다.

X로 표기된 영역 밖의 조건으로 주어진 JFET을 바이어싱하면, 곡선상의 접선 기술기가 감소해 X로 표기된 영역 안에서 얻는 만큼 큰 증폭을 이루지 못한다. 또한 JFET이 더 이상 선형 동작할 수 없게 되는데, 이러한 '부적절한 바이어스' 범위에서는 곡선이 직선 형태로 되지 못하기 때문이다. 게이트에 인가되는 양의 전압을 더 증가시키면 점선 영역에 들어가며, 이때 소스-게이트 접합은 순방향 바이어스 동작 상태를 지나, 전류가 채널에서 게이트로 빠져 나가게 된다.

MOSFET

MOSFET(Metal-Oxide-Semiconductor Field-Effect Transistor)('모스-펫'이라고 읽는다)은 **금속-산화막-반도체 전계효과 트랜지스터**의 약자다. 종류는 JFET과 마찬가지로 N채널 MOSFET, P채널 MOSFET 두 가지다. [그림 22-7]은 간략화한 N채널 MOSFET의 단면도와 회로 기호이다. P채널 소자와 회로 기호는 [그림 22-8]과 같다.

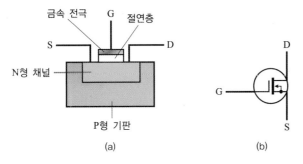

[그림 22-7] (a) N채널 MOSFET의 기능 구조, (b) 회로 기호 (S=소스, G=게이트, D=드레인)

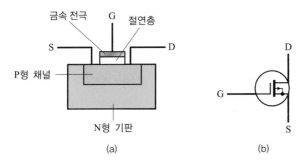

[그림 22-8] (a) P채널 MOSFET의 기능 구조, (b) 회로 기호

매우 높은 입력 임피던스

MOSFET을 처음 개발했을 때의 명칭은 **절연 게이트 전계효과 트랜지스터**^{Insulated-Gate Field-Effect Transistor}, 즉 IGFET이었으며 이것은 지금도 통용되고 있다. 게이트 전극은 절연 물질로 이루어진 얇은 층에 의해 채널로부터 전기적으로 절연된다. 그 결과, MOSFET의 입력 임피던스는 보통 JFET의 입력 임피던스보다 훨씬 크다. 실제로 통상적인 MOSFET의 게이트-소스 간(G-S) 저항은 같은 물리적 규격을 가진 커패시터의 저항에 상응하는 값을 갖는다. 즉 '거의 무한대'이다.

이처럼 매우 높은 게이트-소스 간 저항으로 인해 MOSFET은 입력 신호원에서 전류를 전혀 받아들이지 않으며, 결과적으로 전력도 받아들이지 않는다. 이러한 성질 때문에 MOSFET은 낮은 수준의 소신호 증폭 회로를 만드는 데 매우 이상적이다. 게이트-소스 사이에 형성되는 '커패시터'의 물리적 크기가 매우 작으므로 커패시턴스 역시 매우 작은 값을 가지며, 결과적으로 MOSFET은 (300 MHz 이상의) 초고주파에서도 잘 동작한다.

이처럼 높은 입력 임피던스와 고속 주파수 응답 능력이라는 장점에도 불구하고 MOS 소자에는 큰 약점이 있는데, 그것은 전기적으로 취약하다는 것이다. MOS 소자들로 구성된 회로를 만들거나 다룰 때는 손에서 '정전기'가 전해지지 않도록 특수한 장비들을 착용해야 한다. 정전기가 MOS 소자의 절연층을 관통하면 절연층이 영구적으로 훼손되어 해당 MOSFET을 폐기해야 한다. 아주 작은 양의 정전기가 축적되어도 MOSFET을 파괴할 만큼의 강한 방전이 이루어질 수 있다. 따뜻하고 습한 기후 조건에서는 이러한 위험에서 보호되기 어렵다.

바이어스의 유연성

전자 회로에서는 N채널 JFET을 N채널 MOSFET으로 교체하거나 P채널 JFET을 P채널 MOSFET으로 교체할 수 있다. 그러나 어떤 경우에는 이렇게 교환하면 회로가 제대로 동작하지 않을 수도 있다. MOSFET의 특성 곡선은 유사한 증폭 특성을 가진 JFET의 특성 곡선과 정성적으로 차이가 있다.

MOSFET과 JFET 동작의 주요 차이점은, MOSFET의 경우 소스와 게이트가 서로 PN 접합을 형성하며 접해 있지 않다는 데 있다. 그 대신 두 전극은 절연 물질이 형성하는 '간극'에 의해 물리적으로 분리된다. 따라서 소스-게이트 간 순방향 바이어스 동작이 이루어지지 않는다. N채널 MOSFET에서는 $+0.6\,V$ 보다 훨씬 큰 양의 전압을, P채널 MOSFET에서는 $-0.6\,V$ 보다 훨씬 큰 음의 전압을 게이트에 인가할 수 있다. 그럼에도 불구하고, JFET과 같이 채널에서 게이트로 흐르는 누설 전류는 발생하지 않는다(물론 MOSFET의 절연막 간극 사이에 **스파크(아크^{arc})**가 발생할 정도로 높은 전압을 가하지 않는 상황에 국한한다).

[그림 22-9]는 입력 소신호를 인가하지 않은 가상의 N채널 MOSFET 특성 곡선 모음이다. 가로축은 직류 드레인 전압, 세로축은 드레인 전류이다. 임의의 특정 게이트 전압 조건에서 드레인 전류는 처음에 드레인 전압이 증가함에 따라 급격히 증가한다. 그러나 드레인 전압을 계속 증가시키면 드레인 전류는 느린 속도로 증가하며, 결국에는 평평한 형태가 된다. 일단 $I_D - V_D$ 곡선이 '평평해'지면 직류 드레인 전압을 더 가해도 드레인 전류를 증가시킬 수 없다.

공핍 모드와 증가 모드

지금까지 논의한 FET 소자들에서 채널은 평상시 도통 상태다. 공핍 영역이 확장됨에 따라 채널이 좁아지고 전하 반송자들은 점점 좁아지는 경로를 지나야 한다. 이러한 FET를 **공핍 모드**depletion mode로 동작하는 FET, 또는 **공핍형** FET라고 한다. MOSFET도 이와 같이 공핍 모드로 동작할 수 있다. [그림 22-7]과 [그림 22-8]의 모식도와 회로 기호는 모두 공핍형 MOSFET이다. [그림 22-9]의 특성 곡선은 통상적인 공핍형 N채널 MOSFET의 동작을 보여준다(P채널 소자에 대한 그래프를 얻기 위해서는 모든 극성을 바꾸면 된다).

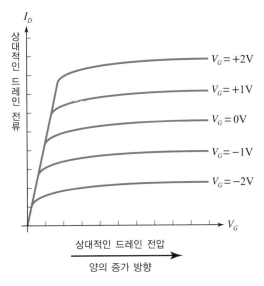

[그림 22-9] 가상의 N채널 MOSFET 특성 곡선 모음

금속 산화물 반도체 기술에서는 이와 전혀 다른 동작 방식이 허용된다. **증가 모드** enhancement-mode 또는 **증가형** MOSFET은 평상시 채널이 핀치오프 상태다. 채널을 형성하려면 게이트에 바이어스 전압 V_G를 인가해야 한다. 증가형 MOSFET에서 입력 소신호가 없을 때 $V_G = 0$이라면 $I_D = 0$이다. 공핍형 MOSFET과 마찬가지로 증가형 MOSFET은 게이트와 채널 사이에 매우 작은 커패시터와 매우 높은 임피던스를 갖는다.

N채널 증가형 소자에서, 게이트에 (소스 대비) **양**의 전압을 가하면 채널에 전도성 있는 경로가 형성된다. P채널 증가형 소자에서는 채널이 전류를 흐를 수 있도록 하기 위해 게이트에 **음**의 전압을 가한다. 극성이 올바르다면 전압의 크기가 커질수록 전도성 있는 채널은 점차 확장되고, 소스-드레인 간 전도도가 향상된다. 그러나 이러한 효과는 주어진 직류 드레인 전압에 대해 어떤 상한 전류까지만 유효하다.

[그림 22-10]은 N채널 및 P채널 증가형 소자의 회로 기호를 나타낸 것이다. 수직 방향 선의 경우 공핍형 MOSFET에서는 실선으로 표시되지만, 증가형 MOSFET에서는 점선으로 표시된다는 점에 주목하자.

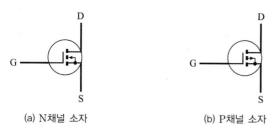

(a) N채널 소자   (b) P채널 소자

[그림 22-10] **증가형 MOSFET의 회로 기호**

공통 소스 회로 구성

공통 소스 회로common-source circuit에서는 JFET의 소스 단자를 신호 접지에 연결하고 입력 신호를 게이트에 인가한다. [그림 22-11]은 N채널 JFET을 사용한 일반적인 공통 소스 회로도이다. 트랜지스터 소자는 N채널 공핍형 MOSFET이 될 수도 있으며 회로 구성은 동일하다. N채널 증가형 소자를 사용할 경우, 게이트와 양의 전압원 단자 사이에 저항이 추가로 필요하다. P채널 소자를 사용할 경우 회로 구성은 동일하나, 전압원은 양의 전압보다 음의 전압을 공급해야 한다.

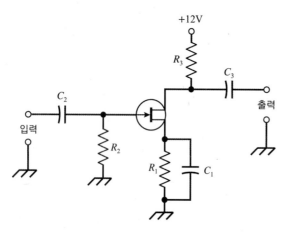

[그림 22-11] **공통 소스 회로 구성. 이 회로도는 N채널 JFET 회로를 나타낸다.**

소스에서 접지 사이에 커패시터 C_1과 저항 R_1이 병렬로 연결되는데, 이로 인해 소스 단자에는 양의 직류 전압이 인가되고 교류 신호는 곧바로 접지에 연결된다. 교류 신호는 C_2를 통해 회로로 들어온다. 저항 R_2는 입력 임피던스를 조절함과 동시에 게이트에 바이어스를 인가한다. 교류 신호는 C_3를 통해 회로에서 빠져나간다. 저항 R_3는 출력 신호가 전압원을 통해 쇼트되는 것을 방지하면서 드레인에 양의 전압이 인가되도록 한다. 이 회로 구성은 작은 신호의 RF 증폭기와 발진기를 만드는 데 사용된다.

공통 소스 회로 구성은 FET로 구성하는 세 개의 증폭 회로 구성 중 가장 높은 이득을 제공한다. 출력 파형의 위상은 입력 파형의 위상과 180° 차이가 난다.

공통 게이트 회로 구성

[그림 22-12]의 **공통 게이트 회로**common-gate circuit에서는 게이트를 교류 접지로 연결하고 입력 신호를 소스에 인가한다. 그림의 회로도는 N채널 JFET을 사용한 공통 게이트 회로다. 다른 종류의 FET들도 사용할 수 있으며, 공통 소스 회로에서 JFET을 다른 FET들로 교체할 때 앞서 살펴본 고려 사항이 그대로 적용된다. 증가형 트랜지스터를 사용할 때는 게이트와 전압원의 양의 단자 사이에 추가적인 저항이 필요하다(P채널 MOSFET이라면 게이트와 전압원의 음의 단자 사이에 두어야 한다).

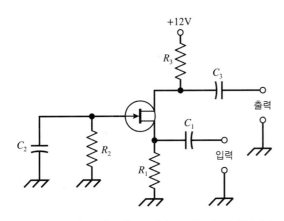

[그림 22-12] **공통 게이트 회로. N채널 JFET을 사용한 회로이다.**

공통 게이트 회로를 동작시키기 위한 직류 바이어스는 기본적으로 공통 소스 회로의 경우와 같지만 신호는 다소 다른 경로를 따라 이동한다. 교류 입력 신호는 C_1을 통해 회로로 들어온다. 저항 R_1은 입력 신호가 접지로 쇼트되는 것을 방지한다. 게이트 바이어스는 R_1과 R_2에 의해 결정된다. 커패시터 C_2는 게이트를 신호 접지로 연결한다(일부 공통 게이트 회로에서는, R_2와 C_2를 사용하지 않고 게이트를 곧바로 접지에 연결하기도 한다). 출력 신호는 C_3를 통해 회로에서 빠져나간다. 저항 R_3는 출력 신호가 전압원을 통해 쇼트되는 것을 방지하는 한편, FET가 필요한 직류 전압을 공급받도록 한다.

공통 게이트 회로는 공통 소스 회로보다 작은 이득을 제공하지만, 원치 않는 발진 상태에 들어갈 가능성은 훨씬 낮다는 장점이 있어 RF 전력 증폭 회로에 적합하다. 출력 파형은 입력 파형과 동일한 위상을 갖는다.

공통 드레인 회로 구성

[그림 22-13]은 **공통 드레인 회로**common-drain circuit이다. 이 회로에서는 드레인을 신호 접지에 연결한다. 공통 드레인 회로는 **소스 팔로워**source follower라고도 부르는데, 그 이유는 출력 파형이 소스 단자에서의 신호 형태를 따라가기 때문이다. 회로에 사용되는 FET는 공통 소스 회로, 공통 드레인 회로와 같은 방식으로 바이어스된다. [그림 22-13]에서는 N채널 JFET을 사용하고 있으나, 다른 종류의 FET들도 사용할 수 있으며 P채널 소자를 사용하는 경우에는 극성을 바꿔야 한다. 증가형 MOSFET을 사용한다면 게이트와 전압원의 양의 단자 사이에 저항을 넣어야 한다(만약 MOSFET이 P채널이라면 게이트와 전압원의 음의 단자 사이에 두어야 한다).

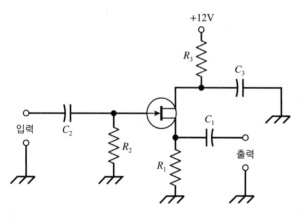

[그림 22-13] 소스 팔로워라고도 불리는 공통 드레인 회로. N채널 JFET을 사용한 회로이다.

입력 신호는 C_2를 거쳐 게이트로 들어간다. 저항 R_1과 R_2는 게이트 전압을 바이어스해주며, 저항 R_3는 전류를 제한한다. 커패시터 C_3는 드레인을 접지에 연결한다. 입력 신호에 따라 변동하는 직류 성분(채널 전류)은 R_1을 통과해 흐르며, 이는 R_1의 양단에 변동하는 직류 전압 강하로 나타난다. 소스 단자로부터 트랜지스터의 출력 신호를 얻게 되며, 이 신호의 교류 성분이 C_1을 통해 흐르는데 이것이 전체 회로의 출력이다.

공통 드레인 회로의 출력 파형은 입력 파형과 동일한 위상을 갖는다. FET를 사용한 이러한 회로 구성 방식은 바이폴라 트랜지스터를 사용한 공통 컬렉터(이미터 팔로워) 회로 구성 방식과 동일하다. 출력 임피던스가 낮으므로 이러한 유형의 회로는 넓은 주파수 범위에 걸쳐 높은 입력 임피던스와 낮은 출력 또는 부하 임피던스를 매칭시키는 데 유용하다.

※ 필요하다면 이 장의 본문 내용을 참고해도 된다. 적어도 18개 이상 맞히는 것이 바람직하다.
정답은 [부록 A]에 있다.

22.1 JFET에서 채널에 흐르는 전류의 양을 변
화시키는 원인은 무엇인가?

(a) 자기장
(b) 전기장
(c) 누설전류
(d) 애벌런치 전류(사태전류)

22.2 P채널 JFET에서 드레인 전압이 고정되어 있
다고 가정할 때, 게이트에 어떤 전압이 인가
되는 조건에서 핀치오프가 발생하는가?

(a) 소스 단자 대비 크기가 작은 음의 전
압이 인가될 때
(b) 소스 단자 대비 크기가 큰 음의 전압
이 인가될 때
(c) 소스 단자 대비 크기가 작은 양의 전
압이 인가될 때
(d) 소스 단자 대비 크기가 큰 양의 전압
이 인가될 때

22.3 $I_D - V_G$ 그래프에서 JFET이 가장 큰 증폭
률을 가질 수 있는 조건으로 JFET을 바이
어스할 때, 그 지점에서 곡선의 접선 기울
기인 $\dfrac{dI_D}{dV_G}$ 는 어떤 값을 갖는가?

(a) 교류 신호가 인가되지 않은 상황에서
0(접선이 수평선으로 나타남)이며, 곡
선은 그 지점 부근에서 직선 형태를
나타낸다.
(b) 교류 신호가 인가되지 않은 상황에서
양의 값을 가지며(접선이 우상향 증가
를 보임), 곡선은 그 지점 부근에서 직
선 형태를 나타낸다.

(c) 교류 신호가 인가되지 않은 상황에서
음의 값을 가지며(접선이 우하향 감소
를 보임), 곡선은 그 지점 부근에서 오
른쪽 아래 방향으로 구부러진 형태를
나타낸다.
(d) 교류 신호가 인가되지 않은 상황에서
양의 값을 가지며(접선이 우상향 증가
를 보임), 곡선은 그 지점 부근에서 오
른쪽 아래 방향으로 구부러진 형태를
나타낸다.

22.4 입력 신호에 교류 성분이 없는 상황에서,
게이트에 DC 0 V가 인가된 증가형
MOSFET은 어떤 동작 상태에 있는가?

(a) 핀치오프
(b) 애벌런치 항복(사태 파괴)
(c) 포화
(d) 순방향 브레이크오버

22.5 [그림 22-14]는 어떤 소자의 모식도를 나
타내는가?

(a) P채널 JFET
(b) N채널 JFET
(c) P채널 MOSFET
(d) N채널 MOSFET

22.6 [그림 22-14]에서 X로 표기된 영역은 어떤 물질로 구성되는가?

(a) N형 반도체 물질로 이루어진 얇은 웨이퍼
(b) 유전 물질로 이루어진 얇은 층
(c) 전도성이 매우 높은 물질로 이루어진 얇은 층
(d) PN 접합

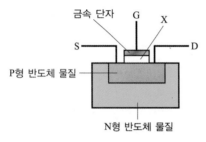

[그림 22-14] **[연습문제 22.5~22.6]을 위한 그림**

22.7 바이폴라 트랜지스터는 어떤 목적으로 증폭할 때 JFET이나 MOSFET보다 나은 성능을 보이는가?

(a) 좋은 소신호 증폭 동작 특성을 얻고자 할 때
(b) 낮은 입력 임피던스를 갖고자 할 때
(c) 높은 트랜스컨덕턴스를 얻고자 할 때
(d) 입력 신호원으로부터 허용되는 최대 전력을 유도하려 할 때

22.8 올바르게 동작하고 있는 MOSFET의 게이트-소스 간 저항 값은 어떠한가?

(a) 거의 0이다.
(b) JFET의 게이트-소스 간 저항보다 작다.
(c) 규격이 비슷한 커패시터의 커패시턴스 값과 유사하다.
(d) 바이폴라 트랜지스터의 경우보다 작다.

22.9 어떤 종류의 FET라도 직류 성분이 흐르지 않아야 하는 곳은 어디인가?

(a) 소스와 드레인 사이
(b) 소스와 채널 사이
(c) 드레인과 채널 사이
(d) 게이트와 채널 사이

22.10 MOSFET에서 다수 반송자가 전자인 경우는 언제인가?

(a) 소자가 N형 채널을 가질 때
(b) 순방향 브레이크오버가 이루어질 때
(c) 애벌런치 항복(사태 파괴)이 발생할 때
(d) 어떤 상황에서도 그렇지 않다.

22.11 다음 회로 중 출력 신호 파형이 입력 신호 파형과 정확히 동일한 위상을 갖는 회로는 무엇인가?

(a) 공통 게이트 회로
(b) 공통 드레인 회로
(c) 소스 팔로워
(d) 답이 없음

22.12 사용자의 손에 남아 있는 매우 적은 양의 정전기 방전에 의해서도 MOSFET이 파손될 수 있는 이유는 무엇인가?

(a) 소스가 드레인에 녹아 붙으므로
(b) 채널의 반송자들을 제거하므로
(c) 게이트 절연막의 절연 특성을 훼손시키므로
(d) 게이트-드레인 접합 사이에 순방향 브레이크오버가 야기되므로

22.13 MOSFET과 JFET의 주요 차이점은 무엇 인가?

    (a) JFET은 일반적으로 더 낮은 입력 임피 던스를 갖는다.
    (b) JFET이 전기적으로 덜 강인하다.
    (c) JFET의 물리적인 규격이 더 크다.
    (d) JFET의 동작 전압이 더 높다.

22.14 회로 기호를 통해(증가형 MOSFET과 비교 하여) 공핍형 MOSFET을 쉽게 구분할 수 있는 특징은 무엇인가?

    (a) 화살표가 안쪽을 향한다.
    (b) 원 안의 수직선이 점선으로 그려진다.
    (c) 화살표가 바깥쪽을 향한다.
    (d) 원 안의 수직선이 실선으로 그려진다.

22.15 소스 팔로워에서 출력 신호를 얻는 지점은 어느 두 단자 사이인가?

    (a) 드레인과 접지
    (b) 드레인과 게이트
    (c) 게이트와 소스
    (d) 소스와 접지

22.16 [그림 22-15]가 나타내는 소스 팔로워에 는 두 가지 잘못된 점이 있다. 이 오류들 중 하나를 바로잡기 위해서는 어떻게 해야 하는가?

    (a) 입력 및 출력 단자를 서로 바꾼다.
    (b) JFET을 공핍형 MOSFET으로 교체한다.
    (c) JFET을 증가형 MOSFET으로 교체한다.
    (d) 게이트 저항을 커패시터로 교체한다.

22.17 [그림 22-15]에서 두 번째 오류를 바로잡 으려면 어떻게 해야 하는가?

    (a) 드레인 저항을 적절한 길이의 배선으 로 교체하여 드레인을 양의 직류 전압 원 단자에 직접 연결한다.
    (b) 게이트 커패시터를 저항으로 교체한다.
    (c) 소스 커패시터를 저항으로 교체한다.
    (d) 직류 전압원의 극성을 바꾼다.

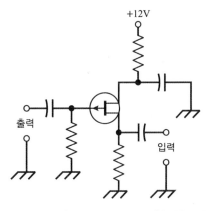

[그림 22-15] **[연습문제 22.16~22.17]을 위한 그림**

22.18 [그림 22-16]은 가상적인 N채널 공핍형 MOSFET의 특성 곡선 모음이다. V~Z의 곡선들은 무엇이 변할 때의 소자 동작을 나타내는가?

    (a) 교류 성분이 인가되지 않은 상황에서 직류 소스 전압이 변할 때
    (b) 교류 입력 신호 전압이 변할 때
    (c) 교류 성분이 인가되지 않은 상황에서 직류 게이트 전압이 변할 때
    (d) 교류 출력 신호 전압이 변할 때

22.19 [그림 22-16]의 V~Z 곡선들에 대해, 인가되고 있는 전압의 상대적인 크기를 보고 말할 수 있는 사실은 무엇인가? 단, N채널 공핍형 MOSFET을 다루고 있음을 상기하라.

(a) 게이트에 인가하는 양의 직류 전압 크기가 작아질수록(또는 음의 직류 전압 크기가 커질수록) 곡선이 V에서 Z로 이동한다.

(b) 게이트에 인가하는 음의 직류 전압 크기가 작아질수록(또는 양의 직류 전압 크기가 커질수록) 곡선이 V에서 Z로 이동한다.

(c) 게이트에 인가하는 교류 전압의 피크-피크 값이 증가함에 따라 곡선이 V에서 Z로 이동한다.

(d) 게이트에 인가하는 교류 전압의 피크-피크 값이 감소함에 따라 곡선이 V에서 Z로 이동한다.

22.20 [그림 22-16]의 모든 곡선들은 그래프에서 오른쪽으로 감에 따라 평평해진다. 이러한 곡선의 형태가 N채널 공핍형 MOSFET의 일반적인 동작 특성에 대해 의미하는 것은 무엇인가?

(a) 교류 성분이 인가되지 않은 상황에서 양의 직류 드레인 전압을 증가시키면 드레인 전류는 처음에 느리게 증가하다가 점차 더 빠르게 증가한다.

(b) 교류 성분이 인가되지 않은 상황에서 양의 직류 드레인 전압을 증가시키면 드레인 전류는 처음에 빠르게 증가하다가 점차 더 느리게 증가한다.

(c) 교류 입력 신호 전압의 피크-피크 값을 증가시키면 드레인 전류는 처음에 느리게 증가하다가 점차 더 빠르게 증가한다.

(d) 교류 입력 신호 전압의 피크-피크 값을 증가시키면 드레인 전류는 처음에 빠르게 증가하다가 점차 더 느리게 증가한다.

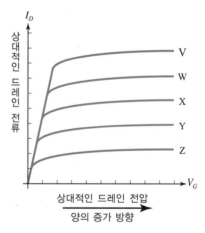

[그림 22-16] **[연습문제 22.18~22.20]에 대한 그림**

CHAPTER

23

집적회로(IC)

Integrated Circuits

칩^{chip}이라고도 불리는 대부분의 **집적회로**(IC)^{Integrated Circuit}는 **핀**^{pin}이라는 금속 단자들이 박힌 회색 또는 검은색 상자 형태로 되어 있다. 집적회로는 삼각형 또는 사각형의 모식도로 나타내며, IC 내부의 요소들을 그려 넣고 외부 요소들과 연결되는 선들(실제 소자의 핀들을 나타냄)을 표시한다.

집적회로 기술의 장점

IC는 개별 트랜지스터, 다이오드, 커패시터, 저항 등의 **독립 소자**들과 비교했을 때 많은 장점을 갖고 있다. 주요 장점은 다음과 같다.

소형화 가능성

집적회로 설계의 장점은 공간을 효율적으로 사용한다는 점이다. IC는 독립 소자들로 구성된 등가 회로에 비해 훨씬 작은 면적을 차지한다. 따라서 독립적인 소자들로 구성될 때보다 더 작은 공간에 훨씬 더 복잡한 시스템을 구현할 수 있다.

고속 동작

IC의 내부 구성 요소들 간의 배선은 물리적으로 매우 작기 때문에 고속 스위칭 동작이 가능하다. 전하 반송자가 하나의 부품에서 다른 부품으로 이동하는 속도가 빨라지면, 주어진 시간 내에 시스템이 수행할 수 있는 연산의 수가 증가되고, 시스템이 복잡한 연산을 수행하는 데 드는 시간을 줄일 수 있다.

저전력 소모

IC는 독립 소자로 구성된 등가회로보다 훨씬 낮은 전력을 소모한다. 이러한 장점은 특히 배터리로 동작하는 시스템, 즉 공급할 수 있는 전력이 정해져 있는 시스템에서 필요하다. IC는 매우 적은 전류를 사용하므로 독립 소자 기반 등가회로와 비교했을 때 발열이 적어 전력을 더 효율적으로 사용한다. 저전류 동작 특성을 통해 사용 과정에서 시스템 과열 시 발생할 수 있는 동작 주파수 변동이나 간헐적인 시스템 고장 등의 문제를 최소화할 수 있다.

신뢰성

IC는 개별 소자들로 구성된 시스템과 비교했을 때, 사용하는 부품의 시간당 파손 가능성이 낮다. 파손 가능성이 낮은 이유는 모든 부품 배선들이 케이스에 밀봉되어 먼지나 수분, 부식성 가스 등이 침투되지 않기 때문이다. 따라서 IC는 일반적으로 독립 소자 기반의 시스템보다 **유휴 시간**^{downtime}(수리로 인해 장비 운용이 이루어지지 않는 기간)이 짧다.

용이한 유지보수

IC 기술은 하드웨어 유지보수 비용이 낮으며 절차가 비교적 간단하다. 많은 전자 제품들은 IC를 꽂을 수 있는 소켓을 사용하므로 문제가 되는 IC만 찾아 빼낸 후 새로운 것으로 끼워 넣는 교체 작업만으로도 문제를 쉽게 해결할 수 있다. 소켓이 없는 회로 기판에 용융 접착된 IC들을 직접 교체하는 경우에는 특수한 도구들이 필요할 수 있다.

모듈화

현대의 IC들은 모듈화 기법을 사용한다. 서로 다른 IC들은 회로 기판 안에서 개별적으로 정의된 기능만 수행한다. 회로 기판이나 카드는 더 큰 소켓에 끼워 특수한 목적으로 사용한다. 수리할 때는 맞춤 설계한 소프트웨어로 프로그램한 컴퓨터를 사용해 문제가 있는 카드를 찾아서 제거하고, 새로운 카드로 교체하여 가급적 빠른 시간 내에 소비자에게 제품을 돌려준다. 동시에 문제가 발생한 카드는 수리한 후, 향후 동일한 카드에 문제가 발생해 교체 수요가 있을 때 제공할 수 있도록 미리 준비한다.

집적회로 기술의 제약

어떠한 기술도 단점은 있기 마련이다. 전자 소자나 시스템을 설계할 때 엔지니어들이 고려해야 하는 IC의 한계점들은 다음과 같다.

인덕터 구현의 어려움

어떤 요소들은 칩에서 쉽게 제작할 수 있지만 어떤 요소들은 IC 제조 기술로 만들기 어렵다. nH(나노헨리) 수준의 매우 낮은 값을 가진 경우를 제외하고는 IC 기술로 인덕터를 제작하기 어렵다는 것이 대표적인 예다. 인덕터가 필요하면 독립 인덕터를 사용해서 IC와 IC를 연결해야 한다. 그러나 실제 IC에서는 크게 문제되지 않는다. 저항-커패시턴스(RC) 구성 회로는 인덕턴스-커패시턴스(LC) 구성 회로가 할 수 있는 대부분의 기능을 그대로 수행할 수 있으며, RC 회로는 집적회로 공정을 통해 IC 칩상에 쉽게 제작할 수 있다.

고전력 동작의 어려움

작은 규격과 저전류 소모로 인해 발생하는 IC의 고유 한계점이 있다. 일반적으로 IC 칩에 고전력 증폭기를 제작하는 것은 매우 어렵다. 고전력 동작 시 부품들이 열을 많이 발생시키므로, 일정 수준 이상의 물리적인 부피가 필요하다. 열을 효과적으로 제거하기 위해서는 방열판(구식 증기 방열기가 회로 수준의 크기로 줄어든 것이라고 생각할 수 있음), 공냉 또는 수냉 시스템 등 부피가 큰 구조들이 필요하다.

선형 IC

선형 IC는 음성이나 음악과 같은 아날로그 신호들을 처리한다. '선형^{linear}'이라는 표현은 입력 신호의 크기가 변하는 동안에도 증폭 비율이 동일하게 유지된다는 사실에서 비롯되었다. 보다 기술적으로 표현하면, 출력 신호의 강도가 입력 신호의 강도에 대한 선형 함수로 나타난다는 의미다. [그림 23-1]에서 실선으로 된 세 개의 직선이 이러한 선형 특성을 나타낸다.

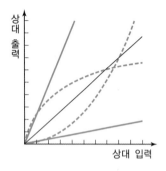

[그림 23-1] 선형 IC에서 상대 출력 신호는 상대 입력 신호에 대해 선형(직선) 함수이다. 실선은 선형 IC 특성의 예이고, 점선은 선형 동작을 제대로 수행하지 않는 IC의 특성을 나타낸다.

연산 증폭기

연산 증폭기(op amp)$^{operational\ amplifier}$는 몇 개의 바이폴라 트랜지스터, 저항, 다이오드, 커패시터 등이 서로 연결되어 구성되며, 넓은 주파수 영역에서 높은 이득을 얻을 수 있도록 해주는 특별한 선형 IC이다. 어떤 IC는 두 개 이상의 연산 증폭기를 포함하며 **듀얼**^{dual} **연산 증폭기**(2개 포함), **쿼드**^{quad} **연산 증폭기**(4개 포함)라고 한다. 어떤 IC는 이미 만들어진 회로와 더불어 한 개 이상의 연산 증폭기를 포함하는 경우도 있다.

연산 증폭기는 **비반전** 및 **반전** 입력 단자라는 두 개의 입력 단자와 한 개의 출력 단자를 갖는다. 입력 신호가 비반전 입력 단자로 들어가면 출력 신호의 파형은 입력 신호의 파형과 같은 위상을 갖는다. 입력 신호가 반전 입력 단자로 들어가면 출력 신호의 파형은 입력 신호의 파형을 뒤집어 놓은 형태가 된다. 연산 증폭기는 두 개의 전원 공급 장치 연결선이 있는데 하나로는 내부의 바이폴라 트랜지스터에 이미터 전압(V_{ee})을 공급하고, 다른 하나로는 컬렉터 전압(V_{cc})을 공급한다. 일반적으로 연산 증폭기의 회로 기호는 [그림 23-2]와 같이 삼각형으로 나타낸다.

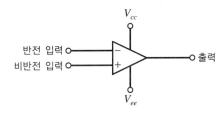

[그림 23-2] 연산 증폭기의 회로 기호. 단자 연결에 관해서는 본문의 내용을 참조하라.

연산 증폭 궤환과 이득

하나 또는 그 이상의 외부 저항을 연결해 연산 증폭기의 이득을 결정할 수 있다. 통상적으로, 출력 단자와 반전 입력 단자 사이에 저항을 넣어 **폐쇄 루프 구성**closed-loop configuration을 한다. 궤환feedback을 연결하면 입출력 신호는 서로 부성negative을 갖게 되어 180°의 위상차를 보이고, 궤환이 없는 경우에 비해 작은 이득을 얻는다.

궤환 저항을 제거하면 **개방 루프 구성**open-loop configuration을 하게 되고, 이때 연산 증폭기는 정격이 허용하는 최대 이득을 갖는다. [그림 23-3]은 비반전 폐쇄 루프 증폭기 회로다. 개방 루프 증폭기 회로는 이따금 저주파 영역에서 불안정해져 예기치 않은 발진 상태에 들어가기도 한다. 또한 개방 루프 증폭기 회로는 상당한 수준의 내부 잡음이 발생하는데, 일부 용도에서는 동작 시 문제가 발생하기도 한다.

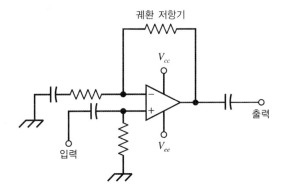

[그림 23-3] **부궤환**(negative feedback) 연결된 폐쇄 루프 연산 증폭기 회로. 궤환 저항을 제거하면 개방 루프 회로를 얻는다.

연산 증폭기의 궤환 루프에 RC 조합을 넣으면 이득은 입력 신호의 주파수에 의존한다. 특정한 저항과 커패시턴스 값을 사용함으로써 네 개의 서로 다른 특성을 제공하는 주파수 감응성 필터를 제작할 수 있다. 각 필터들의 주파수 응답 특성은 [그림 23-4]와 같다.

❶ 저주파 영역에서 이득이 높은 **저역 통과 응답**lowpass response
❷ 고주파 영역에서 이득이 높은 **고역 통과 응답**highpass response

❸ 단일 주파수 및 근처에서 최대 이득을 갖는 **공진 피크(첨두)**resonant peak

❹ 단일 주파수 및 근처에서 최대 손실을 갖는 **공진 노치(함몰)**resonant notch

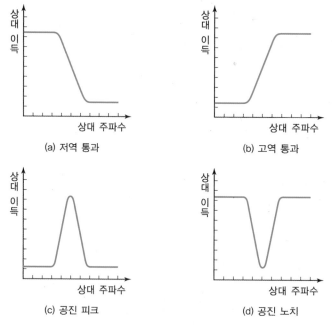

(a) 저역 통과

(b) 고역 통과

(c) 공진 피크

(d) 공진 노치

[그림 23-4] **이득 대 주파수 응답 곡선**

연산 증폭기 미분기

미분기differentiator는 순시 출력 신호의 크기가 입력 신호 크기의 변화율에 정비례하여 나타나도록 하는 회로다. 수학적인 관점에서 보면, 이 회로는 입력 신호 파형의 함수를 수학적으로 **미분**한다. 연산 증폭기 때문에 미분 동작이 가능해지는 것이다. [그림 23-5]는 미분기의 일례를 나타낸 것이다.

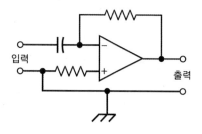

입력

출력

[그림 23-5] **연산 증폭기를 사용하는 미분기 회로**

미분기에 직류 전압이 입력 신호로 인가되면 출력 신호는 0(신호 없음)이 된다. 순시적인 입력 신호의 크기가 증가하면 출력 신호는 양의 직류 전압으로 나타난다. 순시적인 입력 신호의 크기가 감소하면 출력 신호는 음의 직류 전압으로 나타난다. 입력 신호의 크기가 주기적으로 변화하면(예를 들어, 사인파) 출력 전압은 **순시적인 입력 신호 크기의 변화율** (수학적으로 **미분**에 해당)에 따라 변화한다. 따라서 입력 신호와는 형태와 위상이 다를 수 있으나 주파수는 같은 출력 신호를 얻게 된다.

미분기 회로에서 순수한 사인파 입력은 순수한 사인파 출력을 만들지만 출력 신호는 입력 신호 대비 90° 만큼 왼쪽으로 이동한(시간 관점에서 $\frac{1}{4}$ 주기 먼저 나타나는) 형태를 보인다. 복잡한 형태의 입력 파형은 마찬가지로 다양한 형태의 출력 파형을 만든다.

연산 증폭기 적분기

적분기integrator는 순시 출력 진폭이 시간 함수로서 누적 입력 신호 진폭에 비례하는 회로이다. 즉 수학적으로 입력 신호를 **적분**한다. 이론적으로 적분기 기능은 미분기 기능의 반전 또는 역 과정에 해당한다. [그림 23-6]은 적분기를 구현하기 위해 연산 증폭기를 연결하는 방법을 보여준다.

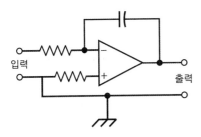

[그림 23-6] **연산 증폭기를 사용한 적분기 회로**

적분기에 주기적으로 변화하는 입력 신호 파형을 인가하면 출력 전압은 입력 전압의 **적분 결과**에 따라 변화한다. 이렇게 생성된 출력 신호는 입력 신호와 동일한 주파수를 갖지만 파형은 다를 수 있다. 순수한 사인파 입력은 순수한 사인파 출력을 생성하지만, 출력 신호는 입력 신호 대비 90°만큼 오른쪽으로 이동한(시간 관점에서 $\frac{1}{4}$ 주기 늦게 나타나는) 형태를 보인다. 복잡한 형태의 입력 파형은 마찬가지로 다양한 유형의 출력 파형을 만들어 낸다.

실제 적분기의 동작은 이론적으로 이상적인 적분기의 동작과 한 가지 중요한 면이 다르다. 입력 함수의 수학적인 적분 결과가 무한히 증가하는 출력 함수를 발생시킨다면, 실제로는 출력 전압이 어떤 양 또는 음의 부호를 가진 상한값까지 증가하고 그 값에서 더 이상 변화하지 않는다. 즉, 무제한으로 영원히 증가하는 출력 전압을 얻을 수 없다. 실제 적분기에서 출력 전압의 최댓값은 전원 공급 장치 또는 배터리의 전압을 넘을 수 없다.

전압 조정기

전압 조정기voltage regulator IC는 전원 공급 장치의 출력 전압을 제한한다. 이 기능은 계측 전자 장비에서 매우 중요하다. 다양한 값의 전압 및 전류 정격을 가진 전압 조정기 IC가 있을 수 있다. 일반적인 전압 조정기 IC는 대부분의 트랜지스터처럼 세 개의 단자를 갖는다. 이러한 유사점으로 인해, 전압 조정기 IC가 전력 반도체로 오해되는 경우도 있다.

타이머

타이머timer IC는 지연된 출력 신호를 생성하는 특수한 발진기이며, 지연 시간은 특별한 소자 요건에 따라 조정할 수 있다. 지연은 진동 펄스의 수를 세어 발생시킬 수 있으며, 지연 길이는 외부 저항과 커패시터를 통해 조절할 수 있다. 타이머 IC는 정확한 시간 간격이나 범위window가 필요한 디지털 주파수 카운터 등에 널리 사용된다.

다중화기

다중화기(멀티플렉서)multiplexer IC는 **다중화**multiplexing 과정을 통해 서로 다른 신호들을 하나의 채널에 합한다. 아날로그 다중화기는 그 반대 과정으로 활용될 수 있는데, 이것을 **역다중화기**demultiplexer라고 한다. 다중화/역다중화 IC라는 말을 종종 들을 수 있을 것이다.

비교기

비교기comparator IC는 두 개의 입력을 갖고 있다. 비교기는 입력 A와 입력 B의 전압들을 말 그대로 비교한다. 입력 A의 전압이 입력 B의 전압보다 크면 출력 전압은 대략 +5V로 나타나며, 이는 논리값 1 또는 H^{high} 상태에 해당한다. 만약 입력 A의 전압이 입력 B의 전압과 같거나 작으면 출력 전압은 대략 +2V나 약간 작은 값으로 나타나며, 이는 논리값 0 또는 L^{low} 상태에 해당한다.

전압 비교기는 다양하게 응용할 수 있다. 어떤 비교기들은 L, H 상태 사이를 빠르게 스위칭하거나 느리게 스위칭한다. 어떤 비교기들은 입력 임피던스가 작고, 어떤 비교기들은 크다. 또 어떤 비교기들은 AF나 저주파 RF 응용을 위해 사용되고, 어떤 것들은 비디오 신호나 고주파 RF 응용을 위해 사용된다. 전압 비교기는 릴레이, 알람, 전자 스위칭 회로와 같은 다른 기기들을 **트리거**trigger하거나 동작시키는 데 사용하기도 한다.

디지털 IC

디지털 ICdigital IC(**디지털 논리 IC**digital-logic IC)는 두 개의 구별 가능한 상태, 즉 H^{high}(논리값

1)와 L^{low}(논리값 0) 상태를 사용해 동작한다. 디지털 IC는 빠른 속도로 논리 연산하는 수 많은 논리 **게이트**들이 모인 어레이를 사용하기도 한다.

트랜지스터-트랜지스터 논리

트랜지스터-트랜지스터 논리(TTL)$^{Transistor-Transistor\ Logic}$에서 일부는 복수의 이미터를 가진 바이폴라 트랜지스터들로 구성된 어레이가 직류 펄스에 의해 동작한다. [그림 23-7]은 두 개의 NPN 바이폴라 트랜지스터를 사용하는 기본적인 TTL 게이트 내부를 자세히 나타낸 것으로, 두 개의 트랜지스터 중 하나는 **듀얼 이미터** 구조로 되어 있다. TTL에서는 트랜지스터들이 항상 컷 오프 상태 또는 포화 상태 중 한 가지 상태에 있다. 아날로그 증폭은 이루어지지 않으며, 아날로그 입력은 논리 결과로 나타나는 디지털 상태의 전압값으로 전환된다. 이처럼 잘 정의된 이중성으로 인해, TTL 시스템은 일반적으로 아날로그 형태로 나타나는 외부 잡음에 대해 강인성이 뛰어나다.

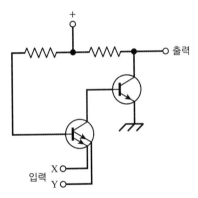

[그림 23-7] 트랜지스터-트랜지스터 논리(TTL) 게이트. 이 논리 게이트는 두 개의 NPN 바이폴라 트랜지스터로 구성된다. 둘 중 하나의 트랜지스터는 두 개의 이미터를 갖는다.

이미터-결합 논리

이미터-결합 논리(ECL)$^{Emitter-Coupled\ Logic}$는 또 다른 공통 바이폴라 트랜지스터 구성으로 이루어진다. ECL에서 트랜지스터는 TTL처럼 포화 상태에서 동작하지는 않는다. 바이어싱 방법에 따라 TTL 대비 ECL의 동작 속도는 높일 수 있지만, 외부 잡음에 대해서는 취약해진다. 포화 상태에 있지 않은 트랜지스터들은 아날로그 신호 변화에 민감하며 실제로 잡음을 증폭시킬 수 있다. [그림 23-8]은 네 개의 NPN 바이폴라 트랜지스터를 사용하는 기본적인 ECL 게이트의 내부를 자세히 살펴본 그림이다.

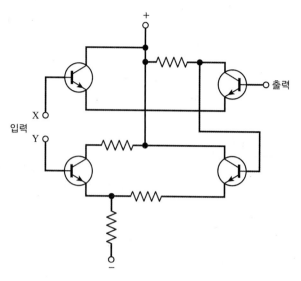

[그림 23-8] 네 개의 NPN 바이폴라 트랜지스터를 사용하는 이미터-결합 논리(ECL) 게이트

금속-산화막-반도체 논리

디지털 IC는 금속-산화막-반도체(MOS) 소자를 사용하여 구현할 수 있다. **N채널 MOS (NMOS) 논리**[1]를 사용하면 회로 설계가 간단하며 고속 동작이 가능하다. **P채널 MOS (PMOS) 논리**[2]는 NMOS 논리와 유사하나, 최대 동작 속도는 상대적으로 낮다. 이 두 가지 기술을 활용한 회로 구성 방법을 요약하면 다음과 같다.

- NMOS IC는 N채널 MOSFET들만 사용하는 개별 요소 회로에 대응한다.
- PMOS IC는 P채널 MOSFET들만 사용하는 개별 요소 회로에 대응한다.

상보성 금속-산화막-반도체(CMOS) Complementary Metal-Oxide-Semiconductor **논리**[3]는 단일 칩 상에 N형 및 P형 실리콘을 모두 사용한다. N채널 및 P채널 MOSFET들을 모두 사용하는 독립 요소 회로에 해당하는 개념으로 이해할 수 있다. CMOS 기술의 장점으로는 극단적으로 낮은 전류 구동 능력, 고속 동작 능력, 외부 잡음에 대한 강인성 등을 들 수 있다.

모든 MOS 논리 IC는 정전기 방전으로 인해 파손되지 않도록 주의해야 한다. 개별 MOSFET들을 다룰 때도 주의해야 한다. MOS IC 작업 시에는 전기적인 접지에 연결된 금속 손목띠를 착용하여 신체를 접지시키고, 랩 내부가 너무 건조해지지 않도록 습도를 유지해야 한다. MOS IC들을 보관할 때는 칩을 보관하기 위해 특별히 제작된 전도성 있는 스펀지 또는 고무에 IC의 핀들을 꽂아 두어야 한다.

---

1 "엔-모스 논리"라고 읽는다.
2 "피-모스 논리"라고 읽는다.
3 "씨-모스 논리"라고 읽는다.

집적도

디지털 IC에서 칩당 트랜지스터의 수를 **집적도(부품 밀도)**^{component density}라고 한다. IC의 집적도는 해마다 계속 증가하고 있다. 일부 반도체 개발자들은 언젠가 단일 원자들이 여러 가지 기능들을 수행하도록 할 수 있을 것이라고 생각하지만, (개별 원자들의 물리적 부피로 인한) 집적도의 실질적인 한계는 존재한다. 일반적으로 IC의 집적도가 증가하면 동작 속도도 함께 증가한다.

저집적회로

저집적회로(SSI)^{Small-Scale Integration}의 경우 하나의 칩상에 10개 이하의 트렌지스터가 있다. 이러한 소자들은 다른 유형의 IC에 비해 높은 전류를 흘릴 수 있는데, 낮은 집적도는 개별 소자의 부피와 질량이 상대적으로 크다는 것을 의미하기 때문이다. 저집적회로는 전압 조정기나 중전력 시스템에서 응용된다.

중집적회로

중집적회로(MSI)^{Medium-Scale Integration}의 경우 칩당 10~100개의 트랜지스터가 있다. 중집적 기술을 통해 상당한 수준으로 소자를 축소할 수 있지만, 최근 기술과 비교하면 그렇게 높은 수준은 아니다. MSI의 장점은 일부 응용에서 개별 논리 게이트들이 상당히 높은 수준의 전류를 흘릴 수 있다는 사실이다. 바이폴라 및 MOS 트랜지스터 기술은 모두 MSI 구현에 적용할 수 있다.

고집적회로

고집적(LSI)^{Large-Scale Integration}회로의 경우 반도체 칩당 100~1,000개의 트랜지스터가 있으며, 집적도가 MSI 회로보다 적어도 10배 더 높다. 대표적으로 전자 손목시계, 단일 칩 계산기, 소형 컴퓨터, 마이크로컨트롤러 등에 LSI IC를 사용한다.

초고집적회로

초고집적(VLSI)^{Very-Large-Scale-Integration}회로의 경우 칩당 1,000~1,000,000개의 트랜지스터가 있으며 LSI와 비교했을 때 집적도가 최대 1,000배 더 높다. 고급형 소형 컴퓨터, 마이크로컨트롤러, 메모리칩 등이 VLSI 기술을 기반으로 제작된다.

초초고집적회로

가끔 **초초고집적(ULSI)**^{Ultra-Large-Scale-Integration}이라는 표현을 들어봤을 것이다. 초초고집

적회로는 칩당 1,000,000개 이상의 트랜지스터를 갖고 있다. ULSI 기술의 주된 용도는 고차원 연산, 슈퍼 컴퓨팅, 로보틱스, 인공지능(AI)Artificial Intelligence 등이다. 가까운 미래에는 ULSI 기술이 더 활발히 응용될 것이며, 특히 의료용 기기 영역에서도 응용될 것으로 기대된다.

IC 메모리

이진 디지털 데이터는 H와 L 상태(논리값 1과 0)로 다양한 물리적 형태의 메모리칩에 저장될 수 있다. 어떤 IC 메모리칩들은 전원을 계속 공급하지 않으면 데이터가 소멸된다. 그리고 어떤 IC 메모리칩들은 전원을 공급하지 않아도 데이터를 유지할 수 있는데, 경우에 따라 몇 개월 또는 몇 년까지 저장할 수 있다. 전자 기기에서는 **랜덤 액세스**random access와 **읽기 전용**read-only이라는 두 가지 유형의 메모리를 볼 수 있다.

랜덤 액세스 메모리

랜덤 액세스 메모리(RAM) Random-Access Memory는 이진 데이터를 **어레이**array에 저장한다. 데이터는 어레이 매트릭스 내 어느 곳에 있어도 저장할 주소를 지정할 수 있다. 이것을 **어드레싱**addressing 또는 **선택**select 동작이라고 표현한다. 전체 또는 일부 데이터를 쉽게 바꾸고 다시 RAM에 저장할 수 있다. 이로 인해, RAM 칩을 종종 **읽기/쓰기 메모리**read/write memory라고도 한다.

RAM의 대표적인 사용 예는, 우리가 자주 사용하는 워드 프로세싱 파일이다. 하나의 문단, 장, 책 전체의 내용은 반도체 RAM의 일부 영역에 저장되고, 양이 늘어나면 컴퓨터 하드 드라이브에, 더 늘어나면 외부 저장 장치에 저장한다.

RAM은 크게 **동적 RAM(DRAM)**Dynamic RAM과 **정적 RAM(SRAM)**Static RAM으로 구분된다. DRAM 메모리 소자는 하나의 트랜지스터와 커패시터로 구성되어 있고, 데이터는 전하 형태로 커패시터에 저장된다. 저장된 전하는 주기적으로 복구되어야 하고, 그렇지 않으면 방전되어 소실된다. 복구 동작은 초당 수백 번씩 자동적으로 이루어진다. SRAM 칩은 데이터를 저장하기 위해 플립플롭을 이용한다. 이러한 구성을 통해 끊임없이 전하의 저장 상태를 복구하는 과정이 필요 없어진다. 그러나 SRAM IC는 DRAM 칩과 비교했을 때 동일한 양의 데이터를 저장하기 위해 더 많은 소자들을 필요로 한다.

RAM 칩은 **메모리 백업** 수단을 마련하지 않을 경우, 전원이 끊어졌을 때 데이터도 같이 사라진다. 가장 일반적인 메모리 백업 방법은 수명이 긴 작은 전원 셀이나 배터리를 달아주는 것이다. 현대의 IC 메모리들은 데이터를 저장할 때 매우 적은 전류만 필요로 하므로 백업 배터리의 수명이 매우 길다.

읽기 전용 메모리

읽기 전용 메모리(ROM)^{Read-Only Memory} 칩은 일부 또는 전체 데이터에 쉽게 접근할 수 있지만 쓸 수는 없다. 표준 ROM은 공장에서 **프로그램**되어 출시된다. 이처럼 영구적인 프로그램을 **펌웨어**^{firmware}라고 한다. 일부 ROM 칩 중에는 사용자가 직접 프로그램하거나 다시 프로그램할 수 있는 ROM도 있다.

전원이 제거되면 데이터가 사라지는 메모리를 **휘발성 메모리**^{volatile memory}라고 한다. 전원을 제거해도 데이터가 유지되는 것은 **비휘발성 메모리**^{nonvolatile memory}이다. 대부분의 RAM 칩에 저장된 데이터는 휘발성이며, ROM 칩에 있는 데이터는 비휘발성이다.

지우고 쓸 수 있는 **읽기 전용 메모리**(EPROM)^{Erasable Programmable ROM} 칩은 일련의 과정을 통해 다시 프로그램할 수 있는 ROM이다. EPROM은 데이터를 다시 쓰는 것이 RAM보다 더 어려우며, 저장된 데이터를 지우는 과정에 자외선(UV)이 필요하다. 칩에 제거할 수 있는 덮개가 있는 투명한 창이 있다면 EPROM이라는 것을 알 수 있는데, 그 투명한 창을 통해 자외선이 메모리 어레이에 조사되어 저장된 데이터를 지울 수 있다. IC를 회로 기판에서 제거하여 몇 분 동안 UV를 쪼인 후 재프로그램하여 회로 기판에 다시 장착한다.

어떤 EPROM 칩에 저장된 데이터는 전기적인 방법으로 지울 수 있다. 이러한 IC를 **전기적으로 지우고 쓸 수 있는 읽기 전용 메모리**(EEPROM)^{Electrically Erasable Programmable ROM} 칩이라고 한다. 전기적인 방법으로 지우고 쓰므로, 회로 카드에서 칩을 빼지 않고도 다시 프로그램할 수 있다.

※ 필요하다면 이 장의 본문 내용을 참고해도 된다. 적어도 18개 이상 맞히는 것이 바람직하다.
정답은 [부록 A]에 있다.

23.1 연산 증폭기가 너무 높은 이득을 내는 것을 방지하거나 원치 않는 발진 상태에 들어가는 것을 막는 방법은 무엇인가?

(a) 양궤환
(b) 부궤환
(c) 인덕터를 연결한 궤환
(d) 커패시터를 연결한 궤환

23.2 독립적인 N채널 및 P채널 MOSFET이 동시에 집적되어 있는 칩은 무엇인가?

(a) NMOS 칩   (b) PMOS 칩
(c) CMOS 칩   (d) 답이 없음

23.3 헤드폰이나 작은 스피커를 동작시키기 위해 아날로그 오디오 증폭기를 제작할 때 필요한 것은 무엇인가?

(a) TTL IC   (b) 선형 IC
(c) EPROM IC   (d) ECL IC

23.4 다음 중 실제로 IC 칩에 잘 제작하지 않는 소자는 무엇인가?

(a) 저항   (b) 커패시터
(c) 인덕터   (d) 트랜지스터

23.5 다음 중 순수한 사인파 입력이 들어왔을 때 동일한 주파수를 가지며 90°만큼의 위상 지연이 발생하는 순수한 사인파 출력을 내는 회로를 만들기 위해 사용하는 IC의 종류는 무엇인가?

(a) 연산 증폭기   (b) TTL
(c) NMOS   (d) PMOS

23.6 "DRAM 칩에서 데이터는 (   )의 형태로 저장된다."에서 괄호에 적절한 말은?

(a) 다양한 주파수를 갖는 사인파
(b) 작은 저항에 흐르는 전류
(c) 작은 인덕터 내의 자기장
(d) 작은 커패시터 내의 전하

23.7 다음 중 등가적인 IC와 비교했을 때 독립 요소들로 구성한 회로가 갖는 일반적인 장점은 무엇인가?

(a) 고전력을 다룰 수 있는 능력
(b) 일괄적인 유지 보수
(c) 높은 신뢰성
(d) (a), (b), (c) 모두

23.8 다음 유형의 메모리 중 데이터를 다시 쓰는 동작이 가장 쉬운 메모리는 무엇인가?

(a) ROM   (b) EPROM
(c) EEPROM   (d) RAM

23.9 다음 중 CMOS 칩에서 볼 수 있는 대표적인 특징은 무엇인가?

(a) 정전기 방전에 의한 파손에 대한 민감성
(b) 아날로그 응용에만 사용 가능한 점
(c) 높은 동작 전류 요구
(d) 매우 제한적인 동작 속도

23.10 적분기 IC의 출력 신호는 순수한 AC 사인파 입력 신호와 얼마만큼의 위상차를 내는가?

(a) 180°
(b) 90°
(c) 45°
(d) 주파수에 따라 달라진다.

23.11 메모리와 관련해 외부 공급 전원이 끊어져도 데이터를 꺼내 쓸 수 있는 상태로 유지되는 특성을 무엇이라 하는가?

(a) 포화　　　(b) 정적 동작
(c) 동적 동작　(d) 비휘발성

23.12 단일 칩상에 집적되는 최대 트랜지스터의 수와 관련하여, LSI는 VLSI보다 10의 몇 승 배 높은 집적도를 갖는가?

(a) 1승
(b) 2승
(c) 3승
(d) 질문의 가정이 잘못되었다. LSI 칩상에 집적되는 트랜지스터의 최대 수는 VLSI의 최대 수보다 작기 때문이다.

23.13 다음 전자기기들 중 IC가 핵심 요소로 기능하는 기기는 무엇인가?

(a) 고전압 전력 공급 장치 내 필터
(b) TV 방송 송신기 내 최종 증폭기
(c) 전자계산기
(d) (a), (b), (c) 모두

23.14 다음 중 알람 벨과 같이 특정한 하드웨어 기기를 트리거할 때 사용하는 IC는 무엇인가?

(a) 비교기
(b) EPROM
(c) 노치notch 필터
(d) 다중화기

23.15 다음 중 IC의 집적도 사양을 통해 알 수 있는 것은 무엇인가?

(a) 칩 안 요소들의 평균 지름
(b) 칩 안 요소들의 평균 면적
(c) 칩 안 요소들의 평균 질량-부피 비율
(d) 칩 안 개별 요소들의 총 수

23.16 미분기에 DC +2V의 전압을 입력으로 인가하면 어떤 출력을 얻는가?

(a) DC +2V
(b) DC 0V. 즉, 아무런 출력도 나오지 않는다.
(c) DC −2V
(d) 순수한 교류 사인파

23.17 다음 중 통상적인 EPROM을 재프로그램하기 위해 해야 할 일은 무엇인가?

(a) 새로운 데이터를 입력하기만 하면 된다.
(b) 칩에 자외선을 조사한다.
(c) 칩에 자기장을 인가한다.
(d) 아무 작업도 하지 않는다. EPROM에 저장된 데이터는 바꿀 수 없기 때문이다.

23.18 다음 중 TTL과 비교하여 ECL에 갖는 동작 특성상의 한계는 무엇인가?

(a) 느린 동작 속도

(b) 훨씬 높은 동작 전류 요구

(c) 잡음에 대해 더 높은 민감도

(d) 짧은 수명

23.19 다음 중 약간의 어려움이 있다고 해도 재 프로그램 동작이 원천적으로 불가능한 메 모리는 무엇인가?

(a) ROM   (b) RAM

(c) EPROM   (d) EEPROM

23.20 미분기 IC의 출력 신호는 순수한 AC 사인파 입력 신호와 얼마만큼의 위상차를 내는가?

(a) 180°

(b) 90°

(c) 45°

(d) 주파수에 따라 달라진다.

진공관

Electron Tubes

▌학습목표

- 다양한 진공관의 구조와 동작 원리를 정확히 이해할 수 있다.
- 전자빔, 전자기 CRT, 정전기 CRT 등 디스플레이를 위한 전자 부품들의 종류를 살펴보고 동작 원리를 이해할 수 있다.
- 마그네트론, 클라이스트론 등 고주파에서 증폭 동작이 가능한 전자 소자들의 구조와 동작 원리를 이해할 수 있다.

영국에서는 **밸브**valve, 미국에서는 간단히 **튜브**tube라고 불리는 **전자 진공관(전자관)**electron tube은 1960년대 중반 이전에 생산된 전자 기기들에 사용된 주요 능동 소자다. 다이오드, 트랜지스터, IC에서 전하 반송자들은 고체 안에서 원자와 원자 사이를 뛰어 다닌다. 진공관 안에서 반송자는 자유전자이며, 진공 또는 고진공 가스 영역을 통과해 대전된 금속 전극 사이를 비행한다.

주요 장점

대부분의 전자공학 매니아들은 진공관을 구식이라고 여긴다. 최신 반도체 소자들은 진공관에 비해 장점이 많으며 다양한 곳에 응용되고 있기 때문이다. 그러나 큰 부피에도 불구하고 전자 진공관들은 전기적 강인성이 탁월하다. 즉, 진공관은 **전기적**으로 쉽게 파괴되지 않는다.

요즘 전자 소자들의 경우 배선상에서의 전압 스파이크나 **순시적 변화**transient로 인해 순간적으로 파괴될 수 있다. 일부 순시적 변화들은 **전원 공급 장치**로부터 시스템 내 다이오드, 트랜지스터, IC 등에 발생할 수 있다. 결과적으로, 해당 기기 내부로 연결되는 교류 배선상에 적절한 순시 신호 억제기를 설치하지 않는다면 민감한 반도체 소자들, 특히 IC는 타버린다.

심각한 순시 현상들이 자주 발생하지는 않지만, 그 효과는 재앙에 가까울 정도이다. 큰 전압 스파이크는 폭발적인 전류를 발생시킨다. 때로는 시스템 근처에 있는 전력 공급선과 볼트 사이의 뇌전이 원인이 되기도 한다. **급격한 전류**current surge는 순시 신호 억제기를 비롯해서 많은 트랜지스터, 다이오드, IC 및 그 이상의 것들까지 태워버릴 수 있다. 반면, 진공관을 기반으로 제작된 기기들은 그러한 효과에 영향을 받지 않고 정상적으로 동작할 수 있다.

알고 있나요?
일부 오디오 애호가들은 진공관을 기반으로 만든 오디오 전력 증폭기가 전력 트랜지스터를 사용하는 유사한 증폭기들에 비해, 훨씬 풍부하고 꽉 찬 느낌의 음향 출력을 낸다고 한다.

진공형과 가스형

대부분의 전자 진공관은 두 가지 유형으로 구분할 수 있다. 하나는 **순수 진공관**^{vacuum tube}으로 튜브 내부 기체가 전부 또는 대부분 제거된 형태이고, 다른 하나는 **가스형 튜브**^{gas-filled tube}로 저압 상태의 가스가 들어 있는 형태이다.

진공관 내의 전자는 매우 높은 속도로 가속되어 특정 방향으로 유도되는 전류가 형성된다. 교류 입력 신호는 빔의 세기나 방향 혹은 둘을 동시에 급속히 바꿀 수 있으며, 이를 통해 반도체 소자를 사용하는 사람이라면 익히 알고 있는 다음과 같은 기능들을 수행할 수 있다.

- 정류
- 증폭
- 발진
- 변조
- 검출(복조)
- 믹싱(헤테로다이닝)
- 스위칭

이와 더불어, 특수한 진공관들은 다음과 같은 기능들도 수행할 수 있다.

- 파형 분석
- 주파수 스펙트럼 분석
- 영상 이미지 획득
- 영상 이미지 디스플레이
- 레이더 이미지 가공
- 전압 조정
- 일반 조명

1800년대 초반, 과학자들은 전자가 진공 속에서도 이동해 전류를 형성할 수 있다는 사실을 발견했다. 또한 뜨거운 전극이 차가운 전극보다 전자를 더 쉽게 방출한다는 사실도 알았다. 이러한 현상들을 응용하여 최초의 전자 진공관인 **다이오드 진공관**^{diode tube}을 개발하고, 정류 기능을 위해 활용했다. 최근에는 다이오드 진공관을 찾아보기 어렵지만 100% **작동 주기**^{duty cycle}, 즉 연속 작동 상태에서 고전류를 동반한 수천 볼트의 고전압을 전송하는 전원 공급 장치에 사용되기도 한다. 다이오드 진공관은 단 두 개의 구성 요소만을 갖는다. 하나는 **캐소드**^{cathode}로 보통 상대적으로 낮은 전압을 인가하며, 다른 하나는 **애노드**

anode로 상대적으로 높은 전압을 인가한다. 전자들은 캐소드에서 애노드로 쉽게 이동하지만 반대 방향으로는 그렇지 않다.

다양한 종류의 가스 진공관이 전기 또는 전자공학에서 널리 응용되고 있다. 어떤 가스 진공관들은 흐르는 전류량에 상관없이 일정한 전압 강하가 이루어져, 고전압·고전류 전원 공급 장치를 위한 전압 조정기로 유용하게 활용된다. 어떤 가스 진공관은 적외선(IR), 가시광선, 자외선(UV)을 방출할 수도 있다. 이러한 특성으로 인해 실생활에서 장식용 조명에 사용되기도 한다. [그림 24-1]과 같이, **네온 전구**(가스 진공관의 일종)는 오디오 **완화 발진기**relaxation oscillator를 설계하는 데 사용된다. 가스 진공관도 두 개의 구성 요소만 갖고 있어, 구분하지 않고 다이오드 진공관으로 부르기도 한다.

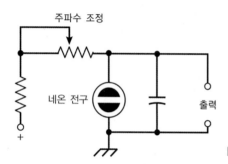

[그림 24-1] 완화 발진기라고도 불리는 네온 전구 발진기

전극 구성

진공관에서 캐소드는 전자를 방출한다. 백열등의 발광부와 유사한 와이어 **필라멘트**filament는 캐소드를 가열해 전자들이 더 쉽게 방출되도록 한다. 진공관의 캐소드는 FET의 소스 또는 바이폴라 트랜지스터의 이미터에 해당한다. **플레이트(금속판)**plate라고도 불리는 애노드는 전자들을 끌어 모은다. 플레이트는 FET의 드레인 또는 바이폴라 트랜지스터의 컬렉터에 해당한다. 대부분의 진공관에는 캐소드의 플레이트 사이에 금속 **그리드**가 있어 캐소드에서 플레이트로 이동하는 전자의 양을 조절한다. 그리드는 FET의 게이트 또는 바이폴라 트랜지스터의 베이스에 해당한다.

직접 가열형 캐소드

일부 진공관에서는 필라멘트가 캐소드 역할을 수행한다. 이러한 유형의 전극을 **직접 가열형 캐소드**indirectly heated cathode라고 한다. 필라멘트에 음의 공급 전압을 직접 인가하는데, 통상적인 직접 가열형 캐소드 진공관이 동작하기 위한 필라멘트 전압은 6 V ~ 12 V 이다. 직접 가열형 캐소드를 가진 진공관 내의 필라멘트를 가열하기 위해서는 교류가 아닌 직류 전압을 사용해야 하는데, 그 이유는 교류 전압이 출력 신호에서 상당 수준의 원치 않는 교류 잡음을 생성하기 때문이다. 직접 가열형 캐소드를 가진 진공관의 회로 기호는 [그림 24-2(a)]와 같다.

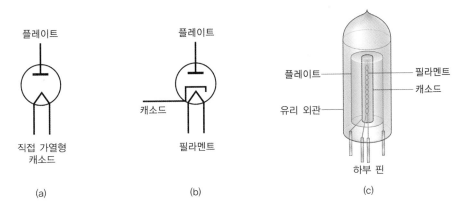

[그림 24-2] (a) 직접 가열형 캐소드를 가진 진공관의 회로 기호
　　　　　　 (b) 간접 가열형 캐소드를 가진 진공관의 회로 기호
　　　　　　 (c) 다이오드 진공관의 단자 연결을 보여주는 모식도

간접 가열형 캐소드

많은 유형의 진공관에서 원통형 캐소드가 필라멘트를 감싼 구조를 볼 수 있다. 캐소드는 필라멘트가 방출하는 적외선을 흡수하면서 점차 뜨거워진다. 이를 **간접 가열형 캐소드** indirectly heated cathode라고 한다. 일반적으로 필라멘트에는 $12\,V$의 교류 또는 직류 전압을 인가한다. 간접 가열형 캐소드를 가진 진공관에서는 직접 가열형 캐소드를 가진 진공관의 경우처럼, 캐소드의 교류 전압이 출력 신호를 복조하는 문제가 발생하지 않는다. 간접 가열형 캐소드를 가진 다이오드 진공관의 회로 기호는 [그림 24-2(b)]와 같다.

진공관 안에서의 전자 방출은 필라멘트나 히터에 크게 의존하므로, 진공관은 적절한 동작 상태에 들어가기 전에 예열을 위한 시간이 필요하다. 이 시간은 직접 가열형 캐소드를 가진 소형 진공관의 경우 수 초에서, 간접 가열형 캐소드를 가진 대형 전력 증폭 진공관의 경우 수 분까지 될 수 있다. 간접 가열형 캐소드 진공관 동작을 위한 예열 시간은, 대략 많은 소프트웨어들이 인스톨된 개인용 컴퓨터를 부팅하는 데 드는 시간과 비슷하다.

콜드 캐소드

가스 진공관에서는 전자를 방출하는 요소에 가열시켜주는 필라멘트가 없다. 이러한 전극을 **콜드 캐소드** cold cathode라고 한다. 다양한 화학 원소들이 가스 진공관에 사용되는데, 형광 소자에서는 흔히 네온, 아르곤, 제논 등이 사용된다. 초기 형태의 가스 진공관 **전압 조정**

기(VR)에서는 수은 기체가 사용되기도 했다. 기체 수은 VR 진공관의 예열 시간은, 상온에서의 경우 액체인 수은이 기화하는 데 필요한 시간에 따라 결정되며, 보통 수 분 정도 걸린다. 수은의 독성이 알려지면서 최근에는 수은을 사용하는 가스 진공관을 찾아보기 어렵다.

플레이트

진공관의 플레이트 또는 애노드는 [그림 24-2(c)]와 같이 캐소드 및 필라멘트와 중심을 같이 하는 동축 금속 원통 형태이다. 플레이트는 양(+)의 직류 공급 전압에 연결되며, 이따금 그 사이에 인덕터, 변압기 권선, 저항 등을 두기도 한다. 진공관은 위험한 수준, 때로는 치명적으로 높은 수준의 전압에서 동작하는데, 50 V에서 3 kV 이상에 이르는 범위의 동작 전압을 갖는다. 충분히 숙련되지 않은 경우라면 진공관이 있는 기기들을 다루지 않아야 한다. 진공관 증폭기의 출력은 거의 대부분 플레이트 회로에서 뽑아낸다. 플레이트는 출력 신호에 대해 높은 임피던스를 가지며 이는 통상적인 JFET의 출력 임피던스와 비슷하다.

제어 그리드

진공관에서는 캐소드에서 플레이트로 이동하는 전자들에 의한 전류의 흐름이 **제어 그리드** control grid 또는 간단히 그리드라고 하는 중간 전극에 의해 조절된다. 그리드는 전자가 통과하는 금속 망 또는 체 형태로 되어 있으며, 인가하는 전압의 크기에 따라 통과하는 전자의 양을 조절할 수 있다. 그리드에 캐소드 대비 낮은 전압을 인가하면 전자 통과가 저지된다.

음의 전압 크기를 증가시키면 제어 그리드는 플레이트에 도달하는 전자의 흐름을 상당한 수준으로 억제한다. 충분히 큰 크기의 음의 전압을 인가하면 그리드는 전자의 흐름을 완전히 차단하고, 플레이트 회로에는 아무런 전류가 흐르지 않는다. 이러한 상태를 **컷오프** cutoff 라고 부른다.

그리드에 양의 전압을 인가하면 플레이트로 이동하는 전자의 흐름을 가속시킬 수 있다. 그러나 그 양에는 한계가 있다. 양의 그리드 전압은 플레이트에 도달할 수 있는 전류의 일정량을 누설시킨다. 이는 N-채널 JFET에서 게이트에 지나치게 높은 양의 전압을 인가하면 전류가 게이트로 누설되는 현상과 비슷하다. 캐소드에서 플레이트로 이동하는 전자들의 양(보통 이를 간단히 **플레이트 전류**라고 부른다)이 주어진 직류 플레이트 전압에 대해 도달할 수 있는 최댓값에 도달하면 진공관은 **포화상태** saturation 에 들어갔다고 말한다.

3극 진공관

그리드를 가진 진공관은 3극으로 구성된다. [그림 24-3(a)]는 **3극 진공관** triode 의 회로 기호이다. 캐소드는 아래, 제어 그리드는 가운데(점선), 플레이트는 위에 그려져 있다.

| (a) 3극 진공관 | (b) 4극 진공관 | (c) 5극 진공관 | (d) 6극 진공관 | (e) 7극 진공관 |

[그림 24-3] **그리드를 가진 진공관의 회로 기호**

이 특수한 예에서 간접 가열형 캐소드를 볼 수 있다. 즉 필라멘트는 나타내지 않는다. 간접 가열형 캐소드를 가진 진공관을 도식적으로 나타낼 때는 필라멘트를 그리지 않는 것이 일 반적이나(직접 가열형 캐소드를 가진 진공관의 경우 필라멘트를 그려 캐소드를 나타낸다). 대 부분의 실제 회로에서는 제어 그리드에 음의 직류 전압을 가하는데, 그 크기는 0에서부터 대략 직류 플레이트 전압의 절반에 해당하는 값까지다.

4극 진공관

어떤 진공관들은 제어 그리드와 플레이트 사이에 그리드를 하나 더 갖는다. 이 그리드는 와이어 나선이나 성긴 체 형태로 되어 있다. 이것을 **스크린 그리드**^{screen grid} 또는 간단히 스크린이라고 한다. 스크린 그리드에는 플레이트 전압의 25%~35% 정도의 양(+)의 직류 전압을 인가한다. 이는 제어 그리드와 플레이트 사이의 커패시턴스를 줄이고 진공관 기반 의 증폭기가 발진하는 자연적 특성을 최소화한다(동일한 응용을 위해 3극 진공관을 사용했을 때에 비해 **안정도**^{stability}가 향상됨). 스크린 그리드는 제2의 제어 그리드로 동작할 수도 있으 므로, 진공관에 서로 다른 두 신호를 인가할 수 있다. 진공관을 믹서나 진폭 변조기로 사용 할 때 그러한 방식으로 활용한다. 이 같은 유형의 진공관은 네 개의 단자를 갖고 있으므로 **4극 진공관**^{tetrode}이라고 한다. [그림 24-3(b)]는 4극 진공관의 회로 기호에서 스크린 그리 드가 제어 그리드 바로 위에, 그리고 플레이트 바로 아래에 위치한 것을 나타낸다.

5극 진공관

4극 진공관의 전자들, 특히 높은 직류 플레이트 전압을 인가하는 4극 진공관의 전자들은 때로 플레이트를 매우 강하게 타격하여 전자들이 플레이트에서 튀어 나오게 하거나 플레이 트에 있는 전자들을 떨어뜨리기도 한다. 이러한 현상을 **2차 방출**^{secondary emission}이라고 하는 데, 이는 높은 동작 전력 조건에서는 오히려 진공관의 성능을 떨어뜨리는 결과를 초래하고, 전극을 물리적으로 파괴시킬 수 있을 정도로 스크린 전류를 증가시킨다. 이러한 문제를 해결하기 위해 스크린과 플레이트 사이에 **억제 그리드**^{suppressor grid} 또는 **억제기**^{suppressor}라 고 하는 또 다른 그리드를 넣는다. 억제기는 플레이트로부터 나타나는 **2차 전자**들을 몰아내 그 전자들 대부분이 스크린에 도달하는 것을 저지한다. 억제기는 스크린 그리드만 있을 때에 비해 제어 그리드와 플레이트 간의 커패시턴스를 더 감소시킨다. **5극 진공관**^{pentode}을 사용하면 3극 진공관이나 4극 진공관에 비해 더 높은 이득과 향상된 안정도를 얻을 수 있다. [그림 24-3(c)]는 4극 진공관의 회로 기호이다. 5극 진공관의 억제 그리드(그림의 점선들 중 가장 위에 있는 점선)가 내부적으로 캐소드에 단락되는 경우도 볼 수 있다.

6극 진공관 및 7극 진공관

1960년대 이전의 라디오와 TV 수신기에서는 때때로 그리드가 네 개 또는 다섯 개인 진공관들이 사용되었다. 이러한 진공관들은 여섯 개 또는 일곱 개의 전극을 가지므로 **6극**^{hexode} 또는 **7극 진공관**^{heptode}이라고 한다. 그러한 진공관들은 보통 신호 믹서기(주파수 변환기) 또는 진폭 변조기의 기반을 이루었다. 6극 진공관의 회로 기호는 [그림 24-3(d)]와 같다. **오격자 변환기**^{pentagrid converter}라고도 하는 [그림 24-3(e)]의 7극 진공관은 다섯 개의 그리드를 가지며, 주로 주파수 변환기에 사용된다.

내부 전극 커패시턴스

진공관에서 캐소드, 그리드, 플레이트는 내부 전극 커패시턴스를 형성하며, 이는 진공관이 증폭 이득을 낼 수 있는 최대 주파수를 제한한다. 통상적인 진공관의 내부 전극 커패시턴스는 수 pF이다. 이러한 수준의 커패시턴스는 저주파에서 그 효과를 무시할 수 있을 정도로 작지만, 대략 $30\,\text{MHz}$ 이상의 고주파에서는 상당히 큰 효과를 보인다.

RF 증폭기로 사용하기 위한 진공관은 내부 전극 커패시턴스를 최소화하도록 설계한다. 내부 전극 커패시턴스로 인해 증폭기로만 동작해야 하는 진공관이 발진 상태에 들어갈 수 있으며, 주파수가 높아질수록 발진 문제는 더욱 심각해지는 경향이 있다. 3극 진공관보다는 4극 진공관과 5극 진공관에서 이 문제가 발생할 가능성이 낮고, 발생해도 심각성이 덜하다.

회로 구성

진공관은 주로 신호 증폭, 특히 1kW 이상의 높은 전력 조건에서 동작하는 라디오와 TV 수신기의 신호 증폭을 위해 사용되며, 일부 고충실도(hi-fi) 오디오 시스템에서도 사용된다. 이론적인 근거는 없지만, 최근 진공관 앰프가 전력 트랜지스터를 사용하는 앰프보다 나은 음질을 제공한다고 주장하는 일부 유명 음악가들에게 진공관이 인기를 끌고 있다. 진공관 형태의 증폭기 관련 작업을 한다면 두 가지 회로 구성을 볼 수 있을 것이다. 하나는 **캐소드 접지**^{grounded-cathode} 회로이고, 다른 하나는 **그리드 접지**^{grounded-grid} 회로이다.

캐소드 접지 회로

[그림 24-4]는 3극 진공관을 사용하는 캐소드 접지 회로이다. 진공관형 RF 전력 증폭기나 오디오 앰프에서 이러한 설계 방식을 종종 사용한다. 회로는 적절한 수준의 입력 임피던스와 높은 출력 임피던스를 나타낸다. 필요한 경우 진공관의 출력 임피던스를 입력 임피던스에 매칭 시키는데, 이는 (그림에서 보듯이) 출력 회로에 코일을 달거나 변압기를 사용하는 방법을 통해 가능하다. 출력 파형은 입력 파형 대비 180°의 위상차를 갖는다.

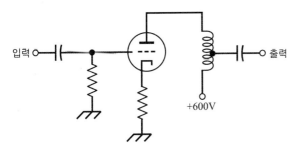

[그림 24-4] 3극 진공관을 사용하는 캐소드 접지 RF 증폭기의 간략한 회로도

그리드 접지 회로

[그림 24-5]는 기본적인 그리드 접지 RF 증폭기 회로이다. 입력 임피던스는 낮고 출력 임피던스는 높다. 캐소드 접지 회로에서와 마찬가지 방법으로 출력 임피던스를 입력 임피던스에 매칭시킬 수 있다. 일정량의 출력 전력을 얻고자 한다면 그리드 접지 증폭기는 캐소드 접지 증폭기의 경우보다 더 높은 구동(입력) 전력을 공급해야 한다. 캐소드 접지 증폭기에서는 7 W 입력 신호로부터 1kW의 RF 출력을 얻을 수 있지만, 그리드 접지 증폭기에서 동일한 출력을 얻으려면 70 W의 구동 신호가 필요하다. 그러나 그리드 접지 증폭기에는 중요한 장점이 있는데, 그것은 캐소드 접지 회로에 비해 원치 않는 발진 상태에 들어갈 가능성이 낮다는 점이다. 출력 파형은 입력 파형과 동일한 위상을 갖는다.

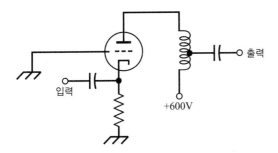

[그림 24-5] 3극 진공관을 사용하는 그리드 접지 RF 증폭기의 간략한 회로도

플레이트 전압

[그림 24-4]와 [그림 24-5]에서 플레이트 전압(+600 V DC)은 하나의 예시 값으로 주어졌다. 이러한 전압 조건에서 충분히 높은 구동 전력(입력 전력)이 공급되고 적절한 그리드 바이어스가 인가될 경우, 75 ~ 150 W 범위의 가용 출력 신호를 낼 것으로 기대할 수 있다. 증폭기의 정격 출력이 1 kW라면 플레이트 전압은 DC +2 kV ~ +5 kV 범위의 값을 갖는다. 고전력 라디오와 TV 방송 송신기는 RF 출력 50 kW에 해당하는 초과 전력을 낼 수 있어야 하며, 이를 위해서는 앞의 범위보다 훨씬 높은 직류 플레이트 전압이 필요하다.

▌음극선관(CRT)

아주 오래된 초기 TV 수신기와 컴퓨터 모니터에는 **음극선관(CRT)**$^{Cathode-Ray\ Tube}$이 사용된다. CRT는 초기 오실로스코프, 스펙트럼 분석기, 레이더 셋 등에서도 사용되었으며 현재도 일부 응용을 위해 사용되고 있다.

전자빔

CRT에서는 전자총$^{electron\ gun}$이라고 하는 특수한 캐소드가 전자들을 쏘는데, 이 전자들은 일련의 양(+)으로 대전된 애노드들을 통과하면서 가속되고 빔의 형태로 정의된다. 전자빔은 안쪽 표면이 인광물질^{phosphor}로 코팅된 유리 스크린을 때린다. CRT의 앞면에서 봤을 때 전자들이 와서 부딪치는 인 부분은 눈에 보일 정도로 밝게 빛을 낸다. 빔을 스캐닝하는 방식은 자기장 또는 전기장으로 조절된다. 하나의 장^{field}은 빔이 스크린을 가로지르는 방향으로 급속히 움직일 수 있도록 해주며, 또 다른 장은 빔이 수직적으로 움직일 수 있도록 한다. 전자빔을 만들어 내는 전극에 신호를 인가하면 스크린에 순차적인 패턴이 나타난다. 이 패턴은 신호 파형, 고정된 이미지, 움직이는 이미지, 컴퓨터 텍스트 화면, 기타 눈으로 볼 수 있는 여러 유형의 이미지들을 그려 낼 수 있다.

전자기 CRT

[그림 24-6]은 **전자기 CRT**$^{electromagnetic\ CRT}$의 단면도를 모식적으로 나타낸 것이다. 기기 안에는 두 세트의 **편향 코일**$^{deflecting\ coil}$이 있는데, 하나는 수평면을 위한 것이고 다른 하나는 수직면을 위한 것이다(그림이 너무 복잡해지지 않도록 한 세트의 편향 코일만 나타냈다). 코일을 통과하는 순시 전류가 증가하면 코일 주변의 자기장 세기도 증가하며, 자기장이 코일 사이를 지날 때 전자빔은 더 많이 휘게 된다. 전자빔은 코일 사이의 자속에 수직 방향으로 굴절된다.

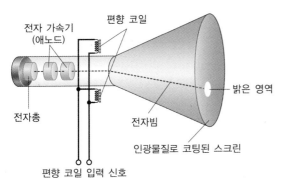

전자 가속기 (애노드)

편향 코일

밝은 영역

전자총

전자빔

인광물질로 코팅된 스크린

편향 코일 입력 신호

[그림 24-6] **전자기 CRT 단면을 나타낸 모식도**

오실로스코프에서 수평 편향 코일은 톱니 파형의 입력 신호를 받아 전자빔이 조절할 수 있는 정확한 속도로, 스크린 앞면에서 봤을 때 왼쪽에서 오른쪽으로 스크린을 스캔(또는 **스윕**sweep)한다. 빔은 정확히 시간 조절된 좌우 스캔을 마친 후, 다음 스캔 동작을 위해 스크린 왼쪽 끝으로 즉각 돌아온다. 편향 코일 내의 순시 신호 전류는 전자 빔을 위, 아래로 움직일 수 있도록 한다. 수직 및 수평 방향으로의 빔 운동 조합을 통해 인가된 신호 파형을 시간의 함수로 디스플레이 해준다.

정전기 CRT

정전기 CRTelectrostatic CRT에서는 전류가 흐르는 코일이 아닌 대전된 금속 전극에 의해 전자빔이 굴절한다. 굴절 플레이트에 전압이 나타나면 빔은 플레이트 사이 전속선 방향으로 휜다. 굴절 플레이트 간의 순시 전압이 높아질수록 전계가 강해지며 빔은 순간 더 급하게 휜다.

정전기 방식 CRT의 주된 장점은 전자기 방식 CRT에 비해 발생되는 전자기장의 세기가 훨씬 작다는 것이다. 보통 사용하는 RF 스펙트럼 범위보다 훨씬 낮은 주파수에서 발생하기 때문에 **초저주파**(ELF)Extremely Low Frequency 에너지 파라고도 부르는 CRT의 전자파는 데스크톱 컴퓨터와 같이 CRT를 갖고 있는 기기들을 장시간 사용할 때 사용자들에게 유해한 영향을 줄 수 있다. 최근에는 CRT 타입의 디스플레이를 대체할 수 있는 **액정 디스플레이**(LCD)Liquid Crystal Display와 **플라즈마 디스플레이**가 발전해 ELF 문제가 거의 사라졌다.

300 MHz 이상의 고주파 동작 진공관들

특수한 진공관들은 300 MHz 이상 주파수에서의 RF 동작을 위해 사용된다. 통신 분야에서는 300 MHz ~ 3 GHz 까지의 주파수 범위를 **초고주파**(UHF)Ultra High Frequency **대역**이라고 하며, 3 GHz 이상에서부터 EM 스펙트럼의 적외선(IR) 영역 바로 아래 주파수까지의 범위를 **마이크로파**microwave **대역**이라고 한다. **마그네트론**magnetron과 **클라이스트론**Klystron

은 UHF와 마이크로파 신호를 생성하고 증폭할 수 있는 진공관들의 예이다.

마그네트론

마그네트론magnetron은 캐소드와 이를 둘러싼 애노드로 구성된다. 애노드는 원 중심을 둘러싼 **공동**cavity이라는 영역들이 금속 벽으로 구분되어 나열된 형태이다. 출력 신호는 애노드의 열린 부분에서 나와 RF 출력 에너지의 전송선으로 사용되는 도파관을 통해 전달된다. 마그네트론은 1 GHz의 주파수에서 1 kW 이상의 RF 전력을 생성할 수 있다. 주파수가 증가함에 따라 사용 가능한 출력 전력은 감소한다.

캐소드는 고전압원의 음극 단자에 연결되며 애노드는 양극 단자에 연결된다. 전자들은 캐소드에서 애노드를 향해 원의 중심에서 멀어지는 방향으로 움직인다. 자기장은 공동을 관통하는 길이 방향으로 인가된다. 이 인가된 자기장으로 인해 전자의 이동 궤적은 원형을 이루게 된다. 고전압에 의해 형성된 전기장은 이 세로 방향 자기장 및 공동 효과와 상호작용하여 전자들이 특정 영역에 집중되는 현상, 즉 **전자구름**cloud 현상을 발생시킨다. 전자구름의 원 궤적 운동은 애노드에서 시간에 따라 변화하는 전류를 야기한다. 이 전류 변화의 주파수는 공동의 형태와 크기에 좌우된다. 공동이 작으면 발진 주파수가 높아지고, 공동이 커지면 상대적으로 낮은 주파수의 발진이 발생한다.

클라이스트론

클라이스트론Klystron은 전자총, 하나 또는 그 이상의 공동, 전자빔을 조정하는 부분으로 구성된다. 몇 가지 서로 다른 클라이스트론의 구조가 존재할 수 있다. 가장 흔한 형태는 **다중 공동**multi-cavity **클라이스트론**과 **반사형** reflex **클라이스트론**이다.

다중 공동 클라이스트론의 동작에서, 전자 빔은 첫 번째 공동에서 속도가 조절된다. 이 과정으로 인해 빔이 다음 공동들로 이동할 때 빔 안의 전자 밀도(단위부피당 전자의 개수)가 변화한다. 전자들은 특정 영역에 몰렸다가 다른 영역으로 퍼져 나가는 경향을 보인다. 중간의 공동들은 전자빔 변조 크기를 증가시키고 증폭 현상을 초래한다. 출력 신호는 마지막 공동에서 얻을 수 있다. 어떤 다중 공동 클라이스트론에서 평균 전력은 그보다 작지만, 최대 전력 기준으로 1 MW(1 메가와트 또는 10^6 W) 이상의 출력 전력을 얻을 수도 있다.

반사형 클라이스트론은 하나의 공동을 갖는다. **지연 장**retarding field을 통해 전자 빔이 주기적으로 방향을 뒤집음으로써 위상을 반전시켜 전자들로부터 에너지를 거꾸로 흡수할 수 있다. 통상적인 반사형 클라이스트론은 300 MHz 및 그 이상의 주파수에서 수 W 수준의 신호를 생성할 수 있다.

※ 필요하다면 이 장의 본문 내용을 참고해도 된다. 적어도 18개 이상 맞히는 것이 바람직하다.
정답은 [부록 A]에 있다.

24.1 다음 중 CRT에서 캐소드라고 부르는 부분은 무엇인가?

(a) 플레이트
(b) 다이노드
(c) 소스
(d) 전자총

24.2 다음 중 전기적 기능 관점에서 진공관의 플레이트에 해당하는 것은 무엇인가?

(a) MOSFET의 소스
(b) 바이폴라 트랜지스터의 컬렉터
(c) 반도체 다이오드의 캐소드
(d) JFET의 게이트

24.3 다음 중 수은 기체를 발견할 수 있는 전자 부품은 무엇인가?

(a) 클라이스트론
(b) 구형 VR 튜브
(c) 오격자 변환기
(d) CRT

24.4 특수한 2단자 가스 진공관이 필수적인 구성 요소로 사용될 수 있는 곳은 어디인가?

(a) 약광 광검출기
(b) 신호 믹서
(c) 오디오 발진기
(d) (a), (b), (c) 모두

24.5 다음 중 CRT에서 애노드의 기능은 무엇인가?

(a) 전자를 가속시킨다.
(b) 전자를 방출한다.
(c) 전자를 회절시킨다.
(d) 전자가 도달하여 충돌하면 빛을 낸다.

24.6 간접 가열형 캐소드를 가진 진공관에 관한 다음 설명 중 옳은 것은 무엇인가?

(a) 필라멘트를 가열하기 위해 교류 전원을 사용할 수 있다.
(b) 그리드가 필라멘트에 연결된다.
(c) 필라멘트가 캐소드로 기능한다.
(d) 필라멘트가 없다.

24.7 다음 중 5극 진공관에서 캐소드 대비 높은 직류 전압을 인가해야 하는 전극은?

(a) 제어 그리드
(b) 스크린 그리드
(c) 억제 그리드
(d) (a), (b), (c) 모두

24.8 다음 중 주로 전원 공급 장치의 정류 작용을 위해 사용했던 진공관은 무엇인가?

(a) 클라이스트론
(b) 마그네트론
(c) 오격자 변환기
(d) 다이오드

24.9 두 개의 그리드를 가진 진공관은 주로 몇 극 구조를 갖는가?

(a) 7극   (b) 6극
(c) 5극   (d) 4극

24.10 3극 진공관 증폭기에서 2차 전자 방출로 인한 문제들을 줄이기 위해 어떤 방법을 취할 수 있는가?

(a) 플레이트 전압을 높인다.
(b) 5극 진공관으로 바꾼다.
(c) 스크린 그리드를 플레이트에 직접 연결한다.
(d) 제어 그리드를 캐소드에 직접 연결한다.

24.11 다음 중 5극 진공관의 구성 요소로 항상 포함되는 것은 무엇인가?

(a) 직접 가열형 캐소드
(b) 간접 가열형 캐소드
(c) 스크린 그리드
(d) 다이노드

24.12 다음 중 진공관 전력 증폭기에서 내부 전극 커패시턴스로부터 직접적으로 야기될 수 있는 문제는 무엇인가?

(a) 과도한 UV 방출
(b) 과도한 전력 이득
(c) 과도한 플레이트 전류
(d) 답이 없음

24.13 마그네트론의 동작에서 공동의 크기는 다음 중 무엇에 영향을 주는가?

(a) 출력 주파수
(b) 전자빔의 회절 정도
(c) 이미지 밝기
(d) 이미지 해상도

24.14 정전기 CRT에서 회절 플레이트 사이의 전압이 하는 역할은 무엇인가?

(a) 전자빔을 회절시킨다.
(b) 전자빔을 차단한다.
(c) 전자총의 출력을 증가시킨다.
(d) 이득을 감소시킨다.

24.15 다음 중 전류 수준에 상관없이 캐소드와 애노드 사이의 전압을 일정하게 유지시키는 역할을 하는 부품은 무엇인가?

(a) 모든 종류의 클라이스트론 진공관
(b) 모든 종류의 3극 진공관
(c) 특수한 종류의 가스 다이오드 진공관
(d) (a), (b), (c) 모두

24.16 다음 중 일부 5극 진공관에서 억제기가 내부적으로 단락되는 부분은 무엇인가?

(a) 캐소드
(b) 제어 그리드
(c) 스크린 그리드
(d) 플레이트

24.17 3극, 4극, 5극 진공관에서 제어 그리드에 인가되는 음의 직류 전압 크기를 증가시키면 결국 어떤 상태에 도달하는가?

(a) 포화

(b) 발진

(c) 차단

(d) 부저항negative resistance

24.18 다음 중 일부 4극 진공관에서 스크린이 연결되는 부분은 무엇인가?

(a) 외부 신호원

(b) 캐소드

(c) 제어 그리드

(d) 플레이트

24.19 전자기 CRT에서 회절 코일을 통해 흐르는 전류로 인해 전자빔에 어떤 일이 발생하는가?

(a) 속도는 증가하지만 방향은 바뀌지 않는다.

(b) 자화의 북극을 향하는 방향, 남극에서 멀어지는 방향으로 회절한다.

(c) 자속선에 수직인 방향으로 회절한다.

(d) 속도는 감소하지만 방향은 바뀌지 않는다.

24.20 일반적으로 직접 가열형 캐소드를 가진 진공관의 필라멘트에 교류가 아닌 직류 전원을 인가하는 이유는 교류 전원이 어떤 영향을 주기 때문인가?

(a) 필라멘트를 과열시킨다.

(b) 원치 않는 신호 변조를 발생시킨다.

(c) 원치 않는 자기장을 발생시킨다.

(d) 원치 않는 UV 방출을 야기한다.

CHAPTER

25

전원 공급 장치
Power Supplies

학습목표

- 전력 변압기의 종류와 동작 원리를 이해할 수 있다.
- 정전압 공급 및 전압 체배를 위해 다양한 방식으로 다이오드를 활용하는 전원 공급 장치의 종류와 동작 원리를 이해할 수 있다.
- 제너 다이오드와 이를 활용한 전압 조정기의 회로 구성, 동작 원리를 이해할 수 있다.
- 전원 공급 장치의 요소들과 동작 원리를 이해할 수 있다.
- 접지 문제, 과도 전류 및 전압 등 전자기기에서 발생할 수 있는 여러 가지 신뢰성 문제와 이를 해결하는 방안들을 이해할 수 있다.

목차

전원 공급 장치^{power supply}는 사용 가능한 상태의 교류를 전기-화학 배터리 또는 태양전지로부터 얻는 것과 같은 형태의 순수 직류로 변환해주는 장치다. 이 장에서는 전형적인 전원 공급 장치의 요소들에 대해 살펴본다.

전력 변압기

전력 변압기^{power transformers}는 일반적으로 강압^{step-down} 또는 승압^{step-up} 방식의 두 가지로 분류된다. 출력 전압 또는 강압 변압기의 2차 전압은 입력 또는 1차 전압보다 작다. 승압 변압기는 이와 반대로, 출력 전압이 입력 전압보다 더 크다.

강압

대부분의 전자 소자들은 동작하는 데 수 V만 있으면 된다. 이 기기들을 위한 전원 공급 장치로, 1차 권선이 교류 콘센트에 연결된 강압 전력 변압기를 사용한다. 변압기의 물리적인 크기와 무게는 흘리려는 전류의 양에 따라 정해진다. 어떤 소자들은 작은 동작 전압 조건에서 작은 전류만 필요로 한다. 예를 들어, 무선 수신기의 변압기는 물리적으로 크기가 작을 수 있다. 크기가 큰 아마추어 무선 송신기나 하이파이 증폭기는 더 많은 전류를 필요로 한다. 이러한 목적으로 사용하는 변압기의 2차 권선은 굵은 반경을 가진 와이어로 이루어져야 하고, 코일에서 생성되는 많은 양의 자속을 포함할 수 있도록 부피가 커야 한다.

승압

어떤 회로들은 고전압이 필요하다. 예를 들어, 구식 가정용 텔레비전(TV)의 음극선관(CRR)은 수백 V를 필요로 한다. 일부 아마추어 무선 전력 증폭기는 1 kV 직류 이상에서 동작하는 진공관을 사용한다. 이러한 가전 기기들의 변압기는 승압 타입이다. 이 변압기들은 2차 권선의 감긴 횟수를 고려했을 때, 그리고 와이어가 충분한 간격으로 감겨져 있지 않을 경우 와이어 사이에 고전압으로 인한 스파크나 아크가 발생할 수 있으므로 부피가 상당히 커야 한다. 그러나 만약 승압 변압기가 적은 양의 전류 공급만 필요로 한다면 꽤 작고 가벼워질 수도 있다.

변압기 정격

기술자들은 변압기의 최대 출력 전압과 전달할 수 있는 최대 전류로 전력 변압기의 정격을 결정한다. 갖고 있는 변압기에서 흔히 **볼트-암페어**(VA) 용량에 관한 정보를 읽거나 들을 수 있는데, 이는 출력 전압의 액면값과 전달 가능한 최대 전류를 곱한 것과 같다.

최대 10 A 까지 전류 공급이 가능한 12 V 출력 변압기는 12 V × 10 A (혹은 120 VA)의 VA

용량을 갖는다. 이 장의 뒷부분에서 살펴볼 전원 공급 장치의 여과 특성으로 인해, 전력 변환 VA 정격은 부하가 소모하는 W 단위 전력의 실제값보다 훨씬 높은 값을 가져야 한다.

필요한 전류나 전압을 공급할 수 있는 우수한 품질의 전력 변압기는 잘 설계된 전원 공급 장치에 있어서 필수적이며 매우 중요한 부분을 구성한다. 전원 공급 장치가 타버렸을 경우 일반적으로 변압기는 교체 시 비용이 가장 많이 드는 부품이므로, 전원 공급 장치를 설계하고 제작할 때 항상 적절한 사양을 가진 변압기를 선택해야 한다.

정류 다이오드

정류 다이오드rectifier diode는 다양한 크기로 제작되며, 여러 가지 목적으로 이용된다. 대부분의 정류 다이오드들은 실리콘 반도체 물질로 이루어져 있어 **실리콘 정류기**silicon rectifier라고 부른다. 그리고 어떤 정류 다이오드들은 셀레늄으로 만들어지는데 이를 셀레늄 정류기selenium rectifier라고 한다. 전원 공급 다이오드를 동작시킬 때, **평균 순방향 전류**(I_o) 정격과 **최대 역전압**(PIV)Peak Inverse Voltage 정격의 두 가지 사양을 주의 깊게 살펴봐야 한다.

평균 순방향 전류

모든 매개 물질에는 아주 작은 값이라고 해도 약간의 저항이 존재하므로, 해당 물질을 통과하는 전기 전류는 항상 열을 발생시킨다. 만약 다이오드에 과도한 전류를 흘린다면, 이때 발생하는 열로 인해 P-N 접합이 파괴될 것이다. 전원 공급 장치를 설계할 때는 예상되는 평균 직류 순방향 전류의 최소 1.5배 이상의 I_o 정격을 가진 다이오드를 사용해야 한다. 예를 들어, 이 전류가 4.0A 라면 정류 다이오드의 정격은 $I_o = 6.0\,\text{A}$ 또는 그 이상이어야 한다.

하나 또는 그 이상의 정류 다이오드를 사용하는 전원 공급 장치에서 I_o는 각각의 다이오드에 흐른다. **부하**로 흐르는 전류는 I_o와 다를 수 있으며, 일반적으로 그러하다. 또한 I_o가 **평균** 수치를 나타낸다는 점에 주목할 필요가 있다. **순시** 순방향 전류는 이와는 전혀 다른 값이며, 필터 회로의 특성에 따라 I_o의 최대 15~20배까지 차이가 날 수 있다.

일부 다이오드에는 P-N 접합에서 발생하는 열을 제거하는 데 도움을 주는 **방열판**heatsink 이 있다. 방열판 모양을 보고 셀레늄 정류기라는 것을 알 수 있는데, 방열판은 증기 파이프 주변을 감고 있는 구식 베이스 보드 라디에이터의 축소판 형태이다.

각 다이오드에서 얻을 수 있는 것보다 큰 값의 전류 정격을 얻기 위해서는, 두 개 또는 그 이상의 정류 다이오드들을 병렬 연결한다. 이때, 전류를 동일하게 맞추기 위해서 작은 값을 가진 저항을 각 다이오드에 직렬로 연결해야 한다. 이 모든 저항들은 일반적인 동작 조건 하에서 전압 강하가 약 1 V 정도 되도록 하는 저항값을 가져야 한다.

최대 역전압(PIV)

다이오드의 PIV 정격은 애벌런치 항복avalanche breakdown이 발생하지 않는 상황에서 견딜 수 있는 최대 순간 역바이어스 전압을 나타낸다. 잘 설계된 전원 공급 장치는 정격이 최대 교류 입력 전압보다 훨씬 높은 PIV를 가진 다이오드를 갖고 있다. PIV 정격이 충분히 높지 않다면 공급 장치의 다이오드 또는 다이오드들은 역방향 사이클의 일부 시간 동안 전류를 흘리게 된다. 이러한 전류의 흐름은 역방향 전류가 순방향 전류를 '차단'시키는 결과를 야기하므로 전원 공급 장치의 효율을 저하시킨다.

다이오드 한 개가 제공하는 것보다 높은 PIV 정격을 얻으려면 두 개 이상의 동일한 정류 다이오드들을 직렬로 연결한다. 엔지니어들이 튜브형 전력 증폭기에 필요한 것과 같은 고전압 전원 공급 장치를 설계할 때 종종 이러한 기술을 활용한다. 다이오드들 사이에 분배되는 바이어스를 동일하게 하기 위해, 각 피크 역전압에 대해 약 500 Ω의 큰 저항을 각 다이오드와 병렬로 연결한다. 또한, 각 다이오드들은 (병렬로 연결된) 약 0.01 pF 크기의 커패시터에 의해 분로shunt된다.

반파 회로

반파 정류기half-wave rectifier라 불리는 가장 간단한 형태의 정류 회로([그림 25-1(a)])는 교류 신호 주기의 반을 '잘라 버리는' 하나의 다이오드를 갖는다. 반파 정류기를 사용하는 전원 공급 장치로부터 얻는 유효 출력 전압은 [그림 25-2(a)]에 나타난 피크 변압기의 출력 전압보다 훨씬 작다. 다이오드 양단에 역방향으로 걸리는 최대 전압은 인가되는 RMS 교류 전압의 2.8배까지 높아질 수 있다.

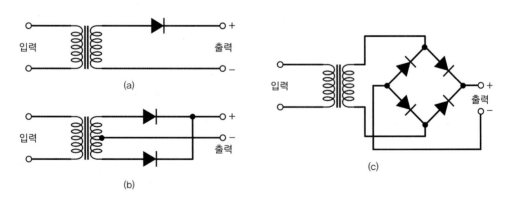

[그림 25-1] (a) 반파 정류 회로, (b) 전파 중앙 탭 정류 회로, (c) 전파 브리지 정류 회로

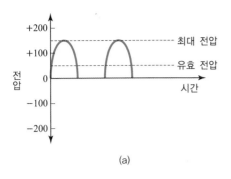 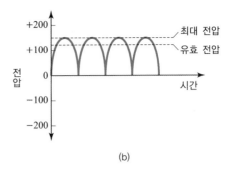

[그림 25-2] (a) 반파 회로의 출력, (b) 전파 정류기의 출력
유효 전압이 최대 전압과 어떤 차이를 보이는지에 주목하라.

대부분의 엔지니어들은 PIV 정격이 예상되는 최대 피크 역전압이 최소 1.5배 이상인 다이오드를 선호한다. 그러므로 반파 정류 회로에서 다이오드들은 전력 변압기의 2차 권선 양단에 나타나는 RMS 교류 전압의 최소한 2.8×1.5배, 즉 4.2배 이상의 정격을 갖도록 해야 한다.

반파 정류에는 몇 가지 단점이 있다. 첫째, 출력을 필터링하기 어렵다. 둘째, 공급 장치가 큰 전류를 전달해야 할 때 출력 전압이 상당히 낮아질 수 있다. 셋째, 반파 정류기는 변압기와 다이오드를 펌프질하는 방식으로 동작시키기 때문에 변압기와 다이오드에 무리를 주는데, 이는 반파 정류가 교류 주기의 절반 동안은 다이오드에 세게 동작하고 나머지 절반 주기 동안은 '빈둥거리게' 놔둔다는 것을 의미한다.

많은 전류를 전달하지 않아도 되는 전원 공급 장치를 설계할 때나 전압이 바뀌어도 정류기에 연결된 기기의 동작에 영향을 주지 않는 경우, 일반적으로 반파 정류기를 전원 공급 장치로 사용해도 충분히 유용하다. 또한 반파 회로의 주된 장점은 비교적 적은 부품들로 구성되기 때문에 보다 복잡한 회로들에 비해 비용이 저렴하다는 것이다.

전파 중간 탭 회로

전파 정류 기법full-wave rectification을 사용하면 교류 신호의 한 주기에서 나타나는 두 개의 반파를 모두 사용하는 이점을 얻을 수 있다. **전파 중간 탭 정류기**full-wave center-tap rectifier는 2차 권선의 중간 부분에 **탭**tap이라고 하는 연결부를 가진 변압기다([그림 25-1(b)]). 탭은 **섀시 접지**chassis ground라고도 하는 **전기 접지**electrical ground에 직접 연결된다. 이 연결 방식으로 2차 권선 양단에서 서로 반대 위상을 갖는 전압과 전류를 생성한다. 두 개의 교류파는 각각 반파 정류된 것으로, 한 주기의 반파를 자르고 나머지 하나를 자르는 과정을 반복한다.

전파 중간 탭 정류기([그림 25-2(b)])를 사용하는 전원 공급 장치의 최대 전압에 대한 유효 출력 전압은 반파 정류기의 유효 출력 전압보다 크다. 다이오드 양단에 걸리는 PIV 는, 파의 주기 내 어느 시점에서도 애벌런치 항복이 발생하지 않도록 인가된 RMS 교류 전압보다 적어도 2.8배에 해당하는 정격을 가져야 한다.

어느 경우든 교류 입력 주파수가 같다고 가정하면, 전파 정류기로부터의 직류 펄스 주파수 (**리플 주파수**^{ripple frequency}라고도 함)가 반파 정류기로부터의 직류 펄스 리플 주파수의 두 배가 되므로, 전파 중간 탭 정류기의 출력은 반파 정류기의 출력보다 더 쉽게 필터링된다. [그림 25-2(b)]를 [그림 25-2(a)]와 비교해보면, 전파 정류의 출력이 반파 정류기의 출력보다 '순수 직류에 더 가깝다'는 것을 알 수 있다. 전파 중간 탭 정류기는 반파 정류기에 비해 변압기와 다이오드를 더 '조심스럽게' 다룬다는 장점도 지닌다.

전파 중간 탭 정류 회로를 사용하는 전원 공급 장치의 출력에 부하를 연결하면, 반파 정류기를 사용하는 전원 공급 장치에 동일한 부하를 연결한 경우와 비교했을 때 부하에서 발생하는 전압 강하가 적다. 그러나 전파 변압기가 더 정교하므로 전파 중간 탭 회로는 동일한 최대 정격 전류에서 동일한 출력 전압을 전달하는 반파 회로보다 가격이 더 비싸다는 단점이 있다.

전파 브리지 회로

간단히 **브리지**^{bridge}라고도 부르는 **전파 브리지 정류기**^{full-wave bridge rectifier} 회로를 사용하여 전파 정류 특성을 얻을 수도 있다. [그림 25-1(c)]는 전형적인 전파 브리지 회로의 모식도이다. 출력 파형은 전파 중간 탭 회로에서 얻는 출력과 동일하게 보인다([그림 25-2(b)]).

[그림 25-2(b)]와 같이, 전파 브리지 정류기를 사용하는 전원 공급 장치로부터의 유효 출력 전압은 피크 변압기의 출력 전압보다 다소 작다. 역방향으로 다이오드에 걸리는 최대 전압은 인가된 RMS 교류 전압의 1.4배에 이른다. 그러므로 한 주기 내 어떤 지점에서도 애벌런치 항복이 발생하지 않도록 하기 위해, 각 다이오드의 PIV 정격은 적어도 2차 변압기 RMS 교류 전압의 1.4×1.5(또는 2.1)배가 되어야 한다.

브리지 회로에는 중간 탭 2차 변압기가 필요 없다. 이 회로는 파형 주기 안에 나타나는 두 개의 반파에 대해 전체 2차 권선을 사용하고, 결과적으로 전파 중간 탭 회로에 비해 변압기를 더 효율적으로 사용한다. 또한 브리지 회로는 반파 회로나 전파 중간 탭 회로보다 개별 다이오드에 부담을 덜 준다.

배전압 회로

교류 입력 전압의 양 또는 음의 피크의 약 두 배인 직류 출력을 전달하려면 다이오드와 커패시터를 서로 연결한다. 이러한 연결을 **배전압 전원 공급 장치**^{voltage-doubler power supply} 라고 한다. 이 회로는 부하가 낮은 전류를 끌어오는 한 잘 동작한다. 그러나 배전압 전원 공급 장치에 '큰 부하'를 연결하면 **전압 조정**^{voltage regulation}이 잘 이루어지지 않는다. 요구되는 전류의 양이 클 때는 상당한 전압 강하가 발생한다. 요구되는 전류가 변동하면 출력 전압에도 변동이 생긴다(전류가 높을수록 전압이 낮다).

고전압 전원 공급 장치를 설계하는 최상의 방법은 배전압 방식이 아니라 승압 변압기를 사용하는 것이다. 전체적인 가격을 절감하거나 많은 전류를 흘리는 용도가 아닐 때는 배전압 전원 공급 장치를 사용하기도 한다.

[그림 25-3]은 배전압 전원 공급 장치의 모식도이다. 이 특수한 시스템은 교류 주기의 전 부분을 사용하므로 **전파 배전압 회로**를 구성한다. 이 회로에서는 다이오드의 역전압 피크가 인가된 RMS 교류 전압의 2.8배가 되도록 한다. 따라서 다이오드는 2차 변압기에 걸리는 RMS 교류 전압의 적어도 4.2배인 PIV 정격을 가져야 한다. 필요한 전류가 작을 때, 이러한 전원 공급 장치의 직류 출력 전압은 RMS 교류 입력 전압의 대략 2.8배이다.

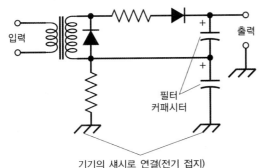

기기의 섀시로 연결(전기 접지)   [그림 25-3] **전파 배전압 전원 공급 장치**

배전압 전원 공급 장치의 적절한 동작은 최대 부하 조건에서의 커패시터 전하 유지 능력에 좌우된다. 이 커패시터는 높은 동작 전압 정격뿐 아니라 큰 값의 커패시턴스도 가져야 한다. 이 커패시터는 전압을 증가시키고 출력을 필터링하는 두 가지 목적으로 사용된다. 작은 저항값을 가지며 다이오드와 직렬로 연결되는 저항들은 전원 공급 장치에 처음으로 전원이 켜졌을 때 발생하는 서지^{surge} 전류로부터 다이오드를 보호한다.

전원 공급 장치 필터링

직류 전력을 공급받아 동작하는 대부분의 기기에는 정류 회로에서 곧바로 나오는 다소 거친 형태의 직류 펄스보다 좀 더 '순수한' 형태의 펄스가 필요하다. **전원 공급 장치 필터링 기법**power-supply filtering을 사용하면 정류기 출력에 포함된 파동(리플)을 제거하거나 적어도 최소화할 수 있다.

단일 커패시터

가장 간단한 형태의 전원 공급 장치 필터는 하나 또는 그 이상의 대용량 커패시터들로 구성되며, [그림 25-4]와 같이 정류기 출력에 병렬로 연결된다. **전해 커패시터**electrolytic capacitor 는 이러한 목적에 적합하다. 이 커패시터는 극성이 있기 때문에 올바른 방향으로 연결되어야 한다. 모든 전해 커패시터는 특정한 값의 최대 정격 동작 전압을 갖는다. 전해 커패시터를 사용할 때는 이러한 세부 사항들을 기억해야 한다.

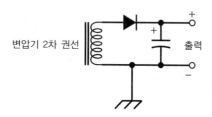

변압기 2차 권선

출력

[그림 25-4] **대용량 커패시터 자체를 전원 공급 장치 필터로 사용할 수 있다.**

필터 커패시터는 [그림 25-5]와 같이, 직류 전압이 최댓값을 유지하고자 '노력'한다. 전파 정류기([그림 25-5(a)])의 출력은 반파 정류기([그림 25-5(b)])의 출력보다 이 과정이 좀 더 쉽게 일어난다. 전파 정류기에 60Hz의 교류 전기 입력이 인가되었을 때 리플 주파수가 120Hz인데 반해, 반파 정류기의 경우 겨우 60Hz의 주파수를 얻는다. 결과적으로 필터 커패시터는 반파 정류기보다 두 배 더 자주 재충전된다.

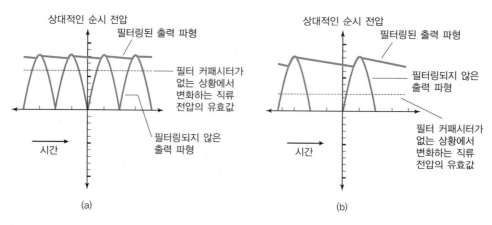

[그림 25-5] **(a) 전파 정류기의 리플 제거, (b) 반파 정류기의 리플 제거**

[그림 25-5]의 두 그림은 전파 정류기가 반파 정류기보다 어떻게 더 '순수한' 직류(최대 전압과 필터 커패시터의 값들이 동일한 조건)를 출력할 수 있는지 보여준다. 전파 출력에서는 커패시터가 '굴곡이 덜한 변화'를 보이지만, 반파 출력에서는 커패시터가 '새로운 펄스' 사이에서 더 큰 폭으로 방전한다.

커패시터와 초크

큰 값의 인덕터를 커패시터와 병렬로 연결된 정류기 출력에 직렬로 연결하면, 보다 효과적으로 리플을 억제할 수 있다. 이러한 역할을 하는 인덕터를 **필터 초크**^{filter choke}라고 한다.

하나의 커패시터와 인덕터를 사용하는 필터에서, 커패시터 입력 필터를 설계하기 위해 초크의 정류기 쪽에 커패시터를 둘 수 있다([그림 25-6(a)]). 필터 초크를 커패시터의 정류기 쪽에 배치하면 초크 입력 필터^{choke-input filer}를 얻을 수 있다([그림 25-6(b)]). 커패시터 입력 필터링은 전원 공급 장치가 많은 전류를 전달할 필요가 없는 상황에서 잘 동작한다. 부하가 '가벼울 때'(회로로부터 큰 전류를 뽑아내지 않을 때), 동일한 입력을 인가하는 조건에서 커패시터 입력 필터의 출력 전압이 초크 입력 필터의 출력 전압보다 높다. 그러나 만약 공급 장치가 큰 값의 전류 또는 양이 변화하는 전류를 전달해야 한다면, 초크 입력 필터가 넓은 범위의 부하에 대해 더 안정적인 출력 전압을 제공하므로 초크 입력 필터의 성능이 더 나아진다.

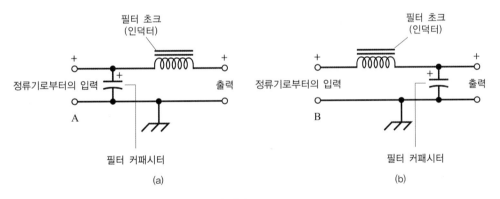

[그림 25-6] (a) 커패시터 입력 필터, (b) 초크 입력 필터

전원 공급 장치의 직류 출력에 포함된 리플이 절대적으로 작아야 한다면, 두 개나 세 개의 커패시터/초크 쌍을 **종속 연결**^{cascade}할 수 있다. [그림 25-7]은 그 일례이다. 각 인덕터/커패시터 쌍은 필터의 한 구역을 구성한다. 다중 구간 필터는 커패시터 입력 또는 초크 입력 구역으로 이루어질 수 있는데, 두 유형은 같은 필터 내에서 절대 혼용되어서는 안 된다.

[그림 25-7]의 예에서 커패시터/초크 쌍들을 **L 섹션**^{L sections}이라고 한다(인덕턴스 때문이

아니라, 모식도에 나타난 것처럼 연결의 기하학적인 형태 때문이다). 두 번째 커패시터를 제거하면 필터는 **T 섹션**$^{T\ section}$을 갖게 된다(인덕터가 T의 윗변을, 커패시터가 T의 가운데 획을 형성한다). 두 번째 커패시터를 입력으로 옮기고 두 번째 초크를 제거하면 필터는 **π 섹션**$^{pi\ section}$을 갖게 된다(커패시터는 그리스 문자 π의 대문자인 Π에서 아래의 두 기둥을, 인덕터는 윗변을 형성한다).

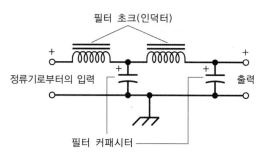

[그림 25-7] **두 초크 입력 필터 섹션의 종속 연결**

전압 조정

제너 다이오드$^{Zener\ diode}$를 전원 공급 장치의 출력에 병렬로 연결하여 제너 다이오드에 역전압이 인가되도록 하면, 다이오드는 출력 전압을 제한한다. 다이오드가 타는 것을 방지하기 위해 적절한 전력 정격을 갖도록 해야 하며, 전류를 제한하기 위해 저항을 제너 다이오드에 직렬로 연결해야 한다. 제한되는 전압은 사용하는 제너 다이오드의 종류에 따라 달라진다. 제너 다이오드는 거의 모든 전원 공급 장치의 전압에 대해 사용 가능하다.

[그림 25-8]은 전압 조정을 위해 제너 다이오드를 포함한 전파 브리지 직류 전원 공급 장치의 회로도이다. 여기서 제너 다이오드를 연결하는 방향에 유의해야 하는데, 화살표가 음에서 양의 방향을 가리키도록 해야 한다. 이 극성은 정류 다이오드의 방향과 반대이다. 제너 다이오드를 올바른 극성으로 연결하지 않으면, 회로에 전력을 공급하자마자 제너 다이오드가 타 버릴 것이다.

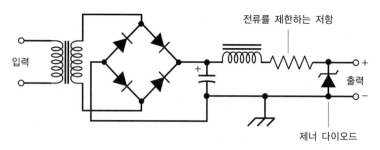

[그림 25-8] **출력에 제너 다이오드 전압 조정기를 연결한 전원 공급 장치**

[그림 25-8]과 같이 간단한 제너 다이오드 전압 조정기는 큰 전류를 끌어내는 기기와 전원 공급 장치를 함께 사용하면 효과적으로 동작하지 못한다. 이는 근본적으로 다이오드의 파괴를 막기 위해 직렬 연결한 저항에 적지 않은 전류가 흐를 때 저항에서 상당한 크기의 전압 강하가 야기되기 때문에 발생하는 문제다. 전원 공급 장치가 큰 전류를 전달할 것으로 예측될 경우, 전압 조정을 위해 제너 다이오드와 함께 **전력 트랜지스터**^{power transistor}를 사용할 수 있다. [그림 25-9]는 그 일례이다. 회로에서 저항은 큰 전류가 흐르는 조건에서도 출력에서 전압 감소 없이 트랜지스터를 적절히 작동시킨다.

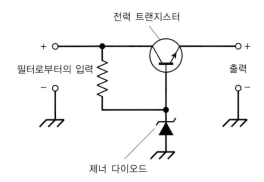

[그림 25-9] 제너 다이오드와 트랜지스터를 사용하는 전압 조정기

전압 조정기는 집적회로 형태로 구현할 수 있다. **조정기 칩**^{regulator chip}이라고도 불리는 **조정기 IC**^{regulator IC}는 전원 공급 회로의 필터 출력에 들어간다. 고전압 전원 공급 장치에서, **특화된 전자관**^{electron tube}은 전압 조정기로 동작할 수 있다. 전자관은 제너 다이오드, 트랜지스터 또는 칩들보다 더 큰 순시 부하를 견딜 수 있다. 그러나 일부 엔지니어들은 전자관이 반도체 소자보다 더 제대로 동작하는 상황에서도 전자관이 매우 구식이라고 생각한다.

일부 전자기기는 **조정되지 않은 전원 공급 장치**(전압 레귤레이터 부품이나 회로가 없는 공급 장치)를 연결했을 때도 제대로 동작한다. 다른 기기는 전압 조정기가 반드시 필요한 경우도 있다. 어떤 경우든, 전원 공급 장치의 정격 출력 전압은 해당 전원 공급 장치에 의해 동작하는 모든 장치들의 정격 동작 전압과 항상 정합이 이루어져야 한다. 또한, 공급 장치는 이상적으로 적어도 10%의 '안전한 마진'을 갖고 필요한 전류를 공급할 수 있어야 한다.

전압 조정기 집적회로

많은 공통 회로들의 동작과 마찬가지로, 전압 조정 문제는 주로 특수한 목적의 전압 조정기 집적회로(IC)를 사용하여 다뤄진다.

대중적인 78XX 시리즈의 전압 조정기 IC는 전력 트랜지스터처럼 보이는 3핀 소자다. 78XX IC에서 마지막 두 숫자는 IC가 생성하는 조정된 출력 전압을 나타낸다. 즉 7812는 12 V의 출력을, 7809는 9 V의 출력을, 7805는 5 V의 출력을 나타낸다. 이러한 IC는 내부적으로 [그림 25-9]에 나타난 전력 트랜지스터와 제너 다이오드의 동작 방식과 매우 유사하게 동작한다. 하지만 이 IC들은 과열 방지 기능을 내장하고 있어, IC가 손상될 정도로 IC 패키지가 뜨거워지면 과열 방지 기능을 통해 출력 전압을 떨어뜨리고 소자가 원래 상태를 회복할 때까지 전류를 감소시킨다.

[그림 25-10]은 입력이 7~18 V 사이일 때 정격 5 V 출력을 제공하기 위해 7805를 어떻게 사용할 수 있는지 보여준다. IC는 일반적으로 한 쌍의 커패시터로 둘러싸여 있다. 입력에 있는 커패시터는 조정기가 전원 공급 필터에 가까이 위치하지 않았을 때만 필요하다. 출력 커패시터는 조정기의 안정성과 전류 요건에 발생하는 급격한 변화에 대한 응답 특성을 향상시킨다. 전형적인 입력 및 출력 커패시터 값들은 각각 $0.33\,\mu\mathrm{F}$과 $0.1\,\mu\mathrm{F}$이다.

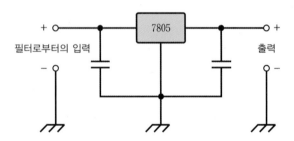

[그림 25-10] 7805 전압 조정기 IC를 사용한 예

스위치-모드 전원 공급 장치

휴대전화 충전기를 집었을 때, 충전기의 무게만으로도 일반 변압기가 들어 있지 않다는 것을 판별할 수 있다. 휴대전화 충전기에도 변압기가 내장되어 있기는 하지만 작고 가벼운 고주파수 변압기일 것이다. 실제로, 최근 소비자 제품용 전력원에는 대부분 스위치 모드 전원 공급 장치(SMPS)가 사용된다.

[그림 25-11]은 SMPS가 어떻게 동작하는지 보여준다. 교류 전압을 감소시키기 위해 변압기를 사용하는 대신, 고전압 직류 생성을 위해 고전압 교류 입력이 정류 및 필터링된다. 그런 다음, 이 직류 전압은 고주파 조건에서 연속적인 짧은 펄스들로 '잘라지거나' 변환되고, 이 펄스들은 전압을 낮추는 출력 변압기에 인가된다. 결과적으로 저전압 교류는 저전압 직류로 정류되고 필터링된다. 변압기가 매우 높은 주파수에서 동작하기 때문에 60 Hz

의 동작 주파수를 가진 변압기보다 훨씬 작고 가볍게 만들 수 있다.

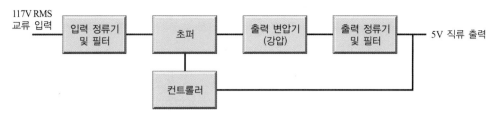

[그림 25-11] **SMPS의 블록 다이어그램**

직류 전압 조정은, 잘리고 있는(초핑되고 있는) 펄스 폭을 조절하는 컨트롤러 쪽으로 직류 출력을 궤환feedback시킴으로써 구현할 수 있고, 조절된 펄스 폭은 다시 직류 출력 전압을 변화시킨다. 직류 출력을 고전압으로부터 절연시키기 위해, 컨트롤러까지의 궤환 경로에 광 분리기optoisolator를 사용한다. 언뜻 시스템이 더 복잡해지는 것처럼 보일 수 있으나, 변압기의 크기를 줄임으로써 크기와 무게, 비용 측면에서 이점을 얻을 수 있으므로 SMPS는 사용할 만하다. 일반적으로 단일 패키지에 초퍼와 컨트롤러 회로가 포함된 SMPS IC가 사용된다.

기기 보호

전원 공급 장치의 출력은 기기 또는 부품을 손상시키거나 정상적인 동작을 간섭하는 급격한 변화들의 영향을 받지 않는 상태가 유지되어야 한다. 전기전자 시스템 주변에서 작업하는 사람들의 안전을 위해, 전원 공급 장치나 여기에 연결된 기기들의 외부 표면에는 절대로 높은 전압이 발생해서는 안 된다.

접지

전원 공급 장치의 가장 좋은 전기적인 접지electrical ground는 최신 교류 유틸리티 회로에서 제공되는 '3선식 접지선third wire'을 이용하는 접지 기법이다. 미국에서 사용되는 전형적인 교류 콘센트를 살펴보면, 대문자 D를 90도 회전시킨 형태의 구멍을 볼 수 있다. 이 구멍은 전기적 접지로 연결되며(또는 연결되어야 하며), 구멍 내부에 연결된 전기 배선이 건물로 들어오는 지점 부근의 땅 속에 박힌 금속봉까지 연결된 전선으로 이어진다. 이러한 연결 방식을 통해 **지면 접지**earth ground를 하게 된다.

예전 건물에서는 **2선식 교류 시스템**이 일반적으로 사용되었다. 접지 구멍이 없는 전기 콘센트에 두 개의 슬롯만 있다면 이러한 유형의 시스템이라는 것을 알 수 있다. 일부 시스템은

분극polarization이라는 기법으로 적절한 접지가 이루어지는데, 이때 두 개의 슬롯은 서로 다른 길이를 가지며 더 긴 슬롯이 전기적 접지로 간다. 그러나 2선식 시스템은, 접지 연결부가 두 개의 콘센트 슬롯과 독립되어 있어 잘 설치된 3선식 교류 시스템만큼 안전할 수 없다.

안타깝게도 3선 또는 분극 콘센트 시스템이 있다고 해도 콘센트에 연결된 전기기기가 안정적으로 접지되었다는 것을 보장하지는 않는다. 전기기기가 전기적으로 고장 나 있는 상태이거나 처음에 전기 유틸리티 시스템을 설치한 사람들이 콘센트의 접지 '구멍들'을 제대로 접지시키지 않았다면 전원 공급 장치는 전기기기나 전자 부품들의 외부 표면에 원치 않는 전압을 인가할 수 있다. 이러한 전압으로 인해 감전 사고의 위험이 발생하며, 전원 공급 장치에 연결된 기기의 성능을 저하시킬 수 있다.

> ⚠️ **주의 사항**
>
> 전원 공급 장치에서 노출된 모든 금속 표면은 3선식 전기 코드의 접지선으로 연결되어야 한다. 절대로 플러그의 '세 번째 가닥'을 손상시키거나 제거해서는 안 된다. 건물의 전기 시스템이 올바로 설치되었는지 항상 확인함으로써, 실제로 접지가 잘 되지 않았음에도 불구하고 제대로 된 것으로 착각하여 작업하는 일이 없도록 한다. 이러한 문제들에 대해 의심되는 것이 하나라도 있다면 전문 전기 기사와 상의해야 한다.

서지 전류

공급 장치 출력에 아무것도 연결되지 않았다고 해도 전원 공급 장치를 켜는 순간 **서지 전류**surge current가 발생한다. 필터 커패시터들이 초기 충전을 위해 짧은 시간 동안 높은 전류를 끌어와야 하므로 이와 같은 서지 전류가 발생하는 것이다. 서지 전류가 지나치게 높으면 정격이 충분한 값으로 설정되어 있지 않거나 보호되지 않은 정류 다이오드들이 파괴될 수 있다. 이 현상은 고전압 공급 장치와 배전압 회로에서 가장 자주 볼 수 있다. 다음과 같은 세 가지 방법을 통해 서지 전류로 인한 다이오드의 고장 위험을 최소화할 수 있다.

❶ 정상 동작이 이루어지는 전류의 몇 배에 해당하는 전류 정격을 가진 다이오드를 사용한다.

❷ 회로에서 다이오드가 필요할 때마다 여러 개의 다이오드들을 병렬로 연결시켜 사용한다. **전류 분배 저항**current-equalizing resistor을 사용함으로써 단 하나의 다이오드라도 공유하는 전체 전류보다 더 많은 전류를 '저장' 또는 '비축'하지 않도록 한다([그림 25-12]). 이때 저항 값은 작고 서로 동일해야 한다.

❸ 1차 변압기에서 **자동 스위칭** 회로를 사용한다. 이러한 시스템은 전력이 처음 공급된

직후 수 초 동안 변압기에 감소된 교류 전압을 인가하고, 필터 커패시터들의 충전이 상당량 이루어진 후에 전체 전압을 전달한다.

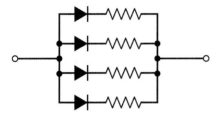

[그림 25-12] 병렬 연결된 다이오드 및 각 다이오드들과 직렬 연결된 전류 분배 저항

과도현상

유틸리티 콘센트에서 공급되는 교류는 117 V RMS 또는 234 V RMS 부근의 일정한 전압을 가진 정현파이다. 그러나 대부분의 가정 내 전기회로에서는 양 또는 음의 최대 전압이 순간적으로 수천 V에 이르는, **과도현상**^{transient}이라고도 하는 전압 스파이크를 종종 볼 수 있다. 과도현상은 유틸리티 회로 내에서 부하가 급변했을 때 발생할 수 있으며, 뇌우는 동네 전체에 과도현상을 발생시킬 수 있다. 이러한 과도현상들을 억제하지 않으면 전원 공급 장치의 다이오드가 파괴될 수 있다. 또한, 과도현상은 컴퓨터나 마이크로컴퓨터가 제어하는 전기기기 등과 같은 민감한 전자 장비에 문제를 일으킬 수도 있다.

[그림 25-13]과 같이, 600 V 이상의 정격을 갖는 약 0.01 μF의 작은 커패시터를 1차 변압기와 전기적 접지 사이에 연결함으로써 가장 보편적으로 발생하는 과도현상을 제거할 수 있다. (전해 커패시터가 아닌) **원판형 세라믹 커패시터**^{disk ceramic capacitor}가 여기에 적합하다. 원판형 세라믹 커패시터는 극성 문제가 없으므로 어느 방향으로든 연결하기만 하면 제대로 동작할 것이라고 기대할 수 있다.

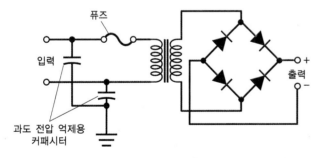

[그림 25-13] 1차 권선에 과도 전압 억제용 커패시터와 퓨즈를 넣은 전파 브리지 정류기

상용으로 제작된 과도현상 억제기를 사용할 수도 있다. 이러한 기기들은 전압 스파이크가 문제를 일으키는 수준에 도달하는 것을 방지하기 위해 정교한 방법을 사용한다. 컴퓨터,

하이파이 스테레오 시스템, 텔레비전 세트와 같이 민감한 전자기기에는 과도현상 억제기를 사용하는 것이 좋다. 뇌우가 발생할 때, 이러한 기기들을 보호하기 위한 가장 좋은 방법은 폭풍이 지나갈 때까지 이들의 플러그를 물리적으로 벽의 콘센트에서 뽑아 놓는 것이다.

퓨즈

퓨즈^{fuse}는 녹는 재질의 와이어로 구성되며, 전류가 일정 수준 이상 초과하면 회로를 차단한다. [그림 25-13]과 같이, 퓨즈는 변압기의 1차 권선에 직렬로 연결해야 한다. 전원 공급 장치나 전원 공급 장치에 연결된 기기 내 어느 부분에서든 단락 회로나 과부하가 발생하면 퓨즈가 타서 끊어진다. 퓨즈가 끊어지면 동일한 사양의 다른 퓨즈로 교체해야 한다. 퓨즈는 암페어(A) 단위의 정격을 갖는다. 즉, 5 A 퓨즈는 전원 공급 장치의 전압과 상관없이 끊어지기 전까지 5 A의 전류를 흘릴 수 있고, 20 A 퓨즈는 20 A의 전류까지 흘릴 수 있다.

퓨즈에는 **급속 차단 퓨즈**^{fast-break fuse}와 **저속 차단 퓨즈**^{slow-blow fuse}의 두 가지 유형이 있다. 급속 차단 퓨즈는 일정 길이의 직선 형태로 된 와이어 또는 금속 스트립으로 구성된다. 저속 차단 퓨즈는 일반적으로 와이어, 스트립과 함께 내부에 스프링을 갖고 있다. 저속 차단 상황에서 급속 차단 퓨즈를 사용하면 이 퓨즈가 불필요하게 타버려 불편을 초래할 수 있다. 그리고 급속 차단 상황에서 저속 차단 퓨즈를 사용하면 퓨즈가 끊어지기 전까지 과전류 흐름을 너무 오랫동안 방치해 기기를 제대로 보호할 수 없다.

회로 차단기

회로 차단기^{circuit breaker}는 전원 공급 장치를 끄고 잠시 동안 기다린 후 버튼을 누르거나 스위치를 젖힘으로써 동작을 리셋시킬 수 있다는 점을 제외하고는 퓨즈와 동일한 기능을 수행한다. 일부 차단기는 기기가 일정 시간 동안 꺼진 상태를 유지하면 자동적으로 리셋된다. 회로 차단기는 퓨즈와 같이 A 단위의 정격을 갖는다.

퓨즈나 차단기가 반복해서 타거나 꺼지면, 또는 교체하거나 리셋한 직후 타거나 꺼지면 전원 공급 장치나 전원 공급 장치에 연결된 기기들에 심각한 문제가 발생한다. 공급 장치 내의 타버린 다이오드와 결함이 있는 변압기, 단락된 필터 커패시터 모두 문제를 일으킬 수 있다. 공급 장치에 연결된 기기 내의 회로가 단락되거나 기기가 잘못된 방향(극성)으로 연결되면, 퓨즈가 반복적으로 끊어지거나 회로가 차단될 수 있다.

반복된 퓨즈나 차단기의 끊어짐, 차단의 불편함을 없애기 위해 퓨즈나 차단기를 큰 용량으로 교체해서는 안 된다. 문제의 원인을 찾고 기기에서 필요한 부분을 고치는 것이 중요하다. '퓨즈 박스의 10원짜리 동전'은 장비와 직원을 위험에 빠뜨릴 수 있으며, 단락이 발생하면 화재 위험이 증가된다. 이러한 조치는 다이오드, 변압기, 필터 초크 등과 같은 전원 공급 장치의 부품에 심각한 손상을 초래할 수 있다.

시스템 완비

[그림 25-14]는 완전한 전원 공급 장치의 블록 다이어그램이다. 단^{stage}이라고 하는 시스템의 각 부분들이 서로 연결된 순서에 주목한다.

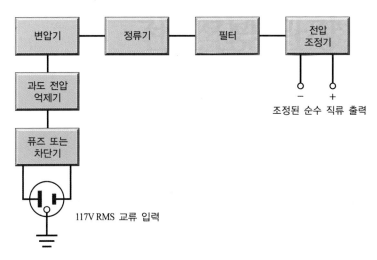

[그림 25-14] 교류 입력이 인가되는 상황에서 고품질의 직류 출력을 전달할 수 있는 완전한 전원 공급 장치의 블록 다이어그램

> ⚠ **주의 사항**
>
> 고전압의 전원 공급 장치는 스위치가 꺼지고 플러그를 뺀 후라고 해도 치명적인 수준의 전압을 유지할 수 있다. 공급 전력이 없어도 필터 커패시터는 얼마 동안 전하를 유지하므로 이러한 위험이 존재한다. 만약 안전하게 전원 공급 장치를 구축하거나 전원 공급 장치를 다루는 작업에서 능력이 부족하다고 생각되면, 그 일은 전문가에게 맡긴다.

※ 필요하다면 이 장의 본문 내용을 참고해도 된다. 적어도 18개 이상 맞히는 것이 바람직하다.
  정답은 [부록 A]에 있다.

25.1 전압 조정은 전원 공급 장치의 필터 출력에 제너 다이오드를 걸고 역전압을 인가함으로써 구현할 수 있는데, 다음 보기 중 제너 다이오드와 직렬 연결해야 하는 것은 어느 것인가?

(a) 전압 제한 커패시터
(b) 전력 제한 다이오드
(c) 전류 제한 저항
(d) 위의 모든 부품들

25.2 직류 성분이 없는 $60\,\text{Hz}$ 주파수 $330\,\text{V}$의 피크-피크$^{\text{peak-to-peak}}$ 값을 가진 순수한 교류 사인파를 전파 브리지 정류 회로의 입력에 인가한다고 가정한다. 유효 직류 출력 전압은 얼마인가?

(a) $330\,\text{V}$ 이상
(b) 정확히 $330\,\text{V}$
(c) $330\,\text{V}$ 보다 약간 낮음
(d) $330\,\text{V}$ 보다 상당히 낮음

25.3 다음 중 무엇과 비교했을 때 필터링 기능이 우수한 정류 회로의 출력이 더 낮다고 할 수 있는가?

(a) 동일한 전압의 직류 배터리
(b) 동일한 RMS 2차 전압을 가진 교류 변압기
(c) 전압의 절반을 가진 직류 배터리
(d) 동일한 피크-피크 2차 전압을 가진 교류 변압기

25.4 다음 중 $117\,\text{V}$ RMS 교류 입력이 인가되는 상황에서 $24\,\text{V}$의 순수 직류 출력이 나오도록 설계한 전원 공급 장치에 꼭 필요한 부품이 아닌 것은 무엇인가?

(a) 변압기
(b) 정류 회로
(c) 필터링 회로
(d) 전압 조정 회로

25.5 내부에 직선 형태의 와이어와 스프링이 있는 퓨즈가 있다고 가정했을 때, 다음 중 이 퓨즈에 대해 추측할 수 있는 것은?

(a) 낮은 전류 정격을 갖는다.
(b) 높은 전류 정격을 갖는다.
(c) 저속 차단 타입이다.
(d) 급속 차단 타입이다.

25.6 다음 중 과도현상을 초래하는 것은?

(a) 전원 공급 장치 내 다이오드의 간헐적인 고장
(b) 국지적인 뇌우
(c) 필터 커패시터의 잘못된 설치
(d) 부적절한 정격을 가진 제너 다이오드 사용

25.7 퓨즈가 반복적으로 끊어진다고 가정한다. 불편함을 덜기 위해 더 높은 전류 정격을 가진 퓨즈로 교체했다. 이때 한 가지를 제외하고는 다음 보기의 상황들이 모두 발생할 수 있다. 이 한 가지는 무엇인가?

(a) 심각한 손상(또는 이전보다 심한 손상)이 전원 공급 장치의 전자 부품에 발생할 수 있다.

(b) 전원 공급 장치에 연결된 장비를 활용해서 작업하는 사람이 치명적인 전기 충격을 받을 수 있다.

(c) 전원 공급 장치에 있는 하나 또는 그 이상의 부품에 화재가 발생할 수 있다.

(d) 집 외부의 전력선에 전압이나 전류 스파이크가 발생할 수 있다.

25.8 다음 특성들 중 특정 용도에서 반파 정류 회로의 장점을 설명한 것은 무엇인가?

(a) 전체 교류 입력 주기를 위해 변압기의 2차 권선부 전체를 사용한다.

(b) 전파 회로의 출력보다 변동하는 직류 출력을 필터링하기가 더 쉽다.

(c) 더 적은 부품들을 사용하므로 다른 유형의 정류기들보다 저렴하다.

(d) 다른 모든 유형의 정류기들과 비교했을 때 더 우수한 전압 조정 능력을 가진다.

25.9 우수한 조정 능력을 필요로 하지 않으며 낮은 전류 수준에서 잘 필터링된 고전압 직류를 제공하는 전원 공급 장치를 제작할 때, 어떤 회로를 사용하는 것이 가장 경제적인 선택인가?

(a) 고조파 발생기harmonic generator 회로

(b) 전파, 중간 탭 회로

(c) 전파 브리지 회로

(d) 배전압 회로

25.10 117 V RMS 교류 유틸리티 선으로부터 800 V 직류 출력을 제공하기 위해 설계된 전원 공급 장치에서 다음 중 들어오는 전기를 처음으로 받아들이는 부품은 무엇인가?

(a) 다이오드
(b) 변압기
(c) 필터 커패시터 또는 초크
(d) 전압 조정기

25.11 [그림 25-15]는 완전한 전원 공급 장치이다. 이 그림에서 잘못된 부분이 있다면 다음 중 어떤 것인가?

(a) 두 개의 정류 다이오드들이 반대로 연결되어 있다.

(b) 제너 다이오드가 반대로 연결되어 있다.

(c) 인덕터가 커패시터 양단에 직접 연결되어야 한다.

(d) 잘못된 부분이 없다.

25.12 [그림 25-15]의 회로에서 있을 수 있는 오류를 고친다고 가정했을 때, 다음 중 어떤 종류의 정류기를 사용하는가?

(a) $\frac{1}{4}$ 파   (b) 반파
(c) 전파   (d) 배전압

25.13 [그림 25-15]의 회로에서 있을 수 있는 오류를 고친다고 가정했을 때, 다음 중 어떤 종류의 변압기를 설계할 필요가 있는가?

(a) 승압　　　　(b) 강압

(c) 공심^{air core}　　(d) 중간 탭

25.14 [그림 25-15]의 회로에서 있을 수 있는 오류를 고친다고 가정했을 때, 다음 중 인덕터 L을 두는 목적은 무엇인가?

(a) 교류를 정류하여 변동하는 직류 출력을 얻도록 도와준다.

(b) 커패시터 C로 흐르는 전류를 제한한다.

(c) 정류 다이오드를 보호하기 위해 전압을 제한한다.

(d) 커패시터 C와 함께 동작하여 리플을 제거한다.

25.15 [그림 25-15]의 회로에서 있을 수 있는 오류를 고친다고 가정했을 때, 다음 중 저항 R을 두는 목적은 무엇인가?

(a) 교류 입력이 필터링되도록 도와준다.

(b) 제너 다이오드로 흐르는 전류를 제한한다.

(c) 커패시터 C를 충전시키기 위해 전압을 증가시킨다.

(d) 제너 다이오드와 함께 동작하여 전류를 최대화한다.

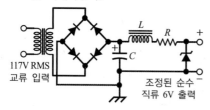

117V RMS 교류 입력

조정된 순수 직류 6V 출력

[그림 25-15] **[연습문제 25.11~25.15]를 위한 그림**

25.16 다음 중 전압 조정기 IC와 매우 유사해 보이는 것은 무엇인가?

(a) 큰 저항

(b) 전해 커패시터

(c) 전력 트랜지스터

(d) 제너 다이오드

25.17 12 V RMS 교류 입력을 가진 전파 브리지 정류 회로를 사용할 때, 각각의 다이오드는 최소한 얼마 이상의 PIV 정격을 가져야 하는가?

(a) 17 V PIV　　(b) 25 V PIV

(c) 34 V PIV　　(d) 50 V PIV

25.18 12 V RMS 교류 입력을 가진 반파 정류 회로를 사용할 때, 역방향 다이오드의 양단에 실제로 나타나는 PIV의 값은 대략 얼마인가?

(a) 17 V PIV　　(b) 25 V PIV

(c) 34 V PIV　　(d) 50 V PIV

25.19 12 V RMS 교류 입력을 가진 반파 정류 회로를 사용할 때, 다이오드는 최소한 얼마 이상의 PIV 정격을 가져야 하는가?

(a) 17 V PIV　　(b) 25 V PIV

(c) 34 V PIV　　(d) 50 V PIV

25.20 기타 부품들 중 SMPS에 포함되는 부품은 무엇인가?

(a) 초퍼

(b) 광 분리기

(c) 정류기

(d) 위의 모든 부품들

CHAPTER

26

증폭기와 발진기
Amplifiers and Oscillators

학습목표

- 증폭기 이득의 정의와 데시벨 단위를 통해 이득을 정량적으로 나타내는 방법을 알 수 있다.
- 바이폴라 트랜지스터, JFET, MOSFET 등 다양한 종류의 트랜지스터를 기반으로 하는 증폭기의 동작 원리를 이해할 수 있다.
- 증폭기의 입출력 전력과 효율의 정의를 이해할 수 있다.
- 증폭기 클래스의 종류와 클래스의 동작 원리 및 특성을 이해할 수 있다.
- 발진기의 동작 원리와 다양한 발진기 회로에 대해 이해할 수 있다.
- 발진기의 품질을 결정하는 안정성과 신뢰성에 대해 이해할 수 있다.

트랜지스터가 어떻게 동작하는지 이해하고 있다면, 트랜지스터를 사용한 증폭기와 발진기에 대해 배울 수 있다. 이에 앞서 우리가 이전에 간단하게 학습했던 신호의 상대적 세기를 나타내는 단위인 데시벨(dB)^{decibel}에 관해 자세히 살펴본다.

데시벨 복습

양(+)의 이득$^{\text{positive gain}}$만큼 이루어지는 진폭 증가와 **음(−)의 이득**$^{\text{negative gain}}$만큼 이루어지는 진폭 감소를 생각해볼 수 있다. 예를 들어, 회로 출력 신호의 진폭이 입력 신호를 기준으로 +6 dB이라면, 출력 신호는 입력 신호보다 커진다. 만약 입력 신호를 기준으로 출력 신호의 진폭이 −14 dB이라면, 출력 신호는 입력 신호보다 작아진다. 전자의 회로를 6 dB 이득을 가진 회로라고 하며, 후자의 경우를 −14 dB 이득 또는 14 dB 손실을 가진 회로라고 한다.

전압 이득

동일한 전압 단위(V, mV, μV 등)를 가진 E_{in}의 RMS 교류 입력 전압과 E_{out}의 RMS 교류 출력 전압을 가진 회로가 있다고 가정하자. 또한 입력과 출력 임피던스 모두 저항 성분만 있다면, dB 단위로 표현되는 전압 이득은 다음 식으로 구할 수 있다.

$$\text{Gain}(\text{dB}) = 20 \log\left(\frac{E_{\text{out}}}{E_{\text{in}}}\right)$$

이 식에서 'log'는 **10을 밑으로 갖는 로그**, 즉 일반적으로 사용하는 **상용로그**이다. 과학자나 공학자들은 10을 밑으로 갖고 x를 진수로 갖는 로그식을 '$\log x$' 또는 '$\log_{10} x$'로 나타낸다. 로그 결과로 나타나는 수의 유효숫자가 얼마나 많은지는 상관없이 20이라는 숫자는 정확한 값으로서 고정적으로 사용한다.

로그는 10 외에도 다른 수를 밑으로 가질 수 있는데, 이 중 가장 흔히 사용하는 것이 e (= 2.71828)로 표현되는 **지수상수**$^{\text{exponential constant}}$이다. 과학자나 공학자들은 e를 밑으로 가지며, x를 진수로 갖는 log식(또는 **자연로그**)을 '$\log_e x$' 또는 '$\ln x$'로 표기한다. 로그 함수가 어떻게 작용하는지에 관해 모든 수학적 세부 사항을 알지 못할 때, 공학용 계산기를 사용하면 특정 수들에 대한 로그 계산을 쉽게 할 수 있다. 앞으로 '로가리즘^{logarithm}' 또는 '로그(log)'라고 쓰는 것은 밑이 10인 로그를 의미하는 것으로 한다.

예제 26-1

1.00 V의 RMS 교류 입력과 14.0 V의 RMS 교류 출력을 가진 회로가 있다. 이 회로의 이득을 dB 단위로 구하라.

풀이

먼저 $\dfrac{E_{\text{out}}}{E_{\text{in}}}$ 을 알아야 한다. $E_{\text{out}} = 14.0\,\text{V}$ RMS이고, $E_{\text{in}} = 1.00\,\text{V}$ 이므로 이 두 값의 비는 $\dfrac{14.0}{1.00}$ 또는 14.0이다. 다음으로 14.0의 로그 값을 계산기로 구하면 1.146128036이다. 마지막으로, 계산한 값을 반올림하여 20을 곱하면 22.9 dB의 이득을 얻는다.

예제 26-2

24.2 V의 RMS 교류 입력과 19.9 V의 RMS 교류 출력을 가진 회로가 있다. 이 회로의 이득을 dB 단위로 표현하면 얼마인가?

풀이

$$\frac{E_{\text{out}}}{E_{\text{in}}} = \frac{19.9}{24.2} = 0.822314 \cdots$$

로그로 표현하면 $\log 0.822314 \cdots = -0.0849622 \cdots$ 이며, 이득은 $20 \times (-0.0849622 \cdots)$ 로 반올림하면 -1.70dB의 값을 얻는다.

전류 이득

전류의 이득 또는 손실 역시 dB 단위로 나타내며, 전압에서의 이득 또는 손실을 계산했던 것과 같은 방법으로 계산한다. 동일한 전류 단위(A, mA, μA 등)를 가진 RMS 교류 입력 전류(I_{in})와 RMS 교류 출력 전류(I_{out})를 가진 회로가 있다고 가정하면, 이득은 다음 식으로 구할 수 있다.

$$\text{Gain(dB)} = 20 \log \left(\frac{I_{\text{out}}}{I_{\text{in}}} \right)$$

이 식은 입력과 출력 임피던스가 순수한 저항 성분만 가지며, 그 성분들의 옴 값들이 동일할 때 성립한다.

전력 이득

회로에서 dB로 표현되는 **전력 이득**은 20의 절반인 10으로 나타낸다. P_{in} 이 입력 신호의 전력을 의미한다면 P_{out}은 출력 신호의 전력을 의미하고, 전력 이득은 다음과 같다. 이는 동일한 전력 단위(W, mW, μW 등)를 갖는다.

$$\mathrm{Gain}(\mathrm{dB}) = 10 \log\left(\frac{P_{out}}{P_{in}}\right)$$

이 식은 입력과 출력 임피던스가 순수한 저항 성분만 가지며, 그 성분들의 옴 값이 서로 다를 때 성립한다.

예제 26-3

전력 증폭기의 입력이 5.72W이고, 출력이 125W이다. 이득은 몇 dB인가?

풀이

입출력 전력의 비율은 $\dfrac{P_{out}}{P_{in}} = \dfrac{125}{5.72} = 21.853146\cdots$이다. 로그값을 구하면 $\log 21.853146\cdots = 1.339513\cdots$이다. 마지막으로 10을 곱하고 반올림하면, 이득은 $10 \times (1.339513\cdots) = 13.4\mathrm{dB}$이다.

예제 26-4

10dB의 전력을 감소시키는 **감쇠기**(의도적으로 전력 손실을 발생시키도록 설계한 회로)가 있다. 94W의 입력 신호를 인가했을 때 출력 전력은 얼마인가?

풀이

10dB의 감쇠는 $-10\mathrm{dB}$의 이득을 의미한다. $P_{in} = 94\mathrm{W}$이므로 P_{out}은 다음 전력 이득 방정식으로 구할 수 있다.

$$-10 = 10 \log\left(\frac{P_{out}}{94}\right)$$

먼저, 10으로 양변을 나누면 $-1 = \log\left(\dfrac{P_{out}}{94}\right)$이다. 이 방정식을 풀기 위해 상용로그의 역함수를 양변에 취하여 우변의 로그항을 없앤다. 수학자뿐 아니라 과학자, 공학도는 **상용로그의 역함수**를 '$\log^{-1} x$'로 나타낸다. 상용로그와 같이 특정수를 갖는 로그의 역함수는 공학용 계산기로 쉽게 계산할 수 있다(기능키는 계산기마다 다를 수 있다. 보통 다음 순서대로 계산기의 키를 누르면 로그의 역함수를 구할 수 있다. '값 입력 → [log] → [Inv]' 또는 값 입력 → [10^x]). 위의 식에서 상용로그의 역함수를 양변에 취하면 다음과 같다.

$$\mathrm{antilog}(-1) = \mathrm{antilog}\left[\log\left(\frac{P_{out}}{94}\right)\right]$$

좌변은 계산기로 계산 가능하며, 우변의 antilog 항은 log 함수의 특성으로 인해 소거되므로, 위 식은 $0.1 = \dfrac{P_{out}}{94}$ 와 같이 정리되고, 이 식의 양변에 94를 곱하면 $94 \times 0.1 = P_{out}$ 가 된다.

마지막으로, 좌변의 곱셈을 계산하고 좌변과 우변을 바꾸면 출력 전력은 다음과 같다.

$$P_{out} = 9.4\text{W}$$

데시벨과 임피던스

회로에서 dB 단위로 나타내는 전압 이득(또는 손실)과 전류 이득(또는 손실)은 복소 입력 임피던스와 복소 출력 임피던스가 **동일할** 때, 그 값의 선압 및 진류 이득으로 알 수 있다. 입력 및 출력 임피던스가 다르다면(리액턴스나 저항 또는 둘 다), 전압 이득이나 손실은 일반적으로 전류 이득 또는 손실과 다르다.

변압기가 어떻게 작동하는지 생각해보자. 이론적으로 승압 변압기step-up transformer는 전압 이득을 낼 수 있지만, 이 전압 증가 자체가 신호를 더 강하게 만들지는 않는다. 감압 변압기step-down transformer는 이론적으로 전류 이득을 가지지만, 마찬가지로 이 전류의 증가 자체가 신호를 더 강하게 만드는 것은 아니다. 더 강한 신호를 만들기 위해, 회로는 신호의 **전력**(전압과 전류의 **곱**)을 증가시켜야 한다.

특정한 회로의 전력 이득(또는 손실)을 결정할 때, 리액턴스 성분이 없다면 입력 및 출력 임피던스는 문제되지 **않는다.** 이러한 의미에서 양(+)의 전력 이득은 항상 실질적으로 신호 세기가 증가했음을 의미한다. 그리고 음(−)의 전력 이득(또는 전력 손실)은 항상 실질적으로 신호 세기가 감소했음을 의미한다.

dB 단위로 전압, 전류, 또는 전력을 다룰 때는 회로 내에 존재하는 모든 리액턴스 값을 제거해야 하며, 그렇게 함으로써 임피던스가 저항 성분만으로 이루어지도록 해야 한다. 리액턴스는 '인위적으로' 전류와 전압을 증가 또는 감소시킨다. 이론적으로 리액턴스는 전력을 전혀 소모하지 않지만 전력 측정 기기에는 상당한 영향을 줄 수 있으며, 이는 원치 않는 열 손실을 발생시켜 전력 손실을 초래할 수 있다.

기본적인 바이폴라 트랜지스터 증폭기

이전 장들에서 트랜지스터를 이용한 몇 가지 회로들을 살펴보았다. 입력 신호를 제어 지점(베이스 또는 게이트, 이미터, 소스)에 인가하여 출력 노드(대부분 컬렉터나 드레인)에서 더 큰 신호가 나타나도록 할 수 있다. [그림 26-1]은 NPN 바이폴라 트랜지스터를 사용하여 **공통 이미터 증폭기**common-emitter amplifier를 구성한 예다. 입력 신호는 C_2를 거쳐 베이스로 인가된다. 저항 R_2와 R_3는 베이스에 특정 전압이 걸리도록 바이어싱 해준다. 또한 저항 R_1과 커패시터 C_1은 접지에 비해 이미터가 일정한 직류 전압을 가질 수 있도록 하며, 교류 신호에 대해서는 접지로 빠지도록 한다. 저항 R_1은 트랜지스터에 흐르는 전류량을 제어하고, 교류 출력 신호는 커패시터 C_3를 통과한다. 저항 R_4는 교류 출력 신호가 전원 공급 장치로 곧바로 흐르는 것을 방지한다.

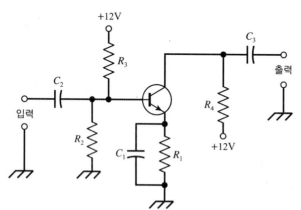

[그림 26-1] **바이폴라 트랜지스터를 사용하는 증폭기 회로의 기본형**

이 증폭기에서 최적의 커패시턴스 값은 증폭기의 주파수와 입력 및 출력 임피던스에 따라 달라진다. 일반적으로 주파수나 회로 임피던스를 높이려면 커패시턴스를 낮춰야 한다. 오디오 주파수(약어로는 AF^Audio Frequencies로 표기하며, 20Hz ~ 20kHz의 주파수를 의미함)와 작은 임피던스를 가진 상황에서는 커패시터 값이 $100\mu F$ 수준으로 커질 수도 있다. 라디오 주파수(RF)^Radio Frequency와 높은 임피던스가 요구되는 상황에서의 커패시턴스는 통상 수분의 일 μF에 불과하거나, 가장 높은 주파수와 임피던스 조건에서는 수 pF까지도 떨어질 수 있다. 최적의 저항값 역시 회로 응용에 따라 달라진다. 약한 신호를 증폭하는 증폭기의 경우 보통 470Ω의 R_1, $47k\Omega$의 R_2, $10k\Omega$의 R_3, $4.7k\Omega$의 R_4 값들을 갖는다.

기본적인 FET 증폭기

[그림 26-2]는 N 채널 JFET으로 구성된 **공통 소스 증폭기**common-source amplifier이다. 입력 신호는 C_2를 통과해 게이트로 인가된다. 저항 R_2는 게이트에 전압이 인가되도록 하고, 저항 R_1과 커패시터 C_1은 접지를 기준으로 하여 직류 전압을 제공한다. 출력 신호는 C_3를 통과한다. 저항 R_3는 출력 신호가 전압 공급 장치로 곧바로 흐르는 것을 방지한다.

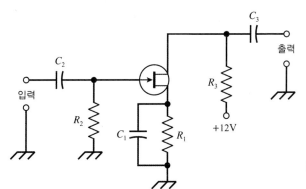

[그림 26-2] **JFET을 사용하는 증폭기 회로의 기본형**

JFET은 높은 입력 임피던스를 가지므로 C_2의 값이 작아야 한다. 이 회로에서 JFET 대신 MOSFET을 사용하면 더 높은 입력 임피던스를 얻을 수 있고 C_2는 더 작아지며, 경우에 따라 1pF 또는 그 이하의 값까지 떨어질 수도 있다. 저항값은 회로의 응용에 따라 달라진다. 어떤 경우에는 R_1과 C_1을 사용하지 않고 소스를 곧바로 접지에 연결할 수도 있다. 저항 R_1을 사용한다면 최적값은 회로의 입력 임피던스와 FET를 동작시키기 위한 바이어스 값에 의존하게 된다. 약한 신호를 증폭시키는 회로에서는 680Ω의 R_1, $10k\Omega$의 R_2, 100Ω의 R_3를 통상적인 값으로 사용한다.

증폭기의 분류

아날로그 증폭기 회로는 바이어스 배치 방식에 따라 **A급**$^{class\ A}$, **AB급**$^{class\ AB}$, **B급**$^{class\ B}$, **C급**$^{class\ C}$ 등으로 분류한다. 각각의 회로들은 고유한 특성을 가지며, 특정 환경에서 최적의 성능을 보인다. **D급**$^{class\ D}$이라고 불리는 특수한 증폭기 역시 특정 상황에 사용할 수 있다.

A급 증폭기

앞서 언급했던 요소들의 값을 사용하면, [그림 26-1]과 [그림 26-2]의 증폭기 회로는 **A 급** 모드로 동작한다. 이 증폭기는 **선형** 동작을 하는데, 이는 출력 파형의 크기가 입력 파형의 크기보다는 크지만 형태는 동일하다는 것을 의미한다.

BJT 트랜지스터로 A급 동작을 구현하려면 입력 신호 없이 소자에 바이어스를 인가해야 하며, 이때 트랜지스터는 I_C-I_B(컬렉터 전류 대 베이스 전류) 곡선의 직선 구간 중간 지점에서 동작하게 한다. [그림 26-3]은 각 클래스에 따른 바이폴라 트랜지스터의 동작 영역을 나타낸 것이다. 만약 JFET이나 MOSFET을 사용했다면 입력 신호를 인가하지 않은 소자는 [그림 26-4]의 I_C-I_B(드레인 전류-게이트 전압) 곡선의 직선 구간에서 동작한다.

A급 증폭기를 실생활에서 사용한다면, 지나치게 큰 입력 신호가 인가되지 않도록 해야 한다. 너무 큰 입력 신호는 선형 영역에서 동작하던 소자를 동작 주기의 일부 동안 선형 영역 밖으로 밀어낼 것이다. 이러한 현상이 발생하면 출력 파형은 더 이상 입력 파형과 같은 형태를 갖지 못하며 증폭기는 **비선형** 동작을 하게 된다. 일부 유형의 증폭기에서는 비선형 동작을 받아들일 수 있으나(경우에 따라서는 비선형성을 필요로 하기도 함), A급 증폭기는 항상 선형 동작을 유지해야 하는 유형의 증폭기이다.

A급 증폭기는 한 가지 두드러진 제한성을 갖는다. 트랜지스터는 입력 신호의 유무에 상관없이 항상 전류를 끌어들인다. 따라서 트랜지스터는 입력 신호가 인가되지 않는다고 해도 동작해야 한다. 약한 신호를 증폭시키는 응용에서는 이러한 추가적인 동작 부하가 크게 문제되지 않는다. 이 경우 회로 밖에서 충분한 이득을 얻기 위해 노력해야 한다.

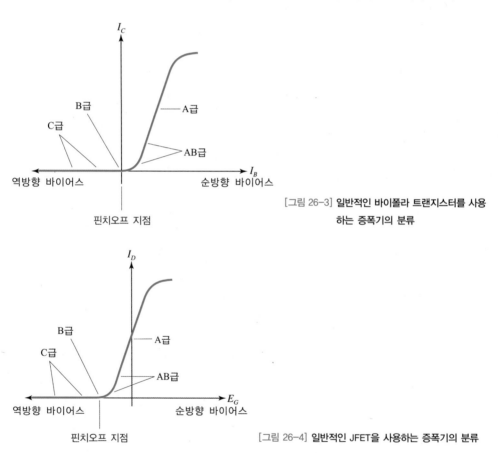

[그림 26-3] **일반적인 바이폴라 트랜지스터를 사용하는 증폭기의 분류**

[그림 26-4] **일반적인 JFET을 사용하는 증폭기의 분류**

AB급 증폭기

BJT 트랜지스터에 신호를 가하지 않아 컷오프(차단)^{cutoff} 상태에 가깝도록 했을 때, 또는 JFET이나 MOSFET이 핀치오프^{pinchoff} 조건에 가까워지도록 하는 전압을 가했을 때, 입력 신호는 항상 소자를 **동작 곡선**^{operating curve}의 비선형 영역에서 동작시킨다([그림 26-3]과 [그림 26-4]는 동작 곡선의 예다). 이것을 **AB급 증폭기**로 정의한다. [그림 26-3]과 [그림 26-4]는 전형적인 AB급 증폭기의 바이어스 동작 영역을 보여준다. 입력 신호가 없어도 작은 컬렉터나 드레인 전류가 흐르지만, 입력 신호가 없을 때의 A급 증폭기 전류 크기보다는 작다.

엔지니어는 종종 서로 다른 두 가지 모드의 AB급 증폭기를 보게 된다. BJT 트랜지스터나 FET가 어떤 입력 신호 구간에서도 컷오프 또는 핀치오프 특성을 갖지 못하면 이 증폭기는 AB$_1$급으로 동작한다. 소자가 어떤 신호 주기 구간 내(절반 이상)에서 컷오프 또는 핀치오프 영역에 있다면 증폭기는 AB$_2$급 증폭 동작을 한다.

AB급 증폭기에서는 출력 파형이 입력 파형과 동일하지 않다. 하지만 음성 라디오 송신기에서와 같이 신호가 변조된다면, 출력 파형은 왜곡되지 않은 상태로 나온다. 따라서 AB급 증폭기는 RF 전력 증폭기로 사용하기에 매우 적절하다.

B급 증폭기

입력 신호를 인가하지 않은 상황에서 BJT 트랜지스터에 정확히 컷오프 전압을 인가하면, 또는 FET에 정확히 핀치오프 전압을 인가하면 증폭기를 **B급** 모드에서 동작시킬 수 있다. B급 증폭기의 동작점은 [그림 26-3]과 [그림 26-4]에 표기되어 있다. AB급 모드와 마찬가지로 B급 모드도 RF 전력 증폭에 매우 적합하다.

B급 동작에서는 입력 신호가 없는 상태에서 컬렉터나 드레인 전류가 흐르지 않는다. 그러므로 회로는 신호가 인가되지 않는 한 전력을 소모하지 않는다(A급과 AB급 증폭기는 신호가 인가되지 않은 상태에서도 약간의 직류 전압을 소모함). 회로에 입력 신호를 인가했을 때, 반주기 동안은 소자에 전류가 흐른다. 출력 파형은 입력 파형과 크게 다른 형태를 갖는다. 실제로 출력 파형은 증폭된 '반파 정류'로 나온다.

AB급 또는 B급 '선형 증폭기'에 관해 들어본 적이 있을 것이다. 특히 아마추어^{ham} 라디오 제작자와 대화할 때 그런 경험이 있을 것이다. 여기서 '선형'은, 트랜지스터에 입력 신호가 인가되지 않고 선형 영역에서 동작하도록 바이어스 되지 않았을 때, 반송파가 왜곡됨에도 불구하고 증폭기가 **파형 변조**^{modulation waveform}(또는 **변조 포락선**^{modulation envelope}이라고도 함)를 왜곡시키지 않는다는 것을 의미한다.

AB$_2$급 및 B급 증폭기는 입력 신호원으로부터 전력을 받아들인다. 조금 더 기술적으로 말하면, 그러한 증폭기들은 원하는 동작을 하는 데 요구되는 **구동 전력**을 필요로 한다고 표현한다. 입력 신호가 트랜지스터를 작동시키는 데 필요한 일정 수준의 전압을 공급해야 하지만, 이론적으로는 A급 및 AB$_1$급 증폭기는 구동 전력을 필요로 하지 않는다.

B급 푸시풀 증폭기

두 개의 BJT 트랜지스터 또는 두 개의 FET를 B급 회로에 짝을 지어 연결하여 동시에 구동시킬 경우, 하나는 양의 반주기를 출력하고 다른 하나는 음의 반주기 출력 파형을 내도록 동작시킬 수 있다. 이 경우 B급 증폭기의 모든 장점을 유지하면서 동시에 파형의 왜곡을 제거할 수 있다. 이러한 종류의 회로를 **B급 푸시풀 증폭기**^{class-B push-pull amplifier}라고 한다. [그림 26-5]는 NPN BJT 트랜지스터 두 개를 사용하여 구성한 예를 나타낸 것이다.

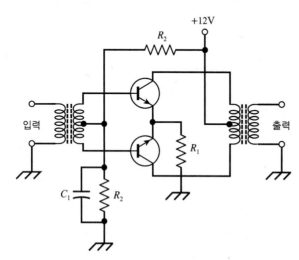

[그림 26-5] **NPN 바이폴라 트랜지스터를 사용하는 B급 푸시풀 증폭기**

저항 R_1은 트랜지스터로 흐르는 전류의 양을 제한한다. 커패시터 C_1은 입력 변압기의 중간과 접지 신호 사이에 위치하고, 베이스에 직류 바이어스를 공급한다. 저항 R_2와 R_3는 트랜지스터에 컷오프 전압이 인가되도록 정확히 바이어싱한다. 최상의 성능을 얻기 위해서는 두 개의 트랜지스터가 동일해야 한다. 부품 번호가 일치해야 할 뿐만 아니라 두 개의 트랜지스터가 가능한 한 실험적으로 가장 비슷한 성능을 보여야 한다.

B급 푸시풀 회로는 오디오 주파수(AF)^{Audio-Frequency} 전력 증폭기에서 가장 널리 사용된다. 푸시풀 설계를 하면 B급 모드의 작은 트랜지스터 부하 특성과 A급 모드의 작은 왜곡 및 선형 증폭 특성을 모두 얻을 수 있다. 그러나 푸시풀 증폭기는 2단 변압기가 필요한데 하나는 입력, 다른 하나는 출력에 배치한다. 이로 인해 푸시풀 증폭기는 다른 종류의 증폭기들에 비해 부피가 크고 가격이 비싸다.

모든 푸시풀 증폭기에서는 고유하고 흥미로운 특성을 볼 수 있는데, 출력에서 발생하는 **짝수차** 고조파^{harmonics}를 상쇄시킨다는 점이다. 이 특성으로 인해 다른 고조파들에 비해 더 큰 문제를 초래하는 2차 고조파를 제거할 수 있어 무선 전송기를 설계, 동작시키는 데 큰 장점이 된다. 푸시풀 회로는 '단일 출력^{single-ended}' 회로(출력부에 단일 바이폴라 트랜지스터 또는 FET만 사용하는 회로)와 비교했을 때 비슷한 수준으로 **홀수차** 고조파를 억제한다.

C급 증폭기

주기의 일부 시간 동안 가해지는 큰 바이어스를 충분히 극복할 수 있다면, 바이폴라 트랜지스터나 FET에 컷오프 또는 핀치오프 전압보다 높은 바이어스를 인가할 수 있으며, 트랜지스터는 여전히 전력 증폭기$^{power\ amplifier}$로서 동작할 것이다. 이러한 모드를 **C급** 동작이라고 한다. [그림 26-3]과 [그림 26-4]는 C급 증폭기에 신호 바이어스를 인가하지 않는 상황에서의 전압 지점들을 나타낸 것이다.

C급 증폭기는 비선형적이며 진폭 변조(AM)$^{Amplitude\ Modulation}$ 포락선에 대해서도 그러하다. 따라서 C급 회로는 일반적으로 입력 신호들이 전부 켜지거나 꺼졌을 때 사용된다. 이러한 신호에는 주파수 또는 위상(진폭 제외)이 변할 수 있는 디지털 변조와 함께 구식 **모스 부호**도 포함되는데, 진폭은 항상 0 또는 최댓값이다.

C급 증폭기는 높은 구동 전력을 필요로 하지만, 다른 모드의 증폭기에서 얻을 수 있는 만큼의 이득을 제공하지는 않는다. 예를 들어, C급 전력 증폭기에서 300W의 구동 전력을 공급하여 1kW 정도의 출력 전력만 얻을 수도 있다. 그러나 C급 모드에서는 다른 모드에서 동작하는 증폭기보다 '신호 관점에서 본전을 뽑을 수 있을 만한 것들'을 더 많이 얻을 수 있다. 말하자면, C급 설계 방법을 통해 최적의 효율을 얻을 수 있다는 것이다.

D급 증폭기

D급 증폭기는 기존의 증폭기들과 다르다. D급 증폭기의 출력 트랜지스터(일반적으로는 MOSFET)는 디지털 동작을 하며, 다른 아날로그 모드의 증폭기들과 달리 항상 켜져 있거나 꺼져 있다. D급 증폭기는 펄스 폭 변조(PWM)$^{Pulse\ Width\ Modulation}$를 사용하는데, 이에 관한 내용은 27장(무선 송신기와 수신기)과 29장(마이크로컨트롤러)에서 배울 것이다. [그림 26-6]은 D급 증폭기의 동작 원리를 나타낸 것이다.

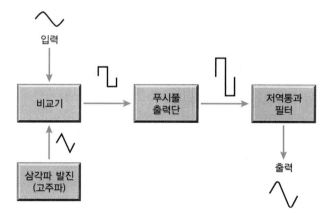

[그림 26-6] **D급 오디오 증폭기의 기능을 나타낸 모식도**

D급 증폭기는 23장(집적회로(IC))에서 배운 비교기와, 아날로그 입력 신호를 길이가 다른 연속적 펄스로 변환하는 삼각파 발진기를 사용한다. 펄스의 길이는 입력 신호 전압에 정비례하여 변한다. 이 펄스들은 C급과 유사한 형태의 푸시풀 단에서 증폭된다. 디지털-아날로그 변환기 역할을 하는 저주파 통과 필터는 펄스 신호를 아날로그 신호로 변환한다(출력 스피커를 가진 낮은 품질의 오디오에서는 스피커가 펄스 주파수를 따라갈 수 있을 정도로 충분히 빠르게 응답할 수 없으므로, 별도의 저역통과 필터$^{\text{lowpass filter}}$가 없어도 디지털 신호를 아날로그 신호로 변환할 수 있다).

디지털화 과정을 가시화하기 위해, 삼각파 발진기 출력에 비해 느리게 변화하는 입력 신호를 생각해보자. 우선, 입력 신호가 삼각파 발진기 신호보다 세면 비교기는 높은 출력을 낼 것이다. 특정 지점에서 입력 신호가 삼각파보다 약해지면 비교기는 크기가 작은 출력을 낸다. 이러한 천이^{transition}가 이루어지는 데 필요한 시간은 입력 신호의 전압에 따라 달라진다. 전압이 높을수록 펄스는 길어진다. 높은 펄스 상태로 유지되는 시간이 차지하는 비율을 **듀티 사이클(작동 주기)**$^{\text{duty cycle}}$이라고 한다. 작동 주기가 길수록 출력 신호가 강해진다.

수 MΩ 수준에 이르는 높은 입력 임피던스를 가진 MOSFET을 사용해 설계하면 D급 증폭기는 과열 현상 없이 수십 와트의 전력을 공급할 수 있다. D급 증폭기는 대부분의 경우 독립^{discrete} 부품보다는 IC로 구현하며, 휴대전화, 노트북 컴퓨터, 태블릿 컴퓨터 등과 같은 전자제품에서 사용되는 아날로그 증폭기를 폭넓게 대체했다.

D급 증폭기는 약간의 왜곡이 발생할 수 있다는 단점을 갖고 있다. 따라서 하이-파이$^{\text{hi-fi}}$ 오디오 증폭기에 관해서는 아날로그 설계가 우위에 있고, 증폭기 모델들 중에서는 A급 증폭기가 그러한 응용에 이상적이다.

전력 증폭기의 효율

효율적인 전력 증폭기는 열 발생을 최소화하고 트랜지스터에 최소한의 부담을 주면서 최적의 출력 전력을 공급할 뿐만 아니라 에너지를 보존하기도 한다. 이러한 요소들은 비효율적인 전력 증폭기들과 비교했을 때 제조 비용 절감, 크기와 중량 저하, 보다 긴 기기 수명 등을 이룰 수 있다는 것을 의미한다.

직류 입력 전력

전류계(또는 밀리전류계)를 증폭기의 컬렉터나 드레인, 전원 공급 장치와 직렬로 연결했다고 가정하자. 증폭기가 동작하는 동안 전류계는 어떤 값을 보여줄 것이다. 이 값은 일정할 수도 있고 입력 신호에 따라 변할 수도 있다. 바이폴라 트랜지스터 증폭기 회로에 공급되는 **직류 컬렉터 입력 전력**은 컬렉터 전류(I_C)와 컬렉터 전압(E_C)의 곱과 같다. 마찬가지로, FET의 경우 **직류 드레인 입력 전력**은 드레인 전류(I_D)와 드레인 전압(E_D)의 곱과 같다. 직류 입력 전력은 **평균값** average value 또는 **최댓값** peak value 으로 구분해 표현할 수 있다. 이후의 논의에서는 평균 전력만 다룬다.

증폭기에 입력 신호가 없을 때도 상당한 직류 컬렉터 또는 드레인 입력 전력을 얻을 수 있다. A급 회로는 이러한 방식으로 동작한다. 사실 A급 증폭기에 입력 신호를 인가했을 때 평균 직류 컬렉터 또는 드레인 입력 전력은 신호가 없는 경우보다 **변동이 작다!** AB₁급 또는 AB₂급은 입력 신호가 없을 경우 낮은 전류(작은 직류 컬렉터 또는 드레인 입력 전력)를, 입력 신호를 인가했을 경우 높은 전류(높은 직류 입력 전력)를 얻을 수 있다. B급과 C급 증폭기들은 입력 신호 없이도(직류 컬렉터 또는 드레인 입력 전력이 0일 때) 전류를 만든다. 전류, 그리고 결과적으로 직류 입력 전력은 입력 신호의 증가와 함께 늘어난다.

회로에 리액턴스가 없는 한 직류 컬렉터 또는 드레인 입력 전력은 암페어(A)와 볼트(V)의 곱인 와트(W) watt 단위로 나타낸다. 입력 전력은 저전력 증폭기에서 수 mW, 고전력 증폭기에서 수 kW(극단적인 경우 수 MW) 수준으로 나타날 수 있다.

신호 출력 전력

증폭기의 **신호 출력 전력**을 정확하게 알고 싶다면 특수한 교류 전력계를 사용해야 한다. AF와 RF 전력계 설계에는 매우 정교한 엔지니어링 전문성이 요구된다. 일반적인 직류 전력계와 정류 다이오드를 전력 증폭기의 출력 단자에 연결하는 것만으로 신호 출력 전력의 정확한 값을 얻는 것은 기대할 수 없다.

정상적으로 동작하는 전력 증폭기가 입력 신호를 받지 않을 때는 어떠한 출력 신호도 관찰되지 않으며, 따라서 전력 출력은 0이 된다. 이러한 상황은 모든 클래스의 증폭기에 적용된다. 입력 신호의 세기를 증가시킴에 따라, 어떤 값까지는 출력 전력 신호가 증가하는 것을 관찰할 수 있다. 입력 신호의 이 지점을 지나 세기를 계속 증가시키면(강제 구동), 신호의 출력 전력 변화는 매우 작아지거나 변화가 없어진다.

직류 입력 전력의 경우와 마찬가지로 신호 출력 전력은 W 단위로 표현하거나 측정한다. 초저전력 회로에서는 신호 출력 전력을 mW로 나타내야 하는 경우도 있고 중전력, 고전력 회로에 대해서는 W, kW 또는 MW 단위로 전력을 나타낼 수도 있다.

효율의 정의

전력 증폭기의 **효율**efficiency은 직류 입력 전력에 대한 출력 전력 신호의 비로 정의한다. 이 값은 단순히 비율(0 ~ 1 사이의 값) 또는 퍼센트(0% ~ 100% 사이의 값)로 나타낼 수 있다. P_{in}이 전력 증폭기에 인가되는 직류 입력 전력이고, P_{out}은 신호 출력 전력을 나타낸다고 하자. 그렇다면 **효율**efficiency 또는 eff은 다음과 같은 비율로 정량적으로 표현할 수 있다.

$$eff = \frac{P_{out}}{P_{in}}$$

또는 퍼센트로 다음과 같이 나타낼 수도 있다.

$$eff_\% = 100 \times \frac{P_{out}}{P_{in}}$$

예제 26-5

바이폴라 트랜지스터 증폭기의 직류 입력 전력이 120W, 출력 전력 신호가 84W라고 한다. 이 증폭기의 효율을 퍼센트로 나타내면 얼마인가?

풀이

퍼센트 형태로 표현된 $eff_\%$ 식을 사용해야 한다. 다음과 같이 정의된 식을 사용하여 계산할 수 있다.

$$eff_\% = 100 \times \frac{P_{out}}{P_{in}} = 100 \times \frac{84}{120} = 100 \times 0.70 = 70\%$$

예제 26-6

FET 증폭기의 효율이 0.600이라고 한다. 이 증폭기가 3.50W의 출력 전력 신호를 내는 것을 관찰한다면 직류 입력 전력은 얼마인가?

풀이

비율로 표현된 효율 식에 위의 값들을 대입하면, 다음과 같이 간단한 계산을 통해 효율을 얻을 수 있다.

$$0.600 = \frac{3.50}{P_{in}}$$

$$P_{in} = \frac{3.50}{0.600} = 5.83W$$

증폭기 클래스와 효율

A급 증폭기는 입력 신호 유형과 사용되는 트랜지스터 종류에 따라 25% ~ 40%의 효율을 가진다. 최적 설계된 AB_1급 증폭기는 35% ~ 45%의 효율을 보인다. 최적 설계되어 정상 동작하는 AB_2급 증폭기는 최대 50% 정도의 효율을 낸다. B급 증폭기는 통상적으로 50% ~ 65%의 효율을 가지며, C급 증폭기는 75% 수준의 높은 효율을 가진다.

구동과 과도구동

이론적으로 A급 및 $AB급_1$ 전력 증폭기는 상당 수준의 출력 전력을 생성하는 데 신호원으로부터의 입력 전력을 필요로 하지 않는다. 이 특성은 두 종류의 증폭기가 가진 중요한 장점이다. A급 또는 $AB급_1$ 회로에 유용한 수준의 출력 전력 신호를 얻기 위해서는 제어 단자(베이스, 게이트, 이미터 또는 소스)에 특정 교류 신호 전압을 공급해 주기만 하면 된다. $AB급_2$ 증폭기는 교류 출력 전력을 얻기 위해 일정 수준의 구동 전력을 필요로 한다. B급 증폭기는 $AB급_2$ 증폭기 회로보다 더 큰 구동 전력을 필요로 하고 C급 증폭기는 여러 유형의 증폭기들 중 가장 큰 구동 전력을 필요로 한다.

어떤 상황에서든 전력 증폭기 유형에 상관없이, **과도구동(오버드라이브)**^{overdrive}이라는 바람직하지 않은 조건이 만들어질 수 있으므로, 너무 강한 구동 신호는 사용하지 않아야 한다. 과도구동 상태에서 증폭기를 강제 동작시키면 출력 파형에 과도한 왜곡이 발생한다. 이 왜곡은 역으로 변조 포락선에도 영향을 준다. **오실로스코프**^{oscilloscope}(또는 **스코프**^{scope})로 이러한 왜곡이 어떤 경우 발생하는지 확인할 수 있다. 오실로스코프는 신호의 진폭을 시간에 따른 그래프 모양으로 즉각 화면에 보여준다. 증폭기의 출력단에 오실로스코프를 연결하면 출력 신호 파형을 분석할 수 있다. 특정 유형의 증폭기 출력은 과도구동이 이루어지는 경우 특정 형태를 갖는데, **플랫 토핑**$^{flat\ topping}$이라는 윗면이 평평한 형태의 왜곡이 발생한다.

[그림 26-7(a)]는 정상적으로 동작하는 B급 증폭기의 출력 파형이고, [그림 26-7(b)]는 과도구동 상태에 있는 B급 증폭기의 출력 파형이다. 그림 (b)에서 파형의 최대 지점이 뭉툭해진 것을 알 수 있다. 이 원치 않는 현상으로 인해 라디오 신호 변조에서의 왜곡, 고조파 주파수에서의 과도한 신호 출력 등과 같은 결과가 나타나며, 회로의 효율이 저하될 수 있다. 뭉툭한 파형은 동일한 수준의 유용한 출력 전력을 내는 데 있어서 정상적인 동작 조건에서보다 높은 직류 입력 전력을 필요로 하므로 효율이 급감된다.

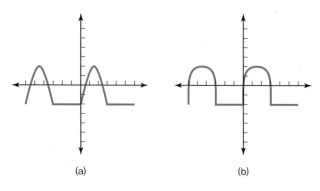

[그림 26-7] (a) 정상적으로 동작하는 B급 전력 증폭기의 출력 신호 파형에 대한 오실로스코프 화면
(b) 과도구동에 의한 파형의 왜곡을 보여주는 화면

오디오 증폭

지금까지 살펴본 회로들은 일반적인 것이며 특정한 용도의 회로는 아니었다. 수 μF의 커패시터를 사용하여 A급 증폭기 동작에 바이어스를 인가하면, 이 회로들은 오디오 증폭기에 적합한 회로가 된다.

주파수 응답

음악 시스템에서 사용되는 고성능(또는 하이-파이$^{\text{hi-fi}}$) 오디오 증폭기는 적어도 20Hz ~ 20kHz 대역에서 일정한 이득을 가져야 하며, 5Hz ~ 50kHz의 더 넓은 범위(광대역)에서도 잘 동작해야 한다. 음성 통신을 위한 오디오 증폭기는 대략 300Hz ~ 3kHz 사이에서 잘 동작해야 한다. 디지털 통신에서 오디오 증폭기는 100Hz 이하의 좁은 주파수 범위(협대역)에서 잘 동작할 수 있도록 설계한다.

트랜지스터로 구성한 하이-파이 증폭기는 일반적으로 주파수 응답 특성을 조정하는 저항-커패시터(RC) 네트워크를 포함한다. 이러한 네트워크들을 통해 처리할 수 있는 음의 높낮이^{tone}를 제어하는데, 톤 제어$^{\text{tone control}}$를 **베이스**^{bass} 및 **트레블(최고 음역)**^{treble} 제어라고도 한다. 가장 간단한 하이-파이 증폭기는 톤 제어 기능을 구현하기 위해 단일 제어기만 사용한다. 정교한 증폭기는 독립적인 제어기를 갖고 있어 하나는 베이스, 다른 하나는 고음역을 제어한다. 가장 발전된 형태의 하이-파이 시스템은 **그래픽 이퀄라이저**$^{\text{graphic equalizer}}$를 사용하여 서로 다른 여러 주파수 대역에 대한 증폭 이득을 조절할 수 있다.

음량 제어

오디오 증폭기 시스템은 일반적으로 두 개 또는 그 이상의 **단**^{stage}으로 구성된다. 한 개의 단은 한 개의 바이폴라 트랜지스터 또는 FET(또는 푸시-풀 조합)와 저항 및 커패시터로 구성된다. 큰 이득을 얻기 위해 두 개 또는 그 이상의 단들을 직렬로 연결할 수 있다. 이들 중 한 단에서는 **음량 제어** 기능을 구현할 수 있는데, 가장 간단한 음량 제어 방법은 증폭기 시스템이 선형 특성을 유지하면서 이득을 조절할 수 있도록 하는 전위차계^{potentiometer}를 사용하는 것이다.

[그림 26-8]은 기본적인 음량 제어 회로이다. 증폭기에서 트랜지스터의 입력 신호 세기가 변해도 이득은 일정하게 유지된다. 교류 출력 신호는 C_1을 거쳐 전위차계인 R_1 양단에 나타나 음량을 조절한다. 전위차계의 와이퍼(화살표 모양)는 팔의 위치에 따라 약간 차이는 있지만 교류 출력 신호를 제거한 후의 값을 보여준다. 커패시터 C_2는 다음 단의 직류 바이어스로부터 전위차계를 차단시킨다.

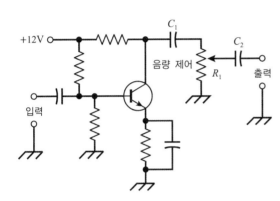

[그림 26-8] 저전력 오디오 증폭기의 이득을 조절하기 위해 사용할 수 있는 간단한 음량 제어 회로(전위차계 R_1).

음량 제어 장치는 저전력 단에 배치해야 한다. 전력이 높은 지점에 전위차계를 두면 음량이 작은 상태에서 상당한 전력 손실이 발생한다. 고전력 전위차계는 저전력 전위차계보다 비싸고 구하기도 어렵다. 이러한 제약 사항들을 극복하고 전위차계를 확보했다고 해도, 음량 제어부를 고전력 단에 두면 전체 증폭 시스템은 매우 낮은 효율을 갖게 될 것이다.

변압기 결합

직렬 연결된 증폭 시스템(**증폭기 체인**$^{amplifier\ chain}$이라고도 함)에서는 한 단에서 다음 단으로 신호를 전달(또는 **결합**)하는 데 변압기를 사용할 수 있다. [그림 26-9]는 두 증폭기 회로 간 **변압기 결합**$^{transformer\ coupling}$을 보여준다. 커패시터 C_1과 C_2는 변압기 권선의 아래쪽 끝을 신호 접지로 연결한다. 저항 R_1은 첫 번째 트랜지스터 Q_1을 통과하는 전류의 양을 제한한다. 저항 R_2와 R_3는 트랜지스터 Q_2의 베이스 전압을 바이어싱한다.

변압기를 사용하는 결합 방식은 **용량성 결합**$^{capacitive\ coupling}$ 방식에 비해 단 하나당 비용이 높다. 그러나 변압기 결합은 증폭기 단 사이에 최적의 신호 전송이 이루어지도록 한다. 양단의 회로에 리액턴스 성분이 전혀 없다고 가정할 때, 정확한 권선비를 가진 변압기를 사용하면, 첫 번째 단의 출력 임피던스를 두 번째 단의 입력 임피던스와 정확히 정합^{match}시킬 수 있다.

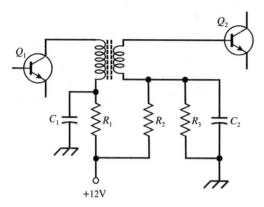

[그림 26-9] 증폭기 회로 간 변압기 결합의 예

RF 증폭기

RF^{Radio-Frequency} 스펙트럼은 300GHz 이상의 주파수까지 분포한다. 신호원의 주파수 하한은 스펙트럼 분석기의 사양에 의해 결정된다. 일부는 저주파수 하한을 3kHz, 일부는 9kHz, 또 다른 일부는 10kHz로 하고 다른 기기들은 AF 범위의 상한으로 정의하는데, 일반적으로 20kHz이다.

약한 신호 증폭기와 전력 증폭기

음성 수신기의 **앞 단**^{front end}, 또는 첫 번째 증폭기 단은 가능한 한 가장 민감하게 작동해야 한다. 민감도^{sensitivity}는 **이득**^{gain}(또는 증폭률^{amplification factor}), 그리고 회로가 **내부 잡음**^{internal noise}을 최소화하면서 원하는 신호만 얼마나 잘 증폭하는지 나타내는 척도인 **잡음 지수**^{noise figure}의 두 가지 요소로 결정된다.

잡음 요소는 세 가지이다. 모든 반도체 소자에는 전하 반송자가 이동함에 따라 내부 잡음이 발생하는데, 이러한 현상을 **전기적 잡음**^{electrical noise}이라고 한다. 내부 잡음은 반도체를 구성하는 원자의 운동(보다 정확하게는 진동 운동)에서 야기될 수 있으며 이를 **열 잡음**^{thermal noise}이라고 한다. 세 번째로, 전류가 무작위적이고 급격하게 변동함으로써 발생되는 **산탄효과 잡음**^{shot-effect noise}이 있다. 일반적으로 JFET은 바이폴라 트랜지스터보다 전기적 잡음과 산탄효과 잡음이 작다. **GaAsFET**('가스펫'이라고 읽음)이라고 하는 갈륨비소 기반의 FET들은 일반적으로 모든 반도체 소자들 중 잡음이 가장 작다.

약한 신호 증폭기의 동작 주파수가 증가함에 따라 잡음 지수는 더욱 중요해진다. 이것은 낮은 주파수보다 높은 라디오 주파수에서 **외부 잡음**external noise이 더 작기 때문이다. 외부 잡음은 태양solar noise, 우주cosmic noise, 지구 대기권 내에서의 뇌우sferics, 인간이 만든 연소 기관ignition noise, 그리고 기타 다양한 전기 및 전자 기기application noise로부터 발생한다. 1.8GHz 주파수에서 방송 전파는 엄청난 양의 외부 잡음을 포함하고 있기 때문에 수신기 자체의 내부 잡음이 아주 작다고 해도 큰 차이가 없다. 그러나 1.8GHz에서의 외부 잡음은 훨씬 적으며, 수신기 성능은 거의 전적으로 내부적으로 발생하는 잡음에 따라 결정된다.

약한 신호 증폭기의 동조 회로

약한 신호 증폭기는 거의 대부분 입력, 출력 혹은 둘 다 공진resonant 회로를 활용한다. 이 특성을 통해 원치 않는 잡음은 최소화하면서 원하는 주파수에서의 증폭은 최적화한다. [그림 26-10]은 10MHz 부근에서 동작하도록 설계된 전형적인 GaAsFET 기반의 약한 신호 RF 동조 증폭기의 모식도이다.

일부 약한 신호 RF 증폭기 시스템에서는 단 사이를 변압기 결합으로 연결하고, 변압기의 일차 및 이차 권선을 서로 커패시터로 연결하기도 한다. 이러한 방법을 통해 커패시터와 변압기 권선의 인덕터가 결정하는 주파수에서의 공진이 이루어지도록 한다. 여러 개의 증폭기가 하나의 주파수에서만 동작하도록 설계할 때, **동조 회로 결합**tuned-circuit coupling이라고 부르는 이러한 방법은 시스템 효율을 향상시키지만, 증폭기 내의 단들이 공진 주파수에서 발진 상태로 될 수 있다는 위험성도 갖고 있다.

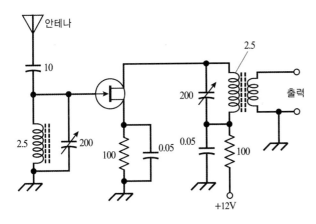

[그림 26-10] 약 10MHz에서 사용하기 위한 동조 RF 증폭기. 저항의 단위는 Ω이다. 커패시턴스 값이 1보다 작은 값으로 표기되어 있으면 μF 단위, 1보다 큰 값으로 표기되어 있으면 pF 단위이다. 인덕턴스의 단위는 μH이다.

광대역 전력 증폭기

RF 전력 증폭기가 **광대역**broadband 모드 또는 **동조** 모드에서 동작하도록 설계할 수도 있다. 이 용어에서 알 수 있듯이, 동조 증폭기는 내부 회로의 공진 주파수 조정을 필요로 하는 반면,

광대역 증폭기는 주파수 변화를 위해 조정하지 않아도 넓은 주파수 범위에서 작동할 수 있다.

광대역 전력 증폭기는 설계된 주파수 범위 내에서 별도의 튜닝이 필요하지 않아 편리하다. 사용자는 주파수를 변화시킬 때 미세한 조정을 할 필요도 없고 회로 파라미터를 수정하지 않아도 된다. 그러나 광대역 전력 증폭기는 대부분 동조 전력 증폭기보다 효율이 낮다. 광대역 전력 증폭기의 또 다른 단점은 사용자가 원하든 그렇지 않든, 설계된 주파수 대역 내에서는 모든 주파수의 신호를 증폭시킨다는 것이다. 예를 들어, 라디오 송신기에서 어떤 앞 단이 의도한 신호 주파수와 다른 주파수에서 발진하고, 이 원치 않는 신호가 광대역 전력 증폭기의 설계 주파수 범위 안에 들어오면, 이 신호는 본래 의도했던 신호와 더불어 증폭될 것이며 송신기로부터 의도치 않은 **기생 성분**^{spurious emission}들을 만들게 될 것이다.

[그림 26-11]은 NPN 전력 트랜지스터를 사용한 통상적인 광대역 전력 증폭기의 회로도를 나타낸 것이다. 이 회로는 1.5MHz∼15MHz의 범위에서 수 W 수준의 일정한 RF 출력 전력을 제공할 수 있다. 변압기들은 이 회로의 중요한 부분을 구성한다. 10:1의 주파수 대역에서는 효율적으로 동작해야 한다. 'RFC'라고 표기된 50μH짜리 부품은 **RF 초크**^{RF choke}인데, 이것은 직류 및 저주파 교류 신호는 통과시키고 고주파 교류 신호(즉, RF 신호)는 차단하는 역할을 한다.

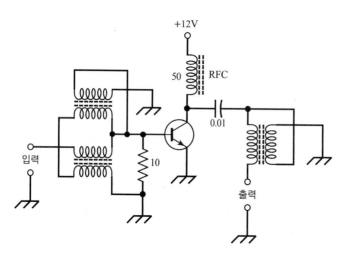

[그림 26-11] 수 W의 출력을 낼 수 있는 광대역 RF 전력 증폭기. 저항의 단위는 Ω이다. 커패시턴스의 단위는 μF이고, 인덕턴스의 단위는 μH이다. 'RFC'라고 표기된 50μH 부품은 RF 초크이다.

동조 전력 증폭기

동조 RF 전력 증폭기는 광대역 전력 증폭기보다 효율이 높다. 동조 회로는 앞 단에서 증폭되어 전송되는 기생 신호의 위험성을 최소화한다. 동조 전력 증폭기는 넓은 부하 임피던스 범위에서 동작 가능하다. **동조 제어**^{tuning control} 또는 증폭기의 출력 신호 주파수를 동작 주파수에 맞추는 공진 회로 외에, 농소 증폭기는 증폭기와 부하(일반적으로는 안테나) 사이의 신호 전송을 최적화하는 **부하 제어**^{loading control} 기능을 포함한다.

동조 전력 증폭기는 '동조^{tune-up}' 과정(보통 가변 커패시터 또는 가변 인덕턴스 조정)에 다소 시간이 걸린다는 점, 조정이 정확히 이루어지지 않으면 트랜지스터에 손상을 줄 수 있다는 점에서 큰 한계를 갖는다. 동조와 부하 제어가 적절히 이루어지지 않으면, 직류 전력 입력이 높은 상태라도 증폭기의 효율은 거의 0으로 떨어질 것이다. 이러한 상황에서는 증폭기 내 부품들 안에서 열의 형태로 소진되는 것 외에는 과전력들이 '갈 곳이 없기' 때문에 고체 전자 소자들은 급격히 과열된다.

[그림 26-12]는 10MHz 부근의 동작 주파수에서 수 W 수준의 유용한 전력 출력을 제공할 수 있는 동조 RF 전력 증폭기를 나타낸 것이다. 트랜지스터는 [그림 26-11]의 광대역 증폭기에서 사용한 것과 동일한 유형이다. 사용자는 동조 및 부하 제어를 수행해야 하며 (각각 왼쪽 및 오른쪽의 가변 커패시터), 이를 통해 RF 전력계를 측정하여 최대 전력 출력을 낼 수 있도록 한다.

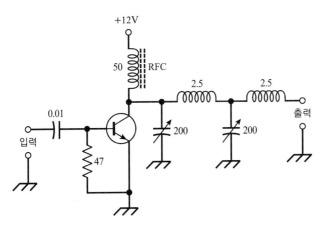

[그림 26-12] 수 W의 출력을 낼 수 있는 동조 RF 전력 증폭기. 저항의 단위는 Ω이다. 커패시턴스 값이 1보다 작은 값으로 표기되어 있으면 μF 단위, 1보다 큰 값으로 표기되어 있으면 pF 단위이다. 인덕턴스의 단위는 μH 이다.

발진기의 동작 원리

발진기는 정궤환^{positive feedback} 구조를 가진 특수한 증폭기다. 라디오 주파수 발진기는 무선 방송 또는 통신 시스템에서 신호를 발생시킨다. 오디오 주파수 발진기는 하이-파이 시스템, 음악 신시사이저, 전자식 사이렌, 보안 알람, 전자식 장난감 등에 널리 응용된다.

정궤환

궤환feedback 신호는 일반적으로 보통 입력 신호의 위상과 같거나 반대이다. 증폭기 회로가 발진하도록 하려면 출력 신호의 일부를 다시 입력 신호에 같은 위상으로 넣어야 한다(이를 **정궤환**positive feedback이라고 한다). 출력 신호의 일부를 반대 위상으로 입력 신호에 넣으면 **부궤환**negative feedback 연결을 얻게 되며, 이는 증폭기의 전체 이득을 감소시킨다. 부궤환이 항상 좋지 않은 것은 아니다. 어떤 회로에서는 원치 않는 발진을 방지하기 위해 의도적으로 부궤환을 사용하기도 한다.

공통 이미터 또는 공통 소스 증폭기에서 나오는 교류 출력 신호 파형은 입력 신호 파형에 대해 반대의 위상을 갖는다. 커패시터를 통해 컬렉터를 베이스에 결합시키면 발진은 일어나지 않는다. 발진을 발생시키려면 궤환 과정에서 위상을 뒤집어줘야 한다. 또한, 증폭기는 일정 수준 이상의 이득을 가져야 하며 출력에서 입력으로 실제 연결되어야 한다. 정궤환 경로는 신호가 전송되기 쉽게 만들어져야 한다. 대부분의 발진기는 정궤환을 갖는 공통 이미터 또는 공통 소스 증폭기 회로로 이루어진다.

공통 베이스 또는 공통 게이트 증폭기의 교류 출력 신호 파형은 입력 신호 파형과 같은 위상을 갖는다. 이러한 회로들은 발진기를 위해 좋은 후보가 될 것이라고 예측할 수 있다. 그러나 공통 베이스와 공통 게이트 회로는 각각에 대응되는 공통 이미터와 공통 소스 증폭기 회로에 비해 이득이 작으며, 결과적으로 발진시키기가 더 어렵다. 공통 컬렉터와 공통 드레인 회로는 부궤환을 가지므로 발진 관점에서는 더 불리하다!

단일 주파수 피드백

일반적으로 인덕턴스–커패시턴스(LC)나 저항–커패시턴스(RC)의 조합으로 구성되는 동조 또는 공진 회로를 사용하여 발진기의 발진 주파수를 조정할 수 있다. LC 회로는 라디오 송신기 및 수신기에서 흔히 사용되며, RC 회로는 오디오 관련 기능을 위해 흔히 사용된다. 특정 주파수에서는 동조 회로를 통해 신호가 궤환 경로를 잘 따르지만, 다른 주파수에서는 전송이 어렵게 만들 수 있다. 결과적으로 발진은 고정된 주파수에서 발생하는데, 그 주파수는 인덕턴스와 커패시턴스 또는 저항과 커패시턴스에 의해 결정된다.

일반적인 발진 회로

여러 가지 회로 구성 방법을 통해 안정적으로 발진 동작하도록 할 수 있다. 다음에 소개되는 몇 가지 회로들은 **가변 주파수 증폭기(VFO)**Variable-Frequency Oscillator로 구분되는데, 이는 이 회로들의 신호 주파수를 넓은 범위에 걸쳐 연속적으로 조정할 수 있기 때문이다. 발진기는 통상적으로 1 W 이하의 RF 전력을 출력한다. 그 이상의 전력이 필요하다면 발진기에 하나 또는 그 이상의 증폭단을 연결해야 한다.

암스트롱 회로

궤환 신호의 위상을 뒤집어주는 변압기를 통해 출력을 다시 입력으로 보냄으로써 강제로 A급 공통-이미터 또는 공통-소스 증폭기가 발진하도록 할 수 있다. [그림 26-13]은 드레인 회로가 변압기를 통해 게이트 회로로 연결된 공통 소스 증폭기를 보여준다. 변압기의 2차 권선과 직렬 연결된 커패시터를 조정하여 동작 주파수를 조정할 수 있다. 2차 변압기의 커패시턴스와 인덕턴스의 경우, 특정 주파수에서는 에너지를 쉽게 통과시키고 그 외의 주파수에서는 감쇄시키는 공진 회로를 형성한다. 이러한 유형의 회로를 **암스트롱 발진기** Armstrong oscillator라고 한다. A급 증폭을 위해 소자를 바이어싱할 수 있다면 JFET 대신 바이폴라 트랜지스터를 사용할 수도 있다.

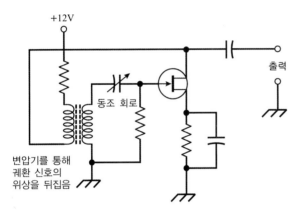

[그림 26-13] N 채널 JFET을 사용하는 암스트롱 발진기. 이 회로는 동조 회로를 거쳐 정궤환이 이루어지는 공통 소스 증폭기로 구성된다.

하틀리 회로

[그림 26-14]는 조절된 RF 피드백을 얻는 다른 방법이다. 이 예에서는 PNP 바이폴라 트랜지스터를 사용하고 있다. 이 회로는 하나의 코일로 이루어져 있고 권선 위에는 탭이 있다. 코일과 병렬 연결된 가변 커패시터가 발진 주파수를 결정하고 주파수 조정을 가능하게 한다. 이 회로를 **하틀리 발진기** Hartley oscillator라고 한다.

대부분의 다른 RF 발진 회로에서뿐만 아니라 하틀리 회로에서도 신뢰성 있는 발진이 연속해서 이루어지도록 항상 최소한의 궤환을 사용해야 한다. 여기서 코일 탭의 위치가 궤환 수를 결정한다. [그림 26-14]의 회로는 증폭 전력의 25% 만 궤환 생성에 사용한다. 따라서 나머지 75%는 유용한 신호 출력으로 사용할 수가 있다.

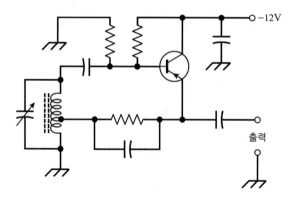

[그림 26-14] PNP 바이폴라 트랜지스터를 사용하는 하틀리 발진기. 동조 LC 회로 안의 탭이 있는 인덕터로부터 하틀리 회로임을 알 수 있다.

콜피츠 발진기

동조형 RF 발진 회로에서 인덕턴스 대신 커패시턴스를 조정할 수 있다. 이것을 **콜피츠 발진기**Colpitts oscillator라고 한다. [그림 26-15]는 P 채널 JFET이 콜피츠 발진기에서 작동하도록 구성한 회로도이다. 가변 인덕터에 병렬로 연결된 커패시터 두 개의 비를 조절함으로써 궤환의 양을 제어할 수 있으며, 이를 통해 주파수 조정이 가능하다. 가변 인덕터 양단에 걸린 두 개의 커패시터들은 고정된 값을 가지며 가변 성분이 아니다. 전체 튜닝 범위에서 정확한 커패시턴스의 비율을 유지하는 하나의 이중 가변 커패시터를 찾는 것은 어려우므로 (동조 회로의 인덕터가 가변 성분이 아니라면 찾을 필요가 있다), 이러한 특성은 제작 시 편리함을 제공하고 비용을 줄일 수 있게 해준다.

그러나 안타깝게도 콜피츠 발진기에 사용되는 가변 인덕터를 찾는 것은 적합한 한 개의 이중 커패시터를 얻는 것만큼 어려울 수 있다. **투자율이 맞춰진** 코일permeability-tuned coil을 사용할 수 있지만, 강자성 물질로 이루어진 코어는 RF 발진기의 주파수 안정성을 떨어뜨린다. 공심air core을 가진 **롤러 인덕터**roller inductor를 사용할 수도 있지만, 이 부품은 부피가 크고 가격이 비싸다. 그리고 선택적으로 스위칭 가능한, 몇 개의 탭이 있는 고정 인덕터도 사용할 수 있으나 이러한 접근법을 통해서는 연속적인 주파수 조정이 불가능하다. 이와 같은 단점에도 불구하고, 콜피츠 회로는 잘 설계되었을 때 안정성과 신뢰성이 탁월하다.

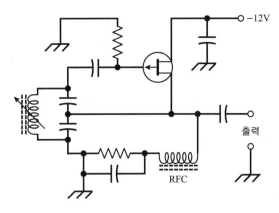

[그림 26-15] P 채널 JFET을 사용하는 콜피츠 발진기. 동조 LC 회로 안에 두 개로 갈라진 커패시터로부터 콜피츠 회로임을 알 수 있다.

클랩 회로

다양한 콜피츠 회로는 동조 회로에서 병렬 공진 대신 직렬 공진을 사용한다. 또는 병렬 동조된 콜피츠 발진기와 유사한 형태의 회로로 이해할 수 있다. [그림 26-16]은 NPN 바이폴라 트랜지스터를 가진 직렬 공조된 **콜피츠 발진기**이다. 이 회로를 **클랩 발진기**^{Clapp oscillator}라고 한다.

클랩 발진기는 일반적으로 신뢰성 있는 회로이다. 신호를 쉽게 발진시킬 수 있으며, 발진을 유지하기도 쉽다. 클랩 발진기를 고품질의 부품들로 제작하면 주파수 변동은 거의 없을 것이다. 클랩 회로 설계에서는 용량성 전압 분배기를 통해 궤환 기능을 수행하는 중에도, 주파수 제어를 위해 가변 커패시터를 사용할 수 있다.

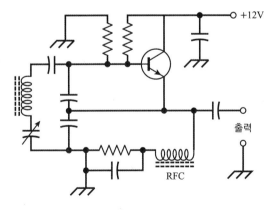

[그림 26-16] 클랩 발진기라고도 불리는 직렬 동조된 콜피츠 발진기. 이 회로에서는 NPN 바이폴라 트랜지스터를 사용한다.

출력 확보

[그림 26-14]부터 [그림 26-16]까지의 그림에서 나타난 하틀리, 콜피츠, 클랩 발진기에

서 이상한 점을 발견했는가? 그렇지 않다면 다시 확인해보고 이 회로들을 공통 이미터와 공통 소스 A급 증폭기들과 비교해 보라. 이 발진기들에서는 일반적으로 증폭기에서 출력을 얻는 컬렉터나 드레인 단자가 아닌, 이미터나 소스에서 출력을 얻는다. 우리는 왜 발진기 설계에서 이러한 접근법을 택해야 하는지에 대해 궁금증을 가질 수 있다.

이론적으로는 최대 이득을 얻기 위해 발진기의 컬렉터나 드레인으로부터 발진기의 출력을 얻을 수 있다. 하지만 발진기에서는 안정성과 신뢰성이 이득보다 더 중요하다. 원하는 수준의 이득은 발진기 뒤에 증폭기를 설치해 얻을 수도 있다. 이미터나 소스에서 출력 신호를 얻는 경우가 컬렉터나 드레인에서 얻는 경우보다 더 안정적이다. 이러한 구성에서는, 부하 임피던스의 변동이 발진 주파수에 적은 영향을 미치고 부하 임피던스가 급작스럽게 감소해도 발진기가 곧바로 오동작할 가능성이 적다.

출력 신호가 곧바로 접지에 단락되는 것을 막기 위해, 콜피츠나 클랩 발진 회로에서는 RF 초크(RFC)를 이미터나 소스와 직렬로 연결할 수 있다. 값이 큰 인덕터로 구성되는 초크의 경우, 고주파 교류 성분은 차단하면서 직류 성분은 통과시킨다(**차단 커패시터**의 동작과 정반대이다). RF 초크 인덕터의 값은 일반적으로 $100\mu\mathrm{H}$ ($15\mathrm{MHz}$ 수준의 고주파 동작)에서 $10\mathrm{mH}$ ($150\mathrm{kHz}$ 수준의 저주파 동작)의 범위를 갖는다.

전압 제어 발진기

동조 LC 회로에서 버랙터 다이오드를 연결함으로써 VFO의 주파수를 어느 정도 조정할 수 있다. 배리캡varicap이라고도 부르는 버랙터는 역방향 바이어스 상태에서 가변 커패시터로 동작하는 반도체 다이오드이다. 애벌런치 항복이 발생할 정도의 과도한 전압을 인가하지 않는 조건에서라면, 역방향 바이어스의 크기가 증가할 경우 접합 커패시턴스는 감소한다.

하틀리와 클랩 발진 회로들은 버랙터 다이오드 주파수 제어가 가능하다. 버랙터를 주 동조 커패시터와 직렬 또는 병렬로 연결할 수 있다. 직류 동작을 위해, 버랙터는 차단 커패시터들을 사용하여 교류를 차단해야 한다. 20장의 [그림 20-9]를 확인해보면 동조된 LC 회로에서 버랙터를 연결하는 효과적인 방법을 찾을 수 있다. 결과적으로 얻을 수 있는 제한된 범위의 VFO를 **전압 제어 발진기**(VCO)Voltage-Controlled Oscillator라고 한다.

버랙터는 가변 커패시터나 인덕터에 비해 가격이 싸고 무게가 가벼우며 공간을 덜 차지한다. 이러한 특성들로 인해 VCO는 하나의 가변 저항과 고정 인덕터 또는 하나의 가변 인덕터와 고정 커패시터로 구성되는 구식 VFO에 비해 중요한 장점들을 갖게 된다.

다이오드 기반의 발진기

극초단파(UHF)Ultra-High Frequency와 마이크로파 라디오 주파수microwave radio frequency에서, 특정한 종류의 다이오드들은 발진기로 동작할 수 있다. 20장에서는 건 다이오드, 임파트 다이오드, 터널 다이오드 등을 포함한 이러한 전자 소자들에 대해 살펴보았다.

수정 발진기

RF 발진기에서는 주파수를 자주 바꾸지 않는 한 LC 동조 회로 대신 **수정 결정**quartz crystal을 사용할 수 있다. **수정(크리스털) 발진기**crystal oscillator는 LC 동조 VFO에 대해 주파수 안정성이 뛰어나다.

발진하기 위한 목적으로 수정 진동자quartz crystal를 BJT 또는 FET 회로에 연결하는 몇 가지 방법이 있다. 그중 일반적인 것이 **피어스 발진기**pierce oscillator이다. 피어스 발진기는 [그림 26-17]과 같이 JFET과 수정 발진기를 연결하여 구현할 수 있다. 이 회로는 N-채널 JFET에서 장점을 발휘하지만 N-채널 MOSFET, P-채널 JFET, P-채널 MOSFET에서도 사용할 수 있다. 수정 주파수는 인덕터나 커패시터를 병렬 연결하여 ±0.1% 정도 변화시킬 수 있다. 그러나 발진 주파수는 주로 수정 웨이퍼quartz wafer의 두께와 본래 광물의 잘린 각도로 결정된다.

수정 결정은 온도 변화에 따라 주파수가 변한다. 하지만 대부분은 LC 회로보다 훨씬 더 안정적이다. 만약 주파수 안정성이 뛰어난 수정 발진기가 필요하다면 **결정 오븐**crystal oven이라는 온도 조절실에 결정을 밀폐시킬 수 있다. 이 경우 수정 결정은 정격 주파수rated frequency를 유지하며, 발진기를 비롯해 다른 주파수 성능이 중요한 회로들의 주파수를 보정하 기 위한 **주파수 표준**frequency standard으로 동작할 수 있다.

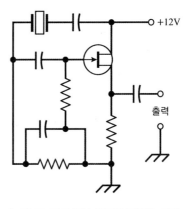

[그림 26-17] N 채널 JFET을 사용하는 피어스 발진기 회로

위상 동기 회로

발진기의 하나로 VFO의 유연성과 수정 발진기의 안정성을 결합한 발진기가 **위상 동기 회로(PLL)**Phase-Locked Loop이다. PLL은 **주파수 합성기**frequency synthesizer라는 회로를 사용한다. 자유롭게 선택할 수 있는 정수값으로 VCO 주파수를 나누거나 정수값을 곱하는 디지털 회로인, **프로그램 가능한 체배기(곱셈기)/분배기(나눗셈기)**programmable multiplier/divider를 통해 VCO의 출력 전압이 전달된다. 결과적으로 출력 주파수는 결정 주파수crystal frequency에 어떤 유리수를 곱한 값이라도 그 값에 맞출 수 있다. 따라서 PLL 회로를 잘 설계하면

넓은 주파수 범위에 대해 작은 디지털 신호 변화만 내도록 제어할 수 있다. [그림 26-18]은 PLL의 블록 다이어그램을 나타낸 것이다.

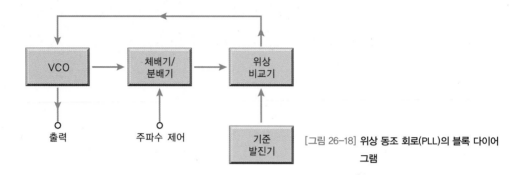

[그림 26-18] **위상 동조 회로(PLL)의 블록 다이어그램**

체배기/분배기의 출력 주파수는 **위상 비교기**phase comparator의 동작에 의해 결정 제어 **기준 발진기**reference oscillator 신호에 맞춰 '잠겨 있는locked', 즉 동조된 상태다. 체배기/분배기의 출력 주파수가 기준 발진 주파수로 정확히 맞춰진다면 두 개의 신호는 동일한 위상을 유지할 것이고, 위상 비교기의 출력은 0이 될 것이다(0V 직류). VCO 주파수가 점차 증가하거나 감소한다면(**발진 드리프트**oscillator drift 현상), 증감 속도는 다를 수 있지만 체배기/분배기의 출력 주파수도 드리프트할 것이다. 주파수의 차이가 1Hz 이하의 작은 값이라도 위상 비교기는 **직류 오류 전압**을 출력한다. 이 오류 전압은 VCO가 높은 주파수에 의해 드리프트되는지, 낮은 주파수에 의해 드리프트되는지에 따라 양과 음의 값을 모두 가질 수 있다. 이러한 오류 전압을 버랙터에 입력하면 VCO 주파수는 드리프트를 줄이는 방향으로 변화되며, 정확한 VCO 주파수 값을 유지하는 **직류 정궤환** 회로를 형성하게 된다. 이러한 회로는 **위상**을 센싱하여 VCO를 특정 주파수에서 동작하도록 **동조**시키는 루프 회로loop circuit이며, 이로 인해 **위상 동조**phase-locked라는 표현을 사용한다.

PLL의 안정도를 확보하는 핵심 기술은 바로 기준 발진기가 결정 제어에 의해 동작한다는 사실이다. 라디오 수신기, 송신기, 송수신기 등에서 신호들이 **합성**되는 것을 들을 때 PLL이 동작 주파수를 결정한다는 것을 확신할 수 있다. 합성기의 안정도는 단파 시간-주파수 방송국 WWV에서 나오는 2.5, 5, 10, 또는 15MHz의 주파수들, 기준 발진기의 주파수와 같은 주파수들을 가진 증폭 신호를 사용해 향상시킬 수 있다. 이 신호들은 원자시계atomic clock로 제어되기 때문에 수분의 1Hz보다 훨씬 작은 극소 오차로 원하는 주파수에 정확히 맞출 수 있다. 대부분의 사람들은 이러한 수준의 정밀도까지 필요로 하지 않으므로, 최첨단 PLL 주파수 합성기를 갖춘 무선 햄ham radio과 단파 수신기 같은 제품을 보지는 못했을 것이다. 하지만 일부 기업과 정부 기관들은 최첨단 표준을 사용하여 시스템이 '정주파수'에서 운영되도록 유지하고 있다.

발진기의 안정성

발진기에서 **안정성**stability이라는 용어는 주파수 불변성(또는 최소한의 동작 주파수 이동)과 동작의 신뢰성을 의미한다.

주파수 안정성

임의의 VFO를 설계하고 제작할 때, 구성 부품들(특히 커패시터나 인덕터)은 가급적 모든 동작 가능 조건에서 동일한 값을 유지해야 한다.

어떤 커패시터들은 다른 종류의 커패시터보다 온도가 증감하는 데 따라 본래의 값을 더 잘 유지하기도 한다. 폴리스티렌polystyrene 커패시터는 이러한 측면에서 우수한 동작 특성을 갖고 있다. 폴리스티렌 커패시터를 쉽게 구하기 어려울 때는 실버마이카silver-mica 커패시터를 사용해도 좋은 특성을 활용할 수 있다. 모든 인덕터 구조 중에서 코일의 심을 공기로 두는 구조(공심air-core 코일)가 가장 좋은 열안정성을 나타낸다. 가능하면 권선을 제자리에 유지하기 위해 플라스틱 스트립으로 강한 와이어 상태에서부터 감아야 한다. 일부 공심 코일은 세라믹이나 페놀 성분으로 만든, 속이 빈 원통 형태의 심 주변을 감싼 형태인 경우도 있다. 강자성 솔레노이드나 토로이드 코어들은 VFO 코일로 감싸는 것이 별로 바람직하지 않은데, 강자성체는 온도가 변화함에 따라 투자율permeability이 변하기 때문이다. 투자율이 변하면 인덕턴스가 변하고, 결과적으로 발진 주파수에 변화가 생긴다.

주파수 안정성 관점에서 가장 좋은 발진기는 결정crystal이 제어하는 발진기다. 이러한 종류의 발진기에는 석영 결정의 기본 주파수에서 발진하는 회로, 결정의 고조파 주파수들 중 하나의 주파수에서 발진하는 회로, 프로그램 가능한 체배기/분배기를 활용하여 결정 주파수에서 유도할 수 있는 여러 주파수에서 발진하는 PLL 회로 등이 있다.

신뢰성

발진기는 직류 전력을 인가하자마자 동작하기 시작해야 한다. 또한, 모든 정상적인 조건에서 발진을 유지해야 한다. 하나의 발진기가 오동작하면 전체 수신기, 송신기 또는 송수신기가 동작을 멈추게 된다.

발진기를 설계하고 이를 라디오 수신기, 송신기 또는 송수신기에 사용할 경우, 항상 **디버깅**debugging이 필요하다. 디버깅은 회로에서 결함이나 '버그bug'를 없애는, 이따금은 고될 수 있는 시행착오 과정으로 이루어지며, 이 과정을 성공적으로 수행해야 대량 생산이 가능해진다. 엔지니어가 '그림판에서 직접 한번에' 뭔가를 구상해서 만들어 내고, 그것이 첫 번째 테스트에서 완벽하게 동작하는 일은 극히 드물다. 사실 동일한 종류, 같은 값을 가진 부품들로 동일한 도면을 보면서 두 개의 발진기를 만들어도, 하나는 잘 동작하는 반면 다른 하나는 전혀 동작하지 않을 수 있다. 실제 회로 테스트를 수행하기 전까지 나타나지 않는 개별 부품들의 품질 차이로 인해 이러한 문제는 언제든지 발생할 수 있다.

발진기는 상대적으로 높은 부하 임피던스에서 동작하도록 설계된다. 발진기를 임피던스가 작은 부하에 연결한다면, 이 부하는 발진기로부터 많은 전력을 뽑아가려고 할 것이다. 이러한 상황에서는 아무리 설계가 잘 된 발진기라고 하더라도 처음 스위치를 올렸을 때 동작을 멈추거나 아예 동작을 시작하지 못할 수도 있다. 발진기는 강한 신호를 만들어 내는 것이 목적이 아니므로, 그런 용도로는 증폭기를 사용해야 한다! 발진기의 부하 임피던스가 너무 높아지는 것을 걱정할 필요는 없다. 일반적으로, 발진기의 부하 임피던스를 증가시키면 전체적인 동작 성능이 개선된다.

오디오 발진기

오디오 발진기는 초인종, 구급차 사이렌, 전자 게임, 전화기, 그리고 소리를 내는 장난감 등을 포함해 무수히 많은 전자 기기에서 볼 수 있다. 사실상 모든 AF 발진기들은 정궤환을 사용하는 AF 증폭기이다.

오디오 파형

AF 응용에서 발진기들은 동작 주파수를 결정하는 데 RC 또는 LC 조합을 사용할 수 있는데, 이 중 RC 회로가 일반적으로 더 선호된다. LC 회로로 음성 발진기를 설계하고자 한다면 강자성체 코어를 사용하는 인덕터를 통해 큰 인덕턴스를 얻어야 한다.

RF 응용에서 발진기들은 보통 사인파 출력을 생성하도록 설계된다. 순수한 사인파는 하나의 주파수 값에서만 에너지를 나타낸다. 반면에 오디오 발진기는 모든 에너지를 항상 하나의 주파수에 집중시키지는 않는다(순수한 AF 사인파, 특히 단일 주파수의 연속 사인파 음향을 들으면 두통이 날 수도 있다). 밴드나 오케스트라의 다양한 악기들은 동일한 주파수의 같은 악보를 연주해도 음색이 각양각색으로 들린다. **음색**(소리의 특성)의 차이는 각 악기들이 고유한 형태의 AF 파형을 발생시킨다는 사실에서 비롯된다. 즉, 클라리넷은 트럼펫과 다른 소리를 내며, 첼로나 피아노도 다른 소리를 낸다. 이 악기들이 모두 같은 음계, 가령 가온 다(C) 음을 낸다고 해도 그렇다.

실험실의 분석 장비 화면을 통해 악기의 파형을 시간 영역에서 살펴본다고 생각해보자. 이를 위해 신뢰도가 높은 하이-파이 마이크, 왜곡현상이 적은 고감도의 오디오 증폭기,

오실로스코프 등으로 분석 환경을 꾸밀 수 있을 것이다. 분석해보면 각 악기의 소리가 보여주는 파형은 특징^{signature}이 있을 것이다. 따라서 각 악기의 고유한 음질은 출력 파형이 악기 소리의 파형과 일치하는 AF 증폭기를 사용해 만들어 낼 수 있다. 전자 음악 신시사이저^{synthesizer}에서는 우리가 듣는 악기 소리들을 만들어 내는 오디오 발진기를 사용한다.

트윈-T 발진기

[그림 26-19]는 일반적으로 사용되는 **트윈-T 발진기**$^{Twin-T\ oscillator}$라고 하는 AF 회로이다. 동작 주파수는 저항 R과 커패시터 C 값에 의해 결정된다. 감지되는 출력은 완전하지는 않지만, 거의 완벽한 사인파를 보인다(작은 크기의 왜곡은 통상적으로 완전히 순수한 AF 사인파로 인해 발생하는 소음성 두통을 완화시킬 수 있다). 이 예의 회로에서는 A급 증폭을 위해 바이어스된 두 개의 PNP 바이폴라 트랜지스터를 사용한다.

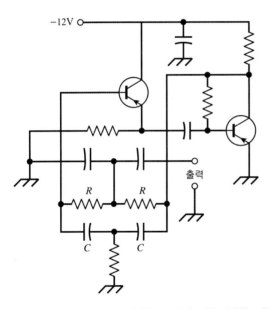

[그림 26-19] 두 개의 PNP 바이폴라 트랜지스터를 사용한 트윈-T 오디오 발진기. 동작 주파수는 저항 R 값과 커패시터 C 값에 의해 결정된다.

멀티바이브레이터

일반적으로 사용되는 또 다른 AF 발진기 회로에서는 두 개의 동일한 공통 이미터 또는 공통 소스 증폭기 회로를 서로 연결해서 사용하는데, 신호가 이 증폭기 회로 사이를 반복적으로 왕복한다. 다양한 **디지털** 신호 생성 회로에 적절히 사용되고 있으며, 이러한 회로 구성 방식을 **멀티바이브레이터**^{multivibrator}라고 부른다.

[그림 26-20]의 예에서는, AF에서 응용하기 위한 멀티바이브레이터 구성을 위해 두 개의 N 채널 JFET이 서로 연결된다. 각각의 트랜지스터 증폭기는 A급 모드로 동작해 신호를

증폭시키고 위상을 뒤집는다. 신호가 회로 전체를 돈 후 특정 지점에서 다시 나올 때마다 신호는 그 특정 지점으로 다시 돌아가는데, 이 과정에서 위상이 두 번 뒤집히므로 출발 시점의 '원래의 자기 자신'과 같은 위상을 갖게 되고, 정궤환을 형성한다.

LC 회로를 사용해 [그림 26-20]의 발진기 동작 주파수를 결정할 수 있다. 안정성을 크게 고려하지는 않으며 AF에서 공진을 발생시키기 위해 필요한 큰 인덕턴스를 얻는 데 코일이 요구되기도 하므로, 코일 중심에 강자성체 코어를 넣을 수 있다. 토로이드^{toroid}나 포트^{pot} 형태의 코어를 사용하면 더 우수한 동작 성능을 기대할 수 있다. L 값은 대략 10mH~1H 범위의 값을 가질 수 있다. 원하는 주파수에서 AF 출력을 얻기 위해 필요한 커패시턴스 값은 (앞서 배웠던) 공진 회로 공식으로 계산하여 정할 수 있다.

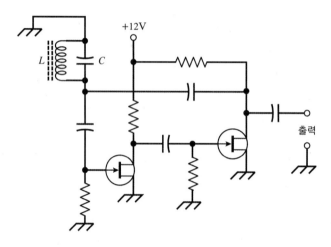

[그림 26-20] N 채널 JFET을 사용하는 멀티바이브레이터 오디오 발진기. 동작 주파수는 인덕터 L 값과 커패시터 C 값에 의해 결정된다.

집적회로 발진기

최근 몇 년간, 고체전자공학은 전자 시스템 전체를 실리콘 칩상에 만들 수 있는 수준으로 발전했다. 이러한 소자를 **집적회로**(IC)$^{Integrated Circuit}$라고 한다. **op 앰프**$^{op amp}$라고도 하는 **연산 증폭기**$^{operational amplifier}$는 IC의 한 종류로, 높은 이득을 갖고 정궤환을 형성하기 용이해 AF 발진기로서 뛰어난 성능을 갖고 있다. op 앰프에 관해서는 23장에서 살펴보았다.

※ 필요하다면 이 장의 본문 내용을 참고해도 된다. 적어도 18개 이상 맞히는 것이 바람직하다.
  정답은 [부록 A]에 있다.

26.1 다음 중 가장 좋은 주파수 안정성이 기대
    되는 발진기는 무엇인가?

    (a) 콜피츠 발진기
    (b) 클랩 발진기
    (c) 하틀리 발진기
    (d) 피어스 발진기

26.2 왜곡되지 않고 일정한 값의 저항을 통해
    RMS 전압 신호를 10,000배로 증가시킨
    다고 했을 때의 이득은 얼마인가?

    (a) 100 dB
    (b) 80 dB
    (c) 40 dB
    (d) 20 dB

26.3 1.00 W RMS 입력을 33.0 dB의 전력 이득
    을 가진 증폭기에 인가했다. 증폭기 내에
    리액턴스 성분이 없다고 가정한다면, 출
    력은 얼마인가?

    (a) 2.00 kW RMS
    (b) 330 W RMS
    (c) 200 W RMS
    (d) 50.0 W RMS

26.4 2차 권선에서 10V RMS를 얻기 위해,
    30V RMS 신호를 완벽하게 효율적인 1차
    권선의 임피던스 매칭 변압기(코어나 권선
    내부의 열로 인한 전력 소모가 없는 변압기)
    에 인가한다고 가정한다. 또한 1차와 2차
    권선을 연결하는 회로에는 리액턴스가 없
    다고 가정한다. 이 변압기가 유도할 것으
    로 계산되는 결과는 무엇인가?

    (a) 약 9.5dB의 전압 손실(또는 −9.5dB
        의 전압 이득)
    (b) 약 4.8dB의 전압 이득(또는 −4.8dB
        의 전압 손실)
    (c) 약 9.5dB의 전류 손실(또는 −9.5dB
        의 전류 이득)
    (d) 약 4.8dB의 전류 이득(또는 −4.8dB
        의 전류 손실)

26.5 하나의 회로에서 다른 회로로 직류 신호를
    통과시키면서 동시에 이 신호 경로에서 높
    은 교류 주파수 신호를 유지하고자 할 때,
    다음 중 어떤 것을 선택해야 하는가?

    (a) 버랙터
    (b) 블로킹 커패시터
    (c) RF 초크
    (d) 건 다이오드

26.6 [그림 26−21]은 다음 중 무엇을 나타낸
    그림인가?

    (a) 피어스 발진기
    (b) B급 푸시풀 증폭기
    (c) 암스트롱 발진기
    (d) 광대역 전력 증폭기

26.7 만약 [그림 26-21]에 상당한 기술적 결함이 존재한다면 다음 중 어떤 것인가?

(a) 심각한 기술적인 결함은 없다.
(b) 전력 공급의 극성이 잘못되었다.
(c) 공핍형 MOSFET이 아닌, 증가형 MOSFET을 사용해야 한다.
(d) 변압기는 분말형 철 코어가 아닌 공기 코어를 사용해야 한다.

26.8 다음 중 [그림 26-21] 회로가 적확하게 동작하기 위해 주의해야 할 점은 무엇인가?

(a) 적절한 위상의 드레인-게이트 피드백을 확보하기 위해 변압기 권선들을 연결해야 한다.
(b) 가능한 최대 증폭 능력을 얻기 위해 가변 커패시터를 사용해야 한다.
(c) 출력 부하 임피던스를 1차 변압기와 직류 전압원 사이의 저항값보다 크게 해서는 안 된다.
(d) (a), (b), (c) 모두

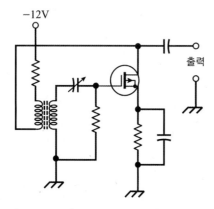

[그림 26-21] [연습문제 26.6~26.8]을 위한 그림

26.9 다음의 바이폴라 트랜지스터 증폭기 종류 중에서 신호 주기의 절반보다 작은 시간 동안만 컬렉터 전류가 흐르는 증폭기는 무엇인가?

(a) C급
(b) B급
(c) AB_2급
(d) AB_1급

26.10 다음 중 동조된 B급 푸시풀 RF 전력 증폭기를 설계하고 테스트할 때 해야 하는 일은?

(a) 전체 교류 입력 신호 주기 동안 두 소자에서 모두 컬렉터나 드레인 전류가 흐를 수 있도록 트랜지스터들에 바이어스를 가한다.
(b) 별도의 조정 없이 시스템이 넓은 주파수 범위에서 동작할 수 있도록 커패시터들을 선택한다.
(c) 입력 주파수의 짝수배 고조파에서 공진이 발생하도록 출력 동조 회로를 설정한다.
(d) 가능한 한 거의 동일한 성능을 가진 두 개의 바이폴라 트랜지스터 또는 두 개의 전계효과 트랜지스터를 선택한다.

26.11 다음 중 하틀리 발진기에서 출력 주파수 신호를 결정하는 것은 무엇인가?

(a) 트랜지스터의 이득
(b) 동조 회로의 인덕턴스와 커패시턴스
(c) 수정 결정의 규격
(d) 위상 동조 회로(PLL)의 궤환 경로

26.12 다음 중 전체 신호 주기 동안 드레인 전류의 교류 신호 파형 왜곡이 아주 적거나 없는 FET 증폭기는 무엇인가?

(a) A급 증폭기
(b) AB$_1$급 또는 AB$_2$급 증폭기
(c) B급 증폭기
(d) C급 증폭기

26.13 다음 중 B급 증폭기가 교류 신호 파형에 대해 선형 동작하도록 하는 데 필요한 방법은?

(a) 출력 임피던스 최소화
(b) 트랜지스터에 컷오프 또는 핀치오프보다 훨씬 높은 바이어스 인가
(c) 두 개의 트랜지스터를 푸시풀 방식으로 연결
(d) 알려진 방법이 없음

26.14 다음 중 증폭기 출력에 매우 작은 순수 저항성 임피던스를 연결했을 때 일어나는 일은 무엇인가?

(a) 출력 전력을 최대화할 수 있다.
(b) 고조파 성분들을 허용하면서 선형성을 향상시킨다.
(c) 주파수 조정에 어려움이 발생할 수 있다.
(d) 발진기가 동작을 시작하거나 유지하도록 하는 데 어려움이 발생할 수 있다.

26.15 FET를 기반으로 하는 어떤 RF 전력 증폭기가 60% 효율로 동작한다고 가정하자. 90W의 직류 드레인 입력 전력이 측정되었다. 다음 중 RF 출력 전력 신호의 값은 얼마인가?

(a) 54W
(b) 90W
(c) 150W
(d) 더 많은 정보가 있어야 알 수 있다.

26.16 [그림 26-22]는 동조 상태에 있는 일반적인 B급 RF 전력 증폭기이다. 지금까지 학습한 바이폴라 트랜지스터 회로에 관한 지식을 토대로 생각했을 때, V로 표기된 커패시터에 관한 설명 중 적절한 것은?

(a) 트랜지스터에 적절한 바이어스를 공급한다.
(b) 교류 입력 신호는 들어가도록 하지만, 직류는 차단시킨다.
(c) 입력 회로의 공진 주파수를 결정한다.
(d) 신호가 전원 공급 장치로 곧바로 단락되는 것을 방지한다.

26.17 지금까지 학습한 바이폴라 트랜지스터 회로에 관한 지식을 토대로 생각했을 때, [그림 26-22]에서 W로 표기된 저항에 관한 설명 중 적절한 것은?

(a) 트랜지스터에 적절한 바이어스를 공급한다.
(b) 교류 입력 신호는 들어가도록 하지만, 직류는 차단시킨다.
(c) 입력 회로의 공진 주파수를 결정한다.
(d) 신호가 전원 공급 장치로 곧바로 단락되는 것을 방지한다.

26.18 지금까지 학습한 바이폴라 트랜지스터 회로에 관한 지식을 토대로 생각했을 때, [그림 26-22]에서 X로 표기된 RF 초크에 관한 설명 중 적절한 것은?

(a) 트랜지스터에 적절한 바이어스를 공급한다.
(b) 교류 입력 신호는 들어가도록 하지만, 직류는 차단시킨다.
(c) 입력 회로의 공진 주파수를 결정한다.
(d) 신호가 전원 공급 장치로 곧바로 단락되는 것을 방지한다.

26.19 지금까지 학습한 바이폴라 트랜지스터 회로에 관한 지식을 토대로 생각했을 때, [그림 26-22]에서 Y로 표기된 인덕터들에 관한 설명 중 적절한 것은?

(a) 출력으로의 신호 전송이 최적화되도록 도와준다.
(b) 출력 신호가 입력 신호와 동일한 위상을 갖도록 해준다.
(c) 회로가 발진하지 않도록 충분한 궤환(피드백)을 제공한다.
(d) 트랜지스터가 과도구동 상태에서 동작하지 않도록 해준다.

26.20 지금까지 학습한 바이폴라 트랜지스터 회로에 관한 지식을 토대로 생각했을 때, [그림 26-22]에서 Z로 표기된 커패시터들에 관한 설명 중 적절한 것은?

(a) 출력으로의 신호 전송이 최적화되도록 도와준다.
(b) 출력 신호가 입력 신호와 동일한 위상을 갖도록 해준다.
(c) 회로가 발진하지 않도록 충분한 궤환(피드백)을 제공한다.
(d) 트랜지스터가 과도구동 상태에서 동작하지 않도록 해준다.

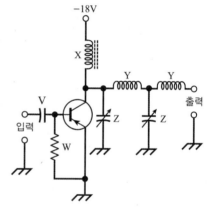

[그림 26-22] [연습문제 26.16~26.20]을 위한 그림

CHAPTER

27

무선 송신기와 수신기
Wireless Transmitters and Receivers

무선 통신에서 송신기는 데이터를 **전자기(EM)파**^{electromagnetic wave}로 변환시켜 한 개 이상의
수신기에서 재생되도록 한다. 이 장에서는 데이터를 **전자기장**^{EM field}으로 바꾸는 방법과
수신 지점에서 전자기장을 수신 및 해석하는 방법에 대해 살펴본다.

변조

무선 신호를 **변조**^{modulation}할 때 데이터를 전자기파에 기록한다. 전자기파의 진폭, 주파수,
위상을 바꿈으로써 데이터를 전자기파에 기록할 수 있다. 또한 여러 전자기파 신호를 연속
적으로 발생시키고 통신 지속시간, 진폭 또는 타이밍을 변화시켜 변조된 신호를 만들 수
있다. 무선 신호의 핵심은 수 kHz부터 수 GHz 범위의 주파수를 가진 **반송파**^{carrier}라고
하는 사인파이다. 효과적인 데이터 전송을 원한다면 반송파 주파수는 적어도 변조하려는
신호가 가진 가장 높은 주파수의 10배는 되어야 한다.

on/off 변조

변조의 가장 간단한 형태는 반송파의 **on/off 변조**^{on/off keying}이다. **2진 디지털**^{binary digital}
변조 모드의 가장 간단한 형태 중 하나인 **모스 부호**^{Morse code}를 보내기 위해 무선 송신기의
발진기를 **변조**할 수 있다.

모스 부호 단점(•)^{dot}의 통신 지속 기간은 **비트**^{bit}라고 하는 한 개의 **2진 숫자**^{binary digit}의
통신 지속 기간을 의미한다(비트는 'on'과 'off' 두 상태를 가진 시스템에서 가장 작은 데이터
단위이다). 모스 부호의 **장점**(−)^{dash}은 통신 지속 기간에서 3비트에 해당한다. **문자열**
^{character} 내의 단점과 장점 간 공간은 1비트와 같다. **단어**^{word}에서 문자 간 공간은 3비트에
해당하고, 단어 간 공간은 7비트에 해당한다. 몇몇 기술자들은 **키-다운**^{key-down}(풀-반송
자^{full-carrier}) 상태를 **마크(부호)**^{mark}로 나타내고, **키-업**^{key-up}(신호 없음^{no-signal}) 상태를 **스
페이스(공백)**^{space}로 나타낸다. 모스 부호를 사용하는 아마추어 무선기사들은 분당 약 5~60
단어들을 주고받는다.

주파수 천이 변조

주파수 천이 변조 기법(FSK)^{Frequency-Shift Keying}을 사용하면 모스 부호보다 오류는 줄이고
디지털 데이터를 더 빨리 전송할 수 있다. 몇몇 FSK 시스템에서 반송파는 마크와 스페이스
상태 사이를 몇 백 Hz 이하의 속도로 천이한다. 어떤 시스템에서는 **오디오 주파수 천이
변조**(AFSK)^{Audio-Frequency-Shift Keying}라고 하는 투톤^{two-tone} 오디오 주파수(AF) 사인파로
반송파를 변조시킨다.

FSK와 AFSK에서 가장 널리 사용되는 두 가지 코드는 **보도**Baudot와 **ASCII**(아스키)이다. ASCII는 American Standard Code for Information Interchange의 약자다.

무선 텔레타이프(RTTY)radioteletype, FSK, AFSK 시스템에서 **단말기**(TU)Terminal Unit는 디지털 신호들을 컴퓨터 화면에, 원격 인쇄기를 동작시키거나 문자를 표시하는 전기 펄스로 바꿔준다. 또한 단말기는 사람이 키보드로 타이핑할 때, RTTY를 보내기 위해 필수인 신호들을 발생시킨다. AFSK를 주고받는 장치를 보통 **모뎀**modem이라고 하는데, 모뎀은 변조기/복조기modulator/demodulator의 약어다. 모뎀은 기본적으로 단말기와 같다. [그림 27-1]은 AFSK 송신기의 블록 다이어그램이다.

FSK 또는 AFSK가 on/off 변조보다 더 사용하기 좋은 주요 이유는, 스페이스 신호들이 단순히 데이터 사이의 시간적 간격으로서가 아니라 스페이스 신호 자체로 인식된다는 점 때문이다. on/off 변조된 신호 내에 발생한 갑작스러운 잡음으로 인해 수신자는 스페이스를 마크로 잘못 인식할 수 있다. 그러나 스페이스가 그 자체의 신호로 확실히 표현될 경우, 임의의 데이터 속도에서도 이러한 유형의 오류가 덜 발생하게 된다.

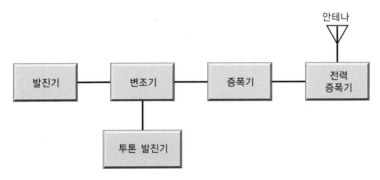

[그림 27-1] **AFSK 기법을 사용하는 송신기의 간략화된 블록 다이어그램**

진폭 변조

AF 오디오 신호는 보통 $300\,Hz \sim 3\,kHz$ 범위의 주파수를 갖는다. AF 음성 파형을 가진 RF 반송파의 일부 특성을 변조할 수 있으며, 이를 통해 음성 정보를 공중파에 실어 전송할 수 있다. [그림 27-2]는 **진폭 변조(AM)**Amplitude Modulation를 위한 간단한 회로이다. 순시 오디오 입력 진폭에 따라 이득을 얻는 반송파에 대한 RF 증폭기로 [그림 27-2]의 회로를 생각해 볼 수 있다. 또한 이 회로는 반송파 주파수의 상하로 합과 차의 신호를 만들기 위해 RF 반송파와 오디오 신호를 합치는 혼합기mixer로도 생각해볼 수 있다.

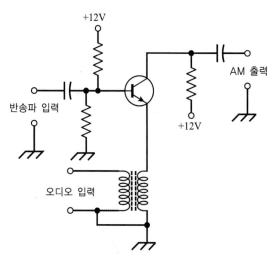

[그림 27-2] NPN 바이폴라 트랜지스터를 사용하는 진폭 변조기

[그림 27-2]의 회로는 AF 입력 진폭이 너무 크지 않는 한 우수한 성능을 갖는다. 너무 많은 오디오 신호를 주입하면, 트랜지스터에서 **왜곡**^{distortion}(비선형성)이 발생하여 불안전성이 증가하고, **회로 효율**$^{circuit\ efficiency}$ 감소(직류 전력 입력에 대한 유효 전력 출력), 과도한 출력 신호 **대역폭**^{bandwidth}(최대, 최소 성분 주파수 차이) 등의 문제가 발생한다. 변조 범위를 0%~100%로 나타낼 수 있는데, 여기서 0%는 변조되지 않은 무변조 반송파이고 100%는 왜곡 없이 얻을 수 있는 최대 변조를 뜻한다. 100%가 넘게 변조하면 [그림 27-2]와 같은 변조 회로에 과도한 AF 입력을 적용할 때와 같은 문제가 발생한다. 100% 값에서 변조되는 AM 신호에서 신호 전력의 $\frac{1}{3}$은 데이터를 전송하고, 반송파가 나머지 $\frac{2}{3}$의 전력을 소모한다.

[그림 27-3]은 AM 음성 무선 신호의 스펙트럼이다. 수평 스케일은 눈금당 1 kHz의 간격으로 매겨져 있다. 모든 수직 눈금은 3 dB의 신호 강도 변화를 나타낸다. 최대 (기준) 진폭은 1 mW에 대해 0 dB과 같다. 이를 0 dBm으로 축약해 표기한다. 데이터는 반송파 주파수 위, 아래의 **측파대**^{sidebands}에 놓이는데, 이러한 측파대는 오디오와 반송파 사이에 변조 회로를 혼합하여 감가산 신호를 구성한다. −3 kHz 지점과 반송파 주파수 사이의 RF 에너지를 **하측파대**(LSB)$^{lower\ sideband}$라고 한다. 반송파 주파수에서 +3 kHz 지점까지의 범위내 RF 에너지는 **상측파대**(USB)$^{upper\ sideband}$라고 한다.

신호 대역폭은 최대 측파대 주파수와 최소 측파대 주파수 사이의 차이와 동일하다. AM 신호에서 대역폭은 가장 높은 오디오 변조 주파수의 두 배에 해당한다. [그림 27-3]의 예를 보면, 모든 AF 음성 에너지는 3 kHz 지점 또는 그 이하의 영역에 존재한다. 따라서 신호 대역폭은 6 kHz이고 이는 AF 음성 통신에서 전형적인 값이다. 음성이 포함된 음악을 전송하는 표준 AM 방송에서 AF 에너지는 10kHz~20kHz의 넓은 대역폭에 분포한다. 대역폭이 넓어지면 더 좋은 음질(충실도^{fidelity})을 제공할 수 있다.

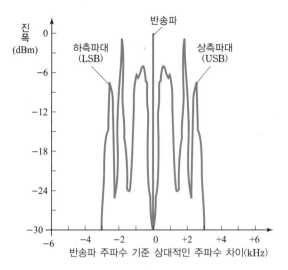

[그림 27-3] 일반적인 진폭 변조(AM) 음성 통신 신호의 스펙트럼 분포

단측파대

100% 변조된 AM에서 반송파는 신호 전력의 $\frac{2}{3}$ 를 소비한다. 그리고 측파대가 대칭 형태로 존재하며 신호 전력의 $\frac{1}{3}$ 을 소비한다. 이러한 특성으로 인해 AM은 비효율적이고 불필요한 중복성을 가질 수 있다. 만약 한쪽 측파대와 반송파를 제거할 수 있다면, 훨씬 적은 에너지를 소비하면서 원하는 모든 정보를 전달할 수 있을 것이며, 주어진 RF 전력에 대해 더 강력한 신호를 얻을 수 있을 것이다. 또한 신호 대역폭을 동일한 데이터를 가진 변조된 AM 신호 대역폭의 절반 미만으로 줄일 수도 있다. 따라서 결과적으로 스펙트럼 절감을 통해 특정 주파수 범위 또는 대역 내에 두 배 이상의 많은 신호들을 넣을 수 있게 된다. 20세기 초반에 통신 엔지니어들은 AM 신호들을 이러한 방식으로 수정하는 방법을 완성했다. 그들은 이러한 모드를 **단측파대(SSB)**$^{single\ sideband}$라고 명명했으며 이 용어는 지금도 사용되고 있다.

반송파와 AM 신호의 측파대를 제거하면 나머지 에너지는 [그림 27-4]와 비슷한 스펙트럼 분포를 나타낸다. 이 경우 반송파와 함께 상측파대를 제거하고 하측파대는 남긴다. 마찬가지로 반송파와 하측파대를 제거하고 상측파대를 남기는 방식을 취할 수 있다.

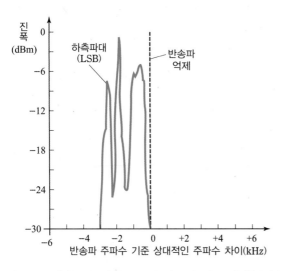

[그림 27-4] 일반적인 음성 통신 신호의 스펙트럼 분포(하측파대만 보임)

평형 변조기

[그림 27-5]와 같이 **평형 변조기**balanced modulator를 사용하여 AM 신호에서 반송파를 거의 없앨 수 있다. 여기서 평형 변조기는 평행하게 연결된 출력과 푸시풀에 연결된 입력을 가진 두 개의 트랜지스터를 사용하는 진폭 변조기이다. 이 방식은 출력 신호에서 반송파를 없애고 LSB와 USB 영역의 에너지만 남겨둔다. 평형 변조기는 **양측파대 억제 반송파** (DSBSC)doublesideband suppressed-carrier 신호를 만든다. 이는 간단히 **양측파대(DSB)**double sideband라고도 한다. 두 측파대 중 한 쪽을 다음 단에서 대역 통과 필터를 거쳐 억제시킴으로써 SSB 신호를 얻을 수 있다.

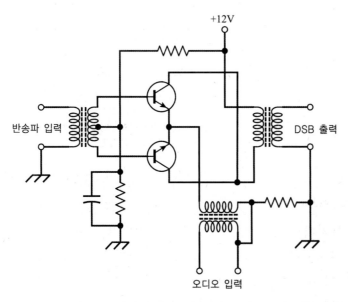

[그림 27-5] 두 개의 NPN 바이폴라 트랜지스터를 사용하는 평형 변조기. 푸시풀 파트의 베이스와 컬렉터를 병렬 연결한다.

기본적인 SSB 송신기

[그림 27-6]은 간단한 SSB 송신기의 블록 다이어그램이다. 평형 변조기를 포함한 모든 유형의 RF 증폭기는 왜곡 현상과 신호 대역폭의 불필요한 확산을 막기 위해 선형적으로 동작해야 한다. 엔지니어들은 이러한 조건을 **스플래터**^{splatter}라고 부른다. 이 증폭기는 AB 급 또는 B급에서 동작하는 전력 증폭기를 제외하고는 일반적으로 A급에서 동작한다. C급 동작에서는 진폭이 연속적인 범위에 걸쳐 변화하는 신호를 왜곡시키므로, SSB 송신기에서는 전력 증폭기를 위한 C급 증폭기를 다루지 않는다.

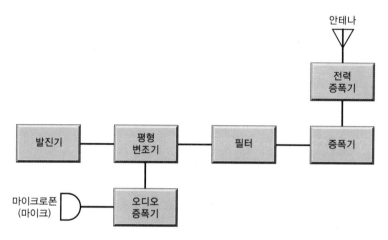

[그림 27-6] 기본적인 SSB 송신기의 블록 다이어그램

주파수 변조

주파수 변조(FM)^{Frequency Modulation}에서 순시 신호 진폭은 일정하게 유지되고, 그 대신 순시 주파수는 변한다. 전압 제어 발진기(VCO)에서 오디오 신호를 버랙터 다이오드에 적용하여 FM을 얻을 수 있다. [그림 27-7]은 그 일례로 **리액턴스 변조**^{reactance modulation}라고 부른다. 이 회로는 콜피츠 발진기를 사용하지만 다른 종류의 발진기를 사용해도 유사한 결과를 얻을 수 있다. 버랙터 양단의 전압이 변하면 오디오 파형에 따라 커패시턴스가 변한다. 커패시턴스가 변하면 LC ^{inductance-capacitance} 동조 회로의 공진 주파수도 변하므로, 발진기에서 생성되는 주파수에 작은 파동이 발생한다.

위상 변조

발진기 신호의 위상을 변조하면 간접적으로 FM을 얻을 수도 있다. 순간적으로 위상을 바꿀 때 불가피하게 주파수에 작은 변화를 유발한다. 순간적인 위상 변화는 순간적인 주파수 변화로 나타나며 그 반대의 경우도 마찬가지다. **위상 변조**(PM)^{Phase Modulation} 기법을 사용할 때는 오디오의 **주파수 응답**^{frequency response}을 조정해주는 변조기에 오디오 신호를 인가하기 전에 신호를 먼저 처리해야 한다. 그렇지 않으면 일반적인 FM으로 설계된 수신기에서 오디오 신호를 들었을 때 소리가 들리지 않을 것이다.

FM과 PM의 편차

FM 또는 PM 신호에서, **편차**deviation라고 하는 파라미터 관점에서 순시 반송파 주파수와 변조되지 않은 반송파 주파수 사이에 발생할 수 있는 최대 차이를 정량화할 수 있다. 대부분의 FM 및 PM 음성 송신기에서 편차는 ±5 kHz로 표준화된다. 이 상태를 **협대역 FM(NBFM)**narrowband FM이라고 부른다. NBFM 신호의 대역폭은 동일한 변조 정보를 가진 AM 신호의 대역폭과 대부분 같다. FM 하이파이hi-fi 음악 방송과 다른 응용에서는 편차가 ±5 kHz를 초과하는데, 이러한 모드를 **광대역 FM(WBFM)**wideband FM이라고 부른다.

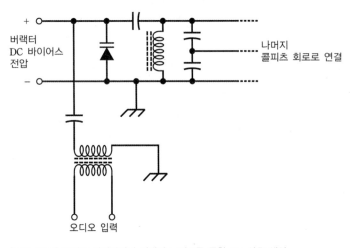

[그림 27-7] **콜피츠 발진기에서 리액턴스 변조를 통한 FM 신호 생성**

주어진 발진 주파수의 경우, FM 방식에서 발생할 수 있는 편차는 PM 방식에서 발생할 수 있는 편차보다 크다. 그러나 주파수 체배기의 도움으로 FM과 PM 신호의 편차를 늘릴 수 있다. 신호가 **주파수 체배기**frequency multiplier를 통과하면 편차가 반송파 주파수에 따라 증폭된다. 최적의 오디오 신뢰성을 위해서는 최종 출력에서의 편차가 최대 변조 오디오 주파수와 같아야 한다. 그러므로 ±5 kHz는 음성 통신에 충분한 편차다. 음악에서 훌륭한 품질로 재생되려면 ±15 kHz 또는 ±20 kHz 수준의 편차가 요구된다.

FM과 PM의 변조 지수

임의의 FM 또는 PM 신호에서 가장 높은 변조 가청 주파수에 대한 주파수 편차의 비율을 **변조 지수**modulation index라고 한다. 이상적으로 이 비율은 보통 1:1과 2:1 사이의 값을 갖는다. 만약 1:1보다 작다면 신호음은 들리지 않거나 왜곡되고 효율은 떨어질 것이다. 변조

지수가 2:1을 훨씬 넘으면 음향의 명확도나 충실도가 유효하게 개선되지 않으면서 대역폭이 넓어진다.

FM과 PM의 전력 증폭

신호 진폭은 일정하게 유지되므로, C급 전력 증폭기는 FM 또는 PM 송신기에서 왜곡을 발생시키지 않고 동작할 수 있다. 신호 진폭이 변하지 않으면 부작용도 없고, 비선형성(C급 동작의 특징)이 의미를 갖지도 않는다. 이러한 이유로 인해 FM과 PM 송신기에서 종종 A급 전력 증폭기가 사용되는 것을, 특히 고출력 전력을 갖는 송신기에서 볼 수 있다. C급 동작은 어떤 전력 증폭기 모드에서든 최고의 효율을 제공한다는 점을 기억해야 한다.

펄스 진폭 변조

일정한 흐름을 가진 신호 펄스의 일부 특성을 변화시켜 신호를 변조할 수 있다. **펄스-진폭 변조**(PAM)^{Pulse-Amplitude Modulation}에서는 펄스 각각의 강도가 변조 파형에 따라 달라진다. 이런 점에서 PAM은 AM과 유사하다.

[그림 27-8(a)]는 가상 PAM 신호의 진폭 대 시간 그래프이다. 변조 파형은 점선으로, 펄스는 수직 회색 막대로 나타냈다. 일반적으로 펄스 진폭은 순간적인 변조 신호 레벨이 증가함에 따라 증가한다(양의 PAM^{positive PAM}). 그러나 이 상황은 뒤바뀔 수 있다. 그래서 더 높은 가청 레벨은 펄스 진폭을 작아지게 한다(음의 PAM^{negative PAM}). 그러면 변조가 없을 때 신호 펄스가 가장 강력해진다. 송신기는 양의 PAM을 생성할 때보다 음의 PAM을 생성할 때 더 열심히 동작한다.

펄스 폭 변조

신호의 펄스 폭(지속 시간)을 변화시킴에 따라, RF 송신기의 출력을 변조하여 [그림 27-8(b)]와 같이 **펄스 지속 변조**(PDM)^{Pulse Duration Modulation}라고도 알려진 **펄스 폭 변조**(PWM)^{Pulse-Width Modulation} 동작을 구현할 수 있다. 일반적으로 펄스 폭은 순간적인 변조 신호 레벨이 증가함에 따라 증가한다(양의 PWM^{positive PWM}). 그러나 이 상황은 뒤바뀔 수 있다(음의 PWM^{negative PWM}). 송신기는 음의 PWM 달성을 목표로 하는 상황에서 더 열심히 작동해야 한다. 어느 방식이든, 펄스의 최대 진폭은 일정한 값으로 유지된다.

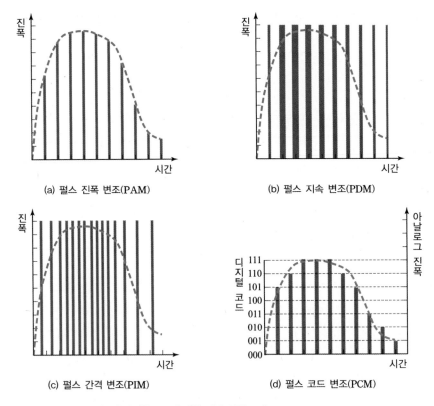

(a) 펄스 진폭 변조(PAM)

(b) 펄스 지속 변조(PDM)

(c) 펄스 간격 변조(PIM)

(d) 펄스 코드 변조(PCM)

[그림 27-8] 펄스 변조의 다양한 모드에 대한 시간 영역 그래프

펄스 간격 변조

모든 펄스가 동일한 진폭과 동일한 지속 시간을 갖는다고 해도, 그 펄스들의 발생 빈도를 변화시킴으로써 펄스 변조를 실행할 수 있다. PAM과 PWM에서는 **샘플링 간격**sampling interval이라고 하는, 항상 동일한 시간 간격으로 펄스를 전송한다. 그러나 **펄스 간격 변조** (PIM)Pulse Interval-Modulation에서 펄스는 변조 조건이 없는 경우보다 더 많이 또는 덜 발생할 수 있다. [그림 27-8(c)]는 가상의 PIM 신호이다. 모든 펄스는 같은 진폭과 같은 지속 시간을 갖는다. 그러나 펄스 사이의 시간 간격은 다르다. 변조가 없을 경우 펄스는 송신기 로부터 시간에 따라 균일한 간격을 갖고 나타난다. [그림 27-8(c)]와 같이 순간적인 데이 터 진폭 증가로 인해 펄스가 더 자주 전송될 수 있다(양의 PIMpositive PIM). 또는, 순간적인 데이터 레벨 증가로 인해 펄스가 나타나는 속도가 느려질 수 있다(음의 PIMnegative PIM).

펄스 코드 변조

디지털 통신에서 변조 데이터는 지속적으로 변한다기보다 정의된 특정 상태만 유지한다고 할 수 있다. 상태가 항상 연속적으로 변하는 구식 **아날로그 통신**과 비교했을 때, 디지털 통신은 향상된 신호 대 잡음비(S/N)Signal-to-Noise, 더 좁은 신호 대역폭, 우수한 정확성,

높은 신뢰성 등의 장점을 갖는다. 펄스 코드 변조에서 연속 펄스$^{\text{pulse sequence}}$(펄스열$^{\text{pulse train}}$)의 펄스 진폭, 폭, 간격 등은 모두 변할 수 있다. 상태의 수는 무한한 값을 갖기보다 2^2(4가지 상태), 2^3(8가지 상태), 2^4(16가지 상태), 2^5(32가지 상태), 2^6(64가지 상태) 등과 같이 2의 제곱에 해당하는 값을 갖게 된다. 상태수가 증가할수록 신호 충실도와 데이터 전송 속도가 증가하지만 신호는 더 복잡해진다. [그림 27-8(d)]는 8레벨 PCM의 예이다.

아날로그-디지털 변환

[그림 27-8(d)]와 같이, 펄스 코드 변조는 **아날로그-디지털 변환**(A/D)$^{\text{Analog-to-Digital}}$ 기법의 일반적인 형태이다. 오디오 신호 또는 연속적으로 변화하는 신호는 디지털화하거나, 진폭이 특정 레벨로 정해지는 펄스열로 변환할 수 있다.

A/D 변환에서 상태수는 2의 제곱수에 해당하므로 2진 코드로 신호를 표현할 수 있다. 2의 지수가 증가함에 따라 정확성도 향상된다. 상태수는 **샘플링 해상도**$^{\text{sampling resolution}}$ 또는 간단히 **해상도**라고도 한다. $2^3 = 8$의 해상도([그림 27-8(d)])는 기본적인 음성 통신에 충분한 수준이다. $2^4 = 16$의 해상도는 상당히 괜찮은 음악 재생이 가능한 수준이다.

신호를 디지털화할 수 있는 효율성은 샘플링 주파수에 달려 있다. 일반적으로, **샘플링 레이트**$^{\text{sampling rate}}$는 가장 높은 데이터 주파수의 최소 2배가 되어야 한다. $3\,\text{kHz}$ 수준의 높은 성분을 갖는 오디오 신호에 대해 효과적인 디지털화를 수행하기 위한 최소 샘플링 레이트는 $6\,\text{kHz}$가 되어야 한다. 물론 음악에 대해서는 최소 샘플링 레이트가 이보다 훨씬 높은 값을 가져야 한다.

이미지 전송

움직이지 않는 이미지는 오디오 신호와 동일한 대역폭 안에서 전송될 수 있다. 비디오 파일과 같이 높은 해상도의 움직이는 이미지는, 저해상도 그림과 같이 움직이지 않은 이미지보다 더 넓은 대역폭이 필요하다.

팩시밀리

움직이지 않는 이미지(정지 화상$^{\text{still image}}$)는 보통 **팩스**^{fax}라고 부르는 **팩시밀리**^{facsimile}로 전송된다. 만약 데이터가 느린 속도로 전송되면 음성 통신 표준인 $3\,\text{kHz}$ 폭의 대역 내에서 원하는 만큼 상세한 정보를 담을 수 있다. 이러한 유연성으로 인해 상세한 팩스 이미지가 기존 전화 서비스(POTS)$^{\text{Plain Old Telephone Service}}$ 라인을 통해 전송될 수 있다.

전기 기계식 팩스 송신기에서 종이 문서는 드럼을 감싸고 있다. **드럼**^{drum}은 조절된 속도로 느리게 회전하며, 빛의 점이 문서를 가로질러 가로 방향으로 스캔한다. 드럼은 빛의 점이 지나갈 때마다 한 라인씩 스캔될 수 있도록 문서를 움직인다. 이 과정은 장치가 모든 **프레임**(이미지)^{frame}을 완전히 스캔할 때까지 한 라인씩 움직이면서 계속된다. **광검출기** ^{photodetector}는 종이로부터 반사된 광선을 받아들인다. 이미지의 어두운 부분은 밝은 부분보다 빛을 덜 반사한 결과이며, 광검출기를 통과하는 전류의 양은 광선이 여러 영역을 지나감에 따라 변한다. 광검출기를 통과하는 전류는 AM, FM, SSB 등 앞서 설명한 방식들 중 한 가지 방식으로 반송파를 변조한다. 보통 완전히 검은색에 대한 데이터는 $1.5\,kHz$ 의 오디오 사인파에 대응하고, 완전히 흰색은 $2.3\,kHz$ 의 오디오 사인파에 대응한다. 회색 음영은 이 두 값의 중간에 있는 주파수를 가진 오디오 사인파를 생성한다.

팩스 수신기는 송신기의 스캔 속도와 패턴을 따라 그대로 신호를 받고, 디스플레이나 프린터는 이미지를 **그레이 스케일**(검정색과 흰색 사이의 색이 없는 회색 음영) ^{gray scale}로 나타낸다.

저속 주사 TV

저속 주사 TV(SSTV) ^{slow-scan television}는 빠르고 반복적인 형태의 팩스로 생각할 수 있다. SSTV 신호는 팩스 신호와 같이 인간의 목소리만큼 좁은 주파수 대역을 통해 전파된다. 그리고 SSTV 송신은 팩스와 마찬가지로 동영상이 아닌 이미지만 재생한다. 그러나 SSTV 시스템은 팩스 기기보다 훨씬 짧은 시간 내에 전체 이미지를 스캔하고 전송할 수 있다. 완전한 프레임(영상 또는 장면)을 보내는 데 필요한 시간은 분 단위 이상 걸리지 않으며, 단 8초면 된다. 그러므로 많은 양의 영상을 적당한 시간 안에 보낼 수 있고, 보는 사람들로 하여금 어떤 장면에서 움직이는 느낌을 갖게 할 수도 있다. 그러나 속도가 빠른 만큼 절충 사항도 있다. SSTV에서는 팩스에 비해 해상도^{resolution}가 훨씬 낮으며, 이는 이미지의 선명함이 덜하다는 것을 의미한다.

컴퓨터 모니터가 SSTV 디스플레이 역할을 하도록 개인 컴퓨터를 프로그래밍할 수 있다. 또한 변환기를 이용하면 SSTV 신호를 구식 TV 수상기에서도 볼 수 있다.

SSTV 프레임은 120개의 라인을 가진다. 흰색과 검은색의 주파수는 팩스 전송에서의 주파수와 동일하다. 사진에서 가장 검은 부분은 $1.5\,kHz$ 로, 가장 밝은 부분은 $2.3\,kHz$ 로 보내진다. 수신기를 송신기와 맞춰주는 **동기화 펄스**^{synchronization (sync) pulses}는 $1.2\,kHz$ 로 전송된다. **수직 동기화 펄스**^{vertical sync pulse}는 수신자로 하여금 새로운 프레임이 시작되는 지점임을 알 수 있도록 해준다. 이 펄스는 $30\,ms$ 동안 지속된다. **수평 동기화 펄스**^{horizontal sync pulse}는 수신자로 하여금 언제 프레임에서 새로운 라인이 시작되는지 알 수 있게 해준다. 수평 동기화 펄스의 지속 기간은 5 ms 이다. 이런 펄스들은 **롤링**(이미지의 무작위적인 수직 이동)^{rolling}과 **테어링**(수평 동기화 부족 현상)^{tearing}을 방지한다.

고속 주사 TV

구식 아날로그 TV를 **고속 주사 TV**(FSTV)$^{fast-scan\ TV}$라고도 한다. 현재의 방송사들은 더 이상 고속 주사 TV 모드를 사용하지 않지만, 일부 아마추어 무선기사들은 여전히 사용하고 있다. 프레임은 초당 30개의 속도로 전송된다. 프레임당 525라인이 있다. FSTV의 빠른 프레임 시간과 해상도는 팩스 또는 SSTV의 경우보다 훨씬 넓은 주파수 대역을 사용해야 한다. 일반적인 비디오 FSTV 신호는 6 MHz의 주파수 공간을 차지하는데, 이는 팩스 또는 SSTV 신호 대역폭의 2000배에 해당한다. 고속 주사 TV는 보통 AM 또는 광대역 FM을 사용하여 전송된다. AM을 사용하는 경우, 두 측파대역 중 하나는 필터링하고 반송파와 나머지 한 개의 측대역만 남길 수 있다. 엔지니어들은 이 모드를 **잔류 측파대** (VSB)$^{vestigial\ sideband}$ 송신이라고 부른다. 이 방법은 FSTV 신호 대역폭을 약 3 MHz로 줄여준다.

FSTV를 전송하려면 넓은 스펙트럼 공간이 필요하므로, VSB 모드의 경우 대략 30 MHz 이하의 주파수에서는 현실적으로 사용하기 어렵다. 30 MHz에서조차도 잔류 측파대 신호는 자체 주파수 이하에서 전체 RF 스펙트럼의 10 %를 소비한다. 구식 TV 시절, 모든 상업용 FSTV 전송은 50 MHz 이상의 주파수에서 이루어졌으며, 대부분의 채널은 이보다 훨씬 높은 주파수를 가졌다. TV 수신기의 2~13번 채널은 간혹 **초단파**(VHF)$^{Very\ High\ Frequency}$ 채널이라고도 불린다. 주파수가 더 높은 채널은 **극초단파**(UHF)$^{Ultra\ High\ Frequency}$ 채널이라고 한다.

[그림 27-9]는 FSTV 비디오 신호의 단일 라인에 대한 시간 영역 그래프를 나타낸 것이다. 이 그래프는 전체 프레임의 $\frac{1}{525}$ 이다. 가장 높은 순간 신호 진폭은 가장 어두운 음영에 해당하며, 가장 낮은 진폭은 가장 밝은 음영에 해당한다. 따라서 FSTV 신호는 '음양이 뒤집혀' 전송된다. 이러한 규칙은 송신기와 수신기 사이의 **귀선**(한 라인의 끝에서 다음 라인의 시작으로 넘어가는)^{retracing}을 동기화할 수 있다. 잘 정의된 강력한 **귀선 소거 펄스**$^{blanking\ pulse}$는 수신기에 언제 다시 귀선할지 알려주며, 수신기 화면이 귀선 동작하는 동안 빔을 끄는 역할을 한다. 만약 옥상 안테나나 토끼 귀 형태의 커다란 두 개의 안테나를 이용하는 상업용 아날로그 TV를 많이 시청했다면, TV 신호가 약할 경우 **명암비**^{contrast}가 좋지 않다는 것을 인식했을 것이다. 소거 펄스가 약해지면 귀선 소거가 불완전해진다. 하지만 이는 작은 문제이며, 가장 높은 순간신호 진폭이 가장 밝은 영상과 함께 나올 때 발생할 수 있는 것처럼, TV 수신기가 언제 귀선해야 하는지 타이밍을 완전히 놓쳐버리는 것보다는 나은 문제다.

컬러 FSTV는 원색인 빨간색, 파란색, 녹색에 해당하는 세 가지 단색 신호를 보내는 방식으로 동작한다. 이 신호는 흑-적, 흑-청, 흑-녹의 색상을 갖는다. 수신기는 이 신호들을 재결합하여 빨간색, 파란색, 녹색 점으로 표시된 미세하고 촘촘한 매트릭스로 비디오 영상을 보여준다. 약간 떨어져서 봤을 때, 점들이 너무 작아서 개별적으로는 구분할 수 없다. 빨간색, 파란색, 녹색 세기의 조합을 통해, 사람의 눈이 인식할 수 있는 색들을 구현해낼 수 있다.

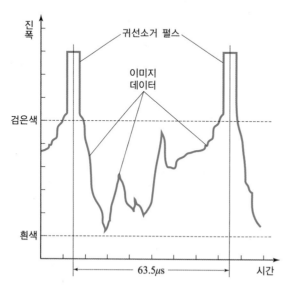

[그림 27-9] 기존 고속 주사 TV(FSTV) 비디오 프레임에서 단일 라인에 대한 시간 영역 그래프

고화질 TV

고화질 TV(HDTV)^{High-Definition Television}에는 FSTV로 할 수 있는 것보다 TV 화면을 통해 보다 자세한 정보를 제공할 수 있는 여러 방법들이 적용된다. HDTV 모드는 뛰어난 음질도 제공하며 더 만족스러운 가정용 TV와 홈시어터를 경험할 수 있도록 해준다.

표준 FSTV는 프레임당 525라인을 갖지만, HDTV 시스템은 프레임당 787~1125개의 라인을 갖는다. 이미지는 초당 약 60번 스캔되며, 고화질 TV는 보통 디지털 모드로 전송된다. 이러한 방식을 통해 기존의 FSTV와 비교했을 때 이점을 가진다. 즉 디지털 신호는 더 잘 전송되며, 이 신호가 약할 때도 다루기 쉽고, 아날로그 신호가 수행하기 어려운 방식으로 신호를 처리할 수 있다.

일부 HDTV 시스템은 두 개의 **래스터**(완전한 이미지 프레임)^{raster}를 동시에 체질^{meshing}하는 **인터레이싱**^{interlacing}이라는 기법을 사용한다. 이를 통해 하드웨어 비용을 두 배로 늘리지 않고도 이미지 해상도를 두 배 정도 늘릴 수 있다. 그러나 인터레이싱한 이미지는 빠르게 움직이거나 빠르게 변하는 장면에서는 **지터**^{jitter}를 보일 수도 있다.

디지털 위성 TV

1990년대 초까지, 위성 TV를 설치하기 위해서는 지름이 약 2~3 m 정도 되는 접시 안테나가 필요했다. 지금도 이 시스템을 사용하는 곳이 있다. 안테나는 비싸고 (때로는 원치 않아도) 주위의 눈길을 끌며, 우박, 폭설, 강풍 등으로 인해 파손될 가능성이 크다. 디지털화는 이러한 상황을 바꾸어 놓았다. 통신 시스템에서 디지털 모드를 사용하면 더 작은 수신 안테나, 더 작은 송신 안테나, 더 낮은 송신 전력 수준의 운용이 가능하다. 엔지니어들은 수신 안테나 접시의 지름을 약 60 cm 수준으로 줄일 수 있게 됐다.

RCA^{Radio Corporation of America}는 소위 **디지털 위성 시스템**(DSS)^{Digital Satellite System}을 가진 디지털 인공위성 TV 기술을 개척했다. 아날로그 신호는 송신소에서 **A/D 변환**을 통해 디지털 펄스로 바뀌고, 디지털 신호는 증폭되어 위성으로 보내진다. 위성에는 신호를 수신해 다른 주파수를 가진 신호로 변환한 후 다시 지상으로 재전송하는 **트랜스폰더**^{transponder}가 탑재되어 있다. 휴대용 접시 안테나는 다시 내려오는 신호를 수신한다(**다운링크**^{downlink}). **동조기**^{tuner}는 채널을 선택하고, 디지털 신호는 **D/A 변환**을 통해 기존 FSTV에서 보기 적합한 형태인 아날로그 신호로 다시 변환된다. 디지털 위성 TV 기술이 어느 정도는 RCA DSS 초창기부터 발전해왔지만, 오늘날의 시스템도 최초의 시스템과 기본적으로 같은 방식으로 동작한다.

전자기장

라디오 또는 텔레비전 송신 안테나에서 전자는 끊임없이 앞뒤로 움직인다. 전자들은 한 방향으로 속도를 올리고 속도를 낮추며, 방향을 바꿔 다시 속도를 올리는 등과 같이 운동하면서 끊임없이 속도를 변화시킨다. 속도 변화(속력과 방향 모두 또는 둘 중 하나의 변화)를 통해 가속 운동이 이루어진다. 대전된 입자들이 특정 방향으로 가속될 때, 입자들은 **전자기(EM)장**^{electromagnetic field}을 형성한다.

전자기장이 발생하는 원리

전자들이 움직일 때, 전자들은 자기(M)장^{magnetic field}을 형성한다. 전자들이 가속 운동을 하면, 변화하는 자기장이 형성된다. 전자들이 앞뒤로 방향을 바꾸며 가속 운동을 하면 전자들의 운동이 갖는 주파수와 동일한 주파수로 변화하는 자기장(교번 자계^{alternating M field})이 발생한다.

변화하는 자기장(교번 자계)은 변화하는 전기(E)장(교번 전계$^{\text{alternating electric field}}$)을 형성하며, 이 전기장은 다시 또 다르게 변화하는 자기장을 형성한다. 이 과정은 빛의 속도로 공간을 통해 전파되는 전자기장 형태로 무한히 반복된다. 전기 및 자기장은 구면파의 중심으로부터 바깥 방향으로 세기의 변화를 보이며 퍼져 나간다. 공간 내 어느 지점에서는 전속$^{\text{E flux}}$ 방향이 자속$^{\text{M flux}}$ 방향과 서로 수직이다. 전자기파는 전속선과 자속선에 동시에 수직인 방향으로 진행한다.

주파수와 파장

모든 전자기장은 두 가지 중요한 속성, 즉 **주파수**^{frequency}와 **파장**^{wavelength}을 갖는다. 이들을 정량화해보면 서로 반비례 관계에 있음을 알 수 있다. 하나가 증가하면 다른 하나는 감소한다. 우리는 이미 교류 주파수에 관해 배웠다. 전자기파의 파장은 전기장 또는 자기장의 진폭과 방향이 동일한, 임의의 이웃한 두 지점 간 물리적 거리로 표현할 수 있다.

전자기장은 측정할 수 있는 임의의 주파수를 갖는데, 한 주기당 수백 년에서부터 초당(또는 Hz당) 10^{24}주기에 해당하는 범위의 값들을 가질 수 있다. 가령, 태양의 자기장은 22년 주기로 변화한다. 무선 전파$^{\text{radio wave}}$는 수천, 수백만, 또는 수십억 Hz로 진동한다. 적외선(IR), 가시광선, 자외선(UV), X선, 감마선은 수십조 Hz 수준의 주파수로 진동하는 전자기파로 이루어진다. 전자기장의 파장도 마찬가지로 상상할 수 있는 가장 큰 범위의 값들을 가질 수 있는데, 수백만 조 km에서부터 불과 몇 분의 일 mm까지 가질 수 있다.

자유공간을 통해 진행하는 MHz 단위의 전자기파 주파수를 f_{MHz}로 나타내보자(엄밀하게 말하자면 자유공간은 진공을 의미하지만, 대부분의 실제 상황에서 지표면의 대기 상태를 자유공간으로 간주할 수 있다). 동일한 파의 파장을 피트(ft) 단위로 나타낸 값을 L_{ft}라고 하자. 그러면 다음 관계식이 성립한다.

$$L_{\text{ft}} = 984 / f_{\text{MHz}}$$

파장을 m 단위로 나타내면 다음과 같다.

$$L_{\text{m}} = 300 / f_{\text{MHz}}$$

이상의 식에서 역수를 고려하면 다음 식들을 얻을 수 있다.

$$f_{\text{MHz}} = 984 / L_{\text{ft}}$$
$$f_{\text{MHz}} = 300 / L_{\text{m}}$$

속도 계수

자유공간 외의 다른 매질에서 전자기파는 빛의 속도보다 느리게 진행한다. 그 결과, 파장은 **속도 계수**$^{velocity\ factor}$라고 하는 v 값에 의존하여 짧아진다. v는 0(전혀 움직이지 않음을 의미)에서 1(자유공간에서 퍼져나가는 속도로 약 $186,000\,\text{mi/s}$ 또는 $300,000\,\text{km/s}$에 해당)의 범위의 값을 갖는다.

속도 계수를 % 단위로 하여 $v\%$로 나타낼 수도 있다. 이 경우, 가장 작은 값은 0%이고 가장 큰 값은 100%이다. 실제 상황에서 속도 계수는 0.50(즉, 50%) 미만으로는 거의 떨어지지 않으며, 대개 0.60(즉, 60%) 이상의 값을 갖는다.

속도 계수는 케이블, 와이어 또는 금속 배관 일부를 파장의 배수로 측정되는 길이, 또는 파장의 정수분의 일 배에 해당하는 길이로 정확히 절단하는 등 RF 전송선과 안테나 시스템을 설계하는 데 있어서 매우 중요한 파라미터로서 역할한다. 비율로 표시되는 속도 계수 v를 고려하면 앞에서 언급한 네 개의 공식들은 다음과 같이 수정할 수 있다.

$$L_{ft} = 984v\,/\,f_{MHz}$$
$$L_m = 300v\,/\,f_{MHz}$$
$$f_{MHz} = 984v\,/\,L_{ft}$$
$$f_{MHz} = 300v\,/\,L_m$$

전자기(EM) 스펙트럼과 RF 스펙트럼

물리학자, 천문학자, 공학자는 전자기파 파장의 전체 범위를 **전자기(EM) 스펙트럼**$^{electromagnetic\ spectrum}$이라고 부른다. [그림 27-10(a)]와 같이 과학자들은 로그 스케일을 사용하여 m 단위의 파장에 따라 EM 스펙트럼을 나타낸다. 라디오, 텔레비전, 마이크로파 등을 포함하는 **RF**$^{Radio-Frequency}$ **스펙트럼**은 더 확장해서 [그림 27-10(b)]에 나타냈는데, 축에는 해당 주파수들을 명시했다.

RF 스펙트럼은 [표 27-1]의 구분에 따라 **초저주파(VLF)**$^{Very\ Low\ Frequency}$에서 **극초고주파 (EHF)**$^{Extremely\ High\ Frequency}$ 범위 내의 서로 다른 **대역**^{band}에 포함될 수 있다. VLF 범위의 정확한 하한값은 문헌마다 다른데, 여기서는 $3\,\text{kHz}$로 정의한다.

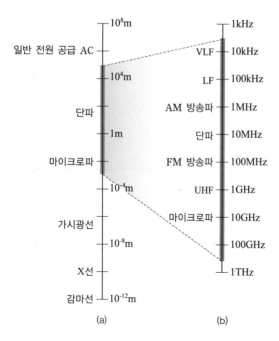

일반 전원 공급 AC	10^8m		1kHz
	10^4m	VLF	10kHz
단파		LF	100kHz
	1m	AM 방송파	1MHz
마이크로파		단파	10MHz
	10^{-4}m	FM 방송파	100MHz
가시광선		UHF	1GHz
	10^{-8}m	마이크로파	10GHz
X선			100GHz
감마선	10^{-12}m		1THz
(a)		(b)	

[그림 27-10] (a) 10^8m~10^{-12}m 범위의 EM 스펙트럼(각 수직 눈금은 10^2배수로 증가 또는 감소)
(b) EM 스펙트럼에서 RF 대역 부분(각 수직 눈금은 10배수로 증가 또는 감소)

[표 27-1] RF 스펙트럼의 대역 구분

주파수 구분	주파수 범위	파장 범위
초저주파(VLF:Very Low)	3kHz~30kHz	100km~10km
저주파(LF:Low)	30kHz~300kHz	10km~1km
중파(MF:Medium)	300kHz~3MHz	1km~100m
고주파(HF:High)	3MHz~30MHz	100m~10m
초단파(VHF:Very High)	30MHz~300MHz	10m~1m
극초단파(UHF:Ultra High)	300MHz~3GHz	1m~100mm
초고주파(SHF:Super High)	3GHz~30GHz	100mm~10mm
극고주파(EHF:Extremely High)	30GHz~300GHz	10mm~1mm

파의 전파

1990년경 마르코니와 테슬라가 전자기장은 어떤 장치의 도움 없이도 장거리를 이동할 수 있다는 사실을 발견한 이래, 무선 전파 전송radio-wave propagation은 많은 과학자들을 매료시켰다. 무선 주파수에서 무선 통신에 영향을 준 파의 전송 특성을 자세히 살펴보자.

편파

전속의 방향line of flux을 전자기파의 **편파**polarization로 정의할 수 있다. 전속선이 지표면과 평행하면 **수평 편파**를 얻고, 전속선이 지표면과 수직이면 **수직 편파**를 얻는다. 물론 편파는 경사를 가질 수 있다.

일부 상황에서 전속은 파가 공간을 통해 퍼져나가는 과정에서 회전한다. 이때, 전기장의 세기가 일정하게 유지되면 **원형 편파**를 갖는다. 전기장의 세기가 다른 면에 비해 어떤 면에서 더 크다면 **타원 편파**가 이루어진다. 원형 또는 타원형으로 편파된 파는 우리에게 오는 파의 파두wavefront를 봤을 때 시계 방향 또는 반시계 방향으로 회전할 수 있다. 일부 엔지니어들은 시계 방향이라는 표현 대신 오른쪽이라는 표현을, 반시계 방향이라는 표현 대신 왼쪽이라는 표현을 사용한다.

가시선 방향파

전자파는 무언가에 의해 경로가 휘지 않는 이상 직진한다. **가시선**line-of-sight 전파는 나무나 골재 주택과 같은 전도성이 없고 불투명한 물체라도 어느 정도는 투과하기 때문에, 송신 안테나에서 수신 안테나가 보이지 않을 때도 가시선 방향파가 발생할 수 있다. 가시선 방향파는 다음과 같이 **직접파**와 **반사파**의 두 가지 성분으로 구성된다.

❶ **직접파**direct wave : 파장이 가장 긴 파는 장애물에 의한 영향을 가장 적게 받는다. 초저주파, 저주파, 중파 주파수에서 직접파는 사물 주위를 **회절**diffract할 수 있다. 주파수가 증가하면, 특히 3 MHz 이상의 주파수가 되면 장애물들은 직접파에 점점 더 큰 차단 효과를 주게 된다.

❷ **반사파**reflected wave : 전자기 에너지는 지표면, 그리고 전선과 강철빔 같은 전도성 물체로부터 반사된다. 반사파는 항상 직접파보다 더 멀리 날아간다. 두 파는 위상이 완벽하게 일치한 상태로 수신 안테나에 도착할 수도 있지만 보통은 그렇지 않다.

직접파와 반사파가, 세기는 동일하되 180°의 위상차를 가지고 수신 안테나에 도착하면 신호를 받기 어려운 음영 지점(난청 지역)dead spot이 발생한다. 두 파가 서로 뒤집힌 위상을 갖고(즉, 반대 위상) 도착하면 같은 효과가 발생한다. 음영 지점 현상은 가장 높은 주파수 조건에서 가장 뚜렷이 볼 수 있다. VHF와 UHF 주파수에서는 송신 또는 수신 안테나를 수 인치 또는 수 센티미터만 움직여도 수신 상태를 개선할 수 있다. 모바일 동작에서는 송신기 또는 수신기가 움직일 때 음영 지점이 여러 번 발생하여 신호 수신을 반복적으로 방해하게 되는데, 이러한 현상을 **피켓 펜싱**(말뚝 울타리)picket fencing이라고 한다.

표면파

약 10 MHz 이하의 주파수를 가진 신호에 대해서는 지표면이 교류 신호를 잘 통과시킨다. 그래서 수직 편파된 EM파들은 지표면의 도움을 받아서 지표면을 따라 수백 또는 수천 마일을 퍼져나갈 수 있다. 주파수를 줄이고 파장을 늘리면 **지표면에서의 손실**이 줄어든다는 것을 확인할 수 있으며, 파들은 **표면파 전송**surface-wave propagation을 통해 훨씬 더 먼 거리를 이동할 수 있다. 전도성을 가진 지표면이 수평 방향의 전속을 단락시켜 버리므로 수평 편파는 이 모드에서 잘 전송되지 못한다. 약 10 MHz 이상의 주파수를 가진 파(파장 기준으로는 약 30 m 미만의 파장을 가진 파)에 대해서는 지표면이 손실을 입게 되고, 표면파 역시 수 마일 이상의 거리를 이동하기 어렵다.

공간파 전자기 전달

태양 복사로 인해 발생하는 대기권 상층부의 **이온화**ionization는 특정 주파수를 가진 전자기파를 지표면으로 발산할 수 있다. 이른바 **전리층**ionosphere에는 상당히 일정하고 예측 가능한 고도에서 발생하는 이온화의 밀도가 높은 영역들이 존재한다.

야간 이온화도 종종 관찰되기는 하지만, 지표면으로부터 50마일(약 80km) 높이에 존재하는 **E층**은 주로 주간에 존재한다. E층에서는 특정 주파수에서 중거리 무선 통신이 가능하다.

더 높은 고도에는 **F$_1$층**과 **F$_2$층**이 존재한다. 보통 낮에만 존재하는 F1층은 지표면으로부터 125마일(약 200km) 상공에 형성된다. F2층은 180마일(약 300km) 상공에 형성되는데, 이는 지구 대부분에 걸쳐 존재하며 태양을 받는 밝은 면이나 받지 않는 반대편 모두 존재한다. 때로는 F$_1$층, F$_2$층의 구분을 무시하고 함께 **F층**이라고 부르기도 한다. F층에서는 지상에 있는 두 지점 간에 보통 5~30 MHz 주파수를 가진 신호를 통해 통신이 이루어진다.

가장 낮은 이온화 영역을 **D층**이라고 한다. 이 층은 약 30마일(50km) 상공에 존재하며, 일반적으로 태양광을 받는 지구면 쪽에 나타난다. D층은 특정 주파수를 가진 무선 전파들을 흡수하고 장거리 전리층 전파를 방해한다.

대류권 전파

약 30 MHz 이상의 주파수에서(약 10m보다 짧은 파장에 해당) 대기권의 하부는 무선 전파를 지표면 방향으로 휘게 만든다. **대류권 굴절**tropospheric bending은 전자기파에 대한 공기의 **굴절률**이 고도에 따라 감소하기 때문에 발생한다. 전리층이 전자기파를 지표면으로 돌려보내지 않을 때라도 대류권 굴절을 통해 수백 마일 거리의 통신이 가능해진다.

덕팅ducting은 대류권 전파에서 발생하는 현상으로, 굴절보다 적은 빈도로 발생하기는 하지만 더 극적인 효과들을 발생시킨다. 덕팅 현상은 전자기파가 상대적으로 따뜻한 두 공기층 사이에 끼어 있는 차갑고 밀도가 높은 공기층에 갇힐 때 발생한다. 굴절 현상과 마찬가지로 덕팅 역시 30 MHz 이상의 주파수를 가진 전자기파의 경우 거의 예외 없이 발생한다.

또 다른 대류권 전파 모드로 **대류권 산란 현상**tropospheric scatter 또는 troposcatter이 있다. 이 현상은 공기 분자, 먼지 입자, 물방울이 전자기장의 일부를 산란시켜 발생한다. 대류권 산란은 보통 VHF와 UHF 주파수를 가진 전자기파에 대해 관찰된다. 또한 대류권 산란은 어느 정도 기상 조건과 무관하게 발생한다.

특정 모드에 대한 별다른 언급이 없다면, 일반적으로 대류권 전송을 **트로포**tropo라고 부르기도 한다.

오로라 전파

비정상적인 태양 활동이 있을 때 **오로라**(북극광, 남극광)aurora는 무선 전파를 지구로 반사시키고, 오로라를 통해 전자기파 전송(오로라 전파auroral propagation)이 가능해진다. 오로라는 40~250마일(약 65~400km) 고도에서 발생한다. 이론적으로 지표면의 두 지점 사이에서 오로라가 발생했을 때, 시야선상에 동일한 오로라의 일부가 놓여 있다면 오로라를 통한 전자기파 전송이 가능하다. 송신소 또는 수신소가 적도 기준 북위 또는 남위 35° 미만의 위도 내에 있을 때는 오로라 전파가 발생하기 매우 어렵다.

오로라 전파는 신속하고 깊은 신호 페이딩signal fading을 유발하는데, 이는 거의 항상 아날로그 음성 및 비디오 신호를 판단하기 어렵게 변형시킨다. 디지털 모드 동작은 다소 낫지만 오로라의 움직임으로 인해 유발되는 위상 변화 결과, 반송파 주파수가 수백 Hz 폭의 대역에 걸쳐 퍼져나갈 수 있다. 이러한 스펙트럼 확산은 최대 데이터 전송 속도를 제한한다. 오로라 전송은 태양 표면에서 발생하는 **태양 플레어**solar flare라고 하는 갑작스러운 폭발로 인해 전리층 전송이 어려워지는 상황에서 함께 발생한다.

유성 산란 전파

유성은 1초에서 수 초 동안 지속되는 이온화된 궤적을 만든다. 이 궤적의 정확한 지속 시간은 유성의 크기, 속도, 대기로 진입하는 각도에 달려 있다. 하나의 유성 궤적은 많은 데이터를 전송할 수 있을 정도로 오래 지속되지는 않는다. 그러나 **유성우**가 발생하는 동안에는 여러 개의 궤적들이 몇 시간 동안 거의 연속적인 이온화를 발생시킬 수 있다. 이러한 유형의 이온화된 영역은 특정 주파수에서 무선 전파를 반사시킬 수 있다. 통신 엔지니어들은 이러한 현상을 **유성 산란 전파**meteor-scatter propagation 또는 간단히 **유성 산란**이라고 부른다.

유성 산란은 30 MHz 보다 훨씬 높은 주파수에서, 지평선 바로 위 지점의 거리부터 약 1500마일(대략 2400km)에 이르는 거리에 걸쳐 발생할 수 있다. 최대 통신 범위는 이온화된 궤적의 고도, 궤적, 송신소, 수신소의 상대적인 거리에 따라 달라진다.

월면반사 통신

VHF와 UHF 주파수를 사용하는 아마추어 무선기사들은 흔히 **월면반사**^{moonbounce}라고 불리는 지구-달-지구 간(EME)^{Earth-Moon-Earth} 통신 기법을 사용한다. 이 방법을 활용하려면 저잡음 전치 증폭기^{preamplifier}, 대형 지향성 안테나, 고전력 송신기를 사용하는 감도 높은 수신기가 필요하다. 월면반사 통신에서는 아날로그 모드보다 디지털 모드가 훨씬 잘 동작한다.

월면반사 통신에서는 신호 경로 손실이 문제된다. 월면반사 신호는 항상 약하게 수신되므로 고이득 지향성 안테나가 계속 달 방향을 가리키고 있어야 하며, 방향 전환이 가능한 안테나 어레이에 대한 기술적 요건이 필요하다. EME **경로 손실**^{path loss}은 주파수가 증가함에 따라 같이 증가하지만, 이러한 효과는 파장이 감소(주파수가 증가)하면 높은 이득을 갖는 안테나의 사이즈가 더 작아질 수 있으므로 어느 정도는 감수해야 하는 설계 문제다.

태양 잡음^{solar noise}은 문제를 발생시킬 수 있다. 달이 지구와 태양 사이에서 일직선에 가깝게 위치할 때, 즉 달이 뜰 때 EME 통신이 가장 어려워진다. 태양은 전자기 에너지의 거대한 광대역 발전기다. 달이 이른바 **라디오 스카이**^{radio sky}라고 불리는 잡음이 매우 많은 영역을 통과할 때 **우주 잡음**^{cosmic noise}이 발생할 수 있다. 궁수자리는 은하수의 중심 방향으로 놓여 있는데, 달이 그 별들을 뒤로 하여 지구 주변을 통과할 때 EME 성능이 저하된다.

달은 항상 지구를 향해 거의 동일한 면을 보여주지만 달이 지구를 공전하는 과정에서 지구와 달 사이의 거리는 주기적으로 변동한다. 달의 **칭동**^{libration}이라고 불리는 이러한 운동은 신호의 강도를 급격히 그리고 큰 폭으로 약화시키며, 이를 **칭동 감쇄**^{libration fading}라고 한다. 동작 주파수가 증가함에 따라 이러한 감쇄 현상은 더욱 두드러진다. 또한 칭동 감쇄는 전송된 여러 EM 신호들의 파두가, 칭동에 의해 상대적 거리를 계속 변화시키는 달 표면의 분화구나 산과 같은 달 고유의 다양한 지질학적 유형물들로부터 다시 반사될 때 발생한다. 반사된 파들은 위상이 끊임없이 바뀌면서 수신 안테나에 다시 모이는데, 때로는 더 강화되거나 상쇄되기도 한다.

전송 매체

데이터는 케이블, 라디오(무선), 위성 링크(무선의 특별한 형태) 및 광섬유 등을 포함하여 다양한 매체를 통해 전송될 수 있다. 케이블, 라디오/TV, 인공위성 통신은 RF 스펙트럼을 사용한다. 광섬유는 적외선 또는 가시광선 에너지를 사용한다.

케이블

초기의 케이블은 직류를 전송하는 단순한 전선으로 구성되었다. 최근의 데이터 전송 케이블은 장거리를 거쳐 충분한 간격을 두고 증폭될 수 있는 RF 신호를 전달하는 경우가 많다. **리피터**repeater라고 하는 증폭기를 사용함으로써 케이블로 전송할 수 있는 데이터의 거리를 크게 증가시켰다. RF를 사용했을 때의 또 다른 이점은 서로 다른 주파수를 가진 수많은 신호들을 하나의 케이블로 보낼 수 있다는 사실이다.

케이블은 램프 코드와 다소 비슷하게 생긴 와이어 쌍으로 구성할 수 있다. 그러나 대부분의 경우 10장의 마지막 부분에서 설명한 유형인 동축 케이블을 사용한다. 이러한 유형의 케이블은 신호를 전달하는 중심 도체를 갖고 있고, 신호를 케이블에 구속시키면서 외부 전자기장이 신호를 간섭하지 않도록 하는 접지된 원통형 보호막으로 감싼 형태로 되어 있다.

라디오

모든 라디오와 TV 신호는 지구의 대기 또는 외부 공간을 통해 나아가는 전자기파로 구성된다. 라디오 송신소에서 RF 출력은 송신기로부터 어느 정도 떨어진 안테나 시스템으로 들어간다. 송신기의 최종 앰프에서 안테나로 들어가기 위해 전자기 에너지는 **급전선**feed line이라고 불리는 **전송선**transmission line을 따라 이동한다.

대부분의 라디오 안테나 전송선은 동축 케이블로 구성된다. 특별한 용도를 위한 다른 유형의 케이블들도 있는데, 마이크로파에서는 **도파관**waveguide이라고 하는 중공hollow 튜브가 에너지를 전달할 수 있다. 도파관은 사용 가능한 가장 짧은 무선 파장에서 동축 케이블보다 더 효율적으로 동작한다. 종종 아마추어 무선기사들은, 두 전도체의 RF 전류 위상이 반대로 되어 있어서 전자기장들을 서로 상쇄시키는 **평행 금속선 라인**을 사용한다. 이러한 위상 상쇄는 전송선이 EM 방사 없이 안테나 쪽으로 유도되도록 한다.

인공위성 시스템

VHF 및 그 이상의 주파수에서, 일부 통신 회로는 지구 주위의 **정지궤도**geostationary orbit를 움직이는 인공위성을 사용한다. 인공위성이 정확히 적도 위 상공 약 35,800km(22,200마일)에서, 서쪽에서 동쪽으로 돈다면 지구의 자전 방향을 따라가는 것이므로 지표면에서 봤을 때 하늘의 동일한 지점에 머무르게 된다. 이것이 바로 **정지궤도 위성**geostationary satellite이라고 부르는 이유이다.

하나의 정지 궤도 위성은 지구 표면의 약 40 %를 볼 수 있는 위치에 놓여 있다. 지구 주위에 120°($\frac{1}{3}$ 주기) 간격으로 배치된 세 개의 위성을 통해, 인간이 개발한 지구의 모습을 전부 볼 수 있다. 오직 극지방들만 시야 밖에 있다. **접시 안테나**를 정지궤도 위성 방향으로 맞추고 안테나를 제대로 고정시켰다면 그대로 두어도 된다.

또 다른 형태의 위성 시스템은 상대적으로 낮은 고도의 궤도를 돌며 극지방들이나 그 근처까지 이동할 수 있는 여러 소형 위성들로 구성된다. 이 인공위성들은 지표면에 대해 연속적이면서 매우 빠르게 이동할 수 있다. 이러한 유형의 인공위성들이 충분히 존재한다면 전체 위성이 함께 동작하여 지표면상 임의의 두 지점 간에 항상 신뢰성 있는 통신이 가능해진다. 이러한 시스템에서는 지향성이 요구되는 안테나가 필요하지 않다. 엔지니어들은 이러한 시스템을 **낮은 지구 궤도**(LEO)^{Low Earth Orbit} 네트워크라고 부른다.

광섬유

RF 반송파를 변조할 수 있는 것처럼 적외선 또는 가시광선도 변조할 수 있다. 적외선이나 가시광선은 어떤 RF 신호보다도 훨씬 높은 주파수를 가지며, 이로 인해 무선 통신상에서 어떤 속도보다도 빠른 속도로 데이터 변조가 가능하다.

광섬유 기술은 금속 케이블들과 비교했을 때 몇 가지 장점을 갖는다(금속 케이블은 흔히 구리로 이루어져 있어 단순히 '구리'라고 말하기도 한다). 광섬유 케이블은 비싸지 않고 무겁지 않으며 외부 전자기장으로부터의 간섭에 내성이 있다. 광섬유 케이블은 금속 와이어처럼 부식되지 않는다. 또한 광섬유 케이블은 유지, 보수하는 데 비용이 높지 않으며 수리하기가 쉽다. 광섬유는 주파수 대역폭이 MHz나 GHz 단위상에서 훨씬 넓으므로 케이블보다 훨씬 더 많은 신호들을 전송할 수 있다.

이론적으로 VLF에서 EHF 범위를 아우르는 전 영역의 RF 스펙트럼을 가시광선 빔 하나에 싣고, 사람의 머리카락 하나 굵기보다 더 가는 광섬유를 통해 송신할 수 있다.

수신기의 기초

무선 수신기는 수신한 전자파를 멀리 떨어진 송신기가 보낸 본래의 메시지로 변환한다. 수신기 동작을 위한 몇 가지 중요한 기준들을 정의하고, 일반적인 수신기 설계 기법 두 가지를 살펴본다.

사양

수신기의 **사양**specification은 수신기 하드웨어가 설계 및 제작한 대로 얼마만큼 잘 동작하는지 수치화하여 나타낸 것이다.

- **감도**sensitivity : 수신기 감도를 나타내는 가장 일반적인 방법은 데시벨(dB) 단위로 나타낸 특정 신호 대 잡음비(S/N) 또는 신호-잡음합 대 잡음비(S+N/N)의 값을 만들기 위해, 안테나 양단에 존재해야 하는 전압(μV)의 크기를 나타내는 것이다. 감도는 프런트엔드(안테나에 연결된 증폭기 또는 복수의 증폭기들)front end의 이득에 따라 변한다. 다음에 연결되는 단들을 거치면서 신호 출력뿐만 아니라 잡음 출력도 같이 증폭되므로, 프런트엔드에서 발생하는 잡음의 양 또한 중요하다.

- **선택도**selectivity : 수신기가 '들을 수' 있는 통과대역 또는 대역폭은 초기 RF 증폭기 단계에서의 광대역 전증폭기preselector에 의해 정해지고, 이후의 증폭 단계에서 협대역 필터를 통해 정밀도를 높인다. 전증폭기는 원하는 신호 주파수의 ±10% 내 범위에서 수신기가 가장 민감하게 동작하도록 한다. 협대역 필터는 듣고자 하는 특정 신호의 주파수 또는 채널에만 응답한다. 필터는 근처 채널의 신호들을 차단한다.

- **동적 범위(다이내믹 레인지)**dynamic range : 수신기 입력 단의 신호는 전압의 절댓값을 기준으로 살펴봤을 때 10의 몇 배 승에 걸쳐 달라질 수 있다. 매우 약한 신호부터 매우 강한 신호까지 다양한 신호가 있을 때, 수신기가 거의 일정한 출력값과 정격 감도를 유지할 수 있는 능력을 동적 범위라고 정의한다. 우수한 수신기는 100dB 이상의 동적 범위를 갖는다. 엔지니어들은 어떤 수신기라도 실험을 통해 동적 범위를 알아낼 수 있다. 상용 수신기 제조업자들은 이 동적 범위를 중요 사양 중 하나로 명시하여 상품성 기준으로 삼는다.

- **잡음 지수**noise figure : 일반적으로 수신기가 더 적은 내부 잡음을 낼수록 S/N 비율이 개선된다. 약한 신호를 다루는 상황에서 수신기가 낮은 잡음 지수를 가져야만 우수한 S/N 비율을 기대할 수 있다. 잡음 지수는 VHF, UHF, 극초단파에서 특히 중요하다. 갈륨비소 전계효과 트랜지스터(GaAsFET)는 매우 높은 주파수 조건에서도 소자 내에서 생성되는 잡음 수준이 낮은 것으로 알려져 있다. 낮은 주파수에서는 다른 유형의 FET를 사용할 수도 있다. FET보다 높은 전류가 흐르는 바이폴라 트랜지스터는 FET보다 더 많은 회로 잡음이 발생한다.

직접 변환 수신기

직접 변환 수신기direct-conversion receiver는 들어오는 신호를 가변(주파수 변환 가능) **국부 발진기(LO)**Local Oscillator의 출력과 혼합하여 수신기의 전체 출력 신호를 만들어 낸다. 수신한 신호는 LO의 출력과 함께 믹서로 들어간다. [그림 27-11]은 직접 변환 수신기의 블록 다이어그램이다.

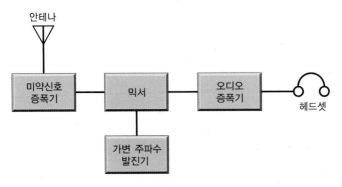

[그림 27-11] 직접 변환 수신기의 블록 다이어그램

라디오 텔레그래피radiotelegraphy 또는 **연속파**(CW)Cntinuous-Wave 모드라고 하는 on/off 변조된 모스 부호를 수신하기 위해, **맥동 주파수 발진기**(BFO)Beat-Frequency Oscillator라고 하는 LO는 신호 주파수보다 수백 Hz 높거나 낮은 주파수에서 동작하도록 설정된다. 이러한 구성 방식은 FSK 신호를 수신할 때도 채택할 수 있다. 오디오 출력은 LO 주파수와 수신되는 반송파 주파수의 차이에 해당하는 값과 동일한 주파수를 갖는다. AM 또는 SSB 신호를 수신하기 위해서는 LO의 동작 주파수를 신호 반송파의 주파수에 정확히 맞춘다. 맥동 주파수, 즉 LO와 신호 반송파 간의 주파수 차이가 0이므로 이러한 조건을 **제로 비트**zero beat 라고 한다.

직접 변환 수신기는 선택도가 좋지 못한데, 이는 주파수 관점에서 봤을 때 입력 신호들이 가깝게 붙어 들어올 경우 신호들을 항상 잘 분리해 낼 수는 없음을 의미한다. 직접 변환 수신기에서 LO 주파수를 기준으로, 상부 또는 하부 대역 둘 중 한 군데에서 나오는 신호들을 동시에 듣게 될 수 있다. 선택 필터는 이론적으로 이러한 문제를 제거할 수 있다. 필터가 제대로 동작하려면 고정 주파수에 대해 설계해야 한다. 그러나 직접 변환 수신기에서 RF 증폭기는 넓은 범위의 주파수에 대해 동작할 수 있어야 하므로 효과적인 필터 설계는 현실적으로 매우 어려운 일이다.

슈퍼헤테로다인 수신기

간단히 **슈퍼헤트**superhet라고도 하는 **슈퍼헤테로다인 수신기**superheterodyne receiver는 하나 이상의 국부 발진기와 믹서를 사용해 고정 주파수 신호를 획득한다. 직접 변환 수신기에서처럼 주파수가 변하는 신호보다 주파수가 고정된 신호를 더 쉽게 필터링할 수 있다.

슈퍼헤테로다인 수신기에서 신호는 안테나를 통과하여 고성능 약신호 증폭기인 주파수 가변 특성을 가진 민감한 프런트 엔드로 들어온다. 프런트 엔드의 출력은 주파수 가변 특성을 가진 복조되지 않은 국부 발진기로부터의 신호와 혼합(헤테로다인^{heterodyne})된다. 다음 단에서의 증폭을 위해 신호의 합 또는 차를 선택할 수 있다. 이 신호를 **제1 중간 주파수 (IF)**^{Intermediate Frequency}라고 하며, 선택도를 확보하기 위해 차단할 수 있다.

제1 IF가 검파기로 곧장 들어가는 형태의 시스템이라면 이를 **단일 변환 수신기**^{single-conversion receiver}라고 한다. 어떤 수신기에서는 두 번째 믹서와 두 번째 국부 발진기를 사용하여 제1 IF를 낮은 주파수의 **제2 IF**로 변환한다. 그 결과, **이중 변환 수신기** ^{double-conversion receiver}를 얻게 된다. IF 대역통과 필터는 고정된 주파수에서 사용하도록 설계할 수 있으며 이를 통해 우수한 선택도와 가변 대역폭 특성을 가질 수 있게 된다. 고정 IF 증폭기는 동조 상태를 쉽게 유지하여 감도가 더욱 향상된다.

안타깝게도 최고 수준의 성능을 가진 슈퍼헤테로다인 수신기조차 원치 않는 신호를 받아들이거나 생성할 수 있다. 잘못 들어온 외부 신호들을 **이미지**^{image}라고 부르며, 잘못된 내부 생성 신호들을 **버디**^{birdie}라고 부른다. 시스템을 설계할 때 국부 발진기의 동작 주파수(또는 다수의 주파수)를 신중히 선택하면, 이미지와 버디는 일반적으로 작동이 이루어지는 동안 거의 문제를 일으키지 않는다.

단일 변환 슈퍼헤테로다인 수신기의 단

[그림 27-12]는 일반적인 단일 변환 슈퍼헤테로다인 수신기의 블록 다이어그램이다. 개별적인 수신기 설계 방식은 서로 다를 수 있지만, 이 예를 가장 대표적인 방식이라고 할 수 있다. 다양한 단^{stage}들은 다음과 같이 구분된다.

- **프런트 엔드**^{front end} : 프런트 엔드는 첫 번째 RF 증폭기로 구성되며, 증폭기와 안테나 사이에 종종 LC 대역통과 필터가 들어가기도 한다. 수신기의 동적 범위와 감도는 프런트 엔드의 성능에 따라 좌우된다.
- **믹서**^{mixer} : 가변 주파수 국부 발진기(LO)와 결합된 믹서 단은 가변 신호 주파수를 일정한 IF로 변환시킨다. 출력은 신호 주파수와 가변 LO 주파수의 합 또는 차로 나타난다.
- **IF 단**^{IF stage} : 대부분의 이득을 발생시키는 단이다. 또한, 원하는 신호는 통과시키고 원치 않는 신호들과 잡음은 필터링하면서 선택도의 대부분을 이 단에서 확보한다.
- **검파기**^{detector} : 검파기는 신호로부터 정보를 추출한다. 널리 사용되는 회로에는 AM 포락선 검파기, SSB, FSK, CW를 위한 곱 검파기, FM을 위한 비율 검파기 등이 있다.
- **오디오 증폭기**^{audio amplifier} : 하나 또는 두 개의 오디오 증폭단은 복조된 신호를 스피커나 헤드셋 출력에 적합한 수준으로 키워준다. 증폭한 신호들은 프린터, 팩시밀리 기계, 또는 컴퓨터로 보낼 수 있다.

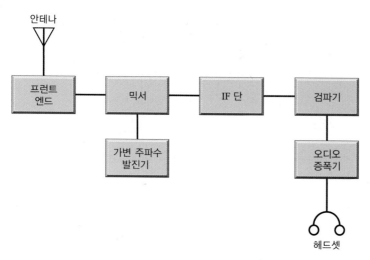

[그림 27-12] 단일 변환 슈퍼헤테로다인 수신기의 블록 다이어그램

전치 검파단^{predetector stages}

슈퍼헤테로다인 수신기를 설계하고 제작할 때, 첫 번째 믹서보다 앞에 있는 단들이 적절한 수준의 이득을 제공하면서도 내부 잡음을 최소화할 수 있는지 확증해야 한다. 또한, 수신기는 **과부하**^{overloading}라고 하는 **감도상실**(이득 손실)^{desensitization} 현상 없이 강한 신호를 처리할 수 있어야 한다.

전치 증폭기

모든 **전치 증폭기**^{preamplifier}는 A급 모드로 동작하며 대부분 FET를 사용한다. FET는 높은 입력 임피던스를 갖는데, 이는 약한 신호를 다루는 데 있어서 이상적이다. [그림 27-13]은 RF 전치 증폭기 회로의 기본형을 보여준다. 입력 신호를 동조시키는 과정에서 잡음이 줄고 선택도를 어느 정도 확보할 수 있다. 이 회로는 FET의 종류와 동작 주파수에 따라 5dB~10dB의 이득을 낸다.

강한 입력 신호가 있을 때 전치 증폭기가 선형성을 유지하는지 반드시 확인해야 한다. 비선형 특성을 가지면 여러 개의 입력 신호 사이에 원치 않는 혼합이 발생할 수 있다. 이러한 **혼합 곱**^{mixing products}은 **내부 변조 왜곡**(IMD)^{intermodulation distortion} 또는 간단히 **인터모드**^{intermod}라고 하는 현상을 야기하며, 이는 수신기 내부에 수많은 오류 신호들을 발생시킬 수 있다. 또한, 인터모드는 광대역 잡음의 일종인 **해시**^{hash}를 발생시켜 S/N 비를 저하시킬 수 있다.

프런트 엔드

저주파수 또는 중파에서는 상당한 양의 대기 잡음atmospheric noise이 존재하고, 내부적으로 생성되는 잡음에 대해서는 크게 염려하지 않아도 되므로, **프런트 엔드**front end 회로 설계는 간단하다(안테나 측에서는 상황이 충분히 좋지 않다).

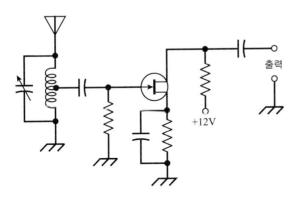

[그림 27-13] 무선 수신기와 사용하기 위한 주파수 가변 전치 증폭기. 이 회로에서는 N 채널 JFET을 사용했다.

주파수가 30MHz 또는 그 이상으로 올라가면 대기 잡음은 사라진다. 그러면 감도를 제한하는 주된 요소는 수신기 내부에서 발생하는 잡음이 된다. 따라서 주파수가 VHF, UHF, 극초단파로 증가해감에 따라 프런트 엔드 설계가 더욱 중요해진다.

전치 증폭기와 같은 프런트 엔드는 가능한 한 선형성을 유지해야 한다. 비선형성의 정도가 커질수록 회로는 혼합곱 발생과 인터모드 현상에 대해 더욱 취약해진다. 또한, 프런트 엔드는 가능한 한 최대의 동적 범위를 가져야 한다.

전증폭기

전증폭기preselector는 S/N 비율을 개선하는 대역통과 응답 특성을 제공하며, 동작 주파수를 중심으로 제거된 강한 신호에 의한 부하 효과 가능성을 낮춘다. 또한, 전증폭기는 슈퍼헤테로다인 회로에서 **이미지 차단 기능**image rejection을 제공한다.

전증폭기는 수신기의 메인 동조 제어를 **추적**tracking하는 방식으로 동조시킬 수 있지만 이러한 기법은 세심한 설계와 시스템 정렬을 요구한다. 일부 예전 방식의 수신기에는 수신기의 동조와는 독립적으로 조정해야 하는 전증폭기가 들어 있다.

IF 체인

이미지를 차단할 때 수 MHz 수준의 높은 IF가 1MHz 이하의 낮은 IF보다 더 잘 동작한다. 그러나 낮은 IF를 사용하면 높은 선택도를 얻을 수 있다. 이중 변환 수신기는 비교적 높은 제1 IF와 낮은 제2 IF를 갖도록 해 일거양득의 효과를 누릴 수 있게 설계한다. 동조된 변환기 결합coupling을 통해 다수의 IF 증폭기를 종속연결cascade할 수 있다. 증폭기는 믹서에 종속연결되며 증폭기에는 검파기가 연결된다.

이중 변환 수신기는 **체인**chain이라고 하는 IF 증폭기의 직렬연결 회로 두 개를 갖는다. **첫 번째 IF 체인**은 믹서 뒤에 놓이고 두 번째 믹서 앞에 배치되며, **두 번째 IF 체인**은 두 번째 믹서 뒤에 놓이고 검파기 앞에 배치된다.

엔지니어들은 이따금 두 개의 전력 감쇄 값인 $-3\,\text{dB}$, $-30\,\text{dB}$($3\,\text{dB}$ 아래, $30\,\text{dB}$ 아래라고 표현)에 대한 대역폭을 비교하여 IF 체인의 선택도를 표현한다. 이 사양은 대역통과 응답 특성을 기술하는 좋은 지표가 된다. $-3\,\text{dB}$에서의 대역폭에 대한 $-30\,\text{dB}$에서의 대역폭의 비율을 **형상 지수**shape factor라고 한다. 일반적으로 작은 형상 지수가 큰 지수보다 바람직하지만, 실제로 작은 값의 형상 지수를 얻는 것은 상당히 어려운 일이다. 형상 지수가 작은 상황에서 시스템의 이득을 주파수의 함수로 그리면 직사각형 형태의 곡선으로 그려지며, 수신기는 **직사각형 응답**rectangular response 특성을 갖는다고 말할 수 있다.

검파기

복조demodulation라고도 하는 **검파**detection 과정을 통해 무선 수신기에서 입력 신호에 담겨 있는 음향, 영상, 또는 인쇄된 데이터 등과 같은 변조 정보들이 복원된다.

AM 검파

무선 수신기는 반송파를 반파 정류하고 RF 펄스를 제거하기에 충분한 수준으로 출력 파형을 필터링하여 수신된 AM 신호로부터 정보를 추출할 수 있다. [그림 27-14(a)]는 이러한 과정이 어떻게 이루어지는지 시간 영역에서 간단히 살펴본 결과이다. 빠른 속도의 펄스들(실선)은 RF 반송파 주파수를 갖고 발생한다. 느린 변화(점선)는 데이터 변조를 나타낸다. 반송파 펄스는 하나의 반송파 전류 주기 동안 전하를 붙잡아둘 수 있을 정도로 큰 값을 가지면서도 변조 신호 내의 변화들을 감쇄시키거나 제거할 만큼 지나치게 큰 값을 갖지는 않는 커패시터를 통해 출력 신호를 내보냄으로써 제거할 수 있다. 이러한 기법을 **포락선 검파**envelope detection라고 한다.

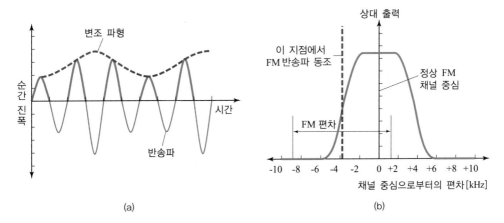

[그림 27-14] (a) 시간 영역에서 AM의 포락선 검파, (b) 주파수 영역에서 FM의 경사형 검파

CW와 FSK의 검파

수신기가 CW 신호를 검출하려면 신호 주파수보다 수백 Hz 위 또는 아래에서 일정한 주파수를 가진, 변조되지 않은 반송파를 인가해 주어야 한다. 국부 반송파는 주파수 가변 **맥동 주파수 발진기**(BFO)^{Beat-Frequency Oscillator}에서 생성된다. BFO 신호와 입력 CW 신호는 각 신호의 주파수 합이나 차를 오디오 출력으로 내기 위해 믹서에서 혼합된다. 편안한 청취 음조(보통 500~1000Hz의 주파수)의 오디오 노트 또는 톤을 얻기 위해 BFO를 동조시킬 수 있다. 이 과정을 **헤테로다인 검파**^{heterodyne detection}라고 한다.

CW 검파와 같은 방법을 사용해 FSK 신호를 검출할 수 있다. 반송파는 믹서에서 BFO 신호와 서로 조화되지 못하고, 이로 인해 서로 다른 두 음조 사이를 오가는 오디오 톤을 만들어 낸다. FSK 기법을 통해 BFO 주파수를 **마크 주파수**^{mark frequency}와 **스페이스 주파수**^{space frequency} 각각에 대해 수백 Hz 위 또는 아래의 값으로 정할 수 있다. **주파수 오프셋** ^{frequency offset} 또는 BFO 주파수와 신호 주파수 사이의 차이는 오디오 출력 주파수를 결정한다. 특정 표준 AF 음조(가령, 170Hz 이동의 경우 2126Hz와 2295Hz 주파수)를 얻기 위해 주파수 오프셋을 조정한다.

FM과 PM의 경사형 검파

수신기 주파수를 변조되지 않은 반송파 주파수와 정확히 일치하지는 않는, 그 근처의 주파수 값으로 설정함으로써 AM 수신기를 사용해 FM과 PM을 검파할 수 있다. AM 수신기는 [그림 27-14(b)]와 같이 수 kHz의 통과대역과 선택 특성 곡선을 보유한 필터를 갖는다. 변조되지 않은 FM 반송파 주파수가 **스커트**^{skirt}라고 하는 필터 주파수 응답의 끝자락에 오도록 수신기를 동조시키면, 들어오는 신호의 주파수 변동으로 인해 반송파가 수신기 통과대역의 안팎을 스윙^{swing}하게 된다. 결과적으로, 수신기의 순간 출력 진폭은 FM 또는 PM

신호상의 변조 데이터와 함께 변화한다. **경사형 검파**slope detection라고 하는 이러한 시스템에서는 ([그림 27-14(b)]에서 볼 수 있듯이) 통과대역의 스커트가 직선이 아니므로, 순간 오차와 순간 출력 진폭 간의 관계가 비선형적이다. 따라서 경사형 검파는 FM이나 PM 신호들을 검출하는 데 최적의 방법을 제공하지 못한다. 이러한 과정은 보통 알아들을 수 있는 음성을 제공할 수는 있지만 음질을 떨어뜨린다.

FM과 PM 검파를 위한 PLL 사용

FM 또는 PM 신호를 PLL 회로에 넣는다면, 회로의 루프는 변조 파형을 정확히 복사하는 오차 전압이 발생할 것이다. 수신기가 신호 진폭의 변화에 응답하지 않을 수 있도록 하기 위해 신호의 진폭이 변화하지 않도록 하는 **리미터**limiter를 PLL 앞 쪽에 배치할 수 있다. 리미팅 기법을 적용한 FM 또는 PM 수신기에서 약한 신호들은 서서히 사라지기보다 갑자기 나타났다가 갑자기 사라지는 경향이 있다.

FM 또는 PM 판별기

판별기discriminator는 순간 신호 주파수에 의존하는 출력 전압을 생성한다. 신호 주파수가 수신기 통과대역의 중앙에 있을 때는 출력 전압이 0이다. 순간 신호 주파수가 통과대역 중앙의 주파수보다 아래로 떨어질 때 출력 전압은 양의 값을 갖는다. 순간 신호 주파수가 통과대역 중앙의 주파수보다 위로 올라가면 출력 전압은 음의 값을 갖는다. 순간 FM 편차 (PM으로부터 간접적으로 발생할 수 있음)와 순간 출력 진폭 간의 관계는 선형적이다. 따라서 검파기 출력은 들어오는 신호 데이터를 충실히 재현해 낸다. 판별기는 진폭의 변화에 민감하지만 이러한 문제를 제거하기 위해 PLL 검파기에서처럼 리미터를 사용할 수 있다.

FM 또는 PM 비검파기

비검파기ratio detector는 내장된 리미터를 갖는 판별기로 구성된다. 최초의 설계는 RCARadio Corporation of America에 의해 개발되었으며, 하이파이 수신기와 구형 아날로그 TV 수신기의 오디오 파트에서 잘 동작한다.

[그림 27-14(c)]는 간단한 비검파기 회로이다. 최적의 수신 신호 음질을 얻기 위해서는 '밸런스'라고 표기된 전위차계를 상황에 따라 직접 조정해야 한다.

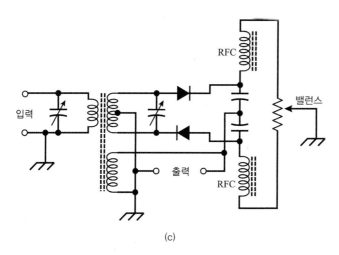

[그림 27-14] (c) FM 신호를 복조하기 위한 비검파기 회로

SSB 검파

직접 변환 수신기를 사용할 수도 있지만, 대부분의 통신 엔지니어들은 SSB 신호를 수신하는 데 **곱 검파기**^{product detector}를 더 선호한다. 곱 검파기로 CW와 FSK 신호도 수신할 수 있다. 입력 신호는 변조되지 않은 국부 발진기의 출력과 혼합되어 본래의 변조 신호 데이터를 재현해 낸다. 곱 검파는 직접 변환 수신의 경우와 마찬가지로 가변 주파수에서보다는 단일 주파수에서 이루어진다. 단일 상수 주파수는 들어오는 신호와 국부 발진기의 출력을 혼합하여 얻을 수 있다.

[그림 27-14(d)]와 [그림 27-14(e)]는 곱 검파기 회로들의 모식도이며 이 회로들은 슈퍼헤테로다인 수신기들의 믹서로 기능할 수 있다. 그림 (d)의 회로에서는 다이오드가 사용되므로 증폭이 전혀 이루어지지 않는다. 그림 (e)의 회로는 B급 모드 동작을 위해 바이어스시킨 바이폴라 트랜지스터를 사용하여, 들어오는 신호가 검파기 입력에 도달하기 전에 프런트 엔드에서 충분히 증폭되었을 경우 약간의 이득을 제공한다. [그림 27-14(d)]] 또는 [그림 27-14(e)]에 나타난 회로의 효율성은 사용된 반도체 소자의 비선형성에 의해 좌우된다. 이 비선형성으로 인해 데이터 출력을 생성하는 합 및 차의 주파수 신호들을 확보하는 데 필요한 신호 혼합이 가능하다.

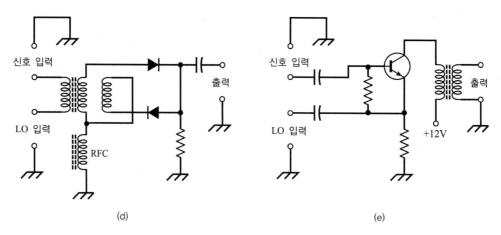

[그림 27-14] (d) 다이오드를 사용한 곱 검파기

(e) B급 동작을 위해 바이어스시킨 NPN 바이폴라 트랜지스터를 사용한 곱 검파기

검파기 후단 postdetector stages

검파기 앞에 있는 IF 단에서 RF 선택도를 최적화하는 방법 이외에도, 검파기 뒤에 있는 AF 증폭단의 주파수 응답을 조율하는 방법을 통해 수신기의 선택도를 확보할 수 있다.

필터링

통신 시스템에서 듣는 사람이 음성의 내용을 쉽게 알아들을 수 있게 하려면 오디오 신호는 약 300~3000Hz 범위의 대역이 필요하다. 300~3000Hz 범위의 통과대역을 갖는 **오디오 대역통과 필터**audio bandpass filter는 일부 음성 수신기에서 음질을 개선할 수 있다. 이상적인 음성 오디오 대역통과 필터에서는 통과대역 범위 안에서의 신호 감쇄가 매우 작거나 없지만, 통과대역 범위 밖에서는 직사각형 형태의 응답 곡선을 나타내며 급격한 감쇄가 이루어진다.

CW 또는 FSK 신호의 경우, 수백 Hz의 대역폭이면 된다. 오디오 CW 필터는 100Hz 또는 그 이하로 응답 대역폭을 좁힐 수 있으나, 약 100Hz보다 좁은 통과대역은 **울림 현상**ringing 을 만들어 높은 데이터 속도에서 수신 품질을 저하시킨다. FSK 기법에서는 필터의 대역폭 이 적어도 마크 및 스페이스 주파수 간의 차이(이동) 만큼은 커야 하지만, 이 차이보다 훨씬 더 클 필요는 없으며 그래서도 안 된다.

오디오 노치 필터audio notch filter는 가파르고 좁은 응답 특성을 갖는 **대역차단 필터** band-rejection filter이다. 대역차단 필터는 차단 주파수보다 약간 낮은 신호들만 통과시키거나 약간 높은 신호들만 통과시킨다. 이 양쪽 제한구역 사이의 대역저지 범위bandstop range라는 영역에서 신호들이 차단된다. 노치 필터는 수신기 출력에서 간섭하는, 변조되지 않은 반송파 또는 일정한 주파수 톤을 생성하는 CW 신호를 '소거'해 버릴 수 있다. 오디오 노치 필터는 최소한 300~3000Hz의 범위에서 차단 주파수를 조정할 수 있다. 일부 AF 노치 필터는 자동적으로 동작한다. 즉 간섭 AF 톤이 나타날 때, 노치는 수십 분의 일 초 수준의 시간 안에 그것을 발견하고 소거할 수 있다.

스퀠칭

스퀠치squelch는 들어오는 신호가 없을 때 수신기를 끄고, 신호가 나타날 때 신호 수신을 허용하는 기능이다. 대부분의 FM 통신 수신기들은 스퀠치 시스템을 사용한다. 스퀠치 기능은 보통 상태에서 닫혀 있으며, 신호가 없을 때는 모든 오디오 출력(특히, 일부 통신 운용자들을 성가시게 하는 수신기 잡음)을 차단한다. 만약 신호의 증폭이 운용자가 조정할 수 있는 **스퀠치 임계값**squelch threshold을 넘어서면 스퀠치 기능이 **열리며**, 모든 신호들이 들리게 된다.

일부 시스템에서는 입력 신호가 미리 정해진 특성을 갖지 않을 경우 스퀠치가 열리지 않는다. 이러한 특성을 **선택적 스퀠칭**selective squelching이라고 한다. 선택적 스퀠칭 특성을 갖는 가장 일반적인 방법은 송신기에서 가청 주파수 이하(300Hz 이하)의 신호음 발생기나 대량 AF 신호음 발생기를 사용하는 것이다. 스퀠치 기능은 적절한 특성을 가진 어떤 음이나 연속 음으로 변조된 신호가 존재하는 경우에만 열린다. 일부 무선 운용자들은 원치 않는 전송 신호들이 들어오지 못하게 하기 위해 선택적 스퀠칭을 사용하기도 한다.

고속 주사 TV

아날로그 고속 주사 텔레비전(FSTV)fast-scan television 수신기는 고급 디지털 TV 신호를 수신하기 위해 D/A 변환기 뒤에 올 수 있다. 이러한 유형의 수신기는 튜너가 장착된 프런트엔드, 오실레이터와 믹서, IF 증폭기 세트, 비디오 복조기, 오디오 복조기와 증폭기 체인, 주변 회로들을 갖춘 화상 CRT 또는 디스플레이, 고출력 스피커 등을 갖추고 있다. [그림 27-15]는 FSTV를 위한 수신기의 블록 다이어그램이다.

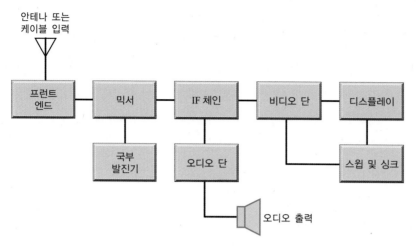

[그림 27-15] 예전 FSTV 수신기의 블록 다이어그램

한때 미국에서 FSTV 방송은 2~69번까지 번호가 매겨진 채널을 통해 이루어졌다. 각 채널은 6MHz 폭을 가지며, 이 안에는 비디오와 오디오 정보가 포함되었다. 채널 2~13번까지는 VHF TV 방송 채널이라고 불렸다. 채널 14~69번까지는 UHF TV 방송 채널이 구성되었다. 최근 디지털 텔레비전에서 D/A '변환 박스'는 프로그램 선택기 역할을 하며, 단일 아날로그 채널상에 모든 신호들을 출력한다.

저속 주사 TV

저속 주사 텔레비전(SSTV)^{slow-scan television}은 표준 FSTV 세트 또는 개인용 컴퓨터와 같이 SSB 기능을 가진 송수신기, 그리고 SSTV 신호와 FSTV 영상 정보 또는 컴퓨터 비디오 정보 사이에 변환을 수행하는 **주사 변환기**^{scan converter}를 필요로 한다. 주사 변환기의 구성 요소에는 두 개의 데이터 변환기(하나는 수신용이고 다른 하나는 송신용), 약간의 디지털 메모리, 음향 발생기, TV 검파기가 있다. 주사 변환기는 시중에서 구입할 수 있다. 컴퓨터가 이러한 기능을 수행하도록 프로그래밍할 수 있다. 일부 아마추어 무선기사들은 자신만의 주사 변환기를 제작하기도 한다.

전문화된 무선 통신 모드

통신 엔지니어들은 오랜 시간에 걸쳐 혁신을 이루어 왔으며 그 과정에서 수많은 무선 통신 모드를 개발했다. 최근에도 새로운 모드들이 나타나고 있고, 낯선 환경이나 극한 조건에서 특별한 장점을 제공하는 새로운 모드들이 향후 계속해서 출현할 것으로 기대되고 있다. 네 가지 공통적인 예제들을 살펴보면 다음과 같다.

이중 경로 수신기

이중 경로 수신기^{dual-diversity reception}는 신호가 전리층을 통해 지표면으로 전달될 때 고주파 (약 3~30MHz 주파수)에서 무선 신호 수신이 감쇠하는 현상을 줄인다. 이 시스템은 동일한 신호로 동조되며, 파장의 수 배 정도의 거리만큼 서로 떨어져 있는 독립된 안테나를 가진 두 개의 동일한 수신기로 구성된다. [그림 27–16]과 같이 수신 검파기의 출력은 단일 오디오 증폭기 내부로 들어간다.

이중 경로 수신기의 동조는 매우 복잡한 기술을 필요로 한다. 또 이러한 목적을 위해 사용되는 장비는 매우 고가이다. 일부 최신 이중 경로 수신기 설치에는 세 개 또는 그 이상의 안테나와 수신기들이 필요하며, 이러한 시스템은 감쇠 현상에 우수한 강인성을 제공하지만 동조 과정이 어렵고 비용도 더 증가한다.

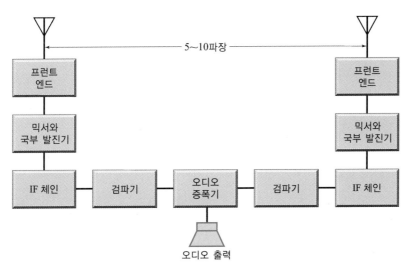

[그림 27–16] 이중 경로 무선 수신 시스템의 블록 다이어그램

동기화 통신

디지털 신호는 단위 시간당 주어진 정보의 양을 전달할 때 아날로그 신호보다 작은 대역폭을 필요로 한다. **동기화된 통신**^{synchronized communications}이라는 용어는 통신 채널이나 대역 안에서 전송될 수 있는 데이터의 양을 최적화하기 위해 공통적인 주파수–시간 표준을 따르는 송신기 및 수신기가 동작하는 임의의 전문화된 디지털 통신 모드를 일컫는다.

동일 위상 통신^{coherent communications}이라고도 부르는 동기화된 디지털 통신에서 수신기와 송신기는 정확히 같은 방식으로 동작한다. 수신기는 한 개의 비트가 유지되는 특정 시간 동안 지속되는 한 블록의 시간 동안 전송되는 개별적인 데이터 비트들을 평가한다. 이러한 과정 덕분에 극도로 좁은 대역폭을 가진 수신 필터를 사용할 수 있게 된다. 동기화는 외부의 주파수-시간 표준을 사용해야 하는데, 미국의 NIST^{the National Institute of Standards and} ^{Technology} 라디오 방송국 WWV에서 제공하는 표준이 그 일례다. 주파수 분할기는 주파수 표준 신호로부터 필요한 동기화 신호를 생성한다. 평균 신호 전압이 특정 비트의 지속 시간 동안 특정 값을 넘어서면, 톤 또는 펄스가 해당 비트에 대해 수신기 출력에 나타난다(그 반대는 성립하지 않는다). 필터의 울림, 공전^{sferics}, 또는 점화 잡음 등에 의해 발생하는 잘못된 신호들은 충분한 크기의 평균 비트 전압을 만들어 내지 않기 때문에 일반적으로 무시된다.

비동기 시스템 통신과 비교했을 때, 동기화 통신은 적당한 데이터 속도에서 수 dB 수준이 낮아져 S/N 비가 개선된다는 것이 실험을 통해 검증되었다.

다중화

통신 채널 또는 대역에서 신호는 다양한 방법으로 뒤얽힐(다중화^{multiplexing}될) 수 있다. 가장 일반적인 방법으로 **주파수 분할 다중화 방식(FDM)**^{Frequency-Division Multiplexing}과 **시분할 다중화 방식(TDM)**^{Time-Division Multiplexing}이 있다. FDM에서는 채널이 여러 개의 서브 채널로 나뉜다. 신호의 반송파 주파수는 서로 중첩되지 않도록 간격을 갖는다. 각각의 신호들은 다른 신호에 영향을 받지 않으며 유지된다. TDM 시스템은 신호를 특정 지속 시간에 맞춰 조각으로 분해한 후 순서대로 신호 조각들을 전송한다. 수신기는 단파 방송국 WWV에서 오는 데이터와 같이 외부의 시간 표준에 의해 송신기와 동기화 상태를 유지한다. 다중화 기술을 위해서는 송신기에서 신호들을 조합하거나 뒤얽히게 하는 **인코더**^{encoder}, 그리고 수신기에서 신호들을 다시 분리하거나 풀어내는 **디코더**^{decoder}가 필요하다.

스펙트럼 확산

스펙트럼 확산 통신^{spread-spectrum communications}에서 송신기는 신호 변조와 별개로 제어된 방식을 통해 주 반송파 주파수를 변화시킨다. 수신기는 매 순간 송신기의 주파수를 따르도록 프로그램된다. 따라서 전체 신호는 정의된 범위 안에서 주파수가 위아래로 움직인다.

스펙트럼 확산 모드에서 하나의 강한 간섭 신호가 원하는 신호를 제거하는 심각한 간섭이 발생할 확률은 거의 0이다. 비인가자가 주파수 전개함수^{frequency-spreading function}라고 하는 **시퀀스 코드**^{sequencing code}에 접근 허락을 받지 못하면, 확산 스펙트럼 통신 링크에 접속해서 도청하는 것이 불가능하다. 물론 그러한 기능은 복잡하며 보안이 이루어져야 한다. 송신기 운용자나 수신기 운용자 중 아무도 누군가에게 시퀀스 코드를 누설하지 않는다면 (이상적으로) 허가받지 않은 사람은 누구도 정보를 가로챌 수 없다.

정해진 송신자와 수신자 간에 스펙트럼 확산 통신이 이루어지는 동안 동작 주파수는 수 kHz, MHz, 또는 수십 MHz의 범위에 걸쳐 변화할 수 있다. 하나의 대역이 점차 더 많은 스펙트럼 확산 신호들로 채워지면서 대역 내의 전체적인 잡음 수준도 증가하는 현상이 나타난다. 따라서 실제로는 하나의 대역 내에서 처리할 수 있는 스펙트럼 확산 통신의 수에 제한을 두게 된다. 이 제한 수는 모든 신호들이 동일한 주파수를 갖고, 서로 구분되는 채널을 보유한 상황에서 갖게 되는 수와 동일하다. 고정 주파수 통신과 스펙트럼 확산 통신 사이의 주된 차이점은 대역이 신호들로 꽉 찼을 때 신호들 간 상호 간섭성이 존재하는지의 여부에 있다.

스펙트럼 확산 통신 신호를 생성하는 일반적인 방법에는 이른바 **주파수 도약**^{frequency hopping} 기법이 사용된다. 송신기에는 특정한 순서로 따르는 채널들의 리스트가 있다. 송신기는 리스트상에 있는 하나의 주파수에서 다른 주파수로 점프 또는 도약한다. 수신기에는 동일한 리스트가 동일한 순서로 프로그램되어 있어야 하며, 송신기와 동기화 상태에 있어야 한다. 체류 시간^{dwell time}은 신호가 임의의 주어진 주파수상에서 유지되는 시간 길이를 말하며, 주파수 변화가 발생하는 시간 간격과도 동일하다. 잘 설계된 주파수 도약 시스템에서 체류 시간은, 권한이 없는 사람이 일정한 주파수에 맞춰진 수신기 세트를 사용하여 신호를 인식할 수 없고 신호가 어떤 주파수에서도 간섭을 일으키지 않을 정도로 충분히 짧아야 한다. 시퀀스는 수많은 체류 주파수들을 포함하고 있고, 그 결과 누군가 시퀀스 내에 있는 특정 주파수에 동조시킨다고 하더라도 신호를 인지하지 못할 정도로 신호의 에너지가 매우 작게 분산된다.

스펙트럼 확산 통신을 구현하는 또 다른 방법은 **주파수 스위핑**^{frequency sweeping}을 필요로 한다. 이 방법은 할당된 대역 내에서 완만히 위아래로 진행하는 파형을 가진 주 송신 반송파의 주파수를 변조한다. '스위핑 FM'은 신호가 전달하는 실제 데이터와는 완전히 무관하게 유지된다. 수신기는 순간 주파수가 동일한 파형에 대해, 동일한 대역에서 동일한 속도로, 그리고 송신기와 수신기가 동일한 위상을 가진 상황에서 변화할 때만 신호를 가로챌 수 있다. 송신기와 수신기는 실질적으로 대역상의 주파수들을 모두 훑어 사용할 수 있고, 그들만이 아는 '비밀 지도'에 따라 매 순간 서로를 따라가며 동작할 수 있다.

※ 필요하다면 이 장의 본문 내용을 참고해도 된다. 적어도 18개 이상 맞히는 것이 바람직하다.
   정답은 [부록 A]에 있다.

27.1 다음 통신 모드들 중 하나의 반송파 주파수에서 기호 요소를 갖고 다른 반송파 주파수에서 공간 요소를 갖는 모드는 무엇인가?

   (a) CW
   (b) FSK
   (c) FSTV
   (d) FM

27.2 다음 통신 모드들 중 반송파가 완전히 켜진full-on 상태의 마크 요소를 갖고, 반송파가 완전히 없는 상태의 스페이스 요소를 갖는 모드는 무엇인가?

   (a) CW
   (b) FSK
   (c) FSTV
   (d) FM

27.3 FM 신호를 복조할 수 있는 것은 무엇인가?

   (a) 판별기
   (b) 비검파기
   (c) 포락선 검파기
   (d) (a), (b), (c) 모두

27.4 AM 신호를 복조하고자 할 때, 최상의 결과를 얻을 수 있도록 해주는 것은 무엇인가?

   (a) 판별기
   (b) 비검파기
   (c) 포락선 검파기
   (d) 곱 검파기

27.5 스펙트럼 확산 통신을 구현할 수 있도록 해주는 방법은 무엇인가?

   (a) 비검파기
   (b) 곱 검파기
   (c) 주파수 도약
   (d) (a), (b), (c) 모두

27.6 버디dirdies가 발생할 수 있는 곳은?

   (a) 직접 변환 수신기
   (b) 슈퍼헤테로다인 수신기
   (c) 비검파기
   (d) 열악한 동적 범위를 갖는 프런트 엔드

27.7 수신기의 동적 범위 사양은 어떤 조건에서 시스템이 얼마나 신호를 잘 처리할 수 있는지 알려주는가?

   (a) 다양한 변조 모드에서
   (b) 넓은 주파수 범위에서
   (c) 잡음 수준이 높은 상황에서
   (d) 매우 약한 신호에서 매우 강한 신호까지

27.8 다음 모드들 중 신호를 특정 지속 시간 '조각'으로 나누어 순서대로 그 조각들을 전송하고 수신기에서 다시 그 조각들을 합쳐 원래의 신호를 복원하는 모드는 무엇인가?

   (a) FSK
   (b) TDM
   (c) SSTV
   (d) CW

27.9 RF 반송파의 주파수가 830kHz라고 가정한다. 이 반송파에 포함하여 변조할 수 있는 정보의 최대 주파수는 대략 얼마인가?

(a) 83.0Hz   (b) 830Hz

(c) 8.30kHz   (d) 83.0kHz

27.10 수신 안테나에 도달하는 직접파와 반사파의 위상차가 얼마일 때 통신 신호 수신 시 난청 상태 또는 신호 없는 상태$^{dead\ spot}$가 발생할 것으로 예측하는가?

(a) 0°

(b) 180°

(c) 90°

(d) 위상 일치 외 임의의 위상차

27.11 지구 대기권에서는 지표면으로부터 고도가 증가함에 따라 일반적으로 무선 전파에 대한 굴절률이 감소한다. 일부 무선 주파수에서는 이러한 특성이 어떤 현상을 초래하는가?

(a) 전리층 반사

(b) 대류권 산란

(c) 대류권 굴절

(d) 오로라 전파

27.12 주파수 성분이 최대 20kHz인 AF 데이터로 SSB 모드에서 VHF 반송파를 변조한다고 가정한다. SSB 신호의 대략적인 대역폭은 얼마인가?

(a) 10kHz

(b) 20kHz

(c) 40kHz

(d) 80kHz

27.13 다음 중 LEO 인공위성 네트워크에서 각각의 개별 위성이 따르는 궤도에 대한 설명으로 옳은 것은 무엇인가?

(a) 지표면에서 약 22,200마일 상공에 위치한다.

(b) 지표면을 기준으로 고정된 한 점을 유지한다.

(c) 항상 지구와 달 사이에 존재한다.

(d) 저위도에서 지구의 극점 지역을 완전히 또는 거의 포함한다.

27.14 다음 중 억제된 반송파 신호인 DSB를 발생시킬 수 있는 기기는 무엇인가?

(a) 주파수 변조기   (b) 위상 변조기

(c) 평형 변조기   (d) 경사 변조기

27.15 [그림 27-17]에 나타난 회로는 어떤 기능을 가지는가?

(a) 비검파   (b) 변조

(c) 발진   (d) 곱 검파

27.16 이 책을 통해 지금까지 얻은 전자공학의 일반적인 지식에 근거했을 때, 다음 중 [그림 27-17]에서 X로 표시한 요소들에 대한 설명으로 맞는 것은 무엇인가?

(a) 시간에 따라 변하는 신호들은 통과시키고 직류 신호는 차단한다.

(b) 직류 신호는 통과시키고 시간에 따라 변하는 신호들은 차단한다.

(c) 트랜지스터가 배터리로부터 순수한 직류 신호를 인가받도록 한다.

(d) 트랜지스터의 E-B 및 B-C 접합을 통해 흐르는 전류를 제한한다.

27.17 구성 요소의 값들을 정확히 결정하고 시스템이 올바르게 동작한다고 가정할 때, [그림 27-17]에 나타난 회로의 출력 단자들에는 어떤 신호가 나타나는가?

(a) FM 신호

(b) SSB 신호

(c) DSB(억제된 반송파 신호)

(d) AM 신호

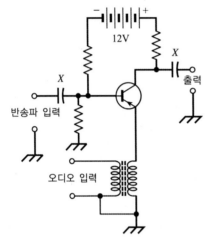

[그림 27-17] [연습문제 27.15~27.17]을 위한 그림

27.18 [그림 27-18]은 무선 통신 수신기의 프런트 엔드에서 볼 수 있는 약한 신호 증폭기 모식도이다. 이 회로에서 잘못된 것은 무엇인가?

(a) N-채널 JFET이 아닌 P-채널 JFET을 사용해야 한다.

(b) 게이트 저항과 인덕터의 중앙 탭 사이에 차단 커패시터를 연결해야 한다.

(c) 출력 단자의 커패시터를 RF 초크로 바꿔야 한다.

(d) 소스와 접지 사이의 커패시터를 제거해야 한다.

27.19 다음 중 [그림 27-18]의 회로에서 X로 표시한 LC 회로에 대한 설명으로 옳은 것은?

(a) JFET에 인가되는 바이어스를 최적화한다.

(b) 원하는 주파수를 가진 강한 신호로 인해 시스템에 과부하가 걸리지 않도록 한다.

(c) 수신기의 프런트 엔드에서 선택도를 확보한다.

(d) S/N 비를 최소화한다.

27.20 다음 중 [그림 27-18]의 회로에서 Y로 표시한 저항에 대한 설명으로 옳은 것은?

(a) JFET에 인가되는 바이어스를 최적화한다.

(b) 강한 신호로 인해 시스템에 과부하가 걸리지 않도록 한다.

(c) 선택도를 제공한다.

(d) S/N 비를 최소화한다.

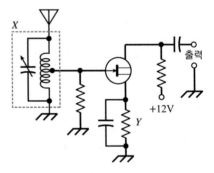

[그림 27-18] [연습문제 27.18~27.20]을 위한 그림

CHAPTER

28

디지털의 기초
Digital Basics

❙ 학습목표

- 컴퓨터와 통신 기기에서 사용되는 다양한 진법 체계를 살펴보고, 임의의 진법으로 나타낸 수를 10진수로 계산하는 방법에 대해 이해할 수 있다.
- 디지털 논리 연산의 기본을 이루는 불 대수를 이해할 수 있다.
- 디지털 논리와 이를 하드웨어적으로 구현하는 논리 게이트의 차이를 이해할 수 있다.
- 디지털 시스템을 구성하는 주요 요소인 논리 게이트, 클록, 플립플롭, 카운터 등의 기능과 동작 원리를 이해할 수 있다.
- 대용량 데이터의 크기를 2진수 체계로 나타내는 방법과 대수 표기 방법을 배운다.
- 디지털 데이터 통신을 위한 A/D 및 D/A 변환 원리를 이해할 수 있다.
- 디지털 데이터의 종류와 처리 속도, 처리 방식에 관한 기본 이론을 이해할 수 있다.

❙ 목차

전자 신호가 제한된 수의 명확한 정보 상태를 확보할 수 있을 때 엔지니어나 기술자들은 그 신호를 **디지털**digital 신호라고 한다. 디지털 신호는 이론적으로 연속적인 값을 가지며 변할 수 있고, 그 결과 무수히 많은 서로 다른 순시 상태들을 얻을 수 있는 **아날로그**analog 신호와 대비된다. [그림 28-1]은 아날로그 신호(a)와 디지털 신호(b)의 예를 나타낸 것이다.

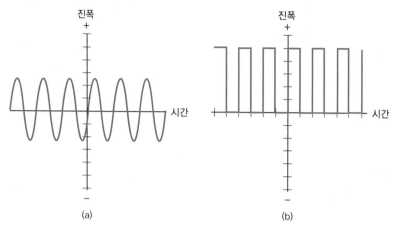

[그림 28-1] (a) 아날로그 파, (b) 동일한 파의 디지털 구현

수 체계

대부분의 사람들은 일상생활에서 10진법을 사용하며, 10진법에서는 집합 {0, 1, 2, 3, 4, 5, 6, 7, 8, 9, 10}의 숫자들을 사용한다. 컴퓨터나 통신 장비와 같은 기계는 다른 종류의 수 체계를 사용한다.

10진법

우리에게 가장 친숙한 **10진법**decimal **수 체계**는 10 밑수법base 10 또는 10 기수법radix 10이라고도 한다. 음이 아닌 정수를 10진법으로 표현할 때, 가장 오른쪽 숫자에 10^0, 즉 1을 곱한다. 이 수에서 왼쪽으로 첫 번째에 있는 숫자에는 10^1 또는 10을 곱한다. 왼쪽으로 한 자리씩 이동함에 따라 10의 지수가 증가한다. 모든 수들에 대한 곱이 완료되면, 각 값들을 모두 더한다. 예를 들면 다음과 같다.

$$8 \times 10^0 + 5 \times 10^1 + 0 \times 10^2 + 2 \times 10^3 + 6 \times 10^4 + 8 \times 10^5 = 862{,}058$$

2진법

2진법binary **수 체계**는 숫자들을 0과 1만 사용해서 나타낸다. 2진법은 2 밑수법base 2 또는 2 기수법radix 2이라고도 한다. 음이 아닌 정수를 2진법 표기로 나타낼 때, 가장 오른쪽 숫자에 2^0 또는 1을 곱한다. 이 수에서 왼쪽으로 첫 번째에 있는 숫자에는 2^1 또는 2를 곱한다. 왼쪽으로 한 자리씩 이동함에 따라 곱해지는 2의 지수도 하나씩 증가하여 다음 숫자에는 4가 곱해지고, 그 다음에는 8, 그 다음의 숫자에는 16 등이 곱해진다. 예를 들어 94라는 10진법 숫자를 생각해보자. 이 값을 2진법으로 나타내면 1011110이다. 이 숫자를 다음과 같은 식으로 전개하여 각 항들을 합하면 10진법 수를 얻을 수 있다.

$$0 \times 2^0 + 1 \times 2^1 + 1 \times 2^2 + 1 \times 2^3 + 1 \times 2^4 + 0 \times 2^5 + 1 \times 2^6 = 94$$

8진법

가끔 컴퓨터 프로그래밍에서 사용되는 방식으로 **8진법**^{octal} **수 체계**가 있는데 이는 여덟 개의 숫자(원론적으로는 우리가 생각하는 방식에 따라 정해진다), 즉 2^3개의 숫자로 표현된다. 여덟 개 각각의 숫자는 집합 {0, 1, 2, 3, 4, 5, 6, 7}의 원소들 중 하나다. 이를 8 밑수법 $^{base\ 8}$ 또는 8 기수법 $^{radix\ 8}$이라고도 한다. 음이 아닌 정수를 8진법으로 표현할 때, 가장 오른쪽 숫자에 8^0, 즉 1을 곱한다. 그 수의 왼쪽 첫 번째에 있는 숫자에는 8^1 또는 8을 곱한다. 왼쪽으로 이동함에 따라 곱해지는 8의 지수도 증가하여 다음 숫자에는 64, 그 다음에는 512 등이 곱해진다. 예를 들어 10진법으로 표기된 3,085를 8진법 숫자로 나타내면 6015이다. 다음과 같은 식으로 전개하여 각 항들을 합하면 10진법 수를 얻을 수 있다.

$$5 \times 8^0 + 1 \times 8^1 + 0 \times 8^2 + 6 \times 8^3 = 3,085$$

16진법

컴퓨터 작업에서 사용되는 또 다른 체계로 **16진법**^{hexadecimal} **수 체계**가 있다. 16진법 체계에는 $16(= 2^4)$개의 부호가 있다. 일반적으로 사용하는 0~9의 숫자에 여섯 개가 더해지는데, 이것은 알파벳 A~F의 대문자로 표기해 {0, 1, 2, 3, 4, 5, 6, 7, 8, 9, A, B, C, D, E, F}의 기호 집합을 만든다. 이를 16 밑수법$^{base\ 16}$ 또는 16 기수법$^{base\ 16}$이라고도 한다. 0~9의 16진법 숫자들은 10진법에서의 동일한 숫자를 포함해 다음과 같은 추가적인 숫자들을 갖는다.

- 16진법의 A는 10진법의 10과 같다.
- 16진법의 B는 10진법의 11과 같다.
- 16진법의 C는 10진법의 12와 같다.
- 16진법의 D는 10진법의 13과 같다.
- 16진법의 E는 10진법의 14와 같다.
- 16진법의 F는 10진법의 15와 같다.

음수가 아닌 정수를 16진법으로 표현할 때, 가장 오른쪽 숫자에 16^0, 즉 1을 곱한다. 그 수의 왼쪽 첫 번째 숫자에는 16^1 또는 16을 곱한다. 왼쪽으로 한 자리씩 이동함에 따라 곱해지는 16의 지수도 하나씩 증가하여 다음 숫자에는 256이 곱해지고, 그 다음에는 4096 등이 곱해진다. 예를 들어, 10진법의 수 35,898은 16진법으로 표기하면 8C3A가 된다. C = 12 , A = 10이라는 것을 상기하면서 다음과 같은 식으로 전개하여 각 항들을 합하면 본래의 10진법 수를 얻을 수 있다.

$$A \times 16^0 + 3 \times 16^1 + C \times 16^2 + 8 \times 16^3 = 35,898$$

디지털 논리

간단히 **논리(로직)**^{logic}라고도 하는 **디지털 논리**$^{digital\ logic}$는 전자기기에서 사용하는 '추론 ^{reasoning}' 형태이다. 엔지니어들은 디지털 소자, 시스템을 구성하는 회로들과 관련해 이 용어를 사용하기도 한다.

불 대수

불 대수$^{Boolean\ algebra}$는 0과 1의 숫자와 더불어 AND(곱), OR(합), NOT(부정)의 연산자들을 사용하는 논리 시스템을 구성한다. 이 연산자들의 조합을 통해 추가적으로 NAND(NOT AND)와 NOR(NOT OR)의 두 가지 연산자를 생성할 수 있다. 19세기 영국 수학자인 **조지 불**$^{George\ Boole}$의 이름에서 유래한 이 시스템은 디지털 전자 회로 설계에서 매우 중요한 역할을 한다.

- **AND 연산 : 논리곱**$^{logical\ conjunction}$이라고 하며, 둘 또는 그 이상의 입력값들에 대해 시행할 수 있다. AND 연산은 별표(∗)를 사용하여 X ∗ Y와 같이 나타낸다.
- **NOT 연산 : 논리 반전**$^{logical\ inversion}$ 또는 **논리 부정**$^{logical\ negation}$이라고 하며, 하나의 입력값에 대해 시행할 수 있다. NOT 연산은 뺄셈 부호(−)를 사용하여 −X와 같이 나타낸다.
- **OR 연산 : 논리합**$^{logical\ disjunction}$이라고 하며, 둘 또는 그 이상의 입력값들에 대해 시행할 수 있다. AND 연산은 덧셈 부호(+)를 사용하여 X + Y와 같이 나타낸다.

[표 28-1(a)]는 앞에서 설명한 불 연산의 모든 입력 및 출력 값들을 나열한 것이다. 여기서 0은 '거짓', 1은 '참'을 나타낸다. 논리와 관련된 수학과 철학 과목들에서 곱과 합을 나타내기 위해 다른 기호들을 사용하는 경우도 볼 수 있을 것이다.

[표 28-1] (a) 불 연산

X	Y	-X	X * Y	X+Y
0	0	1	0	0
0	1	1	0	1
1	0	0	0	1
1	1	0	1	1

정리

[표 28-1(b)]는 모든 상황에서 항상 참인 논리 방정식들을 나타낸 것으로, 이는 **논리 변수**logical variable X, Y, Z가 어떤 값을 갖더라도 항상 성립한다는 것을 의미한다. 그러한 사실들을 **정리**theorem라고 한다. 각 경우에서 등호 기호(=) 양변의 내용들은 서로 **논리적 등가성**logically equivalent을 갖는데, 이는 어느 한 쪽의 내용이 **참이면 그리고 참이기만 하면**if and only if(영어로 iff라고 간략히 표기한다) 다른 한 쪽의 내용도 반드시 참이라는 것을 의미한다. 불 정리를 통해 복잡한 논리 함수들을 간략하게 표현할 수 있다. 나아가 이를 기반으로 가능한 한 가장 적은 수의 스위치들을 사용하면서 특정한 디지털 동작을 수행하는 회로를 구현할 수도 있다.

[표 28-1] (b) 불 대수에서의 공통적인 정리

정리(논리 방정식)	용어
$X+0=X$	OR 연산의 항등원
$X*1=X$	AND 연산의 항등원
$X+1=1$	–
$X*0=0$	–
$X+X=X$	–
$X*X=X$	–
$-(-X)=X$	이중 부정
$X+(-X)=1$	–
$X*(-X)=0$	모순(보수 곱)
$X+Y=Y+X$	OR 연산의 교환법칙
$X*Y=Y*X$	AND 연산의 교환법칙
$X+(X*Y)=X$	–
$X*(-Y)+Y=X+Y$	–
$(X+Y)+Z=X+(Y+Z)$	OR 연산의 결합법칙
$(X*Y)*Z=X*(Y*Z)$	AND 연산의 결합법칙
$X*(Y+Z)=(X*Y)+(X*Z)$	분배법칙
$-(X+Y)=(-X)*(-Y)$	드모르간 정리
$-(X*Y)=(-X)+(-Y)$	드모르간 정리

양의 논리와 음의 논리

이른바 **양의 논리**^{positive logic}에서는 회로가 대략 +5V 직류(**HIGH 상태** 또는 간단히 **HIGH** 라고 함)의 **전기적 전위**^{electrical potential}를 나타내는 값으로 2진법 숫자 1을 사용하고, 반면 에 직류 전압이 매우 낮거나 0인 경우(**LOW 상태** 또는 간단히 **LOW**) 2진법 숫자 0을 사용 한다. 어떤 회로에서는 **음의 논리**^{negative logic}를 적용하는데, 직류 전압이 매우 낮거나 0인 경우(LOW) 논리 1을 나타내며, 반면에 +5V 직류(HIGH)는 논리 0을 나타낸다. 또 다 른 형태의 음의 논리 시스템에서는 2진법 숫자 1이 음의 전압(가령, LOW 상태를 나타내는 −5V 직류)을 나타내고, 2진법 숫자 0이 매우 낮거나 0인 직류 전압(LOW 상태의 전압과 비교해 더 양의 값을 가지므로 HIGH 상태에 해당함)을 나타내기도 한다. 혼란을 피하기 위 해 이 장에서는 이후부터 양의 논리만 생각한다.

논리 게이트

모든 디지털 전자기기들은 특정한 논리 연산을 수행하는 스위치를 갖는다. **논리 게이트** ^{logic gate}라고 하는 이 스위치들은 어느 위치에서든 한 개부터 몇 개의 입력과 (일반적으로) 하나의 출력을 갖는다.

- **논리 반전기(NOT 게이트)**^{logical inverter} : 하나의 입력과 하나의 출력을 갖는다. 논리 반 전기는 입력 상태를 뒤집는다(반전시킨다). 만약 입력이 1이면 출력은 0이고, 입력이 0이면 출력은 1이다.
- **OR 게이트** : (보통 두 개의 입력만 갖는 경우가 대부분이지만) 두 개 또는 그 이상의 입력들을 가질 수 있다. 두 개의 입력 또는 다수의 입력 모두 0의 값을 가지면 출력은 0이고, 입력값들 중 단 하나라도 1의 값을 가지면 출력은 1이 된다. 수학 논리학자들 은 OR 게이트가 모든 입력들이 높은 경우를 '포함'하므로 이러한 게이트의 동작을 **포 함적 OR**^{inclusive-OR} 연산이라고 부르기도 한다.
- **AND 게이트** : (보통 두 개의 입력만 갖는 경우가 대부분이지만) 두 개 또는 그 이상의 입력들을 가질 수 있다. 두 개의 입력 또는 다수의 입력 모두 1의 값을 가지면 출력은 1이고, 입력값들 중 단 하나라도 0의 값을 가지면 출력은 0이 된다.
- **NOR 게이트** : OR 게이트 뒤에 NOT 게이트가 연결되어 **NOT-OR 게이트**를 형성하며 NOR 게이트라고 부른다. 두 개의 입력 또는 다수의 입력 모두 0이면 출력은 1이고, 입력들 중 어느 하나라도 1이면 출력은 0이다.
- **NAND 게이트** : AND 게이트 뒤에 NOT 게이트가 연결되어 **NOT-AND 게이트**를 형 성하며 NAND 게이트라고 부른다. 두 개의 입력 또는 다수의 입력 모두 1이면 출력은 0이고, 입력들 중 어느 하나라도 0이면 출력은 1이다.

- **배타적 OR**exclusive OR **게이트(XOR 게이트)** : 두 개의 입력과 하나의 출력을 갖는다. 두 개의 입력이 동일한 상태를 가지면(모두 1로 같거나 모두 0으로 같으면) 출력은 0이고, 두 입력이 서로 다른 상태를 가지면 출력은 1이다. XOR 게이트는 변수들의 상태가 모두 HIGH인 경우를 포함하지 '않으므로' 수학자들은 **배타적 OR 연산**exclusive-OR operation이라는 용어를 사용한다.

[표 28-2]는 NOT 게이트에서 입력이 하나, 다른 게이트들에서 입력이 둘이라는 가정 하에 앞에서 정의한 논리 게이트들의 기능들을 요약했다. [그림 28-2]는 엔지니어와 기술자가 회로도를 그릴 때 이러한 게이트를 나타내기 위해 사용하는 회로 기호이다.

[표 28-2] **논리 게이트와 각각의 특성들**

게이트 유형	입력 개수	설명
NOT	1	입력 상태를 바꿈
OR	2개 또는 그 이상	입력 중 하나라도 HIGH면 HIGH를 출력함
		모든 입력들이 LOW면 LOW를 출력함
AND	2개 또는 그 이상	입력 중 하나라도 LOW면 LOW를 출력함
		모든 입력들이 HIGH면 HIGH를 출력함
NOR	2개 또는 그 이상	입력 중 하나라도 HIGH면 LOW를 출력함
		모든 입력들이 LOW면 HIGH를 출력함
NAND	2개 또는 그 이상	입력 중 하나라도 LOW면 HIGH를 출력함
		모든 입력들이 HIGH면 LOW를 출력함
XOR	2	입력 값들이 서로 다르면 HIGH를 출력함
		입력 값들이 서로 같으면 LOW를 출력함

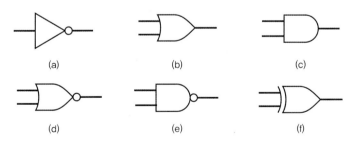

(a)   (b)   (c)

(d)   (e)   (f)

[그림 28-2] (a) 반전기 또는 NOT 게이트, (b) OR 게이트, (c) AND 게이트, (d) NOR 게이트, (e) NAND 게이트. (f) XOR 게이트

클록

전자공학에서 **클록**clock이란, 정확하고 일정한 시간 간격으로 빠르게 펄스를 만들어 내는 회로를 말한다. 클록은 디지털 기기의 동작 속도를 결정한다. 컴퓨터에 있어서 클록은 **마**

이크로프로세서를 위한 메트로놈처럼 동작한다. 클록 속도는 Hz 단위의 주파수로 나타내 거나 측정한다. 1Hz는 1초당 한 개의 펄스 동작에 해당한다. 고주파수 기기들은 다음과 같은 속도로 동작하며, 이는 아날로그 파동 신호에 대해 기술하는 방식과 동일하다.

- **킬로헤르츠(kHz)** : 초당 1,000 또는 10^3개의 펄스를 의미한다.
- **메가헤르츠(MHz)** : 초당 1,000,000 또는 10^6개의 펄스를 의미한다.
- **기가헤르츠(GHz)** : 초당 1,000,000,000 또는 10^9개의 펄스를 의미한다.
- **테라헤르츠(GHz)** : 초당 1,000,000,000,000 또는 10^{12}개의 펄스를 의미한다.

양의 논리에서 클록은 일정한 간격을 가지며 짧고 높은 펄스들을 생성한다. 평소의 상태는 LOW이다.

플립플롭

플립플롭flip-flop은 논리 게이트를 사용해 구성한 특별한 회로로서 통합적으로 **순차 논리 게이트**sequential gate라고 알려져 있다. 순차 게이트에서의 출력 상태는 입력과 출력 상태 모 두에 따라 달라진다. '순차sequential'라는 말은 출력 상태가 임의의 순간에서 회로 상태뿐 아니라 바로 직전의 상태에도 의존한다는 사실로부터 기인한다. 플립플롭에는 **셋**set과 **리 셋**reset이라는 두 가지 상태가 있다. 일반적으로 셋 상태는 논리 1(HIGH)에 해당하며, 리 셋 상태는 논리 0(LOW)에 해당한다. 회로 모식도를 보면 플립플롭은 보통 두 개 또는 그 이상의 입력과 두 개의 출력을 가진 직사각형으로 표현된다. 직사각형 기호를 사용하면 직사각형의 안쪽이나 바깥쪽 윗부분에 플립플롭을 의미하는 글자인 FF를 기재한다. 다음 은 플립플롭의 몇 가지 유형들이다.

- **R-S 플립플롭** : 입력에 R(리셋)과 S(셋)가 표기되어 있다. 엔지니어들은 출력을 Q와 −Q라고 부른다(이따금 −Q보다는 Q′ 또는 Q 위에 선을 그어 표기하기도 한다). [표 28-3(a)]는 입력과 출력 상태를 나타낸 것이다. 만약 R = 0, S = 0이면 출력 상태는 그 순간까지 유지해 온 값들을 그대로 유지한다. R = 0, S = 1이면 Q = 1, −Q = 0 이다. R = 1, S = 0이면 Q = 0, −Q = 1이다. S = 1, R = 1이면 회로의 출력값을 예측할 수 없다.
- **동기식 플립플롭**synchronous flip-flop : 외부 클록에서의 신호에 의해 트리거trigger될 때 상 태가 바뀐다. **정적 트리거링**static triggering 방식에서는 클록 신호가 완전히 높거나 낮은 상태에 있을 때만 출력 상태가 바뀐다. 때때로 이러한 유형의 회로를 게이트가 달린 플립플롭gated flip-flop이라고 한다. **포지티브 에지 트리거링**positive-edge triggering 방식에서 는 클록 펄스가 상승하는 순간에 출력 상태가 바뀐다. **네거티브 에지 트리거링 방식**

negative-edge triggering에서는 클록 펄스가 하강하는 순간에 출력 상태가 바뀐다. 펄스의 급격한 상승과 하강은 마치 절벽의 낭떠러지처럼 보인다([그림 28-3]).

- **마스터-슬레이브(M/S, 주종형) 플립플롭**master/slave flip-flop : 출력이 상태를 바꾸기 전에 입력 상태들이 저장된다. 이 플립플롭은 반드시 직렬 연결된 두 개의 R-S 플립플롭들로 구성된다. 첫 번째 플립플롭을 **마스터(주)**master라고 하고, 두 번째 플립플롭을 **슬레이브(종)**slave라고 한다. 마스터 플립플롭은 클록 출력이 HIGH일 때 동작하고, 슬레이브 플립플롭은 바로 다음에 따르는 클록 출력의 LOW 신호 지속 시간 동안 동작한다. 이러한 시간 지연을 통해 입력과 출력 신호 간의 혼동을 방지할 수 있다.
- **J-K 플립플롭** : 두 입력이 모두 1일 때도 출력을 예측할 수 있다는 점을 제외하고는 R-S 플립플롭의 동작과 유사하다. [표 28-3(b)]는 이 유형의 플립플롭에 대한 입력과 출력 상태들을 보여준다. 출력 상태는 트리거링 펄스가 회로에 인가될 때만 바뀐다.
- **R-S-T 플립플롭** : 추가적으로 존재하는 T 입력에 HIGH 펄스가 들어가야만 회로가 상태를 바꾼다는 점을 제외하고는 R-S 플립플롭의 동작과 유사하다.
- **T 플립플롭** : 하나의 입력만 갖는다. 입력에 HIGH 펄스가 나타날 때마다 출력은 1에서 0 또는 0에서 1로 상태를 바꾼다. 이 유형의 회로와 단순한 반전기(NOT 게이트)의 차이점에 주목한다.

[표 28-3] **플립플롭의 상태**

<table>
<tr><td colspan="4" align="center">(a) R-S 플립플롭</td><td colspan="4" align="center">(b) J-K 플립플롭</td></tr>
<tr><td>R</td><td>S</td><td>Q</td><td>-Q</td><td>J</td><td>K</td><td>Q</td><td>-Q</td></tr>
<tr><td>0</td><td>0</td><td>Q</td><td>-Q</td><td>0</td><td>0</td><td>Q</td><td>-Q</td></tr>
<tr><td>0</td><td>1</td><td>1</td><td>0</td><td>0</td><td>1</td><td>1</td><td>0</td></tr>
<tr><td>1</td><td>0</td><td>0</td><td>1</td><td>1</td><td>0</td><td>0</td><td>1</td></tr>
<tr><td>1</td><td>1</td><td>?</td><td>?</td><td>1</td><td>1</td><td>-Q</td><td>Q</td></tr>
</table>

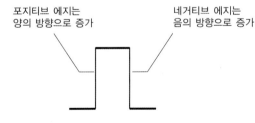

포지티브 에지는
양의 방향으로 증가

네거티브 에지는
음의 방향으로 증가

[그림 28-3] **디지털 펄스의 에지는 상승(양의 방향으로 급격히 증가)하거나 하강(음의 방향으로 급격히 증가)한다.**

카운터

카운터counter는 말 그대로 디지털 펄스를 하나씩 세는 기능을 수행한다. 카운터가 HIGH 펄스를 입력받을 때마다 카운터가 갖고 있는 **메모리**의 2진수는 1씩 증가한다. **주파수 카**

운터frequency counter는 정확히 알려진 시간 동안 이루어지는 반복 횟수를 합하여 교류 파나 신호의 주파수를 측정할 수 있다. 카운터는 **게이트**로 구성되어 정의된 간격을 가지며 각각의 계수 주기를 시작하고 종료한다(이 유형의 게이트와 앞서 기술한 논리 게이트를 혼동해서는 안 된다). 카운터의 정확도는 **게이트 시간**, 즉 계수를 위한 펄스를 받아들이기 위해 게이트가 얼마나 오랫동안 열려있는가에 따라 결정된다. 주파수 카운터 동작에서 게이트 시간을 늘리면 정확도가 향상된다. 카운터는 펄스를 2진법 숫자로 더하지만 디스플레이에서는 10진법의 디지털 숫자로 볼 수 있다.

2진 통신

다중 신호 통신multilevel signaling(둘 이상의 정보 상태를 기반으로 한 디지털 통신)을 구현하고자 한다면 고유의 2진 숫자 그룹으로 각각 서로 다른 신호 레벨들을 나오게 할 수 있으며, 하나의 레벨은 숫자 그룹 안의 특정 2진수를 나타낸다. 세 개의 2진 숫자들로 나타낼 수 있는 수의 그룹은 2^3개, 즉 여덟 개의 레벨까지 나타낼 수 있다. 네 개의 2진 숫자들로 나타낼 수 있는 수의 그룹은 2^4개, 즉 16개의 레벨까지 나타낼 수 있다. '2진 숫자binary digit'라는 용어는 흔히 **비트**bit라고 표현한다. 하나의 비트는 0 또는 1의 논리값을 가질 수 있다. 일부 엔지니어들은 여덟 개의 비트 묶음을 **옥텟**octet이라고 부르는데, 많은 전자 시스템에서 옥텟은 **바이트**byte라고 하는 단위에 대응된다.

2진 신호법의 유형

엔지니어들은 다양한 유형(또는 **모드**)의 2진 통신 기법binary communications을 개발해 왔다. 대표적인 세 가지 예는 다음과 같다.

❶ **모스 부호**Morse code : 가장 오래된 2진 모드이다. 논리 상태는 **마크(기호)**mark(닫힌 키 또는 온 상태)와 **스페이스(공백)**space(열린 키 또는 오프 상태)로 구분된다. 모스 부호는 현대 전자 시스템에서 구식 기법이지만 아마추어 무선 운용자들이 디지털 신호를 읽는 기기에 문제가 발생했을 때 사용할 수 있는 백업 모드로 기능할 수 있다.

❷ **보도 코드**Baudot code(**머레이 코드**Murray code) : 다섯 자리의 디지털 코드로서, 일부 구식 인쇄 전신기 시스템에서 사용되는 예를 제외하고는 오늘날 디지털 기기에서 널리 사용되지는 않고 있다. 2^5, 즉 32개의 레벨 표현이 가능하다.

❸ **ASCII**American National Standard Code for Information Interchange **코드** : 텍스트를 전송하고 간단한 컴퓨터 프로그래밍을 하는 데 사용할 수 있는 일곱 자리 코드이다. 2^7, 즉 128개의 레벨 표현이 가능하다.

비트

대용량 데이터는 2의 지수 또는 10의 지수 형태로 양을 나타낼 수 있다. 이 두 가지 방법은 종종 혼돈을 초래한다. 비트^{bit}에 대해 논할 때 단위를 정하는 방법은 다음과 같다.

- 킬로비트 (kb) : 10^3 또는 1,000 비트
- 메가비트(Mb) : 10^6 또는 1,000,000 비트
- 기가비트 (Gb) : 10^9 또는 1,000,000,000 비트
- 테라비트 (Tb) : 10^{12} 또는 1,000 Gb
- 페타비트 (Pb) : 10^{15} 또는 1,000 Tb
- 엑사비트 (Eb) : 10^{18} 또는 1,000 Pb

디지털 신호를 어떤 위치(**송신지**^{source})에서 다른 위치(**수신지**^{destination})로 전송할 때의 데이터 속도를 표현하기 위해, **초당 비트 수**(bps)$^{bits\ per\ second}$에 10의 지수를 곱한 단위들(bps, kbps, Mbps, Gbps 등)을 사용할 수 있다.

바이트

데이터 스토리지 또는 메모리(한 장소에서 다른 장소로 이동할 수 있는 형태보다는 한 곳에 위치가 고정되어 있는 형태)의 데이터 양은 2의 지수의 배수로 표현되는 바이트^{byte} 단위로 나타낸다. 단위를 정하는 방법은 다음과 같다.

- 킬로바이트(KB) : 2^{10} 또는 1,024 바이트
- 메가바이트(MB) : 2^{20} 또는 1,048,576 바이트
- 기가바이트(GB) : 2^{30} 또는 1,073,741,824 바이트
- 테라바이트(TB) : 2^{40} 또는 1,024 GB
- 페타바이트(PB) : 2^{50} 또는 1,024 TB
- 엑사바이트(EB) : 2^{60} 또는 1,024 PB

단위와 배수 접두사에 대한 일반적인 약어 표기법은 다음과 같다.

- 소문자 b : 비트^{bit}
- 대문자 B : 바이트^{byte}
- 소문자 k : 10^3 또는 1,000
- 대문자 K : 2^{10} 또는 1,024
- 배수에 관한 접두사 M, G, T, P, E는 항상 대문자로 표기

보

보^{baud}라는 용어는 신호가 초당 상태를 바꾸는 횟수를 의미한다. 종종 **보 레이트**^{baud rate}라고도 하는 보에 대한 글은 대략 1980년대 이전의 문서와 논문에서만 읽을 수 있을 것이다. 초당 비트수(bps)와 보는 특정 디지털 신호에 대해 **정량적**으로 매우 근접한 정의를 갖고 있지만, **정성적**으로는 서로 다른 속도 파라미터를 나타낸다. 일부 엔지니어들은 bps와 보가 서로 같은 단위를 나타내는 것처럼 말하곤 하지만 사실은 그렇지 않다!

데이터 속도의 예

여러 대의 컴퓨터들을 네트워크에 연결할 때 각각의 컴퓨터는 해당 컴퓨터를 통신 매체에 연결시키는 **모뎀**^{modulator/demodulator, modem}을 갖고 있다. 그중에서 가장 느린 모뎀이 전체 기기의 통신 속도를 결정한다. [표 28-4]는 통상적인 데이터 전송 속도들과 각 속도 조건에서 한 줄 간격으로 타이핑된 문서를 1페이지, 10페이지, 100페이지 전송할 때 소요되는 대략적인 시간을 정리한 결과이다.

[표 28-4] 다양한 속도로 데이터를 보내는 데 필요한 시간

(a)

속도, kbps	1페이지 전송 시간	10페이지 전송 시간	100페이지 전송 시간
28.8	380ms	3.8s	38s
38.4	280ms	2.8s	28s
57.6	190ms	1.9s	19s
100	110ms	1.1s	11s
250	44ms	440ms	4.4s
500	22ms	220ms	2.2s

(b)

속도, Mbps	1페이지 전송 시간	10페이지 전송 시간	100페이지 전송 시간
1.00	11ms	110ms	1.1s
2.50	4.4ms	44ms	440ms
10.0	1.1ms	11ms	110ms
100	110μs	1.1ms	11ms

※ s =second, ms = millisecond(0.001s), μs =microsecond(0.000001s)

데이터 변환

아날로그 신호는, 크기를 유한개(일반적으로 2의 거듭제곱의 개수)의 상태로 나타낼 수 있는 펄스의 나열^{string}로 변환할 수 있다. 이러한 기법을 통해 **아날로그-디지털(A/D)** 변환이 이루어진다. 이는 디지털-아날로그(D/A) 변환의 역과정이다.

[그림 28-4]는 아날로그 신호와 디지털 신호의 기능적인 차이를 보여준다. 펄스의 열 sequence 또는 펄스 **트레인**train을 얻기 위해 곡선을 샘플링한다고 가정하거나(A/D 변환), 펄스들을 완만하게 연결하여 곡선을 얻는 과정(D/A 변환)을 생각할 수 있다.

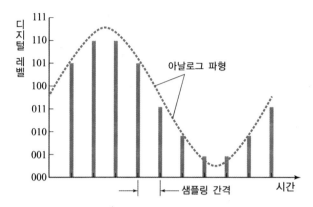

[그림 28-4] **아날로그 파형(점선)과 동일한 곡선을 8레벨 디지털 방식으로 나타낸 결과(수직 막대)**

하나의 통신선 또는 채널을 따라서 한 번에 2진 데이터 한 비트를 전송하고 수신할 수 있다. 이러한 모드를 **직렬 데이터 전송**serial data transmission이라고 한다. 여러 개의 통신선을 사용하거나 광대역 채널을 사용하여 각 선이나 서브 채널을 따라 서로 독립적인 비트 시퀀스를 전송하는 방식을 통해 데이터 속도를 높일 수 있다. 이러한 방식을 **병렬 데이터 전송** parallel data transmission이라고 한다.

병렬-직렬(P/S) 변환은 다중선이나 다중채널에서 비트들을 수신한 후 단일선 또는 채널을 따라 하나씩 보내면서 전송하는 과정으로 이루어진다. 직렬 선이나 직렬채널을 통한 전송 순서를 대기하는 동안 **버퍼**buffer는 병렬 선이나 병렬채널에서 온 비트들을 저장한다. **직렬 -병렬(S/P) 변환**은 직렬 선이나 직렬 채널을 통해 비트들을 하나씩 수신하고, 여러 개의 선 또는 채널을 통해 그 비트들을 일괄적으로 재전송하는 과정으로 이루어진다. S/P 변환기의 출력은 입력 신호보다 속도가 결코 **빠를** 수 없지만, 직렬 데이터 기기와 병렬 데이터 기기 사이를 연결할interface 때는 이러한 변환 시스템이 매우 유용하다는 것을 알 수 있다.

[그림 28-5]는 신호원(송신 측)에 P/S 변환기를 배치하고 종착점(수신 측)에 S/P 변환기를 배치한 회로이다. 이 예에서 워드word는 8비트 단위의 바이트로 구성된다. 그러나 워드는 통신 시스템에 따라 16, 32, 64, 128비트의 길이를 가질 수도 있다.

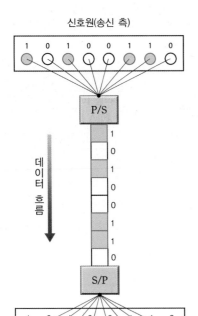

[그림 28-5] 신호원에 병렬-직렬(P/S) 변환기를, 종착점에 직렬-병렬(S/P) 변환기를 배치한 통신 회로

데이터 압축

데이터 압축data compression은 어떤 기기가 주어진 공간에 저장할 수 있는 디지털 정보의 양 또는 특정 시간 동안 전송할 수 있는 디지털 정보의 양을 극대화할 수 있는 한 가지 방법이다. 해당 특수 문자들이 압축되지 않은 본래의 파일에서 사용되지 않는 한, 자주 사용되는 단어나 구절들을 =, #, &, $, @ 등의 특수 문자로 교체하여 문서 파일을 압축할 수 있다. 데이터를 수신할 때 수신기는 각 특수 문자에 해당되는 본래의 단어나 구절들을 다시 대입하여 압축을 풀 수 있다.

디지털 이미지 파일은 다음 두 가지 방식 중 하나를 통해 압축할 수 있다.

- **무손실성 이미지 압축 방식**lossless image compression : 이미지의 세부 사항들은 손실되지 않고 여분 비트redundant bit만 제거된다.
- **손실성 이미지 압축 방식**lossy image compression : 이미지 품질이 쓸 수 없을 정도로 심각하게 저하되는 경우는 매우 드물지만, 일부 세부 사항들은 잃을 수 있다.

패킷 무선 통신

패킷 무선 통신packet wireless 기술에서는 단말기 노드 제어기(TNC)Terminal Node Controller를 사용하여 컴퓨터와 무선 송수신기를 연결하는데, 컴퓨터 모뎀과 유사한 시스템 구조를 갖는다. 컴퓨터는 모뎀과 TNC를 모두 가지므로 기존의 온라인 서비스를 이용하는 방식과 전파를 이용하는 방식 모두를 통해 메시지를 주고받을 수 있다.

[그림 28-6(b)]는 패킷 무선 메시지가 전달^{routing}되는 방식을 보여준다. 검은 점은 **정보 사용자**^{subscribers}를 나타낸다. 직사각형은 **로컬 노드**^{local node}를 나타내며, 각각의 노드들은 VHF, UHF, 또는 마이크로파 무선 주파수를 사용하는 단거리 통신 링크를 통해 정보 사용자가 정보를 이용할 수 있도록 한다. 노드들은 거리가 비교적 가까울 경우 지상파 무선 링크를 통해 서로 연결된다. 노드들이 멀리 떨어져 있으면 위성 링크를 통해 서로 연결된다.

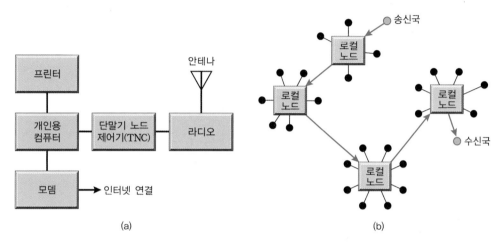

[그림 28-6] (a) 패킷 무선 통신 스테이션, (b) 무선 통신 회로에서 노드들을 통과하는 데이터 패킷의 경로

디지털 신호 처리

디지털 데이터의 정확도를 높이는 방법 중 **디지털 신호 처리(DSP)**^{Digital Signal Processing}는 본래 한계 신호로부터 음성과 영상 또는 둘 중 하나를 선명히 재생하기 위해 라디오와 텔레비전 수신기에서 사용된 기법이다. 아마추어 무선 운용자들은 DSP 기법을 활용하는 일부 초기 실험을 수행했다. 음성과 영상 같은 아날로그 모드에서 신호는 우선 A/D 변환에 의해 디지털 형식으로 변환된다. 그 후 변환된 디지털 신호는 펄스의 타이밍과 진폭이 사용하려는 디지털 데이터 유형을 위한 규약(기준 모음)에 정확히 맞게 정리된다. 그리고 잡음은 큰 폭으로 줄어들거나 아예 제거된다. 마지막으로, 디지털 신호는 D/A 변환기에 의해 본래의 음성이나 영상으로 다시 복원된다.

디지털 신호 처리는 이 기법을 사용하지 않았을 때의 수준과 비교했을 때 더 열악한 조건에서도 신호를 받아들일 수 있게 하므로, 거의 모든 통신 회로의 동작 가능 범위를 확장시킨다. 디지털 신호 처리는 한계 신호의 질을 향상시키므로 수신 기기나 운용자가 에러를 발생시킬 가능성을 줄여준다. 디지털 모드만 사용하는 회로에서는 A/D 및 D/A 변환이 필요

없지만, 그럼에도 불구하고 DSP는 신호를 깨끗하게 할 수 있고 시스템의 정확도를 높이며 데이터를 여러 번 반복해서 복사할 수 있다(다중 세대 사본을 생성한다고 표현한다).

디지털 신호는 개별적이고 잘 정의된 상태를 나타낸다. 기기들은 이론적으로 무한개의 가능한 상태를 가진 아날로그 신호를 처리하는 것보다 디지털 신호를 처리하는 것이 더 쉽다. 특히, 디지털 신호들은 잘 정의된 패턴들을 갖고 있으므로 컴퓨터나 마이크로프로세서가 더 쉽게 인식하고 명시할 수 있다. 2진(두 상태) 신호들은 기기들이 처리할 수 있는 가장 간단한 형태의 신호이다.

가장 최신 디지털 컴퓨터조차 아날로그 함수의 복잡한 곡선을 직접적으로 다루지 못한다. 단일 측파대역(SSB) 신호의 변조 포락선은 아날로그 통신 수신기가 처리하기에 어렵지 않지만, 디지털 기기에 그러한 파형이 주어진다면 '에일리언 코드'처럼 보일 것이다. 아날로그 데이터를 2진 디지털 포맷으로 변환한다면 최신 디지털 전자 회로는 그것을 이해하고 수정할 수 있다. 성능이 가장 우수한 마이크로프로세서 역시 2진 디지털 기기들로 구성된다.

DSP 회로는 디지털 상태 간 혼란을 없애면서 동작한다. [그림 28-7(a)]는 DSP를 거치기 전의 어떤 가상 신호이고, [그림 28-7(b)]는 DSP를 거친 후의 신호이다. DSP를 수행하는 전자회로는 미리 정의된 시간 구간 동안 디지털 '결정^{decision}'(HIGH 또는 LOW)을 수행한다. 입력 신호가 어떤 시간 구간 동안 특정 레벨보다 높은 값을 유지하면 DSP는 1의 논리값(HIGH 상태)을 출력한다. 그리고 어떤 시간 구간 동안 임계점 미만의 값을 유지하면 출력은 0(LOW 상태)이 된다. 근처에 번개를 동반한 태풍으로 인해 **공전**(대기 내의 정전기)^{sferics}과 같이 갑작스럽게 많은 양의 잡음이 발생하면 DSP 회로에 오작동이 발생해, 실제로는 LOW 레벨인 신호를 HIGH 상태로 인식할 수도 있다. 그러나 대부분은 DSP를 사용하지 않을 때보다 사용할 때 에러가 적게 발생한다.

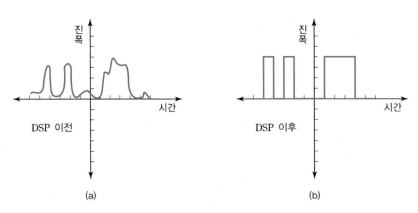

[그림 28-7] (a) 디지털 신호 처리(DSP)를 거치기 전 지저분한 상태의 2진 신호
(b) 동일한 신호가 DSP를 거친 후

→ Chapter 28 연습문제

※ 필요하다면 이 장의 본문 내용을 참고해도 된다. 적어도 18개 이상 맞히는 것이 바람직하다.
   정답은 [부록 A]에 있다.

28.1 불 대수에서 포함적 논리 OR 연산은 어떤
     기능을 수행하는가?

    (a) 곱셈

    (b) 나눗셈

    (c) 덧셈

    (d) 뺄셈

28.2 16진수 C7을 같은 값의 10진수로 나타내
     면 무엇인가?

    (a) 127

    (b) 199

    (c) 212

    (d) 263

28.3 [그림 28-8]과 같이 AND 게이트의 두 입
     력인 X와 Y 각각에 NOT 게이트를 종속
     연결(즉, 직렬연결)했다고 가정한다. 만약
     X=1, Y=0이라면 P와 Q 지점에서의 논
     리값은 무엇인가?

    (a) P=1, Q=1

    (b) P=0, Q=1

    (c) P=1, Q=0

    (d) P=0, Q=0

28.4 [그림 28-8]의 상황에서 입력 조건이 어
     떠할 때 출력 노드 R에서 1의 논리값을 얻
     게 되는가?

    (a) X=1, Y=1

    (b) X=0, Y=1

    (c) X=1, Y=0

    (d) X=0, Y=0

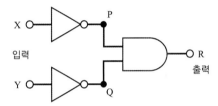

[그림 28-8] [연습문제 28.3~28.4]를 위한 그림

28.5 2진수 10101을 같은 값의 10진수로 나타
     내면 무엇인가?

    (a) 18

    (b) 21

    (c) 29

    (d) 57

28.6 8진수 425를 같은 값의 10진수로 나타내
     면 무엇인가?

    (a) 1034

    (b) 517

    (c) 277

    (d) 194

28.7 10진수 104를 같은 값의 8진수로 나타내면 무엇인가?

(a) 173   (b) 161

(c) 150   (d) 137

28.8 [그림 28-9]와 같이 XOR 게이트의 출력에 NOT 게이트를 두었다고 가정하자. 그리고 이 게이트들의 조합을 통째로 '블랙박스'로 두고 블랙박스를 동작시킨다고 하자. 입력 X와 Y가 어떤 값을 갖는 조건일 때 출력 노드 Q에서 LOW 상태를 얻을 수 있는가?

(a) X=0, Y=0일 때만

(b) X=1, Y=1일 때만

(c) X=Y(X와 Y가 동일한 논리 상태)일 때라면 언제든

(d) X≠Y(X와 Y가 반대의 논리 상태)일 때라면 언제든

28.9 입력 X와 Y가 어떤 값을 갖는 조건일 때 [그림 28-9]의 블랙박스 출력 노드 Q에서 HIGH 상태를 얻을 수 있는가?

(a) X=0, Y=0일 때만

(b) X=1, Y=1일 때만

(c) X=Y일 때라면 언제든

(d) X≠Y일 때라면 언제든

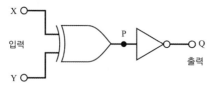

[그림 28-9] [연습문제 28.8~28.9]를 위한 그림

28.10 여덟 자리 2진수에 있어서 왼쪽에서 두 번째 숫자에 곱해지는 수를 10진수로 표현하면 무엇인가?

(a) 64

(b) 128

(c) 256

(d) 512

28.11 10진수 35를 16진수로 변환하면 무엇인가?

(a) B2

(b) 2A

(c) AB

(d) 23

28.12 R-S 플립플롭의 두 입력이 모두 HIGH라면 출력 상태들의 논리값은 얼마인가?

(a) 예측할 수 없다.

(b) 모두 HIGH

(c) 모두 LOW

(d) 서로 반대로 나타난다.

28.13 [그림 28-10]과 같이 XOR 게이트의 두 입력 X와 Y에 NOT 게이트를 종속 연결한다고 가정하자. 어떤 입력 조건일 때 출력 노드 R에서 1의 논리값을 얻게 되는가?

(a) X=1, Y=1일 때만

(b) X=0, Y=0일 때만

(c) X=Y일 때라면 언제든

(d) X≠Y일 때라면 언제든

28.14 [그림 28-10]의 회로에서 어떤 입력 조건일 때 출력 노드 R에서 0의 논리값을 얻게 되는가?

(a) X = 1, Y = 1일 때만

(b) X = 0, Y = 0일 때만

(c) X = Y일 때라면 언제든

(d) X ≠ Y일 때라면 언제든

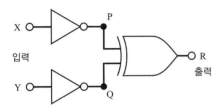

입력

출력

[그림 28-10] **[연습문제 28.13~28.14]를 위한 그림**

28.15 16진법 체계에서 999 다음에 오는 숫자는 무엇인가?

(a) 1000

(b) 99A

(c) A000

(d) A99

28.16 다음 중 디지털 신호 처리가 수행할 수 있는 기능은 무엇인가?

(a) HIGH와 LOW 논리 상태 간의 구분을 보다 명확히 할 수 있다.

(b) 디지털 통신 시스템에서 단위 시간당 에러의 수를 최소화한다.

(c) 디지털 데이터의 다중 세대 사본을 만들 수 있다.

(d) (a), (b), (c) 모두

28.17 다음 중 여덟 자리 2진수로 표현할 수 있는 가장 큰 10진수는 무엇인가?

(a) 511

(b) 255

(c) 127

(d) 63

28.18 다음 중 문자나 기호의 실제 개수를 증가시키지 않고도 주어진 시간 안에 전송할 수 있는 유용한 정보의 양을 최대화하기 위해 사용하는 기법은 무엇인가?

(a) D/A 변환

(b) A/D 변환

(c) 데이터 압축

(d) 데이터 가속

28.19 입력 단자가 둘인 NAND 게이트의 두 입력 논리값이 모두 0이라면 출력 상태는 무엇인가?

(a) LOW

(b) HIGH

(c) 예측할 수 없으며 불안정 상태에 있다.

(d) 이전 상태들에 의존한다.

28.20 초당 디지털 신호가 HIGH에서 LOW로 변하거나 LOW에서 HIGH로 변하는 횟수를 무엇이라고 부르는가?

(a) 보baud

(b) 초당 비트 수

(c) 초당 문자 수

(d) 변환 속도conversion rate

PART 4
특수 장치와 시스템
Specialized Devices and Systems

CHAPTER

29

마이크로컨트롤러
Microcontrollers

마이크로컨트롤러는 8비트(또는 그 이상)의 **마이크로프로세서**와 실행 프로그램을 저장하는 데 사용되는 비휘발성 기억장치인 **플래시메모리**[flash memory], 데이터를 임시로 저장하는 데 사용되는 휘발성 기억장치인 **램(RAM)**[Random Access Memory]을 한데 모아 한 개의 칩으로 만든 IC를 말한다. 마이크로컨트롤러라고 부르는 이 IC 하나에는 1980년대 가정에서 사용되던 개인용 컴퓨터 한 대의 기능이 전부 담겨 있다. 마이크로컨트롤러 중에는 프로그램 데이터를 저장하는 데 비휘발성 기억장치인 **이이피롬(EEPROM)**[Electrically Erasable Programmable Read-Only Memory]을 사용하는 것도 많다. 이이피롬에 저장된 데이터는 램과 달리 마이크로컨트롤러의 전원이 꺼져도 사라지지 않는다. 마이크로컨트롤러는 **범용(다용도) 입/출력(GPIO)** [General Purpose Input/Output] 핀을 여러 개 갖고 있어서 각종 센서[sensor], 스위치[switch], LED, 표시장치[display] 등을 간편하게 제어할 수 있다. 마이크로컨트롤러란, 한마디로 칩 하나로 집적된 컴퓨터라고 할 수 있다.

마이크로컨트롤러의 장점

별도의 칩들을 여러 개 사용하는 대신 마이크로컨트롤러 칩 한 개를 사용하면 비용을 절감할 수 있다. 우리 주변에 있는 대부분의 가전제품에는 마이크로컨트롤러가 들어 있다. 예를 들어 전동칫솔(마이크로컨트롤러 한 개 사용)에서 자동차(마이크로컨트롤러 수십 개 사용)에 이르기까지 모든 제품에 마이크로컨트롤러가 사용되고 있다.

[그림 29-1]은 일반적인 마이크로컨트롤러 칩의 구성도이다. **중앙처리장치(CPU)**[Central Processing Unit]는 플래시메모리에 저장된 명령어들을 한 번에 하나씩 차례로 꺼내온다. 프로그램이란, 마이크로컨트롤러가 수행하는 이 명령어들을 모아놓은 것이다. 명령어의 종류를 몇 가지 들어보면 다음과 같다.

- 두 수를 더하라(add).
- 두 수를 비교하라(compare).
- 비교 결과에 따라 프로그램의 특정 부분으로 점프하라(jump).
- 디지털 입력을 읽어라(read).
- 디지털 출력을 써라(write).

마이크로컨트롤러는 명령어가 지시하는 작업을 한 번에 한 단계씩 수행하는데, 각 단계는 **클록**[clock]에 맞춰 실행된다. 소비전력이 적은 저전력[low power] 마이크로컨트롤러의 경우, 클록은 일반적으로 발진기에 의해 발생하는 1 MHz ~ 20 MHz 의 펄스다. 명령들은 클록에 맞춰 차례대로 실행된다.

마이크로컨트롤러는 **다용도 입/출력**(GPIO) 핀을 통해 외부 장치와 상호작용한다. GPIO 핀은 필요에 따라 입력 또는 출력으로 설정하여 '28장. 디지털의 기초'에서 설명한 논리 게이트의 입력과 출력처럼 사용할 수 있다. 그렇지만 GPIO 핀은 기능이 고정된 하드웨어인 논리 게이트와 달리 소프트웨어(프로그램)로 제어되므로, 마이크로컨트롤러는 상황에 따라 거의 무한정 자유자재로 사용할 수 있다. 마이크로컨트롤러 사용에 제한을 주는 요소가 있다면 실행 속도^speed와 제어 프로그램을 작성하는 사람의 실력뿐이다.

[그림 29-1] **마이크로컨트롤러의 핵심 구성 요소**

마이크로컨트롤러는 일반적으로 연속적인 세계(아날로그 신호)를 on/off 세계(디지털 신호)로 변환하고, 또 그 반대로도 변환하는 수단을 갖고 있다. 이 말은 마이크로컨트롤러가 단지 디지털 분야에 국한되지 않고 아날로그 전자 분야에도 응용될 수 있다는 의미다.

이와 같이 아날로그 분야에 최적화된 마이크로컨트롤러가 바로 **디지털 신호 처리**(DSP) Digital Signal Processing용 마이크로컨트롤러로, 간단히 **DSP**^Digital Signal Processor라고 한다. 예를 들어, 기타^guitar 또는 오디오 증폭기용 톤 조정기^tone control에 사용되는 에코 효과 박스(반사음 효과를 내주는 장치)^echo effects box는, 아날로그 형태의 오디오 신호를 디지털 데이터로 만들고 여러 가지 수학 연산을 사용하여 이 데이터를 적절히 처리한 다음, 처리된 디지털 데이터를 다시 아날로그 오디오 신호로 변환하는 작업을 DSP로 수행하여 구현한다.

적용성(응용성)이 뛰어나다는 마이크로컨트롤러의 장점은, 사용자가 용도에 맞춰 프로그램을 직접 작성해서 명령하지 않으면 아무 기능도 수행하지 못한다는 단점이 되기도 한다. 마이크로컨트롤러를 사용하는 사람은 응용할 전자장치와 컴퓨터 프로그램에 대해 모두 잘 알아야 한다. 마이크로컨트롤러의 프로그램은 일반적으로 짧고 간단한데, 이에 대해서는 아두이노 ^Arduino라는 매우 유명한 마이크로컨트롤러 보드를 다루는 30장에서 자세히 배우게 된다.

아두이노와 같은 마이크로컨트롤러 보드에는 마이크로컨트롤러 칩에 전압 조정기(안정기)나 USB 프로그래밍 인터페이스와 같은 지원 장치가 결합되어 있어서, 프로그래밍을 위한 별도의 하드웨어 장치가 없어도 마이크로컨트롤러 칩 안에 사용자가 만든 프로그램을 써넣을 수 있다.

마이크로컨트롤러의 사이즈

마이크로컨트롤러의 사이즈는 핀이 3개인 것부터 수백 개인 것까지 종류가 다양하다. 따라서 설계하려는 장치에 적합한 특징, 성능, 가격, GPIO 핀의 개수를 고려해 적당한 사이즈를 고르면 된다. 사실 마이크로컨트롤러의 종류는 무척 다양해서 가장 적합한 것을 찾는 것이 쉽지는 않다. 이 작업을 좀 쉽게 하기 위해, 다양한 마이크로컨트롤러를 기본 구조와 프로그래밍 명령어가 동일한 것끼리 묶는다. 이렇게 묶인 하나의 그룹을 **패밀리**(계열)family라고 한다. 한 패밀리에는 다양한 핀 개수와 플래시 메모리(프로그램 저장용)의 크기를 가진 다양한 마이크로컨트롤러들이 있다.

ATtiny 패밀리에 속하는 마이크로컨트롤러들은 **아트멜**Atmel이라고 하는 칩 제조사에서 만든 것으로, 상대적으로 값이 저렴한 편이다. ATtiny 패밀리에 속하는 몇 가지 대표적인 마이크로컨트롤러의 특징을 [표 29-1]에 수록했다. 표에 실린 가격은 이 책의 원고를 작성하는 시점에서 조사한 칩 한 개의 가격이므로 다소 부정확할 수 ·있다.

[표 29-1] **ATmega328 마이크로컨트롤러**

마이크로컨트롤러	패키지 핀 수	GPIO 핀 수	플래시 메모리(kB)	가격(센트)
ATtiny13	8	6	1	60
ATtiny45	8	6	4	90
ATtiny44	14	12	4	90
ATtiny2313	20	18	2	120

범용 입출력 핀

GPIO(범용 입출력)General-Purpose Input/Output 핀이 유용한 점은 바로 '범용(여러 용도로 쓸 수 있음)'이라는 사실이다. '범용'이라는 뜻은, 어떤 핀의 용도가 입력이냐 출력이냐 하는 것이 마이크로컨트롤러에서 수행되는 프로그램에 의해 결정된다는 것이다. 또한 프로그램에 의해 어떤 핀이 입력으로 설정되면, 그 입력 핀을 칩 내부에 있는 저항(이를 풀업 저항pull-up resistor이라고 함)을 통해 마이크로컨트롤러의 (+) 전원 전압에 연결되게 할지의 여부도 프로그램에 의해 결정된다는 것이다.

[그림 29-2]는 전형적인 GPIO 핀의 구성을 간략하게 나타낸 회로도이다. 출력 구동회로는 푸시-풀push-pull 구조로 되어 있다. 따라서 어떤 핀이 출력으로 설정되면 그 핀은 전류를 받아들이거나(sink, 출력 논리가 '0'(LOW)일 때), 전류를 내보낸다(source, 출력 논리가

'1'(HIGH)일 때). 이때 흐르는 전류는 10mA에서 40mA 사이인 경우가 일반적이다. 또한 그림에서 출력 허용Output enable 단자를 통해 전체 출력을 '사용금지(차단)disable'가 되도록 제어하면 그 핀은 디지털 입력으로 동작할 수 있다.

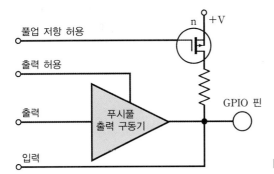

[그림 29-2] **GPIO 핀의 내부 구성도**

마이크로컨트롤러의 일부 핀은 아날로그 입력으로 사용된다. 이 핀은 마이크로컨트롤러 칩 내부에 들어 있는 비교기에 연결되어 있다. 비교기는 이 핀으로 들어오는 전압을 마이크로컨트롤러 칩 내부에서 만들어 낸 일련의 전압들과 비교한다. 따라서 이 핀은 입력되는 전압의 값을 측정하는 데 사용된다.

디지털 출력

GPIO 핀은 디지털 출력으로 가장 널리 사용된다. 즉 외부 장치나 부품을 온on, 오프off 하는 데 사용한다. 따라서 GPIO 핀에는 LED와 같은 부품을 직접 연결하여 이를 온, 오프하거나 트랜지스터 또는 릴레이(계전기)relay를 연결하여 이들을 온, 오프하는 방식을 사용해 어떤 장치에 큰 전압이나 전류가 공급되거나 차단되도록 제어한다.

[그림 29-3]은 마이크로컨트롤러의 GPIO 핀을 LED에 연결하여 LED를 온, 오프하는 방법을 나타낸 것이다. GPIO 핀은 일반적으로 수십 mA 정도의 전류를 공급할 수 있으므로, 이를 제한하기 위한 저항 R이 직렬로 연결되어 있다.

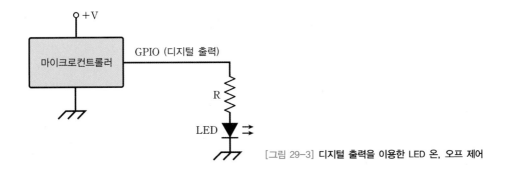

[그림 29-3] **디지털 출력을 이용한 LED 온, 오프 제어**

어떤 디지털 출력 핀을 'HIGH'로 설정하면 그 출력 핀에는 마이크로컨트롤러의 전원 전압 (5 V 또는 3.3 V)이 나타나고, 출력 핀을 'LOW'로 설정하면 0 V가 나타난다.

대부분의 마이크로컨트롤러는 5 V 또는 3.3 V의 전압으로 동작한다(5 V 마이크로컨트롤러는 3.3 V의 전압으로도 대부분 동작하지만, 그 반대로는 동작하지 않는 경우도 있다). 마이크로컨트롤러가 5 V로 동작하고 있고 저항기의 값이 470 Ω, LED의 순방향 전압이 2 V인 경우, LED에 흐르는 전류는 $I = (+V - V_{LED})/R = (5-2)/470 = 6.38$ mA가 된다. 이 정도 크기의 전류는 LED가 밝은 빛을 내기에 충분하다.

디지털 입력

마이크로컨트롤러로 하여금 들어오는 입력에 반응해 어떤 일을 하게 하려면 GPIO 핀을 디지털 입력으로 설정한다. 예를 들어 디지털 입력으로 설정된 GPIO 핀에는 누름 스위치 push switch를 연결하거나 동작 탐지기motion detector의 디지털 출력을 연결할 수 있다.

마이크로컨트롤러가 어떤 디지털 입력을 '읽으면', 입력은 'HIGH' 또는 'LOW' 중 하나로 판단된다. 보통, 디지털 입력 핀에 들어오는 입력 전압의 크기가 마이크로컨트롤러의 전원 전압의 절반(5 V 마이크로컨트롤러의 경우 2.5 V, 3.3 V 마이크로컨트롤러의 경우 1.65 V) 보다 크면 'HIGH'가 되고, 작으면 'LOW'가 된다.

크기가 3.3 V인 디지털 출력을 5 V 입력에 연결하는 것은 괜찮은데, 이는 3.3 V 'HIGH' 전압이 2.5 V의 입력 문턱전압보다 크기 때문이다. 그러나 어떤 3.3 V 디지털 입력이 '5 V 입력 허용' 능력을 갖고 있지 않다면, 그 디지털 입력에 5 V 디지털 출력을 연결해서는 안 된다. 3.3 V 마이크로컨트롤러에 5 V 입력 허용 능력을 가진 핀이 있는 경우는 드물다. 물론 이런 핀이 있으면 여러 개의 전원 전압을 가진 시스템들을 접속하기가 쉽다.

마이크로컨트롤러는 온갖 복잡한 논리를 자체적으로 전부 구현할 수 있으므로 외부에서 누름 스위치로 단순한 온, 오프 논리만 입력해줘도 충분하다. 누름 스위치는, 스위치를 누르지 않은 경우 풀업 저항pull-up resistor을 통해 입력이 'HIGH'로 유지되도록 하고, 스위치를 누르면 입력이 접지에 연결되어 'LOW'가 되는 방식으로 연결한다. [그림 29-4(a)] 에 나타난 방식에서 누름 스위치에 연결된 디지털 입력은 마이크로컨트롤러 내부에서 풀업 저항과 연결되어 있다. 풀업 저항의 반대편은 전원 전압과 연결되어 있다. [그림 29-4(b)] 는 풀업 저항을 외부에 달아야 하는 경우 누름 스위치를 연결하는 방식을 나타낸 것이다.

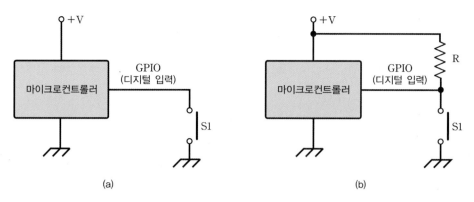

외부 풀업 저항을 사용하지 않기 위해서는 마이크로컨트롤러의 핀 내부에 풀업 저항이 들어 있어야 하며, 이 저항은 마이크로컨트롤러 안에 저장된 프로그램에 따라 접속 허용enable과 차단disable을 제어할 수 있어야 한다. 풀업 저항의 값은 특정한 값 대신 어떤 범위로 표시되는데, 보통 30 kΩ~50 kΩ 사이다. 대부분의 경우 내부 풀업 저항만으로도 충분하지만, 입력 핀과 스위치를 연결하는 도선의 길이가 긴 경우에는 충분한 전류가 필요하므로 추가로 외부에 작은 값, 예를 들어 270 Ω 정도의 저항을 연결해 주어야 한다. 이 경우에는 [그림 29-4(b)]와 같은 방식으로 외부에 저항을 연결해야 한다.

스위치가 닫힐 때는 스위치 접점에서 **바운스**bounce가 일어난다. 바운스란, 버튼을 누를 때 접점이 한 번에 닫히지 않고 짧은 시간 동안 여러 번 열림과 닫힘이 되풀이되는 현상이다. 바운스 현상이 문제되지 않는 경우도 있지만, 스위치 버튼을 누를 때마다 마이크로컨트롤러가 읽어 들여 어떤 장치의 동작을 번갈아 온, 오프시키는 경우, 스위치를 누를 때 생기는 접점의 바운스 횟수가 짝수 번이면 마치 스위치가 전혀 눌리지 않은 것처럼 그 장치의 동작에 아무런 변화가 없게 된다.

마이크로컨트롤러가 없는 디지털 회로에서 스위치에 일어나는 바운스 현상을 제거하기 위해서는 별도의 **디바운싱 회로**debouncing circuit가 필요하다. 그렇지만 스위치가 마이크로컨트롤러에 연결된 경우에는 외부에 별도의 회로를 달지 않고 소프트웨어를 사용해 디바운싱할 수 있다. 이 방법에 대해서는 '30장. 아두이노'에서 살펴본다.

마이크로컨트롤러에서 수행되는 프로그램은 디지털 입력에 들어오는 값을 일정한 시간 간격마다 계속 읽어 들여 입력되는 값에 변화가 있는지 알아낸다. 따라서 시간 폭이 아주 짧은 펄스가 디지털 입력에 들어오고 마이크로컨트롤러에서 수행되는 프로그램이 입력을 읽어 들이는 간격보다 더 빠르게 값이 변할 경우, 그 값의 변화를 기록하지 못하고 놓치게 된다. 따라서 버튼이 눌리는지 감지하는 경우에는 이러한 문제가 생길 염려가 없지만, 시간

폭이 아주 짧은(수 μs) 펄스를 감지해야 할 때는 문제가 된다. 이를 해결하기 위해, 마이크로컨트롤러 GPIO 핀 중 '**인터럽트**interrupt'라는 핀이 사용된다. 이 핀에 아주 짧은 펄스가 들어와도 마이크로컨트롤러는 이를 인식해서 기록한 다음, 현재 수행되는 프로그램 실행을 중단하고 **인터럽트 서비스 루틴**interrupt service routine에 수록된 명령들을 대신 실행한다.

PWM 출력

몇몇 마이크로컨트롤러는 완전한 아날로그 출력을 제공한다. 이들은 0 V ~마이크로컨트롤러 전원 전압(5 V 또는 3.3 V) 범위에서 많은 단계(보통 1,024 또는 4,096단계)로 전압 크기를 변화시켜 아날로그 신호를 출력할 수 있다. 이러한 기능을 가진 마이크로컨트롤러는 일반적이지 않다. 통상적인 마이크로컨트롤러는 PWM('26장. D급 증폭기', '27장. 펄스폭 변조' 참조) 방식을 사용하여 아날로그 신호와 비슷한 역할을 하는 어떤 출력을 내보낸다.

PWM을 사용하여 27장에서 설명한 것처럼 신호를 만들어 송출하거나 26장에서 설명한 것처럼 오디오 신호를 증폭하는 방식 대신, 마이크로컨트롤러는 낮은 주파수의 PWM을 사용하여 외부장치에 공급되는 전력을 제어한다. 즉 PWM으로 출력되는 펄스의 폭을 바꿔 외부 모터의 속도를 조절하고 LED 밝기를 변경한다.

[그림 29-5]는 PWM의 동작 원리이다. 펄스폭이 좁으면(예를 들어, 'HIGH' 시간이 한 주기의 5%) 각 펄스로 공급되는 에너지의 양은 아주 적다. 펄스폭이 넓을수록 더 많은 에너지가 부하로 공급된다. 모터에 전력을 공급하는 경우, 펄스폭 조정으로 모터의 회전속도를 조절할 수 있다. PWM으로 LED를 구동하는 경우 빛의 밝기를 바꿀 수 있다. LED는 1초 동안 수십만~수백만 번 켜짐과 꺼짐을 반복할 수 있어, LED에 가해지는 PWM 펄스의 온, 오프에 맞춰 LED의 빛도 켜지고 꺼진다. 사람의 눈과 뇌는 아주 짧은 빛의 깜빡임을 알아차리지 못하며 평균적인 밝기로 인식하므로, 펄스폭으로 LED 밝기를 변화시킬 수 있다.

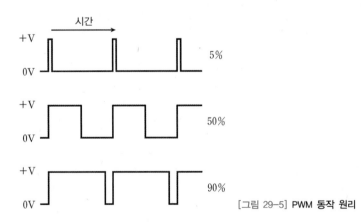

[그림 29-5] PWM 동작 원리

대부분의 마이크로컨트롤러는 PWM 출력 핀을 몇 개 갖고 있다. 이 핀은 칩 내부에 내장된 PWM 장치와 연결된다. PWM 출력 핀이 없는 마이크로컨트롤러인 경우 소프트웨어로 PWM을 쉽게 구현할 수 있다. PWM 출력의 펄스 주파수는 보통 500 Hz 정도이며, 용도에 따라 이보다 높거나 낮게 설정할 수 있다.

아날로그 입력

어떤 크기의 전압(0 V ~ 마이크로컨트롤러 전원 전압)을 마이크로컨트롤러에서 수행되는 프로그램이 사용 가능한 값(디지털 데이터)으로 변환하려면 **아날로그/디지털 변환기**(A/D converter)$^{Analog-to-Digital\ Converter}$가 필요하다. A/D 변환기를 간단히 ADC라고도 한다.

거의 모든 마이크로컨트롤러는 **연속근사**$^{successive\ approximation}$라는 기법을 사용해 아날로그 신호를 디지털 신호로 변환한다. 이 기법은 [그림 29-6]과 같이 디지털 데이터를 아날로그 전압으로 변환하는 **디지털/아날로그 변환기**(DAC)$^{Digital-to-Analog\ Converter}$와 비교기를 사용한다.

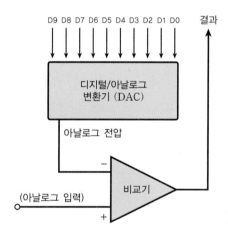

[그림 29-6] **연속 근사 ADC**

아날로그 입력으로 사용되는 GPIO 핀은 전압 비교기의 두 입력 중 하나에 연결된다. 비교기의 나머지 입력은 DAC의 출력과 연결된다. 마이크로컨트롤러에서 D0~D9 신호선(핀)을 통해 2진수 값이 DAC에 전달되면, DAC는 그 값에 해당하는 아날로그 전압을 발생시킨다. D0~D9의 데이터가 모두 'LOW'면 DAC 출력 전압은 0 V이고, D0~D9의 데이터가 모두 'HIGH'면 DAC 출력 전압은 마이크로컨트롤러 전원 전압(최댓값)이 된다.

비교기의 역할은 DAC에서 출력되는 아날로그 전압과 GPIO 핀에서 들어오는 입력 전압의 차이를 마이크로컨트롤러에 피드백^{feedback} 해주는 것이다. 마이크로컨트롤러는 이 전압 차이를 줄일 수 있도록 D0~D9 값을 바꿔 DAC 출력전압을 높이거나 낮춘다. 이 과정은 두 전압이 같아질 때까지 점진적으로 이루어지므로 몇 번의 단계가 필요하다. 필요한 총 단계 수는 DAC에 입력되는 비트의 개수와 같다([그림 29-6]의 경우에는 10단계).

ADC에서 변환 과정은 [그림 29-6]에서 최상위 비트(MSB)^{Most Significant Bit}인 D9에서 시작한다. 마이크로컨트롤러의 전원 전압은 5 V 라고 가정한다. D9 비트는 'HIGH'이고 나머지 D8~D0 비트들은 모두 'LOW'라고 가정하면 DAC 출력전압은 2.5 V 가 된다(전원 전압 5 V 의 절반). GPIO 핀에서 들어오는 입력 전압이 이 값보다 큰 경우 비교기의 출력은 'HIGH'가 된다. 반대로 작은 경우에는 비교기의 출력이 'LOW'가 된다. [그림 29-6]에서 비교기의 출력이 'HIGH'가 되면 마이크로컨트롤러는 D9 비트 값을 '1(HIGH)'로 설정하고, 그 다음 하위 비트인 D8 비트로 이 값('1')을 내려 보낸다. 이제 새로운 D9~D0 값은 DAC에서 아날로그 전압으로 변환되고, 이 값은 GPIO 핀의 입력 전압과 비교기에서 또다시 비교된다. 이 과정은 DAC의 모든 비트에 대해 되풀이된다.

마이크로컨트롤러마다 ADC의 비트 분해능(비트 수)^{bit resolution}은 다를 수 있다. 여기서 예로 든 비트 수는 10개인데, 많은 종류의 마이크로컨트롤러가 10개의 ADC 비트 수를 갖고 있다. 아두이노에서 사용하는 ATmega328 마이크로컨트롤러도 ADC 비트 수가 10개다. 8비트 분해능과 12비트 분해능을 가진 마이크로컨트롤러도 있다. 비트 해상도가 많을수록 아날로그 신호를 더 정확하게 디지털 값으로 변환할 수 있지만 변환하는 데 더 많은 시간이 걸린다.

8비트 분해능의 ADC는 아날로그 신호의 크기를 $0 \sim 255 (= 2^8 - 1)$ 사이의 값으로 바꾼다. 따라서 5 V 마이크로컨트롤러의 GPIO 핀으로 3 V 크기의 전압이 들어오면, 이 값은 ADC에서 $\frac{3}{5} \times 255 = 153$으로 읽힌다. 10비트 ADC를 내장한 마이크로컨트롤러에서 읽을 수 있는 값의 범위는 $0 \sim 1023 (= 2^{10} - 1)$이다.

[그림 29-7]을 보면 마이크로컨트롤러의 아날로그 입력(GPIO 핀)에 가변저항기가 부착되어 있다. 가변저항기의 조정손잡이를 돌려 위치(저항 값)를 바꾸면, 마이크로컨트롤러에서 수행되는 프로그램이 그 값을 읽을 수 있다. 이때 가변저항기의 저항 값은 비교기의 입력 임피던스보다 훨씬 낮아야 한다. 대부분의 마이크로컨트롤러에 내장된 비교기의 입력 임피던스는 MΩ 단위로 매우 크고, 가변저항기는 최대 10 kΩ 정도이므로 아무런 문제가 되지 않는다.

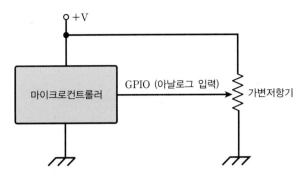

[그림 29-7] 마이크로컨트롤러의 아날로그 입력에 연결된 가변저항기

전용 직렬 하드웨어 인터페이스

대부분의 마이크로컨트롤러는 한 개 이상의 직렬 데이터 인터페이스를 갖고 있다. 마이크로컨트롤러를 프로그래밍하기 위해서는 최소 한 개의 직렬 데이터 인터페이스가 있어야 하는데, 이를 **직렬 주변 장치 인터페이스(SPI)**[Serial Peripheral Interface]라고 한다. 이 인터페이스는 마이크로컨트롤러를 프로그래밍하는 데 사용되는 것은 물론, 일단 마이크로컨트롤러의 프로그래밍 작업을 완료한 다음에는 다른 주변 장치(또는 IC)나 다른 마이크로컨트롤러와 인터페이스를 하는 데도 사용할 수 있다.

지금부터 설명하는 모든 직렬 통신 방식은 소프트웨어를 사용하여 시뮬레이션할 수 있지만(이렇게 하는 것을 '비트 뱅잉[bit-banging]'이라고도 함), 마이크로컨트롤러는 몇 가지 종류의 인터페이스에 대해 이를 구현하는 하드웨어를 제공하고 있으므로, 마이크로컨트롤러를 간단히 프로그래밍하여 더욱 빠른 속도로 통신할 수 있다.

직렬 주변 장치 인터페이스

SPI는 총 4개의 데이터 선[data line]을 사용하여 통신한다. [그림 29-8]을 보면 두 개의 주변 장치가 데이터 '버스[bus]'를 통해 마이크로컨트롤러에 연결되어 있다. 여러 개의 슬레이브(종)[slave] 장치를 제어하는 것이 한 개의 마스터(주)[master] 장치임을 주목하기 바란다.

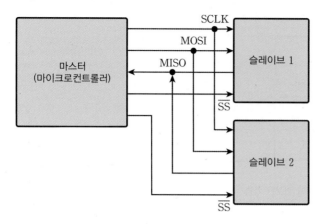

[그림 29-8] SPI를 이용하면 데이터 버스에 두 개 이상의 주변 장치를 연결할 수 있다.

각 슬레이브 장치는 슬레이브를 선택하는 데 사용되는 전용 'SS^{Slave Select}' 신호선을 갖고 있다. 마스터 장치는 이 신호선에 '허용^{enable}' 신호를 보내 통신할 슬레이브 장치를 선택한다. 마스터 장치와 슬레이브 장치는 동시에 신호를 주고받을 수 있어야 하므로 데이터 선은 두 개가 필요하다. 두 데이터 선 중에서 'MOSI^{Master Out Slave In}'라는 이름이 붙은 선은 마스터 장치에서 슬레이브 장치로 데이터를 전송하며, 'MISO^{Master In Slave Out}'는 반대로 슬레이브 장치에서 마스터 장치로 전송한다. 'SCLK'는 별도의 클록 신호^{clock signal} 선으로 데이터 통신의 동기를 맞추는 데 사용된다.

I²C

I²C^{Inter-Integrated Circuit}는 SPI와 거의 같은 기능을 수행하는 인터페이스로, 데이터 선이 2개인 점이 4개인 SPI와 다르다. I²C를 TWI^{Two-Wire Interface}라고도 한다. I²C는 표시장치^{display}와 주변 장치 모듈들을 마이크로컨트롤러에 연결하는 데 사용된다.

I²C에 있는 두 데이터 선은 오픈 드레인^{open-drain} 구조로 되어 있어서, 마이크로컨트롤러는 이 두 선을 입력과 출력으로 모두 동작시킬 수 있다. 데이터 선 외부에는 풀업 저항을 연결하여, 데이터 선의 출력을 'LOW'로 구동하지 않을 때는 'HIGH'가 출력되도록 해야 한다. 이때 데이터의 전송 방향을 제어하는 규칙, 즉 프로토콜을 잘 만들어, 데이터 버스에서 한쪽 끝은 디지털 출력이 '0(LOW)'이고 반대쪽 끝은 데이터 출력이 '1(HIGH)'인 상황이 절대 일어나지 않도록 해야 한다.

[그림 29-9]를 보면 두 개의 마이크로컨트롤러가 I²C를 사용해 통신하고 있다. I²C 장치는 마스터나 슬레이브 중 어느 것도 될 수 있으므로 한 버스에 여러 개의 마스터 장치가 있을 수 있다. 사실, 흔히 사용되는 방식은 아니지만 각 장치들이 역할을 바꿀 수도 있다.

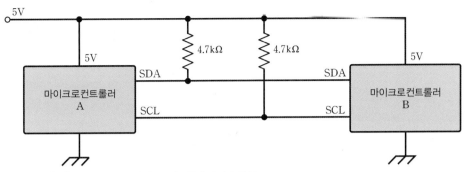

[그림 29-9] I²C를 이용한 두 마이크로컨트롤러 사이의 통신

'SCL^Serial Clock Line'이라는 이름을 가진 선은 클록^clock이고, 'SDA^Serial Data Line'라는 이름을 가진 선으로는 데이터가 전송된다. [그림 29-10]은 이들 핀 사이의 타이밍 관계를 보여주는 타이밍도이다. 마스터 장치는 SCL 클록을 공급한다. 마스터나 슬레이브는 전송할 데이터가 있을 경우, 클록 신호에 맞춰 SDA 선을 트라이 상태^tri-state1 중 'HIGH'나 'LOW'로의 고 임피던스 상태로 바꾸면서 데이터를 전송한다. 전송이 완료되면 클록은 멈추고 SDA 핀은 다시 고 임피던스^high impedance 상태로 되돌아간다.

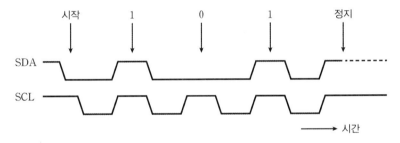

[그림 29-10] I²C의 타이밍도

시리얼 인터페이스

많은 마이크로컨트롤러는 **시리얼**(직렬)^serial이라고 하는 인터페이스를 갖고 있다. 시리얼 인터페이스는 오래전 텔레타이프^teletype가 사용되던 시절에 기원을 두고 있는 구식 표준규격 중 하나다. 많지는 않지만, 주변에서는 여전히 시리얼 포트가 달린 컴퓨터를 볼 수 있다. 예전에는 컴퓨터끼리 전화선으로 데이터 통신하기 위해 컴퓨터의 시리얼 포트에 모뎀^modem을 부착해야 했다.

시리얼 포트에 사용되는 신호들은 RS232 규격을 따른다. 이들 신호의 전압 레벨(크기)은 GND를 기준으로 (+) 전압과 (−) 전압 사이를 스윙(왔다갔다)^swing해야 한다. 전압 레벨

---

1 (옮긴이) 장치에서 출력되는 논리 상태에는 HIGH 상태(데이터 1), LOW 상태(데이터 0), 1도 0도 아닌 고 임피던스 상태(high impedance 상태, 전기적으로 끊어진 상태를 말함)의 세 가지가 있는데, 이를 트라이 상태, 즉 3-상태(tri-state)라고 한다.

만 제외하면 RS232 규격이 참을 수 없을 만큼 불편한 것은 아니므로, 마이크로컨트롤러는 종종 RS232와 같은 통신 프로토콜을 사용한다. 그 대신, 전압 레벨은 논리레벨(0 V ~ 공급 전압)을 사용한다. 이러한 인터페이스 방식을 **TTL 시리얼**$^{\text{TTL Serial}}$이나 간단히 **시리얼**^{Serial}이라고 하는 경우도 있다. 대신에 이 경우는 일반적인 시리얼 통신과 구별하기 위해 첫 글자를 대문자 S로 시작하는 Serial로 쓴다.

전기적으로 TTL 시리얼은 두 개의 데이터 핀을 사용한다. 이 두 핀의 이름은 각각 송신과 수신에 사용되는 'Transmit(Tx)'와 'Receive(Rx)'이다. 이 두 선은 버스^{bus}가 아닌 오직 두 점 사이만 연결되므로, 함께 연결된 여러 장치 중 한 장치를 지정하는 방식으로 데이터를 전송하는 곳에는 사용되지 않는다. 따라서 마이크로컨트롤러에 여러 개의 직렬 장치를 연결하려면 마이크로컨트롤러에 여러 개의 시리얼 포트가 있어야 한다.

컴퓨터와 관련해, 오랜 전 시리얼 통신의 대역폭을 나타내기 위해 만들어진 **보 레이트**^{baud} ^{rate}라는 용어가 아직까지 사용되고 있다. 두 장치 사이에 시리얼 통신이 이루어지려면 두 장치의 보 레이트를 동일하게 맞춰야 한다. 보 레이트란 1초 동안 전송되는 신호의 수를 나타내는 값이다(28장 참조).[2] 이것은 1초당 전송되는 데이터 비트의 개수와 같다(정확히 말해, 같거나 정수 분의 1배와 같다). 여기서 데이터 비트의 앞, 뒤에는 시작 비트(스타트 비트)$^{\text{start bit}}$, 정지 비트(스톱 비트)$^{\text{stop bit}}$, 패리티 비트$^{\text{parity bit}}$가 위치하는데 이들 비트는 실제 데이터는 아니다. 시리얼 통신을 하는 두 장치 사이가 서로 보 레이트를 쉽게 맞출 수 있도록 표준 보 레이트가 사용된다. 표준 보 레이트의 종류로는 110, 300, 600, 1,200, 2,400, 4,800, 9,600, 14,400, 19,200, 38,400, 57,600, 115,200, 128,000, 256,000 baud(보)가 있다.

널리 사용되는 보 레이트 중에서 가장 낮은 것은 1,200 baud이다. TTL 시리얼 장치는 대부분 이 값에서 시작해서 115,200 baud까지의 보 레이트를 사용한다. 가장 널리 사용되는 보 레이트는 9,600 baud이다. 대부분의 장치들은 디폴트로 9,600 baud가 설정되어 있으며, 필요에 따라 다른 보 레이트로 설정을 변경할 수 있다.

보 레이트 대신 워드^{word}당 비트 수, 패리티 비트의 종류, 스타트 비트와 스톱 비트 수로 시리얼 통신을 정의할 수 있다. 보통, 워드당 비트 수는 8개, 패리티 비트는 사용하지 않으며^{none}, 스타트 비트와 스톱 비트는 각각 1개이므로 이를 약자로 8N1이라고 나타낸다.

---

2 (옮긴이) 데이터 통신 속도를 나타내는 용어는 보 레이트(baud rate)와 비트 레이트(bit rate) 두 가지가 있다. 보 레이트는 1초당 전송되는 신호의 수, 비트 레이트는 1초당 전송되는 비트의 수다. 초창기 통신에서는 한 번 변하는 신호에 한 비트만 실어서 보냈으므로 보 레이트가 곧 비트 레이트였다. 그 후 변조기술이 발전함에 따라 신호가 한 번 변할 때 여러 개의 비트를 실어 보낼 수 있게 되면서 보 레이트 값이 비트 레이트보다 작아졌다. 통신기술이 발전하면서 적은 신호 변화로도 많은 비트(즉 데이터)를 보낼 수 있게 된 것이다.

각 비트들은 [그림 29-11]과 같이 'HIGH(1)' 또는 'LOW(0)'의 논리레벨로 보낸다. 별도의 클록 신호가 없으므로 타이밍이 매우 중요하다. 따라서 수신기는 스타트 비트를 감지한 다음, 총 8개의 데이터와 스톱 비트를 차례로 읽어 들이기 위해 적절한 속도로 비트들을 샘플링sampling한다. 데이터는 최하위 비트(LSB)Least Significant Bit부터 차례로 전송된다.

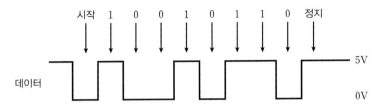

[그림 29-11] **TTL 시리얼의 타이밍도**

두 시리얼 장치를 연결할 때는 한 장치의 Tx 핀을 다른 장치의 Rx 핀에, 또 한 장치의 Rx는 다른 장치의 Tx에 연결해야 한다. GPS와 같은 장치는 한쪽 방향으로만 전송해도 되므로 단방향 통신 방식을 사용하면 된다. 이 경우에는 한 방향으로 신호가 전달되도록 선을 연결한다.

대부분의 마이크로컨트롤러는 TTL 시리얼을 지원하는 하드웨어 장치를 내장하고 있는데, 이 장치를 **범용 비동기 송수신기(UART)**Universal Asynchronous Receiver Transmitter라고 한다.

USB 인터페이스

전기적으로 RS232와 비슷한 인터페이스로 **USB**(범용 시리얼 버스)Universal Serial Bus가 있다. USB는 소프트웨어와 통신 프로토콜 측면에서 가장 복잡한 인터페이스라 할 수 있다. USB가 이렇게 복잡한 것은 키보드, 마우스를 비롯해 프린터, 카메라에 이르기까지 다양한 주변 장치를 컴퓨터에 접속해야 하기 때문이다. 다행히도 마이크로컨트롤러로 USB를 사용하는 것은 그다지 복잡하지 않다.

마이크로컨트롤러는 일반적으로 USB 하드웨어 장치를 내장하고 있지 않지만, 대부분의 마이크로컨트롤러 패밀리 모델은 USB 하드웨어를 갖고 있으므로 이를 사용하면 마이크로컨트롤러와 컴퓨터가 통신할 수 있다. 사실 마이크로컨트롤러가 USB를 지원하는 하드웨어를 내장하고 있지 않아도, 일반적으로 시리얼 인터페이스와 응용 소프트웨어를 사용해 USB 인터페이스를 구현할 수 있다.

마이크로컨트롤러는 키보드, 마우스와 같은 USB 주변 장치를 구현하는 데 종종 사용된다. USB 커넥터에는 전원 핀 두 개(GND와 5 V), 데이터 핀 두 개(D+와 D−)가 있다. USB 규격에 따르면 USB 호스트(일반적으로 컴퓨터)는 전원 핀을 통해 5 V 전압과 최소

500 mA 의 전류를 공급해야 한다.

마이크로컨트롤러 사용 예 : ATtiny44

[그림 29-12]는 ATtiny44 마이크로컨트롤러의 데이터시트^{datasheet}에서 가져온 핀 구성도
이다. 그림에 표시되어 있듯이 핀들은 저마다 고유의 역할이 있다. ATtiny44는 응용 범위
가 무궁무진한 대표적인 마이크로컨트롤러이다.

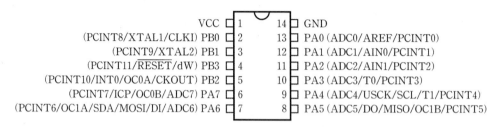

[그림 29-12] ATtiny44의 핀 구성

[그림 29-12]를 살펴보면, 1번 핀(VCC, 전원 전압)과 14번 핀(GND, 접지)을 제외한 나
머지 핀들은 한 개의 핀으로 여러 가지 역할을 수행할 수 있다는 사실을 알 수 있다. 이
핀들은 모두 GPIO 핀으로 사용할 수 있다. 전원 전압은 2.7 V ~ 5.5 V 사이에 있는 어떤
값을 사용해도 된다.

ATtiny44의 GPIO 핀들은 크게 두 개의 포트, 즉 A 포트(PA)와 B 포트(PB)로 구분할
수 있다. 칩의 오른편에 있는 13번 핀~8번 핀까지는 PA0~PA5로 이름이 붙어 있는데,
이들이 포트 A로 사용되는 GPIO 핀들이다. 이 핀들이 수행하는 또 다른 역할은 괄호 안에
적혀 있다. PA0~PA5 핀은 괄호 안에 ADC0~ADC5라고도 적혀 있는데, 이것은 이 핀들
이 아날로그 입력으로도 사용될 수 있음을 나타낸다.

앞서 살펴본 SPI에서, 프로그래밍하는 데 필요한 SPI 핀들(MOSI, MISO, USCK)은
GPIO 핀으로 설정하여 사용할 수도 있다.

칩 왼편에 있는 2번 핀과 3번 핀은 XTAL1과 XTAL2의 기능을 함께 갖고 있다. 따라서
이들 두 핀 사이에 발진기를 연결해 마이크로컨트롤러의 클록 주파수를 설정할 수 있다.
이렇게 하면 마이크로컨트롤러에 내장된 공진 회로가 공급하는 클록 주파수보다 훨씬 정확
한 타이밍을 발생시킬 수 있다. ATtiny44는 20 MHz 의 주파수까지 동작 가능하다.

클록 주파수를 위해 마이크로컨트롤러 내부의 공진회로를 사용할지, 아니면 GPIO 핀 두

개를 희생해서 더 정확한 클록주파수를 발생시킬지는 마이크로컨트롤러에 프로그램을 어떻게 작성해서 넣는가에 달려 있다.

프로그래밍 언어

마이크로컨트롤러의 **기계어**machine code는 마이크로컨트롤러를 동작시키기 위해 마이크로컨트롤러에게 내리는 명령어들의 집합이다. 이 기계어는 사람이 직접 사용하기 위한 언어가 아니다. 기계어를 직접 사용하는 대신, 사람(프로그래머)은 **고급 언어**(고수준 언어)high-level language라고 하는 명령어 집합들로 작성된 프로그램을 텍스트 파일로 만들어 컴퓨터에 입력한다. 그러면 이 텍스트 파일은 **컴파일러**compiler라는 프로그램으로 전달된다. 컴파일러는 이 텍스트 파일을 기계어로 변환해 마이크로컨트롤러의 플래시 메모리로 옮겨 장착(저장)한다.

프로그램을 작성하여 마이크로컨트롤러에 써넣는 데 사용되는 프로그래밍 언어는 다양하다. 그중 가장 널리 사용되는 것이 **C 언어**C language이다. C 언어는 다른 고급 언어들에 비해 군더더기가 적은 편이므로(이를 영어에서는 'close to the metal'이라고 표현함), C 언어로 작성된 프로그램을 컴파일하면 간결하고 효율적인 기계어 파일이 만들어진다. 이러한 특징은 한정된 메모리 용량의 마이크로컨트롤러를 프로그래밍할 때 유용하다.

다음 30장에서는 C 언어로 마이크로컨트롤러를 프로그래밍하는 것에 대해 살펴본다.

마이크로컨트롤러의 프로그래밍 방법

프로그램을 작성하여 마이크로컨트롤러에 올려놓는(장착하는) 방법은 다양하다. 일반 컴퓨터로도 할 수 있지만, [그림 29-13]과 같은 AVR Dragon programmer라는 특수한 프로그래밍 하드웨어 장치를 사용하는 경우도 종종 있다.

[그림 29-13] **AVR 드래곤 프로그래머**

이 하드웨어 보드의 왼쪽에는 ZIF 소켓$^{\text{Zero Insertion Force socket}}$이 있는데, 이 소켓에 프로그램을 올릴 마이크로컨트롤러 IC 칩을 끼워 장착한다. [그림 29-13]의 오른쪽을 보면 USB 인터페이스가 달려 있어서, 컴퓨터와 보드를 연결해 서로 데이터 통신을 할 수 있다. 프로그래밍이 이루어지는 동안에는 마이크로컨트롤러의 SPI 핀을 사용하여 마이크로컨트롤러의 플래시 메모리에 접근^{access}할 수 있다.

AVR Dragon과 같은 프로그래밍 장치는 이미 PCB상에 납땜된 마이크로컨트롤러에 프로그램을 올려놓는 데도 사용할 수 있다. 이 방법을 **인서킷 시리얼 프로그래밍**(ICSP)$^{\text{In-Circuit}}$ $^{\text{Serial Programming}}$이라고 한다. 여기서는 마이크로컨트롤러의 SPI 핀들을 PCB상의 헤더 핀$^{\text{header pin}}$에 연결하여 이들 핀이 '프로그래밍 케이블'을 통해 프로그래밍 하드웨어 장치에 접속되도록 한다.

마이크로컨트롤러를 프로그래밍하는 또 다른 방법은 앞서 설명한 방법 중 하나를 사용하여 **부트로더**^{bootloader}[3]를 가진 마이크로컨트롤러를 프로그래밍하는 것이다. 부트로더는 마이크로컨트롤러가 재시동^{restart}될 때마다 실행된다. 마이크로컨트롤러의 부트로더는 짧은 시간 동안 실행을 멈추고, 시리얼 인터페이스를 통해 새로운 프로그램이 전송되고 있는지 검사한다. 시리얼 인터페이스가 사용되고 있으면 부트로더는 수신된 데이터(프로그램)를 플래시 메모리에 복사해 넣고 다시 실행을 계속한다. 이 과정에서 부트로더는 손상되지 않으므로 다음번에 프로그램을 올려놓을(업로드할) 때도 계속해서 사용할 수 있다.

마이크로컨트롤러를 SPI가 아닌 시리얼로 프로그래밍할 수 있다는 것은 USB, 시리얼 어댑터$^{\text{Serial adaptor}}$와 같은 간단한 하드웨어를 사용하여 손쉽게 프로그래밍할 수 있다는 의미다. 실제로 아두이노 보드는 이러한 변환기를 탑재하고 있으며, USB 케이블만 있으면 아두이노에 프로그램을 작성하여 올릴 수 있다.

---

3 (옮긴이) 부트로더란 운영체제(operating system)가 시동되기 이전에 미리 실행되면서 커널(kernel)이 올바르게 시동되기 위해 필요한 모든 관련 작업을 마무리하고, 최종적으로 운영 체제를 시동시키기 위한 목적을 가진 프로그램을 말한다(출처: 위키백과). 다시 말해 아두이노와 같은 마이크로컨트롤러에 전원이 인가된 후 운영체제가 정상적으로 동작하기 전까지 실행되는 프로그램이다.

※ 필요하다면 이 장의 본문 내용을 참고해도 된다. 적어도 18개 이상 맞히는 것이 바람직하다.
정답은 [부록 A]에 있다.

29.1 마이크로컨트롤러에서 플래시 메모리의
용도는?

    (a) 프로그램 변수들을 저장
    (b) 프로그램 명령어들을 저장
    (c) 전하를 저장
    (d) GPIO 핀과의 인터페이스 수행

29.2 마이크로컨트롤러에서 RAM의 용도는?

    (a) 프로그램 변수들을 저장
    (b) 프로그램 명령어들을 저장
    (c) 전하를 저장
    (d) GPIO 핀과의 인터페이스 수행

29.3 다음 중 GPIO 핀에 대한 설명으로 옳은
것은?

    (a) 어떤 GPIO 핀이 일단 입력 또는 출력
으로 설정되면 그 이후에는 바꿀 수
없다.
    (b) GPIO 핀은 큰 전류를 받아들이거나
내보낼 수 있는 것이 일반적이다.
    (c) GPIO 핀은 마이크로컨트롤러에서 수
행되는 프로그램에 의해 입력에서 출
력으로, 출력에서 입력으로 전환할 수
있다
    (d) GPIO 핀은 보통 10 V 전압으로 동작
한다.

29.4 다음 중 마이크로컨트롤러에 손상을 일으
킬 수 있는 연결 방식은?

    (a) 3.3 V 디지털 출력을 5 V 입력에 연결
    (b) 5 V 디지털 출력을 3.3 V 입력에 연결
    (c) 마이크로컨트롤러의 디지털 출력 핀
을 같은 마이크로컨트롤러의 디지털
입력 핀에 연결
    (d) 마이크로컨트롤러의 접지(GND) 핀
과 디지털 입력 핀 사이에 1.5 V 전지
를 연결

29.5 다음 중 디지털 입력 단자의 외부에 풀업
저항을 연결해야 하는 상황은?

    (a) 디지털 입력에 스위치를 연결할 때
    (b) 디지털 입력과 스위치 사이를 연결하
는 선의 길이가 길 때
    (c) 한 마이크로컨트롤러의 디지털 출력
을 다른 마이크로컨트롤러의 디지털
입력에 연결할 때
    (d) 3.3 V 마이크로컨트롤러에 있는 디지
털 입력

29.6 다음과 같은 디지털 입력 핀의 전압 중에
서 마이크로컨트롤러에 의해 'HIGH'로
인식될 가능성이 가장 높은 것은?

    (a) 전원 전압이 5 V인 마이크로컨트롤러
의 2 V 전압
    (b) 전원 전압이 5 V인 마이크로컨트롤러
의 0 V 전압
    (c) 전원 전압이 3.3 V인 마이크로컨트롤
러의 2 V 전압
    (d) 답이 없음

29.7 5 V 디지털 출력이 직렬 저항(1 kΩ)을 거쳐 LED(순방향 전압 2 V)와 연결되어 있을 때 LED를 통해 흐르는 전류는?

(a) 1 mA   (b) 2 mA

(c) 3 mA   (d) 4 mA

29.8 스위치의 디바운싱은?

(a) 하드웨어로만 가능하다.

(b) 소프트웨어로만 가능하다.

(c) 해줄 필요가 없다.

(d) 답이 없음

29.9 인터럽트 입력이 일반적인 입력과 다른 점은?

(a) 다른 점 없이 똑같음

(b) 속도가 빠르다

(c) 속도가 느리다

(d) 인터럽트 입력에 들어오는 신호의 레벨(논리)이 변하면 인터럽트 서비스 루틴이 시작된다.

29.10 다음 중 PWM에 대한 설명으로 옳은 것은?

(a) PWM은 마이크로컨트롤러에서 아날로그 출력을 발생시킬 수 있는 유일한 방법이다.

(b) 마이크로컨트롤러는 PWM에 높은 주파수(100 kHz)를 사용하는 것이 일반적이다.

(c) 5 V 마이크로컨트롤러 PWM 출력의 듀티사이클 100% 펄스는 일정한 0 V 전압을 발생시킨다.

(d) 5 V 마이크로컨트롤러 PWM 출력의 듀티사이클 100% 펄스는 일정한 5 V 전압을 발생시킨다.

29.11 PWM 출력을 LED에 연결하면?

(a) LED의 실제 최대 밝기를 조절할 수 있다.

(b) LED 양단에 걸리는 피크 전압을 조절할 수 있다.

(c) LED에 흐르는 피크 전류를 조절할 수 있다.

(d) 사람이 눈과 뇌로 인식하는 LED의 밝기를 조절할 수 있다.

29.12 마이크로컨트롤러에 내장된 8비트 ADC는 아날로그 신호의 크기를 어떤 범위의 수로 바꿀 수 있는가?

(a) 0 ~ 256   (b) 0 ~ 1023

(c) 0 ~ 4096   (d) 0 ~ 255

29.13 8비트 ADC가 내장된 5 V 마이크로컨트롤러의 아날로그 입력에 들어오는 1 V 전압은 어떤 수로 변환되는가?

(a) 1   (b) 51

(c) 48   (d) 127

29.14 다음 중 SPI에 대한 설명으로 옳은 것은?

(a) SPI는 대부분의 마이크로컨트롤러에서 프로그래밍 인터페이스로 사용된다.

(b) SPI는 어떤 장치를 마이크로컨트롤러에 연결하는 데만 사용될 수 있다.

(c) SPI는 클록을 사용하지 않으므로 데이터 통신을 위해 정확한 타이밍을 필요로 한다.

(d) SPI는 마이크로컨트롤러에서 프로그래밍 인터페이스로 결코 사용되지 않는다.

29.15 다음 중 I^2C에 대한 설명으로 옳은 것은?

(a) I^2C는 대부분의 마이크로컨트롤러에서 프로그래밍 인터페이스로 사용된다.

(b) I^2C는 어떤 장치를 마이크로컨트롤러에 연결하는 데만 사용될 수 있다.

(c) I^2C는 클록을 사용하지 않으므로 데이터 통신을 위해 정확한 타이밍을 필요로 한다.

(d) I^2C는 마이크로컨트롤러에서 프로그래밍 인터페이스로 결코 사용되지 않는다.

29.16 다음 중 TTL 시리얼에 대한 설명으로 옳은 것은?

(a) TTL 시리얼은 마이크로컨트롤러에서 항상 프로그래밍 인터페이스로 사용된다.

(b) 하나의 TTL 시리얼 연결은 한 번에 한 장치만 연결할 수 있다.

(c) TTL 시리얼은 0 V 이상과 이하를 스윙(왔다갔다)하는 전압을 사용한다.

(d) TTL 시리얼은 마이크로컨트롤러에서 프로그래밍 인터페이스로 결코 사용되지 않는다.

29.17 다음 보 레이트 중 시리얼 인터페이스에서 잘 사용되지 않는 것은?

(a) 100

(b) 300

(c) 1,200

(d) 9,600

29.18 다음 중 USB에 대한 설명으로 옳은 것은?

(a) 몇몇 마이크로컨트롤러는 하드웨어 USB 인터페이스를 내장하고 있다.

(b) USB 호스트 장치는 3 V 전압을 공급한다.

(c) USB 규격에 따르면 USB 주변 장치는 USB 인터페이스의 전원 핀으로부터 최대 100 mA 전원을 받아들일 수 있다.

(d) 답이 없음

29.19 마이크로컨트롤러를 동작시키기 위해 작성한 C 프로그램은?

(a) 마이크로컨트롤러의 플래시 메모리 속으로 직접 복사된다.

(b) 인터프리터interpreter라고 하는 소프트웨어를 사용하여 마이크로컨트롤러의 플래시 메모리에 저장하기 적합한 형태로 변환된다.

(c) 컴파일러compiler라고 하는 소프트웨어를 사용하여 마이크로컨트롤러의 플래시 메모리에 저장하기 적합한 형태로 변환된다.

(d) 마이크로컨트롤러의 RAM에 저장된다.

29.20 부트로더의 용도는?

(a) SPI를 사용하여 마이크로컨트롤러를 프로그래밍한다.

(b) I^2C를 사용하여 마이크로컨트롤러를 프로그래밍한다.

(c) 시리얼과 USB를 사용하여 마이크로컨트롤러를 프로그래밍한다.

(d) 답이 없음

CHAPTER

30

아두이노
Arduino

전자장치 제작 애호가들은 예전부터 마이크로컨트롤러를 사용해왔으며 지금도 여전히 사용하고 있다. 하지만 마이크로컨트롤러가 요즘처럼 엄청나게 관심을 받게 된 계기는 **아두이노**Arduino라는 이름을 가진 마이크로컨트롤러가 크게 성공했기 때문이다. 아두이노 플랫폼이 이처럼 성공을 거둔 까닭을 몇 가지 적어보면 다음과 같다.

- 내장 USB 인터페이스와 프로그래머(프로그래밍을 위한 별도의 하드웨어 장치가 필요 없음)
- 프로그램을 쉽게 작성할 수 있도록 도와주며 사용하기 쉬운 통합 개발 환경(IDE)Integrated Development Environment
- 마이크로소프트 윈도우Microsoft Windows, 맥Mac, 리눅스Linux 환경에서 모두 실행 가능
- 간단한 프로그래밍 언어
- '실드shield'라고 하는 확장 모듈(장치)을 쉽게 추가(장착)할 수 있게 만든 표준 GPIO 소켓
- 오픈소스 기반의 하드웨어 설계. 이 덕분에 보드의 회로도를 알 수 있어서 회로의 동작 원리를 이해할 수 있음

아두이노 우노/제누이노

오늘날 아두이노는 다양한 모델로 나와 있는데, 그중 대표적인 모델이 **아두이노 우노**Arduino Uno, 좀 더 정확한 이름으로 **아두이노 우노 리비전3**Arduino Uno revision 3이다. 대부분의 사람들이 아두이노라고 생각하는 것이 바로 이 모델이다. 아두이노의 최초 개발자는 법적 문제를 겪은 후 상표 이름을 아두이노에서 제누이노Genuino로 변경해야 했다. 두 모델은 전기적으로 동일하지만 외관은 약간 다르다. [그림 30-1]은 아두이노 우노이다.

[그림 30-1] **아두이노 우노 보드**

아두이노 우노의 USB 포트는 아두이노를 프로그래밍할 때 사용된다. 또한 이 USB 포트는 아두이노로 컴퓨터와 통신하는 경우에도 사용할 수 있으며, 5 V 전압을 장치에 공급하는 용도로도 쓸 수 있다.

아두이노 우노 보드에는 실제로 두 개의 마이크로컨트롤러가 있다. 메인 마이크로컨트롤러는 ATmega328 칩으로 IC 소켓에 끼워져 있고, 또 하나의 마이크로컨트롤러는 USB 소켓 바로 오른쪽에 있다. 이 마이크로컨트롤러는 USB 인터페이스를 내장하고 있어서 ATmega328에 대해 USB 인터페이스를 제공하는 역할을 한다. USB 인터페이스용 마이크로컨트롤러는 자체적으로 인서킷 시리얼 프로그래밍(ICSP)In-Circuit Serial Programming 헤더를 갖고 있어, 보드 제작 과정에서 그 마이크로컨트롤러 안에 프로그램을 작성해 넣을 수 있다.

아두이노 우노 보드의 왼쪽 위에는 리셋 스위치reset switch가 달려 있다. 이 스위치를 누르면 ATmega328 칩의 RESET 핀이 'LOW'로 떨어지면서 마이크로컨트롤러가 리셋된다.

아두이노 보드의 위쪽 가장자리에는 소켓형(암)female 헤더 핀header pin들이 두 그룹으로 나뉘어 배치되어 있다. 이 핀들은 ATmega328 칩의 GPIO 핀 0~13에 연결되어 있다. 13번 핀은 보드 위에 장착된 LED("L" LED라고 함)에 연결되어 있다. 이것을 이용하면 아두이노 보드 외부에 아무런 부품도 연결하지 않은 상태에서 아두이노의 GPIO 핀을 디지털 출력으로 하여 실험할 수 있으므로 유용하다. 0번 핀과 1번 핀은 TTL 시리얼 연결에 사용되며 USB로 통신하고 프로그래밍하는 데도 사용되므로, 이 두 핀은 다른 용도로 사용하지 않는 편이 좋다.

13번 핀 왼쪽 옆에는 GND라는 이름의 접지 핀과 AREF라는 이름의 핀이 차례대로 위치해 있다. AREF 핀에는 아날로그 입력 범위를 제한할 목적으로 5 V보다 낮은 전압을 연결할 수 있는데 이 기능은 잘 사용하지 않는다. 아두이노 우노는 5 V로 동작하므로 모든 디지털 출력은 'HIGH'일 때 5 V를 내보낸다.

AREF 왼쪽 옆에는 이름이 붙어 있지 않은 두 개의 소켓 핀이 놓여 있다. 이 두 핀은 I^2C 인터페이스에 사용되는 것으로, 각각 SDA 핀과 SCK 핀이라고 한다.

아두이노 보드의 오른쪽 가장자리에 있는 ICSP 헤더 핀들은 ATmega328 칩에 부트로더 bootloader 프로그램을 써넣을 때 사용하기 위한 것이다. ATmega328에 부트로더 프로그램이 설치되면, 그 다음부터는 ATmega328의 프로그래밍을 ICSP 대신 USB로 할 수 있으므로 특수한 프로그래밍 장치가 없어도 ATmega328에 사용자가 작성한 프로그램을 올릴 수 있다.

ATmega328 칩 자체는 IC 소켓에 끼워 넣는 방식으로 아두이노 보드에 장착한다. 이렇게 하면 칩을 쉽게 교체할 수 있다. 그 대신, 뜻하지 않게 핀을 잘못 꽂아 손상되는 일이 없도록 주의를 기울여야 한다. 여러분이 ATmega328 칩을 사용하여 어떤 전자회로 작품을 제작한다면, 아두이노 보드의 소켓에 ATmega328 칩을 끼워 넣어 프로그래밍한 다음, 프로그래밍이 완료된 칩을 빼서 그 전자회로 작품에 장착하면 아두이노 보드 전체를 사용하지 않고도 작품을 개발할 수 있어 효율적이다. ATmega328 칩 대신 부트로더가 이미 프로그래밍된 ATmega328 IC 칩을 구입해서 사용할 수도 있다.

아두이노 보드의 오른쪽 아래 가장자리에는 A0~A5라는 이름을 가진 핀 6개가 배치되어 있다. 주로 아날로그 입력으로 사용하지만 디지털 입력이나 출력으로 사용할 수도 있다. 6개의 핀 오른쪽에는 주로 전원과 관련된 핀들이 배치되어 있다. 아두이노 보드의 동작에 필요한 직류전원을 직류 전원 소켓이나 USB 커넥터로 공급하는 대신, V_{in} 핀과 GND 핀에 안정화되지 않은 7 V~9 V 의 전압을 넣어줄 수도 있다. 이름이 5 V 인 핀과 3.3 V 인 핀은 아두이노 보드에 장착된 전압 안정기$^{voltage\ regulator}$에서 만들어진, 안정화된 5 V 또는 3.3 V 를 공급하는 핀들이다. USB로 전원을 공급받는 경우에는 USB 소켓에서 오는 5 V 를 이용한다.

정확한 타이밍이 필요한 경우, 아두이노 보드는 16 MHz 의 외부 발진기를 사용하여 ATmega328 칩에 클록 주파수를 공급한다.

아두이노 IDE 설정

아두이노 IDE 프로그램은 윈도우, 맥, 리눅스 등 모든 운영체계에서 실행된다. 이 IDE 프로그램으로 아두이노를 작동시키기 위한 프로그램을 작성하고, USB를 통해 아두이노 보드에 올릴 수 있다. 다음 웹사이트에서는 최신 버전의 아두이노 IDE에 대한 정보를 얻을 수 있다.

https://www.arduino.cc/en/Main/Software

소프트웨어가 설치되면 아두이노 IDE를 실행한다. 그리고 [File] 메뉴에서 [Examples] → [01 Basic] → [Blink] 항목을 차례로 선택하면, [그림 30-2]와 같은 창이 화면에 나타난다.

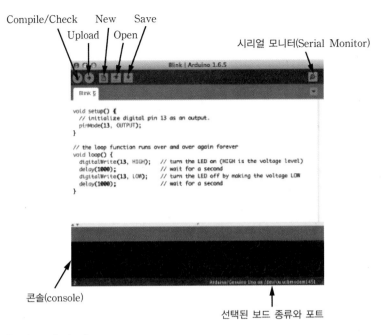

[그림 30-2] 아두이노 IDE

왼쪽 위 모서리에 있는 [Compile/Check] 버튼을 누르면 아두이노 C 코드가 컴파일되는데, 이때 C 코드는 보드에 업로드되지 않는다. [Upload] 버튼을 누르면 먼저 아두이노 C 코드를 컴파일하고 그 결과를 USB를 통해 아두이노로 업로드한다. [New], [Open], [Save]라는 세 버튼은 차례대로 스케치를 '새로 만들고', 기존에 만든 스케치를 '열고', 현재 작업 중인 스케치를 '저장한다'. 스케치는 확장자가 .iso인 파일로 저장된다. 스케치 파일은 자동적으로 스케치 파일과 같은 이름의 폴더 안에 저장된다.

아두이노 IDE 창의 도구 막대(툴바)toolbar 오른쪽 위 모서리에는 [Serial Monitor]라는 아이콘이 있다. 이 아이콘을 누르면 '시리얼 모니터Serial Monitor'라는 별도의 창이 열린다. 이 창을 통해 컴퓨터와 아두이노 사이에 통신이 이루어진다.

[그림 30-2]의 IDE 창 아랫부분에 위치한 콘솔console 영역에는 스케치를 컴파일하거나 아두이노에 업로드하는 과정에서 발생하는 에러 메시지가 표시된다.

LED 점멸 프로그램 작성하기

아두이노 우노는 13번 핀에 'L'이라는 이름이 붙은 작은 LED가 연결되어 있다. 지금부터 이 LED를 깜빡이게 해보자. 그런데 LED의 두 단자를 아두이노 보드의 13번 핀과 접지 사이에 끼워 넣으면 벌써 'L' LED가 깜빡거리는 것을 볼 수도 있다. 이런 상황은 해당 아두이노에 'LED 점멸' 기능을 수행하는 스케치가 설치되어 있기 때문인데, 아두이노는 보통 이렇게 LED 점멸 스케치가 설치된 상태로 출고된다. 그렇다면 지금부터는 이미 설치된 LED 점멸 스케치에서 설정한 속도보다 더 빠른 속도로 깜빡이게 해보자.

IDE를 실행한 다음, 깜빡임이라는 의미를 가진 'Blink'라는 이름의 스케치를 열면 다음과 같은 스케치 프로그램이 나타난다.

```
/*
Blink
  Turns on an LED on for one second, then off for one second, repeatedly.

  Most Arduinos have an on-board LED you can control. On the Uno and
  Leonardo, it is attached to digital pin 13. If you 'e unsure which
  pin the on-board LED is connected to on your Arduino model, check
  the documentation at http://www.arduino.cc

  This example code is in the public domain.

  modified 8 May 2014
  by Scott Fitzgerald
*/

// the setup function runs once when you press reset or power the board
void setup() {
  // initialize digital pin 13 as an output.
  pinMode(13, OUTPUT);
}
// the loop function runs over and over again forever
void loop() {
  digitalWrite(13, HIGH);   // turn the LED on (HIGH is the voltage level)
  delay(1000);              // wait for a second
  digitalWrite(13, LOW);    // turn the LED off by making the voltage LOW
  delay(1000);              // wait for a second
}
```

/* 와 */ 사이에 있는 문장은 '설명문comment'이다. 설명문은 명령어 문장이 아니고 해당 스케치 프로그램이 어떤 기능을 수행하는지 설명하는 내용을 담은 문장이다. 이와 비슷한 기호로 //이 있다. 위 프로그램을 보면 실제 명령문 다음에 // 기호가 달려 있고, 그 기호 다음에는 앞에 있는 명령문이 어떤 동작을 수행하는지 설명하는 내용이 적혀 있다. 이 내용도 역시 명령문이 아닌 '설명문'이다. // 기호를 사용하는 경우, 설명문은 //에서 시작해서 그 줄에서 끝난다.

스케치 프로그램에서 아래쪽에 있는 두 개의 delay(1000)을 모두 delay(200)으로 고친 다음 스케치를 저장한다. 스케치를 저장할 때 IDE는 새로운 파일 이름을 입력하라고 요청할 것이다. 이것은 이 스케치가 내장 프로그램이어서 읽기 전용으로 설정되어 있기 때문이다. 따라서 수정한 스케치를 다른 폴더에 저장한다.

이제 스케치 프로그램을 아두이노 보드에 업로드 해보자. USB 케이블을 사용하여 아두이노 보드를 컴퓨터에 접속한 다음, IDE에 아두이노를 어떤 USB 포트에 연결했는지 알려주어야 한다. 이를 위해 [그림 30-3]과 같이 [Tools] 메뉴에서 'Port'를 선택한 다음, 이어서 나오는 항목 중 (Arduino/Genuino Uno)라는 내용이 적힌 것을 선택한다. 이때, 맥이나 리눅스 컴퓨터를 사용한다면 화면에 표시되는 내용이 [그림 30-3]과 비슷할 것이고, 윈도우 컴퓨터를 사용한다면 COM1, COM2, …와 같이 COM 다음에 숫자가 따라 나올 것이다.

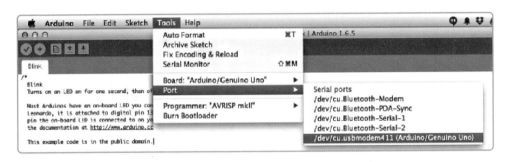

[그림 30-3] 시리얼 포트 선택하기

또한 IDE에 아두이노 보드의 종류도 알려야 하므로, [Tools] 메뉴에서 'Board'를 선택하고, 이어서 'Arduino/Genuino Uno'를 차례로 선택한다.

[Upload] 버튼을 클릭하면 스케치 프로그램이 컴파일되고, 이어서 ATmega328의 플래시 메모리에 그 결과가 업로드되는 동안 TX와 RX라는 이름의 LED들이 몇 초 동안 깜빡이는 것을 볼 수 있다. 업로드가 완료되면 'L' LED가 매우 빠른 속도로 깜빡이는 것을 보게 될 것이다.

프로그래밍의 기초

지금부터 아두이노 프로그래밍의 기초에 대해 살펴보자.

아두이노에서 프로그램을 가리키는 용어인 '스케치sketch'는 컴퓨터에서 실행하는 명령문들을 담고 있는 텍스트 파일이다. 아두이노에서 사용하는 명령어들은 C 언어라는 프로그래밍 언어다. 스케치에서는 명령문들이 순서대로 실행된다. 마이크로컨트롤러는 한 번에 한 명령문만 실행할 수 있다. 예를 들어 다음 네 줄의 명령문들은 LED를 깜빡이게 한다.

```
digitalWrite(13, HIGH); // turn the LED on (HIGH is the voltage level)
delay(200);             // wait for a second
digitalWrite(13, LOW);  // turn the LED off by making the voltage LOW
delay(200);
```

이 명령문들은 따로 설명하지 않아도 쉽게 이해할 수 있으며, 명령문 다음에 적혀 있는 설명문을 보면 더욱 더 그렇다. 두 번째 줄의 'wait for a second'는 우리가 지연시간delay을 변경했기 때문에 이제 틀린 설명이 됐다. 이 설명문은 'wait for 200 milliseconds($1/5$ of a second)'로 바꿔야 한다. 이 스케치의 구조에 대해서는 다음 절에서 조금 더 자세히 살펴볼 것이다. 지금은 이 프로그래밍 언어들이 차례대로 하나씩 수행된다는 사실을 이해하는 것이 중요하다.

사실 ATmega328 마이크로컨트롤러의 플래시 메모리 속에 들어가는 것은 위와 같은 프로그램의 명령문 텍스트가 아니라 이를 컴파일하여 만든 결과다. 다시 말해, 아두이노 IDE는 우리가 타이핑한 명령문 텍스트를 컴파일하여 간결한 기계어로 만들고, ATmega328의 부트로더 프로그램은 이 기계어를 ATmega328의 플래시 메모리 속에 써넣는다.

setup과 loop 함수

LED 점멸 프로그램에서 설명문을 제외시키면, 다음과 같이 실제 실행되는 프로그램 명령문들만 남게 된다.

```
void setup() {
  pinMode(13, OUTPUT);
}
void loop() {
  digitalWrite(13, HIGH);
  delay(200);
  digitalWrite(13, LOW);
  delay(200);
}
```

이 프로그램을 살펴보면 두 개의 블록('함수^{function}'라고 함)으로 구성되어 있다. 첫 번째 블록은 void setup {으로 시작하고 }로 끝난다. 이 블록의 두 괄호 { } 사이에는 명령문이 한 줄만 들어 있다. 이 명령문은 13번 핀을 출력으로 설정한다. 다른 경우에는 setup { } 안에 여러 줄의 명령문이 들어 있을 수 있다. setup 함수는 아두이노가 리셋될 때 한 번만 실행된다.

두 번째 함수는 loop인데 이 함수는 계속해서 되풀이된다. 괄호 { } 안에서 맨 마지막 줄의 명령문 실행이 완료되면 다시 맨 첫줄로 돌아간다. 루프 함수 내의 각 줄에 있는 명령문 뒤에 세미콜론(;)이 찍혀 있다는 데 주목하기 바란다.

loop 함수 속 네 줄의 명령문 중에서 첫줄은 digitalWrite 멍령에 의해 13번 핀을 'HIGH'로 만든다. 둘째 줄의 delay 명령은 아두이노 프로세서로 하여금 $200\,\mathrm{ms}$, 즉 $\frac{1}{5}$ 초 동안 아무 것도 하지 않고 기다리게 만든다. 셋째 줄은 digitalWrite 명령으로 13번 핀을 'LOW'로 만들고, 넷째 줄의 명령으로 $200\,\mathrm{ms}$를 기다린 다음, 다시 첫째 줄의 명령으로 돌아가 또 다시 네 줄의 명령문이 되풀이해서 실행된다.

변수와 상수

변수^{variable}는 프로그래밍에서 가장 중요한 개념 중 하나다. 변수를 사용하면 값^{value}에 이름을 부여할 수 있다. 예를 들어, 앞서 'Blink' 스케치에서는 13번 핀을 계속해서 온, 오프시켰지만, 13번 핀 대신 10번 핀을 사용하여 같은 작업을 수행해보자. 이렇게 하려면 스케치 안의 명령문 텍스트에 들어 있는 모든 '13'을 '10'으로 바꿔야 한다. 'Blink' 스케치의 경우에는 세 번밖에 되지 않으므로 괜찮다. 그러나 이보다 훨씬 길고 복잡한 스케치에서는 핀 번호를 바꿔야 하는 곳이 매우 많을 것이고, 그중 하나만 제대로 바꾸지 않아도 버그(오류)^{bug}가 발생한다. 또한 이런 버그를 찾아서 고치려면 시간이 한참 걸린다.

이러한 문제를 피하는 좋은 방법이 변수를 사용하여 핀에 이름을 부여하는 것이다. 이렇게 하면 좋은 점이 또 하나 생긴다. 즉 스케치 프로그램의 명령문에서 핀 이름을 보면 핀을 숫자로 표시했을 때보다 해당 핀의 용도가 무엇인지 이해하기가 쉬워진다. 숫자만으로는 용도를 정확하게 알기 어렵기 때문이다. 다음에 나타낸 'Blink_var' 스케치에서는 변수를 사용하여 LED 핀을 정의하는 방법으로 'Blink' 스케치를 개선했다. 바뀐 부분은 알아보기 쉽도록 굵게 표시했다. 여러분이 명령어를 직접 타이핑하는 것은 귀찮고 또 잘못 칠 수도 있으므로, 다음 웹사이트에서 내려받기 바란다.

이 웹사이트에서 [Download ZIP] 버튼을 클릭하여 내려받기한다. 다음으로 적당한 위치에 내려받은 zip 파일의 압축을 푼다. 내려받은 각 스케치 파일의 내용을 보면 맨 위에 해당 스케치가 어떤 프로그램인지 알 수 있는 설명문이 적혀 있다.

```
// blink_variable
int ledPin = 13;

void setup() {
  pinMode(ledPin, OUTPUT)
}
void loop() {
  digitalWrite(ledPin, HIGH)
  delay(200);
  digitalWrite(ledPin, LOW)
  delay(200);
}
```

지연시간 값을 변수로 지정하여 프로그램을 다시 작성하면 다음과 같다.

```
int ledPin = 13;

int blinkDelay = 200;
void setup() {
  pinMode(ledPin, OUTPUT);
}
void loop() {
  digitalWrite(ledPin, HIGH);
  delay(blinkDelay)
  digitalWrite(ledPin, LOW);
  delay(blinkDelay)
}
```

변수 이름은 반드시 한 단어로 되어야 하며 중간에 공백이 있으면 안 된다. 관습적으로 첫 문자는 소문자로 시작하며 중간에 대문자를 사용하여 한 단어상의 다른 부분과 구별하기도 하는데, 이 방식은 변수의 의미를 설명하는 데 유용하다. 이 예에서 사용한 변수의 의미를 잘 알 수 있게 쓴다면(문법(규칙)과 관습을 무시하고) 'LED pin'과 같은 식이 되겠지만, 이렇게 하면 첫 문자가 대문자이고 중간에 공백이 있으므로 관습과 문법에 어긋난다.

따라서 이 예에서는 변수 이름을 ledPin으로 표시하여 첫 문자를 소문자로 하고 중간에 공백을 없애서 한 단어로 만들었다. 대신 P를 대문자로 써서 앞부분과 구별되도록 하여 읽기 쉽게 만들었다.

변수는 setup 블록을 작성하기 전에 프로그램 맨 처음에 정의해준다. int라는 단어는 integer(정수)의 줄임말로, 해당 변수는 정수를 저장한다는 것을 나타낸다. 나중에 다른 정수 외에 다른 변수 유형도 보게 될 것이다.

앞의 예제에서는 ledPin과 blinkDelay라는 두 변수를 일단 정의하여 특정 값을 할당한 후, 나중에 프로그램에서 두 변수의 값을 변경하는 명령을 한 번도 사용하지 않았다. 따라서 이 경우에는 두 변수가 **상수**constant나 마찬가지의 역할을 했다고 볼 수 있다. 그러므로 이 경우에는 다음과 같이 const라는 단어를 변수 앞에 써서, 아두이노 컴파일러에 이들 변수가 상수라는 것을 알릴 수 있다.

```
const int ledPin = 13;
const int blinkDelay = 200;
```

이 명령문의 경우 const를 써넣지 않아도 프로그램은 잘 동작한다. 그렇지만 const를 써줌으로써 이 명령문을 읽는 사람은 이들 두 변수가 나중에 프로그램에서 값이 바뀌지 않을 것임을 예측할 수 있다. 또한 컴파일러가 이 명령어들을 컴파일하면 좀 더 효율적이고 간결한 기계어 명령어가 만들어지므로, 프로그램 사이즈가 작아져 프로그램이 실행되는 동안 RAM 사용량이 절약된다.

▌시리얼 모니터

아두이노가 현재 어떤 일을 하고 있는지 알기 어려울 때가 있다. 보드에 장착된 LED가 깜빡이는 경우라면 아두이노가 무얼 하는지 알 수 있겠지만, 소프트웨어에 문제가 있으면 무엇이 잘못되었는지 알아내기 힘들 수 있다. USB 인터페이스는 컴퓨터에서 아두이노로 스케치 프로그램을 올리는 데 사용하지만, 아두이노가 컴퓨터와 통신하면서 변수의 값을 피드백해주고 프로그램이 어떤 작업을 실행하고 있는지 알려주는 데도 사용할 수 있다.

시리얼 모니터를 시험해보기 위해 'Blink' 스케치를 다음과 같이 수정해보자.

```
// blink_serial_monitor
void setup() {
  pinMode(13, OUTPUT);
  Serial.begin(9600);
}
void loop() {
  Serial.println( " "on " " );
  digitalWrite(13, HIGH);
  delay(200);
  Serial.println( " "off " " );
  digitalWrite(13, LOW);
  delay(200);
}
```

setup 블록 안에 새로 추가한 명령문에 의해, 컴퓨터에서 실행되고 있는 아두이노 IDE의
시리얼 모니터와 아두이노 사이의 직렬 통신이 괄호 안에 써넣은 보 레이트로 시작된다.
디폴트 보 레이트는 9600이다. 9600을 다른 값으로 바꿔 보 레이트 값을 더 높거나 낮은
값으로 변경할 수 있다. 또는 시리얼 모니터상의 오른쪽 아래에 있는 보 레이트 드롭다운
리스트drop-down list를 마우스로 눌러 보 레이트 값을 선택하는 방식으로 변경할 수도 있다.

loop 함수 안에는 새롭게 추가한 명령문 두 줄이 있다. 두 명령문은 시리얼 통신을 통해
시리얼 모니터로 각각 on과 off라는 글자를 전달한다. 이제 아두이노에 스케치를 올려보
자. 그러면 스케치의 내용을 바꾸기 이전과 다름없이 동작할 것이다. 하지만 아두이노 IDE
화면상의 시리얼 모니터 아이콘을 클릭하면 시리얼 모니터가 열리면서 [그림 30-4]와 같
은 화면이 나타날 것이다. LED가 켜지고 꺼질 때마다 시리얼 모니터 화면에는 on과 off
글자가 나타난다.

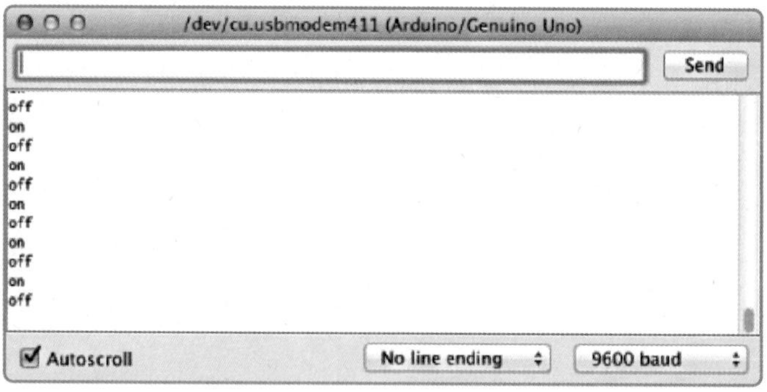

[그림 30-4] 시리얼 모니터
```
○ ○ ○       /dev/cu.usbmodem411 (Arduino/Genuino Uno)
┌────────────────────────────────────────────┐ ┌──────┐
│ │                                            │ │ Send │
└────────────────────────────────────────────┘ └──────┘
off
on
off
on
off
on
off
on
off
on
off

☑ Autoscroll            No line ending ▾       9600 baud ▾
```

Serial.println 명령어의 괄호 안에 들어 있는 값인 on과 off를 string(문자열)이라고 한다. C 언어는 이런 식으로 문자를 표시한다. 프로그래밍을 해본 경험이 있는 사람은 string의 개념을 잘 알고 있고 이를 많이 사용해봤을 것이다. string은 아두이노를 구동하는 프로그램 작성 시 잘 사용되지 않는데, 이는 아두이노가 주로 문자를 표시하는 장치가 없는 분야에 응용되기 때문이다. 물론 아두이노를 컴퓨터와 같이 표시장치(모니터)가 있는 장비와 통신하는 데 사용하거나 아두이노에 표시장치를 부착한 경우는 예외다.

▌ if 명령

프로그램이 실행되면 명령들은 순서대로 하나씩 수행되는 것이 일반적이다. 그러나 때때로 어떤 조건이 '참'일 때만 명령이 수행되도록 할 필요가 있다. 한 예로, 아두이노의 디지털 입력에 연결된 스위치가 눌릴 때만 특정 명령들이 수행되도록 하고 싶은 경우가 있을 것이다. 또 다른 예로, 온도 센서에서 측정된 온도가 어떤 값보다 클 때만 디지털 출력에 'HIGH'를 내보내고 싶은 경우도 있을 수 있다. 이런 경우에 사용하는 것이 if 명령이다. 온도 데이터 값을 저장하는 변수 temperature를 정의한 후, 다음과 같은 프로그램을 작성해보자.

```
if (temperature > 90) {
  Serial.println("Its hot!");
}
```

변수 temperature가 값을 어디서 얻는지 지금 당장은 생각하지 않아도 된다. 여기서 중요한 것은 if 명령의 구조이다. if 다음에 오는 괄호 ( ) 안의 문장은 '조건condition'이라고 한다. 이 예에서 조건은 "변수 temperature의 값이 90보다 크다(>)"이다. 그 다음에 나오는 { 는 명령어 블록의 시작을 나타낸다. 괄호 { } 속에 있는 모든 명령문은 temperature 값이 90보다 클 때만 실행된다. Serial.println("Its hot!"); 명령문은 if 명령에 속해 있는 명령문임을 나타내기 위해 오른쪽으로 들여쓰기가 되어 있다.

▌ 반복(iteration) 명령

if 명령 외에 일련의 명령들을 순서대로 실행하지 않는 방식이 또 있는데, 바로 이 일련의 명령들을 여러 번 되풀이하는 것이다. 아두이노 스케치에서 loop 함수는 그 안에 들어 있는 명령들을 무한히 반복하지만, 반복하는 횟수를 지정해주어야 하는 경우도 있다.

어떤 명령을 정해진 횟수만큼 반복하는 C 언어 명령으로 for 명령이 있다. 다음 스케치는 for 명령을 사용하여 1부터 10까지의 숫자를 시리얼 모니터에 전송하는 프로그램이다.

```
// count_to_ten_once
void setup() {
  Serial.begin(9600);
  for (int i = 1; i <= 10; i++) {
    Serial.print(i);
  }
}

void loop() {
}
```

이 프로그램은 아두이노가 1부터 10까지 한 번만 세도록 하기 위해 for 루프를 setup 블록 안에 집어넣었다. 1부터 10까지 반복해서 세도록 하려면 for 루프 괄호 ( ) 안의 세 줄을 현재 비어 있는 loop 함수 속으로 옮겨 프로그램을 다음과 같이 써주어야 한다.

```
// count_to_ten_repeat
void setup() {
  Serial.begin(9600);
}

void loop() {
  for (int i = 1; i <= 10; i++) {
    Serial.println(i);
  }
}
```

for 명령 다음에 있는 괄호 ( ) 안에는 짧은 명령문 세 개가 세미콜론(;)으로 분리되어 있다. 이 짧은 명령문을 **스니펫**(짧은 토막)^{snippet}이라고 한다. 첫 번째 스니펫 명령은 변수 i를 정의하고, 두 번째 명령은 루프 안에 있기 위한 조건(즉, 반복 조건)이다. 이 예에서는 i가 10보다 작거나 같은 동안에는 루프 안에서 명령이 계속 실행된다. 마지막 스니펫 명령 i++는 루프를 한 번 돌 때마다(전체 명령어가 한 번 되풀이될 때마다) i의 값에 1을 더하라 (1씩 증가시키라)는 것이다. for 루프의 괄호 { } 사이에 있는 명령문들은 i가 10이 될 때까지 반복해서 실행된다.

마지막으로 루프가 실행되면, 시리얼 모니터 화면에는 [그림 30-5]와 같이 1에서 10까지 의 숫자가 표시된다.

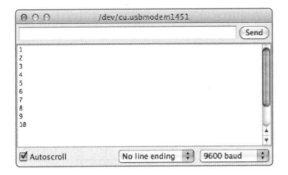

[그림 30-5] 1~10까지 헤아린 결과가 출력된 시리얼 모니터 출력

C 언어에서 사용되는 또 다른 루프 명령으로 while 루프가 있는데, 가끔 매우 유용하다.

while 명령은 언뜻 보면 if 명령과 상당히 유사하다. 그러나 조건이 '참'일 때 괄호 { } 안에 있는 명령문들이 실행되는 if 명령과 달리, while 명령에서는 조건이 '참'인 동안 괄호 안의 명령이 계속 반복되어 실행되다가 조건이 '거짓'이 되면 실행을 멈춘다. while 루프의 실행이 멈추면 바로 while 루프 바로 다음에 있는 명령문이 이어서 실행된다.

while 명령을 사용해서 앞에 나온 프로그램을 다시 쓰면 다음과 같다.

```
// count_to_ten_once_while
void setup() {
  Serial.begin(9600);
  int i = 1;
  while (i <= 10) {
    Serial.println(i);
    i++;
  }
}

void loop() {
}
```

여기서 변수 i는 루프가 시작되기 전에 정의된다.

함수

함수function는 명령문들을 모아놓은 블록에 어떤 이름이 붙어 있는 것을 말한다. 모든 스케치에는 setup 함수와 loop 함수가 사용되는데, 사용자 스스로가 함수를 정의하여(만들어)

사용할 수도 있다. 스케치를 작성하면서 몇 줄의 명령문을 여러 곳에서 되풀이해 사용해야 하는 경우가 있다고 하자. 한 무리의 명령문을 되풀이해서 사용하는 대신 이들을 함수로 정의한다. 이렇게 만든 함수를 사용하면 프로그램을 더 쉽게 이해할 수 있다. 다음 스케치 예를 보면 blink라는 사용자 정의 함수를 사용하여 'L' LED 핀(13번 핀)을 10번 깜빡이고 있다.

```
// blink_function_broken
const int ledPin = 13;
void setup() {
  pinMode(ledPin, OUTPUT);
}

void loop() {
}

void blink() {
  for (int i = 1; i <= 10; i++) {
    digitalWrite(ledPin, HIGH);
    delay(1000);
    digitalWrite(ledPin, LOW);
    delay(1000);
  }
}
```

이 스케치 프로그램을 실행시켜도 실제로는 LED가 깜빡이지 않는다. 정의(작성)된 blink 함수를 보면 여러 개의 명령들이 들어 있는데, 이들이 실행되기 위해서는 스케치 프로그램에서 이 함수를 호출해야 한다. 하지만 이 스케치를 보면 어느 곳에서도 blink 함수를 실제로 호출하지 않고 있다.

어떤 함수를 정의하는 것과 그 함수를 실행하는 것의 차이를 구분하는 것은 매우 중요하다. blink 함수를 정의한 것은 LED를 깜빡이게 하기 위해 필요한 명령들을 모아 놓고 거기에 이름을 붙인 것일 뿐, 스케치의 어느 곳에서도 실제로 LED를 깜빡이라는 지시를 내리지 않은 것이다. 비유하자면 어떤 사람에게 커피를 만드는 방법이 적힌 설명서를 주었지만, 그 사람에게 실제로 커피를 만들라고 지시를 내리지 않은 것이다.

이 문제를 해결하여 LED가 실제로 깜빡이게 하려면 다음 스케치 프로그램과 같이 setup 에 굵은 글씨로 표시된 명령을 추가하면 된다.

```
// blink_function
const int ledPin = 13;
void setup() {
  pinMode(ledPin, OUTPUT);
  blink();
}
void loop() {
}

void blink() {
  for (int i = 1; i <= 10; i++) {
    digitalWrite(ledPin, HIGH);
    delay(1000);
    digitalWrite(ledPin, LOW);
    delay(1000);
  }
}
```

사용자가 정의한(만든) 함수는 스케치 프로그램 안에서 어느 위치에 들어가도 상관없지만, 보통은 setup 함수와 loop 함수 다음에 놓는다. blink 함수를 실행, 즉 '호출call'하기 위해서는 함수 이름을 사용하면 된다. 이때는 함수 이름 다음에 괄호 ( )를 붙인다.

위에서 만든 blink 함수는 유연성이 전혀 없다. 즉 깜빡이는 횟수는 10번이며 ledPin이 가리키는 핀에 연결된 장치만 깜빡일 수 있고, 지연delay 값이 고정되어 있어서 깜빡이는 속도도 정해져 있다. 이 함수를 좀 더 유연성 있고 다양한 용도로 쓸 수 있게 하려면, 다음 과 같이 파라미터를 사용하여 함수를 제어한다.

```
// blink_function_params
const int ledPin = 13;

void setup() {
  pinMode(ledPin, OUTPUT);
  blink(ledPin, 20, 200)
}

void loop() {
}

void blink(int pin, int times, int period) {
  for (int i = 1; i <= times i++) {
    digitalWrite(pin, HIGH);
```

```
    delay(period);
    digitalWrite(pin, LOW);
    delay(period);
  }
}
```

바뀐 부분은 알아보기 쉽도록 굵은 글씨로 표시했다. 첫 번째로 바뀐 명령문을 보면, setup 블록 안의 blink를 호출하는 명령에서 괄호 안에 세 가지 항목이 쉼표로 구별되어 있다. 이 항목들을 **파라미터**parameter라고 한다. 어떤 함수를 이처럼 파라미터를 사용하여 호출하면 그 함수 속으로 파라미터들이 전달된다. 이 예에서 괄호 안의 첫째 파라미터는 깜빡일 핀(이 경우, ledPin)이다. 둘째 파라미터는 깜빡일 횟수, 마지막 파라미터는 핀을 온하고 오프하는 사이의 지연시간이다.

함수의 파라미터는 그 함수 블록 안에서만 사용되기 때문에 **지역변수**local variable라고 한다. 따라서 함수를 호출하고 첫째 파라미터를 ledPin으로 써주면, ledPin의 값이 함수 내부에 있는 pin이라는 지역변수로 전달된다. 지역변수는 그 함수 속에서만 사용할 수 있다. 반면에 ledPin과 같은 변수들은 스케치 프로그램의 어느 곳에서든 사용할 수 있으므로 **전역변수**global variable라고 한다.

데이터 유형

아두이노에서 int로 정의되는 변수는 2바이트의 데이터를 사용한다. 대부분의 변수는 데이터 유형이 int이다. int형 변수의 값의 범위는 −32768 ~ 32767이므로 −32768보다 작은 수나 32767보다 큰 수를 나타내기에는 충분하지 않다. 이 경우 데이터 유형 중에서 long을 사용한다. long형은 4바이트의 데이터를 사용하므로 더욱 큰 수를 나타낼 수 있다.

int형을 사용할 수 없는 또 다른 경우는, 소수점 아래에 자릿수를 가진 숫자인 실수real number를 나타낼 때다. 데이터 유형 중 float형은 이진수를 사용하여 과학표기법으로 숫자를 나타낸다. 즉 수를 **가수**(멘티사)mantissa와 **지수**exponent로 분리한다. 이렇게 하면 값의 범위가 매우 넓어지지만 대신 정밀도가 제한된다.

수를 0 대신 0.0으로 표시하면 이 수가 정수integer가 아닌 실수real number임을 확실히 나타내는 데 도움이 된다. [표 30-1]은 여러 가지 데이터 유형을 정리해서 나타낸 것이다.

[표 30-1] 아두이노 C에서 사용되는 데이터 유형

데이터 유형	메모리 (바이트 수)	범위	내용
boolean	1	참(1) 또는 거짓(0)	
char	1	−128~+128	문자의 ASCII 코드(부호)를 나타내는 데 사용된다. 예를 들어 A는 65로 표시된다. 일반적으로 음수는 사용되지 않는다.
byte	1	0~255	시리얼(직렬) 데이터를 통신하는 데 주로 사용된다.
int	2	−32768~+32767	
unsigned int	2	0~65536	음수가 필요 없는 경우 정밀도를 높이는 데 사용될 수 있다. int로 산술연산하는 경우에는 이상한 결과가 나올 수도 있으므로 주의해야 한다.
long	4	−2,147,483,648~ 2,147,483,647	아주 큰 수를 나타내는 경우에만 사용한다.
unsigned long	4	0~4,294,967,295	unsigned int와 동일하다.
float	4	−3.4028235E+38~ + 3.4028235E+38	
double	4	float과 동일	8바이트가 사용되기도 하며 float보다 수의 범위가 넓고 정밀도가 높다. 그러나 아두이노에서는 float과 동일하다.

지금까지는 변수의 데이터 유형으로 int만 사용했다. int형은 다음과 같이 정의한다.

$$int\ x = 0;$$

변수의 초깃값$^{initial\ value}$은 데이터 유형을 정의한 다음, 등호(=)를 사용하여 지정할 수 있다. 초깃값을 할당하지 않고 단지 데이터 유형만 정의해도 되지만, 변수 값을 지정해주지 않으면 어떤 값이 들어갈지 모르므로 초깃값을 지정해주는 것은 좋은 프로그래밍 방법이다.

float형 변수는 다음과 같이 정의한다.

$$float\ x = 0.0;$$

일반적으로 데이터 유형이 다른 수끼리(예를 들어, int형과 float형) 계산하는 경우에는 컴파일러가 알아서 데이터 유형을 변경한다.

예를 들어, 다음 프로그램을 실행하면 계산 결과로 25,000,000.00을 얻을 수 있다.

```
// calc_1
void setup() {
  Serial.begin(9600);
  float x = 5000.0;
  int y = 5000;
  float result = x * y;
  Serial.println(result);
}

void loop() {
}
```

그런데 계산 과정에서 나오는 수가 int형 데이터의 범위보다 클 경우, 이상한 결과가 나올 수 있다. 다음 프로그램을 살펴보자.

```
// calc_2
void setup() {
  Serial.begin(9600);
  int x = 500;
  int y = 500;
  int result = (y * x) / 1000;
  Serial.println(result);
}

void loop() {
}
```

이 경우, 예상되는 답은 250, 다시 말해 $\frac{250,000}{1,000}$ 을 계산한 결과다. 그러나 실제로 이 스케치를 실행하면 -12라는 결과가 나온다. 이렇게 된 이유는 프로그램에서 수행되는 첫 번 계산인 500 곱하기 500을 한 결과가 250,000으로 int형이 처리할 수 있는 수의 범위를 넘어섰기 때문이다. C 언어에서는 어떤 수가 데이터 유형의 범위를 넘어서면 음수로 넘어가므로, 이 예에서와 같이 이상한 결과가 나오게 된다.

정리하면, 산술 연산할 경우에는 데이터 유형이 가진 수의 범위를 벗어나는 큰 수가 나오지 않는지, 특히 중간 계산 과정에서도 이런 일이 발생하지 않는지 항상 생각하면서 거기에 맞게 충분히 큰 범위를 가진 데이터 유형을 사용해야 한다.

GPIO 핀과의 인터페이스

아두이노의 GPIO 핀을 사용하는 경우에는 몇 가지 내장 함수들을 사용해 원하는 핀을 입력 핀 또는 출력 핀으로 설정한다. 입력 핀으로 설정된 경우 그 핀의 값을 읽어 들이고, 출력 핀으로 설정된 경우 그 핀으로 값을 내보낼 수 있다.

핀 모드 설정

별도로 지정해주지 않으면 아두이노의 핀은 입력으로 동작하는데, 이때 핀의 풀업 저항은 활성화(동작)^{active}되지 않은 상태다. pinMode 명령을 사용하면 어떤 핀을 입력 또는 출력으로 설정하고 풀업 저항을 활성화 또는 비활성화시킬 수 있다.

핀의 모드(동작 방식)^{mode}는 보통 setup 함수로 설정한다. 핀의 모드는 스케치가 실행되는 과정에서 프로그램에 의해 언제든 바뀔 수 있다.

내장함수인 pinMode는 두 개의 파라미터를 갖고 있다. 첫째 파라미터는 핀의 번호이고, 나머지 파라미터는 핀의 **모드**이다. 모드는 INPUT, INPUT_PULLUP, OUTPUT 중 하나로 써야 하는데, 이들은 아두이노 C에서 상수^{constant}로 정의되어 있다.

디지털 값 읽기

입력 핀의 디지털 값을 읽는 데 사용되는 내장함수는 digitalRead이다. 이 함수의 파라미터에 핀 번호를 지정해주면 0 또는 1 값이 **반환된다**(얻어진다)^{return}. 값을 반환한다는 말은 디지털 입력 핀의 값을 읽은 결과를 어떤 변수에 할당할 수 있다는 의미다. 다음 스케치 프로그램을 살펴보자.

```
// digital_read
const int inputPin = 7;

void setup() {
  Serial.begin(9600);
  pinMode(inputPin, INPUT);
}

void loop() {
  int x = digitalRead(inputPin);
  Serial.println(x);
  delay(1000);
}
```

변수 x는 loop 함수 내부에서 정의되어 있으므로 이 함수 안에서만 사용할 수 있는 지역변수다. digitalRead 함수를 호출한 결과는 변수 x에 할당되는데, 입력 핀(여기서는 7번 핀)이 HIGH면 x 값은 1이 되고, LOW면 x 값은 0이 된다. HIGH와 LOW는 아두이노에서 상수로 정의되어 있는 특수한 변수이므로, 숫자 1과 0 대신 이들 두 변수를 각각 사용할수 있다.

스위치를 사용해 불을 켜고 싶으면 아두이노의 7번 핀에 스위치를 부착하고, 다음 프로그램을 설치한다. 그러면 스위치가 눌릴 때, 아두이노 보드에 설치된 'L' LED에 불이 들어온다.

```
// digital_read_switch
const int switchPin = 7;
const int ledPin = 13;

void setup() {
  pinMode(switchPin, INPUT_PULLUP);
  pinMode(ledPin, OUTPUT);
}

void loop() {
  if (digitalRead(switchPin) == LOW) {
    digitalWrite(ledPin, HIGH);
  }
  else {
    digitalWrite(ledPin, LOW);
  }
}
```

바로 이전 예에서는 변수를 사용하여 digitalRead 명령으로 읽은 결과를 저장했는데, 이번 스케치에서는 이렇게 하는 대신 digitalRead 함수를 if 명령의 조건문에 직접 사용한다. if 명령의 조건문에서 두 값이 같은지 비교하는 데는 단일등호(=)가 아닌 이중등호(==)를 사용해야 한다. 단일등호(=)는 변수에 값을 할당하는 데 사용하는 것이므로 혼동하지 않도록 주의한다. 디지털 입력 핀은 풀업 저항이 달려 있어서 평소에는 HIGH 상태로 있다가 스위치를 누를 때만 LOW로 떨어진다. 따라서 if 명령의 조건문에서 digitalRead 함수를 호출한 결과가 LOW로 되면 '참'이 된다.

이번 스케치에는 if 명령문에 else 블록이 있다. 이 부분은 if 조건이 참이 아닌 경우 실행된다. 물론 이번 예는 아두이노 없이도 구현할 수 있다. 즉 스위치, LED, 전류제한용 저항을 모두 직렬로 연결하고 여기에 전원을 인가하면 된다.

누를 스위치push switch를 누를 때마다 LED가 온on과 오프off 사이를 왔다 갔다 하도록 하고 싶다면 LED의 마지막 상태가 온인지 오프인지 기록하는 변수, 즉 LED의 상태state를 저장해놓는 변수를 사용해야 한다. 다음은 이렇게 상태를 기록하는 변수를 사용하여 다시 작성한 스케치 프로그램이다.

```
// digital_read_toggle
const int switchPin = 7;
const int ledPin = 13;

int ledState = LOW;

void setup() {
  pinMode(switchPin, INPUT_PULLUP);
  pinMode(ledPin, OUTPUT);
}

void loop() {
  if (digitalRead(switchPin) == LOW) {
    ledState = ! ledState;
    digitalWrite(ledPin, ledState);
    delay(100);
    while (digitalRead(switchPin) == LOW) {}
  }
}
```

이제 digitalRead가 눌린 스위치를 감지하면 변수 ledState의 값은 not(!) 명령에 의해 바뀐다. 즉 ledState의 값은 현재 설정된 값의 반대가 되므로, 현재 값이 LOW면 HIGH로, HIGH면 LOW로 된다.

그리고 digitalWrite 함수는 출력을 새로 바뀐 ledState 값으로 설정한다. 스위치를 누르는 동안에는 접점이 닫힘과 열림을 반복하면서 HIGH와 LOW를 왔다 갔다 하는 바운스bounce 현상이 종종 일어난다. 따라서 그 다음에 지연시간을 100 ms 로 하는 명령을 사용함으로써 이 시간 동안 바운스 현상이 사라져 접점이 안정될 수 있도록 충분한 시간을 벌어준다. 그 다음 줄에 있는 while 루프는 ledState의 값이 다시 곧바로 바뀌지 않도록 스위치가 열릴 때까지 기다리게 한다.

디지털 값 쓰기

앞에서 이미 digitalWrite 명령을 사용하여 아두이노 보드에 있는 'L' LED를 켜고 끄는 동작을 실행했다. 이 명령은 두 개의 파라미터를 사용한다. 첫째 파라미터는 핀 번호이고,

다른 파라미터는 그 핀에 쓸 HIGH(1)와 LOW(0) 값이다. 이 명령으로 어떤 핀에 값을 쓰기에 앞서 pinMode 명령으로 그 핀을 디지털 출력으로 설정해야 한다.

아두이노 핀은 ATmega328 마이크로컨트롤러에 손상을 주지 않으면서 40 mA 의 전류를 핀 밖으로 내보내거나 핀 내부로 흘러들어오게 할 수 있다. 이 정도 전류 크기라면 핀에 곧바로 연결된 LED를 구동하는 데 충분하다. 하지만 릴레이(계전기)^{relay}나 직류 모터와 같은 장치를 구동하기에는 충분하지 않으므로, 중간에 전류를 증폭해주는 장치(부품)가 있어야 한다. 아두이노의 핀에 연결된 장치를 온, 오프하기만 하면 되는 경우에는 선형적으로 증폭해줄 필요가 없으므로, 대부분 트랜지스터 하나만으로 간단히 전류를 증폭할 수 있다.

[그림 30-6]을 보면 릴레이를 구동시키는 데 필요한 50 mA ~ 100 mA 의 전류를 NPN 트랜지스터 하나로 릴레이 코일에 공급하고 있다. 저항은 베이스에 흐르는 전류가 40 mA 를 넘지 않도록 150 Ω으로 하는 것이 좋다. 트랜지스터는 값이 저렴한 2N3904가 적합하다. 릴레이 양단에 연결된 다이오드는 릴레이 코일과 같은 유도성 부하$^{inductive\ load}$를 구동할 때 발생하는 아주 큰 전압을 억제하여 트랜지스터가 손상되지 않도록 보호하는 역할을 한다.

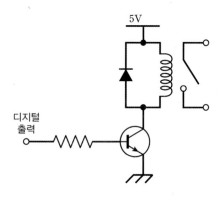

[그림 30-6] **디지털 출력을 이용하여 릴레이 제어하기**

아날로그 입력

아두이노에는 A0~A5까지 이름이 붙은 총 6개의 핀이 있다. 이 핀들은 10비트 아날로그 입력으로 사용된다. 내장 함수인 analogRead는 아날로그 입력 핀에 들어오는 전압의 크기에 따라 0~1023 사이의 숫자를 반환한다. 다음 스케치 프로그램은 입력 핀에 들어오는 전압 값이 시리얼 모니터의 화면에 표시되도록, 입력 핀으로 전압 값을 읽고 수학 연산을 한 다음, 그 결과를 시리얼 모니터로 보낸다.

```
// analog_read
const int analogPin = A0;

void setup() {
  Serial.begin(9600);
}

void loop() {
  int reading = analogRead(analogPin);
  float volts = reading * 5.0 / 1023.0;
  Serial.println(volts);
  delay(1000);
}
```

int형 변수인 reading 값에 5.0을 곱한 다음 1023.0으로 나눈다. 즉 5.0과 1023.0은 소수점이 있으므로 C는 이 두 값을 int형이 아닌 float형 데이터로 취급한다.

시리얼 모니터는 A0 핀으로 들어오는 전압을 1초에 한 번씩 표시한다. 이 스케치 방식을 사용하면 아두이노 보드상의 여러 전압이 실제 얼마인지 측정할 수 있다. [그림 30-7]의 사진을 보면 A0 핀과 GND가 점퍼선^{jumper wire}으로 연결되어 있다.

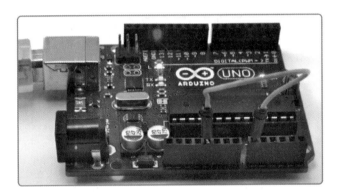

[그림 30-7] 아두이노를 이용하여 자체 전압 측정하기

이런 상태라면 시리얼 모니터로 표시되는 값은 0 V 여야 한다. 이번에는 점퍼선으로 A0 핀과 3 V 핀을 연결한다. 그러면 시리얼 모니터는 3.3 V 또는 이보다 약간 크거나 작은 값을 표시해야 한다. 마지막으로 A0 핀을 아두이노의 5 V 핀에 연결하면 5 V 가 시리얼 모니터의 화면에 표시돼야 한다. [그림 30-8]의 시리얼 모니터 화면은 이 과정을 보여주고 있다.

[그림 30-8] 아날로그 입력으로 측정한 전압값이 표시된 시리얼 모니터

이처럼 전압을 측정할 때는 아날로그 입력에 가할 수 있는 최대 허용 전압인 5 V를 넘지 않도록 주의해야 한다. 최대 허용 전압을 넘는 크기의 전압을 측정해야 할 경우에는 저항 두 개를 사용해 전압 분배기 회로를 구성한다.

아날로그 값 쓰기

아두이노 우노$^{Arduino\ Uno}$의 경우, 진정한 아날로그 출력은 갖고 있지 않다. 그 대신, 29장에서 설명한 **펄스폭 변조**(PWM)$^{Pulse\ Width\ Modulation}$ 출력을 사용하여 아날로그 신호를 내보낸다. 아두이노 우노에 ~3, ~5, ~6, ~9, ~10, ~11로 표시된 핀에는 PWM을 지원하는 하드웨어가 들어 있다.

이들 출력에서 제공하는 펄스의 듀티 사이클은 analogWrite 명령으로 설정한다. 이 명령은 두 개의 파라미터를 사용한다. 첫째 파라미터는 핀 번호, 둘째 파라미터는 0~255 사이의 정수다. 둘째 파라미터 값이 정수 0이면 듀티 사이클이 0으로 되고 출력은 완전히 off 상태가 된다. 반대로 파라미터 값이 255면 출력은 완전히 on 상태가 된다. 이와 같은 analogWrite 명령과 digitalWrite 명령은, 출력 값의 범위가 아날로그는 0~255 사이이고 디지털은 0 또는 1인 것이 다를 뿐, 사용법은 똑같다.

이를 설명하기 위해 [그림 30-9]와 같이 아두이노에 가변저항을 부착하여 LED의 밝기를 조절하는 경우를 살펴보자.

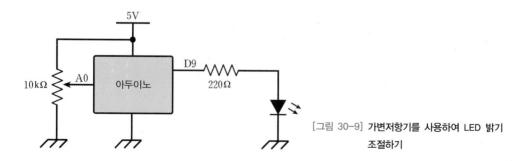

[그림 30-9] 가변저항기를 사용하여 LED 밝기 조절하기

이처럼 기능할 수 있도록, 가변저항기에서 아날로그 입력 핀에 들어오는 0~1023 사이의 값을 읽고, 이 값을 4로 나눠 얻어지는 0~255의 값을 analogWrite로 내보내는 스케치 프로그램은 다음과 같다.

```
// analog_write
const int potPin = A0;
const int ledPin = 9;

void setup() {
  pinMode(ledPin, OUTPUT);
}

void loop() {
  int reading = analogRead(potPin);
  analogWrite(ledPin, reading / 4);
}
```

가변저항기의 조정 손잡이를 돌리면 LED의 겉보기 밝기가 증가한다. 이는 LED로 출력되는 펄스의 폭이 증가하기 때문이다. 이런 방식으로 LED 밝기를 조절하는 것은 LED에 인가하는 전압 크기를 변화시켜 밝기를 조절하는 방식보다 훨씬 우수하다. 그 이유는 LED에 인가하는 전압이 LED를 동작시키는 데 필요한 최소 동작전압(즉, 문턱전압으로 보통 1.6 V)보다 작으면 LED에서 빛이 나오지 않기 때문이다.

아두이노 C 라이브러리

아두이노 라이브러리에는 지금까지 우리가 사용한 명령어를 비롯해 매우 많은 명령어가 있다. 그중 가장 널리 사용되는 명령어를 [표 30-2]에 간추렸다. 아두이노의 모든 명령어에 대해서는 다음 웹사이트에 있는 공식 아두이노 자료에서 살펴볼 수 있다.

http://www.arduino.cc

[표 30-2] 아두이노 라이브러리 함수

명령	사용 예	설명
디지털 입출력		
pinMode	pinMode(8, OUTPUT);	8번 핀을 출력으로 설정한다. 둘째 파라미터로 OUTPUT 자리에 INPUT 또는 INPUT_PULLUP을 쓸 수 있다.
digitalWrite	digitalWrite(8, HIGH);	8번 핀을 HIGH로 설정한다. LOW로 설정하려면 HIGH 자리에 LOW를 써준다.
digitalRead	int i; i = digitalRead(8);	변수 i에 8번 핀의 전압 크기에 따라 HIGH 또는 LOW 값을 할당한다.
pulseIn	i = pulseIn(8, HIGH)	8번 핀에 HIGH 신호가 들어오는 순간부터 LOW가 되는 순간까지 경과한 시간을 ms 단위로 측정하여 반환한다. 여기서는 반환된 값을 변수 i에 할당한다.
tone	tone(8, 440);	8번 핀에 주파수가 $440\,Hz$인 펄스를 발생시킨다.
noTone	noTone(8);	8번 핀에 펄스신호가 출력되는 것을 중지시킨다.
아날로그 입출력		
analogRead	int r; r = analogRead(A0);	변수 r에 0~1023 사이의 값을 할당한다. 이때 A0 핀의 전압이 0 V면 값은 0이 되고, 5 V면 값은 1023이 된다.
analogWrite	analogWrite(9, 127);	9번 핀으로 PWM 신호를 출력한다. 둘째 파라미터는 듀티 사이클을 설정하는 수로 0~255 사이의 값이다. 0은 듀티 사이클 0%를, 255는 100%를 나타낸다. 첫째 파라미터는 아두이노 보드에서 PWM 출력으로 사용할 수 있는 핀 번호(3, 5, 6, 9, 10, 11)여야 한다.
시간 명령		
millis	unsigned long l; l = millis();	아두이노에서 데이터 유형이 long인 변수는 32비트로 표현된다. millis() 명령으로 반환되는 숫자는 바로 이전에 리셋된 때부터 경과된 시간으로 단위는 ms이다. 경과시간은 대략 50일이 지나면 다시 0으로 돌아가 측정된다.
micros	long l; l = micros();	측정 단위가 μs인 것을 제외하면 mills 명령과 동일하다. 대략 70분이 지나면 다시 0으로 돌아간다.
delay	delay(1000);	$1,000\,ms$, 즉 1초 동안 지연된다(아무 동작도 수행하지 않는다).
delayMicroseconds	delayMicroseconds(100000);	$100,000\,\mu s$ 동안 지연된다. 최소 지연시간은 $3\,\mu s$이며 최대 지연시간은 $16\,ms$이다.
인터럽트		
attachInterrupt	attachInterrupt(1, myFunction, RISING);	interrupt 1(우노의 D3)이 상승할 때(LOW에서 HIGH로 변할 때)rising 이름이 myFunction인 함수를 호출한다.
detachInterrupt	detachInterrupt(1);	interrupt 1을 해제(중단)한다.

라이브러리

아두이노 IDE는 라이브러리[library] 개념을 사용하여 스케치에서 사용되는 명령어를 정리해 놓았다. 이들 라이브러리에는 여러 사용자들이 작성하여 공유하는 프로그램 명령들이 들어 있다. 그래서 특정한 종류의 하드웨어 장치와 더 쉽게 인터페이스할 수 있다.

예를 들어, 아두이노 ID에는 사용자가 이용할 수 있는 많은 라이브러리들이 이미 설치되어 있다. 통상적으로 라이브러리에는 몇 개의 예제 스케치가 들어 있어서, 처음 라이브러리를 사용하는 사람들이라면 이를 참조하여 프로그래밍을 쉽게 시작할 수 있다. IDE 메뉴에서 [Filc]과 [Example]을 차례로 선택하면 아두이노 IDE에 포함된 라이브러리의 내용을 알 수 있다([그림 30-10] 참조)

[그림 30-10] 라이브러리의 예제 스케치

펼쳐진 예제 목록들은 두 부분으로 나뉘는데, 위쪽 절반의 예제 목록은 라이브러리와 관계가 없지만 나머지 아래쪽 절반은 라이브러리와 관련된 것이다. 예를 들어, 아두이노가 리셋될 때 저장된 값이 사라지지 않고 계속 남아 있게 하기 위해 EEPROM 라이브러리를 사용할 수 있다. 다음은 'eeprom_clear'라는 스케치다. 편의상 원래 설명문의 일부는 삭제했다.

```
#include <EEPROM.h>
void setup()
{
  for ( int i = 0 ; i < EEPROM.length() ; i++ ) {
    EEPROM.write(i, 0);
  }
  // turn the LED on when we're done
  digitalWrite(13, HIGH);
}
void loop(){ /** Empty loop. **/ }
```

아두이노 IDE에 특정 라이브러리가 필요하다는 것을 알리기 위해 #include 명령 다음에 그 라이브러리 헤더 파일의 이름을 적어준다. 여러분이 작성하는 스케치 프로그램에 사용할 명령을 얻는 가장 좋은 방법은, 예제 스케치에 있는 해당 명령을 복사해서 가져오는 것이다.

아두이노 IDE에 들어 있는 다른 종류의 라이브러리로는 Ethernet 라이브러리(네트워크 프로그래밍), LCD$^{Liquid-Crystal Display}$ 라이브러리(LCD 프로그래밍), SD 라이브러리(SD 카드 읽고 쓰기), Servo 라이브러리(서보모터 제어), Stepper(스테퍼 모터 제어) 라이브러리 등이 있다.

어떤 장치를 아두이노로 제어하려고 하는 경우, 그 장치의 구동에 필요한 라이브러리가 아두이노 IDE에 이미 들어 있을 수 있다. 라이브러리가 아두이노 IDE에 들어 있지 않다면 누군가가 그 라이브러리를 만들어놓았을 가능성이 충분하고, 만약 그렇다면 그것을 아두이노 IDE에 설치하면 된다.

아두이노 커뮤니티(온라인 사용자 모임)$^{Arduino community}$에서는 라이브러리를 만들고 공유하는 활동이 활발히 이루어지고 있다. 여기서는 오픈소스 방침에 따라 라이브러리가 언제나 무상으로 제공되며, 사용하는 데 있어서 어떤 형태의 제한도 없다. 이곳에서 여러분이 사용하려는 라이브러리를 찾았다면, 그 라이브러리는 ZIP 파일 형태로 되어 있을 것이다. 그 ZIP 파일을 내려받기^{download} 한 다음, 아두이노 IDE의 메뉴에서 [Sketch] → [Include Library] → [Add ZIP Library]를 차례로 선택하고, 내려받은 파일을 찾아서 이를 지정하면 된다. 그러면 새 라이브러리가 설치된다. 아두이노 IDE의 메뉴에서 [File] → [Examples]를 선택하면 방금 설치한 라이브러리에 관련된 예제들을 살펴볼 수 있다.

특수 목적용 아두이노 보드

아두이노 중 가장 널리 사용되는 것이 아두이노 우노^{Arduino Uno}이다. 그러나 아두이노 우노 이외에도 다양한 아두이노 모델이 나와 있으므로, 용도에 맞춰 가장 적합한 모델을 골라 사용할 수 있다. 이들 모델 중에는 공식^{official} 아두이노 보드도 있지만 제3자가 만든 것도 있다. 또한 아두이노 IDE를 쓰거나 아니면 다른 IDE를 쓰기도 하지만, 언어는 같은 아두 이노 C 언어를 사용한다.

아두이노 보드^{Arduino board}와 아두이노 호환 보드^{Arduino-compatible board}의 종류는 매우 많으며 새로운 보드가 계속해서 개발되고 있다. 여기서는 이들 전체를 광범위하게 조사하는 대신, 세 종류의 대표적인 아두이노 보드에 대해 살펴본다.

아두이노 프로 미니

아두이노 우노는 많은 부품과 특성을 갖고 있다. 그래서 아두이노 우노를 사용하여 어떤 장치를 만드는 것이 비효율적인 경우가 있다. 예를 들어 아두이노 보드에 USB 인터페이스 가 내장되어 있고, 이것을 보드의 프로그래밍에만 사용한다고 가정하자. 그렇다면 이 보드 를 써서 제작한 장치에 USB 인터페이스가 계속 있을 필요는 없다.

[그림 30-11]에 있는 모델은 아두이노 프로 미니^{Arduino Pro Mini}로, 아두이노 보드에서 USB 인터페이스를 분리하여 사이즈를 작게 하고 가격을 저렴하게 만든 것이다. 앞서 예로 든 장치는 동작(성능)이 완벽하게 구현된 다음에는 USB 인터페이스가 필요 없으므로, 아두이 노 프로 모델을 장착하는 것이 더 적절하다. 아두이노 스케치를 수정해야 할 경우에는 USB 인터페이스를 꽂아서 아두이노를 다시 프로그래밍하면 된다.

[그림 30-11] **아두이노 프로 미니(왼쪽)와 USB 인터페이스(오른쪽)**

아두이노 프로 미니의 프로그래밍은 아두이노 우노와 같은 방식으로 하면 된다. 아두이노 IDE의 [Tools] 메뉴에서 'Board'를 'Arduino Pro or Pro Mini'로 선택한다.

아두이노 듀

아두이노 프로 미니의 필요성과 정반대로, 아두이노 우노를 사용하기에 GPIO 핀의 개수가 부족하거나 요청되는 작업을 수행하기에 실행 속도가 충분하지 않을 수도 있다. 이러한 경우를 위해 설계된 것이 [그림 30-12]의 아두이노 듀^{Arduino Due} 모델이다.

[그림 30-12] **아두이노 듀**

아두이노 듀는 54개의 GPIO 핀을 갖고 있으며 5 V로 동작하는 아두이노 우노와 달리 3.3 V로 동작한다. GPIO 핀의 개수가 많을 뿐 아니라 프로세서의 속도도 빠르고(클록 주파수 80 MHz), 32비트 구조로 되어 있다. 아두이노 듀 보드의 자세한 설명은 다음 웹 사이트에서 찾아볼 수 있다.

https://www.arduino.cc/en/Main/ArduinoBoardDue

아두이노 파티클 포톤

비공식 아두이노 보드 중에서 흥미로운 모델이 [그림 30-13]의 포톤^{Photon}이다. 아두이노 파티클 포톤 보드는 아두이노 프로 미니와 외관은 비슷하지만, 와이파이 하드웨어를 내장하고 있어서 **사물인터넷(IoT)**^{Internet of Things}용 장치에 들어가는 보드로 적합하다.

[그림 30-13] **아두이노 파티클 포톤**

포톤 보드는 스마트폰 앱^{smartphone app}을 사용하여 가정의 와이파이 네트워크에 접속한다. 최초 설정(구성) 이후에는 포톤 보드를 프로그래밍하기 위해 보드에 직접 접속할 필요가 없으며, 파티클에서 제공하는 클라우드 서비스를 사용하여 인터넷으로 프로그램한다.

[그림 30-14]는 파티클 IDE로 아두이노 IDE와 유사하다. 언어는 아두이노 C와 같으며 네트워크 통신을 쉽게 할 수 있도록 몇 가지 확장된 기능을 갖고 있다.

[그림 30-14] **아두이노 파티클 IDE**

실드

아두이노 헤더 소켓에는 **실드**Shield라는 보드를 꽂을 수 있다. 이런 식으로 아두이노 위에 장착하는 실드는 아두이노의 기능을 확장하는 데 사용된다. 인터넷을 검색해보면 수많은 실드가 다양한 용도로 나와 있음을 알 수 있는데, 그 중 몇 가지를 살펴보면 다음과 같다.

- 모터 제어motor control
- 릴레이relay
- 이더넷ethernet과 와이파이Wi-Fi
- 다양한 표시장치display
- 각종 센서sensor

일반적으로 실드마다 해당되는 아두이노 라이브러리가 나와 있어서, 쉽게 사용할 수 있다.

※ 필요하다면 이 장의 본문 내용을 참고해도 된다. 적어도 18개 이상 맞히는 것이 바람직하다.
정답은 [부록 A]에 있다.

30.1 아두이노 우노에 마이크로컨트롤러 칩이 두 개인 까닭은?

(a) 실행 속도를 두 배 빠르게 하기 위해
(b) 한 칩은 USB 인터페이스를 제공하는 데 사용하기 위해
(c) 한 칩은 비디오 인터페이스를 제공하는 데 사용하기 위해
(d) 답이 없음

30.2 아두이노 우노의 'L' LED 핀은 몇 번 디지털 핀에 연결되어 있는가?

(a) 10　　　　(b) 11
(c) 12　　　　(d) 13

30.3 아두이노 우노의 클록 주파수는?

(a) 4 MHz　　　(b) 8 MHz
(c) 16 MHz　　　(d) 20 MHz

30.4 아두이노 우노의 안정(조정) 전압 출력의 크기는?

(a) 3.3 V와 5 V
(b) 3.3 V 하나
(c) 5 V 하나
(d) 답이 없음

30.5 다중 아두이노에 동작 전압을 공급하는 방법에 대한 설명으로 옳은 것은?

(a) USB 포트를 통해서만 공급할 수 있다.
(b) USB 포트 또는 DC 배럴 잭 소켓을 통해 공급할 수 있다.

(c) DC 배럴 잭 소켓이나 V_{in} 핀을 통해 공급할 수 있다.
(d) USB 포트 또는 DC 배럴 잭 소켓 또는 V_{in} 핀을 통해 공급할 수 있다.

30.6 아두이노 IDE를 사용하기 위한 컴퓨터의 운영체계는?

(a) 윈도우^{Windows}
(b) 리눅스^{Linux}
(c) 맥오에스텐$^{Mac\ OS\ X.}$
(d) (a), (b), (c) 중 어느 것이나

30.7 다음 중 아두이노 USB 인터페이스의 용도는?

(a) 아두이노를 프로그래밍하는 데 사용
(b) 아두이노와 컴퓨터 사이의 통신에 사용
(c) 아두이노에 전원을 공급하는 데 사용
(d) (a), (b), (c) 모두

30.8 아두이노에서 A0~A5 핀의 용도는?

(a) 아날로그 입력으로만 사용
(b) 아날로그 입력 또는 아날로그 출력으로 사용
(c) 아날로그 입력 또는 디지털 입력으로 사용
(d) 아날로그 입력 또는 디지털 입력 또는 디지털 출력으로 사용

30.9 아두이노의 delay 함수로 지정하는 지연 시간(실행을 멈추는 시간)의 단위는 ?

(a) s(초)

(b) ms(밀리초)

(c) μs (마이크로초)

(d) 클록 주기

30.10 다음 스케치에서 'L' LED가 켜지지 않는 까닭은?

```
void setup() {
  digitalWrite(13, HIGH);
}
void loop() {}
```

(a) 13번 핀이 출력으로 설정되지 않았기 때문

(b) 'L' LED가 13번 핀에 연결되지 않았기 때문

(c) loop 함수 안에 아무 명령도 없기 때문

(d) 13번 핀은 출력으로 사용할 수 없기 때문

30.11 프로그래밍에서 변수variable에 대한 설명으로 옳은 것은?

(a) 123과 같이 숫자로 된 값

(b) 어떤 값에 이름을 부여하여 그 값을 이름으로 가리키고 나중에 원하는 값으로 바꾸기 위해 사용

(c) 어떤 값에 이름을 부여한 것으로 나중에 프로그램에서 바꿀 수 없음

(d) 답이 없음

30.12 상수constant에 대한 설명으로 옳은 것은?

(a) 프로그램이 실행되는 동안에는 값이 바뀌지 않는 변수다.

(b) 프로그램이 어떤 작업을 수행하고 있는지 확실히 알 수 있는 것이다.

(c) 변수와 동일하다.

(d) 변수보다 많은 메모리 용량을 사용한다.

30.13 스케치Sketch에 대한 설명으로 옳은 것은?

(a) 프로그램이 동작하는 방식을 종이에 대략적으로 설계한 것이다.

(b) 아두이노와 전자부품들의 연결 상태를 나타내는 회로도를 말한다.

(c) 특수한 하드웨어에 접속할 수 있도록 프로그램에 포함되는 명령어이다.

(d) 아두이노에서 프로그램의 의미로 사용되는 용어이다.

30.14 아래 스케치를 실행할 때 시리얼 모니터 화면에 나타나는 숫자는?

```
void setup() {
  Serial.begin(9600);
  int x = 12;
  x++;
  Serial.println(x);
}
void loop() {}
```

(a) 0   (b) 12

(c) 13   (d) 9600

30.15 아래 스케치를 실행할 때 일어나는 일은?

```
void setup() {
  pinMode(13, OUTPUT);
}

void loop() {
  digitalWrite(13, HIGH);
  delay(200);
  digitalWrite(13, LOW);
}
```

(a) 'L' LED는 1초 동안 200번 깜빡인다.
(b) 'L' LED는 1초 동안 5번 깜빡인다.
(c) 'L' LED는 계속 켜져 있다.
(d) 'L' LED는 계속 꺼져 있다.

30.16 아두이노 스케치에 반드시 들어가야 하는 함수는?

(a) setup 함수
(b) setup 함수와 loop 함수
(c) loop 함수
(d) 반드시 들어가야 하는 함수는 정해져 있지 않다.

30.17 다음 중 시리얼 모니터에 대한 설명으로 옳은 것은?

(a) 아두이노 보드에 장착된 USB 하드웨어 인터페이스를 가리킨다.
(b) 컴퓨터의 네트워크 트래픽을 감시한다.
(c) 아두이노를 프로그래밍하는 데 사용한다.
(d) USB를 통해 아두이노 IDE가 아두이노와 통신할 수 있도록 해주는 부분이다.

30.18 다음 중 변수 i를 사용하여 5~10까지 헤아리는 for 명령문은?

(a) for (int i = 5; i <= 10; i++)
(b) for (int j = 5; i <= 10; j++)
(c) for (int i = 5; i < 10; i++)
(d) for (int i = 1; i <= 5; i++)

30.19 데이터 유형이 int인 변수로 처리할 수 있는 최대 양수는?

(a) 255   (b) 256
(c) 65535   (d) 32767

30.20 릴레이 코일의 양단에 역방향으로 다이오드를 연결해주는 까닭은?

(a) 전류를 증가시키기 위해
(b) 전압을 증가시키기 위해
(c) 코일에 흐르는 전류가 스위칭될 때 발생하는 큰 전압을 억제하기 위해
(d) 답이 없음

CHAPTER

31

변환기, 센서, 위치탐지, 항법
Transducers, Sensors, Location, and
Navigation

이 장에서는 한 에너지를 다른 형태의 에너지로 변환하는 장치와, 어떤 현상을 감지하고 그 세기를 측정하는 장치에 대해 살펴본다. 또한 사람이나 물체 위치를 알아내는 데 도움을 주는 시스템과 선박, 비행기, 로봇 등 이동체 운항을 도와주는 장치에 대해서도 알아본다.

파동 변환기

전자공학에서 **파동 변환기**^{wave transducer}는 교류(AC)나 직류(DC)를 음파(소리파동)^{acoustic wave}나 전자파(전자기파동)^{electromagnetic wave}로 변환한다. 또한 파동 변환기는 거꾸로 음파나 전자파를 교류 신호나 직류 신호로 변환할 수 있다.

소리용 다이내믹 변환기

다이내믹 변환기^{dynamic transducer}는 코일과 자석으로 이루어져 있으며 기계적 진동^{vibration}을 전류^{electric current}로 변환하거나 거꾸로 전류를 기계적 진동으로 변환한다. 대표적인 다이내믹 변환기로 다이내믹 마이크로폰^{dynamic microphone}과 다이내믹 스피커^{dynamic speaker}가 있다.

[그림 31-1]은 다이내믹 변환기의 구성도이다. 코일에 부착된 진동판은 중심축을 따라 앞뒤로 빠르게 움직일 수 있다. 코일 내부에 들어 있는 영구자석에 의해 주변 공간에는 자기장이 분포한다. 음파가 진동판에 부딪히면 진동판과 코일은 함께 움직이는데, 자기장이 분포해 있는 영역 속에서 코일이 움직이면 코일에는 유도 전류가 발생한다.[1] 따라서 코일에는 진동판에 부딪힌 음파와 똑같은 형태의 교류 전류가 흐른다.

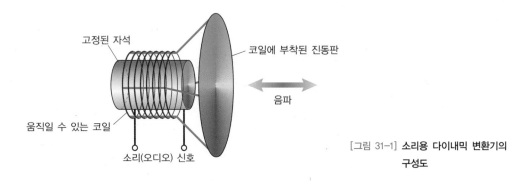

고정된 자석
코일에 부착된 진동판
움직일 수 있는 코일
음파
소리(오디오) 신호

[그림 31-1] **소리용 다이내믹 변환기의 구성도**

소리 신호(교류 신호)가 코일에 가해지면 코일 도선에는 교류 전류가 흐른다. 자기장 속에 놓여 있는 도선에 전류가 흐르면 도선은 자기장에 의해 힘을 받는다. 이 힘은 코일을 움직

---

1 (옮긴이) 자기장 $\vec{B}$ 속에서 속도 $\vec{v}$로 움직이는 코일 속의 전하(electric charge) q는 $\vec{F} = q\vec{v} \times \vec{B}$의 방정식으로 주어지는 힘 $\vec{F}$를 받는다. 이 식을 로렌츠 힘 방정식(Lorentz force equation)이라고 한다. 이 힘 $\vec{F}$를 받은 전하 q는 움직이는데, 이것이 바로 전하의 흐름(이동)이라는 의미를 담고 있는 '전류'이다.

이게 하고, 진동판은 코일과 함께 앞뒤로 움직이면서 주위 공기 속에 음파를 발생시킨다.

소리용 정전 변환기

정전 변환기electrostatic transducer는 전기장에 의해 발생하는 힘을 이용한다. [그림 31-2]를 보면 두 개의 금속판이 서로 마주보며 나란히 놓여 있는데, 하나는 잘 휘는 유연한 판이며 다른 하나는 단단한 판이다.

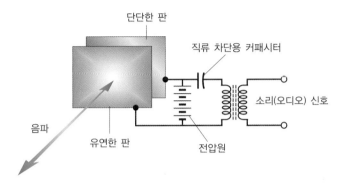

[그림 31-2] **소리용 정전 변환기의 구성도**

정전 픽업electrostatic pickup에서, 유연한 판에 음파가 부딪히면 판에는 빠르고 작은 진동이 발생한다. 그러면 단단한 판과 유연한 판 사이의 간격이 그 진동 폭만큼 달라지므로 이 두 판 사이의 커패시턴스가 변한다. 두 판 사이에는 일정한 직류전압이 인가되고 있다. 두 판 사이의 커패시턴스가 변하면 두 판 사이의 전기장 세기도 달라지므로 교류 전류가 흐른다. 이 교류 전류가 변압기의 1차 권선을 통과해 흐르면, 변압기 2차 권선에 소리(오디오) 신호가 나타난다.

정전 이미터electrostatic emitter에서는 변압기에 흐르는 교류 전류에 의해 두 판 사이의 전압이 변하고, 이에 따라 두 판 사이의 전기장이 변한다. 변동하는 전기장은 두 판에 앞뒤로 밀고 당기는 힘을 가하고, 이에 따라 유연한 판이 움직이면서 공기 중에 음파가 발생한다.

소리 및 초음파용 압전 변환기

압전 변환기piezoelectric transducer는 [그림 31-3]과 같이 두 개의 금속판 사이에 수정 결정 crystal of quartz 또는 세라믹ceramic을 끼운 구조이다.[2] 압전 변환기는 다이내믹 변환기나 정전 변환기보다 높은 주파수에서 동작할 수 있다. 따라서 초음파를 사용하는 침입자 감지기에 응용된다.

---

2 (옮긴이) 압전(piezoelectric, 壓電)은 어떤 물질에 물리적 압력(壓力)이 가해질 때 그 물질의 양끝 면 사이에 전위차 (電位差, 전압)가 발생하는 현상을 말한다. 압전 현상이 생기는 물질로는 수정을 비롯한 각종 결정(crystal)과 티탄 산바륨을 포함한 다양한 세라믹(ceramic) 등이 있다.

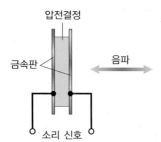

[그림 31-3] 소리 및 초음파용 압전 변환기의 구성도

음파가 한 금속판 또는 두 금속판에 부딪히면 판이 진동한다. 이 진동은 판과 직접 접촉해 있는 수정 결정에 전달된다. 전달된 진동에 의해 결정에 변형력이 가해지면 결정에는 미약한 전류가 발생한다. 결국 두 금속판에는 금속판에 부딪힌 음파 형태와 똑같은 교류전압이 발생한다.

소리 신호(교류신호)를 판에 인가하면 수정 결정에 교류전류가 흐른다. 그러면 수정 결정은 전류 변동에 정확히 맞춰 진동하고, 결정과 직접 접촉해 있는 금속판이 함께 진동하면서 공기 중에 음파가 발생한다.

RF용 변환기[3]

안테나를 색다르게 부르는 이름이 **RF 변환기**^{Radio-Frequency transducer}이다. 안테나에는 수신 안테나와 송신 안테나의 두 종류가 있다.[4]

적외선 및 가시광선용 변환기

많은 무선 장치는 적외선 대역의 주파수를 가진 에너지를 송수신한다. 적외선 주파수 대역은 RF 주파수 대역보다 높고 가시광선 주파수 대역보다 낮은 대역에 펼쳐 있다. 가시광선 주파수 대역보다는 적외선 주파수 대역에서 전자파 신호를 송수신하는 무선 장치가 더 많다.

가장 흔히 볼 수 있는 적외선 송신 변환기는 **적외선 방출 다이오드**(IRED)^{infrared-emitting diode}이다. IRED에 변동하는 직류를 인가하면 적외선이 방출된다. 전류의 변동에 의해 PN 접합 반도체에서 방출되는 빛의 세기가 변한다. 이렇게 빛의 세기가 변조된 적외선에는,

---

3 (옮긴이) RF는 Radio Frequency의 약자다. 국제전기통신연합(ITU)에서는 radio wave를, 인공적인 유도(誘導) 없이 공간에 퍼져나가는 3,000 GHz 이하의 주파수를 가진 전자파(radio waves: electromagnetic waves of frequencies arbitrarily lower than 3000 GHz, propagated in space without artificial guide.)로 정의하고 있으며, radio wave를 이용하는 것을 가리켜 radio라고 한다(Radio: A general term applied to the use of radio waves.). radio wave는 우리말로 옮기면 전파(電波) 또는 전자파(電磁波)다. 전파의 이용은 도선(導線, wire) 없이 이루어지므로 radio는 우리말로 간단히 무선(無線)이라고 옮길 수 있다. radio와 함께 wireless도 무선이라는 뜻으로 널리 사용되고 있는데 wireless는 전자파를 비롯해 음파나 그 밖의 수단을 이용하여 무선으로 이루어지는 모든 경우에 쓸 수 있으므로 radio보다 적용 범위가 더 넓다고 할 수 있다.
4 (옮긴이) 안테나는 본질적으로 송신, 수신 겸용 장치다. 즉 안테나는 송신용과 수신용이 따로 구분되어 만들어지는 것이 아니라, 안테나를 송신하는 데 쓰면 송신용 안테나가 되고 수신하는 데 쓰면 수신용 안테나가 된다.

예를 들어 TV를 시청할 때 보고 싶은 채널 번호, 소리 세기(볼륨) 높임/낮춤과 같은 정보가 담겨 있다. 광학렌즈나 거울을 사용해 적외선 빔(빛줄기)^{beam}을 집중시켜서 **평행한** 광선으로 만들면 하늘(공기)을 통해 수백 m 떨어진 곳까지 정보를 전달하는 가시선(LOS) line-of-sight 전송을 할 수 있다.

적외선 수신 변환기는 광다이오드^{photodiode} 또는 광전지^{photovoltaic cell}와 같은 장치다. 변동하는 적외선 에너지, 즉 변조된 적외선 빔이 수신 다이오드의 PN 접합에 부딪힌다. 수신 장치가 광다이오드인 경우에는 광다이오드에 전류를 미리 인가해 둔다. 그러면 송신기에서 방출된 적외선 빔에 실린 변조파형의 변화에 정확히 맞춰 전류가 빠르게 변동한다. 수신 장치가 광전지인 경우에는 광전지가 자체적으로 변동하는 전류를 발생시키므로 광전지에 외부 전원을 인가해줄 필요가 없다. 광다이오드와 광전지의 경우 둘 다 전류 변동의 크기가 미약하므로, 이를 증폭시킨 다음 무선 시스템으로 조정하는 설비(TV, 차고 문 개폐 장치, 오븐, 보안 장치 등)로 보낸다.

변위 변환기

변위 변환기^{displacement transducer}는 움직인 거리나 각도 또는 두 점 사이의 거리나 각도를 측정한다. 반대로, 변위 변환기는 전기 신호를 그에 해당하는 움직임으로 변환할 수 있다. 직선 길이를 측정하거나 직선 형태로 움직이는(이동하는) 장치를 **선형 변위 변환기**^{linear displacement transducer}라고 하고, 각도를 측정하거나 각도에 해당하는 거리만큼 움직이는 장치를 **각 변위 변환기**^{angular displacement transducer}라고 한다.

위치 지정 및 조종 장치

조이스틱^{joystick}은 2차원으로 움직임을 일으키거나 변화량을 조종할 수 있는 장치다. 이 장치에는 자유롭게 움직일 수 있는 레버가 조종 상자 내부의 볼베어링에 부착되어 있다. 손으로 이 레버를 상하좌우로 조종할 수 있다. 조이스틱 중에는 3차원으로 레버를 조종할 수 있는 것도 있다. 조이스틱은 컴퓨터 게임이나 컴퓨터에 좌표를 입력하고 로봇을 원격 조종하는 데 사용된다.

마우스^{mouse}는 개인용 컴퓨터에서 널리 사용되는 주변 장치다. 평평한 표면 위를 따라 마우스를 미끄러지듯 움직여서 컴퓨터 화면에 표시된 커서나 화살표를 원하는 곳에 가져다놓을 수 있다. 마우스 장치의 윗부분에 있는 누름버튼 스위치를 눌러, 커서나 화살표가 보여주는 기능(메뉴)을 수행하도록 컴퓨터에 명령을 내린다. 이 동작을 **클릭**^{click}이라고 한다.

트랙볼^{trackball}은 마우스를 뒤집어 놓은 듯한 형태, 또는 레버가 없는 2차원 조이스틱과 비슷한 형태라고 할 수 있다. 평평한 표면 위에서 장치를 움직이는 방식 대신, 집게손가락으로 볼베어링을 조작해 화면의 커서를 수직과 수평으로 움직인다. 컴퓨터 키보드에 있는 누름버튼 스위치나 트랙볼 상자에 달린 누름버튼 스위치로 컴퓨터가 기능을 수행하게 한다.

소거헤드 포인터^{eraser-head pointer}는 지름이 약 5 mm 인 고무버튼으로, 보통 컴퓨터 키보드의 중간에 놓여 있으며 버튼을 눌러 화면의 커서를 움직인다. 클릭 동작은 키보드의 버튼 스위치로 실행한다.

터치패드^{touch pad}는 모양과 크기가 신용카드와 비슷한 판으로, 판 전체에 감지기가 분포해 있다. 판 위에 집게손가락을 올려놓고 움직이면 화면의 커서나 화살표가 이동한다. 트랙볼이나 소거헤드 포인터와 같은 방식으로 클릭 동작을 실행한다.

전기모터

전기모터(전동기)^{electric motor}는 전기 에너지를 각(또는 경우에 따라서는 직선) 운동 에너지로 변환한다. 모터는 직류와 교류 중 어느 하나로 동작하는데, 모터의 사이즈는 초소형 로봇에 사용되는 아주 작은 모터에서 여객 열차에 사용되는 거대한 모터까지 다양하다. 직류모터의 기본 원리에 대해서는 8장에서 배운 바 있다. 교류로 동작하는 모터에는 정류자^{commutator}가 없다. 그 대신 교류는 전류의 방향이 계속해서 바뀌어 극성이 항상 맞게 유지되므로 모터 축^{shaft}이 계속 회전한다. 교류 모터의 회전속도는 인가되는 교류의 주파수에 따라 변한다. 예를 들어 60 Hz 교류를 인가하면 회전속도는 초당 60번(60 r/sec), 다시 말해 분당 3,600번(3,600 rpm)이 된다. 모터에 부하^{load}를 연결하는 경우, 모터 축을 회전시키기 위해서는 더 큰 회전력이 필요하므로 모터는 전원에서 그만큼 전력을 더 끌어온다.

스테퍼 모터

스테퍼 모터^{stepper motor} [5]는 연속적으로 회전하지 않고 한 번에 조금씩 불연속적으로 회전한다. 한 번에 움직이는 회전 각도를 **스텝각도**^{step angle}라고 한다. 스텝각도는 모터마다 다른데, 1°에서 90°까지 다양하다. 스테퍼 모터는 지정된 스텝각도만큼 회전하면 코일에 전류가 흐르고 있어도 회전을 멈춘다(제동효과). 코일에 전류가 흐르는 상태에서 스테퍼 모터의 축이 멈춰 있을 경우, 축은 자신을 회전시키려고 하는 외부의 힘에 저항하여 계속 그 위치를 고수한다.

---

5 (옮긴이) 스테퍼 모터를 다른 말로 스텝 모터(step motor), 스테핑 모터(stepping motor), 펄스 모터(pulse motor)라고도 부른다.

일반적인 모터의 회전속도는 분당 수백~수천 번이다. 스테퍼 모터의 회전속도는 이보다 훨씬 낮아서 분당 180번 이하인 경우가 대부분이다. 스테퍼 모터의 회전력은 회전속도와 반비례하므로 가장 낮은 속도로 돌 때 회전력이 가장 크며, 가장 높은 속도로 돌 때 회전력이 가장 작다.

스테퍼 모터에 일정한 주파수의 전류 펄스를 공급하면 모터 축은 한 펄스마다 한 스텝각도씩 일정한 비율로 회전한다. 이런 식으로 모터는 정확한 회전속도를 유지할 수 있다. 스테퍼 모터의 제동효과 덕분에 스테퍼 모터는 넓은 범위의 기계적 회전 저항력을 가지고 회전속도를 일정하게 유지한다.

한 위치에서 다른 위치까지 정확히 움직여야 하는 분야에 스테퍼 모터를 응용하면 효과적이다. 마이크로컴퓨터로 제어하는 스테퍼 모터를 사용하여 특수 로봇을 제작하면 어렵고 복잡한 작업을 수행할 수 있다.

셀신과 싱크로

셀신selsyn은 어떤 물체가 가리키고 있는 방향을 알려주는 표시 장치다. 셀신은 전달 장치와 수신 장치(표시기)로 구성된다. 전달 장치의 축이 회전하면 수신 장치의 축이 똑같이 따라가 회전하는데, 이 수신 장치의 축이 바로 스테퍼 모터 축을 이루고 있다. [그림 31-4]는 풍향계의 구성도이며, 원격으로 바람의 방향을 표시해준다. 풍향계의 날개가 회전하면 방향표시기의 축이 전달 장치의 축과 똑같은 각도로 움직인다.

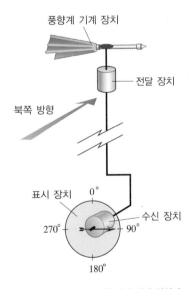

[그림 31-4] 셀신을 이용하면 기계 장치가 가리키는 방향을 표시할 수 있다(풍향계의 예).

셀신 두 개를 이용하면 우주통신용 안테나가 가리키는 방향을 표시할 수 있다. 이 안테나는 두 개의 회전장치로 움직이는데, 하나는 수평방향 회전용 베어링이고, 나머지 하나는 수직방향 회전용 베어링이다. 수평방향 베어링용 셀신의 표시범위(방위각)는 0°~360°이고, 수직방향 베어링용 셀신의 표시범위(고도각)는 0°~90°이다.

싱크로synchro는 일종의 양방향 셀신으로, 기계 장치를 조종하면서 동시에 그 장치의 상태를 표시한다. 싱크로는 로봇 **원격조종**teleoperation에 효과적이다. 싱크로 중에는 프로그램으로 작동되는 것들도 있다. 작업자가 전달장치를 제어하는 마이크로컴퓨터에 각도를 입력하면 수신 장치는 정확히 그 각도만큼 위치를 변경한다. 싱크로는 야기 안테나Yagi antenna,

코너 리플렉터 안테나(코너 반사판 안테나)corner reflector antenna, 접시 안테나dish antenna 6와 같은 지향성 안테나가 가리키는 방향을 정확히 조종하는 데 사용된다.

발전기

발전기electric generator의 구조는 교류 모터와 거의 똑같지만 그 기능은 정반대다. 발전기 중에는 모터로 동작하는 것들도 있는데, 이렇게 발전기와 모터 겸용인 장치를 **모터/발전기** motor/generator라고 한다.

일반적으로 발전기는 강한 자기장 속에서 코일을 기계적으로 회전시켜 교류를 발생시킨다. 반대로, 코일을 회전시키는 대신 영구자석을 회전시킬 수도 있다. 발전기의 회전축은 가솔린 엔진, 증기 터빈, 물 터빈(수차), 바람 터빈(풍차), 또는 그 밖의 기계적 동력원으로 돌릴 수 있다. 코일에 정류자를 부착하면 맥동하는 교류가 아닌 맥동하는 직류 출력을 발생시킬 수 있다. 필요하면 필터(여파기)filter를 이용하여 맥동 직류를 순수한 직류로 바꾼 다음, 이를 전자기기를 동작시키는 직류전원으로 사용할 수 있다.

수 kW의 전력을 공급할 수 있는 소형 가솔린 발전기는 백화점이나 일반 상점에서 구입할 수 있다. 프로판이나 메탄(천연가스)을 태워 구동하는 대형 발전기는 가정이나 빌딩에서 정전사고가 발생한 경우에도 전력 공급을 일정하게 유지할 수 있다. 초대형 발전기는 발전소에서 찾아볼 수 있으며, 매우 큰 전력을 생산할 수 있다.

로봇을 구성하는 싱크로 장치를 원격으로 조종하는 데 특수한 소형 발전기를 응용할 수 있다. 발전기는 자동차나 로봇의 이동속도를 측정하는 데 사용될 수 있다. 발전기의 축을 바퀴에 연결하면 발전기의 출력전압과 주파수는 바퀴의 회전 각속도에 정비례하는데, 이를 **회전속도계**(타코미터)tachometer라고 한다.

광학 인코더

디지털 라디오의 방송 주파수를 조정할 때는 주파수 값을 연속적으로 변화(증감)시키지 않고 대역별로 주파수 변화량을 다르게 한다. 일반적으로 **단파**shortwave 방송대역에서는 주파수 증가분을 10 Hz로, FM 방송대역에서는 200 kHz로 하고 있다. **광학 인코더**optical encoder는 다른 말로 **광학 축 인코더**optical shaft encoder라고도 하는데, 사용할수록 점점 닳아버리는 문제점이 있는 기계적인 스위치나 기어 구동 장치를 대신할 수 있는 유용한 장치다.

6　(옮긴이) 정식 용어는 파라볼라 안테나(포물면 안테나, parabolic antenna)이며 안테나 모양이 접시처럼 생겨서 흔히 접시 안테나라고 부른다.

광학 인코더는 두 개의 LED, 두 개의 광검출기photodetectors, 초핑바퀴chopping wheel라는 장치로 구성된다. LED와 광검출기는 초핑바퀴를 사이에 두고 서로 마주보고 있어서 LED에서 방출되는 빛이 초핑바퀴의 틈을 통과하면 광검출기를 비추도록 되어 있다. 초핑바퀴에는 투명한 띠와 불투명한 띠가 번갈아 그어져 있다[그림 31-5]. 초핑바퀴에는 회전축과 조정 손잡이가 부착되어 있어서 손잡이를 돌리다가 빔이 불투명한 띠에 막히면 빛이 차단된다. 빛이 차단될 때마다 주파수는 정해진 증가분만큼 변한다.

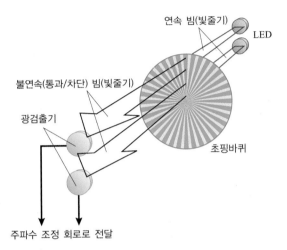

[그림 31-5] 광학 인코더는 LED와 광검출기로 바퀴 축의 회전방향과 회전량을 감지할 수 있다.

주파수를 조정할 때, 광 축 인코더는 두 개의 광검출기 중 어느 검출기에서 빛 차단이 먼저 감지되는가에 따라 '주파수 올림(시계 방향 회전)'인지 '주파수 내림(반시계 방향 회전)'인지 그 차이를 구별할 수 있다.

감지와 측정

센서sensor는 한 개 또는 여러 개의 변환기를 사용하여 온도, 습도, 기압, 압력, 질감texture, 근접정도proximity 등의 물리량을 감지하고 측정하는 장치이다.

용량성 압력 센서

[그림 31-6]은 **용량성 압력 센서**capacitive pressure sensor의 상세 구성도이다. 두 개의 금속판 사이에 압축성 유전체를 끼워 넣은 부분은 가변 커패시터로 동작한다. 이 가변 커패시터는 인덕터와 병렬로 연결되어 LC 공진회로를 이루고 있다. LC 공진기의 공진 주파수는 커패시턴스 값과 인덕턴스 값에 따라 정해진다. 어떤 물체가 센서에 부딪히거나 센서를 누르게 되면 두 금속판 사이의 간격이 순간적으로 감소하므로 가변 커패시터의 커패시턴스 값

이 증가한다. 그러면 공진기의 공진 주파수가 감소한다. 물체가 센서에서 떨어지는 경우에는 압축된 유전체가 다시 부풀어 원래의 두께로 되돌아간다. 그러면 두 판의 간격도 원래대로 돌아가므로 공진주파수도 처음 값으로 돌아간다.

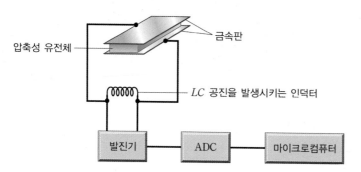

[그림 31-6] **용량성 압력 센서. 힘이 가해지면 판 사이의 간격이 감소하므로 커패시턴스는 증가하고 발진기의 주파수는 감소한다.**

아날로그-디지털 변환기(ADC)^{Analog-to-Digital Converter}를 사용하면 용량성 압력 센서의 출력을 디지털 데이터로 변환할 수 있다. 디지털로 변환된 신호는 마이크로컴퓨터(예를 들면, 로봇 조종기의 마이크로컨트롤러)로 전송되어 처리될 수 있다. 예를 들어 주행 로봇의 앞, 뒤, 좌, 우의 다양한 위치에 압력 센서를 장착한 경우, 이 로봇의 앞면에 부착한 센서에 실제 압력이 가해지면 센서는 로봇 조종기에 신호를 보내 로봇을 뒤로 움직이게 할 수 있다.

용량성 압력 센서는 근처에 '도체'나 '반도체'로 만들어진 대형 물체가 있는 경우 제대로 동작하지 않을 수도 있다. 이러한 대형 물체가 압력 센서 근처에 접근하면 직접적인 접촉이 없어도 압력 센서의 커패시턴스가 변할 수 있다 이런 식으로 생기는 커패시턴스를 '**몸체 커패시턴스**^{body capacitance}'라고 한다. 몸체 커패시턴스가 문제를 일으키는가의 여부는 경우마다 다르다.

엘라스토머

몸체 커패시턴스의 영향을 피하고 싶은 경우에는 압력을 감지하는 데 용량성 장치 대신 **엘라스토머**^{elastomer} 장치를 사용할 수 있다. 엘라스토머는 고무나 플라스틱과 유사한 유연한 물질로서, 기계적인 압력의 있고 없음을 감지하는 데 사용된다.

[그림 31-7]은 엘라스토머를 사용하여 압력이 가해진 위치를 찾아내는 방법을 설명하고 있다. 엘라스토머는 전도성이 좋은 편이지만 도체만큼 완벽하지는 않다. 엘라스토머는 물질의 밀도가 폼^{foam}과 비슷해서 압축성이 좋다. 엘라스토머 패드 양쪽에는 전도성 판이 부착되어 있으며, 패드상의 한 점에 압력이 가해지면 엘라스토머 물질이 압축되면서 전기저

힘이 낮아진다. 저항이 작아지면 두 판 사이에 흐르는 전류가 증가한다. 가해지는 압력이 증가하면 엘라스토머는 더 얇아지고 전류는 더 증가한다. 이 전류 변화 데이터를 로봇 조종기와 같은 마이크로컴퓨터로 보내 이용할 수 있다.

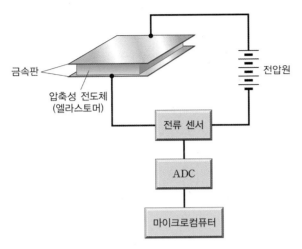

[그림 31-7] 엘라스토머 압력 센서는 몸체 커패시턴스의 영향을 받지 않으면서 가해진 압력을 감지한다.

압력 억제 센서

모터는 외부에서 인가하는 **토크**(회전력)torque에 따라 그에 해당하는 압력을 발생시킨다. **압력 억제 센서**back-pressure sensor는 임의의 순간에 모터가 가하는 토크를 감지해서 그 크기를 측정한다. 이 센서는 토크의 크기에 비례하는 신호(보통, 전압)를 발생시킨다. 따라서 토크가 증가하면 센서에서 발생하는 전압 신호도 증가한다. [그림 31-8]은 압력 억제 센서 시스템의 구성도이다.

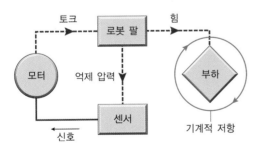

[그림 31-8] 압력 억제 센서는 로봇 팔 또는 다른 기계 장치가 가하는 힘을 통제할 수 있다.

로봇 엔지니어는 압력 억제 센서를 사용하여 로봇 그리퍼(집게)gripper, 팔, 드릴, 해머 등 로봇의 말단 실행 장치end effector에 가해지는 힘을 제한한다. 센서에서 발생하는 신호(이를 억제 전압back voltage이라고 한다)는 모터가 가하는 토크를 감소시켜 로봇이 다루는 대상 물체에 손상이 생기는 것을 방지하고 로봇 주변에 있는 작업자의 안전을 보장한다.

용량성 근접 센서

용량성 근접 센서capacitive proximity sensor는 [그림 31-9]와 같이 RF 발진기, 주파수 감지기, 발진기에 연결된 금속판으로 구성되어 있다. 이 센서 장치는 용량성 압력 센서를 비정상적으로 동작하게 하는 몸체 커패시턴스body capacitance를 이용한다. 발진기는 그 근처의 환경 변화로 인해 금속판의 커패시턴스가 달라지면 발진기의 주파수가 변하도록 설계되어 있다. 주파수 감지기가 이 변화를 감지하면 로봇 조종기와 같은 마이크로컴퓨터로 신호를 보낸다.

전도성을 가진 물질(금속, 소금물, 인체와 같은 생체조직)은 비전도성 물질(마른 나무, 플라스틱, 유리, 마른 직물)보다 용량성 변환기에 더 쉽게 감지된다. 이러한 이유로 근처에 전도성을 가진 물체가 없는 경우에는 제대로 동작하지 않는다. 따라서 용량성 근접 센서가 장착된 로봇이 제대로 동작하기에는 어린이 침실보다 기계 공장이 더 적합할 것이다.

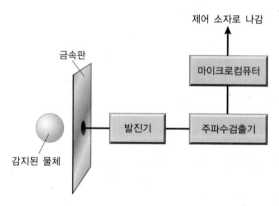

[그림 31-9] 용량성 근접 센서는 도체나 반도체로 만들어진 물체가 주변에 있을 경우 이를 감지할 수 있다.

광전 근접 센서

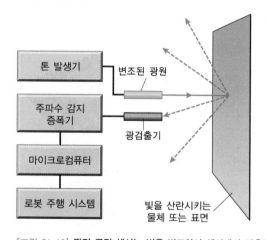

[그림 31-10] 광전 근접 센서는 빛을 변조하여 센서에서 방출된 빛과 주변에 존재하는 다른 빛을 구별한다.

반사된 빛은 로봇이 다른 물체나 장애물에 접근하고 있음을 감지하는 데 도움을 준다. **광전 근접센서**^{photoelectric proximity sensor}는 광선 발생기, 광검출기, 주파수 감지 증폭기, 마이크로컴퓨터가 [그림 31-10]과 같이 서로 연결되어 동작한다.

광선 발생기에서 방출된 빔(빛줄기)^{beam}에 물체가 반사되면 반사된 빔의 일부가 광검출기에 포착된다. 톤 발생기^{tone generator}는 빔을 어떤 특정한 주파수, 예를 들어 1,000 Hz로 변조한다. 광검출기에 연결된 증폭기는 그 특정 주파수로 변조된 빛에만 반응한다. 이 변조방식은 플래시 빛이나 햇빛이 옆에서 새어 들어와 실제로는 존재하지 않는 허상이 감지되는 것을 막는다(플래시 빛이나 햇빛은 변조된 빛이 아니므로 변조된 빛에만 반응하도록 설계된 센서는 이러한 빛에 동작하지 않는다). 로봇이 어떤 물체에 접근하면 로봇 조종기에 감지되는 변조된 반사광의 세기는 증가한다. 그러면 로봇은 물체의 방해를 피해 이동한다.

광전 근접 센서는 빛을 반사하지 않는 물체에 접근하거나, 유리창이나 거울처럼 빛을 잘 반사하는 매끄러운 물체와 작은 각도를 이루며 접근하는 경우에는 잘 작동하지 않는다. 이러한 때는 광검출기에 포착되는 반사광이 없으므로 이들 물체는 로봇에게 '**보이지 않는**' 셈이 되어 버린다.

질감 센서

질감 센서^{texture sensing}는 매끄러운 표면인지 아니면 거친 표면인지를 알아내는 장치다. 간단한 질감 센서는 레이저와 몇 개의 빛 감지 센서로 이루어져 있다.

[그림 31-11]은 레이저(L)와 센서(S)가 매끄러운 표면(그림 31-11(a))과 거친 표면(그림 31-11(b))을 어떤 방식으로 구별해 내는지 보여준다. 평평한 유리 거울이나 유리창처럼 매끄러운 표면은 입사되는 빛을 입사각도와 같은 각도로만 반사시킨다. 종이처럼 거친 표면은 입사되는 빛을 모든 방향으로 반사시켜 흩어지게 한다. 따라서 표면이 매끄러운 경우에는 반사된 빛이 반사각도가 입사각도와 같은 경로에 놓여 있는 센서에만 포착된다. 표면이 거친 경우에는 반사된 빛이 모든 센서에서 포착된다. 이러한 차이점을 마이크로컴퓨터가 구별할 수 있도록 프로그램을 작성할 수 있다.

[그림 31-11]에 표시한 질감 센서로 구별해 내기 어려운 표면도 있을 수 있다. 예를 들어 작은 얼음덩이 여러 개를 모아 놓은 경우, 아주 좁은 범위에서 보면 매끄러운 표면이지만 넓은 범위에서 보면 거친 표면으로 규정할 수 있다. 레이저 빔의 지름 크기에 따라, 질감 센서는 이 다수의 얼음덩이 표면을 매끄럽다고 판단할 수도, 거칠다고 판단할 수도 있다. 또한 표면에 대한 질감 센서의 상대적인 움직임에 따라서도 표면 상태의 판단 결과가 달라질 수 있다. 센서에 대해 정지해 있는 표면은 매끄러운 표면으로 판단될 수 있으며, 센서에

대해 움직이고 있는 표면은 거친 표면으로 판단될 수 있다.

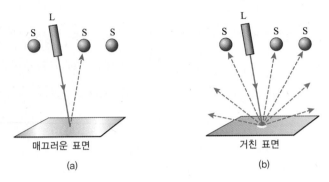

[그림 31-11] 질감 센서는 레이저(L)와 센서(S)를 사용하여 매끄러운 표면(a)과 거친 표면(b)을 구별한다. 그림에서 실선은 입사광의 진행 경로를, 점선은 반사광의 진행 경로를 나타낸다.

위치확인 시스템

앞 절에서 설명한 장치들은 RF 안테나를 제외하면 모두 단거리 영역에서 응용하기에 적합하다. 이 절에서는 중거리와 장거리 영역에서 응용할 수 있는 변환기와 센서 몇 가지를 살펴본다. 이 장치들은 넓게 보면 **위치확인 시스템**$^{location\ system}$으로 한데 묶을 수 있다.

레이더

radar(레이더)라는 영어 이름은 radio detection and ranging(무선 탐지와 거리 측정)이라는 문장을 이루는 단어들의 앞 글자를 따서 만든 줄임말이다. 전자파(EM^{Electromagnetic} wave)가 공간 속을 진행하다가 물체에 부딪히면 반사되는데, 특히 금속과 같은 전기 도체로 된 물체에서는 거의 전부가 반사된다. 레이더의 송신기에서 송출한 무선 신호, 다시 말해 전자파 펄스가 되돌아오는 방향을 확인하고, 레이더는 이 전자파 펄스가 송신기 위치에서 물체에 도달했다가 다시 되돌아오는 데 걸리는 시간을 측정하여 멀리 떨어져 있는 물체의 지리적 위치를 정확히 찾아낼 수 있다. 1940년대 제2차 세계대전 동안, 군인들은 비행기의 위치를 찾아내는 데 전자파의 이러한 특성을 이용했다.

제2차 세계대전이 끝난 후 몇 년이 지나지 않아 레이더는 다양한 분야에서 활발히 응용되기 시작했다. 자동차 속도 측정(경찰 사용), 날씨 예보(비와 눈은 전자파를 반사함)는 물론 행성/행성의 위성/소행성/혜성의 지도를 만드는 데도 레이더가 사용되고 있다. 민간 비행기나 군용 비행기에서는 레이더를 광범위하게 사용하고 있다. 최근에는 로봇 유도(주행) 시스템$^{robot\ guidance\ system}$에도 레이더가 이용되고 있다.

레이더를 구성하는 주요 부분으로는 송신기, 지향성 안테나(메인로브$^{main\ lobe}$가 좁고 이득이 높은 안테나), 수신기, 표시기(화면)가 있다. 송신기는 폭(시간)이 짧고 세기가 강한 펄스 신호를 발생시킨다. 그러면 지향성 안테나는 좁은 빔이 향하고 있는 방향으로 강한 세기의 전자파 펄스를 밖으로 방출한다. 이 전자파가 여기저기 멀리 떨어져 있는 여러 물체에 부딪히면 반사가 일어나고, 잠시 후 반사된 신호(**에코**^{echo}라고 함)가 안테나로 되돌아와 수신된다. 반사를 일으키는 물체(**표적**^{target}이라고 함)가 멀리 떨어져 있을수록 펄스 송출부터 에코 수신까지 걸리는 시간(지연시간$^{delay\ time}$)이 증가한다. 송신 안테나는 수평으로 일정한 각속도로 회전하면서 수평각도 전체에 대해 표적 관측을 수행한다.

레이더는 표적 물체가 위치한 방향과 물체까지의 거리를 관측한 결과를 원형 CRT 또는 LCD 화면에 표시한다. [그림 31-12]는 표시화면의 기본 구성을 보여주고 있다. 화면 정중앙이 레이더 관측소의 위치에 해당한다. 수평각도는 정북(맨 위)을 0°로 하여 시계 방향으로 돌면서 360°까지 증가하는데, 원형 화면의 둘레를 따라 이 각도가 표시되어 있다. 표적 물체까지의 거리는 화면 정중앙과 표적 물체의 에코 사이의 거리, 즉 반지름 방향으로의 변위로 나타낸다. 표적이 멀리 떨어져 있을수록 그 에코는 화면 중심으로부터 많이 벗어난 위치에서 깜빡이게 된다. 이처럼 레이더의 표시화면은 **극좌표 형식**으로 관측 결과를 실시간으로 보여준다. [그림 31-12]의 레이더 화면은 수평각(방위각) 124°인 남동방향에 표적 물체가 위치해 있다는 관측 결과를 나타낸다. 표시화면의 맨 끝(원둘레)은 **레이더 수평선**$^{radar\ horizon}$이라고 하는데, 레이더로 알아낼 수 있는 표적의 최대 거리를 나타낸다. [그림 31-12]에서 표적 물체의 에코가 화면 맨 끝의 가까운 곳 근처에 위치해 있으므로 이에 해당하는 거리만큼 표적 물체가 떨어져 있음을 알 수 있다.

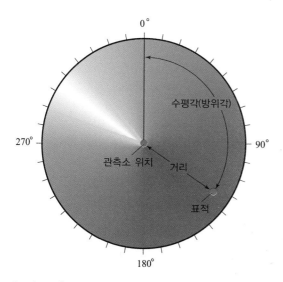

[그림 31-12] 레이더의 표시화면. 그림에서 밝게 빛나는 부분(반지름 방향으로 놓여 있는 띠)은 현재 마이크로파 빔이 송신되고 수신되는 수평각(방위각)을 나타낸다(이런 띠가 화면에 표시되지 않는 레이더도 있음).

레이더 수평선과 실제 거리 사이의 관계는 지표면을 기준으로 한 안테나의 높이, 해당 지역의 지형 특성, 송신기 출력 전력, 안테나 이득, 수신기 감도, 해당 지역의 기상 조건에 따라 달라지므로 레이더 시스템이 설치된 환경에 영향을 받는다. 항공기에 탑재된 장거리 레이더는 이상적인 조건에서 수백 km 떨어진 물체를 탐지할 수 있다. 낮은 높이에 안테나가 설치되어 있고, 작은 전력을 사용하는 레이더 시스템인 경우에는 레이더 수평선이 50 km ~ 70 km 정도이다.

비와 눈이 레이더의 전자파를 반사하는 현상은 비행기 조종사에게 항상 골칫거리지만, 기상을 예보하고 관측하는 데는 매우 유용하다. 비행기 조종사나 기상학자는 레이더를 사용하여 심한 폭풍우와 허리케인을 탐지하고 추적할 수 있다. **메조사이클론**mesocyclone은 토네이도로 발전할 가능성이 있는 심한 폭풍우로, 레이더 화면상에는 '갈고리 모양'의 에코로 나타난다. 허리케인의 눈과 허리케인 외곽에 존재하는 강우띠rainband는 레이더 화면상에 고리모양, 둥근 활 모양 또는 끊어진 나선 모양으로 나타난다.

레이더 시스템 중에는 반사되어 되돌아오는 펄스의 주파수 변화를 탐지해서 허리케인과 토네이도의 풍속을 측정하거나, 표적 물체가 다가오는 속도와 멀어지는 속도를 측정하는 것이 있다. 이러한 레이더 시스템을 **도플러 레이더**Doppler radar라고 하는데, 이 이름은 반사된 전자파에 생기는 주파수 변화가 **도플러 효과**Doppler effect에 의한 것이어서 붙은 것이다.

소나(음파 탐지기)

소나sonar는 음파를 사용하여 중거리 범위에서 물체를 탐지하는 장치다. sonar(소나)라는 영어 이름은 sound navigation and ranging(소리를 이용한 항법과 거리측정)이라는 단어들의 앞 글자를 따서 만든 줄임말이다. 소나는 음파가 물체에 부딪혀 되돌아오는 데 걸리는 시간을 측정하는 간단한 방식을 사용한다.

소나 시스템을 구성하는 주요 부분으로는 교류 펄스 발생기, 음파 송출기, 음파 포착기, 지연 타이머, 표시기(숫자 표시기, CRT, LCD, 펜 기록기 등)가 있다. 음파 송출기는 물이나 공기와 같은 주위 매질에 음파를 방출한다. 매질 속을 진행하던 음파가 물체에 부딪히면 반사되는데, 이 에코(반사된 음파)echo는 음파 포착기에 수신된다. 매질 속을 진행하는 음파의 속도를 알고 있다면 에코 지연 시간을 측정하여 물체까지의 거리를 알아낼 수 있다.

[그림 31-13(a)]에 간단한 소나 시스템을 나타냈다. 마이크로컴퓨터는 여러 방향에서 반사되어 되돌아오는 음파를 분석해, 주변 공간에 대한 2차원 또는 3차원 지도를 만들 수 있다. 이 지도는 해당 영역에서 이동하는 로봇의 주행과 선박, 잠수함 등의 운항에 도움을 줄 수 있다. 그러나 [그림 31-13(b)]와 같이 에코 지연 시간이 한 펄스와 다음 펄스 사이

의 시간 간격과 같거나 더 긴 경우, 소나 시스템은 잘못된 판단을 내리게 된다. 이 문제점을 해결하는 방법으로, 마이크로컴퓨터는 주파수를 다르게 한 여러 개의 펄스들을 미리 정해진 순서대로 내보내도록 펄스 발생기에 명령을 내린다. 그 후 마이크로컴퓨터는 되돌아오는 에코가 어떤 펄스에 해당하는 에코인지 계속 파악한다.

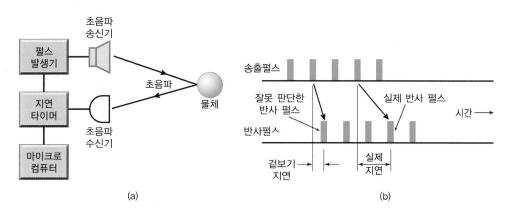

[그림 31-13] (a) 중거리 소나 시스템, (b) 지나치게 긴 지연시간에 의해 소나 시스템에서 거리를 잘못 측정하는 경우

음파는 공기보다 물속에서 더 빨리 전파된다. 배에서 소나를 사용할 때(예를 들어 강, 바다, 호수의 물의 깊이를 측정할 목적으로), 물속에 녹아 있는 소금의 양에 따라 음파의 전파 속도에 차이가 있다. 또한 온도가 달라지면 물의 밀도도 변한다. 음파의 진짜 속도를 알지 못하면 정확한 측정 결과를 얻을 수 없다. 음파는 민물fresh water 속에서 약 1400 m/s (4600 ft/s)의 속도로 진행하고, 소금물 속에서는 약 1500 m/s (4900 ft/s)로 진행한다. 그리고 공기 중에서는 약 335 m/s (1100 ft/s)의 속도로 진행한다.

소나는 일반적으로 대기 중에서 가청 주파수를 가진 음파 대신 초음파 주파수를 가진 음파를 사용한다. 초음파는 최저 20 kHz에서 최고 100 kHz를 넘는 주파수를 가진 음파로, 주파수가 높기 때문에 사람은 들을 수 없다. 초음파의 가장 큰 장점은 소나 장치 주변에서 일하는 사람들이 초음파 신호를 듣지 못하므로 소음에 의한 업무방해와 두통을 비롯한 여러 부작용을 겪지 않아도 된다는 것이다. 또한 초음파 신호를 사용하는 소나는 가청주파 신호를 사용하는 소나보다 사람들의 대화, 중장비, 시끄러운 음악 등 우리 주변에 흔히 존재하는 잡음에 의해 잘못 동작할 가능성이 적다. 가청 주파수 범위보다 높은 주파수 범위에서는 가청 주파수 범위보다 소리 방해(장해)가 일어나는 빈도수가 적고 그 강도(세기)도 약하다.

로봇의 주행과 비행기, 자동차, 선박과 같은 이동체 운항을 위한 지도를 생성하는 장치로서 최신 소나의 성능은 **비전 시스템**(영상 데이터 형성 시스템. **머신 비전**machine vision이라고도 함)vision system의 성능과 거의 대등하다. 그렇지만 소나에는 한 가지 중대한 제약사항이 있다. 음파와 초음파를 포함해 모든 음파는 매질(기체 또는 액체)이 있어야 전파가 가능하다. 따라서 진공 상태인 지구 밖 우주에서는 소나를 사용할 수 없다. 또 한 가지 소나의 중대한 한계로, 소나가 사용하는 음파의 전파속도는 전자파(레이더 전자파 펄스 또는 가시광선)보다 훨씬 느려서 실제 측정할 수 있는 거리 범위(즉 **소나 수평선**sonar horizon)를 상당히 제한한다는 점을 들 수 있다.

신호 비교

[그림 31–14(a)]와 같이 기계/선박은 알려진 위치에 있는 두 군데의 고정국에서 보내는 신호들을 비교하는 방법으로 자신의 지리적 위치를 알아낼 수 있다. 기계/선박(그림에서 음영 처리된 사각형)을 기준으로 한 신호원 X와 Y의 각도(방위각)에 각각 180°를 더하면 두 신호원에서 보이는 기계나 선박의 각도(방위각)가 구해진다. 신호원 X와 Y에서 보낸 신호가 각각 기계/선박으로 도달하는 데 걸리는 시간 측정 결과의 차이로부터 기계/선박의 방향과 속도를 알 수 있다. 과거에는 비행기나 원양선의 항해사들이 연필, 곧은자, 나침반을 사용하여 [그림 31–14(a)]와 비슷한 그림을 실제로 그린 다음, 삼각측량법으로 계산하여 결과를 얻었다. 오늘날에는 같은 작업을 컴퓨터로 더욱 빠르고 정확하게 수행한다.

[그림 31–14(b)]는 이동로봇에서 응용할 수 있는 **음파 방향 탐지기**acoustic direction finder의 구성도이다. 수신기는 신호세기 표시기와 지향성 초음파 변환기를 회전시키는 서보servo로 이루어져 있다. 이 시스템에는 **비콘**beacon이라는 신호원 두 개가 멀리 떨어진 곳에 위치해 있다. 두 비콘은 서로 다른 주파수로 동작한다. 변환기가 회전하는 동안 한 비콘에서 오는 신호의 진폭이 최대가 되면, 그때 변환기가 향한 방향을 나침반과 같이 알려진 표준 장치의 방향과 비교하여 방위각을 구할 수 있다. 나머지 비콘에 대해서도 같은 방법으로 방위각을 구한다. 이 두 방위각 데이터를 사용하면 로봇의 정확한 위치를 알아낼 수 있다.

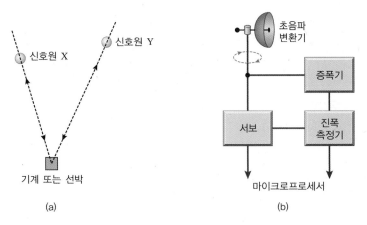

[그림 31–14] (a) 간단한 방향탐지 방법 (b) 초음파 방향 탐지기

전파 방향 탐지

신호세기 표시기와 회전 가능한 지향성 안테나로 이루어진 전파 수신기를 사용하면 RF 신호가 들어오는 방향을 알아낼 수 있다. 자동차에 탑재된 **전파 방향 탐지**(RDF)^{Radio-Direction Finding} 장비는 RF 송신기의 위치를 쉽게 찾아낸다. RDF 수신기는 서로 다른 주파수로 동작하는 두 개 이상의 RF 송신기로부터 자신에게 도달하는 전파를 이용하여 자신의 위치를 알아내는 데도 사용할 수 있다.

대략 300 MHz 이하의 주파수 대역에서 RDF 수신기는 소형 루프 안테나 또는 루프스틱 안테나^{loop stick antenna}를 사용한다. 루프 안테나에 수신되는 전자파의 세기가 최소로 될 때까지 루프 안테나를 회전시킨다. 루프에 수신되는 전자파의 세기가 최소가 될 때, 루프의 축은 전자파를 방출한 송신기가 위치한 방향과 일직선 위에 놓이게 된다. 이제 충분한 거리만큼 떨어져 있는 두 위치를 선정한 다음, 각각 앞에서 설명한 방식으로 두 위치에서 송신기의 방향(즉, 방위각)을 알아낸다. 그 다음에 지도 위에 두 위치를 표시하고, 각 위치에서 송신기의 방위각에 맞춰 직선을 두 개 그어 교점을 구하면 송신기의 위치를 찾을 수 있다. 물론 컴퓨터로도 같은 작업을 수행할 수 있다.

300 MHz 이상의 주파수 대역에서는 소형 루프 안테나 대신 야기^{Yagi} 안테나, 쿼드^{quad} 안테나, 접시 안테나, 헬리컬 안테나 등 지향성을 갖는 안테나를 사용한다. 이러한 지향성 안테나를 사용하면 소형 루프 안테나보다 더 좋은 결과를 얻을 수 있다. 전파 방향을 탐지하기 위해 지향성 안테나를 회전시켜 송신기가 위치한 방향을 구할 경우, 전자파의 세기가 최소가 아닌 최대가 될 때 안테나의 축이 송신기가 위치한 방향과 일직선에 놓이게 된다.

항법

이동하는 물체(로봇, 자동차, 선박 등)의 항법(내비게이션)^{navigation}을 위해서는 방향/위치 탐지 장치를 시간적으로 끊어짐 없이 사용하여 시간에 따른 위치 값의 변화를 계속 얻어내야 한다. 이 방법을 사용하면 물체가 예정된 경로를 따라 이동하고 있는지 아닌지 알아낼 수 있다. 또한 이러한 항법 기술은 군사적 목표물, 심한 폭풍우, 허리케인의 경로를 추적하는 데도 사용할 수 있다.

플럭스게이트 자기 감지기

로봇에 부착한 위치 센서가 제 기능을 발휘할 수 없는 환경 속에서 이동 로봇을 주행시켜야 하는 경우에는 **플럭스 게이트 자기 감지기**^{fluxgate magnetometer}를 사용하여 문제를 해결할 수 있다. 이 시스템은 감도가 높은 자기 감지기와 마이크로컴퓨터를 사용하여 인위적으로 발생시킨 자기장의 유무와 자기장의 변화를 검출한다. 로봇은 벽, 바닥, 천장에 설치된 전자석electromagnet에서 발생하는 자기플럭스 라인(자속선)magnetic flux line의 기울어진 방향orientation을 검사하여 실내 공간을 움직일 수 있다.

실내 공간의 모든 점(위치)은 저마다 고유한 자기플럭스 라인(즉, 자기장)의 방향과 세기를 갖고 있다. 로봇이 활동하는 공간 속의 모든 점은 자기장 **벡터**(즉, 자기장의 방향과 세기)와 **일대일로 대응**된다(즉, 자기장 벡터의 값(방향과 세기)에 따라 모든 점을 구별할 수 있다). 이 일대일 대응 관계로부터 방 안의 모든 점을 2변수 함수로 바꿀 수 있다. 이 함수를 사용해 로봇 조종기의 프로그램을 작성하면 로봇의 위치를 오차 수 mm 이내의 정확도로, 시간적으로 끊어짐 없이 정확하게 알아낼 수 있다.

이피폴라 항법

이피폴라 항법epipolar navigation은 어떤 한 기준점(관측점)이 움직이면서 어떤 물체를 일점투시법one point perspective으로 관측했을 때 나타나는 물체의 영상 변화를 분석함으로써 정보를 얻는다. 이 항법 시스템에서는 어떤 한 순간에 오직 하나의 관측점, 다시 말해 한 관측자 위치만 필요하다.

조종사가 비행기를 조종하여 바다 위를 날고 있는 경우를 상상해보자. 시야에 보이는 것이라고는 작은 섬뿐이다. 비행기에 탑재된 컴퓨터는 계속해서 형태가 바뀌는 이 섬의 영상을 '관측'한다(즉 영상을 형성한다). [그림 31-15]를 보면 세 개의 관측 위치 A, B, C가 표시되어 있고, 이 세 위치에서 **머신 비전 시스템**이 형성한 세 종류의 서로 다른 크기와 모양의 영상이 나타나 있다. 컴퓨터는 서로 다른 세 순간에 각 점에서 자신의 시점으로부터 형성한 섬의 영상 모양과 크기를, 저장된 지도 데이터에 들어 있는 그 섬의 실제 모양, 크기와 비교한다. 이 비교 결과를 통해 컴퓨터는 현재 날고 있는 비행기의 고도, 비행속도, 비행방향, 위도, 경도를 알아낼 수 있다.

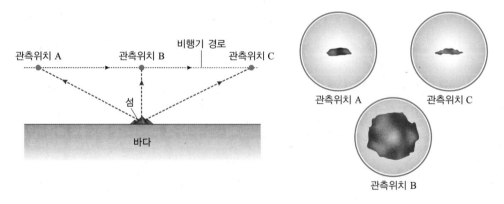

[그림 31-15] 이피폴라 항법은 광전 변환으로 얻은 영상을 검토하여 인간처럼 공간을 인식한다.

로란

loran(로란)이라는 영어 이름은 long-range navigation(장거리 항법)이라는 단어들의 앞 글자를 따서 만든 줄임말이다. 로란은 전자 항법 시스템 중에서 가장 오래되었다. 이 시스템에서는 특정한 위치에 있는 여러 개의 송신기가 저주파수 대역이나 중간 주파수 대역(보통, 2 MHz 이하)의 RF 펄스를 송출한다. 바다 위를 항해하는 선박에 탑재된 컴퓨터는 알려진 위치에 있는 두 개의 서로 다른 송신기에서 송출한 신호가 선박에 도달하는 데 걸리는 시간을 비교하여 선박의 위치를 알아낼 수 있다. 공기 속을 전파하는 전자파의 속도가 299,792 km/s (186,282 mi/s)라는 사실에 기초하여 컴퓨터는 두 송신기까지의 거리를 각각 알아내고, 그 결과를 이용해 두 송신기를 기준으로 한 선박의 위치를 계산할 수 있다. 최근에는 로란을 대체하여 **위성 위치확인(항법) 시스템**(GPS)^{Global Positioning System}이 주로 사용되고 있다.

위성 위치확인(항법) 시스템

위성 위치확인 시스템(GPS)은 지구 전체 범위에서 작동하는 무선 위치확인, 무선 항법 장치다. 이 시스템은 여러 개의 인공위성을 사용하여 위치(즉 위도, 경도, 고도)를 정확히 알아낸다. 모든 GPS 위성은 초고주파^{microwave} 대역의 주파수를 가진 신호(전자파)를 송출한다. 이 전자파 신호에는 수신 장치가 위치 확인 작업을 할 수 있도록 타이밍 정보가 담긴 코드 데이터가 실려 있다. 위치 확인을 위해, 위성에서 수신기까지 신호가 도달하는 데 걸리는 시간을 정확히 측정한다. 이러한 방식은 예전부터 사용해온 항법 장치의 삼각측정법^{triangulation}과 비슷하다. 다만 여기서는 이 방식이 지표면에서 2차원으로 이루어지는 대신, 공간에서 3차원으로 이루어진다는 점이 다르다.

이온층^{ionosphere} 속을 전파할 때의 전자파 속도는 이온층 밖의 우주 공간 속을 전파할 때의 속도보다 느리다. 이 두 영역에서의 차이는 전자파의 주파수, 대기 상층부의 밀도, 이온층 속에서 전자파 진행 경로의 각도에 따라 달라진다. 이러한 현상을 보상하기 위해 GPS는 두 개의 다른 주파수로 전자파를 송출한다. GPS 수신기는 컴퓨터를 사용하여 위성에서 수신한 정보를 처리한 다음, 사용자에게 오차 수 m 이내의 정확도로 위치를 알려준다.

GPS 수신기가 기본 장치로 장착된 자동차, 트럭, 레저 보트의 판매가 점점 증가하고 있다. 외딴 지역에서 자동차를 몰다가 길을 잃은 경우에는 GPS를 사용하여 자신의 위치를 알 수 있다. 그러면 휴대전화, 무선 인터넷 접속, 생활 무전기^{citizens band radio}, 아마추어(햄^{ham}) 무선 송수신기를 사용하여 도움을 요청하고 지도 위에 표시된 자신의 위치를 관계 당국에 알릴 수 있다.

※ 필요하다면 이 장의 본문 내용을 참고해도 된다. 적어도 18개 이상 맞히는 것이 바람직하다.
정답은 [부록 A]에 있다.

31.1 이동 로봇이 텅 빈 대형주차장 안에서 자신의 위치를 알아내는 데 가장 적합한 시스템은?

(a) RF 비콘 여러 개와 용량성 근접 센서 한 개
(b) IR 비콘 여러 개와 다이내믹 변환기 한 개
(c) 가시광 비콘 여러 개와 광학 축 인코더
(d) 초음파 비콘 여러 개와 음파 방향 탐지기

31.2 야간에 토네이도의 위치를 알아내기 위해 사용해야 하는 장치는?

(a) 레이더 장치
(b) 소나 장치
(c) 플럭스게이트 자기 감지기
(d) 용량성 근접 센서

31.3 다음 중 자기 감지기로 외부 자기장의 유무와 그 변화를 검출하여 마이크로컴퓨터에게 알려주는 시스템은?

(a) 용량성 근접 센서
(b) 이피폴라 항법
(c) 싱크로synchro 또는 셀신selsyn
(d) 답이 없음

31.4 다음 중 접시 안테나를 원하는 방향으로 조종하고 그 방향을 표시하는 데 사용하는 장치는?

(a) 플럭스게이트 자기 감지기
(b) GPS
(c) 싱크로
(d) 용량성 근접 센서

31.5 엘라스토머 패드는 어떤 특성을 가진 물질로 볼 수 있는가?

(a) 컨덕턴스가 변하는 물질
(b) 자기장 세기가 변하는 물질
(c) 초음파에 반응하는 물질
(d) 유도성 리액턴스를 가진 물질

31.6 수평각(방위각) 레이더의 표시기 화면은 다음 중 어떤 장치의 표시기 화면과 비슷한가?

(a) 아날로그 계기
(b) 디지털 막대그래프 계기
(c) 아날로그 TV
(d) 극좌표 시스템

31.7 다음 중 소나가 측정하는 것은?

(a) 소리의 세기
(b) 소리의 주파수
(c) 소리의 속도
(d) 답이 없음

31.8 플럭스게이트 자기감지기를 장착한 로봇은 다음 중 무엇을 측정하여 자신의 위치를 알아내는가?

(a) 주변에 있는 물체로 인한 몸체 커패시턴스

(b) 외부 자기장이 향하는 방향

(c) 여러 개의 초음파 비콘으로부터 들어오는 신호 사이의 위상 관계

(d) 빔이 정지해 있는 반사기에 부딪혀 돌아오는 데 걸리는 시간

31.9 다음 중 전자–기계 변환기가 아닌 장치는?

(a) 전기 모터

(b) 발전기

(c) 셀신

(d) 플럭스게이트 자기감지기

31.10 저주파수 대역에서 무선 방향 탐지(RDF) 시스템이 일반적으로 사용하는 안테나는?

(a) 야기 안테나

(b) 소형 루프 안테나 또는 루프스틱 안테나

(c) 접시 안테나

(d) 1/2 파장 다이폴 안테나

31.11 로봇에 장착하는 압력 억제 센서의 용도는?

(a) 가시광의 세기 측정

(b) 전기 드릴에 의해 발생하는 토크 조정

(c) 자기 플럭스 라인이 향하는 방향 감지

(d) 소리 변환기의 출력 조정

31.12 정전 변환기의 두 판에 가청 주파수를 가진 교류 전압을 인가하면 두 판 사이의 전기장 세기가 변동한다. 이 결과로 인해 일어나는 현상은?

(a) 자기장에 의해 음파가 발생한다.

(b) 커패시턴스가 변하므로 위상 변화가 생긴다.

(c) 유연한 판이 움직이면서 음파가 발생한다.

(d) 두 판이 충전, 방전되면서 교류 전류가 흐른다.

31.13 RF 변환기에 속하는 장치는?

(a) 소형 루프 안테나

(b) 압력 억제 센서

(c) 엘라스토머

(d) 이피폴라 항법 센서

31.14 다음 중 다이내믹 픽업(즉 마이크로폰)에서 음파가 교류전류로 변환되는 것은 무엇 때문인가?

(a) 자기장 속에서 움직이는 코일

(b) 정전기장 속에서 움직이는 코일

(c) 코일에 인가되는 직류 전압

(d) 코일 양단의 용량성 리액턴스의 변화

31.15 다음 중 연속적으로 회전하지 않고 한 번에 조금씩 불연속적으로 회전하는 모터는?

(a) 인크리멘탈 모터incremental motor

(b) 스테퍼 모터stepper motor

(c) 프랙셔널 모터fractional motor

(d) 셀신selsyn

31.16 다음 중 광전 근접 센서로 탐지하기 어려운 물체는?

(a) 회색 커튼   (b) 검은색 벽

(c) 빨간색 공   (d) 답이 없음

31.17 이피폴라 항법 시스템에서는 몇 개의 관측 기준점이 동시에 필요한가?

(a) 한 개   (b) 두 개

(c) 세 개   (d) 네 개

31.18 다음 중 가장 낮은 주파수로 동작하는 장치나 시스템은?

(a) 레이더 시스템

(b) GPS

(c) 광전 근접 센서

(d) 로란 시스템

31.19 다음 장치나 시스템 중 물체 사이의 자기력 변동을 이용해 기능을 수행하는 것은?

(a) 소나 시스템

(b) 로란 시스템

(c) 다이내믹 변환기

(d) 용량성 근접 센서

31.20 광전 변환기로 탐지하는 것은?

(a) 자기장

(b) 초음파

(c) 초고주파 무선 신호

(d) 모터에서 발생하는 토크

CHAPTER

32

음향학과 오디오
Acoustics and Audio

소리, 그 중에서도 특히 음악을 녹음하고 재생하는 데 있어서 가장 중요하게 고려해야 할 것이 충실도^{fidelity}이다. 오디오 애호가들은 단순히 효율성만 따지는 것이 아니라 소리에 왜곡^{distortion}이 얼마나 적고 소리가 얼마나 아름답게 들리는지, 경우에 따라서는 소리 출력 전력$^{output\ power}$이 얼마나 큰지 등도 중요하게 생각한다.

음향학

음향학^{acoustics}은 음파$^{sound\ wave}$를 다루는 학문이다. 소리는 20 Hz ~ 20 kHz 범위에 속하는 주파수로 진동하는 공기 분자에 의해 발생한다. 이 주파수 범위를 들을 수 있는 주파수, 즉 **가청 주파수**$^{audio\ frequency}$라고 한다. 젊을 때는 가청 주파수 범위 전체의 소리를 들을 수 있지만, 나이가 들수록 가청 주파수 범위에서 높은 쪽 끝 부분과 낮은 쪽 끝 부분에 속하는 소리를 듣는 감각(능력)이 없어진다.

가청 주파수

음악가는 가청 주파수 범위를 크게 **베이스**(저주파 영역)^{bass}, **미드레인지**(중간주파 영역)^{midrange}, **트레블**(고주파 영역)^{treble}로 구분한다.[1] 베이스는 20 Hz부터 150~200 Hz 정도까지, 미드레인지는 그 다음 주파수부터 2~3 kHz 정도까지, 트레블은 그 다음부터 가청 주파수의 맨 끝인 20 kHz까지다. 소리의 주파수가 증가하면 매질 속을 진행하는 그 소리의 파동인 음파의 파장은 짧아진다.

공기 속에서 음파는 335 m/s (1100 ft/s)의 속도로 이동한다. 음파의 주파수 f(단위: Hz)와 파장 λ_m(단위: m) 사이의 관계는 다음과 같다.

$$\lambda_m = \frac{335}{f}$$

이 식에서 주파수 단위가 kHz로 되면 파장 λ_m의 단위는 mm가 된다. 파장의 단위로 미터(m) 대신 피트(ft)를 사용하는 경우, 주파수 f와 음파의 파장 λ_{ft}(단위: ft) 사이의 관계는 다음과 같다.

$$\lambda_{ft} = \frac{1,100}{f}$$

---

1 (옮긴이) 베이스(bass), 미드레인지(midrange), 트레블(treble)을 우리말로 각각 저음부, 중음부, 고음부라는 용어로 옮기기도 한다. 여기서 저, 중, 고는 소리의 세기가 낮고, 중간이고, 높다는 뜻이 아니라 소리의 '주파수'가 낮고, 중간이고, 높다는 의미라는 점에 주의해야 한다.

공기 속을 진행하는 주파수 $20\,\mathrm{Hz}$ 의 음파는 파장이 $16.75\,\mathrm{m} \approx 17\,\mathrm{m}\,(55\,\mathrm{ft})$ 이다. 주파수 $1\,\mathrm{kHz}$ 의 음파는 파장이 $0.335\,\mathrm{m} \approx 34\,\mathrm{cm}\,(1.1\,\mathrm{ft})$ 이다. 주파수 $20\,\mathrm{kHz}$ 의 음파는 파장이 $0.01675\,\mathrm{m} \approx 17\,\mathrm{mm}\,(0.055\,\mathrm{ft})$ 이다. 음파가 공기 대신 매우 높은 고도의 공기, 민물, 소금물, 금속 등의 매질 내부를 따라 진행하는 경우에는 앞에 나온 공식을 적용할 수 없다.

소리 파형

소리가 갖고 있는 여러 가지 요소 중 하나로 소리 파동의 주파수, 다시 말해 **소리의 높낮이** (피치)pitch가 있다. 그리고 또 다른 요소로 **소리 파형**acoustic waveform이 있다. 소리 파형, 즉 소리 파동의 모양은 그 소리의 고유한 특색인 **음색**timbre을 결정한다(음색을 가리키는 용어로 timbre 대신 tone(톤)을 사용하는 경우가 있는데 이는 잘못된 것이다). 가장 간단한 소리 파형은 사인파sine wave(또는 사인 곡선sinusoid)이다. 사인파는 모든 에너지가 오직 한 주파수에만 존재한다(다시 말해, 단 하나의 주파수 성분만 가진다). 자연계에서 사인파 모양 의 음파가 발견되는 예는 거의 찾아볼 수 없지만, 오디오 발진기audio oscillator라는 특별한 장치를 사용하면 사인파를 인공적으로 만들어 낼 수 있다.

음악을 연주하는 다양한 악기들이 내는 소리는 여러 개의 주파수 성분으로 이루어진 복합 파형complex waveform이다. 이 파형의 주파수 성분은 **기본 주파수**fundamental frequency와 그 **고조 파**harmonics(기본 주파수의 정수배인 주파수)들이다. 사각파square wave, 삼각파triangular wave, 톱니파sawtooth wave도 복합파형의 일종이다. 기본 주파수와 그 고조파 성분들 가운데 어느 하나라도 변하면 파형의 모양이 달라진다. 그러므로 기본 주파수는 같지만(예를 들어 $1\,\mathrm{kHz}$), 파형이 다른 음파는 무한히 많다. 결국, 음정(기본 주파수)note은 같아도 음색(고 조파들)timbre이 다른 소리가 수없이 많이 존재할 수 있다.

경로 효과

플루트, 클라리넷, 기타, 피아노는 저마다 주파수가 $1\,\mathrm{kHz}$ 인 소리 파형, 즉 음파를 만들어 낼 수 있다. 하지만 악기가 내는 소리의 주파수는 같아도 소리가 주는 느낌, 즉 음색은 악기마다 다르다. 음파의 파형은 음파가 물체에 부딪혀 반사되는 방식에도 영향을 준다. 그렇기 때문에 음향 시스템과 콘서트홀을 설계할 때는 이러한 영향을 반드시 고려해서 실내 어느 위치에 있어도 악기가 내는 모든 소리를 실제 소리 그대로 들을 수 있게 해야 한다.

집의 거실에 설치한 오디오 시스템의 스피커에서 나오는 소리 가운데 $1\,\mathrm{kHz}$, $3\,\mathrm{kHz}$, $5\,\mathrm{kHz}$ 소리는 깨끗이 잘 들리는데 $2\,\mathrm{kHz}$, $4\,\mathrm{kHz}$, $6\,\mathrm{kHz}$ 소리는 그렇지 않다고 하자. 이러한 주파수에 따른 특성 차이로 인해 스피커에서 나오는 음악소리가 거실에 있는 사람에 게 전달되는 과정에서 어떤 악기 소리는 다른 악기 소리보다 더 변형, 왜곡distortion된다.

스피커에서 나오는 악기소리 파형의 모든 주파수 성분들이 주파수 값에 관계없이 똑같은 특성으로 사람 귀로 전달되지 않으면, 사람은 악기가 내는 원래 그대로의 소리를 들을 수 없다.

[그림 32-1]에는 스피커 한 개, **배플**baffle이라고 하는 소리 반사기 세 개, 청취자 한 명이 표시되어 있다. 스피커에서 나온 소리는 배플에 의해 반사되는 세 가지 음파 경로path인 X, Y, Z와 직접 전달되는 음파 경로인 D를 따라 청취자의 귀에 도달한다. 서로 다른 경로를 따라 귀에 모인 네 개의 음파는 하나로 합해지는데, 그 합성 결과는 소리의 주파수에 따라 달라진다. 이러한 **경로 효과**path effect로 인한 현상을 막는 것은 불가능하다. 이 때문에 콘서트홀과 같은 음향실을 설계할 때, 그 공간 안에 있는 모든 청중에게 음파가 가진 모든 주파수 성분이 원래대로 전달되게 하기란 무척 어렵다.

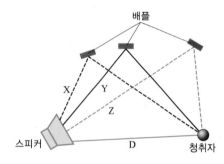

[그림 32-1] 스피커에서 나온 소리는 반사 경로 X, Y, Z와 직접 경로 D를 따라 청취자의 귀에 도달하므로, 청취자의 귀에는 이들 네 경로의 음파가 합해진 소리가 들린다.

소리 세기와 위상

사람이 인식하는 소리의 **크기**loudness(또는 **음량**volume)는 소리 파동이 가진 전력에 정비례하지 않는다. 사람은 귀에 가해지는 실제 소리 세기의 로그 값으로 소리의 크기를 인식한다. 소리와 관련된 또 다른 변수는, 귀에 도달하는 소리의 **위상**phase이다. 사람은 양쪽 귀에 들어오는 소리의 위상 차이로 소리가 들어오는 방향을 인식하는데, 이 위상 차이는 인식되는 소리의 음량에도 영향을 준다.

음향학에서의 데시벨 단위

데시벨decibel은 신호의 전압, 전류, 전력의 상대적인 크기를 나타내는 데 사용되는 단위인데, 음향학에서 소리 전력의 상대적인 크기를 나타내는 데에도 이 단위가 사용된다. 하이파이hi-fi 오디오 앰프(증폭기)의 음량 조정 손잡이를 돌려 ±1 dB 정도 변화시키면 사람은 그 차이를 거의 인식하지 못한다. 음량 조절 손잡이를 돌려 ±3 dB만큼 변화시키면 사람은 스피커에서 나오는 소리를 두 배 크게 또는 반으로 작게 들린다고 인식한다.

음향학에서 데시벨 단위로 표시된 소리 전력 측정값이 의미를 가지려면 그 값을 측정하는 데 사용한 기준 전력의 크기를 알아야 한다. '어떤 가정용 진공청소기의 소음이 80 dB'이라는 식의 문구를 광고지에서 읽은 적이 있을 것이다. 80 dB이라는 숫자는 최소 가청값threshold of hearing과 비교할 때, 진공청소기의 소음 전력이 80 dB($= 10^8$배)만큼 크다는 것을 나타낸다. 최소 가청값은 배경 소음background noise이 최소가 되도록 특수하게 설계한 조용한 방음실quiet room에서 양호한 청력을 가진 사람이 간신히 들을 수 있는 소리의 전력이다.

음향학에서의 위상

어떤 방에 소리를 발생시키는 음원sound source이 하나만 있는 경우에도 음파는 방바닥, 벽, 천장에서 반사되므로 방안에는 많은 음파들이 존재한다. [그림 32-1]에 있는 세 개의 배플을, 방을 이루고 있는 두 개의 벽과 한 개의 천장이라고 가정하자. 세 개의 음파 경로 X, Y, Z는 길이가 다르므로 두 벽과 천장에서 반사된 다음 청취자의 귀에 도달한 세 음파의 위상은 서로 다르다(다시 말해 세 음파가 청취자의 귀에 도달하는 시각이 저마다 다르다). 스피커에서 청취자로 반사 없이 곧바로 전달되는 경로 D가 가장 짧은 경로를 나타낸다. 여기서는 스피커에서 청취자까지 음파가 전달되는 경로가 모두 네 가지인 상황을 나타냈지만 수십, 수백, 수천 개의 경로가 존재하는 상황도 생각해볼 수 있다. 이론상으로는 무한히 많은 경로가 존재한다.

어떤 특정 주파수를 가진 소리가 여러 개의 다른 경로를 거쳐 청취자의 귀로 모인다고 가정하자. 각 경로를 따라 귀에 들어오는 음파들의 위상이 모두 같다고 가정하면 각 음파들의 크기가 모두 더해지므로 소리의 크기는 매우 커질 것이다. 이것을 소리의 **피크**peak 또는 **배**antinode라고 한다. 소리의 주파수가 달라지면 귀에 들어오는 음파들의 위상이 서로 반대가 되는 경우도 생길 수 있다. 이렇게 되면 소리의 크기는 0이 되어 소리가 사라진다. 이것을 소리의 **널**(영)null이나 **마디**node 또는 **데드존**dead zone이라고 한다. 이러한 현상으로 인해 소리가 원래의 형태와 달라져 왜곡되어 귀에 들리는 문제가 발생한다. 청취자가 처음 위치에서 몇 m(경우에 따라서는 몇 cm) 정도 자리를 옮기면 귀에 들리는 소리의 크기가 변한다. 옮긴 자리에서 배나 마디가 나타나는 주파수는, 옮기기 전의 주파수와 달라진다.

배와 마디가 생기지 않도록 방지하는 것은 음향 설계에서 가장 해결하기 어려운 문제라고 할 수 있다. 가정용 하이파이 오디오 시스템에서는 천장, 벽, 바닥, 가구에서 반사되는 음파의 세기만 최소로 하면 이 목표를 이룰 수 있다. 이를 위해 천장에는 방음 타일acoustical tile을 부착하고 벽에는 종이를 바르거나 코르크 타일cork tile을 부착하며 마루에는 카펫을 깔고 가구는 천으로 씌우는 방법을 쓸 수 있다. 대형 음악당과 콘서트홀에서는 음파가 전파하는 거리가 길어지는 것은 물론, 특히 높은 주파수 대역에서 음파가 발코니, 의자, 조명

설비, 심지어는 청중에서 반사되는 현상 때문에 문제가 더욱 어렵고 복잡해진다.

기술적 고려사항

좋은 하이파이 사운드 시스템은 그 사이즈가 크든 작든 몇 가지 특성을 반드시 보유하고 있어야 한다. 그중 기술적인 측면에서 가장 중요하게 고려해야 할 특성이 **선형성**linearity과 **다이내믹 레인지**dynamic range이다.

선형성

음향학에서 선형성linearity은 앰프(증폭기)가, 입력되는 소리의 전력을 증폭해 출력으로 내보내는 과정에서 출력파형이 입력파형의 모양을 얼마나 충실하게 따르고 있는가(재생하는가)를 나타내는 특성이다. 모든 기술을 총 동원해서 하이파이 장치의 증폭기가 최고의 선형성을 갖도록 설계해야 한다.

듀얼 채널 오실로스코프(두 개의 파형을 동시에 측정할 수 있는 스코프)의 두 채널로 선형성이 양호한 하이파이 오디오 증폭기의 입력 단자와 출력 단자 신호를 각각 측정하고 있다고 가정하자. 그러면 스코프 화면에는 입력파형과, 이 입력파형과 수평으로는 똑같고 수직으로는 확대된 모양의 출력파형이 함께 나타난다. 증폭기의 입력 단자 신호를 스코프의 수평 입력에 인가하고 출력 단자 신호를 스코프의 수직 입력에 인가하면, 스코프 화면에는 기울어진 직선이 나타난다.[2] 이와 달리 선형성이 불량한 증폭기인 경우에는 입력과 출력 관계가 직선으로 나타나지 않는다. 이렇게 되면 입력파형을 충실히 재생해서 출력으로 내보내지 못하므로 출력파형에 왜곡이 발생한다. RF 증폭기라면 경우에 따라서 이러한 현상을 허용할 수 있지만, 하이파이 오디오 시스템에서는 결코 용납할 수 없다.

모든 하이파이 증폭기에는 양호한 선형성을 유지할 수 있는 입력 신호의 진폭 범위가 있다. 입력 신호의 진폭이 이 범위의 피크(최댓값)peak보다 크면 증폭기에 들어 있는 능동부품(주로 트랜지스터)이 비선형적으로 동작하므로 출력파형에 왜곡이 발생한다. VU 미터(음량계)Volume Unit meter 또는 왜율 미터(일그러짐 측정계)distortion meter 등의 측정기가 부착된 하이파이 시스템에서는 증폭기에 지나치게 큰 입력이 들어올 경우 측정기 바늘이 눈금 중에서 붉게 표시된 영역으로 넘어 들어온다.

---

2 (옮긴이) 이렇게 하기 위해서는 오실로스코프를 X-Y 모드로 설정해야 한다.

다이내믹 레인지

사운드 시스템에서의 **다이내믹 레인지**^{dynamic range}는 왜곡을 허용된 값 이내로 유지하면서 그 시스템이 전달할 수 있는 최대 전력과 최소 전력의 비이다. 다이내믹 레인지가 증가하면 작은 음량에서 큰 음량까지 넓은 음량 범위에 걸쳐 음악이나 방송의 소리 품질이 향상된다. 다이내믹 레인지 값은 dB 단위로 나타낸다.

음량크기가 낮은 경우 하이파이 시스템의 다이내믹 레인지를 제한하는 것은 배경 소음 background noise이다. 이 배경 소음(잡음)은 아날로그 시스템의 오디오 증폭 단계에서 발생한다. 테이프를 녹음하고 재생할 때도 "쉬~"하는 잡음을 들을 수 있다. **돌비**(돌비 연구소 Dolby Laboratories의 상표명)^{Dolby}는 아날로그 녹음과 재생 과정에서 발생하는 배경 잡음을 감소시킨다. 그러나 디지털 시스템에서는 녹음과 재생 과정에서 아날로그 시스템보다 내부 잡음이 적게 발생한다.

음량크기가 높은 경우 다이내믹 레인지를 제한하는 것은 오디오 증폭기의 **전력 처리 능력** power-handling capability이다. 100 W 오디오 시스템의 다이내믹 레인지는 동일한 조건의 50 W 오디오 시스템보다 크다. 스피커 사이즈도 중요한데, 스피커의 사이즈가 클수록 큰 전력을 처리하는 능력이 좋아지므로 다이내믹 레인지도 증가한다. 이런 이유로 오디오 애호가들은 종종 불필요하게 커 보이는 스피커와 앰프를 갖춘 사운드 시스템을 구입하기도 한다.

오디오 컴포넌트

하이파이 시스템을 구성하는 방법은 무수히 많다. 진짜 오디오 애호가들은 오랜 시간을 들여 여러 구성 요소로 이루어진 복합 오디오 시스템을 조립한다.

구성 요소

가정용 하이파이 시스템 중에서 가장 간단한 유형은 AM/FM 라디오 수신기와 CD^{Compact Disk} 플레이어가 하나로 합쳐진 일체형 오디오 시스템이다. 이 시스템에는 일반적으로 외장형 스피커를 짧은 케이블로 연결한다. 이 **콤팩트 하이파이 시스템**^{compact hi-fi system}의 특징으로는 사이즈가 작고 가격이 저렴하다는 점을 들 수 있다. 이 시스템의 한계는 누구나 쉽게 예상할 수 있듯이 오디오 출력이 작다는 사실이다.

고급 하이파이 시스템을 구성하고 있는 개별 장치들은 다음과 같다.

- AM 튜너
- 한 개 또는 한 쌍의 증폭기
- 컴퓨터와 주변기기(선택 사항)

- FM 튜너
- CD 플레이어

컴퓨터를 사용하면 인터넷을 통해 음악 파일을 내려 받거나 **스트리밍 오디오**streaming audio 방식으로 음악을 실시간 재생하고 CD를 만들며, 전자 음악을 작곡하고 편집할 수 있다. 최고급 시스템에는 위상 방송 수신기, 테이프 플레이어, 턴테이블을 비롯해 여러 가지 특별한 장치가 포함되어 있다. 이러한 유형의 시스템을 **컴포넌트 하이파이 시스템**component hi-fi system이라고 하는데, 이 시스템을 구성하는 개별 하드웨어 장치들은 차폐 케이블(실드 케이블)shielded cable로 서로 연결된다. 컴포넌트 시스템은 콤팩트 시스템보다 가격이 비싸지만 음질이 더 뛰어나고 오디오 출력이 더 크다. 또한 융통성이 커서 사용자의 요구에 시스템을 맞출 수 있다.

하이파이 제조업체 중에서는 모든 개별 구성 장치 캐비닛(케이스 몸체)cabinet을 규격화해 같은 폭으로 만든 후, '랙rack'이라는 금속 틀에 이 캐비닛들을 넣어 쌓아 올리는 방식으로 시스템을 제작하기도 한다. 이러한 유형의 **랙 장착 하이파이 시스템**rack-mounted hi-fi system은 바닥이 차지하는 면적을 최소로 할 수 있으며 더욱 전문적인 오디오 시스템처럼 보이게 해준다. 랙에 바퀴를 달면(외장 스피커는 제외) 시스템 설치 장소를 손쉽게 바꿀 수 있다.

[그림 32-2]는 대표적인 가정용 하이파이 시스템의 구성도이다. 스피커에서 나오는 험hum과 잡음noise을 줄이고 외부에서 들어오는 전자파에 의한 간섭을 최소로 하기 위해서는 증폭기의 섀시chassis를 접지ground 접속해야 한다. AM 안테나로는 일반적으로 루프스틱 안테나가 사용되는데, 이 안테나는 캐비닛에 내장시키거나 후면판rear panel에 설치한다. FM 안테나는 실내용으로 '토끼 귀 안테나(래빗 이어 안테나)rear panel'[3]가, 실외용으로 낙뢰방지를 위한 피뢰침을 갖춘 지향성 안테나(야기 안테나)가 사용된다.

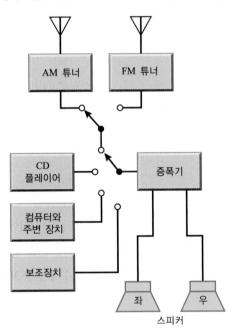

[그림 32-2] **가정용 하이파이 시스템의 기본 구성**

---

3 **(옮긴이)** 토끼의 귀와 비슷한 모양을 하고 있는 V자형 구조의 다이폴 안테나(dipole antenna)

튜너

튜너^{tuner}는 표준 AM 방송 주파수 대역(535 kHz ~ 1605 kHz)과 표준 FM 방송 주파수 대역(88 MHz ~ 108 MHz)의 신호를 수신할 수 있는 라디오 수신기다. 튜너에는 증폭기가 내장되어 있지 않다. 튜너에서 나오는 신호의 전력은 헤드셋(헤드폰)^{headset}을 구동시키는 데는 부족함이 없지만, 스피커를 구동시키려면 외부 증폭기를 사용해서 충분한 전력을 가진 신호로 만들어 스피커로 내보내야 한다.

최신 하이파이 튜너에는 주파수 신시사이저(주파수 합성 발진기)$^{\text{frequency synthesizer}}$와 디지털 표시기가 들어 있다. 대부분의 튜너는 **메모리 채널**$^{\text{memory channel}}$ 기능을 갖고 있어서, 사용자는 자신이 선호하는 방송 채널 여러 개를 미리 저장해놓고 버튼을 눌러 간편하게 선택할 수 있다. 또한 **검색**^{seek} 모드와 **스캔**^{scan} 모드가 있어서 방송 신호가 존재하는 주파수를 자동으로 찾아낼 수도 있다.

증폭기(앰프)

하이파이 시스템에서 증폭기는 한 쌍의 스피커에 중전력$^{\text{medium power}}$ 또는 고전력$^{\text{high power}}$ 신호를 공급한다. 증폭기(앰프)는 최소 하나의 입력을 갖고 있는데, 보통은 입력이 3개 또는 그 이상이다. 하나는 CD 플레이어용, 또 하나는 튜너용, 나머지는 테이프 플레이어, 턴테이블, 컴퓨터 등 보조 장치용이다. 증폭기는 수 mW 정도의 입력전력을 받아 자신이 처리할 수 있는 최대 전력까지 증폭하여 출력할 수 있는데, 수백 W 정도까지 증폭하는 경우도 있다.

특정 공간에 운집한 사람들에게 소리를 전달하는 **퍼블릭 어드레스 시스템**$^{\text{public address system}}$에서도 하이파이 증폭기가 사용된다. 대중음악 밴드는 고출력의 대형 증폭기를 사용하는데, 이 증폭기는 **진공관**으로 만들어져 전기적으로 견고하고 선형성이 뛰어나다. 진공관 증폭기를 동작시키기 위해서는 고출력의 대형 전원 장치로 높은 직류전압을 공급해주어야 한다.

스피커와 헤드셋

증폭기가 스피커에 아무리 좋은 품질의 오디오 신호를 공급해도 스피커가 좋지 않으면 좋은 소리를 낼 수 없다. 스피커의 **정격**(등급)^{rating}은 그 스피커가 처리할 수 있는 전력에 따라 정해진다. 스피커를 구입할 때는 스피커의 정격전력이, 증폭기에서 공급하는 오디오 신호의 실효 출력전력$^{\text{RMS output power}}$의 최댓값보다 최소 2배 이상인 큰 것으로 하는 게 좋다. 이러한 주의사항을 따르면 크기가 큰 저주파 소리 신호가 스피커에 가해져도 스피커 왜곡이 발생하지 않는다. 또한 뜻하지 않게 스피커에 아주 큰 신호가 가해져도 스피커에 물리적 손상이 생기는 것을 방지할 수 있다.

좋은 스피커는 하나의 캐비닛(몸체) 안에 두세 개의 개별 스피커가 들어 있다. **우퍼**^{woofer}는 베이스(저주파 영역)^{bass}를 재생하고, **미드레인지 스피커**^{midrange speaker}는 미드레인지(중간 주파 영역)와 경우에 따라서는 트레블(고주파 영역)^{treble}을 재생한다. **트위터**^{tweeter}는 특히 트레블의 재생 성능을 향상시키기 위한 것이다.

헤드셋(헤드폰)의 성능은 소리를 얼마나 잘 재생하는가에 따라 평가한다. 물론 이 평가는 주관적이다. 헤드셋의 가격은 같아도 그 음질은 헤드셋의 종류에 따라 천차만별이다. 또한 같은 헤드셋에 대한 음질 평가도 사람마다 다를 수 있다.

밸런스 조정 장치

하이파이 스테레오 사운드 장비에 있는 **밸런스 조정 장치**^{balance control}는 왼쪽 채널의 음량과 오른쪽 채널의 음량을 맞춘다.

가장 단순한 밸런스 조정 장치는 좌우로 돌릴 수 있는 동그란 손잡이 형태로 되어 있다. 이 손잡이는 내부에서 한 쌍의 가변저항기에 연결되어 있다. 손잡이를 반시계 방향으로 돌리면 왼쪽 채널 음량은 증가하고 오른쪽 채널 음량은 감소한다. 손잡이를 시계 방향으로 돌리면 오른쪽 채널 음량은 증가하고 왼쪽 채널 음량은 감소한다. 더욱 정교한 고급 사운드 시스템에서는 밸런스 조정용 손잡이가 두 개 있어서 왼쪽 채널과 오른쪽 채널의 음량을 개별적으로 맞출 수 있다.

스테레오 하이파이에서는 밸런스를 제대로 맞추는 것이 중요하다. 밸런스 조정으로 스피커 위치의 변화, 두 채널의 상대적인 소리세기, 장비가 설치되어 있는 방의 음향 특성 등의 요인에 의한 영향을 보정할 수 있다.

톤 조정 장치

하이파이 사운드 시스템에 있는 **톤 조정 장치**^{tone control}로 주파수-대-진폭 특성을 조정할 수 있다. 가장 간단한 밸런스 조정 장치는 좌우로 돌릴 수 있는 동그란 손잡이 형태나 슬라이드 구조로 되어 있다. 손잡이를 반시계 방향으로 돌리거나 슬라이드를 아래쪽으로 밀면 오디오 출력의 베이스는 강해지고 트레블은 약해진다. 손잡이를 시계 방향으로 돌리거나 슬라이드를 위쪽으로 밀면 베이스는 약해지고 트레블은 강해진다. 손잡이나 슬라이드를 중간 위치에 놓으면 증폭기는 거의 평탄한 오디오 주파수 응답특성을 나타낸다. 즉 어떤 소리의 베이스, 미드레인지, 트레블 성분의 세기는 원래 녹음되거나 수신된 소리 신호가 갖고 있는 세 성분의 크기 비와 거의 같다.

[그림 32-3(a)]를 보면 오디오 증폭기에 손잡이형 톤 조정장치가 연결되어 있다. 톤 조정장치를 구성하는 가변저항기의 화살표 단자를 맨 아래로 이동시키면 트레블 응답(고주파응답)특성이 강해진다. 손잡이를 돌리면 화살표 단자가 위로 이동하면서 트레블 성분 감쇠가 시작되는데, 위로 올라갈수록 감쇠 정도가 커진다.

[그림 32-3(b)]와 같이 커패시터 두 개와 가변저항기 두 개를 사용하면 더욱 정교하게 톤을 조정할 수 있다. 오디오 출력 단자와 병렬로 연결된 직렬 RC 회로로는 오디오 신호의 트레블 성분을 원하는 만큼 감쇠시킬 수 있다. 또한 오디오 신호의 경로와 직렬로 연결된 병렬 RC 회로로는 오디오 신호의 베이스 성분을 원하는 만큼 감쇠시킬 수 있다. 이두 개의 가변 저항기를 사용하여 베이스와 트레블을 별도로 조정할 수 있다. 그렇지만 두조정회로는 완전히 분리되어 있지 않기 때문에 한 성분을 조정하면 다른 성분도 약간 영향을 받는다.

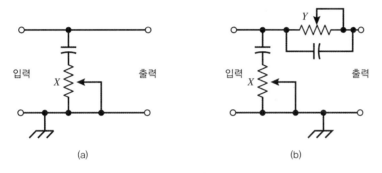

[그림 32-3] **톤 조정 방법**
(a) 가변저항기/커패시터 결합회로(X)로 트레블 성분 감쇠
(b) 한 가변저항기/커패시터 결합회로(X)는 트레블 성분을 감쇠하고, 다른 결합회로(Y)는 베이스 성분을 감쇠

오디오 믹서

증폭기의 입력 단자 하나에 여러 개의 오디오 소스(신호 발생 장치)source를 연결하면 좋은 성능을 기대할 수 없다. 신호 발생 장치의 종류로는 컴퓨터, 튜너, CD 플레이어 등이 있는데, 신호 발생 장치마다 내부 임피던스(다른 말로, 출력 임피던스)가 다르다. 여러 장치가함께 연결되면 이는 각 장치의 임피던스가 병렬로 연결된 셈이 되므로 각 장치의 출력과증폭기의 입력에서 입력 임피던스 부정합impedance mismatch이 생긴다. 이렇게 되면 시스템의효율이 떨어지고 시스템 전체의 성능이 나빠진다.

신호 발생장치들은 저마다 내보내는 신호의 진폭이 다르므로 여러 장치들을 하나의 입력에연결할 때 또 다른 문제가 발생한다. 마이크로폰에서 발생하는 오디오 신호는 출력 전력이매우 약하지만, 튜너에서 발생하는 신호의 출력 전력은 한 쌍의 소형 스피커를 구동시킬 수 있을 정도로 충분히 크다. 이 두 장치를 함께 연결하면 마이크로폰 신호가 튜너 신호에 묻혀버릴 것이다. 또한 튜너의 출력 단자에서 보면 미니 스피커나 헤드셋이 연결되는 자리에 마이크로폰이 있는 것이므로, 마이크로폰으로 전달되는 큰 출력 에너지로 인해 마이크로폰이 손상될 수도 있다.

오디오 믹서^{audio mixer}를 사용하면 여러 장치를 한 채널 입력에 연결하는 경우에 발생하는 문제가 해결된다. 오디오 믹서에는 여러 장치를 개별적으로 연결할 수 있도록 여러 개의 입력이 달려 있다. 오디오 믹서의 여러 입력에 각각 연결된 장치들은 서로 격리되므로 임피던스 부정합 문제가 생기지 않는다. 또한 입력에 연결된 각 장치의 이득은 다른 장치에 영향을 주지 않고 따로따로 조정할 수 있다. 따라서 각 장치의 진폭을 개별적으로 맞출 수 있으므로 여러 신호들을 사용자가 원하는 비율대로 섞을 수 있다.

그래픽 이퀄라이저

그래픽 이퀄라이저^{graphic equalizer}를 사용하면 오디오 주파수 대역에서 주파수 각각의 상대적 신호 크기를 조절하여 하이파이 사운드 장비의 주파수-대-진폭 출력 특성을 미세 조정할 수 있다. 하이파이 스테레오 애호가들이나 녹음 스튜디오의 엔지니어들은 높은 수준으로 정밀한 톤 조정 작업이 가능한 그래픽 이퀄라이저를 사용한다.

그래픽 이퀄라이저는 일반적으로 여러 개의 독립된 이득 조정 장치로 이루어져 있다. 가청 주파수 대역 전체 대역을 몇 개의 주파수 대역으로 나눈 다음, 각각의 주파수 대역에 이득 조정 장치를 하나씩 할당한다. 이득 조정 장치는 슬라이드식 가변 저항기로 되어 있는 것이 일반적인데, 여기에는 눈금과 숫자가 매겨져 있다. 슬라이드는 보통 위아래로 움직이며, 좌우로 움직이는 타입도 있다. 모든 가변저항기 슬라이드의 위치를 같은 높이로 맞추면 오디오 출력 주파수 응답은 평탄해진다. 이렇게 되면 어느 특정 주파수 대역의 신호 세기가 증폭되거나 감쇠되지 않는다. 어느 한 슬라이드의 위치를 움직이면 그 슬라이드에 해당되는 특정 주파수 대역의 신호 이득만 조정되며, 그 나머지 주파수 대역의 이득은 바뀌지 않는다. 전면 판^{front panel}에 있는 조정기의 슬라이드 위치들이 만드는 모양은 출력 주파수 응답 곡선의 그래프를 직관적으로 알 수 있게 보여준다.

[그림 32-4]는 7개의 이득 조정 장치로 이루어진 그래픽 이퀄라이저의 구성도이다(이 예에서 이득 조정 장치의 개수는 편의상 7개로 한 것이며, 실제로는 제품마다 다르다). 그래픽 이퀄라이저 입력으로 들어온 신호는 오디오 분배기^{audio splitter}에서 7개의 똑같은 신호로 나뉜다. 이때 7개의 신호경로는 저마다 같은 임피던스를 가지며 서로 다른 경로 사이에는 아무런 상호작용도 발생하지 않는다. 각 신호는 오디오 대역통과 필터^{bandpass filter}에 가해지

는데, 각 대역통과 필터는 자체적으로 이득 조정 장치를 갖고 있다. [그림 32-4]를 보면 필터 다음에 슬라이드식 가변저항기가 연결되어 있다. 각 조정 장치를 거친 신호는 오디오 믹서를 통해 하나로 합성된 다음 출력된다.

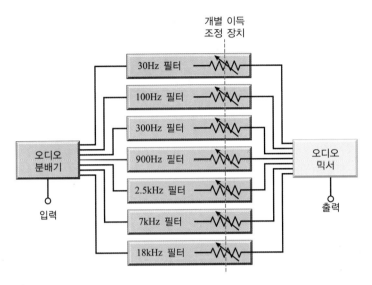

[그림 32-4] 그래픽 이퀄라이저 구성도. 오디오 분배기, 여러 개의 대역통과 필터 및 이득 조정 장치, 오디오 믹서로 이루어져 있다.

그래픽 이퀄라이저를 설계하고 이를 제대로 활용하기 위해서는 해결해야 할 몇 가지 문제점들이 있다. 먼저 각 필터의 이득 조정 장치는 다른 이득 조정 장치의 동작에 영향을 주지 않아야 한다. 각 필터의 주파수 범위와 응답을 신중하게 선택하는 것이 중요하다. 또한 필터에 의해 파형 왜곡이 발생하지 않아야 한다. 그래픽 이퀄라이저에 사용되는 능동 부품의 경우, 정해진 크기 이상의 오디오 잡음을 발생시켜서는 안 된다. 그래픽 이퀄라이저는 높은 출력을 다룰 수 있도록 설계, 제작된 장치가 아니므로 오디오 증폭기 단에서 신호는 낮은 레벨(크기)로 맞춰져 있어야 한다. 스테레오 사운드 시스템과 같이 채널이 여러 개 있는 다채널 회로에서는 각 채널 경로마다 별도의 그래픽 이퀄라이저를 설치할 수 있다.

특수 시스템

차량용과 휴대용 하이파이 시스템은 낮은 직류전압으로 동작한다. 이들 시스템의 오디오 전력 크기는 가정용 하이파이 시스템의 전력보다 훨씬 낮다. 휴대용 시스템에서는 스피커 대신 주로 헤드셋을 사용한다.

차량 시스템

승용차와 트럭용으로 설계된 하이파이 시스템에는 보통 4개의 스피커가 달려 있다. 왼쪽 스테레오 채널은 왼쪽 전방 스피커(메인 스피커)^{front speaker}와 왼쪽 후방 스피커(서라운드 스피커)^{rear speaker}를 구동한다. 오른쪽 스테레오 채널은 오른쪽 전방 스피커(메인 스피커)^{front speaker}와 오른쪽 후방 스피커(서라운드 스피커)^{rear speaker}를 구동한다. 밸런스 조정 장치는 전방 스피커와 후방 스피커에 대해 왼쪽 채널과 오른쪽 채널 사이의 사운드 음량비를 조정한다. 또 다른 조정 장치는 전방 스피커와 후방 스피커 사이의 사운드 음량비를 조정한다.

차량용 하이파이 시스템에는 AM/FM 수신기가 포함되어 있다. 또한 이 시스템은 저장된 데이터나 내려 받은 데이터로 음악을 재생할 수 있다. 연식이 오래된 차량에는 카세트테이프 플레이어가 달린 시스템이 설치되어 있다. 신형 승용차와 트럭에는 모든 표준 장치가 설치되어 있으며, 여기에 더해 위성 라디오 수신기도 포함되어 있다. 한 가지 주의사항을 들자면, 테이프와 CD는 열에 민감하므로 직사광선에 노출되는 승용차나 트럭 안에 보관해서는 안 된다.

휴대용 시스템

휴대용 하이파이 시스템은 배터리로 동작한다. 가장 널리 알려진 휴대용 시스템이 바로 **헤드폰 라디오**^{headphone radio}, 다시 말해 **워크맨**^{Walkman}이다. 워크맨의 종류는 수십 가지가 넘는다. FM 라디오 기능만 있는 것, AM/FM 수신 능력이 있는 것, 헤드셋과 연결되는 코드가 들어 있는 작은 박스가 달린 것, 헤드셋에 모든 것이 들어 있는 것 등 다양한 종류가 있다. 워크맨 중에는 여러 개의 미디어 플레이어와 위성 라디오 수신기까지 갖추고 있는 것도 있다. 이들 휴대용 시스템의 음질은 대체로 우수한 편이지만, 최선의 음질을 얻고 싶다면 좋은 헤드셋을 별도로 사용해야 한다.

워크맨과는 종류가 다른 휴대용 하이파이 시스템으로 **붐 박스**^{boom box}가 있다. 이 시스템은 수 W의 오디오 출력을 발생시킬 수 있으며, 이 출력을 내장된 한 쌍의 스피커로 전달한다. 전형적인 붐 박스의 크기는 데스크톱 컴퓨터 본체만 하다. 붐 박스에는 AM/FM 라디오와 다양한 미디어 플레이어가 들어 있다. 이 시스템의 이름은 스피커가 내는 낮은 주파수의 큰 소리인 '붐'에서 유래된 것이다.

쿼드러포닉 사운드

쿼드러포닉 사운드^{quadraphonic sound}는 4채널의 오디오 녹음과 재생을 나타낸다. 오디오 애호가들은 쿼드러포닉 사운드를 **쿼드 스테레오**^{quad stereo} 또는 **4채널 스테레오**^{four-channel stereo}라고 부른다. 네 개의 채널은 각각 독립적으로 동작한다. 잘 설계된 쿼드 스테레오 시스템에서 네 스피커의 높이는 청취자와 같은 높이여야 하고, 네 스피커와 청취자 사이의 거리는 모두 같아야 한다. 또한 네 스피커의 위치는 청취자를 중심으로 각각 90° 각도만큼 떨어져 있어야 한다. 예를 들어 청취자가 북쪽을 향하고 있으면 왼쪽 전방 스피커는 북서쪽, 오른쪽 전방 스피커는 북동쪽, 왼쪽 후방 스피커는 남서쪽, 오른쪽 후방 스피커는 남동쪽에 놓여 있어야 한다. 이렇게 스피커들을 배치하면 최적의 밸런스를 이룰 수 있고, 방향에 따른 음향 대비를 최대화할 수 있다.

▌녹음 및 기록 매체

디지털 기술이 향상함에 따라 소리, 특히 음악을 녹음(기록)하는 방법이 눈에 띄게 발전했다. 과거에 사용했거나 현재 사용 중인 기록 매체로는 콤팩트디스크compact disk, 아날로그 오디오 테이프analog audio tape, 디지털 오디오 테이프digital audio tape, 비닐 디스크vinyl disk가 있다. 또한 컴퓨터 플래시 드라이브flash drive와 이를 기반으로 하는 유사한 장치들도 디지털 오디오 데이터를 저장할 수 있다.

콤팩트디스크

콤팩트디스크compact disk(disk 대신 disc로 쓰기도 함)는 지름이 12 cm (4.72인치)인 원 모양의 플라스틱판으로, 줄여서 CD라고 부른다. CD는 소리, 영상, 컴퓨터 프로그램, 컴퓨터 파일을 저장하는 데 사용된다. 디지털 정보는 디스크에 2진수 형식으로 존재한다. 따라서 소리를 디지털 형식으로 CD 표면에 녹음할 때는, 아날로그 매체에 소리를 녹음할 때 '쉬' 소리와 '탁탁' 튀는 소리가 함께 끼어들어 가는 골치 아픈 문제가 생기지 않는다. 디지털 데이터의 한 비트는 논리 1(하이high) 또는 논리 0(로low)의 두 논리 상태 값 중에서 어느 한 값을 갖는다. 아날로그 신호의 크기가 아주 미세하게 연속적으로 변하는 것과 비교하면 0과 1의 두 상태 사이를 왔다 갔다 하는 디지털 신호의 변화는 훨씬 분명하다.

하이파이 시스템에서 CD에 소리를 녹음하기 위해서는 맨 먼저 **아날로그-디지털(A/D) 변환**Analog-to-Digital conversion 과정을 통해 연속적으로 변하는 소리 파형을 0과 1의 디지털 논리 비트로 바꾼다. 이 디지털 논리 비트 데이터 값에 따라 CD 표면을 레이저 빛으로 태워 **'피트**pit**'**라고 부르는 아주 미세한 홈을 만든다. 비트 하나하나마다 그에 대응하는 피트가 만들어진다. 이런 식으로 만들어진 모든 피트들은 디스크를 빙 두르는 나선형 경로를 따라 배치되는데, 이 나선형 경로를 **'트랙**track**'**이라고 한다. 전체 트랙을 일직선으로 곧게 펴면 길이가 수 km나 된다. 녹음 과정에서 주변의 환경적 요인, 예를 들어 디스크 표면에 존재하는 미세 입자들이나 하드웨어 회로에서 발생하는 랜덤 임펄스random impulse

신호로 인해 생겨나는 잡음은 **디지털 신호 처리**(DSP)^{Digital Signal Processing} 기법을 사용하여 줄이거나 없앨 수 있다. 디지털로 변환된 소리 데이터를 CD 표면에 피트로 만들 때는, 원래 데이터 비트의 순서대로 만들지 않고 **스크램블링**^{scrambling} 방식을 사용하여 일정한 규칙에 따라 데이터를 섞어서 디스크 전체에 퍼지게 한 다음 피트로 만들어 기록한다.

CD 플레이어는 디스크에 직접 접촉하지 않고 레이저 빛으로 디스크 표면을 스캔하여 소리를 재생한다. 디스크 표면으로 들어온 레이저 빛이 피트에 닿으면 피트에 의해 빛이 산란된다. 피트가 없는 곳에 닿으면 빛은 거울처럼 반사된다. 피트의 유무에 따른 이러한 빛의 차이는 센서에 포착되어 전류로 변환된다. 이 전류 신호는 **디스크램블링 회로**^{descrambling circuit}와 **디지털-아날로그**(D/A) **변환기**^{Digital-to-Analog converter}를 차례로 거친 다음 DSP 회로로 들어간다. DSP 회로에서 처리된 신호는 오디오 증폭기에서 증폭된 다음, 스피커나 헤드폰으로 보내진다. 스피커나 헤드폰은 오디오 신호 전류를 음파로 변환한다.

CD 플레이어에서는 트랙의 위치를 전자적으로 검색하므로 신속하게 원하는 트랙으로 찾아갈 수 있다. 모든 트랙에는 번호가 할당되어 있으며, CD 트랙에 저장된 노래를 들을 때 아무리 많이 트랙을 건너뛰어도 CD는 손상되지 않는다. 또한 한 트랙 내에서도 원하는 위치로 언제든 이동할 수 있다. 그리고 트랙이 순서대로 재생되도록 하지 않고 원하는 트랙만 계속 재생되도록 프로그래밍할 수도 있다.

아날로그 오디오 테이프

아날로그 오디오 테이프 녹음기와 재생기는 **카세트형**^{cassette type} 또는 **릴형**^{reel-to-reel type}으로 분류할 수 있다. 이들 시스템은 오늘날 하이파이 시스템에서는 사용되지 않고 있지만 우연히 보게 되는 경우도 간혹 있다. 일반적인 오디오 카세트는 재생시간이 한 면당 30분 정도인데, 면당 60분 정도로 재생시간이 더 긴 카세트도 있다. 재생시간이 긴 카세트는 테이프 폭이 좁고 신축성이 더 좋다.

릴형 테이프 피드(공급)^{feed} 시스템은 예전에 사용된 영화 영사기와 비슷하다. 테이프는 **공급 릴**^{supply reel}과 **수거 릴**^{take-up reel}이라고 하는 두 개의 릴(납작한 원형 틀)에 감겨 있다. 릴이 반시계 방향으로 돌면 릴에 감긴 테이프가 녹음/재생을 담당하는 구조물을 통과한다. 수거 릴에 테이프가 가득 차고 공급 릴이 비게 되면 두 릴을 꺼내 뒤집은 다음, 위치를 서로 바꿔 다시 장착해서 녹음을 계속하거나 테이프의 반대 면을 재생할 수 있다(릴을 뒤집지만, 실제로 녹음/재생 과정이 이루어지는 테이프 면은 반대 면이 아니라 같은 면에 있는 다른 경로[4]다). 릴의 회전 속도는 초당 1.875인치(4.763 cm), 3.75인치(9.525 cm), 7.5인치

---

4 (옮긴이) 이를 트랙(track)이라고 한다.

(19.05 cm)이다.

녹음모드record mode에서는 테이프에 어떤 내용이 녹음(기록)되기 전에 테이프가 **소거헤드** erase head를 먼저 지나간다. 테이프에 자기 임펄스magnetic impulse가 존재하면, 다시 말해 이미 기록된 내용이 있으면 소거헤드는 새로 기록하기 전에 이를 지운다. 그 이유는 테이프에 두 개의 기록이 동시에 존재하는 **더블링**(기록 겹침)doubling을 막기 위해서다. 고급 테이프 녹음기는 필요에 따라 소거헤드의 기능을 잠시 중지시켜 의도적으로 더블링이 생기도록 할 수 있다. 기록헤드recording head에는 소형 전자석이 들어 있다. 이 전자석은 오디오 입력 신호의 변화에 정확히 비례하여 자속 밀도가 변하는 자기장을 발생시킨다. 이 자기장에 의해 테이프에 도포된 자성물질이 자화되므로 테이프에는 오디오 입력 신호 파형을 복제한 내용이 기록된다. 녹음모드로 동작하는 동안에는 **재생헤드**playback head를 사용하지 않는 것이 일반적이지만, 에코 효과echo effect를 내기 위해 녹음 도중에 재생헤드를 사용할 수도 있다.

재생모드playback mode에서는 소거헤드나 기록헤드를 사용하지 않는다. 재생헤드는 감도가 뛰어난 자기장 감지기로 동작한다. 테이프가 재생헤드를 지나는 동안 재생헤드는 테이프에서 발생하는 자기장에 노출된다. 이 변동하는 자기장은 앞서 오디오 신호가 테이프에 기록될 때 기록헤드에 의해 생성된 자기장의 파형과 똑같다. 이 자기장은 재생헤드에 약한 오디오 신호 전류를 유도한다. 증폭기는 이 전류를 증폭해서 스피커, 헤드셋을 비롯한 출력 장치로 전달한다.

디지털 오디오 테이프

디지털 오디오 테이프(DAT)Digital Audio Tape는 2진 디지털 데이터를 기록할 수 있는 자기 기록 테이프이다. 테이프 잡음은 본질적으로 아날로그이며, 디지털 시스템은 아날로그 변동에 별로 영향을 받지 않으므로 디지털 오디오 테이프로 녹음하면 테이프 잡음을 최소로 할 수 있다. D/A 변환 후 아날로그 증폭 단계에서 약간의 잡음이 발생하지만, 이전의 완전 아날로그 시스템에서 발생했던 잡음과 비교하면 그 크기가 훨씬 작다. DAT 장비에서는 이처럼 잡음이 훨씬 작으므로 아날로그 방식보다는 더 원음에 가깝게 재생할 수 있다.

DAT를 사용하면 기록된 자료를 복사하고 다시 그걸 또 복사하는 식으로 여러 번 반복해도 오디오 충실도가 거의 저하되지 않는다(컴퓨터가 자기 하드 디스크 드라이브에 읽기 쓰기를 수없이 반복할 수 있는 것도 같은 이유다). DAT에서는 데이터 비트 값에 따라 테이프의 해당 영역이 자화된다. 아날로그 신호는 연속적으로 변한다는 의미에서 '복잡하고 모호하다'고 볼 수 있는 반면, 디지털 신호는 '있거나 아니면 없거나' 둘 중 하나이므로 '간단하고 명료하게' 나타난다. 디지털 신호는 아날로그 신호보다 기록장치, 테이프, 픽업헤드pickup head에서 생기는 문제로 인한 악영향을 덜 받는다. 잘 설계된 DSP 시스템은 디지털 신호를 녹음하고 재생할 때 디지털 신호에 끼어드는 미세한 잡음을 제거할 수 있다.

비닐 디스크

비닐 디스크vinyl disk[5]는 이미 여러 해 전에 CD나 인터넷 다운로드로 대체되었지만, 여전히 비닐 디스크에 열광하는 오디오 애호가들도 있다. 비닐 디스크와 이를 재생할 수 있는 턴테이블 중에는 수집 대상이 될 만한 가치를 지닌 품목이 있다. 비닐의 주요 문제점은 물리적 손상에 약하다는 점이다. 비닐 디스크를 잘 보존하려고 노력해도 시간이 지나면 서서히 문제가 생기면서 그 비닐 디스크를 재생할 때 '긁는 듯한' 소리가 난다. 또한 정전기 현상에 의해 공기 중의 습기가 낮아지면 '탁탁' 소리가 난다. 레코드 바늘stylus, 다시 말해 재생용 바늘은 디스크의 홈을 따라 직접 접촉한 채 움직이므로 그 과정에서 전하charge가 쌓이고 이어서 쌓인 전하가 방전하면서 잡음이 발생한다.

비닐 디스크는 분당 33번과 45번을 회전하는 **턴테이블**turntable을 필요로 한다. 턴테이블을 회전시키는 장치로 림 드라이브rim drive, 벨트 드라이브belt drive, 다이렉트 드라이브direct drive가 있다. 림 드라이브 장치에서는 작은 바퀴가 턴테이블의 가장자리에 접촉해서 턴테이블을 일정한 속도로 천천히 회전시킨다. 벨트 드라이브 장치에서는 자동차의 팬벨트fan belt와 거의 같은 방식으로 턴테이블을 회전시킨다. 다이렉트 드라이브 장치에서는 모터 축이 기어, 바퀴, 벨트 등 중간에 들어가는 부품 없이 턴테이블의 축과 직접 연결되어 턴테이블을 회전시킨다.

▌전자파 장해

전자파 장해(EMI) Electromagnetic Interference는 **전자기 간섭**이라고도 하며 장비, 회로, 장치, 시스템에서 발생하는 전자기장에 의해 서로가 영향을 주거나 받아서 잘못 동작하는 바람직하지 않은 현상을 말한다. 전자장치가 근처에 있는 RF 송신기(무선 주파수 신호, 즉 전자파를 발생시키는 장치를 통틀어 말함)의 RF 신호(무선 주파수 신호, 전자파)에 잘못 반응해서 발생하는 전자파 장해는 **무선 주파수 장해(RFI)**Radio-Frequency Interference라고 부르기도 한다. 오디오 시스템은 특히 EMI에 취약하다.

---

5 (옮긴이) 흔히 '레코드판'이라고 부르는 것으로, 원형 판의 표면에 폴리염화비닐을 입혔기 때문에 비닐 디스크라고 한다.

컴퓨터에 의한 EMI

컴퓨터는 넓은 주파수 대역에 걸쳐 전자기장을 발생시키는데, 특히 CRT 모니터를 가진 경우 더더욱 그렇다. 또한 **중앙처리장치(CPU)**^{Central Processing Unit}에서 처리하는 디지털 펄스는 문제를 일으킬 수 있다. 하이파이 튜너가 컴퓨터나 컴퓨터 주변 장치 근처에 있는 경우, 튜너는 컴퓨터와 주변 장치로부터 발생하는 전자기장을 포착(수신)할 수 있다. 컴퓨터에 연결된 케이블과 전원코드가 마치 안테나처럼 동작해서 전자기장을 발생시키는 경우도 있다.

하이파이 시스템과 컴퓨터를 서로 가깝게 배치한 경우(예를 들어, 인터넷에서 내려받는 스트리밍 오디오를 하이파이 시스템에서 재생하고 싶거나, 한 장소에 모든 전자장치를 모아 놓을 필요가 있는 경우)에는 특정 대역의 주파수로 튜너의 주파수를 맞추면 잡음이 들리는 EMI 현상이 발생할 수 있다. **케이블 모뎀**이나 **무선 라우터**와 같은 인터넷 접속 장치도 EMI를 일으킬 수 있다. 또한 무선 전화기도 종종 EMI 문제를 일으킨다.

라디오 방송 송신기와 TV 방송 송신기에 의한 RFI

라디오 방송 송신기 또는 TV 방송 송신기에서 강한 전자파가 송출되는 경우, 그 송신기가 스펙(명세서)^{specification}에 정해진 대로 동작하면서 해당 국가의 통신 분야를 규제하고 감독하는 기관(미국은 연방통신위원회(FCC)^{Federal Communications Commission}, 우리나라는 과학기술정보통신부)에서 제정한 규격을 준수하더라도 그 근처에 있는 하이파이 사운드 장비는 잘못된 동작을 할 수 있다. 라디오/TV 방송 송신, 생활무선(CB)^{Citizens Band radio}, 아마추어 무선^{ham radio} 등과 관련되어 하이파이 시스템이나 홈 엔터테인먼트 기기가 잘못 동작하는 EMI 문제의 근본 원인이 송신기의 오동작인 경우는 드물고, 오히려 하이파이 시스템이나 엔터테인먼트 기기가 제대로 설계되지 않았기 때문인 경우가 일반적이다. 전자기장은 스피커 전선, 전원 코드, 튜너 안테나, 앰프(증폭기)와 외부 장치(CD 플레이어나 테이프 데크)를 연결하는 케이블을 통해 하이파이 시스템이나 엔터테인먼트 기기 내부로 들어올 수 있다.

어떤 특정 세기와 주파수를 가진 전자기장이 존재할 때, 홈 엔터테인먼트 시스템에 연결된 케이블의 개수가 많을수록 그 전자기장에 의해 전자파 장해(EMI)를 입을 확률이 증가한다. 또한 케이블의 길이가 길수록 EMI의 위험성이 증가한다. 따라서 가급적 연결 케이블의 개수를 줄이고 케이블의 길이를 짧게 하는 것은 EMI를 줄이는 좋은 방법이다. 장치에 연결된 케이블의 길이가 너무 길지만, 굳이 잘라서 짧게 하고 싶지 않은 경우라면 남는 부분을 돌돌 말아서 테이프(끈)로 묶어 놓는다. 또한 전체 시스템은 접지와 반드시 전기적으로 양호하게 연결(접속)되어야 한다.

아마추어 무선과 RFI

여러분이 큰 전력의 전자파를 송출하는 무선 송신기를 갖고 있는 아마추어 무선기사라고 하자. 여러분이 운영하고 있는 아마추어 무선국 인근(가정집, 빌딩)에 전자파 장해로 인해 오동작을 하는 홈 엔터테인먼트 기기가 있다면, 이 문제를 일으킨 장치가 실제로 여러분의 무선 송신기이든 아니든 관계없이, 보나마나 그 무선 송신기 탓으로 돌려질 것이다. 이런 상황이 생기면 무선 송신기로 통신을 수행하는 데 지장이 없는 한도에서 그 송신기의 출력을 최소로 해야 한다(이것이 FCC에서 정한 법규다!). 송신기는 규정된 주파수 대역에서만 무선 신호(전자파)를 방출하도록 제대로 조정되어 있어야 한다. 안테나 시스템을 설치할 때는 안테나에서 송출되는 전자파가 인근의 가정집이나 빌딩 내부로 가능한 한 들어가지 않게 하는 위치를 잘 골라야 한다.

불행하게도 상당수의 RFI 문제는, 홈 엔터테인먼트 기기에 전자파 장해를 막을 수 있는 대책, 특히 전자파 차폐electromagnetic shielding가 제대로 되어 있지 않거나 아예 없기 때문에 발생한다. 따라서 무선 송신기를 조정하는 대책만으로는 RFI 문제를 해결하기 어렵다. 그럼에도 불구하고, 무선 송신기의 출력을 낮추고 기존의 송신 주파수 대역을 다른 대역으로 바꾸며 홈 엔터테인먼트 기기를 사용하지 않을 때만 무선 송신기를 작동시키는 방법으로 RFI 문제를 경감시킬 수 있다. 여러분이 운영하는 아마추어 무선국에서 송출되는 전자파로 인해 RFI 문제를 겪고 있는 이웃의 협력을 얻는 데 도움이 되는 것은 여러분의 타협적인 자세이다.

여러분이 아마추어 무선기사로서 아무리 뛰어난 능력을 갖고 있더라도, 여러분이 직접 이웃의 홈 엔터테인먼트 기기에 손을 대 문제를 해결하려고 해서는 안 된다. 나중에라도 이웃의 홈 엔터테인먼트 기기에 고장이 생기면 그 탓이 고스란히 여러분에게 돌아갈 수 있다. 홈 엔터테인먼트 기기 제조사에서 RFI 문제 해결을 위해 기술지원을 해주기도 하겠지만, 이미 우리 대부분이 알고 있듯이 기기가 완전히 고장 났는데도 조치를 제대로 취해주지 않는 경우가 일반적이다. 여러분이 대형 홈 엔터테인먼트 시스템을 어떤 특정 회사로부터 구입하려고 한다면, 인터넷으로 그 시스템의 이전 사용자가 그 회사의 기술지원 부서를 어떻게 평가했는지 잘 조사해보는 것이 좋다.

가전제품과 전력선에 의한 EMI

하이파이 튜너는 진공청소기, 조광기(디머dimmer, 전등 밝기 조정기), 전기방석, 전기담요, 헤어드라이어, TV와 같은 가전제품에서 발생하는 전자기장을 포착(수신)함으로써 전자파 장해를 겪을 수 있다. 이들 가전제품은 전기 스파크를 발생시키고, 제품 속 부품들의 비선형 동작으로 인해 교류전원 주파수의 고조파를 발생시킨다. 전력선(송전선)에서도 상당한 전자기장이 방출될 수 있다. 이 전자기장의 세기가 가전제품에 직접 장해를 일으킬 정도로 강한 경우는 드물지만, 단파 라디오 청취와 아마추어 무선 통신에 문제를 일으키는 경우는 종종 있다.

전력선 주위의 전압차가 매우 크게 나는 두 점 사이에 큰 전류가 흐르면서 발생하는 전기 스파크에 의해 **전력선 장해**^{power-line interference}가 일어난다. 공학에서는 이 현상을 **아크방전**^{arcing}이라고 한다. 고장이 발생한 변압기, 이상이 있는 가로등, 결함이 있는 절연기^{insulator} 에서는 아크방전이 발생할 수 있다. 이 아크방전에 의해 EMI가 발생할 수 있는데, 이 EMI 현상을 찾아내고 없애기는 어렵다.

여러분이 사용하고 있는 하이파이 시스템에 잡음이 생기는 문제가 발생했는데, 그 원인으로 전력선에 의한 EMI가 의심된다고 하자. 그런데 마침 여러분 이웃에 아마추어 무선기사가 살고 있다면 그가 사용하고 있는 무선 수신기에도 잡음이 생기는 문제가 발생할 가능성이 높다. 전력공급 회사에서 이 문제의 원인을 밝히는 데 협조하지 않을 경우, 그 무선기사의 기술 전문지식이 이러한 전력선 잡음의 원인을 찾아내는 데 도움이 될 수 있다.

잔디 깎는 기계, 잡초 제거기, 분사식 제설기, 승용차, 트럭, 농기계, 도로 건설 장비에 사용되는 휘발유 사용 내연엔진^{internal combustion engine}은 때때로 하이파이 시스템에 EMI를 일으킨다. 이러한 유형의 EMI는 전력선이 일으키는 EMI와 비슷하지만, 간헐적으로 드물게 나타나는 특성이 있으므로 그렇게 심한 문제를 일으키지는 않는 것이 보통이다. 이런 유형의 EMI가 발생한 상황에서는 문제를 일으키는 장치를 쉽게 찾아낼 수 있다.

기타 잠재적인 문제들

원치 않는 **RF 믹싱**^{RF mixing} 문제는 전혀 예상치 못한 곳에서 발생할 수 있다(이 RF 믹싱을 다른 이름으로 **헤테로다인 과정**^{heterodyning}이라고 하는데, 여기서 쓴 '믹싱'이라는 용어의 의미는 '**오디오 믹싱 콘솔**^{audio mixing console}'[6]에서 쓰는 '믹싱'과 전혀 다르다). 여러 개의 RF 신호 (전자파)들이 비선형 장치에서 합성되면 이들 신호의 주파수의 합과 차에 해당하는 주파수 성분들이 발생하는데(이를 헤테로다인 과정이라고 함), 이를 **RF 믹싱** 성분들이라고 한다. 이렇게 생긴 RF 믹싱 성분들에 의해 무선 수신기와 하이파이 튜너에 영향을 주는 RFI가 발생할 수 있는데, 이러한 유형의 RFI를 찾아내 문제를 해결하는 것은 거의 불가능하다. 집이나 빌딩 근처에 여러 개의 무선 송신기에서 송출되는 RF 신호(전자파)들이 존재하는 경우, 집과 빌딩 내부의 옥내 배선에 존재하는 불량한 전기 연결과 배관, 그리고 집과 빌딩

---

6 **(옮긴이)** 다양한 오디오 기기들을 연결하여 음악이나 음성의 크기, 음색 등을 조정하고 녹음, 재생, 기기 사이의 전환 등을 제어할 수 있는 장비로 간단히 믹서(mixer) 또는 콘솔(console)이라고 부르기도 한다.

외부의 금속 구조(울타리와 낙수받이(빗물 배수용 홈통) 등)에 의해 RF 믹싱 성분들과 그 고조파 성분들을 가진 신호들이 발생할 수 있다.

RF 믹싱의 일종으로 골치 아픈 문제를 일으키는 현상이 **상호변조**intermodulation이다. 이 현상은 많은 무선 송신기가 동시에 동작하고 있는 대도시의 도심지역에서 종종 발생한다. 이러한 지역에서는 믹싱 성분들과 그 고조파 성분들의 개수가 매우 많아지므로, 이들 주파수 성분이 있는 RF 신호(전자파)들로 이루어진 광대역 전자파 잡음broadband RF noise이 발생한다. 상호변조는 실제로는 없는 가짜 신호를 만들어 내는데, 주로 탁탁 끊어지는 소리를 낸다. 최악의 경우, 상호변조로 인해 FM 스테레오가 전혀 수신되지 않기도 한다.

하이파이 튜너에 대한 전자파 장해는 근처에 있는 방송 송신기, 생활무전기, 아마추어 무선 송신기로부터 방출되는 고조파 방출harmonic emission과 스퓨리어스 방출spurious emission로 인해 생길 수 있다. 이러한 유형의 방출은 일반적으로 제대로 설계된 생활 무전기나 아마추어 무선 송신기에서는 일어나지 않는데, 그 까닭은 이 장치들이 상대적으로 낮은 전력을 사용하기 때문이다. 그러나 하이파이 튜너가 방송국의 안테나 탑tower이나 이동통신 기지국의 안테나 탑 근처에 있으면, 이들 안테나에 의해 발생하는 고조파 방출과 스퓨리어스 방출에 의해 장해를 겪을 수 있다.

EMI 방지 대책

홈 엔터테인먼트 시스템을 전자파 장해로부터 보호하는 방법은 여러 가지가 있는데, 전원 코드와 연결 케이블에 RF 초크choke, 바이패스 커패시터bypass capacitor와 같은 부품을 장착하는 방법을 사용할 수 있다. 하지만 이 경우에는 이들 부품이 케이블을 통해 전달되는 전력, 신호, 데이터에 영향을 주어 문제를 일으킬 수도 있으므로 특히 주의해야 한다. 조언을 하자면 이럴 때는 해당 분야의 엔지니어나 해당 장비의 제조사에 문의하여 도움을 받는 것이 좋다. 여기서 한 가지 주의할 점이 있다. 여러분이 제품에 RF 초크나 바이패스 커패시터를 장착하는 과정에서 제품 내부를 변경하거나 코드 또는 전선을 자른 경우에는 제품에 대한 품질보증이 무효가 된다.

RF 차폐RF shielding는 민감한 전자장치에 원하지 않는 전자기장이 새어 들어와 장해를 일으키는 것을 막는 데 도움이 된다. 회로나 장치에 대해 RF 차폐하는 가장 간단한 방법은 이 회로와 장치들의 사방을 금속metal으로 된 판, 금속으로 된 그물망, 금속으로 된 스크린으로 둘러싸는 것이다. 이처럼 전자기장을 차폐하는 역할을 하는 속이 빈 금속 상자(인클로

저^{enclosure})를 패러데이 상자^{Faraday cage} **7**라고 한다. 금속은 전기적 도체^{conductor}이다. 따라서 금속에 부딪히는 외부 전자기장에 의해 금속에 유도되는 전류는 금속 표면을 따라 아주 잘 흐른다. 그러면 이 유도 전류에 의해 새로운 전자기장이 발생하는데, 이 전자기장의 방향은 원래의 외부 전자기장을 거스르는 방향이다. 결국 이 유도 전자기장과 원래의 외부 전자기장이 상쇄되어 금속 내부로 유입되는 전자기장은 아예 없어지거나 크게 줄어든다(결국 금속에 의해 외부 전자기장이 차폐된다). EMI를 막고 싶다고 해서 하이파이 장비 전체를 알루미늄 포일이나 윈도우 스크린^{window screen} **8**으로 감쌀 수는 없는 노릇이다. 그렇지만 새로운 하이파이 시스템 만들기 위한 장치를 구입할 예정이라면, 그중에서도 특히 튜너나 앰프의 구입을 생각하고 있다면 이들 장치를 담을 수 있는 금속 캐비닛을 함께 구입하는 것도 고려해봐야 한다.

금속 상자를 사용하고 여기에 더해 시스템에 사용되는 모든 연결 케이블과 코드를 차폐하면 무선 주파수 장해(RFI)로부터 그 시스템을 더욱 잘 보호할 수 있다. 차폐 케이블은 신호를 전달하는 도체(도선)를 원통 모양의 구리 편조선(가는 구리선 여러 가닥을 꼬아 만든 도선)^{braided wire}으로 감싼 것이다. 가장 흔히 볼 수 있는 차폐 케이블이 바로 동축 케이블 ^{coaxial cable}이다. 하이파이 시스템의 RF 차폐 성능을 좋게 하기 위해 증폭기와 시스템의 다른 부분을 연결하는 데 2선 코드가 사용된 곳은 이 동축 케이블로 대체할 수 있다.

참고 사항

미국 아마추어 무선연맹(ARRL)^{American Radio Relay League}에서는 EMI와 RFI 현상, 원인, 그리고 이들 현상에 의해 발생하는 문제에 대처하는 방법을 설명한 책을 발행하고 있다. 아마추어 무선기사를 위해 만들어진 책이지만 오디오 애호가들에게도 유용할 것이다.

---

7 (옮긴이) 엄밀히 말해 패러데이 상자는 '동적인' RF 정전기장이 아니라 '정적인' 전기장(static electric field), 즉 정전기장(electrostatic field)이 내부에 들어오는 것을 차단(차폐)하는 금속(도체) 상자다. 이는 스코틀랜드의 물리학자인 패러데이의 이름을 딴 것으로, 그는 1836년에 속인 빈 금속상자의 정전기 차폐효과를 실험으로 증명했다. 천둥 번개가 치는 날씨에는 대기 중에 강한 정전기장이 존재하는데, 비행기나 자동차 안에 있는 승객들이 안전한 이유는 비행기 동체나 자동차 차체가 패러데이 상자 역할을 하여 외부 정전기장을 차폐하기 때문이다.

8 (옮긴이) RF 차폐 성능을 발휘하면서 동시에 내부를 들여다볼 수 있도록 유리로 된 창에 가느다란 눈의 금속망을 부착한 것.

※ 필요하다면 이 장의 본문 내용을 참고해도 된다. 적어도 18개 이상 맞히는 것이 바람직하다.
정답은 [부록 A]에 있다.

32.1 어떤 하이파이 시스템이 정상적인 성능 범위를 벗어나지 않는 한도 내에서 공급할 수 있는 최대 출력 P_{max}를 측정했다. 그리고 좋은 오디오 음질을 낼 수 있도록 공급해야 하는 최소 출력 P_{min}을 측정했다. 이때 두 전력의 비 $\dfrac{P_{max}}{P_{min}}$가 나타내는 것은?

(a) 왜곡 허용 범위$^{distortion\ tolerance}$
(b) 다이내믹 레인지$^{dynamic\ range}$
(c) 선형성 계수$^{linearity\ factor}$
(d) 신호대 잡음비$^{signal-to-noise\ ratio}$

32.2 전체 가청 주파수 대역에서 허용 범위를 넘는 소리의 왜곡 없이 150 W(실효치^{RMS}) 전력을 처리할 수 있는 한 쌍의 하이파이 스피커가 있다. 이 스피커에 손상을 입히지 않는 한도 내에서 하이파이 시스템이 발생시킬 수 있는 최대 전력의 실효치는?

(a) 50 W
(b) 75 W
(c) 100 W
(d) 150 W

32.3 비닐 디스크는 수집가에게는 향수를 자극하는 소중한 물품이지만, 다음 중 어떤 문제점을 가지고 있는가?

(a) 상호변조 왜곡을 일으킨다.
(b) 손상되기 쉽다.
(c) 신뢰할 수 없는 소리를 낸다.
(d) (a), (b), (c) 모두

32.4 CD에서 소리는 어떤 형태로 녹음(기록)되는가?

(a) 플라스틱 내의 작은 홈(피트^{pit})
(b) 비닐 디스크 위에 있는 것과 유사한 홈^{groove}
(c) 플라스틱의 색상 변화
(d) 플라스틱 위의 작은 요철^{bump}

32.5 공기 중에서 주파수가 335 Hz인 소리의 파장은?

(a) 2.0 m
(b) 1.4 m
(c) 1.0 m
(d) 50 cm

32.6 다음 중 오디오 증폭기에서 출력되는 파형이 입력되는 파형과 얼마나 비슷한지를 나타내는 용어는?

(a) 유사성^{similarity}
(b) 형상계수$^{shape\ factor}$
(c) 선형성^{linearity}
(d) 진폭^{amplitude}

32.7 하이파이 증폭기에서 베이스, 미드레인지, 트레블을 조정하기 위해 사용하는 것은?

(a) 톤 조정 장치
(b) 밸런스 조정 장치
(c) 선형성 조정 장치
(d) 오디오 믹서

32.8 다음 중 하이파이 전력 증폭기가 외부의 전자파에 의해 장해를 받지 않게 하기 위한 대책으로 적절한 것은?

(a) 전원으로 배터리를 사용하지 않는다.
(b) 그래픽 이퀄라이저를 사용한다.
(c) 신호를 전달하는 도선에 직렬로 커패시터를 연결한다.
(d) 섀시를 접지에 연결한다.

32.9 다음 중 디지털 AM/FM 튜너에 들어 있는 장치는?

(a) 주파수 합성기(주파수 신시사이저 frequency synthesizers)
(b) 프로그램이 가능한 메모리 채널
(c) 탐색 모드/스캔 모드seek mode/scan mode
(d) (a), (b), (c) 모두

32.10 어린이가 들을 수 있는 소리의 대략적인 주파수 범위는?

(a) 40 Hz ~ 10 kHz
(b) 20 Hz ~ 20 kHz
(c) 10 Hz ~ 40 kHz
(d) 10 Hz ~ 60 kHz

32.11 비닐 디스크 플레이어에서 소리를 재생할 때 디스크에 직접 접촉하는 장치는?

(a) 바늘stylus
(b) 레이저laser
(c) 트위터tweeter
(d) 직접 접촉하는 장치가 없음

32.12 다음 중 오디오 믹서의 기능은?

(a) 입력이 하나뿐인 증폭기에 두 개 이상의 장치(튜너, CD 플레이어 등)를 연결할 수 있게 한다.
(b) 여러 개의 오디오 출력을 하나로 합성하여 한 쌍의 스피커나 하나의 헤드셋을 구동시킬 수 있게 한다.
(c) 여러 개의 오디오 주파수 범위에 대해 개별적으로 톤의 크기를 조정할 수 있게 한다.
(d) AM 방송 또는 FM 방송을 위해 무선 송신기를 오디오 증폭기의 출력에 연결할 수 있게 한다.

32.13 한 음원에서 어떤 특정위치로 직접 들어오는 음파의 위상과 반사되어 들어오는 음파의 위상이 일치하면 그 위치에 있는 청취자는?

(a) 소리의 배antinode 위치에 있다.
(b) 데드존에 있다.
(c) 들을 수 있는 한계(최소 가청값)에 있다.
(d) 비선형 위치에 있다.

32.14 다음 중 저주파 소리 전류를 베이스 소리로 변환하는 장치는?

(a) 우퍼woofer
(b) 믹서mixer
(c) 트위터tweeter
(d) 인버터inverter

32.15 헤드폰으로 혼자 들을 수 있도록 만들어진 휴대용 하이파이 수신기의 명칭은?

(a) 스트롤러^{stroller}

(b) 사운드 박스$^{sound\ box}$

(c) 워크맨^{Walkman}

(d) 붐 박스$^{boom\ box}$

32.16 공기 중에서 음파의 대략적인 속도는?

(a) 1,100 ft/s (335 m/s)

(b) 550 ft/s (168 m/s)

(c) 335 ft/s (102 m/s)

(d) 670 ft/s (204 m/s)

32.17 증폭기와 스피커를 연결하는 케이블로 차폐 케이블을 사용하면 하이파이 시스템을 무엇으로부터 보호하는 데 도움이 되는가?

(a) 교류 전원 전압의 변동

(b) 교류 전원 전압의 일시적인(순간적인) 변동

(c) 전원 공급 장치 출력의 리플

(d) 부근에 있는 무선 장치로부터의 EMI

32.18 특정 주파수 범위 내에서 소리의 세기를 조정할 수 있는 고성능 톤 조정 장치의 명칭은?

(a) 오디오 믹서

(b) 선형성 조정 장치

(c) 그래픽 이퀄라이저

(d) 세기 조정 장치

32.19 공기 중에서 순수한 소리 톤의 주파수를 반으로 낮추면 파장은?

(a) 네 배가 된다.

(b) 두 배가 된다.

(c) 변함없다.

(d) 절반이 된다.

32.20 공기 중에서 순수한 소리 톤의 파장을 네 배로 증가시키면 전파 속도는?

(a) 네 배가 된다.

(b) 두 배가 된다.

(c) 변함없다.

(d) 절반이 된다.

CHAPTER

33

레이저

Lasers

┃ 학습목표

- 레이저의 동작 원리를 이해한다.
- 캐비티 레이저의 구조와 동작 원리를 이해하고 주요 특성을 말할 수 있다.
- 반도체 레이저의 종류와 구조 및 동작 원리를 이해하고 주요 특성을 말할 수 있다.
- 고체 레이저의 종류와 구조 및 동작 원리를 이해하고 주요 특성을 말할 수 있다.
- 다양한 기체나 액체를 매질로 사용하는 레이저의 종류와 구조 및 동작 원리를 이해하고 주요 특성을 말할 수 있다.

laser라는 영어 이름은 light amplification by stimulated emission of radiation(방사의 유도 방출에 의한 빛의 증폭)이라는 단어들의 앞 글자를 따서 만든 줄임말이다. 레이저는 전자 시스템에서 다양한 분야에 응용되고 있다.

레이저의 동작

이론적으로 레이저 방사laser radiation는 보통의 전자파 방사EM radiation와 다음 두 가지 점에서 다르다. 첫째, 레이저의 모든 에너지는 단일 파장, 다시 말해 단일 주파수에서만 존재한다. 이러한 특성으로 인해 가시광선 파장을 갖는(즉, 가시광선 주파수를 갖는) 레이저 빛은 선명한 색을 띤다. 둘째, 레이저 빔을 이루고 있는 '파속wave packet'1(즉, 광자photon)의 파들은 위상이 모두 일치한 상태로 전파되므로 모든 파의 마루(배)peak와 골(마디)though이 한 줄로 정렬되어 있다. 따라서 레이저는 자외선 주파수 영역이나 가시광선 주파수 영역, 또는 적외선 주파수 영역에서 **코히어런트 빔**coherent beam을 발생시키는 장치다. 이들 주파수 영역에서 파장은 nm 단위로 나타낸다. 여기서 $1\,\mathrm{nm} = 10^{-9}\,\mathrm{m}$이다.

스펙트럼 분포와 코히어런스

태양, 가정용 램프 등의 광원(빛의 원천)에서 나오는 가시광선은 단일 주파수(즉, 단일 파장)를 가진 사인파 형태의 전자파가 아니다. 가시광선을 구성하고 있는 빛(즉, 전자파)의 파장 중 가장 긴 것은 빨간색 광선의 파장으로 약 770 nm이고, 가장 짧은 것은 보라색 광선의 파장으로 390 nm이다. 태양과 램프에서 나오는 광선은 가시광선 파장 범위 이외의 전자파 성분도 갖고 있다. 어떤 특별한 광원에 대해 그 광원에서 나오는 빛의 세기를 파장의 함수로 나타낼 수 있는데, 이것을 그 광원의 **스펙트럼 분포**spectral distribution라고 한다.

[그림 33-1(a)]와 같이, 백열램프incandescent lamp의 스펙트럼은 가시광선 스펙트럼에서 파장이 높은 쪽으로 치우쳐 있다(따라서 빨간색 빛의 세기가 보라색 빛의 세기보다 강하다). 형광램프는 [그림 33-1(b)]와 같이 가시광선 스펙트럼의 가운데 영역의 파장 범위에 속하는 빛의 세기가 강하다. 램프 중에는 파장이 서로 다른 여러 개의 빛을 방출하는 것들이 있는데, 이 경우에는 스펙트럼 분포가 [그림 33-1(c)]처럼 뚜렷이 구별되는 여러 개의 **스펙트럼 선**spectral line으로 나타난다.

---

1 (옮긴이) 파장이 다른 수많은 파가 서로 겹쳐 있는 것을 파속(波束, 파의 묶음(덩어리))이라고 한다. 여러 개의 파가 겹쳐지면 위상의 일치 여부에 따라 파들이 서로 더해지거나 빼진다. 수없이 많은 파를 겹쳐서 특정한 부분(위치)에서만 합성된 파의 크기가 존재하고 나머지 부분에서는 합성되는 파의 크기가 0이 되도록 만들 수 있는데, 이것을 현대물리학에서 입자라고 부른다. 따라서 현대물리학의 관점에서 빛(light)은 광자(photon, 빛 알갱이)라는 입자이자 파속이다.

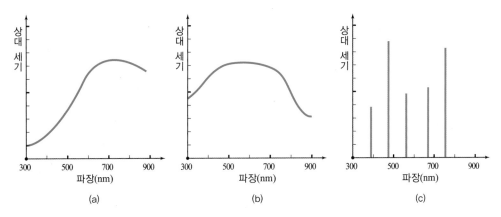

[그림 33-1] (a) 백열램프에서 방출되는 빛의 스펙트럼 분포, (b) 형광램프에서 방출되는 빛의 스펙트럼 분포,
(c) 뚜렷이 구별되는 여러 파장에서 빛을 방출하는 광원의 스펙트럼 분포

수은램프$^{mercury-vapor\ lamp}$, 나트륨램프$^{sodium-vapor\ lamp}$, 네온램프$^{neon-gas\ lamp}$는 저마다 특정 파장을 가진 빛을 방출한다. 이들 램프에서 나오는 빛은 [그림 33-2(a)]와 같이, 그 빛을 구성하는 수많은 파들의 파장(즉, 주파수)은 모두 같지만 위상은 모두 제멋대로다. 파장이 하나(결국 한 가지 색깔)뿐인 수많은 파들로 이루어진 빛을 **단색광**$^{monochromatic\ light}$이라고 하는데, 단색광 여부에 관계없이 이처럼 파들의 위상이 모두 다른 빛을 **인코히어런트 광** (결어긋난 광)$^{incoherent\ light}$이라고 한다. [그림 33-2(b)]와 같이 파장이 하나뿐이면서 모든 파들의 파선^2(또는 파면)^{wavefront}이 일직선으로 되는 빛을 **코히어런트 광**(결맞은 광)$^{coherent\ light}$이라고 한다. 보통의 램프들은 코히어런트 광을 만들어 내지 못하지만 레이저는 코히어런트 광을 방출한다.

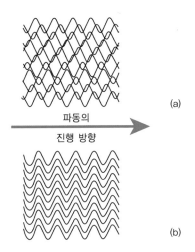

파동의
진행 방향

(a)

(b)

[그림 33-2] (a) 위상이 제멋대로인(무작위인) 파동들로 이루어진 인코히어런트 단색광
(b) 위상이 같은 파동들로 이루어진 코히어런트 단색광

---

2 (옮긴이) 진행하는 많은 파들에 대해, 각 파의 위상이 같은 점을 연결할 때 만들어지는 면(파면)이나 선(파선)

보어의 원자 모형

전자가 원자핵에 속박되어 있을 때, 전자는 몇 가지 띄엄띄엄한 에너지 준위(값)에만 존재할 수 있다. 1장의 [그림 1-2]에 간단한 형태의 원자 모형을 나타냈는데, 이 모형을 **보어 원자 모형**Bohr's atomic model이라고 한다. 이것은 1900년대 초반에 이 모형을 처음 제시한 물리학자인 보어Niels Bohr의 이름에서 따왔다. 이 그림을 다시 한 번 살펴보자. 점선으로 표시한 세 개의 원은 **전자껍질**(전자각)electron shell이라고 하는 구(공)의 단면을 나타낸 것이다. 전자껍질의 중심에는 원자핵nucleus이 위치해 있다. 전자들은 전자껍질을 따라 원자핵 주위를 도는데, 각 전자껍질은 저마다 특정 반지름을 갖는다. 반지름이 큰 전자껍질(높은 에너지 준위)에 있는 전자는 반지름이 작은 껍질(낮은 에너지 준위)에 있는 전자보다 더 큰 에너지를 갖는다. 전자들은 자신이 돌고 있는 전자껍질에서 에너지 준위가 더 높은 껍질로 점프해 올라가거나 더 낮은 껍질로 떨어질 수 있다. 그림에서 굵은 점선으로 표시한 경로는 더 높은 에너지 준위로 점프한 전자의 경로이다.

전자가 한 에너지 준위에서 더 높은 에너지 준위로 점프하기 위해서는 두 에너지 준위의 차이에 해당하는 에너지를 외부에서 얻어야 한다. 따라서 정확히 이 양에 해당하는 에너지를 가진 광자photon가 전자를 때리면 전자는 이 에너지를 흡수해서 그에 해당하는 높은 에너지 준위로 올라간다. 반대로 전자가 높은 에너지 준위에서 낮은 에너지 준위로 떨어지면 두 에너지 준위의 차이(즉, 전자가 잃은 에너지의 양)에 해당하는 파장을 가진 광자가 방출된다.

보어 모형은 실제 전자의 동작을 아주 단순하게 나타낸 것이다. 현대 물리학의 관점에서 보면 원자핵 주위를 돌고 있는 전자의 위치를 정확하게 알아내는 것은 원리적으로 불가능하기 때문에, 특정 위치에 전자가 존재할 확률로 전자의 위치를 대신 나타내는 방법을 사용한다. 따라서 전자는 확률만 다를 뿐 임의의 순간에 전자껍질 안과 밖, 아니 원자 내의 어떤 위치에도 존재한다.

각 전자껍질에는 숫자가 할당되어 있는데, 이를 **주양자수**principal quantum numbers라고 하며 n으로 표시한다. 가장 작은 주양자수는 $n=1$로 반지름이 가장 작은 전자껍질, 다시 말해 가장 작은 에너지 준위를 나타낸다. $n=2$, $n=3$, $n=4$와 같이 주양자수가 클수록 반지름이 더 큰 전자껍질을 차례대로 나타낸다. 전자가 위치하는 주양자수가 증가할수록 그 전자가 갖는 에너지의 양도 증가한다.

리드베리-리츠 공식

원자 속으로 전자파가 흡수되거나 원자로부터 전자파가 방출되면 원자 속 전자가 가진 에너지가 변한다. 수소 기체의 경우를 예로 들어 본다. 수소 원자는 우주에서 가장 간단한 원소로 원자핵 속에는 양성자^{proton} 1개가 들어 있고, 원자핵 주위의 궤도를 따라 전자 1개가 돌고 있다.

원기둥 모양의 유리관 속 공기를 모두 뽑아내 진공으로 만든 다음, 다시 병속에 적은 양의 수소 가스를 채운다고 가정하자. 유리관 양끝에는 전극이 달려 있는데, 여기에 직류전원을 연결한다. 이렇게 만든 장치를 **가스방전관**$^{gas-discharge\ tube}$이라고 한다. 직류전원의 전압을 충분히 크게 하면 유리관 속의 기체가 이온화하면서 전류 I가 흐른다. 이 전류 I에 의해 기체에서 전력 P가 소모된다. 기체의 전압 V, 전류 I, 전력 P 사이의 관계는 다음 식과 같다.

$$P = VI$$

여기서 P의 단위는 와트(W)^{Watt}, V의 단위는 볼트(V)^{Volt}, I의 단위는 암페어(A)^{Ampere}이다. 여기서는 전압을 나타내는 문자로 E 대신 V를 사용하는데, 이렇게 하는 것은 문자 E의 경우 나중에 에너지를 나타내는 데 사용하기 때문이다. 에너지의 국제 표준 단위는 줄(J)^{Joule}이다. 1 W의 전력은 1 J/s로, 초당 1 J의 비율로 에너지가 소모되는 것을 나타낸다.

전극에 연결된 직류전원이 계속에서 유리관 속 수소기체에 전압을 인가하면 유리관 속의 수소원자는 시간이 지남에 따라 계속해서 에너지를 흡수한다. 그러면 이 에너지를 흡수한 수소원자 속 전자는 더 높은 에너지 준위로 점프하므로, 직류전원이 연결되지 않은 경우에 돌고 있던 전자껍질보다 반지름이 더 큰 전자껍질을 따라 돌게 된다. 수소기체는 계속해서 흡수되는 에너지로 인해 뜨거워진다. 그런데 이 과정이 무한정 지속될 수는 없다. 전류가 이온화된 수소기체를 통해 계속해서 흐르는 동안 전자들은 계속 높은 에너지 준위(반지름이 큰 껍질)로 올라가지만, 앞서 올라간 전자들도 낮은 에너지 준위(반지름이 작은 껍질)로 계속해서 다시 떨어지면서 다양한 파장을 가진 광자, 즉 빛을 방사한다.

어떤 전자가 특정 껍질에서 더 낮은 에너지 준위를 가진 껍질로 떨어지면 그 전자는 직류전원으로부터 에너지를 흡수해서 다시 올라가고, 그 후 다시 떨어지기를 되풀이한다. 직류전원에서 수소기체가 흡수한 에너지의 양, 다시 말해 전자를 반지름이 작은 껍질에서 큰 껍질로 올라가게 만든 에너지의 양은 그 전자가 다시 원래의 껍질로 되돌아갈 때 수소기체로부터 방사되는 전자파(빛)의 에너지양과 정확히 일치한다.

수소원자는 여러 개의 전자껍질을 갖고 있다. 따라서 전자가 어느 두 껍질 사이를 오르내리면서 얻거나 잃는 에너지양의 종류는 매우 다양하다. 따라서 이온화된 수소기체로부터 광자(빛)의 형태로 방사되는 에너지의 파장 λ는 띄엄띄엄한 여러 개의 값이 된다. 그 정확한 파장 λ의 값은 다음 식으로 계산할 수 있다.

$$\frac{1}{\lambda} = R_H \left(\frac{1}{n_1^2} - \frac{1}{n_2^2} \right) = R_H \left(n_1^{-2} - n_2^{-2} \right)$$

$$\lambda = \frac{1}{R_H \left(n_1^{-2} - n_2^{-2} \right)}$$

이 식에서 λ는 전자가 높은 에너지 준위의 주양자수 n_2에서 낮은 에너지 준위의 주양자수 n_1으로 떨어질 때 수소원자에서 방사되는 빛(광자)의 파장으로, 단위는 [m]이다. R_H는 **리드베리 상수**Rydberg constant이며, 이 식을 **리드베리–리츠 공식**Rydberg–Ritz formula이라고 한다. 이 공식의 이름은 1888년에 이 식을 처음 학술논문에 발표한 리드베리Johannes Rydberg와 리츠Walter Ritz의 이름에서 따온 것이다. 여섯 개의 유효숫자를 써서 리드베리 상수의 값을 나타내면 다음과 같다.

$$R_H = 1.09737 \times 10^7$$

이 값을 반올림해서 유효숫자 세 개로 나타내면 1.10×10^7이다. 이 식의 단위는 미터의 역수($\frac{1}{m} = m^{-1}$)이다. R_H 대신 아래 첨자로 무한대 기호(∞)를 써서 R_∞로 표시하는 경우도 있다. 어쩌다 R이라는 기호를 보게 되면, 이것은 리드베리 상수가 아니라 보편기체상수universal gas constant이므로 혼동하지 않도록 주의해야 한다.

지금까지 수소기체를 예로 들어 전자와 전자파 에너지 사이의 관계를 살펴보았다. 수소 이외의 기체뿐 아니라 액체와 고체도 수소기체처럼 동작하지만 리드베리 상수가 모두 다르다. 모든 원소, 혼합물, 화합물은 저마다 고유한 리드베리 상수를 갖고 있으며, 어떤 상태에서 에너지를 흡수 또는 방출하는 고유한 파장들의 집합을 갖고 있다. 몇몇 특정한 물질에 대해 이 현상을 이용하면 코히어런트 광을 발생시킬 수 있다.

파동 증폭

기체 레이저에서는 원자가 앞서 살펴본 단순한 기체방전관에서와 약간 다르게 동작한다. 즉 기체 레이저에서는 기체를 매우 강하게 활성화시켜 엄청나게 많은 수의 전자를 높은 에너지 준위의 전자껍질로 올려 보낸다. 이 상태를 **반전분포**(밀도반전)population inversion라고 한다. 이 반전분포는 레이저의 동작 원리인 광자의 **유도방출**stimulated emission이 일어나도록 만드는 중요한 요소이다.

광자([그림 33-3]의 P_1)는 기체 레이저관의 전자에 부딪혀도 흡수되지 않고 충돌하기 전과 마찬가지로 같은 에너지를 가진 채 같은 방향으로 계속 이동한다. 그러면 전자는 [그림 33-3]과 같이 높은 에너지 준위로 올라가는 대신 낮은 에너지 준위로 떨어진다. 전자가 낮은 준위의 껍질로 떨어지면서 에너지를 잃으므로 전자는 새로운 광자 P_2를 방출한다. 이 새로운 광자 P_2는 원자를 떠나 원래의 광자 P_1과 함께 이동한다.

원래의 광자 P_1이 정확한 양의 에너지를 갖고 있다면 새로 생겨난 광자 P_2의 파장은 P_1과 같아진다. 그러면 두 광자 P_1, P_2는 위상이 서로 일치한 상태에서 같은 방향으로 함께 이동한다. 이러한 식으로 광자의 충돌과 생성이, 반전분포가 형성된 기체 속 수많은 광자와 전자 사이에서 반복적으로 일어나면 기체로 들어오는 전자파 에너지(빛)의 크기가 크게 증가하는데, 이 현상을 **파동 증폭**wave amplification이라고 한다. 이것이 바로 기체 레이저가 강력한 에너지를 가진 빔(빛줄기)beam을 발생시키는 원리다. 특정한 액체와 고체에서도 이와 비슷한 현상이 일어날 수 있다.

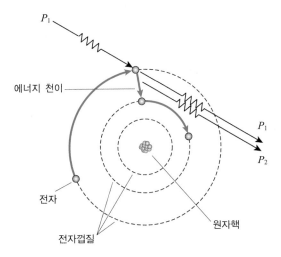

[그림 33-3] 광자와 원자의 상호작용에 의한 전자파 에너지 증폭

캐비티 레이저

레이저의 종류 중에서 가장 흔한 것이 **캐비티 레이저**cavity laser이다. 캐비티 레이저는 일반적으로 원통 모양 또는 프리즘 모양을 하고 있는 **공진 캐비티**resonant cavity와 외부 에너지원으로 이루어져 있다. 캐비티 내부에서 전자파(빛)는 캐비티 양 끝에 설치한 거울에서 반사

되어 좌우로 왔다 갔다 하면서 서로 겹쳐지는데, 이 과정에서 특정한 파장을 가진 전자파만 합해져 크기가 커져서 선택될 수 있도록 캐비티가 설계되어 있다.

기본 구조

캐비티 속은 어떤 특별한 기체나 액체, 또는 고체로 채워져 있는데, 여기에 사용되는 물질을 **레이저 매질**^{lasing medium}이라고 한다. 거울을 캐비티 양쪽 끝에 설치하고 여기서 반사되는 전자파(빛)가 그 사이를 여러 차례 좌우로 왔다 갔다 하게 한다. 한쪽 거울은 부딪히는 에너지를 100% 반사하고 다른 쪽 거울은 들어오는 에너지의 95%를 반사한다. 두 거울은 반사면이 평평한 평면거울 또는 안으로 굽은 오목거울이다. 캐비티의 양쪽 끝은 길이방향 축에 수직으로 잘린 단면 또는 비스듬히 잘린 단면으로 되어 있다.

[그림 33-4]는 두 가지 대표적인 캐비티 레이저의 구조를 나타낸 것이다. 이 그림에서 캐비티는 알아보기 쉽게 수평방향의 길이를 축소해서 나타냈다. 그림에 표시한 파동 그림은, 두 거울에서 반사되어 캐비티 내부에서 공진하고 있는 전자파 에너지(적외선 또는 가시광선)를 나타낸다. 그림에서는 편의상 캐비티의 길이를 한 파장의 몇 배 정도로 나타냈는데, 실제 캐비티 레이저는 두 반사거울 사이의 길이가 한 파장의 수천~수백만 배나 된다.

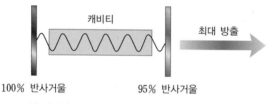

(a) 캐비티의 양끝은 수직 단면. 반사면은 평면거울

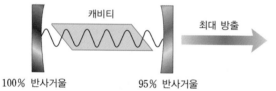

(b) 캐비티의 양끝은 경사진 단면. 반사면은 오목거울

[그림 33-4] **캐비티 레이저의 두 가지 구조**

펌핑

레이저의 동작 원리인 유도 방출의 기본 요건이라고 할 수 있는 반전분포(밀도반전)가 레이저 매질에서 형성될 수 있도록, 외부에서 레이저 매질에 에너지를 공급하는 것을 **펌핑**^{pumping}이라고 한다. 펌핑에 의해 유도 방출된 빔들은 공진 캐비티 양쪽에 설치된 두 거울에서 반사되어 왔다 갔다 하기를 되풀이하는 동안 위상이 모두 일치하여 세기가 강해진

코히어런트 광(결맞은 빛)이 된다. 이렇게 공진 캐비티 내부에서 가장 강한 세기로 증폭된 코히어런트 빔은 약간의 투과율을 가진 은도금된 거울(반사율 95%인 거울)을 통해 일부가 밖으로 출력된다.

빔 반지름

빔 반지름^{beam radius}은 캐비티의 치수(반지름과 길이)에 따라 정해진다. 일반적으로, 근거리에서는 캐비티의 반지름이 작을수록 출력되는 빔이 좁아진다(빔 반지름이 작아진다). 그렇지만 반지름이 큰 캐비티 빔의 경우, 은도금 거울을 막 빠져나올 때는 빔이 넓지만 계속 진행하는 과정에서 생기는 빔의 퍼짐(진행하는 거리가 길어짐에 따라 빔의 반지름이 증가하는 비율)은 반지름이 작은 캐비티보다 작다. 캐비티 반지름이 큰 레이저와 캐비티 반지름이 작은 레이저에서 각각 나온 빔이 자유공간(진공) 속을 따라 아주 멀리 떨어진 곳까지 진행할 때, 그곳에 도달한 두 빔의 반지름을 비교하면 캐비티 반지름이 큰 레이저에서 나온 빔의 반지름이 오히려 작을 것이다. 빔 퍼짐은 레이저 장치의 결함과, 레이저 빔이 매질(공기 또는 다른 물질) 속을 진행하면서 생기는 산란^{scattering} 및 확산^{diffusion} 현상 때문에 발생한다.

출력 파장

캐비티 레이저의 **출력 파장**^{output wavelength}은 캐비티의 길이와 레이저 매질의 원자 공진파장^{atomic resonant wavelength}에 따라 정해진다. 캐비티 레이저의 크기에 따라 그에 해당하는 파장을 가진 빔이 출력된다. 캐비티 레이저 중에는 어떤 정해진 파장 범위 내에서 출력되는 빔의 파장을 원하는 값으로 조정할 수 있는 것도 있다. 대부분의 캐비티 레이저는 적외선 주파수 영역이나 가시광선 주파수 영역에서 동작한다.

빔 에너지 분포

레이저 장치에서 출력되는 **빔의 에너지 분포**^{beam energy distribution}를 나타내는 방식은 다음과 같다. 빔의 중심축에 수직인 평면에서, 그 축을 중심으로 반지름 방향 거리에 따른 빔 세기의 변화를 그래프로 그린다. [그림 33-5]는 '둥근 점(스폿)^{spot}' 형태의 에너지 분포이고, [그림 33-6]은 '고리^{ring}' 형태의 에너지 분포이다. 네 개의 그래프 모두, 수평축은 상대 세기를 나타내고 수직축은 빔 중심으로부터의 상대 거리다. 수평축과 수직축의 교점이 빔 중심이다. [그림 33-7]은 어두운 방에서 흰 스크린에 레이저 빔을 비출 때 스크린 위에 형성되는 '둥근 점'형 빔과 '고리'형 빔이다.

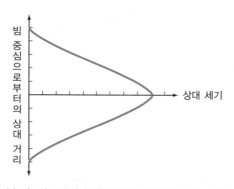

(a) 피크가 뾰족하며 점진적으로 세기가 감소하는 형태

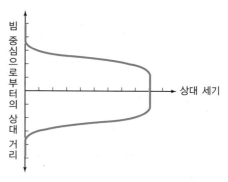

(b) 피크가 평평하며 급격하게 세기가 감소하는 형태

[그림 33-5] **둥근 점(스폿) 형태의 레이저 빔 분포**(빔의 반지름 방향 거리에 따른 빛 세기의 변화)

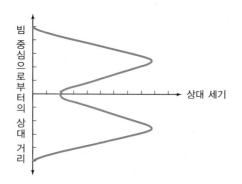

(a) 피크가 뾰족하며 점진적으로 세기가 감소하는 형태

(b) 피크가 평평하며 급격하게 세기가 감소하는 형태

[그림 33-6] **고리(링) 형태의 레이저 빔 분포**

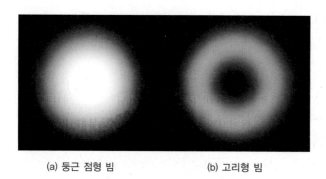

(a) 둥근 점형 빔   (b) 고리형 빔

[그림 33-7] **흰 스크린에 형성되는 레이저 빔의 모양**

빔 집속

멀리 떨어져 있는 광원으로부터 오는 광선들의 경로를 좁은 공간 범위(영역)에서 바라보면 서로 평행하다고 간주할 수 있으므로, 이 평행 광선들을 극히 작은 영역에 집속시킬 수 있다. 집속된 빔의 반지름은 광원까지의 거리, 광원의 사이즈, 렌즈나 거울의 초점길이^{focal} ^{length}에 의해 결정된다. 여러분은 볼록렌즈로 햇빛(태양광선)을 집속시켜 종이 등의 물체에

불을 붙여본 경험이 있을 것이다. 반지름이 더 큰 렌즈나 거울을 사용할수록(초점거리는 일정하다고 가정) 더 많은 광선을 모아 집속된 빔을 만들 수 있으므로 빔의 세기는 더욱 강해진다.

레이저 빔을 집속할 때 렌즈나 거울의 면적(사이즈)은 빔 전체를 포착할 수 있을 만큼이면 충분하다. 이론적으로 렌즈와 레이저 사이의 거리가 달라져도 최소 포착 면적은 변함이 없다. 그런데 실제로는 레이저 빔이 약간 퍼지는 경우에도 레이저와 렌즈 사이의 거리가 멀지 않다면 이러한 빔 퍼짐 현상은 그다지 크지 않다.

볼록렌즈나 오목거울을 사용하여 코히어런트 빔을 극히 좁은 영역으로 집속시킬 수 있다. [그림 33-8]처럼 렌즈나 거울의 초점길이에 상관없이, 빔의 집속영역은 이론적으로 한 점이다. 그러나 실제로는 당연히 완전한 한 점으로 될 수 없는데, 만일 이렇게 된다면 그 점의 에너지 밀도가 무한대가 되는, 결코 있을 수 없는 일이 생겨버린다. 따라서 실제 집속된 빛의 영역은 밝게 빛나는 작은 둥근 점(스폿)이나 고리로 나타난다. 레이저 빔을 극히 미세하고 정밀하게 둥근 점이나 고리모양으로 집속하면 생물의 세포 유전자를 바꾸는 데 사용할 수도 있다.

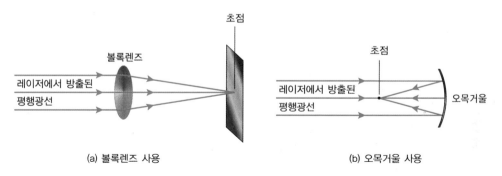

(a) 볼록렌즈 사용   (b) 오목거울 사용

[그림 33-8] **코히어런트 빔은 한 점으로 집속시킬 수 있다.**

연속파 레이저와 펄스 레이저

시간에 따라 일정한 비율로 전력을 공급하므로 항상 동일한 피크 전력의 빔을 연속해서 출력하는 레이저를 **연속파(CW) 레이저**Continuous-Wave laser라고 한다. 이와 대조적으로 짧은 시간 간격 동안만 큰 전력을 공급하므로 그 시간 동안에만 매우 큰 피크전력의 빔을 출력하는, 불연속적으로 동작하는 레이저를 **펄스 레이저**pulsed laser라고 한다. 펄스 레이저 출력을 얻는 방법에는 여러 가지가 있다.

펄스 레이저의 출력 빔을 얻는 기술로 **큐 스위칭**Q-switching이 있다. 이 방법에서는 캐비티 상태가 레이저 동작 개시조건(밀도반전상태)이 아닌 동안 캐비티 내에서 빛의 세기가 증가한다. 빛의 세기가 계속 증가하여 어떤 일정 레벨에 도달하면 캐비티 상태가 동작개시 조건에 맞춰져 공진이 발생하여 아주 짧은 시간 동안 강한 코히어런트 광의 방사를 얻을 수 있다. 이 과정이 계속해서 되풀이되면서 일정한 시간 간격으로 아주 짧은 시간 동안 에너지 방사가 발생한다.

캐비티에 에너지를 연속 공급하는 대신, 일정한 주기로 아주 짧은 순간만 공급하는 방식으로도 펄스 레이저 출력을 얻을 수 있다. 이 방법은 레이저 매질이 CW 동작을 유지할 수 없는 물질인 경우에 유용하다. 일정한 간격으로 강한 빛을 내는 **섬광램프**^{flash lamp}는 펄스 레이저의 펌핑용 광원으로 사용될 수 있다.

에너지, 효율, 전력

캐비티 레이저에서 얻을 수 있는 출력 에너지와 평균 출력전력은 캐비티의 사이즈, 펌핑 광원에서 공급하는 에너지의 양에 의해 결정된다.

출력 에너지는 일정 시간 동안에 걸쳐 방사되는 에너지 E_{out}의 총량을 측정하여 구할 수 있다. 단위는 줄(J)이다. 출력 에너지를 측정하는 방법으로 레이저에서 방출되는 빔을 **완전흡수체**(이러한 물질을 **흑체**^{black body}라고 함)에 쏘아준다. 이 물체는 자신에게 들어온 빔이 가진 에너지를 모두 열로 변환하는 특성을 갖고 있으므로, 열량계^{calorimeter} 또는 줄미터^{joule meter}로 이 물체에서 발생한 열량을 측정하면 레이저의 출력 에너지를 구할 수 있다.

레이저 효율^{efficiency} eff는 일정 시간에 걸쳐 총 펌핑 에너지 E_{in}과 E_{out}을 각각 측정한 다음, 다음 식과 같이 두 값의 비를 계산하여 구한다.

$$eff = \frac{E_{out}}{E_{in}}$$

평균 출력전력 $P_{out,avg}$ (단위: W)는 어떤 일정 시간 t 동안에 발생한 출력 에너지 E_{out} (단위: J)를 측정한 다음, 일정 시간 t로 나누어 구할 수 있다.

$$P_{out,avg} = \frac{E_{out}}{t}$$

효율 eff는 에너지 대신 전력을 사용하여 다음 식과 같이 평균 출력전력 $P_{out,avg}$를 평균 입력전력 $P_{in,avg}$로 나누어 구할 수 있다.

$$eff = \frac{P_{\text{out,avg}}}{P_{\text{in,avg}}}$$

펄스 레이저의 피크 출력전력 $P_{\text{out,pk}}$는 펄스가 사각형 모양, 다시 말해 거의 순간적으로 상승(상승시간이 거의 0초)한 다음 짧은 시간(펄스폭에 해당하는 시간) 동안 일정한 크기를 유지하다가 다시 거의 순간적으로 하강(하강시간이 거의 0초)하는 파형이 아니면 값을 구하기가 어렵다. 이렇게 이론적으로 이상적인 경우, 피크 출력전력은 평균 출력전력을 듀티 사이클$^{\text{duty cycle}}$ D(전체 시간 중 펄스 레이저가 동작하는 비율)로 나눈 것과 같다. 이를 식으로 나타내면 다음과 같다.

$$P_{\text{out,pk}} = \frac{P_{\text{out,avg}}}{D}$$

펄스 레이저에서 D는 항상 1보다 작으므로(일반적으로 1보다 훨씬 작음), P_{pk}는 P_{avg}보다 항상 크다(일반적으로 훨씬 크다). 피크 출력전력을 알고 있는 경우에는 다음 식으로 평균 출력전력을 구할 수 있다.

$$P_{\text{out,avg}} = P_{\text{out,pk}}\, D$$

피크 출력전력과 평균 출력전력을 알면 다음 식을 사용하여 듀티 사이클을 계산할 수 있다.

$$D = \frac{P_{\text{out,avg}}}{P_{\text{in,pk}}}$$

반도체 레이저

앞서 살펴봤듯이 반도체 다이오드에 순방향 바이어스 전압을 인가하면 전류가 흐르면서 전자파 에너지(빛)를 방출한다. 이 현상을 **빛방출**(발광)^{photoemission}이라고 한다. 이것은 전자가 원자 내부에서 직류 전원이 공급한 에너지를 흡수하여 더 높은 에너지 준위로 올라간 다음, 다시 낮은 에너지 준위로 떨어져 되돌아갈 때 빛이 방출되는 현상이다. 이때 방출되는 빛의 파장은 반도체 혼합물에 따라 달라진다. 대부분의 다이오드는 가시광선 파장 범위 또는 적외선 파장 범위에 속하는 에너지(빛)를 방출한다.

레이저 다이오드

레이저 다이오드$^{\text{laser diode}}$는 비교적 크고 납작한 PN 접합을 가진 특수한 LED나 IRED로,

주입 레이저injection laser라고도 한다. PN 접합을 통해 흐르는 순방향 전류의 크기가 어떤 문턱값(임계값)threshold level 이하인 경우, 레이저 다이오드는 보통의 LED나 IRED처럼 인코히어런트 빛이나 적외선 빛을 방출한다. 순방향 전류가 문턱값에 도달하면 코히어런트 빛이 방출된다. 레이저 다이오드는 일반적인 LED나 IRED와 마찬가지로 순방향으로 바이어스 전압이 인가될 때만 정상적으로 동작하도록 설계되어 있다. 역방향으로 바이어스 전압이 인가되면 그 전압의 크기가 항복전압avalanche voltage을 넘든 넘지 않든 관계없이 일반적인 다이오드와 마찬가지로 빛을 방출하지 않는다.

GaAs, 즉 **갈륨비소**Gallium arsenide는 다양한 반도체 부품(다이오드, LED, IRED, FET, IC 등)을 제조하는 데 사용되는 화합물이다. 순수한 GaAs는 N형 반도체 물질을 구성한다. GaAs 속에서는 전하 반송자carrier가 쉽고 빠르게 이동하는데, 이를 가리켜 GaAs는 **이동도**가 높다 또는 우수하다고 말한다.

GaAs LED는 전자시계와 같은 제품의 숫자 표시장치display로 사용된다. 또한 무선 송수신기, 시험기기(계측기), 계산기, 컴퓨터와 같은 시스템에서도 사용된다. GaAs IRED는 주로 파장이 약 900 nm 인 빛을 방출하며 광섬유 시스템, 로봇의 근접센서, 가전제품용 휴대용 원격 조정기(리모컨), 보안 시스템용 동작 감지기 등에 사용된다.

GaAs LED와 IRED는 반송자의 이동도가 높기 때문에 스위칭 속도나 변조 속도가 빠르다. GaAs 레이저 다이오드는 $1\,GHz(=10^9\,Hz)$를 넘는 주파수로 변조시킬 수 있으므로 광대역 또는 고속 광통신 시스템에 최적이다. [그림 33-9]는 일반적인 GaAs 레이저 다이오드의 구조를 나타낸 것이다. P형과 N형 반도체 물질은 기판substrate 위에 위치하는데, 기판은 이 반도체 물질에서 발생하는 과도한 열을 열전도 방식으로 외부에 내보낸다.

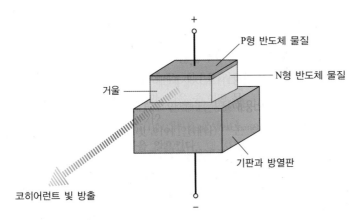

[그림 33-9] 레이저 다이오드의 구성도. PN 접합면과 나란한 방향으로 코히어런트 빛이 방출된다.

하이브리드 실리콘 레이저

값이 싸며 대량 생산이 가능한 LED와 IRED에 대한 수요에 맞추기 위해 여러 층으로 이루어진 실리콘을 III–V족 물질에 속하는 반도체와 합성하여 개발한 것이 **하이브리드 실리콘 레이저**(HSL)^Hybrid Silicon Laser이다. 이 화합물은 인화인듐(InP)^Indium Phosphide과 GaAs로 이루어져 있는데, 전류나 코히어런트 광원을 외부에서 가해주면 에너지를 방출한다. 레이저 매질의 양쪽 끝에는 거울이 부착되어 있으며, 이 구조를 도파관(도파로)^waveguide이라고 한다. 이 도파관 내부에서 파동은 진폭이 최대로 되는 공진상태에 놓이게 되어 코히어런트 빛이 만들어진다.

양자 캐스케이드 레이저

반도체 레이저 중에는 여러 개의 원자들 사이에서 연속되는 폭포(캐스케이드)처럼 전자들이 연속적으로 점프하는 것이 있다. [그림 33–10]에 이러한 과정이 어떤 방식으로 일어나는지 간략하게 나타냈다. 이러한 방식의 레이저를 **양자 캐스케이드 레이저**(QCL)^Quantum Cascade Laser라고 한다. 이 레이저는 에너지 천이가 연쇄적으로 일어나므로 기존의 반도체 레이저보다 출력이 더 크다. [그림 33–10]에는 두 개의 층으로 이루어진 QCL을 나타냈지만, 일반적으로 QCL은 더 많은 층으로 이루어져 있어 더 큰 캐스케이드 효과를 얻을 수 있다. QCL의 출력 파장은 반도체 층의 두께에 따라 달라지는데, 적외선 파장 범위의 중간에서 적외선 파장 밖의, 다시 말해 빨간색 가시광선의 파장보다 훨씬 큰(긴) 파장 사이에 있다. 그렇지만 초고주파^microwave 파장보다는 짧은 파장이다.

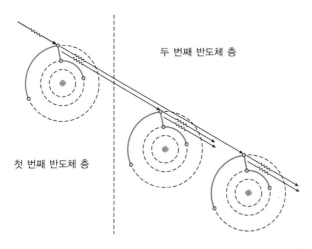

두 번째 반도체 층

첫 번째 반도체 층

[그림 33–10] QCL에서는 에너지 천이가 연쇄적으로 일어나므로 기존의 반도체 레이저보다 출력이 크다.

수직 캐비티 표면 방출 레이저

일반적인 레이저 다이오드에서는 빔이 PN 접합면에 나란한 방향으로 방출되지만, 이와 대조적으로 **수직 캐비티 표면 방출 레이저**(빅셀)(VCSEL)^{Vertical-Cavity Surface-Emitting Laser}에서는 코히어런트 빔이나 적외선 빔이 PN 접합면에 수직인 방향으로 방출된다. 레이저 동작은 **양자우물**^{quantum well}이라고 하는 영역 내부에서 발생한다. [그림 33-11]과 같이 양자우물 영역의 위와 아래는 반도체 층으로 싸여 있는데, 이 반도체 층은 반사기 역할도 함께 한다.

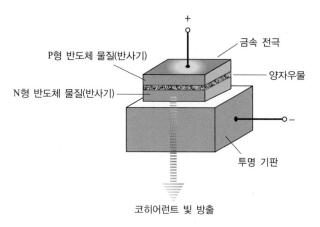

[그림 33-11] VCSEL의 구성도. VCSEL에서는 PN 접합면에 수직인 방향으로 코히어런트 빛이 방출된다.

빅셀은 일반적인 레이저 다이오드와 비교했을 때 두 가지 장점을 갖고 있다. 첫째, 빅셀은 생산에 들어가기 전에 여러 단계에 걸쳐 테스트를 실시할 수 있는데, 다른 종류의 반도체 장치에서는 이렇게 하기 어렵다. 둘째, 빅셀에서 방출되는 빔의 폭은 보통의 레이저 다이오드보다 좁다.

GaAs를 사용하여 만든 빅셀에서 방출되는 빛의 파장 범위는 빨간색 가시광선 파장(약 650 nm)에서 근적외선 파장(약 1300 nm)까지다. InP를 사용하여 만든 빅셀은 약 2,000 nm까지의 파장 범위에서 빛을 방출한다. 파장은 반사층의 두께를 변화시켜 조절할 수 있다.

고체 레이저

고체 레이저^{solid-state laser}의 종류에는 루비 레이저^{ruby laser}, 결정 레이저^{crystal laser}, 야그 레이저(고체 이트륨, 알루미늄, 가닛(YAG)^{Yttrium, Aluminum, and Garnet}을 합성하여 만든 것) 등이 있다. 고체 레이저에서는 레이저 매질을 둘러싼 **섬광관**^{flash tube}이 내는 빛(섬광)에 의해 레이저 매질이 펌핑된다.

루비 레이저

루비 레이저의 레이저 매질은 **산화알루미늄**^{aluminum oxide}에 소량의 **크롬**을 첨가하여 만든다. 이 고체 물질을 적당한 길이의 원통으로 만든 것이 루비 결정^{ruby crystal}이다. 붉은색을 띠고 있는 이 원통의 윗면과 아랫면은 반사면으로 되어 있다. 한쪽 반사면은 전체가 은으로 도금되어 있어서 입사되는 빛을 전부(100%) 반사한다. 반대쪽 반사면은 부분적으로 은도금되어 있어서 입사되는 빛의 약 95%를 반사한다. 레이저 빔은 부분적으로 은도금된 반사면을 통해 방출된다.

[그림 33-12]는 루비 레이저의 구성도이다. 섬광관은 짧은 시간 동안 밝게 번쩍이는 가시광 펄스를 방출한다. 그러면 루비 결정 속의 전자들은 이 빛을 받아 높은 에너지 준위로 올라간다. 루비 레이저에서 펄스 형태로 방출되는 코히어런트 빛의 파장은 가시광선 주파수 범위 중에서 빨간색 파장의 끝부분에 속하는 약 694 nm이다.

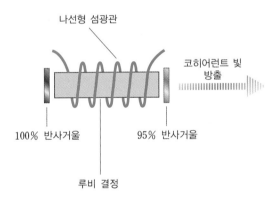

[그림 33-12] **루비 레이저의 구성도**

일반적인 루비 레이저에서는 섬광관에 1 W의 전력을 입력할 경우 수 mW 전력의 코히어런트 광이 출력(방출)된다. 이처럼 출력전력과 입력전력에 차이가 나는 것은 입력전력의 일부가 열로 사라지고 섬광관에서 빛을 내는 데 사용되기 때문이다. 출력 펄스의 폭은 0.5 ms ~ 1.0 ms 정도이다. 경우에 따라서는 소형 루비 레이저를 사용하여 대형 루비 레이저를 펌핑하는 방식도 사용한다. 이 경우, 대형 레이저는 증폭기로 동작하여 레이저 장치 하나로 낼 수 있는 피크 출력전력보다 훨씬 큰 전력을 얻을 수 있다.

결정 레이저

레이저 매질로 다양한 화합물이 사용된 고체 레이저를 **혼성 결정 레이저**^{mixed crystal laser}라고 한다. 캐비티 물질로 사용되는 화합물의 종류로는 GaAs(갈륨비소)^{gallium arsenide}와 GaSb(갈륨안티몬)^{gallium antimonide}의 화합물인 GaAsSb(갈륨비소안티몬)^{gallium arsenide antimonide}가 있

다. 또 다른 화합물로는 GaAsP(갈륨비소인)^{gallium arsenide phosphide}와 AlGaAs(알루미늄갈륨비소)^{aluminum-gallium-arsenide}가 있다.

고체 레이저에 사용되는 결정은, 보통의 반도체 다이오드와 트랜지스터 결정을 성장^{grow}시키는 데 사용되는 것과 비슷한 공정으로 액체 용액에서 성장시킨다. 반도체 물질에 소량의 불순물을 다양한 농도로 혼합하는 도핑 공정을 통해 N형과 P형 특성을 갖게 한다. 캐비티 매질에 사용되는 물질의 상대적 농도를 변화시키면 방출되는 빛의 파장을 조정할 수 있다. GaAsSb 레이저에서 빛의 파장은 근적외선 영역 내의 대략 900 nm ~ 1,200 nm 범위에서 연속적으로 조정할 수 있다.

절연 결정 레이저^{insulating crystal laser}에는 약하게 도핑된 희토류 원소^{rare-earth element} 시료가 들어 있다. 일반적으로 이 레이저에서는 근적외선 또는 빨간색 가시광선 파장을 가진 빛이 방출된다. 절연 결정 레이저는 낮은 온도에서 동작하도록 설계된 장치이므로 정교한 열 발산 시스템이 필요하다. 과열이 되면 결정의 레이저 동작 특성이 나빠진다. 절연 결정 레이저는 파장 조정이 어려우므로 단일 주파수(파장)에서만 동작하는 것이 일반적이다.

네오디뮴 레이저

네오디뮴 YAG 레이저^{neodymium-yttrium-aluminum-garnet laser}는 액체 물질과 고체 물질이 결합되어 있는 특수한 고체 레이저이다. 고체 YAG 결정 내부에 액체 용액 속 이온으로 존재하는 네오디뮴을 넣는다. 아크등^{arc lamp}과 같은 광원에서 나오는 빛을 결정에 집속하여 레이저 매질에 에너지를 공급한다.

네오디뮴 YAG 레이저의 파장은 약 1,065 nm로 근적외선 파장 영역에 속한다. 효율은 1% 정도이다. 고출력 네오디뮴 YAG 레이저는 절연 결정 레이저처럼 결정이 손상되는 것을 막기 위한 냉각 방법을 필요로 한다. 네오디뮴 YAG 레이저는 펄스 방식이나 연속 방식으로 동작할 수 있다.

네오디뮴을 사용하여 절연 결정 레이저를 만들 수도 있다. 유리를 네오디뮴으로 도핑하면 강한 광펌핑으로 레이저 동작을 일으킬 수 있다. 온도를 20°C 이하로 유지하면 광학 특성이 좋은 유리가 사용된 네오디뮴 유리 레이저의 효율은 약 3%가 된다. 피크 출력전력은 수백 GW 정도까지 올라갈 수 있다. 네오디뮴 유리 레이저는 듀티 사이클이 아주 낮은 경우에도 동작하므로, 평균 출력전력은 피크 출력전력과 비교했을 때 아주 미미한 수준에 지나지 않는다.

기타 주요 레이저

초창기에 개발된 대다수의 레이저는 기체 물질과 액체 물질을 사용했는데, 이들 레이저의 기본 설계는 수십 년 동안 바뀌지 않았다. 지금부터 여기에 속하는 몇 가지 레이저에 대해 알아본다.

헬륨-네온 레이저

헬륨-네온 레이저는 헬륨과 네온 기체로 채워진 관을 사용하는 소형 레이저로, 과학기자재 회사에서 판매하고 있다. 헬륨-네온(He-Ne)$^{Helium-Neon}$ 레이저는 선명한 빨간색 빛을 방출한다. 헬륨과 네온 기체는 전류에 의해 들뜬 상태(높은 에너지를 가진 상태)가 되는데 통상적으로 파장이 633 nm인 빛을 방출한다. 종류에 따라서는 1,150 nm 또는 3,390 nm 로 적외선 파장 영역에 속하는 빛을 방출하는 헬륨-네온 레이저도 있다. 출력전력은 보통 10 mW~100 mW이며, 효율은 빨간색 가시광선 파장에서 대략 5%이다.

레이저 파장은 헬륨과 네온 기체의 에너지 천이에 따라 달라진다. 헬륨과 네온 기체의 농도가 어떤 정해진 값을 가지면서 전체 중 서로가 차지하는 비율이 정확하게 맞춰진 경우, 특정 파장에서 두 기체의 에너지 천이가 똑같아진다. 헬륨과 네온에 인가하는 전류는 두 기체를 이온화하여 자유전자를 생성하고, 그 자유전자들이 빈번하게 충돌하면서 두 기체의 전자껍질에서 에너지 천이가 발생한다. 이온화된 기체에 고주파 교류를 가하면 출력은 연속적이 된다. 이것은 광통신에 유리한 특성인데, 출력이 연속적인 레이저는 디지털 데이터나 아날로그 데이터로 변조하기가 쉽기 때문이다. 연속 방식 헬륨-네온 레이저는 주파수가 각각 다른 여러 신호를 동시에 변조할 수 있다.

[그림 33-13]은 헬륨-네온 레이저의 구성도이며, 헬륨과 네온 기체는 RF 에너지에 의해 들뜬 상태가 된다. 헬륨-네온 레이저 중에는 기체가 들어 있는 공진관 양끝에 평면거울을 사용하는 종류가 있고, 그림처럼 끝이 비스듬히 잘린 공진관 양끝에 오목거울을 사용하는 종류도 있다. 여기서 사용하는 거울은 1차면 거울$^{first\ surface\ mirror}$ [3]이라고 하며, 거울에 사용되는 유리의 두 면 중에서 기체가 채워진 관의 내부와 닿는 면이 은으로 도금되어 있다.

---

3 (옮긴이) 반사면이 앞면인 유리를 1차면 거울(first surface mirror), 반사면이 뒷면이어서 투명한 부분이 앞에 놓인 유리를 2차면 거울(second surface mirror)이라고 한다.

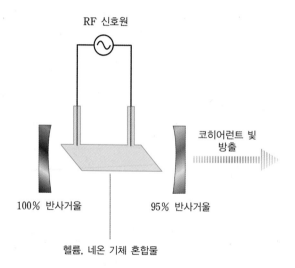

[그림 33-13] **헬륨-네온 레이저의 구성도**

질소-이산화탄소-헬륨 레이저

질소, 이산화탄소, 헬륨을 혼합하여 만든 이 레이저는 파장이 약 1,060 nm로 적외선 영역에 속하는 빛을 방출한다. 레이저로부터 방출되는 빔은 공기 중에서 상당히 먼 거리까지 아주 적은 손실로 진행할 수 있다. 질소-이산화탄소-헬륨($N-CO_2-He$) 레이저는 피크전력이 기가와트(GW) 범위인 펄스로 수 kW의 연속적인 출력전력을 발생시킬 수 있다. [그림 33-14]와 같이 직류를 사용하여 기체들을 들뜬 상태로 만든다.

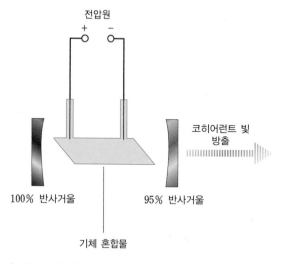

[그림 33-14] **기체 레이저의 구성도**

아르곤-이온 레이저

아르곤-이온 레이저^{argon-ion laser}는 파장이 약 480 nm로 가시광선 영역에 속하는 파란색 빛을 방출한다. 이온화된 아르곤의 압력은 낮게 유지한다 아르곤 기체를 통해 전류를 흘려 이온화와 에너지 천이가 일어나게 한다. 출력전력은 보통 수준이지만 효율이 낮으므로 냉각 시스템 사용이 필수적이다. 아르곤-이온 레이저의 구조는 [그림 33-14]에 나타난 질소-이산화탄소-헬륨 레이저와 동일하다.

기타 기체 레이저

수은 증기를 비롯해 다양한 기체를 사용하는 가스 레이저에서는 직류 방전$^{DC\ discharge}$ 방식으로 빛을 방출한다. 수소와 제논 기체는 자외선(UV) 빛을 방출한다. 산소, 염소와 같은 기체는 가시광선 영역의 파장을 가진 코히어런트 빛을 방출한다. 여러 가지 방식으로 에너지를 인가하여 원자 충돌을 일으키면 적외선, 가시광선, 자외선 영역에 속하는 파장을 가진 빛이 방출되게 할 수 있다.

액체 레이저

레이저 캐비티는 액체 상태의 원소나 화합물로 이루어진 색소(염료)로 채워져 있다. 일반적으로 **액체 레이저**는 근적외선, 가시광선, 자외선 영역에 속하는 빛을 방출할 수 있다. 외부에서 가시광선으로 레이저 캐비티 속의 물질을 펌핑한다. 액체 레이저는 연속적인 출력을 발생시키는 종류와 펄스 출력을 발생시키는 종류가 있다. 연속 방식에서는 기체 레이저나 고체 레이저를 펌핑 광원으로 사용한다. 펄스 방식에서는 섬광관과 같이 인코히어런트 광을 발생시키는 광원으로 펌핑한다.

액체 레이저 중에는 특정한 파장 범위 사이에서 방출되는 빛의 파장을 연속적으로 변화시킬 수 있는 종류도 있는데, 이를 **파장가변 레이저**$^{tunable\ laser}$라고 한다. 이 레이저의 파장은 액체 속에 녹아 있는 색소의 종류에 의해 결정된다. 대부분의 액체 레이저에는 효과적인 냉각 장치가 반드시 필요하다. 이 장치가 없으면 과열된 액체에 의해 캐비티 구조물이 손상되거나 파손될 수 있다.

Chapter 33 연습문제

※ 필요하다면 이 장의 본문 내용을 참고해도 된다. 적어도 18개 이상 맞히는 것이 바람직하다.
정답은 [부록 A]에 있다.

33.1 펄스 레이저에서 듀티 사이클은?

(a) 평균 출력전력과 피크 출력전력의 비
(b) 가장 높은 주파수와 가장 낮은 주파수의 비
(c) 가장 긴 파장과 가장 짧은 파장의 비
(d) 최소 휘도brilliance와 최대 휘도의 비

33.2 아르곤–이온 레이저에서 방출되는 빔을 흰색 벽에 쏠 때, 벽에 보이는 것은?

(a) 파란색 점
(b) 초록색 점
(c) 빨간색 점
(d) 없음(자외선 파장의 빛이므로 아무 것도 보이지 않음)

33.3 GaAs 레이저 다이오드에 항복전압avalanche voltage보다 큰 역바이어스 전압을 인가하면?

(a) PN 접합을 통해 전류가 흐르므로 코히어런트 빛이 방출된다.
(b) PN 접합을 통해 전류가 흐르므로 인코히어런트 빛이 방출된다.
(c) PN 접합을 통해 전류가 흐르므로 아무런 빛도 방출되지 않는다.
(d) PN 접합을 통해 전류가 흐르지 않으므로 아무런 빛도 방출되지 않는다.

33.4 다음 중 펄스 레이저의 파장을 결정하는 항목은? 단, 나머지 모든 항목은 일정하다고 가정한다.

(a) 듀티 사이클

(b) 피크 펄스 진폭
(c) 출력전력
(d) 답이 없음

33.5 제논 기체 레이저에서 방출되는 빔을 흰색 벽에 쏠 때, 벽에 보이는 것은?

(a) 파란색 점
(b) 초록색 점
(c) 빨간색 점
(d) 없음(자외선 파장의 빛이므로 아무 것도 보이지 않음)

33.6 어떤 전자가 원자 내부의 특정 껍질에서 반지름이 더 큰 다른 껍질로 이동할 때 이 전자는?

(a) 에너지를 얻는다.
(b) 에너지를 잃는다.
(c) 광자를 방출한다.
(d) 더 낮은 주파수를 얻는다.

33.7 어떤 네오디뮴–유리 레이저의 피크 출력전력이 500 GW이다. 이 레이저의 평균 출력전력이 50 W이고, 직사각형 펄스 형태로 출력이 발생하고 있다면, 이 펄스의 듀티 사이클은?

(a) 10^{-12} (b) 10^{-11}
(c) 10^{-10} (d) 10^{-9}

33.8 [연습문제 33.7]에서 언급한 레이저의 평균 입력전력이 1.0 kW라고 할 때, 이 레이저의 효율은?

(a) 1 %   (b) 5 %

(c) 10 %   (d) 20 %

33.9 레이저에서 방출되는 가시광선 파장 범위의 빛은?

(a) 위상이 일치하는 광자들로 이루어진 가지각색의 빛

(b) 위상이 제멋대로인 광자들로 이루어진 가지각색의 빛

(c) 위상이 일치하는 광자들로 이루어진 선명한 색상의 빛

(d) 위상이 제멋대로인 광자들로 이루어진 선명한 색상의 빛

33.10 빅셀(VCSEL)의 빔은?

(a) PN 접합면에 수직인 방향으로 방출된다.

(b) 모든 종류의 레이저 중 가장 밝다.

(c) 모든 종류의 레이저 중 파장이 가장 길다.

(d) (a), (b), (c) 모두

33.11 어떤 레이저에서 진폭이 일정한 직사각형 펄스를 발생시킨다. 듀티 사이클은 5.00 %이고, 평균 출력전력은 25.0 W이다. 피크 출력전력은?

(a) 100 W

(b) 250 W

(c) 500 W

(d) 답을 구하려면 정보가 더 필요함

33.12 [연습문제 33.11]에서 언급한 레이저의 평균 입력전력이 40.0 W라고 할 때, 이 레이저의 효율은?

(a) 50.0 %   (b) 62.5 %

(c) 66.7 %   (d) 75.0 %

33.13 전압이 6.600 kV인 직류전원을 기체 방전관에 연결할 때, 기체가 이온화하면서 3.300 mA의 전류가 흘렀다. 이온화된 기체에서 소모된 전력은?

(a) 2.200 W   (b) 21.78 W

(c) 220.0 W   (d) 217.8 W

33.14 다음 중 연쇄적인 에너지 천이 현상에 의해 일반적인 반도체 다이오드보다 더 큰 출력전력을 내는 레이저는?

(a) GaAsSb

(b) 네오디뮴 YAG[neodymium YAG]

(c) 루비[ruby]

(d) 양자 캐스케이드[quantum cascade]

33.15 다음 중 약 694 nm로 가시광선 파장영역의 빛을 펄스 형태로 방출하는 레이저는?

(a) GaAsSb

(b) 네오디뮴 YAG[neodymium YAG]

(c) 루비[ruby]

(d) 양자 캐스케이드[quantum cascade]

33.16 어떤 레이저 다이오드에 항복전압[avalanche voltage]보다 작은 역바이어스 전압을 인가하면?

(a) PN 접합을 통해 전류가 흐르므로 코히어런트 빛이 방출된다.

(b) PN 접합을 통해 전류가 흐르므로 인코히어런트 빛이 방출된다.

(c) PN 접합을 통해 전류가 흐르므로 아무런 빛도 방출되지 않는다.

(d) PN 접합을 통해 전류가 흐르지 않으므로 아무런 빛도 방출되지 않는다.

33.17 GaAs LED를 빠르게 변조하거나 스위칭할 수 있는 까닭은?

(a) 반송자 이동도가 높아서
(b) 긴 파장의 빛을 방출하므로
(c) 역방향 항복전압이 높아서
(d) 순방향 문턱전압이 높아서

33.18 [연습문제 33.11], [연습문제 33.12]에 있는 펄스 레이저에서 듀티 사이클을 두 배인 10.0 % 바꾸고 평균 입력전력과 출력전력은 그대로 두었다. 이 레이저의 피크 출력전력은?

(a) 100 W
(b) 250 W
(c) 500 W
(d) 답을 구하려면 정보가 더 필요함

33.19 [연습문제 33.11], [연습문제 33.12]에 있는 펄스레이저를 [연습문제 33.18]처럼 바꾸면 레이저의 효율은?

(a) $\frac{1}{4}$ 배가 된다. (b) $\frac{1}{2}$ 배가 된다.
(c) 변함없다. (d) 2배가 된다.

33.20 적외선 레이저 다이오드와 전류제한용 저항, 가변 직류 전압원이 직렬로 연결되어 있다. 직류 전압원은 PN 접합에 역바이어스 전압을 걸기 위한 것이다. 처음에는 전압원의 직류전압(즉, 역방향 전압)을 항복전압보다 훨씬 작은 값으로 맞춘다. 그리고 나서 항복전압을 넘어설 때까지 이 역방향 전압을 계속해서 증가시킨다. 이 과정에서 PN 접합에 일어나는 현상은?

(a) 처음에는 PN 접합을 통해 전류가 흐르지 않으므로 레이저 다이오드는 아무런 빛도 방출하지 않는다. 항복전압을 넘어서면 전류가 흐르므로 다이오드는 적외선 파장을 가진 코히어런트 빛을 방출한다.

(b) 처음에는 PN 접합을 통해 전류가 흐르지 않으므로 레이저 다이오드는 아무런 빛도 방출하지 않는다. 항복전압을 넘어서면 전류가 흐르므로 다이오드는 적외선 파장을 가진 인코히어런트 빛을 방출한다. 그렇지만 레이저 다이오드는 역바이어스 전압이 걸려 있으면 코히어런트 빛을 방출하지 않는다. 코히어런트 빛을 방출시키려면 순방향 문턱전압보다 훨씬 큰 전압으로 순바이어스를 걸어주어야 한다.

(c) 처음에는 PN 접합을 통해 전류가 흐르지 않으므로 레이저 다이오드는 아무런 빛도 방출하지 않는다. 항복전압을 넘어서면 전류가 흐르지만 여전히 다이오드는 아무런 빛도 방출하지 않는다. 빛을 방출시키려면 순방향 문턱전압보다 큰 전압으로 순바이어스를 걸어주어야 한다.

(d) 처음에는 PN 접합을 통해 전류가 흐르지 않으므로 레이저 다이오드는 아무런 빛도 방출하지 않는다. 항복전압을 넘어서면 전류가 흐르므로 다이오드는 적외선 파장을 가진 인코히어런트 빛을 방출한다. 역바이어스 전압을 계속 증가시켜 특정한 값이 되면 방출되는 빛이 인코히어런트에서 코히어런트로 바뀐다.

CHAPTER

34

최신 통신 시스템

Advanced Communications Systems

▌학습목표

- 휴대전화용 통신 시스템인 셀룰러 시스템의 구성
  과 동작을 이해한다.
- 인공위성을 이용하는 위성통신 시스템의 구성과
  동작을 이해한다.
- 무선 랜 통신망의 구성과 동작을 이해한다.
- 아마추어 무선, 단파 방송의 구성과 동작을 이해한다.
- 통신 시스템의 보안과 프라이버시를 이해한다.
- 광통신 시스템의 원리를 이해하고 주요 구성 요소
  들의 동작을 이해한다.

▌목차

'**무선**^{wireless}'이란 용어는 1900년대 초에 발명가와 연구자들이 전자기장을 사용하여 메시지를 보내고 받기 시작하면서 처음 등장했다. 그로부터 얼마 지나지 않아 '무선'은 라디오^{radio}, 텔레비전, 전자기(전자파) 통신 등의 구체적인 대상을 가리키는 용어로 사용되었다. 1980년대와 1990년대에 '무선'이란 용어가 다시 부각되었는데 이번에는 그 진원지가 사용자(소비자) 영역이었다.

셀룰러 통신

무선전화기는 **셀룰러**^{cellular}라고 하는 특수한 통신 시스템에서 작동하는 장치다. 처음에는 셀룰러 통신 네트워크가 주로 여행업에 종사하는 사람들에게 도움이 되었지만, 오늘날에는 대부분의 사람들이 셀폰(휴대전화)^{cell phone}를 필수품으로 인식하고 있다. 대부분의 휴대전화는 음성 통신 기능 이외에도 문자 메시지, 웹 검색, 영상 표시, 디지털 카메라와 같은 비음성 기능을 갖고 있다.

셀룰러 시스템의 동작 방식

휴대전화는 코드리스 무선 수신기와 워키토키를 하나로 합쳐서 작게 만든 장치라고 볼 수 있다. 휴대전화 장치 속에는 무선 송신기^{radio transmitter}와 무선 수신기^{radio receiver}를 하나로 합쳐놓은 송수신기(트랜시버)^{transceiver}가 들어 있다. 무선 송신과 수신에는 서로 다른 주파수를 사용하므로 말하고 듣는 것을 동시에 할 수 있으며, 필요한 경우 제3자도 쉽게 대화에 끼어들 수 있다. 이것이 가능한 통신을 **전이중 방식**^{full duplex}이라고 한다.

이상적인 셀룰러 네트워크에서 모든 휴대전화기는 항상 어떤 한 **기지국**^{base station} 영역 안에 위치한다(기지국을 중계기^{repeater}라고 부르기도 한다). 기지국은 휴대전화에서 송신되는 신호를 포착해서 증폭하거나 재생한 다음, 전화망^{telephone network}이나 인터넷 또는 다른 휴대전화로 다시 전송한다. 하나의 기지국(중계기)이 처리하는 영역(지역)을 **셀**^{cell}이라고 한다.

움직이는 자동차나 보트에 탑승한 사람이 휴대전화를 사용하면 [그림 34-1]과 같이 휴대전화는 셀룰러 네트워크 안에서 여기저기로 이동하게 된다. 그림에서 점선으로 표시한 곡선은 이동체와 함께 움직이는 휴대전화의 이동경로다. 이동하는 휴대전화가 한 기지국(그림에서 검은 점)에서 다른 기지국으로 넘어갈 때 통화가 끊어지지 않게 하기 위해 휴대전화와의 접속이 더 가까운 기지국으로 자동으로 전환되는데, 이 방식을 **핸드오프**^{handoff}라고 한다. 그림에서 육각형은 한 기지국이 휴대전화와 송수신할 수 있는 영역, 다시 말해 셀이다. 모든 기지국은 해당 지역의 전화 시스템에 연결되어 있으므로 휴대전화 사용자는 해당 지역 전화 시스템의 전화 가입자와 통화할 수 있다. 이때 그 가입자가 휴대전화 가입자든 일반 유선전화 가입자든 상관없이 통화가 가능하다.

통화 신호가 한 기지국에서 다른 기지국으로 전환될 때 가끔 신호가 손실되거나 끊어지는 문제가 발생한다. 셀룰러 네트워크에 초기의 기술 대신 **코드분할 다중접속(CDMA)**Code-Division Multiple Access이라는 기술을 사용하면 이러한 문제의 발생 빈도와 심각성이 줄어든다. CDMA 방식에서는 한 기지국의 처리영역이 인접 기지국과 상당히 겹쳐 있지만 신호들은 서로 간섭을 일으키지 않는다. 이는 모든 휴대전화가 저마다 고유의 신호코드를 갖고 있기 때문이다. 신호가 한 기지국 영역에서 다른 기지국 영역으로 갑자기 전환되는 대신, 동시에 둘 이상의 기지국과 접속을 유지한다. 이러한 단절전-접속make-before-break 방식을 사용하면, 셀룰러 통신에서 발생하는 여러 문제들 중 가장 성가신 이 문제를 완전히 없애지는 못해도 완화시키는 데는 도움이 된다.

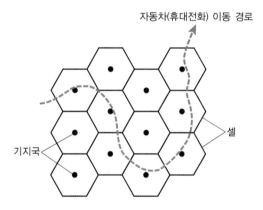

[그림 34-1] **이상적인 셀룰러 시스템에서는 휴대전화(점선)가 이동하는 동안, 항상 어느 한 기지국 영역 안에 위치해 있다.**

주의사항

사용자가 수신 상태가 좋지 않은 지역에 있는 다른 사용자와 통신하는 경우, 네트워크가 잘 설계되고 구축되어 있더라도 신호 손실과 끊김 문제가 일어날 수 있다. 아날로그 통신 시스템에서는 신호(소리) 크기가 점점 커지거나 작아지는 현상이 일어나지만, 디지털 통신 시스템에서는 이런 현상이 없다. 디지털 통신 시스템에서는 제대로 된 신호가 있다가 아예 없거나, 경우에 따라서는 급작스럽게 있다가 없다가를 반복하기도 한다. 휴대전화를 사용해본 사람이라면 통화 중에 상대방의 음성이 이런 식으로 들렸던 경험을 갖고 있을 것이다. 몇몇 도시에서는 배수로나 주차장 공터에 휴대전화가 산산조각 난 채 흩어져 있는 일도 종종 볼 수 있는데, 아마도 통화가 제대로 되지 않아 화가 머리끝까지 난 사람이 메이저리 그 야구공 속도로 땅바닥에 내팽개친 휴대전화일 것이다.

셀룰러 네트워크를 이용하려면 휴대전화를 구입하거나 임대해서 매달 통화요금을 지불하거나 통화요금을 선불로 지불해야 한다. 휴대전화를 사용할 때는 통신 네트워크에서 보안이 완벽하게 유지될 수 없다는 사실을 잊지 말아야 한다. 여러분이 휴대전화로 말하는 모든 내용, 작성한 모든 문자, 촬영한 모든 사진, 비디오 영상은 누군가가 가로챌 수 있다고 생각하는 편이 좋다. 전선이나 케이블을 사용하는 유선통신보다는 무선통신에서 도청하는 것이 더 쉽다. 이런 나쁜 짓을 하는 사람들은 해킹한 대화, 문자, 사진, 비디오 영상을 아무 거리낌 없이 공개하므로 주의해야 한다.

휴대전화와 컴퓨터

휴대용 모뎀modem을 사용하면 인터넷 접속 기능이 내장되지 않은 구식 휴대전화를 개인용 컴퓨터(PC)Personal Computer에 연결할 수 있다. 여기서 모뎀은 컴퓨터에서 오는 디지털 데이터를 아날로그 형식으로 변환하여 휴대전화로 보내고, 반대로 휴대전화에서 오는 아날로그 데이터를 디지털 형식으로 변환하여 컴퓨터로 보낸다. 이 경우 휴대전화의 위치가 셀룰러 기지국의 처리영역 내에 있기만 하다면 어느 곳에 있더라도 인터넷에 접속할 수 있다. 또한 집에 있는 컴퓨터의 웹브라우저 기능을 마음대로 사용할 수도 있다. [그림 34-2]는 이 연결 방법을 나타낸 것이다.

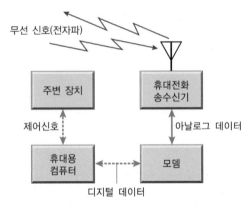

[그림 34-2] 모뎀을 사용하면 구식 휴대전화를 컴퓨터에 연결하여 인터넷 등 온라인 네트워크에 접속할 수 있다.

최근 들어 고급 휴대전화에 모뎀을 내장시키는 경우도 있지만, 여기에서 사용하는 웹브라우저는 개인용 컴퓨터에서 사용되는 것보다 기능이 떨어진다.

대부분의 민간 항공기에는 각 좌석에 모뎀이나 휴대용 컴퓨터를 꽂을 수 있는 잭jack은 물론 전화기도 비치되어 있다. 일반적으로 비행기에서 인터넷에 접속하려면 사용자의 휴대전화 대신 항공사에서 제공하는 전화를 사용해야 한다. 이는 휴대전화의 무선 송수신기가 비행기에 탑재된 각종 기기에 간섭을 일으킬 수 있기 때문이다. 또한 비행 중에는 항공기 내에서 전자기기 사용과 관련된 항공사의 규제 사항을 준수해야 한다.

인공위성과 네트워크

인공위성 통신 시스템은 중계기(기지국)를 지구 표면이 아닌 우주 공간에 설치한 거대한 셀룰러 네트워크라고 할 수 있다. 기지국 역할을 하는 인공위성의 처리영역(통신 서비스 지역)은 매우 넓으며 위성이 지구표면에 대해 상대적으로 움직이는 경우에는 처리영역의 사이즈와 처리영역의 형태가 계속해서 변한다.

정지궤도 인공위성

정지궤도 인공위성geostationary satellites은 TV 방송, 전화 및 데이터 통신, 기상 및 환경 데이터 수집, 무선 위치탐지radiolocation, 무선항법radionavigation 분야에서 중요한 역할을 한다.

정지궤도 위성 네트워크에서 지구 표면에 있는 **지구국**earth-based station들은 위성과 **가시선** (중간에 장애물이 없는 직선경로)(LOS)Line Of Sight 상에 놓여 있는 경우에만 위성을 경유하여 서로 통신할 수 있다. 두 지구국이 서로 지구 반대편에 위치한 경우(예를 들어 한 지구국은 호주, 다른 지구국은 위스콘신), 두 지구국은 [그림 34-3]과 같이 두 개의 위상을 통해 통신해야 한다. 이러한 상황에서 신호는 두 개의 위성 사이, 그리고 각 위성과 해당 지구국 사이에서 중계된다.

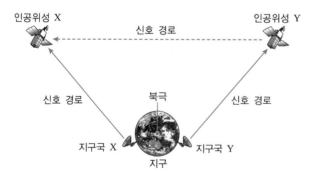

[그림 34-3] **두 개의 정지궤도 위성을 사용하는 통신 링크**

정지궤도 위성 통신에서는 신호가 전달되는 경로가 너무 길어서 신호가 전파하는 데 인지할 수 있을 정도로 큰 시간지연이 발생하므로 이로 인해 문제가 생길 수 있다. 이러한 시간지연으로 인한 영향을 **반응시간**(잠재기)latency이라고 한다. 전파 시간지연은 일반적인 통신이나 웹 검색에서는 별 문제를 일으키지 않지만, 처리능력 향상을 위해 컴퓨터 여러 개를 연결하는 경우에는 처리속도를 느리게 만든다. 또한 여러 사용자가 인터넷을 기반으로 하는 고성능 컴퓨터 게임을 함께 하는 경우에 이러한 전파 시간지연이 있으면, 한 사용자는 다른 사용자가 조정하는 빠른 액션에 신속하게 반응할 수 없으므로 게임을 제대로 하기 어렵거나 게임 자체가 불가능해진다.

저궤도 인공위성

초기 통신위성의 궤도는 지구 상공 수백 km 정도에 불과했다. 즉 이들은 **저궤도**(LEO) **인공위성**Low-Earth-Orbit satellite이었다. 이들 저궤도 위성은 고도가 낮기 때문에 지구를 한 바퀴 도는 데 90분밖에 걸리지 않았다. 지구 표면에 위치한 지구국이 위성과 가시선상에 놓여 있는 시간은 겨우 몇 분에 지나지 않으므로 지구국과 위성 사이의 통신은 짧은 시간 간격으로 끊어졌다 이어지기를 되풀이할 수밖에 없었다. 로켓 기술의 발전으로 위성을 원하는 고도에 올려놓아 원하는 궤도 주기를 얻을 수 있게 됨에 따라 이러한 문제점을 해결할 수 있는 정지궤도 위성의 사용이 늘어나 대다수를 차지했다.

정지궤도 위성은 많은 장점을 갖고 있지만 동시에 몇 가지 제약사항도 갖고 있다. 정지궤도 위성은 고도가 아주 조금만 달라져도 지구 회전과의 동기가 어긋나므로 지속적인 궤도 조정이 필요하다. 정지궤도 위성은 위성 발사와 유지보수에 비용이 많이 든다. 정지궤도 위성을 통해 통신할 때는 경로 길이가 길어서 반응시간latency이 상당히 크다. 신뢰성 높은 통신이 이루어지려면 RF 송신기의 출력전력이 상당히 커야 하고, 헬리컬 안테나나 접시 안테나와 같은 지향성이 큰 안테나를 사용하며 그 안테나의 방향을 정확히 맞춰주어야 한다. 정지궤도 위성이 갖는 이러한 문제들로 인해 저궤도 위성이 다시 부각되었다. 위성을 한 개만 사용하는 대신, 여러 위성이 한 무리를 이루어 사실상의 '우주 공간 셀룰러 네트워크'를 구성하는 새로운 방식이 있다.

잘 설계되고 구축된 저궤도 위성 시스템에서는 지구 표면에 있는 모든 사용자가 최소 한 개의 인공위성과 가시선상에 놓이게 된다. 각각의 위성은 자신이 속한 무리의 위성들을 통해 신호 전송을 중계한다. 따라서 지구 표면에 있는 사용자는 언제든 위성을 통해 지구 표면의 어느 곳과도 접속해서 통신할 수 있다. 저궤도 위성은 지구표면상의 서비스(처리) 영역을 가능한 한 최대로 하기 위해 **극궤도**(북극과 남극 위를 통과하는 위성 궤도)polar orbit를 통과한다. 북극이나 남극에서도 저궤도 위성을 이용할 수 있지만, 정지궤도 위성 네트워크의 경우 북극이나 남극에서는 위성이 보이지 않으므로(가시선상에 위치하지 않으므로) 위성을 이용할 수 없다.

저궤도 인공위성 통신 링크는 정지궤도 위성 링크보다 접속해서 사용하기가 쉽다. 작고 단순한 무지향성 안테나로도 위성과 통신할 수 있다. 또한 안테나를 어떤 특정 방향으로 맞출 필요가 없다. 송신기의 RF 출력이 수 W 정도만 되어도 위성에 접속할 수 있다. 반응시간^{latency}이 100 ms를 넘는 경우는 드물다. 이 값은 정지궤도 위성 링크의 반응시간 400 ms와 비교하면 훨씬 짧다.

중궤도 인공위성

위성 중에는 보통의 저궤도보다는 높지만 35,800 km(22,200 mi)의 정지궤도보다는 낮은 고도를 도는 것도 있다. 이러한 위성을 **중궤도(MEO) 인공위성**$^{Middle-Earth-Orbit\ satellite}$이라고 한다. 중궤도 위성은 지구를 한 바퀴 도는 데 수 시간이 걸린다. 중궤도 위성은 저궤도 위성과 비슷하게 여러 개의 위성이 한 무리를 이루는 방식으로 운용된다. 중궤도 위성의 평균 고도는 저궤도 위성의 평균 고도보다 높으므로, 각각의 중궤도 위성은 저궤도 위성보다 더 넓은 지역을 처리할 수 있다. 따라서 중궤도 위성을 사용하면 저궤도 위성보다 더 적은 수의 위성으로 무리를 구성해도 지구 전체에 걸쳐 중단 없이 통신이 이루어지게 할 수 있다.

정지궤도 위성의 궤도는 거의 완전한 원 모양이다. 대부분의 저궤도 위성의 궤도도 마찬가지로 거의 완전한 원 모양이다. 그렇지만 중궤도 위성의 궤도는 찌그러진 원, 즉 타원 모양이다. 타원 궤도에서 고도가 가장 낮은 점을 근지점^{perigee}, 고도가 가장 높은 점을 원지점^{apogee}이라고 하는데, 중궤도 위성 궤도에서는 이 두 점의 차이가 상당히 클 수도 있다. 중궤도 위성의 궤도 속도는 고도에 따라 달라진다. 고도가 낮을수록 위성은 더 빠른 속도로 움직인다. 타원 궤도를 따라 움직이는 위성은 근지점 부근을 지날 때 하늘을 빠르게 가로지르고 원지점 부근을 지날 때 느려진다. 중궤도 위성이 지구 표면에서 높은 곳에 위치하는 원지점을 지날 때는 속도가 느려져 머무는 시간이 길어지므로 위성에 접속해서 사용하기가 가장 쉽다.

중궤도 위성이 자신의 궤도를 한 바퀴 도는 동안 지구도 그 아래에서 자전한다. 지구의 자전주기와 위성의 궤도주기가 일치하는 경우는 거의 없다. 따라서 중궤도 위성의 원지점은 지구표면을 기준으로 매번 다르게 나타난다. 이 현상을 **원지점 이동**$^{apogee\ drift}$이라고 하는데, 이 때문에 위성 추적이 매우 복잡하고 어려워진다. 따라서 정확한 궤도 데이터를 기반으로 한 프로그램을 갖춘 컴퓨터가 필요하다. 중궤도 위성 시스템을 사용하여 간헐적으로 통신이 중단되거나 완전히 차단되는 지역이 전혀 발생하지 않는 실질적인 전 세계 통신을 제공하려면, 세심하게 설계된 여러 개의 궤도를 도는 위성들이 필요하다. 또한 지구 표면에 있는 어떤 점에서도 적어도 한 개 이상의 위성이 언제나 가시선상에 놓일 수 있도록, 중궤도 위성 시스템은 충분한 개수의 위성을 보유하고 있어야 한다. 가장 바람직한 조건은, 지표면상의 모든 점에 대해 각각의 원지점에서 적어도 하나의 위성을 볼 수 있게 하는 것이다.

무선 근거리 통신망

근거리 통신망(LAN)Local-Area Network은 건물, 학교 교정 등 비교적 좁은 지역 내에서 많은 수의 컴퓨터들을 서로 연결한 통신 네트워크다. 초창기에 **랜(LAN)**은 도선 케이블을 사용한 유선 접속이었지만 오늘날에는 무선 접속이 표준이다. 무선 랜wireless LAN을 구성하면 컴퓨터에 케이블을 꽂거나 뽑아야 하는 번거로움이 없어서 컴퓨터 사용자가 자유롭게 이동할 수 있으므로 이용이 편리하다. 무선 랜이 노트북과 같은 휴대용 컴퓨터로 이루어진 경우에는 특히 유용하다. 랜을 구성하는 컴퓨터의 연결 구조를 **랜 토폴로지**LAN topology라고 한다. 랜 토폴로지 중에서 가장 많이 사용되는 구조로, **클라이언트-서버 토폴로지**(주종 구조)client-server topology와 **피어-피어 토폴로지**(대등 구조)peer-to-peer topology가 있다.

주종 구조 무선 랜은 [그림 34-4(a)]와 같이 **파일서버**file server라는 크고 강력한 중앙 컴퓨터에 여러 개의 소형 개인용 컴퓨터가 연결된 형태다. 파일서버는 강력한 계산 능력, 빠른 연산 속도, 대용량 저장 능력을 갖고 있다. 파일서버는 모든 사용자(개인용 컴퓨터)의 데이터를 전부 저장할 수 있다. 최종 사용자들 사이의 데이터 교환(통신)은 직접 이루어지지 않고, 파일서버를 경유하여 이루어진다.

대등 구조 무선 랜은 [그림 34-4(b)]과 같이 모든 컴퓨터의 계산 능력, 속도, 저장용량이 거의 대동소이하다. 컴퓨터 사용자들은 각자 자신의 데이터를 저장한다. 컴퓨터 사용자들은 어떤 중간 매개체를 거치지 않고 다른 컴퓨터 사용자들과 직접 데이터를 교환한다. 이러한 교환 방식은 정보 보호와 보안 측면에서 주종 구조보다 훨씬 유리하다. 그러나 많은 사용자가 동시에 데이터를 공유하는 경우, 처리 속도가 느려지기 쉽다.

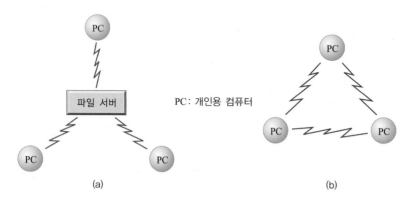

[그림 34-4] (a) 클라이언트-서버 무선 랜(주종 구조 무선 랜)
　　　　　　　(b) 피어-피어 무선 랜(대등 구조 무선 랜)

규모가 큰 기관에서는 주종 구조 랜을 선호하지만 중소기업과 학교, 또는 대기업이나 종합대학교의 학과, 부서 등에서는 구성비용이 저렴하고 사용하기 쉬운 대등 구조 랜을 더 좋아한다. [그림 34-4]의 랜 구조는 단 세 개의 컴퓨터로 이루어져 있지만 실제 랜은 적게는 두 대에서 많게는 수십 대의 컴퓨터로 구성될 수 있다.

가정에서 여러 대의 컴퓨터로 인터넷을 사용할 때 사용하는 방식은 종종 [그림 34-4(a)]와 유사한 구조로 되어 있다. 이 경우, 그림의 파일서버 대신 **무선 라우터**^{wireless router}라는 장치가 **허브**(중앙처리장치)^{hub} 역할을 한다. 따라서 컴퓨터는 허브를 통해 통신할 수 있다. 라우터는 케이블 모뎀^{cable modem}과 같은 고속 인터페이스를 통해 인터넷에 연결되므로 가정에 있는 여러 대의 컴퓨터는 동시에 인터넷에 접속할 수 있다.

아마추어 무선과 단파 방송

세계 대부분의 나라에서는 개인이 취미 등의 비상업적인 목적으로 정부에서 발행하는 면허(자격증)를 취득하면 메시지를 송신하고 수신할 수 있도록 허용하고 있다. 한국, 미국에서는 이 취미를 **아마추어 무선**^{amateur radio}, 다른 말로 **햄 무선**^{ham radio}이라고 한다. 메시지와 방송을 수신하기만 하고 신호를 송신하지 않는 경우 한국, 미국에서는 면허가 없어도 된다 (수신만 하는 경우에도 면허가 필요한 나라들이 있다).

아마추어 무선기사

아마추어 무선기사 자격시험에 합격하여 자격증(면허)을 취득한 사람은 누구나 햄 무선을 사용할 수 있다. 아마추어 무선기사를 줄여서 **햄**^{ham}이라고 한다. 햄은 음성은 물론, 모스 부호^{Morse code}, 텔레비전, 여러 형식의 디지털 문자 메시지 등 다양한 방식으로 다른 햄들과 교신한다. 문자 메시지는 실시간으로 처리하거나 **전자우편**(이메일)과 유사한 방식으로 처리할 수 있다. 아마추어 무선기사들은 자신들만의 네트워크를 구축하고 **패킷 통신**^{packet communication}, 또는 **패킷 무선**^{packet radio} 방식을 사용하여 통신한다. 오늘날 대부분의 패킷 네트워크에는 인터넷 게이트웨이^{Internet gateway}가 있지만, 일부 아마추어 무선기사들은 자신들의 무선국에 디지털 데이터를 저장하여 기존의 통신망과 별도로 사실상 '가상인터넷^{virtual Internet}'을 구축한다.

아마추어 무선기사 중에는 다양한 주제(단, 사업과 관련된 것은 제외. 아마추어 무선을 사용하여 사업에 대해 논의하는 것은 불법임)에 대한 자신들의 생각을 서로 이야기하는 사람들도 있다. 또 다른 아마추어 무선기사들은 허리케인, 지진, 홍수와 같은 재난상황이 발생한 경우 사람들을 도울 수 있도록 비상(긴급)통신 기술을 연마하기도 한다. 또한 외딴 벌판의 별빛 아래에서 배터리를 사용하여 멀리 떨어진 곳에 있는 사람들과 이야기하는 것을 좋아

하는 사람들도 있다. 아마추어 무선기사들은 자동차, 보트, 비행기, 자전거에서 교신하기도 하는데, 이러한 운용방식을 **이동운용**mobile operation이라고 한다. 걷거나 하이킹하면서 송수신기를 사용하는 방식은 **휴대운용**portable operation, 또는 handheld operation이라고 한다.

아마추어 무선 설비 및 면허

간단한 아마추어 무선국은 송수신기(송신기/수신기), 마이크, 안테나로 구성된다. 소형 무선국은 책상 하나 위에 설치할 수 있는데, 전체 사이즈와 무게는 몇 개의 장치로 구성된 하이파이 스테레오 시스템과 비슷한 정도다. 간단한 무선국 장치에 여러 종류의 딸린 장치들을 추가로 설치하면 소규모 상업용 방송국에 견줄 만한 대형 장치를 구축할 수 있다.

[그림 34-5]는 고정 아마추어 무선국의 구성도이다. 컴퓨터로 송수신기의 기능을 조정할 수 있으며, 컴퓨터를 보유하고 있는 다른 아마추어 무선기사와 디지털 통신도 할 수 있다. 무선국은 별도의 장비를 갖추면 일반전화와 연결할 수 있다. 컴퓨터로 무선국 안테나를 조정할 수 있으며 교신한 모든 무선국과의 접속기록을 저장할 수 있다. '한국아마추어무선연맹(KARL)Korean Amateur Radio League이라는 비영리 단체에 연락하면 한국의 아마추어 무선과 관련한 정보를 얻을 수 있다. 이 단체의 홈페이지는 www.karl.or.kr이다. 미국의 관련 기관은 미국아마추어무선연맹(ARRL)American Radio Relay League이며 홈페이지는 www.arrl.org이다.

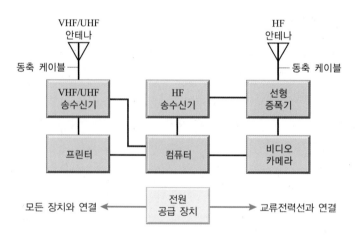

[그림 34-5] 고정 아마추어 무선국의 구성도

단파 청취

전체 무선 주파수 스펙트럼 중에서 **HF 대역**High Frequency band의 주파수 범위는 3 MHz ~ 30 MHz 인데, 이 주파수 대역을 파장 관점에서는 **단파 대역**shortwave band이라고 한다. 파장이 짧다는 의미에서 생겨난 단파 대역이라는 용어는 현재의 기술 수준에 비추어보면 적절하지 못하다고 할 수 있다. 오늘날 UHF 대역Ultra High Frequency band과 초고주파microwave 대역, 적외선(IR)^{infrared} 대역의 파장은 단파 대역의 파장보다 더 짧기 때문이다. 자유공간(공기 중)에서 주파수 3 MHz에 해당하는 파장은 100 m이고, 주파수 30 MHz에 해당하는 파장은 10 m이다. 단파 대역이라는 이름이 처음 생겨난 1920년 무렵에는 방송에 사용된 신호들의 파장이 대부분 수 km 범위에 속해 있었는데, 이 값에 비하면 100 m ~ 10 m 대역의 파장은 상대적으로 매우 짧았기 때문에 '단파'라는 이름을 붙인 것이다.

여러분이 단파 무선 수신기 또는 광대역 무선 수신기를 구하거나 직접 만들고, 일반적인 실외 안테나를 설치하여 이 수신기에 연결하면 전 세계에서 송출되는 단파 신호를 들을 수 있다. 이러한 취미활동을 **단파 청취**$^{\text{shortwave listening}}$ 또는 SWLing라고 한다. 한국과 미국에서는 컴퓨터와 온라인 통신이 널리 확산되면서 단파 청취가 뒷전으로 밀려난 상황이다. 지금도 전 세계 많은 곳에서 단파 방송과 단파 통신이 여전히 많이 사용되고 있지만, 오늘날 한국과 미국의 젊은 사람들은 단파 방송과 단파 통신에 대해 들어본 적이 거의 없을 것이다. 그래도 신호 발신지와 신호 수신지에 오로지 안테나만 하나씩 있으면 아무런 인공 설비 없이도 구식 무선 장치만 사용해 멀리 떨어진 상대방과 교류할 수 있다는 사실에 황홀해 하는 사람들이 여전히 존재한다. 단파 신호는 지구 상공의 전리층에서 반사되어 지구 표면으로 되돌아가므로, 1900년도 초에 최초로 무선 통신이 행해진 이래 오늘날까지 전 세계 구석구석까지 방송과 통신이 신뢰성 있게 이루어지고 있다.

단파 청취에 관심이 있다면 시중에서 판매중인 단파 수신기를 구입하면 된다. 전자제품 판매점에는 다양한 단파 수신기 모델과 안테나 장치를 전시하고 있으므로 단파 수신에 필요한 전체 설비를 구입할 수 있다. 아마추어 무선에 관심 있는 사람들이 만나 관련 설비를 교환, 판매하는 아마추어 무선 행사인 '햄페스트^{hamfest}'는 저렴한 가격으로 단파 수신 장비를 구입하는 좋은 기회가 될 수 있다. 한국아마추어무선연맹의 홈페이지(www.karl.or.kr)와 미국아마추어무선연맹의 홈페이지(www.arrl.org)에 접속하거나 인근의 아마추어 무선 지역본부를 방문하면 이러한 유형의 행사 정보를 얻을 수 있다.

▌ 보안과 프라이버시

최근 몇 년에 걸쳐 전자 통신, 특히 무선 통신의 보안과 프라이버시에 관한 우려가 크게 증가하고 있다. 무선 시스템이 위험에 노출되어 있는 경우, 해당 분야의 전문가들조차 그 시스템이나 시스템 가입자들이 회복할 수 없는 피해를 입은 뒤에야 비로소 시스템에 외부로부터 침입이 있었다는 것을 알아내는 일이 벌어질 수 있다. 경우에 따라서는 침입 사실을 전혀 알아차리지 못해서 피해자들이 자신들을 괴롭히는 이상한 보안 문제들이 되풀이해서 일어나는 까닭을 찾지 못하는 일도 벌어진다.

유선 대 무선

무선 도청wireless eavesdropping은 두 가지 점에서 보통의 유선 도청wiretapping과 다르다. 첫째, 도청은 고정 배선 시스템hard-wired system, 즉 유선 시스템보다 무선 시스템에서 더 하기 쉽다. 구식 유선전화기는 불편해 보이지만, 이 전화기를 사용하면 일반적으로 무선전화기보다 더 안전하다. 둘째, 무선 링크의 도청은 비밀리에 수행할 수 있지만 유선 시스템에서는 일반적으로 도청 여부를 알아내고 도청 위치를 찾아낼 수 있다.

[그림 34-6]과 같이 통신 링크의 특정 부분에서 무선 장치를 사용하는 경우, 송신 안테나의 송출신호가 도달할 수 있는 범위 내에 도청용 수신기를 설치하여 그 신호를 가로챌 수 있다. 도청용 수신기에 의해 이루어지는 무선 도청은 통신 링크를 구성하고 있는 어떤 장비의 전기, 전자적 특성에도 영향을 주지 않는다. 예리한 전문가는 도청용 수신기의 IF(중간주파수) 발진기에 의해 발생하는 스퓨리어스spurious 출력을 알아차려서 도청용 수신기의 존재를 찾아내기도 한다. 그러나 각종 무선 장치에서 방출된 무선신호로 공간이 가득 차 있는 오늘날에는, 도청용 수신기에서 방출되는 신호 하나가 여기에 더 더해진다고 해서 우리 주변의 전자기 환경이 크게 달라지지는 않는다.

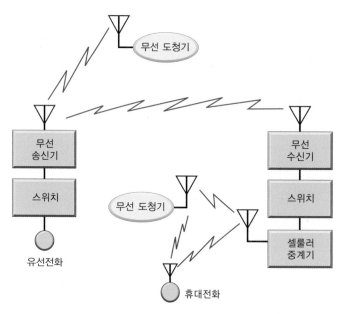

[그림 34-6] 전화 시스템의 무선 링크에서 이루어지는 도청. 굵은 실선은 도선이나 케이블을, 지그재그 선은 무선 신호를 나타낸다.

보안 등급

통신 보안 중요도에 따라 0등급(보안성 없음)에서 3등급(최상위 보안성)까지 총 네 개의 등급으로 분류된다.

■ 0등급(level 0) : 보안성 없음

보안등급이 0등급인 통신 시스템에 대해서는, 돈과 시간을 들여 도청에 필요한 장비를 확보한 사람이라면 언제든지 도청할 수 있다. 0등급 통신 시스템의 대표적인 예로 아마추어 무선과 생활무선 대역(다른 말로 시민대역(CB)$^{Citizen's\ Band}$) 음성 통신의 두 가지를 들 수 있다.

■ 1등급(level 1) : 유선 수준 보안성

두 지점 사이의 연결 전체가 유선으로 되어 있는 경우에는 도청하는 데 상당한 노력이 필요하다. 또한 감도가 좋은 탐지 장치를 사용하면 도청 장치의 존재를 알아낼 수 있다. 1등급 통신 시스템은 다음과 같은 특성을 가져야 최적의 효과를 거둘 수 있다.

- 비용이 적당해야 한다.
- 개인의 금융거래에 대해 상당히 안전해야 한다.
- 네트워크 사용량이 많은 경우 각 가입자에게 제공되는 프라이버시 정도가 네트워크 사용량이 적을 때에 비해 감소해서는 안 된다.
- 암호는 최소 12개월 동안, 바람직하게는 24개월 이상 해독되어서는 안 된다.
- 암호화 기술$^{encryption\ technology}$을 사용하는 경우, 최소 한 달에 한 번은 업데이트(갱신) 해야 한다.

■ 2등급(level 2) : 상거래를 위한 보안성

금융 및 상업과 관련된 데이터는 유선 수준의 보안성 이상으로 보호할 필요가 있다. 일부 회사와 개인들은 자신들의 계정에 범죄자들이 접속할지도 모른다는 두려움 때문에 전자적인 수단으로 돈을 이체하는 방식을 이용하지 않는다. 2등급 통신 시스템에서 상거래에 사용되는 암호화는 불법 침입자, 즉 해커가 이를 해독하는 데 최소 10년, 바람직하게는 20년 이상이 걸릴 정도로 강력해야 한다. 사용자는 최소 1년에 한 번은 업데이트(갱신)해야 한다.

■ 3등급(level 3) : 군사용 수준의 보안성

군용 규격(mil spec)$^{military\ specification}$에 부합하는 보안은 최첨단 암호화를 사용한다. 기술 선진국과 경제력이 있는 존재(단체나 개인)들은 이러한 수준의 보안과 관련해 상대적으로 유리하다. 그러나 기술이 인간의 생활에 점점 더 큰 힘과 영향을 미치고 있는 상황에서, 불량국가와 테러리스트들이 강대국 통신 기반시설의 취약점을 찾아 공격하면 해당 국가에 피해를 입힐 수 있다. 3등급 통신 시스템에서의 암호화는 해커가 이를 해독하는 데 최소 20년, 바람직하게는 40년 이상이 걸릴 정도가 되어야 한다. 재정이 허락하는한 기술은 수시로 업데이트해야 한다.

암호화 정도

무선 시스템에서는 암호화된 신호가 그 신호에 맞는 **해독키**(해독 열쇠)decryption key를 가진 수신기에서만 원래대로 복구되어 읽을 수 있도록 하는 **디지털 암호화**digital encryption 방법을 사용하여 상당한 보안성과 프라이버시를 확보할 수 있다. 이 방법을 사용하면 해독 권한이 없는 사람들이 시스템에 접근하거나 시스템을 교란하기 어려워진다. 해독키는 복잡하고 이해하기 어렵게 만들어서 해커가 이를 알아내기 어렵거나 아예 불가능하게 해야 한다.

보안 1등급 수준에서는, 통신 링크에서 무선 부분만 암호화하면 된다. 암호는 정기적으로 새롭게 바꿔야 한다. [그림 34-7(a)]는 휴대전화 통신 시스템에서 무선통신 부분에만 암호화를 수행하는 방식을 보여준다.

보안 2등급이나 3등급 수준으로 되려면 통신 링크의 끝에서 끝까지 통신 링크 전체에 대해 암호화한다. 즉 통신 링크 중간의 모든 위치에서 신호를 암호화하며, 여기에는 전선이나 케이블로 신호가 전송되는 부분도 예외가 없다. [그림 34-7(b)]는 이러한 보안 방식이 적용된 휴대전화 통신 링크의 예이다.

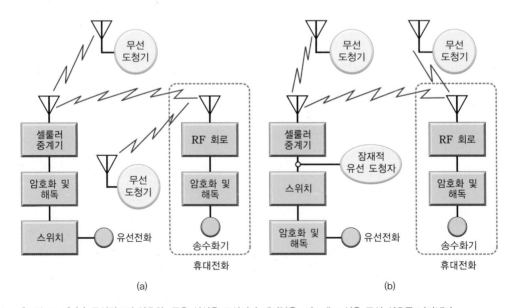

[그림 34-7] (a) 무선링크의 암호화. 굵은 실선은 도선이나 케이블을, 지그재그 선은 무선 신호를 나타낸다.
(b) 통신링크 전체의 암호화. 굵은 실선은 도선이나 케이블을, 지그재그 선은 무선 신호를 나타낸다.

코드리스 무선전화의 보안

대부분의 코드리스 무선전화^{cordless phone}는 무단으로 전화선을 가로채기 어렵게 설계되어 있다. 코드리스 무선전화의 경우 값비싼 무선전화를 제외하고는 낮은 보안 등급을 적용하여 도청을 방지한다. 코드리스 전화기 사용 시 특수한 상황에서 도청이 우려된다면 유선전화를 사용해야 한다.

코드리스 무선전화의 송수화기^{handset}와 거치대(본체)^{base unit}의 사용 주파수를 알아내면 무선 도청장치를 사용하여 대화 내용을 도청할 수 있다. [그림 34-8]과 같이 코드리스 전화기의 송수화기와 거치대 부근에서 대화 내용을 가로챈 다음, 그 데이터를 멀리 떨어진 장소로 보내 그곳에서 녹음할 수 있다.

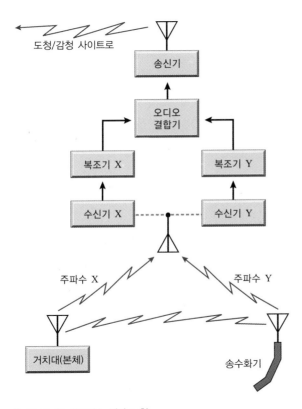

[그림 34-8] **코드리스 전화 도청**

휴대전화의 보안

휴대전화는 어떻게 보면 통화 가능 거리가 아주 긴 코드리스 무선 전화에 비유할 수 있다. 코드리스 전화 거치대(본체)의 통신 가능 범위에 비하면 셀룰러 중계기(리피터)^{cellular repeater}의 통신 범위가 엄청나게 넓으므로 도청과 무단 사용의 위험성이 더 크다. 간혹 '도청방지^{hacker-proof}' 기능이 있음을 광고하며 판매하는 휴대전화를 볼 수 있는데, 이 휴대전화는 다른 휴대전화보다 보안성이 우수하다고 주장하지만, 공학적 측면에서 '방지proof'라는 용어를 의심해볼 필요가 있다. 디지털 암호화는 셀룰러 통신의 프라이버시와 보안을 유지하기 위한 가장 효율적인 방법이다. 강력한 디지털 암호화 방법을 사용하지 않고서는 전문적인 해커를 결코 막아낼 수 없다.

휴대전화 시스템의 보안을 최적화하려면, 가장 강력한 디지털 암호화 방식으로 데이터는 물론 접속 코드와 프라이버시 코드를 암호화해야 한다. 어떤 휴대전화의 시스템 접속 코드(즉, 전화기의 '이름')를 알아낸 다음, 이를 다른 휴대전화에 프로그래밍하여 시스템이 이 불법 휴대전화를 인가받은 정상 휴대전화로 인식하도록 속일 수 있다. 이 방식을 **휴대전화 복제**cell phone cloning라고 한다.

데이터의 디지털 암호화 방법 외에 **사용자 식별**(user ID)user identification 방법도 반드시 사용해야 한다. 사용자 식별 방법 중 가장 간단한 것이 **개인식별번호**(PIN)Personal Identification Number이다. 더욱 정교한 시스템에서는 **음성패턴 인식**voice-pattern recognition을 사용하여 지정된 사용자의 음성이 들어올 때만 휴대전화가 작동하도록 한다. 음성패턴인식과 더불어 **핸드프린트 인식**(손바닥 자국 인식)hand-print recognition, **전자지문 인식**electronic fingerprinting, **홍채패턴 인식**iris-pattern recognition 등의 생체보안biometric security 기술을 사용하면 악의적인 도청과 해킹을 더 잘 막을 수 있다.

광변조

일반적으로는 정보 송신을 위해 전자파(신호)를 변조한다. 이때 어떤 주파수를 가진 전자파라도 변조가 가능하다. 빛에 정보 데이터를 싣는 **광변조**modulated light 개념이 나온 지는 한 세기도 더 지났지만, 이는 최근에 데이터를 보내는 중요한 수단이 되고 있다.

송신기

[그림 34-9]는 몇 천원의 적은 예산으로 만들 수 있는 간단한 광변조 음성 송신기의 구성도이다. 이 회로는 마이크, 오디오 증폭기, 변압기, 전류제한 저항기, LED, 직류전원(배터리)으로 이루어져 있다. 취미용 전자제품 상점 중에는 오디오 증폭기를 완제품 모듈로 판매하는 곳도 있으므로 여기서 구매할 수 있다. 이렇게 하는 대신 트랜지스터나 **연산증폭기**(op amp)operational amplifier 칩을 사용하여 오디오 증폭기 회로를 직접 제작할 수도 있다. 증폭기 완제품 모듈이나 직접 만든 증폭기는 이득 조정 기능을 내장하고 있는 것이 좋다.

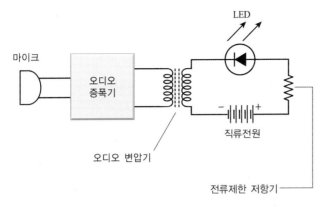

[그림 34-9] **광변조 음성 송신기의 구성도**

LED에 배터리나 전원 공급 장치와 같은 직류전원을 연결하면 LED는 일정한 밝기의 빛을 낸다. 전류제한 저항기는 직류전원에 의해 너무 큰 전류가 흘러 LED가 손상되는 것을 방지하기 위해 충분히 큰 저항값을 가져야 한다. 하지만 오디오 증폭기에서 출력이 없는 경우에도 LED에서는 어떤 최소 밝기의 빛이 나와야 하므로 이 조건을 충족하는 범위에서 가장 큰 값을 가지면 된다. 사람이 마이크에 대고 말하면 증폭기는 음성신호를 증폭하여 출력한다. 그러면 직류전원에서 나온 직류신호에 증폭기에서 나온 음성출력 신호 파형이 더해져 LED에 가해진다.

송신기를 동작시킬 때는, 먼저 증폭기의 이득(음량 조정)을 최소로 조정한다. 이어서 평상시 목소리 크기로 마이크에 대고 말하면서 이득을 증가시킨다. 말하는 도중에 목소리의 크기가 피크에 도달할 때마다 이에 맞춰 LED가 깜빡거리기 시작하면 증가시키는 것을 멈춘다. 여기서 오디오 이득을 더 증가시키면 LED가 과변조[overmodulation]되어 음성 신호에 왜곡이 생긴다.

수신기

변조 신호의 주파수가 그다지 높지 않으면(대략 100 kHz 미만), 보통의 광다이오드[photodiode]로 광변조된 빛을 검출할 수 있다. 음성 신호의 최대 주파수는 3 kHz 정도이므로 일반적인 광다이오드로 신호 정보를 복원할 수 있다. 가청 주파수 범위에서 [그림 34-10]의 회로는 헤드폰[headset]을 구동하는 데 충분한 출력을 공급할 수 있다. 오디오 증폭기 모듈은 앞서 송신기에서 설명한 것과 동일하다. 스피커를 구동시키려면 증폭기 모듈의 출력을 오디오 하이파이 앰프(증폭기)에 달려 있는 외부 오디오 입력단자에 연결한다.

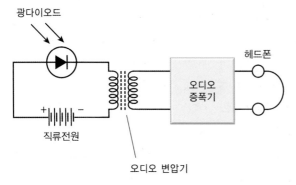

[그림 34-10] 광변조 음성 수신기의 구성도

지금까지 설명한 간단한 송신기와 수신기는 수 m 정도 떨어진 거리 내에서 광변조 방식으로 가시선(LOS) 통신을 할 수 있다. 광다이오드가 놓여 있는 주변에는 밝은 광원이 없어야 한다. 주변의 밝은 광원에 의해 광다이오드에 바이어스가 추가로 가해지거나, 심하게는 광다이오드가 포화되는 일이 생길 수 있다. 이렇게 되면 송신기에서 들어오는 변조된 빛의 아주 작은 밝기 변화(즉, 송신 데이터)를 감지하는 못한다. 또한 60 Hz 교류전원으로 작동하는 전등(램프)^{lamp} 불빛에 수신기가 노출되는 일이 없도록 해야 한다. 교류전원에서 전등으로 공급되는 60 Hz 교류전류에 의해 전등에서 방출되는 빛의 밝기는 60 Hz의 주파수와 그 고조파 주파수로 변조된다. 이 전등의 변조된 빛은 가청주파수로 변조된 빛 신호에 심각한 간섭을 일으킨다.

이 수신기를 사용하면 몇 가지 흥미로운 인공현상과 자연현상을 관측할 수 있다. 예를 들어 구형 텔레비전 화면과 아날로그 컴퓨터 모니터에 사용됐던 장치인 CRT(음극선관)$^{Cathode-Ray\ Tube}$ 스크린에 나타난 영상에서 나오는 빛을 이 수신기로 복조하면 기묘한 소리를 만들어 낸다. 또한 이 수신기로, 바람이 많이 부는 날에 나뭇가지에 달린 이파리 사이로 들어오는 태양빛 또는 산들바람으로 잔물결이 일렁이는 연못이나 물웅덩이의 수면에 반사되는 태양빛이 만드는 소리를 즐길 수도 있다.

광변조 통신거리 확장

광변조 방식을 사용하는 통신 시스템에서 가시선(LOS) 통신거리를 증가시키기 위해, 송신기에서 송출되는 빔을 평행광선$^{parallel\ ray}$으로 만들고[1] 수신기의 개구부(빛이 들어오는 영역)^{aperture}에 들어오는 빔의 양이 최대가 되게 하여 수신된 신호 전력을 증가시키는 방법이 있다.

---

1 (옮긴이) 어떤 광원에서 오는 빔을 평행해지도록 조정하는 것을 콜리메이션(collimation)이라고 하며, 평행하게 되도록 만드는 장치를 콜리메이터(collimator)라고 한다.

반사기reflector를 포물면paraboloid 형태로 만들면 송신기의 LED에서 송출되는 빛을 평행광선으로 만들 수 있다. 이 포물면 반사기의 지름이 클수록 만들어지는 빔의 폭은 좁아지므로 더 먼 거리까지 빛을 전송할 수 있다. 이처럼 반사기의 사이즈가 클수록 빛을 멀리까지 보낼 수 있지만, 가격이 비싸며 구하기도 어렵다. 따라서 대형 반사기 대신 오버헤드 프로젝터overhead projector에서 사용하는 장치인 **프레넬 렌즈**Fresnel lens를 이용할 수 있다. 프레넬 렌즈는 평평한 투명 플라스틱에 동그라미 형태로 파인 홈 여러 개가 동심원 구조로 되어 있어서 볼록렌즈와 같이 기능할 수 있다. 프레넬 렌즈의 사이즈는 수 cm^2 정도가 일반적이다. 프레넬 렌즈는 전문 판매점에서 구입할 수 있다. 평행광선을 만들기 위해서는 프레넬 렌즈의 표면에서 초점거리focal length만큼 떨어진 곳에 LED를 위치시켜야 한다. 그러면 LED에서 나온 빛은 프레넬 렌즈의 한쪽 표면을 통과해 반대쪽 표면을 거쳐 렌즈 밖으로 나가면서 평행광선이 된다.

2차 프레넬 렌즈를 사용하면 빛을 포착하는 수신기의 개구면적을 증가시킬 수 있다. 수신기의 **시야**field of view를 좁게 만들어서, 송신기에서 전송되는 빔은 잘 포착하고 송신기가 놓인 방향이 아닌 다른 방향에서 들어오는 빛에 의한 간섭은 줄여야 한다. 망원경이 있으면 접안렌즈 홀더eyepiece holder 안에 원래 들어가야 할 접안렌즈 대신 광다이오드를 끼워 넣는다. 그리고 나서 망원경의 파인더finder를 이용하여 망원경의 방향을 송신기의 광원에 일치시킨다. 프레넬 렌즈는 수신기의 개구면적을 크게 할 수 있지만 실물 크기의 망원경보다 시야가 덜 정확하다. 빛을 모으기 위해 프레넬 렌즈를 사용하는 경우, 불투명한 상자의 한 면을 도려내 창을 만든 다음 그 창에 프레넬 렌즈를 장착하고, 상자 속에 광다이오드를 넣는다. 이때 광다이오드는 상자 속에서 렌즈가 설치된 면과 마주보는 면에 부착한다. 상자의 사이즈(렌즈와 광다이오드 사이의 거리)는 프레넬 렌즈의 초점길이와 같게 하는 것이 바람직하다.

역제곱 법칙

점광원(점발생원)point source[2]에서 나오는 빛의 세기나 상당히 멀리 떨어진 어떤 광원에서 나오는 빛의 세기는 그 광원으로부터의 거리의 제곱에 반비례하여 변한다. 광원에서 나오는 빔에 지향성이 있는 경우(예를 들어 랜턴이나 플래시에서 나오는 빛처럼 특정한 방향으로 나오는 빛이 다른 방향의 빛보다 강한 경우)에도 이 관계는 성립한다. 점광원에서 거리 d_1과 거리 d_2만큼 떨어진 위치에서 측정한 빛의 세기(전력밀도)를 각각 P_1과 P_2라고 할 때 다음 관계식이 성립한다. 단, P_1과 P_2의 단위는 같아야 하며 d_1과 d_2의 단위도 같아야 한다.

---

2 (옮긴이) 빛을 발생시키는 물리적 성질이 한 점에 집중된 가상의 광원(발생원). 점전원은 실제로 존재하지 않으나 어떤 광원을 관측하는 상황(예를 들어, 광원과 관측점 사이의 거리)에 따라 해당 광원이 점으로 생각해도 좋을 만큼 작은 사이즈로 보이면 점광원으로 간주할 수 있다. 점전원은 모든 방향에 동일한 밝기로 빛을 방출한다.

$$\frac{P_2}{P_1} = \frac{d_1^2}{d_2^2}$$

역제곱 법칙은 이론적으로 가상의 점광원에 적용되는 방식 그대로, 실제로 멀리 떨어진 광원에서 오는 평행광선에도 적용된다. 빛을 평행하게 만드는 장치(프레넬 렌즈 또는 포물면 반사기)의 초점에 놓인 빛을 내는 물체(LED)의 크기가 점[point]이 되어야 평행광선이 만들어지는데, 실제로는 완벽한 점이 될 수 없으므로 이 장치에서 만들어지는 광선은 평행하게 진행하지 못하고 거리에 따라 점점 퍼져나간다. 렌즈나 반사기에서 만들어지는 빛에는 (초점이 맞은) LED의 상[image]이 담겨 있는데 이 상은 거리가 증가할수록 확대된다(사이즈가 커진다). 다시 말해 거리가 2배로 되면 이 상의 높이와 폭이 각각 2배씩 커지고, 거리가 3배로 되면 상의 높이와 폭은 각각 4배씩 커지는 식이다. 따라서 거리가 n배로 되면 상의 면적은 n^2으로 증가하는 반면, 퍼져나가는 빛이 갖는 전력의 '총량'은 변함없이 일정하다. 이 빛을 포착하는 수광기[light receptor]의 사이즈가 빛(상)의 사이즈에 비해 작으면, 광원으로부터 거리가 증가할수록 수광기에 포착되는 전력의 양은 역제곱 법칙에 따라 감소한다. 이처럼 광원이 점전원이 아닌 경우에도 역제곱 법칙은 성립한다.

지구의 대기 속에 있는 공기분자는 특정한 파장을 가진 가시광선(태양빛)을 흡수[absorption]한다. 전체 가시광선 스펙트럼 중 파란색 파장과 보라색 파장에 해당하는 광선이 대부분 공기분자에 흡수된다. 먼지, 수증기, 비, 안개, 미세 오염물질, 오존, 일산화탄소는 지표면에서 가까운 하층대기 부분에서 태양빛을 흡수한다. 이와 같은 물질의 흡수와 산란[scattering]으로 인해 빛은 진공 속을 진행할 때와는 비교할 수 없을 정도의 빠른 비율로 감쇠된다.

이상적인 레이저 장치에서 나오는 빔(광선)은 서로 완벽하게 평행을 이루며 진행한다. 따라서 이론적으로 빔의 세기는 광원으로부터의 거리가 증가해도 줄지 않는다. 하지만 실제로는 아무리 노력해도 완벽하게 이상적인 동작을 하도록 만들 수 없다. 정교한 레이저 장치는 에너지를 거의 평행한 빔에 집중시켜 수 km까지 빛이 진행하더라도 빔의 폭이 퍼지지 않고 좁게 유지되도록 할 수 있다. 이것이 바로 레이저가 장거리 가시선 통신에 적합한 이유다.

광섬유

1970년 코닝 글래스 워크스 사[Corning Glass Works]에서 근무하던 마우러[Robert Maurer]는 영국의 STL[Standard Telecommunication Laboratories] 연구소에서 개발한 매우 우수한 품질의 유리로 만든 **광섬유**[fiber optics]를 고속 대용량 통신에 사용할 수 있음을 입증했다.

장점

신호를 전송하는 데 사용되는 광섬유는 전자기 간섭(전자파 장해, EMI)^{Electromagnetic Interference}을 받지 않는다는 장점을 갖고 있다. 강한 무선 신호(전자파), 천둥번개, 태양폭풍^{solar storm}, 고압 송전선은 광섬유 내부를 따라 진행하는 가시광선이나 적외선 광선(빛)에 아무런 영향(간섭)을 주지 못한다. 그 반대도 마찬가지여서, 광섬유를 따라 진행하는 신호(빛)는 외부의 장치나 시스템에 전자기 간섭을 일으키지 않는다. 광섬유로 전달되는 신호가 갖고 있는 모든 에너지는 결코 광섬유 내부를 벗어나지 않는다. 광섬유를 따라 진행하는 가시광선이나 적외선 빛에 실린 데이터를 도청하는 것은 일반적인 유선 시스템(전선, 케이블)과 무선 시스템에서 데이터를 가로채는 것보다 훨씬 어렵다. 유리 섬유의 제조에 쓰이는 물질은 값이 저렴하고 양이 풍부하므로, 땅속에서 이 물질을 캐내는 과정이 환경에 미치는 영향은 별로 크지 않다. 광섬유 케이블은 해저에 부설하거나 땅속에 매설할 수 있는데, 금속(도체)으로 된 전선이나 케이블을 이렇게 하면 녹이 슬지만 광섬유에서는 그런 일이 생기지 않는다. 광섬유는 전선이나 케이블보다 수명이 길고 유지보수를 자주 해주지 않아도 된다.

광원

광섬유 통신 시스템에 주로 사용하는 광원은 레이저 다이오드와 일반적인 LED 또는 IRED이다. 레이저 다이오드에서 방출되는 빔은 캐비티 레이저와 같은 대형 레이저에서 방출되는 빔보다 거리에 따라 훨씬 빠른 비율로 퍼져나간다. 그렇지만 일단 광섬유 내부로 들어간 빛은 외부로 벗어나지 않으므로 레이저 다이오드의 빛 퍼짐은 광섬유에서 별 문제가 되지 않는다. 광섬유의 입력단에 설치된 평행화 렌즈^{collimating lens}는 광원에서 방출되는 빛을 거의 평행한 광선으로 만들어 광섬유 속에 집어넣으므로 광섬유 밖으로 달아나는 빛 에너지는 하나도 없다.

레이저 다이오드, LED, IRED에 충분한 전류를 흘리면 빛 에너지가 방출된다. 신호가 없을 때 이들 장치에 적정 전류(즉, 바이어스 전류)를 흘리면, 신호가 가해질 때 신호 파형에 따라 매순간 변하는 신호전류에 비례하여 방출되는 빛의 세기(전력)가 변한다. 이 장치들은 전류의 변화에 빠르게 반응하므로 전송되는 데이터에 맞춰 똑같이 변하는 전류에 의해 빛을 손쉽게 변조할 수 있다. 결국 진폭변조(AM)^{Amplitude Modulation}된 빛이 방출된다.

광섬유에 손실이 있어서 변조된 빔이 광섬유를 따라 진행하는 동안 빛의 절대적인 세기는 감소하더라도 빛의 상대적인 변화 비율, 즉 감소율은 일정하다. 따라서 광섬유 맨 끝에 있는 수신단에 포착되는 신호(빛)는 맨 앞단(송신단)에서 보낸 신호(빛)보다 세기가 약하지만 변조 특성은 완전히 동일하다.

다중모드 광섬유 설계

광섬유의 신호전송 방식으로 **다중모드**^{multimode}와 **단일모드**^{single mode}의 두 가지가 있다. 다중모드 전송에 사용되는 광섬유는 그 단면의 지름이, 전송할 신호(빛)의 파장 중에서 가장 긴 것보다 최소 10배 이상 되어야 한다. 따라서 가시광선 통신 시스템용 다중모드 광섬유의 지름은 $7.5\ \mu m\ (1\ \mu m = 10^{-6}\ m)$이고, 적외선 통신 시스템용 광섬유의 지름은 이보다 약간 더 커야 한다. 단일모드 전송에 사용되는 광섬유의 지름은 다중모드용보다는 훨씬 작아서 대략 전송할 신호(빛)의 한 파장 정도이다.

다중모드 광섬유는 유리나 플라스틱에 특정 이물질(불순물)^{impurity}을 첨가하여 만든다. 이 특정 이물질은 **굴절률**^{refractive index}, 다시 말해 광선이 어떤 매질로 들어가거나 그 매질에서 빠져 나올 때 꺾이는 정도에 영향을 준다. 일반적인 다중모드 광섬유의 중심에는 코어^{core}가 있고 그 주위를 클래딩^{cladding}이 감싸고 있다. 클래딩의 굴절률은 코어의 굴절률보다 낮은데, 빛은 코어 속을 따라 전달된다. 다중모드 전송에 사용되는 광섬유의 종류로는 **스텝 인덱스 광섬유**^{step-index optical fiber}와 **그레이디드 인덱스 광섬유**^{graded-index optical fiber}의 두 가지가 있다.

[그림 34-11(a)]의 광섬유는 스텝 인덱스 광섬유로, 코어의 굴절률은 어떤 특정 값으로 전체가 균일하고 클래딩의 굴절률은 코어보다 작은 값이지만 역시 전체가 균일하다. 따라서 코어와 클래딩이 맞닿아 있는 경계면에서는 경계면 양쪽의 굴절률이 급격하게 변한다. 광선 X처럼 광섬유 중심축을 따라 축과 평행하게 입사하면 광섬유가 중간에 구부러져 있지 않는 한 경계면에 부딪히지 않고 똑바로 진행한다. 만일 광섬유가 중간에 구부러져 있으면 이 부분에서 광선 X는 중심축을 벗어나 광선 Y처럼 코어와 클래딩 사이의 경계면에 계속해서 부딪혀 반사되면서 진행한다. 광선 Y가 경계면에 부딪힐 때마다 코어와 클래딩의 굴절률 차이로 인해 **내부 전반사**^{total internal reflection} 현상이 일어난다. 이로 인해 광선 Y는 코어 밖으로 빠져 나가지 않고 코어 속을 따라 계속 반사되며 진행한다.

[그림 34-11(b)]의 광섬유는 그레이디드 인덱스 광섬유로, 코어의 굴절률은 중심축을 따라 최댓값을 갖고, 반지름 방향으로 멀어질수록 서서히 작아진다. 경계면 근처에서는 코어의 굴절률이 급격히 작아진다. 클래딩의 굴절률은 코어에서 가장 작은 굴절률 값보다도 작다. 광선 X처럼 광섬유 중심축을 따라 축과 평행하게 입사하면 광섬유가 중간에 구부러져 있지 않는 한 경계면에 부딪히지 않고 똑바로 진행한다. 만일 광섬유가 중간에 구부러져 있으면 이 부분에서 광선 X는 중심축을 벗어나 광선 Y처럼 진행한다. 광선 Y가 중심축에서 멀어질수록 굴절률이 감소하므로 광선은 중심축 쪽으로 휘게 된다. 광섬유 중간이 심하게 구부러져 있는 경우에도 광선 Y는 코어와 클래딩 사이의 경계면에서 전반사되면서

진행할 수 있다.[3]

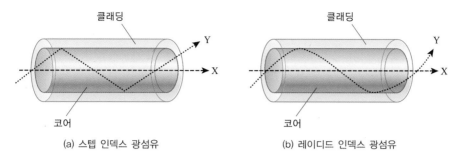

(a) 스텝 인덱스 광섬유   (b) 레이디드 인덱스 광섬유

[그림 34-11] 광선은 클래딩에서 계속 반사되면서 코어 내부를 따라 진행한다.

광섬유 다발

두 개 이상의 광섬유를 한 다발로 묶어 복합 케이블^{complex cable}을 만들 수 있다. 폴리에틸렌 polyethylene과 같이 내구성과 방수성을 가진 물질로 광섬유 다발을 둘러싼 층(외피)을 만들면 각 광섬유가 손상되고 수분이 침투하는 것을 막을 수 있다. 각 광섬유는 파장이 서로 다른 여러 개의 광선(가시광선 또는 적외선 광선)을 전송할 수 있다. 반송파 주파수가 서로 다른 수천 개의 신호(전송 데이터)로 개별 광선을 변조할 수 있다. 가시광선과 적외선 광선의 주파수는 해당 광선을 변조하는 신호(전송 데이터)의 주파수보다 훨씬 높기 때문에, 광섬유 케이블 링크로 실현할 수 있는 대역폭은 유선 케이블 링크나 무선 링크로 얻을 수 있는 대역폭보다 엄청나게 크다(넓다). 따라서 광섬유를 사용하면 훨씬 높은 데이터 전송속도를 실현할 수 있다.

광섬유 복합 케이블은 여러 개의 전선(도선)을 한 다발로 묶어 만든 복합 케이블에 비해 두드러진 장점을 갖는다. 광섬유에는 전류가 흐르지 않으므로 광섬유 복합 케이블에서는 인접한 신호들 사이에서 일어나는 전자기 간섭 현상인 **누화**(혼선)^{crosstalk}가 발생하지 않는 다. 전류가 흐르는 전선(도선)들이 인접해 있는 경우, 이 전선들이 저마다 차폐되어 있지 않으면 어느 한 전선에 흐르는 교류 전류에 의해 발생한 전자기장이 인접한 다른 도선에 간섭을 일으켜 누화가 발생한다. 복합 케이블 다발을 구성하고 있는 많은 전선들을 저마다 전자기적으로 차폐시키면 가격이 비싸지고 케이블 사이즈가 커지며 무게도 많이 나가게 된다. 광섬유 복합 케이블은 전자기 차폐를 할 필요가 없으므로 전선 복합 케이블에 비해 가격이 싸고 사이즈가 작으며 무게도 덜 나간다.

---

3 (옮긴이) 코어와 클래딩의 경계면에 빛이 입사할 때 중심축을 기준으로 어떤 각도 이하가 되지 않으면 빛은 전반사 되지 않고 경계면을 지나 밖으로 빠져나가버린다. 그레이디드 인덱스 광섬유에서는 빛이 항상 중심축 쪽으로 휘어 지므로 전반사 조건에서 벗어날 확률이 줄어든다.

중계기

장거리 광섬유 통신 시스템에서는 광케이블을 따라 일정한 간격마다 **중계기(리피터)**repeater 를 사용해야 한다. 중계기는 일종의 **광전자 송수신기**opto-electronic transceivers로 신호를 포착 하여 복조하고, 이를 증폭한 다음 또 다시 변조하여 재전송한다. 재전송할 때는 일반적으 로 맨 앞의 광송신기에서 가시광선이나 적외선 빛을 송출하는 데 사용한 것과 같은 종류의 광원을 사용한다.

[그림 34-12]는 광변조 중계기의 구성도이다. 복조기는 긴 거리를 진행하면서 세기가 약 해진 채 들어오는 가시광선이나 적외선에 실려 있는 신호(데이터)를 분리해 낸다. 증폭기 는 신호의 세기를 증폭한다. 변조기는 증폭된 신호로 LED, IRED 또는 레이저에서 방출되 는 빛의 세기를 변조한다. 원래의 신호 데이터가 실린 이 변조된 빔은 최종 목적지(수신기) 나 또 다른 중계기로 전달된다.

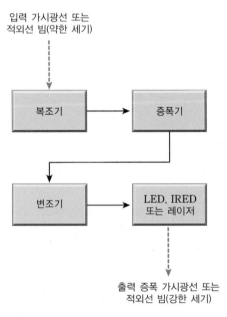

[그림 34-12] **광변조 중계기의 구성도**

※ 필요하다면 이 장의 본문 내용을 참고해도 된다. 적어도 18개 이상 맞히는 것이 바람직하다.
정답은 [부록 A]에 있다.

34.1 광변조 가시선 통신 시스템에서 통신 가능 거리를 확장하려면?

    (a) 수신단에서 LED를 사용하여 빛을 포착(수신)한다.

    (b) 수신단에서 프레넬 렌즈를 사용하여 빛을 포착하고 한 점에 집중시킨다.

    (c) 송신단에서 가능한 한 높은 변조 주파수를 사용한다.

    (d) 송신단에서 파란색 광원을 사용한다.

34.2 다음 중 광섬유가 영향을 받지 않는 것은?

    (a) 다발을 이루고 있는 케이블 사이의 누화(혼선)

    (b) 외부의 전자기장

    (c) 케이블에 생기는 부식

    (d) (a), (b), (c) 모두

34.3 다음 중 손자국 인식, 전자지문 인식, 홍채패턴 인식은 어떤 기술에 속하는가?

    (a) 데이터 변환data conversion 기술

    (b) 생체보안biometric security 기술

    (c) 다중모드 데이터 인식multimode data recognition 기술

    (d) 광부호화optical encoding 기술

34.4 스텝 인덱스 멀티모드 광섬유에서 코어의 굴절률 값은?

    (a) 점차적으로 변하며, 클래딩의 굴절률보다 작다.

    (b) 급격하게 변하며, 클래딩의 굴절률보다 작다.

    (c) 점차적으로 변하며, 클래딩의 굴절률보다 크다.

    (d) 급격하게 변하며, 클래딩의 굴절률보다 크다.

34.5 다음 중 저궤도 위성 네트워크에 대한 설명으로 맞는 것은?

    (a) 모든 위성들은 항상 서로의 통신 범위에 있다.

    (b) 모든 위성의 궤도는 지구의 북극과 남극 상공을 통과한다.

    (c) 지구표면의 어느 위치에서든지 상공에서 최소 한 개의 위성을 볼 수 있다.

    (d) (a), (b), (c) 모두

34.6 광변조 가시선 통신 시스템에서 통신 가능 거리를 확장하려면?

    (a) 송출되는 빔을 평행광선으로 만든다.

    (b) 가능한 한 짧은 파장의 빛을 사용한다.

    (c) 가능한 한 높은 변조 주파수를 사용한다.

    (d) (a), (b), (c) 모두

34.7 모든 사용자의 컴퓨터들이 하나의 강력한 중앙 컴퓨터에 연결된 구조로 되어 있는 LAN은?

(a) 피어-피어(대등구조)peer-to-peer LAN

(b) 중계기 기반repeater-based LAN

(c) 클라이언트-서버(종속구조) client-server LAN

(d) 분산distributed LAN

34.8 가장 정교한 데이터 암호화 시스템에서 사용하는 것은?

(a) 고이득 오피앰프

(b) 고속 마이크로컨트롤러

(c) 복잡하고 어려운 해독키

(d) 펄스폭 변조(PWM)Pulse-Width Modulation

34.9 통신 매질로 사용할 때 광섬유가 구리 도선(전선)보다 좋은 점은?

(a) 광섬유는 구리보다 내구성이 좋다.

(b) 광섬유를 해저에 부설하거나 지하에 매설해도 녹슬지 않는다.

(c) 광섬유를 제조하는 데 사용되는 물질의 가격이 저렴하다.

(d) (a), (b), (c) 모두

34.10 셀룰러 휴대전화 네트워크에서, 휴대전화가 한 셀에서 다른 셀로 이동할 때 전화와 접속하는 기지국을 자동으로 전환해준다. 이 방식을 무엇이라고 하는가?

(a) 핸드오프handoff

(b) 셀 전환cell transfer

(c) 영역 교환zone switching

(d) 다중 접속multiple access

34.11 어떤 광원에서 떨어진 거리를 9배로 증가시켰다. 광원의 출력은 일정하다고 할 때, 송출되는 빛의 세기는 몇 배로 감소하는가?

(a) $\frac{1}{81}$ 배 (b) $\frac{1}{27}$ 배

(c) $\frac{1}{9}$ 배 (d) $\frac{1}{3}$ 배

34.12 다음 중 EMI를 옳게 설명한 것은?

(a) 한 개의 휴대전화가 동시에 두 군데 이상의 기지국에 접속되어 있는 것

(b) 특별한 이유 없이 전화연결이 실패하는 것

(c) 휴대전화가 잘 작동하지 않아 화가 난 사용자가 전화기를 집어 던지는 것

(d) 미지의 신호(전자파) 발생원이 휴대전화에 간섭을 일으키는 것

34.13 다음 중 정지궤도 위성 통신에서 반응시간latency이 문제되는 상황은?

(a) 광변조를 사용하여 통신하는 경우

(b) 심심풀이로 인터넷 검색을 하는 경우

(c) 처리 능력을 향상시키기 위해 여러 대의 컴퓨터를 결합하는 경우

(d) 교외 지역에서 코드리스 무선 전화기를 사용하는 경우

34.14 광섬유 송신기에서 빛을 발생시키는 데 사용되는 부품은?

(a) 광 다이오드

(b) IRED

(c) PIN 다이오드

(d) Gunn 다이오드

34.15 타원궤도를 돌고 있는 위성을 추적하기 가장 좋은 상황은?

(a) 위성이 원지점 부근을 지날 때
(b) 지구의 남극이나 북극 상공을 지날 때
(c) 위성이 근지점 부근을 지날 때
(d) 지구의 적도 상공을 지날 때

34.16 무인가 휴대전화를 프로그래밍하여 셀룰러 네트워크가 정상적으로 인가된 휴대전화로 인식하게 하는 방법을 가리키는 용어는?

(a) 복제^{cloning}
(b) 크래킹^{cracking}
(c) 오독(해독오류)^{miscoding}
(d) 평행화^{collimation}

34.17 잘 설계되고 구축된 셀룰러 네트워크에서 모든 휴대전화는 항상 어떤 장치와 통신 가능 범위에 놓여 있는가?

(a) 다른 휴대전화
(b) 모뎀^{modem}
(c) 중계기^{repeater}
(d) 위성^{satellite}

34.18 아마추어 무선에 대한 설명으로 옳은 것은?

(a) 상업용 라디오 방송 프로그램을 녹음한 다음, 그것을 재송출한다. 단, 영리를 목적으로 하지 않는다.
(b) 비직업적(비영리) 목적이며 무선으로 메시지를 송신하고 수신한다.
(c) 무선 수신기는 만들지만 무선 송신기는 만들지 않는다.
(d) 비직업적인 무선통신을 베트남 전쟁이 발발하기 전에는 할 수 있었지만 그 이후에는 불법이 되었다.

34.19 통신 위성은 지구 주위를 도는 무엇으로 볼 수 있는가?

(a) 중계기^{repeater}
(b) 데이터 변환기$^{data\ converter}$
(c) 광 증폭기$^{optical\ amplifier}$
(d) 주파수 체배기$^{frequency\ multiplier}$

34.20 단파 주파수 대역은?

(a) 0.3 MHz ～ 3 MHz
(b) 3 MHz ～ 30 MHz
(c) 30 MHz ～ 300 MHz
(d) 300 MHz 이상

CHAPTER

35

RF 통신용 안테나
Antennas for RF Communications

학습목표

- 안테나의 동작 원리와 방사저항 및 효율에 대해 이해한다.
- 반파장 안테나, 1/4 파장 수직 안테나, 루프 안테나의 구조와 특성을 이해한다.
- 안테나의 이득과 지향성을 이해한다.
- 위상 배열 안테나, 기생 배열 안테나의 구조와 특성을 이해한다.
- UHF 대역 및 초고주파 대역에서 사용되는 몇 가지 안테나의 구조와 특성을 이해한다.
- 안테나를 설치, 운용, 보수, 관리할 때 알아두어야 할 안전수칙을 이해한다.

목차

무선 안테나는 송신용과 수신용으로 분류할 수 있다. 설계된 주파수 범위 내에서 거의 대부분의 송신 안테나는 신호를 잘 수신할 수 있다. 또한 수신 안테나도 양호한 효율로 무선 신호를 송신할 수 있다.[1]

방사 저항

도선^{wire}이나 금속관과 같은 전기 도체$^{electrical\ conductor}$에 전류가 흐르면 전자기 에너지(전자파)가 공간 속으로 방사^{radiation}[2]된다. 송신기에 안테나를 연결한 다음 전체 시스템을 시험하는 경우를 생각해보자. 먼저 안테나가 연결되어 있을 때 송신기의 동작을 관측한다. 이제 안테나를 떼어 내고 그 자리에 저항과 커패시터로 이루어진 RC 회로, 또는 저항과 인덕터로 이루어진 RL 회로를 연결한다. 그리고 나서 송신기의 동작이 안테나가 연결되어 있을 때와 똑같아질 때까지 RC 회로 또는 RL 회로를 구성하는 부품(R과 L 또는 R과 C) 값을 조정한다. 이 방식을 사용하면 특정 주파수에서 동작하는 임의의 안테나를, 송신기에 대해 그 안테나와 동등한 역할을 하는 RC 회로 또는 RL 회로로 나타낼 수 있다. 이때 이 회로의 저항 R을 해당 안테나의 **방사저항**$^{radiation\ resistance}$이라고 하며 R_R로 표시한다.

도선 길이의 영향

수평방향으로 평평하고 넓은, 완전도체[3]의 특성을 가진 접지면$^{ground\ plane}$ 위에 가늘고 곧으며 손실이 없는^{lossless} 도선^{wire}이 수직방향으로 놓여 있다고 하자. 도선 근처에는 어떤 물체도 존재하지 않는다고 가정한다. 이 도선과 접지면 사이에 RF 신호를 공급한다. 그러면 이 도선의 방사저항 R_R은 도선의 길이(높이)에 따라 달라진다. [그림 35-1(a)]는 도선의 길이(단위: 파장)에 따른 도선의 방사저항 변화를 나타낸 그래프이다.

이번에는 자유공간$^{free\ space}$[4]에 가늘고 곧으며 손실이 없는 도선이 놓여 있다고 하자. 역시 도선 근처에는 어떤 물체도 존재하지 않는다고 가정한다. 이 도선의 중앙에 RF 신호를 공급한다. 그러면 이 도선의 방사저항 R_R은 도선의 길이에 따라 달라진다. [그림 35-1(b)]는

---

1 (옮긴이) 엄밀히 말해, 안테나는 송신용과 수신용이 별도로 구분되지 않는다. 모든 안테나는 잘 동작하는 주파수 범위가 있는데, 그 주파수 범위에서 신호를 무선으로 송신하는 데 사용하면 송신용 안테나가 되고, 신호를 무선으로 수신하는 데 사용하면 수신용 안테나가 된다. 이러한 안테나의 특성을 '가역성(reciprocity)'이라고 한다.

2 (옮긴이) 방사(放射)는 영어 'radiation'을 우리말로 옮긴 것으로 '복사(輻射)'라고도 한다. 방사는 '사방으로 놓아(放) 쏘다(射)'는 뜻이고, '복사'는 '바큇살(輻) 모양으로 쏘다(射)'라는 뜻이다. 어느 용어나 한 지점에서 모든 방향으로 전자파를 쏘아 퍼뜨린다는 의미를 담고 있다.

3 (옮긴이) 전도율(conductivity) σ가 무한대인 가상의 도체

4 (옮긴이) 자유공간(free space)이란, 아무런 물질도 없는 공간(space that is free of matter)을 가리키는 용어다. 자유공간은 전자기학에서 사용하는 추상적인 개념이며 실제로 완벽한 자유공간인 매질은 존재하지 않는다. 그렇지만 공기(air)나 진공(vacuum)은 전자기적인 특성이 자유공간과 거의 같으므로 근사적으로 자유공간으로 취급한다.

도선의 길이(단위: 파장)에 따른 도선의 방사저항 변화를 나타낸 그래프이다.

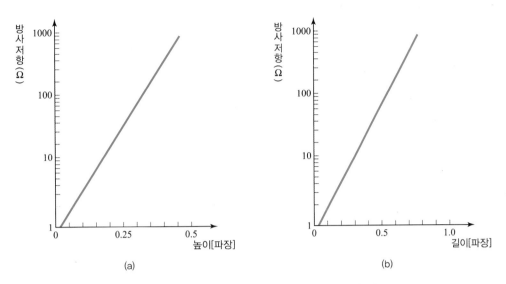

[그림 35-1] (a) 완전도체의 특성을 가진 접지면 위에 설치된 수직 안테나의 방사저항 값
          (b) 자유공간에 놓인 중앙급전 안테나의 방사저항 값

안테나 효율

안테나 효율antenna efficiency은 송신 안테나에 공급한 전력 중 실제 송신 안테나에서 방사된 전력이 어느 정도인지 나타낸다. 안테나의 방사저항 R_R은 안테나의 **손실저항**loss resistance [5] R_L과 직렬 연결된 형태로 나타낼 수 있으며, 안테나 효율 Eff는 다음 식으로 계산할 수 있다.

$$Eff = \frac{R_R}{R_R + R_L}$$

안테나 효율을 백분율로 구하는 식은 다음과 같다.

$$Eff_\% = \frac{R_R}{R_R + R_L} \times 100$$

송신 안테나의 효율이 높으려면 방사저항이 손실저항보다 훨씬 커야 한다. 송신 안테나의 효율이 높아야 안테나로 인가된 RF 전력의 대부분이 원래 의도한 전자파 방사 전력으로 변환되고, 나머지 적은 전력이 안테나 자체(도선과 접지면)에서 열로 손실된다. 방사저항이 손실저항과 비슷하거나 오히려 더 작으면 송신 안테나는 효율적으로 동작하지 못한다. 도선의 길이가 아주 짧은 안테나는 방사저항이 작으므로 이런 상황이 종종 발생한다. 방사저

---

5 (옮긴이) 안테나의 손실저항에는 안테나를 구성하는 물질(도체, 접지, 유전체)이 가진 저항이 모두 포함된다. 안테 나에서 방사되지 못하고 열로 소모되는 전력이 바로 이 손실저항의 전력이다.

항 R_R이 작은 안테나의 방사효율을 높이려면 손실저항 R_L을 줄여야 한다. 그렇지만 실제로 안테나의 R_L을 수 Ω 이하로 낮추기는 어렵다.

안테나의 손실저항이 높은 경우, 방사저항을 크게 하여 안테나를 효율적으로 동작시킬 수 있다. 안테나 도체(도선이나 금속관)의 길이가 주어진 주파수에서 특정 높이(길이)가 되면 안테나의 방사저항은 $1,000\,\Omega$ 이상이 될 수 있다. 이 경우에는 상당한 손실저항이 있어도 효율이 높은 안테나를 만들 수 있다.

반파장 안테나

자유공간에서 주파수가 f_0인 전자파의 반($\frac{1}{2}$)파장에 해당하는 길이 L_m은 다음 식으로 계산할 수 있다. 이 식에서 f_0의 단위는 [MHz]이며, L_m의 단위는 [m]라는 데 주의해야 한다.

$$L_\mathrm{m} = \frac{150}{f_0}$$

위의 식에서 반파장에 해당하는 길이를 m 단위가 아닌 ft 단위로 바꾼 L_ft (단위: ft)는 다음 식으로 계산할 수 있다.

$$L_\mathrm{ft} = \frac{492}{f_0}$$

개방 다이폴 안테나

[그림 35-2(a)]와 같은 구조의 안테나를 **개방 다이폴 안테나**open dipole antenna 또는 **더블릿 안테나**doublet antenna라고 한다. 이 안테나는 그림과 같이 두 도선이 일직선으로 놓여 있고, 신호가 공급되는 **급전점**(전송선로와 안테나가 서로 연결되는 점)feed point이 중앙에 위치한다. 두 도선의 길이는 각각 $\frac{1}{4}$ 파장이다.

자유공간에서 주파수 f_0 (단위: MHz)일 때 동작하도록 설계된 중앙급전 반파장 다이폴 안테나의 길이 L_m(단위: m)은 다음 식으로 계산할 수 있다.

$$L_\mathrm{m} = \frac{143}{f_0}$$

길이를 ft 단위로 바꾼 L_{ft}(단위: ft)는 다음 식으로 계산할 수 있다.

$$L_{\text{ft}} = \frac{467}{f_0}$$

이 두 식은 반파장의 길이를 구하는 공식에 0.95를 곱해서 구한 것이다. 자유공간에 놓여 있는 중앙급전 반파장 개방 다이폴 안테나의 임피던스를 급전점에서 구해보면 약 $73 + j42.5\,\Omega$ 이다. 안테나와 전송선로가 임피던스 정합을 이루기 위해서는 안테나의 급전점 임피던스의 리액턴스 성분을 0으로 하여 순전히 저항 성분 R_R만 갖게 해주는 것이 좋다. 반파장 다이폴의 길이를 0.47파장~0.49파장(대략 0.5파장의 95%) 정도로 하면 안테나의 리액턴스 성분은 0이 되고, 저항 성분(방사저항)은 73Ω에서 약간 줄어 약 70Ω 이 된다. 안테나의 임피던스 70Ω은 표준 전송선로(동축 케이블)의 특성 임피던스인 75Ω 이나 50Ω과 양호한 임피던스 정합을 이룬다. 이처럼 반파장의 개방 다이폴 안테나는 리액턴스 성분이 0이 되는 공진resonance 특성을 갖는다. 저항, 인덕터, 커패시터로 구성된 RLC 회로가 바로 이런 공진 특성을 갖고 있으므로, 실제로 다이폴 안테나를 비롯한 여러 종류의 안테나를 동등한 공진 특성을 가진 RLC 회로로 나타낼 수 있다.

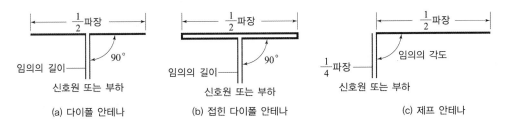

[그림 35-2] **다양한 구조의 반파장 안테나**

접힌 다이폴 안테나

접힌 다이폴 안테나folded dipole antenna는 [그림 35-2(b)]와 같이 반파장 길이의 중앙급전 다이폴 안테나 두 개를 평행하게 배열하고 양쪽 끝을 서로 연결한 다음, 위쪽 다이폴은 급전점을 단락short하고 아래쪽 다이폴의 중앙에서 급전하는 구조로 된 안테나이다. 접힌 다이폴 안테나의 급전점 임피던스는 약 290Ω으로 반파장 개방 다이폴 안테나의 급전점 임피던스의 4배이다. 이처럼 큰 임피던스를 가진 접힌 다이폴 안테나는 특성 임피던스 Z_0 가 큰 평행 전송선로와 연결하여 사용하면 가장 좋은 성능을 발휘할 수 있다.[6]

---

6 (옮긴이) 접힌 다이폴 안테나의 급전점에는 일반적으로 특성 임피던스가 300Ω인 평행 2선 전송선로를 연결한다. 안테나의 급전점 임피던스와 급전점에 연결하는 전송선로의 특성 임피던스가 같을 때, 송신 시에는 전송선로에서 안테나로, 수신 시에는 안테나에서 전송선로로 최대 전력이 전달된다. 최대전력을 전달하기 위해 두 임피던스를 같게 하는 것을 **임피던스 정합**(impedance matching)이라고 한다.

반파장 수직 안테나

길이가 반파장인 도선을 똑바로 세우고 도선의 아래쪽 끝과 **대지접지**(땅)^{earth ground}를 급전점으로 삼아 여기에 전송선로를 연결한다. 안테나에 연결된 전송선로의 반대편에는 LC 회로가 접속되어 있다. 이 LC 회로는 급전점에서의 안테나 임피던스에 들어 있는 리액턴스 성분을 상쇄시키기 위한 것으로, **안테나 튜너**^{antenna tuner} 또는 **트랜스매치**^{transmatch}라고 부른다. 이러한 구조의 안테나는 방사저항 R_R이 크므로 안테나 도체, 아래쪽의 대지(땅), 주변의 다른 물체가 가진 손실저항 R_L이 적지 않은 경우에도 효율이 좋은 안테나로 동작한다.

제프 안테나

제플린 안테나^{zeppelin antenna}는 줄여서 **제프**^{zepp}라고도 하는데, [그림 35-2(c)]와 같이 길이가 반파장인 안테나 도선 한쪽 끝에 길이가 $\frac{1}{4}$파장인 평행 전송선로를 연결하여 급전하는 구조다. 급전점에서의 안테나 임피던스는 매우 크며 순전히 저항성분만 갖는다. 길이가 $\frac{1}{4}$인 전송선로의 경우, 한쪽 끝에 연결된 임피던스가 매우 클 때 이를 반대쪽 끝에서 보면 임피던스가 반대로 작아지며 저항 성분만 갖는다. 제플린 안테나는 의도한 설계 주파수는 물론, 그 고조파 주파수에서도 잘 동작한다. 트랜스매치 회로를 사용하면 안테나의 리액턴스 성분을 상쇄시킬 수 있으므로 $\frac{1}{4}$파장 길이 대신 상황에 맞춰 편리한 길이의 전송선로를 사용해도 된다.

제플린 안테나의 구조는 대칭이 아니므로, 안테나에서는 물론 급전을 위한 전송선로에서도 약간의 전자파가 방사된다. 이러한 현상 때문에 제플린 안테나를 무선 송신에 응용했을 때 간혹 문제가 발생한다. 아마추어 무선기사들은 이처럼 의도하지 않은 전자파가 방사되어 무선실(무선국) 내부에 존재하는 문제를 '무선실 내부의 전자파 간섭(장해)'(영어로는 'RF in the shack')이라는 관용구로 표현한다. 이러한 문제를 줄이는 방법은 제플린 안테나의 방사소자인 도선 길이를 기본 주파수에 대해 반파장이 되도록 주의를 기울여 자르고, 안테나는 기본 주파수 또는 그 고조파에 해당하는 주파수로만 동작시켜야 한다.

제이폴 안테나

제플린 안테나에서 방사소자인 도선은 수직으로 세우고 급전선은 그대로 두어 서로 일직선이 되게 한 것을 **제이폴 안테나**^{J pole antenna}라고 한다. 제이폴 안테나의 경우, 수평으로는 모든 방향으로 전자파를 골고루(똑같이) 방사한다. 제이폴 안테나는 제작비용이 적게 들므로 대략 $10\,\text{MHz} \sim 300\,\text{MHz}$의 주파수 범위에서 금속관으로 만든 수직 안테나를 대신하는 안테나로 사용할 수 있다. 실제로 제이폴 안테나는 길이가 반파장인 수직 안테나에 임피던스 정합 기능을 수행하는 $\frac{1}{4}$ 파장 길이의 전송선로가 연결된 구조이므로 결국 수직 안테나의 일종인 셈이다. 제이폴 안테나는 수직 안테나와 달리 접지를 필요로 하지 않으므로, 공간(대지) 면적이 좁은 경우에도 쉽게 설치할 수 있다.

아마추어 무선기사 중에는 3.5 MHz 또는 1.8 MHz의 동작주파수에 맞춰 제작한, 길이가 상당히 긴 제이폴 안테나를 연^{kite}이나 헬륨 풍선에 매달아 사용하는 경우도 있다. 이러한 안테나는 성능이 매우 우수하지만 안테나를 고정시키는 줄이 끊어지거나 풀려서 연이나 풍선과 함께 날아가 버리지 않도록 주의해야 한다. 자칫 잘못하면 전신주나 송전선에 떨어져 큰 사고가 날 수도 있다. 또한 연이나 풍선에 매달린 긴 도선 안테나에는 맑은 날에도 엄청나게 많은 전하가 쌓일 수 있으므로 번개가 떨어지기 쉽다. 불안정한 날씨에 이러한 안테나를 띄우면 치명적인 참사를 초래할 수 있다.

$\frac{1}{4}$ 파장 수직 안테나

주파수 f_0 (단위: MHz)에서 동작하도록 설계된 $\frac{1}{4}$ 파장 안테나의 길이 L_{m} (단위: m)은 다음 식으로 계산할 수 있다.

$$L_{\mathrm{m}} = \frac{246\,v}{f_0}$$

길이를 ft 단위로 바꾼 L_{ft} (단위: ft)는 다음 식으로 계산할 수 있다.

$$L_{\mathrm{ft}} = \frac{75\,v}{f_0}$$

위 식에서 v에는 안테나 도체의 종류에 따라 0.95(일반적인 도선인 경우)에서 0.9(금속 튜브(관)인 경우) 사이의 값을 대입한다. 이렇게 하면 개방 다이폴 안테나의 경우처럼 동작주파수에서 급전점 임피던스의 리액턴스 성분을 0으로 만들 수 있다.

$\frac{1}{4}$ 파장 수직 안테나의 효율이 양호하려면, 수직 도체 아래에 위치하는 접지의 손실이 작아야 한다. 접지가 완전도체의 특성을 갖는 경우 $\frac{1}{4}$ 파장 수직 안테나의 급전점 임피던스의 저항성분(방사저항) R_R은 약 37 Ω으로, 자유공간에 놓인 중앙급전 반파장 개방 다이폴 안테나의 급전점 임피던스의 저항성분인 73 Ω의 절반이다. 이 방사저항 값은 대부분의 동축 케이블 형태 전송선로의 특성 임피던스 $Z_0 = 50$ Ω과 양호한 임피던스 정합을 이룬다.

지표면 근처에 설치하는 수직 안테나

가장 간단한 수직 안테나는 대지접지^{ground} 바로 위에 $\frac{1}{4}$ 파장의 도체가 놓인 구조로 되어 있다. 수직 도체는 밑에서 동축 케이블로 급전된다. 동축 케이블의 중심 도체는 도체 아래쪽 끝에 연결되고, 동축 케이블의 차폐(실드)^{shield} 도체는 대지접지(지표면)에 연결된다.

수직 안테나의 효율이 양호하려면, 수직 도체 아래에 위치한 **대지접지**(땅)의 지표면은 도체처럼 양호한 전도성을 가져야 한다(소금물이나 소금기가 많은 땅이 이런 특성을 갖는다). 대지접지에 이런 특성이 없는 경우, 여러 개의 도체를 중심에서 사방으로 뻗어나간 바큇살(우산살) 형태로 만든 **레이디얼 접지**$^{radial\ ground}$를 지표면이나 땅속에 설치하면 양호한 효율을 얻을 수 있다. 수신 시 수직으로 세워진 안테나는 수평으로 놓인 안테나보다 인공 잡음을 더 많이 포착한다. 송신 시 지표면 근처에 설치한 수직 안테나는 지표면에서 높은 위치에 설치한 안테나보다 부근에 있는 전자장치에 전자기 간섭(전자파 장해)을 일으킬 가능성이 더 많다.

접지면 안테나

접지면 안테나$^{ground-plane\ antenna}$는 길이가 $\frac{1}{4}$ 파장인 수직 도체 아래쪽에, 길이가 $\frac{1}{4}$ 파장인 여러 개의 도체들(이를 **레이디얼**^{radial}이라 함)이 위치하는 구조로 되어 있다. 여러 개의 레이디얼 도체들은 한쪽 끝이 모두 연결되어 있다. 이 안테나의 급전점은 수직 도체의 아래쪽 끝과 레이디얼 도체 연결부의 중심점이므로 급전점은 지표면에서 레이디얼의 중심점 높이만큼 위쪽에 놓이게 된다. 급전점의 위치를 지표면에서 $\frac{1}{4}$ 파장보다 높게 하면 레이디얼 도체의 개수가 3~4개 정도만 되어도 높은 안테나 효율을 얻을 수 있다. 급전점 위치에서 레이디얼 도체가 아래로 처진 각도(이를 **처짐각**$^{droop\ angle}$이라고 함)를 0°(수평으로 곧게 폄)에서 45°(비스듬히 아래를 향함) 사이가 되도록 레이디얼 도체를 펼친다. [그림 35-3(a)]는 접지면 안테나의 구조이다.

접지면 안테나는 동축 케이블로 급전하는 것이 가장 좋다. 수직 도체의 길이가 $\frac{1}{4}$ 파장인 접지면 안테나의 급전점 임피던스는, 레이디얼 도체의 **처짐각**이 0°일 때 약 37 Ω이다. 레이디얼 도체의 처짐각이 0°에서 커질수록 임피던스는 점점 증가해서 45°가 되면 약 50 Ω이 되어 동축 케이블의 특성 임피던스 50 Ω에 점점 접근한다. 27 MHz의 **CB(시티즌 대역)**$^{Citizens\ Band}$의 주파수를 사용하는 고정 무선설비 또는 50 MHz나 144 MHz의 VHF 대역$^{Very-High-Frequency\ band}$ 주파수를 사용하는 아마추어 무선설비가 설치된 곳에서는 이러한 유형의 접지면 안테나를 볼 수 있다.

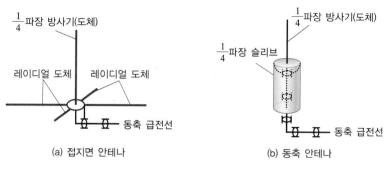

[그림 35-3] $\frac{1}{4}$ 파장 수직 안테나

동축 안테나

접지면 안테나에서 레이디얼 도체를 아래쪽으로 곧게 편 다음, 길이가 $\frac{1}{4}$ 파장인 원통(이를 **슬리브**sleeve라고 함) 속으로 밀어 넣어 원통면과 한 몸이 되게 한다. [그림 35-5(b)]와 같이 전송선로로 사용되는 동축 케이블을 슬리브 내부로 집어넣고 슬리브 원통 맨 끝에서 동축 케이블의 두 도체를 각각 $\frac{1}{4}$ 파장 길이의 방사도체와 슬리브에 연결하여 급전한다. 급전점에서 안테나의 방사저항은 약 73 Ω으로 반파장 개방 다이폴 안테나의 방사저항과 같다. 이러한 구조의 안테나를 **동축 안테나**coaxial antenna라고 한다. 이러한 이름이 붙은 것은 급전선과 슬리브가 모두 동축 구조로 되어 있기 때문이다.

루프 안테나

도선이나 금속관을 한 번 이상 감아서 만든 안테나를 **루프 안테나**loop antenna라고 한다.

소형 루프 안테나

루프 안테나에서 도선 루프의 둘레가 0.1 파장보다 작으면 **소형 루프 안테나**small loop antenna로 분류된다. 소형 루프 안테나도 무선 신호(전자파)를 수신할 수 있다. 그러나 소형 루프 안테나는 방사저항이 작아 도선(도체)의 손실이 아주 작지 않으면 효율이 낮아지기 때문에 전자파 송신을 제대로 할 수 없다. 따라서 소형 루프 안테나는 주변에서 쉽게 볼 수 있을 만큼 널리 사용되지는 않는다.

도선을 여러 번 감아 소형 루프 안테나를 만들면 안테나의 방사저항을 증가시킬 수 있다. 권선수가 N(도선을 감은 횟수가 N번)인 소형 루프 안테나의 방사저항은 이론적으로 한 번만 감은 경우에 비해 N^2배로 증가한다. 다만 루프 도선의 길이가 N배 길어져 루프 도선에 의한 손실도 N배 증가하므로, 방사저항이 증가한 만큼 방사효율이 향상되지는 못한다.

소형 루프 안테나는 루프의 중심축(루프 도선이 평면 위에 놓여 있을 때 그 평면에 수직인 방향)과 나란한 방향에서 오는 신호(전자파)는 가장 못 수신하고 중심축에 수직인 방향(루프 평면과 나란한 방향)에서 오는 신호는 가장 잘 수신한다. 가변 커패시터를 루프와 직렬 또는 병렬로 연결한 다음, 가변 커패시터의 커패시턴스를 조정하면 루프 자체가 가진 인덕턴스 성분과 상호 작용하여 원하는 수신 주파수에서 공진이 발생하도록 할 수 있다. [그림 35-4]는 이 방법을 그림으로 나타낸 것이다.

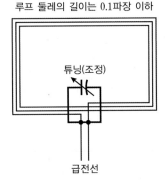

루프 둘레의 길이는 0.1파장 이하

튜닝(조정)

급전선

[그림 35-4] **공진주파수 조정용 커패시터가 장착된 소형 루프 안테나**

대략 20 MHz 까지의 주파수 대역에서 전파방향탐지(RDF)^{Radio Direction Finding}용으로 소형 루프 안테나를 사용하거나 인공 잡음^{noise} 또는 강한 신호(전자파)에 의한 간섭(장해)을 줄일 목적으로 사용하는 경우가 종종 있다. 소형 루프 안테나는 축 방향으로 들어오는 신호를 수신하지 못하는 특성이 매우 두드러지므로, 간섭을 일으키는 외부의 강한 전자파 신호나 잡음^{noise} 신호가 있을 때 이들 신호가 들어오는 방향에 루프의 축을 일치시키면 수신되는 신호의 크기를 20 dB 이상 감쇠시킬 수 있다.

루프스틱 안테나

대략 20 MHz 까지의 주파수 범위에서 소형 루프 안테나 대신 사용할 수 있는 안테나로 **루프스틱 안테나**^{loopstick antenna}가 있다. 이 안테나는 원기둥 막대 모양의 철분코어에 도선을 대롱 모양으로 감아서 만든 코일로 이루어져 있다.[7] 이 코일에 직렬이나 병렬로 커패시터를 연결하여 주파수 동조 회로^{tuned circuit}를 만든다. 루프스틱 안테나의 전자파 수신 특성은 [그림 35-4]에 있는 소형 루프 안테나와 비슷해서, 코일의 중심축에 수직인 방향으로는 수신 감도가 최대이고 코일 축에 나란한 방향(코일이 감긴 원기둥 막대의 양 끝이 향하는 방향)으로는 전혀 수신하지 못한다.

대형 루프 안테나

대형 루프 안테나^{large loop antenna}는 루프의 둘레가 대부분 반파장 또는 1파장이다. 루프의 모양은 원형, 육각형, 정사각형 등으로 다양하며 한 번만 감겨 있다.

---

7 (옮긴이) 루프스틱 안테나를 보면, 도선을 여러 번 감은 소형 루프 안테나 내부에 상대 투자율 μ_r이 큰 물질을 끼워 넣었다. 이렇게 하면 방사저항이 이론적으로 $\mu_r^{1/2}$ 배만큼 증가한다.

반파장 루프 안테나는 급전점에서 방사저항이 크다. 최대 방사(또는 최대 수신감도)는 루프 평면에 수직인 방향(루프 중심축과 나란한 방향)에서 이루어지며, 루프 평면과 나란한 방향(루프 중심축에 수직인 방향)에서는 전자파를 방사하지 못하고 수신하지도 못한다. 이러한 방향 특성은 소형 루프 안테나의 방향특성과 정반대다. 1파장 루프 안테나는 급전점에서 방사저항이 약 100 Ω이다(리액턴스 성분은 0이 되고 임피던스는 순전히 저항성분만 갖는다). 반파장 루프 안테나와 마찬가지로 최대 방사(또는 수신)는 루프 축을 따라 나타나고, 최소 방사(또는 수신)는 루프를 포함한 평면에 나란한 방향에서 나타난다.

반파장 루프 안테나는 최적의 방향(가장 좋은 성능을 발휘하는 방향)에서 반파장 개방 다이폴이나 접힌 다이폴 안테나에 비해 약간 큰 전력 손실을 나타낸다. 1파장 안테나는 최적의 방향에서 다이폴 안테나에 비해 이득gain이 약간 크다. 이러한 루프 안테나의 특성은 루프 도선의 길이가 정확한 반파장이나 1파장에 비해 수 % 길거나 짧은 경우에도 그대로 적용된다. 루프 안테나가 의도하는 주파수에서 공진하지 않는 경우에는 급전점에 트랜스매치 회로를 연결하여 공진이 일어나게 할 수 있다.

둘레가 파장의 몇 배인 초대형 루프 안테나는 통신용 타워(탑)tower, 나무, 나무기둥과 같은 지지대를 여러 개 사용하여 수평으로 펼쳐 설치할 수 있다. 이러한 안테나를 **자이언트 루프 안테나**giant loop antenna라고 한다. 자이언트 루프 안테나의 이득과 방향 특성(지향성)은 예측하기 어렵다. 전송선로의 끝에서 트랜스매치를 사용하여 급전하고 지표면에서 적어도 $\frac{1}{4}$ 파장을 넘는 높이에 이 안테나를 설치하면 신호를 송신하고 수신하는 데 특출한 성능을 나타낸다.

접지 시스템

$\frac{1}{4}$ 파장 안테나가 양호한 효율로 동작하기 위해서는 안테나 도체 아래에 위치한 접지 시스템의 손실이 적어야 한다. 중앙급전 반파장 안테나에는 접지 시스템이 필요 없다. 그러나 어떤 유형의 안테나든 전자파 간섭과 전기사고(위험)를 최소한으로 하려면 좋은 접지를 확보하는 것이 바람직하다.

전기접지

전기접지electrical ground [8]는 개인의 안전을 위해 중요하게 고려해야 할 요소다. 양호한 전기

---

8 (옮긴이) 전기접지는 줄여서 간단히 접지(ground)라고 한다. 접지는 보통 안전접지(safety ground)와 신호접지(signal ground)의 두 가지로 분류된다. 안전접지의 기본 목적은 사람이나 건물 등을 사고(감전, 화재 등)로부터 안전하게 만드는 것이고, 신호접지의 기본 목적은 전기/전자 장치를 정상적으로 동작하게 만드는 것이다. 접지가 장비의 케이스(섀시)에 연결된 경우는 섀시접지(chassis ground)라고 하고, 대지(땅)에 연결된 경우는 대지접지(earth ground)라고 한다.

접지(직류전원의 접지와 교류전력선의 접지)는 통신장비 근처에 번개가 떨어진 경우 그 장비가 손상되는 것을 막는 데 도움이 될 수 있다. 또한 좋은 전기접지는 통신장비로 전자파가 유입되어 **전자기 간섭**(전자파 장해)을 받거나 통신장비가 외부로 전자파를 방출하여 전자기 간섭을 일으킬 위험성을 최소로 할 수 있다. 3선식 전력공급 시스템three-wire electrical utility system에서 플러그에 달려 있는 세 개의 발(단자) 가운데, 중간에 있는 접지 발(단자)을 뽑거나 잘라내 훼손해서는 안 된다. 만일 이렇게 하면 외부로 노출된 장비의 금속 케이스 표면에 감전 위험이 있는 고전압이 나타날 수 있기 때문이다.

양호한 접지 시스템이 안테나의 효율을 높이는 데 꼭 필요한 것은 아니지만, 전자기 간섭(전자파 장해)을 줄이는 데는 도움이 될 수 있다. [그림 35-5]에서 (a)는 일점접지시스템 single-point ground system이고, (b)는 다점접지시스템multi-point ground system이다. 각 장치의 접지 도체가 하나의 접지점에 직렬로 연결된 그림 (a)의 **일점접지시스템**은 구성이 단순해서 종종 사용되지만, 전자파 장해(EMI) 측면에서는 바람직하지 않다. 따라서 높은 주파수를 다루는 장치나 전자기 간섭에 민감한 장치에 대해서는 일점접지시스템을 사용하지 않는 편이 좋다. 일점접지를 해야 할 경우, 각 장치의 접지도체를 개별적으로 하나의 접지점에 직접 연결하는 병렬 구성이 바람직하다. 하지만 장치의 개수가 많으면 접지도체의 수도 많아져서 구성이 번거롭고 복잡해지는 단점이 있다. 그림 (b)의 **다점접지시스템**은 높은 주파수(보통 100 kHz 이상)와 디지털 신호를 다루는 장치에 사용된다. 이 경우, 각각의 접지점에 접속하는 장비의 접지도체는 되도록 짧게 해야 한다. [그림 35-5]에서 어느 접지 방식을 사용하든 신호 전송을 위해 장치 사이에 케이블을 연결할 경우, 케이블을 구성하는 도체와 접지 사이에 **접지루프**ground loop가 형성되지 않도록 주의해야 한다. 그림에서처럼 접지루프가 형성되면 이 접지루프는 루프 안테나로 동작하여 전자파 장해를 입거나 일으킬 위험성을 높인다.

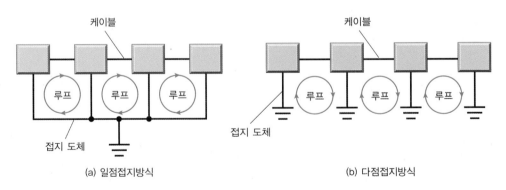

[그림 35-5] 여러 개의 장치를 접지하는 방법

레이디얼과 카운터포이즈

지표면 위에 설치하는 수직 안테나에 사용되는 **접지 레이디얼**radial 도체는 개수가 가능한

한 많아야 하고 그 길이는 되도록 길어야 한다. 레이디얼 도체들은 지표면 위에 올려놓거나 땅속에 몇 인치(수 cm~수십 cm) 깊이로 묻는다. 레이디얼 도체의 길이가 일정한 경우 도체의 개수가 증가하면, 일반적으로 수직 안테나의 전체 효율이 향상된다. 레이디얼 도체는 우산살처럼 급전점 위치에서 **접지봉**(접지막대)^{ground rod}에 모두 연결되어 있어야 한다.

수직 안테나에 대해 사용되는 또 다른 접지로 **카운터포이즈**^{counterpoise}라는 것이 있다. 카운터포이즈는 접지 레이디얼과는 달리 대지(땅)와 접속되지 않는다. 그 대신 도선 격자^{wire grid}, 도체 그물망(스크린)^{screen}, 금속판^{metal sheet}을 지표면 위의 어느 정도 떨어진 높이에 지표면과 나란히(수평으로) 놓아 이들 구조물과 지표면 사이에 용량성 결합^{capacitive coupling}이 발생하도록, 다시 말해 커패시턴스가 생기도록 한다. 이처럼 카운터포이즈가 땅속에 박혀 있는 접지봉에 연결되어 있지 않으면 양호한 전기접지를 제공하지는 못하지만 RF 접지 손실은 줄일 수 있다. 카운터포이즈는 반지름이 동작주파수 범위에서 가장 낮은 주파수의 $\frac{1}{4}$파장 이상이 되도록 만드는 것이 바람직하다.

이득과 지향성

어떤 안테나의 **전력이득**^{power gain}은 그 안테나의 전력을 송신하는 특성이 **기준 안테나**^{reference antenna}의 전력을 송신하는 특성에 비해 몇 배가 되는지를 나타내는 값으로, 보통 dB 단위를 사용한다. 전력이득은 일반적으로 안테나가 전자파를 가장 잘 방사하는 방향에 대해 측정해서 나타낸다.[9] 전력이득을 계산하는 식은 다음과 같다. 여기서 P_{ref}는 기준 안테나의 급전점에 공급한 전력, P_{ant}는 주어진 안테나의 급전점에 공급한 전력이다.

$$전력이득(배) = \frac{P_{ant}}{P_{ref}}$$

$$전력이득(dB) = 10 \log_{10}\left(\frac{P_{ant}}{P_{ref}}\right)$$

따라서 기준 안테나의 전력이득 값은 0 dB이며, 이는 다른 안테나의 전력이득 값을 나타내는 기준이 된다. 기준 안테나가 **등방성 안테나**^{isotropic antenna}인 경우, 일반적으로 dB 단위 다음에 i를 붙인 dBi라는 단위를 사용하여 기준 안테나의 종류를 확실히 알 수 있게 한다.

---

[9] (옮긴이) 덧붙여 설명하면, 기준 안테나에 전력을 공급(입력)하여 특정 방향(각도)으로 특정 거리만큼 떨어진 위치에서 방사전력을 측정하고, 이번에는 앞서 기준 안테나로 측정할 때와 동일한 방향, 동일한 거리에서 동일한 방사전력이 측정되도록 어떤 주어진 안테나에 전력을 공급한다. 이때 주어진 안테나에 공급한 전력과 기준 안테나에 공급한 전력의 비를, 그 방향에서 주어진 안테나의 이득이라고 한다. 따라서 안테나의 이득은 방향(각도)에 따라 값이 달라지는데, 전자파를 가장 잘(최대로) 방사하는 방향(각도)에서의 이득을 대푯값으로 나타내는 것이 일반적이다.

등방성 안테나는 3차원 공간의 모든 방향에 동일한 크기로 전자파를 송신(또는 수신)하는 이론적인 가상의 안테나이다. 이론상의 등방성 안테나 대신 실제로 존재하는 반파장 개방 다이폴 안테나도 기준 안테나로 많이 사용된다. 기준 안테나가 반파장 다이폴 안테나인 경우에는 dB 단위 다음에 d를 붙여 dBd 단위를 사용한다.

어떤 주어진 안테나의 이득은 dBd와 dBi의 두 가지 단위로 나타낼 수 있는데, 등방성 안테나를 기준으로 한 반파장 다이폴 안테나의 이득은 1.64배(= 2.15 dB)이므로 dBd 단위로 구한 이득과 dBi 단위로 구한 전력이득 값은 2.15 dB만큼 차이가 난다. 두 단위 사이의 관계를 식으로 쓰면 다음과 같다.

$$\text{전력이득(dBi)} = \text{전력이득(dBd)} + 2.15 \text{ dB}$$
$$\text{전력이득(dBd)} = \text{전력이득(dBi)} - 2.15 \text{ dB}$$

주어진 안테나의 전력이득에 그 안테나에 공급하는 전력을 곱한 값으로 안테나의 방사전력을 정의하여, 안테나를 설계하거나 성능을 측정하는 데 이 값을 이용하는 경우가 많다.

전력이득의 기준에 따라 유효방사전력의 종류도 두 가지로 나뉜다. ERP^{Effective Radiated Power}는 **유효방사전력**으로 안테나의 공급전력과 안테나의 이득(반파장 다이폴 안테나 기준)을 곱한 값으로, EIRP^{Equivalent Isotropic Radiated Power}는 **등가등방성방사전력**으로 안테나의 공급전력과 안테나의 이득(등방성 안테나 기준)을 곱한 값으로 정의된다. 이를 식으로 나타내면 다음과 같다.

- ERP(유효방사전력)(W) = 공급전력(W) × 전력이득(배), (단, 반파장 다이폴 안테나 기준)
- EIRP(등가등방성방사전력)(W) = 공급전력(W) × 전력이득(배), (단, 등방성 안테나 기준)
- EIRP(등가등방성방사전력)(W) = ERP(유효방사전력)(W) × 1.64(배)

지향성 그래프

주어진 안테나의 전자파 송신 특성과 수신 특성은 [그림 35-6]과 같은 극좌표 그래프로 나타낼 수 있는데, 이를 **방사패턴**^{radiation pattern}이라고 한다. 이 극좌표 그래프에서 안테나의 위치는 그래프의 정중앙(원점)이다. 곡선상 어느 한 점에서 정중앙까지의 거리가 멀수록 그 점이 놓인 방향(각도)으로 방사능력(또는 수신능력)이 크다(즉 전자파를 잘 송수신한다).

반파장 수평 다이폴 안테나, 즉 방사도체가 그래프에서 남북(0°에서 180°방향) 방향으로 놓여 있는 안테나의 방사패턴은 수평면^{horizontal plane}에서 [그림 35-6(a)]와 같은 형태로 나타난다. 이 수평면 방사패턴을 **E-평면**^{E-plane} 방사패턴이라고 한다.[10] 수직면 패턴은 접지(지표면)^{ground}를 기준으로 한 안테나의 높이에 따라 달라진다. 수평 다이폴 안테나의 방사도체를 책 표면과 수직(책을 뚫고 들어가는 방향)으로 놓고 접지로부터 $\frac{1}{4}$파장이 되는 높이에 위치하도록 위로 올리면, 이 반파장 수평 다이폴의 방사패턴은 [그림 35-6(b)]와 같은 형태로 나타난다.

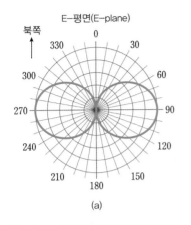
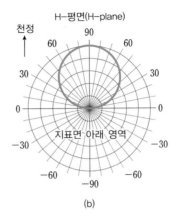

[그림 35-6] **다이폴 안테나의 지향성 그래프(방사패턴)**
  (a) E-평면 방사패턴 : 남북 방향으로 놓인 안테나를 위에서 바라본 그래프. 표시된 각도는 수평각(방위각)임
  (b) H-평면 방사패턴 : 안테나에서 멀리 떨어진 지표면 위의 한 점에서 안테나를 바라본 그래프. 표시된 각도는 고도각으로, 지표면을 기준으로 위쪽 또는 아래쪽으로 잰 각도

전방 이득

단방향성 안테나^{unidirectional antenna}는 다른 방향들에 비해 어느 한쪽 방향(이를 앞쪽 방향(전방)이라고 일컬음)으로 전자파를 잘 방사(또는 수신)하는 안테나를 말한다. **전방 이득**^{forward direction}은 단방향성 안테나의 ERP(또는 EIRP)가 기준 안테나의 ERP(또는 EIRP)에 비해 몇 배가 되는지 나타낸다. 기준 안테나로는 보통 반파장 다이폴 안테나가 사용되는데, 이 경우에는 전방 이득의 단위가 dBd이다. 이득은 전자파를 가장 잘 방사하는 방향에 대해 측정한다. 일반적으로 주어진 안테나에 대해, 파장이 감소할수록(주파수가 높을수록) 높은 전방이득 값을 쉽게 얻을 수 있다.

전후방 비

안테나의 방사패턴을 보면 [그림 35-7]과 같이 일반적으로 여러 개의 조각이 나뭇잎 모양을 한 채 갈라져 있다. 이 조각 하나하나를 **로브**(엽^葉, 나뭇잎)^{lobe}라고 한다. 길이가 가장

---

10 (옮긴이) 선형편파 안테나의 방사패턴을 2차원으로 나타낼 때 기준 평면으로 사용하는 것이 E-평면(E-plane)과 H-평면(H-plane)이다. E-평면은 두 방향(전기장 벡터 방향과 방사가 최대로 이루어지는 방향)에 의해 형성되는 평면이고, H-평면은 자기장 벡터 방향과 방사가 최대로 이루어지는 방향에 의해 형성되는 평면이다. 여기서 설명하고 있는 다이폴 안테나는 방사도체가 수평으로 놓여 있어서, 최대 방사방향은 수평이며 전기장 벡터의 방향은 도체축을 포함한 평면과 나란하므로 E-평면은 수평면이 된다. 또한 자기장 벡터는 도체축을 포함한 평면과 수직을 이루므로 H-평면은 수직면이 된다.

긴 로브(방사전력이 큰)를 **메인로브**(주엽)^{main lobe} 또는 major lobe, 나머지 모든 로브들을 **마이너로브**(부엽)^{minor lobe}라고 한다. 로브들은 피크(최댓값)가 가리키는 방향에 따라서도 구분되는데, 메인로브의 방향을 앞쪽 방향(전방)으로 정하므로 메인로브는 **프론트로브**(전방엽)^{front lobe}, 그 반대 방향에 있는 부로브는 **백로브**(후방엽)^{back lobe}, 좌우 방향에 있는 부로브는 **사이드로브**(측방엽)^{side lobe}라고 한다.

전후방 비^{front-to-back(f/b) ratio}는 단방향성 안테나에서 메인로브의 중심으로 방사되는 최댓값이 그 반대 방향(백로브의 중심)으로 방사되는 값에 비해 몇 배(또는 몇 dB)가 되는지 나타내는 것으로, 안테나가 얼마나 한쪽 방향(메인로브 방향)으로 전력을 집중시켜 방사하는가(즉, 지향성 정도)를 알려준다. [그림 35-7]은 메인로브가 북쪽을 가리키는 어떤 단방향성 안테나의 방사패턴이다. 가장 큰 바깥쪽 원은 메인로브 중심의 전자파 세기를 나타내는 것이며, 보통 0 dB로 표시한다(즉, 방사패턴 그래프에 표시되는 모든 값은 메인로브 중심의 값(최댓값)을 기준으로 한 값이다). 이 원 다음으로 작은 안쪽의 원은 메인로브보다 5 dB 낮아진 전자파 세기, 즉 -5 dB을 나타낸다. 그 다음 안쪽의 원은 계속해서 5 dB 낮은 -10 dB, 그 다음은 또 5 dB 낮은 -15 dB, 그 다음은 다시 5 dB 낮은 -20 dB이 된다. 여기서 또 다시 5 dB이 낮아지면 결국 그래프의 정중앙이 되므로, 그래프의 정중앙(원점)은 메인로브에 비해 -25 dB만큼 낮은 값을 나타낸다. 원점은 안테나가 놓인 위치라는 것을 함께 기억하기 바란다. [그림 35-7]에서 예로 들은 방사패턴에서 전후방 비는 북쪽 방향(방위각 0°)의 세기와 남쪽 방향(방위각 180°)의 세기를 비교하여 구할 수 있는데, 이를 계산하면 15 dB이 된다.

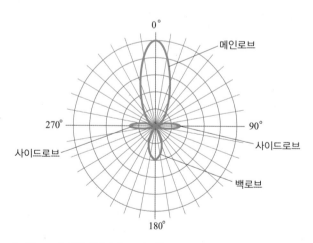

[그림 35-7] 어떤 안테나의 H-면 지향성 그래프(방사패턴). 이 그래프에서 전후방 비, 전측방 비를 구할 수 있다. 표시된 각도는 수평각(방위각)임

전측방 비

안테나의 지향성을 나타내는 또 한 가지 항목으로 **전측방 비**^{front-to-side(f/s) ratio}가 있다. 전

측방 비는 단방향성 안테나는 물론, 양방향성 안테나[bidirectional antenna]에도 적용된다. 양방향성 안테나는 전자파를 잘(최대로) 방사하는 방향이 둘(즉, 메인로브가 둘)인 안테나로, 이 두 방향은 서로 반대이다. 전후방 비와 마찬가지로 전측방 비도 dB 단위로 표시한다. 전측방 비를 구할 때는 메인로브의 최대 전자파 세기를 측면방향(방위각 90°)에 있는 사이드로브의 전자파 세기와 비교한다. [그림 35-7]의 방사패턴에서 전측방 비를 구해보면 북쪽 방향(방위각 0°)의 세기와 동쪽 방향(방위각 90°)의 세기를 비교한 것과, 북쪽 방향의 세기와 서쪽 방향(270°)의 세기를 비교한 것, 이렇게 두 가지다. 대부분의 지향성 안테나는 동쪽 방향에 대해 구한 전측방 비와 서쪽 방향에 대해 구한 전측방 비가 이론상으로 같다. 그렇지만 실제로는 이 두 전측방 비 값이 종종 서로 다르게 나타나는데, 이는 안테나 구조를 이루고 있는 물질들의 결함, 안테나 주변에 있는 전도성 물체들과 불규칙한 형태의 지표면 등과 같은 영향 때문이다. [그림 35-7]의 방사패턴에서 동쪽 방향의 사이드로브에 대한 전측방 비와 서쪽 방향 사이드로브에 대한 전측방 비는 둘 다 약 17dB이다.

위상 배열 안테나

위상 배열 안테나[phased array antenna] 또는 **위상 안테나 배열**[phased antenna array]은 **급전 소자**(급전선에 연결된 방사기(안테나 도체))[driven element]를 두 개 이상 사용하여 어떤 방향으로는 전자파를 잘 방사하지 않도록 하는 대신, 특정 방향으로는 전자파를 잘 방사하게 만든 안테나이다.

엔드파이어 배열

[그림 35-8(a)]를 보면 두 개의 반파장 개방 다이폴 안테나가 서로 마주보고 나란히 놓여 있다. 두 안테나 사이의 간격은 $\frac{1}{4}$파장이며, 서로 90°만큼 위상차를 갖도록 급전되고 있다. 이러한 방식으로 안테나를 배열하면 **엔드파이어 배열**[end-fire array][11]이 되며, 이러한 구조로 배열하면 단방향성 방사패턴을 얻을 수 있다. [그림 35-8(b)]와 같이 두 안테나 사이의 간격을 1파장으로 하고 위상차가 나지 않도록(0°) 하면, 이번에는 양방향성 방사패턴을 가진 엔드파이어 배열이 된다. 배열을 구성하는 각 안테나 간 위상차를 조정하는 **위상조정시스템**[phasing system]을 설계할 때는 전송선로의 속도 계수[12]를 고려하여 정확한 길이로 잘라 급전선을 만들어야 한다.

---

11 (옮긴이) 안테나들이 배열되어 있는 방향으로 전자파가 최대로 방사되는 것을 엔드파이어 배열(end-fire array), 배열된 방향과 직각 방향으로 전자파가 최대로 방사되는 것을 브로드사이드 배열(broadside array)이라고 한다.
12 (옮긴이) 전송선로를 따라 전달되는 신호(전자파)의 속도는 전송선로를 구성하는 물질의 유전율과 투자율에 따라 $c/\sqrt{\varepsilon_r \mu_r}$로 줄어든다. 여기서 c는 자유공간에서의 전자파 속도이다. 대부분의 물질은 $\mu_r \approx 1$이므로 간단히 $c/\sqrt{\varepsilon_r}$로 쓸 수 있다. c에 대한 속도의 비율인 $1/\sqrt{\varepsilon_r}$을 속도 계수라고 한다.

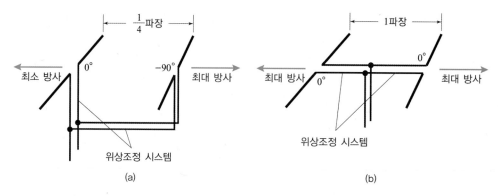

[그림 35-8] (a) 단방향성 엔드파이어 배열 안테나, (b) 양방향성 엔드파이어 배열 안테나

긴 도선 안테나

1파장 이상의 긴 도선 한쪽 끝에 큰 전류를 급전하는 구조로 된 안테나를 **긴 도선 안테나**longwire antenna라고 한다. 긴 도선 안테나는 반파장 안테나보다 높은 이득을 얻을 수 있다. 도선의 길이를 증가시킬 때는 도선 전체를 곧게 펴서 일직선이 되도록 해야 한다. 이렇게 할수록 **메인로브**의 방향이 안테나 도선 방향에 가까워지며 전자파의 최대 방사 세기도 증가한다. 직선형 긴 도선 안테나에서 메인로브의 전력이득은 안테나의 총 길이에 따라 달라지는데, 도선이 길수록 이득이 커진다. 긴 도선 안테나의 도선은 길이가 길어서 도선상에 RF 전류가 최대가 되는 점이 여러 개 존재하므로 일종의 위상배열 안테나로 볼 수 있다. 이런 식의 RF 전류 분포로 볼 때 긴 도선 안테나는 여러 개의 반파장 안테나가 끝과 끝을 서로 맞대며 일직선으로 놓인 구조에서 인접한 안테나마다 위상이 반전되도록(위상차가 180°가 되도록) 한 배열 안테나와 사실상 마찬가지이다.

브로드사이드 배열

[그림 35-9]의 배열 안테나는 **브로드사이드 배열 안테나**broadside array antenna에 속한다. 각각이 하나의 방사기(안테나)인 급전소자들을 그림과 같은 구조로 배치하면 전체적으로는 지향성을 가진 안테나가 된다. 모든 급전소자는 동일하며 간격은 반파장이다. 평행도선 전송선로를 중간에서 번갈아 꼬아가며 모든 급전소자에 급전하고 있는데, 이렇게 하면 모든 급전소자의 위상이 일치한다(위상차가 0°이다). [그림 35-9]의 다이폴 배열 안테나 뒤쪽에 전자파를 반사시키는 평평한 도체 스크린(도체 그물망)을 설치한 구조의 안테나를 **빌보드 안테나**billboard antenna라고 한다. 브로드사이드 배열 안테나의 지향성 특성은 급전소자의 개수, 소자 사이의 간격에 따라 달라진다. 일반적으로 급전소자의 개수가 증가할수록 전방이득, 전후방 비, 전측방 비가 모두 증가한다.

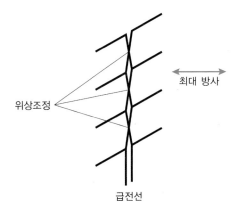

위상조정

최대 방사

급전선

[그림 35-9] 브로드사이드 배열 안테나. 모든 급전소자에는 동일한 위상, 동일한 크기의 신호가 급전된다.

기생 배열 안테나

지향성과 전방이득을 가진 무급전 배열 안테나에 속하는 것으로 **야기 안테나**^{Yagi antenna}와 **쿼드 안테나**^{quad antenna}가 있다. 안테나 분야에서 사용하는 **기생**^{parasitic}이라는 용어는 안테나 소자의 특성을 가리키는 것이며, RF 전력 증폭기에서 오동작을 일으키는 현상인 '기생' 발진^{parasitic oscillation}의 기생과는 다른 의미이다.

개념

기생소자^{parasitic element}는 안테나 시스템에서 중요한 역할을 하지만 급전선에 연결되어 있지 않은 도체를 말한다. 기생소자는 급전선과 직접 연결되어 있지는 않지만, 전자기 결합(전기 장과 자기장에 의해 신호가 전달되는 것)^{EM coupling}에 의해 급전선에 직접 연결된 급전소자와 상호작용하면서 동작한다. 급전소자를 기준으로 기생소자가 위치한 쪽 방향으로 최대 방사 가 일어나면 그 기생소자를 **도파기**^{director}라고 한다. 급전소자를 기준으로 기생소자가 위치 한 반대쪽 방향으로 최대 방사가 일어나면 그 기생소자를 **반사기**^{reflector}라고 한다. 도파기는 급전소자의 길이보다 약간(수 %) 짧게 하고, 반사기는 약간 길게 하는 것이 일반적이다.

야기 안테나

야기 안테나는 여러 개의 직선 도체를 서로 마주보게 나란히 배열하고 그중 일부를 기생소 자로 사용하는 구조로 되어있다. 아마추어 무선 분야에서는 **빔 안테나**^{beam antenna}, 줄여서 **빔**^{beam}이라고 부르기도 한다. 야기^{Yagi}라는 이름은 이 안테나를 최초로 설계한 사람의 이름 에서 따왔다. 2소자 야기 안테나는 한 개의 급전소자(반파장 다이폴 안테나) 옆에 도파기 또는 반사기를 배치하여 만들 수 있다. 도파기를 배치한 경우 급전소자와의 최적 간격은

0.1~0.2파장이다. 도파기는 급전소자의 공진주파수보다 5~10% 정도 높은 공진주파수를 갖도록 만든다. 반사기를 배치한 경우, 급전소자와의 최적 간격은 0.15~0.2파장이다. 반사기는 급전소자의 공진주파수보다 5~10% 정도 낮은 공진주파수를 갖도록 길게 만든다. 잘 설계된 2소자 야기 안테나의 전력이득은 최대 방사 방향에서 약 5dBd이다.

3소자 야기 안테나는 급전소자를 중심으로 좌, 우에 각각 도파기와 반사기를 하나씩 배치하여 만들 수 있다. 이러한 구조로 설계하면 2소자 야기 안테나보다 이득과 전후방 비를 증가시킬 수 있다. 최적의 구조로 설계한 3소자 야기 안테나의 전력이득은 최대 방사 방향에서 약 7dBd이다. [그림 35-10]은 일반적인 3소자 야기 안테나의 구조이다. 그림에 함께 표시된 주요 부분의 치수대로 설계된 야기 안테나는 최적의 성능을 발휘한다. 하지만 실제로 제작해서 사용할 경우, 최적의 성능을 발휘하는 3소자 야기 안테나의 치수는 그림에 표시한 치수와 약간 다를 수 있는데, 이는 실제 안테나를 이루고 있는 물질들의 결함, 안테나 주변에 있는 전도성 물체들과 불규칙한 형태의 지표면 등의 영향 때문이다.

야기 안테나를 구성하는 기생소자들의 개수를 증가시키면 이득, 전후방 비, 전측방 비가 모두 증가한다. 단, 기생소자를 적절한 길이와 간격으로 설계해서 배치해야 한다. 3소자 야기 안테나의 도파기 앞에 추가로 도파기를 배치하여 4소자, 5소자, 이런 식으로 더 큰 (긴) 야기 안테나를 만들 수 있다. 이때 추가된 도파기는 이전에 있는 도파기보다 크기가 조금 짧아야 한다. 시중에 판매되는 야기 안테나 중에는 총 소자 개수가 12개를 넘는 것도 있다. 이러한 야기 안테나가 최적의 성능을 발휘하기 위해서는 많은 노력과 시간을 들여 각 기생소자의 최적 길이와 최적 간격을 구해야 한다.

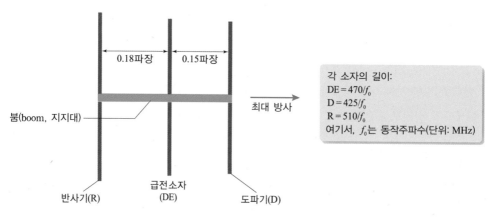

각 소자의 길이:
DE = $470/f_0$
D = $425/f_0$
R = $510/f_0$
여기서, f_0는 동작주파수(단위: MHz)

0.18파장   0.15파장

붐(boom, 지지대)

최대 방사

반사기(R)   급전소자(DE)   도파기(D)

[그림 35-10] 3소자 야기 안테나

쿼드 안테나

쿼드 안테나quad antenna는 구성 소자의 종류로 반파장 다이폴 대신 1파장 루프 안테나를 사용하는 점만 제외한다면, 동작 원리가 야기 안테나와 동일하다.

2소자 쿼드 안테나는 한 개의 급전소자 옆에 반사기 또는 도파기를 배치하여 만들 수 있다. 3소자 쿼드 안테나는 급전소자를 중심으로 좌, 우에 각각 도파기와 반사기를 배치하여 만들 수 있다. 도파기의 둘레는 0.95~0.97파장, 급전소자의 둘레는 정확하게 1파장, 반사기의 둘레는 1.03~1.05파장이다.

3소자 쿼드 안테나 구조에 원하는 개수의 도파기를 추가로 연결할 수 있다. 도파기의 개수가 늘어날수록 이득은 증가한다. 추가된 도파기는 이전 도파기보다 조금 짧아야 한다. 길이가 긴 쿼드 안테나를 실생활에서 실용적으로 사용하려면 동작주파수가 100 MHz 이상은 되어야 한다. 야기 안테나를 100 MHz 보다 작은 수파수 범위에서 동작하도록 설계하면 사이즈가 너무 커서 다루기가 어렵다. 물론 몇몇 아마추어 무선기사들은 3.5 MHz 정도의 낮은 주파수 대역에서 동작하는 야기 안테나를 설계, 제작해서 사용하기도 한다.

UHF 대역 및 초고주파 대역용 안테나

극초단파(UHF)^{Ultra High Frequency} 대역과 초고주파^{microwave frequency} 대역은 주파수가 매우 높아 파장이 아주 짧으므로, 이 두 대역에서는 이득이 높은 안테나를 적당한 사이즈로 설계, 제작할 수 있다.

도파관

도파관^{waveguide}은 속이 빈 금속 파이프 구조로 된 특수한 RF 전송선로다. 도파관의 면은 원이나 사각형 형태이다. 어떤 전자파의 파장이 도파관 단면 치수에 비해 충분히 짧으면, 그 전자파는 도파관 내부의 빈 공간을 따라 아주 잘 진행한다. 전자파가 사각형 도파관 속을 잘 전파하기 위해서는 사각형 단면의 폭과 높이(가로와 세로의 치수)가 0.5파장보다 커야 하는데 0.7파장 이상으로 하는 것이 바람직하다. 원형 도파관은 원형 단면의 지름이 0.6파장보다 커야 하며 역시 0.7파장 이상으로 하는 것이 바람직하다.

도파관의 특성 임피던스 Z_0는 주파수에 따라 변한다. 동축 전송선로나 평행선 전송선로의 특성 임피던스는 주파수에 무관하므로 전체 사용 주파수 대역에서 일정한 값을 유지한다. 이점에서 도파관은 이들 전송선로와 다르다.

적절하게 설치, 관리된 도파관은 매우 우수한 성능을 가진 RF 전송선로다. 도파관 속은 공기^{air}로 채워져 있는데, 건조한 공기는 UHF 대역과 초고주파 주파수 대역에서도 손실이 거의 없기 때문이다. 도파관이 제대로 동작하려면 내부에 때, 먼지, 곤충, 거미집, 물방울 등이 없도록 관리해야 한다. 이러한 방해물은 아무리 크기가 작아도 도판관의 신호전달 성능을 저하시키고 큰 전력 손실이 생기게 한다.

실용적인 측면에서 도파관의 가장 큰 문제점은 구부리기 어렵다는 것이다. 서로 떨어져 있는 두 점을 연결할 때 동축 케이블을 사용하면 요리조리 마음대로 휠 수 있지만 도파관으로는 이렇게 할 수 없다. 도파관을 구부리거나 휠 때는 단면의 모양을 유지하면서 점진적으로 이루어지도록 해야 하며, 급작스럽게 하면 문제가 발생한다. 또 하나의 문제점은 특정한 주파수 범위에서만 사용할 수 있다는 것이다. 대략 300 MHz 이하의 주파수 대역에서 도파관을 사용하는 것은 비실용적이다. 이 주파수 대역에서 동작하는 도파관은 단면 사이즈가 엄청나게 크기 때문이다.

혼 안테나

혼 안테나horn antenna는 단면이 사각형 형태인 나팔(혼)horn과 비슷한 구조이다. 혼 안테나는 혼의 열린 구멍이 가리키는 방향으로 전자파를 최대한 방사하므로 단방향성 방사패턴을 갖는다. 혼 안테나는 혼의 좁은 입구에 도파관을 접속하여 급전한다. 혼 안테나는 보통 그 자체로 사용하지만 UHF 대역과 초고주파 대역에서 대형 접시 안테나의 급전소자(급전용 안테나)로 사용하기도 한다. 이렇게 하면 접시 안테나의 급전소자로 다이폴 안테나를 사용하는 경우에 발생하는 외부방사extraneous radiation를 최소화할 수 있으므로 전측방 비를 개선할 수 있다.

접시 안테나

접시 안테나dish antenna는 상업용 위성을 이용한 TV와 인터넷 서비스에 널리 사용되고 있으므로 우리에게 친숙한 안테나이다. 언뜻 보면 접시 안테나의 구조가 간단해 보이지만, 각 구성요소들을 정확한 형태로 만들고 정확히 정렬하지 않으면 의도한 대로 성능을 발휘하지 못한다. 파장이 아주 짧은 주파수 대역에서 특히 효율적인 접시 안테나로 **포물면 반사기**paraboloidal reflector가 있다. 포물선을 그 축을 중심으로 회전시키면 포물면이 만들어지는데, 포물면 반사기는 반사기 표면의 형태가 포물면이기 때문에 붙은 이름이다. 반사면이 구(공)의 일부와 같은 형태로 된 **구형 반사기**spherical reflector도 접시 안테나의 반사기로 기능을 충분히 발휘할 수 있다.

접시 안테나의 반사기 초점에는 급전소자로 사용되는 혼 안테나 또는 헬리컬 안테나가 위치하는데, 급전소자와 송신기(또는 수신기)를 연결하는 급전선으로는 동축 케이블이나 도파관이 사용된다. [그림 35-11(a)]는 일반적인 접시 안테나와 급전 시스템을 나타낸 것이다. [그림 35-11(b)]는 **카세그레인 접시 안테나**Cassegrain dish feed의 급전 방식이다. 카세그레인이라는 용어는 이 안테나의 구조가 **슈미트 카세그레인 반사 망원경**Schmidt-Cassegrain reflector telescope과 비슷하다는 데서 유래했다. 접시 안테나는 UHF 대역과 초고주파 대역에서 좋은 성능으로 전자파를 송수신한다. 300 MHz 이하의 주파수 대역에서 개인적인 용도로 사용하기에는 반사기의 사이즈가 너무 커져서 비실용적이다.

접시 안테나는 반사기의 지름을 증가시킬수록 이득, 전후방 비, 전측방 비가 모두 증가하고 메인로브의 폭은 감소하므로 안테나는 더욱 예민한 단방향성을 나타낸다. 접시 안테나의 반사기 지름은 적어도 파장의 몇 배가 되어야 한다. 반사기는 얇은 두께의 금속판, 스크린, 도선망을 사용하여 만들 수 있다. 스크린이나 도선망으로 만드는 경우, 도선(도체) 사이의 간격은 파장의 수~수십 분의 일 이하가 되어야 한다. 초고주파 대역에서 대형 접시 안테나의 전방이득은 35dBd를 넘기도 한다.

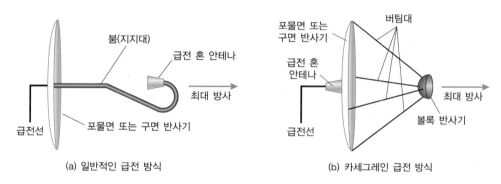

(a) 일반적인 급전 방식   (b) 카세그레인 급전 방식

[그림 35-11] **접시 안테나**

헬리컬 안테나

헬리컬 안테나(나선형 안테나)helical antenna는 높은 이득을 가진 단방향성 안테나이며, 원형편파circular polarization[13]로 된 전자기파를 송수신한다. [그림 35-12]는 일반적인 헬리컬 안테나의 구성도이다. 반사기의 지름은 동작 주파수 범위에서 가장 낮은 주파수에 대해 적어도 0.8파장 이상이 되어야 한다. 헬리컬(나선)의 반지름은 동작 주파수 범위의 중앙, 즉 중심 주파수에 대해 약 0.17파장으로 해야 한다. 길이 방향의 각 나선 간 간격은 중심 주파수에 대해 0.25파장으로 해야 한다. 헬리컬의 총 길이는 가장 낮은 주파수에 대해 적어도 1파장 이상 되어야 한다. 잘 설계된 헬리컬 안테나의 이득은 약 15dBd를 넘는다. 헬리컬 안테나는 접시 안테나와 마찬가지로, 주로 UHF 대역과 초고주파 대역에서 사용된다.

---

13 (**옮긴이**) 공간을 진행하는 전자파의 전기장 벡터가, 공간상의 어떤 한 점(단면)에서 시간에 따라 변하는 궤적을 그려보면 직선, 원, 타원과 같이 다양한 도형으로 나타난다. 직선으로 나타나면 선형편파(linear polarization), 원으로 나타나면 원형편파(circular polarization), 타원으로 나타나면 타원형편파(elliptical polarization)라고 한다.

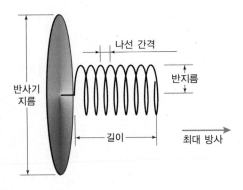

[그림 35-12] **평평한 반사기가 부착된 헬리컬 안테나**

코너 반사기 안테나

[그림 35-13]은 급전소자로 반파장 개방 다이폴을 사용하는 **코너 반사기 안테나**corner reflector antenna이다. 이렇게 설계하면 반파장 다이폴 안테나에 비해 전력이득이 높아진다. 반사기는 도선망, 스크린, 금속판으로 만든다. 반사기의 열린각flare angle은 약 90°이다. 코너 반사기는 UHF 대역과 초고주파 대역에서 지상 통신에 널리 사용된다. 이득을 더 높게 하려면 더 긴 반사기를 사용하고 여기에 반파장 다이폴 안테나 여러 개를 축에 맞춰 일직선 으로 배치한 다음 모두 같은 위상으로 급전하면 된다. 이렇게 만든 배열 안테나를 **코너 반사기 일직선 배열 안테나**collinear corner-reflector array라고 한다.

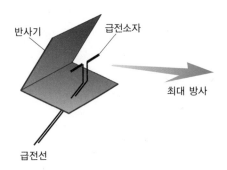

[그림 35-13] **급전소자로 다이폴 안테나를 사용하는 코너 반사기 안테나**

안전수칙

안테나 시스템, 특히 대형 배열 안테나와 길이가 긴 도선을 사용하는 안테나를 설치, 보수, 관리하는 엔지니어들은 여러 가지 신체적인 위험에 노출되어 있다. 몇 가지 안전수칙을 준수하면 위험을 최소화할 수 있지만, 그렇다고 해서 100% 안전이라는 것은 있을 수 없다. 이제부터 몇 가지 기본 안전수칙에 대해 알아보자.

안테나를 설치하거나 다룰 때는 안테나가 전력선 위로 넘어가 떨어지지 않도록 주의해야 한다. 또한 폭풍이 심할 때는 전력선이 안테나 위로 떨어질 수도 있으므로, 그러한 일이 절대 일어나지 않도록 조치해야 한다.

실외 안테나에 연결하여 사용하는 무선장비의 경우 주변에 천둥, 비, 번개가 있는 날씨에는 사용하지 말아야 한다. 안테나 설치와 유지보수는 번개가 치는 것이 보이거나 천둥소리가 들릴 때, 심지어는 폭풍우가 멀리 떨어진 곳에서 발생한 경우에도 절대로 해서는 안 된다. 안테나를 장비와 분리시키고, 장비를 사용하지 않아도 안테나가 대지 접지에 접속되어 있도록 하는 것이 바람직하다.

송출탑과 안테나에 올라가는 것은 전문가만이 할 수 있다. 경험이 없는 사람은 안테나 지지용 구조물에 올라가려는 시도조차 하지 말아야 한다.

실내 송신 안테나를 사용하는 경우에는 장비 운용자가 전자기장의 에너지에 노출될 수 있다. 이러한 전자기장 노출에 따른 위험 정도는 아직 확실히 규명되지 않았다. 그러나 그 위험성에 대해 우려하는 전문가들이 점점 많아지고 있으므로 이 주제와 관련된 최신 발표 내용을 관심 있게 알아보는 것이 좋다.

⚠ **주의 사항**

안테나 관련 안전 문제에 대한 자세한 정보는 전문 안테나 엔지니어에게 문의하거나 안테나 설계 및 제작에 관해 종합적으로 기술된 참고자료를 찾아보기 바란다. 또한 거주 국가, 도시, 지역의 전기 법규와 건축 법규를 참조하고 주의사항에 따라야 한다.

※ 필요하다면 이 장의 본문 내용을 참고해도 된다. 적어도 18개 이상 맞히는 것이 바람직하다.
정답은 [부록 A]에 있다.

35.1 어떤 안테나의 방사저항이 900 Ω이고 손실저항이 100 Ω이다. 이 안테나의 방사효율을 백분율로 나타내면?

(a) 66%   (b) 75%
(c) 90%   (d) 93%

35.2 어떤 안테나의 방사저항이 10 Ω이고 손실저항이 40 Ω이다. 이 안테나의 방사효율을 백분율로 나타내면?

(a) 20%   (b) 25%
(c) 33%   (d) 67%

35.3 한 번 감아 만든 루프의 둘레 길이가 정확히 1파장인 루프 안테나가 있다. 이 루프 안테나가 전자파를 가장 잘 방사하는 방향은?

(a) 모든 방향(등방성 방사특성)
(b) 루프 축에 수직인 방향
(c) 루프 축을 따라 두 방향(루프 축과 평행한 두 방향)
(d) 루프 축을 따라 어느 한 방향(루프 축과 평행한 어느 한 방향)

35.4 자유공간에서 주파수 7.05 MHz에 해당하는 파장은?

(a) 85 m   (b) 43 m
(c) 21 m   (d) 11 m

35.5 7.05 MHz에서 동작하는 중앙급전 반파장 개방 다이폴 안테나를 가는 도선으로 만들려고 한다. 이 안테나를 만드는 데 사용할 두 개의 도선을 얼마의 길이로 똑같이 잘라야 하는가? 단, 안테나에 공진이 일어나도록 급전점 임피던스의 리액턴스 성분을 0으로 만들어야 한다.

(a) 10.1 m   (b) 20.2 m
(c) 40.2 m   (d) 80.8 m

35.6 중앙급전 반파장 접힌 다이폴 안테나의 급전점 임피던스의 저항성분(방사저항)은?

(a) 반파장 개방 다이폴 안테나 방사저항의 8배
(b) 반파장 개방 다이폴 안테나 방사저항의 4배
(c) 반파장 개방 다이폴 안테나 방사저항의 2배
(d) 반파장 개방 다이폴 안테나의 방사저항과 동일

35.7 손실저항이 큰 안테나가 있다. 이 안테나를 높은 효율로 동작시키기 위해서는 어떻게 설계해야 하는가?

(a) 안테나가 낮은 리액턴스 값을 갖도록
(b) 안테나가 높은 리액턴스 값을 갖도록
(c) 안테나가 낮은 방사저항 값을 갖도록
(d) 안테나가 높은 방사저항 값을 갖도록

35.8 접지 위에 설치한 어떤 $\frac{1}{4}$ 파장 수직안테나가 $10\,\mathrm{MHz}$에서 동작하고 있다. 이 안테나의 높이는? 단, 급전점 임피던스의 리액턴스가 0이 되도록 안테나의 실제 높이는 원래 높이의 92%로 한다.

(a) 2.1 m (b) 4.3 m

(c) 6.9 m (d) 13.7 m

35.9 완전도체의 특성을 가진 접지 위에 설치된 소형 수직 안테나가 있다. 이 안테나에는 손실이 적은 코일(인덕터)이 장착되어 있어 인덕턴스 성분을 갖고 있다. 이 안테나는 급전점(수직도체의 아래쪽 끝점과 접지점)에 특성 임피던스가 $50\,\Omega$인 동축 케이블로 급전하려고 한다. 리액턴스 성분 없이 $50\,\Omega$의 저항성분만 가진 송신기에 이 안테나를 연결하여 사용하려고 한다. 가장 좋은 성능을 발휘하려면 안테나에 어떤 조치를 취해야 하는가?

(a) 안테나의 높이를 $\frac{1}{8}$ 파장보다 짧게 만든다.
(b) 두꺼운 구리로 만든 관(파이프)을 방사도체로 사용한다.
(c) 급전점에 넓은 조정 범위를 가진 튜너를 장착한다.
(d) 안테나와 동축 케이블을 직접 연결한다.

35.10 도파관의 실제 사이즈를 고려할 때, 실용적으로 사용할 수 있는 주파수 범위는?

(a) 3 MHz 이하 (b) 300 MHz 이하

(c) 3 MHz 이상 (d) 300 MHz 이상

35.11 제프 안테나의 급전점 임피던스는 어떤 성분으로 이루어져 있는가?

(a) 높은 저항 성분
(b) 낮은 저항 성분
(c) 높은 용량성 리액턴스 성분
(d) 높은 유도성 리액턴스 성분

35.12 3소자 야기 안테나에서 도파기는 어떤 주파수에서 공진하는가?

(a) 급전소자의 공진주파수와 같은 주파수
(b) 급전소자 공진주파수의 2배인 주파수
(c) 급전소자의 공진주파수보다 약간 낮은 주파수
(d) 급전소자의 공진주파수보다 약간 높은 주파수

35.13 전도성이 양호한 도체 위에 설치하는 반파장 수직 안테나의 효율을 좋게 만들기 위한 방법은? 안테나의 급전점에는 안테나를 급전선에 정합시키기 위한 넓은 조정범위의 튜너가 장착되어 있다.

(a) 방사소자를 두껍고 균일한 금속 막대(봉)로 만든다.
(b) 접지봉과 몇 개(많을 필요는 없음)의 레이디얼 도체를 사용한다.
(c) 반파장 길이의 레이디얼 도체를 100개 이상 사용한다.
(d) 접지 전도성을 개선하기 위해 안테나 주변의 땅에 소금을 뿌린다.

35.14 높이가 $\frac{1}{4}$ 파장인 수직 도체와, $\frac{1}{4}$ 길이가 파장인 레이디얼 도체 4개로 구성된 접지면 안테나가 있다. 레이디얼 도체들의 처짐각은 $45°$이다. 이 안테나의 급전점 위치는 지표면에서 $\frac{1}{4}$ 파장만큼 위로 올라가 있다. 이 안테나의 급전점 임피던스의 저항성분은?

(a) $37\,\Omega$ (b) $50\,\Omega$
(c) $73\,\Omega$ (d) $100\,\Omega$

35.15 어떤 안테나의 총 손실저항이 급전점 방사저항의 절반과 같다. 이 안테나의 효율은?

(a) 33% (b) 50%
(c) 67% (d) 75%

35.16 7소자 야기 안테나에서 가장 긴 소자는?

(a) 급전소자
(b) 첫 번째 도파기
(c) 맨 끝에 있는 도파기
(d) 반사기

35.17 소형 루프스틱 안테나는 어느 방향에서 들어오는 전자파를 가장 잘 수신하는가?

(a) 모든 방향(등방성 방사특성)
(b) 루프 축에 수직인 방향
(c) 루프 축을 따라 두 방향(루프 축과 평행한 두 방향)
(d) 루프 축을 따라 어느 한 방향(루프 축과 평행한 어느 한 방향)

35.18 반파장 접힌 다이폴 안테나를 급전하는 데 사용하는 전송선로로 가장 적합한 것은?

(a) 평행 도선 선로
(b) 도파관
(c) 동축 케이블
(d) (a), (b), (c) 모두, 어떤 종류의 전송선로든 상관없음

35.19 위성 TV용 안테나로 가장 적합한 것은?

(a) 접힌 다이폴 안테나
(b) 접지면 안테나
(c) 루프스틱 안테나
(d) 접시 안테나

35.20 반파장 다이폴에 비해 높은 이득을 가진 안테나는?

(a) 야기 안테나
(b) 접시 안테나
(c) 헬리컬 안테나
(d) (a), (b), (c) 모두

연습문제 정답

Answers of Exercises

Chapter_01

1.1	a	1.2	d	1.3	d	1.4	a	1.5	a
1.6	d	1.7	d	1.8	b	1.9	c	1.10	a
1.11	b	1.12	b	1.13	a	1.14	b	1.15	d
1.16	a	1.17	c	1.18	d	1.19	b	1.20	d

Chapter_02

2.1	c	2.2	c	2.3	a	2.4	c	2.5	b
2.6	a	2.7	b	2.8	c	2.9	c	2.10	d
2.11	c	2.12	b	2.13	a	2.14	b	2.15	a
2.16	c	2.17	d	2.18	c	2.19	c	2.20	a

Chapter_03

3.1	a	3.2	b	3.3	d	3.4	a	3.5	c
3.6	d	3.7	a	3.8	a	3.9	b	3.10	c
3.11	b	3.12	d	3.13	d	3.14	a	3.15	c
3.16	b	3.17	c	3.18	a	3.19	d	3.20	c

Chapter_04

4.1	a	4.2	c	4.3	c	4.4	b	4.5	d
4.6	a	4.7	d	4.8	b	4.9	a	4.10	c
4.11	b	4.12	d	4.13	c	4.14	a	4.15	b
4.16	c	4.17	d	4.18	a	4.19	b	4.20	c

Chapter_05

5.1	a	5.2	c	5.3	b	5.4	d	5.5	a
5.6	a	5.7	d	5.8	c	5.9	a	5.10	a
5.11	a	5.12	d	5.13	d	5.14	c	5.15	b
5.16	a	5.17	d	5.18	d	5.19	d	5.20	a

Chapter_06

6.1	d	6.2	d	6.3	d	6.4	c	3.5	b
6.6	c	6.7	b	6.8	c	6.9	d	6.10	a
6.11	b	6.12	b	6.13	b	6.14	a	6.15	a
6.16	c	6.17	d	6.18	a	6.19	c	6.20	a

Chapter_07

7.1	d	7.2	b	7.3	c	7.4	c	7.5	a
7.6	a	7.7	b	7.8	d	7.9	b	7.10	a
7.11	c	7.12	a	7.13	b	7.14	a	7.15	b
7.16	c	7.17	c	7.18	b	7.19	c	7.20	a

Chapter_08

8.1	a	8.2	d	8.3	c	8.4	d	8.5	d
8.6	b	8.7	a	8.8	a	8.9	b	8.10	a
8.11	b	8.12	d	8.13	c	8.14	c	8.15	a
8.16	b	8.17	b	8.18	d	8.19	d	8.20	a

Chapter_09

9.1	c	9.2	b	9.3	d	9.4	c	9.5	b
9.6	a	9.7	c	9.8	c	9.9	c	9.10	b
9.11	a	9.12	a	9.13	c	9.14	d	9.15	c
9.16	d	9.17	c	9.18	d	9.19	c	9.20	c

Chapter_10

10.1	d	10.2	a	10.3	b	10.4	a	10.5	c
10.6	a	10.7	d	10.8	a	10.9	b	10.10	b
10.11	c	10.12	a	10.13	b	10.14	c	10.15	d
10.16	b	10.17	b	10.18	c	10.19	c	10.20	c

Chapter_11

11.1	a	11.2	a	11.3	c	11.4	b	11.5	d
11.6	c	11.7	a	11.8	d	11.9	c	11.10	c
11.11	b	11.12	c	11.13	d	11.14	d	11.15	a
11.16	c	11.17	d	11.18	b	11.19	c	11.20	b

Chapter_12

12.1	c	12.2	a	12.3	d	12.4	a	12.5	b
12.6	d	12.7	a	12.8	c	12.9	b	12.10	b
12.11	a	12.12	a	12.13	b	12.14	c	12.15	b
12.16	a	12.17	c	12.18	c	12.19	c	12.20	d

Chapter_13

13.1	d	13.2	c	13.3	d	13.4	c	13.5	b
13.6	a	13.7	b	13.8	c	13.9	b	13.10	a
13.11	b	13.12	d	13.13	c	13.14	b	13.15	c
13.16	d	13.17	c	13.18	c	13.19	a	13.20	d

Chapter_14

14.1	d	14.2	c	14.3	b	14.4	c	14.5	c
14.6	a	14.7	b	14.8	c	14.9	b	14.10	a
14.11	b	14.12	a	14.13	d	14.14	a	14.15	d
14.16	d	14.17	a	14.18	b	14.19	c	14.20	b

Chapter_15

15.1	c	15.2	b	15.3	c	15.4	a	15.5	a
15.6	c	15.7	b	15.8	d	15.9	c	15.10	a
15.11	c	15.12	d	15.13	b	15.14	b	15.15	a
15.16	d	15.17	a	15.18	d	15.19	c	15.20	d

Chapter_16

16.1	c	16.2	d	16.3	c	16.4	c	16.5	d
16.6	b	16.7	d	16.8	c	16.9	a	16.10	b
16.11	a	16.12	c	16.13	d	16.14	b	16.15	d
16.16	a	16.17	c	16.18	d	16.19	b	16.20	a

Chapter_17

17.1	a	17.2	d	17.3	c	17.4	b	17.5	b
17.6	a	17.7	d	17.8	c	17.9	b	17.10	c
17.11	c	17.12	c	17.13	d	17.14	a	17.15	c
17.16	b	17.17	b	17.18	a	17.19	c	17.20	d

Chapter_18

18.1	b	18.2	a	18.3	d	18.4	a	18.5	c
18.6	b	18.7	c	18.8	d	18.9	a	18.10	b
18.11	c	18.12	c	18.13	b	18.14	d	18.15	a
18.16	d	18.17	c	18.18	b	18.19	a	18.20	c

Chapter_19

19.1	a	19.2	c	19.3	c	19.4	d	19.5	b
19.6	b	19.7	c	19.8	b	19.9	c	19.10	a
19.11	a	19.12	d	19.13	a	19.14	b	19.15	b
19.16	a	19.17	a	19.18	d	19.19	d	19.20	b

Chapter_20

20.1	d	20.2	b	20.3	d	20.4	a	20.5	a
20.6	c	20.7	c	20.8	b	20.9	d	20.10	a
20.11	b	20.12	c	20.13	d	20.14	a	20.15	a
20.16	c	20.17	b	20.18	d	20.19	c	20.20	b

Chapter_21

21.1	d	21.2	c	21.3	a	21.4	c	21.5	a
21.6	b	21.7	d	21.8	b	21.9	c	21.10	a
21.11	c	21.12	a	21.13	b	21.14	c	21.15	a
21.16	c	21.17	c	21.18	d	21.19	c	21.20	b

Chapter_22

22.1	b	22.2	d	22.3	b	22.4	a	22.5	c
22.6	b	22.7	b	22.8	c	22.9	d	22.10	a
22.11	d	22.12	c	22.13	a	22.14	d	22.15	d
22.16	a	22.17	d	22.18	c	22.19	a	22.20	b

Chapter_23

23.1	b	23.2	c	23.3	b	23.4	c	23.5	a
23.6	d	23.7	a	23.8	d	23.9	a	23.10	b
23.11	d	23.12	d	23.13	c	23.14	a	23.15	d
23.16	b	23.17	b	23.18	c	23.19	a	23.20	b

Chapter_24

24.1	d	24.2	b	24.3	b	24.4	c	24.5	a
24.6	a	24.7	b	24.8	d	24.9	d	24.10	b
24.11	c	24.12	d	24.13	a	24.14	a	24.15	c
24.16	a	24.17	c	24.18	a	24.19	c	24.20	b

Chapter_25

25.1	c	25.2	d	25.3	a	25.4	d	25.5	c
25.6	b	25.7	d	25.8	c	25.9	d	25.10	b
25.11	a	25.12	c	25.13	b	25.14	d	25.15	b
25.16	c	25.17	b	25.18	c	25.19	d	25.20	d

Chapter_26

26.1	d	26.2	b	26.3	a	26.4	a	26.5	c
26.6	c	26.7	a	26.8	a	26.9	a	26.10	d
26.11	b	26.12	a	26.13	c	26.14	d	26.15	a
26.16	b	26.17	a	26.18	d	26.19	a	26.20	a

Chapter_27

27.1	b	27.2	a	27.3	d	27.4	c	27.5	c
27.6	b	27.7	d	27.8	b	27.9	d	27.10	b
27.11	c	27.12	b	27.13	d	27.14	c	27.15	b
27.16	a	27.17	d	27.18	b	27.19	c	27.20	a

Chapter_28

28.1	c	28.2	b	28.3	b	28.4	d	28.5	b
28.6	c	28.7	c	28.8	d	28.9	c	28.10	a
28.11	d	28.12	a	28.13	d	28.14	c	28.15	b
28.16	d	28.17	b	28.18	c	28.19	b	28.20	a

Chapter_29

29.1	b	29.2	a	29.3	c	29.4	b	29.5	b
29.6	c	29.7	c	29.8	b	29.9	d	29.10	d
29.11	d	29.12	d	29.13	b	29.14	a	29.15	d
29.16	b	29.17	a	29.18	a	29.19	c	29.20	c

Chapter_30

30.1	b	30.2	d	30.3	c	30.4	a	30.5	d
30.6	d	30.7	d	30.8	d	30.9	b	30.10	a
30.11	b	30.12	a	30.13	d	30.14	c	30.15	c
30.16	b	30.17	d	30.18	a	30.19	d	30.20	c

Chapter_31

31.1	d	31.2	a	31.3	d	31.4	c	31.5	a
31.6	d	31.7	d	31.8	b	31.9	d	31.10	b
31.11	b	31.12	c	31.13	a	31.14	a	31.15	b
31.16	b	31.17	a	31.18	d	31.19	c	31.20	b

Chapter_32

32.1	b	32.2	b	32.3	b	32.4	a	32.5	c
32.6	c	32.7	a	32.8	d	32.9	d	32.10	b
32.11	a	32.12	a	32.13	a	32.14	a	32.15	c
32.16	a	32.17	d	32.18	c	32.19	b	32.20	c

Chapter_33

33.1	a	33.2	a	33.3	c	33.4	d	33.5	d
33.6	a	33.7	c	33.8	b	33.9	c	33.10	a
33.11	c	33.12	b	33.13	b	33.14	d	33.15	c
33.16	d	33.17	a	33.18	b	33.19	c	33.20	c

Chapter_34

34.1	b	34.2	d	34.3	b	34.4	d	34.5	b
34.6	a	34.7	c	34.8	c	34.9	d	34.10	a
34.11	a	34.12	d	34.13	c	34.14	b	34.15	a
34.16	a	34.17	c	34.18	b	34.19	a	34.20	b

Chapter_35

35.1	c	35.2	a	35.3	c	35.4	b	35.5	a
35.6	b	35.7	a	35.8	c	35.9	c	35.10	d
35.11	a	35.12	d	35.13	b	35.14	b	35.15	c
35.16	d	35.17	b	35.18	a	35.19	d	35.20	d

B

도식적 기호

Schematic Symbols

001 전류계

002 일반 증폭기

003 반전 증폭기

004 연산 증폭기

005 AND 게이트

006 균형 안테나

007 일반 안테나

008 루프 안테나

009 멀티턴(multiturn) 루프 안테나

010 전기화학 배터리

011 피드쓰루(feedthrough) 커패시터

012 고정 커패시터

013 가변 커패시터

014 회전자 분할 가변 커패시터

015 고정자 분할 가변 커패시터

016 저온 전자관 음극

017 직접 가열 전자관 음극

018 간접 가열 전자관 음극

019 공동 공진기

020 전기화학 전지

021 회로 차단기

022 동축 케이블

023 압전 결정

024 지연선

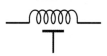

025 다이악(diac)

026 전계효과 다이오드

027 일반 다이오드

028 건 다이우드

029 발광 다이오드

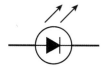

030 감광성 다이오드

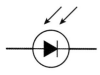

031 PIN 다이오드

032 쇼트키 다이오드

033 터널 다이오드

034 버랙터 다이오드

035 제너 다이오드

036 방향 결합기

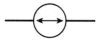

037 방향 전력계

038 배타적 OR 게이트

039 일반 암형(female) 접촉

040 페라이트 구슬(bead)

041 전자관 필라멘트

042 퓨즈

043 검류계

044 전자관 그리드

045 섀시 접지

046 대지 접지

047 핸드셋

048 헤드셋(싱글)

049 헤드셋(더블)

050 헤드셋(스테레오)

051 공심 인덕터

052 바이필라 공심 인덕터

053 탭이 달린 공심 인덕터

054 가변 공심 인덕터

055 철심 인덕터

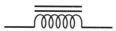

056 바이필라 철심 인덕터

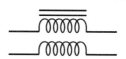

057 탭이 달린 철심 인덕터

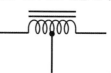

058 가변 철심 인덕터

059 분말형 철심 인덕터

060 바이필라 분말형 철심 인덕터

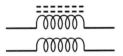

061 탭이 달린 분말형 철심 인덕터

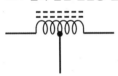

062 가변 분말형 철심 인덕터

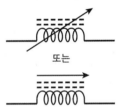

또는

063 일반 집적회로

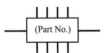

064 동축 혹은 음성 잭

065 2-선 전화기 잭

066 3-선 전화기 잭

067 전신기 키

068 백열등

069 네온등

070 일반 수형(male) 접촉

071 일반 미터

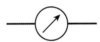

072 마이크로전류계

073 마이크

074 방향 마이크

075 밀리전류계

076 NAND 게이트

077 음 전압 연결

078 NOR 게이트

079 NOT 게이트

080 광 절연기

081 OR 게이트

082 무극 2-선 콘센트

083 극성 2-선 콘센트

084 3-선 콘센트

085 234-volt 콘센트

086 전자관 플레이트

087 무극 2-선 플러그

088 극성 2-선 플러그

089 3-선 플러그

090 234-volt 플러그

091 동축 혹은 음성 플러그

092 2-선 전화기 플러그

093 3-선 전화기 플러그

094 양 전압 연결

095 전위차계

096 무선 주파수 프로브

or

097 기체 봉입 정류기

098 고진공 정류기

099 반도체 정류기

100 실리콘 제어 정류기

101 2-극(pole) 2-점(throw) 릴레이

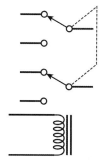

102 2-극(pole) 1-점(throw) 릴레이

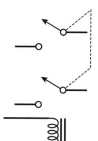

103 1-극(pole) 2-점(throw) 릴레이

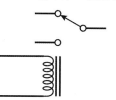

104 1-극(pole) 1-점(throw) 릴레이

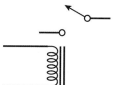

105 고정 저항

106 프리셋 저항

107 탭이 달린 저항

108 공진기

109 가감 저항기

110 포화시킬 수 있는 리액터

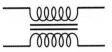

111 신호원

112 태양광 배터리

113 태양 전지

114 일정 전류원

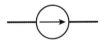

115 일정 전압원

116 스피커

117 2-극(pole) 2-점(throw) 스위치

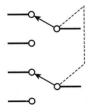

118 2-극(pole) 회전 스위치

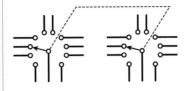

119 2-극(pole) 1-점(throw) 스위치

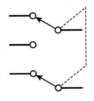

120 순간 접촉 스위치

121 실리콘 제어 스위치

122 1-극(pole) 2-점(throw) 스위치

123 1-극(pole) 회전 스위치

124 1-극(pole) 1-점(throw) 스위치

125 일반 균형 단자

126 일반 비균형 단자

127 테스트 포인트

128 열전쌍

129 공심 변압기

130 감압 공심 변압기

131 승압 공심 변압기

132 1차 측에 탭이 달린 공심 변압기

133 2차 측에 탭이 달린 공심 변압기

134 철심 변압기

135 감압 철심 변압기

136 승압 철심 변압기

137 1차 측에 탭이 달린 철심 변압기

138 2차 측에 탭이 달린 철심 변압기

139 분말형 철심 변압기

140 감압 분말형 철심 변압기

141 승압 분말형 철심 변압기

142 1차 측에 탭이 달린 분말형 철심 변압기

143 2차 측에 탭이 달린 분말형 철심 변압기

144 NPN 쌍극성 트랜지스터

145 PNP 쌍극성 트랜지스터

146 N채널 전계효과 트랜지스터

147 P채널 전계효과 트랜지스터

148 N채널 MOS 전계효과 트랜지스터

149 P채널 MOS 전계효과 트랜지스터

150 NPN 감광성 트랜지스터

151 PNP 감광성 트랜지스터

152 N채널 전계효과 감광성 트랜지스터

153 P채널 전계효과 감광성 트랜지스터

154 단일 접합 트랜지스터

155 트라이악(triac)

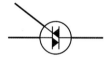

156 다이오드 진공관

157 7극 진공관

158 6극 진공관

159 5극 진공관

160 감광성 진공관

161 4극 진공관

162 3극 진공관

163 지정되지 않은 단위 혹은 부품

164 전압계

165 전력계

166 원형 도파관

167 플렉시블 도파관

168 직사각형 도파관

169 뒤틀린 도파관

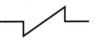

170 연결된 교차 도선

(권장)

또는

(대안)

171 연결되지 않은 교차 도선

(권장)

또는

(대안)